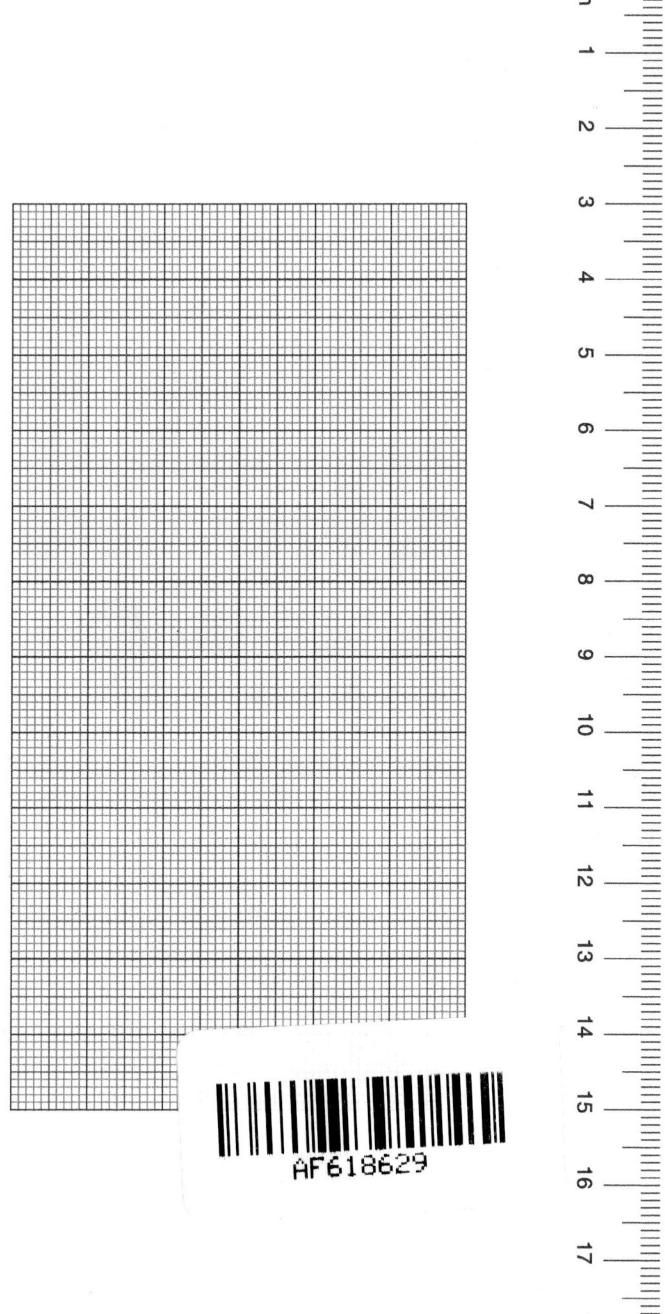
AF618629

H. E. Hess · E. Landolt · R. Hirzel · M. Baltisberger
Bestimmungsschlüssel zur Flora der Schweiz

Dr. Hans Ernst Hess †
Professor für spezielle Botanik an
der Eidgenössischen Technischen Hochschule
in Zürich

Dr. Elias Landolt †
Professor für Geobotanik an
der Eidgenössischen Technischen Hochschule
in Zürich

Rosmarie Hirzel
Zeichnungen

Dr. Matthias Baltisberger
Professor am Institut für Integrative Biologie
an der Eidgenössischen Technischen Hochschule
in Zürich

Bestimmungsschlüssel zur Flora der Schweiz

und angrenzender Gebiete

Siebte, aktualisierte,
überarbeitete und
erweiterte Auflage

Springer

Prof. Dr. Matthias Baltisberger
Biosystematik/Sammlungen
Ökologische Pflanzengenetik
Institut für Integrative Biologie
ETH-Zentrum, CHN G 21.3
CH-8092 Zürich
Schweiz
E-Mail Adresse: balti@ethz.ch

Die Deutsche Nationalbibliothek verzeichnet diese Publikation in der Deutschen Nationalbibliografie; detaillierte bibliografische Daten sind im Internet über http://dnb.d-nb.de abrufbar.

ISBN 978-3-0348-0895-8
ISBN 978-3-0348-0896-5 (eBook)
DOI 10.1007/978-3-0348-0896-5

Springer-Verlag GmbH Berlin Heidelberg ist Teil der Fachverlagsgruppe Springer Science+Business Media (www.springer.de)

Gedruckt auf säurefreiem und chlorfrei gebleichtem Papier.

Inhaltsverzeichnis

Vorwort zur 1. Auflage

Nachdem die 3bändige Flora der Schweiz erschienen war, wurden wir verschiedentlich ersucht, alle Schlüssel in einem auch für Feldarbeiten geeigneten Taschenbuch zusammenzufassen. Zu diesem Taschenbuch sind einige Angaben notwendig.

1 Der hohen Kosten wegen kam ein Neusatz der Schlüssel nicht in Frage. So war der Satzspiegel bereits vorgegeben und bedingt einen Zeilenverlauf parallel dem Buchrücken.

2 Bei Arten, die nicht häufig und verbreitet sind, wurden Angaben über Standort und Verbreitung neu eingesetzt, um die Bestimmung zusätzlich abzusichern. Solche Hinweise konnten jedoch nur dort angebracht werden, wo vor dem Namen eine angefangene Zeile dazu Raum bot; dies führte zu einer bedauerlichen Inkonsequenz dieser Angaben.

3 Von mehr als der Hälfte der Arten sind auf der gleichen Seite neben dem Text Abbildungen (Rosmarie Hirzel) vorhanden; es sind zum großen Teil angeänderte Zeichnungen aus den 3 Bänden der Flora der Schweiz. Um nicht mehr als 2ziffrige Nummern bei den Zeichnungen zu erhalten, wurden die Zeichnungen mehrfach von 1 bis 99 durchnumeriert. Diese Nummern sind bei den Namen fettgedruckt (Seitenzahlen normal). Der Abbildungsmaßstab aller Zeichnungen ist ½ natürlicher Größe, soweit nichts anderes angegeben ist.

4 Umfangreiche Register waren notwendig, weil im Text keine deutschen Namen stehen; sie sind in einem Register neben den lateinischen Namen mit zugehörigen Autoren und Synonyma zu finden. Umgekehrt verweist ein Register mit deutschen Namen auf die zugehörigen Fachnamen. Die Nomenklatur entspricht jener der 3bändigen Flora der Schweiz.

5 Um den Ladenpreis des Taschenbuchs möglichst niedrig zu halten, haben die Autoren wiederum auf das Honorar verzichtet. In großzügiger Weise hat die Eidgenössische Technische Hochschule in Zürich die Kosten für die Zeichnungen übernommen. Wir danken für diesen Beitrag; er war eine Voraussetzung für die Herausgabe des Buches.

Unerwartet anspruchsvoll, zeitraubend und mühsam waren die vielen Korrekturen, die sich aus den Anpassungen der Schlüssel an das Taschenbuch ergaben. Selbständig leistete all diese Kleinarbeit mit großer Sachkenntnis und Sorgfalt Frau Sophie Weber am Institut für spezielle Botanik der ETH; auch alle Register wurden von ihr verfaßt.

Wir danken Frau Weber für ihre große Arbeit; sie hat damit maßgebend zum Gelingen des Taschenbuches beigetragen.

Dem Birkhäuser Verlag in Basel danken wir für das Eingehen auf unsere Wünsche, den Druck und die zweckmäßige Ausstattung des Buches; ebenso danken wir der Firma Nievergelt Repro AG, Zürich, für die sorgfältige Herstellung der Filme der Zeichnungen.

Zürich, Februar 1976 Die Autoren

Vorwort zur 7. Auflage

Wie in den früheren Auflagen des Bestimmungsbuches musste auch bei der hier vorliegenden 7. Auflage der Seitenumbruch im Schlüsselteil beibehalten werden. Einer Überarbeitung der Schlüssel waren deshalb enge Grenzen gesteckt, konnten doch Korrekturen und Verbesserungen sowie der Einbau zusätzlicher Arten nur dort erfolgen, wo auf einer Seite auch genügend Platz vorhanden war. Veränderungen in Gattungs- und Familienstrukturen waren wegen ihres grossen Einflusses auf die Schlüssel unmöglich (z. B. die Aufteilung der „*Liliaceae*" auf mehrere Familien oder die Neudefinition der „*Scrophulariaceae*" und verwandter Familien). In der Regel konnten aber Veränderungen von Gattungsstrukturen in den Schlüsseln innerhalb von Gattungen abgebildet werden. Solche Gattungen werden in den Schlüsseln zu den Gattungen mit dem eingefügten „s.l." (sensu lato) gekennzeichnet. Ein extremes Beispiel ist „*Chrysanthemum* s.l." im Schlüssel der *Asteraceae* (S. 471), denn im Schlüssel der alten Gattung *Chrysanthemum* im weiteren Sinne (S. 501) werden die 19 Arten auf 6 (!) verschiedene Gattungen verteilt.

Im Sinne einer möglichst weitgehenden Vereinheitlichung der wissenschaftlichen Namen in der Schweiz wurden mit wenigen Ausnahmen die in der *Flora Helvetica* (5. Auflage) verwendeten Namen übernommen; Ausnahmen (aus unterschiedlichen Gründen) sind z.B. *Ficaria verna* (statt *Ranunculus ficaria*) und *Silene latifolia* (statt *Silene pratensis*), die Arten der Gattung *Oxycoccus* (*Oxycoccus* statt *Vaccinium*) und die Gattung *Gentianella* (von *Gentiana* unterschieden). Da im vorliegenden Buch die hierarchische Stufe der Unterart nicht verwendet wird, werden die in der *Flora Helvetica* als Unterarten eingestuften Taxa auf Artstufe angegeben. Es wurden 23 Arten neu aufgenommen, eine Art (*Panicum lanuginosum*) wurde gestrichen.

Seit der 1. Auflage wurden somit insgesamt 139 Arten neu ins Bestimmungsbuch eingefügt.

Kollegen und Assistierende haben mit Anmerkungen und Informationen zur Verbesserung dieser Auflage beigetragen; ihnen sei herzlich gedankt. Ein besonderer Dank geht an PD Dr. Reto Nyffeler, Institut für Systematische Botanik der Universität Zürich; er ist Mitautor des deutlich ausgebauten Kapitels „Neue, molekularphylogenetische Systematik“ (Kapitel 10 der einführenden Seiten mit römischen Seitenzahlen), wo sein Fachwissen nicht nur eine Bereicherung sondern Grundlage war. Ein ganz spezieller Dank geht wieder an meine Frau Babette; sie hat kritisch und unvoreingenommen zahlreiche Ungereimtheiten aufgespürt und viel zu besseren Formulierungen beigetragen. Ein grosser Dank geht auch an das Team des Verlages, das meinen Wünschen und Vorschlägen mit viel Verständnis entgegenkam und die Korrekturen z.T. in aufwendiger Handarbeit ausgeführt hat. Danke auch, dass das mit dem Verlag Springer nicht konforme Aussehen des Buches beibehalten werden konnte! Dies alles erst ermöglichte die Herausgabe der neuen, überarbeiteten 7. Auflage in der hier vorliegenden Form.

Zürich, im Januar 2015 Matthias Baltisberger

1 Zum Gebrauch der Schlüssel

Alle Schlüssel sind **dichotom** aufgebaut, d. h., es stehen bei jedem Punkt des Schlüssels immer zwei Aussagen (Merkmale resp. Merkmalskombinationen) zur Auswahl. Die ersten Aussagen in jedem Schlüssel tragen fortlaufende Nummern (1, 2, 3...), die jeweils dazugehörenden Gegenaussagen zusätzlich einen Stern (1*, 2*, 3*...). Aussage und Gegenaussage folgen im allgemeinen nicht direkt nacheinander, sind aber trotzdem immer gemeinsam zu beurteilen. Bei jedem Punkt muss man entscheiden, ob die Aussage oder die Gegenaussage auf die vorliegende Pflanze zutrifft. An der zutreffenden Stelle muss man mit der Bestimmung weiterfahren. Diesen Vorgang setzt man so lange fort, bis nach einer zutreffenden Aussage (oder Gegenaussage) nicht ein weiterer Punkt, sondern der Name eines Taxons erscheint. Wenn dieses Taxon eine Familie, eine Gattung oder eine Artengruppe ist, muss man auf der angegebenen Seite weiterfahren. Erst mit dem Erreichen eines Artnamens ist man am Ziel der Bestimmung angekommen.

Aussage und Gegenaussage mit der gleichen Nummer stehen in allen Schlüsseln senkrecht untereinander, die jeweils nächsten Punkte sind etwas eingerückt. Dies erlaubt, im Schlüssel zu erkennen, nach welchen Merkmalen eine Familie, eine Gattung oder eine Artengruppe gegliedert wird und welches die trennenden oder gemeinsamen Merkmale sind zwischen verschiedenen Taxa der entsprechenden Gruppe.

In den Familienschlüsseln zu den *Dicotyledonae* wird die gleiche Familie aus praktischen Gründen oft mehrfach aufgeführt. In den Schlüsseln zu den Gattungen und Arten erscheint jede Gattung oder Art nur einmal. Durch die Verwendung von molekularen Daten hat sich die Systematik in den letzten Jahren stark geändert (siehe Kapitel 10). Viele Gattungen werden anderen oder neuen Familien zugeordnet, neue Erkenntnisse zu den Verwandtschaften der Familien veränderten auch höhere taxonomische Einheiten. Dies hat grossen Einfluss auf die morphologische Umschreibung einiger Familien, was auch Veränderungen der Schlüssel bedeutet. Wegen der drucktechnischen Vorgaben (Beibehalten des Seitenumbruchs) konnten diese Änderungen aber im vorliegenden Buch nicht umgesetzt werden (z. B. neue Reihenfolge der Familien, die Abspaltung von *Grossulariaceae*, *Parnassiaceae* und *Philadelphaceae* von den *Saxifragaceae*, die Aufteilung der *Liliaceae* in mehrere Familien oder die Neufassung der Familien aus der Verwandtschaft der *Scrophulariaceae*). Die Familien sowie die Gattungen in den Familienschlüsseln entsprechen deshalb den Fassungen der früheren systematischen Einteilung. In der Regel konnten aber Veränderungen von Gattungsstrukturen in den Schlüsseln der Gattungen abgebildet werden. Solche Gattungen werden in den Schlüsseln zu den Gattungen mit dem eingefügten „s.l.“ (sensu lato) gekennzeichnet. Extremes Beispiel ist „*Chrysanthemum* s.l.“ im Schlüssel der *Asteraceae* (S. 471), denn im Schlüssel der alten Gattung *Chrysanthemum* im weiteren Sinne (S. 501) werden die 19 Arten auf 6 (!) verschiedene Gattungen verteilt.

2 Klassifikation und Nomenklatur

Die **Art** ist die Grundeinheit der wissenschaftlichen Klassifikation von Organismen in der Biologie. Die Individuen der gleichen Art stimmen in ihren hauptsächlichen Merkmalen überein, Individuen verschiedener Arten unterscheiden sich – im Idealfall – aufgrund bestimmter, konstanter Merkmale. Jede Art hat einen zweiteiligen Namen (binäre oder binomiale Nomenklatur), bestehend aus dem (grossgeschriebenen) Gattungsnamen, gefolgt vom (kleingeschriebenen) Art-Epithet. Nahe verwandte Arten werden zu **Gattungen** zusammengefasst, verwandte Gattungen zu **Familien**, verwandte Familien zu **Ordnungen**, etc. Sind weitere Abstufungen in der Klassifikation notwendig, können zusätzliche Einheiten eingefügt werden (z. B. **Unterfamilie**). In der Regel werden die Namen der hierarchischen Stufen oberhalb der Gattung von einer in dieser Einheit vorkommenden Gattung abgeleitet und mit einer für die Stufe festgelegten Endung charakterisiert. Neben den Gattungen und Arten sind im vorliegenden Bestimmungsbuch v. a. Familien wichtig (stufentypische Endung ***–aceae***). In wenigen Fällen sind auch Überordnungen (stufentypische Endung ***–anae***) relevant (v. a. Kapitel 10.2 und Abb. 12) und Unterfamilien (stufentypische Endung ***–oideae***) erwähnt (Familie *Caryophyllaceae*) oder im Schlüssel als Einheiten berücksichtigt (Familie *Asteraceae*).

Früher wurden Artnamen gross geschrieben, wenn diese auf einen Personennamen (z. B. *Ranunculus Seguieri*), auf einen Gattungsnamen (z. B. *Frangula Alnus*) oder auf einen alten Pflanzennamen (z. B. *Neottia Nidus-avis*) zurückgehen. Dies wird gemäss den aktuellen Nomenklaturregeln korrigiert, heute werden alle Artnamen klein geschrieben. In der *Flora der Schweiz* (aus der die Schlüssel im hier vorliegenden Buch ursprünglich stammen) wurden noch die alten Schreibweisen verwendet. Im vorliegenden Bestimmungsbuch hingegen sind alle Artnamen regelkonform klein geschrieben.

Arten, die sich nur in wenigen und schwierig erkennbaren Merkmalen unterscheiden, werden oft als **Kleinarten** eingestuft. Die Definition und Unterscheidung von Kleinarten und Unterarten ist nicht einheitlich. Eine hierarchische Einstufung hängt von der subjektiven Beurteilung des Bearbeiters ab und wird deshalb in verschiedenen Werken auch unterschiedlich gebraucht. Um im vorliegenden Bestimmungsbuch eine einheitliche Struktur zu haben, werden Unterarten hier immer als Kleinarten behandelt. Arten, die in Kleinarten unterteilt werden, bezeichnet man als **Artengruppe** oder als **Aggregat**. In einigen Fällen konnte diese Aufgliederung in Kleinarten im Schlüssel nicht eingefügt werden. Solche Arten werden dann mit dem Zusatz **agg.** versehen, um anzudeuten, dass sie auch weiter aufgeteilt werden können. Die in anderen Büchern oft als Unterarten eingestuften Kleinarten sind im vorliegenden Bestimmungsbuch konsequent als Arten angeführt. Um aber trotzdem einen Quervergleich zwischen dem *Bestimmungsschlüssel zur Flora der Schweiz* und anderen wichtigen Werken (*Flora der Schweiz*, *Flora Helvetica*, *Flora Alpina*) zu ermöglichen, wurden im Register *Wissenschaftliche Namen* die Namen der anderen Werke aufgeführt. Die im vorliegenden Bestimmungsbuch verwendeten Namen sind im Register normal, ihre Synonyme kursiv gedruckt.

Die in der *Flora der Schweiz* (und somit ursprünglich auch im *Bestimmungsschlüssel zur Flora der Schweiz*) verwendete Nomenklatur folgt den heute gültigen Nomenklaturregeln oft nicht, die Verwendung vieler Namen war uneinheitlich. Mit der Herausgabe eines Synonymie-Index (Aeschimann D. & Heitz C., 2005. Synonymie-Index der Schweizer Flora; 2. Auflage. ZDSF, Genf) ist mittlerweile eine gemeinsame Basis für die Schweiz geschaffen. Als Bildwerk neben einem Bestimmungsbuch wird häufig die *Flora Helvetica* verwendet, in der die meisten Namen dem Synonymie-Index entsprechen. Die im *Bestimmungsschlüssel zur Flora der Schweiz* verwendete Nomenklatur wurde, bis auf wenige Ausnahmen, an die *Flora Helvetica* (Lauber K. & al., 2012. 5. Auflage. Haupt Verlag, Bern) angepasst und die dafür notwendigen Korrekturen der Namen in den Schlüsseln vorgenommen.

3 Neophyten

Die in der vorliegenden 7. Auflage zusätzlich aufgenommenen Arten sind Kleinarten, Neuentdeckungen, Adventivarten sowie mehr oder weniger eingebürgerte Gartenflüchtlinge. Wegen der Einschränkungen für die Neuauflage konnten nicht alle Arten aufgenommen werden, die unter diese Kategorien fallen.

Die Schweizer Flora umfasst über 3000 Arten, davon sind 500–600 Arten sogenannte **Neophyten**. Neophyten sind gebietsfremde Arten, die nach dem Jahre 1500 (Entdeckung Amerikas) eingeführt oder eingeschleppt wurden und sich so gut etablieren konnten, dass sie sich wie einheimische Arten verhalten (z. B. *Impatiens parviflora*, *Veronica filiformis*). Etwa 10% der Neophyten können bei uns Probleme verursachen, indem sie sich in natürlichen oder halb-natürlichen Ökosystemen oder Habitaten etablieren, dort Veränderungen verursachen und sich auf Kosten einheimischer Arten ausbreiten. Sie tragen damit zum Rückgang der biologischen Vielfalt bei und werden **invasive Neophyten** genannt; neben der durch den Menschen verursachten Biotopzerstörungen sind invasive Neophyten der zweitwichtigste Grund für den Artenrückgang (siehe z. B. www.infoflora.ch/de/flora/neophyten). Zu den invasiven Neophyten werden auch jene Arten gezählt, welche die menschliche Gesundheit beeinträchtigen oder Schäden an Bauten oder in land- und forstwirtschaftlichen Flächen verursachen. Solche Problemarten gibt es überall auf der Welt, und es werden grosse Anstrengungen unternommen, das Einbringen solcher Arten zu verhindern und bereits etablierte Arten einzudämmen oder wenn möglich auch ganz zu beseitigen.

In der Schweiz werden verschiedene „Listen" geführt, z. B. die Rote Liste der gefährdeten Arten, die Blaue Liste der erfolgreich geförderten Rote-Liste-Arten, aber auch die Black List (Schwarze Liste) der invasiven Neophyten und die Watch List (Beobachtungsliste) der potentiell invasiven Neophyten. Black List und Watch List dienen der Information und Sensibilisierung, aber auch als Grundlage zur Planung gezielter Massnahmen. Alle diese Listen werden periodisch überprüft und bei Bedarf angepasst.

Die **Black List** enthält jene invasiven Neophyten, die in der Schweiz ein hohes Ausbreitungspotential aufweisen und erwiesenermassen Schäden verursachen. Diese Arten sind deshalb generell einzudämmen oder wenn möglich zu eliminieren. Diese Liste umfasst in der Schweiz (Stand September 2014) 41 Arten (Tabelle 1). Die meisten der Arten der Schwarzen Liste sind im Bestimmungsbuch enthalten, die nicht im Bestimmungsbuch aufgenommenen 12 Arten sind in der Tabelle 1 mit * bezeichnet. Für die meisten Arten der Schwarzen Liste gibt es Informationsblätter, die öffentlich zugänglich sind (z. B. www.infoflora.ch/de/flora/neophyten/listen-und-infoblätter.html).

Tabelle 1: Black List der invasiven Neophyten der Schweiz (Stand September 2014; xxx = sehr häufig, xx = häufig, x = eher selten; * nicht im Bestimmungsbuch enthalten).

Wissenschaftlicher Name	Familie	Deutscher Name	Jura	Mittelland	Alpen-Nordflanke	Westliche Zentralalpen	Östliche Zentralalpen	Alpen-Südflanke	(noch) nicht in der CH etabliert	Herkunft
Abutilon theophrasti	Malvaceae	Chinesische Samtpappel	x	x	x			x		W-Asien/ SE-Europa
Ailanthus altissima	Simaroubaceae	Götterbaum	xx	xxx	x	xx	x	xxx		E-Asien
Ambrosia artemisiifolia	Asteraceae	Aufrechte Ambrosie	xxx	xxx	x	xx	x	xxx		N-Amerika
Amorpha fruticosa	Fabaceae	Bastardindigo	x	(x)				xx		N-Amerika
Artemisia verlotiorum	Asteraceae	Verlot'scher Beifuss	xx	xxx	xx	xx	x	xxx		China
Asclepias syriaca	Asclepiadaceae	Syrische Seidenpflanze	x	x				xx		N-Amerika
Buddleja davidii	Buddlejaceae	Sommerflieder, Schmetterlingsstrauch	xxx	xxx	xxx	xx	xx	xxx		China
Bunias orientalis	Brassicaceae	Östliches Zackenschötchen	xxx	xx		xxx	xx	x		SE-Europa
*Cabomba caroliniana**	Cabombaceae	Karolina-Haarnixe							x	Amerika
*Crassula helmsii**	Crassulaceae	Nadelkraut							x	Australien/ Neuseeland
*Cyperus esculentus**	Cyperaceae	Essbares Zyperngras	x	xx				xxx		unbekannt
Echinocystis lobata	Cucurbitaceae	Stachelgurke, Igelgurke							x	N-Amerika
Elodea canadensis	Hydrocharitaceae	Kanadische Wasserpest	xxx	xxx	xx	x	x	x		N-Amerika
Elodea nuttallii	Hydrocharitaceae	Nuttalls Wasserpest	x	xxx	x			x		N-Amerika
Erigeron annuus	Asteraceae	Einjähriges Berufkraut	xxx	xxx	xx	xx	xx	xxx		N-Amerika
Heracleum mantegazzianum	Apiaceae	Riesen-Bärenklau	xxx	xxx	xxx	xxx	xx	xxx		Kaukasus
*Hydrocotyle ranunculoides**	Apiaceae	Grosser Wassernabel							x	Afrika, Amerika
Impatiens glandulifera	Balsaminaceae	Drüsiges Springkraut	xxx	xxx	xx	x	x	xxx		Himalaja
Lonicera henryi	Caprifoliaceae	Henrys Geissblatt		xx						China
Lonicera japonica	Caprifoliaceae	Japanisches Geissblatt	x	xx		x		xxx		E-Asien
*Ludwigia grandiflora**	Onagraceae	Grossblütiges Heusenkraut		(x)					x	Amerika
*Ludwigia peploides**	Onagraceae	Flutendes Heusenkraut							x	Amerika
Lupinus polyphyllus	Fabaceae	Vielblättrige Lupine	x	x	x	x	x	x		N-Amerika
*Myriophyllum aquaticum**	Haloragaceae	Brasilianisches Tausendblatt		(x)					x	S-Amerika
Polygonum polystachyum	Polygonaceae	Vielähriger Knöterich	x	xx		x	x	xx		Himalaja
Prunus laurocerasus	Rosaceae	Kirschlorbeer	xx	xxx				xxx		W-Asien/ SE-Europa
Prunus serotina	Rosaceae	Herbst-Kirsche	x	x				xxx		N-Amerika
Pueraria lobata	Fabaceae	Kudzu, Kopoubohne						xxx		E-Asien
Reynoutria japonica	Polygonaceae	Japanischer Staudenknöterich	xxx	xxx	xxx	xx	xx	xxx		E-Asien
Reynoutria sachalinensis	Polygonaceae	Sachalin-Staudenknöterich	xx	xx		x		x		E-Asien
*Reynoutria x bohemica**	Polygonaceae	Bastard-Knöterich	xx	xx				xxx		E-Asien
Rhus typhina	Anacardiaceae	Essigbaum	xxx	xxx	x	xx	x	xxx		N-Amerika
Robinia pseudoacacia	Fabaceae	Falsche Akazie, Robinie	xxx	xxx	xx	xxx	xxx	xx		N-Amerika
*Rubus armeniacus**	Rosaceae	Armenische Brombeere	xxx	xxx						Kaukasus
Senecio inaequidens	Asteraceae	Schmalblättriges Greiskraut	xx	xxx	x	xx	x	xxx		S-Afrika
*Sicyos angulatus**	Cucurbitaceae	Haargurke						(x)	x	N-Amerika
*Solanum carolinense**	Solanaceae	Karolina-Nachtschatten							x	N-Amerika
Solidago canadensis	Asteraceae	Kanadische Goldrute	xxx	xxx	xx	xx	xx	xxx		N-Amerika
Solidago gigantea	Asteraceae	Spätblühende Goldrute	xxx	xxx	xx	xx	xx	xxx		N-Amerika
*Toxicodendron radicans**	Anacardiaceae	Giftefeu							x	Asien, N-Amerika
Trachycarpus fortunei	Arecaceae	Hanfpalme		xx				xxx		E-Asien

Die Arten der **Watch List** haben ein mittleres bis hohes Ausbreitungspotential, sie können Schäden wie die Arten der Black List anrichten bzw. sie verursachen in anderen Ländern bereits solche Schäden. Die Verbreitung und Auswirkungen dieser Arten sind zu beobachten, damit bei Bedarf möglichst rasch Massnahmen ergriffen werden können. Die Watch-Liste umfasst (Stand September 2014) in der Schweiz 17 Arten (Tabelle 2). Die meisten der Arten der Watch List sind im Bestimmungsbuch enthalten, die nicht im Bestimmungsbuch aufgenommenen 3 Arten sind in der Tabelle 2 mit * bezeichnet. Auch für die meisten Arten der Watch List gibt es Informationsblätter, die öffentlich zugänglich sind (z. B. www.infoflora.ch/de/flora/neophyten/listen-und-infoblätter.html).

Schäden können aber nicht nur von fremden Arten verursacht werden. Auch einheimische Arten können lokal massiv auftreten und sind dann ebenso unerwünscht, z. B. *Cirsium arvense*, *Phragmites australis*, *Pteridium aquilinum*, *Rumex obtusifolius*, *Senecio erucifolia* und *Senecio jacobaea*.

Tabelle 2: Watch List der invasiven Neophyten der Schweiz (Stand September 2014; xxx = sehr häufig, xx = häufig, x = eher selten; * nicht im Bestimmungsbuch enthalten).

Wissenschaftlicher Name	Familie	Deutsch	Jura	Mittelland	Alpen-Nordflanke	Westliche Zentralalpen	Östliche Zentralalpen	Alpen-Südflanke	Herkunft
Acacia dealbata	Mimosaceae	Silberakazie, Falsche Mimose						xx	Australien
Aster novi-belgii agg.	Asteraceae	Neubelgische Aster	xx	xx		x		xx	N-Amerika
Bassia scoparia*	Chenopodiaceae	Besen-Radmelde, Besenkraut	x	x		xxx			Asien/ E-Europa
Cornus sericea	Cornaceae	Seidiger Hornstrauch	x	xx					N-Amerika
Galega officinalis	Fabaceae	Geissraute	x	xx		x		x	SW-Asien/ SE-Europa
Helianthus tuberosus	Asteraceae	Topinambur, Knollen-Sonnenblume	x	xx	x	x	x	xx	N-Amerika
Impatiens balfourii	Balsaminaceae	Balfours Springkraut	x	xx	x	x		xx	E-Asien
Lysichiton americanus*	Araceae	Amerikanischer Stinktierkohl		(x)					N-Amerika
Opuntia humifusa	Cactaceae	Feigenkaktus, Opuntie		x		xxx	x		N-Amerika
Parthenocissus inserta	Vitaceae	Gewöhnliche Jungfernrebe	x	xx		x		x	N-Amerika
Paulownia tomentosa	Paulowniaceae	Paulownie, Blauglockenbaum	x	xx		x		xx	E-Asien
Phytolacca americana	Phytolaccaceae	Amerikanische Kermesbeere	x	x				xxx	N-Amerika
Sagittaria latifolia	Alismataceae	Breitblättriges Pfeilkraut	x	x				x	N-Amerika
Sedum spurium	Crassulaceae	Kaukasus-Fetthenne, Kaukasus-Mauerpfeffer	xx	xx	x	x	x	x	SW-Asien
Sedum stoloniferum*	Crassulaceae	Ausläuferbildender Mauerpfeffer		xx					SW-Asien
Solidago graminifolia	Asteraceae	Grasblättrige Goldrute		xx					N-Amerika
Symphoricarpos albus	Caprifoliaceae	Schneebeere	xxx	xx					N-Amerika

4 Standort

Pflanzenindividuen sind nicht mobil, sie müssen mit den an ihrem Standort herrschenden Bedingungen auskommen – oder sie gehen ein. Sie stehen deshalb in enger Wechselbeziehung zur Umwelt an ihrem Standort. Dabei wirken nicht nur die Standortfaktoren auf die Pflanzen, sondern umgekehrt beeinflussen Pflanzen auch ihren Standort. In dieser wechselseitigen Beziehung ist das Verständnis von Standorteigenschaften und ihrer Wirkung auf die Pflanzen von zentraler Bedeutung.

Über das Vorkommen von Pflanzenarten an einem Standort entscheiden v. a. zwei Dinge: ihre **physiologischen Möglichkeiten** und die **Konkurrenz anderer Pflanzen.** Unter ähnlichen Standortbedingungen kommen deshalb ähnliche Kombinationen von Pflanzenarten vor. Die vielfältige Kombination verschiedener Standorteigenschaften bewirkt eine Fülle unterschiedlicher Vegetationstypen. Die entscheidenden Faktoren sind Klima, Boden, Relief und Lebewesen.

4.1 Klima

Die mittlere Jahrestemperatur in der Schweiz beträgt auf 500m ü. M. rund 8.5°C. Pro 100m Höhenzunahme nimmt sie durchschnittlich um 0.5°C ab. Der mittlere Jahresniederschlag der Schweiz beträgt etwa 1450mm. Diese Angaben sind Jahresmittelwerte der Gesamtschweiz. Das Klima ist aber nicht in der ganzen Schweiz gleich. Unterhalb der Waldgrenze können drei Regionen mit verschiedenem Klima unterschieden werden:

1) **Jura, Mittelland** und die **Nordalpen** liegen im Bereich der West- bis Nordwinde und somit im Einflussbereich des Atlantiks. Hier haben wir relativ viele Niederschläge und hohe Luftfeuchtigkeit sowie einen mehr oder weniger ausgeglichenen Temperaturverlauf. Das Klima ist hier relativ **atlantisch.**
2) In den zentralalpinen Tälern (in der Schweiz im **Wallis** und im **Unterengadin**) haben wir geringe Niederschläge, hohe tägliche und jahreszeitliche Temperaturgegensätze und intensive Sonneneinstrahlung. Dieses Klima ist ähnlich wie im Inneren von Kontinenten (z. B. in weiten Teilen von Osteuropa und Zentralasien), hier haben wir ein relativ **kontinentales Klima.**

3) Die Region in den Südalpen im Bereich der norditalienischen Seen (vom Gebiet westlich des Lago Maggiore bis in die Region des Gardasees) wurde von den Römern Insubrien genannt (nach dem keltischen Stamm der Insubrer), zu dieser Region gehört auch der südliche Teil des Kantons **Tessin**. Insubrien zeichnet sich aus durch sehr viele Niederschläge, gekoppelt mit sehr vielen Sonnenstunden und gelegentlich längeren Trockenperioden sowie mit relativ hoher, ausgeglichener Temperatur. Dieses Klima nennt man **insubrisches Klima**.

Im Tiefland sind diese unterschiedlichen Klimata relativ ausgeprägt. Mit zunehmender Höhe über Meer werden die regionalen Unterschiede kleiner, in der alpinen Stufe (oberhalb von etwa 2000m ü.M.) sind die klimatischen Verhältnisse überall ähnlich. Das Klima dort wird **Gebirgsklima** genannt. Das Gebirgsklima zeichnet sich aus durch eine tiefe mittlere Temperatur, durch eine hohe Niederschlagsmenge, aber (wegen der tiefen Temperaturen) durch eine geringe Luftfeuchtigkeit, durch einen hohen Anteil an Niederschlag in Form von Schnee und durch jederzeit mögliche (im Sommer v. a. nächtliche) Fröste.

Zwei Aspekte des Klimas an einem Standort haben direkte Auswirkungen auf die Vegetation: die **Wärmemenge** und ihre Verteilung (tages- wie jahreszeitlich) sowie die **Niederschlagsmenge** und ihre jahreszeitliche Verteilung. Dies sei an zwei Beispielen erläutert:

Torfmoose (*Sphagnum* spp.) sind jene Pflanzen, die ein Hochmoor bilden. Damit sie wachsen können, braucht es genügend Niederschläge und nicht zu tiefe Temperaturen. Deshalb gibt es im Wallis (relativ kontinentales Klima mit wenig Niederschlag) und in der alpinen Stufe (tiefe Jahresmitteltemperaturen) kaum gut ausgebildete Hochmoore.

Die Rotbuche (*Fagus sylvatica*) ist der wichtigste Laubbaum in der Schweiz. Sie ist nördlich und südlich der Alpen (relativ atlantisches resp. insubrisches Klima) häufig. Im relativ kontinentalen Klima (Wallis, Unterengadin) ist die Sonneneinstrahlung grösser und somit der Wärmeeintrag am Tag höher. Die Buche würde in diesen Gegenden früher austreiben als nördlich und südlich der Alpen. Im kontinentalen Klima sind aber die Nächte kalt, Fröste können auch im Tiefland bis in den Frühsommer auftreten. Dies und die geringen Niederschlagsmengen erträgt die Rotbuche nicht. Deshalb kommt sie in den Zentralalpen nicht (oder zumindest nicht waldbildend) vor.

4.2 Boden

Der Boden ist das Produkt verschiedener **Prozesse**. Besonders wichtig sind die Verwitterung des Ausgangsgesteins (auch Muttergestein genannt), die Humusbildung aus organischen Bestandteilen, die Verlagerung und die Gefügebildung. Die Bodenbildung hängt von verschiedenen **Faktoren** ab: vom Gestein, vom Klima, vom Relief, von den Lebewesen und von der zur Verfügung stehenden Zeit für die Bodenbildung.

In einem Boden können mehr oder weniger deutlich verschiedene Schichten, sogenannte **Horizonte**, unterschieden werden. Sie sind das Produkt der Bodenbildungsprozesse und weisen meist unterschiedliche Eigenschaften auf. Um diese Horizonte zu sehen, muss der Boden bis

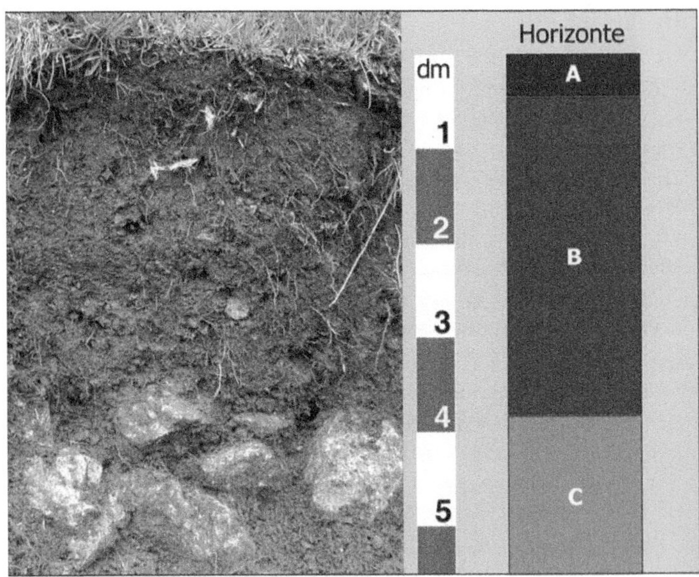

Abb. 1: Beispiel eines Bodenprofils, hier eine alpine Braunerde. Zuoberst liegt der **Horizont A** (hier ca. 5cm) mit organischem Material (verwittertes Pflanzenmaterial). Die darunter liegende Mineralerde (hier ca. 30cm) besteht aus verwittertem Ausgangsmaterial und wird **Horizont B** genannt. Zuunterst befindet sich das Ausgangsmaterial, dieses wird als **Horizont C** bezeichnet; hier beginnt dieser Horizont bereits in weniger als 40cm Tiefe, dieser Boden ist also wie viele alpine Böden ziemlich flachgründig. K.Osterwalder in Baltisberger M. & al., 2013. Systematische Botanik; v/d|f Hochschulverlag, Zürich.

zum Ausgangsgestein geöffnet werden; es muss ein sogenanntes **Bodenprofil** gegraben werden (siehe Abb. 1). Ein tiefer Boden wird tiefgründig genannt, einen wenig tiefen Boden nennt man flachgründig. Je tiefgründiger ein Boden ist, desto mehr Raum bietet er für die Wurzeln und desto grösser ist das potentielle Speichervolumen für Wasser und Nährstoffe. An einem Bodenprofil können viele der für die Pflanzen wichtigen Eigenschaften beurteilt werden: Nährstoff- und Wassergehalt, Luft- und Wärmehaushalt, Anteil an steinigem Material („Skelett"), pH-Wert (auf kalkreicher Unterlage meist basisch, auf Silikatgestein meist sauer). Die Böden werden nach ihrem Aufbau und ihren Eigenschaften in verschiedene Typen klassiert, wobei in der Natur die verschiedensten Entwicklungsstadien und viele Übergänge angetroffen werden.

4.3 Relief

Als Relief bezeichnet man die Lage im Gelände und die Form des Geländes. Neigung und Exposition können einen grossen Einfluss auf die Vegetation haben. So sind z. B. steile, südexponierte Hänge einer extremen Sonneneinstrahlung ausgesetzt, Nordhänge hingegen sind schattig und feucht (Abb. 2). In der alpinen Stufe mit ihren extremen klimatischen Bedingungen ist der Einfluss des Reliefs auch kleinräumig oft sehr auffallend. In Mulden wird der Schnee wegen der Windverfrachtungen angehäuft und bleibt deshalb mehrere Wochen länger liegen (Schneetälchen) als auf Kuppen und Graten oder auch in unmittelbar angrenzenden Flächen, von denen der Schnee durch den Wind verblasen wurde. Der Schnee ist ein guter Wärmeisolator, der im kalten Winter die Pflanzen in den Mulden schützt; hier können deshalb auch frostempfindliche Pflanzen wachsen. Allerdings bleibt der Schnee wegen der dickeren Schicht hier auch viel länger liegen, was die Vegetationszeit verkürzt. Alpenrosen (einheimische Arten der Gattung *Rhododendron*) müssen im Winter schneebedeckt sein, damit sie die kalte Jahreszeit überleben, sie kommen deshalb nicht auf windgefegten Kuppen vor, wo der Schnee häufig verblasen wird. Die hier lebenden Pflanzen haben auch im Winter oft keine schützende Isolationsschicht des Schnees; deshalb wachsen auf Kuppen frostharte Pflanzen (z. B. *Loiseleuria procumbens*).

Andere topographische Situationen können ebenfalls einen grossen Einfluss auf die betroffenen Standorte und somit auf die Vegetation haben. In mechanisch belasteten Gebieten (z. B. in Lawinen- oder Steinschlagrunsen) haben es Bäume sehr schwer, da finden wir als Holzpflanzen oft flexible Sträucher oder sogar nur Krautpflanzen. Die Lage zu stehendem oder fliessendem Wasser kann ebenfalls einen

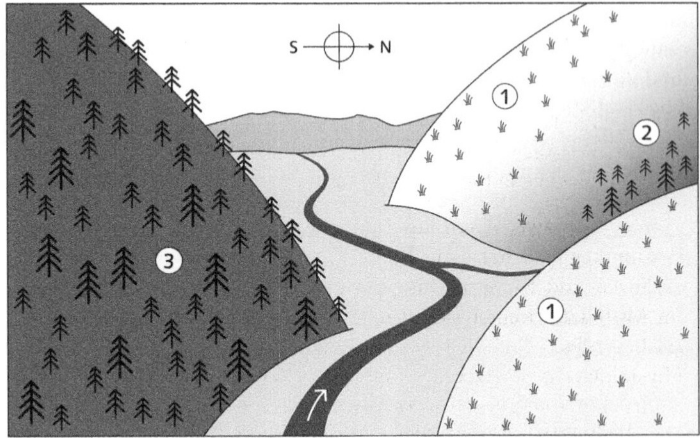

Abb. 2: Schematischer Querschnitt durch das Unterwallis mit der Rhone. Hier ist der Einfluss des Reliefs auf die Vegetation eindrücklich sichtbar: 1: Am südexponierten Hang auf der rechten Talseite ist es sehr trocken, hier wächst die Felsensteppe. 2: In den engen Seitentälern, in denen meist ein Bach fliesst und deshalb sowie wegen des geringen Windes die Luftfeuchtigkeit höher ist, findet man oft feuchte Schluchtwälder. 3: Am Nordhang auf der linken Talseite wächst Wald. Baltisberger M. & al., 2013. Systematische Botanik; v/d|f Hochschulverlag, Zürich.

grossen Einfluss haben. So beeinflusst das Relief die Hochwasserdynamik eines Flusses und damit auch die Auenlandschaft; dies äussert sich schlussendlich auch in der Vegetationszonierung der Auenlandschaft. An Seen beeinflusst das Relief die Wassertiefe, was direkten Einfluss auf die Vegetationen in den Verlandungsgebieten hat.

4.4 Lebewesen

4.4.1 Einfluss von Tieren, Mikroorganismen und Pflanzen

Tiere haben eine grosse Bedeutung als Bestäuber (v. a. Insekten) und als Ausbreiter von Samen oder Früchten. Beweidung (Verbiss, Tritt) durch Herbivoren fördert Arten, welche vorwiegend bodennahe Blätter besitzen und sich durch eine hohe Regenerationsfähigkeit, Unempfindlichkeit gegen Tritt (wie *Lolium perenne, Plantago major, Poa annua*) oder durch spezielle Schutzvorrichtungen (z. B. Dornen, Brennhaare, Giftstoffe) auszeichnen. Mikroorganismen spielen als Destruenten, Parasiten und Symbionten eine grosse Rolle. Unter den

Symbionten sind die Mykorrhizapilze in den Wurzeln der meisten Landpflanzen besonders wichtig. Bei gewissen Pflanzen wie *Fabaceae* und *Alnus* kann mit Hilfe symbiontischer Bakterien in Wurzelknöllchen Luftstickstoff fixiert werden.

Schliesslich wirken die Pflanzen selbst beträchtlich aufeinander (auch Individuen derselben Art!). Sie konkurrenzieren um Licht, Raum, Wasser und Nährstoffe. In der gegenseitigen Konkurrenz können sich zwei Arten ausschliessen, sie können miteinander in ein bestimmtes Gleichgewicht kommen, oder sie können sich gegenseitig ergänzen und fördern. Das natürliche Vorkommen der Waldbäume im Mittelland richtet sich weitgehend nach der Konkurrenzfähigkeit (insbesondere der Fähigkeit der Verjüngung) und nicht nach dem physiologisch möglichen oder optimalen Wachstum. Dies sieht man eindrücklich an den Vorkommen der Wald-Föhre (*Pinus sylvestris*). Sie dominiert nur unter Extremverhältnissen (sehr trocken oder sehr feucht und sauer). Unter günstigeren Bedingungen würde sie besser wachsen, aber dort wird sie durch die Laubbäume verdrängt.

4.4.2 Einwirkungen des Menschen

Mit seinen radikalen Eingriffen ist der Mensch einer der wichtigsten, die Landschaft prägenden Standortfaktoren. Insbesondere im Tiefland, aber auch in Bergregionen bewirtschaftet er seit langer Zeit einen grossen Teil der Landfläche. Dadurch hat er völlig neue Standorte und damit auch Vegetationen geschaffen, die ohne das Zutun des Menschen gar nicht oder zumindest in der Schweiz nicht auftreten würden. Die wichtigsten, durch den Menschen verursachten (= anthropogenen) Veränderungen sind die folgenden:

- Der Mensch nutzt die Wälder zur Gewinnung von Holz. Je nach Verwendungszweck fördert oder eliminiert er Arten oder pflanzt standortfremde Arten an. Im Mittelland entstanden dadurch spezielle Waldgesellschaften (z. B. der Eichen-Hagebuchenwald) oder Monokulturen (insbesondere der Fichte, *Picea abies*).
- Um Kulturflächen für Ackerbau und Viehwirtschaft zu gewinnen, hat der Mensch riesige Waldflächen gerodet. Auf all diesen ursprünglich bewaldeten Flächen gibt es nun Kulturland mit seinen spezifischen Bewirtschaftungsformen und somit auch speziellen Standortbedingungen: Äcker, Weinberge, Gärten, Wiesen, Weiden. Viele der dort bewusst geförderten oder auch als Begfleitflora auftretenden Arten könnten ohne den Menschen hier nicht wachsen.
- Um den Ertrag zu erhöhen, werden viele Kulturflächen gedüngt und bewässert. Dies fördert schnellwüchsige und konkurrenzstarke Arten. Die intensive Nutzung (insbesondere Schnitt) eliminiert zusätz-

lich jene Arten, die diese Behandlung nicht ertragen. Deshalb sind intensiv genutzte Kulturen relativ artenarm. Zu den am intensivsten behandelten Vegetationen gehören die Zierrasen, die wöchentlich geschnitten und häufig gedüngt und gewässert werden; hier gedeihen nur wenige Arten (z. B. *Bellis perennis*, *Veronica filiformis*). Magerwiesen und andere Vegetationen nährstoffarmer Standorte sind hingegen meist artenreich, werden aber immer seltener.

- Durch bewusste oder zufällige Einfuhr fremder Arten (sog. Neophyten) kann die einheimische Flora bereichert werden. Da aber einige der eingeführten Fremdlinge sich auf Kosten einheimischer Arten ausbreiten und diese z. T. verdrängen oder sogar ganze Vegetationen verändern, können sie auch zu einem naturschützerischen Problem werden.
- Die Drainierung (Trockenlegung) von Feuchtgebieten ermöglicht eine intensivere Nutzung des Landes, hat aber auch zu einem drastischen Rückgang der ursprünglich weitverbreiteten Feuchtwiesen geführt. Diese sind heute stark gefährdet.
- Durch Überbauungen (Strassen, Siedlungen, Industrieanlagen) wurden grosse Flächen versiegelt (d. h., die Oberfläche ist kaum wasserdurchlässig). Dabei wurden aber auch neue Standorte geschaffen (Mauern, Ruderalstellen, Industriebrachen), in denen spezialisierte Pflanzengesellschaften gedeihen.
- Der Mensch beeinflusst Standorte und Vegetationen auch indirekt durch die Veränderung von Klimafaktoren oder durch Umweltverschmutzungen.

4.5 Beschreibung von Standorteigenschaften

4.5.1 Zeigerwerte

Viele Pflanzenarten können aus physiologischen Gründen oder wegen der Konkurrenz nur an speziellen Standorten wachsen. Diese Standortvorlieben lassen sich für jede Art wiedergeben mit ihren ökologischen Zeigerwerten (Landolt E. & al., 2010. Flora indicativa. 2. Auflage. Haupt Verlag, Bern), die sich auf einer Skala zwischen 1 und 5 bewegen. Die Zeigerwerte haben den Vorteil, einen klaren numerischen Vergleich zu ermöglichen. Da sie aber lediglich das Schwergewicht des ökologischen Vorkommens einer Art bezeichnen, wird in gewissen Fällen eine nicht vorhandene Genauigkeit vorgetäuscht. Zudem stellen die Werte den Mittelwert dar und geben keine Auskunft über die Streuung. Arten können auf einen sehr engen Bereich eines Faktors beschränkt und damit verlässliche Indikatoren für den jeweiligen Wert sein. Sie können aber auch einen grossen Bereich eines Faktors tolerieren und zeigen damit eine grosse Streuung, die Aussagekraft ihres Mittelwertes ist deshalb eingeschränkt. Die ökologischen Zeigerwerte werden v. a. in der Pflanzensoziologie angewendet.

Zeigerwerte sind mittlerweile für viele verschiedene Standortfaktoren aller in der Schweiz vorkommenden Arten verfügbar, in vereinfachter und konzentrierter Form sind sie auch in die „Flora Helvetica" (Lauber & al. 2012) übernommen worden. Ein Zeigerwert umschreibt jeweils die Menge des im Namen genannten „Parameters"; auf der 5er-Skala bedeutet dies, dass bei einer 1 wenig, bei einer 5 hingegen viel vom entsprechenden „Stoff" vorhanden ist. Die Feuchtezahl F bezeichnet so z. B. die Menge des Wassers, die Nährstoffzahl N die Menge an Nährstoffen (insbesondere Stickstoff) und die Reaktionszahl R (auch Basenzahl genannt) die Menge an Basen (also den pH-Wert des Bodens; in Werten ausgedrückt entspricht die 1 einem pH-Bereich von 2.5–3.5, eine 5 dem Bereich von 6.5–8).

4.5.2 Zeigerpflanzen

Da einige Arten nur an Extremausprägungen von bestimmten Standortfaktoren wachsen und somit eine geringe Streuung bezüglich einzelner Standortfaktoren aufweisen, können sie als **Zeigerpflanzen** (Bioindikatoren) für eben diese Faktoren gelten. Besonders gute Zeigerarten sind jene mit den Extremwerten 1 oder 5. Aber auch Arten mit Zeigerwerten 2 oder 4 können gute Zeigerarten sein, wenn sie eine enge Streuung aufweisen. Mit der Kenntnis von Zeigerarten ist eine einfache Beurteilung von Standorten möglich, ohne dass z. T. aufwendige oder langwierige Messungen vorgenommen werden müssen. So zeigt zum Beispiel das Vorkommen von *Carex firma* einen sehr basenreichen und nährstoffarmen Standort an, die Reaktionszahl von *Carex firma* ist dementsprechend 5 und die Nährstoffzahl 1; *Urtica dioica* hingegen zeigt eine grosse Streuung betreffend des pH-Wertes des Bodens, kommt aber nur an nährstoffreichen Standorten vor, die Reaktionszahl von *Urtica dioica* ist 3, die Nährstoffzahl aber 5.

Als **Vikarianten** (= ökologische Stellvertreter) bezeichnet man nahe verwandte Arten, die relativ enge ökologische Ansprüche zeigen, sich aber in diesen unterscheiden und darum unterschiedliche Standorte besiedeln. Durch die Bezeichnung als Vikarianten wird eine Beziehung zwischen diesen Arten hergestellt. Solche Beziehungen weisen nicht nur auf die komplementären Standorte hin, sie strukturieren auch die Information zu den betreffenden Arten und können dadurch das Memorisieren erleichtern. Am besten bekannt sind Vikarianten bezüglich des pH-Wertes des Bodens, z. B. *Androsace vandellii* (*Primulaceae*) mit R2 und *Androsace helvetica* mit R5, *Gentiana acaulis* (*Gentianaceae*) mit R2 und *Gentiana clusii* mit R5, *Pulsatilla apiifolia* (*Ranunculaceae*) mit

R2 und *Pulsatilla alpina* mit R4 sowie *Rhododendron ferrugineum* (*Ericaceae*) mit R2 und *Rhododendron hirsutum* mit R4.

4.5.3 Ökogramme

Standortfaktoren stehen in vielfältigen, sich gegenseitig beeinflussenden Beziehungen. Um diese Komplexität übersichtlich darzustellen, können Ökogramme verwendet werden. Dabei werden in einem zweidimensionalen Diagramm zwei Standortfaktoren miteinander in Beziehung gebracht. Im Prinzip ist dies mit jeder Kombination von Faktoren machbar. Es hat sich aber eingebürgert, dass Ökogramme die beiden Faktoren Wasser und pH-Wert des Bodens enthalten (Abb. 3).

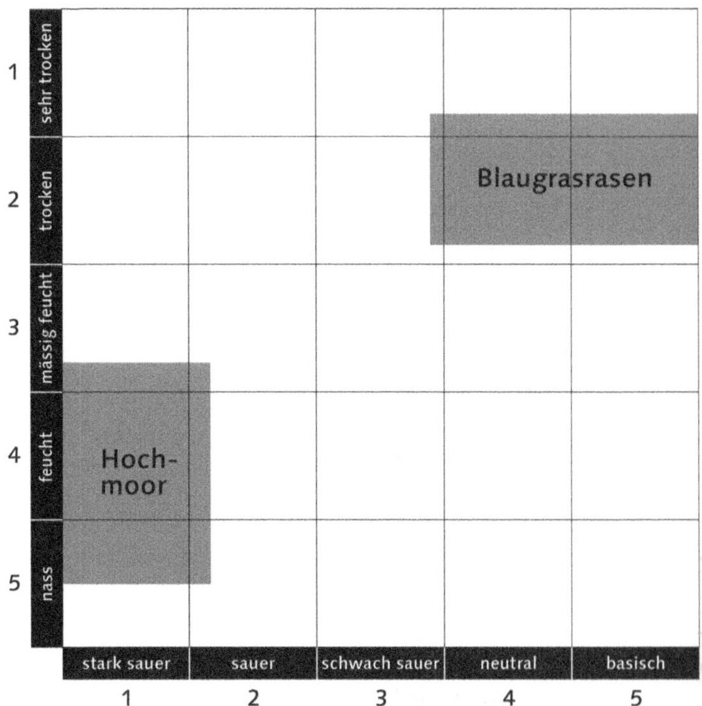

Abb. 3: Aufbau eines Ökogramms. Schematische Darstellung der Standortfaktoren „Wasser" und „pH-Wert des Bodens", jeweils mit einer 5wertigen Skala. In einem Ökogramm lassen sich die Standortbereiche einer Vegetation visualisieren. Beispiele: Hochmoore kommen nur im nassen und stark sauren Bereich vor. Der Blaugrasrasen wächst an trockenen und basischen Standorten. Baltisberger M. & al., 2013. Systematische Botanik; v/d|f Hochschulverlag, Zürich.

Sie haben sich als die beiden wichtigsten Faktoren herausgestellt. Die Bedeutung des Faktors Wasser ist intuitiv verständlich. Der pH-Wert des Bodens steht in komplexer Beziehung zu verschiedenen weiteren Faktoren (z. B. Kalkgehalt, Streuabbau, Nährstoffverfügbarkeit).

In einem Ökogramm lassen sich Pflanzengesellschaften eintragen, aber auch die ökologischen Möglichkeiten einer Art lassen sich mittels eines Ökogrammes darstellen. Um ein Ökogramm für eine Pflanzengesellschaft zu erstellen, können die Zeigerwerte der für die Gesellschaft wichtigen Arten in einem Ökogramm eingetragen werden. Aus diesen Punkten kann der für diese Pflanzengesellschaft charakteristische Bereich definiert werden. Die Bereiche sind in der Natur aber kaum scharf abgegrenzt, obwohl ein Ökogramm dies so erscheinen lässt.

5 Höhenstufen

Pflanzen wachsen dort, wo sie von ihren physiologischen Möglichkeiten her wachsen können und von der Konkurrenz anderer Pflanzen nicht verdrängt werden. Da die Temperatur mit der Höhe über dem Meer abnimmt, wachsen viele Arten nur in bestimmten Höhenbereichen. Dies führt zu einer offensichtlichen Gliederung der Vegetation im Höhengradienten. Besonders auffallend ist der Wechsel der Wuchsform an der Baumgrenze, wo das Vorkommen der Bäume endet und darüber nur noch niedrigwüchsige Pflanzen vorkommen (krautige Pflanzen und Zwergsträucher). Die durch das regelmässige Vorkommen charakteristischer Pflanzenarten gekennzeichneten Höhenabschnitte werden **Höhenstufen** genannt (Abb. 4). Die Grenzen zwischen den verschiedenen Höhenstufen sind häufig nicht scharf, sondern sie gehen meistens in einem mehr oder weniger breiten Bereich ineinander über. Zudem kann der Mensch durch Eingriffe in die Vegetation die natürlichen Grenzen nachhaltig verändern. So wurde z. B. die Baumgrenze durch den Menschen an vielen Orten nach unten verschoben (z. B. Abholzung und Beweidung).

In Europa werden die Höhenstufen (ausser alpine Stufe) meist nach der oberen Grenze wichtiger Waldbäume definiert. Wir unterscheiden für die Schweiz 4 von meist dichten Vegetationen bewachsene Hauptstufen, die auch noch feiner unterteilt werden können:

- **Kolline Stufe** (Hügelstufe, Eichen-Buchen-Stufe): Die obere Grenze wird durch die oberen Vorkommen von Eichen (*Quercus*) gebildet. Die kolline Stufe wird dominiert von sommergrünen Laubwälder. Neben den mit ihren oberen Vorkommen die Grenze markierenden Arten der Gattung *Quercus* ist nördlich der Alpen v. a. *Fagus sylvatica* häufig und oft dominierend. In den Zentralalpen ist v. a. *Quercus pubescens* waldbildend, allerdings sind diese Wälder durch den Menschen stark dezimiert. Südlich der Alpen gibt es artenreiche Laubmischwälder. Ähnlich hoch wie die Arten der Gattung *Quercus* steigen bei uns die Kulturpflanzen *Juglans regia* (Walnussbaum), *Vitis vinifera* (Weinrebe) und *Zea mays* (Mais). Getreide und Obst wird in den Nord- und Südalpen meist auch nur bis zu dieser Grenze angebaut.

- **Montane Stufe** (Bergstufe): Diese Höhenstufe gibt es in 2 verschiedenen Ausprägungen, je nach Klimaregion; diese beiden Formen können auch als unterschiedliche Bergstufen angesehen und dann auch verschieden benannt werden. Im Jura, im Mittelland und in den Nordalpen mit relativ atlantischem Klima sowie in den Südalpen mit insubrischem Klima wird die obere Grenze durch die oberen Vorkommen von *Fagus sylvatica* gebildet (Weisstannen-Buchen-Stufe). In den Zentralalpen mit relativ kontinentalem Klima, wo die Buche nicht waldbildend vorkommt, wird die obere Grenze durch die oberen Vorkommen von *Pinus sylvestris* gebildet (Kontinentale Bergstufe, Waldföhren-Stufe).

  Die natürliche Vegetation in der montanen Stufe besteht nördlich und südlich der Alpen aus Wäldern, in denen *Fagus sylvatica* häufig und oft dominierend ist. Daneben sind *Abies alba* und (v. a. in der oberen montanan Stufe) auch *Picea abies* häufig. In den Zentralalpen kommt *Fagus sylvatica* nicht vor, hier bildet *Pinus sylvestris* ausgedehnte Wälder, in die von oben *Picea abies* eindringt.
- **Subalpine Stufe** (Gebirgsstufe, Nadelwaldstufe): Diese Stufe geht bis zur Baumgrenze; sie wird je nach Region und Untergrund v. a. von *Picea abies*, aber auch von *Pinus mugo*, *Pinus uncinata* oder *Larix decidua/Pinus cembra* gebildet.

  Die natürliche Vegetation der subalpinen Stufe besteht aus Nadelwäldern, in denen meist *Picea abies* die dominierende Art ist. In den Zentralalpen ist häufig *Larix decidua* und in höheren Lagen *Pinus cembra* beigemischt. Auf wenig tiefgründigen und somit trockenen Standorten (z. B. auf Dolomit oder Serpentinit) bildet *Pinus uncinata* ausgedehnte Bestände, in zusätzlich mechanisch belasteten Standorten (Erdrutsche, Lawinen) wächst *Pinus mugo*. In nordexponierten, feuchten Lagen kann *Alnus viridis* in dichten, grossen Beständen vorkommen.
- **Alpine Stufe** (Hochgebirgsstufe, Rasenstufe): Diese Stufe geht hinauf bis zur Vegetationsgrenze.

  Sofern die Bodenverhältnisse stabil sind, wachsen in der alpinen Stufe geschlossene Rasen (niederwüchsige Wiesen).

Oberhalb dieser 4 vegetationsreichen Hauptstufen kann eine weitere Höhenstufe definiert werden:

– **Nivale Stufe** (Schneestufe): In dieser Stufe gibt es keine geschlossene Vegetation mehr. Im unteren Teil dieser Stufe treten noch regelmässig, aber sehr zerstreut Blütenpflanzen auf (v. a. Schuttpflanzen). Im oberen Teil hingegen kommen ausser in relativ warmen Felsnischen keine Blütenpflanzen mehr vor. Hier wachsen wenige Moose, einige Algen und viele Flechten.

Als weitere Stufe wird die **planare Stufe** noch unterhalb der kollinen Stufe unterschieden, sie tritt in der Schweiz aber nicht auf. Die planare Stufe wird einerseits über die Höhenlage (unter 200m ü.M.) und andererseits über die Geländeform (ausgedehnte Ebenen ohne oder nur mit wenig ausgeprägten Erhebungen) charakterisiert. Sie ist in Mittel-, Nord- und Osteuropa grossflächig vertreten (mittel- und nordeuropäisches Tiefland von der flandrischen Küste bis weit nach Osteuropa sowie die grossflächigen Niederungen des Donaulaufes in Mittel- und Osteuropa). Die Vegetationen umfassen Laubwälder (v. a. Eichenwälder in verschiedenen Ausprägungen), Föhrenwälder (v. a. auf sandigen und schotterreichen Böden), Auenwälder (entlang der grossen Flüsse) sowie verschiedene Steppen (v. a. in Osteuropa).

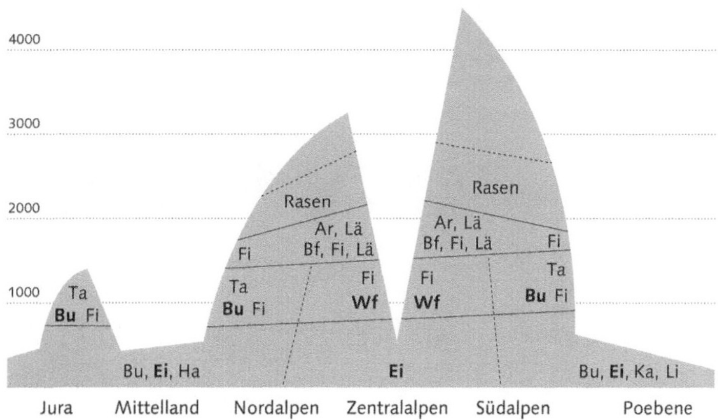

Abb. 4: Höhenstufen auf einem schematischen Querschnitt vom Jura bis in die Poebene, mit Angabe der jeweils wichtigsten Baumgattungen resp. -arten (die Definitionstaxa sind fett eingetragen). Ar = Arve, Bf = Bergföhre, Bu = Buche, Ei = Eiche, Fi = Fichte, Ha = Hagebuche, Ka = Kastanie, Lä = Lärche, Li = Linde, Ta = Tanne, Wf = Waldföhre, gepunktete Linie = Vegetationsgrenze. Baltisberger M. & al., 2013. Systematische Botanik; v/d|f Hochschulverlag, Zürich.

6 Biogeographische Regionen und Lebensräume

Die Schweiz kann in 6 **biogeographische Regionen** eingeteilt werden (Abb. 5). Die Regionen unterscheiden sich in ihrem Klima, ihrer Topographie und/oder ihrer Geologie.

- Das **Mittelland** ist über weite Strecken mehr oder weniger tief gelegen und flach bis leicht hügelig. Es besteht aus Erosionsmaterial der Gebirge und aus Moränenmaterial, das von Gletschern beim Rückzug nach den Eiszeiten zurückgelassen wurde. Hier ist das Klima relativ atlantisch.
- Der **Jura** umfasst mittelhohe Regionen und besteht fast ausschliesslich aus Kalkgesteinen. Das Klima ist atlantisch geprägt.
- Die **Nordalpen** umfassen ebenfalls mittelhohe Regionen. Hier hat es viele Kalkberge, aber auch Berge aus silikathaltigen Gesteinen. Das Klima ist atlantisch beeinflusst.
- In den **Westlichen Zentralalpen** resp. den **Östlichen Zentralalpen** liegen die höchsten Berge der Schweiz und die Unterlage ist vielfältig (Kalke und Silikate). In tiefen Lagen der grossen Täler (Wallis und Unterengadin) herrscht ein kontinental geprägtes Klima, in höheren Lagen ist das Gebirgsklima vorherrschend.
- Der nördliche Teil der **Südalpen** besteht v. a. aus silikatischen Bergen von recht ansehnlicher Höhe, hier ist das Gebirgsklima ausgeprägt. Im südlichen Teil hat es einige Kalkberge und tiefe Täler mit grossen Seen. In tiefen Lagen ist das Klima insubrisch.

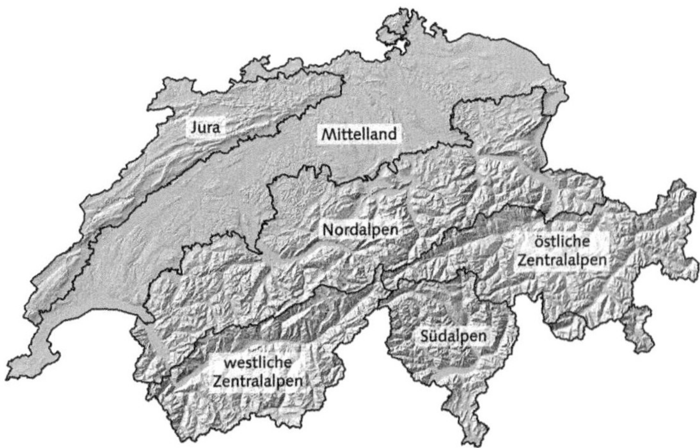

Abb. 5: Biogeographische Regionen der Schweiz. Infoflora (GEOSTAT, BAFU, Bern).

Landschaften sind gegliedert in unterschiedliche, strukturell charakterisierbare Regionen, in denen typische und z. T. ausschliesslich dort vorkommende Organismen leben. Diese sogenannten **Lebensräume** können physiognomisch beschrieben (Gesamtbild, Vegetationsstruktur, Farben etc.) und durch ökologische Angaben (wichtige Standortbedingungen wie Bodentyp, Dynamik, Mikroklima etc.) charakterisiert werden. Die Angabe von Charakter- und Kennarten (dominante und/oder für diesen Lebensraum charakteristische, d. h. hauptsächlich oder ausschliesslich hier vorkommende Arten) erlaubt einen Vergleich mit den Pflanzengesellschaften der Pflanzensoziologie.

Strukturell verwandte Lebensräume (sog. Lebensraumtypen) werden in einer Lebensraumkategorie (auch Lebensraumgruppe genannt), ähnliche Lebensraumkategorien in einen Lebensraumbereich zusammengefasst.

Für die Schweiz werden **9 Lebensraumbereiche** unterschieden (Delarze R. & Gonseth Y., 2008. Lebensräume der Schweiz. 2. Auflage. Ott Verlag, Bern):

1 Gewässer
2 Ufer und Feuchtgebiete
3 Gletscher, Fels, Schutt und Geröll
4 Grünland (Naturrasen, Wiesen und Weiden)
5 Krautsäume, Hochstaudenfluren und Gebüsche
6 Wälder
7 Pioniervegetation gestörter Plätze (Ruderalstandorte)
8 Pflanzungen, Äcker und Kulturen
9 Bauten und Anlagen (ohne Vegetation)

Alle Einheiten werden mit einem hierarchischen Dezimalsystem kodiert, wobei die Bereiche mit 1, die Kategorien mit 2 und die Typen mit 3 oder 4 Ziffern charakterisiert werden. Beispiel: Der Lebensraumbereich „Wälder“ hat die Ziffer 6, mit der Ziffer 6.2 werden „Buchenwälder“ kodiert, und der „Waldmeister-Buchenwald“ trägt die Ziffer 6.2.3; mittels einer vierten Ziffer kann bei Bedarf noch weiter unterteilt werden.

7 Sukzession und Dynamik

Beim Betrachten von Vegetationen mag der Eindruck entstehen, dass eine Gesellschaft jeweils einen stabilen und fixierten Zustand einer Gemeinschaft von Pflanzenarten darstellt. Dies ist aber nicht der Fall. Die an einer bestimmten Stelle vorhandene Gesellschaft ist nicht statisch, sondern eine sich verändernde Verflechtung von Organismen im Zusammenspiel mit den jeweiligen abiotischen Faktoren. Pflanzengesellschaften unterliegen einer Entwicklung, wobei sich die verschiedenen Elemente (biotische wie auch abiotische!) gegenseitig beeinflussen. Diese Dynamik der Vegetationsentwicklung und das Durchlaufen von verschiedenen Entwicklungsphasen nennt man **Sukzession**.

Dieser Vorgang ist in Abb. 6 schematisch dargestellt: An einem neu entstandenen, unbesiedelten Standort (1; z. B. Schutthalde, Ruderalstelle, Kiesbank) setzt die Sukzession (Vegetationsentwicklung) ein, bei der eine Pioniervegetation (2) allmählich durch langsame Veränderungen in eine Schlussvegetation (4) übergeht, die sich unter den vorhandenen Standortbedingungen nicht mehr ändert. Der Vorgang gründet auf der langsamen Veränderung des Standortes durch die Vegetation. Die Pionierpflanzen (und natürlich auch die später auftretenden Pflanzen) geben durch die Wurzelatmung CO_2 in den Untergrund ab. Das gasförmige CO_2 reagiert mit Wasser, die daraus resultierende Kohlensäure bewirkt erste Verwitterungsvorgänge des Ausgangsgesteins. Die Pflanzen produzieren organisches Material, das nach dem Absterben zur Bildung von Humus beiträgt. Beide Prozesse tragen zur Bodenbildung bei. Je weiter der Boden entwickelt ist, desto

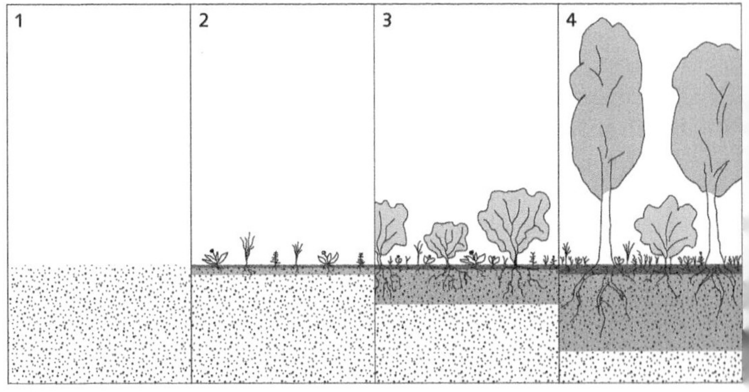

Abb. 6: Sukzession (schematisch) von einem neu entstandenen, vegetationslosen Pionierstandort (1) über Pioniervegetation (2) und Übergangsvegetation (3) zu einer Schlussvegetation (4). Bodenbildung und Vegetationsentwicklung verlaufen parallel, dies verändert den Standort. 1: Unbesiedelter Pionierstandort. 2: Erste Pflanzen (Pioniervegetation) bewirken erste Veränderungen im Boden. 3: Tiefgründigerer Boden ermöglicht das Aufkommen einer dichteren Vegetation mit anspruchsvolleren und grösseren Pflanzen. 4: Tiefgründigen Boden findet man unter der Schlussvegetation (meist Wald). Baltisberger M. & al., 2013. Systematische Botanik; v/d|f Hochschulverlag, Zürich.

dichter wird die Pflanzendecke; dies hat einen wesentlichen Einfluss auf den Standort, denn dadurch wird Wasser besser im Boden zurückgehalten. Grosse Pflanzen (und insbesondere Bäume) verändern das Lokalklima durch Beschattung und Beeinflussung der Windverhältnisse, am Standort wird es ausgeglichener und kühler. Diese Veränderungen gehen vor sich, ohne dass sich die grossregionalen Faktoren (z. B. Klima) ändern. Die Schlussvegetation steht in einem biologischen Gleichgewicht, das durch die Standortfaktoren und die Schlussvegetation selbst bestimmt wird.

Die Schlussvegetation wird nicht immer erreicht oder ist auch unter scheinbar identischen Bedingungen nicht immer gleich, da an vielen Orten Einflüsse wirken, die die Sukzession stoppen oder in eine andere Richtung lenken. Meistens ist der Mensch der Grund für solche Änderungen.

Um die Dynamik einer Sukzession zu verstehen und die natürliche Vegetation vorherzusagen, benötigt man Kenntnisse von Klima und Boden sowie Pflanzengesellschaften und deren Standortansprüchen. Erst dann lassen sich Hypothesen aufstellen über die Entwicklung eines Standortes sowie die Auswirkungen von Veränderungen (i. d. R. menschliches Eingreifen). Solche Kenntnisse sind aber Voraussetzung für die Planung vieler Massnahmen in der Natur. So setzt z. B. eine standortgerechte Bewirtschaftung eines Waldes voraus, dass man die natürliche Schlussvegetation des entsprechenden Standortes mit ihren Arten kennt. Nur dann können die entsprechenden Baumarten gefördert oder erst (wieder) gepflanzt und der Wald entsprechend gepflegt werden. Für Naturschutzgebiete werden Pflegepläne entworfen, die auf den Kenntnissen von Dynamik und Sukzession beruhen. Mit geeigneten Massnahmen können Entwicklungen der Sukzession beschleunigt, gestoppt oder rückgängig gemacht werden. So werden z. B. Baggerschlitze ausgehoben, um Pflanzen und Tiere von Pionierstandorten zu fördern, oder Riedwiesen werden geschnitten, um die Verbuschung und Bewaldung zu verhindern.

8 Anpassungen von Pflanzen

Pflanzenarten können sich mittels Diasporen (Ausbreitungseinheiten wie Früchte, Samen usw.) ausbreiten. Einzelne Individuen von Pflanzen sind aber nicht mobil, sie sind und bleiben an ihrem Standort verwurzelt und können dort nur leben, wenn sie mit den an diesem Standort herrschenden Bedingungen auskommen. Sie stehen in direkter Abhängigkeit zu den Standortfaktoren ihrer Umwelt, die bewirken, dass nur jene Pflanzen an einem Standort wachsen können, die für diesen Standort geeignete Eigenschaften zeigen. Alle Pflanzen haben sich auf ihre Weise an ihre Standorte angepasst. Dies gilt z. B. für Arten der Buchenwälder gleichermassen wie für Schwimmblattpflanzen der Seeufer. Oft sind diese Anpassungen aber schwer zu sehen. Je extremer die Bedingungen an einem Standort sind, desto auffallender sind i. d. R. die Anpassungen. Deshalb werden im Folgenden Anpassungsleistungen von Pflanzen am Beispiel von zwei Extremstandorten erläutert.

8.1 Steppenpflanzen der Walliser Felsensteppe

Pflanzen, die zeitweise einem Wasserstress ausgesetzt sind, können diese Periode mit Wassermangel in passivem Zustand überdauern (z. B. in Form von Samen, Früchten oder mit unterirdischen Organen wie Zwiebeln oder Knollen). Aktiven Pflanzen unter Wasserstress stehen drei mögliche Strategien zur Verfügung: Optimierung der Wasseraufnahme, Einschränkung der Wasserabgabe und Speicherung von Wasser für nachfolgende Trockenperioden.

Pflanzen der Felsensteppe sind angepasst an einen Standort mit grossem Wasserstress, bei ihnen kann man die oben erwähnten Strategien beobachten. Die **Wasseraufnahme** wird verbessert durch ein grosses Wurzelwerk, das sowohl eine grosse Oberfläche aufweist als auch ein grösseres Bodenvolumen erschliesst. Die Verminderung der **Wasserabgabe** über die Oberfläche der Pflanze wird durch verschiedene Anpassungen für den Verdunstungsschutz bewirkt. Dazu gehören die Reduktion der Blattfläche und die Modifikation der Blattmorphologie. Um die Blattfläche (und somit die Verdunstungsfläche) zu reduzieren, können die Pflanzen ihre Blätter speziell ausbilden, z. B. borstenförmig (*Festuca valesiaca*, *Stipa pennata*), nadelförmig (*Juniperus communis*) oder schuppenförmig (*Juniperus sabina*). Mit einer Wachsschicht überzogene Blätter geben kaum Wasser ab (Arten der Gattungen *Sedum* und *Sempervivum*). Durch Behaarung wird der Wasserverlust bei der Transpiration (Mikroklima an der Blattoberfläche) möglichst niedrig gehalten (*Artemisia absinthium*). Schliesslich können Pflanzen (sog. Sukkulenten) in speziellen Geweben von Blättern oder Sprossachsen einen **Wasserspeicher** ausbilden, um in Trockenperioden von diesem Vorrat zu zehren. Bei uns zählen die Arten der Gattungen *Sedum* und *Sempervivum* zu den Sukkulenten. Sie zeigen zudem eine physiologische Anpassung zur zeitlich getrennten Aufnahme von CO_2 während der Nacht und der Assimilation des CO_2

im Calvin-Zyklus am Tag. Dieser vom üblichen Assimilationsweg abweichende Vorgang wird CAM (Crassulacean **A**cid **M**etabolism) genannt. Dabei nehmen die Pflanzen nachts über die Spaltöffnungen CO_2 auf und verdunsten dabei wegen der tieferen Nachttemperatur wenig Wasser. Das CO_2 wird in den Zellen als organische Säure (meist Malat) „zwischengelagert". Am Tag, wenn die Sonne scheint, wird das im Malat gebundene CO_2 in der Pflanze wieder freigesetzt und im Calvin-Zyklus verwertet, dabei bleiben die Spaltöffnungen geschlossen. Die Assimilation über den Umweg der sogenannten CO_2-Vorfixierung verbraucht wesentlich mehr Energie. Der ökologische Vorteil des CAM (Verschieben der CO_2-Aufnahme vom heissen Tag in die kühle Nacht) muss also teuer erkauft werden.

8.2 Anpassungen der Pflanzen in den Alpen

In den Alpen herrschen besondere, harte Lebensbedingungen. Um dort überleben zu können, haben Pflanzen verschiedene Strategien entwickelt.

Alpenpflanzen sind einer wesentlich grösseren Austrocknungsgefahr ausgesetzt als Tieflandpflanzen (ausgenommen z. B. Pflanzen der Felsensteppe). Dies hat mehrere Gründe: Erstens ist die Luft in den Alpen wegen tiefer Lufttemperaturen und geringem Wasserdampfdruck meist trocken, zudem blasen oft starke Winde, beides bewirkt eine erhöhte Verdunstung. Zweitens ist die Bodenmächtigkeit meist gering, dort kann deshalb oft nur wenig Wasser gespeichert werden. Zudem sind die Böden auch während der Vegetationszeit über Nacht oder sogar während des Morgens oft gefroren, so dass überhaupt kein Wasser nachgeliefert werden kann. Neben der Austrocknungsgefahr sind die generell tieferen Temperaturen ein sehr wichtiger Standortfaktor in den Alpen. Einige mögliche Anpassungen der Pflanzen sind im Folgenden angeführt.

8.2.1 Zwergwuchs

Die Windgeschwindigkeit und damit auch die Verdunstung ist direkt über dem Boden am kleinsten. Zudem ermöglicht der niedere Wuchs eine optimale Ausnützung der Bodenwärme und garantiert im Winter einen besseren Schutz durch die isolierende Schneedecke. Beispiele von Zwergwuchsformen sind:

- Polster (z. B. *Androsace helvetica, Carex firma, Minuartia sedoides, Silene acaulis*)
- Rosette (Arten aus verschiedenen Gattungen, z. B. *Androsace, Gentiana, Saxifraga*)

- Horst (Gräser, z. B. *Carex curvula, Carex sempervirens, Nardus stricta*)
- Spalierstrauch: Pflanze verholzt, Stengel (= Stamm) flach über der Bodenoberfläche kriechend (z. B. *Dryas octopetala, Loiseleuria procumbens, Salix reticulata, Salix retusa*)

8.2.2 Behaarung

Dichte Behaarung umgibt das Blatt mit einer windstillen Luftschicht. In dieser Schicht kann die Luftfeuchtigkeit hoch sein und auch bleiben und somit die Verdunstung herabsetzen. Zudem können Haare einen Teil der schädlichen UV-Strahlen abhalten. Das meiste Wasser entweicht durch die Spaltöffnungen, die sich im allgemeinen auf der Blattunterseite befinden. Deshalb bleibt die Behaarung oft auf die Unterseite beschränkt. Beispiele von Arten mit dichter Behaarung sind: *Antennaria dioica, Dryas octopetala* (Behaarung nur unterseits), *Leontopodium alpinum*.

8.2.3 Blattmorphologie

Anpassungen der Blätter bezüglich Oberfläche und Stabilität können die Verdunstung reduzieren oder Schäden durch Wasserverlust (Welken) begrenzen, z. B. Lederblätter mit dicker Cuticula (bei mehreren *Ericaceae* wie z. B. *Arctostaphylos uva-ursi, Vaccinium vitis-idaea*), Rollblätter (seitliche Ränder nach unten eingerollt, z. B. *Empetrum hermaphroditum, Loiseleuria procumbens*), borstenförmige Blätter (z. B. bei vielen *Poaceae* wie *Nardus stricta*) oder Sukkulenz (Fettblättrigkeit, einige *Saxifraga*-Arten sowie Arten der Gattungen *Sedum* und *Sempervivum*).

8.2.4 Grosses Wurzelsystem

Je ausgedehnter das Wurzelsystem, desto besser die Wasser- und Nährstoffaufnahme. Zudem dienen die Wurzeln und unterirdischen Stengelteile auch als Reservespeicher und geben der Pflanze einen besseren Halt im Boden. Ein grosses Wurzelsystem ist besonders wichtig für Alpenpflanzen, die im beweglichen Felsschutt gedeihen, denn dies ermöglicht eine Festigung des Standortes, ein tiefes Eindringen in den Schutt und, beim Überdecken der Pflanze, ein schnelles Neuaustreiben. Beispiele sind die Spalierweiden (*Salix herbacea, Salix reticulata, Salix retusa, Salix serpillifolia*), *Oxyria digyna, Linaria alpina, Ranunculus glacialis* oder *Thlaspi rotundifolium*.

8.2.5 Temperaturtoleranz

Alpine Pflanzen sind relativ unempfindlich gegenüber Frost und zeigen oft noch bei Temperaturen unter 0°C ein Wachstum (im Gegensatz dazu haben tropische und subtropische Pflanzen wie die Melone oder die Dattelpalme minimale Wachstumstemperaturen von 15–18°C). Extremwerte wurden für *Saxifraga oppositifolia* am Dom (höchster Berg der Mischabel-Gruppe, Kanton Wallis) auf über 4500m ü.M. gemessen (Körner C., 2011. Coldest place on earth with angiosperm plant life. Alpine Botany 121: 11-22), wo die mittlere Temperatur während der Wachstumsperiode +2.6°C beträgt und in jeder Nacht die Temperatur unter den Gefrierpunkt fällt. Aber auch hohe Temperaturen, bewirkt durch eine intensive Einstrahlung, werden von den Alpenpflanzen meist gut vertragen.

8.2.6 Anpassungen an die kurze Vegetationszeit

Alpenpflanzen haben oft eine sehr kurze Vegetationsperiode (in Mulden [Schneetälchen] kaum zwei Monate). Sie sind deshalb darauf angewiesen, im Bergfrühling möglichst schnell zu wachsen und zu blühen. Die meisten Alpenpflanzen haben überwinternde Blätter, so dass sie nach der Schneeschmelze sofort mit der Assimilation beginnen können. Für die sexuelle Fortpflanzung sind sie auf eine möglichst rasche Bestäubung durch Insekten angewiesen. Deshalb legen viele Alpenpflanzen ihre Blütenknospen bereits im Spätsommer an; so können sie im Bergfrühling sehr rasch ihre Blüten entfalten und die zur Verfügung stehende Zeit optimal nutzen. Die Insekten werden durch grosse, farbige Blüten angelockt. Zusätzlich duften die Blüten oft stark und sind mit reichlich Nektar ausgestattet. Neben Fremdbestäubung durch Insekten kommen bei Alpenpflanzen aber auch oft Selbstbestäubung und vegetative Vermehrung vor.

9 Für die Bestimmung wichtige Merkmale an Pflanzen

9.1 Blüten

Die Blüten enthalten die für die Systematik wichtigsten Merkmale. In den Blüten befinden sich die Fortpflanzungsorgane.

9.1.1 Blütenhülle

Die Fortpflanzungsorgane sind meist von einer Blütenhülle umgeben. Die Blütenhülle besteht aus Blütenblättern und wird **Perianth** genannt. Wenn die Blätter der Blütenhülle alle gleich aussehen, wird sie als einfache Blütenhülle oder **Perigon** bezeichnet; die einzelnen Blütenhüllblätter werden Perigonblätter (Tepalen) genannt. Sind die Blätter der äusseren Blütenhülle (meist grün) verschieden von denjenigen der inneren Hülle (meist bunt gefärbt), so nennt man dies eine doppelte Blütenhülle; die äussere Hülle wird als **Kelch** (Calyx), ihre Blätter als Kelchblätter (Sepalen), die innere Hülle als **Krone** (Corolla) und ihre Blätter als Kronblätter (Petalen) bezeichnet. Für die Systematik ist es meist nicht von Bedeutung, ob die Kelchblätter frei oder verwachsen sind, hingegen ist es wichtig, ob die Kronblätter frei (choripetal) oder miteinander verwachsen (sympetal) sind. Können bezüglich der Blütenhülle mehrere Symmetrieebenen durch die Blütenlängsachse gelegt werden, spricht man von einer radiärsymmetrischen (aktinomorphen) Blüte. Blüten mit nur einer (meist senkrechten) Symmetrieebene nennt man monosymmetrisch (zygomorph).

Wenn die Blütenorgane bei ursprünglichen Familien in grosser und unbestimmter Anzahl in den Blüten enthalten sind, ist ihre Anordnung meist spiralig (z. B. *Ranunculaceae*). Sind sie aber in kleiner und dann meist fixierter Zahl vorhanden, werden sie in der Regel in alternierenden Kreisen angelegt: Die Kelchblätter bilden einen äussersten Kreis; die Kronblätter stehen in einem nächsten Kreis jeweils zwischen den Kelchblättern; in einem weiteren Kreis stehen Staubblätter, jeweils zwischen den Kron- resp. vor den Kelchblättern, etc. Diese Regel des Alternierens, die durch Ausfall oder Einschub eines Kreises auch durchbrochen werden kann, nennt man Alternanzregel.

9.1.2 Staubblätter

Die Gesamtheit der Staubblätter einer Blüte nennt man Androeceum. Ursprüngliche Arten haben viele Staubblätter pro Blüte, während abgeleitete Arten oft wenige Staubblätter aufweisen. Ein typisches Angiospermen-Staubblatt besteht aus dem Staubfaden (Filament) und dem im oberen Teil des Fadens angeordneten Staubbeutel (Anthere). Im Staubbeutel werden die Pollenkörner gebildet. Der reife Pollen wird meist durch Aufreissen des Beutels freigesetzt, doch gibt es auch Pflanzen, die besondere Öffnungsmechanismen aufweisen (z. B. *Berberis vulgaris* mit Klappen oder viele *Ericaceae* mit Poren).

9.1.3 Fruchtblätter und Samenanlagen

Die Fruchtblätter (Karpelle) tragen die Samenanlagen. Bei den *Gymnospermae* sind Samenanlagen und Samen nicht bedeckt, dieses systematisch wichtige Merkmal gibt dieser Gruppe den deutschen Namen „Nacktsamige Blütenpflanzen“. Bei den *Angiospermae* umschliessen die Fruchtblätter die Samenanlagen und später die Samen, diese sind also bedeckt, deswegen nennt man diese Gruppe auf deutsch „Bedecktsamige Blütenpflanzen". Die Gesamtheit der Fruchtblätter (inkl. Samenanlagen) einer Blüte bezeichnet man als Gynoeceum.

Die von aussen sichtbare, morphologische Einheit ist der Fruchtknoten. Dieser kann aus einem einzelnen Fruchtblatt oder aus mehreren, verwachsenen Fruchtblättern bestehen. Er kann ein- oder mehrsamig sein. In einer Blüte sind 1 bis viele Fruchtknoten vorhanden. Sind in einer Blüte mehrere, nicht verwachsene Fruchtknoten vorhanden, bestehen diese meist aus je einem Fruchtblatt; dann nennt man das Gynoeceum chorikarp (apokarp, Karpelle frei). Sind die Fruchtblätter aber verwachsen und bilden einen gemeinsamen Fruchtknoten, bezeichnet man das Gynoeceum als synkarp. Chorikarpe Fruchtblätter sind einfächerig, synkarpe bilden einen 1- bis mehrfächerigen Fruchtknoten.

Für die Systematik ist die Stellung des Fruchtknotens in Bezug auf die Blütenhülle sehr wichtig. Wenn sich der Fruchtknoten oberhalb der Anwachsstelle der Blütenhülle befindet, nennt man den Fruchtknoten oberständig. Ist der Fruchtknoten aber unterhalb der Anwachsstelle der Blütenhülle, nennt man ihn unterständig. Die seltenen Übergangsformen werden mittelständig oder halbunterständig genannt.

9.1.4 Nektarien

Bei tierbestäubten *Angiospermae* werden oft von einem Drüsengewebe zuckerhaltige Sekrete abgesondert, die der Verköstigung und somit der Anlockung der Blütenbesucher dienen. Solche Drüsengewebe nennt man Nektarien, der abgesonderte Saft wird als Nektar bezeichnet. Die Nektarien können an verschiedenen Orten und Organen gebildet werden. Häufig befinden sich die Nektarien an der Basis von Blütenorganen (z. B. Blütenhüll- oder Staubblätter), sie können aber auch an den Verwachsungsnähten des synkarpen Gynoeceums oder von speziellen Blütenblättern gebildet werden, z. B. die sehr unterschiedlich gestalteten Honigblätter (= Nektarblätter) bei den *Ranunculaceae*.

9.1.5 Bestäubung und Befruchtung

Der Pollen wird meist durch Insekten, aber auch durch andere Tiere (z. B. Vögel, Fledermäuse), durch Wind oder Wasser auf die Narbe übertragen. Da bei den *Angiospermae* die Samenanlage von einem Fruchtblatt bedeckt ist, muss das Fruchtblatt eine Einrichtung zur Aufnahme der Pollenkörner ausbilden, dies ist die Narbe. Wenn die Narbe vom Fruchtblatt abgehoben ist, nennt man die Verbindung zwischen Narbe und Fruchtblatt Griffel. Der Pollen wird auf die Narben übertragen. Auf den Narben keimen die Pollenkörner und bilden einen Pollenschlauch, der durch die Gewebe von Narbe, Griffel und Fruchtknoten zur Samenanlage wächst.

9.1.6 Samenbildung und Früchte

Aus der befruchteten Eizelle (Zygote) entwickelt sich der Embryo. Die Integumente der Samenanlage umhüllen den Embryo samt Nährgewebe und werden zur Samenschale. Aus den Fruchtblättern entwickeln sich die Früchte, welche die Samen enthalten. In der Fruchtwand lassen sich meist drei Gewebeschichten unterscheiden (Exo-, Meso-, Endokarp). Je nach Aufbau der Früchte (Ausbildung und Struktur der einzelnen Gewebeschichten) und Beteiligung von anderen Geweben kann man verschiedene Fruchttypen unterscheiden.

Eine Frucht entsteht aus **1** Fruchtknoten, der aus einem Fruchtblatt oder aus mehreren, verwachsenen Fruchtblättern besteht. Sind mehrere freie Fruchtknoten in einer Blüte, entwickeln sich daraus auch mehrere Früchte. Von Sammelfrüchten spricht man, wenn mehrere Einzelfrüchte einer Blüte verklebt (z. B. *Rubus idaeus*, Himbeere) oder über andere Gewebeteile (z. B. Blütenboden bei *Fragaria*, Erdbeere) miteinander verbunden sind. Wenn neben dem Fruchtknoten noch andere Blütenteile (meist Blütenboden) an der Fruchtbildung beteiligt sind, spricht man von Scheinfrüchten (z. B. *Malus sylvestris*, Apfel, oder *Fragaria*, Erdbeere). Ein Fruchtverband liegt dann vor, wenn Früchte mehrerer Blüten miteinander verbunden sind (z. B. *Ficus carica*, Feige, oder bei der Ananas).

Früchte können auf sehr unterschiedliche Art und Weise gruppiert werden. Eine praktische Einteilung basiert auf der Unterscheidung von fleischigen (oft saftigen) und trockenen Früchten. Ein anderer wichtiger Aspekt ist die Ausbreitungseinheit (Frucht, Teilfrucht oder Same); mit den Begriffen „Schliessfrucht“, „Streufrucht“ und „Zerfallfrucht“ werden die verschiedenen Fruchttypen entsprechend ihrer Ausbreitungsstrategie gruppiert. Folgende Fruchttypen können aufgrund dieser Kriterien unterschieden werden:

Schliessfrucht: Die Samen verbleiben auch zur Zeit der Fruchtreife in der Frucht eingeschlossen, Ausbreitungseinheit ist also die **Frucht**.

- **Beerenfrucht**: Meist mehrsamige Schliessfrucht mit fleischiger Fruchtwand; das Exokarp ist häutig, Meso- und Endokarp sind fleischig (z. B. *Atropa, Vaccinium*).
- **Nussfrucht**: Trockene, meist 1samige Schliessfrucht mit harter Schale; Exo-, Meso- und Endokarp sind trocken und hart, z. T. verholzt (z. B. *Corylus*, *Ranunculus*).

- **Achäne**: Nussfrucht aus einem unterständigen Fruchtknoten, bei der Fruchtwand und Samenschale miteinander verklebt oder sogar verwachsen sind (z. B. *Asteraceae*).
- **Karyopse**: Nussfrucht aus einem oberständigen Fruchtknoten, bei der Fruchtwand und Samenschale miteinander verklebt oder sogar verwachsen sind (z. B. *Poaceae*).
- **Steinfrucht**: Meist 1samige, fleischige Schliessfrucht aus 1 Fruchtblatt; das Exokarp ist häutig, das Mesokarp fleischig, das Endokarp jedoch ist verholzt und bildet einen Stein (z. B. *Prunus*).

Streufrucht: Zur Zeit der Fruchtreife werden die Samen freigegeben, Ausbreitungseinheiten sind deshalb die **Samen**.

- **Balgfrucht**: Trockene, mehrsamige Streufrucht aus einem oberständigen Fruchtknoten, der aus 1 Fruchtblatt besteht; eine Balgfrucht hat keine Scheidewand und öffnet sich nur an der Verwachsungslinie (z. B. *Aconitum*, *Delphinium*, *Helleborus*, *Trollius*).
- **Hülsenfrucht**: Trockene, meist mehrsamige Streufrucht aus einem oberständigen Fruchtknoten, der aus 1 Fruchtblatt besteht; eine Hülsenfrucht hat keine Scheidewand und öffnet sich an Verwachsungs- und Faltungslinie (die meisten *Fabaceae*).
- **Schotenfrucht**: Trockene, mehrsamige Streufrucht aus einem oberständigen Fruchtknoten, der aus 2 Fruchtblättern besteht; eine Schotenfrucht hat eine Scheidewand und öffnet sich an den beiden Verwachsungslinien (die meisten *Brassicaceae*).
- **Kapselfrucht**: Trockene, mehrsamige Streufrucht aus mehreren, verwachsenen Fruchtblättern (z. B. *Campanulaceae, Caryophyllaceae, Papaveraceae, Scrophulariaceae*).

Zerfallfrucht: Die reife Frucht zerfällt in (meist 1samige) Teilfrüchte, Ausbreitungseinheit ist deshalb eine **Teilfrucht** (z. B. *Acer, Apiaceae, Hippocrepis, Malva*).

9.2 Vegetative Merkmale

Für die systematische Einteilung in höhere Einheiten (Klassen, Ordnungen, meist auch Familien) sind vegetative Merkmale weniger wichtig. Eine Ausnahme bildet die Einordnung in die zwei Klassen der *Angiospermae,* die auf der Zahl der Keimblätter (1 oder 2) basiert. Vegetative Merkmale sind oft gut zu sehen, deshalb sind sie auch oft leicht zugänglich.

9.2.1 Lebensdauer und Wuchsform

Die Ausprägung vegetativer Merkmale ist oft eng gekoppelt mit der Lebensdauer und der Wuchsform der Pflanzen. In Regionen mit ausgeprägten Jahreszeiten (verursacht durch Trockenzeiten [z. B. südliches Afrika] oder periodisch unterschiedliche Temperaturen [Europa mit Sommer und Winter]) muss ein Pflanzenleben mindestens so lange dauern, dass sich das Individuum fortpflanzen kann. Im Extremfall braucht eine sehr schnell wachsende und sich reproduzierende Pflanze etwa 6 Wochen vom Keimen bis zum Ausstreuen der reifen Samen (z. B. *Arabidopsis thaliana*). Meistens aber benötigen Pflanzen deutlich länger, um ihren Lebenszyklus zu durchlaufen.

Man unterscheidet **1jährige Pflanzen** (ganzer Zyklus in 1 Saison, anschliessendes Absterben), **2jährige Pflanzen** (meist Bildung einer Rosette im ersten Jahr, diese überwintert, im 2. Jahr Blüte, Samenbildung und anschliessendes Absterben) und **ausdauernde Pflanzen**, bei denen mindestens gewisse Teile der Pflanze über mehrere bis viele Jahre überleben. Die Lebensdauer hat Einfluss auf die Wuchsform. So sind z. B. 1jährige Pflanzen nie verholzt, und verholzte Pflanzen sind immer ausdauernd. Entsprechend der Lebensdauer und der Strategie zur Überdauerung ungünstiger Jahreszeiten (meist wegen Kälte oder Trockenheit) kann man verschiedene **Lebensformen** unterscheiden.

- **Phanerophyten** sind Sträucher oder Bäume, sie sind immer verholzt. Die den Winter überdauernden Knospen sind frostresistent, da sie an den grossen Pflanzen weder durch den Boden noch durch Schnee geschützt sind.
- **Chamaephyten** sind Zwergsträucher, aber auch niedrigwachsende nicht verholzte Pflanzen. Die den Winter überdauernden Knospen sind am oder zumindest relativ nahe am Boden. Dort ist die Temperatur durch die Bodenwärme nicht so tief wie in der Luft, zudem sind diese niedrig wachsenden Pflanzen im Winter meist von Schnee bedeckt.
- **Hemikryptophyten** haben ihre überdauernden Knospen an der Bodenoberfläche, wo sie durch Schnee, Laub und Grasbüschel im Winter geschützt sind.
- **Geophyten** (= Kryptophyten) überdauern den Winter oder andere Stresssituationen (z. B. Sommertrockenheit im Mittelmeergebiet) mit unterirdischen Organen, aus denen sie wegen der eingelagerten Speicherstoffe unter besseren Bedingungen wieder auswachsen können. Häufig werden als ausdauernde Organe Knollen, Rhizome oder Zwiebeln gebildet. Die oberirdischen Pflanzenteile wachsen jedes Jahr neu, diese sind somit 1jährig und nicht verholzt, die Pflanze selbst ist aber ausdauernd.
- **Therophyten** sind Pflanzen ohne überdauernde Organe, sie sterben nach der Samenabgabe. Sie sind nie verholzt und überdauern die schwierigen Zeiten (Winter, Trockenheit, mechanische Belastung wie Pflügen) als Samen.

9.2.2 Unterirdische Merkmale

Unterirdische Organe dienen primär der Verankerung und der Wasser- und Nährstoffaufnahme. Sie können aber auch der Reservestoff- oder Wasserspeicherung sowie der vegetativen Ausbreitung dienen. Für gewisse Gruppen umfassen die unterirdischen Organe wichtige systematische Merkmale. Dabei werden verschiedene Organtypen sowie ihre jeweilige Ausbildung unterschieden: Wurzeln, Rhizome (unterirdische Sprossachsen), Knollen (Verdickungen von Wurzeln [Wurzelknollen, z. B. *Daucus carota*, Möhre, Karotte] oder Spross [Sprossknollen, z. B. *Solanum tuberosum*, Kartoffel]), Zwiebeln (verdickte Sprossachse mit fleischigen, nichtgrünen Niederblättern, z. B. *Allium*), Ausläufer (unter-, aber auch oberirdisch; wurzel-, rhizom- oder sprossbürtig).

9.2.3 Sprossachse

Die Sprossachse ist das tragende Organ der Pflanze. An ihr sitzen in der Regel Blätter und Blüten, und in ihr werden in Leitbündeln Wasser, Mineralsalze und Assimilate transportiert. Die Sprossachse kann 1jährig bis ausdauernd sein. 1jährige Sprosse sind nie verholzt, wenigjährige meist ebenfalls nicht, mehrjährige Sprosse hingegen können verholzen und ein sekundäres Dickenwachstum aufweisen. Meistens ist die Sprossachse aufrecht, sie kann aber auch niederliegend (= kriechend) sein; eine Zwischenform wird aufsteigend genannt, die Sprossache ist dann am Anfang niederliegend und richtet sich später auf oder wächst schief aufrecht. Neben der Gerüst- und Leitfunktion können Sprosse auch der Reservestoff- und Wasserspeicherung sowie der Assimilation dienen.

9.2.4 Blätter

Es werden verschiedene Typen von Blättern unterschieden, abhängig von Lage, Form und Funktion. Eine Zuordnung zu den einzelnen Kategorien ist nicht immer eindeutig.

- **Keimblätter**: Keimblätter werden vom Embryo bereits im Samen angelegt, es sind die ersten Blätter im Leben eines Individuums. *Angiospermae* weisen 1 oder 2 Keimblätter (Cotyledonen) auf. Die Zahl der Keimblätter ist ein wichtiges und z. T. auch namengebendes Merkmal (z. B. *Monocotyledonae*, Einkeimblättrige; *Dicotyledonae*, Zweikeimblättrige).
- **Laubblätter**: Laubblätter werden die meist relativ grossen Blätter an einer Pflanze genannt, die v. a. der Photosynthese und der Transpiration dienen. Ein Laubblatt besteht im Prinzip aus 3 Teilen: Blattspreite, Blattstiel und Nebenblätter (Abb. 7), wobei nicht immer alle 3 Teile ausgebildet sind. Ein Blatt mit Stiel ist gestielt, wenn ein Blatt keinen Stiel hat, dann nennt man es sitzend.

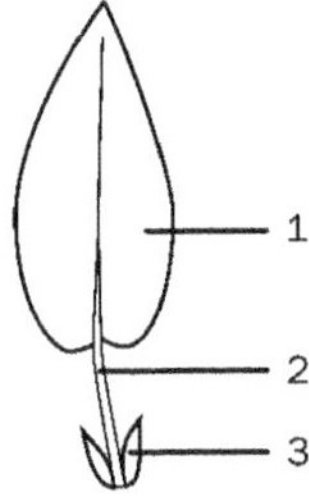

Abb. 7: Blatt (schematisch). 1: Blattspreite. 2: Blattstiel. 3: Nebenblätter. Baltisberger M. & al., 2013. Systematische Botanik; v/d|f Hochschulverlag, Zürich.

Systematisch wichtig ist neben der Ausbildung der einzelnen Teile auch die Form, insbesondere die Form der Blattspreite (Abb. 8): Die **Spreitenform** kann ungeteilt, radiär geteilt (= handförmig gelappt), fiederteilig (= fiederig gelappt) oder gefiedert sein. Alle Teile können auch abgewandelt sein (z. B. zu Dornen, Ranken, Spitzen, Schuppen). In der Blattspreite sind die Blattleitbündel meist als Aderung (**Nervatur**) zu sehen. Dabei unterscheidet man zwei Haupttypen: Parallele Nervatur (typisch für die meisten *Monocotyledonae*) und Netznervatur (typisch für die meisten *Dicotyledonae*). Der **Blattrand** kann ganzrandig (= glatter Blattrand) oder gezähnt sein.

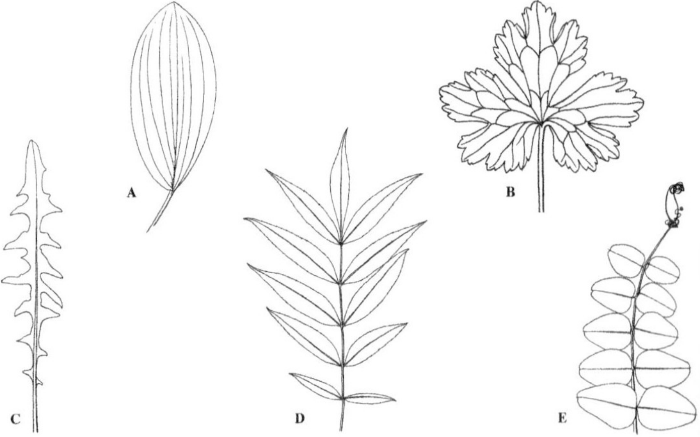

Abb. 8: Blattformen und Blattrand. A: Ungeteilt, ganzrandig. B: Radiär geteilt, Abschnitte gezähnt. C: Fiederteilig. D: Unpaarig gefiedert (mit Endteilblatt), Teilblätter gezähnt. E: Paarig gefiedert (ohne Endteilblatt), hier mit Ranke, Teilblätter ganzrandig. Baltisberger M. & al., 2013. Systematische Botanik; v/d|f Hochschulverlag, Zürich.

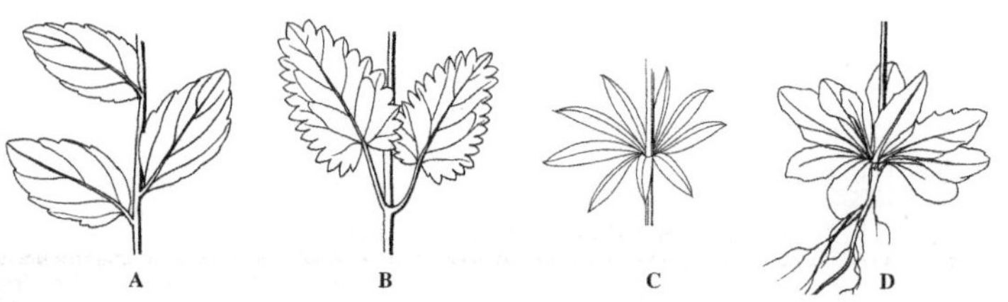

Abb. 9: Stellung der Blätter. A: Wechselständig. B: Gegenständig. C: Quirlständig. D: Grundständige Rosette. Baltisberger M. & al., 2013. Systematische Botanik; v/d|f Hochschulverlag, Zürich.

Wichtig für die Systematik ist die **Stellung** der Blätter an der Sprossachse (Abb. 9). Sie können wechselständig (Blätter einzeln), gegenständig (jeweils 2 Blätter am Stengel einander gegenüberstehend) oder quirlständig sein (Blätter zu 3 oder mehr auf der gleichen Höhe am Stengel). Neben stengelständigen Blättern gibt es auch grundständige Blätter, die einzeln oder in einer Rosette an der Basis des Stengels angewachsen sind.

- **Weitere Blätter**: Als **Hochblatt** bezeichnet man ganz allgemein die Blätter im Blütenstand. Diese können gleich aussehen wie die Stengelblätter, oft sind sie kleiner und z. T. auch anders geformt und gefärbt. Als **Niederblätter** bezeichnet man kleine, meist schuppenförmig ausgebildete Blattorgane, die an Spitzen von Sprossen als Knospenschuppen oder an unterirdischen, ausdauernden Sprossen gelegentlich gar als Speicherorgane ausgebildet werden (z. B. Zwiebel). Blätter werden aber nicht nur betreffend ihrer Form und Funktion unterschieden, sondern auch gemäss ihrer Lage am Sprosssystem der Pflanze bezeichnet: als **Tragblatt** werden jene Blätter bezeichnet, die in ihrer Achsel eine Blüte oder einen Teilblütenstand tragen, Blätter zwischen Tragblatt und Blüte werden **Vorblatt** genannt.

9.2.5 Blütenstand

Die Blüten sind an der Sprossachse oft charakteristisch angeordnet. Dabei können gewisse Typen der Anordnung (Blütenstände) unterschieden werden (Abb. 10):

- **Ähre**: die Blüten sitzen (= ohne Stiel) längs einer Achse
- **Traube**: Ähre mit gestielten Blüten
- **Rispe**: Traube mit verzweigten Seitenästen
- **Spirre**: Rispe, deren untere Seitenäste die oberen überragen
- **Kopf**: Ähre mit stark verkürzter Achse

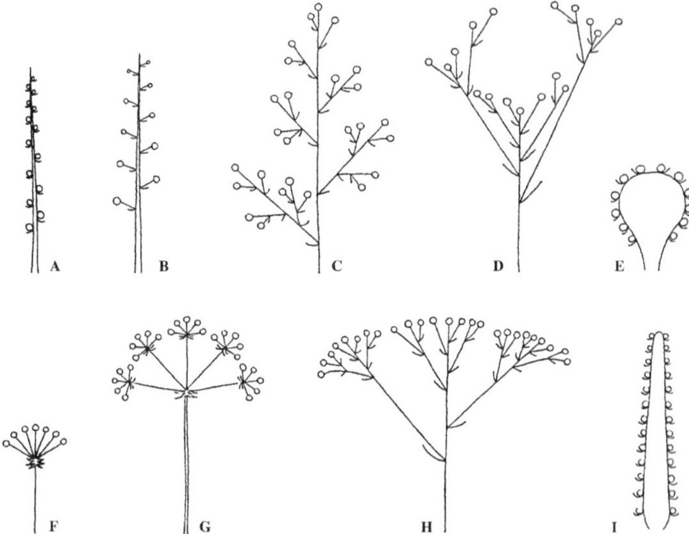

Abb. 10: Blütenstände. A: Ähre. B: Traube. C: Rispe. D: Spirre. E: Kopf. F: Einfache Dolde. G: Zusammengesetzte (hier doppelte) Dolde. H: Schirmrispe. I: Kolben. Baltisberger M. & al., 2013. Systematische Botanik; v/d|f Hochschulverlag, Zürich.

- **Dolde**: Verzweigungen von einem Punkt aus, Blütenstiele so lang, dass die Blüten in einer Ebene oder Kugelfläche liegen
- **Schirmrispe**: Rispe mit in einer Ebene oder Kugelfläche angeordneten Blüten, deshalb einer Dolde ähnlich
- **Kolben**: Ähre mit verdickter, oft fleischiger Achse
- **Kätzchen**: eingeschlechtige Ähre oder Traube; oft dicht, kurz und hängend.

9.2.6 Vegetative Fortpflanzung

Vegetative Fortpflanzung nennt man Fortpflanzung ohne sexuelle Vorgänge (d. h. ohne Meiose und ohne Karyogamie). Häufig können dabei Teile von Pflanzen (Rhizom, Knollen, Zwiebeln, Ausläufer) zu unabhängigen Individuen heranwachsen. Der vegetativen Fortpflanzung können auch sogenannte Bulbillen dienen. Dies sind Knospen, die in Blattachseln oder im Blütenstand (z. T. anstelle von Blüten) gebildet werden, abfallen und zu vollständigen Individuen auswachsen können.

9.2.7 Viviparie

Unter Viviparie (= Lebendgeburt) versteht man das Keimen resp. Auswachsen von Ausbreitungseinheiten auf der Mutterpflanze. Die Ausbreitungseinheiten viviparer Arten sind deshalb Jungpflanzen. Sie können aus Samen oder aus Bulbillen hervorgehen. Viviparie ist in vielen Gruppen möglich und hängt oft auch von äusseren (z. B. klimatischen) Bedingungen ab, regelmässig vivipar sind z. B. *Poa bulbosa* oder *Polygonum viviparum*.

10 Neue, molekularphylogenetische Systematik

Matthias Baltisberger und Reto Nyffeler

Früher wurden Verwandtschaftsbeziehungen zwischen Taxa v. a. auf Grund von Ähnlichkeiten und Unterschieden in morphologischen und anatomischen Merkmalen hergeleitet. In den drei letzten Jahrzehnten haben sich die Methoden der molekularen Phylogenetik durchgesetzt. Diese Erkenntnisse stellen heute die wichtigste Quelle für die Ausarbeitung von Klassifikationssystemen dar, vornehmlich auf den Rangstufen von Familien und Ordnungen. Die Ergebnisse dieser Arbeiten wurden von der **A**ngiosperm **P**hylogeny **G**roup gesammelt, überarbeitet und wissenschaftlich veröffentlicht (APG II, 2003; APG III, 2009). Auf dieser Basis wurde eine Website zur Verfügung gestellt, die permanent anhand weiterführender Publikationen aktualisiert und erweitert wird (Stevens 2001 onwards). Aufgrund derer Resultate hat sich die Systematik der Pflanzen in den vergangenen Jahren bei gewissen Verwandtschaftsgruppen stark verändert, was auch tiefgreifende Auswirkungen auf in der Schweiz vorkommende Taxa hat.

Die Verwandtschaftsbeziehungen zwischen den verschiedenen Klassifikationseinheiten in der Systematik lassen sich in der Form von phylogenetischen Bäumen darstellen (ähnlich dem Stammbaum einer Familie oder Dynastie). Zwei an einem Knoten abzweigende Linien werden als **Schwestertaxa** (oder Schwestergruppen) bezeichnet, sie sind nächstverwandt zueinander und teilen einen jüngsten gemeinsamen Vorfahren, der für kein anderes Taxon Vorfahre ist. Wenn sich bei der Rekonstruktion von Verwandtschaften 3 oder mehr Evolutionslinien nicht auftrennen lassen, werden diese Linien in einem phylogenetischen Baum an einem Punkt zusammengefasst, dies nennt man **Polytomie**. In einem die Verwandtschaft abbildenden System umfassen die einzelnen Einheiten idealerweise jeweils **alle Taxa**, die von einem direkten, gemeinsamen Vorfahren abstammen. Eine solche Gruppe nennt man **monophyletisch**. Eine Gruppe wird **paraphyletisch** genannt, wenn die darin enthaltenen Einheiten zwar von einem direkten, gemeinsamen Vorfahren abstammen, diese Gruppe aber nicht alle Nachkommen dieses Vorfahren umfasst. **Polyphyletisch** wird eine Gruppe bezeichnet, die Vertreter aus verschiedenen Evolutionslinien umfasst und somit auch keinen direkten, gemeinsamen Vorfahren aufweist.

An einigen Gruppen, die durch die Anwendung der Molekularphylogenetik in der Systematik der Pflanzen einschneidende Veränderungen erfahren haben, wird im folgenden die neue, molekular begründete Systematik vorgestellt und kommentiert. Dies soll dem Verständnis für die Änderungen dienen und den Vergleich mit Büchern mit unterschiedlichen Klassifikationen erleichtern.

10.1 Landpflanzen

Die Pflanzen (= *Plantae*) gehören zu den Eukaryonten (= *Eukaryota*), die sich durch die Ausbildung eines echten Zellkerns in den Zellen auszeichnen. Sie werden charakterisiert durch das Vorhandensein der Pigmente Chlorophyll a und Chlorophyll b, durch Reservepolysaccharide in Form von Stärke und durch Zellwände, die aus Zellulose gebildet werden. Mit ihren Pigmenten können sie Assimilation betreiben und sind somit C-autotroph. Die meisten C-autotrophen Protisten (z. B. Cyanobakterien) weisen andere Formen von Pigmenten auf.

Innerhalb der Pflanzen stellen die **Grünalgen** (*Chlorophyta* zusammen mit einigen weiteren Evolutionslinien) eine basale und paraphyletische Gruppierung im Stammbaum dar. Sie sind fast ausnahmslos an das Wasser gebunden. Die **Landpflanzen** (Abb. 11: A–D) stellen eine abgeleitete Evolutionslinie im Stammbaum der Pflanzen dar und bilden eine monophyletische Gruppe. Die Landpflanzen zeichnen sich gegenüber den anderen Evolutionslinien der Pflanzen durch die Bildung eines mehrzelligen Embryos zu Beginn der sporophytischen Phase aus, weshalb sie auch *Embryophyta* genannt werden. Mit der Eroberung der terrestrischen Lebensräume gingen grundlegende Veränderungen und Anpassungen in Anatomie und Morphologie einher, die im Laufe der Evolution ständig modifiziert wurden und damit verschiedene Wuchsformen und Architekturen von Pflanzen an Land hervorbrachten.

Traditionell werden die Landpflanzen in 3 grosse Formgruppen unterteilt: Moose (*Bryophyta*), Farne (*Pteridophyta*) und Samenpflanzen (*Spermatophyta*). Allerdings stellen nur die Samenpflanzen (bestehend aus den Nacktsamern [*Gymnospermae*] und den Bedecktsamern [*Angiospermae*]) eine monophyletische Gruppe dar. Die Moose und die Farne sind beide paraphyletisch.

Die an der Basis des Stammbaumes der Landpflanzen abzweigenden Evolutionslinien, also die ältesten Gruppen von Landpflanzen, werden als ***Bryophyta*** (Moose) zusammengefasst. Sie stellen aber keine monophyletische Verwandtschaftsgruppe dar, sondern sie bilden eine paraphyletische Gruppe mit 3 nacheinander auftretenden Evolutionslinien (Abb. 11: A). Die basalste Gruppe von Moosen und somit am weitesten in der Vergangenheit, aber auch heute noch vorkommende Evolutionslinie von Landpflanzen sind die *Marchantiopsida* (Lebermoose). Sie bilden die Schwestergruppe zu allen anderen Landpflanzen. Die verwandtschaftlichen Beziehungen zwischen den beiden anderen Gruppen von Moosen sind nicht sicher geklärt. Wir stellen deshalb hier die *Anthoceropsida* (Hornmoose) und die *Bryopsida* (Laubmoose) in eine Polytomie zusammen mit der Gruppe der Kormophyten. Allen *Bryophyta* gemeinsam sind Besonderheiten im Generationswechsel, die Organisation des Vegetationskörpers (keine Kormophyten) sowie die Ausbreitung durch Sporen (es werden keine Samen gebildet!). Es gibt weltweit etwa 25'000 rezente (d. h. heute lebende) Arten von *Bryophyta* (in der Schweiz rund 1000 Arten).

Die nächste Gruppe im Stammbaum sind die ***Pteridophyta*** (Farne). Im Gegensatz zu den Moosen weisen *Pteridophyta* (und auch *Sperma-*

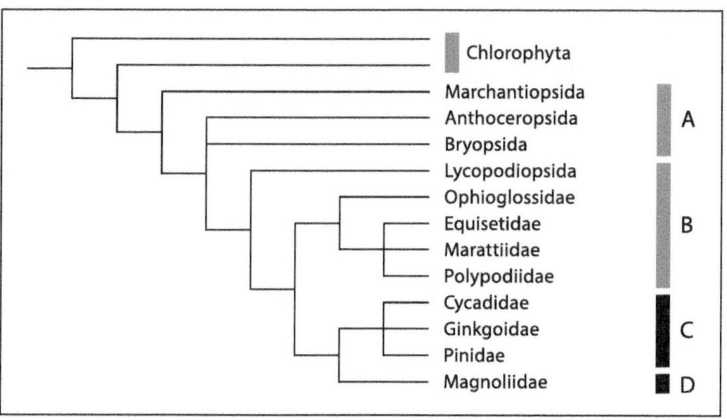

Abb. 11: Stammbaum der Pflanzen nach Stevens (2001 onwards, modifiziert). Schwarze Balken bezeichnen monophyletische, graue Balken paraphyletische Gruppen: A: *Bryophyta*. B: *Pteridophyta*. C+D: *Spermatophyta*. C: *Gymnospermae*. D: *Angiospermae*.

tophyta) einen in Wurzel, Sprossachse und Blätter gegliederten Pflanzenkörper mit Epidermis (mit Cuticula und Spaltöffnungen), Leitbündeln und Festigungsgewebe auf. Erst diese hier neu auftretende Kombination von Eigenschaften ermöglicht es den Pflanzen, auf dem Land grosse Vegetationskörper auszubilden: durch Cuticula und Spaltöffnungen kann der Wasser- und Gashaushalt effizient gesteuert werden; Festigungsgewebe sowie Wurzeln geben auch grossen, aufrechten Pflanzen die nötige Stabilität; Wurzeln erlauben eine genügend rasche Aufnahme resp. Leitbündel den effizienten Transport von Wasser und Nährstoffen vom Boden bis zuoberst in die Pflanzen sowie von Assimilaten umgekehrt von der Spitze der Pflanzen bis nach unten in die Wurzeln.

Die heute lebenden *Pteridophyta* sind wie die *Bryophyta* nicht monophyletisch, sie bilden ebenfalls eine paraphyletische Gruppe (Abb. 11: B). Sie umfassen zwei monophyletische Gruppen mit fünf Evolutionslinien. Die monophyletischen *Lycopodiopsida* (Bärlappe und Verwandte) sind eine separate Linie und stellen die Schwestergruppe zum gesamten Rest der Kormophyten dar. Die Gruppe der übrigen Farne ist monophyletisch, besteht aus vier verschiedenen Evolutionslinien (*Ophioglossidae*, *Equisetidae*, *Marattiidae*, *Polypodiidae*) und ist Schwestergruppe zu den *Spermatophyta* (Samenpflanzen). Gemeinsam für alle fünf Evolutionslinien der Farne sind Besonderheiten im Generationswechsel sowie die Ausbreitung durch Sporen (es werden keine Samen gebildet!). Weltweit gibt es etwa 10'300 rezente Arten von *Pteridophyta* (in der Schweiz ca. 80 Arten).

Die monophyletischen ***Spermatophyta*** (Samenpflanzen) zeichnen sich aus durch die Bildung von Blüten und Samen und umfassen vier rezente Entwicklungslinien. Drei dieser Linien bilden die monophyletische Gruppe der *Gymnospermae* (*Cycadidae*, *Ginkgoidae*, *Pinidae*) und sind die Schwestergruppe zur vierten Linie der *Spermatophyta*, den *Angiospermae* (= *Magnoliidae*).

10.2 Gliederung der *Angiospermae*

Die Flora der Schweiz ist sehr vielfältig zusammengesetzt. Insgesamt werden nach APG III (2009) innerhalb der weltweit bekannten Taxa der *Angiospermae* 63 Ordnungen unterschieden, Vertreter aus 44 Ordnungen sind in den Schlüsseln des vorliegenden Buches aufgeführt. Auf der Stufe der Familie lässt sich dieser Vergleich nicht ziehen, denn die z. T. zahlreichen Erkenntnisse der modernen molekularen Phylogenien und die davon abgeleiteten Klassifikationen (z. B. bei den *Monocotyledonae* oder den *Lamiales*) konnten auf Familienniveau hier nicht berücksichtigt werden. Einige Familien, die im Bestimmungsbuch als solche enthalten sind, wurden aufgeteilt und ihre Gattungen in verschiedene Familien gestellt oder z. T. sogar verschiedenen Ordnungen zugeordnet. Aus drucktechnischen Gründen (Beibehaltung des Seitenumbruchs) mussten wir in diesen Fällen die alte Familieneinteilung beibehalten.

Die Verwandtschaftsverhältnisse zwischen den für die *Angiospermae* (= *Magnoliidae*) unterschiedenen Ordnungen sind im Stammbaum (Abb. 12) gemäss den Vorschlägen von APG in leicht modifizierter (aber kongruenter) Form abgebildet. Nur wenige, kleine und unbedeutende Ordnungen wurden weggelassen, alle im Bestimmungsbuch vetretenen Ordnungen sind im Stammbaum enthalten. Die grobe Übersicht über den Stammbaum zeigt, dass die Unterteilung in einkeimblättrige (= *Monocotyledonae*) und zweikeimblättrige *Angiospermae* (= *Dicotyledonae*) modifiziert und neu eine dritte Gruppe (Basale *Angiospermae*) akzeptiert werden muss. Zudem wird die Gruppe der *Eudicotyledonae* noch weiter unterteilt.

1 Die **Basalen *Angiospermae*** (Abb. 12: 1) umfassen Ordnungen, die an der Basis des Stammbaums stehen und hauptsächlich ursprüngliche Merkmale aufweisen. Mit 2 Keimblättern und monosulcaten Pollenkörnern weisen sie eine andere Kombination der die beiden anderen Grossgruppen im Stammbaum charakterisierenden Merkmale auf (*Monocotyledonae* haben nur 1 Keimblatt, *Eudicotyledonae* haben tricolpate Pollenkörner). Die Basalen *Angiospermae* sind paraphyletisch und bestehen neben der Verwandtschaftsgruppe der Überordnung *Magnolianae* (Abb. 12: 4) noch aus 5 weiteren hauptsächlichen Evolutionslinien. Sie umfassen weniger als 4% der heute lebenden Arten der *Angiospermae*. Die basalste Ordnung der *Angiospermae* (*Amborellales*) kommt in der Schweiz nicht vor, die anderen 3 im Baum angegebenen Evolutionslinien (*Nymphaeales*, *Ceratophyllales*, *Magnolianae*) sind in der Schweiz natürlicherweise vertreten.

2 Die ***Monocotyledonae*** (Abb. 12: 2) sind monophyletisch. Wie die Basalen *Angiospermae* haben sie monosulcate Pollenkörner. Sie werden charakterisiert durch 1 Keimblatt (anstelle von 2 Keimblättern) sowie weiteren, häufig und v. a. hier auftretenden Merkmalen (z. B. 3zählige Blüten, parallele Blattnervatur, im Sprossquerschnitt zerstreut angeordnete Leitbündel). Man kann 3 Gruppen unterscheiden: die beiden paraphyletischen Gruppen **Ursprüngliche *Monocotyledonae*** (Abb. 12: 5) und **Tierbestäubte *Monocotyledonae*** (Abb. 12: 6) sowie die abgeleitete, monophyletische Gruppe der **Windbestäubten *Monocotyledonae*** (Commeliniden; Abb. 12: 7). Etwa 22% der Arten der *Angiospermae* gehören zu den *Monocotyledonae*.

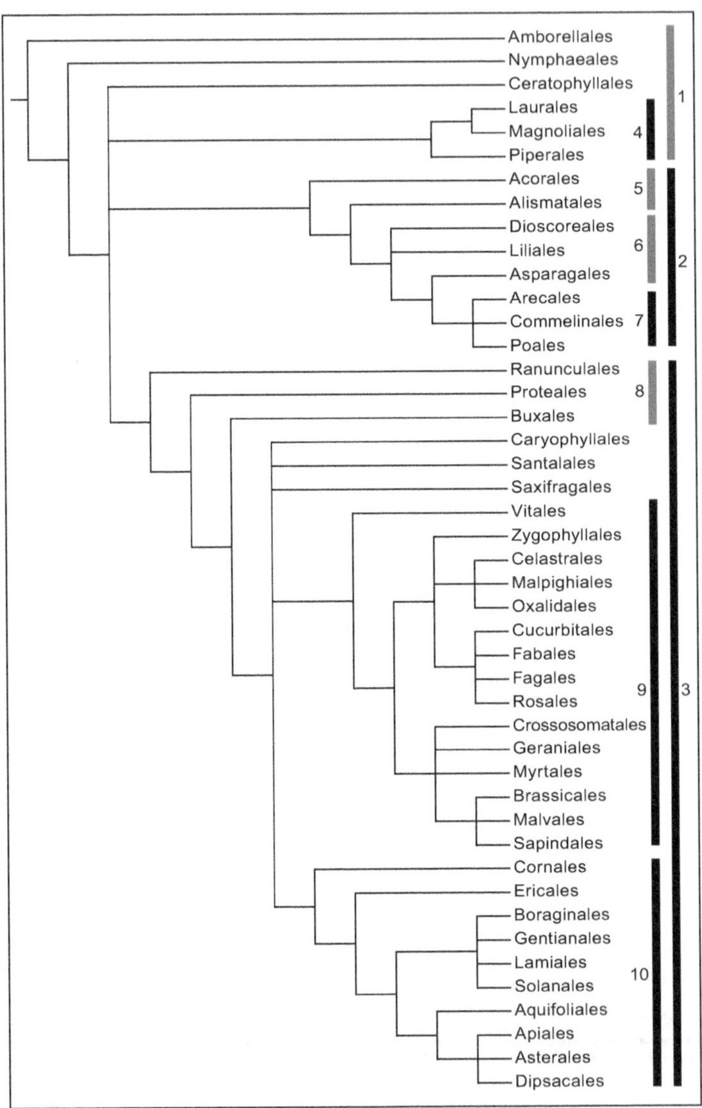

Abb. 12: Stammbaum der Ordnungen der *Angiospermae* nach APG III (2009, modifiziert). Schwarze Balken bezeichnen monophyletische, graue Balken paraphyletische Gruppen: 1: Basale *Angiospermae*. 2: *Monocotyledonae*. 3: *Eudicotyledonae*. 4: *Magnolianae*. 5: Ursprüngliche *Monocotyledonae*. 6: Tierbestäubte *Monocotyledonae*. 7: Windbestäubte *Monocotyledonae* (= Commeliniden). 8: Basale *Eudicotyledonae*. 9: *Rosanae*. 10: *Asteranae*.

3 Die ***Eudicotyledonae*** (Abb. 12: 3) haben wie die Basalen *Angiospermae* (meist) 2 Keimblätter, sind aber charakterisiert durch tricolpate Pollenkörner (oder davon abgewandelte Formen). Etwa 74% der Arten der *Angiospermae* gehören zu den monophyletischen *Eudicotyledonae*, die in 4 Gruppen unterteilt werden können.

3a Die **Basalen *Eudicotyledonae*** (Abb. 12: 8) bilden eine paraphyletische Gruppe mit Ordnungen, die an der Basis des Stammbaums der *Eudicotyledonae* stehen. Sie weisen vornehmlich ursprüngliche Merkmale der *Eudicotyledonae* auf, meist fehlen ihnen die Spezialisierungen im Blütenbau.

3b Die übrigen Gruppen der *Eudicotyledonae* bilden eine monophyletische Gruppe, die als **Kern-*Eudicotyledonae*** bezeichnet wird. Hier können 3 Gruppen unterschieden werden.

3b1 Eine Gruppe von 3 Ordnungen mit unklaren (bzw. wenig gut gestützten) Verwandtschaftsbeziehungen stellen wir wegen der teilweise eher ursprünglichen Merkmale (z. B. einfache Blütenhülle, nicht verwachsene Fruchtblätter) an den Anfang einer Polytomie mit den beiden abgeleiteten Gruppen der *Rosanae* und *Asteranae*: *Caryophyllales* und *Santalales* (manchmal auch als Schwestergruppe der *Asteranae*) sowie *Saxifragales* (zusammen mit den *Vitales* auch als Schwestergruppe der *Rosanae*).

3b2 Die Überordnung der ***Rosanae*** ist eine monophyletische Gruppe (Abb. 12: 9) und umfasst Ordnungen mit Kelch- und vorwiegend freien (d. h. nicht verwachsenen) Kronblättern sowie 2 Staubblattkreisen. Nebenblätter sind in vielen Fällen vorhanden. In dieser Gruppe gibt es 2 morphologisch nicht fassbare, aber molekularphylogenetisch eindeutige Untergruppen, die Fabiden und die Malviden.

3b3 Die monophyletische Gruppe der Überordnung ***Asteranae*** (Abb. 12: 10) umfasst Ordnungen mit Kelch- und meist verwachsenen Kronblättern, oft ist nur 1 Staubblattkreis ausgebildet. Nebenblätter sind meist nicht vorhanden. In dieser Gruppe hat es basale Ordnungen und eine abgeleitete Gruppe, die aus 2 Untergruppen besteht, den Lamiiden (Fruchtknoten meist oberständig) und den Campanuliden (Fruchtknoten meist unterständig).

10.3 *Monocotyledonae*

Die *Monocotyledonae* sind eine morphologisch gut charakterisierte, monophyletische Gruppe und umfassen etwa 22% der Arten der *Angiospermae*. Wie die Basalen *Angiospermae* haben sie Pollenkörner mit nur 1 Keimöffnung (= monosulcat). Namengebendes Merkmal ist das Merkmal von nur 1 Keimblatt. Neben der Keimblattzahl unterscheiden sie sich von den Basalen *Angiospermae* und den *Eudicotyledonae* durch mehrere weitere Merkmale: Die Hauptwurzel bleibt nicht lange erhalten, sie wird durch seitenständige Adventivwurzeln ersetzt, die meist in dichten Büscheln die Pflanze in der Erde verankern. Die Leitbündel sind im Sprossquerschnitt zerstreut angeordnet und geschlossen (ohne Kambium); somit ist normales sekundäres Dickenwachstum nicht möglich. Die Blätter sind meist wechselständig und häufig nicht gestielt. Am Blattgrund bilden sie oft eine Blattscheide, die den Stengel umfasst. Die Blattspreiten sind oft lanzettlich und ganzrandig und haben meist parallele Hauptnerven. Nebenblätter sind nicht vorhanden. Die Blüten sind (mit wenigen Ausnahmen) 3zählig. Die Blütenhülle besteht primär aus 2 Kreisen, da aber eine Unterscheidung der beiden Kreise i. d. R. nicht möglich ist, bezeichnen wir die Blütenhülle als Perigon.

Man kann 3 Gruppen innerhalb der *Monocotyledonae* unterscheiden (Abb. 13):

- Die basale Gruppe ist paraphyletisch und umfasst die als **Ursprüngliche *Monocotyledonae*** (Abb. 13: 1) bezeichneten basalen Ordnungen (bei uns *Acorales* [Abb. 13: 4] und *Alismatales* [Abb. 13: 5]; siehe auch Abb. 12).
- Die abgeleitete, monophyletische Gruppe der (vorwiegend) **Windbestäubten *Monocotyledonae*** (auch als Commeliniden bezeichnet, Abb. 13: 3; siehe auch Abb. 12) umfasst bei uns v. a. die grasartigen Familien (*Poales*; Abb. 13: 11), eine ökologisch und ökonomisch ausserordentlich wichtige Gruppe der *Angiospermae*. Weiter gibt es in der Schweiz wenige Vertreter der Ordnungen *Arecales* (1 neophytische Art; Abb. 13: 9) und *Commelinales* (3 Arten; Abb. 13: 10).
- Im phylogenetischen Baum liegt dazwischen eine paraphyletische Gruppe mit den Ordnungen der **Tierbestäubten *Monocotyledonae*** (Abb. 13: 2), die häufig farbige und relativ grosse, meist insektenbestäubte Blüten aufweisen. Wegen der oft auffallenden Blütenhülle werde sie auch Petaloide *Monocotyledonae* genannt. Diese Gruppe umfasst bei uns die 3 Ordnungen *Dioscoreales* (Abb. 13: 6), *Liliales* (Abb. 13: 7) und *Asparagales* (Abb. 13: 8).

Die Daten aus den molekularphylogenetischen Untersuchungen haben die Erkenntnisse über die Verwandtschaftsverhältnisse innerhalb der *Monocotyledonae*, insbesondere aber innerhalb der alten Ordnung der *Liliales* (und hier v. a. die alten *Liliaceae*), sehr stark verändert. Die heute anerkannte, auf Erkenntnissen der Molekularphylogenetik basierende Einteilung der *Monocotyledonae* in Ordnungen

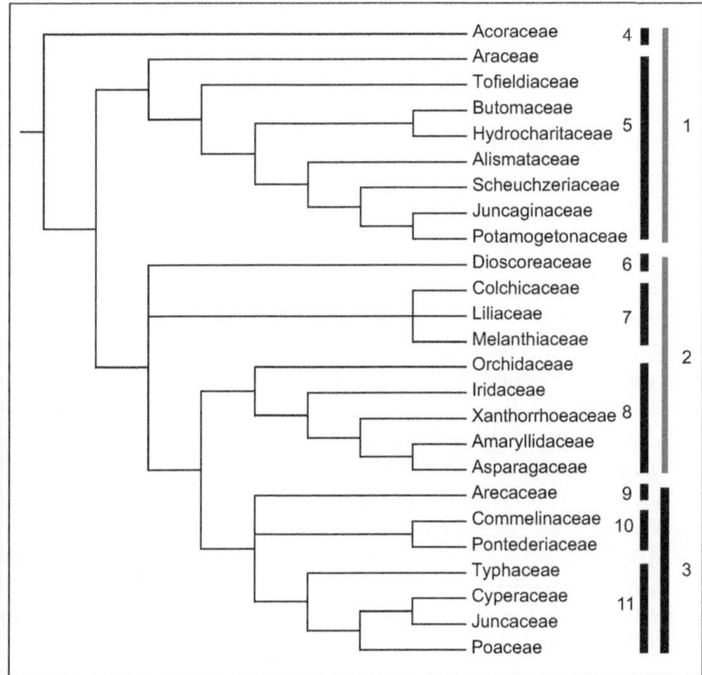

Abb. 13: Stammbaum der im Buch enthaltenen Familien der *Monocotyledonae* nach Stevens (2001 onwards, modifiziert). Schwarze Balken bezeichnen monophyletische, graue Balken paraphyletische Gruppen: 1: Basale *Monocotyledonae*. 2: Tierbestäubte *Monocotyledonae*. 3: Windbestäubte *Monocotyledonae*. 4: *Acorales*. 5: *Alismatales*. 6: *Dioscoreales*. 7: *Liliales*. 8: *Asparagales*. 9: *Arecales*. 10: *Commelinales*. 11: *Poales*.

und Familien kann nicht immer auch mit morphologischen Merkmalen nachvollzogen werden. Bei einigen Merkmalen (z. B. die Stellung des Fruchtknotens), die früher als relevant für Verwandtschaften angesehen wurden, stellte sich heraus, dass sie mehrmals und unabhängig verändert wurden und somit nicht geeignet sind, höhere taxonomische Einheiten zu charakterisieren. Dies kann eindrücklich am Beispiel der alten *Liliaceae* gezeigt werden (siehe oben).

10.3.1 Ursprüngliche *Monocotyledonae*

Die Gruppe der **Ursprünglichen *Monocotyledonae*** zeigt eine grosse morphologische Variabilität. Einige der Taxa weisen ursprüngliche Blütenmerkmale auf (z. B. zahlreiche Staubblätter sowie zahlreiche, freie, oberständige Fruchtblätter, die nur teilweise miteinander verwachsen sind). Viele Vertreter dieser Gruppe sind krautige Sumpf- oder Wasserpflanzen.

Wichtige Veränderungen durch die molekularen Daten sind v. a. auf Familienniveau ersichtlich. Aus drucktechnischen Gründen konnten diese Änderungen im vorliegenden Buch nicht umgesetzt werden.

- Die basalste Linie sind die *Acorales* mit *Acorus calamus* (früher *Araceae*).
- Die molekularen Daten zeigen, dass die wegen der starken Reduktionen und Modifikationen früher als eigenständige Familie betrachteten *Lemnaceae* Teil der Vielfalt der *Araceae* sind.
- Die Gattung *Tofieldia* wurden wegen ihres Blütenaufbaus mit 6 Perigon-, 6 Staub- und 3 oberständigen Fruchtblättern früher in die Familie der *Liliaceae* gestellt. Allerdings ist der Fruchtknoten noch deutlich gegliedert, und einige Arten bilden Balgfrüchte. Molekularphylogenetische Untersuchungen haben aufgezeigt, dass sie näher mit Vertretern der *Alismatales* verwandt ist. Sie wird daher heute in eine eigene Familie innerhalb der *Alismatales* gestellt.
- Die Familie der *Najadaceae* wird neu in die Familie der *Hydrocharitaceae* gestellt.
- *Scheuchzeria* wird von den *Juncaginaceae* als eigene Familie der *Scheuchzeriaceae* abgetrennt.
- Die Familie der *Zannichelliaceae* ist neu Teil der *Potamogetonaceae*.

10.3.2 Tierbestäubte *Monocotyledonae*

Die Arten der paraphyletischen Gruppe **Tierbestäubte *Monocotyledonae*** weisen häufig relativ grosse und auffallende Blüten mit farbigen Blütenhüllblättern auf, sie werden hauptsächlich von Insekten bestäubt. In dieser Gruppe zeigen sich die meisten der molekular begründeten Veränderungen, insbesondere bei der Familie der *Liliaceae* in der alten Fassung: Die im vorliegenden Buch enthaltenen Arten der früheren *Liliaceae* verteilen sich heute auf 7 Familien in 3 verschiedenen Ordnungen (Ursprüngliche *Monocotyledonae*: *Tofieldiaceae* [*Alismatales*]; Tierbestäubte *Monocotyledonae*: *Liliales* mit *Colchicaceae*, *Liliaceae* und *Melanthiaceae* sowie *Asparagales* mit *Amaryllidaceae*, *Asparagaceae* und *Xanthorrhoeaceae*). Eine morphologische Umschreibung der neuen, molekular begründeten Familien ist nur bedingt möglich:

- Einzige bei uns heimische Art der *Dioscoreales* ist *Tamus communis* (Familie *Dioscoreaceae*), eine 2häusige Schlingpflanze mit herzförmigen Blättern.

- Die *Liliales* (bei uns mit den Familien *Colchicaceae*, *Liliaceae* und *Melanthiaceae*) sind meist Geophyten mit aktinomorphen Blüten, mit 2 Kreisen von Staubblättern und einem oberständigen Fruchtknoten.
  - *Colchicaceae* sind Pflanzen mit tief in den Boden eingesenkten Sprossknollen; sie haben Perigonblätter, die meist zu einer basalen Röhre verwachsen sind.
    Gattungen: *Bulbocodium*, *Colchicum*
  - *Liliaceae* haben meist eine Zwiebel und Blüten in einer terminalen Traube, allerdings ist der Blütenstand of auf eine einzige Blüte reduziert.
    Gattungen: *Erythronium*, *Fritillaria*, *Gagea*, *Lilium*, *Lloydia*, *Streptopus*, *Tulipa*
  - *Melanthiaceae* haben ein horizontal kriechendes Rhizom, die Blüten sind oft in Trauben oder Rispen, manchmal auch reduziert auf eine einzige Blüte.
    Gattungen: *Paris*, *Veratrum*
- Die *Asparagales* (bei uns mit den Familien *Orchidaceae*, *Iridaceae*, *Xanthorrhoeaceae*, *Amaryllidaceae* und *Asparagaceae*) sind meist Geophyten mit aktinomorphen oder zygomorphen Blüten, mit 1 bis 2 Staubblattkreisen und einem ober- oder unterständigen Fruchtknoten. Die Familien der *Orchidaceae* und *Iridaceae* wurden durch die molekularen Untersuchungen nicht verändert.
  - *Orchidaceae* haben zygomorphe Blüten mit freien Perigonblättern und meist nur 1 Staubblatt. Der Fruchtknoten ist unterständig.
  - *Iridaceae* haben haben aktinomorphe oder zygomorphe Blüten mit an der Basis meist zu einer Röhre verwachsenen Perigonblättern. Die 3 Staubblätter stehen in 1 Kreis, der Fruchtknoten ist unterständig.
  - *Xanthorrhoeaceae* haben oft rispige Blütenstände auf langen, weitgehend blattlosen Blütenstandstielen.
    Gattungen: *Asphodelus*, *Hemerocallis*
  - Die aktinomorphen Blüten der *Amaryllidaceae* stehen in einer von 1 bis 3 häutigen Hochblättern umgebenen Dolde, allerdings ist die Dolde bei einem grossen Teil der einheimischen Arten auf eine einzige Blüte reduziert. Die Staubblätter stehen in 2 Kreisen, der Fruchtknoten ist ober- (*Allium*) oder unterständig (übrige Gattungen).
    Gattungen: *Allium*, *Galanthus*, *Leucojum*, *Narcissus*

- *Asparagaceae* mit aktinomorphen Blüten in oft traubigen Blütenständen haben 2 Kreise von Staubblättern und einen meist oberständigen Fruchtknoten.
  Gattungen: *Agave*, *Anthericum*, *Aphyllanthes*, *Asparagus*, *Convallaria*, *Hyacinthoides*, *Maianthemum*, *Muscari*, *Ornithogalum*, *Paradisea*, *Polygonatum*, *Ruscus*, *Scilla*, *Yucca*

10.3.3 Windbestäubte *Monocotyledonae*

Der Name der **Windbestäubten *Monocotyledonae*** stammt von der grossen und sehr wichtigen Gruppe der *Poales* (Grasartige). Die meisten Arten der *Poales* (>85%) sind windbestäubt, dies gilt aber nicht für alle Vertreter (Ausnahme z.B die bei uns nicht vorkommenden *Bromeliaceae* oder *Eriocaulaceae*). Einige Gruppen der Windbestäubten *Monocotyledonae* (z. B. *Commelinales*) haben relativ grosse und auffallende Blüten und werden von Tieren bestäubt; von dieser Gruppe leitet sich der Name Commeliniden ab. Gemeinsam für alle Vertreter dieser monophyletischen Gruppe der Windbestäubten *Monocotyledonae* (= Commeliniden) sind anatomische und biochemische Merkmale.

Wichtigste Veränderung durch die molekularen Daten ist der Einbezug der *Sparganiaceae* in die *Typhaceae*.

10.4 *Fabaceae*

Eine der grössten, bekanntesten und auffallendsten Familien der einheimischen Flora ist die Familie der *Fabaceae*. In früheren Systemen wurden die *Fabaceae* (Schmetterlingsblütler) als Familie in die Ordnung der *Leguminosae* (= *Fabales*, Hülsenfrüchtler) gestellt, zusammen mit den beiden anderen grossen Familien, den *Caesalpiniaceae* und den *Mimosaceae*. Wie molekulare Daten zeigen (Lewis 2005), sind die Familien der *Fabaceae* und *Mimosaceae* monophyletisch, aber im phylogenetischen Baum innerhalb der paraphyletischen *Caesalpiniaceae* positioniert (Abb. 14). Die 3 Familien sind deshalb als eine einzige grosse phylogenetische Einheit aufzufassen und nicht in die bekannten Familien auftrennbar. Sie werden zur grossen Familie der *Fabaceae* zusammengefasst und als Unterfamilien (*Caesalpinioideae*, *Faboideae* und *Mimosoideae*) eingestuft. Aus rein praktischen (morphologischen) Gründen wird die Unterfamilie *Caesalpinioideae* trotz ihrer Paraphylie als systematische Einheit beibehalten. Diese Interpretation wird weltweit akzepiert. Dies hat zur Folge, dass „Schmetterlingsblütler" als der deutsche Name für die bei uns sehr häufige, weit verbreitet und leicht erkennbare Un-

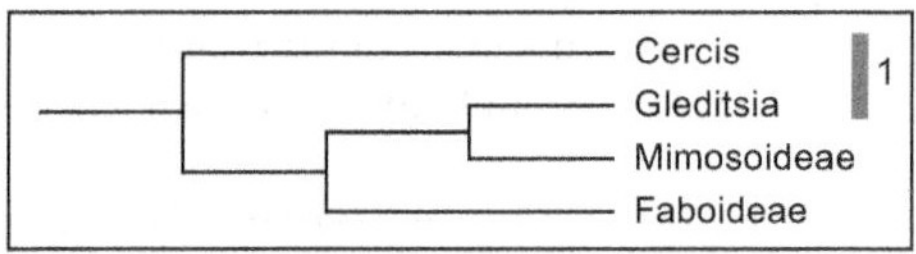

Abb. 14: Stammbaum der *Fabaceae* nach Lewis (2005) mit den monophyletischen *Faboideae* und *Mimosoideae* sowie den beiden im vorliegenden Buch enthaltenen Gattungen der paraphyletischen *Caesalpinioideae* (1).

terfamilie *Faboideae* steht, während „Hülsenfrüchtler" ein deutscher Name für die weitgefasste Familie der *Fabaceae* ist. Bei uns kommen nur Vertreter der Unterfamilie *Faboideae* natürlicherweise vor, Arten der anderen Unterfamilien werden bei uns manchmal als Zierpflanzen kultiviert.

Die Arten der weitgefassten und grossen Familie der *Fabaceae* (im Sinne von *Leguminosae*) sind krautig oder verholzt und haben wechselständige, meist zusammengesetzte Blätter mit Nebenblättern. Fast alle *Fabaceae* haben Wurzelknöllchen, die symbiontische, Luftstickstoff fixierende Bakterien (z. B. *Rhizobium*-Arten) enthalten. Charakteristisch für die *Fabaceae* ist das einzige oberständige Fruchtblatt, aus dem eine Hülsenfrucht entsteht. Die Samen bilden meist kein Endosperm, als Speicherorgan dienen die Keimblätter, in denen Stärke, Proteine und z. T. auch Fette eingelagert werden. Von der für alle 3 Unterfamilien typischen Hülsenfrucht leitet sich auch der alte Name *Leguminosae* (resp. Hülsenfrüchtler) ab.

10.4.1 *Faboideae*

Der für die alte Fassung der Familie der *Fabaceae* (= *Papilionaceae*) charakteristische Blütenaufbau trifft nach neuer Systematik nun nur für die Unterfamilie *Faboideae* zu: Die Blüte ist deutlich zygomorph. Der 5zählige Kelch ist verwachsen. Die 5zählige Krone ist aus 3 freien (1 Fahne und 2 seitlich stehende Flügel) und 2 meist verwachsenen (Schiffchen) Kronblättern aufgebaut. Das Schiffchen umschliesst die 10 Staubblätter. Die Staubbeutel sind immer frei. Meist sind 9 Staubfäden verwachsen und der oberste, 10te ist frei (selten sind alle 10 Staubfäden zu einer geschlossenen Röhre verwachsen). Die verwachsenen Filamente umgeben das einzige oberständige Fruchtblatt.

10.5 *Ericales*

Die *Ericales* (Abb. 15) sind eine molekularphylogenetisch gut abgegrenzte Gruppe, die verschiedenen Taxa der heute weit gefassten *Erica*-

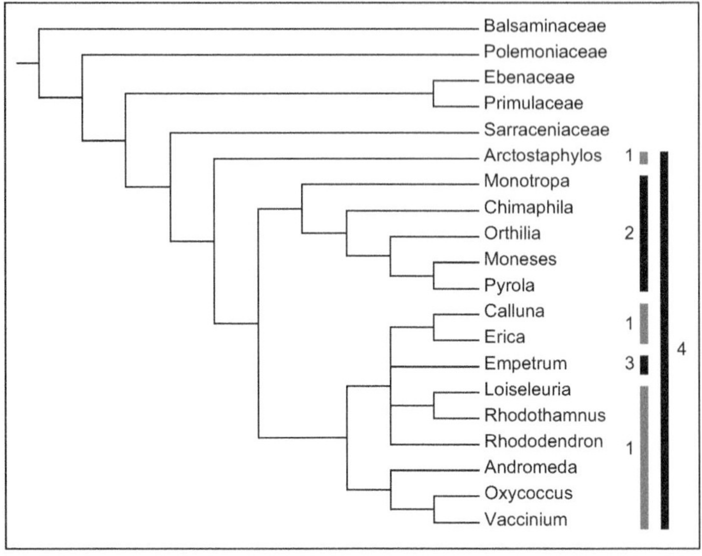

Abb. 15: Stammbaum der im Buch enthaltenen Familien resp. Gattungen (*Ericaceae*) der *Ericales* nach Stevens (2001 onwards, modifiziert) resp. Kron & al. (2002). Schwarze Balken bezeichnen monophyletische, graue Balken paraphyletische Gruppen: 1: *Ericaceae* (alte Fassung, paraphyletisch). 2: ehemalige *Pyrolaceae*. 3: ehemalige *Empetraceae*. 4: *Ericaceae* (neue Fassung, monophyletisch).

les haben aber kaum morphologische Gemeinsamkeiten: Die Blattstellung ist variabel; die Blüten weisen eine doppelte Hülle auf mit Kelchblättern und freien oder verwachsenen Kronblättern; sie sind aktinomorph oder zygomorph; die Staubblätter sind in 1 oder 2 Kreisen angeordnet; der Fruchtknoten ist ober- oder unterständig. Einige Familien innerhalb der *Ericales* (in unserer Flora die *Balsaminaceae*, *Polemoniaceae*, *Ebenaceae*, *Primulaceae* und *Sarraceniaceae*) wurden durch die molekularen Daten nicht verändert. Hingegen musste die Familie der *Ericaceae* aufgrund der molekularen Daten stark erweitert werden.

10.5.1 *Ericaceae*

Die früher als selbständige Familien aufgefassten *Pyrolaceae* (Abb. 15: 2) und *Empetraceae* (Abb. 15: 3) stellen zwar auch im molekularphylogenetischen Baum je eine monophyletische Gruppe dar. Da sie aber mitten in den alten *Ericaceae* (Abb. 15: 1) positioniert sind, werden sie in die neu gefasste Familie der *Ericaceae* (Abb. 15: 4) integriert.

Aufgrund molekulargenetischer Daten mussten auch Gattungen aufgetrennt resp. vereinigt werden (Kron & al. 2002):

- Die Gattung *Pyrola* wird aufgeteilt in *Orthilia* (bei uns mit *Orthilia secunda*), *Moneses* (bei uns mit *Moneses uniflora*) und *Pyrola* (restliche Arten). Dies konnte im Schlüssel der Gattung *Pyrola* s.l. eingebaut werden.
- Die Arten der Gattung *Oxycoccus* werden heute in die Gattung *Vaccinium* gestellt. Dies konnte im vorliegenden Buch nicht umgesetzt werden, *Oxycoccus* wird hier immer noch als eigenständige Gattung verschlüsselt.

10.6 *Lamiales*

Daten aus molekularphylogenetischen Untersuchungen haben gezeigt, dass die früher eigenständigen Ordnungen *Lamiales*, *Oleales* und *Scrophulariales* Teil einer einzigen grossen Verwandtschaftsgruppe sind und demnach in die erweiterte Ordnung *Lamiales* gestellt werden müssen. In der neuen Fassung ist die morphologische Charakterisierung der *Lamiales* unscharf: Die Blätter sind oft gegenständig; die meist zygomorphen Blüten zeigen oft eine Ober- und eine Unterlippe (Ausnahmen z. B. Familie *Oleaceae* und Gattungen *Buddleja* und *Plantago*); die Pflanzen tragen häufig Drüsenhaare; die Zahl der Staubblätter ist (mit wenigen Ausnahmen) auf 4 oder sogar 2 reduziert; die meisten Familien haben vielsamige Kapselfrüchte (Ausnahmen *Oleaceae*, *Verbenaceae* und *Lamiaceae*). Neben den genannten morphologischen Merkmalen und den molekularen Daten ist die Ordnung auch durch chemische Eigenschaften charakterisiert (Speicherkohlenhydrate, bestimmte Iridoide).

Es wurde zudem deutlich, dass einige der traditionellen Familien innerhalb dieser Ordnung in stark veränderter Form umschrieben werden müssen. Dies betrifft insbesondere die Rachenblütler, bei denen das Lippenblütlersyndrom mit einer Kapselfrucht kombiniert ist (im Gegensatz zu den „echten“ Lippenblütlern mit vierteiligem Fruchtknoten und den daraus entstehenden vier Klausenfrüchten). Die Gattungen der traditionellen Familie der *Scrophulariaceae* wurden aufgrund der Erkenntnisse aus molekularen Daten auf mehrere Familien aufgeteilt. Die *Scrophulariaceae* in ihrer alten Form sind dadurch polyphyletisch. Als Folge dieser Verschiebungen sind auch die Familien der *Plantaginaceae* und *Orobanchaceae* stark betroffenen. Die neue Familieneinteilung auf der Basis von molekularen Daten ist gut

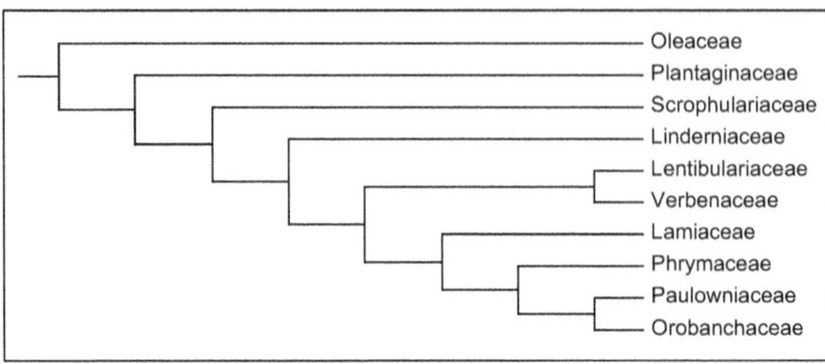

Abb. 16: Stammbaum der im Buch enthaltenen Familien der *Lamiales* nach Stevens (2001 onwards, modifiziert). Die Familien *Linderniaceae* (*Lindernia procumbens*), *Verbenaceae* (*Verbena officinalis*), *Phrymaceae* (*Mimulus guttatus* und *Mimulus moschatus*) und *Paulowniaceae* (*Paulownia tomentosa*) umfassen im vorliegenden Buch jeweils nur eine Gattung mit meist nur einer Art.

unterstützt (Abb. 16), kann aber nicht immer auch morphologisch nachvollzogen werden. In der einheimischen Flora gut fassbar und unverändert bleiben die basal abzweigende Familie der *Oleaceae* sowie die *Lentibulariaceae*, die *Verbenaceae*, die *Lamiaceae* und die *Paulowniaceae*. Die *Scrophulariaceae* werden eng gefasst, viele Gattungen der ehemaligen *Scrophulariaceae* gehören nun den weit gefassten *Orobanchaceae* resp. *Plantaginaceae* an oder werden in neue Familien eingeordnet (*Linderniaceae*, *Phrymaceae*). Von den einheimischen früheren Familien werden die *Callitrichaceae*, die *Hippuridaceae* sowie die *Globulariaceae* neu in den *Plantaginaceae*, die *Buddlejaceae* in den *Scrophulariaceae* eingeschlossen. Die Familien der *Orobanchaceae*, *Plantaginaceae* und *Scrophulariaceae* in ihren neuen Umschreibungen sind morphologisch kaum fassbar. Die Zuordnung der morphologisch meist klar charakterisierten Gattungen zu den Familien ist deshalb aufgrund der Morphologie nicht eindeutig nachvollziehbar. Aus praktischen, aber auch aus drucktechnischen Gründen sind all diese Familien im vorliegenden Buch immer noch in der alten und morphologisch fassbaren Umschreibung enthalten.

10.6.1 *Plantaginaceae*

Die Familie der *Plantaginaceae* wurde durch die molekularen Daten stark verändert (Ghebrehiwet & al. 2000; Kornhall & Bremer 2004; Albach & al. 2005). In ihrer neuen Umschreibung ist die Famile zwar

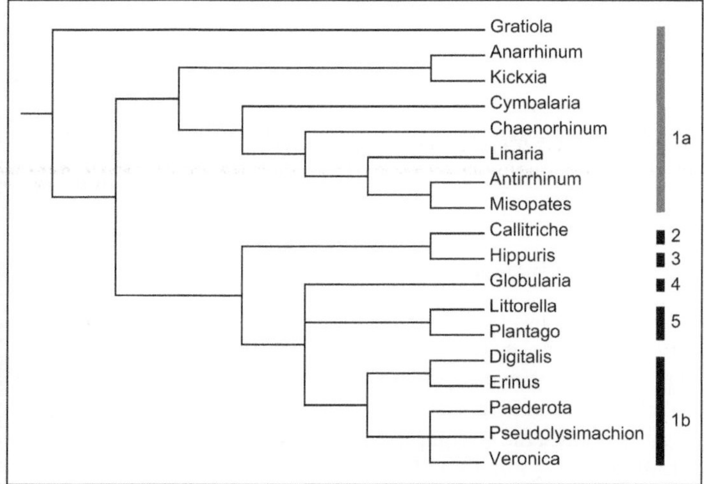

Abb. 17: Stammbaum der im Buch enthaltenen Gattungen der *Plantaginaceae* nach Ghebrehiwet & al. (2000), Kornhall & Bremer (2004) und Albach & al. (2005). Schwarze Balken bezeichnen monophyletische, graue Balken paraphyletische Gruppen: 1a und 1b: Teile der alten *Scrophulariaceae*. 2: ehemalige *Callitrichaceae*. 3: ehemalige *Hippuridaceae*. 4: ehemalige *Globulariaceae*. 5: bereits früher in den *Plantaginaceae*.

monophyletisch, sie kann aber nicht einheitlich morphologisch charakterisiert werden. Die früher zu den *Scrophulariaceae* gestellten Gattungen (Abb. 17: 1a und 1b) sind im Baum der Familie verteilt (2 unabhängige Linien). Die basalen Linien bilden eine paraphyletische Gruppe (Abb. 17: 1a), eine abgeleitete Gruppe ist monophyletisch (Abb. 17: 1b). Die übrigen neu zur Familie gezählten Gattungen *Callitriche* (*Callitrichaceae*, Abb. 17: 2), *Hippuris* (*Hippuridaceae*, Abb. 17: 3) und *Globularia* (*Globulariaceae*, Abb. 17: 4) sind im Stammbaum zwischen den beiden Linien mit den Gattungen der ehemaligen *Scrophulariaceae* positioniert. Dasselbe gilt für die bereits früher zu den *Plantaginaceae* gehörenden *Littorella* und *Plantago* (Abb. 17: 5).

Aufgrund molekularphylogenetischer Daten mussten auch Gattungen aufgetrennt werden. All diese Änderungen konnten in den Schlüsseln der einzelnen Gattungen eingebaut werden:

- Die Gattung *Veronica* wird aufgeteilt in *Pseudolysimachion* (bei uns mit der Artengruppe *Pseudolysimachion spicatum*), *Paederota* (im Buch mit *Paederota bonarota*) und *Veronica* (restliche Arten).

- Die Gattung *Linaria* wird aufgeteilt in *Cymbalaria* (im Buch mit *Cymbalaria muralis*), *Chaenorrhinum* (bei uns mit *Chaenorrhinum minus*), *Kickxia* (im Buch mit *Kickxia elatine* und *Kickxia spuria*) und *Linaria* (restliche Arten).
- Die Gattung *Misopates* (mit *Misopates orontium*) wird von der Gattung *Antirrhinum* (hier mit *Antirrhinum majus* und *Antirrhinum latifolium*) abgetrennt.

10.6.2 *Scrophulariaceae*

Obwohl viele Gattungen aus der früher sehr heterogenen Familie der *Scrophulariaceae* heute einer anderen Familie zugeordnet werden, können die *Scrophulariaceae* auch in ihrer neuen, engen Fassung nicht einheitlich morphologisch beschrieben werden. In den *Scrophulariaceae* verbleiben die Gattungen *Verbascum*, *Limosella* und *Scrophularia*, die Gattung *Buddleja* (früher Familie *Buddlejaceae*) kommt neu zur Familie der *Scrophulariaceae*.

10.6.3 *Orobanchaceae*

Die Familie der *Orobanchaceae* wurde durch die Ergebniss der molekularphylegenetischen Untersuchungen stark verändert (Bennett & Mathews 2006, McNeal & al. 2013). Eine morphologische Charakterisierung der Familie in der neuen Umschreibung ist nicht eindeutig möglich: Kelch meist mit 4 Zipfeln, die Kelchblätter oft bis über die Hälfte verwachsen; Krone zygomorph, mit Ober- und Unterlippe; Frucht eine Kapselfrucht. Die Familie lässt sich aber biologisch gut charakterisieren, denn sie umfasst Arten, die auf Wurzeln von Wirtspflanzen parasitieren (Ausnahme nur die Gattung *Lindenbergia* in Afrika und Asien). Es gibt **Vollparasiten** (ohne Chlorophyll, ganze Pflanze darum weisslich oder gelblich bis braun, bei uns die Gattungen *Orobanche* und *Lathraea*) und **Halbparasiten** (Pflanze mit Chlorophyll [also grün] und auch eigenständig assimilierend bei den übrigen Gattungen der Familie). Der phylogentische Baum (Abb. 18) zeigt interessante Strukturen:

- Die vollparasitische Gattung *Orobanche* zweigt an basaler Stelle ab und ist somit die Schwestergattung zu allen übrigen Gattungen in der einheimischen Flora. Die chlorophyllosen Pflanzen dieser Evolutionslinie zapfen mit ihren Wurzeln die Leitbündel der Wirtspflanzen an und entnehmen dem Phloëm die zum Leben benötigten Nährstoffe (insbesondere auch Kohlenhydrate).

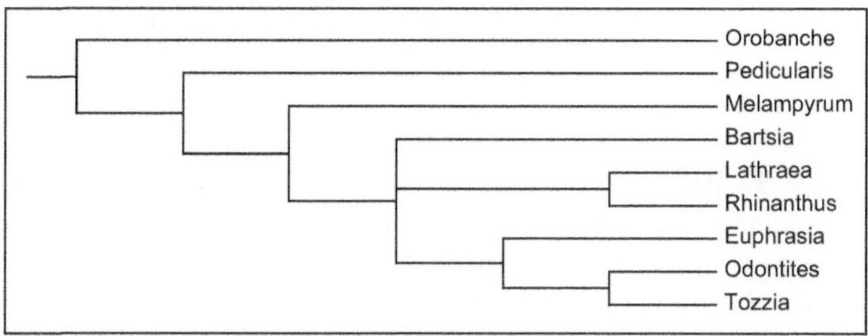

Abb. 18: Stammbaum der im Buch enthaltenen Gattungen der *Orobanchaceae* nach Bennett & Mathews (2006) und McNeal & al. (2013).

- Die übrigen Gattungen (also die Schwestergruppe der Gattung *Orobanche*) sind Halbparasiten, die i. d. R. Chrlorophyll besitzen und deshalb assimilieren können. Sie zapfen nur das Xylem an und entnehmen dem Wirt v. a. Wasser sowie Nährsalze und organische Verbindungen.
  - Der erste abzweigende Ast ist die Gattung *Pedicularis*, die auch morphologisch eine besondere Stellung in der Familie einnimmt: Die Blätter sind meist mehrfach und fein fiederteilig; der Kelch ist 5zähnig.
  - Die übrigen Gattungen (also die Schwestergruppe der Gattung *Pedicularis*) haben ungeteilte Blätter und einen 4zähnigen Kelch. In dieser Gruppe fällt die vollparasitische (also chlorophyllose) Gattung *Lathraea* auf, die mitten in den halbparasitischen Gattungen positioniert ist. *Lathraea* ist Schmarotzer auf Holzpflanzen (v. a. auf Laubbäumen) und kann (wie die übrigen Halbparasiten) nur das Xylem anzapfen. Im Xylem wird bei diesen Holzpflanzen nur im Frühling, zur Zeit des Laubaustriebes, Zucker von den Wurzeln nach oben geleitet. *Lathraea* als Vollparasit muss ihre Entwicklung deshalb auf den Frühling beschränken.

10.7 *Dipsacales*

Die Ordnung der *Dipsacales* ist morphologisch charakterisierbar: Sie sind verholzt (Sträucher) oder krautig (Stauden und Kräuter) und zeigen gegenständige Blattstellung. Die Blüten sind meist 5zählig. Die Kelchblätter sind oft reduziert und unscheinbar, die Kronblätter sind verwachsen. Die Staubblätter stehen in 1 (z. T. reduzierten) Kreis. Der Fruchtknoten besteht aus 3–5 verwachsenen Fruchtblättern und ist unterständig.

Die Daten aus den molekularphylogenetischen Untersuchungen haben die Ansichten zur Klassifikation dieser Verwandtschaftsgruppe verändert (Abb. 19). Es hat sich gezeigt, dass nicht primär zwischen verholzten (frühere, paraphyletische Familie der *Caprifoliaceae*; Abb. 19: 6) und krautigen Vertretern (übrige Familien) unterschieden werden kann (Bell & Donaghue 2005, Carlson & al. 2009). Der Stammbaum der *Dipsacales* besteht aus zwei Evolutionslinien, die eine basale Dichotomie bilden: eine Evolutionslinie enthält die verholzten Gattungen *Sambucus* und *Viburnum* zusammen mit den krautigen Vertretern von *Adoxa* (Abb. 19: 1), die andere Linie umfasst ebenfalls sowohl holzige (z. B. *Lonicera* und *Symphoricarpos*; Abb. 19: 2) als auch krautige Taxa (z. B. *Scabiosa*, *Knautia* und *Valeriana*; Abb. 19: 4 und 5). In der neusten Ausgabe von APG III (2009) werden diese beiden Linien als die 2 Familien dieser Ordnung akzeptiert: *Adoxaceae* (bei uns mit *Viburnum*, *Adoxa* und *Sambucus*; Abb. 19: 1) sowie die weit gefassten *Caprifoliaceae*

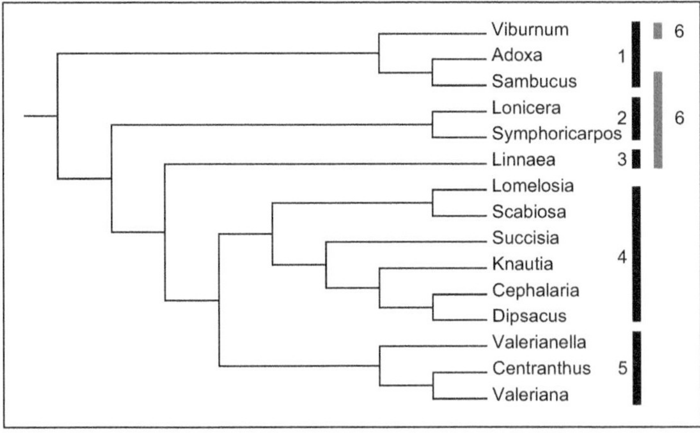

Abb. 19: Stammbaum der im Buch enthaltenen Gattungen der *Dipsacales* nach Stevens (2001 onwards, modifiziert), Bell & Donaghue (2005) und Carlson & al. (2009). Schwarze Balken bezeichnen monophyletische, graue Balken paraphyletische Gruppen: 1: *Adoxaceae*. 2: *Caprifoliaceae* (enge Fassung). 3: *Linnaeaceae*. 4: *Dipsacaceae*. 5: *Valerianaceae*. 6: *Caprifoliaceae* (alte Fassung).

(Abb. 19: 2–5). Alternativ und vom phylogenetischen Standpunkt her ebenso akzeptabel ist eine Unterteilung in kleinere und meist bereits etablierte Familien, die alle ebenfalls nur monophyletische Gruppen darstellen.

- *Adoxaceae* in der neuen Fassung (Abb. 19: 1) sind verholzt oder krautig; die aktinomorphen und meist kleinen Blüten bilden Steinfrüchte. Die verholzten *Viburnum* und *Sambucus* gehörten zur Familie der *Caprifoliaceae* in der alten Fassung (so auch im vorliegenden Buch).
- Die *Caprifoliaceae* in der neuen, engen Fassung (Abb. 19: 2) sind verholzt (Sträucher oder Lianen), sie bilden Beerenfrüchte. Die häufige und weit verbreitete Gattung *Lonicera* hat zygomorphe und meist relativ grosse Blüten. Die ursprünglich nordamerikanische *Symphoricarpos* mit kleinen aktinomorphen Blüten wird häufig kultiviert.
- Die Gattung *Linnaea* stellt in unserer Flora eine eigene Linie dar (Abb. 19: 3) und wird neu in die Familie *Linnaeaceae* gestellt. Im vorliegenden Buch ist *Linnaea* noch Teil der alten *Caprifoliaceae*.
- Die Familie der *Dipsacaceae* (Abb. 19: 4) wurde durch die molekularen Daten in ihrer ursprünglichen Form bestätigt. Sie ist morphologisch gut charakterisiert: Die Pflanzen sind krautig. Die meist kleinen und oft zygomorphen Blüten sitzen in dichten, kopfigen, von Hüllblättern umgebenen Blütenständen (Pseudanthien).
- Die Familie der *Valerianaceae* (Abb. 19: 5) wurde durch die molekularen Daten ebenfalls in ihrer ursprünglichen Form bestätigt. Sie ist morphologisch charakterisiert durch krautige Pflanzen mit kleinen, zygomorphen Blüten in Schirmrispen.

10.8 Literatur zu Kapitel 10

Albach D.C. & al., 2005. Piecing together the „new“ *Plantaginaceae*. American Journal of Botany 92: 297-315.

APG II, 2003: An update of the Angiosperm Phylogeny Group classification for the orders and families of flowering plants. Botanical Journal of the Linnean Society 141: 399-436.

APG III, 2009: An update of the Angiosperm Phylogeny Group classification for the orders and families of flowering plants. Botanical Journal of the Linnean Society 161: 105-121.

Bell C.D. & Donaghue M.J., 2005. Phylogeny and biogeography of the *Valerianaceae* (*Dipsacales*) with special reference to the South American valerians. Organisms, Evolution and Diversity 5: 147-159.

Bennett J.R. & Mathews S., 2006. Phylogeny of the parasitic plant family *Orobanchaceae* inferred from phytochrome A. American Journal of Botany 93: 1039-1051.

Carlson S.E. & al., 2009. Phylogenetic relationships, taxonomy, and morphological evolution in *Dipsacaceae* [*Dipsacales*] inferred by DNA sequence data. Taxon 58: 1075-1091.

Ghebrehiwet M. & al., 2000. Phylogeny of the tribe *Antirrhineae* [*Scrophulariaceae*] based on morphological and ndhF sequence data. Plant Systematics and Evolution 220: 223-239.

Kornhall P.E.R. & Bremer B., 2004. New circumscription of the tribe *Limoselleae* [*Scrophulariaceae*] that includes the taxa of the tribe *Manuleeae*. Botanical Journal of the Linnean Society 146: 453-467.

Kron K.A. & al., 2002. A phylogenetic classification of the *Ericaceae*: Molecular and morphological evidence. Botanical Review 68: 335-423.

Lewis G.P., 2005. Legumes of the World. Royal Botanic Gardens, Kew.

McNeal J.R. & al., 2013. Phylogeny and origins of holoparasitism in *Orobanchaceae*. American Journal of Botany 100(5): 971-983.

Stevens P. F., 2001 onwards: Angiosperm Phylogeny Website (continuously updated. http://www.mobot.org/MOBOT/research/APweb).

11 Zuordnung von Gattungen in neue Familien

Die Bestimmungsschlüssel zu den Familien und innerhalb der Familien konnten aus drucktechnischen Gründen (Beibehaltung des Seitenumbruchs) nur eingeschränkt verändert werden. Die Schlüssel zu den Familien und zu den Gattungen sind deshalb meist unverändert. Gattungen, die heute aufgrund der molekularen Daten anderen Familien zugeordnet werden, sind im vorliegenden Bestimungsbuch noch entsprechend der alten Systematik verschlüsselt. Dies schränkt den Gebrauch des Bestimmungsbuches nicht ein, im Gegenteil. Eine Aufschlüsselung der Familien nach alter, morphologisch begründeter Systematik ist oft einfacher als die Berücksichtigung der neuen Familieneinteilung aufgrund molekularer Daten, da in einigen Fällen die neuen Familien morphologisch nicht fassbar sind. Die heute gültige Zuordnung jener Gattungen, die im Bestimmungsbuch nach alter Systematik in der „falschen“ Familie angeführt werden, sind in Tab. 3 ersichtlich.

Tabelle 3: Gattungen (in alphabetischer Reihenfolge), deren Familienzugehörigkeit aufgrund molekularer Daten geändert hat.

Gattung	Familie Bestimmungsbuch	Familie neue Systematik	Ordnung neue Systematik
Acer	Aceraceae	Sapindaceae	Sapindales
Acorus	Araceae	Acoraceae	Acorales
Aesculus	Hippocastanaceae	Sapindaceae	Sapindales
Agave	Amaryllidaceae	Asparagaceae	Asparagales
Allium	Liliaceae	Amaryllidaceae	Asparagales
Anarrhinum	Scrophulariaceae	Plantaginaceae	Lamiales
Anthericum	Liliaceae	Asparagaceae	Asparagales
Antirrhinum	Scrophulariaceae	Plantaginaceae	Lamiales
Aphyllanthes	Liliaceae	Asparagaceae	Asparagales
Asclepias	Asclepiadaceae	Apocynaceae	Gentianales
Asparagus	Liliaceae	Asparagaceae	Asparagales
Asphodelus	Liliaceae	Xanthorrhoeaceae	Asparagales
Atriplex	Chenopodiaceae	Amaranthaceae	Caryophyllales
Bartsia	Scrophulariaceae	Orobanchaceae	Lamiales
Bassia	Chenopodiaceae	Amaranthaceae	Caryophyllales
Beta	Chenopodiaceae	Amaranthaceae	Caryophyllales
Blitum	Chenopodiaceae	Amaranthaceae	Caryophyllales
Buddleja	Buddlejaceae	Scrophulariaceae	Lamiales
Bulbocodium	Liliaceae	Colchicaceae	Liliales
Callitriche	Callitrichaceae	Plantaginaceae	Lamiales
Celtis	Ulmaceae	Cannabaceae	Rosales
Chaenorrhinum	Scrophulariaceae	Plantaginaceae	Lamiales
Chenopodium	Chenopodiaceae	Amaranthaceae	Caryophyllales
Chimaphila	Pyrolaceae	Ericaceae	Ericales
Colchicum	Liliaceae	Colchicaceae	Liliales
Convallaria	Liliaceae	Asparagaceae	Asparagales
Corydalis	Fumariaceae	Papaveraceae	Ranunculales
Cuscuta	Cuscutaceae	Convolvulaceae	Solanales
Cymbalaria	Scrophulariaceae	Plantaginaceae	Lamiales
Deutzia	Saxifragaceae	Hydrangeaceae	Cornales
Digitalis	Scrophulariaceae	Plantaginaceae	Lamiales
Empetrum	Empetraceae	Ericaceae	Ericales

Gattung	Familie Bestimmungsbuch	Familie neue Systematik	Ordnung neue Systematik
Erinus	Scrophulariaceae	Plantaginaceae	Lamiales
Euphrasia	Scrophulariaceae	Orobanchaceae	Lamiales
Fumaria	Fumariaceae	Papaveraceae	Ranunculales
Globularia	Globulariaceae	Plantaginaceae	Lamiales
Gratiola	Scrophulariaceae	Plantaginaceae	Lamiales
Hemerocallis	Liliaceae	Xanthorrhoeaceae	Asparagales
Hippuris	Hippuridaceae	Plantaginaceae	Lamiales
Hycinthoides	Liliaceae	Asparagaceae	Asparagales
Hydrocotyle	Apiaceae	Araliaceae	Apiales
Kickxia	Scrophulariaceae	Plantaginaceae	Lamiales
Lathraea	Scrophulariaceae	Orobanchaceae	Lamiales
Lemna	Lemnaceae	Araceae	Alismatales
Linaria	Scrophulariaceae	Plantaginaceae	Lamiales
Lindernia	Scrophulariaceae	Linderniaceae	Lamiales
Linnaea	Caprifoliaceae	Linnaeaceae	Dipsacales
Lobelia	Lobeliaceae	Campanulaceae	Asterales
Maianthemum	Liliaceae	Asparagaceae	Asparagales
Melampyrum	Scrophulariaceae	Orobanchaceae	Lamiales
Menyanthes	Gentianaceae	Menyanthaceae	Asterales
Mimulus	Scrophulariaceae	Phrymaceae	Lamiales
Misopates	Scrophulariaceae	Plantaginaceae	Lamiales
Moneses	Pyrolaceae	Ericaceae	Ericales
Monotropa	Pyrolaceae	Ericaceae	Ericales
Montia	Portulaccaceae	Montiaceae	Caryophyllales
Muscari	Liliaceae	Asparagaceae	Asparagales
Najas	Najadaceae	Hydrocharitaceae	Alismatales
Nelumbo	Nymphaeaceae	Nelumbonaceae	Proteales
Nymphoides	Gentianaceae	Menyanthaceae	Asterales
Odontites	Scrophulariaceae	Orobanchaceae	Lamiales
Ornithogalum	Liliaceae	Asparagaceae	Asparagales
Orthilia	Pyrolaceae	Ericaceae	Ericales
Paederota	Scrophulariaceae	Plantaginaceae	Lamiales
Paeonia	Ranunculaceae	Paeoniaceae	Saxifragales
Paradisea	Liliaceae	Asparagaceae	Asparagales

Gattung	Familie Bestimmungsbuch	Familie neue Systematik	Ordnung neue Systematik
Paris	Liliaceae	Melanthiaceae	Liliales
Parnassia	Saxifragaceae	Parnassiaceae	Celastrales
Pedicularis	Scrophulariaceae	Orobanchaceae	Lamiales
Phacelia	Hydrophyllaceae	Boraginaceae	Boraginales
Philadelphus	Saxifragaceae	Hydrangeaceae	Cornales
Polycnemum	Chenopodiaceae	Amaranthaceae	Caryophyllales
Polygonatum	Liliaceae	Asparagaceae	Asparagales
Pseudolysimachion	Scrophulariaceae	Plantaginaceae	Lamiales
Punica	Punicaceae	Lythraceae	Myrtales
Pyrola	Pyrolaceae	Ericaceae	Ericales
Rhinanthus	Scrophulariaceae	Orobanchaceae	Lamiales
Ribes	Saxifragaceae	Grossulariaceae	Saxifragales
Ruscus	Liliaceae	Asparagaceae	Asparagales
Salsola	Chenopodiaceae	Amaranthaceae	Caryophyllales
Sambucus	Caprifoliaceae	Adoxaceae	Dipsacales
Scheuchzeria	Juncaginaceae	Scheuchzeriaceae	Alismatales
Scilla	Liliaceae	Asparagaceae	Asparagales
Sparganium	Sparganiaceae	Typhaceae	Poales
Sparganium	Sparganiaceae	Typhaceae	Poales
Spinacia	Chenopodiaceae	Amaranthaceae	Caryophyllales
Spirodela	Lemnaceae	Araceae	Alismatales
Tilia	Tiliaceae	Malvaceae	Malvales
Tofieldia	Liliaceae	Tofieldiaceae	Alismatales
Tozzia	Scrophulariaceae	Orobanchaceae	Lamiales
Trapa	Trapaceae	Lythraceae	Myrtales
Veratrum	Liliaceae	Melanthiaceae	Liliales
Veronica	Scrophulariaceae	Plantaginaceae	Lamiales
Viburnum	Caprifoliaceae	Adoxaceae	Dipsacales
Vincetoxicum	Asclepiadaceae	Apocynaceae	Gentianales
Viscum	Loranthaceae	Santalaceae	Santalales
Wolffia	Lemnaceae	Araceae	Alismatales
Yucca	Liliaceae	Asparagaceae	Asparagales
Zannichellia	Zannichelliaceae	Potamogetonaceae	Alismatales

12 Neu aufgetrennte Gattungen

Die molekuaren Daten haben auch auf Gattungsebene Veränderungen zur Folge. Die heute aufgetrennten Gattungen mussten ebenfalls wegen der technischen Vorgaben im Bestimmungsbuch in der alten Form verschlüsselt werden. In der Regel konnten aber die Veränderungen von Gattungsstrukturen innerhalb der Schlüssel der Gattungen abgebildet werden. Dies hat zur Folge, dass in einem Gattungsschlüssel bei diesen Gattungen Namen aus verschiedenen Gattungen enthalten sind. Solche Gattungen sind in den Schlüsseln zu den Gattungen mit dem eingefügten „s.l." (sensu lato) gekennzeichnet.

Tabelle 4: Gattungen (in alphabetischer Reihenfolge), die aufgrund molekularer Daten in mehrere Gattungen aufgeteilt werden.

Gattung alt	**aufgeteilt in**	**Familie Bestimmungsbuch**	**Familie neue Systematik**
Agrostis s.l.	Agrostis Apera	Poaceae	Poaceae
Alchemilla s.l.	Alchemilla Aphanes	Rosaceae	Rosaceae
Althaea s.l.	Alcea Althaea	Malvaceae	Malvaceae
Alyssum s.l.	Alyssum Aurinia	Brassicaceae	Brassicaceae
Antirrhinum s.l.	Antirrhinum Misopates	Scrophulariaceae	Plantaginaceae
Arabis s.l.	Arabis Fourraea	Brassicaceae	Brassicaceae
Buphthalmum s.l.	Buphthalmum Telekia	Asteraceae	Asteraceae
Chaerophyllum s.l.	Anthriscus Chaerophyllum	Apiaceae	Apiaceae
Chenopodium s.l.	Blitum Chenopodium	Chenopodiaceae	Amaranthaceae
Chrysanthemum s.l.	Coleostephus Glebionis Leucanthemella Leucanthemopsis Leucanthemum Tanacetum	Asteraceae	Asteraceae
Colchicum s.l.	Bulbocodium Colchicum	Liliaceae	Colchicaceae
Convolvulus s.l.	Calystegia Convolvulus	Convolvulaceae	Convolvulaceae
Coronilla s.l.	Coronilla Hippocrepis Securigera	Fabaceae (Faboideae)	Fabaceae (Faboideae)

Gattung alt	aufgeteilt in	Familie Bestimmungsbuch	Familie neue Systematik
Cytisus s.l.	Cytisophyllum Cytisus	Fabaceae (Faboideae)	Fabaceae (Faboideae)
Delphinium s.l.	Consolida Delphinium	Ranunculaceae	Ranunculaceae
Deschampsia s.l.	Avenella Deschampsia	Poaceae	Poaceae
Erigeron s.l.	Conyza Erigeron	Asteraceae	Asteraceae
Festuca s.l.	Festuca Micropyrum Vulpia	Poaceae	Poaceae
Fragaria s.l.	Duchesnea Fragaria	Rosaceae	Rosaceae
Gentiana s.l.	Gentiana Gentianella	Gentianaceae	Gentianaceae
Hutchinsia s.l.	Hornungia Pritzelago	Brassicaceae	Brassicaceae
Koeleria s.l.	Koeleria Rostraria	Poaceae	Poaceae
Lastrea s.l.	Gymnocarpium Lastrea Oreopteris Phegopteris Thelypteris	Polypodiaceae	(verschiedene Familien)
Lepidium s.l.	Cardaria Lepidium	Brassicaceae	Brassicaceae
Linaria s.l.	Chaenorrhinum Cymbalaria Kickxia Linaria	Scrophulariaceae	Plantaginaceae
Lithospermum s.l	Buglossoides Lithospermum	Boraginaceae	Boraginaceae
Lycopodium s.l.	Diphasiastrum Huperzia Lycopodiella Lycopodium	Lycopodiaceae	Lycopodiaceae
Malaxis s.l.	Hammarbya Malaxis	Orchidaceae	Orchidaceae
Orchis s.l.	Dactylorhiza Orchis Traunsteinera	Orchidaceae	Orchidaceae
Polygonum s.l.	Fallopia Polygonum Reynoutria	Polygonaceae	Polygonaceae
Potamogeton s.l.	Groenlandia Potamogeton	Potamogetonaceae	Potamogetonaceae
Pyrus s.l.	Malus Pyrus	Rosaceae	Rosaceae
Ranunculus s.l.	Ficaria Ranunculus	Ranunculaceae	Ranunculaceae

Gattung alt	aufgeteilt in	Familie Bestimmungsbuch	Familie neue Systematik
Satureja s.l.	Acinos Calamintha Clinopodium Satureja	Lamiaceae	Lamiaceae
Scabiosa s.l.	Lomelosia Scabiosa	Dipsacaceae	Dipsacales
Schoenoplectus s.l.	Isolepis Schoenoplectus	Cyperaceae	Cyperaceae
Scirpus s.l.	Bolboschoenus Scirpus	Cyperaceae	Cyperaceae
Sedum s.l.	Rhodiola Sedum	Crassulaceae	Crassulaceae
Sempervivum s.l.	Jovibarba Sempervivum	Crassulaceae	Crassulaceae
Senecio s.l.	Senecio Tephroseris	Asteraceae	Asteraceae
Sesleria s.l.	Oreochloa Sesleria	Poaceae	Poaceae
Stellaria s.l.	Myosoton Stellaria	Caryophyllaceae	Caryophyllaceae
Succisa s.l.	Succisa Succisella	Dipsacaceae	Dipsacaceae
Veronica s.l.	Paederota Pseudolysimachion Veronica	Scrophulariaceae	Plantaginaceae

13 Übersicht über Familien, verschiedene Darstellungen

13.1 Familien alphabetisch (Artenzahl in Klammern)

13.2 Familien nach Grösse (Artenzahl in Klammern)

Pyrolaceae (9) S. 365
Amaranthaceae (8) S. 159
Rhamnaceae (8) S. 326
Santalaceae (8) S. 149
Berberidaceae (7) S. 196
Cucurbitaceae (7) S. 453
Hydrocharitaceae (7) S. 28
Ophioglossaceae (7) S. 12
Aceraceae (6) S. 325
Lemnaceae (6) S. 85
Lythraceae (6) S. 340
Sparganiaceae (6) S. 23
Thymelaeaceae (6) S. 340
Araceae (5) S. 84
Callitrichaceae (5) S. 324
Cuscutaceae (5) S. 386
Droseraceae (5) S. 230
Elatinaceae (5) S. 331
Nymphaeaceae (5) S. 178
Aristolochiaceae (4) S. 150
Balsaminaceae (4) S. 326
Convolvulaceae (4) S. 385
Moraceae (4) S. 147
Najadaceae (4) S. 26
Typhaceae (4) S. 22
Oxalidaceae (4) S. 316
Portulacaceae (4) S. 159
Urticaceae (4) S. 148
Vitaceae (4) S. 328
Anacardiaceae (3) S. 324
Celastraceae (3) S. 325
Cornaceae (3) S. 364
Cupressaceae (3) S. 19
Globulariaceae (3) S. 433
Haloragaceae (3) S. 345
Plumbaginaceae (3) S. 378
Resedaceae (3) S. 230
Tiliaceae (3) S. 328
Ulmaceae (3) S. 147
Apocynaceae (2) S. 385
Asclepiadaceae (2) S. 385
Cactaceae (2) S. 340
Caesalpiniaceae (2) S. 282
Cannabaceae (2) S. 148
Ceratophyllaceae (2) S. 179
Commelinaceae (2) S. 85
Empetraceae (2) S. 366
Ephedraceae (2) S. 19
Isoëtaceae (2) S. 16
Juncaginaceae (2) S. 26
Loranthaceae (2) S. 115
Marsileaceae (2) S. 13
Phytolaccaceae (2) S. 132
Polemoniaceae (2) S. 386
Rutaceae (2) S. 318
Selaginellaceae (2) S. 16
Adoxaceae (1) S. 131
Aizoaceae (1) S. 135
Aquifoliaceae (1) S. 115, 122
Araliaceae (1) S. 125
Arecaceae (1) S. 19
Bignoniaceae (1) S. 122
Buddlejaceae (1) S. 122
Butomaceae (1) S. 21
Buxaceae (1) S. 118
Capparaceae (1) S. 134
Dioscoreaceae (1) S. 22
Ebenaceae (1) S. 115
Elaeagnaceae (1) S. 116
Hippocastanaceae (1) S. 130
Hippuridaceae (1) S. 120
Hydrophyllaceae (1) S. 128
Hymenophyllaceae (1) S. 3
Juglandaceae (1) S. 117
Lauraceae (1) S. 116, 133
Lobeliaceae (1) S. 120
Magnoliaceae (1) S. 133
Mimosaceae (1) S. 134, 282
Myrtaceae (1) S. 134
Osmundaceae (1) S. 3
Platanaceae (1) S. 118
Pontederiaceae (1) S.20
Punicaceae (1) S. 134
Salviniaceae (1) S. 4
Sarraceniaceae (1) S. 135
Saururaceae (1) S. 129,132
Simaroubaceae (1) S. 131
Staphylaeaceae (1) S. 125
Tamaricaceae (1) S. 130
Taxaceae (1) S. 17
Trapaceae (1) S. 122
Tropaeolaceae (1) S. 132
Verbenaceae (1) S. 124
Zannichelliaceae (1) S. 20
Zygophyllaceae (1) S. 131

13.3 Familien nach Grossgruppen, alphabetisch (Artenzahl in Klammern)

13.4 Familien nach Grossgruppen, nach Grösse (Artenzahl in Klammern)

Pteridophyta (**Farne**)

Spermatophyta (**= Anthophyta, Blütenpflanzen**)

Gymnospermae (**Nacktsamige**)

Angiospermae (**Bedecktsamige**)

Dicotyledonae (**Zweikeimblättrige**) S. 114

Gliederung des Stammes der Cormophyta (Sproßpflanzen) in Abteilungen, Unterabteilungen und Klassen

1. Keine Blüten vorhanden. Auffallender Generationenwechsel: auf den haploiden, die sexuellen Fortpflanzungsorgane (Archegonien und Antheridien) tragenden Gametophyten folgt regelmäßig der diploide Sporophyt; auf dem Sporophyten entstehen auf asexuellem Wege die Sporen, die die Ausbreitung und Vermehrung ermöglichen; Befruchtung durch an Wasser gebundene Spermatozoiden.

2. Hauptmasse der Pflanze besteht aus dem haploiden Gametophyten, der die Archegonien und Antheridien trägt; der Sporophyt entwickelt sich nach der Befruchtung der Eizelle im Archegonium auf dem Gametophyten, bleibt physiologisch unselbständig und ist nie in Sproß und Blatt gegliedert; Sporen in Kapseln («Mooskapsel»); Kapseln auf ± langen Stielen; Leitbündel nicht vorhanden oder sehr einfach (verlängerte Zellen).

ABTEILUNG **Bryophyta**, Moose. (Die Moose sind nicht im Bestimmungsbuch aufgenommen.)

2*. Hauptmasse der Pflanze besteht aus dem diploiden, in Wurzel, Sproß und Blatt gegliederten, ungeschlechtlichen, die Sporen erzeugenden Sporophyten; Sporen in Sporangien auf Blattunterseite, in Blattachseln oder in ährenartigen Sporangien entstanden; auch der haploide, die Archegonien und Antheridien tragende Gametophyt ist (wie bei den Moosen) physiologisch selbständig; Leitbündel im Sporophyten stets vorhanden.

ABTEILUNG **Pteridophyta**, Farnpflanzen (Gefäßkryptogamen).

3. Stengel (Stamm) in auffallende Internodien gegliedert; Blätter im Verhältnis zum Stengel klein, zahlreich; sporentragende Blätter von den nicht sporentragenden Blättern deutlich verschieden, in abgegrenzten, ährenartigen Ständen. Klasse **Equisetatae** (= **Articulatae**), Schachtelhalmartige Pflanzen (S. 13).

3*. Stengel nicht in Internodien gegliedert.

4. Blätter im Verhältnis zum Stengel (Stamm) klein, zahlreich.

KLASSE **Lycopodiatae**, Bärlappartige Pflanzen (S. 15, mit Schlüssel für die Familien).

4*. Blätter im Verhältnis zum Stengel groß, einzeln bis zahlreich.

5. Pflanze grasbüschelartig; Blätter binsenartig; nur 1 Sporangium je Blatt (am Grunde auf der Oberseite).

KLASSE **Isoëtatae**, Brachsenkrautgewächse (S. 16). In kalkfreiem Wasser.

5*. Blätter nicht binsenartig (Ausnahme: *Pilularia*); meist viele Sporangien je Blatt oder Sporen in Sporokarpien am Grunde der Blätter.

KLASSE **Filicatae**, Farne (S. 3, mit Schlüssel für die Familien).

1*. Blüten vorhanden, bestehend aus Staubblättern (Stamina) und Fruchtblättern (Karpelle) oder nackten Samenanlagen; Generationenwechsel verdeckt: Gametophyt aus wenigen Zellen bestehend und physiologisch unselbständig; Befruchtung nur bei phylogenetisch am tiefsten stehenden, im Gebiet nicht vorkommenden Klassen der *Gymnospermae* durch bewegliche Spermatozoiden, sonst gelangt ♂ Kern durch Pollenschlauch zur Eizelle.

ABTEILUNG **Anthophyta** *(Siphonogamae, Phanerogamae, Spermatophyta)*, Blütenpflanzen (Samenpflanzen).

6. Fruchtblätter die Samen offen tragend (Fruchtknoten nie geschlossen); keine Narben vorhanden; Blüten stets eingeschlechtig, ± nackt (kein deutliches Perianth vorhanden); Holzpflanzen mit nadelförmigen, selten schuppenförmigen Blättern.

UNTERABTEILUNG **Gymnospermae,** Nacktsamige Blütenpflanzen.

7. Blätter nadelförmig, wenn schuppenförmig, dann sich dachziegelartig überdeckend, schraubenständig oder quirlständig; Staubblätter schuppen- oder schildförmig.

KLASSE **Pinatae** (= **Coniferae**), Nadelhölzer (S. 17, mit Schlüssel für die Familien).

7*. Blätter schuppenförmig, zu 2 kreuzweise gegenständig; Staubblätter aus den Staubfäden und 2 bis mehr Staubbeuteln bestehend.

KLASSE **Gnetatae**, Meerträubchenartige Pflanzen (S. 19). Sehr trockene, kalkhaltige Böden.

6*. Samenanlagen in geschlossenen Fruchtknoten; Narben vorhanden; Blüten eingeschlechtig oder zwitterig, meist mit Blütenhülle (Perianth).

UNTERABTEILUNG **Angiospermae,** Bedecktsamige Blütenpflanzen.

8. 1 Keimblatt vorhanden; Leitbündel auf dem ganzen Stengelquerschnitt verteilt, geschlossen; Blätter mit ± «parallelen» Hauptnerven (Hauptnerven laufen oft am Grund und an der Spitze des Blattes zusammen), nicht fiedernervig, selten netznervig, meist einfach und ganzrandig, häufig ohne Blattstiel und mit breiter Basis; keine Nebenblätter; gelegentlich Zwiebeln oder Knollen vorhanden (sind weder Blätter noch Zwiebeln oder Knollen vorhanden, so ist der Stengel entweder grün, wobei das Perianth fehlt oder unscheinbar ist [*Cyperaceae, Juncaceae*], oder die Pflanze enthält kein Blattgrün [Chlorophyll], wobei die Blüten auffallend sind und nur 1 Staubblatt besitzen [*Orchidaceae*]); Perianth- und Staubblattkreise meist 3zählig.

KLASSE **Monocotyledonae**, Einkeimblättrige Blütenpflanzen (S. 19, mit Schlüssel für die Familien).

8*. In der Regel 2 Keimblätter vorhanden; Leitbündel auf dem Stengelquerschnitt in einem Kreise oder in Kreisen angeordnet, offen; Blätter in der Regel mit fiederig oder netzig angeordneten Nerven, häufig gestielt oder nach dem Grunde verschmälert; Perianth- und Staubblattkreise selten 3zählig.

KLASSE **Dicotyledonae**, Zweikeimblättrige Blütenpflanzen (S. 114, mit Schlüssel für die Familien).

Klasse der Filicatae

1. Blätter (meist je Vegetationsperiode nur 1) aus einem nicht sporentragenden und einem sporentragenden Teil bestehend; nicht sporentragender Teil (Blattspreite) am Grunde oder bis ⅔ der Höhe der Pflanze abzweigend, ungeteilt, ganzrandig oder fiederteilig bis mehrfach gefiedert; sporentragender Teil meist lang gestielt, ähren- oder rispenartig; Blattgewebe fast bis auf die Mittelnerven reduziert; Sporangien in einer Reihe am Rande stehend, kugelig; Sporangienwand aus mehreren Zellschichten, sich durch einen Querspalt öffnend, ohne Ring . . . . *Ophioglossaceae* S. 12

1*. Blätter (meist mehrere je Vegetationsperiode) in Büscheln oder in ± großen Abständen auf dem Rhizom; Wand des Sporangiums nur aus 1 Zellschicht bestehend.

2. Sporangien auf den (z. T. reduzierten) Blättern, nicht in Sporokarpien (fruchtähnlichen Gebilden) eingeschlossen; sporentragende und nicht sporentragende Blätter gleich oder verschieden.

3. Sporangien rings um die auf die Mittelnerven reduzierten Fiedern angeordnet (nicht in Reihen wie bei *Ophioglossaceae)*, ohne Ring, kein Schleier; sporentragende und nicht sporentragende Fiedern verschieden, aber meist in derselben Blattspreite . . . . . . *Osmundaceae* *Osmunda regalis* **1**

3*. Sporangien auf der Unterseite oder am Rand der Blätter, stets in runden, ovalen bis strichförmigen Sori (Häufchen) vereinigt; Sporangien mit vertikalem Ring; Sori sich zur Reifezeit oft berührend und die ganze Unterseite der Fiedern oder Abschnitte bedeckend, mit oder ohne Schleier.

4. Blätter sehr dünn, zwischen den Nerven aus nur 1 Zellschicht bestehend; Sori stets randständig, an einem über den Blattrand hinaus verlängerten Nerv; Schleier die Sporangien becher-, glocken- oder röhrenförmig umschließend, meist 2klappig . . . . *Hymenophyllaceae* *Hymenophyllum tunbrigense*

4*. Blätter dicker, aus mehreren Zellschichten; Sori stets auf der Blattunterseite, nicht über den Rand hinausragend, mit oder ohne Schleier . . . . *Polypodiaceae* S. 4

2*. Sporentragende Blätter in Sporokarpien (fruchtähnliche, meist dickwandige, geschlossene Gebilde) umgewandelt, die 1 bis mehrere Sori (Sporangienhäufchen) enthalten; Sporokarpien meist in Gruppen am Grunde der nicht sporentragenden Blätter, im Wasser oder Schlamm untergetaucht.

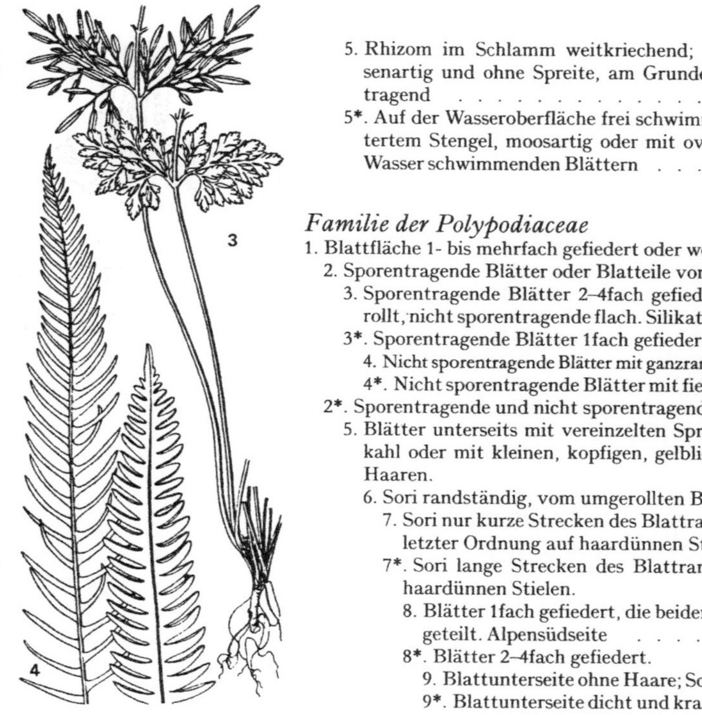

5\. Rhizom im Schlamm weitkriechend; Blätter mit kleeblattähnlicher Spreite oder binsenartig und ohne Spreite, am Grunde die kugeligen bis bohnenförmigen Sporokarpien tragend . . . . . *Marsileaceae* S. 13

5*. Auf der Wasseroberfläche frei schwimmende Farne mit horizontalem, stets dicht beblättertem Stengel, moosartig oder mit ovalen, bis 1,5 cm langen, gegenständigen, auf dem Wasser schwimmenden Blättern . . . . . *Salviniaceae* *Salvinia natans* **2**

Familie der Polypodiaceae

1\. Blattfläche 1- bis mehrfach gefiedert oder wenigstens fiederteilig.

2\. Sporentragende Blätter oder Blatteile von den nicht sporentragenden verschieden.

3\. Sporentragende Blätter 2–4fach gefiedert, sporentragende Abschnitte zylindrisch eingerollt, nicht sporentragende flach. Silikatschutt . . . . . *Cryptogramma crispa* **3**

3*. Sporentragende Blätter 1fach gefiedert oder nur fiederteilig.

4\. Nicht sporentragende Blätter mit ganzrandigen Abschnitten. Saure Böden . . . . . *Blechnum spicant* **4**

4*. Nicht sporentragende Blätter mit fiederteiligen Fiedern 1. Ordnung . . . . . *Matteuccia struthiopteris*

2*. Sporentragende und nicht sporentragende Blätter oder Blatteile von gleicher Form.

5\. Blätter unterseits mit vereinzelten Spreuschuppen (nie die Fläche bedeckend) oder ganz kahl oder mit kleinen, kopfigen, gelblichen Drüsenhaaren oder mit weißen mehrzelligen Haaren.

6\. Sori randständig, vom umgerollten Blattrand bedeckt.

7\. Sori nur kurze Strecken des Blattrandes bedeckend; Blätter 2–3fach gefiedert; Fiedern letzter Ordnung auf haardünnen Stielen. Alpensüdseite . . . . . *Adiantum capillus-veneris*

7*. Sori lange Strecken des Blattrandes bedeckend; Fiedern letzter Ordnung nie auf haardünnen Stielen.

8\. Blätter 1fach gefiedert, die beiden untersten Fiedern oft bis fast zum Grunde gabelig geteilt. Alpensüdseite . . . . . *Pteris* S. 7

8*. Blätter 2–4fach gefiedert.

9\. Blattunterseite ohne Haare; Schleier 1. Sehr selten und nur im Süden . . . . . *Cheilanthes acrostica*

9*. Blattunterseite dicht und kraus behaart; Schleier 2 . . . . . *Pteridium aquilinum* **4a** S. 5

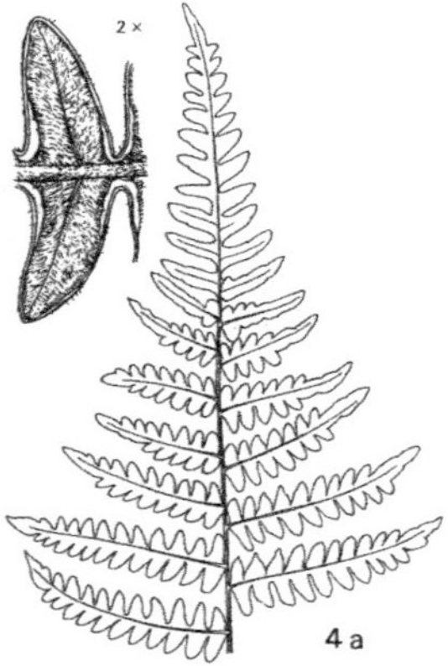

2 ×

4 a

4 b

6*. Sori über die Blattunterseite verteilt; wenn randständig, dann nicht vom umgerollten Blattrand zugedeckt (bei *Lastrea thelypteris* Blattrand an sporentragenden und oft auch an nicht sporentragenden Blättern auffallend nach unten umgebogen oder eingerollt, die Sporangien aber nicht umschließend).

10. Pflanze 1jährig; Blätter schon im Juni absterbend; Sori ohne Schleier, an den ersten sporentragenden Blättern randständig, an den späteren Blättern oft die ganze Unterseite der Abschnitte bedeckend. Selten, wenige Fundorte im Süden des Gebiets . . . . *Anogramma leptophylla* **4***b*

10*. Pflanze ausdauernd.

11. Blätter 1fach fiederteilig (nicht gefiedert); Sori rund, in 2 Reihen auf jedem Abschnitt, stets ohne Schleier. Meist schattige Felsen . . . . *Polypodium* S. 7

11*. Blätter 1–4fach gefiedert; Sori rund oder länglich, mit oder ohne Schleier.

12. Schleier rund, in der Mitte angewachsen; Blätter 1–2fach gefiedert, Blattstiel und Spindel dicht mit gelbbraunen oder dunkelbraunen Spreuschuppen besetzt; Fiedern wenigstens unterseits ± dicht mit haarförmigen Spreuschuppen besetzt . . . . *Polystichum* S. 7

12*. Schleier am Rande (nicht in der Mitte) angewachsen oder Schleier nicht vorhanden.

13. Schleier nicht vorhanden oder lange vor der Sporenreife abfallend; Blätter 1–2fach gefiedert, Abschnitte oder Zähne nie mit stachliger oder grannenartiger Spitze . . . . *Lastrea* s.l. S. 8

13*. Schleier vorhanden, meist bis zur Sporenreife bleibend, oft aber zu dieser Zeit zusammengeschrumpft und schwer erkennbar oder von den Sporangien überdeckt.

14. Blattspreite groß, 20–120 cm lang und 5–35 cm breit; Schleier nierenförmig, rund oder oval.

15. Blätter 1–3fach gefiedert; wenn 2–3fach gefiedert, dann Zähne und Abschnitte stets mit stachliger Spitze; Leitbündel an der Basis des Blattstiels 5–8 (ohne Lupe erkennbar); Schleier nierenförmig, in der Bucht angewachsen, zur Zeit der Sporenreife noch vorhanden . . . *Dryopteris* S. 9

15*. Blätter 2–3fach gefiedert, Zähne und Abschnitte nie mit stachliger Spitze oder stachliger Zähnung; Leitbündel an der Basis des Blattstiels 2, bandförmig, auffallend groß; Schleier rundlich oder oval, zur Zeit der Sporenreife bei *A. distentifolium* abgefallen . . . . *Athyrium* S. 10

14*. Blattspreite kleiner (nur bei *Cystopteris fragilis* und *Asplenium Adiantum-nigrum* ausnahmsweise bis 30 cm lang); Schleier rund oder strichförmig (2–6mal so lang wie breit).

16. Alle Blattstiele einer Pflanze auf fast gleicher Höhe (unterhalb der Mitte oder nahe dem Grunde) mit einer kleinen, knotigen Verdickung (Stengel um $^1/_5$ dicker); Blatt mitten durch die Verdickung abbrechend (Merkmal an jungen Blättern nicht zu sehen); Blätter 1fach gefiedert; Sori rund, Schleier am Rande mit langen, mehrzelligen Haaren, zur Zeit der Sporenreife von den Sporangien überdeckt; Haare am Schleierrand jedoch gut sichtbar. Alpen, selten . . *Woodsia* S. 10

16*. Blattstiele ohne knotige Verdickung, nicht an bestimmter Stelle abbrechend; Schleier am Rande nicht mit langen, mehrzelligen Haaren.

17. Sori rund; Schleier nur an einer Stelle unter den Sporangien angewachsen, die Sori blasenförmig umschließend; Blätter 2–4fach gefiedert, Zähne und Abschnitte nie mit Stachelspitze, Mittelnerv der Fiedern 1. Ordnung am Rande geflügelt . . . . *Cystopteris* S. 10

17*. Sori strichförmig, 2–6mal so lang wie breit; Schleier auf der Außenseite in der ganzen Länge angewachsen, zur Reifezeit der Sporen oft nicht mehr sichtbar, Sporangien dann die ganze Blattunterseite bedeckend; Blätter 1–2fach gefiedert, bei *A. Adiantum-nigrum* und *A. ruta-muraria* oft 3fach gefiedert . . . . *Asplenium* S. 11

5*. Alle Blätter unterseits dachziegelartig mit Spreuschuppen bedeckt; Sori und Sporangien erst zur Reifezeit zwischen den Spreuschuppen sichtbar.

18. Blätter 1fach fiederteilig bis 1fach gefiedert, mit ganzrandigen oder am Rande welligen Abschnitten; Blattstiel etwa $^1/_2$ so lang wie die Spreite. Mauern, Felsen . *Ceterach officinarum* **5**

18*. Blätter 2fach gefiedert; Blattstiel kürzer bis länger als die Spreite. Selten, wenige Fundstellen im Süden des Gebiets . . . . *Notholaena marantae* **6**

5

6

2×

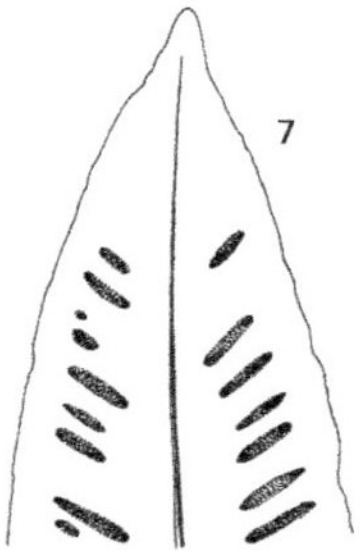

1*. Blattfläche ungeteilt, ganzrandig, schmal lanzettlich, am Grunde herzförmig; Sori strichförmig. Besonders auf feuchtem Kalkschutt in Wäldern . . . . *Phyllitis scolopendrium* **7**

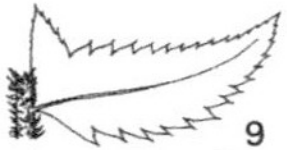

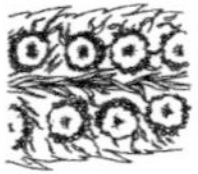

Gattung Pteris

1. Blattspreite im Umriß breit oval; 3–5 Fiedernpaare, das unterste Paar 2teilig. . . . . . *P. cretica*

1*. Blattspreite im Umriß lanzettlich; zahlreiche Fiedernpaare, das unterste Paar nie geteilt *P. vittata*

Gattung Polypodium

1. Zwischen den Sporangien (in den Sori) verzweigte, drüsige, an Pilzhyphen erinnernde Gebilde (Paraphysen) vorhanden (50fache Vergrößerung, Paraphysen nicht mit Stielen von degenerierten Sporangien verwechseln; diese sind nie verzweigt!) . . . . *P. cambricum*

1*. Keine Paraphysen zwischen den Sporangien.

2. Blattspreite im Umriß oval bis 3eckig, 1,2–2,5-, selten bis 3mal so lang wie breit; Sori zum großen Teil oval; Ring am Sporangium mit 4–8 kleinen Zellen mit stark verdickten, dunkelbraunen Wänden (100fache Vergrößerung) . . . . *P. interjectum*

2*. Blattspreite im Umriß schmal lanzettlich, 4–5mal so lang wie breit; Sori rund; Ring am Sporangium mit 10–14 kleinen Zellen mit stark verdickten, dunkelbraunen Wänden (100fache Vergrößerung) . . . . *P. vulgare* **8**

Gattung Polystichum

1. Blätter 1fach gefiedert, im Umriß schmal lanzettlich (8–10mal so lang wie breit) . . . . *P. lonchitis* **9**

1*. Blätter 2fach gefiedert, im Umriß lanzettlich (3–5mal so lang wie breit).

2. Blattspreite nach unten auffallend verschmälert (bis auf 2 cm).

3. Stiel und Spindel sehr dicht mit dunkelbraunen Spreuschuppen besetzt; Fiedern nur unterseits und zerstreut mit haarähnlichen Spreuschuppen besetzt; Fiedern 1. Ordnung allmählich in eine feine Spitze verschmälert; Fiedern 2. Ordnung in bezug auf den Mittelnerv der Fiedern 1. Ordnung fast immer vorwärts gerichtet, allmählich in die begrannte Spitze verschmälert . . . . *P. aculeatum* **10**

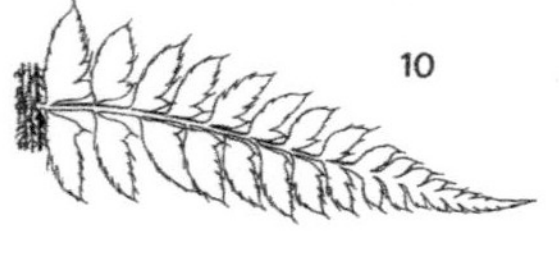

10

3*. Stiel und Spindel sehr dicht mit gelbbraunen Spreuschuppen besetzt; Fiedern beiderseits und locker mit haarähnlichen Spreuschuppen besetzt; Fiedern 1. Ordnung kurz zugespitzt oder stumpf; Fiedern 2. Ordnung am Mittelnerv der Fiedern 1. Ordnung fast immer senkrecht abstehend, kurz zugespitzt oder stumpf, mit aufgesetzter Grannenspitze. Alpen, Schwarzwald, Vogesen . . . . *P. braunii*

2*. Blattspreite nach unten nicht oder nur wenig verschmälert, die untersten Fiedern 6–12 cm lang; Fiedern 1. Ordnung schmal lanzettlich, allmählich in eine feine Spitze verschmälert (wie bei *P. aculeatum*) . . . . *P. setiferum*

Gattung Lastrea s.l.

Die Gattung *Lastrea* wird heute aufgeteilt.

11

1. Blattspreite 2fach gefiedert, das unterste Fiedernpaar viel größer als die übrigen; Spreite im Umriß 3eckig bis rhombisch, etwa so lang wie breit (10–25 cm); Sori stets ohne Schleier. *Gymnocarpium*

2. Ganze Pflanze zerstreut bis dicht mit kleinen (etwa 0,05 mm langen), kugeligen, gelblichen Drüsenhaaren (10fache Vergrösserung!). Kalkschutt . . . . *G. robertianum*

2*. Pflanze ohne Drüsenhaare. Kalkarme Standorte . . . . *G. dryopteris*

1*. Blattspreite 1fach gefiedert, das unterste Fiedernpaar etwa so groß oder kleiner als die nach oben benachbarten.

3. Blattspreite 1,5–2mal so lang wie breit, im Umriß 3eckig bis pfeilförmig, auf beiden Seiten und am Rande locker mit gelblichen, 0,3–0,5 mm langen Haaren bedeckt, das unterste Fiedernpaar wenig kleiner bis etwas größer als die übrigen, meist rückwärts gerichtet; Sori stets ohne Schleier . . . . *Phegopteris connectilis* **11**

12

3*. Blattspreite 3–4mal so lang wie breit; Sori mit Schleier, aber Schleier lange vor der Sporenreife abfallend.

4. Spreite nach unten allmählich verschmälert (unterste Fiedern nur 1–2 cm lang) . . . *Oreopteris limbosperma*

4*. Spreite nach der Basis nicht oder nur wenig verschmälert, Rand der Abschnitte (besonders der sporentragenden) nach unten umgebogen, die Sporangien jedoch nicht einhüllend. Staunasse Torfböden . . . . *Thelypteris palustris* **12**

13

5 ×

14

15

Gattung Dryopteris

1. Blätter 1fach gefiedert; Fiedern 1. Ordnung aber oft bis zum Mittelnerv fiederteilig.
   2. Fiedern 1. Ordnung in der Mitte der Spreite 4–6mal so lang wie breit, jederseits mit 10–20 nahe bis zum Mittelnerv geteilten Abschnitten.
      3. Schleier vor der Sporenreife einschrumpfend; Abschnitte an den Seitenrändern stumpf gezähnt; Stengel nur am Grunde dicht, sonst (wie die Spindel) nur locker mit gelbbraunen, matten Spreuschuppen bedeckt . . . . *D. filix-mas* **13**
      3*. Schleier derb, nicht einschrumpfend, umschließt die Sporangien und zerreißt zur Reifezeit oder wird durch Wachstum an der Basis vom Blatt abgehoben und behält dabei seine Form bei; Abschnitte an den Seitenrändern glatt oder mit undeutlichen, stumpfen Zähnen; Stiel, Spindel und Mittelnerven der Fiedern dicht mit rotbraunen bis dunkelbraunen, glänzenden Spreuschuppen bedeckt.
         4. Blätter unterseits ohne Drüsen. Saure Böden . . . . *D. affinis*
         4*. Blätter unterseits mit Drüsen. Sehr selten . . . . *D. oreades*
   2* Fiedern 1. Ordnung in der Mitte der Spreite 2–2½mal, selten 3mal so lang wie breit, jederseits mit 5–8 nahe bis zum Mittelnerv geteilten Abschnitten; Abschnitte überall fein und spitz gezähnt. Staunasse Torfböden; sehr selten . . . . *D. cristata*

1*. Blätter 2–4fach gefiedert.
   5. Blattspreite 2½–4mal so lang wie breit; Blätter 2–3fach gefiedert.
      6. Pflanze auf Blattunterseite, Schleier, Mittelnerven und Spindeln dicht, auf Blattoberseite nur locker mit kugeligen (Durchmesser 0,05 mm), gelblichen Drüsen besetzt (10fache Vergrößerung!); Blattstiel etwa ½ so lang wie die Spreite. Kalkgeröll . . . . *D. villarii*
      6*. Pflanze meist ohne Drüsen; Blattstiel so lang oder länger als die Spreite. Saure Böden
         7. Fiederstiele am Grunde dunkelviolett; Spreuschuppen mit dunkelbraunen Mittelstreifen *D. remota*
         7*. Fiederstiele nicht dunkelviolett; Spreuschuppen gleichmäßig braun . . . . *D. carthusiana* **14**
   5*. Blattspreite 1–2mal so lang wie breit; Blätter 3–4fach gefiedert; Blattstiel ⅓–¾ so lang wie die Blattspreite. Feuchte, saure Waldböden
      8. Blattspreite dunkelgrün; Sporen mit stumpfen Stacheln (1000fache Vergrößerung!) . . . *D. dilatata* **15**
      8*. Blattspreite hellgrün; Sporen mit spitzen Stacheln . . . . *D. expansa*

Gattung Athyrium

1. Fiedern 2. Ordnung $2^1/_2$–3mal so lang wie breit, allmählich und fein zugespitzt, die meisten sich nicht oder nur am Grunde berührend; Sori oval (1,2–1,5mal so lang wie breit); zur Zeit der Sporenreife die meisten Schleier noch vorhanden . . . . *A. filix-femina* **16**

1*. Fiedern 2. Ordnung $1^1/_2$-2mal so lang wie breit, mit im Umriß abgerundeter Spitze, die meisten sich berührend oder überdeckend; Sori rund; schon vor der Sporenreife Schleier nicht mehr vorhanden. Meist subalpin . . . . *A. distentifolium* **17**

Gattung Woodsia

1. Blattstiel und Blattunterseite zerstreut mit schmal lanzettlichen bis haarförmigen Spreuschuppen und mehrzelligen, braunen und weißen Haaren.
   2. Fiedern in der Mitte der Spreite 1–$1^1/_2$mal so lang wie breit, dort an der Basis nur mit 1, selten 2 Paaren von tief (fast bis zum Mittelnerv) geteilten Abschnitten . . . . *W. alpina* **18**
   2*. Fiedern in der Mitte der Spreite 2–$2^1/_2$mal so lang wie breit, dort an der Basis mit 3–6 Paaren von tief geteilten Abschnitten, so daß Spreite fast doppelt gefiedert erscheint . *W. ilvensis* **19**

1*. Blattstiel nur an der Basis mit Spreuschuppen, sonst ganze Pflanze kahl oder zerstreut mit weißen Haaren. Kalkfelsen; sehr selten . . . . *W. pulchella*

Gattung Cystopteris

1. Blattspreite im Umriß lanzettlich bis oval, 2–3mal so lang wie breit; Blattstiel kürzer bis wenig länger als die Spreite; Rhizom an der Spitze mit Blattbüschel.
   2. Zipfel der Blattabschnitte nicht ausgerandet; Nerv in der Spitze endigend.
      3. Sporen mit dicht stehenden Stacheln (200fache Vergrößerung!) . . . . *C. fragilis* **20** S. 11
      3*. Sporen mit unregelmäßig hohen Wülsten oder Leisten. Sehr selten . . . . *C. dickieana*
   2*. Zipfel der Blattabschnitte ausgerandet bis 2zähnig; Nerv in der Ausrandung endigend *C. alpina*

1*. Blattspreite im Umriß 3eckig, ungefähr so lang wie breit; Blattstiel länger als die Spreite; Blätter in Abständen von mehreren Zentimetern auf dem Rhizom, einzeln.

4. Die am untersten Fiedernpaar 1. Ordnung der Spindel benachbarten, rückwärts gerichteten Fiedern 2. Ordnung deutlich länger als die nach außen anschließenden Fiedern 2. Ordnung; Schleier vollständig kahl. Meist subalpin . . . . *C. montana*

4*. Die unter 4. genannten Fiedern 2. Ordnung deutlich kürzer bis gleich lang wie die nach außen anschließenden Fiedern 2. Ordnung; Schleier mit zahlreichen, ca. 0,05 mm langen Drüsen. Vorarlberg . . . . *C. sudetica*

20

21

22

Gattung Asplenium

1. Blattspreite radiär oder unregelmäßig gabelig in 2–5 gestielte oder sitzende, sehr schmal lanzettliche, bis 3 cm lange und 0,2 cm breite Abschnitte geteilt; Rand jederseits mit 1–5 vorwärts gerichteten Zähnen.

2. Blätter 2–5teilig, kahl. Saure Gesteine . . . . *A. septentrionale* **21**

2*. Blätter 3teilig, behaart. Auf Dolomit; Valganna bei Varese . . . . *A. seelosii*

1*. Blattspreite 1–3fach gefiedert.

3. Blätter 1fach gefiedert.

4. Blattstiel und Spindel bis zur Spitze glänzend dunkelrotbraun (bei jungen Blättern Spitze oft grün); Stiel und Spindel oberseits mit 2 schmalen, 0,1–0,2 mm breiten, hellbraunen, häutigen Flügeln. Häufig . . . . *A. trichomanes* **22**

4*. Blattstiel und Spindel nicht in der ganzen Länge glänzend dunkelrotbraun; Flügel oberseits als Rippen ausgebildet, nicht häutig, von gleicher Farbe wie Stiel und Spindel.

5. Blattstiel meist nicht bis hinauf zu den untersten Fiedern glänzend dunkelrotbraun; Spindel stets grün; Fiedern in der Ebene der Blattspreite liegend (gelegentlich senkrecht dazu gestellt bei Pflanzen, die an der Sonne stehen) . . . . *A. viride*

5*. Nur die obersten 1–3 cm der Spindel grün, untere Teile glänzend dunkelrotbraun; Fiedern stets senkrecht zur Ebene der Blattspreite stehend. Auf Serpentin . . . . *A. adulterinum*

3*. Blattspreite 2–3fach gefiedert.

6. Blattspreite nach unten allmählich und stark verschmälert oder unterstes Fiedernpaar wenigstens nicht länger als die obern; Blattstiel kürzer als die Spreite

7. Blattspreite nach unten wenig verschmälert, oft nur das unterste Fiedernpaar etwas kürzer als die obern. Kalkfreie Felsen und Mauern

8. Blattspreite bis 20 cm lang und bis 9 cm breit, etwa $2^1/_2$mal so lang wie breit . *A. billotii*

8*. Blattspreite bis 15 cm lang und bis 3 cm breit, wenigstens 4mal so lang wie breit *A. foreziense*

7*. Blattspreite nach unten allmählich und auffallend verschmälert, im Umriß schmal lanzettlich. Feuchte Kalkfelsen, Mauern . . . . *A. fontanum* **23**

6*. Blattspreite nach unten nicht verschmälert; unterstes Fiedernpaar länger als die oberen; Blattstiel 1–3mal so lang wie die Spreite.

9. Fiedern 1. Ordnung zugespitzt, im Umriß 3eckig oder rhombisch; Pflanze grün überwinternd.

10. Fiedern 1. Ordnung regelmäßig und allmählich zugespitzt; Spitzen der Fiedern schräg nach vorn gerichtet. Kalkfreie, sonnige Standorte . . . . *A. adiantum-nigrum* **24**

10*. Fiedern 1. Ordnung (besonders die untersten) in eine auffallend lange Spitze ausgezogen; diese nach vorn, oft parallel der Spindel, gerichtet. Alpensüdseite . *A. onopteris*

9*. Fiedern 1. Ordnung mit stumpfer bis breit abgerundeter Spitze, im Umriß oval bis rhombisch.

11. Blätter 2fach gefiedert; Fiedernabschnitte nach dem Grunde keilförmig verschmälert (nicht gestielt), an der Spitze breit abgerundet. Nur auf Serpentin (Klosters, Davos, Marmorera) . . . . *A. cuneifolium*

11*. Blätter 2–3fach gefiedert; Fiedern aller Ordnungen meist deutlich gestielt, im Umriß oval bis rhombisch.

12. Blattspreite ohne Drüsenhaare. Häufig . . . . *A. ruta-muraria* **25**

12* Blattspreite mit meist weniger als 0,1 mm langen Drüsenhaaren. Bormio . . ***A. lepidum***

Familie der Ophioglossaceae

1. Nicht sporentragender Blatteil ungeteilt, ganzrandig; sporentragender Blatteil ährenartig (unverzweigt). Feuchte, humose, kalkhaltige Lehmböden . . . . ***Ophioglossum vulgatum*** **26** S. 13

1*. Nicht sporentragender Blatteil 1–4fach gefiedert; sporentragender Blatteil rispenartig (verzweigt) . . . . ***Botrychium*** S. 13

Gattung *Botrychium*

1. Nicht sporentragender Blatteil zwischen ⅓ und ⅔ der Höhe der Pflanze abzweigend.
   2. Nicht sporentragender Blatteil im Umriß schmal oval, an der Spitze breit abgerundet, 1fach gefiedert; Abschnitte im Umriß halbkreisförmig mit keilförmig verschmälerter Basis. Nicht häufig; alle andern Arten sehr selten . . . . *B. lunaria* **27**
   2*. Nicht sporentragender Blatteil im Umriß 3eckig.
      3. Stiel des sporentragenden Blatteils 1½–2mal so lang wie der nicht sporentragende Blatteil; nicht sporentragender Blatteil 2–3fach gefiedert, dünn, schlaff . . . . . . ***B. virginianum***
      3*. Stiel des sporentragenden Blatteils kürzer als der nicht sporentragende Blatteil; nicht sporentragender Blatteil 1fach gefiedert, fleischig, starr.
         4. Abschnitte und Zähne spitz oder stumpf . . . . ***B. lanceolatum***
         4*. Abschnitte und Zähne breit abgerundet, gestutzt oder ausgerandet . . . . . . ***B. matricariifolium***

1*. Nicht sporentragender Blatteil nahe über dem Rhizom abzweigend.
   5. Nicht sporentragender Blatteil fiederteilig oder 3teilig; Abschnitte im Umriß halbkreisförmig mit keilförmig verschmälerter Basis . . . . ***B. simplex***
   5*. Nicht sporentragender Blatteil 2–3fach gefiedert; Abschnitte oval bis rundlich . . . ***B. multifidum***

Familie der *Marsileaceae*

1. Blätter binsenartig. Bonfol, Belfort, Elsaß, Bresse . . . . *Pilularia globulifera*
1*. Blätter mit 4teiliger, kleeblattähnlicher Spreite. Bonfol, Belfort, Elsaß, Bresse . . . . *Marsilea quadrifolia*

Klasse der *Equisetatae* (= *Articulatae*)

Gattung *Equisetum* (Familie *Equisetaceae*)

a) Das *Bestimmungsmaterial* umfaßt nur gelbe bis braune Triebe, ohne quirlständige Seitentriebe, mit endständiger Sporangienähre.

1. Triebe 0,5–1,5 cm dick; Blattscheiden mit 15–35 Zähnen . . . . *E. telmateia*
1*. Triebe 0,3–0,5 cm dick; Blattscheiden mit 3–20 Zähnen (Zähne können auch gruppenweise verwachsen sein und Zipfel bilden).
   2. Zähne wenigstens an der Spitze frei.

26 27

28

2 ×

29

2 ×

3. Blattscheiden mit 12–20 gelblichen Zähnen. Selten . . . . *E. pratense*

3*. Blattscheiden mit 6–12 dunkelbraunen Zähnen . . . . *E. arvense* **28**

2*. Zähne braun, in 3–5 Zipfel verwachsen . . . . *E. sylvaticum*

b) *Bestimmungsmaterial:* Triebe grün (bei *E. telmateia* Haupttrieb elfenbeinfarbig), Triebe mit oder ohne Sporangienähren.

1. Haupttriebe mit quirlständigen Seitentrieben.

2. Blattscheiden der Haupttriebe mit 15–35 Zähnen; Haupttriebe elfenbeinfarbig, Seitentriebe grün . . . . *E. telmateia*

2*. Blattscheiden der Haupttriebe mit 3–20 Zähnen; alle Triebe grün.

3. Seitentriebe nochmals mit quirlständigen Seitentrieben; Zähne der Blattscheiden der Haupttriebe in 3–5 Zipfel verwachsen . . . . *E. sylvaticum*

3*. Seitentriebe nicht verzweigt.

4. Unterstes Internodium der Seitentriebe im obern Teil des Haupttriebes so lang wie die Blattscheide des zugehörigen Haupttriebes oder diese weit überragend (im untern Teil des Haupttriebes Internodien gelegentlich kürzer).

5. Seitentriebe stets 3kantig; Zähne an den Blattscheiden im untern Teil der Seitentriebe breit 3eckig, etwa so lang wie breit. Selten . . . . *E. pratense*

5*. Die meisten Seitentriebe 4kantig; Zähne an den Blattscheiden im untern Teil der Seitentriebe schmal 3eckig, 2–4mal so lang wie breit . . . . *E. arvense* **28**

4*. Unterstes Internodium der Seitentriebe auch im obern Teil des Haupttriebes höchstens $^2/_3$ der Länge der Blattscheide des zugehörigen Haupttriebes erreichend.

6. Sporangienähre stumpf.

7. Haupttrieb mit 6–10 Rillen, wenig hohl (Durchmesser des Hohlraumes $^1/_5$ des gesamten Durchmessers). Nasse Böden. . . . . *E. palustre*

7*. Haupttrieb mit 10–30 Rillen, hohl (Durchmesser des Hohlraumes $^4/_5$ des gesamten Durchmessers). Verlandungspionier . . . . *E. fluviatile*

6*. Sporangienähre spitz; Haupttrieb mit 8–20 Rillen, hohl (Durchmesser des Hohlraumes $^1/_2$–$^2/_3$ des gesamten Durchmessers). Sandige Böden . . . . *E. ramosissimum*

1*. Haupttriebe einfach, über dem Boden ohne Verzweigungen.

8. Triebe mit 10–30 Rillen; Scheiden mit je 1 dunkelbraunen Streifen an der Basis der Scheide und am Grunde der Zähne; Zähne früh wenig über dem Grunde abbrechend . . . *E. hyemale* **29** S. 14

8*. Triebe mit 4–10 Rillen; Scheiden mit 1 dunkelbraunen Streifen am Grunde der Zähne; Zähne weißlich, nicht abbrechend. Nasse, sandige Böden . . . . *E. variegatum*

Klasse der Lycopodiatae

1. Blätter ohne Blatthäutchen; alle Sporen gleich; Pflanze mit meist kräftigen Sprossen *Lycopodiaceae* S. 15

1*. Blätter oberseits am Grunde mit kleinem, bald einschrumpfendem Blatthäutchen; Sporen verschiedenartig (Sporangien öffnen!): Makrosporangien im untern Teil der Ähre, meist mit je 4 Makrosporen; Mikrosporangien gegen die Spitze der Ähre, mit je zahlreichen Mikrosporen; Pflanzen laubmoosähnlich. . . . . *Selaginellaceae* S. 16

Gattung Lycopodium s.l. (*Familie Lycopodiaceae*)

Die Gattung *Lycopodium* wird heute aufgeteilt.

1. Blätter an den aufsteigenden Trieben so angeordnet, daß die Triebe im Querschnitt rundlich erscheinen.

2. Sporangien im Mittelteil der Jahrestriebe, nicht in endständigen Ähren; Triebe von der Basis an bogig aufsteigend, nicht kriechend . . . . *Huperzia selago* **30**

2*. Sporangien in endständigen Ähren; Pflanze oberirdisch kriechende und aufsteigende Triebe bildend.

3. Sporangienähren nicht gestielt, einzeln auf der Spitze der Triebe sitzend.

4. Sporangientragende Blätter schmal lanzettlich, von gleicher Form wie die andern Blätter. Torfschlammböden (Hochmoore) . . . . *Lycopodiella inundata*

4*. Sporangientragende Blätter im Umriß rundlich, von den andern schmal lanzettlichen Blättern auffallend verschieden.

a) Blätter abstehend oder zurückgekrümmt, feingezähnt; Sporangienähre 1,5–3 cm lang . *Lycopodium annotinum* 31

b) Blätter abstehend bis aufrecht, ganzrandig; Sporangienähre 0,5–1,5 cm lang . . . . . *Lycopodium dubium*

3*. Sporangienähren zu 2–3 auf bis 20 cm hohem Stiel; alle Blätter mit 2–4 mm langer, haarförmiger Spitze . . . . *Lycopodium clavatum*

1*. Blätter an den aufsteigenden Trieben so angeordnet, daß die Triebe im Querschnitt halbkreisförmig, abgeplattet oder 4eckig erscheinen; Triebe teilweise unterirdisch kriechend . . *Diphasiastrum*

30

31

5. Sporangientragende Blätter breit oval, plötzlich in eine feine Spitze verschmälert.
   6. Sporangienähren zu 2–6 auf bis 12 cm hohem, locker beblättertem Stiel.
      7. Aufgerichtete Triebe 1–1,5 mm breit, sehr dichte Büschel bildend; alle nicht sporangientragenden Blätter gleich, anliegend, ± gerade. Selten . . . . *D. tristachyum*

      7*. Aufgerichtete Triebe 1,8–2,5 mm breit, lockere Büschel bildend; nicht sporangientragende Blätter ungleich: Blätter auf der abgeplatteten Seite viel kleiner als jene auf der konvexen Seite; kantenständige Blätter meist abstehend und sichelförmig einwärts gebogen. Selten . . . . *D. complanatum*
   6*. Sporangienähren einzeln, sitzend; Blätter auf der abgeplatteten Seite nicht oder kaum kleiner als die Blätter auf der konvexen Seite der Triebe; kantenständige Blätter anliegend, nicht sichelförmig einwärts gebogen. Selten . . . . *D. issleri*
5*. Sporangientragende Blätter vom Grunde an verschmälert und allmählich zugespitzt; Sporangienähren nicht gestielt, einzeln an der Spitze der Triebe sitzend . . . . . . *D. **alpinum*** **32**

Gattung Selaginella (Familie Selaginellaceae)

1. Alle Blätter lanzettlich, spitz, mit wenigen, fransenartigen, etwa 0,1 mm langen Zähnen *S. selaginoides*
1*. Die Blätter der beiden äußern Reihen an den niederliegenden Stengeln oval; alle Blätter ganzrandig oder mit sehr feinen, 0,03–0,05 mm langen, regelmäßigen Zähnen . . . . . . *S. **helvetica*** **33**

Klasse der Isoëtatae

Gattung Isoëtes (Familie Isoëtaceae)

1. Blätter hellgrün, schlaff (beim Herausziehen aus dem Wasser in Büscheln aneinanderhaftend); Oberfläche der Makrosporen dicht mit 0,03–0,05 mm hohen, zylindrischen bis stachligen Gebilden bedeckt (25fache Vergrösserung!). Sehr selten . . . . *I. **echinospora*** **34**
1*. Blätter dunkelgrün, steif; Oberfläche der Makrosporen dicht mit 0,03–0,05 mm hohen, kurzen, strichförmigen Gebilden bedeckt, die sich oft miteinander verbinden und wenigstens auf kleinen Teilen der Oberfläche eine netzige Struktur ergeben. Sehr selten . . . . . . *I. **lacustris***

32

34

33
1×

Klasse der Pinatae (= Coniferae)

1. Nadeln an den Zweigen gescheitelt (in einer Ebene), stachelspitzig, oberseits auffallend dunkelgrün; Samen von einem roten fleischigen Samenmantel umschlossen, deshalb beerenartig . . . *Taxaceae*
Taxus baccata **35**

1*. Nadeln an den Zweigen nicht gescheitelt oder gescheitelt und dann Nadeln stumpf.
   2. Zapfenschuppen holzig, einen Zapfen bildend, der zur Reifezeit als Ganzes abfällt, oder Zapfenschuppen einzeln abfallend und nur die Spindel stehen bleibend . . . . *Pinaceae* S. 17
   2*. Zapfenschuppen (bei den Arten des Gebiets) zur Reifezeit fleischig, Zapfen deshalb beerenartig . . . . *Cupressaceae* S. 19

Familie der Pinaceae

1. Alle Nadeln einzeln stehend.
   2. Zapfen am Baum aufrecht, zur Zeit der Samenreife die Zapfenspindel stehen bleibend, nur die Schuppen abfallend; Nadeln im Querschnitt flach, am Zweig mit rundlicher, fast glatter Abbruchstelle (keine oder nur niedrige Nadelpolster) . . . . *Abies alba* **36**
   2*. Zapfen am Baum hängend, als Ganzes abfallend.

3. Am Zapfen die Deckschuppen klein oder verkümmert, nie zwischen den Samenschuppen hervorragend; Nadeln im Querschnitt 4eckig, mit 4eckiger, vorstehender Abbruchstelle und wulstig vorstehenden, durch tiefe Furchen getrennten Nadelpolstern, Zweige deshalb rauh . . . *Picea abies* **37**

3*. Am Zapfen die 3zähnigen Deckschuppen zwischen den Samenschuppen hervorragend; Nadeln im Querschnitt flach, mit ovaler Abbruchstelle (Nadelpolster niedrig); Zweige deshalb fast glatt. Angepflanzt (kollin) . . . *Pseudotsuga menziesii*

1*. Alle Nadeln gebüschelt oder wenigstens an den Kurztrieben gebüschelt.

4. Alle Nadeln zu 2–5 gebüschelt, am Grunde von häutigen Scheiden umschlossen, immergrün . . . *Pinus* S. 18

4*. Nadeln an den Kurztrieben zu 20–50 gebüschelt, an den Langtrieben einzeln stehend; sommergrün . . . *Larix decidua* **38**

Gattung Pinus

1. 5 Nadeln in einem Büschel (vereinzelt auch nur 4).

2. Zapfen weniger als 2mal so lang wie dick, schief aufrecht oder abstehend; Nadeln 1 bis 1,5 mm breit. Subalpin; saure Böden . . . *P. cembra* **39**

2*. Zapfen wenigstens $2^1/_2$mal so lang wie dick, gekrümmt, hängend; Nadeln 0,5–0,8 mm breit. Angepflanzt (kollin) . . . *P. strobus*

1*. 2 Nadeln in einem Büschel (vereinzelt 3).

3. Die meisten Nadeln 3–7 cm lang.

4. Epidermiszellen der Nadeln so hoch wie breit, Lumen punktförmig; Nadeln blaugrün; pyramidenförmige Verdickung an der Spitze der Samenschuppe in der Regel nicht schwarz umrandet; Stiel der Zapfen zurückgebogen; Rinde (wenigstens in der Kronenregion) rostrot . . . *P. sylvestris* **40**

4*. Epidermiszellen der Nadeln 2mal so hoch wie breit (nur bei dieser Art so!), Lumen strichförmig; Nadeln grün; pyramiden- oder kegelförmige Verdickung an der Spitze der Samenschuppen in der Regel schwarz umrandet; Stiel der Zapfen nie zurückgebogen; Rinde überall graubraun bis schwarzbraun. Subalpin, selten montan.

5. Aufrechter, bis 25 m hoher Baum . . . *P. uncinata*

5*. Niederliegender bis aufsteigender, nicht über 5 m hoher Strauch . . . *P. mugo*

3*. Die meisten Nadeln 8–15 cm lang. Angepflanzt (kollin) . . . *P. nigra*

37

38

39

40

41

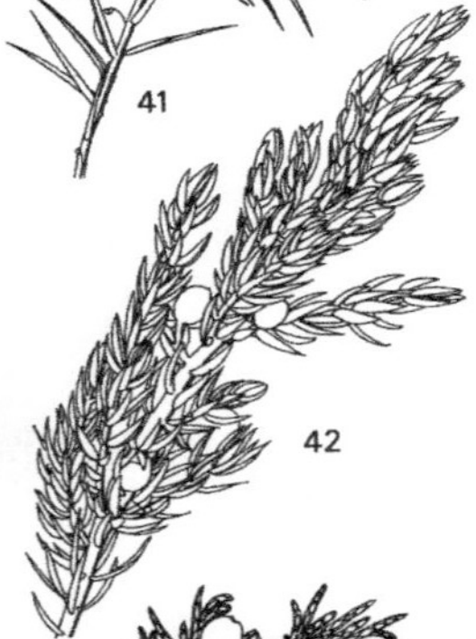

42

43

Gattung Juniperus (Familie Cupressaceae)

1. Blätter stets nadelförmig, am Grunde mit einer Abgliederungsstelle.
   2. Strauch aufrecht oder bogig aufsteigend; Nadeln abstehend, gerade, 8–20 mm lang und ca. 1 mm breit, allmählich und fein zugespitzt; «Beere» kugelig, von der zugehörigen Nadel weit überragt . . . . . *J. communis* **41**
   2*. Strauch ± niederliegend; Nadeln ± anliegend, oft einwärts gebogen, 4–10 mm lang und ca. 1,5 mm breit, kurz zugespitzt; «Beere» länger als dick, von der zugehörigen Nadel nicht oder nur wenig überragt. Subalpin und alpin; saure Böden . . . . . *J. nana* **42**

1*. Blätter an älteren Pflanzen oder älteren Zweigen schuppenförmig, am Zweig herablaufend, sich dachziegelartig überdeckend, nicht abgegliedert, an jungen Pflanzen oder jungen Trieben oft nadelförmig. Heisse, trockene Hänge . . . . . *J. sabina* **43**

Klasse der Gnetatae

Gattung Ephedra (Familie Ephedraceae)

1. Narbenartig verlängerte Mikropyle korkzieherartig gedreht, ca. 2 mm lang. Wallis, Aosta *E. helvetica*

1*. Narbenartig verlängerte Mikropyle gerade, ca. 0,5 mm lang. Vintschgau . . . . . *E. distachya*

Klasse der Monocotyledonae

a) Bis 15 m hoher Baum; Stamm meist einzeln, bis 20 cm dick; Blätter an der Stammspitze fächerförmig, bis 1 m lang und 1,5 m breit. V.a. Tessin, kultiviert und eingebürgert . . . . . *Arecaceae Trachycarpus fortunei*

b) Kraut oder bis 1m hoher Strauch (*Ruscus*)

1. Pflanzen aus rundlichen bis ovalen, 0,2–10 mm langen, blattartigen Gliedern bestehend, die einzeln oder zu wenigen vereinigt frei auf oder unter der Wasseroberfläche schwimmen; keine Gliederung in Stengel und Blatt; Blüten ohne Lupe nicht sichtbar . . . . . *Lemnaceae* S. 85

1*. Pflanzen mit Stengel und Blättern, meist im Boden wurzelnd, wenn frei schwimmend, dann Durchmesser der Blätter mehrere Zentimeter und Blüten auffallend (*Hydrocharis*).
   2. Nur 1 fertiles Fruchtblatt vorhanden, oberständig, 1samig, wenn mehrere Fruchtblätter vorhanden, sind diese frei oder nur am Grunde verwachsen oder sie trennen sich erst zur Fruchtzeit von unten her (*Triglochin*), wenn 2 Samenanlagen vorhanden, dann Blätter grasähnlich (*Scheuchzeria*); Blütenstand nie von einem großen, grünen oder gelben bis roten Blatt (Spatha) umgeben (*Araceae*); Früchte nie beeren- oder steinfruchtartig.

44

3. Blüten 1geschlechtig; Früchte nie von einem grünen oder derben, kleinen, blattartigen Gebilde (Vorblatt, Fruchtschlauch, Spelzen) umschlossen und dabei ohne Perigon.
4. Blüten dicht in zylindrischen (kolbenähnlichen) oder kopfigen Blütenständen.
5. Gesamtblütenstände nie verzweigt; unten der zylindrische bis eiförmige ♀ Blütenstand, darüber der zylindrische ♂ Blütenstand . . . . *Typhaceae* S. 22
5*. Gesamtblütenstände oft verzweigt, im untern Teil die kugeligen ♀ Blütenstände (selten nur 1 ♀ Blütenstand), im obern Teil die ♂ Blütenstände . . . . *Sparganiaceae* S. 23
4*. Blüten in Blattachseln sitzend, einzeln oder zu mehreren von einer häutigen Hülle (Spatha) umschlossen, kein Perigon vorhanden; Pflanzen untergetaucht.
6. Blätter schmal (ohne Zähne weniger als 2 mm breit), steif oder schlaff, gezähnt, Zähne meist etwa so lang wie die Breite der Blätter (bei der sehr seltenen *Najas flexilis* nur $^{1}/_{10}$–$^{1}/_{20}$ so lang); Blüten einzeln in den Blattachseln, nur die ♂ Blüten stets mit Spatha . . . . *Najadaceae* S. 26
6*. Blätter fadenförmig, bis 1 mm breit, schlaff, mit glattem Rand; in den Blattachseln 1 ♂ und 1–6 ♀ Blüten gemeinsam von einer Hülle (Spatha) umschlossen *Zannichelliaceae*
Zannichellia palustris **44**

3*. Blüten zwitterig, wenn 1geschlechtig, dann Früchte von grünem oder derbem Vorblatt (*Elyna*, *Kobresia*), vom Fruchtschlauch (*Carex*) oder von Spelzen (*Poaceae*) umschlossen und dabei ohne Perigon.
7. Staubblätter 4, mit grünem Anhängsel auf dem Rücken, das einem Perigonblatt ähnlich ist; Blütenstände wenigblütige bis vielblütige Ähren; untergetauchte oder schwimmende Wasserpflanzen . . . . *Potamogetonaceae* S. 24
7*. Entweder ein Perigon aus 6 Perigonblättern vorhanden oder Blüten durch Tragblätter eingeschlossen und das Perigon unscheinbar (Vorspelze und Lodiculae bei *Poaceae*, Borsten bei *Cyperaceae*) oder kein Perigon vorhanden (*Cyperaceae*).
8. Perigonblätter 6; Blüten nicht von Tragblättern eingeschlossen.
9. Perigonblätter blau, am Grunde in eine Röhre verwachsen. Varese . . . . . *Pontederiaceae*
Pontederia cordata
9*. Perigonblätter nie blau, am Grunde nie in eine Röhre verwachsen.
10. Perigonblätter alle gleich, klein, gelbgrün; Blütenstand eine Traube; Blätter grasblattähnlich . . . . *Juncaginaceae* S. 26

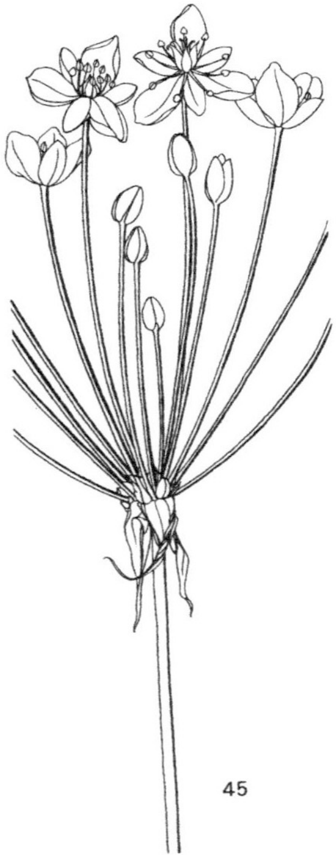

10*. Die 3 äußern Perigonblätter grün (einem Kelch ähnlich), die 3 innern weiß, gelblich oder rötlich (kronblattähnlich), wenn alle Perigonblätter kronblattähnlich, dann Blütendurchmesser groß (2–2,5 cm).

11. Äußere 3 Perigonblätter grün, innere 3 Perigonblätter kronblattähnlich; Staubblätter 6, bei *Sagittaria* zahlreich; Blütenstand aus übereinander angeordneten Quirlen oder doldenartig; Blätter lanzettlich, oval, herzförmig oder pfeilförmig; nur bei ***Alisma gramineum*** untergetauchte Blätter bandförmig . . . . *Alismataceae* S. 27

11*. Alle Perigonblätter kronblattähnlich, weiß bis dunkelrot, Blütendurchmesser 2–2,5 cm; Staubblätter 9; Blütenstand doldenartig; Blätter 3kantig, im obern Teil flach, flutend . . . . *Butomaceae*
Butomus umbellatus **45**

8*. Blüten durch Tragblätter eingeschlossen.

12. Blüten in 1- bis vielblütigen, ährenartigen Teilblütenständen (Ährchen), die unten durch 0–4 (meist 2) kleine Blätter (Hüllspelzen) abgeschlossen werden; jede Blüte mit 1 Tragblatt (Deckspelze) und meist 1 Vorspelze (äußeres Perigon); Staubbeutel auf dem Rücken mit dem Staubfaden verwachsen; Narben federig; Stengel im Querschnitt meist rund, nie scharf 3kantig, mit Knoten, hohl (Ausnahme: *Zea mays*); Blätter am Stengel 2zeilig, Blattscheiden meist ganz oder teilweise offen . . . . *Poaceae* S. 29

12*. Blüten nicht in von Hüllspelzen umgebenen Ährchen; jede Blüte mit 1 Tragblatt; kein Perigon vorhanden oder Perigon aus Borsten bestehend; Staubbeutel am Grunde mit den Staubfäden verwachsen; Narben fadenförmig; Stengel im Querschnitt häufig 3eckig, ohne Knoten, oft nicht hohl; Blätter am Stengel 3zeilig, Blattscheiden meist in der ganzen Länge verwachsen . . . . *Cyperaceae* S. 63

2*. Fertile Fruchtblätter meist 3, selten 2, 4 oder 6, miteinander verwachsen; Fruchtknoten 1, 1-bis mehrfächerig, 2- bis vielsamig, wenn 1samig, Frucht beeren- oder steinfruchtartig und Blüten mit deutlichem 4-8blättrigem Perigon oder Blütenstand von einem großen, grünen oder gelben bis roten Blatt (Spatha) umgeben.

13. Blütenstand ein Kolben . . . . *Araceae* S. 84

13*. Blütenstand nicht ein Kolben.

14. Fruchtknoten oberständig.

45

15\. Alle Perigonblätter ± gleich gefärbt.
16\. Perigonblätter weiß, gelbbraun bis schwarz, selten rötlich, steif, trocken, meist mit häutigem, durchscheinendem Rand, bis zum Grunde frei . . . . *Juncaceae* S. 85
16*. Perigonblätter krautig, weich, nie mit häutigem Rand, oft bunt gefärbt . . *Liliaceae* S. 91
15*. Die 3 äußern Perigonblätter grün, die 3 oder 2 innern blau, purpurn, violett oder weiß. Im Süden verwilderte Gartenpflanzen . . . . *Commelinaceae* S. 85
14*. Fruchtknoten unterständig.
17\. Pflanzen 1geschlechtig.
18\. ♀ Blüten einzeln auf Stielen oder sitzend, von Spatha umschlossen; untergetauchte Wasserpflanzen mit beblättertem oder blattlosem Stengel und lanzettlichen, band- oder schwertförmigen Blättern; wenn Blattrosetten frei auf dem Wasser schwimmen, dann Blätter rundlich und am Grunde herzförmig . . *Hydrocharitaceae* S. 28
18*. Blüten einzeln oder in mehrblütigen Trauben; Blätter herzförmig; kletternde Landpflanzen . . . . *Dioscoreaceae*
Tamus communis **46**
17*. Blüten zwitterig.
19\. Staubblätter 6 oder 3, Blüten aktinomorph, zygomorph bei *Gladiolus*.
20\. Staubblätter 6 . . . . *Amaryllidaceae* S. 101
20*. Staubblätter 3 . . . . *Iridaceae* S. 103
19*. Staubblatt 1 (2 Staubblätter bei *Cypripedium*), mit dem Griffel zu einer Säule verwachsen; Blüten meist auffallend zygomorph, da das innere, untere Perigonblatt meist eine besondere Form hat (Lippe) . . . . *Orchidaceae* S. 104

46

Gattung Typha (Familie Typhaceae)

1\. Stengelblätter den Blütenstand meist überragend.
2\. Meist keine Lücke zwischen ♂ und ♀ Blütenstand; ♀ Blüten ohne Tragblätter.
3\. ♂ Blütenstand ungefähr so lang wie der ♀ Blütenstand; Haare an den Stielen der Fruchtknoten nach der Blüte die Narben nicht überragend, ♀ Blütenstand deshalb dunkelbraun; Staubbeutel 2–3 mm lang . . . . *T. latifolia* **47** S. 23

3*. ♂ Blütenstand bis $^2/_3$ so lang wie der ♀ Blütenstand; Haare an den Stielen der Fruchtknoten nach der Blüte die Narben überragend, ♀ Blütenstand deshalb silbergrau glänzend; Staubbeutel 0,5–2 mm lang . . . . . . *T. shuttleworthii*

2*. Zwischen ♂ und ♀ Blütenstand eine 2–8 cm lange Lücke vorhanden; ♀ Blüten mit braunen, spatelförmigen Tragblättern und Haaren, die unterhalb der Spitze bräunlich und etwas verdickt sind . . . . . . *T. angustifolia*

1*. Blütentragende Stengel nur mit Blattscheiden oder kleinen Blattspreiten, ♀ Blütenstand oft kugelig bis eiförmig. Schlick an Flußufern; sehr selten . . . . . . *T. minima* **48**

Gattung Sparganium (*Familie Sparganiaceae*)

1. Stengel (an normal entwickelten Pflanzen) verzweigt, auch an den Ästen ♂ und ♀ Blütenstände . . . . . . ***Artengruppe des*** *S. erectum* S. 24

1*. Stengel nicht verzweigt, unterste ♀ Blütenköpfe jedoch oft gestielt.

2. Stiele der ♀ Blütenköpfe teilweise oder ganz mit der Hauptachse verwachsen; Blütenköpfe deshalb über den Achseln der Hochblätter (sitzend oder gestielt); meist mehrere ♂ Blütenköpfe vorhanden.

3. Blätter aufrecht, steif, im untersten Drittel 3kantig, am Grunde nicht scheidenartig erweitert; ♂ Blütenköpfe 3–10, voneinander abgerückt; Staubbeutel 5–8 mal so lang wie dick . . . . . . *S. emersum*

3*. Oberer Teil der Blätter auf der Wasseroberfläche schwimmend, schlaff, im Querschnitt überall flach oder gegen die Basis hin halbkreisförmig; obere Stengelblätter am Grunde auffallend scheidenartig erweitert; ♂ Blütenköpfe 1–3, einander meist berührend; Staubbeutel 2–4mal so lang wie dick . . . . . . ***S. angustifolium***

2*. Stiele der ♀ Blütenköpfe nicht mit der Hauptachse verwachsen, Blütenköpfe deshalb stets in den Achseln der Hochblätter (sitzend oder kurz gestielt); meist nur 1 ♂ Blütenkopf vorhanden . . . . . . *S. natans*

47

48

Artengruppe des Sparganium ramosum

1. Früchte plötzlich in den Schnabel verschmälert, von der Schulter nach dem Grunde gleichmäßig verschmälert . . . . *S. erectum* **49**

1*. Früchte an der Spitze mit einem zwiebelförmigen Aufsatz oder Frucht im Umriß spindelförmig.

 2. Früchte im obersten Drittel mit einem zwiebelförmigen Aufsatz, darunter mit deutlicher Einschnürung . . . . *S. microcarpum*

 2*. Früchte im Umriß spindelförmig, wenig über der Mitte am dicksten, ohne Einschnürung *S. neglectum*

Gattung Potamogeton s.l. (*Familie Potamogetonaceae*)

Potamogeton densus wird heute als *Groenlandia densa* abgetrennt.

1. Blätter (wenigstens die obern) oval oder breit lanzettlich, wenn schmal lanzettlich, dann Rand gezähnt oder wellig und kraus.

 2. Schwimmblätter dick, lederig, nicht durchscheinend.

  3. Untergetauchte Blätter binsenartig, zur Blütezeit meist nicht mehr vorhanden; Schwimmblätter meist 2–2$^1/_2$mal so lang wie breit; Früchtchen 4–5 mm lang . . . . **P. natans**

  3*. Untergetauchte Blätter schmal lanzettlich, meist lang gestielt, zur Blütezeit noch vorhanden.

   4. Schwimmblätter meist nur 1$^1/_2$mal so lang wie breit, einzelne am Grunde herzförmig; Früchtchen 2–2,5 mm lang. Sehr selten . . . . *P. polygonifolius*

   4*. Schwimmblätter 2–4mal so lang wie breit, am Grunde nie ± herzförmig, Früchtchen 3–3,5 mm lang . . . . **P. nodosus**

 2*. Schwimmblätter (nicht immer vorhanden!) dünn, durchscheinend, mit auffallender Nervatur.

  5. Alle Blätter (auch die untergetauchten) mit deutlichem, wenigstens 1 cm langem Stiel; reife Früchtchen auffallend klein, 1–2 mm lang. Selten. . . . . *P. coloratus*

  5*. Alle Blätter (oder wenigstens die untergetauchten) ohne deutlichen Stiel (Spreite oft allmählich in einen geflügelten Stiel übergehend), sitzend oder den Stengel umfassend; Früchtchen über 2,5 mm lang.

49

6. Stiel des Blütenstandes nicht dicker als der darunter angrenzende Teil des Stengels oder, wenn Stiel unterhalb der Ähre deutlich verdickt, der Stiel 20–40 cm lang; Blätter ganzrandig oder mit feinen Zähnen.
7. Blätter den Stengel nicht umfassend, am Rande nicht gezähnt . . . . *P. alpinus*
7*. Blätter den Stengel ganz oder teilweise umfassend.
8. Blätter wechselständig.
9. Blätter rundlich bis oval, den Stengel meist umfassend, fein gezähnt . . . . *P. perfoliatus*
9*. Blätter schmal oval oder lanzettlich, den Stengel nur teilweise umfassend.
10. Blätter ganzrandig (nicht gezähnt); Schnabel am Früchtchen nicht über 1 mm lang; Früchtchen am Grunde nicht miteinander verwachsen. Selten *P. praelongus*
10*. Blätter fein gezähnt (die meisten Zähne 0,1–0,3 mm hoch); Schnabel am Früchtchen ca. 2 mm lang; Früchtchen am Grunde miteinander verwachsen *P. crispus* **50**
8*. Blätter gegenständig, mit feinen, bis 0,1 mm hohen Zähnen; Blütenstand 1–3blütig, auf 0,5–1,5 cm langem Stiel . . . . *Groenlandia densa*
6*. Ährenstiele auffallend dicker als der darunter liegende Teil des Stengels; Blätter mit feinen, meist nicht über 0,1 mm hohen Zähnen.
11. Blätter oval, mit feiner, aufgesetzter Spitze, 10–25 cm lang, $2^1/_2$–4mal so lang wie breit (größte untergetauchte Blätter unter unsern Arten!); Früchtchen 3,5–4 mm lang . . . . *P. lucens*
11*. Blätter weniger als 10 cm lang, 4–10mal so lang wie breit; Früchtchen 1,5 bis 2,5 mm lang . . . . *P. gramineus*
1*. Alle Blätter gleich, schmal bandförmig bis fadenförmig, ganzrandig, untergetaucht.
12. Keine deutlichen Blattscheiden vorhanden.
13. Blätter bandförmig, 2–4 mm breit.
14. Blätter mit mehr als 5 Längsnerven; Abstand zwischen den Längsnerven 0,1–0,2 mm; Blätter spitz.
15. Stengel flach, mit 2 wellig geflügelten Kanten; Blütenstände 10–15blütig, auf bis 10 cm langen Stielen. Sehr selten . . . . *P. compressus*
15*. Stengel ohne geflügelte Kanten; Blütenstände 3–6blütig, auf 0,5–1,5 cm langen Stielen. Sehr selten . . . . *P. acutifolius*

50

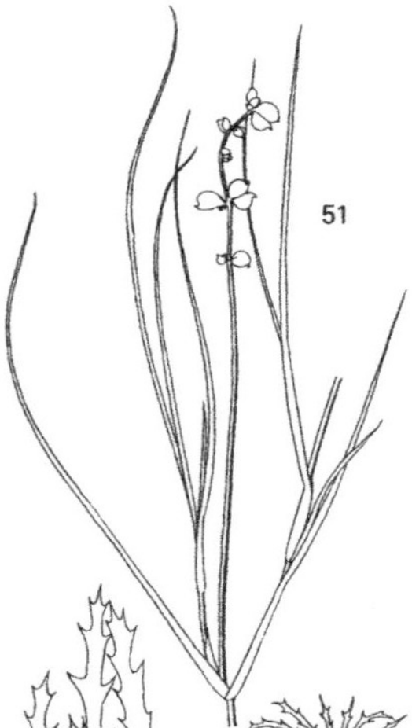

51

53  52

14*. Blätter mit höchstens 5 Längsnerven, stumpf oder spitz; Stiele der Blütenstände bis 2 cm lang.

16. Blätter mit breit abgerundeter Spitze. Sehr selten . . . . *P. obtusifolius*

16*. Blätter kurz zugespitzt, mit feiner, aufgesetzter Spitze (Lupe!). Selten . . . *P. friesii*

13*. Blätter bandförmig oder fadenförmig, meist weniger als 1 mm breit.

17. Blätter 3nervig (seitliche Nerven oft nahe dem Blattrand und oft undeutlich); Blütenstände meist nicht über 5blütig; es entwickeln sich 4 Früchtchen je Blüte . . . . *P. pusillus*

17*. Blätter 1nervig; Blütenstände meist 1blütig; es entwickelt sich meistens nur 1 Früchtchen je Blüte. Sehr selten . . . . *P. trichoides*

12*. Blattscheiden vorhanden, bis 5 cm lang; Blätter fadenförmig bis binsenförmig, weniger als 2 mm breit.

18. Blätter mit feiner, stachliger Spitze (Lupe!), 3nervig (Blatt mehrere Zentimeter unterhalb der Spitze untersuchen!); Früchtchen ca. 4 mm lang . . . . *P. pectinatus* **51**

18*. Blätter mit abgerundeter oder stumpfer Spitze, 1nervig; Früchtchen 2,5–3 mm lang *P. filiformis*

Gattung Najas (Familie Najadaceae)

1. Blätter mit feinen Zähnen; Länge der Zähne entspricht $^1/_{10}$–$^1/_{20}$ der Blattbreite; Pflanzen schlaff. Rhein bei Rüdlingen, Untersee . . . . *N. flexilis*

1*. Blätter mit groben Zähnen; Länge der Zähne entspricht etwa der Blattbreite; Pflanzen steif.

2. Blätter bogig zurückgekrümmt . . . . *N. minor* **52**

2*. Blätter schief aufrecht.

3. Blattscheiden ohne Zähne (ausnahmsweise auf jeder Seite 1–2 kleine Zähne) . . . . *N. marina* **53**

3*. Blattscheiden mit 3–8 kleinen Zähnen auf jeder Seite . . . . *N. intermedia*

Familie der Juncaginaceae

1. Stengel beblättert; Blätter mit grubenartiger Pore an der Spitze (nur mit Lupe sichtbar); Tragblätter vorhanden; Fruchtblätter nur am Grunde verwachsen. Hochmoore . . . . . *Scheuchzeria palustris*

54

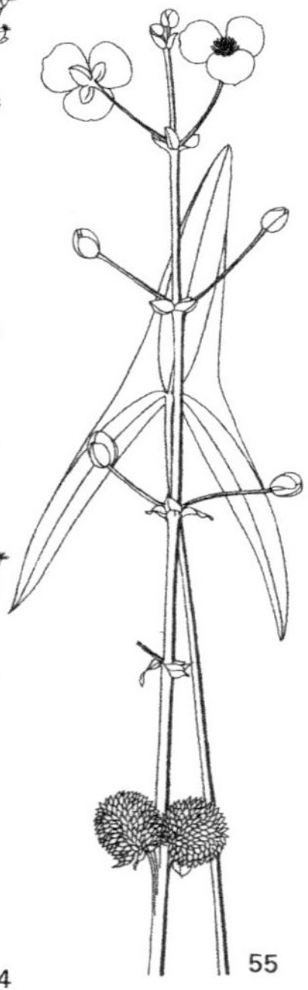

55

1*. Stengel ohne Blätter; Blätter ohne Pore an der Spitze; keine Tragblätter vorhanden; Fruchtblätter zur Blütezeit in der ganzen Länge verwachsen, zur Reifezeit trennen sich die Fruchtblätter von unten her. Zeitweise überschwemmte Böden . . . . *Triglochin palustris* **54**

Familie der Alismataceae

1. Blüten eingeschlechtig, untere ♀ und ♂, obere ♂; Staubblätter zahlreich; aus dem Wasser ragende Blätter meist pfeilförmig . . . . *Sagittaria* S. 27

1*. Blüten zwitterig; Staubblätter 6; aus dem Wasser ragende Blätter oder Schwimmblätter oval, lanzettlich bis herzförmig.

2. Früchtchen in einem Kopf angeordnet (wie z.B. bei *Ranunculus*); Früchte spindelförmig *Baldellia ranunculoides*

2*. Früchtchen in einem Kreis angeordnet.

3. Stengel auf dem Schlamm kriechend oder auf der Wasserfläche schwimmend, an den Knoten Wurzeln, Schwimmblätter und Blüten treibend; Blüten einzeln, auf 5–10 cm langen Stielen, im Durchmesser 1–1,5 cm. Dép. Ain . . . . *Luronium natans*

3*. Alle Blätter grundständig; Stengel aufrecht oder bogig aufsteigend; Blütenstand aus 1 bis mehreren Blütenquirlen, aus dem Wasser ragend.

4. Früchtchen am Grunde verwachsen, kegelförmig, spitz, von oben gesehen einen 6zähligen Stern bildend. Dép. Ain, Dép. Jura . . . . *Damasonium alisma*

4*. Früchtchen am Grunde frei, nicht kegelförmig und spitz.

5. Reife Früchtchen im Umriß oval, aufgeblasen; spätere Schwimmblätter herzförmig. Sehr selten . . . . *Caldesia parnassifolia*

5*. Reife Früchtchen im Umriß oval, flach; keine herzförmigen Schwimmblätter . *Alisma* S. 28

Gattung Sagittaria

1. Aus dem Wasser ragende Blätter pfeilförmig.

2. Innere Perigonblätter am Grunde rot; Früchtchen mit hakig gebogenem Schnabel; zuletzt entwickelte (aus dem Wasser ragende) Blätter typisch pfeilförmig, Abschnitte schmal, 1–3 cm breit . . . . *S. sagittifolia* **55**

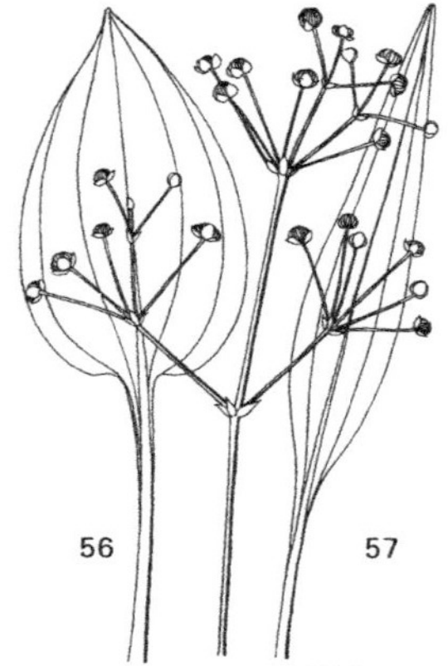

2*. Innere Perigonblätter weiß; Früchtchen mit rechtwinklig abstehendem Schnabel; zuletzt entwickelte Blätter ähnlich denen von S. *sagittifolia*, Abschnitte jedoch viel breiter (5–12 cm breit), oft mit stumpfer Spitze. Sehr selten, verwildert . . . . *S. latifolia*

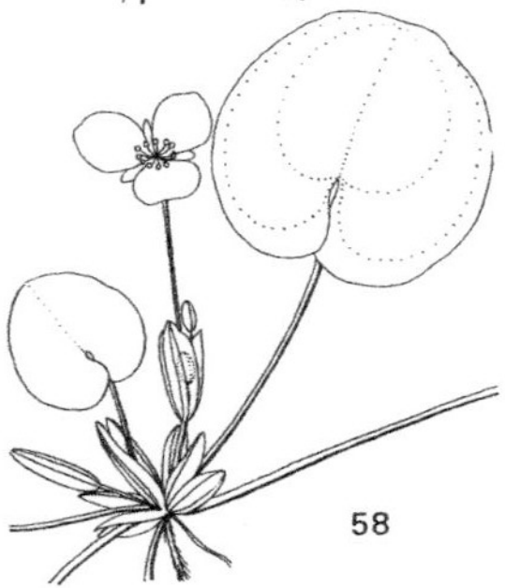

1*. Aus dem Wasser ragende Blätter lanzettlich. Verwildert (Varese) . . . . *S. platyphylla*

Gattung Alisma

1. Narbe höchstens so lang wie der Fruchtknoten (meist kürzer), meist hakig eingerollt; Pflanze of mit untergetauchten, bandförmigen Blättern. Selten . . . . *A. gramineum*

1*. Narbe länger (meist doppelt so lang) als der Fruchtknoten, aufgerichtet; Pflanze nie mit untergetauchten, bandförmigen Blättern.

2. Aus dem Wasser ragende Blätter am Grunde abgerundet bis deutlich herzförmig (nie in den Stiel verschmälert); Narben 0,7–1,4 mm lang . . . . *A. plantago-aquatica* **56**

2*. Aus dem Wasser ragende Blätter in den Stiel verschmälert; Narben 0,3–0,8 mm lang *A. lanceolatum* **57**

56 57

Familie der Hydrocharitaceae

1. Blätter rundlich, am Grunde herzförmig; Blattrosetten auf dem Wasser schwimmend, Ausläufer treibend (keine untergetauchten Blätter). Selten. . . . . *Hydrocharis morsus-ranae* **58**

1*. Blätter nicht rundlich; keine Schwimmblattrosetten.

2. Stengel untergetaucht, in der ganzen Länge mit 1–3 cm langen und 0,1–0,5 cm breiten, sehr fein gezähnten Blättern besetzt.

3. Blätter quirlständig . . . . *Helodea* S. 29

3*. Blätter schraubenständig. Langensee, Seen von Varese . . . . *Lagarosiphon major*

2*. Stengel nicht beblättert; Blätter in grundständigen Rosetten.

4. Blätter bandförmig, sehr dünn, schlaff, flutend, Rand in der obern Hälfte fein gezähnt; Blüten klein (Durchmesser der Blüte 2–3 mm). Alpensüdfuß . . . . *Vallisneria spiralis*

4*. Blätter schwertförmig, im untern Teil im Querschnitt 3eckig, oben flach, steif, aufrecht, oft das Wasser überragend, Rand stachelig gezähnt; Blüten groß (Durchmesser etwa 4 cm). Angepflanzt; sehr selten . . . . *Stratiotes aloides*

58

Gattung Helodea (=*Elodea*)

1. Quirle aus 3 Blättern; Blütendurchmesser 2–6 mm.
   2. Blütendurchmesser 2–4 mm; Blätter bis 18 mm breit . . . . *H. nuttallii*
   2*. Blütendurchmesser 4–6 mm; Blätter 2–4 mm breit . . . . *H. canadensis*

1*. Quirle aus 4–5 Blättern; Blütendurchmesser etwa 2 cm. Karlsruhe, Alpensüdseite . . . . . . *H. densa*

Familie der Poaceae (= *Gramineae*)

1. ♂ und ♀ Blüten in verschiedenen Blütenständen, keine zwittrigen Blüten; ♂ Blüten gipfelständig, in rispigem, weit ausladendem Blütenstand; ♀ Blütenstände in blattachselständigen Kolben; Blätter lanzettlich, bis 120 cm lang und bis 10 cm breit . . . . . *Zea mays*

1*. Blüten zwitterig oder ♂ und ♀ Blüten nicht in verschiedenen Blütenständen.
   2. **Ährchen nicht in Höhlungen** der Hauptachse eingesenkt(2* S. 40).
      3. Alle Spelzen stets 2zeilig angeordnet (3* S. 40).
         4. Ährchen 1blütig, wenn sterile Blüten im Ährchen vorhanden, dann das Ährchen mit 3 Hüllspelzen; 1blütige und mehrblütige Ährchen haben: *Catabrosa aquatica* (Stengel an den Knoten Wurzeln treibend, Blätter breit und kurz zugespitzt) und *Poa nemoralis* (Stengel in der ganzen Länge dicht mit senkrecht abstehenden Blattspreiten) (4* S. 33).
            5. Zwittrige und rein ♂ oder sterile Blüten vorhanden; diese beiden Blütentypen in Paaren oder zu dritt (1 zwittrige und 2 ♂ Blüten) eng beisammen; Deckspelze der zwittrigen Blüte mit langer Granne oder nur aus einer am Grunde verbreiterten Granne bestehend, Deckspelze der rein ♂ oder sterilen Blüte nicht begrannt oder viel kürzer begrannt (dieses Merkmal der Grannen macht es überflüssig, die Blüten auf die Geschlechter hin zu untersuchen). Bei der Gattung *Sorghum* gelegentlich Deckspelze des zwittrigen Ährchens ohne Granne, dann sind aber die beiden untern, harten Hüllspelzen des zwittrigen Ährchens auffallend breiter als die weichen Hüllspelzen des ♂ oder sterilen Ährchens.
               6. Blütenstand aus 1 oder mehreren, strahlenförmig angeordneten oder auf etwas verschiedener Höhe abzweigenden Scheinähren.

7. Blütenstand aus mehreren Scheinähren; stets 2 (nur an der Spitze der Scheinähren 3) Ährchen beisammen: sitzend 1 zwittriges, darüber auf kurzem Stiel 1 rein ♂ oder steriles Ährchen. Warme Gegenden . . . . *Bothriochloa ischaemum* **59**

7*. Blütenstand aus einer einzigen Scheinähre; stets 2 Ährchen beisammen; im untern Teil des Blütenstandes 3–10 Paare ♂ Ährchen (keine Grannen!), im obern Teil zwittrige und ♂ Ährchen in Paaren angeordnet wie bei *Bothriochloa;* Granne der Deckspelze des zwittrigen Ährchens 5–10 cm lang, die Grannen der verschiedenen Deckspelzen über dem Blütenstand miteinander seilartig verdreht. Alpensüdfuß . . . . *Heteropogon contortus* **60**

6*. Blütenstand eine Rispe.

8. Jeder Rispenast trägt am Ende (nur dort) eine Gruppe von 3 Ährchen, Rispe deshalb sehr locker; Hüllspelzen der zwittrigen und ♂ Ährchen gleich breit; Deckspelze des zwittrigen Ährchens mit langer Granne. Alpensüdseite . . . *Chrysopogon gryllus* **61**

8*. Rispenäste mit zahlreichen, in Paaren angeordneten Ährchen; Rispe 10 bis 50 cm lang, locker bis sehr dicht; Hüllspelzen des zwittrigen Ährchens auffallend breiter als die des ♂ Ährchens; Deckspelze des zwittrigen Ährchens mit oder ohne Granne. Trockene Böden; im Süden adventiv . . . . *Sorghum* S. 40

5*. Alle Blüten zwitterig (in der Achsel der obersten Hüllspelze bei den Gattungen *Digitaria, Panicum, Echinochloa, Hoplismenus* und *Setaria* gelegentlich eine verkümmerte, sterile Blüte).

9. Hüllspelzen 3, die unterste oft nur eine kleine Schuppe (10fache Vergrößerung!); bei *Digitaria ischaemum* oft die unterste Hüllspelze nicht vorhanden, dann aber Blütenstand aus strahlenförmig angeordneten Scheinähren bestehend.

10. Blütenstand ohne nicht ährchentragende, rauhe, die Ährchen überragende Rispenäste.

11. Blütenstand aus mehreren, strahlenförmig angeordneten oder auf etwas verschiedener Höhe abzweigenden Scheinähren. Trockene Böden . . . . *Digitaria* S. 41

11*. Blütenstand nicht aus mehreren, nahe beieinander stehenden Scheinähren bestehend.

12. Blütenstand eine meist große Rispe, an der die Ährchen regelmäßig oder in Knäueln angeordnet sind.

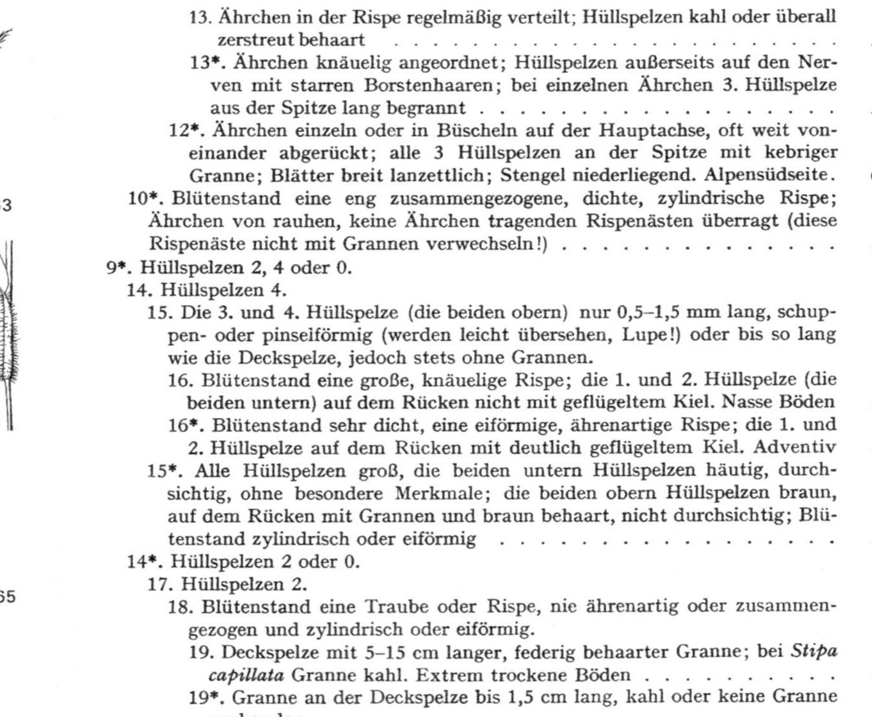

13. Ährchen in der Rispe regelmäßig verteilt; Hüllspelzen kahl oder überall zerstreut behaart . . . . *Panicum* S. 41

13*. Ährchen knäuelig angeordnet; Hüllspelzen außerseits auf den Nerven mit starren Borstenhaaren; bei einzelnen Ährchen 3. Hüllspelze aus der Spitze lang begrannt . . . . *Echinochloa crus-galli* **62**

12*. Ährchen einzeln oder in Büscheln auf der Hauptachse, oft weit voneinander abgerückt; alle 3 Hüllspelzen an der Spitze mit kebriger Granne; Blätter breit lanzettlich; Stengel niederliegend. Alpensüdseite. *Oplismenus undulatifolius* **63**

10*. Blütenstand eine eng zusammengezogene, dichte, zylindrische Rispe; Ährchen von rauhen, keine Ährchen tragenden Rispenästen überragt (diese Rispenäste nicht mit Grannen verwechseln!) . . . . *Setaria* S. 41

9*. Hüllspelzen 2, 4 oder 0.

14. Hüllspelzen 4.

15. Die 3. und 4. Hüllspelze (die beiden obern) nur 0,5–1,5 mm lang, schuppen- oder pinselförmig (werden leicht übersehen, Lupe!) oder bis so lang wie die Deckspelze, jedoch stets ohne Grannen.

16. Blütenstand eine große, knäuelige Rispe; die 1. und 2. Hüllspelze (die beiden untern) auf dem Rücken nicht mit geflügeltem Kiel. Nasse Böden *Phalaris arundinacea* **64**

16*. Blütenstand sehr dicht, eine eiförmige, ährenartige Rispe; die 1. und 2. Hüllspelze auf dem Rücken mit deutlich geflügeltem Kiel. Adventiv *Phalaris canariensis* **65**

15*. Alle Hüllspelzen groß, die beiden untern Hüllspelzen häutig, durchsichtig, ohne besondere Merkmale; die beiden obern Hüllspelzen braun, auf dem Rücken mit Grannen und braun behaart, nicht durchsichtig; Blütenstand zylindrisch oder eiförmig . . . . *Anthoxanthum* S. 42

14*. Hüllspelzen 2 oder 0.

17. Hüllspelzen 2.

18. Blütenstand eine Traube oder Rispe, nie ährenartig oder zusammengezogen und zylindrisch oder eiförmig.

19. Deckspelze mit 5–15 cm langer, federig behaarter Granne; bei *Stipa capillata* Granne kahl. Extrem trockene Böden . . . . *Stipa* S. 526

19*. Granne an der Deckspelze bis 1,5 cm lang, kahl oder keine Granne vorhanden.

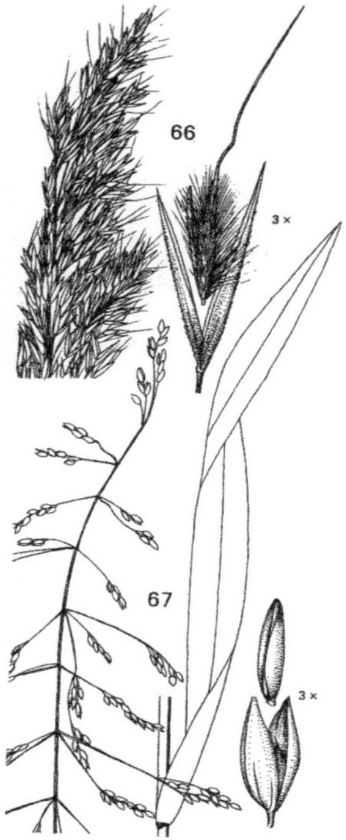

20. Hüllspelzen spitz.

21. Deckspelze außerseits mit 3–6 mm langen, weißen Haaren, aus der Spitze begrannt; Granne bis 1,5 cm lang; Rispe groß und reichblütig. Mächtige Horste auf sonnigen Rutschhängen . . . *Achnatherum calamagrostis* **66**

21.* Deckspelze auf dem Rücken kahl oder zerstreut behaart, gelegentlich am Grunde an der Ährchenachse ein Haarbüschel.

22. Haare unterhalb der Deckspelze weniger als $^1/_4$ so lang wie die Deckspelze (nur bei *Agrostis schraderiana* bis $^1/_2$ so lang wie die Deckspelze); Ährchen (ohne Granne) 2–3,5 mm lang (nur bei *Agrostis alpina* 4 mm lang).

23. Granne an der Spitze der Deckspelze bis 1,5 cm lang, nach der Blüte abfallend. Sehr selten, Savoyen . . . . *Piptatherum paradoxum*

23*. Deckspelze begrannt (aus der Spitze oder auf dem Rücken) und Granne nicht abfallend und höchstens 8 mm lang oder Deckspelze ohne Granne.

24. Untere Hüllspelze über 0,2 mm lang . . . . *Agrostis* s.l. S. 42

24*. Untere Hüllspelze weniger als 0,2 mm lang. Eingeschleppt *Muhlenbergia schreberi*

22*. Haare unterhalb der Deckspelze länger, $^1/_3$–2mal so lang wie die Deckspelze; Ährchen (ohne Granne) meist mehr als 4 mm lang . . . . *Calamagrostis* S. 44

20*. Hüllspelzen stumpf; Deckspelze und Vorspelze nach der Blüte hart werdend, glänzend; alle Spelzen ohne Grannen; Rispe 10 bis 25 cm lang, sehr locker; Blätter bis 1,5 cm breit. Wälder . . . . *Milium effusum* **67**

18*. Blütenstand eine dichte, zylindrische oder eiförmige Scheinähre bildend oder aus einer einzelnen, lockeren oder mehreren, strahlenförmig angeordneten Scheinähren oder Ähren bestehend.

25. Blütenstand eine ± dichte, zylindrische oder eiförmige Scheinähre.

26. Hüllspelzen am Grunde blasenförmig erweitert, darüber mit deutlicher Einschnürung. Dép. Ain . . . . *Gastridium ventricosum*

26*. Hüllspelzen am Grunde nicht blasenförmig erweitert.

27. Hüllspelzen wenigstens am Grunde, gelegentlich bis $^1/_2$ ihrer Länge verwachsen; Deckspelze auf dem Rücken stets mit einer Granne (bei *Alopecurus aequalis* Granne nicht zwischen den Spelzen hervortretend) . . . . *Alopecurus* S. 45

27*. Hüllspelzen am Grunde nicht verwachsen.

a) Deckspelze nie mit Granne (bei *Phleum* Hüllspelze oft mit kurzer Granne).

28. Alle Spelzen ohne Grannen oder Zähne. Dép. Ain, Dép. Jura *Crypsis alopecuroides*

28*. Mittelnerv der Hüllspelzen eine kurze Granne oder einen kurzen Zahn bildend . . . . *Phleum* S.45

b) Deckspelze mit ca. 15 mm langer Granne. Val Seriana . . . . . *Lagurus ovatus*

25*. Blütenstand aus 1 oder mehreren lockeren Scheinähren oder Ähren bestehend.

29. Blütenstand aus mehreren strahlenförmig angeordneten, einseitswendigen Scheinähren oder Ähren bestehend . . . . *Cynodon dactylon* **68**

29*. Blütenstand nur aus 1 Scheinähre oder Ähre bestehend.

30. Obere Hüllspelze 2–4,5 mm lang, mit hakigen Borsten, untere Hüllspelze weniger als 1 mm lang, häutig, durchsichtig . . . . *Tragus racemosus* **69**

30*. Beide Hüllspelzen gleich lang (ca. 1,5 mm lang), kahl, die häutige Deckspelze überragend. Dép. Ain . . . . *Mibora minima*

17*. Keine Hüllspelzen vorhanden.

31. Blütenstand eine Rispe. Gewässer mit Schlammgrund . . . . *Leersia oryzoides*

31*. Blütenstand eine einseitswendige Ähre. Nährstoffarme Weiden . . . *Nardus stricta* **70**

4*. Ährchen mehrblütig; wenn nur 1blütig, dann noch wenigstens eine sterile Blüte vorhanden und das Ährchen mit 2 Hüllspelzen.

32. Sterile Blüten stets vorhanden: diese entweder ganze Ährchen bildend oder an der Spitze der Ährchen durch die deformierten Spelzen ein kleines Kölbchen bildend (sterile Blüten an der Spitze der Ährchen, die keine deformierten Spelzen haben, kommen in verschiedenen Gattungen vor und spielen keine Rolle für die Bestimmung).

68

3 ×

69

70

71

2 ×

72

33. In jedem Ährchen die oberste Blüte steril, die Spelzen dieser Blüte bilden ein kleines Kölbchen . . . . *Melica* S. 46

33*. Im untern Teil jedes Rispenastes sterile Ährchen vorhanden, fertile Ährchen an der Spitze jedes Rispenastes; Blütenstand eine dichte, ährenartig zusammengezogene, einseitswendige Rispe . . . . *Cynosurus* S. 47

32*. Keine sterilen Blüten vorhanden.

34. Nicht alle Blüten zwitterig (zwittrige und rein ♂ Blüten im gleichen Ährchen). Man achte auf folgendes: sind die Deckspelzen begrannt, so trägt die Deckspelze der ♂ Blüte eine viel längere Granne; sind die Deckspelzen nicht begrannt, so ist entweder die Rispe auffallend groß (*Phragmites*) oder die Deckspelzen der ♂ Blüten sind am Rande lang behaart.

35. Deckspelze der rein ♂ Blüte auf dem Rücken mit einer deutlichen, oft die Spelzen weit überragenden Granne oder aus der Spitze begrannt (*Ventenata*), am Rande nie lang behaart; Deckspelze der zwittrigen Blüte auf dem Rücken mit viel kürzerer Granne oder ohne Granne.

36. Im Ährchen zwittrige Blüte (selten mehrere) unten, rein ♂ Blüte (stets nur 1) oben . . . . *Holcus* S. 47

36*. Im Ährchen die rein ♂ Blüte unten, die 1–2 zwittrigen Blüten oben.

37. Meist nur 1 zwittrige Blüte je Ährchen; Deckspelze der rein ♂ Blüte auf dem Rücken lang begrannt, nur 1 Granne oder 2 ungleich lange Grannen aus dem Ährchen hervorragend (auffallender Unterschied zu *Helictotrichon*); 0,5–1,5 m hohes, ausdauerndes Wiesengras . . . . *Arrhenatherum elatius* **71**

37*. 1–2 zwittrige Blüten je Ährchen; Deckspelze der rein ♂ Blüte aus der Spitze lang begrannt, auf dem Rücken jedoch ohne Granne; Pflanze 10–30 cm hoch; 1jähriges Ackerunkraut. Dép. Ain . . . . *Ventenata dubia*

35*. Alle Deckspelzen ohne Granne auf dem Rücken, wenn Deckspelzen der ♂ Blüten mit Granne, dann der Rand der Deckspelzen lang behaart.

38. Ährchen vielblütig, nur die unterste Blüte ♂; Deckspelzen in eine feine, lange Spitze ausgezogen; Rispe 20–50 cm lang; Pflanze 1–4 m hoch. Häufige Sumpf- und Wasserpflanze . . . . *Phragmites australis* **72**

38*. Ährchen 3 blütig; die beiden untern Blüten ♂, die obere zwitterig; Deckspelzen der ♂ Blüten am Rande lang behaart, die der zwittrigen Blüte

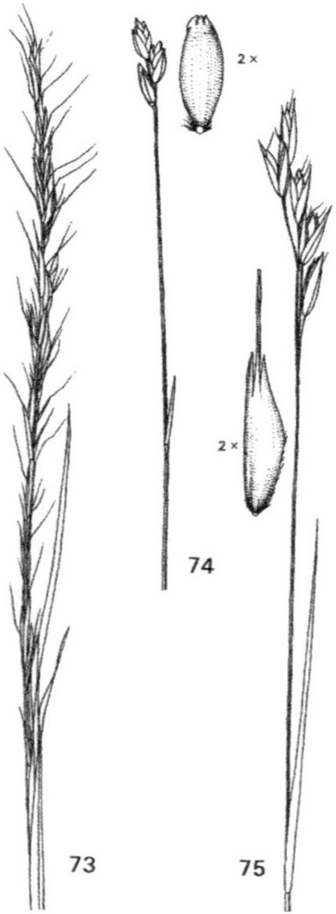

73 74 75

am Rande kahl; Rispe bis 10 cm lang; Pflanze bis 0,6 m hoch; alle Stengelknoten einander am Grunde genähert, Stengel ohne Knoten; oberste Blattspreite nur bis etwa 2 cm lang oder Scheide ohne Spreite . . . . *Hierochloë* S. 48

34*. Alle Blüten zwitterig.

39. Hüllspelzen (wenigstens die obere) länger als die untersten Deckspelzen oder wenigstens so lang (Spelzenlängen direkt vergleichen, den Abstand der Blüten berücksichtigen!), oft die Spitzen der obersten Deckspelzen (ohne Grannen gemessen) erreichend oder überragend; Blütenstand eine Traube oder Rispe, gelegentlich zusammengezogen und kopfig oder zylindrisch; wenn Blütenstand eine lange Ähre, dann Deckspelzen auf dem Rücken mit langer und geknieter Granne, die Hüllspelzen jedoch nie mit 2–4 Grannen oder 1 Granne und 1 Zahn (*Aegilops*). ***Ausnahmen:*** Hüllspelzen kürzer als die Deckspelzen und Blütenstand eine kopfige, 2zeilige, bis 1,5 cm lange Ähre (***Sesleria disticha***).

40. Blütenstand eine mehrere Zentimeter lange Ähre; Deckspelzen auf dem Rücken mit langer und geknieter Granne. Meist adventiv . . . . *Gaudinia fragilis* **73**

40*. Blütenstand eine Traube oder Rispe mit gelegentlich sehr kurzen Ästen (Blütenstand dann kugelig bis zylindrisch) oder Blütenstand eine bis 1,5 cm lange Ähre (dabei Deckspelzen ohne Granne auf dem Rücken).

41. Deckspelze ohne Granne auf dem Rücken oder am Grunde (an der Spitze können Zähne oder kleine Grannen vorhanden sein).

42. Blütenstand eine lockere Traube oder eine große Rispe, nie ährenartig.

43. Blütenstand meist eine lockere Traube; anstelle des Blatthäutchens stets ein Haarkranz.

44. Deckspelze an der Spitze mit 3 gleichen, stumpfen Zähnen . . *Danthonia decumbens* **74**

44*. Deckspelze an der Spitze mit 2 Zähnen, zwischen den beiden Zähnen eine flache, bandartige, in getrocknetem Zustand gedrehte und gekniete Granne. Alpensüdfuß . . . . *Danthonia alpina* **75**

43*. Blütenstand eine 30–60 cm lange, dichte Rispe (wie ***Phragmites***); Deckspelze an der Spitze mit 3 kurzen Grannen, mittlere Granne

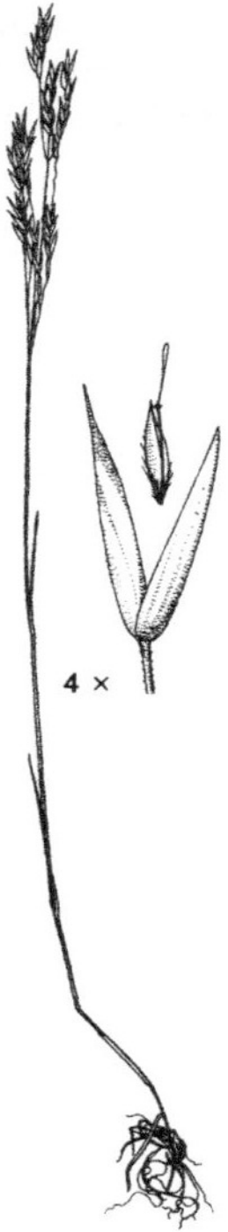

4 ×

76

länger als die seitlichen; 2–4 m hohes Gras, Wuchsform und Habitus wie *Zea* oder ***Phragmites***. Nur im Süden des Gebiets angepflanzt oder verwildert . . . . *Arundo donax*

42*. Blütenstand kugelig bis zylindrisch, eine ährenartig zusammengezogene Rispe oder Traube oder eine bis 1,5 cm lange, 2zeilige Ähre *Sesleria* s.l. S. 48

41*. Deckspelze mit Granne auf dem Rücken oder am Grunde.

45. Hüllspelzen (wenigstens die längere der beiden) über 8 mm lang.

46. Blätter in der Knospenlage eingerollt, meist über 5 mm breit; Hüllspelzen meist über 20 mm lang, mit 5, 7 oder 9 Nerven; Ährchen meist hängend; Pflanze 1jährig, ohne nicht blühende Sprosse *Avena* S. 48

46*. Blätter in der Knospenlage gefaltet, nicht über 4 mm breit; Hüllspelzen meist weniger als 17 mm lang, mit 1 oder 3 Nerven; Ährchen aufrecht oder abstehend; Pflanze ausdauernd, mit nicht blühenden Sprossen . . . . *Helictotrichon* S. 49

45*. Hüllspelzen meist weniger als 7 mm lang.

47. Pflanze 1jährig, 5–30 cm hoch; Deckspelze nie mit 2 langen Grannen aus der Spitze. Ackerunkräuter. Sehr selten und nur im Süden des Gebiets oder adventiv.

a) Deckspelze ohne Granne. Val Seriana . . . . *Airopsis insularis*

b) Deckspelze mit Granne.

48. Deckspelze auf dem Rücken mit nicht gegliederter Granne . . *Aira* S. 50

48*. Deckspelze am Grunde mit in der Mitte gegliederter Granne. Untere Hälfte der Granne braun, starr, oberer Teil weiß bis gelblich, nach oben keulenförmig verdickt, am Übergang zwischen unterem und oberem Teil ein Kranz feiner, 0,05 mm langer, hyaliner Borsten. Dép. Ain, Bergamasker Alpen . . . . *Corynephorus* S. 526 **76**

47*. Pflanze ausdauernd (wenn 1jährig, dann Deckspelze aus der Spitze mit 2 Grannen und 1 Granne auf dem Rücken [***Trisetum** cavanillesii*; sehr selten]).

49. Deckspelzen am Grunde mit gerader oder geknieter Granne; Blätter entweder borstenförmig oder dann flach und sehr rauh . *Deschampsia* s.l. S. 50

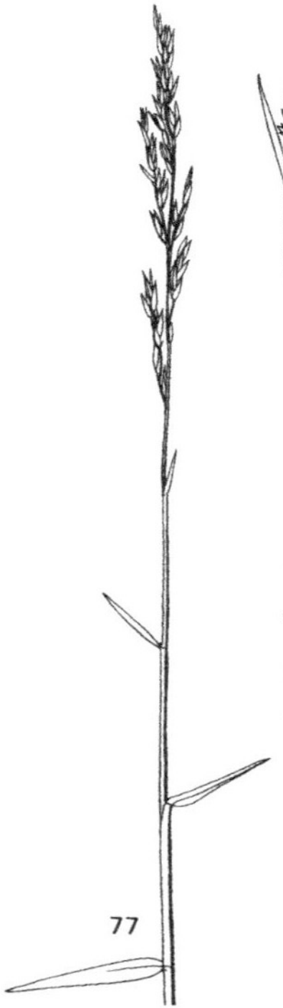

77

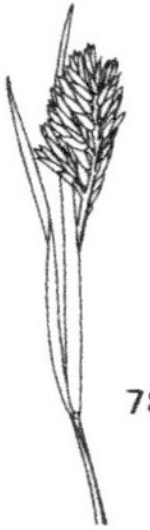

78

79

49*. Granne im obersten Drittel der Deckspelze, zudem Deckspelze in 2 Grannenspitzen auslaufend; Blätter nicht borstenförmig . *Trisetum* S. 50

39*. Hüllspelzen meist kürzer als die Deckspelzen, Spitzen der Hüllspelzen die Spitzen der Deckspelzen der obersten Blüten nicht erreichend oder, wenn so lang oder länger als das Ährchen, dann ist der Blütenstand eine Ähre und die Deckspelzen nur aus der Spitze (nicht auf dem Rücken) begrannt oder ohne Granne oder die untere Hüllspelze nur $^1/_5$–$^1/_{10}$ so lang wie die obere.

50. Alle Knoten des Stengels am Grunde (im Boden) genähert, Stengel über dem Boden deshalb ohne Knoten, am Grunde zwiebelartig verdickt . . . *Molinia* S. 51

50*. Knoten über den Stengel verteilt.

51. Pflanze kurze, unterirdische Ausläufer treibend, die dicht und dachziegelartig mit gelblichen Blattschuppen bedeckt sind. Sehr selten . . *Cleistogenes serotina* **77**

51*. Ausläufer (wenn vorhanden) nur mit vereinzelten Blattschuppen.

52. Blütenstand eine lockere oder eng zusammengezogene (ährenartige) Traube oder Rispe.

53. Äste des Blütenstandes sehr kurz; Blütenstand ährenartig.

54. Blütenstand eine dichte, zylindrische, ährenartige Rispe . . . *Koeleria* S. 51

54*. Blütenstand einseitswendig; Pflanze 1jährig, 3–20 cm hoch. Nur an sehr trockenen Standorten im Süden des Gebiets und im Elsaß.

55. Hüllspelzen stumpf, mit breitem, häutigem, weißem Rand; Deckspelzen 5–6 mm lang, hart werdend. Elsaß, Wallis . . . *Sclerochloa dura* **78**

55*. Alle Spelzen spitz, Deckspelzen 2–2,5 mm lang, nicht hart werdend. Im Süden; sehr selten. . . . . *Catapodium rigidum* **79**

53*. Äste des Blütenstandes länger und der Blütenstand eine ± lockere Traube oder Rispe.

56. Ährchen an den Rispenästen zu dichten Knäueln zusammengerückt . . . . *Dactylis* S. 52

56*. Ährchen an den Rispenästen ± regelmäßig verteilt.

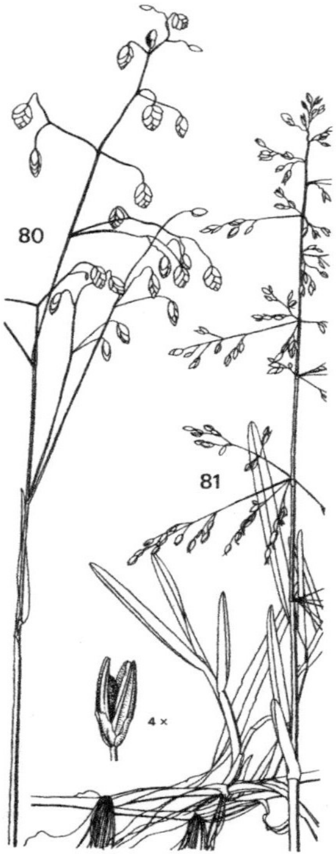

80

81

4 ×

57. Ährchen auf der Seite auffallend flach (wie zusammengedrückt), nicht über 1 cm lang; alle Spelzen stumpf, ohne besondere Merkmale.

58. Spelzen an der Ährchenachse fast senkrecht abstehend, Ährchen im Umriß deshalb rundlich bis oval; Deckspelzen am Grunde herzförmig; Blatthäutchen vorhanden. Ausdauerndes Wiesengras . . . . *Briza media* **80**

58*. Spelzen an der Ährchenachse nach vorwärts gerichtet, Ährchen deshalb schmal lanzettlich, auffallend vielblütig (5–20blütig); anstelle des Blatthäutchens ein Haarkranz; 1jährige Ruderalpflanzen. . . . . *Eragrostis* S. 529

57*. Ährchen im Querschnitt rundlich, wenn flach, dann über 1 cm lang (*Bromus*).

59. Stengel niederliegend und bogig aufsteigend, an den Knoten Wurzeln treibend oder im Schlamm kriechende Ausläufer vorhanden; Blätter wenigstens 5 mm breit (nur bei der eingeschleppten, amerikanischen *Glyceria striata* schmäler); wenn Pflanze aufrecht, dann Deckspelzen mit 7 vorstehenden Nerven (*Glyceria*).

60. Ährchen klein, 1blütig oder 2–3blütig, selten bis 5blütig; Deckspelzen mit 3 vortretenden Nerven . . . . *Catabrosa aquatica* **81**

60*. Ährchen größer, 5–10blütig; Deckspelzen mit 7 langen, vortretenden Nerven. Nasse, überflutete Böden . . . . *Glyceria* S. 53

59*. Stengel aufrecht, wenn niederliegend, dann Blätter weniger als 5 mm breit und Deckspelzen höchstens mit 5 Nerven.

61. Deckspelzen stumpf oder spitz, aber nicht in eine feine oder grannenartige Spitze verschmälert (Ausnahme: *Poa variegata*).

62. Deckspelzen nicht gekielt, an der Spitze breit abgerundet, mit durchsichtigem, bewimpertem Rand. Selten. *Puccinellia distans*

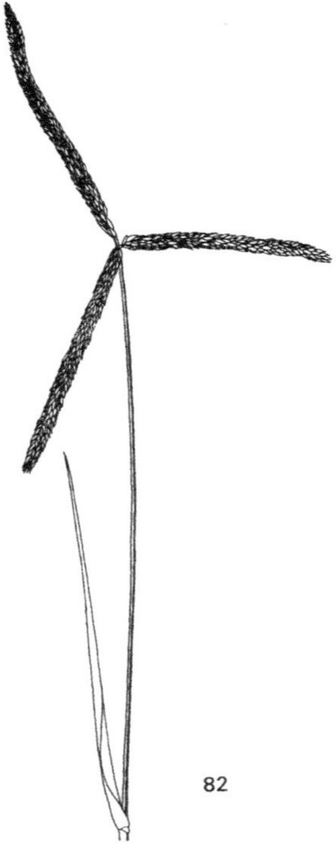

82

62*. Deckspelzen gekielt, oft am Rande und auch auf dem Kiel fein, zottig und weiß behaart; Nabelfleck am Fruchtknoten rund (Unterschied zu *Festuca*) . . . . . *Poa* S. 53

61*. Deckspelzen mit feiner Spitze, oft an der Spitze begrannt.

63. Hüllspelzen verschieden lang, untere meist nur $^1/_2$–$^1/_{10}$ so lang wie die obere; Deckspelzen aus der Spitze lang begrannt; 1jährig. Selten und nur im Süden des Gebiets *Vulpia* S. 56

63*. Untere Hüllspelze mindestens $^1/_2$ so lang wie die obere.

64. Ährchen (ohne Grannen) meist weniger als 1,5 cm lang; Stielchen an den Früchten meist mit senkrecht oder fast senkrecht zur Achse des Stielchens stehender Abbruchfläche; Narben an der Spitze des Fruchtknotens entspringend . . . . *Festuca* s.l. S. 56

64*. Ährchen (ohne Grannen) meist über 1,5 cm lang; Stielchen an den Früchten mit sehr schief zur Achse des Stielchens stehender Abbruchfläche; Narben am Fruchtknoten unterhalb der Spitze entspringend . . *Bromus* S. 59

52*. Blütenstand eine Ähre oder aus mehreren, traubig oder strahlenförmig angeordneten Ähren.

65. Blütenstand aus 2 oder mehreren traubig oder strahlenförmig angeordneten, einseitswendigen Ähren bestehend. Eingeschleppt . . . *Eleusine indica* **82**

65*. Blütenstand aus einer einzigen Ähre bestehend.

66. Hüllspelzen nur beim endständigen oder den 2–3 obersten Ährchen 2, bei den untern Ährchen nur die der Hauptachse gegenüberliegende Hüllspelze vorhanden (bei ***Lolium temulentum*** die der Hauptachse anliegende Hüllspelze oft als bis 6 mm lange, in der Längsrichtung gespaltene Schuppe vorhanden) . . . . *Lolium* S. 61

66*. Alle Ährchen mit 2 Hüllspelzen.

67. Ährchen (ohne Grannen) 2–3 cm lang . . . . *Brachypodium* S. 62

67*. Ährchen (ohne Grannen) nicht über 2 cm lang.

83 84

68. Hüllspelzen stumpf oder spitz oder Spitze in eine feine Granne ausgezogen (neben der Granne kein Zahn vorhanden!).

69. Hüllspelzen 3–5- oder 7nervig; Grannen an den Deckspelzen kürzer bis wenig länger als die Deckspelzen oder fehlend; Ährchen meist mehr als 3blütig . . . . *Elymus* S. 62

69*. Hüllspelzen 1nervig; Deckspelzen mit 4–8 cm langer Granne; Ährchen meist 2blütig. Kulturpflanze . . . . . *Secale cereale* **83**

68*. Hüllspelzen mit 1 oder mehreren Zähnen oder mehreren Grannen oder 1 Granne und 1 Zahn.

70. Hüllspelzen mit 1 Zahn; Ähre dick . . . . *Triticum* S. 62

70*. Hüllspelzen mit 1–2 Zähnen und/oder 1–4 Grannen; Ähre oval oder dünn spindelförmig (etwa 4mal so dick wie der Stengel). Unkräuter auf trockenen Böden . . . . . *Aegilops* S. 63

3*. Auf jeder Seite der Deckspelze je 1 Hüllspelze (Spelzen gekreuzt stehend); Ährchen 1blütig, zu dritt beisammen; Blattöhrchen meist lang und sichelförmig übereinandergreifend.

71. Hüllspelzen und Deckspelze an der Achse nicht voneinander entfernt; von den 3 benachbarten Ährchen stets nur das mittlere fertil oder alle drei fertil. Unkraut- und Saatgersten . . . . *Hordeum* S. 63

71*. Hüllspelzen und unterste Deckspelze an der Achse ca. 1 mm voneinander entfernt; alle 3 Ährchen fertil oder das mittlere steril. Ausdauerndes Waldgras . . . *Hordelymus europaeus* **84**

2*. Ährchen in Höhlungen der Hauptachse eingesenkt; Ähre unterscheidet sich deshalb bei oberflächlicher Betrachtung kaum vom Stengel; Ährchen 1blütig; an den seitenständigen Ährchen nur 1 Hüllspelze.

72. Alle Spelzen ohne Granne. Aostatal . . . . *Hainardia cylindrica*

72*. Deckspelze an der Spitze mit Granne. Im Süden adventiv, selten . . . . *Psilurus incurvus*

Gattung Sorghum

1. Das ♂ (oder sterile) Ährchen meist auf etwa 3 mm langem Stiel, das zwittrige Ährchen weit überragend; Pflanze ausdauernd, unterirdisch kriechend . . . . *S. halepense*

1*. Das ♂ Ährchen auf nicht über 1,5 mm langem Stiel, das zwittrige Ährchen kaum überragend; Pflanze 1jährig; kein Rhizom . . . . *S. bicolor*

Gattung Digitaria

1. Pflanze kahl; Ährchen 2 mm lang und 1 mm breit; unterste Hüllspelze meist nicht vorhanden; die beiden obern Hüllspelzen gleich lang, so lang wie die Deckspelze . . . . *D. ischaemum* **85**

1*. Blätter und Blattscheiden locker und abstehend behaart (Lupe!); Ährchen 3 mm lang und 0,8 mm breit; die unterste Hüllspelze schuppenförmig, die mittlere etwa ½ so lang wie die Deckspelze, die oberste Hüllspelze so lang wie die Deckspelze . . . . *D. sanguinalis*

Gattung Panicum

1. Ährchen 4,5–5 mm lang; Rispenäste zur Fruchtzeit schief aufrecht oder überhängend. . . . . *P. miliaceum*

1*. Ährchen 2–3 mm lang; Rispenäste zur Fruchtzeit steif aufrecht bis senkrecht abstehend.

- 2. Blattscheiden kahl . . . . *P. dichotomiflorum*
- 2*. Blattscheiden behaart.
  - 3. Alle Ährchen mindestens 5 mm lang gestielt; Ährchen eiförmig, 0.9–1,1 mm breit. . . . . . *P. capillare* **86**
  - 3*. Seitliche Ährchen am Ende der Rispenäste höchstens 3 mm lang gestielt; Ährchen lanzettlich, 0,7–0,8 mm breit. . . . . *P. barbipulvinatum*

Gattung Setaria

1. Borsten an den sterilen Rispenästen rückwärts gerichtet, deshalb Blütenstand rauh, wenn man von unten nach oben streicht. . . . . *S. verticillata*

1*. Borsten an den sterilen Rispenästen nach vorne gerichtet, deshalb Blütenstand rauh, wenn man von oben nach unten streicht.

- 2. Die 2. Hüllspelze etwa ½ so lang wie die Deckspelze; Deckspelze mit unregelmässigen, deutlichen Querrunzeln . . . . *S. pumila*
- 2*. Die 2. Hüllspelze die Deckspelze ganz bedeckend.

3. Hauptachse des Blütenstandes dicht mit 0,1 mm langen Borsten besetzt, rauh; die meisten sterilen Rispenäste die Ährchen um 2–3 mm überragend; wenigstens im unteren Teil des Blütenstandes die Rispenäste abgerückt, der Blütenstand dort unterbrochen. Selten . . . . . *S. verticilliformis*

3*. Hauptachse des Blütenstandes dicht mit 0,5–1 mm langen Haaren besetzt; die meisten sterilen Rispenäste die Ährchen um wenigstens 5 mm überragend; Blütenstandes überall dicht.

4. Unterste Hüllspelze ¼ bis halb so lang wie das Ährchen.

5. Blütenstand (ohne sterile Rispenäste!) weniger als 1 cm dick; Blätter meist schmaler als 1 cm; Blütenstand aufrecht . . . . . *S. viridis*

5*. Blütenstand (ohne sterile Rispenäste!) 1,5–3 cm dick; Blätter 1–3 cm breit; Blütenstand zuerst aufrecht, später oft überhängend. . . . . *S. italica*

4*. Unterste Hüllspelze ⅔–¾ so lang wie das Ährchen; Blütenstand von Anfang an überhängend. Adventiv . . . . . *S. faberi*

Gattung Anthoxanthum

1. Blütenstand 2–8 cm lang, gelblich. Kollin, montan . . . . . *A. odoratum* 87

1*. Blütenstand meist nicht über 2 cm lang, gelbbraun. Subalpin, alpin . . . . . *A. alpinum*

Gattung Stipa

Abb. 88. Schlüssel siehe S. 526

Gattung Agrostis s.l.

Die Gattung *Agrostis* wird heute aufgeteilt.

1. Untere Hülspelze deutlich kürzer als die obere; Granne der Deckspelze mehr als 2mal so lang wie das Ährchen; Pflanzen 1jährig. . . . . ***Apera***

2. Rispe bis 40 cm lang, regelmässig, mit bis 10 cm langen, schief aufrechten Ästen; Staubbeutel 0,8–1,5 mm lang . . . . . *Ap. spica-venti* 89

87

88

89

90 3 ×

91 3 ×

92 3 ×

93 3 ×

2*. Rispe bis 10 cm lang, eng zusammengezogen, unregelmässig unterbrochen; Staubbeutel bis 0,5 mm lang . . . . . *Ap. interrupta*

1*. Beide Hüllspelzen meist etwa gleich lang (bei *Agrostis alpina* und *Ag. schleicheri* deutlich verschieden lang); Granne der Deckspelze fehlend oder höchstens 2mal so lang wie die Deckspelze; Pflanzen ausdauernd . . . . . ***Agrostis***

3. Vorspelze ⅓ bis so lang wie die Deckspelze.

4. Blatthäutchen 0,5–1,5 mm lang, gestutzt; Rispenäste meist glatt . . . . . *Ag. capillaris* 90

4*. Blatthäutchen 2–7 mm lang, zugespitzt; Rispenäste rauh, mit 0,1 mm langen, borstigen Haaren.

5. Rispenäste locker, nicht bis zum Grunde mit Ährchen besetzt.

6. Pflanze niederliegend bis aufsteigend, an den Knoten wurzelnd . . . . . *Ag. stolonifera*

6*. Pflanze aufrecht, mit unterirdischen Ausläufern . . . . . *Ag. gigantea*

5*. Rispenäste bis zum Grunde dicht mit Ährchen besetzt, Rispe deshalb aus quirlartig übereinander angeordneten Knäueln bestehend. Dép. Ain, Alpensüdfuss . . . . *Ag. verticillata*

3*. Vorspelze verkümmert oder weniger als 1/3 so lang wie die Deckspelze.

7. Haare unterhalb der Deckspelze etwa ½ so lang wie die Deckspelze; Granne fehlend oder weniger als 1 mm lang . . . . . *Ag. schraderiana* 91

7*. Haare unterhalb der Deckspelze viel kürzer oder nicht vorhanden.

8. Deckspelze ohne oder mit kurzer, das Ährchen kaum überragender Granne.

9. Pflanze Horste bildend, mit oberirdischen Ausläufern oder niederliegenden, sich bewurzelnden Stengeln. Nasse Torfböden . . . . . *Ag. canina*

9*. Pflanze Horste bildend, mit unterirdischen Ausläufern. Elsass . . . . . *Ag. pusilla*

8*. Deckspelze mit das Ährchen überragender Granne.

10. Rispenäste rauh, mit 0,1 mm langen, borstigen Haaren.

11. Rispe ausgebreitet. Subalpin und alpin . . . . . *Ag. alpina* 92

11*. Rispe eng zusammengezogen. Meist montan . . . . . *Ag. schleicheri*

10*. Rispenäste glatt. Subalpin und alpin . . . . . *Ag. rupestris* 93

94

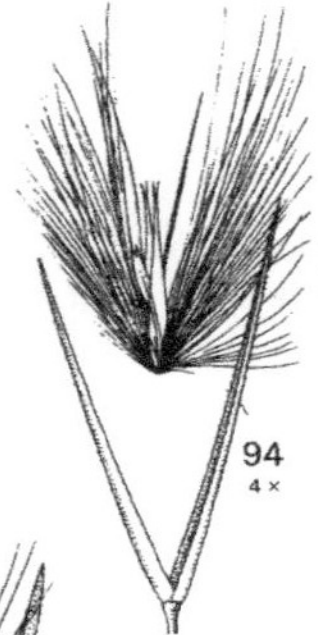

94 4×

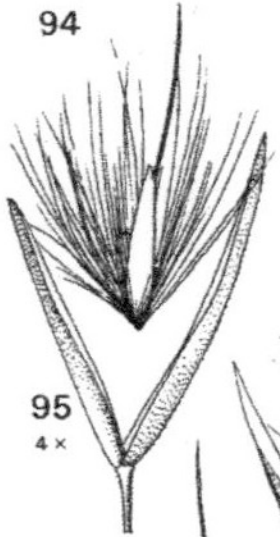

95 4×

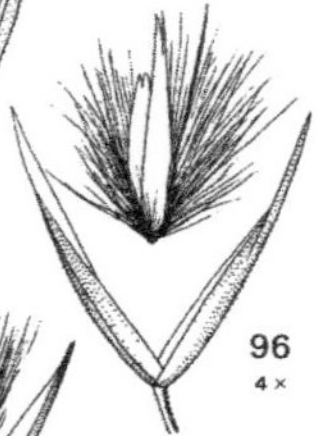

96 4×

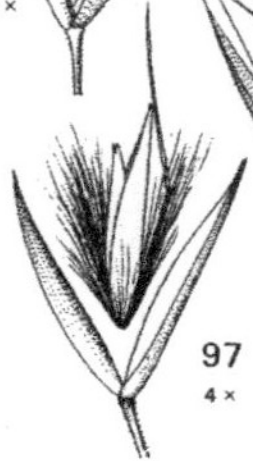

97 4×

Gattung Calamagrostis

1. Granne der Deckspelze nicht aus dem Ährchen herausragend.
  2. Haare unterhalb der Deckspelze 1–2mal so lang wie die Deckspelze; Ährchen ohne Achsenfortsatz (anliegendes, behaartes Stielchen außerseits des Vorspelzengrundes).
    3. Deckspelze 3nervig (10fache Vergrößerung, durchfallendes Licht!).
      4. Deckspelze auf dem Rücken (wenig über der Mitte) begrannt, die Granne die Deckspelze etwa um $^1/_3$ der Länge der Deckspelze überragend; Rispe aufrecht, mit steifen, kurzen, aufwärts gerichteten Ästen . . . . *C. epigejos* **94**
      4*. Deckspelze zwischen den beiden Zähnen aus der Spitze begrannt, die Granne etwa so lang wie die Spelze, die Spitze der längeren Hüllspelze oft erreichend; Rispe im obern Teil nickend, mit schlaffen, etwas abstehenden, bis 15 cm langen Ästen . . *C. pseudophragmites* **95**
    3*. Deckspelze 5nervig.
      5. Deckspelze zwischen den beiden Zähnen aus der Spitze begrannt, mit sehr kurzer, die seitlichen Zähne oft kaum überragender, höchstens 1 mm langer Granne; keine Haare außerseits am Blattgrunde. Staunasse Torfböden; selten . . . . *C. canescens*
      5*. Deckspelze mit Granne auf dem Rücken, Granne die Deckspelze oft nicht überragend; außerseits am Blattgrunde bei den untern Blättern oft ein schmaler Haarkranz.
        a) Blatthäutchen kahl, Blätter unterseits glänzend. Arven- und Lärchenwälder, Zwergstrauchges. . . . . *C. villosa,* **96**
        b) Blatthäutchen behaart. Hochstaudenfluren. Vogesen, Schwarzwald . . . . *C. phragmitoides*
  2*. Haare unterhalb der Deckspelze kürzer als die Deckspelze, Granne auf dem Rücken die Spelze kaum überragend; Ährchen außerseits des Vorspelzengrundes mit behaartem, anliegendem, bis 1 mm langem Achsenfortsatz. Sehr selten im französischen Jura . . *C. stricta*
1*. Granne der Deckspelze aus dem Ährchen herausragend; Ährchen mit behaartem Achsenfortsatz (anliegendes, behaartes Stielchen außerseits des Vorspelzengrundes).

6. Haare unterhalb der Deckspelze zahlreich und fast so lang wie die Deckspelze; außerseits am Blattgrunde keine Haare . . . . *C. varia* **97** S. 44

6*. Haare unterhalb der Deckspelze spärlich und nur etwa $^{1}/_{3}$ so lang wie die Deckspelze; außerseits am Blattgrunde ein schmaler Haarkranz . . . . *C. arundinacea*

Gattung Alopecurus

1. Untere $^{2}/_{3}$ der beiden Hüllspelzen lederig, knorpelig, gelb, viel weiter als der durch eine plötzliche Verengung verbundene obere, weiche, grüne Drittel der Hüllspelzen . . . . . *A. rendlei*

1*. Hüllspelzen homogen.

2. Hüllspelzen in der obern Hälfte auf dem Kiel etwa 0,3 mm breit geflügelt, nur in der untern Hälfte auf dem Kiel mit etwa 0,3 mm langen Haaren. Pflanze 1jährig . . . . . *A. myosuroides* **98**

2*. Hüllspelzen nicht geflügelt, auf dem Kiel in der ganzen Länge mit wenigstens 0,3 mm langen Haaren.

3. Stengel aufrecht.

4. Hüllspelzen ohne grannenartige Spitze; Granne auf dem Rücken der Deckspelze weit aus dem Ährchen hervorragend . . . . *A. pratensis* **99**

4*. Hüllspelzen mit Grannenspitze; Granne auf dem Rücken der Deckspelze nicht aus dem Ährchen hervorragend. Savoyen, Piemont, Aostatal . . . . *A. alpinus*

3*. Stengel niederliegend, oft im Wasser flutend, an den Knoten Wurzeln treibend.

5. Granne die Deckspelze um ca. 2 mm überragend . . . . *A. geniculatus*

5*. Granne die Deckspelze bis 0,5 mm überragend . . . . *A. aequalis* **1**

Gattung Phleum

1. Rispenäste der Hauptachse eng anliegend (Blütenstand beim Umbiegen mit abstehenden Ährchengruppen); Ährchen mit bis 1 mm langem, kahlem, der Vorspelze anliegendem Achsenfortsatz.

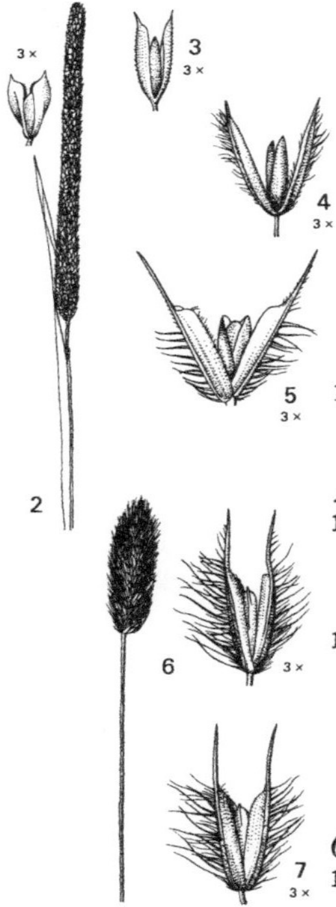

2. Hüllspelzen oben bauchig erweitert und plötzlich in einen ca. 0,3 mm langen Zahn verschmälert, ohne häutigen, durchsichtigen Rand, kahl. Selten . . . . *Ph. paniculatum* **2**

2*. Hüllspelzen oben nicht bauchig erweitert, meist mit breitem, häutigem, durchsichtigem Rand.

3. Hüllspelzen auf dem Kiel nicht abstehend behaart (nur mit weniger als 0,1 mm langen Borstenhaaren). Trockene Böden . . . . *Ph. phleoides* **3**

3*. Hüllspelzen auf dem Kiel mit abstehenden, 0,2–0,5 mm langen Haaren.

4. Pflanze ausdauernd, 30–60 cm hoch; Blütenstand zylindrisch, bis 10 cm lang; Hüllspelzen (mit Grannenspitze) 4–6,5 mm lang. Meist subalpin . . . . *Ph. hirsutum* **4**

4*. Pflanze 1jährig, 5–20 cm hoch; Blütenstand spindelförmig oder eiförmig, bis 3 cm lang; Hüllspelzen (mit Grannenspitze) 3–4 mm lang. Dép. Ain . . . . *Ph. arenarium*

1*. Rispenäste mit der Hauptachse verwachsen, Ährchen ± sitzend (Blütenstand beim Umbiegen ohne abstehende Ährchengruppen); Ährchen ohne Achsenfortsatz . . . . *Artengruppe des Ph. pratense* S. 46

Artengruppe des Phleum pratense

1. Blütenstand grün, gelbgrün oder graugrün, 3–10 cm lang; Blätter beiderseits auffallend rauh; Blatthäutchen bis 5 mm lang, spitz.

2. Pflanze über 50 cm hoch; Granne an den Hüllspelzen 1–2,5 mm lang . . . . *Ph. pratense* **5**

2*. Pflanze 10–50 cm hoch; Granne an den Hüllspelzen 0,4–1 mm lang . . . . *Ph. bertolonii*

1*. Blütenstand graublau bis rotviolett, bis 4 cm lang; Blätter nur am Rande rauh; Blatthäutchen ca. 1 mm lang, gestutzt.

3. Blütenstand 1–3 cm lang, eiförmig.

4 Granne der Hüllspelzen in der untern Hälfte wie der Kiel abstehend behaart . . . *Ph. alpinum* **6**

4*. Granne der Hüllspelzen nicht behaart . . . . *Ph. commutatum* **7**

3*. Blütenstand 3–4 (–6) cm lang; Granne der Hüllspelze in der unteren Hälfte behaart . . . . *Ph. rhaeticum*

Gattung Melica

1. Deckspelzen auf den seitlichen Nerven lang und abstehend behaart; Blütenstand eine ährenartige Rispe, zylindrisch, aufrecht.

9

8

10

2. Untere Hüllspelze $^{3}/_{4}$–1mal so lang wie die obere Hüllspelze; Blütenstand nicht dicht, oft einseitswendig, unterste Stengelblattscheiden kahl; Blätter unterseits ohne vortretenden Kiel. Trockene Böden in warmen Lagen . . . . *M. ciliata* **8**

2*. Untere Hüllspelze $^{1}/_{3}$–$^{2}/_{3}$mal so lang wie die obere Hüllspelze; Blütenstand dicht, nie einseitswendig, unterste Stengelblattscheiden dicht und flaumig behaart, Blätter unterseits mit scharf vortretendem Kiel. Niederschlagsarme Gegenden . . . . *M. transsilvanica*

1*. Deckspelzen kahl; Blütenstand eine lockere (Rispenäste mit wenigen Ährchen), einseitswendige, meist nickende Traube oder Rispe.

3. Ährchen mit 2 fertilen Blüten; Ährchenstiel unterhalb der Spelzen kurz behaart; Blatthäutchen etwa 0,5 mm lang. Wälder . . . . *M. nutans* **9**

3*. Ährchen mit 1 fertilen Blüte; Ährchenstiel unterhalb der Spelzen nicht behaart; Blatthäutchen bis 0,2 mm lang; dem Blatthäutchen gegenüber ein spitzes, bis 4 mm langes, dem Stengel anliegendes Anhängsel. Laubmischwälder . . . . *M. uniflora*

Gattung Cynosurus

1. Grannenartige Spitze der Deckspelzen der fertilen Ährchen sehr kurz, etwa $^{1}/_{6}$ so lang wie die Spelze; Blütenstand schlank, 5–10 cm lang und bis 1 cm dick; Pflanze ausdauernd . . *C. cristatus* **10**

1*. Deckspelzen der fertilen Ährchen mit langen Grannen (Granne etwa 2mal so lang wie die Spelze); Blütenstand kurz und dick, bis 4 cm lang und bis 1,5 cm dick (ohne Grannen); Pflanze 1jährig. Ackerunkraut . . . . *C. echinatus*

Gattung Holcus

1. Pflanze meist weich behaart, selten fast kahl; Granne der Deckspelze der ♂ Blüte die Hüllspelzen nicht oder nur wenig überragend . . . . *H. lanatus* **11** S. 48

1*. Pflanze an den Halmknoten bärtig behaart, sonst kahl oder zerstreut behaart; Granne der Deckspelze der ♂ Blüte die Hüllspelzen etwa um $^{1}/_{3}$ ihrer Länge überragend . . . . *H. mollis*

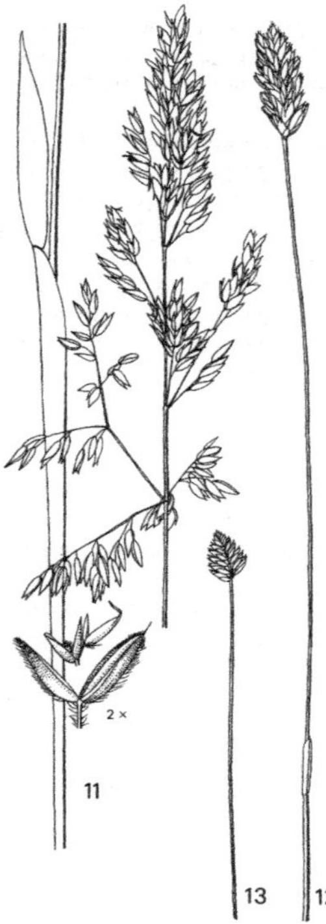

Gattung Hierochloë

1. Lange, unterirdische Ausläufer treibend; oberste Blattscheide nur mit bis etwa 2 cm langer, aufwärts abstehender, kurz zugespitzter Spreite; Rispenäste kahl oder mit nicht über 0,1 mm langen Haaren; Deckspelzen der ♂ Blüten ohne Granne. Sehr selten . . . . *H. odorata*

1*. Nur kurze, bis 1 cm lange Ausläufer vorhanden; oberste Blattscheide ohne Spreite; Rispenäste am Ende (unterhalb der Hüllspelzen) mit einem kleinen Büschel von 0,1–0,3 mm langen Haaren; Deckspelzen der ♂ Blüten mit kurzer Granne. Grigna bis Vintschgau . . . . *H. australis*

Gattung Sesleria s.l.

Die Gattung *Sesleria* wird heute aufgeteilt.

1. Am Grund der untersten Rispenäste schuppenförmige, häutige Tragblätter vorhanden; Blütenstand ährenartig, kugelig bis zylindrisch; Ährchen nicht 2zeilig angeordnet. . . . *Sesleria*

   2. Deckspelzen an der Spitze mit 5 Grannen, die mittlere so lang wie die Spelze, die seitlichen kürzer; Blütenstand klein, kugelig bis eiförmig. Sehr selten . . . . *S. ovata*

   2*. Deckspelzen an der Spitze mit 1, 3 oder 5 grannenartigen Spitzen oder Zähnen, längste Granne jedoch stets weniger als $^1/_2$ so lang wie die Spelze.

      3. Blütenstand kugelig; Blätter borstenförmig. Sassalbo im Puschlav und Bergamasker Alpen . . . . *S. sphaerocephala*

      3*. Blütenstand zylindrisch oder eiförmig, ährenartig; Blätter flach, seltener gefaltet, nicht borstenförmig. Kalkhaltige Böden . . . . *S. caerulea* **12**

1*. Keine Tragblätter vorhanden; Blütenstand eine 0,7–1,5 cm lange, eiförmige, dichte Ähre; Ährchen 2zeilig angeordnet, schief abstehend. Meist alpin; saure Böden . . . . *Oreochloa disticha* **13**

Gattung Avena

1. Deckspelzen wenigstens im untern Teil lang behaart; Ährchen zur Reifezeit leicht zerfallend; Deckspelzen mit schiefer Abbruchstelle, die von einem glatten Ringwulst umgeben ist. Wild-Hafer.

   2. Deckspelzen an der Spitze mit 2 feinen, 3–5 mm langen Grannen . . . . *A. barbata*

   2*. Deckspelzen an der Spitze mit 2 häutigen, bis 2 mm langen Zähnen.

3. Rispe allseitswendig . . . . *A. fatua*
3*. Rispe einseitswendig . . . . *A. sterilis*
1*. Deckspelzen kahl; Ährchen zur Reifezeit noch nicht zerfallend; Deckspelzen mit senkrechter, zackig umrandeter Abbruchstelle. Saat-Hafer.
4. Deckspelzen an der Spitze mit 2 feinen, 3–8 mm langen Grannen . . . . *A. strigosa*
4*. Deckspelzen an der Spitze mit 2 häutigen, bis 2 mm langen Zähnen.
5. Deckspelzen zur Reifezeit hart, die Frucht umschließend.
6. Rispe allseitswendig, ausladend . . . . *A. sativa* **14**
6*. Rispe einseitswendig, zusammengezogen . . . . *A. orientalis*
5*. Deckspelzen zur Reifezeit von gleicher Beschaffenheit wie die Hüllspelzen, die Frucht nicht umschließend . . . . *A. nuda*

Gattung Helictotrichon

1. Alle Blätter flach.
2. Unterste Blätter und Blattscheiden locker, weich und abstehend, behaart; Nerven der Deckspelze nicht bis in die Spitze sichtbar . . . . *H. pubescens* **15**
2*. Blätter und Blattscheiden nie weich und abstehend behaart, entweder glatt oder rauh; Nerven der Deckspelze bis in die Spitze sichtbar.
3. Blätter oberseits rauh, ohne auffallenden weißen Rand; Ährchen gelbgrün und weißlich . . . . *H. pratense*
3*. Blätter nur am Rande rauh, mit auffallendem weißem Rand; Ährchen bunt gefärbt (gelbbraun und rot). Subalpin und alpin, selten montan . . . . *H. versicolor* **16**
1*. Die meisten oder alle Blätter borstenförmig.
4. Blatthäutchen 3–5 mm lang, spitz, nicht bewimpert; unterste Blätter und Blattscheiden zerstreut, weich und abstehend behaart. Südliche Alpen, Allgäu . . . . *H. parlatorei*
4*. Blatthäutchen bis 1 mm lang, stumpf, bewimpert; Blätter und Blattscheiden kahl.
5. Alle Blätter borstenförmig, blaugrün. Savoyen . . . . *H. sempervirens*
5*. Blätter zuerst flach und oberseits rauh, dann borstenförmig, graugrün. Savoyen . . *H. sedenense*

14

16

15

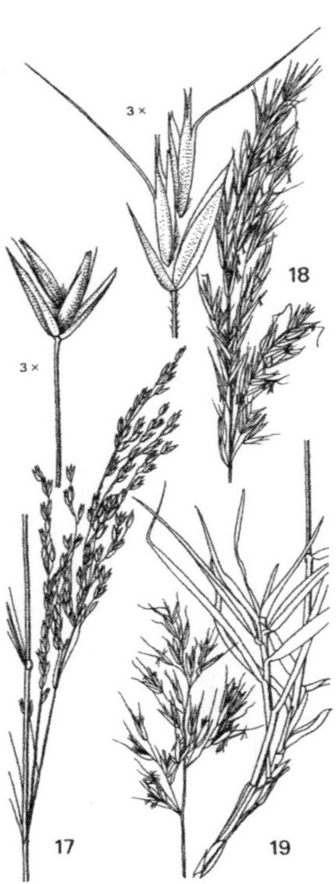

Gattung Aira

1. Viele Ährchenstiele 2–4mal so lang wie die zugehörigen Ährchen; Hüllspelzen 1,5–2,5 mm lang . . . *A. elegantissima*
1*. Ährchenstiele kürzer oder so lang, selten einzelne bis 2mal so lang wie das zugehörige Ährchen.
  2. Rispe stets eng zusammengezogen; Rispenäste wenige Ährchen tragend . . . *A. praecox*
  2*. Rispenäste nach der Blüte abstehend; Rispenäste mehrere Ährchen tragend . . . *A. caryophyllea*

Gattung Deschampsia s.l.

Die Gattung *Deschampsia* wird heute aufgeteilt.

1. Blätter flach; wenn eingerollt, dann kurz und starr. . . . *Deschampsia*
  2. Blatthäutchen 6–8 mm lang; Rispenäste stets rauh; Ährchen nie vivipar; Granne der Deckspelze die Deckspelze meist nicht überragend. Wasserzügige Böden . . . *D. cespitosa* **17**
  2*. Blatthäutchen bis 4 mm lang; Rispenäste meist glatt; Ährchen gelegentlich vivipar; Granne die Deckspelze überragend, mit der Spitze aus dem Ährchen hervorragend . . . *D. litoralis*
1*. Blätter fadenförmig. Saure Böden . . . *Avenella flexuosa*

Gattung Trisetum

1. Rispe ährenartig zusammengezogen, 1,5–4 cm lang, dicht, eiförmig oder spindelförmig; Stengel unter dem Blütenstand behaart.
  2. Die beiden Grannen an der Spitze der Deckspelzen wenig kürzer bis länger als die Deckspelzen; Pflanze 1jährig. Nur an wenigen Stellen im Wallis und Aostatal . . . *T. cavanillesii*
  2*. Deckspelzen an der Spitze mit 2 Zähnen, die oft nicht in Grannen auslaufen, oder Grannen nur etwa 0,5 mm lang. Pflanze ausdauernd. Alpin, seltener subalpin . . . *T. spicatum*
1*. Rispe locker; Stengel unter dem Blütenstand kahl.
  3. Haare unterhalb der untersten Deckspelze $^{1}/_{10}$–$^{1}/_{20}$ so lang wie die Deckspelze; keine oberirdischen Ausläufer vorhanden.
    4. Fruchtknoten kahl; Rispenäste rauh. Fettwiesen . . . *T. flavescens* **18**
    4*. Fruchtknoten im obern Teil flaumig behaart; Rispenäste glatt. Südliche Kalkalpen *T. alpestre*

3*. Haare unterhalb der untersten Deckspelze bis über $^1/_2$ so lang wie diese; oberirdische Ausläufer vorhanden.

5. Beide Hüllspelzen 3nervig (die untere wenigstens am Grunde 3nervig); obere Hüllspelze 7–9 mm lang; die längsten Haare unterhalb der untersten Deckspelze etwa $^1/_2$ so lang wie die Deckspelze; Blätter steif, 2–3 mm breit. Kalkgeröll . . . . ***T. distichophyllum* 19** S. 50

5*. Untere Hüllspelze 1nervig, schmal, obere Hüllspelze 3nervig, 5–7 mm lang; die längsten Haare unterhalb der untersten Deckspelze etwa $^1/_3$ so lang wie diese; Blätter schlaff, meist 1–1,5 mm breit. Nur in den südlichen Kalkalpen östlich der Grigna . . ***T. argenteum***

Gattung Molinia

1. Pflanze 0,1–1 m hoch; Blätter meist 2–6 mm breit; längste Deckspelzen 3–4 mm lang . . *M. caerulea* 20

1*. Pflanze 1,2–2,5 m hoch; Blätter meist 8–12 mm breit; längste Deckspelzen 4,5–6 mm lang . . . . *M. arundinacea*

Gattung Koeleria s.l.

Koeleria phleoides wird heute als *Rostraria cristata* abgetrennt.

1. Pflanze ausdauernd.

2. Die grundständigen Blattscheiden beim Verwittern ein dichtes, faseriges Netz bildend, das den Stengel zylindrisch umschließt. Trockenwiesen . . . . ***K. vallesiana***

2*. Die grundständigen Scheiden beim Verwittern kein Fasernetz bildend.

3. Stengel am Grunde nicht knollenartig verdickt . . . . ***Artengruppe der K. pyramidata*** S. 52

3*. Stengel am Grunde durch nicht zerfallene Blattscheiden auffallend knollenartig verdickt. Grigna . . . . *K. lobata*

1*. Pflanze 1jährig. Dép. Ain, Savoyen, Alpensüdfuß, sehr selten . . . . *Rostraria cristata*

20

21

3×

Artengruppe der Koeleria pyramidata

1. Hüllspelzen zottig und lang behaart (Haare 0,3–1 mm lang); Deckspelzen meist weniger dicht und kürzer behaart . . . . . *K. hirsuta*
1*. Hüllspelzen locker behaart oder kurz behaart bis kahl.
   2. Blätter am Rande abstehend bewimpert (diese Haare 0,5–1,5 mm lang), auf der Blattfläche kahl oder zerstreut behaart, Blätter meist flach.
      3. Ährchen 6–8 mm lang; Spelzen fein und borstig behaart (oft nur auf dem Kiel), gelegentlich fast kahl . . . . . *K. pyramidata* **21** S. 51
      3*. Ährchen 4–6 mm lang; Spelzen fein und weich behaart. Selten . . . . . *K. eriostachya*
   2*. Blätter am Rande nicht abstehend bewimpert, gleichmäßig locker bis dicht behaart; einzelne kahl, meist eingerollt.
      4. Ährchen ca. 5 mm lang; die meisten Blätter über 4 cm lang . . . . . *K. macrantha*
      4*. Ährchen 3–4 mm lang; die meisten Blätter 1–3 cm lang. Südliche Alpen, selten . . *K. cenisia*

Gattung Dactylis

1. Untere Hüllspelze 1nervig, obere 3nervig, beide Hüllspelzen auf dem Kiel steifhaarig bewimpert, nicht durchscheinend (violett oder rötlich); Pflanze graugrün oder blaugrün, Horste oder dichte Rasen bildend. Fettwiesen . . . . . *D. glomerata* **22**
1*. Untere Hüllspelze wenigstens am Grunde 3nervig, beide Hüllspelzen auf den Kiel bloß rauh, durchscheinend (weißlich); Pflanze gelbgrün bis grün, bis 10 cm lange, unterirdische Ausläufer treibend. Laubmischwälder . . . . . *D. polygama* 23

Gattung Eragrostis

Schlüssel siehe S. 529

22 23 24

Abb. **24**: *Eragrostis cilianensis*

25 26 3× 3× 27

Gattung Glyceria

1. Ährchen bis 10 mm lang.
   2. Blätter 10–15 mm breit; Rispe 20–40 cm lang, dicht; Ährchen 6–10 mm lang; untere Hüllspelze 2–2,5 mm lang; Deckspelzen 3–3,5 mm lang . . . . *G. maxima* **25**
   2*. Blätter 2–6 mm breit; Rispe 10–20 cm lang, locker; Ährchen 3–4 mm lang; untere Hüllspelze ca. 1 mm lang; Deckspelzen ca. 2 mm lang. Eingeschleppt . . . . *G. striata*

1*. Ährchen über 10 mm lang.
   3. Untere Rispenäste mit 1 kurzen, grundständigen Zweig, der nur 1 Ährchen trägt; Deckspelzen 6–7 mm lang, mit kurzer, undeutlicher Spitze . . . . *G. fluitans* **26**
   3*. Untere Rispenäste mit 1–4 grundständigen Zweigen, die meist mehrere Ährchen tragen; Deckspelzen 3,5–4,5 mm lang . . . .
      4. Pflanze grün; Deckspelzen stumpf, Vorspelzen ausgerandet, die Deckspelzen nicht überragend *G. notata* 27
      4*. Pflanze blaugrün; Deckspelzen unregelmäßig 3–5zähnig, Vorspelzen mit 2, die Deckspelzen meist überragenden Zähnen . . . . *G. declinata*

Gattung Poa

1. Ährchenachse unter jeder Deckspelze mit ca. 0,5 mm langen, steifen Borstenhaaren. Alpen *P. variegata*

1*. Ährenachse ohne solche Borstenhaare.
   2. Vorspelzen auf den Kielen mit 0,1–0,3 mm langen, weichen, gebogenen bis krausen, oft anliegenden Haaren oder kahl (keine spitzen, vom Grunde an dünner werdenden, ca. 0,1 mm langen, steifen, gekrümmten und abstehenden Borstenhaare vorhanden; 12fache Vergrößerung!).
      3. Staubbeutel 0,6–1 mm lang, 4–5mal so lang wie dick; unterste Rispenäste senkrecht abstehend; Blatthäutchen an den sterilen Trieben bogig, wenigstens 1 mm lang, am Rande der Blattscheide herablaufend. Pflanze das ganze Jahr hindurch wachsend und blühend . . . . *P. annua* **28** S. 54
      3*. Staubbeutel 1,5–2,5 mm lang, 5–8 mal so lang wie dick; unterste Rispenäste nach der Blüte steil abwärts gerichtet; Blatthäutchen an den sterilen Trieben schmal, bis 0,6 mm lang, parallelrandig, am Rande der Blattscheide nicht herablaufend. Blüte im Frühjahr oder Sommer . . . . *P. supina*

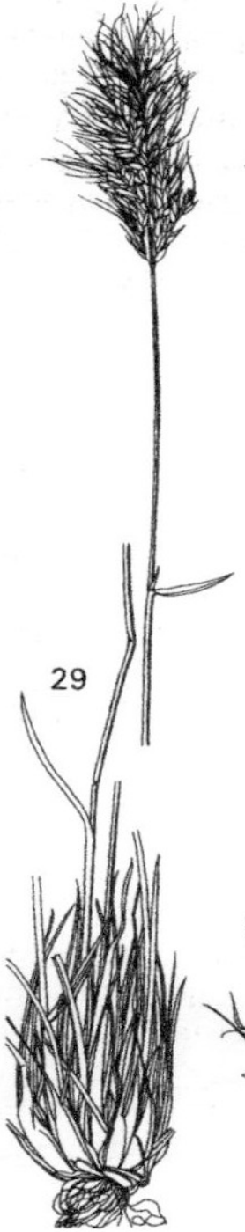

2*. Vorspelzen auf den Kielen mit spitzen, vom Grunde an dünner werdenden, ca. 0,1 mm langen, steifen, abstehenden und oft gekrümmten Borstenhaaren (bei *P. alpina* und *P. badensis* zudem mit 0,1–0,3 mm langen, biegsamen Haaren) oder ± kahl.

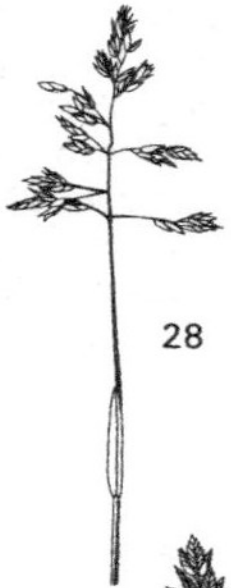

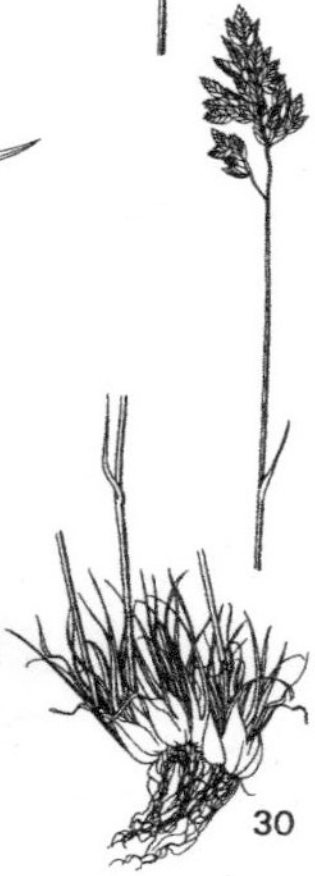

4. Pflanze mit niederliegenden, sterilen Sprossen, die sich bewurzeln und oberirdische Ausläufer bilden; Blätter weniger als 5 mm breit, Blatthäutchen der obersten Stengelblätter meist über 5 mm (bis 10 mm) lang; Rispe weniger als 15 cm lang.

5. Triebe am Grunde zwischen den Knoten nicht spindelförmig verdickt; Ährchen ca. 3,5 mm lang, 3–4blütig; Pflanze gelbgrün . . . . *P. trivialis*

5*. Triebe am Grunde zwischen den genäherten Knoten spindelförmig verdickt; Ährchen ca. 2,5 mm lang, meist nur 2blütig; Pflanze dunkelgrün. Schattige Bachufer . *P. sylvicola*

4*. Pflanze ohne oberirdische Ausläufer oder wenn solche vorhanden, dann Blätter 5–10 mm breit und Rispe 15–25 cm lang; Blatthäutchen der obersten Stengelblätter weniger als 5 mm lang (bei *P. hybrida* bis 5 mm lang, bei *P. badensis* bis 6 mm lang und Blätter mit hellem, knorpligem Rand).

6. Stengel am Grunde durch Blattscheiden zwiebelartig verdickt; grundständige Blätter meist borstenförmig, vor oder bald nach der Blüte absterbend.

7. Grundständige Blätter zur Blütezeit nicht abgestorben; Pflanze meist über 20 cm hoch; Ährchen 2–6blütig, oft vivipar. Extrem trockene Böden. . . . . *P. bulbosa* **29**

7*. Grundständige Blätter zur Blütezeit abgestorben; Pflanze meist weniger als 15 cm hoch; Ährchen 4–10blütig, nie vivipar. Savoyen, Wallis, Aostatal . . . . *P. perconcinna* 30

6*. Stengel am Grunde nicht zwiebelartig verdickt; grundständige Blätter flach, wenn gefaltet und borstenartig, dann mit hakig gebogener Spitze (*P. minor*, *P. laxa*).

8. Triebe alle oder fast alle von Scheiden umgeben (intravaginal), keine unterirdischen Ausläufer vorhanden; Pflanze feste Horste bildend.

9. Vorspelzen auf den Kielen neben den ca. 0,1 mm langen, spitzen, steifen, vom Grunde an dünner werdenden, gekrümmten, abstehenden Borstenhaaren in der untern Hälfte mit 0,1–0,3 mm langen, biegsamen bis krausen Haaren.

10. Blätter ohne knorpligen, hellen Rand, schlaff, grün bis blaugrün, untere Hüllspelze 1nervig . . . . *P. alpina* **31**

10*. Blätter mit knorpligem, hellem Rand, steif, graugrün. Steppenartige Rasen *P. badensis*

9*. Vorspelzenkiele ohne biegsame oder krause Haare, nur mit bis 0,1 mm langen, spitzen, steifen, vom Grunde an dünner werdenden, gekrümmten, abstehenden Borstenhaaren. Subalpin und alpin. Geröll und Moränen

11. Rispenäste dünn, geschlängelt, im Querschnitt (auch getrocknet) rundlich *P. minor* **32**

11*. Rispenäste getrocknet kantig und mit deutlichen Längsfurchen. Kalkfrei. *P. laxa*

8*. Triebe alle oder fast alle die grundständigen Scheiden durchbrechend (extravaginal), an den extravaginalen Trieben spreitenlose Blattschuppen vorhanden.

12. Meist alle Triebe Rispen tragend, keine sterilen Triebe vorhanden.

13. Stengel flach, im Querschnitt 2eckig . . . . *P. compressa*

13*. Stengel im Querschnitt rund.

14. Blatthäutchen 0–0,5 mm lang, gestutzt; Ährchenachse weich behaart. . *P. nemoralis* **33**

14*. Blatthäutchen zugespitzt; Ährchenachse kahl.

15. Blatthäutchen der obersten Stengelblätter ca. 1 mm lang, mit breiter Spitze, kahl; Rispe bis 7 cm lang; Pflanze blaugrün, 15–40 cm hoch . . *P. glauca*

15*. Blatthäutchen der obersten Stengelblätter 2–3 mm lang, spitz, außerseits fein bewimpert; Rispe bis 30 cm lang; Pflanze dunkelgrün, 30–120 cm hoch. Nasse Böden . . . . *P. palustris*

12*. Sterile Triebe vorhanden.

16. Stengelblätter 5–10 mm breit, Rispe groß, über 10 cm lang.

17. Blätter allmählich in eine feine Spitze verschmälert . . . . *P. hybrida*

17*. Blätter mit kurzer, kapuzenförmiger Spitze.

18. Blatthäutchen der obersten Stengelblätter 0,5–1,5 mm lang, gestutzt, am Rande bewimpert; Deckspelzen am Grunde ohne lange Haare . . . *P. chaixii*

18*. Blatthäutchen der obersten Stengelblätter 3–5 mm lang, breit abgerundet, kahl; Deckspelzen am Grunde mit wenigen, langen und krausen Haaren. Nasse Laubmischwälder; selten . . . . *P. remota*

31 32 33

16*. Stengelblätter weniger als 5 mm breit; Rispe weniger als 10 cm lang; Deckspelzen am Grunde mit einem Schopf langer und krauser Haare (gestreckte Haare ± so lang wie die Deckspelze).

19. Blatthäutchen der obersten Stengelblätter 0,5–1,5 mm lang, gestutzt.

20. Blätter bis 5 mm breit; Blatthäutchen seitlich herablaufend . . . . . . *P. pratensis* **34**

20*. Blätter 1–2 mm breit; Blatthäutchen nicht herablaufend . . . . *P. angustifolia*

19*. Blatthäutchen der obersten Stengelblätter 2,5–3 mm lang, abgerundet . . . . . *P. cenisia*

Gattung Vulpia

1. Untere Hüllspelze höchstens $^1/_6$ so lang wie die obere, oft viel kürzer (nur $^1/_{10}$–$^1/_{20}$ so lang).

2. Deckspelzen am Rande und auf dem Rücken lang bewimpert . . . . *V. ciliata*

2*. Deckspelzen nicht lang bewimpert, am Rande und auf dem Rücken nur rauh oder glatt *V. ligustica*

1*. Untere Hüllspelze länger, jedoch meist nicht mehr als $^1/_2$ so lang wie die obere.

3. Unterste Teile des Blütenstandes von der obersten Blattscheide umschlossen . . . . . *V. myuros*

3*. Blütenstand weit aus der obersten Blattscheide herausragend . . . . *V. bromoides*

Gattung Festuca s.l.

Die ersten beiden Arten werden heute in andere Gattungen gestellt.

1. Blütenstand eine ährenartige Traube (Ährchenstiele dicker als lang); Pflanze 1jährig.

2. Hauptachse der Traube 2kantig; Ährchen 2zeilig angeordnet; meist beide Hüllspelzen 3nervig; Deckspelzen stumpf. Sehr selten . . . . *Micropyrum tenellum*

2*. Hauptachse der Traube 3kantig; Ährchen nur auf 2 Seitenflächen, Blüten deshalb einseitswendig; untere Hüllspelze 1nervig, obere 3nervig; Deckspelzen spitz oder kurz begrannt. Sehr selten . . . . *Vulpia unilateralis*

1*. Blütenstand eine Traube oder Rispe, nie ährenartig; Pflanze ausdauernd.

3. Grundständige Blattscheiden lange erhalten bleibend, Stengelbasis deshalb zwiebelartig verdickt; Deckspelzen mit 5 auffallend vortretenden Nerven; Ährchen gelbbraun. Südalpen . . . . *F. paniculata*

3*. Grundständige Blattscheiden bald zerfallend, die Stengel am Grunde nicht verdickt; Ährchen nicht gelbbraun.

4. Alle Blätter flach oder offen rinnig (keine borstenförmigen Blätter), in der Knospenlage eingerollt.

5. Deckspelzen begrannt, Granne 2–4mal so lang wie die zugehörige Deckspelze, geschlängelt; Ährchen 10–15 mm lang; Rispe locker, bis 40 cm lang; Blätter 5–20 mm breit. Laubmischwälder . . . . . *F. gigantea* **35**

5*. Deckspelzen ohne Granne oder Granne kürzer als die zugehörige Deckspelze.

6. Blattscheiden an den sterilen Trieben bis über die Mitte hinauf geschlossen; Ährchen rotbraun und goldgelb gescheckt. Meist subalpin; feuchte kalkhaltige Böden *F. pulchella*

6*. Blattscheiden der sterilen Triebe offen; Ährchen gelbgrün oder gelblich.

7. Blatthäutchen 1–3 mm lang, dünn.

8. Ährchen 8–12 mm lang; Vorspelze mit tiefer Längsfurche. Grigna, Bergamasker Alpen . . . . . *F. spectabilis*

8*. Ährchen 4–5 mm lang; Vorspelze ohne Längsfurche. Wälder . . . . . *F. altissima*

7*. Blatthäutchen 0 oder bis 1 mm lang, dick, wulstig.

9. Blätter stets flach; Ährchen 9–14 mm lang.

10. Blattöhrchen kahl . . . . . *F. pratensis* **36**

10*. Blattöhrchen am Rande bewimpert . . . . . *F. arundinacea*

9*. Ältere Blätter eingerollt; Ährchen 5–9 mm lang. Aostatal . . . . . *F. fenas*

4*. Nicht alle Blätter flach oder offen rinnig; stets auch borstenförmige Blätter vorhanden.

11. Stengelblätter flach oder offen rinnig; Blätter der sterilen Triebe und grundständige Blätter der fertilen Triebe borstenförmig.

12. Fruchtknoten kahl; unterste Blattscheiden meist kurz behaart . . . . . *F. rubra* agg. **37**

12*. Fruchtknoten im obern Teil behaart; unterste Blattscheiden meist kahl.

13. Blätter der nicht blühenden Triebe im Querschnitt 3eckig, mit 3 Nerven und 5 Strängen Festigungsgewebe; Triebe meist intravaginal; Ährchen grün . . . *F. heterophylla*

13*. Blätter der nicht blühenden Triebe im Querschnitt 5eckig, mit 5–9 Nerven und 7–9 Strängen von Festigungsgewebe; Triebe meist extravaginal; Ährchen meist violett. Alpin und subalpin . . . . . *F. violacea* agg.

11*. Alle Blätter borstenförmig.

14. Blatthäutchen 0,5–7 mm lang.

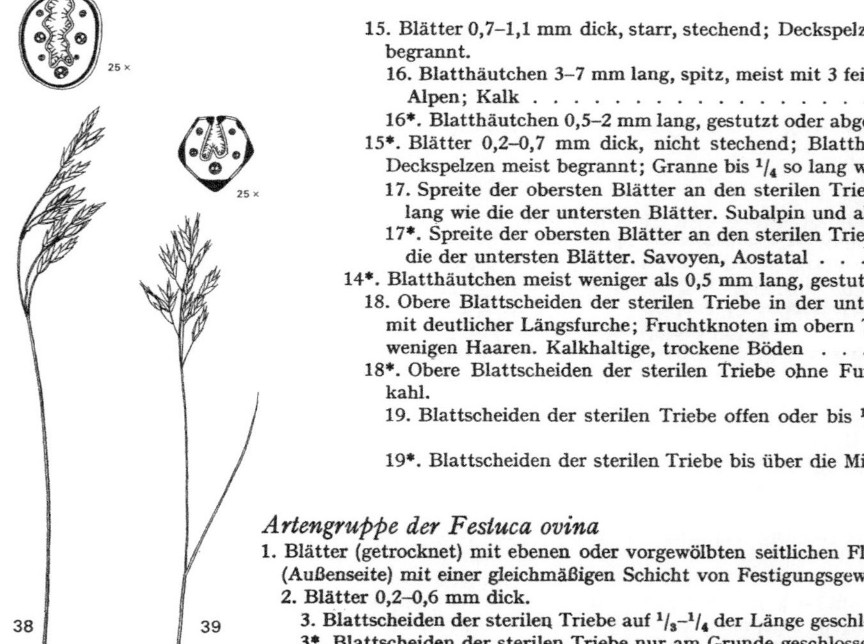

15. Blätter 0,7–1,1 mm dick, starr, stechend; Deckspelzen mit kurzer Spitze, nie begrannt.
  16. Blatthäutchen 3–7 mm lang, spitz, meist mit 3 feinen Nerven. Bergamasker Alpen; Kalk . . . . *F. alpestris*
  16*. Blatthäutchen 0,5–2 mm lang, gestutzt oder abgerundet, ohne Nerven . . *F. varia* agg. **38**
15*. Blätter 0,2–0,7 mm dick, nicht stechend; Blatthäutchen 0,5–2 mm lang; Deckspelzen meist begrannt; Granne bis $^1/_4$ so lang wie die zugehörige Spelze.
  17. Spreite der obersten Blätter an den sterilen Trieben weniger als 20mal so lang wie die der untersten Blätter. Subalpin und alpin . . . . . . *F. quadriflora* 39
  17*. Spreite der obersten Blätter an den sterilen Trieben 40–70mal so lang wie die der untersten Blätter. Savoyen, Aostatal . . . . . . *F. flavescens*
14*. Blatthäutchen meist weniger als 0,5 mm lang, gestutzt.
  18. Obere Blattscheiden der sterilen Triebe in der untern, geschlossenen Hälfte mit deutlicher Längsfurche; Fruchtknoten im obern Teil auf dem Rücken mit wenigen Haaren. Kalkhaltige, trockene Böden . . . . . . *F. amethystina*
  18*. Obere Blattscheiden der sterilen Triebe ohne Furche; Fruchtknoten stets kahl.
    19. Blattscheiden der sterilen Triebe offen oder bis $^1/_3$ der Länge verwachsen *Artengruppe der F. ovina* S. 58
    19*. Blattscheiden der sterilen Triebe bis über die Mitte oder ganz geschlossen *Artengruppe der F. halleri* S. 59

Artengruppe der Festuca ovina

1. Blätter (getrocknet) mit ebenen oder vorgewölbten seitlichen Flächen, auf der Unterseite (Außenseite) mit einer gleichmäßigen Schicht von Festigungsgewebe.
  2. Blätter 0,2–0,6 mm dick.
    3. Blattscheiden der sterilen Triebe auf $^1/_3$–$^1/_4$ der Länge geschlossen. Subalpin und alpin *F. airoides*
    3*. Blattscheiden der sterilen Triebe nur am Grunde geschlossen.

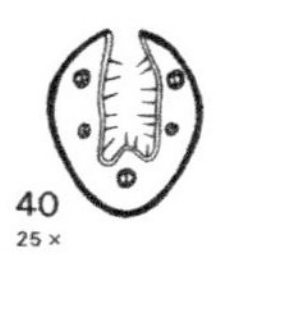

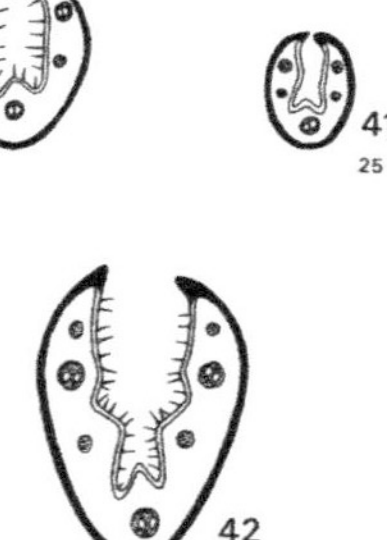

4. Deckspelzen begrannt, ohne Granne 3–5 mm lang; Blätter 0,4–0,6 mm dick . . . *F. ovina* **40**

4*. Deckspelzen mit feiner Spitze, nicht begrannt, 2,5–3 mm lang; Blätter 0,2–0,4 mm dick. Saure Böden . . . . *F. filiformis* **41**

2*. Blätter 0,7–1,2 mm dick . . . . *F. duriuscula* **42**

1*. Blätter (getrocknet) mit längsfurchigen seitlichen Flächen; auf dem ganzen Blattquerschnitt nur 3 Stränge von Festigungsgewebe vorhanden. Sehr trockene Böden

5. Blätter 0,7–1 mm dick; Pflanze graugrün, 35–60 cm hoch . . . . . . *F. rupicola*

5*. Blätter 0,3–0,6 mm dick; Pflanze auffallend blaugrün, 20–30 cm hoch . . . . . . *F. valesiaca* agg. **43**

Artengruppe der Festuca halleri

1. Staubbeutel 2–3 mm lang; Blätter 0,5–0,7 mm dick.

2. Blätter mit 7 Nerven und 3 dicken Strängen von Festigungsgewebe; Granne der Deckspelze mehr als $^1/_2$ so lang wie die zugehörige Spelze.

3. Pflanze 6–15 cm hoch; Rispe 1,5–3 cm lang. Urgesteinsketten . . . . . . *F. halleri* agg. **44**

3*. Pflanze 15–30 cm hoch; Rispe 3–6 cm lang. Kalkfelsen; Graubünden, Bormio . . . *F. stenantha*

2*. Blätter mit 3 oder 5, selten 7 Nerven und 3 dünnen Strängen von Festigungsgewebe; Granne weniger als $^1/_2$ so lang wie die zugehörige Spelze. Kalkschutt . . . . . . *F. rupicaprina* **45**

1*. Staubbeutel 0,8–1,5 mm lang; Blätter 0,3–0,4 mm dick. Kalkfelsen . . . . . . *F. alpina* **46**

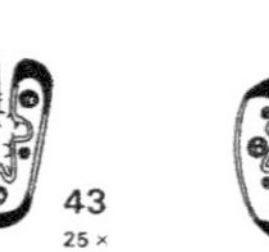

Gattung Bromus

1. Untere Hüllspelze 1nervig, obere 3nervig; Granne (bei *B. inermis* keine Granne) zwischen den beiden Zähnen der Deckspelze.

2. Grannen kürzer als die zugehörigen Deckspelzen oder Deckspelzen ohne Granne; Pflanzen ausdauernd.

3. Deckspelzen mit mehr als 3 mm langer Granne.

4. Rispe sehr locker, Rispenäste bis 20 cm lang, abstehend und bogig überhängend.

5. Oberste Blattscheide mit 3–4 mm langen, abstehenden Haaren; Rispe stets allseitswendig. Wälder . . . . *B. ramosus* **47** S. 60

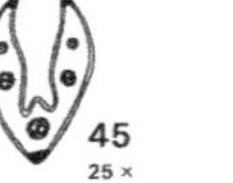

47 2×

48 2×

49

50

5*. Oberste Blattscheide mit einer kurzen, dichten, flaumigen Behaarung (Haare ca. 0,1 mm lang; an der Blattbasis längere Haare!); Rispe einseitswendig. Wälder . *B. benekenii* **48**

4*. Rispe dicht, Rispenäste bis 5 cm lang, schief aufrecht.

6. Blätter am Rande locker mit abstehenden und steifen Haaren besetzt (Merkmal nicht sofort zu sehen, wenn Blattrand eingerollt!). Trockenwiesen . . . . *B. erectus* **49**

6*. Blätter am Rande nie mit abstehenden, steifen Haaren. Alpensüdfuß . . . . *B. condensatus*

3*. Deckspelzen ohne Granne oder Granne nicht über 3 mm lang . . . . *B. inermis*

2*. Grannen so lang oder länger als die zugehörigen Deckspelzen; Pflanzen 1jährig.

7. Rispenäste nickend oder überhängend.

8. Rispe allseitswendig, locker, Rispenäste bis 10 cm lang; alle Spelzen kahl oder mit 0,1 mm langen, borstigen Haaren; Stengel zuoberst kahl oder rauh . . . . *B. sterilis* **50**

8*. Rispe dicht, einseitswendig, die untersten Rispenäste weniger als 3 cm lang; alle Spelzen abstehend und weich behaart; Stengel zuoberst dicht und fein behaart . . *B. tectorum*

7*. Rispenäste schief aufrecht, nie überhängend.

9. Rispenäste an derselben Pflanze kürzer bis viel länger als die Ährchen (ohne Grannen); Ährchen 3–5 cm lang (ohne Grannen); Granne ca. 2mal so lang wie die zugehörige Deckspelze. Savoyen . . . . *B. rigidus*

9*. Rispenäste weniger als 2 cm lang, meist kürzer als die Ährchen (ohne Grannen); Ährchen 2–3 cm lang (ohne Grannen); Granne der Deckspelze so lang oder wenig länger als die zugehörige Deckspelze. Dép. Ain, Savoyen, Alpensüdfuß . . . . . *B. madritensis*

1*. Untere Hüllspelze 3- oder 5nervig, obere 5- oder mehrnervig; Granne wenig unterhalb der beiden Zähne auf dem Rücken der Deckspelze.

10. Die meisten Rispenäste viel kürzer als die zugehörigen Ährchen, jedoch Blütenstand nie typisch einseitswendig.

11. Ährchen (ohne Grannen) ca. 2 cm lang; Deckspelzen 7–9 mm lang, mit 7 oder 9 auffallend vortretenden Nerven . . . . *B. hordeaceus* 51

11*. Ährchen (ohne Grannen) ca. 1 cm lang; Deckspelzen ca. 5 mm lang, ohne vortretende Nerven. Basel . . . . *B. lepidus*

10*. Die meisten Rispenäste etwa so lang bis viel länger als die zugehörigen Ährchen; wenn kürzer, dann Blütenstand eine einseitswendige Traube.

12. Zur Reifezeit die Ährchenachse sichtbar, da sich die eingerollten Deckspelzen nicht oder nur wenig überdecken.
  13. Rispenäste stets schief aufrecht.
    14. Deckspelzen nicht länger als die Vorspelzen; Rispenäste kahl. Selten . . . . . *B. secalinus*
    14*. Deckspelzen etwa um 1,5 mm länger als die Vorspelzen; Rispenäste behaart . *B. grossus*
  13*. Rispenäste nach der Blüte abstehend. Selten . . . . *B. japonicus*
12*. Zur Reifezeit die Ährchenachse nicht sichtbar (die Deckspelzen rollen sich nicht ein und überdecken sich am Rande).
  15. Blütenstand eine einseitswendige Traube; Ährchen (ohne Grannen) 2,5–4 cm lang; häutiger Rand der Deckspelzen an der breitesten Stelle ca. 1 mm breit; Staubbeutel 1–2 mm lang. Offene, trockene Wiesen in den wärmsten Gegenden . . . . *B. squarrosus* **52**
  15*. Blütenstand allseitswendig; Ährchen bis 2 cm lang; häutiger Rand der Deckspelzen an der breitesten Stelle ca. 0,5 mm breit; Staubbeutel 1,5–5 mm lang.
    16. Deckspelzen mit 2 spitzen Zähnen; Staubbeutel 3–5 mm lang; Blütenstand nach der Blüte eine ausgebreitete Rispe. Selten . . . . *B. arvensis*
    16*. Deckspelzen mit 2 abgerundeten Zähnen; Blütenstand ± eng zusammengezogen.
      17. Staubbeutel 1,5–2 mm lang; Blütenstand meist eine Rispe. Selten . . . . . *B. commutatus*
      17*. Staubbeutel 2–2,5 mm lang; Blütenstand eine Traube. Selten . . . . . . *B. racemosus*

Gattung Lolium

1. Pflanze ausdauernd.
  2. Deckspelzen nicht begrannt; Blätter in der Knospenlage gefaltet . . . . *L. perenne* **53**
  2*. Deckspelzen begrannt; Blätter in der Knospenlage eingerollt . . . . *L. multiflorum* **54**
1*. Pflanze 1jährig. Seltene Ackerunkräuter
  3. Hüllspelze 5nervig.
    4. Vorspelzen am Rande fein bewimpert; Deckspelzen 7–9 mm lang; Ähre mit an den Kanten sehr rauher Achse; Ährchen 1,5–2,5 cm lang . . . . *L. rigidum*
    4*. Vorspelzen überall kahl; Deckspelzen 4–5 mm lang; Ähre mit glatter Achse; Ährchen 0,7–1 cm lang . . . . *L. remotum*
  3*. Hüllspelze 7- oder 9nervig . . . . *L. temulentum* **55**

56

Gattung Brachypodium

1. Pflanze lange, unterirdische Ausläufer treibend, gelbgrün; Blätter unterseits ohne auffallenden Mittelnerv; Grannen kürzer als die zugehörigen Deckspelzen.
   2. Blätter flach; Blatthäutchen oft mehr als 2 mm lang; Deckspelzen behaart . . . . *B. pinnatum*
   2*. Blätter gegen die Spitze eingerollt; Blatthäutchen 0,6–1,8 mm lang; Deckspelzen kahl oder am Rande bewimpert . . . . *B. rupestre*

1*. Pflanze horstbildend, dunkelgrün; Blätter unterseits mit auffallendem, hellem, vortretendem Mittelnerv; in jedem Ährchen Grannen der obern Deckspelzen länger als die zugehörigen Deckspelzen *B. sylvaticum* **56**

Gattung Elymus

1. Granne an den Deckspelzen so lang oder länger als die zugehörigen Deckspelzen; Pflanze ohne Ausläufer (horstbildend). Wasserzügige Böden . . . . *E. caninus* **57**

1*. Deckspelzen ohne Granne oder Granne kürzer als die zugehörige Deckspelze; Pflanze mit unterirdischen Ausläufern.
   2. Hüllspelzen abgerundet oder quer gestutzt, oft mit kleiner, aufgesetzter Spitze. Selten . *E. hispidus*
   2*. Hüllspelzen spitz oder mit kurzer Granne.
      3. Blätter oberseits mit vortretenden, einander fast berührenden Nerven (dazwischen oft keine grünen Streifen sichtbar), meist eingerollt und mit stachliger Spitze. Selten . . *E. athericus*
      3*. Auf der Blattoberseite zwischen deutlich vortretenden Nerven 1–5 undeutlich vortretende Nerven (breite, grüne Streifen sichtbar), Blätter stets flach, ohne stachlige Spitze . . . . *E. repens* **58**

Gattung Triticum

1. Ährenspindel zerbrechlich, die Ähre in die einzelnen Ährchen zerfallend; Frucht von den Spelzen umschlossen . . . . *T. spelta*

1*. Ährenspindel steif, nicht zerbrechlich; Frucht von den Spelzen locker umschlossen, zur Fruchtzeit ausfallend . . . . *T. aestivum* **59** S. 63

57 58

59 60 61

Gattung Aegilops

1. Ähre eiförmig, bis 2 cm lang (ohne Grannen); Hüllspelzen mit 4 Grannen . . . . *A. ovata* **60**
1*. Ähre spindelförmig, meist über 3 cm lang (ohne Grannen); Hüllspelzen mit 1–3 Grannen oder ohne Grannen.
  2. Hüllspelzen mit Grannen.
    3. Hüllspelzen mit 2 oder 3 Grannen . . . . *A. triuncialis*
    3*. Hüllspelzen mit 1 Granne und 1 Zahn . . . . *A. cylindrica*
  2*. Hüllspelzen ohne Grannen, mit 2 Zähnen . . . . *A. ventricosa*

Gattung Hordeum

1. Pflanze 1jährig.
  2. Alle Hüllspelzen oder nur die Hüllspelzen des mittleren Ährchens am Rande abstehend bewimpert
    3. Granne des Mittelährchens jene der Seitenährchen überragend . . . . *H. murinum* **61**
    3*. Granne des Mittelährchens kürzer als jene der Seitenährchen . . . . *H. leporinum*
  2*. Alle Hüllspelzen am Rande kahl (nicht abstehend bewimpert), auf dem Rücken jedoch meist behaart. Kulturpflanze . . . . *H. vulgare*
1*. Pflanze ausdauernd.
  4. Die meisten Grannen weniger als 1 cm lang . . . . *H. secalinum*
  4*. Grannen 5–6 cm lang . . . . *H. jubatum*

Familie der Cyperaceae

1. Blüten zwitterig.
  2. Blüten 2zeilig angeordnet (bei *Cyperus michelianus* 3zeilig); Blütenstand aus wenigen bis vielen Ähren bestehend diese kopfig zusammengedrängt oder eine lockere Spirre bildend.
    3. Ähren vielblütig; alle Tragblätter mit Blüten . . . . *Cyperus* S. 65
    3*. Ähren 2–5blütig (selten bis 7blütig); in jeder Ähre die untersten Tragblätter kleiner als die obern und keine Blüten tragend . . . . *Schoenus* S. 66
  2*. Blüten schraubig angeordnet.

62

63

4\. In jeder Ähre die untersten Tragblätter so groß oder größer als die obern; Ähren meist mehr als 3blütig (bei einigen *Heleocharis*- und *Trichophorum*arten gelegentlich nur 2–3blütig).

5\. Blütenstand endständig.

6\. Blütenstand aus einer einzigen Ähre bestehend; wenn Perigonborsten nach der Blüte als weiße Fäden die Tragblätter überragen, dann Blattspreite höchstens 1,5 cm lang.

7\. Alle Blattscheiden ohne Spreite . . . . *Heleocharis* S. 66

7*. Oberste Blattscheide mit kurzer Spreite (bei unsern Arten weniger als 1,5 cm lang) . . . . *Trichophorum* S. 67

6*. Blütenstand aus mehreren Ähren, wenn nur aus 1 Ähre, dann nach der Blüte Perigonborsten als lange, weiße Fäden einen kugeligen, wolligen Kopf von wenigstens 2 cm Durchmesser bildend und Blattspreiten länger als 1,5 cm.

8\. Perigonborsten als lange, weiße Fäden nach der Blüte die Tragblätter weit überragend und kugelige bis eiförmige, weißwollige Köpfe bildend . . . . . . *Eriophorum* S. 68

8*. Perigonborsten nicht vorhanden oder die Tragblätter nur selten überragend, stets gelb oder braun, nie weiß, oft mit feinen, rückwärts gerichteten, ca. 0,1 mm langen, starren Haaren (rauh).

9\. Ähren 2zeilig angeordnet, einen bis 3 cm langen, dichten Blütenstand bildend *Blysmus compressus* **62**

9*. Ähren nicht 2zeilig angeordnet.

10\. Perigonborsten vorhanden . . . . *Scirpus* s.l. S. 68

10*. Keine Perigonborsten vorhanden. Sehr selten . . . . *Fimbristylis* S. 69

5*. Blütenstand scheinbar seitenständig, da ein senkrecht aufgerichtetes Hochblatt die Fortsetzung des Stengels bildet (dabei Stengel einfach und Pflanze aufrecht oder bogig aufsteigend) oder Blütenstände seitenständig auf Stielen in Blattachseln (dabei Stengel verzweigt und im Wasser flutend).

11\. Blütenstände seitenständig; aus den Blattachseln einzelne Stiele mit endständiger, 3–4 mm langer Ähre; Stengel verzweigt im Wasser flutend. Dép. Ain . . . *Heleogiton fluitans*

11*. Blütenstand scheinbar seitenständig, da ein senkrecht aufgerichtetes Hochblatt die Fortsetzung des Stengels bildet; Stengel einfach und Pflanze aufrecht oder bogig aufsteigend.

12. Gesamtblütenstand aus meist mehreren, kugeligen, sehr dichten Teilblütenständen bestehend, die aus zahlreichen, kleinen Ähren zusammengesetzt sind . *Scirpoides* S. 69

12*. Blütenstand aus 1 bis mehreren, eiförmigen Ähren bestehend . . . . ***Schoenoplectus*** S. 69

4*. Am Grunde jeder Ähre mehrere kleinere, keine blütentragenden Tragblätter vorhanden; Ähren 1–3blütig (selten bis 6blütig).

13. Blätter 7–15 mm breit, am Rande auffallend rauh und sehr scharf schneidend; keine Perigonborsten vorhanden. Flache Tümpel über Seekreide . . . . *Cladium mariscus* **63** S. 64

13*. Blätter meist nicht über 1 mm breit; Perigonborsten stets vorhanden . . . . . ***Rhynchospora*** S. 70

1*. Blüten 1geschlechtig; nie Perigonborsten vorhanden; Pflanzen meist 1häusig, selten 2häusig *(Carex davalliana, C. dioeca)*.

14. ♂ und ♀ Blüten je von einem nicht verwachsenen Vorblatt umhüllt (Vorblatt nicht mit dem ebenfalls vorhandenen Tragblatt verwechseln!); Blütenstand 1–2,5 cm lang.

15. Blütenstand eine einzelne, endständige Ähre. Windexponierte Grate . . . . ***Elyna myosuroides*** **64**

15*. Blütenstand aus 3–10 aufrecht anliegenden oder wenig abstehenden Ähren zusammengesetzt . . . . *Kobresia simpliciuscula* 65

14*. Frucht von dem der Länge nach verwachsenen Vorblatt (Fruchtschlauch, *Utriculus*) umschlossen; ♂Blüte nur mit Tragblatt, ohne Vorblatt . . . . ***Carex*** S. 70

64

65

66

Gattung Cyperus

1. Pflanze 1jährig, 3–50 cm hoch.

2. Blüten 2zeilig angeordnet.

3. Narben 2, Frucht flach . . . . ***C. flavescens*** **66**

3*. Narben 3, Frucht 3kantig.

4. Tragblätter gegen die Spitze hin verschmälert, mit kleiner, aufgesetzter Spitze . . *C. fuscus*

4*. Tragblätter nach der Spitze hin nicht verschmälert, breit abgerundet, mit häutigem Rand. Norditalien . . . . *C. difformis*

2*. Blüten 3zeilig angeordnet; Tragblätter allmählich in eine grannenartige Spitze verschmälert. Sehr selten . . . . *C. michelianus*

1*. Pflanze ausdauernd, 10–200 cm hoch. Meist im Süden des Gebiets; selten

5. Narben 2; Frucht flach, linsenförmig . . . . *C. serotinus*

5*. Narben 3, Frucht 3kantig.

6. Tragblätter auffallend schmal (an der breitesten Stelle vom Kiel bis zum Rand 0,2–0,4 mm breit) und lang (2–2,5 mm lang); keine Ausläufer vorhanden . . . . *C. glomeratus*

6*. Tragblätter breiter (an der breitesten Stelle vom Kiel bis zum Rand ca. 1 mm breit); unterirdische Ausläufer vorhanden.

7. Pflanze 70–150 cm hoch, mit holzigen, oft über 3 mm dicken, unterirdischen Ausläufern . . . . *C. longus*

7*. Pflanze 10–40 cm hoch, mit dünnen, kaum über 1 mm dicken, unterirdischen Ausläufern . . . . *C. rotundus*

Gattung Schoenus

67

68 1. Blätter wenigstens 1/2 so lang wie die Stengel; unterstes Hochblatt 2–5mal so lang wie der Blütenstand . . . . *Sch. nigricans* **67**

1*. Blätter höchstens 1/3 so lang wie die Stengel; unterstes Hochblatt kürzer oder wenig länger als der Blütenstand . . . . *Sch. ferrugineus* **68**

Gattung Heleocharis (= *Eleocharis*)

1. Pflanze ausdauernd.

2. Narben 2; reife Frucht mit 2 vorgewölbten Seitenflächen.

3. Pflanze horstbildend; Stengel ca. 0,5 mm dick. Aostatal, Comerseegebiet . . . . . *H. carniolica*

3*. Pflanze lange, unterirdische Ausläufer treibend; Stengel 1–3 mm dick . . . . . . *Artengruppe der H. palustris* S. 67 **69**

69 10×

2*. Narben 3; reife Frucht 3kantig oder im Querschnitt rundlich.

4. Reife Frucht (mit Griffelbasis) 1,5–3 mm lang, 3kantig, nie weißlich.

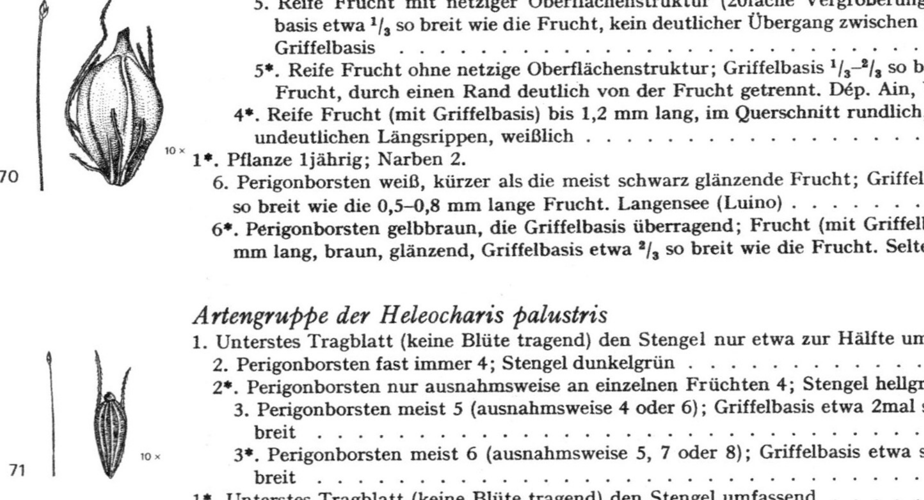

5. Reife Frucht mit netziger Oberflächenstruktur (20fache Vergrößerung!); Griffelbasis etwa $^1/_3$ so breit wie die Frucht, kein deutlicher Übergang zwischen Frucht und Griffelbasis . . . . . *H. quinqueflora* 70

5*. Reife Frucht ohne netzige Oberflächenstruktur; Griffelbasis $^1/_3$–$^2/_3$ so breit wie die Frucht, durch einen Rand deutlich von der Frucht getrennt. Dép. Ain, Vogesen . *H. multicaulis*

4*. Reife Frucht (mit Griffelbasis) bis 1,2 mm lang, im Querschnitt rundlich, mit ca. 10 undeutlichen Längsrippen, weißlich . . . . . ***H. acicularis* 71**

1*. Pflanze 1jährig; Narben 2.

6. Perigonborsten weiß, kürzer als die meist schwarz glänzende Frucht; Griffelbasis $^1/_5$–$^1/_3$ so breit wie die 0,5–0,8 mm lange Frucht. Langensee (Luino) . . . . . *H. atropurpurea*

6*. Perigonborsten gelbbraun, die Griffelbasis überragend; Frucht (mit Griffelbasis) 1–1,3 mm lang, braun, glänzend, Griffelbasis etwa $^2/_3$ so breit wie die Frucht. Selten . . . . *H. ovata*

Artengruppe der Heleocharis palustris

1. Unterstes Tragblatt (keine Blüte tragend) den Stengel nur etwa zur Hälfte umfassend.

2. Perigonborsten fast immer 4; Stengel dunkelgrün . . . . . ***H. palustris* 69** S. 66

2*. Perigonborsten nur ausnahmsweise an einzelnen Früchten 4; Stengel hellgrün.

3. Perigonborsten meist 5 (ausnahmsweise 4 oder 6); Griffelbasis etwa 2mal so hoch wie breit . . . . . ***H. austriaca***

3*. Perigonborsten meist 6 (ausnahmsweise 5, 7 oder 8); Griffelbasis etwa so hoch wie breit . . . . . ***H. mamillata***

1*. Unterstes Tragblatt (keine Blüte tragend) den Stengel umfassend . . . . . ***H. uniglumis***

Gattung Trichophorum

1. Perigonborsten weiß, bis 2,5 cm lang, geschlängelt, die Frucht zur Reifezeit weit überragend und über dem Fruchtstand einen krausen Schopf bildend . . . . . ***T. alpinum* 72** S. 68

1*. Perigonborsten braun, viel kürzer bis wenig länger als die reife Frucht, keinen Schopf bildend.

72 74 73 75

2. Pflanze dichte, feste Polster bildend, diese oft zu Rasen zusammengeschlossen; Perigonborsten meist 6, bis $1^1/_2$mal so lang wie die reife Frucht.
   3. Ausschnitt an der obersten Blattscheide (der Spreite gegenüber) etwa 1 mm tief . . . *T. cespitosum* **73**
   3*. Ausschnitt an der obersten Blattscheide bis 10 mm tief . . . . *T. germanicum*
2*. Pflanze mit langen, dünnen, unterirdischen Ausläufern, lockere Rasen bildend; Perigonborsten sehr kurz, ca. 0,2 mm lang oder nicht vorhanden. Subalpin; selten. . . . . . . *T. pumilum*

Gattung Eriophorum

1. Blütenstand eine einzelne, endständige, aufrechte Ähre.
   2. Pflanze ohne Ausläufer; Farbe im obersten Drittel der Tragblätter von Grau in Weiß übergehend. Auf Hochmoorbülten . . . . *E. vaginatum*
   2*. Pflanze mit langen, unterirdischen Ausläufern; Tragblätter mit grauer Spitze und scharf abgegrenztem, schmalem, weißem Rand. Meist alpin; Verlandungspflanze . . . *E. scheuchzeri* **74**
1*. Blütenstand aus mehreren, nach der Blüte überhängenden Ähren.
   3. Pflanze ohne Ausläufer; Blätter meist flach, kein Blatthäutchen vorhanden; Stiele der Ähren rauh; Spitzen der Perigonborsten (junges Material!) mit weniger als 0,05 mm langen Papillen (20fache Vergrößerung!) . . . . *E. latifolium*
   3*. Pflanze mit unterirdischen Ausläufern; Blätter meist rinnig; Spitzen (auch der jungen) Perigonborsten glatt.
      4. Stiele der Ähren glatt; oberstes Blatt mit 0,1–0,3 mm langem, gestutztem Blatthäutchen; Tragblätter 1nervig . . . . *E. angustifolium* **75**
      4*. Stiele der Ähren dicht mit bis 0,1 mm langen Borstenhaaren besetzt; oberstes Blatt ohne Blatthäutchen; Tragblätter mehrnervig. Selten . . . . *E. gracile*

Gattung Scirpus s.l.

Scirpus maritimus wird heute als *Bolboschoenus maritimus* abgetrennt.

1. Ähren 10–30 mm lang; Blütenstand bis 6 cm lang; die größten Hochblätter viel länger als der Blütenstand. Selten . . . . *Bolboschoenus maritimus*

1*. Ähren 3–8 mm lang; Blütenstand reich verzweigt, allseitig ausladend, bis über 20 cm lang, oft aus mehreren hundert Ähren bestehend; die größten Hochblätter meist nicht länger als der Blütenstand.

2. Ähren 3–4 mm lang; Perigonborsten ungefähr so lang wie die reife Frucht, rauh, ± gerade . . . *S. sylvaticus*

2*. Stets zahlreiche Ähren, die 5–8 mm lang sind; Perigonborsten 2–3mal so lang wie die reife Frucht, glatt oder nur mit vereinzelten rückwärts gerichteten, steifen Haaren, miteinander schraubenartig verdreht. Belfort . . . . *S. radicans*

76

Gattung Fimbristylis

1. Frucht 1–1,2 mm lang, 0,7–0,9 mm breit, jederseits mit 8–11 Längsrippen. Nur im Süden *F. annua*

1*. Frucht 0,7–0,8 mm lang, 0,5 mm breit, jederseits mit 5 oder 6 Längsrippen. Aostatal . . *F. dichotoma*

Gattung Scirpoides

1. Die meisten Stengel am Grunde oberhalb der Blattscheiden mehr als 2,5 mm dick; unterste (spreitenlose) Blattscheiden bis 8 cm lang, breit, braun; meist keine deutlich ausgebildeten Blattspreiten vorhanden; Hochblatt 1–2mal so lang wie der Blütenstand; Blütenstand aus 5–10 kugeligen Köpfen. Genfersee (Sciez) . . . . *S. holoschoenus* **76**

1*. Die meisten Stengel am Grunde oberhalb der Blattscheiden weniger als 2,5 mm dick; unterste (spreitenlose) Blattscheiden 1–3 cm lang, gelblich, mit braunem Rand; Blattspreiten stets vorhanden; Hochblatt bis 10mal so lang wie der Blütenstand; Blütenstand aus 2–4 kugeligen Köpfen. Comersee, Seen von Varese, Alserio . . . . *S. romanus*

Gattung Schoenoplectus s.l.

Schoenoplectus setaceus wird heute als *Isolepis setacea* abgetrennt.

1. Die meisten Ähren zur Fruchtzeit weniger als 5 mm lang. Selten . . . . *Isolepis setacea*

1*. Die meisten Ähren zur Fruchtzeit über 5 mm lang (bis 10 mm lang), meist mehrere vorhanden und der Blütenstand kopfig oder eine Spirre.

77

78

79

2. Pflanze bis 30 cm hoch, 1jährig; Hochblätter oft länger als der Stengel. Sehr selten . . *Sch. supinus*
2*. Pflanze 30–300 cm hoch; Hochblätter viel kürzer als der Stengel.
3. Stengel im obern Teil scharf 3kantig.
4. Horstbildend, keine Ausläufer vorhanden; Frucht mit quer gerichteten Runzeln. Selten . . . . *Sch. mucronatus*
4*. Ausläufer vorhanden; Frucht glatt.
5. Blütenstand mit einzelnen, gestielten Ähren; Frucht braun, glänzend; Blattscheiden oft ohne Spreite. Sehr selten . . . . *Sch. triqueter*
5*. Alle Ähren sitzend, kopfig angeordnet; Frucht gelb, matt; oberste Blattscheiden mit Spreite. Sehr selten . . . . *Sch. pungens*
3*. Stengel in der ganzen Länge rund.
6. Narben 3; Pflanze gelbgrün bis dunkelgrün; zur Blütezeit mit 2–12 Stengelblättern *Sch. lacustris* **77**
6*. Narben 2 (einzelne Blüten mit 3 Narben); Pflanze blaugrün; zur Blütezeit nur 1 Stengelblatt vorhanden. Selten . . . . *Sch. tabernaemontani*

Gattung Rhynchospora

1. Hochblätter die Teilblütenstände meist nicht überragend; Blütenstände weiß bis gelbbraun; Perigonborsten 9–13; Pflanze horstbildend. Moore . . . . *R. alba* **78**
1*. Hochblätter die Teilblütenstände überragend (2–4mal so lang wie die Teilblütenstände); Blütenstände rotbraun; Perigonborsten 5–6; Pflanze mit unterirdischen Ausläufern . . . *R. fusca* **79**

Gattung Carex

1. Blüten in einer einzigen, endständigen Ähre . . . . *Nebenschlüssel A* S. 72
1*. Blüten in mehreren Ähren.
2. Alle Ähren mit ♂ und ♀ Blüten; entweder ♀ Blüten im untern Teil und ♂ Blüten im obern Teil (oft nur an der Spitze) jeder Ähre oder umgekehrt . . . . *Nebenschlüssel B* S. 72
2*. Nicht alle Ähren mit ♂ und ♀ Blüten (auch Ähren mit nur 1 Geschlecht).

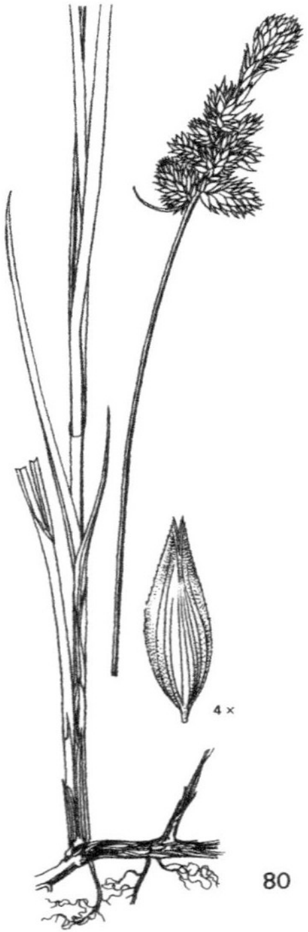

3\. Untere und obere Ähren im Blütenstand nur mit ♀ Blüten, mittlere nur mit ♂ Blüten, Blütenstand deshalb zur Fruchtzeit in der Mitte eingeschnürt; Narben 2; Pflanze lange, unterirdische Ausläufer treibend . . . . *C. disticha* **80**

3*. ♂ Blüten im obern Teil des Blütenstandes.

4\. An der Spitze des Blütenstandes zahlreiche (5–10), 0,5–1 cm lange, dicht stehende, sitzende, rein ♂ Ähren, Ähren im mittleren Teil des Blütenstandes an der Spitze ♂, am Grunde ♀, unterste, oft etwas abgerückte Ähren rein ♀. Aostatal . . . . *C. repens*

4*. Eine einzige (endständige) Ähre mit nur ♂ Blüten (wenn mehrere Ähren mit nur ♂ Blüten an der Spitze des Blütenstandes, diese Ähren 1,5–6 cm lang) oder endständige Ähre an der Basis mit ♂ Blüten, an der Spitze mit ♀ Blüten.

5\. Endständige Ähre an der Basis mit ♂ Blüten, an der Spitze mit ♀ Blüten; seitenständige Ähren rein ♀, oft an der Spitze mit einigen ♂ Blüten . . . . *Nebenschlüssel C* S. 76

5*. Endständige Ähre nur mit ♂ Blüten (seltener an der Basis einige ♀ Blüten); seitenständige Ähren rein ♀, oder die obern an der Spitze mit ♂ Blüten; einige Arten haben mehrere (2–4), meist 1,5–6 cm lange, rein ♂ Ähren an der Spitze des Blütenstandes.

6\. Narben 2; Früchte linsenförmig . . . . *Nebenschlüssel D* S. 77

6*. Narben 3; Früchte 3kantig.

7\. Fruchtschläuche überall ± dicht behaart. Ausnahmen: *C. ornithopodioides* (Fruchtschläuche stets ganz kahl; 3–10 cm hohe Alpenpflanze mit zurückgekrümmten Stengeln) wird aus Gründen der Verwandtschaft hier belassen. Einige Arten haben meist ± dicht behaarte, seltener ganz kahle Fruchtschläuche. Aus verwandtschaftlichen Gründen und weil Merkmal nicht konstant, folgen sie im Nebenschlüssel F: *C. flacca*, *C. ferruginea*, *C. sempervirens*, *C. fimbriata* (alle mit rostbraunen bis schwarzen Fruchtschläuchen), *C. austroalpina* (lang gestielte, nickende ♀ Ähren), *C. michelii* (im Gebiet nur im Dép. Ain) . . . . *Nebenschlüssel E* S. 77

7*. Fruchtschläuche kahl oder nur auf den Kanten borstig behaart . . . . . *Nebenschlüssel F* S. 79

4 ×

80

81 4×

82 4×

83 4×

84 4×

85 4×

Nebenschlüssel A

(Blüten in einer einzigen, endständigen Ähre)

1 Pflanze 2geschlechtig (♂ Blüten an der Spitze der Ähre).
2. Narben 3; Frucht 3kantig.
3. Neben den 3 Narben noch eine Borste aus dem Fruchtschlauch hervorragend . . . . *C. **microglochin*** **81**
3*. Keine Borste aus dem Fruchtschlauch hervorragend.
4. Fruchtschlauch 5–8 mm lang, spindelförmig, reife Fruchtschläuche rückwärts gerichtet; Tragblätter der ♀ Blüten vor der Fruchtreife abfallend. Hochmoore . . *C. **pauciflora*** **82**
4*. Fruchtschläuche 3–4 mm lang, eiförmig, nie rückwärts gerichtet; Tragblätter der ♀ Blüten nicht vor der Fruchtreife abfallend. Kalkunterlage; selten . . . . *C. **rupestris*** **83**
2*. Narben 2; Frucht linsenförmig.
5. Ähre lockerfrüchtig, zylindrisch; Tragblätter der ♀ Blüten vor der Fruchtreife abfallend *C. **pulicaris*** **84**
5*. Ähre dichtfrüchtig, kugelig oder eiförmig; Tragblätter der ♀ Blüten nicht vor der Fruchtreife abfallend. Deutsches Bodenseegebiet, Nauderertal . . . . *C. **capitata***
1*. Pflanze 1geschlechtig (selten 2geschlechtig).
6. Pflanze feste Horste bildend; Fruchtschlauch vom untersten Drittel an abwärts gebogen *C. davalliana* **85**
6*. Pflanze lange, unterirdische Ausläufer treibend; Fruchtschläuche gerade . . . . . . *C. dioica*

Nebenschlüssel B

(mehrere Ähren, alle mit ♂ und ♀ Blüten)

1. Alle Ähren im untern Teil mit ♀ Blüten, im obern Teil (oder nur an der Spitze) mit ♂ Blüten.
2. Ähren einen kopfigen (kugeligen oder eiförmigen) Blütenstand bildend (Ausnahme *C. **longiseta*** S. 73, im Gebiet nur in Oberitalien, selten).
3. Blütenstand stets von 2–15 cm langen, blattähnlichen Hochblättern umgeben.
4. Hochblätter ± senkrecht abstehend, Blütenstand kopfig.

5. Fruchtschläuche 8–10 mm lang, 0,8–1 mm breit, ahlenförmig, allmählich in den Schnabel verschmälert. Sehr selten . . . . *C. bohemica*

5*. Fruchtschläuche 4–4,5 mm lang, 2–2,5 mm breit, kein Schnabel; Blütenstand weiß. Kalkböden; Ofenpaß, vom Comersee ostwärts . . . . *C. baldensis* **86**

4*. Hochblätter ± aufrecht, das unterste 2–4mal so lang wie der 5–15 cm lange Blütenstand; Fruchtschläuche auffallend locker angeordnet; Tragblätter so lang wie die reifen Fruchtschläuche. Aostatal . . . . *C. longiseta*

3*. Hochblätter ± den Tragblättern ähnlich, meist nicht grün, unscheinbar oder grannenähnlich (selten und bei keiner Art konstant blattähnlich).

6. Narben 3.

7. Blätter 1–2 mm breit, etwa 8–12mal breiter als dick, mit deutlicher Rille über dem Mittelnerv; Staubblätter an der Spitze mit 0,1–0,15 mm langen Fortsätzen. Meist alpin, saure Böden . . . . *C. curvula* **87**

7*. Blätter 1–2 mm breit, etwa 4mal breiter als dick, ohne Rille über dem Mittelnerv; Fortsätze der Staubblätter 0,2–0,3 mm lang. Meist alpin, kalkhaltige Böden . . . . *C. rosae*

6*. Narben 2.

8. Pflanze bis 1 m lange, oberirdische Ausläufer treibend. Hochmoore . . . . . . *C. chordorrhiza*

8*. Pflanze unterirdische Ausläufer treibend.

9. Blätter hohlrinnig, binsenartig; Ausläufer lang und dünn.

10. Fruchtschläuche ohne deutliche Nerven, allmählich in den Schnabel verschmälert. Subalpin, alpin; selten . . . . *C. maritima*

10*. Fruchtschläuche außerseits mit deutlichen Nerven, plötzlich in den Schnabel verschmälert. Vintschgau, Comersee . . . . *C. stenophylla*

9*. Blätter flach; Pflanze lockere Horste bildend; Ausläufer kurz . . . . *C. foetida*

2*. Blütenstand zylindrisch (Ähren auf der Hauptachse sitzend) oder rispig.

11. Stengel 3kantig; Abstand der Kanten im obersten Drittel 2,5–4 mm, Kanten deutlich geflügelt.

12. Fruchtschläuche lackartig glänzend; Oberfläche glatt, beiderseits mit 10–16 deutlichen Nerven; Blütenstand gelbgrün . . . . *C. otrubae*

86

88

87

4×

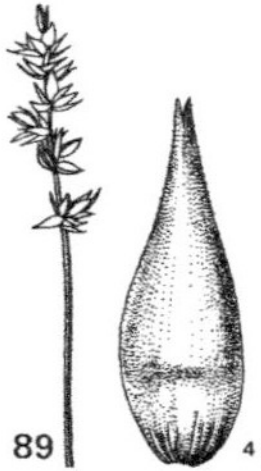

12*. Fruchtschläuche mit Seidenglanz; Oberfläche mit feinen Höckern dicht besetzt (Untersuchung mit 150facher Vergrößerung!); Nerven innerseits nur am Grunde, meist undeutlich, oft nicht vorhanden; Blütenstand gelbbraun bis dunkelbraun . . *C. vulpina*

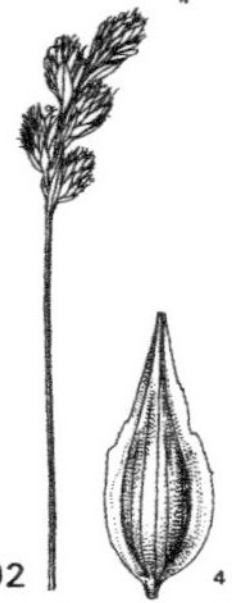

11*. Stengel 3kantig, Abstand der Kanten im obersten Drittel 0,5–2,5 mm, Kanten nicht geflügelt.

13. Reife Fruchtschläuche beiderseits flach oder außerseits schwach gewölbt (im Querschnitt nicht halbkreisförmig oder 3eckig), gelbgrün bis hellbraun.

14. Fruchtschläuche 2–2,5 mm lang; Granne an der Spitze des Tragblattes so lang wie das Tragblatt. Eingeschleppt; selten . . . . *C. vulpinoidea*

14*. Fruchtschläuche 3–6,5 mm lang; Tragblatt ohne Granne oder Granne höchstens $^{1}/_{2}$ so lang wie das Tragblatt . . . . Artengruppe der *C. muricata* S. 75 **89**

13*. Reife Fruchtschläuche im Querschnitt halbkreisförmig oder 3eckig (Innenseite [Bauch] flach, Außenseite [Rücken] stark gewölbt), dunkelbraun.

15. Pflanze mit langem, horizontalem, 3–5 mm dickem Rhizom. Dép. Saône . . . *C. divisa*

15*. Pflanze ohne auffallendes Rhizom. Moore

16. Pflanze lockere Horste bildend; Fruchtschläuche auf dem Rücken mit 3–8 Nerven, glänzend . . . . *C. diandra*

16*. Pflanze feste Horste bildend.

17. Verwitterte grundständige Scheiden einen schwarzen Faserschopf bildend; Fruchtschläuche außerseits mit 10–14 deutlichen Nerven, matt, nicht glänzend . . . . *C. appropinquata* **90**

17*. Verwitterte grundständige Scheiden keinen Faserschopf bildend; Fruchtschläuche ohne Nerven oder nur am Grunde mit undeutlichen Nerven, glänzend . . . . *C. paniculata* **91**

1*. Alle Ähren im untern Teil mit ♂ Blüten, im obern Teil mit ♀ Blüten.

18. Fruchtschläuche am Rande deutlich geflügelt.

19. Pflanze horstbildend . . . . *C. leporina* **92**

19*. Pflanze lange, unterirdische Ausläufer treibend.

20. Tragblätter weiß oder gelblich. Laubmischwälder . . . . *C. brizoides*

20*. Tragblätter braun, mit hellem Rand und hellem Mittelnerv.

93 94 95

4 × 4 ×

21. Fruchtschläuche vom Grunde an mit allmählich breiter werdendem Flügel, plötzlich in den Schnabel verschmälert. Sehr selten . . . . *C. praecox*

21*. Fruchtschläuche von der Mitte an geflügelt, allmählich in den Schnabel verschmälert. Oberrheinische Tiefebene, Schwarzwald . . . . *C. curvata*

18*. Fruchtschläuche nicht geflügelt.

22. Hochblätter blattähnlich, das unterste den Blütenstand weit überragend; untere Ähren weit (2–5 cm) voneinander abgerückt; Pflanze sehr schlaff. Laubmischwälder *C. remota* **93**

22*. Hochblätter tragblattähnlich oder grannenähnlich und nur wenig länger als die zugehörige Ähre (bei *C. heleonastes,* S. 75, gelegentlich blattähnliche Hochblätter).

23. Blütenstand meist kopfig.

24. Stengel in der obern Hälfte rauh; Blätter rinnig gefaltet, graugrün. Hochmoore *C. heleonastes*

24*. Stengel in der ganzen Länge glatt oder nur unter dem Blütenstand schwach rauh; Blätter flach, hellgrün . . . . *C. lachenalii*

23*. Blütenstand nicht kopfig; Ähren deutlich voneinander abgerückt.

25. Fruchtschläuche allseitig sparrig abstehend; Ähren einem Morgenstern ähnlich *C. echinata* **94**

25*. Fruchtschläuche schief aufrecht.

26. Fruchtschläuche außerseits (Rücken) mit aufgeschlitztem Schnabel; Ähren 3–5 mm lang, kugelig. Zwergstrauch- und Grünerlengebüsch . . . . *C. brunnescens*

26*. Fruchtschläuche nicht mit aufgeschlitztem Schnabel; Ähren meist 8–12 mm lang, eiförmig (nur bei Kümmerformen kugelig).

27. Fruchtschläuche 2–3 mm lang; Tragblätter gelblich . . . . *C. canescens* **95**

27*. Fruchtschläuche 3–4 mm lang; Tragblätter braun. Selten . . . . *C. elongata*

Artengruppe der Carex muricata

1. Blütenstand kurz (2–5 cm lang); alle Ähren dicht beisammen (gelegentlich die unterste etwas abgerückt).

2. Blatthäutchen 2–4mal so hoch wie breit; reife Fruchtschläuche im untersten Drittel mit schwammigem Gewebe ausgefüllt, dieser Teil durch deutliche Querrille vom übrigen Fruchtschlauch getrennt, Fruchtschläuche 4,5–6,5 mm lang, 2,3–2,6mal so lang wie breit; Faserschopf dunkelviolett. Tretpflanze . . . . *C. spicata* **89** S. 74

96

98 4× 97

2*. Blatthäutchen meist breiter als hoch; reife Fruchtschläuche ohne schwammiges Gewebe, 3–4 mm lang, 1,7–2mal so lang wie breit; Faserschopf braun . . . . *C. pairae*

1*. Blütenstand länger (bis 10 cm lang), wenigstens die untersten 3–6 Ähren oder Ährenknäuel voneinander abgerückt (Abstand bis 2 cm).

3. Pflanze steif aufrecht, Stengeldurchmesser 1–2 mm, stets mehrere Ähren zusammen einen Knäuel bildend, Knäuel 1–2 cm lang; reife Fruchtschläuche sparrig abstehend . . *C. leersii*

3*. Pflanze schlaff; Stengeldurchmesser 0,5–1,2 mm; Ähren meist einzeln, reife Fruchtschläuche schief aufrecht. Südtessin, Unterwallis, Walenseegebiet . . . . *C. divulsa*

Nebenschlüssel C

(mehrere Ähren; endständige Ähre an der Basis mit ♂ Blüten, an der Spitze mit ♀ Blüten, seitenständige Ähren ♀)

1. Narben 2; Fruchtschläuche ohne Schnabel. Subalpin, alpin. Selten . . . . *C. bicolor* **96**

1*. Narben 3.

2. Fruchtschläuche allmählich in den langen Schnabel verschmälert. Col de l'Iséran . . . *C. fuliginosa*

2*. Fruchtschläuche plötzlich in den kleinen Schnabel verschmälert.

3. Tragblätter spitz oder stumpf, nie mit grannenartiger Spitze.

4. Alle Ähren sitzend, einen kopfigen Blütenstand bildend; Tragblätter rotbraun bis schwarz, mit hellem Mittelnerv.

5. Fruchtschläuche braun, 2–2,5 mm lang, 1–1,2 mm breit. Sehr selten . . . . . *C. norvegica*

5*. Fruchtschläuche schwarz, mit hellem Rand, 3–3,5 mm lang, 2–2,3 mm breit . . *C. parviflora*

4*. Untere Ähren gestielt, aufrecht oder nickend; Tragblätter schwarz, mit hellem Mittelnerv; Fruchtschläuche schwarz, oft mit hellem Rand.

6. Pflanze bis 40 cm hoch; Blätter 3–4 mm breit; Blütenstand meist aufrecht . . . . *C. atrata* 98

6*. Pflanze bis 60 cm hoch; Blätter 5–9 mm breit; Blütenstand nickend . . . . . . *C. aterrima*

3*. Tragblätter mit grannenartiger Spitze; Ähren aufrecht, sitzend oder kurz gestielt.

7. Pflanze graugrün; Ähren kugelig oder keulenförmig; unterstes Hochblatt den Blütenstand überragend; Zähne des Schnabels gespreizt. Torfmoore; selten . . . . *C. buxbaumii* **98**

7*. Pflanze grün; Ähren zylindrisch; unterstes Hochblatt den Blütenstand nicht überragend; Zähne des Schnabels gerade. Flachmoore; sehr selten . . . . *C. hartmanii*

1 99

Nebenschlüssel D

(mehrere Ähren, endständige Ähren nur mit ♂ Blüten, seitenständige Ähren ♀, Narben 2)

1. Fruchtschläuche fein borstig behaart; Blätter fadenförmig, 0,2–0 5 mm breit . . . . . . *C. mucronata*
1*. Fruchtschläuche kahl; Blätter nicht fadenförmig, über 1 mm breit.
  2. Pflanze große, dichte Horste bildend, ohne Ausläufer.
    3. Alle grundständigen Scheiden gelbbraun (nie rotbraun), glänzend, gekielt, nicht zahlreich (bis 5), groß (bis 10 cm lang). Verlandungspflanze . . . . *C. elata* **99**
    3*. Blattlose und auch oft blatttragende, grundständige Scheiden dunkelbraun bis rotbraun, glänzend, nicht gekielt, zahlreich (mehr als 5), viel kleiner (etwa halb so groß) wie bei *C. elata* S. 77.
      4. Fruchtschläuche ohne Nerven. Sehr selten . . . . *C. cespitosa*
      4*. Fruchtschläuche mit ± deutlichen Nerven. Oberengadin . . . . *C. juncella*
  2*. Pflanze kleine Horste (Büschel) bildend oder locker rasig, stets unterirdische Ausläufer treibend.
    5. Unterstes Hochblatt den Blütenstand nicht überragend . . . . *C. nigra* **1**
    5*. Unterstes Hochblatt den Blütenstand weit überragend . . . . *C. acuta*

Nebenschlüssel E

(mehrere Ähren, endständige Ähren nur mit ♂ Blüten, seitenständige Ähren ♀, Narben 3, Fruchtschläuche überall ± dicht behaart)

1. Blätter und Blattscheiden behaart . . . . *C. hirta*
1*. Blätter kahl (bei *C. montana* oberseits behaart).
  2. Blütenstand meist über 8 cm lang oder nur etwa 3 cm lang und dann mit 1–2 grundständigen ♀ Ähren.

3. ♀ Ähren vielblütig (über 10blütig); Blätter hohlrinnig, binsenartig; Pflanze 30–100 cm hoch. Nasse Torfböden . . . . *C. lasiocarpa*

3*. ♀ Ähren wenigblütig (1–6blütig).

4. 1–2 grundständige ♀ Ähren auf bis 15 cm langen Stielen; Stengel länger als die Blätter. Kalkhaltige, trockene Böden in warmen Lagen . . . . *C. **halleriana***

4*. 3–5 ± sitzende ♀ Ähren über die ganze Länge des Stengels verteilt; Hochblätter tragblattähnlich, mit etwa 1 cm langer Scheide; Stengel $^1/_5$–$^1/_2$ so lang wie die niederliegenden Blätter. Vor allem in Föhrenwäldern . . . . *C. **humilis*** **2**

2*. Blütenstand bis 6 cm lang, ohne grundständige ♀ Ähren.

5. ♀ Ähren die Spitze der endständigen ♂ Ähre erreichend oder überragend; ♀ Ähren lockerfrüchtig.

6. Unterste ♀ Ähre herabgerückt; Tragblätter so lang wie die reifen Fruchtschläuche . *C. **digitata*** **3**

6*. Unterste ♀ Ähre nicht herabgerückt; Tragblätter meist $^2/_3$–$^4/_5$ so lang wie die reifen Fruchtschläuche.

7. Fruchtschläuche behaart; Tragblätter gelbbraun bis rotbraun. . . . . *C. ornithopoda*

7*. Fruchtschläuche kahl; Tragblätter meist dunkelrotbraun. Subalpin, alpin . . . *C. ornithopodioides*

5*. ♀ Ähren die Spitze der endständigen ♂ Ähre nicht erreichend; ♀ Ähren dichtfrüchtig.

8. Pflanze horstbildend.

9. Unterstes Hochblatt blattähnlich.

10. Scheide des untersten Hochblattes 4–10 mm lang . . . . *C. umbrosa*

10*. Scheide des untersten Hochblattes undeutlich (bis 1 mm lang). Saure Böden *C. pilulifera*

9*. Unterstes Hochblatt tragblattähnlich.

11. Grundständige Scheiden gelbbraun bis rotbraun; mit auffallendem Faserschopf; Blätter oberseits ohne weiche Haare; Fruchtschläuche im Querschnitt rundlich. Elsaß, südlicher Alpenrand . . . . *C. fritschii*

11*. Grundständige Scheiden rot, ohne auffallenden Faserschopf; Blätter oberseits gegen den Grund hin mit 0,1–0,3 mm langen, weichen Haaren; Fruchtschläuche dreikantig . . . . *C. montana*

8*. Pflanze lange unterirdische Ausläufer treibend.

5

6

4×

12. Unterstes Hochblatt blattähnlich, abstehend, mit bis 2 mm langer Scheide; Stengel steif aufrecht . . . . *C. tomentosa*

12*. Unterstes Hochblatt tragblattähnlich, wenn mit verlängerter Spreite, dann Scheide etwa 5 mm lang; Stengel gebogen.

13. Tragblätter stumpf oder mit grannenartiger Spitze . . . . *C. caryophyllea* **4** S. 78

13*. Tragblätter breit abgerundet, mit hellem, häutigem, bewimpertem Rand . *C.* ***ericetorum***

Nebenschlüssel F

(mehrere Ähren, endständige Ähren mit nur ♂ Blüten, seitenständige Ähren ♀, Narben 3, Fruchtschläuche kahl oder nur auf den Kanten behaart)

1. Stets 2–6 ♂ Ähren an der Spitze des Blütenstandes (vgl. auch ***sempervirens*** S. 81, feste Horste mit gelbbraunem Faserschopf bildend, Alpenpflanze).

2. Fruchtschläuche dunkelrotbraun bis schwarz (unreife grün), oft am Rande und gelegentlich auch auf der Fläche bewimpert, mit nur 2 vortretenden Nerven; Blätter unterseits blaugrün. Häufigste Seggen-Art . . . . *C. flacca* **5**

2*. Fruchtschläuche gelb oder braun, stets vollständig kahl, mit zahlreichen vortretenden oder eingesenkten Nerven.

3. Fruchtschlauch die reife Frucht sehr locker umschließend (aufgeblasen); Ähren ± sitzend, aufrecht. Verlandungspflanzen.

4. Fruchtschläuche 4–5,5 mm lang, plötzlich in den 2zähnigen Schnabel verschmälert; Stengel stumpf 3kantig; unterstes Hochblatt bis doppelt so lang wie der Blütenstand; Pflanze graugrün . . . . *C.* ***rostrata*** **6**

4*. Fruchtschläuche 6,5–8 mm lang, allmählich in den 2zähnigen Schnabel verschmälert; Stengel scharf 3kantig; unterstes Hochblatt den Blütenstand kaum überragend; Pflanze grün . . . . *C. vesicaria*

3*. Fruchtschlauch die Frucht eng umschließend.

5. Fruchtschläuche beiderseits flach gewölbt, matt, 3,5–4 mm lang, mit zahlreichen vortretenden Nerven; Ähren sitzend oder kurz gestielt, aufrecht . . . . *C. acutiformis*

5*. Fruchtschläuche im Querschnitt rundlich oder stumpf 3kantig, glänzend.

6. Fruchtschläuche 3,5–5 mm lang, mit deutlichen Längsrillen; Ähren ± sitzend, aufrecht. Vintschgau . . . . *C. melanostachya*

6*. Fruchtschläuche 4,5–7 mm lang, mit vortretenden Nerven; Ähren gestielt, zur Fruchtzeit nickend . . . . *C. riparia*

1*. Meist 1 endständige ♂ Ähre (bei *C. sempervirens*, S. 81, oft 2–3 ♂ Ähren).

7. ♀ Ähren wenigblütig (3–6blütig); Ähren aufrecht; Blätter länger als 5 cm.

8. Fruchtschläuche 3,5–4 mm lang; oberste ♀ Ähren zur Fruchtreife die ♂ Ähre überragend; Hochblätter tragblattähnlich . . . . *C. alba* **7**

8*. Fruchtschläuche 7–8 mm lang; oberste ♀ Ähre die ♂ Ähre nicht erreichend; Hochblätter blattähnlich. Flaumeichenwälder; selten . . . . *C. depauperata*

7*. ♀ Ähren vielblütig (meist mehr als 6blütig), (bei *C. firma*, S. 81, 3–8blütig, grundständige Blätter bis 5 cm lang, eine Rosette bildend; bei *C. capillaris*, S. 81, 4–10blütig und Ähren auf nickenden, überhängenden Stielen).

9. ♀ Ähren zur Fruchtzeit nickend, überhängend, wenigstens die untern lang gestielt.

10. Reife Fruchtschläuche rückwärts gerichtet, 5–6 mm lang . . . . *C. pseudocyperus*

10*. Reife Fruchtschläuche nie rückwärts gerichtet.

11. ♀ Ähren dichtfrüchtig, gegen den Grund hin oft lockerfrüchtig.

12. ♀ Ähren 5–15 cm lang; Blätter 7–15 mm breit, dunkelgrün, glänzend . . . *C. pendula* **8**

12*. ♀ Ähren bis 3 cm lang.

13. Tragblätter und Fruchtschläuche dunkelrotbraun.

14. Fruchtschläuche 6–7 mm lang, 3kantig, untere Hochblätter stets blattähnlich. Subalpin, alpin; auf humosen Böden . . . . *C. frigida* **9**

14*. Fruchtschläuche 3,5–5 mm lang, beiderseits flach gewölbt; Hochblätter tragblattähnlich (seltener das unterste blattähnlich). Sehr selten . . . . *C. atrofusca*

13*. Reife Fruchtschläuche graugrün; Tragblätter braun bis rotbraun.

15. Tragblätter plötzlich in eine feine Spitze verschmälert; Blätter rinnig gefaltet, bis 2 mm breit, graugrün. Schlenken von Hochmooren . . . . *C. limosa*

15*. Tragblätter allmählich zugespitzt, vor der Fruchtreife abfallend; Blätter flach, bis 4 mm breit, grün. Meist subalpin; nasse Torfböden . . . . . *C. paupercula*

11*. Ähren lockerfrüchtig (unterer Fruchtschlauch kaum bis zur Mitte des obern reichend) oder wenigblütig (4–10blütig).

16. Tragblätter mit breitem hellem, durchsichtigem Rand und grünem Mittelnerv.

17. 5–20 cm hoch (Alpenpflanze); Blätter 1,5–2 mm breit; Ähren 4–10blütig; Fruchtschläuche 3–3,5 mm lang . . . . *C. capillaris*

17*. 20–70 cm hoch; Blätter 3–10 mm breit; Ähren vielblütig.

18. Fruchtschläuche 5–6 mm lang, mit 2 vorstehenden Nerven, sonst glatt oder ohne deutliche Nerven, mit 2–3 mm langem, 2zähnigem Schnabel . . . . *C. sylvatica* **10**

18*. Fruchtschläuche 3–4 mm lang, mit zahlreichen vortretenden Nerven, ohne deutlichen Schnabel. Bacheschenwälder; selten . . . . *C. strigosa*

16*. Tragblätter rotbraun, mit hellem Mittelnerv.

19. Blätter weniger als 1 mm breit. Überrieselte Kalkfelsen . . . . *C. brachystachys*

19*. Blätter 1–2 mm breit.

20. Horstbildend, ohne Ausläufer; Blätter rinnig gefaltet, steif aufrecht . . *C. austroalpina*

20*. Horstbildend und meist lange Ausläufer treibend; Blätter flach, schlaff *C. ferruginea*

9*. ♀ Ähren zur Fruchtzeit aufrecht, sitzend oder gestielt.

21. ♀ Ähren lockerfrüchtig (unterer Fruchtschlauch kaum bis zur Mitte des obern reichend) oder Ähren nur an der Spitze dichtfrüchtig, oder wenigblütig (3–8blütig).

22. Pflanze am Grunde mit dichtem Faserschopf; Triebe die Scheiden nicht durchbrechend . . . . *C. sempervirens* **11**

22*. Pflanze am Grunde ohne Faserschopf.

23. Blätter kahl.

24. Fruchtschläuche dunkelbraun bis schwarz, glänzend. Sehr selten . . . . *C. fimbriata*

24*. Fruchtschläuche gelb bis braun.

25. Blätter kurz (bis 5 cm lang) eine grundständige Rosette bildend; Pflanze horstbildend; ♀ Ähren wenigblütig (3–8blütig). Kalkhaltige Böden . . . *C. firma*

10 11 4× 4×

25*. Blätter länger als 5 cm, nicht eine Rosette bildend; Pflanze unterirdische Ausläufer treibend; Ähren vielblütig.

26. Blätter graugrün, allmählich in die Spitze verschmälert . . . . . . *C. panicea* **12**

26*. Blätter grün, kurz zugespitzt. Sehr selten . . . . *C. vaginata*

23*. Blätter am Rand und auf den Nerven abstehend behaart. Laubwälder . . . *C. pilosa* **13**

21*. ♀ Ähren dichtfrüchtig.

27. Pflanze lange, unterirdische Ausläufer treibend.

28. Fruchtschläuche 2,5–4 mm lang; Ähren 0,5–1 cm lang; Pflanze 5–30 cm hoch.

29. Fruchtschläuche mit wulstigen Nerven, braun, glänzend; Hochblätter mit 3–8 mm langer Scheide. Steppenähnliche Wiesen . . . . *C. liparocarpos* **14**

29*. Fruchtschläuche glatt, gelb bis rotbraun, glänzend; Hochblätter ohne deutliche Scheide (Scheide weniger als 1 mm lang). Vintschgau . . . . . . *C. supina*

28*. Fruchtschläuche 5–6 mm lang, Schnabel 2–2,5 mm lang, Zähne des Schnabels 1–2 mm lang; Ähren 1,5–2,5 cm lang; Pflanze 20–50 cm hoch. Vintschgau, Comerseegebiet . . . . *C. michelii*

27*. Pflanze Horste bildend (keine Ausläufer).

30. Unterstes Hochblatt die ♂ Ähre meist nicht überragend (nur bei *C. punctata*, S. 83, gelegentlich länger); mindestens die unsterste ♀ Ähre weit nach unten abgerückt (gelegentlich bis in die Mitte des Stengels).

31. Unterstes Hochblatt kurz, meist nur die Basis der zugehörigen Ähre erreichend; Fruchtschläuche 5–6 mm lang, im Querschnitt rundlich. Dép. Ain . . *C. brevicollis*

31*. Unterstes Hochblatt viel länger ($^1/_2$ so lang wie der Blütenstand, bei *C. punctata*, S. 83, oft den Blütenstand überragend), Fruchtschläuche nicht über 5 mm lang.

32. Fruchtschläuche 4–5 mm lang, 3kantig, mit zahlreichen vortretenden Nerven, rotbraun, glänzend . . . . *C. distans*

32*. Fruchtschläuche 3–3,5 mm lang, mit undeutlichen oder mit nur 2 vortretenden Nerven, gelb oder gelbbraun.

33. Tragblätter rotbraun; unterstes Hochblatt die ♂ Ähre meist nicht erreichend; Fruchtschläuche matt, ohne deutliche Nerven . . . . *C. hostiana* **15**

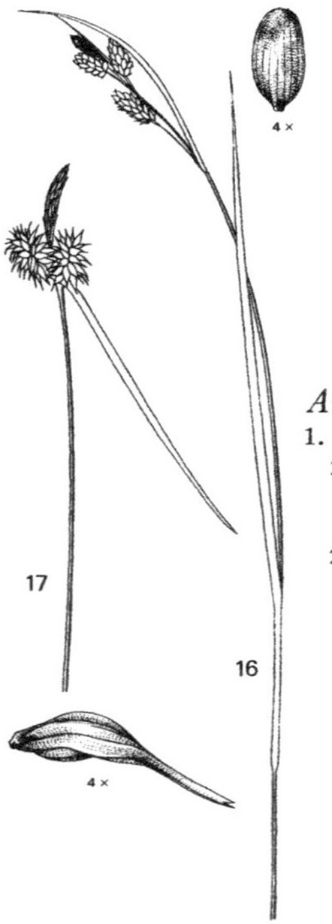

17

16

33*. Tragblätter gelb bis hellbraun; unterstes Hochblatt den Blütenstand oft überragend; Fruchtschläuche glänzend, mit 2 vortretenden Nerven . *C. punctata*

30*. Unterstes Hochblatt länger als der Blütenstand; ♀ Ähren genähert (nur bei *C.* ***demissa*** aus der Artengruppe der *C. flava*, S. **84**, unterste ♀ Ähre meist weit nach unten abgerückt).

34. Hochblätter stets aufrecht, den Blütenstand weit überragend; Fruchtschläuche ohne Schnabel; Blätter zerstreut und abstehend behaart . . . . *C. pallescens* **16**

34*. Hochblätter zur Fruchtreife ± senkrecht zur Achse des Blütenstandes abstehend oder rückwärts gerichtet, länger als der Blütenstand; Fruchtschläuche gelbgrün oder graugrün, mit Schnabel; Blätter kahl . . . . *Artengruppe der C. flava* S. 83 **17**

Artengruppe der Carex flava L.

1. Fruchtschläuche über 3 mm lang.

2. Fruchtschläuche 4,5–7 mm lang, jeder Fruchtschlauch vom untersten Drittel an nach abwärts gebogen, so daß der Schnabel abwärts gerichtet ist; Stiel der ♂ Ähre die meist gedrängt stehenden, sitzenden ♀ Ähren nicht überragend. Flachmoore . . . . *C. flava* **17**

2*. Fruchtschläuche 3–4 mm lang, meist nur die untern Fruchtschläuche in jeder Ähre deutlich abwärts gebogen, die obern ± gerade; Stiel der ♂ Ähre die oberste ♀ Ähre deutlich überragend; ♀ Ähren meist voneinander abgerückt, unterste gestielt.

3. Stengel steif aufrecht; Rand des Häutchens an der Scheide des untersten Hochblattes konkav oder gerade. Flachmoore . . . . *C. lepidocarpa*

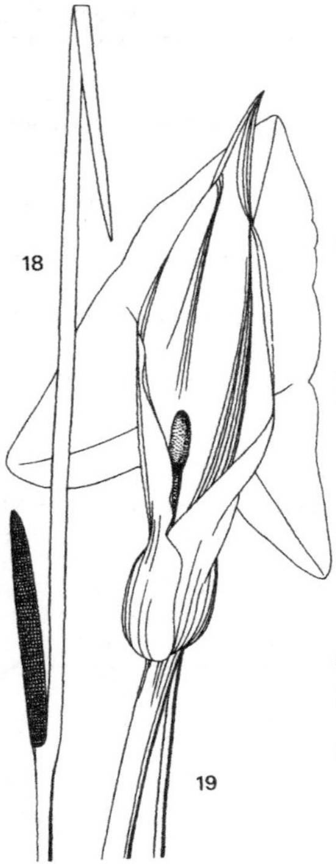

18

19

3*. Stengel bogig aufsteigend, stets gekrümmt; Rand des Häutchens an der Scheide des untersten Hochblattes konvex bis zungenförmig. Moore; selten(?) . . . . *C. demissa*

1*. Fruchtschläuche weniger als 3 mm lang, gerade . . . . *C. viridula*

Familie der Araceae

1. Blätter nicht geteilt.
   2. Blätter grasähnlich, steif. Gewässer mit schlammigem Grund; selten . . . . *Acorus calamus* **18**
   2*. Blätter in Spreite und Stiel gegliedert.
      3. Kolbenachse bis zur Spitze mit Blüten besetzt. Saure Torfböden; sehr selten . . . ***Calla palustris***
      3*. Kolbenachse im obern Teil ohne Blüten. . . . . ***Arum*** S. 84

1*. Blätter geteilt. Südlicher Tessin, Valsesia; verwildert (?) . . . . ***Dracunculus vulgaris***

Gattung Arum

1. Blätter im Frühling erscheinend, gleichmäßig grün oder oberseits dunkel gefleckt; der nicht mit Blüten besetzte, oberste Teil der Kolbenachse purpurn oder violett. Laubwälder. . . ***A. maculatum*** **19**

1*. Blätter im Spätherbst erscheinend, oberseits den Nerven entlang weißlich; der nicht mit Blüten besetzte, oberste Teil der Kolbenachse meist gelb. Sehr selten . . . . *A. italicum*

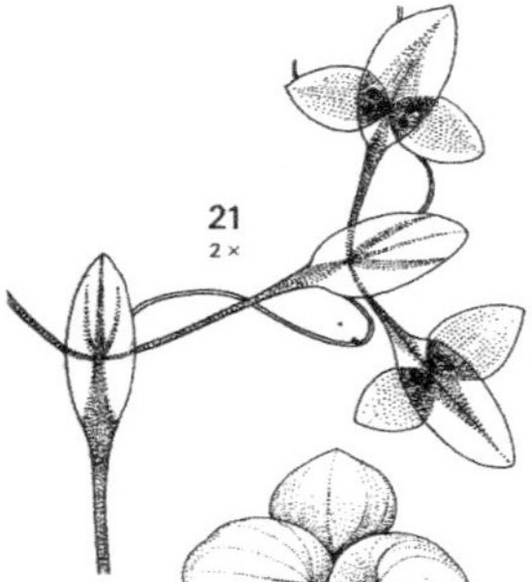

21
2×

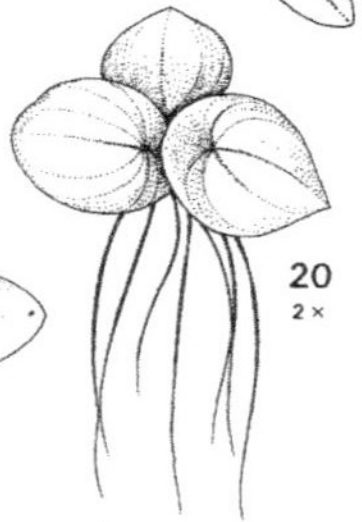

20
2×

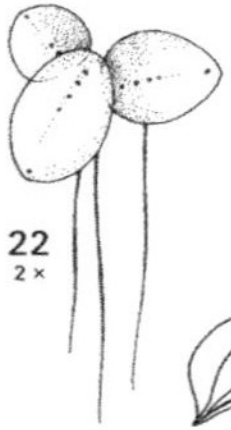

22
2×

23

Familie der Lemnaceae

1. Blattartige Glieder stets ohne Wurzeln, fast kugelig, kürzer als 1,5 mm. Ravensburg . . *Wolffia arrhiza*
1*. Blattartige Glieder mit 1–16 Wurzeln (bei älteren Gliedern fallen die Wurzeln gelegentlich ab), meist länger als 1,5 mm.
  2. Blattartige Glieder mit 1 Wurzel . . . . *Lemna* S. 85
  2*. Blattartige Glieder mit 2–16 Wurzeln (büschelartig angeordnet). Selten . . . . . . *Spirodela polyrhiza* **20**

Gattung Lemna

1. Blattartige Glieder unter der Oberfläche des Wassers schwebend (untergetaucht), in einen deutlichen Stiel verschmälert; meist viele Glieder kettenartig zusammenhängend . . . . *L. trisulca* **21**
1*. Blattartige Glieder auf der Oberfläche des Wassers schwimmend, ohne sichtbaren Stiel; 2–10 Glieder zusammenhängend.
  2. Glieder 1nervig; Wurzeln bis 1 cm lang . . . . *L. minuta*
  2*. Glieder 3–5nervig; Wurzeln bis 15 cm lang.
    3. Glieder unterseits bauchig gewölbt (gelegentlich auch flach, dann aber unterseits meist auf der ganzen Fläche die netzartig angeordneten Hohlräume durchschimmernd). Selten . . *L. gibba*
    3*. Glieder flach (nicht bauchig gewölbt); netzartig angeordnete Hohlräume höchstens bei getrockneten Exemplaren durchschimmernd . . . . *L. minor* **22**

Familie der Commelinaceae

1. Blüten aktinomorph . . . . *Tradescantia virginiana*
1*. Blüten zygomorph . . . . *Commelina communis* **23**

Familie der Juncaceae

1. Blätter und Scheidemündung kahl, Blattscheiden offen; Frucht vielsamig . . . . *Juncus* S. 86
1*. Blattrand und Scheidemündung mit abstehenden, langen Haaren (Ausnahmen: *L. glabrata, L. desvauxii* und *L. lutea*); Blattscheiden geschlossen; Frucht 3samig . . . . *Luzula* S. 89

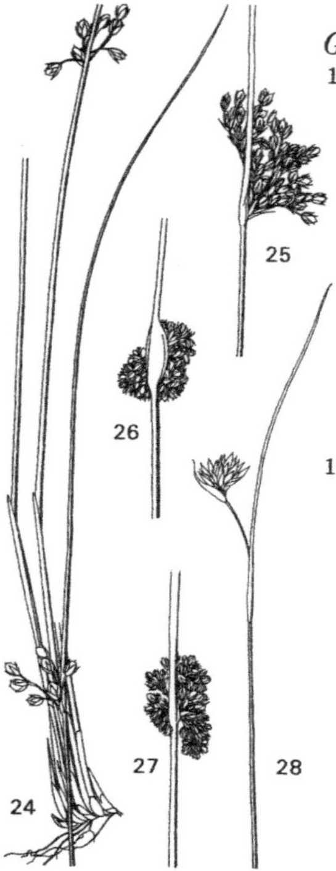

Gattung Juncus

1. Blütentragende Stengel ohne Blätter, am Grunde nur braune Blattscheiden vorhanden; Blütenstand scheinbar seitenständig, ein aufgerichtetes Hochblatt bildet die Fortsetzung des Stengels.
   2. Rhizom unterirdisch horizontal kriechend, auf diesem die Stengel in einer Reihe (kammartig) angeordnet.
      3. Blütenstand scheinbar in der Mitte oder unterhalb der Mitte des Stengels . . . . *J. filiformis* **24**
      3*. Blütenstand scheinbar im obersten Viertel des Stengels. Alpen; selten . . . . . . *J. arcticus*
   2*. Pflanze horstbildend.
      4. Grundständige Blattscheiden schwarzbraun, glänzend; Stengel blaugrün, mit 12–16 deutlichen Längsrippen; Mark des Stengels unterbrochen. . . . . *J. inflexus* **25**
      4*. Grundständige Blattscheiden gelb oder braun, nicht glänzend; Stengel grün, glatt oder mit über 18 feinen Längsrippen; Mark des Stengels zusammenhängend.
         5. Scheide des die Stengelfortsetzung bildenden Hochblattes auffallend erweitert . . *J. conglomeratus* **26**
         5*. Scheide des die Stengelfortsetzung bildenden Hochblattes nicht erweitert . . . . *J. effusus* **27**

1*. Blütentragende Stengel meist mit grünen Blättern (Ausnahmen: *J. squarrosus*, *J. triglumis*); Blütenstände endständig oder Blüten einzeln und endständig.
   6. Perigonblätter im untern Teil von 2 häutigen Vorblättern umgeben (nicht mit dem Tragblatt, das zudem jede Blüte besitzt, verwechseln!).
      7. Pflanze 1jährig.
         8. Blätter zuoberst an der Scheide mit häutigen Öhrchen. Selten . . . . *J. tenageia*
         8*. Blätter ohne Öhrchen. Zwergbinsengesellschaften . . . . *Artengruppe des J. bufonius* S. 89
      7*. Pflanze ausdauernd.
         9. Rhizom ± vertikal, von Blattscheiden und einem mächtigen Schopf steifer, borstenförmiger Blätter umgeben; Stengel nicht beblättert. Selten . . . . *J. squarrosus*
         9*. Rhizom ± horizontal, nie ein Schopf von grundständigen Blättern vorhanden; Stengel meist mit wenigstens 1 Blatt (abgesehen von Hochblättern).
            10. Blütenstand kopfig, rotbraun bis schwarzbraun glänzend, 5–12blütig; Perigonblätter 4–8 mm lang. Alpen . . . . *J. jacquinii* **28**

24 25 26 27 28

29 30 31 2×

10*. Blütenstand nicht kopfig, oder wenn kopfig, dann nur bis 4blütig; Perigonblätter nicht über 5 mm lang.

11. Blattöhrchen zuoberst an der Scheide 2–4 mm lang und fast bis zum Grunde zerschlitzt; Blütenstand 1–4blütig.

12. Grundständige Blattscheiden ohne Spreiten oder mit nur etwa 1 cm langen, borstenförmigen Spreiten. Alpen . . . . *J. trifidus* **29**

12*. Oberste grundständige Blattscheiden mit bis 15 cm langen, borstenförmigen Spreiten. Alpen, kalkhaltige Böden . . . . *J. monanthos*

11*. Blattöhrchen zuoberst an der Scheide groß oder klein, aber nie zerschlitzt; Blütenstand vielblütig.

13. Die meisten Blattöhrchen 1,5–6 mm lang; Perigonblätter allmählich und fein zugespitzt . . . . *J. tenuis* **30**

13*. Blattöhrchen weniger als 1 mm lang; Perigonblätter stumpf.

14. Reife Frucht $1^1/_2$–2mal so lang wie die Perigonblätter; Stengel 2kantig; Hochblatt den Blütenstand meist überragend . . . . *J. compressus* **31**

14*. Reife Frucht die Perigonblätter nicht oder nur wenig überragend; Stengel rund; Hochblatt den Blütenstand meist nicht überragend. Sehr selten . . *J. gerardii*

6*. Keine Vorblätter vorhanden, jede Blüte mit 1 Tragblatt; Blüten in Köpfen beisammen, wobei diese einzeln und endständig sein können oder zu wenigen bis vielen einen Gesamtblütenstand bilden.

15. Kein Rhizom vorhanden, Wurzeln büschelig; Pflanzen 1jährig.

16. Äußere Perigonblätter allmählich in eine Grannenspitze verschmälert, länger als die innern Perigonblätter; Blattscheiden ohne Öhrchen. Sehr selten . . . . *J. capitatus*

16*. Alle Perigonblätter kurz zugespitzt oder stumpf, gleich lang; Blattscheiden mit 0,5–1 mm langen Öhrchen. Dép. Ain, Savoyen . . . . *J. pygmaeus*

15*. Rhizom vorhanden (bei *J. bulbosus* fadenförmig und sehr kurz); Pflanzen ausdauernd.

17. Stengel am Grunde zwiebelförmig verdickt; Blätter fadenförmig. Selten . . . . *J. bulbosus*

17*. Stengel am Grunde nicht zwiebelförmig verdickt; Blätter nicht fadenförmig.

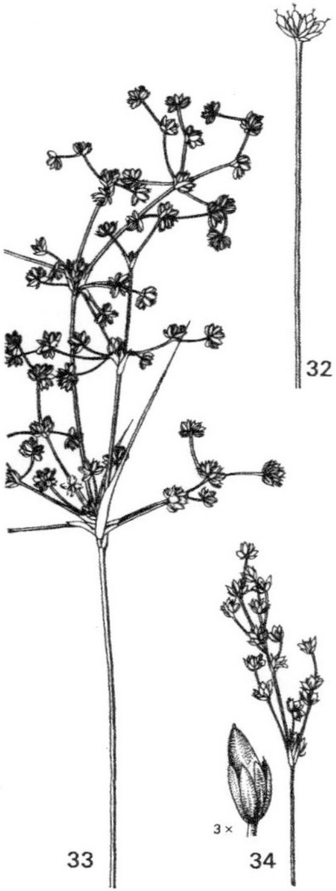

32

33

3×

34

18. Blütenstand aus einem einzigen, endständigen Blütenkopf bestehend oder zudem noch 1–2 seitliche Blütenköpfe vorhanden.

19. Stengelblätter die grundständigen kaum überragend; nur 1 endständiger, 2–5blütiger Blütenkopf vorhanden. Subalpin, alpin, Flachmoore . . . . *J. triglumis* **32**

19*. Stengelblätter die grundständigen weit überragend.

20. Reife Frucht auffallend groß, 7–10 mm lang, schwarzbraun; meist 2 dicht übereinander stehende 2–6blütige Blütenköpfe vorhanden; Stengel 2–3 mm dick. Graubünden, Vorarlberg; selten . . . . *J. castaneus*

20*. Reife Frucht ca. 5 mm lang, gelbbraun; meist nur 1 endständiger, 1–4 blütiger Blütenkopf; Stengel weniger als 1 mm dick. Sörenberg . . . . . *J. stygius*

18*. Gesamtblütenstand aus mehreren Blütenköpfen oder Einzelblüten zusammengesetzt.

21. Jeder nicht blütentragende Trieb einem blütentragenden Stengel gleich und am Grunde nur von blattlosen Scheiden umgeben; bei Verzweigungen des Gesamtblütenstandes häufig rechte und stumpfe Winkel vorhanden (sparrig); Perigonblätter stumpf . . . . *J. subnodulosus* **33**

21*. Nicht blütentragende Triebe am Grunde beblättert, nicht einem Stengel gleich; bei den Verzweigungen des Gesamtblütenstandes alle Winkel spitz; wenigstens die äußern Perigonblätter spitz oder der Mittelnerv eine aufgesetzte Spitze bildend.

22. Alle Perigonblätter gleich lang.

23. Innere Perigonblätter stumpf, äußere Perigonblätter ebenfalls stumpf, jedoch bildet der Mittelnerv eine feine, aufgesetzte Spitze . . . . *J. alpinoarticulatus* 34

23*. Alle Perigonblätter spitz . . . . *J. articulatus*

22*. Innere Perigonblätter deutlich länger als die äußern, alle allmählich zugespitzt . . . . *J. acutiflorus*

35

36

37

38 2×

2×

Artengruppe des Juncus bufonius

1. Reife Frucht länglich; Perigonblätter der Frucht anliegend.
   2. Alle Perigonblätter spitz, die innern so lang oder wenig länger als die Frucht; grundständige Blattscheiden gelb oder braun . . . . *J. bufonius*
   2*. Innere Perigonblätter meist stumpf, mit breitem, häutigem Rand, oft kürzer als die reife Frucht; grundständige Blattscheiden dunkelrot . . . . *J. ambiguus*
1*. Frucht kugelig; Perigonblätter abstehend, viel länger als der Durchmesser der reifen Frucht . . . . *J. sphaerocarpus*

Gattung Luzula

1. Alle Blüten einzeln, die meisten auf langen Stielen (diese Stiele mehrmals so lang wie die zugehörige Blüte) (bei *L. glabrata* häufig 2 Blüten beisammen); Blütenstand locker.
   2. Die meisten Blätter nicht über 3 mm breit, an der Spitze mit feiner, aufgesetzter, 0,1 bis 0,2 mm langer, gelblicher Spitze.
      3. Pflanze lockere Rasen bildend, mit langen, dünnen, unterirdischen Ausläufern . . . *L. luzulina*
      3*. Pflanze horstbildend, mit kurzen, unterirdischen Ausläufern. Warme Lagen . . . . *L. forsteri*
   2*. Die meisten Blätter über 5 mm breit; keine aufgesetzte Spitze vorhanden.
      4. Blätter zerstreut und abstehend bewimpert, reife Frucht länger als die Perigonblätter, über der Mitte plötzlich verschmälert und deutlich eingeschnürt . . . . *L. pilosa* **35**
      4*. Blätter kahl oder nur an der Scheidemündung mit einzelnen Haaren; reife Frucht etwa so lang wie die Perigonblätter, schwarzbraun. Nauders, Bergamasker Alpen . . *L. glabrata*
1*. Die meisten Blüten nicht einzeln, sondern in mehrblütigen Köpfen beisammen, die einen lockeren oder eng zusammengezogenen Gesamtblütenstand bilden.
   5. Perigonblätter gelb; Pflanzen meist kahl . . . . *L. lutea* **36**
   5*. Perigonblätter nicht gelb.
      6. Perigonblätter weiß oder weißlich, selten rötlich.
         7. Äußere Perigonblätter $^2/_3$–$^3/_4$ so lang wie die innern; alle Blätter flach.
            8. Innere Perigonblätter 2,5–3,5 mm lang, weißlich oder rötlich; reife Frucht etwa so lang wie die Perigonblätter.
               a) Perigonblätter weißlich . . . . *L. luzuloides* **37**
               b) Perigonblätter rötlich . . . . *L. rubella*

8*. Innere Perigonblätter ca. 5 mm lang, rein weiß; reife Frucht etwa 1/ 2 so lang wie die Perigonblätter . . . . *L. nivea* **38** S. 89
7*. Alle Perigonblätter gleich lang; unterste Blätter fadenförmig. Gebiet des Mont Cenis *L. pedemontana*
6*. Perigonblätter braun, oft mit hellem, häutigem Rand.
9. Blätter 4–10 mm breit; Gesamtblütenstand stets locker, mit abstehenden Ästen.
10. Blätter und Blattscheiden locker und abstehend behaart; Perigonblätter wenigstens 3 mm lang.
11. Die meisten Blätter 6–10 mm breit; Tiefland . . . . *L. sylvatica* **39**
11*. Die meisten Blätter 4–5 mm breit; Berggebiet . . . . *L. sieberi*
10*. Blätter kahl und Blattscheiden kahl, an der Scheidemündung einzelne Haare; Perigonblätter 2–2,5 mm lang. Vogesen, Schwarzwald . . . . *L. desvauxii*
9*. Die meisten Blätter weniger als 4 mm breit (bei *L. nutans* 4–8 mm breit, Blütenstand jedoch eng zusammengezogen).
12. Gesamtblütenstand mit abstehenden Ästen, Blütenköpfe aus 2–5 Blüten . . . . *L. alpinopilosa* **40**
12*. Gesamtblütenstand eng zusammengezogen, aus ährenartigen, 5–15blütigen Köpfen oder kopfig *Artengruppe der L. campestris* S. 90

Artengruppe der Luzula campestris

1. Unterirdische Ausläufer vorhanden; Perigonblätter 3-4 mm lang . . . . *L. campestris* **41**
1*. Keine Ausläufer vorhanden.
2. Die meisten Blätter flach; Blütenstand aus mehreren gestielten und sitzenden Köpfen bestehend.
3. Perigonblätter 2–3,5 mm lang.
4. Perigonblätter 2,5–3,5 mm lang, alle etwa gleich lang.
5. Perigonblätter braun, 2,5–3 mm lang . . . . *L. multiflora* **42**
5*. Perigonblätter dunkelbraun, 3–3,5 mm lang. . . . . *L. alpina*
4*. Perigonblätter schwärzlich, 2–2,5 mm lang, die inneren deutlich kürzer als die äusseren *L. sudetica* **43**
3*. Perigonblätter 4-5 mm lang, Blätter 4-8 mm breit. Mont Cenis . . . . *L. nutans*
2*. Die meisten Blätter rinnig gefaltet; Blütenstand ziemlich kompakt, nickend, aus mehreren kurz gestielten oder sitzenden Köpfen bestehend; Perigonblätter 2–3 mm lang, braun. Meist alpin . . . . *L. spicata*

44

45

Familie der Liliaceae

1. Keine Zwiebel oder Knolle; ein dickes oder dünnes Rhizom vorhanden oder Wurzeln büschelig.
 2. Pflanze mit Blättern.
  3. Pflanze ohne holzigen Stamm (Ausnahme *Ruscus*).
   4. Blüten in gewöhnlichen Ähren, Trauben oder Rispen oder einzeln.
    5. Blätter grün, rundlich, oval, herzförmig oder grasähnlich.
     6. Griffel 3 oder 4–6.
      7. Griffel 3.
       8. Pflanze weniger als 40 cm hoch; Blätter grasähnlich, steif, kurz; Blütenstand 0,5–6 cm lang; Perigonblätter nicht über 3,5 mm lang . . . . . . *Tofieldia* S. 94
       8*. Pflanze 60–150 cm hoch; Blätter (wenigstens die untersten Stengelblätter) breit oval bis lanzettlich; Blütenstand bis 50 cm lang; Perigonblätter 5 bis 15 mm lang . . . . *Veratrum* S. 94
      7*. Griffel 4–6; an der Spitze des Stengels 4 oder mehr in einem Quirl stehende, schmal lanzettliche bis rundliche Blätter; Perigonblätter meist 8, die äußern von den inneren verschieden; Staubblätter 8–12, Staubfäden über die Staubbeutel hinaus in eine 5–10 mm lange, grannenartige Spitze verschmälert; Frucht eine dunkelblau bereifte, schwarze, kugelige Beere. Wälder . . . . . *Paris quadrifolia* **44**
     6*. Griffel 1.
      9. Blätter oval, herzförmig oder lanzettlich, nicht grasähnlich; Blüten weißlich oder grünlich; Frucht eine Beere.
       10. Meist 2 Blätter vorhanden.
        11. Blätter herzförmig, kurz gestielt; Perigonblätter 4, frei, klein zurückgebogen. Wälder, Zwergstrauchgesellschaften . . . . *Maianthemum bifolium* **45**
        11*. Blätter breit lanzettlich; Perigonblätter 6, verwachsen, mit kleinen, nach außen gebogenen Zipfeln . . . . *Convallaria majalis*
       10*. Stengel bis zur Spitze beblättert, Blätter wechselständig oder quirlständig; Blüten einzeln oder in wenigblütigen Trauben in den Blattachseln, an langen Stielen hängend.

12. Perigonblätter zu einer Röhre verwachsen; Blütenstiele nicht gegliedert und am Grunde nicht mit dem Stengel verwachsen . . . . *Polygonatum* S. 94

12*. Perigonblätter fast bis zum Grunde frei; Blüte glockenförmig; Blütenstiele gegliedert und am Grunde mit dem Stengel verwachsen . . . *Streptopus amplexifolius* **46**

9*. Blätter grasähnlich, fleischig, alle grundständig (nur kleine Tragblätter im Blütenstand); Frucht eine Kapsel.

13. Blüten weiß.

14. Perigonblätter 1nervig; Blütenstand bis 50 cm lang, mit dicht stehenden Blüten; Wurzeln rübenartig verdickt. Südalpen, Wallis . . . . . *Asphodelus albus*

14*. Perigonblätter an der Spitze mit 3 sich vereinigenden Nerven (sonst bis 7nervig); Blütenstand viel kleiner, oft wenigblütig; Wurzeln nicht rübenartig verdickt.

15. Blütenstand eine 3–10blütige einseitswendige Traube; Blütenstiele nicht gegliedert; Blüten groß, bis 6 cm lang, trichterförmig . . . . *Paradisea liliastrum*

15*. Blütenstand eine vielblütige, allseitswendige, oft verzweigte Traube; Blütenstiele gegliedert; Blüten nicht über 3,5 cm lang; Perigonblätter abstehend . . . . *Anthericum* S. 95

13*. Blüten gelb oder gelbrot. Verwilderte Gartenpflanzen . . . . *Hemerocallis* S. 95

5*. Blätter klein, häutig und durchscheinend, gelblich, in den Achseln Büschel von nadelartigen grünen Blättern (Phyllokladien) tragend; Pflanzen meist 1geschlechtig; Blüten einzeln; Blütenstiele nickend, dünn, gegliedert; Perigonblätter frei, weißlich, mit grünem Mittelnerv, bis 8 mm lang . . . . *Asparagus* S. 95

4*. Blüten einzeln oder zu wenigen auf kurzen Stielen, auf ledrigen, immergrünen, breit lanzettlichen, bis 3,5 cm langen Blättern (Phyllokladien); Blüten 1geschlechtig, klein (Perigonblätter ca. 2 mm lang), weiß . . . . *Ruscus aculeatus* **47**

3*. Pflanze mit holzigem Stamm. Dép. Ain, Alpensüdfuß . . . . *Yucca filamentosa*

2*. Pflanze ohne Blätter, am Grunde der Stengel nur Scheiden vorhanden; Blütenstand 1–3blütig; Blüten blau, von mehreren, häutigen Hochblättern umgeben. Dép. Ain, Savoyen . . . . *Aphyllanthes monspeliensis*

1*. Eine oder mehrere Zwiebeln oder eine Knolle vorhanden; gelegentlich nur undeutliche Verdickung und von Fasern umschlossen.

46

47

48

49

16. Blüten zu 1–3 an der Spitze des unterirdischen Stengels, groß, meist rosa oder lila, der untere Teil der 6 Perigonblätter zu einer 10–25 cm langen, tief in den Boden hinein ragenden Röhre vereinigt (verwachsen oder frei) . . . . *Colchicum* s.l. S. 95

16*. Blütenstand stets an einem oberirdischen Stengel; der untere Teil der Perigonblätter höchstens zu einer kurzen Röhre vereinigt.

17. Stengel meist mit 1, selten 2–3 Blüten; Perigonblätter innerseits nie mit dunkelbraunen, behaarten Flecken; wenn Blüten gelb, dann wenigstens 4 cm lang.

18. Blüten nickend.

19. Blätter 2, gegenständig, lanzettlich, bis 10 cm lang, 3–5mal so lang wie breit, gestielt; Blüten rosa bis rotviolett; Perigonblätter vom untersten Drittel an nach außen gebogen und oft zurückgekrümmt. Selten . . . . *Erythronium dens-canis* **48**

19*. Blätter 4–8, grasähnlich; Blüten glockenförmig, mit schachbrettartigem Muster von rotbraunen und hellen Feldern . . . . *Fritillaria* S. 96

18*. Blüten aufrecht (bei *Tulipa sylvestris* vor dem Aufblühen nickend).

20. Blüten gelb oder rot; Blätter schmal oder breit lanzettlich, bis 20 cm lang und bis 2 cm breit . . . . *Tulipa* S. 96

20*. Blüten weiß, mit 3–5 diffusen, roten Streifen; Blätter grasähnlich, sehr schmal, länger als der Stengel. Alpin, saure Böden, windexponiert . . . . *Lloydia serotina* **49**

17*. Blütenstand meist mehrblütig, oft vielblütig, eine Traube, Dolde oder doldenartig, wenn 1blütig, dann Perigonblätter innerseits mit dunkelbraunen, behaarten Flecken (*Lilium*) oder innerseits gelb (reduzierte Blütenstände von *Gagea*).

21. Perigonblätter frei oder nur am Grunde verwachsen.

22. Blätter schmal lanzettlich bis schmal oval, sitzend; Stengel dicht beblättert; Blüten groß, hellpurpurn oder orange bis leuchtend rot, innerseits mit dunkelbraunen, behaarten Flecken *Lilium* S. 96

22*. Blätter grasähnlich, flach oder dick und fleischig oder röhrenförmig, wenn Blätter lanzettlich oder schmal oval, dann Stengel nur mit 0–3 Blättern.

23. Blütenstand eine gewöhnliche Traube; wenn die untersten Blütenstiele auffallend verlängert und Blütenstand doldenartig, dann Blüten innerseits weiß.

24. Blüten blau oder rötlich.

a) Jede Blüte mit 0–1 Tragblatt; Stengel 5–20 cm hoch . . . . *Scilla* S. 528

b) Jede Blüte mit 2 Tragblättern; Stengel 20–50 cm hoch . . . . *Hyacinthoides* S. 530

24*. Blüten innerseits weiß oder gelb . . . . *Ornithogalum* S. 97

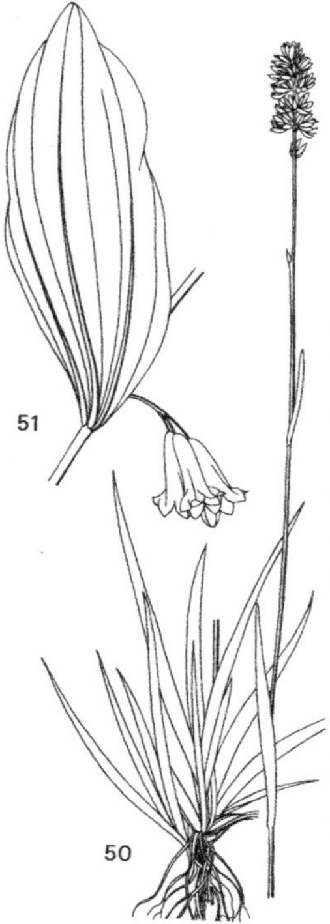

51

50

23*. Blütenstand eine Dolde oder doldenartig (bei *Gagea* selten 1blütig).

25. Blütenstand kugelig oder halbkugelig, locker- bis dichtblütig; Blüten nicht gelb, oder wenn gelb, dann Perigonblätter nicht über 10 mm lang; anstelle der Blüten nicht selten sitzende Zwiebeln . . . . *Allium* S. 97

25*. Blütenstand nicht kugelig oder halbkugelig, locker; Perigonblätter innerseits stets gelb, meist über 10 mm lang . . . . *Gagea* S. 100

21*. Perigonblätter verwachsen, nur die Spitzen frei und nach außen gebogen, dunkelblau . . . . *Muscari* S. 101

Gattung Tofieldia

1. Tragblatt oval oder lanzettlich; am Blütenstiel ein becherförmiges, oft undeutlich 3teiliges Vorblatt vorhanden . . . . *T. calyculata* **50**

1*. Tragblatt 3teilig; kein Vorblatt vorhanden. Alpen; selten . . . . *T. pusilla*

Gattung Veratrum

1. Blütenstiele so lang oder länger als die Perigonblätter und länger als die Tragblätter; Perigonblätter rotbraun bis dunkelbraun. Südliche Kalkalpen . . . . *V. nigrum*

1*. Blütenstiele viel kürzer als die Perigonblätter und kürzer als die Tragblätter; Perigonblätter weiß, gelblich oder gelbgrün.

2. Perigonblätter gelbgrün oder grün . . . . *V. lobelianum*

2*. Perigonblätter oberseits weiß, mit grünlichen Nerven. Selten . . . . *V. album*

Gattung Polygonatum

1. Blätter zu 3–7 je Quirl, schmal lanzettlich . . . . *P. verticillatum*

1*. Blätter wechselständig, oval oder breit lanzettlich.

2. Staubfäden (auch der mit den Perigonblättern verwachsene Teil) flaumig behaart; Blüten meist in 2–5blütigen Trauben; Stengel rund oder mit stumpfen Kanten . . . . . *P. multiflorum* **51**

2*. Staubfäden kahl; Blüten fast immer einzeln; Stengel mit scharfen Kanten . . . . . *P. odoratum*

52

53

Gattung Anthericum

1. Blütenstand eine einfache Traube; Perigonblätter 1,5–3 cm lang; Frucht höher als dick, zugespitzt . . . . *A. liliago* **52**

1*. Blütenstand verzweigt, auch seitenständige Trauben vorhanden; Perigonblätter 0,8–1,3 cm lang; Frucht kugelig . . . . *A. ramosum*

Gattung Hemerocallis

1. Perigonblätter gelb, mit glattem Rand, nur mit Längsnerven . . . . *H. lilio-asphodelus*

1*. Perigonblätter gelbrot, die innern mit welligem bis krausem Rand, alle mit Längs- und Quernerven . . . . *H. fulva*

Gattung Asparagus

1. Blütenstiele unmittelbar unterhalb der Blüte gegliedert; freier Teil der Staubfäden in den ♂ Blüten etwa 4mal so lang wie die Staubbeutel; grüne Blätter zu 10–25 in der Achsel eines häutigen Blattes, getrocknet 0,1–0,2 mm breit. Kollin, montan; Savoyen, Südalpen. . . . *A. tenuifolius* **53**

1*. Blütenstiele ungefähr in der Mitte gegliedert; freier Teil der Staubfäden in den ♂ Blüten so lang wie die Staubbeutel; grüne Blätter zu 3–8 in der Achsel eines häutigen Blattes, getrocknet 0,3–0,4 mm breit. Verwilderte Kulturpflanzen . . . . *A. officinalis*

Gattung Colchicum s.l.

Colchicum bulbocodium wird heute als *Bulbocodium vernum* abgetrennt.

1. Blätter und Blüten im Frühjahr gleichzeitig erscheinend; unterer, bandförmiger Teil der Perigonblätter nicht verwachsen. Savoyen, Wallis, Aostatal; selten . . . . *Bulbocodium vernum*

1*. Blüten im Spätsommer und Herbst, Blätter im Frühjahr erscheinend; unterer, schmaler Teil der Perigonblätter zu einer Röhre verwachsen.

2. Freier Teil der Perigonblätter 4–6 cm lang; Griffel an der Spitze allmählich verdickt, mit herablaufender Narbe . . . . *C. autumnale*

2*. Freier Teil der Perigonblätter 2–3 cm lang; Griffel mit kopfiger Narbe. Alpen . . . . *C. alpinum*

54

55

Gattung Fritillaria

1. Narbenschenkel ca. 5 mm lang; Blätter 4–6, in der obern Hälfte des Stengels. Sehr selten. *F. meleagris* **54**
1*. Narbenschenkel ca. 2 mm lang; Blätter 5–8, im obersten Drittel des Stengels. Sehr selten. *F. tubaeformis*

Gattung Tulipa

1. Staubfäden am Grunde dicht behaart; Narbenkopf schmäler als der Fruchtknoten.
   2. Blüten vor dem Aufblühen nickend, gelb; Fruchtkapsel etwa 2mal so lang wie dick. Selten. . *T. sylvestris*
   2*. Blüten vor dem Aufblühen aufrecht, gelb und außerseits rot überlaufen; Fruchtkapsel etwa so lang wie dick. Selten. . . . . . . *T. australis*

1*. Staubfäden kahl; Narbenkopf etwa 2mal so breit wie der Fruchtknoten; Blüten leuchtend rot, gelb oder gelb und rot überlaufen. Savoyen, Oberwallis . . . . . . *T. gesneriana* agg.
   3. Blüten rot. Mittleres Rhonetal . . . . . . *T. didieri*
   3*. Blüten gelb, oft mit rotem Rand. Goms, VS (Grengiols) . . . . . . *T. grengiolensis*

Gattung Lilium

1. Perigonblätter ungefähr von der Mitte an zurückgebogen; Blüten hängend; im mittleren Stengelteil Blätter zu 4–8 quirlartig zusammengedrängt . . . . . . *L. martagon*
1*. Perigonblätter allmählich nach außen gebogen, höchstens an der Spitze zurückgebogen; Blüten trichterförmig, aufrecht oder abstehend; alle Blätter wechselständig.
   2. In den Blattachseln keine Bulbillen vorhanden. Alpen, Jura; selten . . . . . . *L. croceum*
   2*. In den Blattachseln der obern Stengelblätter Bulbillen vorhanden. Nur im Osten . . *L. bulbiferum*

Gattung Scilla

Schlüssel siehe S. 528; Abb. **55**: *Scilla bifolia*

56 2×

57

Gattung Ornithogalum

1. Untere Blütenstiele auffallend verlängert, die Spitze des Blütenstandes oft überragend.
   2. Blätter 2–6 mm breit; Spitze der Fruchtkapsel nicht eingesenkt; Nebenzwiebeln vorhanden . . . . *O. umbellatum*
   2*. Blätter 1–2 mm breit; Spitze der Fruchtkapsel eingesenkt; meist keine Nebenzwiebeln vorhanden. Oberrheinische Tiefebene, Savoyen, Bormio, Vintschgau . . . . *O. gussonei*

1*. Blütenstand eine gewöhnliche Traube.
   3. Innere Staubfäden an der Spitze (unterhalb der Staubbeutel) mit 2 Zähnen; Blütenstand einseitswendig; Perigonblätter innerseits weiß.
      4. Leiste auf der Innenseite der Staubblätter keinen Zahn bildend. Verwildert . . . . . . *O. nutans* **56**
      4*. Leiste auf der Innenseite der Staubblätter unterhalb der Staubbeutel einen Zahn bildend. Vintschgau . . . . *O. boucheanum*
   3*. Staubfäden ohne Zähne; Blütenstand allseitswendig.
      5. Perigonblätter gelb; Fruchtknoten länglich bis zylindrisch . . . . *O. pyrenaicum*
      5*. Perigonblätter hyalin oder grünlich; Fruchtknoten kugelig bis oval . . . . *O. sphaerocarpum*

Gattung Allium

A. Wildwachsende Arten.

1. Blätter 2–5 cm breit, flach, nicht hohl, lanzettlich oder oval.
   2. Stengel beblättert, Blätter schmal oval. Subalpin, alpin, selten montan . . . . *A. victorialis*
   2*. Stengel nicht beblättert, alle Blätter grundständig.
      3. Blätter meist 2, deutlich gestielt, breit lanzettlich; Blüten weiß. Wälder, Hecken . . *A. ursinum* **57**
      3*. Blätter meist mehr als , nicht gestielt; Blüten gelblich, außerseits mit grünen oder roten Nerven. Verwildert, sehr selten . . . . *A. nigrum*

1*. Blätter meist weniger als 2 cm breit, flach oder röhrenförmig.
   a) Pflanze 10–30 cm hoch; Blätter 4–20 mm breit, flach, nicht hohl; Blütenstand mit sitzenden Zwiebeln und 1–3 lang gestielten, weissen Blüten; Perigon 10–12 mm. Verwildert . . . . *A. paradoxum*
   b) Pflanze mit anderen Merkmalen.
      4. Die 3 innern Staubfäden verbreitert, an der Spitze 3zähnig, die beiden seitlichen Zähne zur Zeit des Blühbeginns so lang wie der Mittelzahn (der den Staubbeutel trägt) oder viel länger, oft fadenförmig (während der Blüte macht der Mittelabschnitt noch ein Streckungswachstum durch, so daß der Mittelabschnitt oft länger wird als die Seitenab-

58

59 60

5. Blätter flach, nicht hohl.
6. Blütenstand mit sitzenden Zwiebeln; Blätter am Rande und auf dem Mittelnerv rauh bewimpert. Selten . . . . . *A. scorodoprasum*
6*. Blütenstand ohne Zwiebeln; Blätter glatt. Selten . . . . . ***A. rotundum***
5*. Blätter nie flach, röhrenförmig, hohl, oberseits oft mit Rinne.
7. Blütenstand meist nur sitzende Zwiebeln tragend, wenn Blüten vorhanden, dann mit Stielen, die 3–5mal so lang sind wie die Perigonblätter . . . . . *A. vineale* **58**
7*. Blütenstand fast immer ohne Zwiebeln; Blütenstiele kürzer bis 2mal so lang wie die Perigonblätter. Selten . . . . . *A. sphaerocephalon*
4*. Alle Staubfäden gleich oder, wenn die innern verbreitert sind, seitliche Zähne an der Spitze viel kürzer als der Mittelzahn.
8. Die längsten Hüllblätter kürzer als die längsten Blütenstiele und Blüten zusammen; Blütenstand meist dicht, mit radiär abstehenden Blüten, nie mit Zwiebeln; Blütenstiele ± gleich lang.
9. Blätter röhrenförmig, hohl; Perigonblätter 8–15 mm lang, allmählich zugespitzt . *A. schoenoprasum* **59**
9*. Blätter flach, nie hohl.
10. Perigonblätter 10–15 mm lang, breit abgerundet, oft mit feiner, aufgesetzter Spitze.
11. Zwiebelhäute faserig zerfallend; Blütenstand und Fruchtstand aufrecht. Grajische Alpen . . . . . ***A. narcissiflorum***
11*. Zwiebelhäute nicht faserig zerfallend, Blütenstand und Fruchtstand nickend. Bergamasker Alpen . . . . . ***A. insubricum*** **60**
10*. Perigonblätter nicht über 8 mm lang . . . . . *Artengruppe des A. lineare* S. 100

8*. Die längsten Hüllblätter länger als die längsten Blütenstiele und Blüten zusammen, den Blütenstand überragend, oft abstehend oder abwärts gerichtet; Blütenstand meist locker, mit nickenden und hängenden Blüten, mit oder ohne Zwiebeln; Blütenstiele in demselben Blütenstand meist auffallend verschieden lang . . . . . ***Artengruppe des A. oleraceum*** S. 100

B. Gewürz- oder Gemüsepflanzen

1. Blätter flach.
  2. Im Blütenstand stets sitzende Zwiebeln vorhanden; Staubblätter nicht aus dem Perigon herausragend, die seitlichen Zähne an der Spitze der innern Staubfäden viel kürzer als der untere Teil des Staubfadens . . . . *A. sativum* L., Knoblauch
    $2n = 16$: Zahlreiche Angaben in Löve und Löve (1961). *Herkunft:* Wahrscheinlich Zentralasien.
  2*. Blütenstand stets ohne Zwiebeln; Staubblätter aus dem Perigon herausragend; die seitlichen Zähne an der Spitze der innern Staubblätter fadenförmig, länger als der untere Teil des Staubfadens . . . . *A. porrum* L., Sommerlauch
    $2n = 32$: Zahlreiche Angaben in Löve und Löve (1961).
    Herkunft: Kultursippe aus dem im Mediterrangebiet verbreiteten *A. ampeloprasum* L.
1*. Blätter röhrenförmig.
  3. Blätter und Stengel im untern Teil auffallend weite Röhren bildend.
    4. Blütenstiele bis 8mal so lang wie die Blüten; die innern Staubfäden mit 3 Spitzen, am Grunde auffallend verbreitert . . . . *A. cepa* L., Zwiebel
      $2n = 16$: Sehr viele Untersuchungen; wichtiges zytologisches Objekt; Zusammenstellung der Zählungen von Löve und Löve (1961).
      Herkunft: Wahrscheinlich westliches Asien.
    4*. Blütenstiele etwa so lang wie die Blüten; die innern Staubfäden ohne seitliche Spitzen, am Grunde wenig verbreitert . . . . *A. fistulosum* L., Winterzwiebel
      $2n = 16$: Zusammenstellung der vielen Zählungen von Löve und Löve (1961).
      Herkunft: Wahrscheinlich Sibirien.
  3*. Blätter und Stengel im untern Teil nicht auffallend erweitert . . . . *A. ascalonicum* L., Schalotte
    $2n = 16$: Zusammenstellung der Zählungen in Löve und Löve (1961).
    Herkunft: Wahrscheinlich westliches Asien.

Über *A. schoenoprasum*, Schnittlauch, vgl. unter «wildwachsende Arten».

Artengruppe des Allium lineare

1. Zwiebelhäute faserig zerfallend.
   2. Fasern ein dichtes Netz bildend; Blütenstiele nicht oder nur wenig länger als die Perigonblätter; innere Staubfäden am Grunde plötzlich verbreitert, oft jederseits mit einem Zahn. Savoyen, Wallis, Graubünden, Vintschgau . . . . . . *A. lineare*
   2*. Fasern kein Netz bildend, parallel gerichtet; innere Staubfäden am Grunde allmählich verbreitert, nie mit Zähnen.
      3. Blüten hellpurpurn bis rosa; Blütenstiele 2–3mal so lang wie die Perigonblätter. Selten *A. suaveolens*
      3*. Blüten gelblich; die meisten Blütenstiele 1–2mal so lang wie die Perigonblätter. Bergamasker Alpen . . . . . . *A. ericetorum*

1*. Zwiebelhäute nicht faserig zerfallend.
   4. Staubblätter die Spitzen der Perigonblätter nicht überragend. Selten . . . . . . *A. angulosum*
   4*. Staubblätter das Perigon weit überragend . . . . . . *A. lusitanicum* **61**

Artengruppe des Allium oleraceum

1. Staubblätter im Perigon eingeschlossen oder die Spitze der Perigonblätter kaum überragend.
   2. Blütenstand ohne Zwiebeln. Dép. Ain, Grajische Alpen, Grigna . . . . . . *A. paniculatum*
   2*. Blütenstand mit sitzenden Zwiebeln . . . . . . *A. oleraceum* **62**

1*. Staubblätter die Perigonblätter weit überragend.
   3. Blütenstand ohne Zwiebeln, Blüten leuchtend rot. Jura, Südtessin, Veltlin, Vintschgau. *A. pulchellum* **63**
   3*. Blütenstand mit sitzenden Zwiebeln. Selten . . . . . . *A. carinatum*

Gattung Gagea

1. Grundständige Blätter nicht über 4 mm breit, auffallend schmäler als das breiteste Stengelblatt oder Hochblatt.
   2. Perigonblätter stumpf, außerseits kahl; grundständige Blätter im Querschnitt halbkreisförmig, hohl. Alpen . . . . . . *G. fragifera*

2*. Perigonblätter spitz, wenn stumpf, dann außerseits (wenigstens in der untern Hälfte) dicht behaart; grundständige Blätter flach oder rinnig, nicht hohl.

3. Meist nur 1 grundständiges Blatt; Perigonblätter außerseits kahl. Nordalpen . . . . *G. minima*

3*. 2 grundständige Blätter; Außenseite der Perigonblätter (wenigstens in der untern Hälfte) behaart, oft auch der Stengel behaart.

4. Blütenstand 5–10blütig; Griffel zerstreut und flaumig behaart. Selten . . . . . . *G. villosa*

4*. Blütenstand 1–3blütig; Griffel kahl. Wallis . . . . *G. saxatilis*

1*. Grundständige Blätter über 4 mm breit (bis 15 mm breit), flach, nicht oder nur wenig schmäler als die Stengelblätter oder Hochblätter.

5. Grundständiges Blatt meist 4–6 mm breit, allmählich in eine Spitze verschmälert . . . *G. pratensis*

5*. Grundständiges Blatt 5–15 mm breit, kurz zugespitzt . . . . *G. lutea* **64**

Gattung Muscari

1. Blütenstand meist weniger als 5 cm lang, dicht; an der Spitze mit wenigen sterilen Blüten, die nicht länger gestielt sind als die fertilen Blüten.

2. Blätter nach der Spitze hin verbreitert; Länge der Blüten ungefähr gleich dem Durchmesser. Selten . . . . *M. botryoides*

2*. Blätter nach der Spitze hin nicht verbreitert; Blüten ungefähr 2mal so lang wie der größte Durchmesser.

3. Frucht an der Spitze eingesenkt . . . . *M. racemosum*

3*. Frucht an der Spitze abgerundet . . . . *M. neglectum*

1*. Blütenstand meist über 10 cm lang, locker; an der Spitze mit einem Schopf steriler Blüten, die viel länger gestielt sind als die fertilen Blüten . . . . *M. comosum* **65**

64

65

Familie der Amaryllidaceae

1. Pflanze mit Zwiebel; Blätter bis 1,5 cm breit.

2. Am Grunde des freien Teils der Perigonblätter (über dem verwachsenen Schlund) ein zylindrisches, glocken- oder becherförmiges Gebilde (Nebenkrone) vorhanden . . . . . *Narcissus* S. 102

2*. Blüte ohne Nebenkrone.

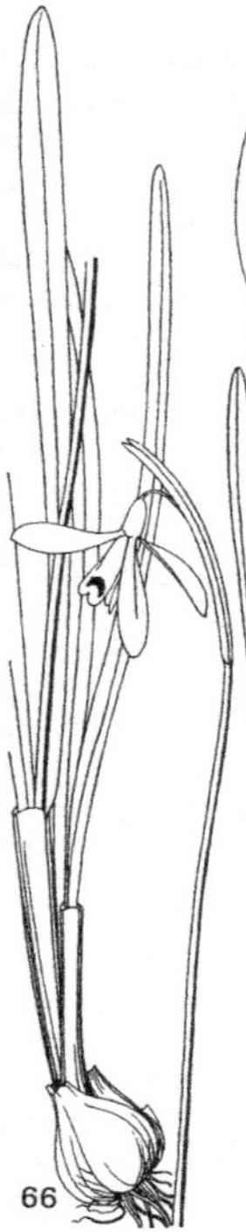

66  67

3. Äußere 3 Perigonblätter $\pm$ waagrecht abstehend, weiß; innere 3 Perigonblätter zusammenneigend, an der Spitze ausgerandet und außerseits mit grünem Fleck . . . *Galanthus* S. 530 **66**

3*. Blüten glocken- oder trichterförmig, alle Perigonblätter mit verdickter, grüner Spitze ***Leucojum*** **S. 102**

1*. Pflanze ohne Zwiebel; Blätter auf kurzem Stamm eine Rosette bildend, 1–2 m lang und bis 20 cm breit, fleischig, steif, hart, mit Stachel an der Spitze und mit vereinzelten Stacheln an den Rändern. Verwildert im Südtessin, Meran . . . . ***Agave americana***

Gattung Narcissus

1. Nebenkrone groß, $^1/_2$–1mal so lang wie die freien Perigonzipfel.

2. Nebenkrone etwa so lang wie die freien Perigonzipfel . . . . *N. pseudonarcissus*

2*. Nebenkrone etwa $^1/_2$ so lang wie die freien Perigonzipfel. Alpensüdfuß (verwildert) . . ***N. incomparabilis***

1*. Nebenkrone klein, weniger als $^1/_2$ so lang wie die freien Pergonzipfel.

3. Blütenstand meist 2–3blütig. Alpensüdfuß (verwildert) . . . . *N. jonquilla*

3*. Blütenstand 1blütig.

4. 3 Staubblätter tiefer und 3 höher eingefügt (Spitze der untern Staubblätter das unterste Viertel der obern erreichend); zur Zeit der Pollenreife nur 3 Staubblätter aus der Perigonröhre herausragend. Savoyen, Wallis, Tessin . . . . ***N. poeticus***

4*. Alle Staubblätter fast in gleicher Höhe eingefügt (Spitze der untern Staubblätter das oberste Viertel der obern erreichend); zur Zeit der Pollenreife alle 6 Staubblätter aus der Perigonröhre herausragend . . . . ***N. radiiflorus***

Gattung Leucojum

1. Blütenstand 1blütig, seltener 2blütig; Blütenstiel nicht länger als das Hochblatt . . . . ***L. vernum* 67**

1*. Blütenstand 3–6blütig; die längsten Blütenstiele länger als das Hochblatt. Sehr selten . *L. aestivum*

68 69

Familie der Iridaceae

1. Blüten radiär (aktinomorph); Blütenstand nie eine einseitswendige Ähre.
   2. Unterer Teil der Blüte (die lange Perigonröhre und der Fruchtknoten) im Boden . . . *Crocus* S. 103
   2*. Keine Blütenteile im Boden.
      3. Blüten groß, äußere Perigonblätter zurückgebogen oder abstehend, innere aufrecht; die 3 Narben blumenblattähnlich . . . . . *Iris* S. 103
      3*. Durchmesser der Blüten nicht über 2 cm, alle Perigonblätter sternförmig abstehend oder glockenförmig zusammenneigend; die 3 Narben nicht blumenblattähnlich . . . *Sisyrinchium montanum*
1*. Blüten zygomorph; Blütenstand eine einseitswendige Ähre . . . . . *Gladiolus* S. 104

Gattung Crocus

1. Die 3 Narbenschenkel ungefähr so lang wie der freie Teil der Perigonblätter, zurückgebogen; Blüte im Herbst. Kulturrelikt (Wallis, Tessin, Savoyen) . . . . . *C. sativus*
1*. Die 3 Narbenschenkel viel kürzer als der freie Teil der Perigonblätter, aufrecht; Blüte im frühen Frühling.
   2. Knolle von Fasern umgeben.
      3. Blüten weiss oder violett, Perigonröhre violett, wenn weiss, dann ganze Blüte weiss . . *C. albiflorus* 68
      3*. Blüten violett bis purpurn, mit weisser Perigonröhre. Verwildert . . . . *C. tommasinianus*
   2*. Knolle von derben Häuten umgeben. Südliche Bergamasker Alpen . . . . *C. biflorus*

Gattung Iris

1. Äußere, nach unten gebogene Perigonblätter innerseits (auf der Oberseite) in der Längsrichtung mit einem Streifen abstehender, stumpfer Haare
   2. Hochblätter grün; äußere Perigonblätter gelblich, innere goldgelb. Hegau, St. Niklaus . *I. variegata*
   2*. Hochblätter häutig, nicht grün; Perigonblätter hellblau. Franz. Jura, Alpensüdfuß . . *I. pallida*
1*. Äußere Perigonblätter kahl oder flaumig behaart.
   3. Blätter die Stengel weit überragend; Stengel 2 kantig. Südliche Kalkalpen . . . . . *I. graminea*
   3*. Blätter kürzer oder so lang wie der Stengel; Stengel rund.
      4. Blüten gelb, ohne blaue Nerven; die 3 innern Perigonblätter die Narben nicht überragend. Nasse, nährstoffreiche Böden . . . . . *I. pseudacorus* **69**

4*. Blüten blau bis violett, weißlich oder gelb mit blauen Nerven, die 3 innern Perigonblätter die Narben überragend.

5. Blüten blau bis violett, gegen den Grund hin gelb; die beiden Zipfel der Narbenoberlippe abgerundet und fein gezähnt; Stengel rund. Pfeifengraswiesen . . . . *I. sibirica* **70**

5*. Äußere Perigonblätter blau bis rötlich, innere gelb mit violetten Flecken; die beiden Zipfel der Narbenoberlippe spitz; Stengel mit 1 Kante. Savoyen, Franz. Jura . *I. foetidissima*

Gattung Gladiolus

1. Staubbeutel wenig länger als die Staubfäden. Keine Fundorte mehr (?) . . . . *G. italicus*

1*. Staubbeutel kürzer als die Staubfäden.

2. Dickste Fasern der Knollenhäute im obern Teil der Knolle ein Netz aus vieleckigen Maschen bildend, die meist etwa 2mal so lang wie breit sind. Selten . . . . *G. palustris*

2*. Alle Fasern im obern Teil der Knolle fast parallel laufend, Maschen des Netzes deshalb sehr lang und schmal. Südliche Kalkalpen . . . . *G. imbricatus*

Familie der Orchidaceae

1. Lippe einem Schuh oder Pantoffel ähnlich, 3–4 cm lang, 2,5–3 cm breit, gelb; Staubblätter 2 *Cypripedium calceolus*

1*. Lippe nicht schuh- oder pantoffelförmig; Staubblatt 1. Lichte Wälder, Gebüsch.

2. Pflanze ohne Blattgrün oder wenigstens ohne grüne Blätter, Pflanzenteile deshalb gelblich bis braun, bei Limodorum blau bis violett; Stengel mit schuppenförmigen, scheidenartig umfassenden Blättern.

3. Lippe mit Sporn.

4. Lippe und Sporn aufwärts gerichtet; Sporn länger und dicker als der Fruchtknoten, stumpf, mit der Lippe einen spitzen Winkel bildend oder sie berührend. Sehr selten. . *Epipogium aphyllum*

4*. Lippe und Sporn abwärts gerichtet.

5. Sporn 15–25 mm lang, etwa so lang wie die Perigonblätter; Pflanze teilweise blau bis violett. Flaumeichen- und lichte Föhrenwälder; selten . . . . *Limodorum abortivum*

5*. Sporn klein, etwa $^1/_4$ so lang wie der Fruchtknoten, diesem anliegend. Selten . *Corallorhiza trifida*

70

3*. Lippe ohne Sporn, am Grunde mit sackartiger Vertiefung; Lippe bis auf $^3/_4$ 2teilig, mit sichelförmig spreizenden Abschnitten. Buchenwälder, Laubmischwälder . . . . ***Neottia nidus-avis* 73**

2*. Pflanze grün.

6. Lippe ohne Sporn, am Grunde gelegentlich bauchig vertieft.

7. Blüten auffallend groß: Perigonblätter 20–28 mm lang, alle an den Rändern miteinander verklebt und einen nach vorne zugespitzten Helm bildend; Lippe länger als die Perigonblätter, mit nach unten geknicktem Vorderteil; Blüten rotbraun bis violett. Sehr selten; Alpensüdfuß . . . . *Serapias* S. 107

7*. Blüten kleiner (Ausnahme bei *Cephalanthera:* Perigonblätter bis 25 mm lang, weiß, gelblich oder rosa).

8. Lippe auf der Vorderseite samtig, dunkelbraun bis schwarzbraun (Farbe stets in starkem Kontrast zur Farbe der äußern Perigonblätter), meist mit gelben, violetten, weißen oder grauen Linien und Punkten. Trockenwiesen, Föhrenwälder . *Ophrys* S. 108

8*. Lippe nicht samtig und dunkelbraun oder schwarzbraun, oder wenn so, dann kein auffallender Farbkontrast zu den äußern Perigonblättern.

9. Alle Perigonblätter glockenförmig zusammenneigend, 10–25 mm lang, die Lippe meist verdeckend; Blüten aufwärts gerichtet, weiß, gelblich oder rosa; Stengel in der ganzen Länge beblättert. Waldpflanzen . . . . *Cephalanthera* S. 108

9*. Perigonblätter die Lippe nicht verdeckend.

10. Lippe nicht geteilt (keine Abschnitte oder Zähne), am Rande glatt oder wellig und kraus.

11. Blüten klein, dicht stehend, in 1 Reihe auf 1–2, seltener auf mehreren schraubenförmigen Umdrehungen um die Hauptachse angeordnet . . . . *Spiranthes* S. 109

11*. Blüten nicht in einer Reihe; Blütenstand einseitswendig oder allseitswendig.

12. Lippe durch einen tiefen Einschnitt oder durch eine kanalförmige Einschnürung deutlich in einen vordern und einen hintern Teil gegliedert; Vorderteil der Lippe am Grunde mit glatten Schwielen oder runzeligkraus, selten flach; Blütenstand meist einseitswendig; Blüten hängend *Epipactis* S. 109

12*. Lippe nicht in einen vordern und einen hintern Teil gegliedert.

73

13. Stengel und Blüten dicht mit abstehenden Drüsenhaaren besetzt; Blüten klein, etwa 4 mm lang, weiß bis grünlich; Blütenstand einseitswendig. Föhrenwälder . . . . *Goodyera repens* **74**

13*. Stengel und Blüten kahl.

14. Lippe aufwärts gerichtet; Blüten klein, Perigonblätter bis 3 mm lang, gelblich bis grün. Selten . . . . *Malaxis* s.l. S.110

14*. Lippe meist abwärts gerichtet; Blüten klein, Perigonblätter 4–5 mm lang; Ränder nach außen umgerollt, gelblich bis grün. Sehr selten *Liparis loeselii*

10*. Lippe 2-, 3- oder 4teilig oder mit Zähnen, Perigonblätter zusammenneigend.

15. Blätter grasblattähnlich, fleischig, rinnig gefaltet, oft so hoch wie der Blütenstand; Blüten klein, Perigonblätter bis 4 mm lang, helmförmig zusammenneigend; Lippe 3–4 mm lang, etwa in der Mitte mit 2 seitwärts abstehenden, 0,5 mm langen, stumpfen Zähnen. Alpen; kalkreiche Böden *Chamorchis alpina* **75**

15*. Blätter nicht grasblattähnlich.

16. Innere Perigonblätter länger als die ovalen, äußern Perigonblätter, am Grunde spatelförmig verbreitert, Lippe etwa in der Mitte mit 2 senkrecht abstehenden Abschnitten. Ungedüngte Wiesen . . . . *Herminium monorchis* **76**

16*. Innere Perigonblätter nicht länger als die äußern.

17. Lippe bis auf $^1/_2$ oder $^1/_3$ 2teilig; Abschnitte parallel oder gespreizt . *Listera* S. 110

17*. Lippe bis auf $^1/_4$ 3teilig; Mittelabschnitt ungefähr 1 mm breit, bis auf $^2/_3$ 2teilig, mit spreizenden Zipfeln, Seitenabschnitte einfach, in der Mitte etwa 0,5 mm breit, allmählich zugespitzt, $^2/_3$–$^3/_4$ so lang wie der Mittelabschnitt. Kalkhaltige, trockene Böden . . . . *Aceras anthropophorum* **77**

6*. Lippe mit Sporn, dieser bei einigen Gattungen klein (kaum $^1/_4$ so lang wie der Fruchtknoten).

18. Lippe bandförmig, 20–60 mm lang, 1,5–3 mm breit, etwa 5 mm über dem Grunde jederseits mit einem 5–15 mm langen, bandförmigen Abschnitt. Sehr selten. . . *Himantoglossum hircinum*

18*. Lippe nicht bandförmig oder wenn bandförmig, dann nicht über 20 mm lang.

19. Lippe ungeteilt, ganzrandig.

20. Sporn bis $^1/_4$ so lang wie der Fruchtknoten; Lippe aufwärts gerichtet; Blütenstand kugelig bis kurz zylindrisch, sehr dichtblütig; Blätter grasblattähnlich . *Nigritella* S. 110

20*. Sporn $1^1/_2$–$2^1/_2$mal so lang wie der Fruchtknoten; Lippe abwärts gerichtet; Blüten weiß oder gelbgrün; Blütenstand lockerblütig; grundständige Blätter oval . . . . *Platanthera* S. 110

19*. Lippe geteilt (meist 3teilig).

21. Sporn dünn, fadenförmig (am Grunde etwa 1 mm dick), 1–2mal so lang wie der Fruchtknoten; 2 oder 3 äußere Perigonblätter abstehend.

22. Lippe am Grunde mit 2 vorspringenden Platten . . . . *Anacamptis pyramidalis* **78**

22*. Lippe am Grunde ohne Platten . . . . *Gymnadenia* S. 111

21*. Sporn zylindrisch oder kegelförmig, nicht fadenförmig, am Grunde dicker als 1 mm oder kürzer als der Fruchtknoten.

23. Blüten klein: Perigonblätter und oft auch die Lippe glockenförmig zusammenneigend, 2–3 mm lang; Abschnitte der Lippe dreizackähnlich nach vorn gerichtet; Sporn bis $^1/_2$ so lang wie der Fruchtknoten. Meist subalpin . . . *Pseudorchis albida*

23*. Blüten größer: Perigonblätter und Lippe 5 mm lang oder länger.

24. Sporn bis $^1/_4$ so lang wie der Fruchtknoten, Lippe 5–10 mm lang, am Grunde 2–3 mm breit, nach vorn wenig verbreitert, flach, bis auf $^2/_3$ oder $^3/_4$ 3teilig; Abschnitte nicht spreizend, die beiden seitlichen Abschnitte 2–4mal so lang wie der mittlere Abschnitt . . . . *Coeloglossum viride* **79**

24*. Sporn mehr als $^1/_4$ so lang wie der Fruchtknoten, meist $^1/_2$ so lang wie der Fruchtknoten oder länger (Ausnahme: Bei *O. ustulata*, Sporn $^1/_4$ so lang wie der Fruchtknoten und Lippe mit seitwärts abstehenden Abschnitten) *Orchis* s.l. S.111

78

79

Gattung Serapias

1. Tragblätter die Blüten weit überragend; Lippe am Grunde mit 2 nach außen gebogenen Höckern . . . . *S. vomeracea*

1*. Tragblätter die Blüten nicht oder kaum überragend; Lippe am Grunde nur mit 1 Höcker *S. lingua*

80
1×

81
1×

82

Gattung Ophrys

1. Lippe an der Spitze mit einem kleinen, lappenförmigen Anhängsel.
   2. Lippe meist wenig breiter als lang, wenig (1–3 mm) länger als die äußern Perigonblätter; Anhängsel der Lippe etwa doppelt so breit wie lang, groß oder sehr klein, aufwärts oder vorwärts gebogen.
      3. Lippe mit Linien und Flecken, am Grunde mit 2 kegelförmigen Höckern.
         4. Pflanze bis 30 cm hoch; Lippe 8–13 mm lang und 13–20 mm breit . . . . *O. holosericea*
         4*. Pflanze bis 90 cm hoch; Lippe 6–10 mm lang und 7–13 mm breit . . . . *O. tetraloniae*
      3*. Lippe mit einem Fleck, keine Linien, am Grunde keine Höcker vorhanden. Südalpen . . . *O. benacensis*
   2*. Lippe etwa $1^1/_2$ mal so lang wie breit, $^2/_3$–$^3/_4$ so lang wie die äußern Perigonblätter; Anhängsel der Lippe etwa doppelt so lang wie breit, rückwärts oder abwärts gerichtet.
      a) Seitliche innere Perigonblätter höchstens ¼ so lang wie die 3 äußeren Perigonblätter . . *O. apifera* **80**
      b) Seitliche innere Perigonblätter etwa ⅔ so lang wie die 3 äußeren Perigonblätter . . . . *O. botteronii*

1*. Lippe ohne Anhängsel.
   5. Lippe $1^1/_2$–$2^1/_2$ mal so lang wie die äußern Perigonblätter; innere, seitliche Perigonblätter fadenförmig . . . . *O. insectifera* **81**
   5*. Lippe etwa so lang wie die äußern Perigonblätter; innere seitliche Perigonblätter schmal lanzettlich.
      6. Lippe 5–9 mm lang und 7–11 mm breit . . . . *O. araneola*
      6*. Lippe 9–14 mm lang und 11–16 mm breit . . . . *O. sphegodes*

Gattung Cephalanthera

1. Perigonblätter weiß oder gelblich; oberer Stengelteil und Fruchtknoten kahl oder zerstreut mit einzelnen 0,1 mm langen, gegliederten Drüsenhaaren.
   2. Perigonblätter spitz; Blätter 4–6mal so lang wie breit; gefaltet; Tragblätter schmal lanzettlich, meist viel kürzer als der Fruchtknoten . . . . *C. longifolia*
   2*. Perigonblätter stumpf; Blätter etwa 3mal so lang wie breit, flach; untere Tragblätter in Form und Größe wie die Stengelblätter . . . . *C. damasonium*

1*. Perigonblätter rosa; oberer Stengelteil und Fruchtknoten dicht mit 0,1–0,2 mm langen, gegliederten Drüsenhaaren besetzt . . . . *C. rubra* **82**

83 2×

84 1×

85 1×

Gattung Spiranthes

1. Stengel nur mit kleinen, spitzen, schuppenartigen, stengelumfassenden Blättern; Grundblätter eine seitenständige (neben dem Stengel stehende) Rosette bildend . . . . *S. spiralis* **83**

1*. Untere Stengelblätter schmal lanzettlich, bis 10 cm lang, 8–15mal so lang wie breit, obere Stengelblätter schuppenartig (wie bei *S. spiralis*); keine seitenständige Grundblattrosette. *S. aestivalis*

Gattung Epipactis

1. Vorderteil der Lippe durch einen auffallend tiefen Einschnitt vom Hinterteil getrennt (Verbindung nur etwa 1,5 mm breit); Lippe deutlich länger als die Perigonblätter, am Rande kraus. Flachmoore . . . . *E. palustris* **84**

1*. Vorderteil der Lippe durch eine kanalförmige Einschnürung (einwärts gebogene, nicht eingeschnittene Ränder) vom Hinterteil getrennt; Lippe nicht länger als die Perigonblätter.

2. Vorderteil der Unterlippe oberseits am Grunde auffallend runzelig-kraus (Herbarmaterial aufkochen!); Fruchtknoten dicht flaumig behaart.

3. Blütenstand reichblütig. Vorderteil der Unterlippe $1^1/_2$–2mal so breit wie lang, im Umriß fast rechteckig; Blüten purpurrot; Blätter groß, länger als die Internodien, 2zeilig angeordnet. Föhrenwälder . . . . *E. atrorubens* **85**

3*. Blütenstand wenigblütig (4–12blütig); Vorderteil der Unterlippe herzförmig bis 3eckig; Blüten hellgrün oder gelbgrün; Blätter klein, etwa $^1/_2$ so lang wie die Internodien, schraubig angeordnet. Laubmischwälder . . . . *E. microphylla*

2*. Vorderteil der Unterlippe oberseits am Grunde mit ± deutlichen, glatten Schwielen.

4. Fruchtknoten und Außenseite der äußern Perigonblätter flaumig behaart; Blätter kürzer bis $1^1/_3$mal so lang wie die Internodien, meist 2–3mal so lang wie breit . . . . . *E. purpurata*

4*. Fruchtknoten meist und Perigonblätter stets kahl; Blätter meist 2–3mal so lang wie die Internodien, 1–3mal so lang wie breit.

5. Vorderer Teil der Lippe so breit wie oder breiter als lang.

6. Vorderer Teil der Lippe herzförmig, etwa so lang wie breit; Blattrand nicht gewellt . *E. helleborine*

6*. Vorderer Teil der Lippe breiter als lang; Blattrand gewellt . . . . *E. muelleri*

5*. Vorderer Teil der Lippe deutlich länger als breit . . . . *E. leptochila*

Gattung Malaxis s.l.

Malaxis paludosa wird heute als *Hammarbya paludosa* abgetrennt.

1. Seitliche, innere Perigonblätter lanzettlich, 2–3mal so lang wie breit; Blätter 2–3, das oberste (größte) nicht über 3 cm lang, $2^1/_2$–$3^1/_2$mal so lang wie breit. Hochmoore . . . . *Hammarbya paludosa*

1*. Seitliche, innere Perigonblätter sehr schmal, nur 0,3 mm breit, fast parallelrandig, 6–10mal so lang wie breit; Blätter 1–2, das obere (größte) bis 6 cm lang, $1^1/_2$–3mal so lang wie breit. Feuchte Waldwiesen, Moore . . . . **M. monophyllos**

86 1×

87 1×

Gattung Listera

1. Pflanze groß (20–50 cm hoch); Blätter rundlich bis breit oval, 5–10 cm lang, derb; Blütenstand vielblütig (20–40 Blüten); Lippe gelbgrün, mit stumpfen, nicht spreizenden Abschnitten . . . . *L. ovata* **86**

1*. Pflanze klein (5–20 cm hoch); Blätter ein fast gleichseitiges Dreieck von 1,5–2,5 cm Seitenlänge bildend, Ecken abgerundet, dünn, zart; Blütenstand wenigblütig (5–10 Blüten); Lippe rot, mit allmählich zugespitzten, weit spreizenden Abschnitten. Fichtenwälder . . *L. cordata*

88 1×

Gattung Nigritella

1. Blütenstand (voll aufgeblüht) kugelig; seitliche, innere Perigonblätter etwa halb so breit wie die äußern Perigonblätter . . . . *N. nigra* agg. **87**

1*. Blütenstand (voll aufgeblüht) kegelförmig bis zylindrisch; seitliche innere Perigonblätter etwa so breit wie die äußern Perigonblätter. Vom Berner Oberland und Tessin ostwärts . *N. rubra*

89 1×

Gattung Platanthera

1. Fächer der Staubbeutel fast parallel gerichtet; Zwischenraum zwischen den Fächern 0,5 bis 1 mm breit; Sporn gegen die Spitze allmählich dünner werdend, spitz . . . . *P. bifolia* **88**

1*. Fächer der Staubbeutel nach unten spreizend, kleinster Zwischenraum zwischen den Fächern 2–3 mm; Sporn gegen die Spitze deutlich verdickt, keulenförmig, stumpf . . . . *P. chlorantha* **89**

Gattung Gymnadenia

1. Sporn $1^1/_2$–2mal so lang wie der Fruchtknoten.
   2. Blütenstand lockerblütig; Blüten hellrot . . . . *G. conopsea* **90**
   2*. Blütenstand dichtblütig; Blüten dunkelrot bis blauviolett . . . . *G. densiflora*

90 1× 1*. Sporn höchstens so lang wie der Fruchtknoten . . . . *G. odoratissima* **91**

Gattung Orchis s.l.

Die Gattung *Orchis* wird heute aufgeteilt.

91 1× 1. Tragblätter häutig, oft durchsichtig, und ähnlich wie die Blüten gefärbt, nicht blattähnlich (bei *O. paluster* die untersten Tragblätter blattähnlich, Stengelblätter tief hohlrinnig, vom Grunde an verschmälert); Knollen kugelig oder eiförmig, nicht geteilt. . . . . *Orchis* (inkl. *Traunsteinera*)

2. Alle Perigonblätter (mit Ausnahme der Lippe) helm- oder glockenförmig zusammenneigend.

92 1× 3. Äußere Perigonblätter im äußern Drittel plötzlich in eine 1–1,5 mm lange, 0,2 mm breite, stielähnliche, etwas keulenförmige Spitze verschmälert. Meist subalpin. . . . *Traunsteinera globosa* **92**

3*. Peigonblätter allmählich zugespitzt oder stumpf.

4. Lippe nicht geteilt, ganzrandig oder unregelmässig gezähnt, breiter als lang; Sporn abwärts gebogen. Dép. Ain, Alpensüdseite; sehr selten . . . . *O. papilionacea*

4*. Lippe $\pm$ tief 3teilig.

5. Sporn horizontal oder aufwärts gerichtet; Lippe breiter als lang . . . . *O. morio*

93 1× 5*. Sporn abwärts gerichtet; Lippe nicht breiter als lang.

6. Mittelabschnitt der Lippe ganz, nicht geteilt. Selten . . . . *O. coriophora*

6*. Mittelabschnitt der Lippe vorn 2teilig und nach vorn breiter werdend.

7. Tragblätter $^1/_2$–1mal so lang wie der Fruchtknoten.

8. Sporn etwa $^1/_4$ so lang wie der Fruchtknoten; Perigonblätter stumpf; Blüten klein (Perigonblätter nur 5 mm lang) . . . . *O. ustulata* **93**

8*. Sporn $^1/_2$–1mal so lang wie der Fruchtknoten; Perigonblätter lanzettlich und fein zugespitzt; Blüten groß (Perigonblätter 8–12 mm lang). Südalpin *O. tridentata*

7*. Tragblätter nicht über $^1/_3$ so lang wie der Fruchtknoten.

94
1×

95
1×

96
1×

97
1×

98
1×

9. Mittelabschnitt der Lippe breiter als lang, nach dem Grunde gleichmäßig verschmälert, am Grunde breiter als die Seitenabschnitte; alle Abschnitte der Lippe vorn unregelmäßig und fein gezähnt; Perigonblätter außerseits rotbraun bis purpurn . . . . *O. purpurea* **94**

9*. Mittelabschnitt der Lippe weniger breit als lang, alle Abschnitte ganzrandig; Perigonblätter außerseits lila bis violett, seltener weiß.

10. Seitliche Abschnitte der Lippe 1–2 mm breit, stumpf; die 2 Teile des Mittelabschnittes oval, miteinander einen stumpfen Winkel bildend . *O. militaris* **95**

10*. Seitliche Abschnitte der Lippe etwa $^{1}/_{2}$ mm breit, bandförmig, eingebogen, spitz oder stumpf, die 2 Teile des Mittelabschnittes wie die Seitenabschnitte, miteinander einen spitzen Winkel bildend. Selten . . . . *O. simia* **96**

2*. Äußere seitliche Perigonblätter abstehend oder rückwärts gebogen.

11. Sporn ± horizontal oder aufwärts gerichtet.

12. Blüten hellgelb.

13. Stengel zwischen der Mitte und dem untersten Viertel mit 3–5 lang ovalen, 5–15 cm langen, $2^{1}/_{2}$–$4^{1}/_{2}$mal so langen wie breiten, stumpfen Blättern; Blütenstand vielblütig (meist über 10blütig), ziemlich dichtblütig. Selten . . . . *O. pallens* **97**

13*. Stengel an der Basis (wenig über der Knolle) mit 3–5 schmal lanzettlichen, 5–15 cm langen, 6–10mal so langen wie breiten, spitzen oder stumpfen, oberseits gefleckten Blättern; Blütenstand meist nur 5–10blütig, mit locker stehenden Blüten. Südliche Alpen, selten . . . . *O. provincialis*

12*. Blüten rot.

14. Blätter vom Grunde an verschmälert, tief hohlrinnig, ohne deutlichen Kiel auf dem Rücken, aufrecht, spitz, blaugrün, über den Stengel verteilt.

15. Lippe ziemlich flach, Mittelabschnitt weiter nach vorne ragend als die Seitenabschnitte; Sporn an der Spitze nicht gefurcht. Flachmoore; selten . . . . . *O. palustris* **98**

15*. Lippe sattelförmig, Seitenabschnitte nach unten gebogen, Mittelabschnitt undeutlich oder klein, ausgerandet, oder gezähnt, gleich weit oder weniger weit nach vorne ragend als die breit abgerundeten Seitenabschnitte; Sporn an der Spitze gefurcht. Sehr selten . . . . *O. laxiflora*

14*. Blätter in oder über der Mitte am breitesten, am Grunde des Stengels zusammengedrängt; Perigonblätter spitz . . . . *O. mascula* **99**

99 1×

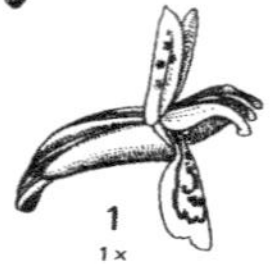

1 1×

2 1×

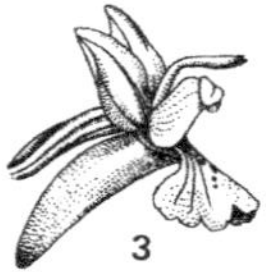

3 1×

4 1×

11*. Sporn fast senkrecht nach abwärts gerichtet, kegelförmig, $^1/_2$–$^3/_4$ so lang wie der Fruchtknoten; Perigonblätter spitz. Kommt im Gebiet nicht vor . . . . *O. spitzelii*

1*. Tragblätter krautig, grün, oft auch rot bis violett, die untersten Tragblätter die Blüten meist deutlich überragend, den obersten Stengelblättern ähnlich; Sporn abwärts gerichtet, ± dem Fruchtknoten parallel; Knollen handförmig geteilt. . . . . *Dactylorhiza*

16. Die meisten der nicht tragblattähnlichen Blätter im untersten Drittel (meist wenig über dem Grunde) am breitesten, nach der Spitze allmählich verschmälert, mit kapuzenförmiger Spitze; Stengel hohl, leicht zusammendrückbar; Durchmesser des Hohlraumes unter dem Blütenstand etwa $^2/_3$ des Stengeldurchmessers, Stengeldurchmesser unter dem Blütenstand 4–8 mm; Lippe nicht geteilt oder undeutlich 3teilig; Sporn etwa $^1/_2$ so lang wie der Fruchtknoten.

17. **Blätter nicht gefleckt.**

a) Blüten hellrosa bis fleischrot . . . . *D. **incarnata*** **1**

b) Blüten weißlichgelb bis gelb . . . . *D. **ochroleuca***

17*. **Blätter beiderseits gefleckt.** Subalpin, Flachmoore . . . . *D. **cruenta***

16*. Die meisten der nicht tragblattähnlichen Blätter in der Mitte oder oberhalb der Mitte am breitesten, mit ± flacher Spitze; Lippe deutlich 3teilig; Sporn $^1/_2$–1mal so lang wie der Fruchtknoten.

18. Stengeldurchmesser unter dem Blütenstand 1,5–2,5 mm; Tragblätter die Blüten nicht überragend.

19. Nicht tragblattähnliche Blätter 3–6mal so lang wie breit, tragblattähnliche Blätter 2–6; Stengel 30–70 cm hoch; Blüten lila, rosa oder weiß, seltener leuchtend rot.

c) Unterstes Blatt schmal lanzettlich, spitz; Mittellappen der Lippe kürzer als die Seitenlappen . . . . *D. **maculata*** **agg. 2**

d) Unterstes Blatt zungen- bis löffelförmig, stumpf; Mittellappen der Lippe länger als die Seitenlappen . . . . *D. **fuchsii***

19*. Nicht tragblattähnliche Blätter 6–10mal so lang wie breit, tragblattähnliche Blätter 0–2; Stengel 20–35 cm hoch; Blüten meist leuchtend rot . . . . *D. **traunsteineri***

18*. Stengeldurchmesser 4–8 mm; wenigstens die untersten Tragblätter die Blüten weit überragend.

20. Blüten gelb oder rot; Sporn gebogen, abwärts gerichtet; Blätter über der Mitte am breitesten, ohne Flecken . . . . *D. **sambucina*** **3**

20*. Blüten rot; Sporn gerade, abwärts gerichtet; Blätter etwa in der Mitte am breitesten, oberseits mit oder ohne Flecken . . . . *O. majalis* **4**

Hauptschlüssel zu den Familien der Klasse der Dicotyledonae

1. Alle Blüten einer Pflanze 1geschlechtig.
  2. Pflanzen nur mit ♂ oder mit ♀ Blüten (2häusig, diözisch) . . . . ***Nebenschlüssel A*** S. 114
  2*. Pflanzen sowohl mit ♂ wie mit ♀ Blüten (1häusig, monözisch) . . . . ***Nebenschlüssel B*** S. 117

1*. Alle oder die meisten Blüten einer Pflanze zwitterig oder scheinbar zwitterig.
  3. Staubbeutel zu einer Röhre verwachsen, die den Griffel umschließt (die Staubfäden jedoch nicht verwachsen) oder Staubfäden und Staubbeutel mit dem Griffel verwachsen oder Staubfäden frei und die Staubbeutel über dem Griffel einen Kegel bildend . . . . ***Nebenschlüssel C*** S. 120
  3*. Staubbeutel frei.
    4. Staubblätter 1–5 je Blüte.
      5. Staubblätter 1–4 je Blüte
        6. Staubblätter 1 oder 3 je Blüte. . . . . ***Nebenschlüssel D*** S. 120
        6*. Staubblätter 2 oder 4 je Blüte . . . . ***Nebenschlüssel E*** S. 122
      5*. Staubblätter 5 je Blüte . . . . ***Nebenschlüssel F*** S. 125
    4*. Staubblätter mehr als 5 je Blüte.
      7. Staubblätter 6–10 je Blüte.
        8. Staubblätter 6 je Blüte . . . . ***Nebenschlüssel G*** S. 129
        8*. Staubblätter 7–10 je Blüte . . . . ***Nebenschlüssel H*** S. 130
      7*. Staubblätter mehr als 10 je Blüte . . . . ***Nebenschlüssel I*** S. 133

Nebenschlüssel A

(Pflanzen nur mit ♂ oder nur mit ♀ Blüten)

1. Bäume und Sträucher (mindestens im untern Teil mit holzigen Stengeln und Zweigen; auch kleine, am Boden kriechende Zwergsträucher).
  2. Blätter nicht geteilt oder radiär geteilt, nicht gefiedert; wenn keine Blätter vorhanden, Blüten in Kätzchen oder Trauben.

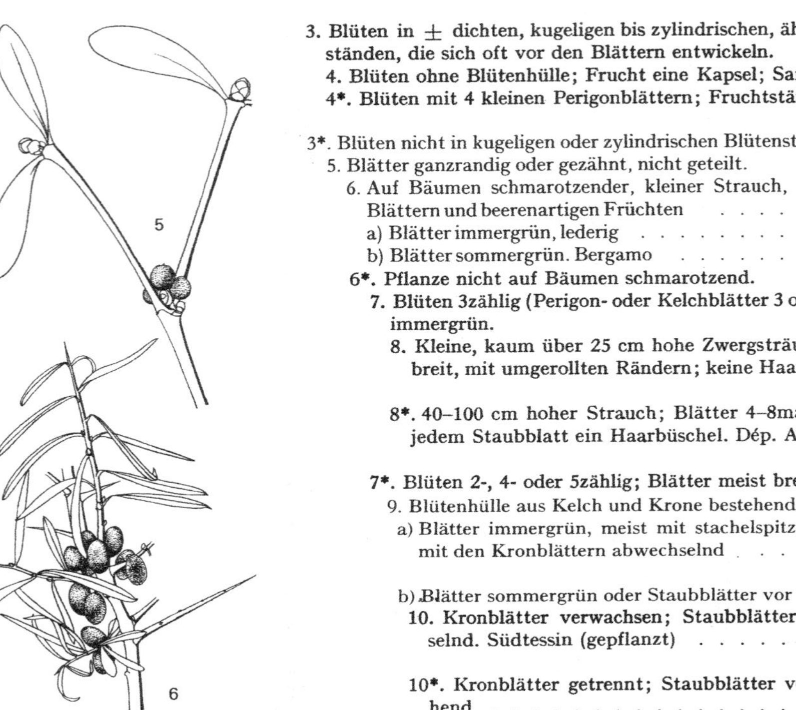

3. Blüten in ± dichten, kugeligen bis zylindrischen, ähren- oder traubenartigen Blütenständen, die sich oft vor den Blättern entwickeln.

4. Blüten ohne Blütenhülle; Frucht eine Kapsel; Samen mit Haarschopf . . . . . *Salicaceae* S. 136

4*. Blüten mit 4 kleinen Perigonblättern; Fruchtstände brombeerartig . . . . . . *Moraceae* S. 147 (*Morus*, *Broussonetia*)

3*. Blüten nicht in kugeligen oder zylindrischen Blütenständen; Blätter vorhanden.

5. Blätter ganzrandig oder gezähnt, nicht geteilt.

6. Auf Bäumen schmarotzender, kleiner Strauch, mit gegenständigen, ganzrandigen Blättern und beerenartigen Früchten . . . . *Loranthaceae*

a) Blätter immergrün, lederig . . . . *Viscum album* **5**

b) Blätter sommergrün. Bergamo . . . . *Loranthus europaeus*

6*. Pflanze nicht auf Bäumen schmarotzend.

7. Blüten 3zählig (Perigon- oder Kelchblätter 3 oder 6); Blätter schmäler als 4 mm, immergrün.

8. Kleine, kaum über 25 cm hohe Zwergsträucher; Blätter 2–3mal so lang wie breit, mit umgerollten Rändern; keine Haarbüschel hinter den Staubblättern *Empetraceae* S. 366 (*Empetrum*)

8*. 40–100 cm hoher Strauch; Blätter 4–8mal so lang wie breit, flach; hinter jedem Staubblatt ein Haarbüschel. Dép. Ain, Savoyen, Comersee . . . . . *Santalaceae* S. 149 (*Osyris*)

7*. Blüten 2-, 4- oder 5zählig; Blätter meist breiter als 4 mm.

9. Blütenhülle aus Kelch und Krone bestehend.

a) Blätter immergrün, meist mit stachelspitzig gezähntem Rand; Staubblätter mit den Kronblättern abwechselnd . . . . *Aquifoliaceae* *Ilex aquifolium* **12** (S. 122)

b) Blätter sommergrün oder Staubblätter vor den Kronblättern stehend.

10. Kronblätter verwachsen; Staubblätter mit den Kronblättern abwechselnd. Südtessin (gepflanzt) . . . . *Ebenaceae* *Diospyros lotus*

10*. Kronblätter getrennt; Staubblätter vor den kleinen Kronblättern stehend . . . . *Rhamnaceae* S. 326

9*. Blütenhülle einfach, nicht aus Kelch und Krone bestehend; Blätter lanzettlich.

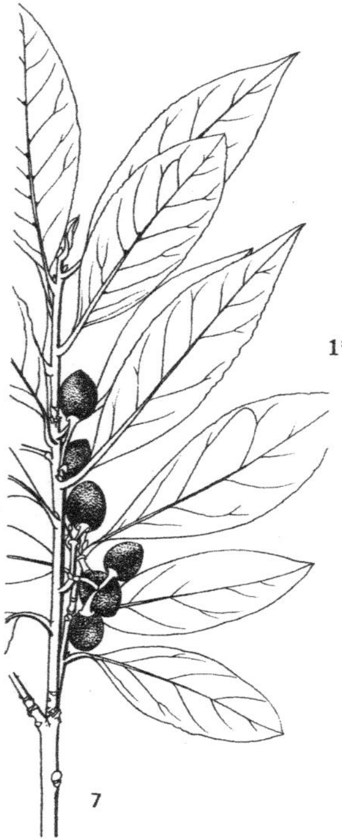

11. **Blütenhülle 2teilig; Staubblätter 4; Frucht vom fleischig werdenden Achsenbecher umgeben.** An Flüssen, warme Hänge; bes. Zentralalpen . . . . ***Elaeagnaceae Hippophaë rhamnoides*** S. 115 **6**

11*. **Blütenhülle 4teilig; Staubblätter 12; Frucht beerenartig, kein Achsenbecher** . . . . ***Lauraceae Laurus nobilis*** **7**

5*. **Blätter radiär geteilt.**

12. **Blätter gegenständig; Staubblätter meist 8** . . . . ***Aceraceae*** **(*Acer*) S. 325**

12*. **Blätter wechselständig oder in Büscheln** . . . . ***Saxifragaceae*** **S. 234** ***Ribes alpinum***

2*. Blätter gefiedert, mit Endteilblatt, bei *Faxinus excelsior* zur Blütezeit meist nicht vorhanden.

13. Blüten ohne oder mit doppelter Blütenhülle, Staubblätter 2; Blätter mit 5, 7, 9, 11 oder 13 Teilblättern . . . . ***Oleaceae*** **S. 378 (*Fraxinus*)**

13*. Blüten mit einfacher Blütenhülle; Staubblätter 4–6; Blätter mit 3 oder 5 Teilblättern ***Aceraceae*** **S. 325** *Acer negundo*

1*. Kräuter.

14. **Blätter gegenständig oder nur im Blütenstand wechselständig.**

15. Blätter radiär geteilt. . . . . *Cannabaceae* S. 148 (*Cannabis, Humulus*)

15*. Blätter nicht geteilt oder fiederförmig geteilt (auch 3teilig).

16. Pflanze mit Brennhaaren; Narben pinselförmig; Staubblätter 4 . . . . ***Urticaceae*** **S. 148 (*Urtica*)**

16*. Pflanze ohne Brennhaare; Narben nicht pinselförmig; Staubblätter 1–12.

17. Blütenhülle ein unscheinbares, 3teiliges Perigon; Staubblätter 9–12; Blätter gezähnt. ***Euphorbiaceae*** **S. 320 (*Mercurialis*)**

17*. Blütenhülle aus oft kaum sichtbarem Kelch und gefärbter Krone bestehend; Staubblätter 2–10.

18. Kronblätter frei; Blüten aktinomorph; Blätter nie gezähnt . . . . ***Caryophyllaceae*** **S. 160**

18*. Kronblätter verwachsen. Blüten zygomorph.

19. **Staubblätter 4, Fruchtknoten oberständig, 4teilig mit zentralem Griffel** . *Lamiaceae* S. 394

19*. **Staubblätter 3, Fruchtknoten unterständig; Kelch zur Blütezeit eingerollt.** ***Valerianaceae*** **S. 445 (*Valeriana*)**

14*. **Blätter wechselständig.**

20. **Blätter ungeteilt oder wenig tief geteilt.**

7

21. Blüten in Köpfen gemeinsam von schuppenförmigen Hüllblättern umgeben . . . *Asteraceae* S. 462
21*. Blüten nicht in Köpfen, die gemeinsam von schuppenförmigen Hüllblättern umgeben sind.
22. Blütenhülle einfach (Perigon), mit gleichfarbigen Blütenhüllblättern.
23. Blütenstände mit quirlartig angeordneten Blüten; Perigonblätter 6, die 3 äußern viel kleiner als die 3 innern; Staubblätter meist 6; Narben 3 . . . . . . ***Polygonaceae*** S. 150 (*Rumex*)
23*. Blütenstände mit knäuelig angeordneten Blüten; Perigon 2–5teilig; Staubblätter 2–5; Narben 4 . . . . ***Chenopodiaceae*** S. 156
22*. Blütenhülle in Kelch und Krone gegliedert.
24. Kronblätter frei; Blätter fleischig . . . . ***Crassulaceae*** *Rhodiola rosea* S. 231
24*. Kronblätter verwachsen; Blätter nicht fleischig; Pflanze mit Ranken . . . ***Cucurbitaceae*** S. 453
20*. Blätter bis zum Grunde radiär geteilt oder gefiedert.
25. Blüten in zusammengesetzten Dolden; Blattabschnitte schmal lanzettlich bis fadenförmig. Sehr trockene, kalkreiche Böden. . . . . *Apiaceae (Trinia)* S. 345
25*. Blütenstände rispig oder ährig, Blüten klein, zu Tausenden; Blätter 2–3fach gefiedert . . . . ***Rosaceae*** (***Aruncus***) **S. 242**

Nebenschlüssel B

(Pflanzen sowohl mit ♂ wie mit ♀ Blüten; Blüten 1geschlechtig)

1. Bäume oder Sträucher.
2. Blätter gefiedert, mit Endteilblatt; bei *Fraxinus excelsior* zur Blütezeit nicht vorhanden.
a) ♂ Blüten in Kätzchen; gepflanzt, verwildert . . . . ***Juglandaceae*** ***Juglans regia*** **8**
b) Blüten in Rispen, ohne oder mit doppelter Blütenhülle; Staubblätter 2; Teilblätter 5–13 . . . . ***Oleaceae*** S. 378 (***Fraxinus***)
2*. Blätter nicht gefiedert, ganzrandig, gezähnt, radiär geteilt oder fiederteilig.
3. Wenigstens die ♂ Blüten in dichten bis lockeren, ährenartigen bis kopfigen Blütenständen, von den ♀ Blütenständen getrennt.
4. Früchte in einer brombeerenartigen Sammelfrucht . . . . ***Moraceae*** S. 147 (*Morus, Broussonetia*)

8

4*. Früchte nicht beerenartig.

5. Früchte in dichten, kugeligen Fruchtständen, an langen Stielen hängend. Gepflanzt — ***Platanaceae*** *Platanus hispanica* **9**

5*. Früchte in eiförmigen bis zylindrischen Ähren oder in lockeren Fruchtständen oder einzeln.

6. Frucht ohne holzigen Fruchtbecher; ♀ Blüten in Kätzchen, wenn nicht in Kätzchen, dann Blüte vor dem Blattaustrieb . . . . *Betulaceae* S. 143

6*. Entweder jede Frucht teilweise von einem holzigen Fruchtbecher umschlossen oder 2–3 Früchte zusammen von einem holzigen, ± stachligen Fruchtbecher völlig umschlossen; ♀ Blüten nie in Kätzchen . . . . *Fagaceae* S. 145

3*. ♂ und ♀ Blüten gemeinsam in Blütenständen.

a) Blüten in Trauben oder Rispen mit auffallender Blütenhülle; Staubblätter meist 8; Teilfrüchte einseitig geflügelt; Blätter ± tief radiär geteilt. . . . . ***Aceraceae*** (***Acer***) S. 325

b) Blüten nicht in Trauben oder Rispen

7. Blüten in achselständigen Ähren; Endblüte ♀, Seitenblüten ♂; Blätter immergrün, klein, ganzrandig, lederig . . . . ***Buxaceae*** ***Buxus sempervirens*** **10**

7*. Blüten im Innern eines birnenförmigen, zur Fruchtzeit fleischigen Blütenbechers Blätter radiär geteilt. Warme Gegenden; kultiviert, verwildert . . . . ***Moraceae*** S. 147 (***Ficus***)

1*. Kräuter.

8. Untergetauchte, schlaffe Wasserpflanzen (keine Schwimmblätter).

9. Blätter ganzrandig, oval bis schmal oval, klein, gegenständig; keine Blütenhülle vorhanden; Fruchtknoten 1; Frucht 4kantig oder mit 4 Flügeln; Staubblatt 1 . . . . . ***Callitrichaceae*** (***Callitriche*** S. 324)

9*. Blätter nicht ganzrandig, meist quirlständig; Blütenhülle vorhanden (einfach oder in Kelch und Krone gegliedert).

10. Blätter 2–4fach gabelig geteilt, mit fadenförmigen bis haarförmigen, fein gezähnten Abschnitten (Lupe!) . . . . ***Ceratophyllaceae*** (***Ceratophyllum***) S. 179

10*. Blätter fiederteilig, mit fadenförmigen, kammartig angeordneten Abschnitten . ***Haloragaceae*** (***Myriophyllum***) S. 345

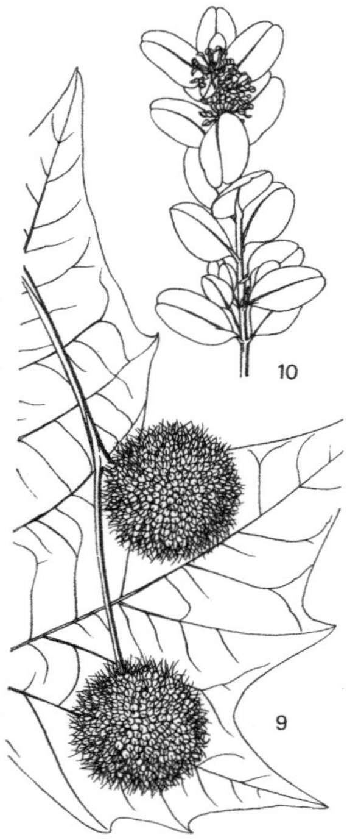

8*. Landpflanzen.

11. Blätter gefiedert; Blütenstände kopfig; Staubblätter 20–30 . . . . *Rosaceae* S. 242

11*. Blätter nicht gefiedert.

12. Blüten in von freien oder verwachsenen Hüllblättern umgebenen Köpfen; ♀ Blütenköpfe 1- bis wenigblütig, ♂ mehrblütig . . . . *Asteraceae (Ambrosia, Xanthium)* S. 462

12*. Blüten nicht in Köpfen, die von Hüllblättern umgeben sind.

13. ♀ Blüte aus einem gestielten Fruchtknoten mit 3 vom Grunde an 2 teiligen Griffeln; mehrere Staubblätter bilden je 1 ♂ Blüte; ♀ Blüte und ♂ Blüten gemeinsam von abstehenden, krautigen, verwachsenen Hochblättern umgeben; Pflanze mit Milchsaft . . . . *Euphorbiaceae* S. 320 (*Euphorbia*)

13*. Blüten mit einfacher Blütenhülle (Perigon) oder mit Kelch und Krone; wenn bei den ♀ Blüten keine Blütenhülle vorhanden, so werden Blüte und Frucht von 2 Vorblättern eingeschlossen.

14. Blütenhülle aus Kelch und Krone bestehend.

15. Pflanze mit Ranken und beblättertem Stengel . . . . *Cucurbitaceae* S. 453

15*. Pflanze ohne Ranken; alle Blätter grundständig, sehr schmal, vom Grunde an verschmälert; Staubblätter 4. Flache, sandige Seeufer . . . . *Plantaginaceae* S. 433 (*Litorella*)

14*. Blütenhülle einfach (Perigon) oder ♀ Blüten ohne Blütenhülle, aber mit 2 Vorblättern.

16. Blätter gegenständig; Pflanze mit Brennhaaren; Perigon vorhanden . . . *Urticaceae* S. 148 (*Urtica*)

16*. Blätter wechselständig (oder nur die untersten gegenständig).

17. Nebenblätter häutig, meist gelb oder braun, den Stengel röhrenförmig umfassend, mit dem Blattstiel kaum verwachsen . . . . *Polygonaceae* S. 150 (*Rumex, Polygonum viviparum*)

17*. Keine solchen Nebenblätter vorhanden.

18. Nur die ♂ Blüten mit Perigon, die ♀ Blüten mit 2 zur Fruchtzeit stark vergrößerten Vorblättern, die die Frucht einschließen . . . . *Chenopodiaceae* S. 156 (*Atriplex*)

18*. ♂ und ♀ Blüten mit einem häutigen Perigon . . . . *Amaranthaceae* S. 159

Nebenschlüssel C

(Staubbeutel zu einer Röhre verwachsen, die den Griffel umschließt, oder Staubbeutel und Staubfäden mit dem Griffel verwachsen, oder Staubfäden frei und Staubbeutel über dem Griffel einen Kegel bildend; Blüten zwitterig)

1. **Staubbeutel und Staubfäden mit dem Griffel verwachsen, 6; Blütenhülle einfach, zu einer Röhre verwachsen, mit zungenförmigem Abschnitt;** Blätter herzförmig . . . . ***Aristolochiaceae*** S. 150 (***Aristolochia***)

1*. Staubbeutel nicht mit den Griffeln verwachsen, 5, unter sich zu einer Röhre verwachsen, die den Griffel umschließt, oder den Griffel kegelförmig bedeckend; Staubfäden frei.

2. **Blütenstände kopfig, von kleinen, oft schuppenartigen Hüllblättern eng umgeben** («Hüllkelch»); Kelch nicht vorhanden oder zu Haaren, Borsten oder Schuppen reduziert (*Pappus*) . . . . *Asteraceae* S. 462

2*. **Blütenstände nicht oder nur locker von Hüllblättern umgeben;** Kelch 5zipflig.

3. **Krone 2lippig; Blüten in lockeren Trauben.** Zierpflanze; selten verwildert . . . . . ***Lobeliaceae*** *Lobelia erinus*

3*. **Krone regelmäßig 5teilig.**

4. **Frucht eine Kapsel; Blüten in dichten Köpfen; Fruchtknoten unterständig** . . . ***Campanulaceae*** S. 454 (***Jasione***)

4*. **Frucht eine (oft große) Beere; Blüten in ± lockeren Blütenständen; Fruchtknoten oberständig; Staubbeutel über dem Griffel einen Kegel bildend** . . . . ***Solanaceae*** S. 409 (***Solanum***)

Nebenschlüssel D

(Staubblätter 1 oder 3, Staubbeutel frei; Blüten zwitterig)

1. **Staubblatt 1.**

2. **Blätter quirl- oder gegenständig.**

3. **Blätter quirlständig.** Wasserpflanze . . . . ***Hippuridaceae*** *Hippuris vulgaris* **11**

11

3*. Blätter gegenständig.
4. Blüten ohne Blütenhülle; Wasserpflanzen . . . . *Callitrichaceae* S. 324 (*Callitriche*)
4*. Blüten mit undeutlichem Kelch und 5teiliger, gespornter, verwachsener Krone . . *Valerianaceae* S. 445 (*Centranthus*)
2*. Blätter wechselständig.
5. Blätter radiär $\pm$ tief geteilt. Weiden, Wiesen, Hochstaudenfluren . . . . *Rosaceae* S. 242 (*Alchemilla*)
5*. Blätter 3eckig, spießförmig oder sehr schmal bis breit lanzettlich . . . . *Chenopodiaceae* S. 156
1*. Staubblätter 3.
6. Blätter gegenständig oder quirlständig.
7. Fruchtknoten oberständig; Griffel 2–5.
8. Kelchblätter 2; Kronblätter oft verwachsen . . . . *Portulacaceae* S. 159
8*. Kelchblätter 3–5; Kronblätter frei.
9. Kelch- und Kronblätter 3; Sumpfpflanzen . . . . *Elatinaceae* (*Elatine*) S. 331
9*. Kelch- und Kronblätter 5; Landpflanzen . . . . *Caryophyllaceae* S. 160
7*. Fruchtknoten unterständig.
10. Blätter quirlständig . . . . *Rubiaceae* S. 435
10*. Blätter gegenständig . . . . *Valerianaceae* S. 445
6*. Blätter wechselständig.
11. Blüten mit Kelch und rosaroter Krone; Zwergstrauch . . . . *Empetraceae* S. 366 (*Empetrum*)
11*. Blüten mit 5blättrigem, kelchartigem Perigon . . . . *Chenopodiaceae* S. 156

Nebenschlüssel E

(Staubblätter 2 oder 4, Staubbeutel frei; Blüten zwitterig)

1. Bäume oder Sträucher.
  2. Staubblätter 2 . . . . *Oleaceae* S. 378
  2*. Staubblätter 4.
    3. Blütenhülle einfach (Perigon), grünlich, vor den Blättern erscheinend; Blätter am Rande gezähnt, lanzettlich, am Grunde auffallend asymmetrisch . . . . . *Ulmaceae* S. 147
    3*. Blütenhülle aus Kelch und Krone bestehend.
      4. Kronblätter bis über die Mitte verwachsen.
        5. Blüten groß (länger als 2,5 cm), fingerhutartig. Gepflanzt . . . . . *Paulowniaceae* **Paulownia tomentosa**
        5*. Blüten klein (kürzer als 2 cm), im untern Teil röhrenförmig. Zierstrauch; häufig verwildert . . . . . ***Buddlejaceae*** ***Buddleja davidii***
      4*. Kronblätter ganz oder bis gegen den Grund frei.
        6. Staubblätter vor den Kronblättern stehend . . . . . ***Rhamnaceae*** S. 326
        6*. Staubblätter mit den Kronblättern abwechselnd.
          7. Blätter gegenständig, sommergrün; bei *Cornus mas* zur Blütezeit nicht vorhanden.
            8. Blätter ganzrandig; Frucht fleischig mit 1 Stein . . . . . ***Cornaceae* (*Cornus*)** S. 364
            8*. Blätter fein gezahnt; Fruchtig kapselig . . . . . *Celastraceae (Euonymus)* S. 325
          7*. Blätter wechselständig, immergrün, oft stachelig gezähnt . . . . . ***Aquifoliaceae*** ***Ilex aquifolium*** **12**

1*. Kräuter (*Salvia officinalis* und *Globularia cordifolia* am Grunde verholzt).
  9. Kronblätter frei oder nur Perigonblätter vorhanden.
    10. Blätter gegenständig, quirlständig oder in einer Rosette.
      11. Fruchtknoten unterständig; Griffel 1.
        12. Wasserpflanzen mit einer Rosette rhombischer, gezähnter Schwimmblätter, sehr selten . . . . . ***Trapaceae*** ***Trapa natans*** **13**
        12*. Landpflanzen oder Sumpf- und Wasserpflanzen mit breit lanzettlichen bis herzförmigen, nicht in einer Rosette angeordneten Blättern . . . . . *Onagraceae* S. 342

12

13

11*. Fruchtknoten oberständig; Griffel 2–5.
13. Kelchzipfel ganzrandig . . . . *Caryophyllaceae* S. 160
13*. Kelchzipfel an der Spitze 2- oder 3zähnig . . . . *Linaceae* (*Radiola*) S. 317
10*. Blätter wechselständig.
14. Fruchtknoten unterständig oder vom Kelchbecher umgeben; Kronblätter nicht vorhanden.
15. Blätter ungeteilt, ganzrandig; hinter jedem Staubblatt am Perigonblatt 1 Haarbüschel; Perigonblätter nach der Blüte an der Spitze eingerollt . . . . *Santalaceae* S. 149 (*Thesium*)
15*. Blätter radiär geteilt oder gefiedert; Frucht vom Kelchbecher umschlossen. . *Rosaceae* S. 242 (*Alchemilla, Sanguisorba*)

14*. Fruchtknoten oberständig.
16. Blüten grünlich, mit 4 Perigonblättern, in den Achseln von Blättern zu Knäueln angeordnet . . . . *Urticaceae* S. 148
16*. Blüten mit doppelter Blütenhülle.
17. Blätter doppelt 3zählig zusammengesetzt; Blüten mit 4 braunroten Perigonblättern und 4 sackförmigen, gelben Honigblättern. Laubmischwälder; häufig kultiviert, manchhmal verwildert . . . . *Berberidaceae* S. 196 (*Epimedium*)
17*. Blätter ungeteilt oder fiederförmig geteilt; Kronblätter 4, weiß oder gelb . . *Brassicaceae* S. 200
9*. Kronblätter verwachsen (Kelch oft undeutlich).
18. Blattlose Schmarotzerpflanze mit fadenförmigem Stengel, um die Wirtspflanzen windend . . . . *Cuscutaceae* S. 386 (*Cuscuta*)
18*. Pflanze mit Blättern oder Schuppen.
19. Fruchtknoten unterständig.
20. Blätter quirlständig, Blüten mit meist undeutlichem Kelch . . . . *Rubiaceae* S. 435
20*. Blätter gegenständig.
21. Blüten in Köpfen; Köpfe von kelchartigen Hüllblättern umgeben . . . . . *Dipsacaceae* S. 449
21*. Blüten zu 1–3 auf einem Stiel, nickend. Subalpin; Moospolster auf saurer Unterlage; Nadelwälder. *Caprifoliaceae* (*Linnaea*) S. 443

19*. Fruchtknoten oberständig.

22. Fruchtknoten von außen gesehen 4teilig; Krone nie mit Sporn; Blätter gegenständig.

23. Griffel zwischen den Teilfrüchten am Grunde eingefügt . . . . *Lamiaceae* S. 394

23*. Griffel zwischen den Teilfrüchten oberhalb der Mitte eingefügt; Blütenstand aus meist mehreren, vielblütigen, lockeren Ähren zusammengesetzt . . . . . . *Verbenaceae*
Verbena officinalis **14**

22*. Fruchtknoten ungeteilt oder 2teilig.

24. Blüten aktinomorph.

25. Blüten klein, in Ähren oder Köpfen, mit trockenhäutiger Krone. (Lupe 10 ×) *Plantaginaceae* S. 433 (*Plantago*)

25*. Blüten nicht in Ähren oder Köpfen, Krone nicht trockenhäutig.

26. Blätter wechselständig; Staubblätter vor den Kronzipfeln stehend . . . *Primulaceae* S. 369 (*Anagallis*)

26*. Blätter gegenständig; Staubblätter mit den Kronzipfeln abwechselnd . *Gentianaceae* S. 379

24*. Blüten zygomorph.

27. Blüten in dichten Köpfen, blau . . . . *Globulariaceae* S. 433 (*Globularia*)

27*. Blüten einzeln, in Trauben oder in Ähren.

28. Fleischfressende Sumpf- oder Wasserpflanzen mit gespornter Krone und 2 Staubblättern . . . . *Lentibulariaceae* S. 431

28*. Land(auch Sumpf-)pflanzen, nicht fleischfressend; mit 4 Staubblättern oder mit 2 Staubblättern und ungespornter Krone.

29. Schmarotzerpflanze ohne grüne Blätter (aber mit anders gefärbten Schuppen) am Stengel.

30. Blütenstand allseitswendig. . . . . *Orobanchaceae* S. 429

30*. Blütenstand einseitswendig. . . . . *Scrophulariaceae* S. 411 (*Lathraea*)

29*. Pflanze mit grünen Blättern . . . . *Scrophulariaceae* S. 411

Nebenschlüssel F

(Staubblätter 5 je Blüte, Staubbeutel frei; Blüten zwitterig)

1. Bäume und Sträucher (auch niederliegende Zwergsträucher) oder Kletterpflanzen
  2. Blütenhülle einfach (Perigon), grünlich; Blüten entwickeln sich vor den Blättern . . . . *Ulmaceae* S. 147
  2*. Blütenhülle aus Kelch und Krone bestehend (Kelch oder Krone oft undeutlich).
    3. Staubblätter vor den kleinen Kronblättern stehend; Blüten radiärsymmetrisch . . . . *Rhamnaceae* S. 326
    3*. Staubblätter mit den Kronblättern abwechselnd.
      4. Blätter gegenständig.
        5. Kronblätter verwachsen.
          6. Niederliegender Zwergstrauch mit kleinen, immergrünen Blättern. Alpin, subalpin; saure steinige Unterlage . . . . **_Ericaceae_ (_Loiseleuria_)** S. 366
          6*. Aufrechte oder kletternde Sträucher . . . . ***Caprifoliaceae*** S. 443
        5*. Kronblätter frei.
          7. Blätter gefiedert; Griffel 2–5. Laubmischwälder (Lindenwälder) in warmen Lagen (Föhngebiete) nördlich der Alpen . . . . ***Staphyleaceae*** ***Staphylea pinnata***
          7*. Blätter ungeteilt; Griffel 1 . . . . *Celastraceae* S. 325 (*Euonymus*)
      4*. Blätter wechselständig.
        8. Kronblätter verwachsen; Blüten rötlich oder violett. Ziersträucher; selten verwildert . . . . **_Solanaceae_ (_Lycium_)** S. 409
        8*. Kronblätter frei.
          9. Fruchtknoten oberständig.
            10. Pflanzen mit Ranken . . . . ***Vitaceae*** S. 328
            10*. Pflanzen ohne Ranken, Blätter ganzrandig oder gefiedert . . . . ***Anacardiaceae*** S. 324
          9*. Fruchtknoten unterständig.
            11. Blüten in Dolden; Blätter immergrün, lederig. Kletterpflanze . . . . ***Araliaceae*** ***Hedera helix* 15**
            11*. Blüten nicht in Dolden; Blätter sommergrün . . . . ***Saxifragaceae*** S. 234 (***Ribes***)

15

1*. Kräuter.
12. Blütenhülle 1fach oder aus Kelch- und freien Kronblättern bestehend.
13. Blätter (auch die obern) quirlständig oder gegenständig
14. Frei schwimmende Wasserpflanzen mit quirlständigen Blättern, mit Fallen zum Einfangen von Plankton (fleischfressend). Im Gebiet nicht blühend. Verwildert. . . . *Droseraceae* S. 230 *(Aldrovanda)*

14*. Landpflanzen.
15. Blätter quirlständig; kronartige Blütenhülle verwachsen . . . . *Rubiaceae* S. 435
15*. Blätter gegenständig (selten quirlständig); Kronblätter frei.
16. Staubblätter am Grunde verwachsen; Fruchtkapsel 5fächerig; Blütenknospen hängend . . . . *Linaceae* S. 317 *Linum catharticum*
16*. Staubblätter frei; Fruchtkapsel $\pm$ 1fächerig; Blütenknospen aufrecht . . . . *Caryophyllaceae* S. 160
13*. Wenigstens die obern Blätter wechselständig (bei *Viola* Blatt und 2 Nebenblätter einen Quirl vortäuschend) oder alle Blätter grundständig.
17. Griffel 1 (pro Blüte).
18. Blüte aktinomorph; Blüten klein; hinter jedem Staubblatt auf dem Perigonblatt 1 Haarschopf; Perigonblätter nach der Blüte an der Spitze eingerollt . . . . . *Santalaceae* S. 149 (*Thesium*)

18*. Blüte zygomorph, mit Sporn .
19. Kelchblätter 5, grün, deutlich von den gefärbten Kronblättern unterscheidbar *Violaceae* (*Viola*) S. 334
19*. Kelchblätter 3, von gleicher Farbe wie die Kronblätter . . . . *Balsaminaceae* S. 326 (*Impatiens*)

17*. Griffel (oder Narben) 2 bis viele (pro Blüte).
20. Griffel und Fruchtknoten viele, nicht verwachsen
21. Blätter 3zählig, Kronblätter kürzer als die innern Kelchblätter. Alpin (Schneetälchen). . . . . *Rosaceae* (*Sibbaldia*) S. 242
21*. Blätter ungeteilt, grasartig. Sehr selten . . . . *Ranunculaceae* S. 179 (*Myosurus*)

20*. Griffel 2–5, Fruchtknoten 1
22. Griffel 4–5.

23. Griffel 5; Blütenknospen hängend . . . . *Linaceae* S. 317 (*Linum*)

23*. Griffel kurz (Narben fast ungestielt), 4; Blütenknospen aufrecht; vor den Kronblättern Staminodien mit gestielten fächerförmig abstehenden Drüsen . . . . . *Saxifragaceae* S. 234 (*Parnassia*)

22*. Griffel 2–3.

24. Blätter am Grunde mit einer den Stengel umfassenden, röhrenförmigen, häutigen gelben oder braunen Nebenblattscheide . . . . *Polygonaceae* S. 150

24*. Keine röhrenförmigen, häutigen Nebenblattscheiden.

25. Fruchtknoten unterständig; Griffel 2; Kelch meist undeutlich . . . . *Apiaceae* S. 345

25*. Fruchtknoten oberständig.

26. Blütenhülle einfach . . . . *Chenopodiaceae* S. 156

26*. Blütenhülle aus Kelch und Krone bestehend; Blätter wechselständig; Selten . . . . *Caryophyllaceae* S. 160 (*Telephium, Corrigiola*)

12*. Blütenhülle aus Kelch- und verwachsenen Kronblättern bestehend.

27. Griffel 3–5; Blätter gegenständig, gefiedert, mit Endteilblatt . . . . *Caprifoliaceae* S. 443 *Sambucus ebulus*

27*. Griffel 0–2 (mit 1–5 Narben).

28. Fruchtknoten unterständig (Kelch- und Kronblätter zuoberst auf dem Fruchtknoten eingefügt) *Campanulaceae* S. 454

28*. Fruchtknoten oberständig oder halb unterständig (Kelch- und Kronblätter unten oder seitlich am Fruchtknoten eingefügt)

29. Alle Blätter grasähnlich, in grundständiger Rosette. Selten . . . . *Plumbaginaceae* S. 378 (*Armeria*)

29*. Auch stengelständige Blätter vorhanden, wenn alle Blätter grundständig, dann diese nicht grasähnlich.

30. Innerhalb der Krone eine deutliche Nebenkrone vorhanden; Blüten nie einzeln; Blätter gegenständig. . . . . *Asclepiadaceae* S. 385

30*. Keine Nebenkrone vorhanden oder Nebenkrone undeutlich.

31. Fruchtknoten von außen gesehen 4teilig oder von unten her bis zum Griffel 2teilig.

32. Fruchtknoten 4teilig (bei *Cerinthe* 2teilig), Griffel zwischen den Teilen am Grunde eingefügt; Blätter wechselständig . . . *Boraginaceae* S. 386

32*. Fruchtknoten von unten her bis zum gemeinsamen Griffel oder zur Narbe 2teilig Blätter gegenständig; Blüten einzeln, meist blau oder rot . . . *Apocynaceae* S. 385 (*Vinca*)

31*. Fruchtknoten ungeteilt.

33. Fruchtknoten 4samig (selten 1–3samig) (Fruchtknoten quer durchschneiden!); Stengel oft windend, kletternd oder niederliegend mit oder ohne grüne Blätter (*Cuscuta*); Blätter wechselständig.

34. Blätter ungeteilt, ganzrandig oder sehr klein, schuppenförmig; Pflanze oft windend oder niederliegend.

a) Blätter gross, mit grüner Blattspreite . . . *Convolvulaceae* S. 385

b) Blätter klein, schuppenförmig, ganze Pflanze nicht grün . . . *Cuscutaceae* S. 386

34*. Blätter gefiedert, Teilblätter gezähnt; Pflanze aufrecht. Selten verwildert . *Hydrophyllaceae* *Phacelia tanacetifolia* **16**

33*. Fruchtknoten vielsamig.

35. Wenigstens die 3 hintern Staubfäden mit weißen oder violetten, wolligen Haaren; Blüten undeutlich zygomorph . . . *Scrophulariaceae* S. 411 (*Verbascum*)

35*. Staubfäden nicht wollig behaart, höchstens am Grunde behaart; Blüten aktinomorph

36. Staubblätter vor den Kronblättern stehend . . . *Primulaceae* S. 369

36*. Staubblätter mit den Kronblättern abwechselnd.

37. Narben 3; Kapsel 3fächerig . . . *Polemoniaceae* S. 386

37*. Narben 1–2; Kapsel 1–2fächerig.

38. Blätter gegenständig oder grundständig, kahl und ganzrandig, oder Sumpf- und Wasserpflanze mit 3zähligen Blättern oder Wasserpflanze mit seerosenblattartigen Blättern . . . *Gentianaceae* S. 379

38*. Blätter wechselständig, im Blütenstand oft scheinbar gegen- oder quirlständig, nie 3zählig oder seerosenblattartig . . . *Solanaceae* S. 409

16

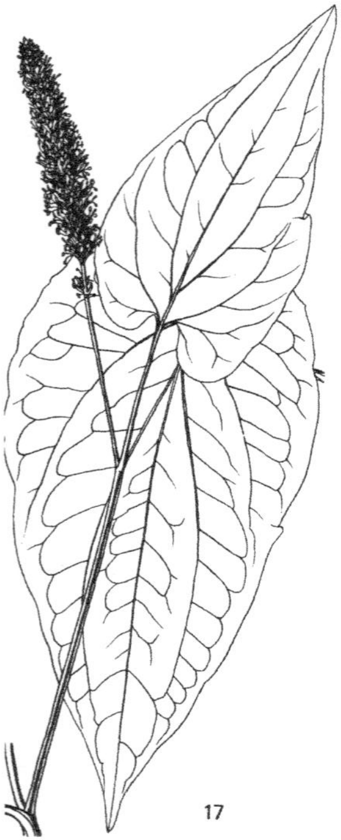

Nebenschlüssel G

(Staubblätter 6 je Blüte, Staubbeutel frei; Blüten zwitterig)

1. Bäume oder Sträucher.
  2. Dorniger oder immergrüner Strauch mit gelben Blüten . . . . *Berberidaceae* S. 196 (*Berberis, Mahonia*)
  2*. Dornenloser Baum oder Strauch; Blüten grünlich mit violetten Staubblättern, die sich vor den Blättern entwickeln; Blätter lanzettlich, gezähnt, am Grunde auffallend asymmetrisch . . . . *Ulmaceae* S. 147

1*. Kräuter.
  3. Blütenhülle einfach oder fehlend.
    4. Keine Blütenhülle vorhanden; Blätter herzförmig, den Stengel nicht mit häutiger Blattscheide umfassend. Seen von Varese, im Schilfgürtel . . . . *Saururaceae* *Saururus cernuus* **17**
    4*. Einfache Blütenhülle (Perigon) vorhanden; Blätter den Stengel mit häutiger Nebenblattscheide umfassend . . . . *Polygonaceae* S. 150
  3*. Blütenhülle aus Kelch und Krone bestehend (selten Kronblätter fehlend, dann aber ohne häutige Nebenblattscheide).
    5. Je 3 Staubblätter bis unter die Staubbeutel miteinander verwachsen; Kelchblätter 2; Blüten auffallend zygomorph *Fumariaceae* S. 199
    5*. Staubblätter ± frei.
      6. 4 lange und 2 kurze Staubblätter; Kelch- und Kronblätter je 4 . . . . *Brassicaceae* S. 200
      6*. Alle 6 Staubblätter ± gleich lang.
        7. Griffel 1.
          8. Kronblätter frei, am obern Ende eines zylindrischen Achsenbechers eingefügt *Lythraceae* S. 340
          8*. Kronblätter verwachsen (gelegentlich bis fast zum Grunde frei); kein Achsenbecher vorhanden.
            9. Staubblätter vor den Kronblättern stehend . . . . *Primulaceae* S. 369 (*Lysimachia*)
            9*. Staubblätter mit den Kronblättern abwechselnd. . . . . *Gentianaceae* S. 379

17

7*. Griffel 2 bis viele.
10. Griffel 2–5; Fruchtknoten 1; Blätter gegenständig
11. Kelch- und Kronblätter 5 . . . . *Caryophyllaceae* S. 160
11*. Kelch- und Kronblätter 3. Kollin; flache Ufer über schlammigem Grund . ***Elatinaceae*** S. 331 (***Elatine***)
10*. Griffel und Fruchtknoten mehr als 5, nicht verwachsen . . . . ***Ranunculaceae*** S. 179

Nebenschlüssel H

(Staubblätter 7–10 je Blüte, Staubbeutel frei; Blüten zwitterig)

1. Staubblätter 8 oder 10, Staubfäden ± weit hinauf zu einer Röhre verwachsen oder nur 1 frei; Blüten zygomorph.
2. Staubblätter 10, alle verwachsen oder das oberste frei; Blätter meist aus Teilblättern zusammengesetzt; Kelchblätter 5, verwachsen . . . . *Faboideae* S. 282
2*. Staubblätter 8; Blätter ungeteilt und ganzrandig; Kelchblätter frei, 5, davon 2 größer und kronblattartig . . . . ***Polygalaceae*** S. 318
1*. Staubblätter frei oder höchstens am Grunde miteinander verbunden.
3. Bäume oder Sträucher (mit im untern Teil holzigen Stengeln und Zweigen, auch kleine, am Boden kriechende Zwergsträucher).
4. Blüten zygomorph.
5. Staubblätter 10; Blätter gefiedert. Gepflanzt, selten verwildert . . . . *Caesalpinioideae* S. 282
5*. Staubblätter 7; Baum mit bis zum Grunde radiär geteilten Blättern. Gepflanzt . ***Hippocastanaceae*** *Aesculus hippocastanum*
4*. Blüten aktinomorph.
6. Blätter ungeteilt, ganzrandig oder mit höchstens 1 mm hohen Zähnen.
7. Blätter schuppenförmig; Staubblätter am Grunde verwachsen; Same mit Haarschopf. Montan, subalpin; flussbegleitend; Alpen . . . . ***Tamaricaceae*** ***Myricaria germanica* 18**

18

7*. Blätter nicht schuppenförmig (bei *Calluna* schuppenförmig).

8. Kronblätter 0, Kelchblätter 4, kronblattartig, röhrenförmig verwachsen . . . . *Thymelaeaceae* S. 340 (*Daphne*)

8*. Kronblätter 4–5, meist verwachsen . . . . *Ericaceae* S. 366

6*. Blätter gefiedert, geteilt oder ungeteilt und gezähnt (Zähne mindestens 1 mm hoch).

9. Blätter gefiedert oder fiederteilig.

10. Blätter 1fach gefiedert; Griffel 2–5. Gepflanzt, am Alpensüdfuß verwildert. *Simaroubaceae* *Ailanthus altissima*

10*. Blätter 2–3fach fiederteilig; Griffel 1. Südtessin und ostwärts . . . . . . *Rutaceae* (*Ruta*) S. 318

9*. Blätter ungeteilt oder radiär geteilt.

11. Blätter ungeteilt, scharf gezähnt, am Grunde auffallend asymmetrisch Blütenhülle einfach (Perigon) . . . . *Ulmaceae* S. 147

11*. Blätter radiär geteilt; Blütenhülle aus Kelch- und Kronblättern bestehend . *Aceraceae* S. 325

3*. Kräuter.

12. Blätter (wenigstens die untern Stengelblätter) geteilt oder aus Teilblättern zusammengesetzt (bei *Myosurus minimus* grasartig).

13. Griffel 1.

14. Blüten deutlich zygomorph, mit Sporn, ohne kelchartige Blütenhülle . . . . . *Ranunculaceae* S. 179 (*Delphinium*)

14*. Blüten aktinomorph oder zygomorph, mit deutlichem Kelch.

15. Blätter radiär oder fiederförmig geteilt . . . . *Geraniaceae* S. 312

15*. Blätter 1- bis mehrfach gefiedert (siehe auch *Erodium*).

16. Frucht in 5 Teilfrüchte zerfallend, mit Borsten und Stacheln. Aostatal, Bergamasker Alpen . . . . *Zygophyllaceae* *Tribulus terrestris* **19**

16*. Frucht nicht in 5 Teilfrüchte zerfallend, ohne Borsten und Stacheln. Selten *Rutaceae* S. 318

13*. Griffel 2 bis viele.

17. Kronblätter verwachsen . . . . *Adoxaceae* *Adoxa moschatellina* **20**

17*. Kronblätter oder Perigonblätter frei.

21

22

18. Blätter kleeblattartig . . . . *Oxalidaceae (Oxalis)* S. 316

18*. Blätter nicht kleeblattartig.

19. Fruchtknoten 2teilig, die beiden Teile wenigstens am Grunde verwachsen . *Saxifragaceae* S. 234

19*. Fruchtknoten 2 bis viele, frei . . . . *Ranunculaceae* S. 179

12*. Blätter ungeteilt, ganzrandig oder gezähnt.

20. Blätter schildförmig; Blattstiel in der Mitte der Blattunterseite eingefügt; Blüten mit Sporn. Häufige Zierpflanze, gelegentlich verwildert . . . . . . *Tropaeolaceae* *Tropaeolum majus* **21**

20*. Blätter nicht schildförmig; Blattstiel an der Basis des Blattes eingefügt; Blüten ohne Sporn.

21. Griffel 2–10.

22. Griffel 10. Beere 10rippig, dunkelrot bis schwarz. Alpensüdseite, Oberrheinische Tiefebene . . . . *Phytolaccaceae* *Phytolacca americana* **22**

[selten verwildert: *Phytolacca esculenta* mit 7–9 Griffeln]

22*. Griffel 2–5.

23. Stengelblätter ganzrandig, oberseits nie mit Kalk ausscheidenden Drüsen, gegenständig oder quirlständig.

24. Blüten gestielt oder in gestieltem, manchmal kopfigem Blütenstand; Frucht eine 1fächerige Kapsel oder beerenartig . . . . *Caryophyllaceae* S. 160

24*. Blüten in den Blattwinkeln sitzend; Frucht eine 3–4fächerige Kapsel. Kollin; flache Ufer über schlammigem Grund . . . . *Elatinaceae* S. 331 (*Elatine*)

23*. Stengelblätter wechselständig (wenn gegenständig, dann gezähnt oder mit Kalk ausscheidenden Drüsen) oder alle Blätter in grundständiger Rosette.

25. Keine Blütenhülle vorhanden; Blütenstand eine Ähre; Blätter herzförmig Seen von Varese (Schilfgürtel) . . . . *Saururaceae* *Saururus cernuus* S. 129 **17**

25*. Blütenhülle einfach oder aus Kelch und Krone bestehend.

26. Blätter am Grunde mit einer den Stengel umfassenden, häutigen Nebenblattscheide; Blütenhülle einfach (Perigon) . . . . *Polygonaceae* S. 150

26*. Blätter ohne den Stengel umfassende Nebenblattscheide.
27. Griffel 2 . . . . *Saxifragaceae* S. 234
27*. Griffel 5 . . . . *Crassulaceae* S. 231
21*. Griffel 1.
28. Nur 1fache, 4teilige, kronartig gefärbte, verwachsene Blütenhülle vorhanden *Thymelaeaceae* S. 340 (*Thymelaea*)
28*. Blütenhülle aus Kelch und Krone bestehend.
29. Fruchtknoten unterständig . . . . *Onagraceae* S. 342
29*. Fruchtknoten oberständig.
30. Staubblätter 8 oder 10, doppelt so viele wie Kronblätter . . . . *Pyrolaceae* S. 365
30*. Staubblätter 7 bis 9, so viele wie Kronblätter.
31. Staubblätter vor den Kronblättern stehend . . . . *Primulaceae* S. 369
31*. Staubblätter mit den Kronblättern abwechselnd. Blätter gegenständig . . . . *Gentianaceae* S. 379

Nebenschlüssel I

(mehr als 10 Staubblätter je Blüte, Staubbeutel frei; Blüten zwitterig oder scheinbar zwitterig)

1. Bäume oder Sträucher (mit holzigen Stengeln und Zweigen, gelegentlich auch kleine, am Boden kriechende Zwergsträucher).
2. Blütenhülle einfach (Perigon), oft kronartig oder becherförmig und außerseits mit 4 oder 5 großen Drüsen.
3. Fruchtknoten in jeder Blüte zahlreich, frei; Blätter sommergrün.
4. Perigonblätter 4 . . . . *Ranunculaceae* S. 179 (*Clematis*)
4*. Perigonblätter 9. Gepflanzt in Wäldern und Parks . . . . *Magnoliaceae* *Liriodendron tulipifera* **23**
3*. Fruchtknoten 1 je Blüte.
a) Frucht beerenartig; Blätter immergrün lederig, Alpensüdfuß . . . . *Lauraceae* *Laurus nobilis*
b) Frucht einer Kapsel auf Stiel, aus dem Blütenbecher herausragend . . . . *Euphorbiaceae* (S. 320) (*Euphorbia*)
2*. Blütenhülle aus Kelch und Krone bestehend.
5. Blätter gegenständig; wenn zur Blütezeit keine Blätter vorhanden, siehe *Prunus* (S. 278)

23

24

25

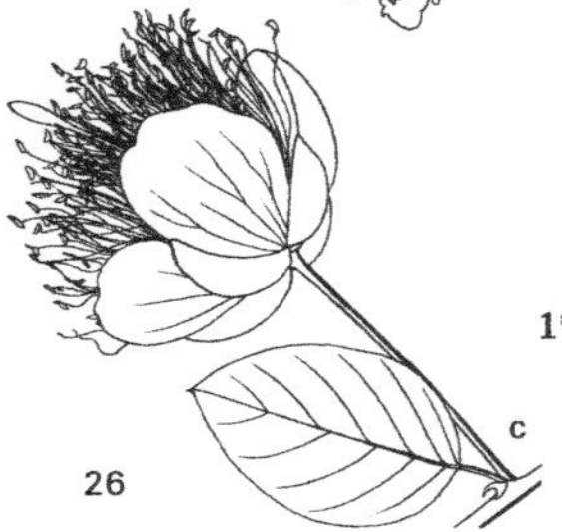

26

c

6. Fruchtknoten oberständig . . . . *Cistaceae* S. 332

6*. Fruchtknoten unterständig.

7. Kelch- und Kronblätter meist 4. Gartenpflanze; selten verwildert . . . . . . ***Saxifragaceae*** S. 234 (***Philadelphus***)

7*. Kelch- und Kronblätter 5 oder mehr.

8. Strauch ohne Dornen, mit immergrünen Blättern und weißen Blüten, am Alpensüdfuß gepflanzt, gelegentlich verwildert . . . . . . ***Myrtaceae Myrtus communis* 24**

8*. Strauch mit dornigen Zweigen, sommergrünen Blättern und roten Blüten. Am Alpensüdfuß gepflanzt, selten verwildert . . . . . . ***Punicaceae*** *Punica granatum* **25**

5*. Blätter wechselständig.

9. Kelch- und Kronblätter 4. Am Alpensüdfuss gepflanzt, selten verwildert . . . . *Capparaceae* ***Capparis spinosa* 26**

9*. Kelch- und Kronblätter 5 oder mehr.

10. Blätter herzförmig; Blütenstand mit einem länglichen, bleichen, mit dem Blütenstandsstiel verbundenen Hochblatt (Flügelblatt) . . . . . . ***Tiliaceae* (*Tilia*)** S. 328

10*. Blätter nicht herzförmig; Blütenstand ohne Flügelblatt.

11. Blätter ungeteilt, ganzrandig; Fruchtknoten oberständig, Frucht eine Kapsel ***Cistaceae*** S. 332

11*. Blätter gezähnt oder geteilt; wenn ganzrandig, Fruchtknoten unterständig oder am Grunde von einem Achsenbecher umgeben.

a) Baum oder Strauch mit fein gefiederten Blättern; Blüten gelb, sehr klein, in kugeligen Köpfen . . . . . . *Mimosoideae, Acacia dealbata*

b) Pflanze mit anderen Merkmalen . . . . . . *Rosaceae* S. 242

1*. Kräuter.

12. Fruchtknoten 2 bis viele je Blüte, höchstens bis zur Mitte verwachsen, oberständig.

13. Wasserpflanzen mit großen, runden, über die Wasseroberfläche erhobenen Blättern mit zentralem Stiel. Seen von Varese . . . . . . ***Nymphaeaceae*** S. 178 (***Nelumbo***)

13*. Landpflanzen; wenn Wasserpflanzen, dann Blätter nie rund.

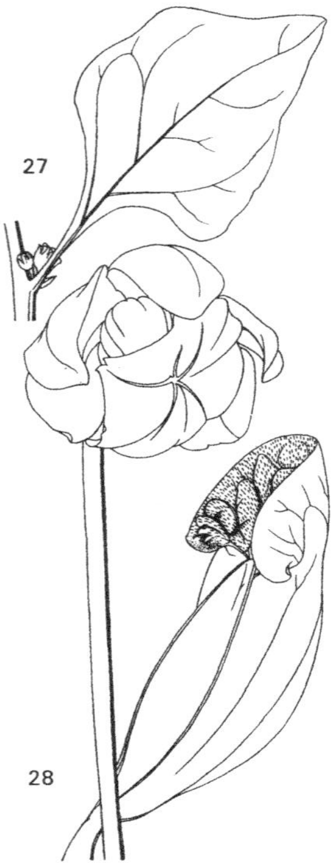

14. Kelchblätter doppelt so viele als Kronblätter (Außenkelch!) (bei *Filipendula* Kelch einfach). . . . . *Rosaceae* S. 242

14*. Kelchblätter so viele als Kronblätter oder Blütenhülle einfach (Perigon).

15. Fruchtknoten so viele als Kronblätter; Blätter fleischig . . . . *Crassulaceae* S. 231

15*. Fruchtknoten mehr oder weniger als Perigonblätter; Blätter kaum fleischig . . . *Ranunculaceae* S. 179

12*. Fruchtknoten 1 je Blüte, höchstens oberhalb der Mitte geteilt (die Frucht gelegentlich in mehrere Teilfrüchte zerfallend!)

16. Fruchtknoten unterständig, halbunterständig oder in den Blütenboden eingesenkt; Staubblätter peripher (nicht am Grunde des Fruchtbodens) eingefügt.

17. Pflanze aus fleischigen, ovalen Gliedern bestehend; Kronblätter zahlreich . . . . *Cactaceae* (*Opuntia*) S. 340

17*. Pflanze mit Stengel und Laubblättern; Kronblätter 4–6 oder nicht vorhanden.

18. Blätter gefiedert . . . . *Rosaceae* (*Agrimonia*, *Sanguisorba*) S. 242

18*. Blätter ungeteilt.

19. Blätter nierenförmig, dunkelgrün; Perigonblätter 3, verwachsen; Pflanze kriechend. Feuchte, kalkhaltige Böden, Laubmischwälder . . . . *Aristolochiaceae* (*Asarum*) S. 150

19*. Blätter rhombisch, 3eckig, oval oder lanzettlich.

20. Blätter rhombisch oder 3eckig, mit hellen Papillen besetzt, wechselständig. Im Süden Zierpflanze, selten verwildert . . . . *Aizoaceae* *Tetragonia tetragonioides* 27

20*. Blätter schmal oder breit lanzettlich oder oval, die untern oft gegenständig.

21. Kronblätter meist 6, rot . . . . *Lythraceae* S. 340

21*. Kronblätter meist 5, gelb. Unkraut auf sommertrockenen Böden . . . *Portulacaceae* (*Portulaca*) S. 159

16*. Fruchtknoten oberständig oder auf langem Stiel.

22. Wasserpflanzen mit auf der Oberfläche schwimmenden, großen, am Grunde tief herzförmigen Blättern . . . . *Nymphaeaceae* S. 178

22*. Land- oder Sumpfpflanzen.

23. Pflanze mit Milchsaft; Kronblätter 4 oder nicht vorhanden.

27

28

24. Kronblätter 4, wenn fehlend, dann Blüten in einer Rispe; Kelchblätter 2, zu Beginn der Blüte abfallend; Blätter meist fiederteilig . . . . *Papaveraceae* S. 197

24*. Keine Kronblätter vorhanden; blütenähnlicher Blütenstand von einer Hochblatthülle umgeben; Blätter ungeteilt . . . . *Euphorbiaceae* S. 320

23*. Pflanze ohne Milchsaft; Kron- oder kronartige Perigonblätter 5 oder mehr.

25. Alle Blätter grundständig und schlauchförmig; Sumpfpflanzen. Sehr selten ausgepflanzt . . . . *Sarraceniaceae* *Sarracenia purpurea* 28

25*. Pflanze mit beblättertem Stengel.

26. Blätter (wenigstens die untern) gegenständig oder quirlständig.

27. Staubblätter in 3 oder 5 Bündeln vereinigt; alle 5 Kelchblätter ± gleich groß . . . . *Hypericaceae* S. 329 (*Hypericum*)

27*. Staubblätter frei, nicht in Bündeln vereinigt; die 2 äußern Kelchblätter kleiner als die 3 innern . . . . *Cistaceae* S. 332 (*Helianthemum*)

26*. Blätter wechselständig oder in grundständiger Rosette.

28. Kronblätter unregelmäßig zerschlitzt; Blüten in einer Traube . . . . . *Resedaceae* (*Reseda*) S. 230

28*. Kronblätter ganzrandig, ausgerandet oder nicht vorhanden.

29. Staubfäden frei; nur ein Perigon vorhanden . . . . *Ranunculaceae* S. 179

29*. Staubfäden unten verwachsen; Kelch und Krone vorhanden. . . . . . *Malvaceae* S. 328

Familie der Salicaceae

1. Blätter im Umriß rundlich, 3eckig oder vieleckig, gezähnt oder wenig tief geteilt, meist lang gestielt (Stiel meist $^1/_2$ so lang bis länger als die Spreite); Tragblätter der Blüten gezähnt oder zerschlitzt; mehr als 8 Staubblätter je Blüte; keine Drüsen in den Blüten . . . . . *Populus* S. 137

1*. Blätter meist lanzettlich oder oval, selten rundlich, nie geteilt, kurz gestielt (Stiel meist weniger als $^1/_4$ so lang wie die Spreite); Tragblätter der Blüten ganzrandig; Staubblätter je Blüte meist 2, selten bis 6; 1–2 Drüsen am Grunde jeder Blüte . . . . *Salix* S. 138

30 4 ×

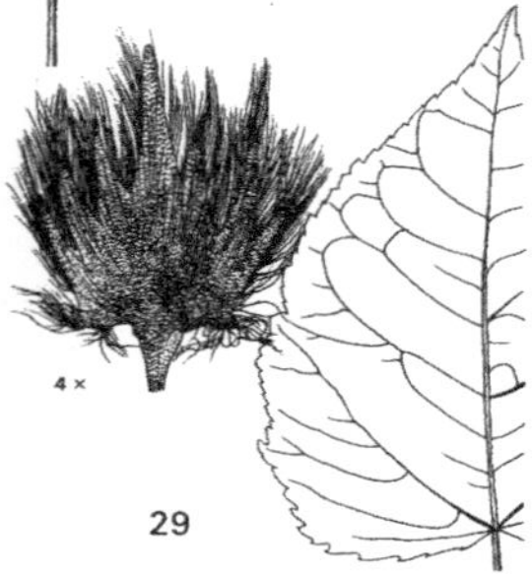

Gattung Populus

1\. Tragblätter der Blüten kahl; Blätter kahl, gezähnt, nie geteilt, an Langtrieben und Kurztrieben in der Form nicht verschieden: am Grunde herzförmig, gestutzt oder in den Stiel verschmälert, gezähnt

2\. Äste ausladend, Blätter meist länger als breit . . . . *P. nigra*

2*. Äste straff aufrecht, Baum dadurch säulenförmig; Blätter meist breiter als lang . . . . *P. pyramidalis*

1*. Tragblätter der Blüten stets behaart; Blätter unterseits behaart oder kahl, gezähnt oder geteilt; wenn Blätter nur gezähnt und kahl, dann an Lang- und Kurztrieben von verschiedener Form.

3\. Blätter mit Drüsen am Übergang zum Blattstiel, an Langtrieben herzförmig (jedoch wenig tief ausgerandet) mit fein und regelmäßig gezähntem Rand; Blätter der Kurztriebe rundlich, jederseits mit 6–10 nach vorn gerichteten, stumpfen Zähnen; alle Blätter unterseits behaart (Haare gegen die Blattspitze hin orientiert) bis kahl; Tragblätter mit 6–11 Zähnen, die $^1/_3$–$^2/_3$ der Länge des Tragblattes ausmachen; Narben rot . . . . ***P. tremula* 29**

3*. Blätter nie mit Drüsen am Übergang zum Blattstiel, an Langtrieben im Umriß meist unregelmäßig 5- oder 6eckig, meist 3–5teilig, mit groben Zähnen, unterseits dicht und filzig behaart; Blätter an Kurztrieben von ähnlicher Form; Tragblätter mit wenigen, kurzen, unregelmäßigen Zähnen; Narben gelbgrün (nie rot) . . . . ***P. alba* 30**

4 ×

29

Gattung Salix

Man findet in der Literatur oft 3 getrennte Bestimmungsschlüssel: nach Merkmalen an den Blättern, an den ♂ und an den ♀ Blütenständen. Da nur wenige Arten an den Blütenständen allein genügend charakteristische Merkmale aufweisen, ist hier auf getrennte Schlüssel verzichtet worden. Weil die Blätter während der ganzen Vegetationsperiode zur Verfügung stehen, sind im Schlüssel Blattmerkmale meist zuerst und möglichst ausführlich dargestellt; als Ergänzung folgen Merkmale der ♂ und ♀ Blüten. Habituelle Merkmale, die man am Herbarmaterial nicht sehen kann, sind weggelassen worden, ebenfalls Angaben über die Drüsen in den Blüten.

1. Zweige und jüngste Triebe flach über den Boden ausgebreitet, meist knorrig, überall Wurzeln treibend oder in den Boden eingewachsen und nur die Blätter und Blütenstände auf der Oberfläche erscheinend; Spaliersträucher der alpinen und subalpinen Stufe.
  2. Blätter unterseits grau bis weiß, zerstreut bis dicht und anliegend und lang behaart, oberseits die netzartig angeordneten Nerven eingesenkt; Früchte dicht und kurz behaart — *S. reticulata* **31**
  2*. Blätter beiderseits grün; Früchte kahl (junge gelegentlich zerstreut behaart).
    3. Blattrand mit oft entfernt stehenden, feinen, meist 0,1–0,2 mm langen, in der Regel breit abgerundeten Zähnen. Alpen . . . . *S. herbacea* **32**
    3*. Blattrand nur gegen die Basis hin gezähnt (bis 6 feine, spitze Zähne jederseits) oder ohne Zähne.
      4. Blätter 1–2 cm lang, an der Spitze oft ausgerandet; Staubfäden etwa 3mal so lang wie die Tragblätter; Früchte 3,5–5 mm lang. Meist Kalkunterlage. . . . . *S. retusa* **33**
      4*. Blätter 0,2–0,8 cm lang, an der Spitze selten ausgerandet; Staubfäden etwa 2mal so lang wie die Tragblätter; Früchte 2–3 mm lang. Kalkunterlage; Alpen . . . . . *S. serpillifolia*

1*. Bäume oder ± aufrechte Sträucher, mindestens die 1jährigen Triebe bogig aufsteigend.
  5. Blattrand in den obern $^2/_3$ mit feinen, regelmäßigen, vorwärts gerichteten Zähnen, sonst glatt, stets flach (nicht eingerollt), Blätter lanzettlich, 3–10mal so lang wie breit; Staubfäden in der ganzen Länge verwachsen; Früchte eiförmig, dicht und kurz behaart, Narben einen auffallenden Kopf bildend . . . . *S. purpurea* **34**
  5*. Blattrand überall mit Zähnen, Zähne regelmäßig oder unregelmäßig, fein bis grob, oder nur mit Drüsen, diese gelegentlich unregelmäßig verteilt, oder Rand glatt; Staubfäden

31 1½×

32 1½×

33 1½×

34 1½×

35 12×

36 12×

37 12×

1½×

38

meist frei, selten am Grunde verwachsen, nur bei *S. caesia* oft in der ganzen Länge verwachsen: Früchte vom Grunde an verschmälert, behaart oder kahl, Narben deutlich 2–4teilig, nicht kopfig.

6. Die bis 1 Jahr alten Zweige mit auffallender, blauer, leicht abwischbarer Wachsschicht (Reif), zerstreut behaart . . . . *S. daphnoides*

6*. Zweige nicht blau bereift, gelbgrün, hellbraun bis rotbraun, matt oder glänzend, behaart oder kahl.

7. Blätter 6–20mal so lang wie breit, schmal lanzettlich, Rand auch in frischem Zustand nach unten eingerollt, ohne Zähne, oft mit Drüsen.

8. Blätter unterseits dicht kraus behaart, daher ohne Glanz, grau bis weiß; Staubfäden in $^1/_4$–$^1/_2$ der Länge verwachsen, am Grunde behaart; Früchte kahl . . . . . . *S. elaeagnos* **35**

8*. Blätter unterseits dicht mit ± parallelen, zur Hauptsache in der Richtung der Seitennerven orientierten, anliegenden und kurzen Haaren besetzt, daher silberig glänzend; Staubfäden frei, kahl; Früchte dicht und kurz behaart . . . . *S. viminalis* **36**

7*. Blätter nur selten über 6mal so lang wie breit, lanzettlich bis oval, Rand flach oder nach unten eingerollt, mit Zähnen oder nur Drüsen oder glatt.

9. Ältere Blätter wenigstens unterseits, oft aber beiderseits silberig glänzend, Haare ± gerade, ± parallel, zur Hauptsache in der Längsrichtung des Blattes orientiert.

10. Blattrand fein und regelmäßig gezähnt; Staubfäden behaart; Früchte vollständig kahl . . . . *S. alba* **37**

10*. Blattrand ohne Zähne oder mit wenigen, unregelmäßig angeordneten Zähnen, oft nur mit Drüsen, die in den Haaren versteckt sind, oder auch ohne Drüsen.

11. Blattrand ohne Zähne und ohne Drüsen, Blatt 3–7 cm lang, 2,5–4mal so lang wie breit; Staubfäden behaart; Früchte dicht, lang und kraus behaart. Alpen *S. glaucosericea*

11*. Blattrand mit zerstreuten Zähnen, oft auch nur mit Drüsen. Moore

12. Blätter 2–4 cm lang, 4–10mal so lang wie breit, seitliche Nerven 8–14; Staubfäden behaart; Früchte dicht und kurz behaart, Haare ± gerade . *S. rosmarinifolia*

12*. Blätter 1–3 cm lang, 2–3$^1/_2$mal so lang wie breit, seitliche Nerven 4–6.

13. Staubfäden und Früchte vollständig kahl . . . . *S. repens* **38**

13*. Staubfäden behaart; Früchte kurz und dicht behaart; Haare ± gerade *S. arenaria*

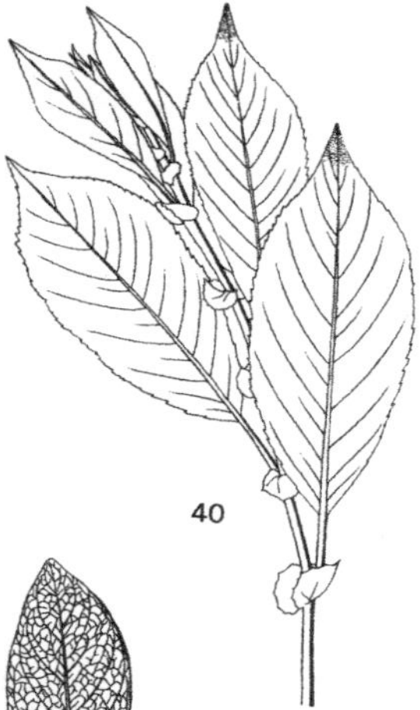

9*. Ältere Blätter kraus (flaumig) oder zerstreut mit ± langen, geraden Haaren behaart, nie silbrig glänzend (bei einigen Arten die jungen Blätter silbrig glänzend), auch vollständig kahl und dabei matt oder glänzend.

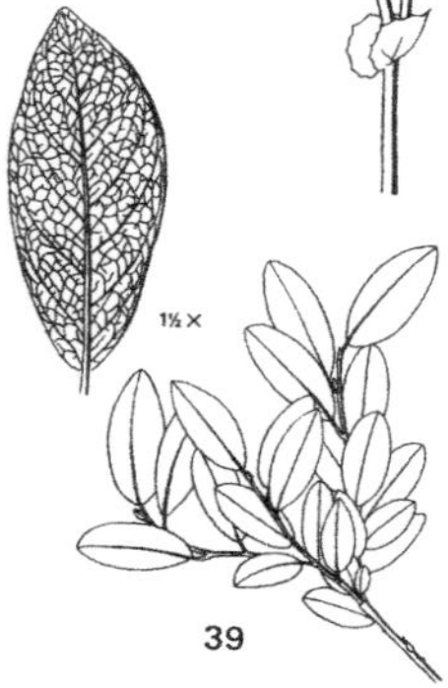

14. Blattrand stets ohne Zähne, gelegentlich mit wenigen Drüsen, ältere Blätter beiderseits vollständig kahl, 1–3 cm lang, 2–3mal so lang wie breit, oval bis breit lanzettlich, unterseits blaugrün, nie beiderseits gleichfarbig grün.

15. Staubfäden frei, kahl; Früchte kahl, dunkelgrün. Nur 3 Fundorte in den Kantonen St. Gallen und Appenzell. Hochmoore . . . . *S. myrtilloides* **39**

15*. Staubfäden meist bis über die Mitte, oft in der ganzen Länge verwachsen, am Grunde behaart; Früchte kurz und dicht behaart. Subalpin . . . . . *S. caesia*

14*. Blattrand mit feinen bis groben, regelmäßigen oder unregelmäßigen Zähnen (an Seitentrieben Blätter gelegentlich ganzrandig), wenn alle Blätter ohne Zähne dann Blätter beiderseits gleichfarbig grün.

16. Auch junge Früchte vollständig kahl (bei *S. hegetschweileri* die jungen Früchte dicht und kurz behaart, die reifen meist vollständig kahl; Pflanze der Zentralalpen); Blätter nie alle ganzrandig.

17. Blätter unterseits graugrün bis blaugrün, an der Spitze jedoch grün, zerstreut behaart bis kahl, Rand unregelmäßig gezähnt; Staubfäden am Grunde behaart . . . . *S. myrsinifolia* 40

17*. Blätter unterseits gleichmäßig blaugrün bis graugrün oder beiderseits fast gleichfarbig grün.

18. Auch die jüngsten Blätter stets beiderseits vollständig kahl, Blattoberseite dunkelgrün, lackartig glänzend.

19. Ausgewachsene Blätter 4–18 cm lang, 2–6mal so lang wie breit, Blattunterseite heller grün als die Oberseite.

20. Blattrand regelmäßig und grob gezähnt, Zähne 0,4–0,8 mm lang, Drüsen am Blattrand mit wenig Sekret; Staubblätter meist 2. Sehr selten . . . . *S. fragilis*

20*. Blattrand regelmäßig und fein gezähnt, Zähne 0,2–0,3 mm lang, Drüsen am Blattrand mit viel Sekret; Staubblätter meist 5. Selten *S. pentandra* S. 141 **41**

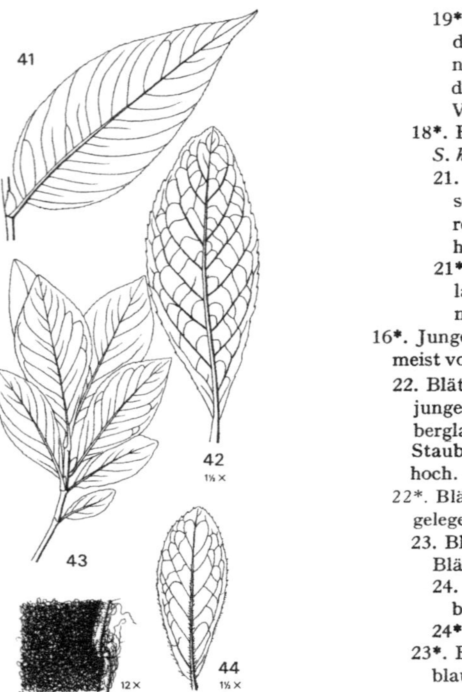

19*. Blätter 2–8 cm lang, 2–3mal so lang wie breit, Blattunterseite auf der ganzen Fläche blaugrün, seltener graugrün; Tragblätter kahl oder nur zerstreut behaart, Haare lang und gerade (Unterschied zu Sippen der *S. hastata* mit ganz kahlen Blättern). Südliche Kalkalpen, Tirol, Vorarlberg . . . . *S. glabra*

18*. Blätter zerstreut bis dicht behaart, alte Blätter oft auch kahl; bei *S. hastata* gelegentlich auch jüngste Blätter ganz kahl.

21. Blattstiel ohne Drüsen, Blätter oberseits matt, 2–8 cm lang, 2–3mal so lang wie breit, mit der größten Breite über oder in der Mitte, fein und regelmäßig gezähnt; Staubblätter 2; Tragblätter lang und kraus, behaart. Feuchte Böden; montan, subalpin . . . . *S. hastata* **42**

21*. Blattstiel mit einigen Drüsen, Blätter oberseits glänzend, 2–15 cm lang, 3–5mal (selten 2mal) so lang wie breit, mit der größten Breite meist in der Mitte, fein und regelmäßig gezähnt; Staubblätter 3 . . *S. triandra*

16*. Junge und reife Früchte behaart (bei *S. hegetschweileri* die reifen Früchte meist vollständig kahl), wenn junge Früchte kahl, dann die Blätter ganzrandig.

22. Blätter unterseits sehr dicht und kraus behaart, weiß, ohne Glanz (nur junge Blätter mit ± geraden und parallel anliegenden Haaren haben Silberglanz), oberseits dunkelgrün, bis 8 cm lang, 2–3mal so lang wie breit; Staubfäden kahl; Früchte dicht, lang und kraus behaart; Pflanze bis 1,5 m hoch. Kalkfreier Blockschutt; Alpen (innere Ketten) . . . . *S. helvetica* **43**

22*. Blätter unterseits nicht weiß (nur bei der 3–9 m hohen *S. caprea*, S. 143, gelegentlich weißlich).

23. Blätter beiderseits gleichfarbig grün, Behaarung (meist nur an jungen Blättern!) oberseits stets dichter als unterseits; Staubfäden kahl.

24. Blattrand mit feinen regelmäßigen Zähnen; Früchte ± dicht kraus behaart. Kalk-Blockschutt; Alpen (innere Ketten) . . . . *S. breviserrata* **44**

24*. Blattrand ohne Zähne; Blätter und Früchte oft kahl. Monte Tonale *S. alpina*

23*. Blätter nicht beiderseits gleichfarbig grün, unterseits gleichmäßig blaugrün bis graugrün.

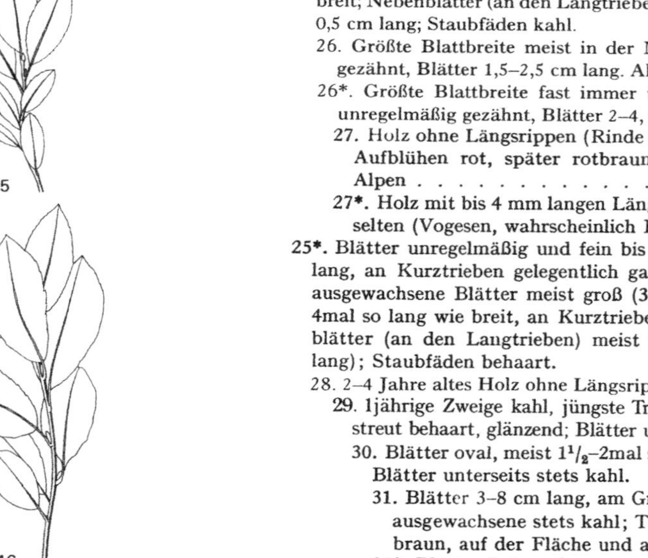

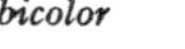

25. Blätter regelmäßig oder unregelmäßig fein gezähnt, Zähne etwa 0,2 mm lang, Blätter meist bis 3 cm, selten über 4 cm lang, 2–3mal so lang wie breit; Nebenblätter (an den Langtrieben) oft nicht vorhanden oder kaum 0,5 cm lang; Staubfäden kahl.

26. Größte Blattbreite meist in der Mitte, Rand fein und regelmäßig gezähnt, Blätter 1,5–2,5 cm lang. Alpen . . . . *S. foetida* **45**

26*. Größte Blattbreite fast immer über der Mitte, Rand fein, aber unregelmäßig gezähnt, Blätter 2–4, selten bis 6 cm lang.

27. Holz ohne Längsrippen (Rinde abheben!); Staubbeutel vor dem Aufblühen rot, später rotbraun. Kalkhaltiger Schutt, östliche Alpen . . . . *S. waldsteiniana* **46**

27*. Holz mit bis 4 mm langen Längsrippen; Staubbeutel gelb. Sehr selten (Vogesen, wahrscheinlich Freiburger Alpen) . . . . . . *S. bicolor*

25*. Blätter unregelmäßig und fein bis grob gezähnt, Zähne 0,4–1 mm lang, an Kurztrieben gelegentlich ganzrandig oder Rand nur wellig, ausgewachsene Blätter meist groß (3–15 cm lang), $1^1/_2$–3-, selten bis 4mal so lang wie breit, an Kurztrieben gelegentlich rundlich; Nebenblätter (an den Langtrieben) meist vorhanden, oft groß (0,5–2 cm lang); Staubfäden behaart.

28. 2–4 Jahre altes Holz ohne Längsrippen (Rinde entfernen!).

29. 1jährige Zweige kahl, jüngste Triebe (Triebspitzen) kahl oder zerstreut behaart, glänzend; Blätter unterseits blaugrün bis graugrün.

30. Blätter oval, meist $1^1/_2$–2mal so lang wie breit, ausgewachsene Blätter unterseits stets kahl.

31. Blätter 3–8 cm lang, am Grund abgerundet bis herzförmig, ausgewachsene stets kahl; Tragblätter an der Spitze dunkelbraun, auf der Fläche und am Rande lang behaart. Selten . *S. hegetschweileri*

31*. Blätter 3–5 cm lang, gegen den Grund zu allmählich verschmälert, größte Breite über der Mitte, unterseits kahl, oberseits oft zerstreut kraus behaart; Tragblätter überall hellbraun, auf der Fläche fast kahl, am Rande dicht und lang behaart. Wenige Fundorte in Süddeutschland, nahe der Schaffhauser Grenze . . . . *S. starkeana*

30*. Blätter lanzettlich, etwa 3mal so lang wie breit, gegen den Grund zu allmählich verschmälert, unterseits behaart, Epidermis jedoch sichtbar . . . . *S. appendiculata* **47**

29*. Jüngste Triebe fein und kraus behaart.

32. Blätter etwa 2mal so lang wie breit, Rand fein bis grob und unregelmäßig gezähnt, unterseits graugrün bis weißlich, dicht und kraus behaart, so daß die Epidermis nicht sichtbar; Haare etwa 1 mm lang . . . . *S. caprea* **48**

32*. Blätter meist 3–4mal so lang wie breit, Rand wellig oder glatt, seltener grob gezähnt, Behaarung an jungen Blättern wie bei *S. caprea*, an älteren lockerer und Epidermis gut sichtbar. Selten, Alpengebiet; kalkarme Schotter . . . . *S. laggeri*

28*. 2–4 Jahre altes Holz mit 1–2 cm langen, in frischem Zustand 0,2 bis 0,5 mm hohen, scharfen Längsrippen (Rinde entfernen!).

33. Blätter höchstens doppelt so lang wie breit; Rand auffallend grob und unregelmäßig gezähnt, Zähne oft senkrecht abstehend (sonst nach vorn gerichtet), in den Buchten Rand nach unten umgebogen; ältere Zweige ganz kahl. Saure, nasse Böden . . . *S. aurita*

33*. Blätter meist 2–3mal so lang wie breit, Rand wellig oder unregelmäßig fein bis grob gezähnt oder glatt. Saure, nasse Böden *S. cinerea* **49**

47

48

49

Familie der Betulaceae (inkl. Corylaceae)

1. ♀ Blütenstände zur Blütezeit knospenartig, nur die roten Narben zwischen Knospenschuppen hervorragend; Blüte vor dem Beginn des Blattaustriebs; Frucht von einer zerschlitzten, offenen Hülle umgeben, fast kugelig . . . . *Corylus avellana* S. 144 **50**

50

1*. ♀ Blütenstände zur Blütezeit nicht von Knospenschuppen umgeben, aufrechte, abstehende oder hängende Ähren; Blüte zu Beginn des Blattaustriebs oder später; Frucht nicht von einer zerschlitzten Hülle umgeben, eiförmig oder linsenförmig.

2. ♀ Blütenstände einzeln, zur Zeit der Fruchtreife zerfallend.

3. Frucht nicht geflügelt, von einem großen, mindestens 1 cm langen Vorblatt umhüllt; Staubbeutel an der Spitze mit Haarschopf; Rinde nicht weiß.

4. Die meisten Blätter mit weniger als 15 Paaren von Seitennerven; Vorblatt 3teilig, zur Zeit der Fruchtreife mit 3–5 cm langem Mittelabschnitt, die Frucht umschließend, die Ränder jedoch nicht verwachsen. Eichen-Hagebuchenwälder . . . . . *Carpinus betulus* **51**

4*. Die meisten Blätter mit mehr als 14 Paaren von Seitennerven; Vorblatt einfach, zur Zeit der Fruchtreife 1–2,5 cm lang, in der ganzen Länge verwachsen und die Frucht umschließend. Insubrische Buschwälder; Alpensüdseite . . . . *Ostrya carpinifolia*

3*. Frucht geflügelt (Flügel höchstens 0,5 cm breit), nicht von einem Vorblatt umhüllt; Staubbeutel kahl; Rinde wenigstens im obern Stammteil und in der Krone oft weiß *Betula* S. 144

2*. ♀ Blütenstände zu mehreren beisammen, einen traubigen Gesamtblütenstand bildend; Tragblatt und Vorblätter zur Fruchtzeit verholzt und verwachsen, nicht abfallend, die leeren Fruchtstände deshalb noch im folgenden Jahr als zapfenartige Gebilde am Baum oder Strauch hängend . . . . *Alnus* S. 145

Gattung Betula

1. Bäume oder große Sträucher; die meisten Blätter über 3 cm lang, doppelt gezähnt; ♂ Blütenstände hängend, die Blütenstände als geschlossene Kätzchen überwinternd.

2. Rinde im untern Stammteil rissig, wulstig, dunkelbraun bis schwarz (wenig weiße Rindenflecken), weiter oben Stamm glatt und weiß oder gelblichweiß; Zweige ± hängend; Seitenabschnitte des Tragblattes der ♀ Blüten nach außen und rückwärts gebogen; Flügel der Frucht 2–3mal so breit wie die Frucht, bei den Narben mit schmalem Ausschnitt und dort die Frucht ungefähr so weit überragend wie die Narben lang sind . . . . *B. pendula* S. 145 **52**

2*. Rinde fast überall glatt, meist weiß; Zweige nicht hängend; Seitenabschnitte des Tragblattes der ♀ Blüten nach außen und nach vorn gerichtet; Flügel der Frucht 1–$1^1/_2$mal so breit wie die Frucht, an der Spitze die Frucht nicht oder nur wenig überragend . . . . *B. pubescens*

51

1*. Niedrige Sträucher; die meisten Blätter weniger als 3 cm lang, rundlich oder oval, 1fach gezähnt; Blütenstände abstehend oder aufrecht, auch die ♂ Blütenstände im Winter von Knospenschuppen umgeben.

3. Blätter rundlich, oft breiter als lang; Zähne stumpf; jüngste Triebe dicht und flaumig behaart, ohne Drüsen. Sehr selten . . . . *B. nana*

3*. Blätter oval, nie breiter als lang; Zähne spitz; jüngste Triebe locker flaumig behaart bis kahl, mit vielen Harzdrüsen. Nur bei Abtwil (St. Gallen) und vielleicht noch im deutschen Grenzgebiet . . . . *B. humilis*

Gattung Alnus

1. Die meisten Blattzähne auffallend höher als breit. Montan, subalpin.

2. Strauch bis 4 m hoch; Blätter länger als 3 cm und breiter als 2,5 cm; Fruchtstände 8–15 mm lang und 6–10 mm breit . . . . *A. viridis*

2*. Strauch bis 1,5 m hoch; Blätter kürzer als 3 cm, bis 2,5 cm breit; Fruchtstände 5–9 mm lang und 3–6 mm breit. Südalpen . . . . *A. brembana*

1*. Fast alle Blattzähne viel breiter als hoch.

3. Größte Breite der meisten Blätter über der Mitte, Blätter im Umriß an der Spitze breit abgerundet, mit 4–7 Paaren von Seitennerven, ältere Blätter unterseits kahl, jedoch in den Innenwinkeln zwischen Hauptnerv und Seitennerven stets gelbbraun und bärtig behaart; die seitenständigen Fruchtstände auf wenigstens 0,5 cm langen Stielen . . . . ***A. glutinosa* 53**

3*. Größte Breite der meisten Blätter unterhalb oder in der Mitte, Blätter im Umriß an der Spitze allmählich zugespitzt, mit 10–15 Paaren von Seitennerven, ältere Blätter unterseits oft nur noch auf den Nerven behaart, in den Winkeln zwischen den Nerven nie bärtig behaart; die seitenständigen Fruchtstände sitzend . . . . *A. incana*

Familie der Fagaceae

1. Junge Blätter am Rande fein und vorwärts abstehend behaart; ♂ Blütenstände ± kugelig, hängend; der weichstachlige Fruchtbecher (*Cupula*) meist 2 3kantige Nüsse umschließend *Fagus sylvatica* 54

1*. Blätter am Rande nicht abstehend behaart; ♂ Blütenstände zylindrisch.

2. Blätter stachelig gezähnt, ältere beiderseits kahl; ♂ Blütenstände aufrecht; Frucht-

becher (*Cupula*) mit stechenden Stacheln, meist 3 Früchte (Kastanien) umschließend . . *Castanea sativa*

2*. Blätter fiederteilig bis ganzrandig, wenn stachelig gezähnt, dann unterseits stets sehr dicht mit Sternhaaren besetzt; ♂ Blütenstände hängend; Fruchtbecher (*Cupula*) nur 1 Frucht (Eichel) und diese meist weniger als zur Hälfte umschließend . . . . *Quercus* S. 146

55

56

Gattung Quercus

1. Sommergrün; Blätter mit stumpfen oder spitzen Abschnitten.
   2. Blätter mit stumpfen Abschnitten, wenn mit kleiner, aufgesetzter Spitze, dann Schuppen am Fruchtbecher nicht abstehend und die meisten Sternhaare auf der Blattunterseite 4–6zählig.
      3. Blätter beiderseits des Stiels mit einem Öhrchen, unterseits nur mit vereinzelten einfachen Haaren oder kahl, nie mit Sternhaaren (100fache Vergrößerung!), meist deutlich asymmetrisch, mit Seitennerven, die in die Buchten und Abschnitte verlaufen, Stiel meist weniger als 0,7 cm lang; Stiel des Fruchtstandes viel länger als der Blattstiel (bis 6 cm lang) . . . . *Q. robur* **55**
      3*. Blätter ohne Öhrchen (bei *Q. pubescens* gelegentlich mit Öhrchen), unterseits mit sitzenden Sternhaaren, die meisten Sternhaare 4–6zählig (100fache Vergrößerung!), mit Seitennerven, die nur in die Abschnitte verlaufen; Stiel des Fruchtstandes höchstens so lang wie der Blattstiel.
         4. Die meisten der einzelnen sternförmig abstehenden Haare nicht über 0,2 mm lang, locker stehend, Blattunterseite deshalb grün und scheinbar kahl . . . . *Q. petraea* **56**
         4*. Die meisten der einzelnen sternförmig oder büschelig abstehenden Haare 0,3 bis 0,6 mm lang, dicht stehend, Blattunterseite deshalb graugrün. Kalkböden, heiße Lagen . . . . *Q. pubescens*
   2*. Blätter mit bespitzten oder allmählich zugespitzten Abschnitten.
      5. Ältere Blätter unterseits dicht mit meist 6–10zähligen Sternhaaren bedeckt, deshalb graugrün; Schuppen am Fruchtbecher bis 1 cm lang, allmählich zugespitzt und abstehend. Selten, in Flaumeichenwäldern . . . . *Q. cerris*
      5*. Ältere Blätter unterseits kahl oder nur in den Innenwinkeln zwischen Haupt- und Seitennerven mit einem Büschel von Sternhaaren; Blattabschnitte und Zähne mit langer, borsten- oder fadenförmiger Spitze; Schuppen des Fruchtbechers stumpf, anliegend. Vor allem im Tessin in Kastanienwäldern gepflanzt . . . . *Q. rubra*

57

58

1*. Wintergrün (Blätter 2 Jahre alt werdend), am Rande wellig, spitz gezähnt oder ganzrandig.
6. Blätter wenigstens unterseits sehr dicht mit Sternhaaren besetzt; Blattstiel 6–15 mm lang. Dép. Ain, Südtessin . . . . . *Q. ilex*
6*. Blätter kahl; Blattstiel 1–4 mm lang. Südtessin . . . . . *Q. coccifera*

Familie der Ulmaceae

1. Alle Blüten zwitterig, an den vorjährigen Trieben; Frucht eine ringsum geflügelte Nuß; Blätter vom Grunde an mit 1 Längsnerv . . . . . *Ulmus* S. 147
1*. Zwittrige und rein ♂ Blüten auf derselben Pflanze und an denselben diesjährigen Trieben; Frucht eine Steinfrucht mit fleischiger Hülle (Exokarp) und Steinkern; Blätter vom Grunde aus mit 3 Längsnerven. Alpensüdfuß, gelegentlich kultiviert . . . . . *Celtis australis*

Gattung Ulmus

1. Blütenstiele kürzer als die Blüten; Früchte kahl, fast sitzend.
2. Ausgewachsene Blätter an Kurztrieben oberseits kahl, glatt und glänzend; Same deutlich oberhalb der Mitte der Frucht und Griffelkanal im Fruchtflügel kürzer bis so lang wie der Same. Warme Gegenden . . . . . *U. minor*
2*. Ausgewachsene Blätter an Kurztrieben oberseits mit ± anliegenden Borstenhaaren, rauh, matt; Same in oder unterhalb der Mitte der Frucht und Griffelkanal im Fruchtflügel meist länger als der Same . . . . . *U. glabra* 57
1*. Blütenstiele 3–6mal so lang wie die Blüten; Früchte am Rande dicht und abstehend behaart, auf langen Stielen. Oberrheinische Tiefebene . . . . . *U. laevis*

Familie der Moraceae

1. ♂ und ♀ Blüten in verschiedenen, ährenartigen, gestielten Blütenständen; Fruchtstände brombeerenartig.
2. Blätter unterseits meist nur auf den Nerven behaart; reife Fruchtstände weiß oder schwarz, nicht von auffallend langen Narben umgeben. Kultiviert und verwildert . . . *Morus* S. 148
2*. Blätter unterseits dicht und fein behaart; reife Fruchtstände rot, von auffallend langen Narben umgeben. Alpensüdfuß, gepflanzt und verwildert. . . . . *Broussonetia papyrifera*

1*. ♂ und ♀ Blüten auf der Innenseite der hohlen Blütenstandsachse; Fruchtstand (Feige) zur Reifezeit birnenförmig, fleischig. Warme Gegenden, kultiviert, verwildert . . . . *Ficus carica*

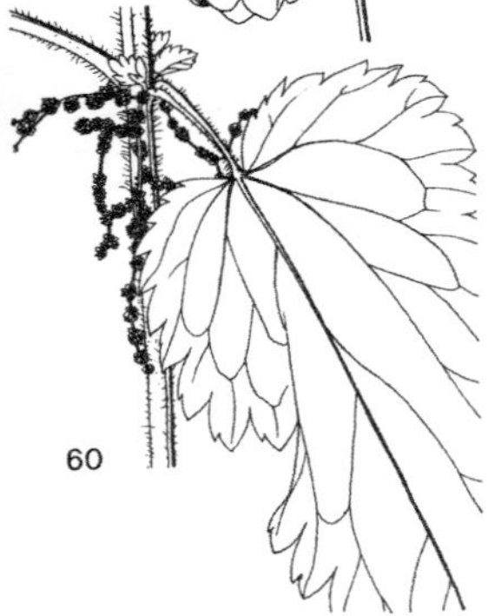

Gattung Morus

1. Blätter oberseits kahl, nie rauh; Fruchtstände weiß . . . . *M. alba*
1*. Blätter oberseits sehr rauh behaart; Fruchtstände schwarz . . . . *M. nigra*

Familie der Cannabaceae

1. Aufrechtes Kraut; ♀ Blüten zu 2 in Blattachseln; Blätter bis zum Grunde radiär 5–11teilig, mit schmal lanzettlichen Abschnitten (Teilblättern). Verschleppt (Vogelfutter) . . . . . *Cannabis sativa* S. 147 **58**
1*. Windendes Kraut; ♀ Blütenstände zapfenartig; Blätter am Grunde herzförmig, tief 3–7-teilig, aber nicht bis zum Grunde geteilt, oder nicht geteilt . . . . *Humulus lupulus* **59**

Familie der Urticaceae

1. Pflanze mit Brennhaaren; Blätter gezähnt, gegenständig, mit Nebenblättern . . . . . . *Urtica* S. 148
1*. Pflanze ohne Brennhaare; Blätter ganzrandig, wechselständig, keine Nebenblätter vorhanden . . . . *Parietaria* S. 149

Gattung Urtica

1. Blätter meist weniger als 5 cm lang, $1–1^1/_2$mal so lang wie breit, nach dem Grunde keilförmig verschmälert, mit großen, spitzen Zähnen (Zähne $^1/_4–^1/_6$ so lang wie die größte Blattbreite); Blütenstände kürzer als der benachbarte Blattstiel; ♂ und ♀ Blüten in denselben Blütenständen. Nitratreiche Böden . . . . *U. urens*
1*. Blätter meist über 5 cm lang, $2^1/_2$–3mal so lang wie breit, am Grunde herzförmig oder abgerundet, Zähne $^1/_8–^1/_{10}$ so lang wie die größte Blattbreite; Blütenstände länger als der benachbarte Blattstiel; ♂ und ♀ Blüten auf verschiedenen Pflanzen (2häusig) . . . . . *U. dioica* 60

59

60

62

61

Gattung Parietaria

1. Stengel aufrecht, nicht verzweigt, die meisten Blätter über 5 cm lang; kelchähnliche Hochblätter bis zum Grunde frei. Warme Gegenden . . . . *P. officinalis* **61**

1*Stengel bogig aufsteigend, am Grunde oder vom Grunde an verzweigt, die meisten Blätter nicht über 3 cm lang; kelchähnliche Hochblätter über dem Grunde wenig verwachsen . . *P. judaica*

Familie der Santalaceae

1. Blüten zwitterig, 4- oder 5zählig; sommergrüne Kräuter . . . . *Thesium* S. 149

1*. Blüten ♂, ♀ oder zwitterig (die einzelnen Pflanzen ♂, ♀ oder zwitterig), 3zählig; immergrüne Sträucher. Dép. Ain, Savoyen, Comersee . . . . *Osyris alba*

Gattung Thesium

1. Unter jeder Blüte 3 Hochblätter (1 Tragblatt und 2 Vorblätter); an der Spitze des Blütenstandes keine Tragblätter ohne Blüten vorhanden.

2. Perigonzipfel nach der Blüte bis zum Grunde eingerollt und der Perigonteil über der reifen Frucht dann etwa $^1/_3$ so lang wie die reife Frucht.

3. Stengel unterirdisch kriechend; alle Schuppenblätter am Grunde der Stengel voneinander abgerückt.

4. Äste im Blütenstand glatt (30fache Vergrößerung!) . . . . *T. linophyllon* **62**

4*. Äste im Blütenstand rauh. Fränzösischer Jura . . . . *T. humifusum*

3*. Stengel nicht unterirdisch kriechend, meist eine dicke, verholzte Pfahlwurzel vorhanden; am Grunde der Stengel wenige bis zahlreiche, sich dachziegelartig überdeckende Schuppen vorhanden (Lupe!).

5. Schuppenblätter am Grunde des Stengels zahlreich, auf einem kurzen Stück dicht dachziegelartig angeordnet; Stengel getrocknet 2–4 mm dick; Blätter bis 0,7 cm breit, oft in der ganzen Länge deutlich 3- oder 5nervig. . . . . *T. bavarum*

5*. Wenige Schuppenblätter am Grunde, die sich dachziegelartig decken; Stengel getrocknet weniger als 2 mm dick; Blätter nicht über 0,2 cm breit, stets 1nervig. **Selten** *T. divaricatum*

2*. Perigonzipfel nach der Blüte nur an der Spitze einwärts gebogen und der Perigonteil über der reifen Frucht so lang oder länger als die Frucht.

6. Die meisten Blüten 4zählig; über der Frucht der verwachsene Teil des Perigons so lang oder länger und viel dünner als der obere Teil mit den freien Perigonzipfeln; Blütenstand einseitswendig; Tragblätter am Rande glatt . . . . *T. alpinum* **63**

6*. Blüten 5zählig; über der Frucht der verwachsene Teil des Perigons kürzer, aber ebenso dick wie der obere Teil mit den freien Perigonzipfeln; Blütenstand allseitswendig; Tragblätter am Rande mit feinen, borstigen Zähnen (10fache Vergrößerung!) . . . . *T. pyrenaicum*

1*. Unter jeder Blüte nur 1 Hochblatt vorhanden; an der Spitze des Blütenstandes ein Schopf von Tragblättern, die keine Blüten tragen. Selten . . . . *T. rostratum* **64**

Familie der Aristolochiaceae

1. Blüten einzeln, endständig; Perigon aktinomorph, 3teilig; Stengel kriechend . . . . . . *Asarum europaeum* **65**

1*. Blüten in Büscheln oder einzeln in Blattachseln; Perigon zygomorph, 1lippig; Stengel nicht kriechend . . . . *Aristolochia* S. 150

Gattung Aristolochia

1. Blüten zu 2–8 in den Blattachseln; Blätter lang gestielt; Grundachse ohne Knolle. Selten *A. clematitis*

1*. Blüten einzeln in den Blattachseln; Grundachse eine kugelige Knolle.

2. Blätter sehr kurz gestielt (Stiel etwa 3 mm lang), am Grunde mit engem Ausschnitt (die seitlichen Lappen überdecken sich oft). Alpensüdfuß . . . . *A. rotunda* **66**

2*. Blätter oft mehr als 10 mm lang gestielt, am Grunde mit weitem, herzförmigem Ausschnitt. Südlichste Alpentäler . . . . *A. pallida*

Familie der Polygonaceae

1. Perigonblätter 6 oder 4, die 3 oder 2 innern Perigonblätter zur Zeit der Fruchtreife viel größer als die äußern und der Frucht anliegend; Narben pinselförmig.

2. Perigonblätter 6; Frucht 3kantig, nicht geflügelt . . . . *Rumex* S. 151

2*. Perigonblätter 4; Frucht linsenförmig, mit breit geflügeltem Rand. Alpin . . . . . *Oxyria digyna*

1*. Perigonblätter 3, 5 oder 6, die innern zur Fruchtzeit nicht vergrößert; Narben nicht pinselförmig.

3. Frucht mit 2–4 Flügeln; Blätter sehr groß. Gartenpflanze . . . . *Rheum rhabarbarum*

3*. Frucht ohne Flügel (bei *P. dumetorum* und *P. cuspidatum* die äußern Perigonblätter breit geflügelt!), 3kantig oder linsenförmig; Blätter nicht auffallend groß.

4. Reife Frucht nicht oder nur mit der Spitze aus den Perigonblättern hervorragend . . ***Polygonum*** s.l. S. 154

4*. Reife Frucht meist wenigstens 2mal so lang wie die Perigonblätter. Ackerunkraut . ***Fagopyrum*** S. 156

Gattung Rumex

1. Alle Blätter oder wenigstens die Sommerblätter an der Basis mit spitzen Zipfeln (spießförmig oder pfeilförmig).

2. Innere Perigonblätter nicht oder kaum größer als die reife Frucht . . . . *Artengruppe des R. acetosella* S. 153 **67**

2*. Innere Perigonblätter viel größer als die reife Frucht.

3. Äußere Perigonblätter zur Zeit der Fruchtreife den innern Perigonblättern anliegend *R. scutatus*

3*. Äußere Perigonblätter zur Zeit der Fruchtreife zurückgebogen, dem Blütenstiel anliegend.

4. Stengel niedrig (bis 30 cm hoch), ohne oder mit 1–2 Stengelblättern; Gesamtblütenstand nicht verzweigt. Alpin; Schneetälchen; sehr selten . . . . *R. nivalis*

4*. Stengel hoch (30–120 cm hoch), mit mehreren Blättern; Gesamtblütenstand stets verzweigt . . . . *Artengruppe des R. acetosa* S. 153 **68**

1*. Blätter an der Basis herzförmig, abgerundet oder in den Stiel verschmälert, an der Basis nie spitze Zipfel vorhanden.

5. Alle innern Perigonblätter ohne Schwielen.

6. Grundständige Blätter tief herzförmig, $1–2^1/_2$mal so lang wie breit; innere Perigonblätter länger als breit.

7. Grundständige Blätter im Umriß oval oder rundlich, $1–1^1/_2$mal so lang wie breit; innere Perigonblätter zur Zeit der Fruchtreife 4–5,5 mm lang . . . . *R. alpinus*

7*. Grundständige Blätter im Umriß oval oder breit lanzettlich, nahe dem Grunde am breitesten, $1^1/_2$–$2^1/_2$mal so lang wie breit; innere Perigonblätter zur Zeit der Fruchtreife 6–8 mm lang. Sehr selten . . . . . *R. aquaticus*

6*. Grundständige Blätter in den Stiel verschmälert oder abgerundet, $2^1/_2$–$4^1/_2$mal so lang wie breit; innere Perigonblätter deutlich breiter als lang. Sehr selten . . . . . *R. longifolius*

5*. Alle 3 oder wenigstens 1 inneres Perigonblatt mit deutlicher Schwiele.

8. Innere Perigonblätter ohne Zähne oder Zähne klein, die längsten viel kürzer als die halbe Breite des Perigonblatts (mehrere Blüten mit reifen Früchten untersuchen!).

9. Innere Perigonblätter mindestens 3mal so breit wie die Schwielen.

10. Nur 1 inneres Perigonblatt mit Schwiele, wenn alle 3 Perigonblätter mit Schwiele, wovon 2 stets mit kleinen Schwielen, dann Perigonblätter fein, unregelmäßig und scharf gezähnt.

11. Innere Perigonblätter ganzrandig oder vereinzelte, unregelmäßig geschweifte Zähne vorhanden (Zähne nicht über 0,3 mm hoch); nur 1 inneres Perigonblatt mit Schwiele. Sehr selten . . . . . *R. patientia*

11*. Innere Perigonblätter am Rande fein, unregelmäßig und scharf gezähnt (Zähne bis 1 mm hoch); 1 Perigonblatt mit großer, die beiden andern mit kleinerer Schwiele. Genf . . . . . *R. cristatus*

10*. Alle innern Perigonblätter mit Schwielen, wenn Schwielen ungleich groß, dann Blätter am Rande kraus.

12. Die Schwielen aller Perigonblätter gleich groß, 2–3mal so lang wie dick, nach unten zugespitzt; grundständige Blätter flach. Sehr selten . . . . . *R. hydrolapathum*

12*. Ein Perigonblatt mit großer, die beiden andern mit kleiner Schwiele, die großen Schwielen 1–$1^1/_2$mal so lang wie dick; grundständige Blätter am Rande wellig und kraus . . . . . *R. crispus* **69**

9*. Innere Perigonblätter meist weniger als 2mal so breit wie die Schwielen.

13. Alle 3 innern Perigonblätter mit Schwielen; die meisten Blütenknäuel mit je 1 Hochblatt . . . . . *R. conglomeratus* **70**

13*. Nur 1 inneres Perigonblatt mit Schwiele; nur die untersten Blütenknäuel mit je 1 Hochblatt . . . . . *R. sanguineus* **71**

69 3×

70 3×

71 3×

72
3×

73
3×

8*. Innere Perigonblätter gezähnt; die längsten Zähne so lang bis viel länger als die halbe Breite des Perigonblatts (mehrere Blüten mit reifen Früchten untersuchen!).

14. Grundständige Blätter und die meisten Stengelblätter an der Basis herzförmig oder abgerundet; Pflanzen ausdauernd.

15. Pflanze sparrig, mit teilweise $\pm$ senkrecht oder sogar zurückgebogenen, oft mehrmals verzweigten Seitenästen; Blütenstand zur Fruchtzeit graugrün . . . *R. pulcher* **72**

15*. Seitenäste aufrecht, nicht verzweigt; Blütenstand zur Fruchtzeit dunkelrot . *R. obtusifolius* **73**

14*. Alle Blätter allmählich in den Stiel verschmälert; Pflanzen 1- oder 2jährig.

16. Blütenstand zur Fruchtzeit goldgelb; die längsten Zähne am Rande der innern Perigonblätter so lang oder länger als die innern Perigonblätter. Sehr selten . . *R. maritimus*

16*. Blütenstand zur Fruchtzeit braun bis rötlich, nie goldgelb; die längsten Zähne am Rande der innern Perigonblätter nicht länger oder nur wenig länger als die größte Breite der innern Perigonblätter. Französischer Jura, Elsaß . . . . . . *R. palustris*

Artengruppe des Rumex acetosella

1. Innere Perigonblätter mit der reifen Frucht fest verbunden. Verbreitung? . . . . *R. pyrenaicus*

1*. Innere Perigonblätter mit der reifen Frucht nicht verbunden (Frucht läßt sich wie bei allen andern *Rumex*arten aus dem Perigon herauslösen).

2. Reife Frucht 0,9–1,3 mm lang. Verbreitung? . . . . *R. tenuifolius*

2*. Reife Frucht 1,3–1,5 mm lang. Verbreitet, ziemlich häufig . . . . *R. acetosella* S. 151 **67**

Artengruppe des Rumex acetosa

1. Grundständige Blätter und untere Stengelblätter 2–14mal so lang wie breit; Frucht dunkelbraun.

2. Seitenäste des Gesamtblütenstandes nicht verzweigt (gelegentlich nur einzelne Seitenäste verzweigt) . . . . *R. acetosa* S. 151 **68**

2*. Seitenäste des Gesamtblütenstandes reich verzweigt. In Ausbreitung . . . . *R. thyrsiflorus*

1*. Grundständige Blätter und untere Stengelblätter 1–2mal so lang wie breit; Frucht gelbgrau. Alpen, Alpenvorland, Jura, Vogesen, Schwarzwald . . . . *R. alpestris*

Gattung Polygonum s.l.

Die Gattung *Polygonum* wird heute aufgeteilt.

a) Verholzte Kletterpflanze, bis 6 m hoch. Kultiviert, selten verwildert . . . *Fallopia aubertii*

b) Pflanze nicht verholzt (aber viele Arten ausdauernd).

1. Pflanze windend und kletternd.
   2. Äußere Perigonblätter gekielt. Äcker . . . *Fallopia convolvulus* **74**
   2*. Äußere Perigonblätter breit geflügelt. Hecken, Waldränder . . . *Fallopia dumetorum*

1*. Pflanze nicht windend und kletternd.
   3. Pflanze meist über 1 m (bis 3 m) hoch, ausgewachsene Blätter groß, breit (6–12 cm breit) und meist weniger als $1^1/_2$mal so lang wie breit (kultivierte und verwilderte Arten).
      4. Pflanze ± kahl; Blattstiele nicht geflügelt.
         5. Blätter 10–15 cm lang, am Grunde gestutzt . . . *Reynoutria japonica*
         5*. Blätter bis 30 cm lang, am Grunde herzförmig . . . *Reynoutria sachalinensis*
      4*. Pflanze abstehend behaart; Blattstiele in der obern Hälfte mit 2 grünen Flügeln . . . *P. orientale*
   3*. Pflanze meist weniger als 1 m hoch (*P. polystachyum* bis 2 m hoch); Blätter mehr als 2mal so lang wie breit, lanzettlich (wenn Blätter weniger als 2mal so lang wie breit, dann Stengel nur mit einem einzigen, dichten, zylindrischen, endständigen Blütenstand).
      6. Stengel nicht verzweigt.
         7. Pflanze über 30 cm hoch; im untern Teil des Blütenstandes keine Bulbillen . . . *P. bistorta* **75**
         7*. Pflanze weniger als 30 cm hoch; im untern Teil des Blütenstandes mit Bulbillen . . . *P. viviparum* **76**
      6*. Stengel verzweigt, auch seitenständige Blütenstände vorhanden.
         8. Nebenblattscheiden häutig, durchsichtig, silberig glänzend, abstehend, mit 2 Zipfeln oder zerschlitzt; Blütenstände (fast immer in Blattachseln) meist 1–3blütig . . . *Artengruppe des P. aviculare* S. 155 **77**
         8*. Nebenblattscheiden häutig, grün, braun oder rötlich, nie silberig glänzend; Blütenstände mehr als 5blütig.
            9. Endständige und seitenständige Blütenstände rispig.
               10. Selten über 50 cm hoch; Blätter lanzettlich. Süd- und Zentralalpen . . . *P. alpinum*
               10*. 1–2 m hoch; Blätter am Grunde pfeil- oder herzförmig. Verwildert . . . *P. polystachyum*
            9*. Endständige und seitenständige Blütenstände traubenartig oder ährenartig (eng zusammengezogen).

74 76 77 75

78

79

11. Blüten- und Fruchtstände locker (oft unterbrochen) und Achse des Fruchtstandes sichtbar. Staunasse, nährstoffreiche Böden . . . . *Artengruppe des P. hydropiper* S. 155 **78**

11*. Blüten- und Fruchtstände dicht, Achse des Fruchtstandes verdeckt.

12. Blüten und Fruchtstände zylindrisch. Schlammige bis trockene, nährstoffreiche Böden . . . . *Artengruppe des P. persicaria* S. 155

12*. Blüten und Fruchtstände kugelig. Kultiviert . . . . *P. capitatum*

Artengruppe des Polygonum aviculare

1. Perigonblätter höchstens bis 1/4 der Länge verwachsen; Frucht 3kantig . . . . *P. aviculare* S. 154 **77**

1*. Perigonblätter 1/3–2/3 der Länge verwachsen; Frucht ziemlich flach (3. Kante wenig erhaben).

2. Einzelne Blätter über 3 mm breit und deutlich länger als 1 cm; Frucht 2,2–2,8 mm lang . . . . . *P. arenastrum*

2*. Blätter kaum über 3 mm breit und selten länger als 1 cm; Frucht 1,5–2,1 mm lang . . . . . *P. calcatum*

Artengruppe des Polygonum hydropiper

1. Perigonblätter dicht mit gelblichen, sitzenden Drüsen besetzt; Nebenblattscheiden auf der Fläche kahl, am Rande oft mit wenigen Borstenhaaren . . . . *P. hydropiper*

1*. Perigonblätter ohne oder nur mit vereinzelten Drüsen; Nebenblattscheiden auf der Fläche und am Rande mit Borstenhaaren.

2. Blätter meist 4–6mal so lang wie breit, ungefähr in der Mitte am breitesten, nach der Spitze und nach dem Grunde gleichmäßig verschmälert; Frucht 2,5–3 mm lang . . . . ***P. mite***

2*. Blätter meist 6–16mal so lang wie breit, in der Mitte der Spreite ein kurzes Stück fast parallelrandig; Frucht 1,5–2,5 mm lang . . . . ***P. minus***

Artengruppe des Polygonum persicaria

1. Blätter am Grunde abgerundet oder herzförmig, nie in den Stiel verschmälert; Blattstiel in oder oberhalb der Mitte der Nebenblattscheiden abzweigend. Selten . . . . ***P. amphibium* 79**

1*. Blätter in den Stiel verschmälert; Blattstiel weit unterhalb der Mitte der Nebenblattscheiden abzweigend.

80

81 3×

82

2. Nebenblattscheiden am Rande mit bis 2 mm langen Borstenhaaren; Perigonblätter ohne vorstehende Leitbündel . . . . *P. persicaria*
2*. Nebenblattscheiden am Rande kahl oder bis 0,2 mm lang bewimpert; Perigonblätter zur Fruchtreife mit vortretenden, ankerförmig verzweigten Leitbündeln.
3. Alle Blätter 4–8mal so lang wie breit . . . . *P. lapathifolium*
3*. Alle Blätter, mit Ausnahme der obersten, höchstens 2mal so lang wie breit . . . . *P. brittingeri*

Gattung Fagopyrum

1. Kanten der Früchte ohne Zähne und Höcker. Seltenes Kulturrelikt . . . . *F. esculentum* 80
1*. Kanten der Früchte wellig, oft mit Zähnen und Höckern. Sehr selten . . . . *F. tataricum*

Familie der Chenopodiaceae

1. Blüten zwitterig (gelegentlich mit 1geschlechtigen vermischt, dann aber ♀ Blüten nie von 2 Vorblättern eingehüllt).
2. Blätter mit deutlicher Spreite.
3. Perigon nicht mit dem Fruchtknoten verwachsen, zur Fruchtzeit krautig oder fleischig, mit häutigem Rand . . . . *Chenopodium* s.l. S. 157
3*. Perigon mit dem Fruchtknoten verwachsen, zur Fruchtzeit hart . . . . *Beta vulgaris* **81**
2*. Blätter ohne deutliche Spreite, spitz oder stumpf, im Querschnitt rundlich oder oval.
4. Perigonblätter auf der Außenseite in oder wenig oberhalb der Mitte mit einem quer zur Längsrichtung angeordneten, abstehenden, häutigen, meist bunt gefärbten Flügel, die Frucht umschließend.
5. Blätter mit feiner, stacheliger, gelber Spitze. Elsaß, Wallis, Aostatal . . . . . . *Salsola ruthenica* 82
5*. Blätter nicht mit stacheliger Spitze. Aostatal . . . . *Bassia prostrata*
4*. Perigonblätter ohne Flügel, die Frucht nicht umschliessend. Seltene Unkräuter . . *Polycnemum* S. 158
1*. Blüten 1geschlechtig (gelegentlich vereinzelte Zwitterblüten vorhanden), ♀ Blüten entweder alle von 2 freien oder verwachsenen Vorblättern umhüllt und kein Perigon vorhanden oder auf derselben Pflanze auch noch ♀ Blüten mit Perigon und ohne Vorblätter vorhanden (*Atriplex hortensis*, *A. nitens*).

6. Pflanzen stets 1geschlechtig (2häusig); Frucht mit den beiden umschließenden, vollständig verwachsenen Vorblättern kugelig oder eiförmig . . . . *Spinacia oleracea*

6*. Meist beide Geschlechter auf derselben Pflanze (1häusig); Frucht mit den beiden umschließenden, rundlichen, rhombischen oder 3eckigen, freien oder teilweise verwachsenen Vorblättern flach. Seltene Unkräuter; *A. patula* ziemlich häufig . . . . *Atriplex* S. 158

Gattung Chenopodium s.l.

Die Gattung *Chenopodium* wird heute aufgeteilt.

1. Pflanze dicht mit Drüsenhaaren besetzt, aromatisch riechend . . . . *Ch. botrys*

1*. Pflanze ohne Drüsenhaare, oft mit Blasenhaaren (weiße, blasenförmige Haare auf 1- oder mehrzelligem Stiel, in der Literatur oft als mehliger Überzug bezeichnet), nicht aromatisch riechend, gelegentlich stinkend.

2. Alle Blätter spießförmig. Stickstoffreiche Böden . . . . *Ch. bonus-henricus* **83**

2*. Blätter nicht spießförmig oder nur die obersten spießförmig.

3. Die größten Stengelblätter am Grunde ausgerandet oder herzförmig . . . . *Ch. hybridum*

3*. Blätter am Grunde nie ausgerandet oder herzförmig.

4. Blütenstandsachsen und Perigonblätter ± kahl, grün.

5. Blätter ganzrandig . . . . *Ch. polyspermum* **84**

5*. Blätter nicht ganzrandig.

6. Perigonblätter 5. Sehr selten . . . . *Ch. urbicum*

6*. Die meisten Blüten mit weniger als 5 Perigonblättern.

7. Blätter unterseits blaugrün . . . . *Ch. glaucum*

7*. Blätter beiderseits von gleichem Grün.

8. Perigon zur Fruchtzeit nicht fleischig . . . . *Ch. rubrum*

8*. Perigon zur Fruchtzeit fleischig, die Früchte eines Knäuels bilden eine beerenartige Sammelfrucht. Zentralalpen, sonst selten . . . . *Blitum virgatum* **85**

4*. Blütenstandsachsen und Perigonblätter mit Blasenhaaren ± dicht besetzt, grau oder graugrün.

9. Blätter ganzrandig, rhombisch. Zentral- und Südalpen, sonst selten . . . . . . *Ch. vulvaria*

9*. Blätter nicht ganzrandig; wenn einzelne ganzrandig, dann nicht rhombisch.

83

84

85

86

87

10. Perigonblätter im obersten Drittel mit gratförmigem Höcker; Frucht quer zur Längsrichtung abgeflacht und Same deshalb mit kreisförmiger, ziemlich scharfer Kante. Alpensüdseite, selten . . . . *Ch. murale*

10*. Perigonblätter (wenigstens die der obersten Blüten in jedem Knäuel) mit deutlichem Längswulst (Kiel); Same quer zur Längsrichtung abgeflacht, jedoch ohne Kante.

11. Ein großer Teil der Blätter 3teilig; Oberflächenstruktur der Samen einer Bienenwabe ähnlich (100fache Vergrößerung!) Selten . . . . . . *Ch. ficifolium*

11*. Blätter nicht 3teilig; Samenoberfläche ± glatt (Zellen nicht eingesenkt).

12. Die meisten Blätter mehr als $1^1/_2$mal so lang wie breit . . . . . *Ch. album* **86**

12*. Die meisten Blätter weniger als $1^1/_2$mal so lang wie breit. Selten . . . *Ch. opulifolium*

Gattung Polycnemum

1. Die meisten Vorblätter deutlich länger (bis 2mal so lang) als die 2–2,5 mm langen Perigonblätter . . . . *P. majus*

1*. Vorblätter kürzer oder bis so lang wie die 1–1,5 mm langen Perigonblätter . . . . . . *P. arvense*

Gattung Atriplex

1. Vorblätter bis zum Grunde frei, nie mit Anhängseln; 2 verschiedene Typen von ♀ Blüten: solche mit 5 Perigonblättern (keine Vorblätter vorhanden) und solche mit 2 auffallend großen (größter Durchmesser 5–15 mm), rundlichen oder breit ovalen Vorblättern (kein Perigon vorhanden).

2. Alle ältern Blätter beiderseits grün . . . . *A. hortensis*

2*. Wenigstens die obern Blätter unterseits grau bis weiß . . . . . . *A. sagittata*

1*. Vorblätter nicht bis zum Grunde frei, nicht rundlich, Anhängsel gelegentlich vorhanden; alle ♀ Blüten ohne Perigonblätter.

3. Vorblätter nur am Grunde verwachsen, nie mit Anhängseln . . . . . . *A. oblongifolia*

3*. Vorblätter in $^1/_3$–$^1/_2$ der Länge verwachsen, oft mit Anhängseln.

4. Blätter lanzettlich, selten die unteren 3eckig, die mittleren 3–8mal so lang wie breit . . *A. patula* **87**

4*. Blätter (besonders die unteren) breit 3eckig, am Grunde gestutzt oder spiessförmig, die mittleren $1–2^1/_2$mal so lang wie breit . . . . *A. prostrata*

Gattung Amaranthus (*Familie der Amaranthaceae*)

1. Die längeren Vorblätter deutlich länger als die Perigonblätter, meist allmählich in eine stechende Spitze verschmälert.
  2. Perigonblätter 5 (ausnahmsweise bei einzelnen Blüten 3 oder 4).
    3. Die Perigonblätter der ♀ Blüten an der Spitze gestutzt oder ausgerandet, mit Stachelspitze des Mittelnervs . . . . . *A. retroflexus* **88**
    3*. Perigonblätter der ♀ Blüten gegen die Stachelspitze verschmälert.
      4. Vorblätter an den normal entwickelten ♀ Blüten zur Fruchtzeit etwa 2mal so lang wie die Perigonblätter . . . . . *A. hypochondriacus*
      4*. Vorblätter an den normal entwickelten ♀ Blüten zur Fruchtzeit 1,3–1,5mal so lang wie die Perigonblätter . . . . . *A. cruentus*
  2*. Perigonblätter 3 . . . . . *A. albus*
1*. Vorblätter nicht länger als die Perigonblätter.
  5. Stengel im obern Teil fein und kraus behaart . . . . . *A. deflexus*
  5*. Pflanze kahl.
    6. Frucht durch Querriß sich öffnend; Blätter meist zugespitzt . . . . . *A. graecizans*
    6*. Frucht sich nicht öffnend; Blätter meist stumpflich, einzelne vorne ausgerandet oder gestutzt.
      7. Blätter oft plötzlich in den Stiel verschmälert, vorne gestutzt oder stumpfwinklig ausgeschnitten, oft mit Rottönen oder gefleckt; Perigonblätter meist 3; Frucht 1,7–2,6 mm lang; Samen 1,1–1,5 mm lang . . . . . *A. blitum*
      7*. Blätter allmählich in den Stiel verschmälert, vorne spitzwinklig ausgeschnitten, ohne Rottöne oder Flecken; Perigonblätter oft nur 2; Frucht 1,2–1,8 mm lang; Samen 0,7–1,1 mm lang . . . . . *A. emarginatus*

Familie der Portulacaceae

1. Kelchblätter frei, zur Fruchtzeit nicht abfallend; Kronblätter weiß; Blätter nicht auffallend fleischig. Sumpf- und Wasserpflanzen . . . . . *Montia*
1*. Kelchblätter im untern Teil mit dem Fruchtknoten verwachsen, die freien Teile zur Fruchtzeit abfallend; Kronblätter gelb; Blätter auffallend fleischig. Ruderalstellen . . . *Portulaca oleracea* agg.

Gattung Montia

1. Oberfläche der reifen Samen erscheint bei 10facher Vergrößerung glatt und glänzend . . *M. fontana* **89**

88

89

1*. Oberfläche der reifen Samen erscheint bei 10facher Vergrößerung wenigstens gegen den Rand hin dicht mit kegelförmigen Höckern besetzt, matt.

2. Same überall mit Höckern; gegen das Zentrum hin sind es längliche Wülste, gegen den Rand hin regelmäßige, vom Grunde an gleichmäßig verschmälerte, stumpfe, ca. 15μ hohe Kegel, die mit körnigen Papillen besetzt sind (100fache Vergrößerungen notwendig!). Selten . . . . *M. arvensis*

2*. Same im Zentrum bei 10facher Vergrößerung glatt, gegen den Rand hin mit schmalen am Grunde plötzlich verbreiterten, stumpfen, ca. 15μ hohen Kegeln, die mit körnigen Papillen besetzt sind. Vogesen, Elsaß, Schwarzwald . . . . *M. lusitanica*

Familie der Caryophyllaceae

1. Kelchblätter verwachsen (meist bis über die Mitte); Kronblätter am Grunde lang stielartig verschmälert. (*Silenoideae*)

2. Griffel 3–5 oder mehr; Kapsel sich mit 5–10 Zähnen öffnend; Blüten oft 1geschlechtig.

3. Kelchzipfel länger als die Kelchröhre; Kronblätter kürzer als der Kelch. Selten . . *Agrostemma githago* **90**

3*. Kelchzipfel (oder -zähne) kaum länger als $^2/_3$ der Kelchröhre; Kronblätter länger als der Kelch.

4. Frucht eine Kapsel, die sich mit 5, 6 oder 10 Zähnen öffnet; Pflanze nicht kletternd *Silene* S. 163

4*. Frucht beerenartig, schwarz; Pflanze kletternd; Blätter kurz gestielt. Selten . . *Cucubalus baccifer* **91**

2*. Griffel 2; Kapsel sich mit 4 Zähnen öffnend; Blüten zwitterig.

5. Kronblätter vorn ganzrandig oder ausgerandet; Kelch 5–25nervig.

6. Kelch am Grunde nicht von schuppenförmigen kleinen Blättern umhüllt.

7. Kelch glocken- oder röhrenförmig.

8. Kelch mit trockenhäutigen Streifen an den Verwachsungsstellen der Kelchblätter, 5nervig; Kronblätter am Schlundeingang ohne Schuppen . . . . . *Gypsophila* S. 165

8*. Kelch ohne trockenhäutige Streifen, 15–25nervig; Kronblätter am Schlundeingang mit Schuppe . . . . *Saponaria* S. 166

7*. Kelch zur Fruchtzeit auffallend erweitert (aufgeblasen), scharf 5kantig. Selten . *Vaccaria hispanica* 92

6*. Kelch am Grunde von 2, 4 oder 6 häutigen, schuppenförmigen Blättern umgeben *Petrorhagia* S. 166

5*. Kronblätter vorn gezähnt oder tief zerschlitzt; Kelch 30–60nervig, am Grunde von 2, 4 oder 6 schuppenförmigen Blättern umgeben . . . . *Dianthus* S. 166

90

91

92

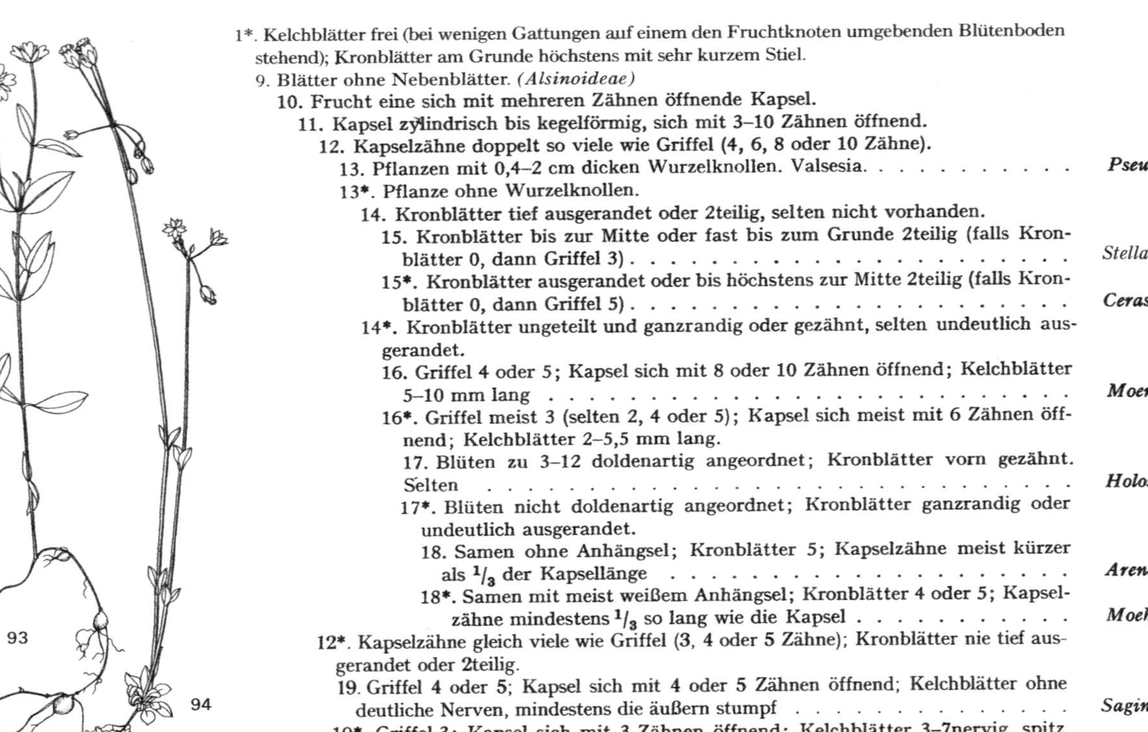

1*. Kelchblätter frei (bei wenigen Gattungen auf einem den Fruchtknoten umgebenden Blütenboden stehend); Kronblätter am Grunde höchstens mit sehr kurzem Stiel.

9. Blätter ohne Nebenblätter. *(Alsinoideae)*

10. Frucht eine sich mit mehreren Zähnen öffnende Kapsel.

11. Kapsel zylindrisch bis kegelförmig, sich mit 3–10 Zähnen öffnend.

12. Kapselzähne doppelt so viele wie Griffel (4, 6, 8 oder 10 Zähne).

13. Pflanzen mit 0,4–2 cm dicken Wurzelknollen. Valsesia. . . . . ***Pseudostellaria europaea*** **93**

13*. Pflanze ohne Wurzelknollen.

14. Kronblätter tief ausgerandet oder 2teilig, selten nicht vorhanden.

15. Kronblätter bis zur Mitte oder fast bis zum Grunde 2teilig (falls Kronblätter 0, dann Griffel 3) . . . . *Stellaria* s.l. **S. 168**

15*. Kronblätter ausgerandet oder bis höchstens zur Mitte 2teilig (falls Kronblätter 0, dann Griffel 5) . . . . ***Cerastium*** S. 169

14*. Kronblätter ungeteilt und ganzrandig oder gezähnt, selten undeutlich ausgerandet.

16. Griffel 4 oder 5; Kapsel sich mit 8 oder 10 Zähnen öffnend; Kelchblätter 5–10 mm lang . . . . ***Moenchia*** S. 172

16*. Griffel meist 3 (selten 2, 4 oder 5); Kapsel sich meist mit 6 Zähnen öffnend; Kelchblätter 2–5,5 mm lang.

17. Blüten zu 3–12 doldenartig angeordnet; Kronblätter vorn gezähnt. Selten . . . . ***Holosteum umbellatum*** **94**

17*. Blüten nicht doldenartig angeordnet; Kronblätter ganzrandig oder undeutlich ausgerandet.

18. Samen ohne Anhängsel; Kronblätter 5; Kapselzähne meist kürzer als $^1/_3$ der Kapsellänge . . . . ***Arenaria*** S. 172

18*. Samen mit meist weißem Anhängsel; Kronblätter 4 oder 5; Kapselzähne mindestens $^1/_3$ so lang wie die Kapsel . . . . ***Moehringia*** S. 173

12*. Kapselzähne gleich viele wie Griffel (3, 4 oder 5 Zähne); Kronblätter nie tief ausgerandet oder 2teilig.

19. Griffel 4 oder 5; Kapsel sich mit 4 oder 5 Zähnen öffnend; Kelchblätter ohne deutliche Nerven, mindestens die äußern stumpf . . . . ***Sagina*** S. 173

19*. Griffel 3; Kapsel sich mit 3 Zähnen öffnend; Kelchblätter 3–7nervig, spitz

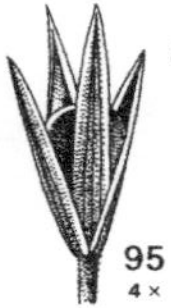

95 4×

96

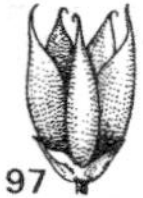

97 4×

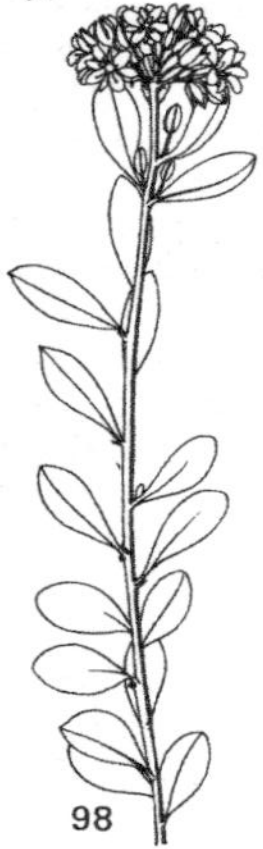

98

99

11*. Kapsel flach, linsenförmig, sich mit 2 Klappen öffnend; Griffel 2. Wallis . . . *Bufonia paniculata* **95**

10*. Frucht eine 1-, selten 2samige Schließfrucht, mit dem knorpeligen Kelch und dem Blütenboden zusammen abfallend; keine Kronblätter vorhanden . . . . *Scleranthus* S. 176

9*. Blätter mit trockenhäutigen Nebenblättern. *(Paronychioideae)*

20. Blätter gegenständig (bei *Herniaria* im obern Teil der Pflanze durch Reduktion eines Blattes auch wechselständig).

21. Frucht eine sich mit mehreren Zähnen öffnende Kapsel; Griffel 3–5.

22. Blätter sehr schmal lanzettlich, 10–60mal so lang wie breit; Blüten gestielt, nicht in Knäueln.

23. Griffel 5; Kapsel sich mit 5 Zähnen öffnend; Nebenblätter je Blattpaar 4, frei *Spergula* S. 176

23*. Griffel 3; Kapsel sich mit 3 Zähnen öffnend; Nebenblätter je Blattpaar zu 2 zerschlitzten oder 2teiligen Schuppen verwachsen, die zwischen den Blättern stehen . . . . *Spergularia* S. 177

22*. Blätter oval bis rundlich, $1^1/_3$–$2^1/_2$mal so lang wie breit; Blüten sehr kurz gestielt, in endständigen Knäueln angeordnet. Kollin; selten . . . . *Polycarpon tetraphyllum* **96**

21*. Frucht eine 1samige Schließfrucht, mit dem Kelch und dem Blütenboden zusammen abfallend; Griffel (bzw. Narben) 2.

24. Blüten von den nächststehenden, trockenhäutigen, weiß glänzenden Blättern nicht überragt; Nebenblätter meist nur 2 je Blattpaar.

25. Kelchblätter oval bis lanzettlich, mit etwa 0,1 mm breitem, trockenhäutigem Rand (bei *H. hirsuta* an der Spitze des borstig behaarten Kelchs mit einer längeren Borste), grün . . . . *Herniaria* S. 177

25*. Kelchblätter kapuzenförmig, mit 0,4–0,7 mm langer, grannenartiger Spitze, knorpelartig verdickt, weiß (deshalb auch die Blütenknäuel weiß). Selten . . *Illecebrum verticillatum* **97**

24*. Blüten von den nächststehenden trockenhäutigen, weiß glänzenden Blättern überragt; Nebenblätter je Blattpaar 4, frei, auffällig . . . . *Paronychia* S. 177

20*. Blätter wechselständig.

26. Frucht eine sich mit 3, selten 4 Zähnen öffnende Kapsel; Blätter $1^1/_2$–$2^1/_2$mal so lang wie breit. Zentralalpine Täler; selten . . . . *Telephium imperati* **98**

26*. Frucht eine 1 samige Schließfrucht, mit dem Kelch und Blütenboden zusammen abfallend, Blätter 4–15mal so lang wie breit. Kollin; selten . . . . *Corrigiola litoralis* **99**

Gattung Silene

1. Pflanze dicht wollig und weiß behaart; Haare bis 5 mm lang.
   2. Blüten einzeln am Ende der Zweige; Krone dunkelpurpurn; Kelch ungleich 5–10rippig . . . *S. coronaria*
   2*. Blüten am Ende des Stengels kopfartig angeordnet; Krone hellpurpurn; Kelch gleichmäßig 10rippig. Zentral- und Südalpen, selten . . . *S. flos-jovis* **1**

1*. Pflanze kahl oder behaart (aber nicht dicht wollig und weiß); Haare höchstens 2,5 mm lang.
   3. Kapsel sich mit 5 Zähnen öffnend; Griffel 5; Pflanze ± kahl; Blüten zwittrig.
      4. Kronblätter vorn gestutzt, ausgerandet oder 2teilig; Kapsel im Kelch deutlich gestielt.
         5. Stengel nicht klebrig; 5–15 cm hoch; Blüten am Ende des Stengels kopfartig angeordnet. Alpin; Zentral- und Südalpen . . . *S. suecica* **2**
         5*. Stengel im obern Teil unter den Knoten klebrig; 30–60 cm hoch; Blüten rispenartig angeordnet. Kollin; kalkarme Böden . . . *S. viscaria* **3**
      4*. Kronblätter tief 4teilig, mit schmalen Zipfeln; Kapsel im Kelch fast ungestielt . . . *S. flos-cuculi* **4**
   3*. Kapsel sich mit 6 oder 10 Zähnen öffnend; Griffel meist 3, wenn 5 oder mehr, dann aber Pflanze deutlich behaart und 2-häusig.
      6. Kelch 8–25 mm lang, behaart oder kahl.
         7. Kelch behaart; Kelchzähne $1^1/_2$–8mal so lang wie breit.
            8. Kelch 10- oder 20nervig; Kelchzähne höchstens $^1/_2$ so lang wie der verwachsene Kelchteil (nur bei *S. elisabethae* mit 18–24 mm langem Kelch bis $^2/_3$ so lang).
               9. Griffel 5 oder mehr; Pflanzen nur mit ♀ oder nur mit ♂ Blüten (1geschlechtig).
                  10. Kronblätter 15–25 mm lang, hellpurpurn; Kelch 10–13 mm lang, meist rötlich . . . *S. dioica* **5**
                  10*. Kronblätter 25–35 mm lang, weiß; Kelch 13–30 mm lang, grün . . . *S. latifolia*
               9*. Griffel 3; Pflanzen meist mit zwittrigen Blüten.
                  11. Pflanzen 1–2jährig, ohne sterile Triebe; Kelch zumindest auf den Nerven mit 0,5–2 mm langen, mehrzelligen Haaren; daneben oft noch kleinere Drüsenhaare.
                     12. Kelch 18–24 mm lang; Kelchzähne etwa $^1/_2$ so lang wie der verwachsene Kelchteil; Blüten locker rispenartig angeordnet . . . ***S. noctiflora*** **6**

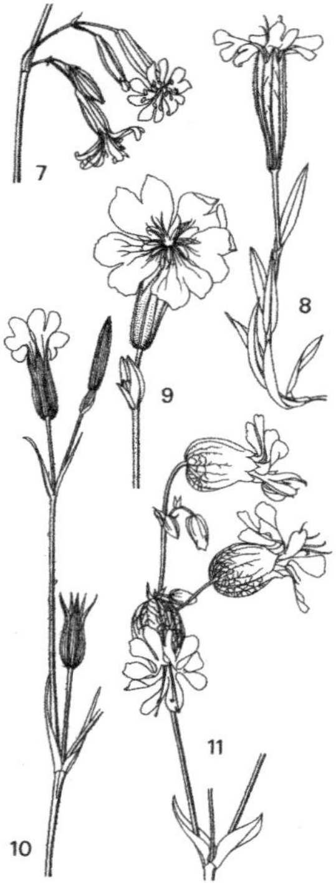

12*. Kelch 7–15 mm lang; Kelchzähne $^1/_5$–$^1/_3$ so lang wie der verwachsene Kelchteil; Blüten an den Zweigen in lockeren, meist einseitswendigen, ährenartigen Blütenständen.

13. Kronblätter 15–25 mm lang, vorn tief 2teilig . . . . *S. dichotoma*

13*. Kronblätter 10–15 mm lang, vorn ganzrandig oder ausgerandet . . . *S. gallica*

11*. Pflanzen ausdauernd, mit sterilen Trieben (meist grundständige Blattrosetten); Kelch nur mit 0,1–0,5 mm langen Drüsenhaaren.

14. Kronblätter am Eingang zum Schlund ohne Borsten, höchstens mit einer bis 3 mm langen, 2teiligen Schuppe; Blätter beidseits kurz behaart.

15. Blüten in lockeren, vielblütigen Blütenständen; Kronblätter oberseits ± weiß, unterseits weißlich, rötlich oder grünlich.

16. Kelch 7–15 mm lang; Stiel der Kapsel im Kelch $^1/_6$–$^1/_2$ so lang wie die Kapsel.

17. Blüten nickend, in einseitswendigen Blütenständen; Kronblätter unterseits weißlich, rötlich oder grünlich . . . . *S. nutans* **7**

17*. Blüten meist aufrecht oder waagrecht abstehend, in meist allseitswendigen Blütenständen; Kronblätter unterseits olivgrün bis schmutzigrot. Kalkreiche Böden; Alpensüdfuß . . . . *S. insubrica*

16*. Kelch 15–22 mm lang; Stiel der Kapsel im Kelch $^2/_3$–$1^1/_2$mal so lang wie die Kapsel. Dép. Ain . . . . *S. italica*

15*. Blüten zu 1–3 je Stengel; Kronblätter oberseits rosa, unterseits rot . *S. vallesia* **8**

14*. Kronblätter am Eingang zum Schlund mit mehreren, 3–5 mm langen Borsten; Blätter nur am Rande bewimpert, sonst kahl. Bergamasker Alpen. *S. elisabethae* **9**

8*. Kelch 30nervig, 10–15 mm lang; Kelchzähne etwa $^2/_3$ so lang wie der verwachsene Kelchteil. Savoyen, Aosta-Tal . . . . *S. conica* **10**

7*. Kelch kahl; Kelchzähne kurz, etwa so lang wie breit.

18. Kelch aufgeblasen, 20nervig.

19. Stengel aufsteigend bis aufrecht; Blätter bis 12 cm lang; Blütenstand mit 10–30 Blüten; Samen höckrig . . . . *S. vulgaris* **11**

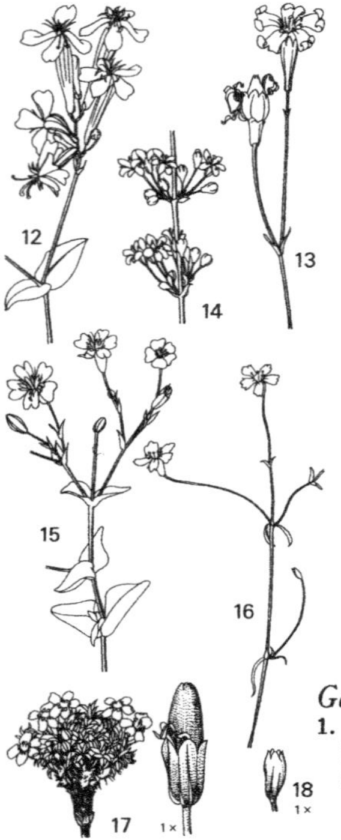

19*. Stengel niederliegend bis aufsteigend; Blätter bis 3 cm lang; Blütenstand mit 1–7 Blüten; Samen glatt.

20. Blätter breit oval bis rundlich, kurz behaart. Westalpen . . . . *S. prostrata*

20*. Blätter lanzettlich, kahl. Jura, Alpen . . . . *S. glareosa*

18*. Kelch kegelförmig, 10nervig.

21. Blätter 1½–3mal so lang wie breit, bis 6 cm lang; Blüten in dichten, doldenartigen Blütenständen. Kalkarme Böden; selten . . . . *S. armeria* **12**

21*. Blätter 8–30mal so lang wie breit, bis 2,5 cm lang; Blüten zu 1–3 je Stengel . *S. saxifraga* **13**

6*. Kelch 3–8 mm lang, kahl.

22. Blüten im obern Stengelteil in vielen übereinander angeordneten, quirligen Teilblütenständen; Kronenblätter gelbgrün; Pflanze 25–60 cm hoch. Trockenwiesen . . . *S. otites* **14**

22*. Blüten einzeln oder in lockeren, nicht quirlartigen Blütenständen; Kronblätter weiß, rosa oder purpurn; Pflanze 1–25 cm hoch.

23. Pflanze 5–25 cm hoch; meist mit mehreren Blüten je Stengel.

24. Blätter 2–10mal so lang wie breit; Samen etwa 0,5 mm im Durchmesser, ohne Schuppen am Rande. Kalkarme Böden . . . . *S. rupestris* **15**

24*. Blätter 10–50mal so lang wie breit; Samen etwa 1 mm im Durchmesser, am Rande mit zahlreichen, etwa 0,2 mm langen, abstehenden Schuppen. Kalk . . . *S. pusilla* 16

23*. Pflanze 1–3 cm hoch, dichte, flache Polster bildend; Blüten einzeln am Ende des Stengels.

25. Kelch am Grunde plötzlich verschmälert; Kapsel 6–13 mm lang, 1¼–2mal so lang wie der Kelch. Alpen . . . . *S. acaulis* **17**

25*. Kelch am Grunde allmählich verschmälert, nicht gestutzt; Kapsel 3–5 mm lang, kaum länger als der Kelch. Kalkarme Böden. Alpen . . . . *S. exscapa* **18**

Gattung Gypsophila

1. Pflanzen 5–25 cm hoch; Kelch 2–4 mm lang; Kronenblätter 4–10 mm lang; Blätter bis 3 cm lang.

2. Pflanze 1jährig; Kelchzähne etwa $^1/_3$ so lang wie der verwachsene Kelchteil; Samen 0,3–0,6 mm im Durchmesser. Selten . . . . *G. muralis*

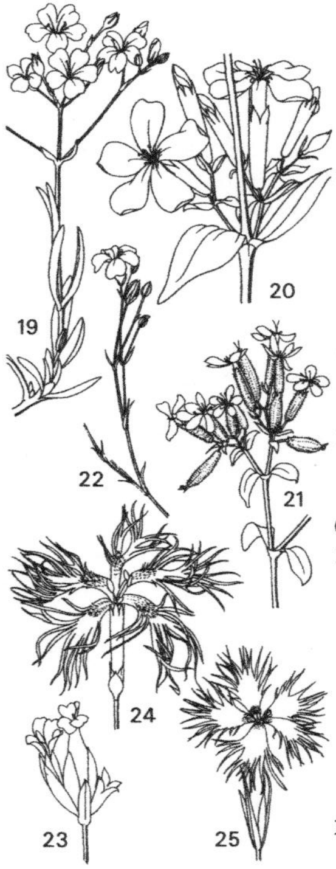

2*. Pflanze ausdauernd; Kelchzähne etwa 1/2 so lang wie der verwachsene Kelchteil; Samen 1,2–1,5 mm im Durchmesser. Feuchte, kalkreiche Böden . . . . *G. repens* **19**

1*. Pflanzen 60–90 cm hoch; Kelch 1,5–2 mm lang; Kronblätter 3–4 mm lang; Blätter bis 8 cm lang. Kollin, Genferseegebiet . . . . *G. paniculata*

Gattung Saponaria

1. Pflanze 30–70 cm hoch; Kelch 17–25 mm lang; Kapsel etwa 20 mm lang . . . . *S. officinalis* **20**

1*. Pflanze 5–25 cm hoch; Kelch 7–12 mm lang; Kapsel 6–8 mm lang.

2. Kronblätter rot; Stengel niederliegend, hängend oder aufsteigend. Jura, Alpen . . . . *S. ocymoides* **21**

2*. Kronblätter hellgelb, mit violettem Stiel; Stengel aufrecht. Tessin bis Maurienne . . *S. lutea*

Gattung Petrorhagia

1. Blüten einzeln in lockeren, rispenartigen Blütenständen; Kelch schmal glockenförmig, 4–6 mm lang. Warme Lagen . . . . *P. saxifraga* 22

1*. Blüten zu wenigen in einem endständigen, von 6–8 trockenhäutigen Schuppen umgebenen Kopf; Kelch röhrenförmig, 10–13 mm lang. Warme Lagen . . . . *P. prolifera* 23

Gattung Dianthus

1. Ausgebreiteter Teil der Kronblätter bis fast zur Mitte oder darüber hinaus unregelmäßig fiederartig oder radiär zerschlitzt; Kelch 22–30 mm lang.

2. Kelchschuppen plötzlich kurz zugespitzt, 1/4–1/3 so lang wie der Kelch.

3. Ausgebreiteter Teil der Kronblätter 15–35 mm lang, gegen den Schlund mit dunkleren Streifen.

a) Ausgebreiteter Teil der Kronblätter 15–25 mm lang; Tiefland . . . . *D. superbus* 24

b) Ausgebreiteter Teil der Kronblätter 25–35 mm lang; Berge . . . . *D. speciosus*

3*. Ausgebreiteter Teil der Kronblätter 10–17 mm lang, ohne dunklere Streifen, Südalpen *D. plumarius*

2*. Kelchschuppen allmählich in eine lange Spitze verschmälert, 1/2 bis fast so lang wie der Kelch. Südalpen, Südjura . . . . *D. hyssopifolius* 25

1*. Ausgebreiteter Teil der Kronblätter ungeteilt, vorn gezähnt.

4. Blätter lanzettlich, 3–8mal so lang wie breit; Blüten zu 3-30 in kopfigem Blütenstand . . . . *D. barbatus*

19 20 21 22 23 24 25

4*. Blätter schmal lanzettlich, meist 10–100mal so lang wie breit (nur einzelne Blätter 5–10mal so lang wie breit).

5. Blattscheiden $2^1/_2$–$4^1/_2$mal so lang wie die Blattbreite; Blüten zu 1–30, am Ende des Stengels in einem kopfartigen, von lang begrannten, lanzettlichen Blättern umgebenen Blütenstand . . . . *D. carthusianorum* **26**

5*. Blattscheiden $^1/_2$–2mal so lang wie die Blattbreite.

6. Pflanze 1–2jährig, ohne sterile Triebe; ausgebreiteter Teil der Kronblätter 4–6 mm lang . . . . *D. armeria* **27**

6*. Pflanze ausdauernd, mit sterilen Trieben (oft Blattrosetten); ausgebreiteter Teil der Kronblätter 6–15 mm lang.

7. Stengel und Blätter kurz behaart (rauh). Kalkarme Böden . . . . *D. deltoides* **28**

7*. Stengel und Blätter ± kahl.

8. Pflanze mit dünnem, weit verzweigtem Rhizom und einzelnen sterilen Trieben, 30–60 cm hoch.

9. Die den Blütenstand umhüllenden Blätter bis weit über die Mitte des Kelches reichend; Kelchschuppen $^1/_2$ bis fast so lang wie der Kelch. Südliche Alpen . *D. seguieri* **29**

9*. Die den Blütenstand umhüllenden Blätter kaum bis zur Mitte des Kelches reichend; Kelchschuppen $^1/_3$–$^1/_2$ so lang wie der Kelch. Schwarzwald, Baar . *D. sylvaticus* 30

8*. Pflanze mit mehrköpfigem Rhizom und dicht stehenden, sterilen Blattrosetten, 2–30 cm hoch.

10. Blätter teilweise stumpf (nicht lang zugespitzt); Oberseite der Kronblätter mit dunkleren Punkten oder Streifen. Ostalpen . . . . *D. glacialis* **31**

10*. Blätter lang zugespitzt; Oberseite der Kronblätter ohne Zeichnung.

11. Kelchschuppen etwa $^1/_4$ so lang wie der Kelch; Kronblätter ohne Haare *D. sylvestris* 32

11*. Kelchschuppen $^1/_3$ so lang bis etwas länger als der Kelch; Kronblätter gegen den Schlund zu mit einzelnen Haaren.

12. Kelchschuppen $^1/_3$–$^1/_2$ so lang wie der Kelch. Savoyen, Jura, Hegau . *D. gratianopolitanus* **33**

12*. Kelchschuppen $^2/_3$–1mal so lang wie der Kelch. Maurienne, Aosta-Tal *D. pavonius*

Gattung Stellaria s.l.

Die Gattung *Stellaria* wird heute aufgeteilt.

1. Griffel 5; Blätter im Blütenstand drüsig behaart. Vernässte Böden . . . . *Myosoton aquaticum*

1*. Griffel 3; Blätter im Blütenstand kahl oder am Grunde bewimpert. . . . .

2. Untere Blätter gestielt, ohne Stiel $1^1/_2$–$3^1/_2$mal so lang wie breit; Stengel im Querschnitt kreisförmig.

3. Stengel ± allseits behaart oder im untern Teil kahl; Blätter bis 8 cm lang; Kronblätter $1^1/_2$–2mal so lang wie die Kelchblätter.

4. Fruchtstiele der obern Früchte 1–4mal so lang wie die nächststehenden Blätter; obere Stengelblätter bis 8 cm lang, $2^1/_2$–$3^1/_2$mal so lang wie breit . . . . *S. nemorum* **34**

4*. Fruchtstiele der obern Früchte 5–10mal so lang wie die nächststehenden Blätter; obere Stengelblätter $1^1/_2$–$2^1/_2$mal so lang wie breit. Savoyen, Südalpen . . . . . *S. glochidisperma* **35**

3*. Stengel auf 1 (selten 2) Längslinien behaart; Blätter bis 3, selten bis 4,5 cm lang; Kronblätter nicht immer vorhanden, $^2/_3$–$1^2/_3$mal so lang wie die Kelchblätter . . . . *Artengruppe der S. media* S. 169

2*. Untere Blätter nicht oder kaum gestielt, 2½–10mal so lang wie breit; Stengel unten 4kantig.

5. Kelchblätter 6–8 mm lang; Kronblätter $1^1/_2$–2mal so lang wie die Kelchblätter, bis etwa zur Mitte 2teilig; Blätter steif, bis 9 cm lang . . . . *S. holostea* **36**

5*. Kelchblätter 2,5–7 mm lang; Kronblätter $^3/_4$–$1^1/_2$mal so lang wie die Kelchblätter, bis fast zum Grunde 2teilig; Blätter weich, bis 4 cm lang.

6. Kelchblätter 3–7 mm lang; Kronblätter $^4/_5$–$1^1/_2$mal so lang wie die Kelchblätter; Blätter 5–20mal so lang wie breit.

7. Stengel von kleinen Papillen rauh, sonst kahl; Fruchtstiele $2^1/_2$–5mal so lang wie der etwa 3 mm lange Kelch. Oberengadin, Oberinntal ,Vintschgau . . . . . . *S. longifolia*

7*. Stengel glatt, kahl; Fruchtstiele 6–10mal so lang wie der 3,5–7 mm lange Kelch.

8. Blätter im Blütenstand am Grunde bewimpert; Kelch 3,5–5 mm lang . . . . *S. graminea* **37**

8*. Blätter in Blütenstand kahl; Kelch 5–7 mm lang. Flachmoore; selten. . . . *S. palustris*

6*. Kelchblätter 2,5–3 mm lang; Kronblätter etwa $^3/_4$ so lang wie die Kelchblätter, selten nicht vorhanden; Blätter $2^1/_2$–5mal so lang wie breit. Quellfluren, Gräben . . *S. alsine* **38**

39

40
10 ×

10 ×

41

Artengruppe der Stellaria media

1. Kronblätter höchstens so lang wie die Kelchblätter oder nicht vorhanden; Staubblätter meist 1–5; Samen 0,6–1,3 mm lang, mit breiten, stumpfen Höckern.
   2. Kronblätter meist vorhanden; Fruchtstiele 4–6mal so lang wie der Kelch; Samen 0,9 bis 1,3 mm lang; untere Blätter 0,3–2 cm lang . . . . *S. media* **39**
   2*. Kronblätter meist nicht vorhanden (selten sehr klein); Fruchtstiele 2–4mal so lang wie der Kelch; Samen 0,6–0,9 mm lang; untere Blätter meist kürzer als 0,7 cm. . . . . . *S. pallida*

1*. Kronblätter $^2/_3$–$1^2/_3$mal so lang wie die Kelchblätter; Staubblätter meist 10; Samen 1,2 bis 1,6 mm lang, mit schmalen, ± spitzen Höckern. Wälder . . . . *S. neglecta* **40**

Gattung Cerastium

1. Griffel 3 (selten 4 oder mehr); Blätter im Blütenstand krautig, ohne häutigen Rand.
   2. Pflanze ausdauernd, mit kriechenden, oft wurzelnden, sterilen Trieben; Blätter kahl, seltener am Grunde etwas bewimpert. Alpin . . . . *C. cerastoides* **41**
   2*. Pflanze 1jährig, ohne sterile Triebe; Blätter nur am Rande oder auch auf den Flächen drüsig behaart. Kollin; Elsaß, Comersee-Gebiet, sonst selten adventiv. . . . . *C. dubium*

1*. Griffel 5.
   3. Pflanzen 1–2jährig, ohne sterile Triebe; Kronblätter 2,5–6 (bei *C. campanulatum* bis 8) mm lang; Blätter kaum über 1,5 cm lang . . . . *Artengruppe des C.semidecandrum* S. 170
   3*. Pflanzen meist ausdauernd, mit sterilen Trieben; Kronblätter 7–18 mm lang (bei *C. holosteoides* nur 4–7 mm lang, dort aber Blätter bis 3 cm lang).
      4. In den Achseln der Blätter meist keine Blattbüschel; Blätter $1^1/_2$–6mal so lang wie breit.
         5. Kronblätter $^3/_4$–$1^1/_2$mal so lang wie die Kelchblätter, 4–9 mm lang; Samen mit kleinen, länglichen Höckern . . . . *Artengruppe des C. fontanum* S. 171
         5*. Kronblätter $1^1/_2$–$2^1/_4$mal so lang wie die Kelchblätter, 9–18 mm lang (nur bei *C. pedunculatum* Kronblätter 1–$1^1/_2$mal so lang wie die Kelchblätter und 7–10 mm lang, dort aber Samen nur mit undeutlichen Höckern auf der verschrumpften Oberfläche).

6. Unterste Blätter im Blütenstand ähnlich wie die obersten Stengelblätter und meist fast so lang; ohne häutigen Rand . . . . *Artengruppe des C. latifolium* S. 171

6*. Unterste Blätter im Blütenstand höchstens $^1/_2$ so lang wie das oberste Stengelblatt, an der Spitze meist mit schmalem, häutigem Rand. Alpen . . . . *C. alpinum* **42**

4*. In den Achseln der untern Blätter meist Blattbüschel oder kurze Triebe; die meisten Blätter 4–20mal so lang wie breit.

7. Stengel rückwärts anliegend oder abstehend behaart; Haare 0,1–0,5 mm lang, gerade . . . . *Artengruppe des C. arvense* S. 172

7*. Stengel sehr locker bis dicht filzig behaart; Haare 1–3 mm lang, geschlängelt.

8. Stengel und Blätter dicht weißfilzig behaart. Steinige Böden . . . . *C. tomentosum*

8*. Stengel sehr locker behaart; Blätter kahl oder locker behaart. Aosta-Tal, Mont Cenis *C. lineare*

Artengruppe des Cerastium semidecandrum

1. Mindestens die obern Blätter im Blütenstand mit häutigem Rand und auf der Oberseite kahl, die Spitze nicht oder nur wenig von den höchstens 0,8 mm langen Haaren überragt; Kelchblätter mit kaum von Haaren überragter Spitze.

2. Kronblätter $^1/_2$ so lang bis wenig länger als die Kelchblätter.

3. Alle Blätter im Blütenstand mit breitem, häutigem Rand; häutiger Teil der Spitze mindestens $^1/_4$ so lang wie das Blatt; Kronblätter nur bis auf $^1/_{10}$–$^1/_7$ der Länge ausgerandet. Trockene Böden in warmen Lagen . . . . *C. semidecandrum* **43**

3*. Untere Blätter im Blütenstand ohne oder nur mit schmalem häutigem Rand; häutiger Teil der Spitze höchstens $^1/_4$ so lang wie das Blatt; Kronblätter auf $^1/_4$–$^1/_3$ der Länge ausgerandet.

4. Untere Blätter im Blütenstand mit schmalem häutigem Rand, oberseits kahl. Selten *C. glutinosum* **45**

4*. Untere Blätter im Blütenstand ohne häutigen Rand, oberseits behaart. Selten . *C. pumilum* **44**

2*. Kronblätter $1^1/_2$–2mal so lang wie die Kelchblätter. Alpensüdfuß . . . . *C. ligusticum*

1*. Alle Blätter im Blütenstand ohne häutigen Rand und oberseits ± behaart, die Spitze deutlich von den 0,5–2 mm langen Haaren überragt; Kelchblätter mit von Haaren überragter Spitze.

5. Fruchstiele 1–3mal so lang wie der Kelch; Kronblätter am Grunde etwas bewimpert; Staubfäden meist mit wenigen Haaren.

6. Stengel (und Blütenstiele) mit abstehenden, bis 2 mm langen, mehrzelligen Haaren, im obern Teil fast immer auch mit Drüsenhaaren . . . . *C. brachypetalum* **46**

6*. Stengel (und Blütenstiele) mit vorwärts anliegenden, bis 1 mm langen, mehrzelligen Haaren, ohne Drüsenhaare. Westliches und südliches Gebiet . . . . *C. tenoreanum*

5*. Fruchtstiele $^{1}/_{3}$–1mal so lang wie der Kelch; Kronblätter und Staubfäden kahl . . . *C. glomeratum*

Artengruppe des Cerastium fontanum

1. Blütenstand ohne Drüsenhaare.

2. Kelchblätter 4–6 mm lang; Kronblätter 4–7 mm lang; Samen 0,6–0,9 mm lang . . . *C. holosteoides* 47

2*. Kelchblätter 6–9 mm lang; Kronblätter 7–9 mm lang; Samen 0,9–1,3 mm lang. Alpen *C. fontanum*

1*. Blütenstand dicht drüsig behaart . . . . *C. lucorum*

Artengruppe des Cerastium latifolium

1. Kronblätter 9–18 mm lang, $1^{1}/_{2}$–$2^{1}/_{4}$mal so lang wie die Kelchblätter; Samen 1,5–3 mm lang.

2. Blätter meist unterhalb der Mitte am breitesten, 1–3,5 cm lang, mit 0,3–0,5 mm langen Haaren.

3. Oberste Blätter im Blütenstand mit krautiger Spitze, meist oberseits behaart. Kalk . *C. latifolium* **48**

3*. Oberste Blätter im Blütenstand (nur an mehrblütigen Exemplaren erkennbar) klein mit trockenhäutiger Spitze, auf der Oberseite ± kahl. Kalk; Südalpen . . . . . . *C. austroalpinum*

2*. Blätter meist oberhalb der Mitte am breitesten, 0,4–1,4 cm lang, mit 0,5–1,5 mm langen Haaren. Kalkarme Böden; Alpen . . . . *C. uniflorum*

1*. Kronblätter 7–10 mm lang, 1–$1^{1}/_{2}$mal so lang wie die Kelchblätter; Samen 1–1,5 mm lang *C. pedunculatum* **49**

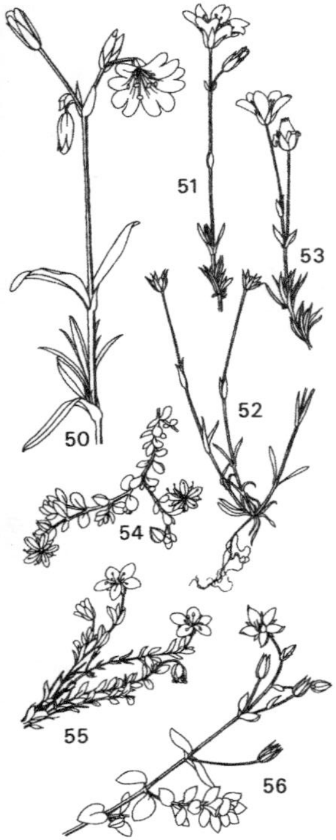

Artengruppe des Cerastium arvense

1. Blätter im Blütenstand unterseits und am Rande bis zur Spitze behaart.
   2. Blätter bis 3,5 cm lang, weich; Kelchblätter 7–10 mm lang; Kronblätter 11–14 mm lang; sterile Triebe fast so lang wie die blühenden . . . *C. arvense* **50**
   2*. Blätter bis 1,5 cm lang, etwas starr; Kelchblätter 4–7 mm lang; Kronblätter 6–11 mm lang; sterile Triebe viel kürzer als die blühenden. Südjura, Alpen . . . *C. strictum* **51**

1*. Blätter im Blütenstand kahl oder unterseits wenig behaart, aber dann die Spitze kahl . . . *C. suffruticosum*

Gattung Moenchia

1. Kronblätter 4, $^1/_3$–$^2/_3$ so lang wie die 5–7 mm langen Kelchblätter; Pflanze 3–10 cm hoch . . . *M. erecta* **52**

1*. Kronblätter 5, $1^1/_2$–2mal so lang wie die 6–10 mm langen Kelchblätter; Pflanze 10–40 cm hoch. Fettwiesen; Südalpine Täler . . . *M. mantica*

Gattung Arenaria

1. Blätter schmal lanzettlich, mit 0,5–0,8 mm langer, grannenartiger Spitze, 0,5–1,2 cm lang, 5–20mal so lang wie breit. Savoyen, Südjura . . . *A. grandiflora* **53**

1*. Blätter oval bis breit lanzettlich, stumpf oder spitz, 0,2–0,7 cm lang, 1–4mal so lang wie breit.
   2. Kronblätter 1–2mal so lang wie die Kelchblätter; Pflanze meist ausdauernd.
      3. Blätter oval, stumpf, 1–2mal so lang wie breit. Alpin, in Schneetälchen . . . *A. biflora* **54**
      3*. Blätter oval bis lanzettlich, 2–4mal so lang wie breit . . . *Artengruppe der A. ciliata* S. 172
   2*. Kronblätter $^1/_2$–$^3/_4$ so lang wie die Kelchblätter; Pflanze meist 1–2jährig . . . *Artengruppe der A. serpyllifolia* S. 173

Artengruppe der Arenaria ciliata

1. Blüten zu 1–2, selten 3 je Zweig; Blätter 3–4mal so lang wie breit. Alpen . . . *A. ciliata* 55

1*. Blätter 2–3mal so lang wie breit.
   2. Blüten zu 2–7 je Zweig; Kronblätter 4–5 mm lang. Alpen . . . *A. multicaulis* 56
   2*. Blüten zu 1–2 je Zweig; Kronblätter 7–8 mm lang. Stockhornkette, Berneroberland . . . *A. bernensis*

57 58 60 59 61

Artengruppe der Arenaria serpyllifolia

1. Kelchblätter 1,8–3 mm lang; Fruchtstiele 2–3mal so lang wie der Kelch. Warme Lagen . . *A. leptoclados* **57**
1*. Kelchblätter 3–4 mm lang; Fruchtstiele $^2/_3$–2mal so lang wie der Kelch.
  2. Haare der Blätter und Kelchblätter 0,1–0,2 mm lang; Kelchblätter 3–3,7 mm lang; Kapsel etwa $1^1/_2$mal so lang wie dick . . . . . *A. serpyllifolia*
  2*. Haare der Blätter und Kelchblätter 0,2–0,5 mm lang; Kelchblätter 3,5–4 mm lang; Kapsel etwa 2mal so lang wie dick. Alpin; Zentral- und Südalpen . . . . . *A. marschlinsii*

Gattung Moehringia

1. Blätter breit lanzettlich, 1–$2^1/_2$mal so lang wie breit; Stengel kurz behaart. Wälder . . . *M. trinervia* **58**
1*. Blätter schmal lanzettlich bis fadenförmig, 4–60mal so lang wie breit; Stengel mindestens im untern Teil kahl.
  2. Kelch- und Kronblätter 5; Staubblätter 10; Blätter bis 1,5 cm lang, 4–15mal so lang wie breit.
    3. Kelchblätter schmal oval; Blütenstiele 2–4mal so lang wie die kleinen, häutig berandeten obersten Blätter; Blätter meist am Rande gegen den Grund zu kurz bewimpert *M. ciliata* **59**
    3*. Kelchblätter lanzettlich; Blütenstiele 4–8mal so lang wie die kleinen, häutig berandeten obersten Blätter; Blätter kahl.
      4. Blätter 6–15mal so lang wie breit; Samen 1,2–1,5 mm lang, mit tief und fein zerteiltem Anhängsel. Grigna, Iseosee-Gebiet . . . . . *M. insubrica*
      4*. Blätter 4–8mal so lang wie breit; Samen 1,5–1,8 mm lang, mit großem, ganzrandigem Anhängsel. Presolana . . . . . *M. dielsiana*
  2*. Kelch- und Kronblätter 4; Staubblätter 8; Blätter 1–3 (4,5) cm lang, 15–60mal so lang wie breit. Kalkhaltige Böden in schattigen Lagen . . . . . *M. muscosa* **60**

Gattung Sagina

1. Obere Blätter 0,1–0,25 cm lang. Moorpflanze . . . . . *S. nodosa* **61**
1*. Blätter in der Blütenregion 0,3–1,5 cm lang.

2. Kelch- und Kronblätter meist 5; Kronblätter $^{2}/_{3}$–2mal so lang wie die Kelchblätter.
   3. Kronblätter $1^{1}/_{3}$–$1^{2}/_{3}$mal so lang wie die Kelchblätter. Alpen; selten . . . . *S. glabra* **62**
   3*. Kronblätter $^{2}/_{3}$ bis fast so lang wie die Kelchblätter.
      4. Stengel, Blätter und Kelch kahl; Spitze der Blätter 0,1–0,3 mm lang, bedeutend kürzer als die Blattbreite. Subalpin und alpin, selten montan . . . . *S. saginoides* 63
      4*. Stengel, Blätter und Kelch zerstreut, kurz und drüsig behaart; Spitze der Blätter 0,4–0,5 mm lang, etwa so lang wie die Blattbreite. Vogesen, Südalpen . . . . . . ***S. subulata***
2*. Kelch- und Kronblätter meist 4; Kronblätter höchstens ½ so lang wie die Kelchblätter oder fehlend.
   5. Pflanze ausdauernd; Stengel niederliegend oder aufsteigend, aufgesetzte Spitze der Blätter etwa 0,2 mm lang, kaum ½ so lang wie die Blattbreite . . . . *S. procumbens* 64
   5*. Pflanze 1jährig; Stengel aufrecht oder aufsteigend; aufgesetzte Spitze der Blätter 0,3–0,4 mm lang, fast so lang wie die Blattbreite; Kronblätter fehlend.
      6. Blütenstiele meist drüsig; Kelchblätter meist stachelspitzig, zur Fruchtzeit der Kapsel anliegend . . . . *S. apetala*
      6*. Blütenstiele meist kahl; Kelchblätter stumpf, zur Fruchtzeit abstehend . . . . . . *S. micropetala*

Gattung Minuartia

1. Kelchblätter 5, Kronblätter 5 oder 0; Staubblätter 10.
   2. Kelchblätter weiß, beidseits des Mittelnervs mit grünem Streifen, spitz. Pflanzen warmer und trockener Gebiete.
      3. Kronblätter $^{1}/_{3}$–$^{4}/_{5}$ so lang wie die Kelchblätter; Kelchblätter 3,5–6 mm lang; Blütenstiele zur Blütezeit meist kürzer als die obersten Blätter. *M. rostrata*
         4. Pflanze ausdauernd; Kronblätter $^{3}/_{5}$–$^{4}/_{5}$ so lang wie die Kelchblätter, Zentralalpen **65**
         4*. Pflanze 1–2jährig; Kronblätter $^{1}/_{3}$–$^{1}/_{2}$ so lang wie die Kelchblätter. Warme Lagen *M. rubra* 66
      3*. Kronblätter wenig länger als die Kelchblätter; Kelchblätter 2–3,5 mm lang; Blütenstiele zur Blütezeit 1–3mal so lang wie die obersten Blätter. Kaiserstuhl . . . . . . *M. setacea*
   2*. Kelchblätter grün oder rötlich.
      5. Kronblätter 1–2mal so lang wie die Kelchblätter.
         6. Blütenstiele zur Blütezeit $1^{1}/_{2}$–15mal so lang wie die obersten Blätter; Blätter 6–50mal so lang wie breit, bis 25 mm lang.
            7. Kelchblätter ± stumpf; Blütenstiele zur Blütezeit $1^{1}/_{2}$–4mal so lang wie die obersten Blätter.
               8. Kelchblätter 4–4,5 mm lang, durchgehend 3–5nervig; Samen 0,8–1 mm lang . *M. laricifolia* **67**

8*. Kelchblätter 5–7 mm lang, mit im obersten Drittel meist nicht sichtbaren Nerven; Samen 1,5–2 mm lang. Südjura, Savoyen, Südalpen . . . . *M. capillacea*

7*. Kelch spitz oder mit aufgesetzter Spitze; Blütenstiele zur Blütezeit 2–15mal so lang wie die obersten Blätter.

9. Blätter 3nervig (wenigstens im getrockneten Zustand sichtbar). Gebirgs- oder Felspflanze.

10. Kelchblätter 3nervig; Blätter ± gerade, flach.

11. Oberste Blätter krautig.

12. Kelchblätter 3,5–6 mm lang.

13. Blütenstiele zur Blütezeit 3–6mal so lang wie die obersten Blätter; Kapsel $^2/_3$–$^4/_5$ so lang wie die Kelchblätter. Savoyen, Aosta-Tal . . . *M. villarii*

13*. Blütenstiele zur Blütezeit 6–15mal so lang wie die obersten Blätter; Kapsel $1^1/_3$–$1^2/_3$mal so lang wie die Kelchblätter. Bergamasker Alpen . *M. austriaca*

12. Kelchblätter 2,5–3,5 mm lang; Blütenstiele kahl. Bergamasker Alpen *M. grignensis*

11*. Oberste Blätter trockenhäutig berandet. Alpen, Südjura . . . . *M. verna* **68**

10*. Kelchblätter 5nervig; Blätter sichelförmig gekrümmt, einseitswendig, borstenförmig. Kalkarme Böden, Zentral- und Südalpen . . . . *M. recurva* **69**

9*. Blätter undeutlich 1nervig. Seltene Moorpflanze . . . . *M. stricta*

6*. Blütenstiele zur Blütezeit $^1/_3$–2mal so lang wie die obersten Blätter; Blätter 3–8mal so lang wie breit, bis 10 mm lang; Blüten zu 1–3.

14. Blätter 3–7nervig, spitz; Kelchblätter spitz. Alpen, selten . . . . *M. rupestris*

14*. Blätter 1nervig, stumpf; Kelchblätter stumpf. Alpen; Zentral- und Südalpen *M. biflora*

5*. Kronblätter $^1/_2$–$^3/_4$ so lang wie der Kelch oder 0.

15. Kronblätter 0 (oder selten vorhanden und fadenförmig); Pflanze ausdauernd, dicht polsterförmig. Alpen. . . . . *M. sedoides*

15*. Kronblätter 5, $^1/_2$–$^3/_4$ so lang wie der Kelch; Kelchblätter spitz; Pflanze 1jährig.

16. Kelchblätter 3–4 mm lang; Kapsel 1–$1^1/_2$mal so lang wie die Kelchblätter . . *M. hybrida* **70**

16*. Kelchblätter 2–3 mm lang; Kapsel etwas kürzer als die Kelchblätter. Wallis, Aosta-Tal . . . . *M. viscosa* **71**

1*. Kelch- und Kronblätter 4; Staubblätter 8.

17. Blätter kahl. Nur Bergamasker Alpen . . . . *M. cherlerioides*

17*. Blätter am Rande bewimpert. Alpin; Silikatfelsen . . . . *M. herniarioides*

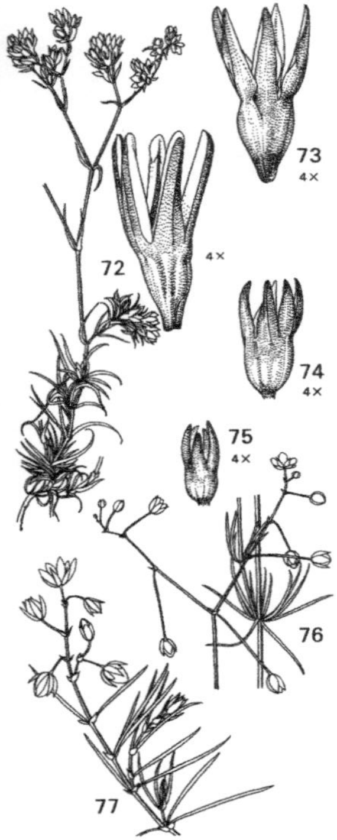

72 4×

73 4×

74 4×

75 4×

76

77

Gattung Scleranthus

1. Pflanze ausdauernd; freie Kelchblätter 2,5–3 mm lang, mit 0,3–0,5 mm breitem, weißem, häutigem Rand, stumpf, wenig länger als die Staubblätter. Kalkarme, trockene Böden . . . *S. perennis* **72**

1*. Pflanze 1–2jährig; freie Kelchblätter 1,5–2,5 mm lang, mit höchstens 0,2 mm breitem häutigem Rand, spitz, 3–4mal länger als die Staubblätter . . . . *Artengruppe des S. annuus* S. 176

Artengruppe des Scleranthus annuus

1. Blütenknäuel am Ende des Stengels oder am Ende der Zweige; Blüten zur Fruchtzeit 3,5–5 mm lang, mit aufrechten oder abstehenden Kelchzipfeln . . . . *S. annuus* **73**

1*. Blütenknäuel meist nur sehr kurz gestielt und längs des Stengels und der Zweige angeordnet; Blüten zur Fruchtzeit 1,5–3 mm lang, mit aufrechten oder einwärts gebogenen Kelchzipfeln.

2. Freie Kelchblätter alle gleich lang; Blüten zur Fruchtzeit 2,2–3 mm lang, mit aufrechten oder wenig einwärts gebogenen Kelchzipfeln . . . . *S. polycarpos* **74**

2*. **Freie Kelchblätter deutlich ungleich lang; Blüten zur Fruchtzeit 1,5–2,5 mm lang, mit einwärts gebogenen Kelchzipfeln. Kollin; südwestliches Gebiet** . . . . *S. verticillatus* **75**

Gattung Spergula

1. Samen (inkl. Rand) 1–1,8 mm im Durchmesser, mit 0–0,3 mm breitem, hellbraunem, häutigem Rand; Blätter unterseits mit einer Furche . . . . *S. arvensis* **76**

1*. Samen (inkl. Rand) 2–3 mm im Durchmesser, mit 0,5–0,8 mm breitem, weiß durchsichtigem, häutigem Rand; Blätter ohne Furche. Nur Dép. Ain und Dép. Doubs, Elsaß . . . *S. pentandra*

78 4×

79 4×

80 4×

81

Gattung Spergularia

1. Pflanze ausdauernd, mit dickem, holzigem Rhizom; Kapsel 7–9 mm lang; Samen linsenförmig, 1,2–1,7 mm im Durchmesser, mit 0,3–0,5 mm breitem, durchsichtigem, häutigem Rand (selten ohne häutigen Rand), glatt. Kaliminen im Elsaß . . . . *S. media* S. 176 **77**

1*. Pflanze 1- bis mehrjährig, mit dünner Pfahlwurzel; Kapsel 1,5–5 mm lang; Samen birnenförmig, ohne häutigen Rand, fein warzig.

2. Kelchblätter 3–4 mm lang, mit breitem grünem Mittelstück, mit Drüsenhaaren . . . . *S. rubra*

2*. Kelchblätter 1,5–2 mm lang, bis zum grünen Mittelnerv häutig berandet, kahl. Selten *S. segetalis*

Gattung Herniaria

1. Freie Kelchblätter ca. 0,5 mm lang; Blüten ungestielt; Pflanze oft 1jährig. Warme Lagen.

2. Freie Kelchblätter kahl oder zerstreut kurz behaart; Frucht länger als der Kelch . . . . *H. glabra* **78**

2*. Freie Kelchblätter dicht und borstig behaart, an der Spitze meist mit einer längeren Borste; Frucht etwa so lang wie der Kelch . . . . *H. hirsuta* **79**

1*. Freie Kelchblätter 0,8–1,5 mm lang; Blüten sehr kurz gestielt.

3. Blätter 1,5–4,5 mm lang, $1^1/_2$–$2^1/_2$mal so lang wie breit, am Rand und seltener auch auf den Flächen etwas behaart; Nebenblätter 0,5–1,5 mm lang. Zentral- und Südalpen . . . *H. alpina* **80**

3*. Blätter 3–12 mm lang. 3–5mal so lang wie breit, dicht behaart; Nebenblätter 1,5–3 mm lang. Savoyen . . . . *H. incana*

Gattung Paronychia

1. Blätter $2^1/_2$–$3^1/_2$mal so lang wie breit; Blütenknäuel längs des Stengels angeordnet, kaum sichtbar, etwa 3–6 mm im Durchmesser. Savoyen, Aosta-Tal . . . . *P. polygonifolia*

1*. Blätter $1^1/_2$–$2^1/_2$mal so lang wie breit; Blütenknäuel endständig, auffällig, 7–15 mm im Durchmesser. Maurienne . . . . *P. serpyllifolia* **81**

82

Familie der Nymphaeaceae

1. Blätter mit tiefem Einschnitt; Fruchtknoten 1, vielsamig.
   2. Äußere Blütenhüllblätter (Kelchblätter) meist 4, außerseits grün; Kronblätter weiß, die äußern so lang oder länger als die Kelchblätter, ohne Honigdrüse; Blattnerven gegen den Blattrand hin mehrfach gabelig verzweigt, mit querverbindenden (anastomosierenden) Nerven . . . . *Nymphaea* S. 178
   2*. Äußere Blütenhüllblätter (Perigonblätter) meist 5, gelb; Honigblätter gelb, bis $^1/_2$ so lang wie die Perigonblätter, mit Honigdrüse; Blattnerven gegen den Blattrand hin mehrfach gabelig verzweigt, jedoch keine querverbindenden Nerven vorhanden. . . . . . . *Nuphar* S. 178

1*. Blätter ohne Einschnitt, rund, mit zentralem Stiel; Fruchtknoten viele, 1samig, bis zur Spitze in den Blütenboden eingesenkt. Varese . . . . *Nelumbo nucifera*

Gattung Nymphaea

1. Staubfäden der innersten Staubblätter in der Mitte kaum verbreitert, höchstens $1^1/_2$mal so breit wie die beiden Staubbeutel vor dem Platzen (nur frisches oder aufgekochtes Material untersuchen); Pollenkörner auf der ganzen Oberfläche $\pm$ dicht mit zylindrischen 1,5–5 μ hohen, stumpfen Zapfen besetzt (1000fache Vergrößerung!) . . . . *N. alba*

1*. Staubfäden der innersten Staubblätter etwa in der Mitte am breitesten und dort $1^1/_2$–3mal so breit wie die beiden Staubbeutel vor dem Platzen; Pollenkörner auf der einen Seite glatt, auf der andern Seite $\pm$ dicht mit meist weniger als 1,5 μ hohen Warzen besetzt. Nicht mehr vorhanden? . . . . *N. candida*

Gattung Nuphar

1. Narbenscheibe mit 15–20 radiären, braunen Streifen; Blüten groß (Durchmesser 3–5 cm); Blattstiele im obern Teil stumpf 3kantig; Blätter groß (10–30 cm lang) . . . . *N. lutea* **82**

1*. Narbenscheibe mit 8–10 radiären, braunen Streifen; Blüten kleiner (Durchmesser 2–3 cm); Blattstiele im obern Teil im Querschnitt 2eckig; Blätter kleiner (5–10 cm lang). Selten. . *N. pumila*

Gattung Ceratophyllum (Familie der Ceratophyllaceae)

1. Früchte ohne grundständige Stacheln; Blätter meist 3–4mal gabelig geteilt. Sehr selten . *C. submersum* **83**

1*. Früchte mit 2 grundständigen Stacheln; Blätter meist 1–2mal gabelig geteilt. Selten . . *C. demersum* **84**

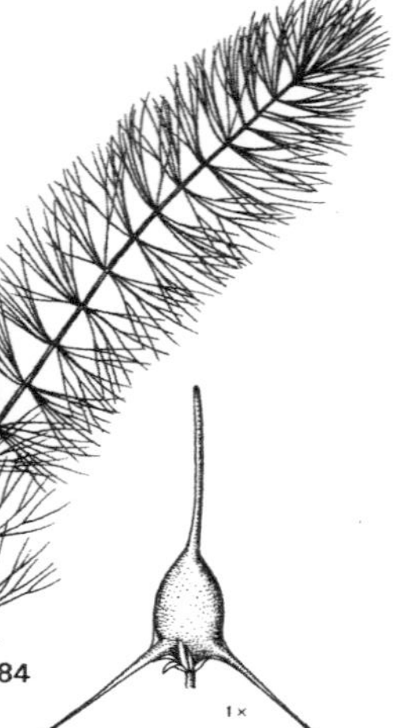

Familie der Ranunculaceae (inkl. Paeoniaceae)

1. Blütenhüllblätter 4–8 cm lang, rot; Staubblätter am Grunde in einen fleischigen Ring verwachsen. Südliche Kalkalpen . . . . *Paeonia officinalis*

1*. Blütenhüllblätter kürzer als 4 cm; Staubblätter am Grunde ohne Ring.

2. Blüten zygomorph.

3. Das oberste Perigonblatt einen auffallenden Helm bildend . . . . *Aconitum* S. 181

3*. Das oberste Perigonblatt mit langem Sporn . . . . *Delphinium* s.l. S. 183

2*. Blüten aktinomorph.

4. Honigblätter mit langem Sporn; Blüten nickend, blau, violett oder rötlich; Durchmesser über 3 cm . . . . *Aquilegia* S. 183

4*. Honigblätter (wenn vorhanden) ohne Sporn (höchstens die Perigonblätter mit bis 2 mm langem, dem Blütenstiel anliegendem Sporn [*Myosurus*]).

5. Nur Perigonblätter oder daneben noch Honigblätter (mit Honigdrüse!) vorhanden, diese aber viel kleiner als die äußern kronblattartigen Perigonblätter (bei *Hepatica* 3 kelchblattähnliche Hochblätter außerhalb der kronblattähnlichen Perigonblätter).

6. Perigonblätter ohne Sporn; Blätter nie grasähnlich.

7. Blätter nie gegenständig, jedoch gelegentlich quirlständig.

8. Neben den Perigonblättern noch kleinere, becher-, trichter- oder spatelförmige Honigblätter vorhanden (bei *Actaea* fehlt diesen die Honigdrüse!); Honigblätter nie den Staubblättern ähnlich und die Griffel zur Zeit der Fruchtreife nicht verlängert und behaart (*Pulsatilla*).

9. Unterhalb der einzelnen, endständigen aufrechten Blüte ein Kranz von Hochblättern vorhanden oder Honigblätter 2lippig, mit fadenförmiger Oberlippe.

10. Blüte hellblau bis weiß; Fruchtblätter zu einer kugeligen Frucht verwachsen oder bis in die untere Hälfte frei. Äcker, selten . . . . *Nigella* S. 184

10*. Blüte gelb; Fruchtblätter nicht verwachsen, mehrsamige Früchtchen bildend . . . . *Eranthis hyemalis* 85

9*. Kein Kranz von Hochblättern vorhanden; Honigblätter nicht 2lippig.

11. Blütenstand eine endständige, eng zusammengezogene Traube; Frucht beerenartig, schwarz . . . . *Actaea spicata* **86**

11*. Blüten einzeln oder Blütenstand keine eng zusammengezogene Traube; Frucht nicht beerenartig.

12. Perigonblätter gelb, kugelförmig zusammenneigend . . . . *Trollius europaeus* **87**

12*. Perigonblätter grün, weiß, rosa oder rot, nicht kugelförmig zusammenneigend.

13. Blätter 3teilig, mit 3 lang gestielten Abschnitten. Sehr selten . *Isopyrum thalictroides*

13*. Grundständige Blätter bis zum Grunde in mehrere lanzettliche Abschnitte geteilt . . . . *Helleborus* S. 184

8*. Nur Perigonblätter vorhanden, alle ungefähr gleich groß; wenn Honigblätter vorhanden, diese den Staubblättern ähnlich (*Pulsatilla*).

14. Früchtchen mehrsamig; Blätter rundlich, groß; Blüten gelb . . . . . *Caltha palustris* **88**

14*. Früchtchen 1samig; Blätter nicht rundlich.

15. Früchtchen spindelförmig und mit Längsrippen oder geflügelt und an deutlichem Stiel hängend; Perigonblätter unscheinbar, oft schon zur Blütezeit abfallend . . . . *Thalictrum* S. 185

15*. Früchtchen nicht mit Längsrippen und nicht geflügelt; am Stengel 3–4 quirlständige Blätter (Hochblätter) vorhanden; Perigonblätter auffallend, kronblattartig.

16. Quirlständige Stengelblätter weit unterhalb der Blüte oder dem Blütenstand, den grundständigen, geteilten Blättern ähnlich.

17. Griffel schnabelartig, kahl, nach der Blüte nicht weiter wachsend *Anemone* S. 186

17*. Griffel zur Zeit der Fruchtreife verlängert, fadenförmig, abstehend behaart . . . . *Pulsatilla* S. 187

85

86

88

87

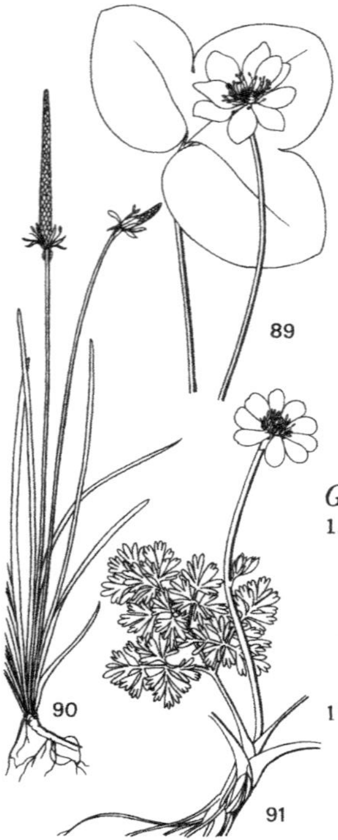

16*. Quirlständige Stengelblätter 3, ungeteilt, nahe der Blüte stehend, scheinbar einen Kelch bildend . . . . *Hepatica nobilis* 89

7*. Blätter gegenständig; oft rankende und kletternde Sträucher . . . . ***Clematis*** **S. 188**

6*. Perigonblätter mit ca. 2 mm langem, dem Blütenstiel anliegendem Sporn; **Blütenboden zur Fruchtzeit bis 6 cm lang, mit über 50 1samigen Früchtchen; alle Blätter grundständig, grasähnlich.** Kollin, sehr selten . . . . ***Myosurus minimus*** **90**

5*. Perigonblätter und große Honigblätter vorhanden; Honigblätter meist größer als die grünen oder gelbgrünen Perigonblätter.

18. Am Grunde der Honigblätter Honigdrüsen vorhanden.

19. Honigblätter meist 5, seltener weniger oder mehr, gelb, wenn weiß bis rosa, dann Blätter nicht gefiedert (höchstens mehrfach 3teilig oder radiär geteilt) . . . . . ***Ranunculus*** s.l. **S. 189**

19*. Honigblätter 6–12, weiß oder rötlich; Blätter 1–2fach gefiedert, Abschnitte nicht in einer Ebene ausgebreitet. Alpin; Kalkböden; selten . . . . ***Callianthemum coriandrifolium*** **91**

18*. Alle Blütenhüllblätter ohne Honigdrüsen; Blätter 2–3fach fiederteilig, Zipfel schmal (1–2 mm breit) . . . . ***Adonis*** **S. 196**

Gattung Aconitum

1. Blüten gelb.

2. Perigonblätter nach der Blüte nicht abfallend; Helm nicht höher als breit; Blattzipfel **sehr schmal (die meisten weniger als 2 mm breit); Wurzel knollig oder rübenförmig verdickt. Südjura, Südalpen** . . . . ***A. anthora***

2*. Perigonblätter nach der Blüte abfallend. Helm höher als breit; Blattzipfel meist über 3 mm breit; Wurzel nicht auffallend verdickt . . . . ***Artengruppe des A. vulparia*** S. 182

1*. Blüten blau, violett oder weiß gefleckt.

3. Blütenstiele entweder mit ± senkrecht abstehenden Haaren, die z. T. Drüsen tragen (Blütenstiele oft klebrig!), oder Blütenstiele kahl . . . . ***Artengruppe des A. variegatum*** **S. 182**

89

90

91

92

93

3*. Blütenstiele mit gekrümmten Haaren, nie mit Drüsen . . . . *Artengruppe des A. napellus* S. 183

Artengruppe des Aconitum vulparia

1. Pflanze ohne Drüsenhaare (Lupe!); gewöhnliche Haare gekrümmt, mit der Spitze wieder gegen die Oberfläche gerichtet.
   2. Blattzipfel kurz zugespitzt, meist stumpf; Durchmesser der größten Blätter weniger als 15 cm . . . . *A. altissimum* **92**
   2*. Blattzipfel meist allmählich und fein zugespitzt; Durchmesser der größten Blätter 20 bis 35 cm.
      3. Blätter beiderseits und am Rande zerstreut behaart; Abschnitte tief geteilt, so daß **lange und schmale Zipfel entstehen. Südliche Ketten** . . . . *A. lamarckii*
      3*. Blätter oberseits kahl, unterseits nur auf den Nerven behaart; Abschnitte weniger tief geteilt und Zipfel breiter, oft kurz zugespitzt, aber nicht stumpf. Nördliche Ketten . *A. platanifolium*

1*. An den Perigonblättern und meist auch an den Früchtchen und Blütenstielen ca. 0,1 mm lange Drüsenhaare vorhanden (Lupe!); gewöhnliche Haare ± gerade und abstehend . . *A. penninum*

Artengruppe des Aconitum variegatum

1. Blütenstiele mit ± senkrecht abstehenden Haaren, die z. T. Drüsen tragen (Blütenstiele oft klebrig) . . . . *A. paniculatum*

1*. Blütenstiele kahl.
   2. Pflanze 1–1,8 m hoch. Stengel hin und her gebogen; Blattabschnitte am Grunde meist nicht bis auf den Mittelnerv verschmälert; Blütenstand lang, mit zahlreichen, weit voneinander **entfernten, abstehenden Ästen, die nur wenige Blüten tragen. Selten** . . . . *A. variegatum* **93**
   2*. Pflanze meist weniger als 0,7 m hoch; Stengel gerade; Blattabschnitte am Grunde bis auf den Mittelnerv verschmälert; Blütenstand meist kurz und wenig verzweigt. Selten . *A. rostratum*

94

95

Artengruppe des Aconitum napellus

1. Blütenstand nicht verzweigt, sehr dicht, die untern Blütenstiele nicht länger als die obern; bei den meisten Blättern der mittlere Blattabschnitt nicht gestielt . . . . ***A. compactum* 94**

1*. Die untern Blütenstiele länger als die obern; bei den meisten Blättern der mittlere Blattabschnitt gestielt.

2. Blütenstand verzweigt, im untern Teil mit Blättern durchsetzt, die in Form und Größe mit den Stengelblättern übereinstimmen . . . . *A. neomontanum*

2*. Blütenstand nicht verzweigt, oder wenn verzweigt, dann mit reduzierten Blättern.

3. Blattzipfel kurz zugespitzt; Perigonblätter kahl oder nur mit gekrümmten kurzen Haaren. Südjura, südwestliche Alpen . . . . *A. bauhinii*

3*. Blattzipfel allmählich zugespitzt; Perigonblätter mit langen Haaren . . . . *A. lobelianum*

Gattung Delphinium s.l.

Die Gattung *Delphinium* wird heute aufgeteilt.

1. Fruchtknoten 3–10; Honigblätter frei; Pflanze ausdauernd. . . . . *Delphinium*

2. Pflanze mit rauhwandigen, matten, gekrümmten oder gestreckten Haaren und mit fla**schenförmigen Haaren (25fache Vergrößerung!) Nordalpen, östliche Zentralalpen** . . . ***D. elatum* 95**

2*. Pflanze mit glatten, glänzenden, gekrümmten oder gestreckten Haaren meist ohne oder nur mit vereinzelten, flaschenförmigen Haaren. Savoyen, Valle d'Ossola . . . . ***D. dubium***

1*. Fruchtknoten 1; Honigblätter verwachsen; Pflanze 1jährig. . . . . *Consolida*

3. Fruchtknoten kahl. Äcker, selten . . . . *C. regalis*

3*. Fruchtknoten behaart. Äcker; sehr selten . . . . *C. ajacis*

Gattung Aquilegia

1. Blüten groß, Durchmesser 6–9 cm, blau. Subalpin, selten . . . . ***A. alpina***

1*. Blüten nur etwa halb so groß, blauviolett, rosa oder weiß.

2. Sporn an der Spitze hakig gekrümmt; mittlerer Blattabschnitt 2. Ordnung oft gestielt. ***Artengruppe der A. vulgaris*** S. 184

2*. Sporn gerade oder an der Spitze etwas einwärts gebogen; Blattabschnitte 2. Ordnung nie gestielt. Montan, subalpin; Kalk; Val Colla, Bergamasker Alpen . . . . *A. einseleana*

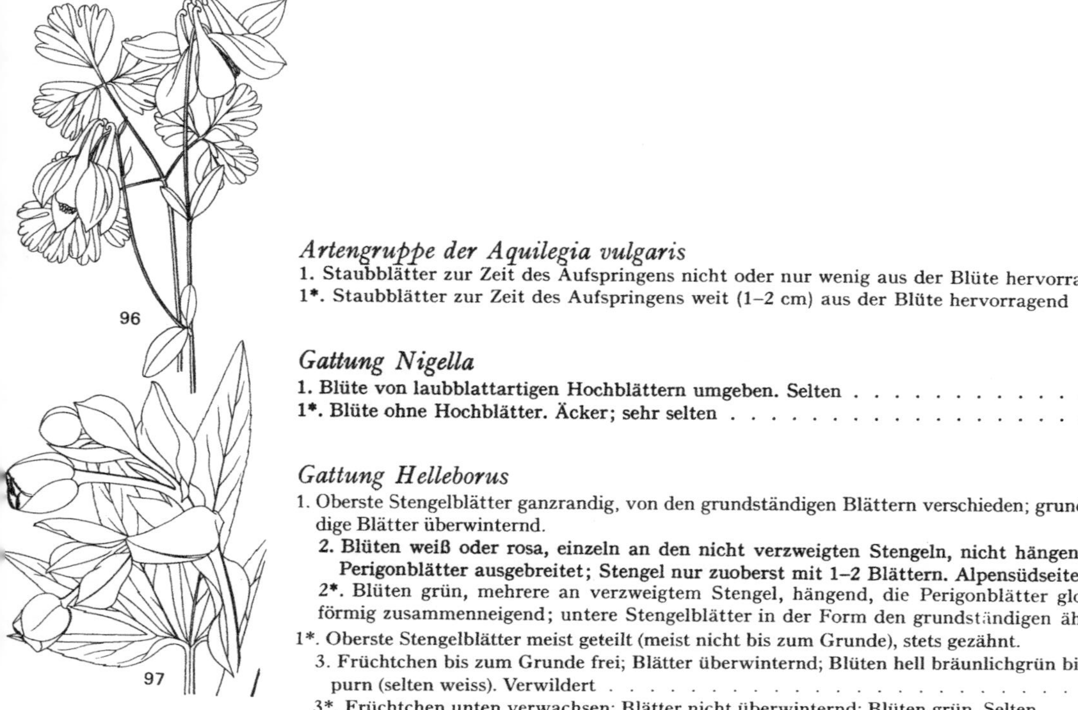

Artengruppe der Aquilegia vulgaris

1. Staubblätter zur Zeit des Aufspringens nicht oder nur wenig aus der Blüte hervorragend . . . *A. vulgaris* **96**
1*. Staubblätter zur Zeit des Aufspringens weit (1–2 cm) aus der Blüte hervorragend . . . *A. atrata*

Gattung Nigella

1. Blüte von laubblattartigen Hochblättern umgeben. Selten . . . . *N. damascena*
1*. Blüte ohne Hochblätter. Äcker; sehr selten . . . . *N. arvensis*

Gattung Helleborus

1. Oberste Stengelblätter ganzrandig, von den grundständigen Blättern verschieden; grundständige Blätter überwinternd.
   2. Blüten weiß oder rosa, einzeln an den nicht verzweigten Stengeln, nicht hängend, die Perigonblätter ausgebreitet; Stengel nur zuoberst mit 1–2 Blättern. Alpensüdseite . . . *H. niger*
   2*. Blüten grün, mehrere an verzweigtem Stengel, hängend, die Perigonblätter glockenförmig zusammenneigend; untere Stengelblätter in der Form den grundständigen ähnlich. ***H. foetidus* 97**

1*. Oberste Stengelblätter meist geteilt (meist nicht bis zum Grunde), stets gezähnt.
   3. Früchtchen bis zum Grunde frei; Blätter überwinternd; Blüten hell bräunlichgrün bis purpurn (selten weiss). Verwildert . . . . *H. orientalis*
   3*. Früchtchen unten verwachsen; Blätter nicht überwinternd; Blüten grün. Selten . . . . *H. viridis*

98

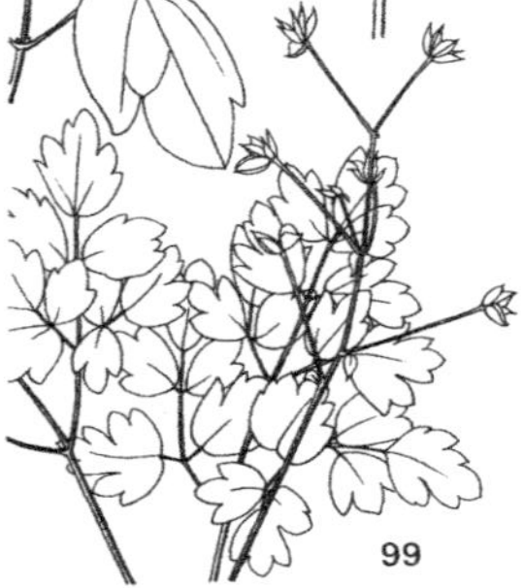

99

Gattung Thalictrum

1. Früchtchen auf langen Stielen (Stiele so lang oder länger als das Früchtchen); Staubfäden unterhalb der Staubbeutel auffallend verdickt, lila, seltener ± weiß . . . . *T. aquilegiifolium* **98**

1*. Früchtchen ohne oder mit undeutlichem Stiel; Staubfäden nach oben nicht auffallend verdickt, violett oder gelblich
  - **2. Pflanze meist weniger als 15 cm hoch; Blütenstand traubig. Alpin; selten** . . . . . . *T. alpinum*
  - **2*. Pflanze über 20 cm hoch; Blütenstand meist rispig.**
    - 3. Teilblätter etwa so lang wie breit oder weniger als $1^1/_2$mal so lang wie breit . . . . . ***Artengruppe des T. minus*** S. 185
    - 3*. Teilblätter mehr als $1^1/_2$mal so lang wie breit, bis schmal lanzettlich . . . . *Artengruppe des* ***T. flavum*** S. 185

Artengruppe des Thalictrum minus

1. Pflanze kahl.
  - 2. Blätter über den ganzen Stengel verteilt; Teilblätter auf der Unterseite mit wenig vortretenden Nerven . . . . ***T. minus*** **99**
  - **2*. Blätter in der unteren Hälfte oder in der Mitte der Pflanze gehäuft; Teilblätter auf der Unterseite mit weit vortretenden Nerven. Selten** . . . . *T. saxatile*

1*. Pflanze mit bis 0,1 mm langen Drüsenhaaren und mit bis 0,3 mm langen drüsenlosen Haaren. Zentralalpen . . . . *T. foetidum*

Artengruppe des Thalictrum flavum

1. Die meisten Teilblätter 4–20mal so lang wie breit; Blütenstand zusammengezogen.
  - **2. Teilblätter der untern Blätter mit 2 oder 3 groben und stumpfen Zähnen oder ± tief 2- oder 3teilig. Selten** . . . . *T. bauhinii* S. 186 **1**
  - **2*. Alle Teilblätter schmal lanzettlich bis fadenförmig, meist ganzrandig. Selten** . . . . . *T. galioides*

1*. Die meisten Teilblätter 2–4mal so lang wie breit (Ausnahmen an den obersten Stengelblättern bei *T. lucidum*!); Blütenstand weit ausladend.

3. Unterirdische Ausläufer vorhanden.

4. Die meisten Staubbeutel 1,4–1,7 mm lang; Tragblätter der Blüten meist wenigstens 1 mm lang . . . . *T. flavum* **2**

4*. Die meisten Staubbeutel weniger als 1,4 mm lang; Tragblätter der Blüten weniger als 1 mm lang. Kollin; Alpensüdfuss . . . . *T. morisonii*

3*. Keine unterirdischen Ausläufer vorhanden. Meran . . . . *T. lucidum*

Gattung Anemone

a. Perigonblätter 8–14, schmal, blau . . . . *A. blanda*

b. Perigonblätter 5–10, oval bis rundlich, gelb, weiss oder aussen rosa überlaufen.

1. Perigonblätter gelb, außerseits behaart; Stengelblätter im obersten Viertel der Pflanze, weniger als 1 cm lang gestielt oder sitzend; Blütenstand meist 2blütig . . . . *A. ranunculoides*

1*. Perigonblätter weiß oder außerseits rosa überlaufen, beiderseits kahl oder außerseits behaart; wenn Stengelblätter über der Mitte der Pflanze und Blütenstand nur 1- oder 2blütig, dann Stengelblätter meist über 1 cm lang gestielt.

2. Perigonblätter beiderseits kahl.

3. Blüten einzeln, selten zu 2; Früchtchen behaart; zur Blütezeit meist keine grundständigen Blätter vorhanden.

4. Abschnitte der 3teiligen Stengelblätter ± tief 2–5teilig und grob gezähnt . . . . *A. nemorosa* **3**

4*. Abschnitte der 3teiligen Stengelblätter ± regelmäßig und klein gezähnt, nicht geteilt. Meran . . . . *A. trifolia*

3*. Blüten zu 3–8, doldenartig; Früchtchen kahl; grundständige Blätter stets vorhanden *A. narcissiflora* **4**

2*. Perigonblätter außerseits behaart; zur Zeit der Blüte grundständige Blätter (1–4) immer vorhanden.

5. Grundständige Blätter 3teilig, die 3 Teilblätter gestielt und jedes Teilblatt nochmals bis zum Grunde 3teilig, mit mehrfach tief geteilten Abschnitten oder Blätter 1-2fach gefiedert *A. baldensis* S. 187 **5**

5*. Grundständige Blätter bis zum Grunde radiär 3–5teilig, mit 2- oder 3teiligen, nicht gestielten Abschnitten. Oberrheinische Tiefebene, Süddeutschland; selten. . . . . . *A. sylvestris*

5  6  7

Gattung Pulsatilla

1. Die 3 Stengelblätter (Hochblätter) nicht verwachsen, gleich wie die grundständigen Blätter; keine Honigblätter vorhanden . . . . *Artengruppe der P. alpina*

1*. Stengelblätter (Hochblätter) scheidenartig verwachsen, reduziert, 2–3 cm lang; wenn Honigblätter vorhanden, diese den Staubblättern ähnlich.
- 2. Grundständige Blätter überwinternd, lederig; Perigonblätter innen weiß, außerseits blau, rosa oder violett . . . . *P. vernalis* **6**
- 2*. Grundständige Blätter nicht überwinternd, zur Blütezeit noch unvollständig entwickelt; Perigonblätter beidseits rot- oder blauviolett . . . . *Artengruppe der P. vulgaris*

Artengruppe der Pulsatilla alpina

1. Blüten innerseits weiß.
- 2. Blütendurchmesser über 4 cm; Pflanze 20–50 cm hoch; Rhizom meist ohne Faserschopf; zur Fruchtzeit Spitze der Griffel (ca. 1 mm lang) kahl. Subalpin; Kalkböden . . . . . *P. alpina* **7**
- 2*. Blütendurchmesser 2,5–4 cm; Pflanze bis 25 cm hoch; Rhizom meist mit Faserschopf; Spitze der Griffel zur Fruchtzeit behaart (Haare ca. 0,1 mm lang). Vogesen . . . . . *P. alba*

1*. Blüten innerseits gelb. Subalpin; saure Böden . . . . *P. apiifolia*

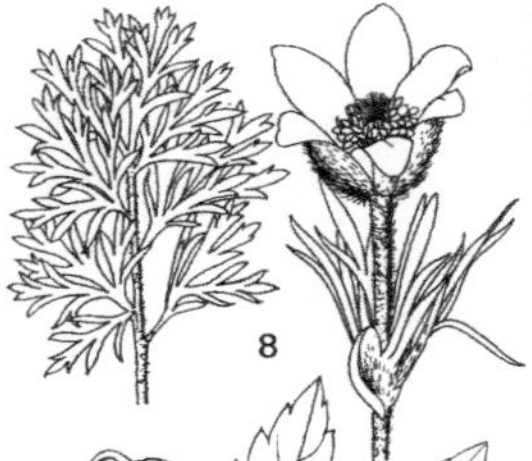

Artengruppe der Pulsatilla vulgaris

1. Perigonblätter 3–4 cm lang, rotviolett. Kalkböden; heisse Lagen; selten . . . . *P. vulgaris*

1*. Perigonblätter 2–3 cm lang.

2. Die meisten Haare auf der Oberseite der grundständigen Blätter nach der Blüte ca. 1 mm lang oder kürzer, Blätter ohne seidigen Glanz, die meisten Blattzipfel nicht über 2 mm breit; Perigonblätter dunkelblauviolett . . . . *P. montana* **8**

2*. Die meisten Haare auf der Oberseite der grundständigen Blätter nach der Blüte 2–5 mm lang, Blätter deshalb seidig glänzend; die meisten Blattzipfel 2–5 mm breit; Perigonblätter hellviolett. Savoyen, Wallis, Aostatal . . . . *P. halleri*

Gattung Clematis

1. Blätter nicht geteilt, ganzrandig; Blüten einzeln und endständig, mit violetten, 2,5–5 cm langen Perigonblättern. Selten verwildert . . . . *C. integrifolia*

1*. Blätter geteilt oder gefiedert.

2. Blüten blau oder violett, groß (Durchmesser 4–6 cm), einzeln.

3. Perigonblätter blau, zugespitzt; weiße Honigblätter vorhanden; Früchtchen mit bis 3 cm langem, behaartem Griffel; Blätter mit 3 2teiligen Teilblättern . . . . *C. alpina* **9**

3*. Perigonblätter violett, vorn breit, mit krausem Rand; keine Honigblätter vorhanden; Früchtchen mit kurzem, kahlem, schnabelartigem Griffel; Blätter meist doppelt gefiedert. Selten verwildert . . . . *C. viticella*

2*. Blüten weiß, im Durchmesser (ausgebreitet) bis 2,5 cm, in rispigen, vielblütigen Blütenständen.

4. Strauch windend und kletternd; Stengel verholzt.

5. Perigonblätter überall dicht flaumig behaart; Staubbeutel 1–2 mm lang, Teilblätter meist gezähnt . . . . *C. vitalba* **10**

5*. Perigonblätter nur am Rande dicht und filzig behaart; Staubbeutel 2,5–4 mm lang; Teilblätter stets ganzrandig. Comersee . . . . *C. flammula*

4*. Pflanze nicht windend und kletternd; Stengel meist nicht verholzt; Perigonblätter nur am Rande dicht und filzig behaart; Teilblätter meist ganzrandig. Wallis, Alpensüdseite . . . . *C. recta*

Gattung Ranunculus s.l.

Ranunculus ficaria wird heute nicht mehr zur Gattung *Ranunculus* gestellt.

1. Wasserpflanzen, mit untergetauchten, in band- oder fadenförmige Zipfel geteilten Blättern und oft auch mit rundlichen bis herzförmigen, verschieden tief geteilten Schwimmblättern (bei *R. hederaceus* nur Schwimmblätter vorhanden); Honigblätter weiß, am Grunde gelb, ohne Glanz; reife Früchte mit 5–14 ± deutlichen Querrippen . . . . . *Artengruppe des* ***R. aquatilis*** S. 192

1*. Landpflanzen, mit grundständigen und stengelständigen Blättern (grundständige Blätter nur bei *R. thora* zur Blütezeit nicht vorhanden).

2. Blüten weiß (bei *R. glacialis* und *R. parnassifolius* oft rötlich).

3. Perigonblätter rotbraun behaart; Blütenhüllblätter zur Fruchtzeit nicht abfallend . . . ***R. glacialis*** **11**

3*. Perigonblätter kahl oder weiß behaart; Blütenhüllblätter nach dem Blühen abfallend.

4. Grundständige Blätter ungeteilt, ganzrandig.

5. Grundständige Blätter lanzettlich (meist schmal lanzettlich), kahl; Pflanze am Grunde mit Faserschopf; Perigonblätter kahl. Alpin, subalpin . . . . . *R. kuepferi* 12

5*. Grundständige Blätter breit lanzettlich bis herzförmig, an der Basis und am Rande zottig behaart; Pflanze am Grunde ohne Faserschopf; Perigonblätter zottig behaart. Alpin; selten . . . . . *R. parnassifolius*

4*. Grundständige Blätter nicht ganzrandig (gezähnt oder geteilt).

6. Pflanze klein (bis 15 cm hoch), 1- bis wenigblütig.

7. Pflanze kahl; Blütenboden kahl.

a) Grundständige Blätter bis auf $^1/_2$–$^1/_5$ 3teilig . . . . . ***R. alpestris*** **13**

b) Grundständige Blätter ungeteilt oder höchstens bis auf $^3/_4$ 3teilig. Bergamasker Alpen (M. Alben) . . . . . *R. bilobus*

7*. **Pflanze zottig behaart; Blütenboden zerstreut behaart. Brienzer Rothornkette, Reculet** . . . . . *R. seguieri*

6*. Pflanze groß, meist über 30 cm hoch, vielblütig; Blütenboden behaart . . . . *Artengruppe des* ***R. aconitifolius*** S. 193

2*. Blüten gelb.

8. Perigonblätter 3–5, am Grunde mit etwa 1 mm langem, sackartigem Sporn; Honigblätter 8–12, schmal oval, mit der größten Breite in der Mitte . . . . . *Ficaria verna* S. 190 **14**

11

12

13

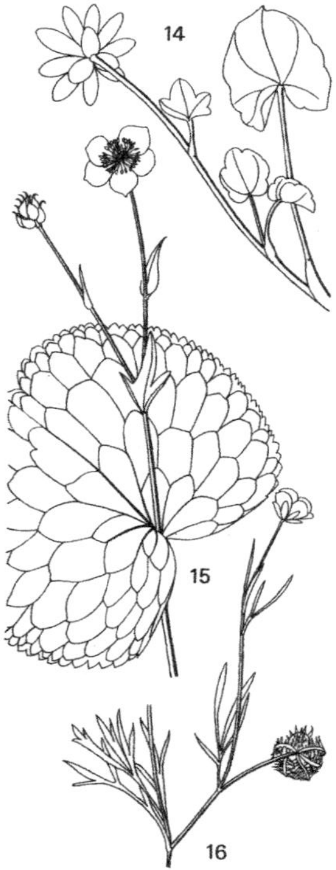

8*. Perigonblätter 5, ohne Sporn; Honigblätter meist 5–6, oval, mit der größten Breite stets im obern Drittel.

9. Unterstes Stengelblatt sitzend oder kurz gestielt, rund oder nierenförmig, gezähnt oder bis höchstens auf $^2/_3$ geteilt.

10. Grundständige Blätter zur Blüte- und Fruchtzeit noch nicht vorhanden . . . . *R. thora* **15**

10*. Grundständige Blätter zur Blüte- und Fruchtzeit vorhanden. Südostalpen . . *R. hybridus*

9*. Unterstes Stengelblatt lanzettlich oder bis über die Mitte geteilt.

11. Grundständige Blätter Grasblättern ähnlich oder lanzettlich, stets ungeteilt, ganzrandig oder höchstens entfernt gezähnt.

12. Pflanze am Grunde mit dichtem Faserschopf (vgl. auch *R. kuepferi*). **Wallis, Dép. Ain** . . . . *R. gramineus*

12*. Pflanze am Grunde ohne Faserschopf.

13. Pflanze unterirdische Ausläufer treibend; Blätter bis 25 cm lang und 1,5 cm breit, allmählich in den Stiel verschmälert; Blüten sehr groß, im Durchmesser 3–4 cm. Wasserpflanze; selten . . . . *R. lingua*

13*. Pflanze ohne unterirdische Ausläufer; Blätter meist nicht über 10 cm lang; Blüten klein, im Durchmesser 0,5–1,5 cm . . . . *Artengruppe des R. flammula* S. 193

11*. Grundständige Blätter nicht grasblattähnlich oder lanzettlich, stets geteilt oder grob gezähnt.

14. Früchtchen mit Stacheln besetzt, ohne den zugehörigen Schnabel 4–7 mm lang (1jährige Ackerunkräuter oder Adventivpflanzen).

15. Stacheln an den Früchtchen bis 3 mm lang; Schnabel schmal angesetzt; Blätter bis zum Grunde 3teilig; Mittelabschnitte der Stengelblätter gestielt *R. arvensis* **16**

15*. Stacheln an den Früchtchen bis 1 mm lang; Schnabel breit angesetzt; Blätter meist bis auf $^1/_4$ 3teilig, Abschnitte breit. Nur im Süden . . . . . . *R. muricatus*

14*. Früchtchen ohne Stacheln, ohne den zugehörigen Schnabel weniger als 4 mm lang.

16. Früchtchen mit Höckern; 1jährige Ackerunkräuter.

17. Höcker der Früchtchen mit je einer hakigen Borste; Blüten klein, im Durchmesser 0,5–0,6 cm. Adventiv . . . . *R. parviflorus*

17*. Höcker der Früchtchen ohne Borsten; Blütendurchmesser 1–1,5 cm. Selten . . . . *R. sardous*

14

15

16

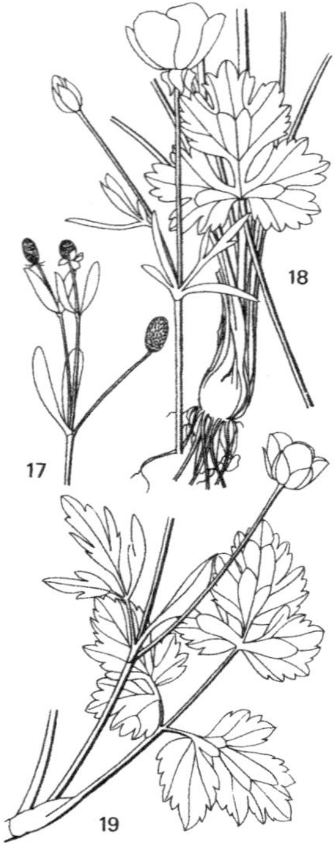

16*. Früchtchen ohne Höcker.

18. Früchtchen behaart . . . . *Artengruppe des* ***R. auricomus*** S. 194

18*. Früchtchen kahl.

19. Früchtchen klein, rundlich, im Durchmesser 0,8–1,4 mm; Blüten klein, im Durchmesser 0,5–1 cm.

20. Pflanze bis 1 m hoch, vielblütig, kahl; bis zu 100 Früchtchen bilden einen Kopf . . . . ***R. sceleratus*** **17**

20*. Pflanze 1–5 cm hoch; Stengel 1blütig; Blütenstiele kurz behaart. Nur in der alpinen Stufe des Unterengadins und des Vintschgaus . . *R. pygmaeus*

19*. Früchtchendurchmesser 1,5–4 mm; Blütendurchmesser 1,2–3,5 cm

21. Wurzeln am Grunde auffallend verdickt; Früchtchenkopf zylindrisch oder eiförmig.

22. Perigonblätter den Honigblättern anliegend; Pflanze am Grunde mit Faserschopf. Dép. Ain . . . . *R. paludosus*

22*. Perigonblätter rückwärts gerichtet; Pflanze am Grunde ohne Faserschopf. Kollin; Trockene Wiesen; Aostatal . . . . *R. saxatilis*

21*. Wurzeln am Grunde nicht verdickt; Früchtchenkopf ± kugelig.

23. Stengel am Grunde knollig verdickt; Perigonblätter rückwärts gerichtet (vgl. auch *R. sardous* S. 190) . . . . ***R. bulbosus*** **18**

23*. Stengel am Grunde nicht knollig verdickt; Perigonblätter den Honigblättern anliegend.

24. Blütenboden behaart.

25. Pflanze fast immer oberirdische Ausläufer treibend, niederliegend oder bogig aufsteigend; mittlerer Blattabschnitt aller Grundblätter stets lang gestielt . . . . ***R. repens*** **19**

25*. Pflanze nie Ausläufer treibend, aufrecht (bei *R. serpens* Stengel zur Fruchtzeit niederliegend), mittlerer Blattabschnitt nicht gestielt (bei *R. polyanthemophyllus* Frühlingsblätter teilweise mit gestieltem Mittelabschnitt).

26. Blütenstiele gefurcht; Früchtchen berandet . . . . *Artengruppe des R. nemorosus* S. 194

26*. Blütenstiele ohne Furchen, Früchtchen nicht berandet . . *Artengruppe des R. montanus* S. 195

24*. Blütenboden kahl.

27. Ganze Pflanze dicht abstehend weich behaart; Schnabel der Früchtchen etwa $^1/_3$ so lang wie das Früchtchen, hakig gebogen bis eingerollt . . . . *R. lanuginosus*

27*. Pflanze locker anliegend behaart oder kahl; Schnabel des Früchtchens etwa $^1/_4$–$^1/_8$ so lang wie das Früchtchen, gerade oder schwach gebogen . . . . *Artengruppe des R. acris* S. 195

Artengruppe des Ranunculus aquatilis

1. Schwimmblätter an gut entwickelten Pflanzen stets vorhanden (vgl. auch *R. baudotii*).

2. **Keine untergetauchten Blätter vorhanden; Pflanze niederliegend, an Stengelknoten wurzelnd. Dép. Jura, Dép. Doubs** . . . . *R. hederaceus*

2*. Untergetauchte Blätter stets vorhanden, Zipfel bandförmig bis haarförmig, schlaff oder steif.

3. **Blüten groß (Durchmesser 2–3 cm); Blütenstiele zur Zeit der Fruchtreife länger als der Stiel des gegenüberstehenden Blattes. Selten** . . . . *R. peltatus*

3*. **Blüten kleiner (Durchmesser 0,8–1,8 cm); Blütenstiele zur Zeit der Fruchtreife kürzer als der Stiel des gegenüberliegenden Blattes. Selten** . . . . *R. aquatilis* **20**

1*. Schwimmblätter nicht vorhanden.

4. Untergetauchte Blätter starr, alle sitzend oder die untersten kurz gestielt, stets viel kürzer als die Stengelinternodien, im Umriß rund, Zipfel fadenförmig, in einer Ebene liegend, beim Herausziehen aus dem Wasser nicht zusammenfallend; Früchtchen fast immer behaart . . . . *R. circinatus* **21**

4*. Untergetauchte Blätter schlaff, flutend, oft gestielt, Zipfel nicht in einer Ebene liegend.

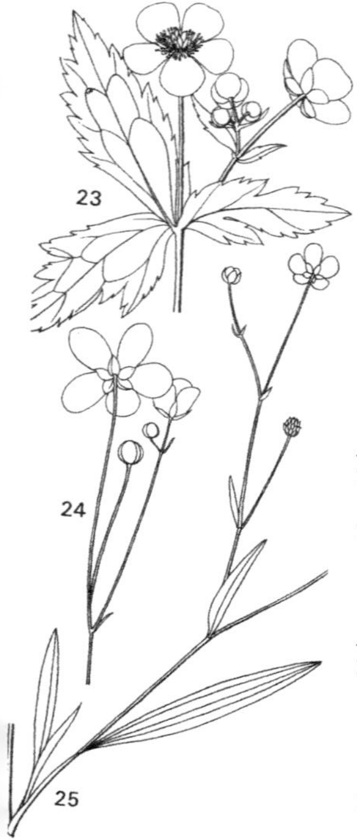

5. Untergetauchte Blätter groß (10–30 cm lang), Zipfel 0,5–1,5 mm breit, parallel laufend; Blüten groß (Durchmesser 1,5–3 cm); Früchtchen kahl . . . . *R. fluitans* S. 192 **22**

5*. Untergetauchte Blätter kleiner (kürzer als 10 cm), Zipfel faden- oder haarförmig, sich allseitig ausbreitend (nicht parallel); Blütendurchmesser kleiner als 1,5 cm.

6. Reife Früchtchen auf dem Rücken stets borstig behaart, oval, 20–40 je Kopf . . *R. trichophyllus*

6*. Reife Früchtchen kahl (unreife bei *R. confervoides* behaart).

7. Blüten- und Fruchtstiele sehr lang, $2^1/_2$–5mal so lang wie das gegenüberstehende untergetauchte Blatt. Martigny . . . . *R. baudotii*

7*. Blüten- und Fruchtstiele höchstens $1^1/_2$mal so lang wie das gegenüberstehende untergetauchte Blatt.

8. Früchtchen rundlich, nur 5–16 je Kopf; Blütenboden kugelig oder eiförmig, Blattzipfel haarförmig. Alpin . . . . *R. confervoides*

8*. Früchtchen oval, 50–100 je Kopf; Blütenboden zylindrisch; Blattzipfel nicht haarförmig. Wallis (Rhonetal von Siders abwärts) . . . . *R. rionii*

Artengruppe des Ranunculus aconitifolius

1. Blütenstiele behaart, kürzer oder höchstens 3mal so lang wie die zugehörenden Stengelblätter; grundständige Blätter bis zum Stielansatz geteilt . . . . *R. aconitifolius* **23**

1*. Blütenstiele unter der Blüte kahl, 3 bis 5mal so lang, wie die zugehörenden Stengelblätter; grundständige Blätter nicht bis zum Stielansatz geteilt . . . . *R. platanifolius* **24**

Artengruppe des Ranunculus flammula

1. Oberfläche der Früchtchen glatt.

2. Pflanze 20–70 cm hoch, aufrecht oder bogig aufsteigend; Schnabel bis $^1/_{10}$ so lang wie das Früchtchen, gerade . . . . *R. flammula* **25**

2*. Pflanze 5–50 cm lang, in der ganzen Länge niederliegend; die Stengelglieder fadenförmig und bogig gekrümmt; Schnabel etwa $^1/_3$ so lang wie das Früchtchen, hakig gebogen. Selten *R. reptans*

1*. Oberfläche der Früchtchen mit hyalinen Warzen $\pm$ dicht besetzt. Auf Art ist zu achten . *R. ophioglossifolius*

23

24

25

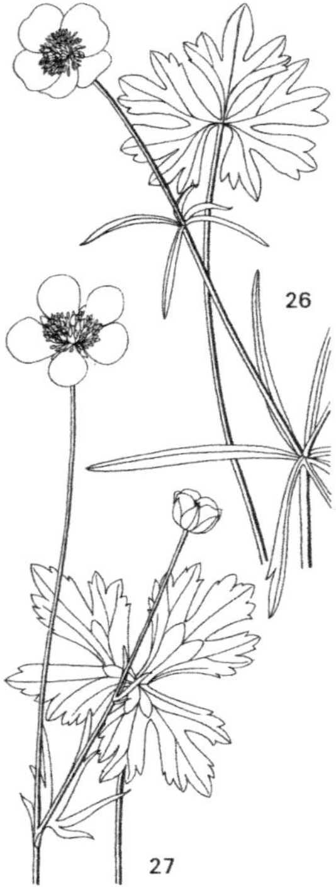

Artengruppe des Ranunculus auricomus

26 1. Blütenboden kahl; Blätter mehrfach bis über die Mitte geteilt; Abschnitte der untern Stengelblätter schmal lanzettlich (mindestens 10mal so lang wie breit) . . . . *R. auricomus* **26**

1*. Blütenboden behaart; Blätter nicht oder höchstens bis zur Mitte geteilt; Abschnitte der untern Stengelblätter ziemlich breit lanzettlich (höchstens 5mal so lang wie breit) . . . . *R. cassubicus*

Artengruppe des Ranunculus nemorosus

1. Stengel schief aufrecht oder niederliegend, dicht und abstehend behaart, untere Stengelblätter wie die grundständigen Blätter, in den Blattachseln sich bewurzelnde Rosetten bildend . . *R. serpens*

1*. Aufrecht, **20–100** cm hoch, locker und anliegend behaart, kahl oder am Grunde abstehend behaart.

2. Grundständige Blätter tief, fast bis zum Stielansatz 3teilig; Mittelabschnitt höchstens bis auf ⅓ 3teilig.

3. Früchtchen mit eingerolltem Schnabel . . . . *R. tuberosus* **27**

3*. Früchtchen mit hakig gebogenem Schnabel (Kaiserstuhl, BRD) . . . . *R. polyanthemoides*

2*. Grundständige Blätter bis zum Stielansatz **3–5**teilig; Mittelabschnitt bis **8** mm lang gestielt; alle Abschnitte noch mehrmals tief (bis auf ⅕) geteilt . . . . *R. polyanthemophyllus*

27

28

30

29

Artengruppe des Ranunculus montanus

1. Staubfadenansatzstelle und oberer Teil des Rhizoms behaart; junge Blätter in noch gefalteten Zustande nach unten geknickt. Kalkalpen, Jura . . . . *R. breyninus*

1*. Staubfadenansatzstelle und Rhizom kahl; junge Blätter im noch gefalteten Zustand aufrecht.

2. Schnabel des Früchtchens ⅓ so lang wie das Früchtchen oder kürzer; Haare des Perigons kürzer als 2 mm.

3. Stengelblattabschnitte weniger als 7mal so lang wie breit oder die Blätter behaart; Schnabel des Früchtchens etwas abstehend, $^1/_6$–$^1/_3$ so lang wie das Früchtchen.

4. Blätter dicht behaart; mindestens 6 Haare je mm² Blattoberfläche; Abschnitte der kleineren Stengelblätter meist unterhalb der Mitte am breitesten.

5. 8–20 Haare je mm² Blattoberfläche; Abschnitte der kleineren Stengelblätter im untersten Drittel am breitesten. Saure Böden. Zentral- und Südalpen . . . . . *R. villarsii* **28**

5*. 6–12 Haare je mm² Blattoberfläche; Abschnitte der kleineren Stengelblätter meist wenig unterhalb der Mitte am breitesten. Bergamaskeralpen . . . . *R. venetus*

4*. Blätter kahl oder zerstreut behaart; meist weniger als 6 Haare je mm² Blattoberfläche; Abschnitte der Stengelblätter etwas über der Mitte am breitesten . . . . *R. montanus*

3*. Stengelblattabschnitte schmal lanzettlich, meist mehr als 7mal (6–15mal) so lang wie breit; Blätter kahl; Schnabel des Früchtchens sehr kurz, anliegend. Kalk . . . . . *R. carinthiacus* **29**

2*. Schnabel des Früchtchens mindestens halb so lang wie das Früchtchen; Haare des Perigons mindestens 2 mm lang. Grajische Alpen (?) . . . . *R. aduncus*

Artengruppe des Ranunculus acris

1. Rhizom bis 10 cm lang; grundständige Blätter bis fast zum Grunde 3–5teilig; Abschnitte nochmals bis auf $^2/_3$ 2–3teilig; Zipfel nicht spreizend, sich nicht überdeckend . . . . . . *R. friesianus* **30**

1*. Rhizom kurz, bis 1 cm lang; grundständige Blätter bis zum Grunde 3–5teilig; Abschnitte noch mehrmals tief geteilt; Zipfel schmal, spreizend, sich überdeckend . . . . *R. acris*

31

32

Gattung Adonis

1. Früchtchen behaart; Kronblätter 12–20, gelb; Blütendurchmesser 4–7 cm; Pflanze ausdauernd. Elsass, Wallis . . . . *A. vernalis*

1*. Früchtchen kahl; Kronblätter 5–8, rot (gelbblühende Rassen selten); Blütendurchmesser 1–3,5 cm; Pflanze 1jährig. Ackerunkräuter in warmen Gegenden

2. Schnabel des Früchtchens gegen die Spitze hin schwarz; Früchtchen locker stehend, so daß Blütenboden sichtbar; Kelchblätter ± dicht und lang behaart; Stengel am Grunde weich behaart; Kronblätter leuchtend rot . . . . *A. flammea* **31**

2*. Schnabelspitze des Früchtchens nicht schwarz; Früchtchen dicht stehend, so daß der Blütenboden nicht sichtbar; Kelchblätter kahl, Stengel kahl.

3. Früchtchen mit deutlichem Zahn auf dem Rücken (untere Seite); Kelchblätter anliegend; Kronblätter orangerot . . . . *A. aestivalis*

3*. Früchtchen ohne Zahn auf dem Rücken; Kelchblätter abstehend bis rückwärts gerichtet; Kronblätter dunkelrot, selten . . . . *A. annua*

Familie der Berberidaceae

1. Sträucher.

2. Blätter nicht geteilt; Zweige mit Dornen . . . . *Berberis* S. 528 **32**

2*. Blätter immergrün, gefiedert (5- oder 7teilig); Zweige ohne Dornen; Blütenstand eine Rispe. Selten verwildert . . . . *Mahonia aquifolium*

1*. Kräuter; Blätter 3 fach 3teilig . . . . *Epimedium*

3. Stengelblätter vorhanden; Kronbläter braunrot. Häufig kultiviert, hier und da verwildert. . . *E. alpinum*

3*. Stengel blattlos; Kronblätter gelb. Kultiviert, selten verwildert . . . . *E. pinnatum*

Familie der Papaveraceae

1. Narben 4–20; strahlenförmig ausgebreitet; Frucht eine keulenförmige, eiförmige oder kugelige Kapsel, die sich unterhalb der Narben (zwischen den Narbenstrahlenenden) mit Löchern öffnet; Blüten vor dem Aufblühen nickend.
   2. Narbenstrahlen auf der Oberseite des Fruchtknotens (ohne Griffel); Milchsaft weiß (selten an der Luft gelb werdend) . . . . *Papaver* S. 197

33

   2*. Narbenstrahlen von der Spitze eines kurzen Griffels herablaufend; Milchsaft gelb . . *Meconopsis cambrica* **33**

1*. Narben 2; Frucht eine schmal zylindrische 2klappig aufspringende Kapsel; Blüten vor dem Aufblühen aufrecht.
   3. Kronblätter 1,5–3 cm lang, gelb oder rot; Blüten einzeln . . . . *Glaucium* S. 199
   3*. Kronblätter fehlend oder bis 1,2 cm lang, gelb; Blüten 2 bis viele in Blütenständen.
      4. Kronblätter vorhanden; Blüten in 2–8blütigen Dolden; Blätter fiederteilig . . . . *Chelidonium majus* **34**
      4*. Kronblätter nicht vorhanden; Blüten in vielblütigen, endständigen Rispen; Blätter gross, wenig tief radiär geteilt . . . . *Macleya cordata*

34

Gattung Papaver

1. Pflanzen ausdauernd; Stengel ohne Blätter, 1blütig.
   2. 15–40 cm hoch; die untersten Blattabschnitte miteinander einen spitzen Winkel bildend, am Grunde 2–7 mm breit. Gartenpflanze, in den Alpen verwildert . . . . . . *P. croceum*
   2*. 5–20 cm hoch; die untersten Blattabschnitte miteinander meist einen stumpfen Winkel bildend, am Grunde 0,5–2 mm breit. Alpin, kalkhaltiger Schutt. . . . . . . *Artengruppe des P. alpinum* S. 198

1*. Pflanzen 1–2jährig; Stengel beblättert, oft mehrblütig. Äcker, Schuttplätze . . . . .
   3. Mittlere und obere Blätter den Stengel teilweise umfassend, kahl, blaugrün . . . . . . *P. somniferum* **35**
   3*. Mittlere und obere Blätter mit schmalem Grunde, sitzend, behaart, grün.
      4. Frucht kahl; Staubfäden fadenförmig . . . . *Artengruppe des P. rhoeas* S. 198
      4*. Frucht mit hellen, borstenförmigen Haaren; Staubfäden nach oben keulenförmig verdickt und unterhalb der Staubbeutel plötzlich in einen kurzen Stiel verschmälert . . *Artengruppe des P. hybridum* S. 198

35

36 37 38 39 40 41

Artengruppe des Papaver alpinum

1. Kronblätter gelb; Zipfel der späteren Blätter 1–6 mm breit, $1^1/_2$–3mal so lang wie breit . . . *P. aurantiacum* **36**

1*. Kronblätter weiß; Zipfel der späteren Blätter 0,7–3 mm breit, meist 3–10mal so lang wie breit.

2. Blätter beiderseits zerstreut bis dicht behaart; unterste Fiedern 1. Ordnung der späteren Blätter mit höchstens 3 mm langem Stiel; Narbenstrahlen meist 5. Östliche Nordalpen. *P. sendtneri*

2*. Blätter beiderseits ± kahl (nur am Rande und am Stiel behaart); unterste Fiedern 1. Ordnung der späteren Blätter oft mit mehr als 5 mm langem Stiel; Narbenstrahlen meist 4. Westliche Nordalpen . . . *P. occidentale*

Artengruppe des Papaver rhoeas

1. Frucht am Grunde abgerundet, 1–2mal so lang wie dick; Kronblätter 2–4 cm lang . . . . *P. rhoeas* **37**

1*. Frucht allmählich in den Stiel verschmälert, 2–4mal so lang wie dick; Kronblätter 1–2 cm lang.

2. Milchsaft an der Luft ± weiß bleibend; Narbenstrahlen bis auf 0,5–0,3 mm an den Deckelrand der Kapsel heranreichend . . . *P. dubium* **38**

2*. Milchsaft an der Luft dunkelgelb werdend; Narbenstrahlen bis auf 0,3–0,1 mm an den Deckelrand der Kapsel heranreichend . . . *P. lecoqii*

Artengruppe des Papaver hybridum

1. Kelch dicht behaart; reife Frucht 0,7–0,8 cm dick, mit zahlreichen, am Grunde 0,3–0,4 mm dicken Haaren. Warme Lagen . . . *P. hybridum* **39**

1*. Kelch zerstreut behaart bis fast kahl; reife Frucht 0,4–0,5 cm dick, mit einzelnen bis ziemlich zahlreichen, am Grunde 0,2 mm dicken Haaren.

2. Frucht eiförmig, 0,6–1 cm lang; Stengel und Kelch mit 0,5–1 mm langen Haaren . . . *P. apulum* **40**

2* Frucht keulenförmig, 1,5–2 cm lang; Stengel und Kelch mit 1,5–3 mm langen Haaren . *P. argemone* **41**

Gattung Glaucium

1. Kronblätter gelb; Frucht meist gebogen mit nach vorn gerichteten Zähnen (rauh). Ain . . . *G. flavum*

1*. Kronblätter scharlachrot bis orangegelb; Frucht gerade oder nur wenig gebogen, mit nach vorn gerichteten Haaren besetzt. Eingeschleppt . . . *G. corniculatum*

Familie der Fumariaceae

1. Blüten 1–3 cm lang; Frucht eine mehrsamige schotenförmige, 2klappig sich öffnende Kapsel; Pflanzen ausdauernd . . . *Corydalis* S. 199

1*. Blüten 0,5–1,5 cm lang; Frucht eine 1samige, kugelige Nuß; Pflanzen 1jährig . . . *Fumaria* S. 199

Gattung Corydalis

1. Pflanze mit Knolle; Stengel 1, mit 2–3 Blättern; Blüten purpurn, lila oder weiß.
   2. Stengel unterhalb des untersten Blattes ohne Schuppe; Knolle hohl . . . *C. cava* **42**
   2*. Stengel unterhalb des untersten Blattes mit einer auffälligen, 0,5–2 cm langen Blattschuppe; Knolle nicht hohl.
      3. Tragblätter in der Regel ganzrandig, oval bis lanzettlich; Blüten 10–15 mm lang . . . *C. intermedia*
      3* Wenigstens die untern Tragblätter radiär geteilt; Blüten 16–25 mm lang . . . *C. solida* **43**

1*. Pflanze mit Rhizom; Stengel mehrere, mit vielen Blättern; Blüten gelb.
   4. Blüten 12–20 mm lang, gelb; Blattstiel ohne schmalen flügelartigen Rand. Südalpen . . . *C. lutea*
   4*. Blüten 10–15 mm lang, blaßgelb; Blattstiel gegen den Grund mit schmalem flügelartigem Rand. Südalpen . . . *C. alba*

Gattung Fumaria

1. Blüten 9–15 mm lang, Kelchblätter 4–6 mm lang; Fruchtstiele nach rückwärts gekrümmt; Frucht glatt. Weinberge, Schuttplätze . . . *F. capreolata* S. 200 **44**

44
2×

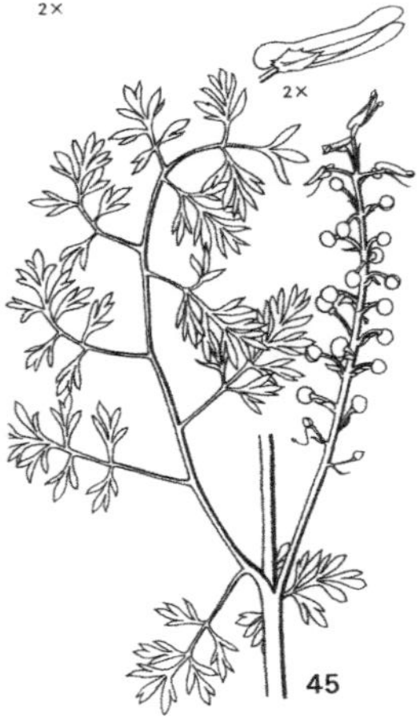

2×

45

46
2×

2×

47
2×

1*. Blüten 5–9 mm lang; Kelchblätter 0,5–3,5 mm lang; Fruchtstiele aufrecht-abstehend; Frucht etwas runzelig. Äcker, Schuttplätze . . . . *Artengruppe der F. officinalis* S. 200

Artengruppe der Fumaria officinalis

1. Kelchblätter 1,5–3,5 mm lang; Blüten 6–9 mm lang.
   2. **Kelchblätter 2,5–3,5 mm lang und 2–3 mm breit; Tragblätter 1–$1^1/_2$mal so lang wie die Fruchtstiele. Vintschgau** . . . . *F. densiflora*
   2*. Kelchblätter 1,5–2,5 mm lang und 0,75–1 mm breit; Tragblätter $^1/_2$–$^2/_3$ so lang wie der Fruchtstiel.
      3. Blüten 7–9 mm lang, Kelchblätter 2–2,5 mm lang; Blütenstand meist mit mehr als 20 Blüten . . . . *F. officinalis* **45**
      3*. Blüten 6–7 mm lang, Kelchblätter 1,5–2 mm lang; Blütenstand meist mit 10–20 Blüten *F. wirtgenii*

1*. Kelchblätter 0,5–1 mm lang; Blüten 5–6 mm lang.
   4. **Tragblätter $^1/_4$–$^1/_3$ so lang wie die Fruchtstiele. Warme Lagen** . . . . *F. schleicheri* **46**
   4*. **Tragblätter $^2/_3$–$1^1/_3$mal so lang wie die Fruchtstiele.**
      5. Tragblätter $^2/_3$–1mal so lang wie die Fruchtstiele; Blüten blaßrosa . . . . *F. vaillantii* **47**
      5*. Tragblätter 1–$1^1/_3$mal so lang wie die Fruchtstiele; Blüten meist weiß . . . . . *F. parviflora*

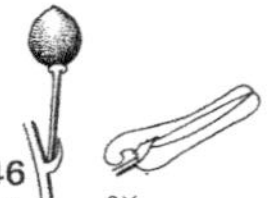

Familie der Brassicaceae (= Cruciferae)

1. Früchte seitlich wenig bis stark abgeflacht, oft flügelartig berandet; Scheidewand senkrecht zur Fruchtfläche (deshalb auf den Seitenflächen eine deutliche Mittelnaht vorhanden); Früchte ½-8mal so lang wie breit; Blattflächen kahl oder mit 1fachen Haaren (bei *Capsella* [mit fast 3eckigen Früchten] auch mit einzelnen Sternhaaren).
2. Kronblätter weiß, rötlich oder violett (bei *Lepidium perfoliatum* mit 2fach fiederteiligen Grundblättern blaßgelb, bei einigen *Lepidium*arten nicht vorhanden); Früchte aufrecht.

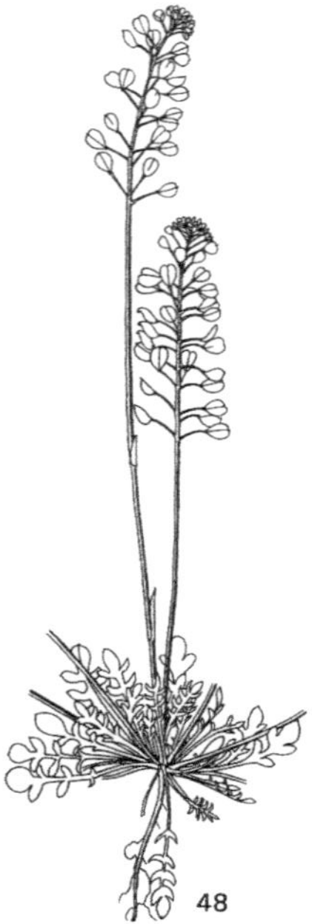

48

3. Früchte 2samig, am Rande nicht geflügelt oder nur mit schmalem flügelförmigem Rand, bis 6 mm lang, $^2/_3$–$1^1/_2$mal so lang wie breit, am Grunde abgerundet oder ausgerandet.

4. **Blütenstände endständig. Nährstoffreiche Böden; vorwiegend Schuttstellen** . . . *Lepidium* s.l. S. 208

4*. **Blütenstände scheinbar seitenständig und je gegenüber einem Blatt längs des Stengels angeordnet. Nährstoffreiche Böden; vorwiegend Schuttstellen** . . . . *Coronopus* S. 210

3*. Früchte mehr als 2samig, oft über 6 mm lang, wenn kürzer, dann mit breitem, flügelartigem Rand (an der Spitze der Früchte Rand mehr als 0,5 mm breit) oder am Grunde keilförmig verschmälert, mindestens $1^1/_2$mal so lang wie breit.

5. Nach außen gerichtete Kronblätter größer als die nach innen (gegen die Blütenstandsachse) gerichteten (meist mindestens $1^1/_2$mal so lang).

6. Früchte ringsum mit flügelartigem Rand, vorn mit 2 deutlichen spitzen Zipfeln; Griffel an der Frucht 0,7–4 mm lang; die nach außen gerichteten Kronblätter mindestens $1^1/_2$mal so lang wie die nach innen gerichteten . . . . *Iberis* S. 210

6*. Früchte nur vorn mit flügelartigem Rand, ohne Zipfel; Griffel an der Frucht 0,1–0,2 mm lang; die nach außen gerichteten Kronblätter 1–$1^1/_2$mal so lang wie die innern. Elsass, Schwarzwald . . . . *Teesdalia nudicaulis* **48**

5*. Alle Kronblätter ± gleich groß oder die größeren höchstens $1^1/_2$mal so lang wie die kleineren.

7. Früchte mit flügelartigem Rand (Abb. S. 211), beim Griffel ausgerandet oder eingeschnitten, (ohne Griffel) 4–18 mm lang (Ausnahme: *Thlaspi rotundifolium s.l.* mit lila farbenen Kronblättern); Blätter ganzrandig oder wenig tief gezähnt und kahl.

8. Innere (seitliche) Kelchblätter am Grunde deutlich ausgebuchtet; Staubfäden geflügelt und oben mit 1 Zahn; Blätter ganzrandig . . . . *Aëthionema* S. 211

8*. Kelchblätter am Grunde nicht ausgebuchtet; Staubfäden ohne Zahn . . . . *Thlaspi* S. 211

7*. Früchte ohne flügelartigen Rand, beim Griffel verschmälert, abgerundet oder ausgerandet; Blätter tief gezähnt oder fiederteilig; bei *Capsella* und *Hymenolobus* auch ganzrandig, dann aber Früchte (ohne Griffel) weniger als 4 mm lang oder Blätter behaart; Kronblätter weiss oder rot.

9. **Früchte im Umriß 3eckig (Spitze gegen den Grund zu), vorn ausgerandet; Stengelblätter den Stengel mit Zipfeln umfassend. Unkräuter, nährstoffreiche Böden.** *Capsella* S. 212

9*. Früchte im Umriß oval oder lanzettlich, vorn abgerundet oder zugespitzt; Stengelblätter nicht vorhanden oder den Stengel nicht umfassend.

10. Grundständige Blätter (zur Blütezeit oft nicht mehr vorhanden) ungeteilt und ganzrandig; Stengel ± niederliegend, ohne Haare. . . . . *Hymenolobus* S. 213

10*. Alle Blätter bis auf den Mittelnerv fiederteilig; Stengel aufrecht oder aufsteigend, mit kleinen Sternhaaren . . . . *Hutchinsia* s.l. S. 213

2*. Blüten gelb; Früchte hängend oder aufrecht und dann beim Stiel und meist auch beim Griffel ausgerandet («brillenförmig»); Blätter ungeteilt oder 1fach fiederteilig.

12. Früchte aufrecht, beim Stiel ausgerandet; Griffel an der Frucht 2,5–10 mm lang . . *Biscutella* S. 213

12*. Früchte hängend, beim Stiel nicht ausgerandet; kein Griffel vorhanden . . . . . *Isatis tinctoria* **49**

1*. Früchte nicht abgeflacht oder falls abgeflacht Scheidewand parallel zur Fruchtfläche (deshalb auf den Seitenflächen kein oder nur ein ± dünner Mittelnerv vorhanden); Früchte $^2/_3$–50mal so lang wie breit, nicht flügelartig berandet (Ausnahme: *Clypeola* mit von Sternhaaren grauen Blättern).

13. Früchte $^2/_3$–5mal so lang wie breit (ein dünner, abgesetzter Griffel nicht eingerechnet, dagegen einschließlich einer nicht deutlich abgesetzten, allmählich schmäler werdenden Spitze).

14. Früchte ohne oder mit deutlich abgesetztem Griffel, kugelig, ellipsoidisch oder abgeflacht und im Umriß kreisrund oder oval bis lanzettlich, ohne Rippen, Höcker oder Zähne.

15. Früchte groß, 3–9 cm lang, im Kelch gestielt; Kronblätter 12–25 mm lang, violett, purpurn oder weiß. . . . . *Lunaria* S. 214

15*. Früchte kürzer als 3 cm, im Kelch nicht gestielt; Kronblätter kürzer als 9 mm. (Ausnahmen: *Aubretia, Alyssoides*).

16. Blätter binsenartig, bis 7 cm lang; Kelchblätter mit der etwas eingesenkten Blütenachse einen Becher bildend. Seeufer; Hochvogesen . . . . *Subularia aquatica* **50**

16*. Blätter nicht binsenartig; Kelchblätter frei

17. Blätter vorn 3–5teilig, alle in grundständigen Rosetten; Pflanze 2–8 cm hoch; Kronblätter lila. Kalkschutt; Alpen . . . . *Petrocallis pyrenaica* **51**

17*. Blätter ungeteilt oder fiederteilig.

18. Kronblätter weiß, rötlich oder purpurn bis blau (nur bei *Draba* auch gelb, dort aber Früchte 2–5mal so lang wie breit und keine oder nur wenige sehr kleine Stengelblätter vorhanden oder mit Sternhaaren).

49

50

51

19. Kronblätter blau- bis rotviolett (seltener rosa), 13–18 mm lang; innere Kelchblätter am Grunde sackartig ausgebuchtet. Felsen, Mauern; verwildert. *Aubrieta deltoidea* **52**

19*. Kronblätter weiß (bei *Draba* auch gelb) oder rötlich, 2–7 mm lang; innere Kelchblätter am Grunde nicht deutlich ausgebuchtet.

20. Grundständige Blätter lang gestielt; Pflanze kahl.

21. Grundständige Blätter groß, bis 100 cm lang, oval, ungleich und stumpf gezähnt; untere Stengelblätter ungleich tief und unregelmäßig fiederteilig *Armoracia rusticana*

21*. Grundständige Blätter bis 3 cm lang, rundlich bis nierenförmig, ganzrandig oder geschweift; Stengelblätter ungeteilt, oval oder keilförmig . *Cochlearia* S. 214

20*. Grundständige Blätter ohne oder nur mit kurzem Stiel; Pflanze zumindest an den Blatträndern mit Haaren.

22. Die 4 längeren Staubfäden etwa in der Mitte knieförmig umgebogen; Blätter beidseits mit 1fachen Haaren; Früchte fast kugelig. Alpen, Jura. *Kernera saxatilis* **53**

22*. Staubfäden nicht umgebogen; Blätter mit Sternhaaren oder 2strahligen (kompaßnadelartigen) Haaren oder am Rande mit 1fachen Haaren; Früchte etwas abgeflacht.

23. Stengel kahl oder mit einfachen oder Sternhaaren; Staubfäden sich nach dem Verblühen nicht verfärbend.

24. Kronblätter weiß oder gelb, meist ungeteilt . . . . *Draba* S. 215

24*. Kronblätter weiß, bis etwa zur Mitte 2teilig.

25. Pflanze 2–20 cm hoch; Früchte kahl, ohne Griffel . . . . . . *Erophila* S. 216

25*. Pflanze 25–65 cm hoch; Früchte von Sternhaaren grau, mit 1–3 mm langem Griffel. Trockene Böden in warmen Lagen . . *Berteroa incana* **54**

23*. Stengel mit zahlreichen kompaßnadelartigen 2strahligen Haaren; Staubfäden nach dem Verblühen violett. Zierpflanze, verwildert . . *Lobularia maritima*

18*. Kronblätter gelb (bei *Alyssum alyssoides* nach dem Verblühen weiß); Früchte 1–2mal so lang wie breit, wenn 2–5mal so lang wie breit, dann die Pflanze mit beblättertem Stengel und ohne Sternhaare.

26. Pflanze nur mit 1fachen Haaren oder kahl . . . . *Rorippa* S. 223

26*. Pflanze mindestens an den untersten Blättern mit Sternhaaren oder 2strahligen Haaren.

27. Stengelblätter am Grunde verschmälert.

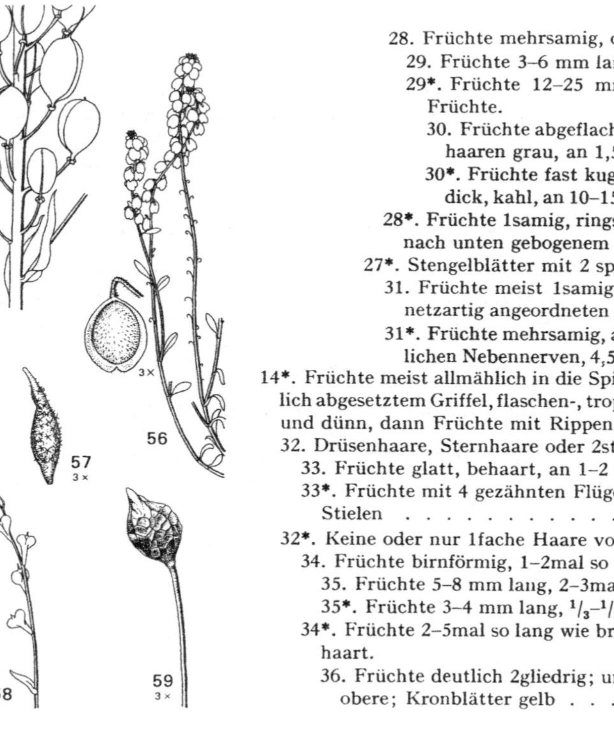

28. Früchte mehrsamig, ohne flügelartigen Rand, aufrecht.

29. Früchte 3–6 mm lang; Fruchtstiele $^2/_3$–5mal so lang wie die Früchte . . . *Alyssum* s.l. S. 216

29*. Früchte 12–25 mm lang, Fruchtstiele $^1/_{10}$–1mal so lang wie die Früchte.

30. Früchte abgeflacht, 15–25 mm lang und 10–15 mm breit, von Sternhaaren grau, an 1,5–2 mm langen Stielen. Zierpflanze . . . . . . *Fibigia clypeata*

30*. Früchte fast kugelig (aufgeblasen), 12–15 mm lang und 8–10 mm dick, kahl, an 10–15 mm langen Stielen. Savoyen, Rhonetal, Aostatal *Alyssoides utriculata* **55**

28*. Früchte 1samig, ringsum mit flügelartigem Rand, an 2–3 mm langem, nach unten gebogenem Stiel. Savoyen, Dép. Ain, Wallis; selten . . . *Clypeola jonthlaspi* **56**

27*. Stengelblätter mit 2 spitzen Zipfeln den Stengel umfassend.

31. Früchte meist 1samig, als Ganzes abfallend (nicht aufklappend), mit netzartig angeordneten Rippen auf der Oberfläche, 1,8–3 mm lang . . . *Neslia* S. 217

31*. Früchte mehrsamig, aufklappend, ± glatt, mit Mittelnerv und undeutlichen Nebennerven, 4,5–10 mm lang. Äcker, Schuttplätze; warme Lagen *Camelina* S. 217

14*. Früchte meist allmählich in die Spitze verschmälert, mit kegelförmigem, nicht deutlich abgesetztem Griffel, flaschen-, tropfen- oder birnförmig, oder, wenn Griffel abgesetzt und dünn, dann Früchte mit Rippen, Höckern oder Zähnen.

32. Drüsenhaare, Sternhaare oder 2strahlige Haare vorhanden.

33. Früchte glatt, behaart, an 1–2 mm langen, nach vorn verdickten Stielen . . . *Euclidium syriacum* **57**

33*. Früchte mit 4 gezähnten Flügeln oder mit Höckern, kahl, an 12–40 mm langen Stielen . . . . *Bunias* S. 218

32*. Keine oder nur 1fache Haare vorhanden.

34. Früchte birnförmig, 1–2mal so lang wie breit; Pflanze kahl.

35. Früchte 5–8 mm lang, 2–3mal so lang wie der Stiel; Kronblätter 3–4 mm lang *Myagrum perfoliatum* **58**

35*. Früchte 3–4 mm lang, $^1/_3$–$^1/_2$ so lang wie der Stiel; Kronblätter 2–3 mm lang *Calepina irregularis* **59**

34*. Früchte 2–5mal so lang wie breit; Pflanze an den Blättern oder am Stengel behaart.

36. Früchte deutlich 2gliedrig; unterer Teil etwas kleiner oder gleich groß wie der obere; Kronblätter gelb . . . . *Rapistrum* S. 218

36*. Früchte scheinbar ungegliedert, unterer Teil sehr klein, 0,5–3 mm lang, meist kaum dicker als der Stiel; Kronblätter violett oder weiß . . . . *Raphanus* S. 218

13*. Früchte 6–50mal so lang wie breit.

37. Pflanze kahl oder mit 1fachen Haaren; Blätter fiederteilig oder gefiedert, seltener ungeteilt und dann die Kronblätter gelb (*Brassicella richeri, Brassica repanda, Sisymbrium strictissimum, Rorippa amphibia*) oder die Stengelblätter gestielt oder mit verschmälertem Grunde sitzend und Früchte kaum abgeflacht (*Alliaria, Cardamine*).

38. Früchte allmählich in einen 3,5–30 mm langen Schnabel verschmälert (Schnabel 1–3,5 mm lang bei ***Diplotaxis, Erucastrum*** und einigen ***Brassica***arten mit gelben Kronblättern, mit 1 Mittelnerv je Fruchtblatt, mit gezähnten oder fiederteiligen Blättern, deren Endabschnitte am Grunde herzförmig sind); Blätter fiederteilig oder (bei ***Brassicella richeri*** und ***Brassica repanda***) ungeteilt, nie aus radiär angeordneten Teilblättern zusammengesetzt oder gefiedert; Kronblätter gelb, seltener weiß.

39. Unterer Teil der Früchte (Klappenteil) sehr klein (0,5–3 mm lang), samenlos, oberer Teil mehrsamig, nicht aufklappend, Früchte zwischen den Samen eingeschnürt oder 8–14 mm dick . . . . *Raphanus* S. 218

39*. Unterer Teil der Früchte (Klappenteil) größer als der obere (Schnabel), vielsamig; oberer Teil (Schnabel) 0–2samig; Früchte zwischen den Samen nicht eingeschnürt und schmäler als 5 mm.

40. Jedes Fruchtblatt 3–5nervig.

41. Früchte waagrecht bis aufrecht abstehend, 2,5–8 cm lang, mit 8–25 mm langem Schnabel.

42. Kelchblätter am Grunde nicht ausgebuchtet; Früchte 2,5–4 cm lang; Schnabel $^2/_3$–$1^1/_2$mal so lang wie die Frucht; Blätter ungeteilt oder fiederteilig, wenn fiederteilig, dann Endabschnitte größer als die seitlichen Abschnitte *Sinapis* S. 218

42*. Die innern Kelchblätter am Grunde etwas ausgebuchtet; Früchte 4–8 cm lang; Schnabel $^1/_4$–$^1/_2$ so lang wie die Frucht; Blätter ungeteilt oder fiederteilig, wenn fiederteilig, dann Endabschnitte kaum größer als die seitlichen Abschnitte *Coincya* S. 219

41*. Früchte aufrecht, dem Stengel ± anliegend, 0,8–1,5 cm lang, mit 4–7 mm langem Schnabel. Warme Lagen; Schuttplätze, Äcker. Elsass, Südalpen . . . *Hirschfeldia incana* **60**

40*. Jedes Fruchtblatt mit deutlichem Mittelnerv, aber ohne seitliche Längsnerven.

60

61

62

43. Samen in jedem Fach 1reihig; Fruchtschnabel nicht oder nur wenig abgeflacht.

44. Die beiden innern Kelchblätter breiter als die äußern; Blätter ungeteilt oder unregelmäßig fiederteilig und jederseits mit 1–5 Abschnitten; Endabschnitt größer als die seitlichen Abschnitte . . . . *Brassica* S. 219

44*. Alle Kelchblätter ± gleich breit; Blätter fiederteilig, jederseits mit 5–10 Abschnitten; Endabschnitt kaum größer als die seitlichen Abschnitte . . *Erucastrum* S. 220

43*. Samen in jedem Fach 2reihig; Fruchtschnabel deutlich abgeflacht.

45. Früchte mit 1–4 mm langem Schnabel, aufrecht abstehend . . . . . . *Diplotaxis* S. 220

45*. Früchte mit 5–9 mm langem Schnabel, aufrecht anliegend. Rhonetal . *Eruca sativa*

38*. Früchte ohne deutlichen Schnabel, mit meist abgesetztem 0,1–3,5 mm langem Griffel (bis 15 mm lang bei *Cardamine heptaphylla, C. enneaphyllos* und *C. pentaphyllos* mit großen, regelmäßig gefiederten oder aus 3–5 radiär angeordneten Teilblättern bestehenden Blättern); Kronblätter weiß, rosa, violett oder gelb (*Barbarea, Rorippa, Sisymbrium, Cardamine enneaphyllos* und *C. kitaibelii*).

46. Kronblätter weiß, rötlich oder violett (hellgelb bei *Cardamine enneaphyllos* und *C. Kitaibelii* mit 12–25 mm langen Kronblättern), selten nicht vorhanden.

47. Jedes Fruchtblatt mit deutlichem Mittelnerv; untere Blätter ungeteilt und gezähnt, nierenförmig oder herzförmig; Stengel im untern Teil abstehend behaart. Stickstoffreiche Böden in schattigen Lagen . . . . *Alliaria petiolata*

47*. Fruchtblätter ohne deutlichen Mittelnerv; Blätter anders gestaltet.

48. Blütenstand beblättert; Früchte kurz und zerstreut behaart. Seeufer; Jura. *Sisymbrium supinum* **62**

48*. Blütenstand ohne Blätter; Früchte kahl.

49. Fruchtstiele aufrecht abstehend; Früchte gerade . . . . *Cardamine* S. 220

49*. Fruchtstiele ± waagrecht oder rückwärts abstehend; Früchte etwas nach oben gebogen; Blätter auf der Blattstieloberseite mit 0,1–0,3 mm langen Haaren, sonst kahl . . . . *Nasturtium* S. 223

46*. Kronblätter gelb, 2–10 mm lang.

50. Fruchtstiele $^{2}/_{3}$–5mal so lang wie die Frucht; Früchte bis 18 mm lang; Samen in jedem Fach 2reihig . . . . *Rorippa* S. 223

50*. Fruchtstiele $^{1}/_{12}$–$^{1}/_{3}$ so lang wie die Frucht; Samen in jedem Fach 1reihig.

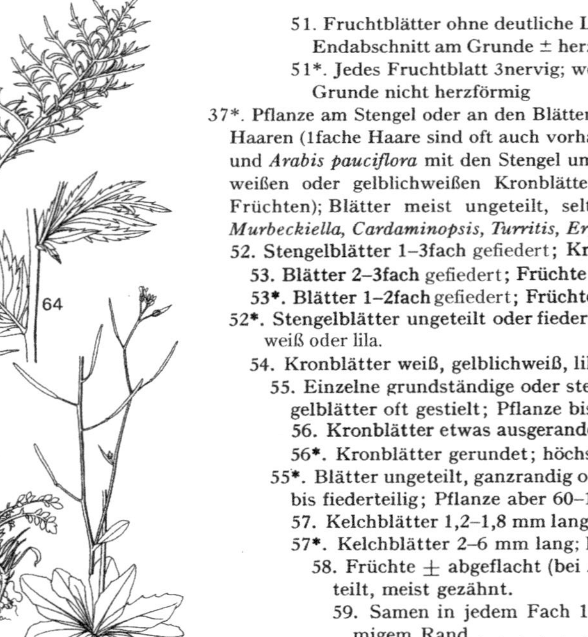

51. Fruchtblätter ohne deutliche Längsnerven; grundständige Blätter fiederteilig, Endabschnitt am Grunde ± herzförmig, viel größer als die seitlichen Abschnitte . . . *Barbarea* S. 225

51*. Jedes Fruchtblatt 3nervig; wenn Blätter fiederteilig, dann Endabschnitt am Grunde nicht herzförmig . . . . *Sisymbrium* S. 225

37*. Pflanze am Stengel oder an den Blättern (besonders am Blattrand) mit mehrstrahligen Haaren (1fache Haare sind oft auch vorhanden; ohne mehrstrahlige Haare bei *Conringia* und *Arabis pauciflora* mit den Stengel umfassenden, ungeteilten Stengelblättern und mit weißen oder gelblichweißen Kronblättern sowie bei *Arabis subcoriacea* mit flachen Früchten); Blätter meist ungeteilt, seltener fiederteilig (*Descurainia, Hugueninia, Murbeckiella, Cardaminopsis, Turritis, Erysimum*).

52. Stengelblätter 1–3fach gefiedert; Kronblätter gelb.

53. **Blätter 2–3fach** gefiedert; **Früchte 15–25 mm lang. Schuttplätze, Lägerstellen.** *Descurainia sophia* **63**

53*. **Blätter 1–2fach** gefiedert; **Früchte 8–12 mm lang. Savoyen, Wallis, Aostatal.** ***Hugueninia tanacetifolia*** **64**

52*. **Stengelblätter ungeteilt oder fiederteilig,** wenn 1fach gefiedert, dann Kronblätter weiß oder lila.

54. Kronblätter weiß, gelblichweiß, lila oder violett, 2–12 mm lang.

55. Einzelne grundständige oder stengelständige Blätter fiederteilig; untere Stengelblätter oft gestielt; Pflanze bis 45 cm hoch.

56. **Kronblätter etwas ausgerandet; auch Stengelblätter fiederteilig. Westalpen** ***Murbeckiella pinnatifida*** **65**

56*. Kronblätter gerundet; höchstens die untersten Stengelblätter fiederteilig. ***Cardaminopsis*** **S. 226**

55*. Blätter ungeteilt, ganzrandig oder gezähnt (bei ***Turritis*** auch buchtig gezähnt bis fiederteilig; Pflanze aber 60–120 cm hoch); Stengelblätter ungestielt.

57. Kelchblätter 1,2–1,8 mm lang; Früchte 10–20 mm lang und 0,6–0,9 mm dick *Arabidopsis thaliana* **66**

57*. Kelchblätter 2–6 mm lang; Früchte i.d.R. länger und dicker.

58. Früchte ± abgeflacht (bei ***Arabis pauciflora*** flach 4kantig); Blätter ungeteilt, meist gezähnt.

59. Samen in jedem Fach 1reihig angeordnet, ± flach, oft mit flügelförmigem Rand . . . . ***Arabis*** s.l. **S. 226**

59*. Samen in jedem Fach 2reihig angeordnet, eiförmig bis polyedrisch, ohne flügelförmigen Rand. Steinige Hänge, lichte Wälder . . . . . . ***Turritis glabra***

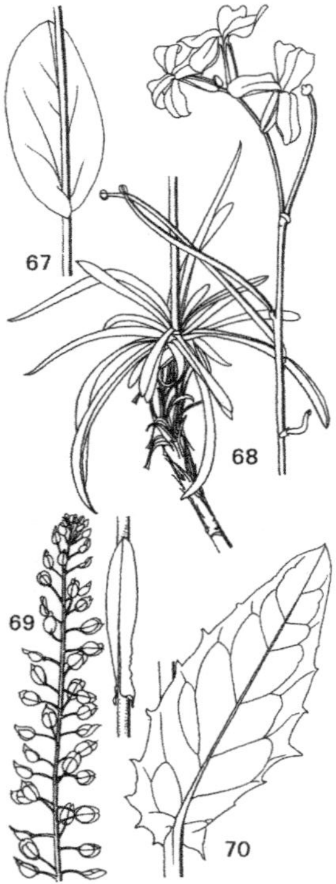

58*. Früchte nicht abgeflacht, 4kantig, 70–120 mm lang und 2–2,5 mm dick; alle Blätter ganzrandig, kahl. Warme Lagen; Getreidefelder, Schuttstellen . . . *Conringia orientalis* **67**

54*. Kronblätter gelb oder 15–30 mm lang.

60. Untere Blätter 2–4mal so lang wie breit; neben 1fachen Haaren abstehende, gestielte, 2strahlige Haare vorhanden. Gartenpflanze, verwildert . . . . . . *Hesperis matronalis*

60*. Untere Blätter 4–50mal so lang wie breit; meist nur anliegende, ungestielte, 2–5strahlige Haare vorhanden.

61. Früchte 4kantig, jedes Fruchtblatt mit deutlichem Mittelnerv; Griffel deutlich; Stengelblätter vorhanden; Kronblätter meist gelb . . . . *Erysimum* S. 228

61*. Frucht schmal zylindrisch; Fruchtblätter ohne Mittelnerven und ohne Griffel; keine Stengelblätter vorhanden; Kronblätter blauviolett, rötlich oder bräunlichgrün. Maurienne, Aosta-Tal, Wallis; selten . . . . *Matthiola valesiaca* **68**

Gattung Lepidium s.l.

Lepidium draba wird heute als *Cardaria draba* von *Lepidium* getrennt.

1. Obere Blätter den Stengel mit 2 Zipfeln umfassend.

2. Obere Stengelblätter mit 2 großen gerundeten Zipfeln den Stengel umfassend (Zipfel bis $^1/_2$ so lang wie das ganze Blatt), 1–$1^1/_2$mal so lang wie breit, ganzrandig; untere Blätter bis auf den Mittelnerv 2fach fiederteilig . . . . *L. perfoliatum*

2*. Obere Stengelblätter mit 2 ± spitzen Zipfeln den Stengel umfassend, $1^1/_2$–8mal so lang wie breit, meist entfernt und buchtig gezähnt; untere Blätter buchtig gezähnt bis 1fach fiederteilig.

3. Fruchtstiele 1–$1^1/_2$mal so lang wie die Früchte; obere Blätter bis 1 cm breit; Stengel kurz abstehend behaart . . . . *L. campestre* **69**

3*. Fruchtstiele 3–4mal so lang wie die Früchte; obere Blätter meist 1–3 cm breit; Stengel kurz anliegend behaart . . . . *Cardaria draba* **70**

1*. Obere Blätter den Stengel nicht umfassend.

4. Obere Blätter $2^1/_2$–4mal so lang wie breit; Fruchtstiele 2–3mal so lang wie die Früchte; Frucht nicht geflügelt. Salzhaltige Böden. . . . . *L. latifolium*

67 68 69 70

4*. Obere Blätter 4–25mal so lang wie breit; Fruchtstiele $^1/_2$–$1^1/_2$mal so lang wie die Früchte; Frucht geflügelt (außer bei *L. graminifolium*).

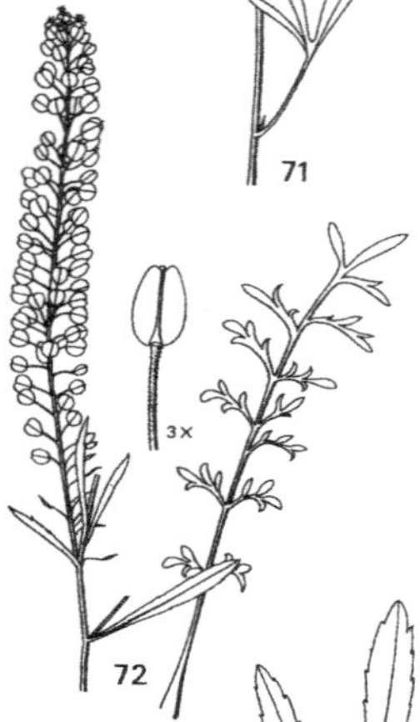

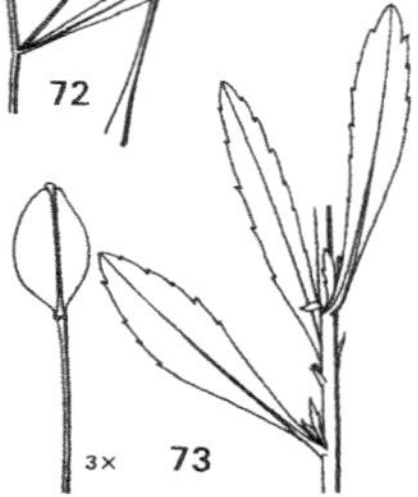

5. Früchte 5–6 mm lang; Fruchtstiele $^1/_2$–$^3/_4$ so lang wie die Früchte; Kronblätter 2,2 bis 2,8 mm lang. Salatpflanze . . . . *L. sativum* **71**

5*. Früchte 1,5–4 mm lang; Fruchtstiele 1–$1^1/_2$mal so lang wie die Früchte; Kronblätter bis 1,5 mm lang oder nicht vorhanden.

6. Früchte vorn mit schmalem flügelartigem Rand, beim Griffel ausgerandet; Griffel kürzer als die Ausrandung; Staubblätter 2 oder 4.

7. Untere Blätter bis auf die Mittelnerven 1–3fach fiederteilig, mit schmal lanzettlichen Abschnitten; Früchte 1,5–3 mm lang . . . . *L. ruderale* **72**

7*. Untere Blätter gezähnt oder einfach fiederteilig und dann mit großem, ovalem, gezähntem Endabschnitt; Früchte 2,5–4 mm lang . . . . *Artengruppe des L. virginicum* S. 209

6*. Früchte ohne flügelartigen Rand; beim Griffel nicht ausgerandet; Staubblätter 6 *L. graminifolium* **73**

Artengruppe des Lepidium virginicum

1. Kronblätter 1–1,5 mm lang, länger als die Kelchblätter; Haare am Stengel ca. 0,1 mm lang, rückwärts gegen den Stengel gekrümmt; Haare an den Blatträndern 0,1–0,3 mm lang . . *L. virginicum*

1*. Kronblätter bis 1 (selten bis 1,5) mm lang und meist kürzer als der Kelch oder nicht vorhanden; Haare am Stengel und an den Blättern 0,05–0,08 mm lang, abstehend, nur wenig gekrümmt.

2. Blätter oberhalb der Stengelmitte 15–25mal so lang wie breit, ganzrandig; Samen deutlich flügelartig berandet (Rand teilweise breiter als 0,1 mm) . . . . *L. neglectum*

2*. Blätter oberhalb der Stengelmitte 5–15mal so lang wie breit, teilweise gezähnt; Samen fast unberandet (Rand höchstens 0,1 mm breit) . . . . *L. densiflorum*

71

3×

72

3× 73

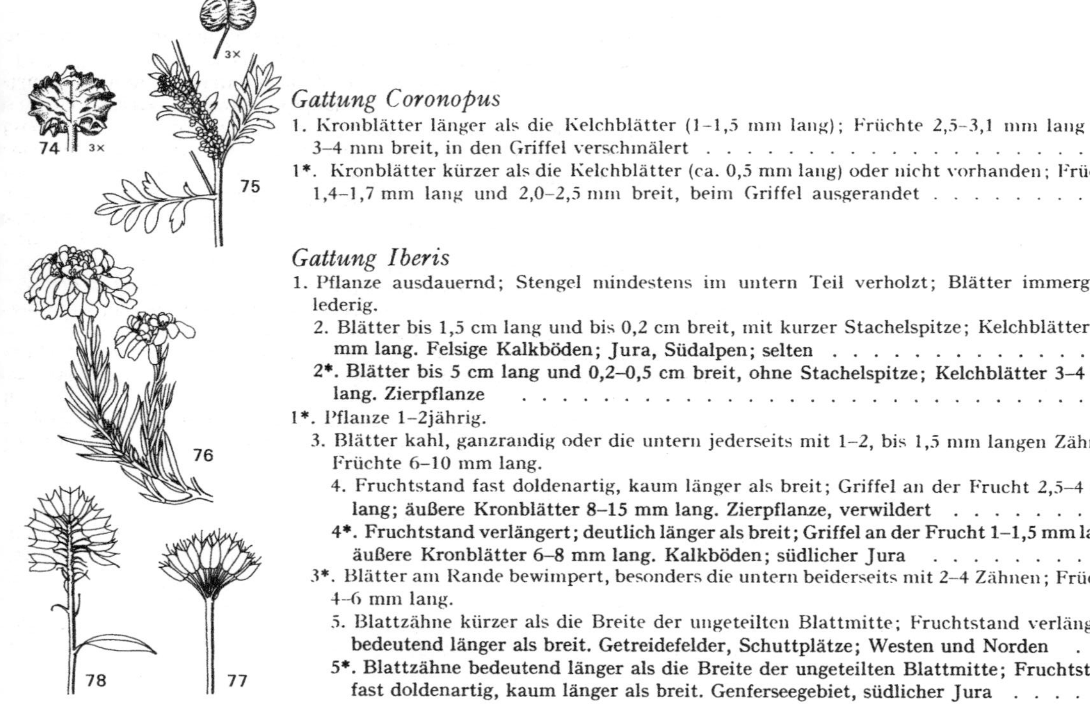

Gattung Coronopus

1. Kronblätter länger als die Kelchblätter (1–1,5 mm lang); Früchte 2,5–3,1 mm lang und 3–4 mm breit, in den Griffel verschmälert . . . . *C. squamatus* 74

1*. Kronblätter kürzer als die Kelchblätter (ca. 0,5 mm lang) oder nicht vorhanden; Früchte 1,4–1,7 mm lang und 2,0–2,5 mm breit, beim Griffel ausgerandet . . . . *C. didymus* **75**

Gattung Iberis

1. Pflanze ausdauernd; Stengel mindestens im untern Teil verholzt; Blätter immergrün, lederig.
   2. Blätter bis 1,5 cm lang und bis 0,2 cm breit, mit kurzer Stachelspitze; Kelchblätter 2–3 mm lang. **Felsige Kalkböden; Jura, Südalpen; selten** . . . . ***I. saxatilis* 76**
   2*. **Blätter bis 5 cm lang und 0,2–0,5 cm breit, ohne Stachelspitze; Kelchblätter 3–4 mm lang. Zierpflanze** . . . . *I. sempervirens*

1*. Pflanze 1–2jährig.
   3. Blätter kahl, ganzrandig oder die untern jederseits mit 1–2, bis 1,5 mm langen Zähnen, Früchte 6–10 mm lang.
      4. Fruchtstand fast doldenartig, kaum länger als breit; Griffel an der Frucht 2,5–4 mm lang; **äußere Kronblätter 8–15 mm lang. Zierpflanze, verwildert** . . . . ***I. umbellata* 77**
      4*. **Fruchtstand verlängert; deutlich länger als breit; Griffel an der Frucht 1–1,5 mm lang; äußere Kronblätter 6–8 mm lang. Kalkböden; südlicher Jura** . . . . *I. intermedia* 78
   3*. Blätter am Rande bewimpert, besonders die untern beiderseits mit 2–4 Zähnen; Früchte 4–6 mm lang.
      5. Blattzähne kürzer als die Breite der ungeteilten Blattmitte; Fruchtstand verlängert, **bedeutend länger als breit. Getreidefelder, Schuttplätze; Westen und Norden** . . . *I. amara*
      5*. **Blattzähne bedeutend länger als die Breite der ungeteilten Blattmitte; Fruchtstand fast doldenartig, kaum länger als breit. Genferseegebiet, südlicher Jura** . . . . . . *I. pinnata*

79

80

81

Gattung Aëthionema

1. Fruchtstand locker, zylindrisch; Früchte 4–6 mm breit, mit 1–2,5 mm breitem Rand, der 1–2mal so breit ist wie die Hälfte der restlichen Frucht. Kalkhaltige Schuttböden; selten . *A. saxatile* **79**

1*. Fruchtstand dicht, eiförmig; Früchte 8–12 mm breit, mit 2,5–5 mm breitem Rand, der 2–5mal so breit ist wie die Hälfte der restlichen Frucht. Nur im Aostatal . . . . *A. thomasianum*

Gattung Thlaspi

1. Früchte 10–18 mm lang, etwa so lang wie breit, neben dem Griffel mit 3–5 mm breitem flügelförmigem Rand. Äcker, Schuttplätze . . . . *Th. arvense* **80**

1*. Früchte (ohne Griffel) 4–9 mm lang, länger als breit, ohne oder mit höchstens 2 mm breitem Rand (wenn Früchte etwa so lang wie breit, dann kürzer als 7 mm).

2. Fruchtstiele etwa 2mal so lang wie die Früchte; Samen mit netzartig angeordneten Vertiefungen; Stengel bei jungen Pflanzen am Grunde behaart. Warme Lagen, selten . . *Th. alliaceum*

2*. Fruchtstiele $^1/_2$–$1^1/_3$ so lang wie die Früchte; Samen ± glatt; Stengel immer kahl.

3. Früchte mit flügelförmigem Rand; beim Griffel meist ausgerandet; Kronblätter weiß, selten rosa.

4. Griffel der Frucht 0,1–0,3 mm lang; Pflanze 1–2jährig; Kelchblätter 1,2–1,7 mm lang. Trockene Wiesen, Weinberge, Äcker . . . . *Th. perfoliatum* **81**

4*. Griffel der Frucht 0,4–3 mm lang; Pflanze 2jährig bis ausdauernd; Kelchblätter 1,8–3 mm lang . . . . *Artengruppe des* ***Th. montanum*** S. 212

3*. Früchte ohne flügelförmigen Rand, vorn abgerundet; Kronblätter lila (selten weiß), dunkler geadert. Schutt; subalpin und alpin . . . . *Artengruppe des* ***Th. rotundifolium*** S. 212

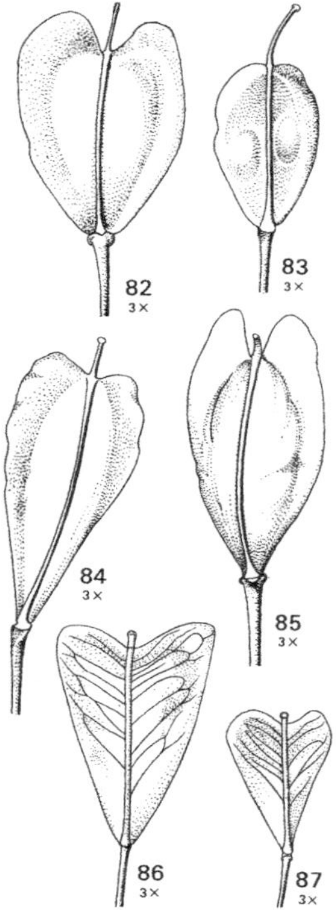

82 3×

83 3×

84 3×

85 3×

86 3×

87 3×

Artengruppe des Thlaspi montanum

1. Kronblätter 5–8 mm lang; Staubbeutel nach der Blüte gelb; Pflanze ausdauernd, mit kurzem oder langem unterirdischem Stengel.
   2. Stengelblätter 2–4mal so lang wie breit; Früchte vorn mit mindestens 1 mm breitem Rand.
      3. Früchte 1–1$^1/_3$mal so lang wie breit, vorn mit 1–1,5 mm breitem Rand; unterirdische Stengel verlängert und weit kriechend. Kalkreiche Böden. Besonders Jura . . . . . *Th.* ***montanum*** **82**
      3*. Früchte 1$^1/_2$–2mal so lang wie breit, vorn mit 1,5–2 mm breitem Rand; unterirdische Stengel sehr kurz. Bergamasker Alpen . . . . *Th. praecox*
   2*. Stengelblätter 1–2mal so lang wie breit; Früchte vorn mit 0,3–0,8 mm breitem Rand . *Th. sylvium* **83**

1*. Kronblätter 1,8–4 mm lang; Staubbeutel nach der Blüte gelb, rötlich oder violett; Pflanze 2–3jährig oder ausdauernd und dann Staubbeutel meist dunkelviolett.
   4. Kronblätter 3–4 mm lang; Staubbeutel nach der Blüte meist dunkelviolett; Früchte höchstens 1 mm tief eingeschnitten; Griffel 0,6–2 mm lang. Meist kalkarme Böden, Westen. *Th. caerulescens* **84**
   4*. Kronblätter 1,8–3 mm lang; Staubbeutel nach der Blüte gelb oder rötlich: Früchte mindestens 1 mm tief eingeschnitten; Griffel 0,4–0,7 mm lang. Kalkreiche Böden; Alpen. *Th. brachypetalum* **85**

Artengruppe des Thlaspi rotundifolium

1. Samen 1,6–2,4 mm lang; Früchte 2–6samig, mit 1–2 mm langem Griffel. Kalkalpen . . . *Th. rotundifolium*

1*. Samen 0,8–1,2 mm lang; Früchte 4–9samig, mit 2–3,5 mm langem Griffel. Silikatalpen . *Th. corymbosum*

Gattung Capsella

1. Kronblätter 4–5 mm lang . . . . *C. grandiflora*

1*. Kronblätter 1,5–3 mm lang.
   2. Kronblätter 2–3 mm lang, weiß; Früchte 4–9 mm lang, mit geraden oder etwas konvexen seitlichen Rändern; Griffel 0,3–0,6 mm lang . . . . *C. bursa-pastoris* **86**
   2*. Kronblätter 1,5–2 mm lang, oft rötlich; Früchte 4–6 mm lang, mit etwas konkaven seitlichen Rändern; Griffel 0,2–0,3 mm lang, Warme Lagen . . . . *C. rubella* **87**

Gattung *Hymenolobus*

1. Blätter ungeteilt, ganzrandig; Früchte 1–$1^1/_2$mal so lang wie breit. Felsbalmen; Alpen . . — ***H. pauciflorus*** **88**
1*. Blätter am Stengel bis fast auf den Mittelnerv geteilt; Früchte 2–3mal so lang wie breit — ***H. procumbens***

Gattung *Hutchinsia* s.l.

Die Gattung *Hutchinsia* wird heute aufgeteilt.

1. Stengel mit einzelnen Blättern im untern Teil; Pflanze 1jährig; Kelch- und Kronblätter 0,5–1 mm lang. Warme Lagen. Trockenwiesen, steinige Stellen . . . . — *Hornungia petraea* **89**
1*. Stengel ohne Blätter; Pflanze ausdauernd; Kelchblätter 1,5–2,5 mm lang; Kronblätter 2,5–5 mm lang. . . . . — ***Pritzelago***
   2. Kronblätter 3,5–5 mm lang und 2–3 mm breit, plötzlich in den stielartigen untern Teil verschmälert; Früchte 4–5 mm lang, mit 0,2–0,5 mm langem Griffel; Samen 1,7–2,2 mm lang. Subalpin, alpin; Kalkschutt . . . . — *P.* ***alpina*** **90**
   2*. Kronblätter 2,5–4 mm lang und 1–2 mm breit, allmählich in den stielartigen untern Teil verschmälert; Früchte 3,5–4 mm lang, mit 0,1–0,2 mm langem Griffel; Samen 1,2–1,5 mm lang. Subalpin; Silikatschutt . . . . — *P.* ***brevicaulis*** **91**

Gattung *Biscutella*

1. Pflanzen 1jährig; die beiden innern Kelchblätter 7–9 mm lang (ohne Sporn), am Grunde mit 3–4 mm langem Sporn. Felsige Stellen, auf Kalk; südlicher Jura, Südalpen . . . . — ***B. cichoriifolia*** **92**
1*. Pflanzen ausdauernd; die beiden innern Kelchblätter 2,5–3 mm lang, ohne Sporn (nur etwas sackartig ausgewölbt) . . . . — *Artengruppe der B. laevigata* S. 214

88 3×

89

90 3×

91 3×

92

Artengruppe der Biscutella laevigata

1. Grundständige Blätter ganzrandig bis grob buchtig gezähnt.
   2. Griffel an der Frucht 2,5–5 mm lang; Fruchtstiele 1–$1^2/_3$mal so lang wie die Früchte; Stengel am Grunde 1–2,5 mm dick.
      3. Griffel an der Frucht 2,5–4 mm lang; bedeutend mehr 0,2–0,5 mm lange als 0,5–1,5 mm lange Haare. Elsaß, Vogesen, Berner Oberland (Stockhorn) . . . . *B. varia*
      3*. Griffel an der Frucht 3,5–5 mm lang; ebenso viele oder weniger 0,2–0,5 mm lange wie 0,5–1,5 mm lange Haare . . . . *B. laevigata* **93**
   2*. Griffel an der Frucht 5–6 mm lang; Fruchtstiele $1^2/_3$–$2^1/_3$mal so lang wie die Früchte; Stengel am Grunde 0,5–1 mm dick. Bergamasker Alpen . . . . *B. tirolensis*

1*. Grundständige Blätter fiederteilig oder mit langen, abgesetzten Zähnen. Aostatal (?) . . *B. coronopifolia*

Gattung Lunaria

1. Pflanze meist 2jährig; oberste Blätter sitzend; Früchte 1–2 mal so lang wie breit; im Umriß rund bis oval. Zierpflanze . . . . *L. annua* **94**

1*. Pflanze ausdauernd; oberste Blätter deutlich gestielt; Früchte 2–3 mal so lang wie breit, im Umriß lanzettlich. Schluchtwälder . . . . *L. rediviva* **95**

Gattung Cochlearia

1. Blätter fleischig, Stengelblätter sitzend.
   2. Fruchtstiele 1–2mal so lang wie die Früchte, fast waagrecht abstehend, mit der Achse einen Winkel von 60–90° bildend; Früchte am Grunde und oft auch an der Spitze abgerundet *C. officinalis*
   2*. Fruchtstiele $^2/_3$–1mal so lang wie die Früchte, aufrecht abstehend, mit der Achse einen Winkel von 45–60° bildend; Früchte beidseits zugespitzt. Nasse Böden; Nordalpen . . *C. pyrenaica* **96**

1*. Blätter nicht fleischig; untere Blätter oft 3–7lappig; Stengelblätter kurz gestielt. Salzbehandelte Straßenränder . . . . *C. danica*

93 96 94 95

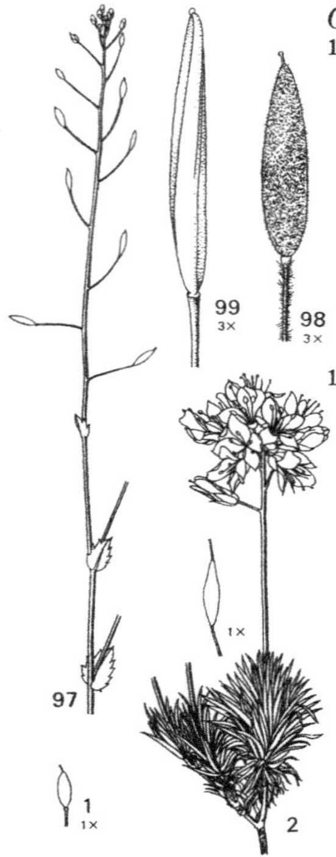

Gattung Draba

1. 8–45 cm hohe Pflanzen mit mindestens 5 Stengelblättern und meist mehr als 20blütigem Blütenstand.
   2. Früchte auf waagrecht abstehenden Stielen; Blätter $1^1/_2$–$2^1/_2$mal so lang wie breit.
      3. Kronblätter weiß, vorn gerundet; Stengelblätter mit breitem, teilweise umfassendem **Grunde sitzend. Warme Lagen. Offene Rasen, Schuttplätze** . . . . *D.* ***muralis*** **97**
      3*. **Kronblätter hellgelb, vorn deutlich ausgerandet; Stengelblätter mit verschmälertem Grunde sitzend. Maurienne, Engadin, Puschlav** . . . . *D. nemorosa*
   2*. Früchte auf aufwärts gerichteten Stielen; Blätter $2^1/_2$–8mal so lang wie breit.
      4. Früchte mit 0,4–0,6 mm langem Griffel, der deutlich länger als breit ist; Stengelblätter **in der Mitte des Stengels meist kürzer als der Abstand zum nächsten Blatt. Alpen** . . *D. thomasii* **98**
      4*. **Früchte mit 0,2–0,4 mm langem Griffel, der ungefähr so lang wie breit ist; Stengelblätter in der Mitte des Stengels länger als der Abstand zum nächsten Blatt. Nordalpen** . *D.* ***incana*** **99**

1*. 0,5–12 cm hohe Pflanzen mit 0–3 Stengelblättern und 1–18blütigem Blütenstand.
   5. **Kronblätter weiß; Griffel 0,1–0,5 mm lang. Alpin** . . . . *Artengruppe der D.* ***fladnizensis*** S. 216
   5*. Kronblätter gelb (auch blaßgelb) später oder beim Trocknen weiß werdend; Griffel 0,8–3 mm lang.
      6. Kronblätter blaßgelb; Blätter krautig (oft etwas fleischig), mit einzelnen Sternhaaren. Nur im Unterengadin . . . . *D. ladina*
      6*. Kronblätter gelb; Blätter lederig, ohne Sternhaare.
         7. Früchte auf 1,5–2 mm langen Stielen, 3,5–5 mm lang (ohne Griffel), mit 0,8–1 mm **langem Griffel. Alpin; kalkhaltiger Feinschutt** . . . . *D. hoppeana* **1**
         7*. **Früchte auf 5–20 mm langen Stielen, 6–10 mm lang (ohne Griffel), mit 1,5–3 mm langem Griffel. Alpen, Jura, Vogesen** . . . . *D.* ***aizoides*** **2**

97 99 3× 98 3× 1 1× 2 1×

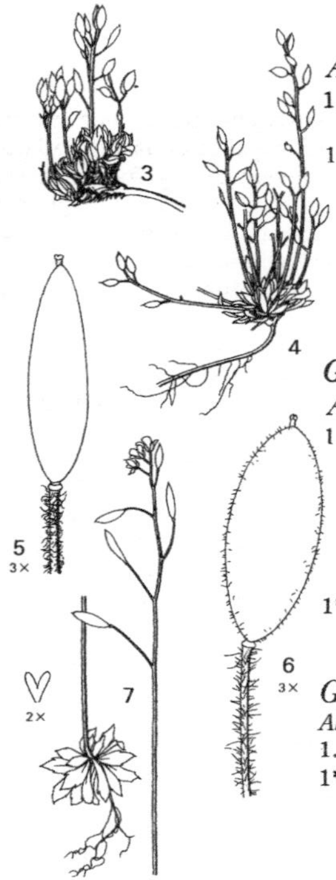

Artengruppe der Draba fladnizensis

1. Blätter ohne Sternhaare, aber mit zahlreichen 1fachen und gegabelten Haaren am Rande; Kelchblätter ± kahl. Kalkarme Böden . . . . **D. fladnizensis 3**

1*. Blätter mit Sternhaaren und nur einzelnen 1fachen Haaren am Rande; Kelchblätter mit einzelnen 1fachen oder sternförmigen Haaren.

2. Kronblätter 2–3 mm lang; Stengel im obern Teil kahl . . . . *D. siliquosa* **4**

2*. Kronblätter 3–5 mm lang; Stengel meist auch im obern Teil mit Sternhaaren.

3. Früchte kahl, an den Enden zugespitzt . . . . ***D. dubia* 5**

3*. Früchte mit einzelnen kurzen, 1fachen Haaren, an den Enden gerundet . . . . . ***D. tomentosa* 6**

Gattung Erophila

Artengruppe der Erophila verna

1. Blätter und Stengel im untern Teil mit zahlreichen 2–4strahligen Sternhaaren, meist ohne 1fache Haare; Früchte 5–12 mm lang, 2–5mal so lang wie breit.

2. Kronblattzipfel $1^1/_3$–3mal so lang wie breit; Blüten erst nach Streckung des Stengels aufblühend, Stengel 5–20 cm hoch . . . . ***E. verna* 7**

2*. Kronblattzipfel $^2/_3$–1mal so lang wie breit; erste Blüten bereits vor der Streckung des **Stengels aufblühend; Stengel 2–7 cm hoch. Warme Lagen; Elsaß, Tessin** . . . . . . *E. obconica*

1*. Blätter und Stengel im untern Teil mit wenigen bis vielen 1fachen Haaren oder kahl, höchstens einzelne Sternhaare; Früchte 4–5 mm lang, $1^1/_3$–2mal so lang wie breit. Warme Lagen . *E. praecox*

Gattung Alyssum s.l.

Alyssum saxatile wird heute als *Aurinia saxatilis* von *Alyssum* getrennt.

1. Sternhaare kurz gestielt; Blätter bis 10 cm lang; Kronblätter kahl. Zierpflanze . . . . . *Aurinia saxatilis*

1*. Sternhaare ± ungestielt; Blätter bis 2,5 cm lang; Kronblätter außen mit einzelnen Sternhaaren.

2. Kelchblätter nur mit gewöhnlichen Sternhaaren; Staubbeutel 0,3–0,8 mm lang; Pflanze ausdauernd.

3. Kronblätter 4–6 mm lang, vorn ausgerandet; Griffel 2–3 mm lang; Staubbeutel 0,6 bis 0,8 mm lang. Steinige Böden; selten . . . . *A. montanum* **8**

3*. Kronblätter 2–3 mm lang vorn abgerundet; Griffel 0,7–1,8 mm lang; Staubbeutel 0,3–0,5 mm lang. Maurienne, Wallis, Aostatal . . . . *A. alpestre*

2*. Kelchblätter gegen die Spitze neben gewöhnlichen Sternhaaren auch mit vielstrahligen Haaren, deren Strahlen borstenförmig und bis 1 mm lang sind; Staubbeutel ca. 0,2 mm lang; Pflanze meist 1–2jährig.

4. Kelchblätter zur Fruchtzeit vorhanden; Früchte 3–4 mm lang und 2,5–3,5 mm breit, mit 0,4–0,6 mm langem, etwas eingesenktem Griffel. Warme Lagen . . . . *A. alyssoides* 9

4*. Kelchblätter zur Fruchtzeit nicht mehr vorhanden; Früchte 4–6 mm lang und 4–5,5 mm breit, mit 0,7–1,5 mm langem, nicht eingesenktem Griffel. Aostatal, Bergamo . . *A. simplex*

Gattung Neslia

1. Früchte 1,8–2,5 mm lang und 2–2,5 mm dick, mit kaum 0,1 mm langer Spitze (bei abgebrochenem Griffel); fast ohne Stiel. Warme Lagen . . . . *N. paniculata* **10**

1*. Früchte 2,5–3 mm lang und 2–2,8 mm dick, mit ca. 0,2 mm langer Spitze und ca. 0,5 mm langem Stiel. Adventiv . . . . *N. apiculata*

Gattung Camelina

1. Früchte 7–10 mm lang (ohne Griffel und Spitze); Stengel kahl oder nur mit wenigen kleinen Sternhaaren; Kronblätter 4–5,5 mm lang . . . . *C. sativa*

1*. Früchte 4–7 mm lang; Stengel mit zahlreichen kleinen Sternhaaren und 0,5–1,5 mm langen abstehenden 1fachen Haaren; Kronblätter 3–4 mm lang.

2. Früchte 4–5 mm lang, Griffel ca. $^1/_2$ solang wie die Frucht . . . . *C. microcarpa* **11**

2*. Früchte 6–7 mm lang, Griffel ca. $^1/_3$ solang wie die Frucht . . . . *C. pilosa*

Gattung Bunias

1. Früchte an aufrecht abstehenden, 12–15 mm langen Stielen, ohne Flügel, mit unregelmäßigen Höckern; Kronblätter vorn gerundet, 5–6 mm lang. Warme Lagen; Äcker, Schuttplätze . . . *B. orientalis* **12**

1*. Früchte an ± waagrecht abstehenden, 20–40 mm langen Stielen, mit 4 gezähnten Flügeln; Kronblätter vorn gestutzt oder ausgerandet, 7–10 mm lang. Süden und Südwesten . . . *B. erucago* **13**

Gattung Rapistrum

1. Stengel am Grunde mit 1–2 mm langen, abstehenden oder rückwärts gerichteten Haaren; Früchte allmählich in die 0,5–1 mm lange Spitze verschmälert. Bergamasker Alpen . . . *R. perenne* **14**

1*. Stengel am Grunde mit 0,5–0,8 mm langen, rückwärts gerichteten Haaren; Früchte plötzlich in die 1–4 mm lange Spitze verschmälert.

2. Stengel im obern Teil mit zahlreichen 0,1–0,2 mm langen, abstehenden Haaren; Fruchtstiele $^2/_3$–$1^1/_2$mal so lang wie der untere Teil der Frucht; junge Früchte behaart, reife mit 2,5–4 mm langer Spitze. Warme Lagen; Westen und Süden . . . *R. rugosum* **15**

2*. Stengel im obern Teil kahl; Fruchtstiele $1^1/_2$–4mal so lang wie der untere Teil der Frucht; Früchte kahl, mit 1–2,5 mm langer Spitze. Adventiv . . . *R. hispanicum*

Gattung Raphanus

1. Früchte 8–14 mm dick, zwischen den Samen nicht eingeschnürt. Gemüsepflanze . . . *R. sativus*

1*. Früchte 3–4 mm dick, zwischen den Samen eingeschnürt. Äcker, Schuttplätze . . . *R. raphanistrum* **16**

Gattung Sinapis

1. Früchte 8–13samig, kahl oder mit 0,3–0,6 mm langen, steifen, rückwärts gerichteten Haaren; Blütenstiele $^1/_2$–1mal so lang wie die Kelchblätter. Äcker, Schuttplätze . . . *S. arvensis* **17**

1*. Früchte 4–8samig, mit zahlreichen 0,6–1 mm langen, steifen, abstehenden Haaren und ca. 0,2 mm langen, rückwärts anliegenden Haaren; Blütenstiele 1–$1^1/_2$mal so lang wie die Kelchblätter. Ölpflanze, verwildert . . . *S. alba*

Gattung Coincya

1. Blätter bis fast oder ganz auf den Mittelnerv fiederteilig.
   2. Blätter jederseits mit 3–6 Abschnitten; Blütenstiele $^2/_3$–1mal so lang wie die Kelchblätter — *C. cheiranthos*
   2*. Blätter jederseits mit 5–9 Abschnitten; Blütenstiele $^1/_3$–$^1/_2$ so lang wie die Kelchblätter — ***C. montana*** **18**

1*. Blätter ungeteilt und ganzrandig bis wenig tief und stumpf gezähnt, oval. Maurienne . . — *C. richeri*

Gattung Brassica

1. Stengel verzweigt, beblättert; wenigstens einzelne Blätter mit dem Stiel weit über 4 cm lang.
   2. Obere Blätter sitzend; Frucht 4–10 cm lang.
      3. Obere Blätter mit verschmälertem Grunde sitzend; ältere Blüten tiefer liegend als die Knospen. Gemüsepflanze . . . . — *B. oleracea* **19**
      3*. Obere Blätter den Stengel mit breiten, meist abgerundeten Zipfeln umfassend; höchstens einzelne ältere Blüten tiefer liegend als die Knospen.
         4. Kelchblätter aufrecht, 6–8 mm lang; Blätter blaugrün. Kulturpflanze . . . . — *B. napus*
         4*. Kelchblätter fast waagrecht ausgebreitet, 4–5 mm lang; Blätter grün. Kulturpflanze — *B. rapa* **20**
   2*. Alle Blätter gestielt; Frucht 1–1,5 cm lang.
      5. Früchte aufrecht abstehend; Blütenstiele $1^1/_3$–2mal so lang wie die Kelchblätter.
         6. Früchte 1,5–3 cm lang und 1,5–2 mm dick, über dem Kelchansatz deutlich gestielt (Stiel 1,5–4 mm lang); Stengel meist kahl. Eingeschleppt . . . . — *B. persica*
         6*. Früchte 3–5,5 cm lang und 2–3 mm dick, über dem Kelchansatz nicht gestielt; Stengel am Grunde meist mit 0,5–1 mm langen abstehenden Haaren. Adventiv . . — *B. juncea*
      5*. Früchte aufrecht, dem Stengel ± anliegend, 1–2 cm lang; Blütenstiele etwas kürzer als die Kelchblätter. Ufer Äcker, Schuttstellen; Westen . . . . — ***B. nigra*** S. 220 **21**

1*. Stengel unverzweigt, blattlos; Blätter (mit Stiel) bis 4 cm lang, ungeteilt. Maurienne.. . — *B. repanda*

21

22

23

24

Gattung Erucastrum

1. Keine Tragblätter im Blütenstand; Kronblätter 8–12 mm lang, gelb; Fruchtschnabel mit 1 (–2) Samen, von der übrigen Frucht kaum abgesetzt und am Grunde 1–1,5 mm dick . ***E. nasturtiifolium* 22**

1*. Die untersten Blüten im Blütenstand in den Achseln von kleinen Blättern; Kronblätter 6–8 mm lang, hellgelb; Fruchtschnabel ohne Samen, von der übrigen Frucht deshalb deutlich abgesetzt und am Grunde ca. 0,5 mm dick. Milde Lagen im Westen. . . . . ***E. gallicum* 23**

Gattung Diplotaxis

1. Kronblätter gelb; Haare am Stengel 0,5–1 mm lang, abstehend oder etwas nach rückwärts gerichtet (nicht anliegend) oder nicht vorhanden.
   2. Kronblätter 8–14 mm lang; Blattabschnitte meist mindestens 4mal so lang wie breit . ***D. tenuifolia* 24**
   2*. Kronblätter 3–8 mm lang; Blattabschnitte höchstens 3mal so lang wie breit.
      3. Kelchblätter 3–4 mm lang; Blütenstiele 1–2mal so lang wie der Kelch. Warme Lagen . *D. muralis*
      3*. Kelchblätter 2–2,5 mm lang; Blütenstiele $^{2}/_{3}$–1mal so lang wie der Kelch . . . . . *D. viminea*

1*. Kronblätter weiß (nach dem Verblühen lila werdend); Haare am Stengel 0,3–0,5 mm lang, rückwärts anliegend. Eingeschleppt . . . . *D. erucoides*

Gattung Cardamine

1. Kein Rhizom (nur Pfahlwurzel) oder nur ein dünnes Rhizom ohne deutliche fleischige Blattschuppen vorhanden; keine Bulbillen in den Achseln der Blätter; grundständige Blätter meist zahlreich, oft rosettenartig angeordnet; Frucht 0,8–2 mm dick.

2. Blätter ungeteilt oder fiederteilig (keine abgesetzten Teilblätter). (Siehe auch *C. plumieri*)
   3. Pflanze 25–70 cm hoch, mit großen, rundlichen, am Grunde nierenförmigen Blättern; Kronblätter 8–12 mm lang. Quellfluren, Ufer; südliche Alpen . . . . *C. asarifolia* **25**
   3*. Pflanze 2–15 cm hoch, mit kleinen Blättern; Kronblätter 3,5–6 mm lang.
      4. Stengelblätter ungeteilt, den Stengel nicht oder nur mit undeutlichen runden Zipfeln umfassend. Alpin, kalkarme Böden . . . . *C. alpina* **26**
      4*. Stengelblätter fiederteilig, mit 2–6 schmalen seitlichen Abschnitten, am Grunde den Stengel mit 2 schmalen Zipfeln umfassend. Kalkarme, steinige Böden; Alpen . . *C. resedifolia* **27**

2*. Grundständige oder stengelständige Blätter gefiedert, mit 3–21 Teilblättern.
   5. Kronblätter 1,8–3,5 mm lang oder nicht vorhanden; Griffel an der Frucht 0,3–1 mm lang.
      6. Grundständige Blätter zur Fruchtzeit abgestorben; Stengelblätter am Rande mit 0,1–0,2 mm langen Haaren, sonst kahl.
         7. Stengelblätter am Grunde den Stengel mit schmalen Zipfeln umfassend, mit eingeschnittenen oder gezähnten Teilblättern . . . . *C. impatiens* **28**
         7*. Stengelblätter den Stengel nicht umfassend, mit meist ganzrandigen Teilblättern. Biella, Veltlin . . . . *C. parviflora*
      6*. Grundständige Blätter zur Fruchtzeit vorhanden; Stengelblätter besonders am Blattstiel und an den Rändern mit einzelnen 0,5–0,8 mm langen Haaren.
         8. Stengelblätter 2–4; Stengel meist kahl; Staubblätter oft nur 4 . . . . *C. hirsuta* **29**
         8*. Stengelblätter 5–10; Stengel unten behaart; Staubblätter 6. Wälder . . . . . *C. flexuosa*
   5*. Kronblätter 5–19 mm lang; Griffel an der Frucht 1–3,5 mm lang.
      9. Grundständige Blätter mit 3–17 Teilblättern oder ungeteilt, wenn 3 Teilblätter, dann das Endteilblatt größer als die seitlichen; Stengelblätter den Stengel nicht umfassend.
         10. Grundständige Blätter ungeteilt, oder mit 2, selten mit 4 seitlichen Teilblättern; Stengelblätter 1–3; Kronblätter weiß. Savoyen, Aostatal, Valsesia . . . . . . *C. plumieri*
         10*. Grundständige Blätter mit 4–16 seitlichen Teilblättern, selten mit weniger Teilblättern, dann aber Kronblätter rosa; Stengelblätter meist mehr als 3.
            11. Rhizom ohne Ausläufer; Staubbeutel gelb; grundständige Blätter rosettenartig angeordnet . . . . *Artengruppe der C. pratensis* S. 222

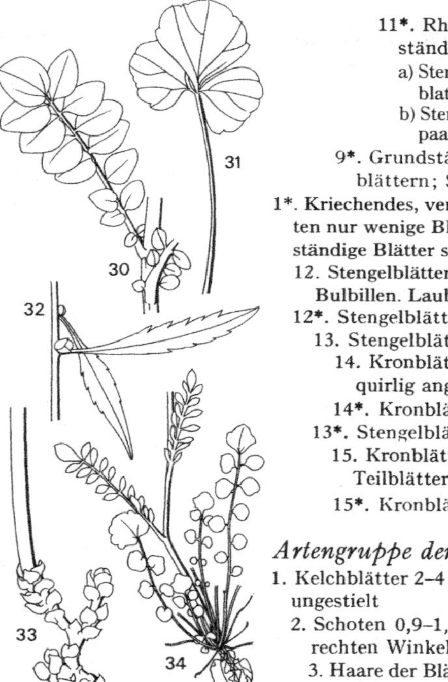

11*. Rhizom Ausläufer treibend; Staubbeutel purpurn (selten hellgelb); grundständige Blätter nicht rosettenartig angeordnet. Nasse Böden.

a) Stengel einfach oder verzweigt, mit 3-14(-24) Blättern; untere Blätter mit 2-6(-7) Teilblattpaaren . . . . . . *C. amara* 30

b) Stengel einfach, mit (10-)13-46(-53) Blättern; untere Blätter mit (4-)5-9(-11) Teilblattpaaren . . . . . . *C. austriaca*

9*. Grundständige Blätter mit 3 rundlichen, ± gleich großen, stumpf gezähnten Teilblättern; Stengelblätter am Grunde den Stengel mit 2 kleinen Zipfeln umfassend . *C. **trifolia*** **31**

1*. Kriechendes, verzweigtes Rhizom mit zahlreichen fleischigen Blattschuppen vorhanden (selten nur wenige Blattschuppen, dann aber kleine Bulbillen in den Achseln der Blätter); grundständige Blätter selten; Frucht mindestens 2,5 mm breit.

12. Stengelblätter zahlreich, die obern ungeteilt, in den Achseln mit kleinen braunvioletten Bulbillen. Laubwälder, selten . . . . . . *C. **bulbifera*** **32**

12*. Stengelblätter meist 3, mit 3–9 Teilblättern, ohne kleine Zwiebeln.

13. Stengelblätter gefiedert, mit 7–9 Teilblättern.

14. Kronblätter hellgelb; Stengel unten dicht und kurz behaart; Stengelblätter meist quirlig angeordnet. Laubwälder; Alpen, selten . . . . . . *C. kitaibelii*

14*. Kronblätter weiß oder blaßlila; Stengel kahl; Stengelblätter wechselständig . . *C. **heptaphylla***

13*. Stengelblätter mit 3–5 radiär angeordneten Teilblättern.

15. Kronblätter weiß oder hellgelb; Blätter am Stengel meist quirlig angeordnet, mit 3 Teilblättern. Allgäu, Südalpen . . . . . . *C. **enneaphyllos*** **33**

15*. Kronblätter violett; Blätter am Stengel wechselständig, mit meist 5 Teilblättern *C. **pentaphyllos***

Artengruppe der Cardamine pratensis

1. Kelchblätter 2–4 mm lang; Kronblätter 6–12 mm lang; Teilblätter der Stengelblätter meist ungestielt

2. Schoten 0,9–1,5 mm breit; untere Teilblätter der unteren Stengelblätter ± spitz, im rechten Winkel abstehend oder nach vorn gerichtet

3. Haare der Blätter am Grunde 0,02–0,05 mm breit, 5–12 mal so lang wie breit, oder Blätter ganz kahl; untere Stengelblätter mit 9–21 Teilblättern; Endteilblatt der grundständigen

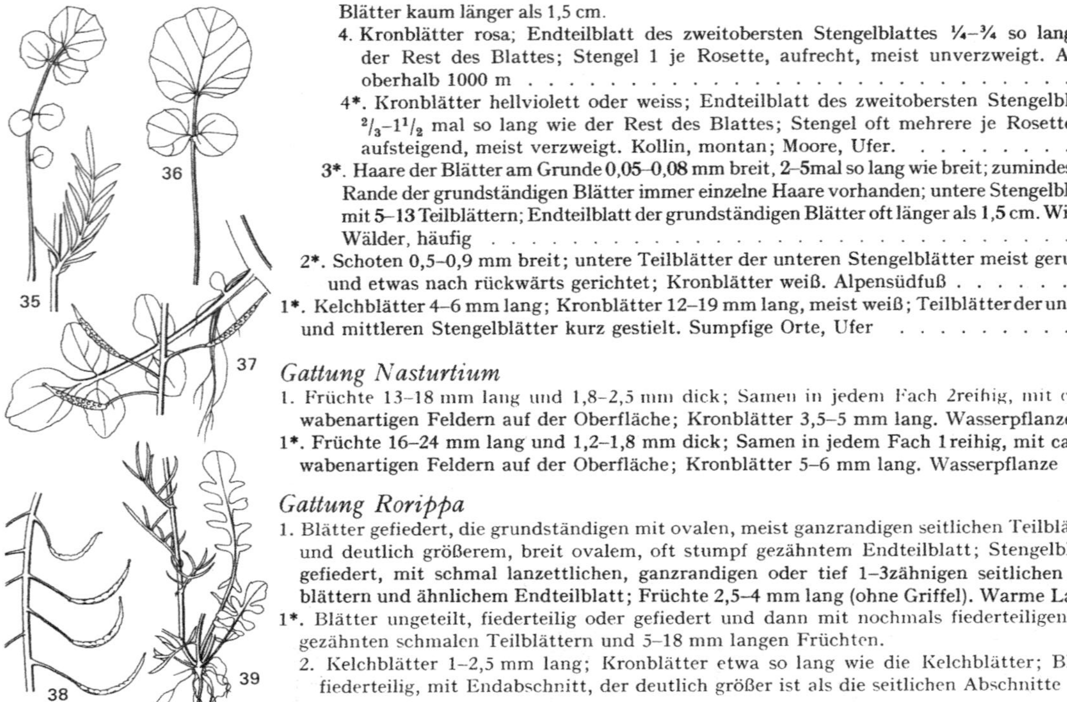

Blätter kaum länger als 1,5 cm.

4. Kronblätter rosa; Endteilblatt des zweitobersten Stengelblattes $\frac{1}{4}$–$\frac{3}{4}$ so lang wie der Rest des Blattes; Stengel 1 je Rosette, aufrecht, meist unverzweigt. Alpen, oberhalb 1000 m . . . . *C. rivularis* **34** S. 222

4*. Kronblätter hellviolett oder weiss; Endteilblatt des zweitobersten Stengelblattes $\frac{2}{3}$–$1\frac{1}{2}$ mal so lang wie der Rest des Blattes; Stengel oft mehrere je Rosette, oft aufsteigend, meist verzweigt. Kollin, montan; Moore, Ufer. . . . . *C. udicola*

3*. Haare der Blätter am Grunde 0,05–0,08 mm breit, 2–5mal so lang wie breit; zumindest am Rande der grundständigen Blätter immer einzelne Haare vorhanden; untere Stengelblätter mit 5–13 Teilblättern; Endteilblatt der grundständigen Blätter oft länger als 1,5 cm. Wiesen, Wälder, häufig . . . . *C. pratensis* **35, 36**

2*. Schoten 0,5–0,9 mm breit; untere Teilblätter der unteren Stengelblätter meist gerundet und etwas nach rückwärts gerichtet; Kronblätter weiß. Alpensüdfuß . . . . *C. matthioli*

1*. Kelchblätter 4–6 mm lang; Kronblätter 12–19 mm lang, meist weiß; Teilblätter der unteren und mittleren Stengelblätter kurz gestielt. Sumpfige Orte, Ufer . . . . *C. dentata*

Gattung Nasturtium

1. Früchte 13–18 mm lang und 1,8–2,5 mm dick; Samen in jedem Fach 2reihig, mit ca. 50 wabenartigen Feldern auf der Oberfläche; Kronblätter 3,5–5 mm lang. Wasserpflanze . . *N. officinale* **37**

1*. Früchte 16–24 mm lang und 1,2–1,8 mm dick; Samen in jedem Fach 1reihig, mit ca. 200 wabenartigen Feldern auf der Oberfläche; Kronblätter 5–6 mm lang. Wasserpflanze . . . *N. microphyllum* **38**

Gattung Rorippa

1. Blätter gefiedert, die grundständigen mit ovalen, meist ganzrandigen seitlichen Teilblättern und deutlich größerem, breit ovalem, oft stumpf gezähntem Endteilblatt; Stengelblätter gefiedert, mit schmal lanzettlichen, ganzrandigen oder tief 1–3zähnigen seitlichen Teilblättern und ähnlichem Endteilblatt; Früchte 2,5–4 mm lang (ohne Griffel). Warme Lagen. *R. stylosa* **39**

1*. Blätter ungeteilt, fiederteilig oder gefiedert und dann mit nochmals fiederteiligen oder gezähnten schmalen Teilblättern und 5–18 mm langen Früchten.

2. Kelchblätter 1–2,5 mm lang; Kronblätter etwa so lang wie die Kelchblätter; Blätter fiederteilig, mit Endabschnitt, der deutlich größer ist als die seitlichen Abschnitte . . *Artengruppe der R. islandica* S. 224

41

42

40 43

2*. Kelchblätter 1,8–3 mm lang; Kronblätter $1^1/_2$–2mal so lang wie die Kelchblätter; Blätter ungeteilt oder fiederteilig bis gefiedert und dann Endabschnitt ähnlich wie die seitlichen Abschnitte . . . . *Artengruppe der R. sylvestris* S. 224

Artengruppe der Rorippa islandica

1. Fruchtstiele $^1/_3$–$^2/_3$ so lang wie die Früchte; Kelchblätter 1–1,5 mm lang; ungeteilte Blattmitte unter dem Endabschnitt meist weniger als 1,5 mm breit. Ufer; Alpen . . . . . . *R. islandica* **40**

1*. Fruchtstiele $^2/_3$–$1^1/_3$ so lang wie die Früchte; Kelchblätter 1,6–2,5 mm lang; ungeteilte Blattmitte unter dem Endabschnitt meist breiter als 2 mm. Ufer, Schuttplätze, Äcker . . *R. palustris* **41**

Artengruppe der Rorippa sylvestris

1. Blätter den Stengel nicht oder nur wenig umfassend, ± kahl; Fruchtstiele $^2/_3$–$2^1/_2$mal so lang wie die Früchte.
   2. Blätter gefiedert oder fiederteilig; Fruchtstiele $^2/_3$–$1^1/_2$mal so lang wie die Früchte.
      3. Zumindest die untersten Blätter gefiedert; Fruchtstiele $^2/_3$–1mal so lang wie die Früchte; Früchte 6–18 mm lang; Griffel an der Frucht 0,5–1 mm lang, von der Frucht nicht deutlich abgesetzt. Gräben, Ufer . . . . *R. sylvestris* 42
      3*. Blätter fiederteilig (nicht bis auf den Mittelnerv); Fruchtstiele 1–$1^1/_2$mal so lang wie die Früchte; Früchte 4–7 mm lang, Griffel an der Frucht 1–1,5 mm lang, von der Frucht deutlich abgesetzt. Gräben, Ufer, selten . . . . *R. anceps*
   2*. Blätter (wenigstens die obern) ungeteilt, spitz und unregelmäßig gezähnt; Fruchtstiele $1^1/_2$–$2^1/_2$mal so lang wie die Früchte. Ufer . . . . *R. amphibia* **43**

1*. Blätter den Stengel mit 2 Zipfeln umfassend, besonders unterseits mit zahlreichen, kaum 0,1 mm langen Haaren; Fruchtstiele 3–5mal so lang wie die Früchte. Eingeschleppt . . . *R. austriaca*

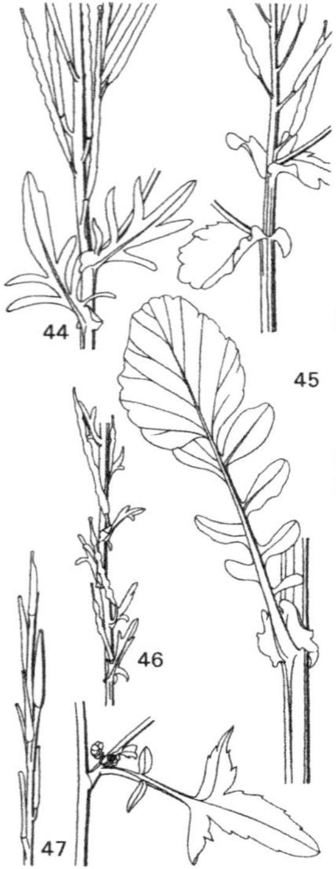

Gattung *Barbarea*

1. Im Blütenstand keine Blätter vorhanden.
  2. Oberste Stengelblätter bis über die Mitte fiederteilig; Fruchtstiele nur wenig dünner als die Früchte.
    3. Kelchblätter 3,5–4,5 mm lang; Kronblätter 6–8 mm lang; Früchte 40–70 mm lang . *B. verna*
    3*. Kelchblätter 2,5–3,5 mm lang; Kronblätter 4–6 mm lang; Früchte 15–40 mm lang . *B. intermedia* **44**
  2*. Oberste Stengelblätter meist ungeteilt, 1–2mal so lang wie breit; Fruchtstiele etwa $^{1}/_{2}$ so dick wie die Früchte.
    4. Kelchblätter kahl; Griffel an der Frucht 1,5–2,5 mm lang . . . . *B. vulgaris* **45**
    4*. Kelchblätter an der Spitze mit 0,3–0,5 mm langen Haaren; Griffel an der Frucht 0,5–1,5 mm lang. Oberrheinische Tiefebene . . . . *B. stricta*

1*. Im untern Teil des Blütenstandes schmale fiederteilige, gezähnte oder ganzrandige Tragblätter vorhanden. Bergamasker Alpen . . . . *B. bracteosa* **46**

Gattung *Sisymbrium*

1. Alle Blätter ungeteilt, spitz gezähnt bis fast ganzrandig; Samen 2–3 mm lang. Warme Lagen *S. strictissimum*

1*. Wenigstens die untern Stengelblätter fiederteilig; Samen 0,7–1,4 mm lang.
  2. Früchte der Fruchtstandsachse anliegend (Zweige mit Früchten deshalb rutenförmig), 1–1,5 cm lang. Schuttplätze, um Häuser . . . . *S. officinale* **47**
  2*. Früchte nicht der Fruchtstandsachse anliegend, meist deutlich länger als 1,5 cm.
    3. Endabschnitt der obern Stengelblätter deutlich breiter als 1 mm; Kelchblätter ohne hornförmiges Gebilde.
      4. Stengel und Blätter kahl oder mit höchstens 1 mm langen Haaren.
        5. Kelchblätter 3,5–5 mm lang; Kronblätter 6–9 mm lang; Staubbeutel 1,2–2 mm lang.
          6. Fruchtstiele gerade; Früchte 4–10 cm lang und ca. 1,5 mm dick, behaart bis fast kahl; Kelchblätter behaart. Alpensüdfuß, selten . . . . *S. orientale*
          6*. Fruchtstiele gekrümmt; Früchte in allen Richtungen abstehend, 2,5–6 cm lang und 0,5–1 mm dick, meist kahl; Kelchblätter meist mit einzelnen Haaren an der Spitze, sonst kahl. Warme Lagen . . . . *S. austriacum*
        5*. Kelchblätter 2–2,5 mm lang; Kronblätter 2,5–3,5 mm lang; Staubbeutel 0,6–0,8 mm lang. Savoyen, Wallis, Alpensüdseite . . . . *S. irio*

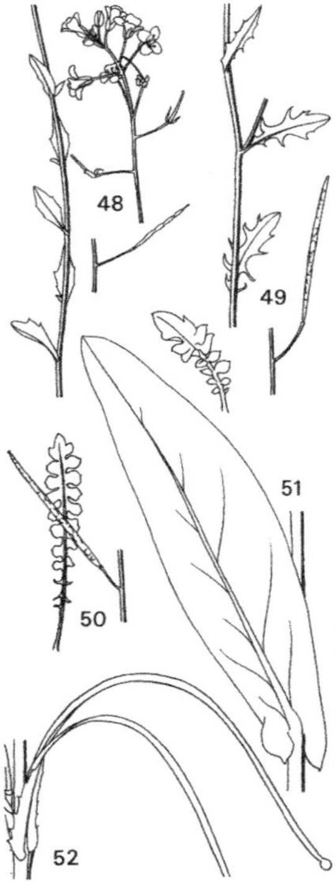

4*. Stengel und Blätter mit zahlreichen 1–2,5 mm langen Haaren, Gegend von Lecco. . . . *S. loeselii*

3*. Endabschnitt der obern Stengelblätter kaum 1 mm breit; Kelchblätter außen unterhalb der Spitze mit einem hornförmigen Gebilde. Warme Lagen . . . . *S. altissimum*

Gattung Cardaminopsis

1. Pflanze ausdauernd, mit oberirdischen Ausläufern; Stengel mit 1fachen und 2–3strahligen, bis 0,5 mm langen Haaren; obere Stengelblätter 2–4mal so lang wie breit; Kronblätter 4–6 mm lang. Zentral- und Südalpen, Bregenz; selten . . . . *C. halleri* **48**

1*. Pflanze oft 1–2jährig, ohne Ausläufer; Stengel nur mit 1fachen, 0,5–1 mm langen Haaren; obere Stengelblätter meist 4–8mal so lang wie breit; Kronblätter 6–9 mm lang.

2. Grundständige Blätter und untere Stengelblätter jederseits mit 1–6 kleinen, seitlichen Abschnitten; Kronblätter weiß, seltener blaßlila; Früchte vom Fruchtstiel nach oben abgewinkelt; Griffel 0,4–0,6 mm lang . . . . *C. arenosa* **49**

2*. Mindestens einzelne grundständige Blätter mit 4–9 seitlichen Abschnitten; Kronblätter lila; Früchte nicht abgewinkelt; Griffel 0,6–1 mm lang. Vogesen, Jura, sonst sehr selten. *C. borbasii* **50**

Gattung Arabis s.l.

Arabis pauciflora wird heute als *Fourraea alpina* von *Arabis* getrennt.

1. Stengel und Blätter kahl, einzelne Stengelblätter länger als 4 cm, mit 2 breiten, stumpfen bis spitzen Zipfeln den Stengel umfassend. Vogesen, Jura, Alpen . . . . *Fourraea alpina* **51**

1*. Stengel und Blätter behaart oder wenn kahl, Stengelblätter kürzer als 4 cm.

2. Blütenstand (wenigstens im unteren Teil) beblättert; Früchte nach unten gebogen, 80–150 mm lang; Fruchtstand einseitswendig. Steinige, kalkreiche Böden . . . . *A. turrita* **52**

2*. Blütenstand ohne Blätter; Früchte aufrecht, 15–70 mm lang.

3. Früchte 0,8–1,8 mm breit (bei *A. alpina* und *A. caucasica* [mit dicht behaarten Blättern] bis 2 mm breit); Samen höchstens mit 0,2 mm breitem Rand; Stengel unten meist mit Haaren.

54 53 56 55 57 58

4. Kronblätter 6–18 mm lang; Haare 2–5strahlig.
5. Stengelblätter mit 2 kurzen gerundeten Zipfeln den Stengel umfassend; Fruchtstiele meist mit 2–5strahligen Haaren; Kronblätter weiß.
a) Kronblätter 7–10 mm lang und 2–3,5 mm breit, allmählich in den Stiel verschmälert, Kelchblätter 3–5 mm lang. Schutthalden, Geröll . . . . *A. alpina* **53**
b) Kronblätter 9–18 mm lang und 5–8 mm breit, plötzlich in den Stiel verschmälert, Kelchblätter 4–8 mm lang. Verwildert . . . . *A. caucasica*
5*. Stengelblätter mit verschmälertem Grunde sitzend oder bei *A. rosea* (mit purpurnen Kronblättern) den Stengel mit gerundeten Zipfeln wenig umfassend; Fruchtstiele kahl.
6. Kronblätter weiß oder selten rötlich; Griffel 0,3–0,5 mm lang. Kalkgestein . . *A. collina* 54
6*. Kronblätter purpurn; Griffel 0,8–1,5 mm lang. Zierpflanze, verwildert . . . *A. rosea*
4*. Kronblätter 3–6 mm lang, selten 6–7 mm lang und dann Pflanze kahl oder mit 1fachen oder vorwiegend 2strahligen Haaren.
7. Verzweigte Haare 2–5strahlig.
8. Stengelblätter 5–20, mit 2 Zipfeln den Stengel umfassend.
9. Kelchblätter 1,8–2,4 mm lang; Stengelblätter mit 2 gerundeten Zipfeln den Stengel umfassend; Früchte 0,6–1 mm breit. Warme Lagen . . . . *A. auriculata* 55
9*. Kelchblätter 2,8–3,2 mm lang; Stengelblätter mit 2 spitzen Zipfeln den Stengel umfassend; Früchte 1,3–1,5 mm breit. Warme Lagen . . . . *A. nova* **56**
8*. Stengelblätter 3–8, mit verschmälertem Grunde sitzend. Südjura, Alpen . . *A. serpillifolia* **57**
7*. Verzweigte Haare (sofern vorhanden) meist 2strahlig.
10. Früchte 0,6–1,5 mm breit; Stengelblätter 4–50; Kronblätter weiß . . . . . *Artengruppe der A. hirsuta* S. 228
10*. Früchte 1,5–1,8 mm breit; Stengelblätter 1–4; Kronblätter gelblichweiß . . *A. scabra*
3*. Früchte 1,8–3,2 mm breit; Samen mit 0,3–0,8 mm breitem Rand; Stengel oft kahl.
11. Stengel bis zum Blütenstand mit 1fachen und 2strahligen Haaren; Kronblätter hellblau. Alpin; Kalkschutt, Moränen . . . . *A. caerulea* 58
11*. Stengel mindestens oberhalb des obersten Stengelblattes kahl; Kronblätter weiß.
12. Grundständige Blätter und unterer Stengel mit zahlreichen 2–5strahligen und 1fachen Haaren; Stengelblätter 1–4; Pflanze 4–20 cm hoch. Auf Kalk; Alpen. . . . *A. pumila* s.l.
13. Rosettenblätter locker mit 1–2strahligen Haaren besetzt; Stengel mit 3–14 Früchten; grösste Samenflügelbreite 0,3–0,5 mm. Schutt . . . *A. bellidifolia*

59 10× 10× 60 61 10× 62 63

13*. Rosettenblätter dicht mit meist 4strahligen Haaren besetzt; Stengel mit 1–6 Früchten; grösste Samenflügelbreite 0,5–0,9 mm. Felsspalten . . . . *A. stellulata*

12*. Grundständige Blätter kahl (selten am Blattstiel mit einzelnen 1fachen Haaren); Stengelblätter 5–12; Pflanze 10–30 cm hoch. Bachufer, Quellfluren; Alpen . . . . *A. subcoriacea*

Artengruppe der Arabis hirsuta

1. Stengelblätter 8–50, mit Zähnen, mit 1–4 mm langen Zipfeln den Stengel umfassend oder mit breitem Grunde sitzend; Samen mit 0,1–0,2 mm breitem Rand.

2. Stengel im untern Teil mit fast ungestielten, anliegenden, kompaßnadelartigen, 2strahligen Haaren, ohne 1fache Haare; Früchte 0,6–1 mm breit, ohne deutliche Nerven . . . *A. nemorensis* **59**

2*. Stengel im untern Teil mit 1fachen Haaren, mit gabelförmigen, gestielten, 2strahligen Haaren oder kahl; Früchte 1–1,5 mm breit, mindestens im untern Teil mit deutlichen Nerven.

3. Stengel im untern Teil behaart; untere Früchte die Blüten kaum überragend; Kronblätter 0,6–1,5 mm breit.

4. Stengelblätter mit meist 1–2 mm langen Zipfeln den Stengel umfassend; Stengel im untern Teil mit zahlreichen 0,3–0,8 mm langen, z. T. anliegenden, 1fachen und gabelförmigen 2strahligen Haaren . . . . *A. sagittata* **60**

4*. Stengelblätter mit bis 1 mm langen Zipfeln den Stengel umfassend oder mit breitem Grunde sitzend; Stengel im untern Teil mit 0,6–1,2 mm langen, abstehenden 1fachen und 2- (selten 4-) strahligen Haaren . . . . *A. hirsuta* **61**

3*. Stengel ± kahl; untere Früchte die Blüten überragend; Kronblätter 1,3–2,5 mm breit *A. allionii*

1*. Stengelblätter 4–10, ganzrandig, mit verschmälertem oder breitem Grunde sitzend; Samen ohne flügelförmigen Rand. Jura, Alpen, Alpenvorland . . . . *A. ciliata* **62**

Gattung Erysimum

1. Griffel mit deutlich 2teiliger **Narbe (Narbenteile länger als dick); Früchte** 2,5–3,5 mm dick *E. cheiri* **63**

1*. Griffel mit ungeteilter oder wenig tief 2teiliger Narbe und dann Narbenteile kürzer als dick; Früchte 1–1,5 mm dick.

2. Fruchtstiele $^1/_3$–$^1/_2$ so lang wie die Früchte; Kronblätter 2–5 mm lang. Äcker, Schuttstellen *E. cheiranthoides* **64**
2*. Fruchtstiele $^1/_{20}$–$^1/_6$ so lang wie die Früchte; Kronblätter 6–25 mm lang.
3. Fruchtstiele $^1/_{30}$–$^1/_{15}$ so lang wie die Früchte, etwa so dick wie die Früchte, fast waagrecht abstehend; Staubbeutel 0,8–1,2 mm lang. Adventiv . . . . *E. repandum*
3*. Fruchtstiele $^1/_{12}$–$^1/_6$ so lang wie die Früchte, meist deutlich dünner als die Früchte, aufrecht abstehend bis anliegend; Staubbeutel 1,2–5,5 mm lang.
4. Obere Blätter mit meist 3strahligen Haaren, 4–12mal so lang wie breit . . . . *Artengruppe des E. virgatum* S. 229
4*. Obere Blätter mit meist 2strahligen Haaren, 10–20mal so lang wie breit . . . . ***Artengruppe des*** *E. sylvestre* S. 229

Artengruppe des Erysimum virgatum

1. Blätter 4–7mal so lang wie breit, die untern jederseits mit 2–6 Zähnen.
2. Kelchblätter 6–9 mm lang; Kronblätter 12–18 mm lang; Blattzähne oft länger als 1 mm *E. odoratum*
2*. Kelchblätter 5–6 mm lang; Kronblätter 8–11 mm lang; Blattzähne meist kürzer als 1 mm . . . . *E. hieraciifolium* **65**
1*. Blätter 7–12mal so lang wie breit, die untern jederseits höchstens mit 1–3 Zähnen . . . *E. virgatum* **66**

Artengruppe des Erysimum sylvestre

1. Unterirdischer Stengel kurz, nicht kriechend, wenig verzweigt; Samen 0,8–2,2 mm lang.
2. Untere Stengelblätter buchtig gezähnt; Zähne mindestens 2 mm lang. Hegau . . . . *E. crepidifolium* **67**
2*. Untere Stengelblätter ganzrandig oder mit Zähnen, die meist kürzer als 1 mm sind.
3. Früchte 0,6–1 mm dick; Kelchblätter am Grunde nicht ausgebuchtet. Vintschgau . . *E. diffusum*
3*. Früchte 1–2 mm dick; innere Kelchblätter am Grunde sackartig ausgebuchtet.
4. Griffel an der Frucht 0,5–1,5 mm lang; Früchte auf den Kanten und auf den Flächen zerstreut behaart (Epidermis zwischen den Haaren sichtbar).
5. Früchte 40–90 mm lang und 1–1,5 mm dick; Kronblätter 15–25 mm lang; Pflanze 10–50 cm hoch. Bergamasker Alpen . . . . *E. sylvestre*

5*. Früchte 20–35 mm lang und 1,5–2 mm dick; Kronblätter 12–16 mm lang; Pflanze 5–20 cm hoch. Maurienne, Aostatal . . . . *E. jugicola*

4*. Griffel an der Frucht 2–4 mm lang; Früchte auf den Kanten zerstreut und auf den Flächen dicht behaart (Epidermis meist nicht sichtbar). Zentral- und Südalpen . . . *E. rhaeticum* 68

1*. Unterirdischer Stengel weit kriechend, stark verzweigt; Samen 3–4 mm lang. Südlicher Jura, Savoyen . . . . *E. ochroleucum* **69**

Gattung Reseda (Familie der Resedaceae)

1. Kelchblätter 2–3 mm lang, zur Fruchtzeit kaum länger; Frucht aufrecht.

2. Blätter 3teilig bis fiederteilig; Kelch- und Kronblätter 6. . . . . *R. lutea* 70

2*. Blätter ungeteilt, schmallanzettlich; Kelch- und Kronblätter 4 . . . . *R. luteola* 71

1*. Kelchblätter 3,5–5 mm lang, zur Fruchtzeit bis 10 mm lang; Frucht hängend. Südwesten . *R. phyteuma*

Familie der Droseraceae

1. Blätter grundständig mit kugeligen Drüsen auf langen Stielen; Pflanze mit büscheligen Wurzeln. Hochmoore . . . . *Drosera* S. 230

1*. Blätter quirlständig, über die ganze Sproßachse verteilt, mit Borsten und zusammenklappenden Blatthälften; Pflanze ohne Wurzeln, unter der Wasseroberfläche schwimmend . . . . . *Aldrovanda vesiculosa* 72

Gattung Drosera

1. Blätter horizontal ausgebreitet; Blattspreite im Umriss rundlich, so lang wie breit, plötzlich in den Stiel verschmälert . . . . *D. rotundifolia*

1*. Blätter aufrecht oder schief aufrecht; Blattspreite mindestens 1,5mal so lang wie breit, in den Stiel verschmälert (Blattspreite so lang angenommen, wie Fangdrüsen daran vorhanden sind).

2. Stengel aus der Rosette senkrecht aufsteigend, die Blätter überragend.

4. Blattspreite 1,5–3mal so lang wie breit . . . . *D. obovata*
4*. Blattspreite 3–5mal so lang wie breit . . . . *D. anglica*
2*. Stengel aus der Rosette seitwärts in einem Bogen abzweigend und erst nachher senkrecht aufsteigend, die Blätter nur wenig überragend; Blattspreite 2–3mal so lang wie breit . . . . . *D. intermedia* 73

Familie der Crassulaceae

1. Staubblätter doppelt so viele wie Kronblätter.
2. Kronblätter bis zu ¾ der Länge verwachsen, Krone eine zylindrische Röhre bildend; Blüten hängend; Blätter schildförmig, mit Stiel ungefähr im Zentrum des Blattes. Cornerseegebiet . . . . *Umbilicus rupestris* 74
2*. Kronblätter frei; Blüten nicht hängend; Blätter ohne Stiel.
3. Kugelige, geschlossene oder sternförmig ausgebreitete Rosetten aus fleischigen, lanzettlichen bis ovalen Blättern stets vorhanden; Blüten 6–18zählig . . . . *Sempervivum* s.l. S. 231
3*. Pflanze ohne solche Blattrosetten; Blüten 5- oder 6-, selten 7zählig, bei *S. Rosea* 4zählig und 1geschlechtig . . . . *Sedum* s.l. S. 232
1*. Staubblätter so viele wie Kronblätter, meist 5, selten 4 oder 3. Kollin; trockene, sandige Böden . . . . *Sedum rubens*

Gattung Sempervivum s.l.

1. Kronblätter violett bis karminrot.
2. Die meisten Blattspitzen der Rosettenblätter durch eine einem Spinnengewebe ähnliche Behaarung miteinander verbunden . . . . *S. arachnoideum* 75
2*. Keine einem Spinnengewebe ähnliche Behaarung vorhanden.
3. Rosettenblätter überall dicht mit Drüsen besetzt . . . . *S. montanum*
3*. Rosettenblätter oberseits und unterseits kahl, am Rande abstehend bewimpert . . . . *S. alpinum*

1*. Kronblätter gelb.
4. Kronblätter drüsig bewimpert.
5. Rosettenblätter oberseits und unterseits kahl, am Rande drüsig bewimpert. Südostalpen . . . . . *S. wulfenii* **76**
5*. Rosettenblätter überall dicht mit Drüsen besetzt. Val Susa bis Valsesia und Simplon . . . . . ***S. grandiflorum***
4*. Kronblätter auffallend gefranst. . . . . . *Jovibarba*
6. Blätter überall mit Drüsen. Aostatal . . . . . *J. allionii*
6*. Blätter nur am Rande mit Drüsen. Bergamasker Alpen . . . . . *J. arenaria*

Gattung Sedum s.l.

Sedum roseum wird heute als *Rhodiola rosea* von *Sedum* getrennt.

1. Blätter flach, im Umriß rundlich, oval oder lanzettlich, gezähnt oder ganzrandig.
2. Pflanze 1geschlechtig (selten einzelne Zwitterblüten), fast immer das andere Geschlecht rudimentär in den Blüten vorhanden und so weit entwickelt, daß die Blüten vor dem Aufblühen normal zwitterig erscheinen; Blüten 4zählig! Subalpin, alpin; selten . . . . *Rhodiola rosea* **77**
2*. Pflanze 2geschlechtig, Blüten zwitterig, 5–7zählig.
3. Blütenstand eine lockere, bis 20 cm hohe Rispe. Kollin; selten . . . . . *S. cepaea* **78**
3*. Blütenstand aus mehreren, doldenartig angeordneten Ästen, die auf der Oberseite die Blüten tragen oder Blütenstand aus mehreren blattachselständigen, doldenartigen Blütenständen zusammengesetzt.
4. Blätter ganzrandig.
5. Blätter wechselständig; Kronblätter schmutzigrosa. Westliche Alpen . . . . . *S. anacampseros*
5*. Blätter zu 3 quirlständig; Kronblätter gelb. Südtessin, Misox, eingeschleppt . . ***S. sarmentosum***
4*. Blätter mit stumpfen oder spitzen Zähnen.

6. Keine sterilen Triebe vorhanden; Pflanze vollständig kahl; Kronblätter 4–5 mm lang; Blätter meist länger als 3 cm . . . . . *Artengruppe des S. telephium* S. 234

6*. Sterile, beblätterte Triebe stets vorhanden; Blätter kürzer als 3 cm.
a) Kronblätter weiss oder rot; Blätter gegenständig, am Rande bewimpert . . . . . *S. spurium*
b) Kronblätter gelb; Blätter wechselständig, kahl . . . . . *S. hybridum*

79 2× 80 2× 81 82

1*. Blätter nicht flach, eiförmig, ellipsoidisch, zylindrisch oder im Querschnitt halbkreisförmig und stumpf oder spitz.

7. Blätter mit grannenartiger oder stachliger Spitze . . . . *Artengruppe des S. rupestre* S. 234

7*. Blätter stumpf.

8. Kronblätter etwa 5mal so lang wie die Kelchblätter. Selten . . . . *S. hispanicum*

8*. Kronblätter höchstens 3mal so lang wie die Kelchblätter.

9. Ganze Pflanze oder wenigstens der Blütenstand mit zahlreichen Drüsenhaaren.

10. Pflanze im untern Teil kahl, sonst überall mit Drüsenhaaren besetzt; sterile Triebe vorhanden . . . . *S. dasyphyllum*

10*. Pflanze überall mit zahlreichen Drüsenhaaren.

11. Keine sterilen Triebe vorhanden; Kronblätter mit stumpfer Spitze. Sehr selten *S. villosum*

11*. Sterile Triebe zahlreich; Kronblätter mit 0,5–1 mm langer, grannenartiger Spitze. Nur im Süden des Gebiets. Dép. Ain, Alpensüdfuß; sehr selten . . . . . *S. hirsutum*

9*. Ganze Pflanze vollständig kahl.

12. Keine sterilen Triebe vorhanden.

13. Kelchblätter spitz . . . . *S. atratum* **79**

13*. Kelchblätter stumpf, dick, von gleicher Form wie die Stengelblätter . . . *S. annuum* **80**

12*. Sterile Triebe zahlreich.

14. Kronblätter weiß, am Grunde mit rotem Mittelnerv oder außerseits rosa . . *S. album* **81**

14*. Kronblätter gelb; Kelchblätter eiförmig.

15. Kronblätter stumpf. Alpin; saure Böden . . . . *S. alpestre*

15*. Kronblätter fein zugespitzt.

16. Blätter halbeiförmig (unterseits gewölbt, oberseits flach), bis 4 mm lang und 3 mm breit; Kelchblätter breit, bis $1^1/_2$mal so lang wie breit . . . . *S. acre* **82**

16*. Blätter zylindrisch, bis **6** mm lang und 1,5 mm dick; Kelchblätter schmal, **bis 3mal so lang wie breit** . . . . *S. sexangulare*

83

84

Artengruppe des Sedum telephium

1. Stengelblätter 2–$2^1/_2$mal so lang wie breit, mit stumpfen und oft nur wenigen Zähnen.
   2. Blätter am Grunde herzförmig, ausgerandet oder abgerundet, nie nach dem Grunde keilförmig verschmälert; Kronblätter hell gelbgrün . . . . *S.* ***maximum*** **83**
   2*. Untere Stengelblätter nach dem Grunde keilförmig verschmälert, obere am Grunde abgerundet; Kronblätter purpurrot, wenig zurückgebogen . . . . *S. telephium*

1*. Stengelblätter 3–4mal so lang wie breit, alle nach dem Grunde keilförmig verschmälert, mit spitzen Zähnen; Kronblätter purpurrot, flach ausgebreitet . . . . *S. fabaria*

Artengruppe des Sedum rupestre

1. Staubfäden überall kahl.
   2. Kronblätter zitronengelb . . . . *S.* ***montanum*** **84**
   2*. Kronblätter weiß oder gelblich. Alpensüdseite . . . . *S. anopetalum*

1*. Staubfäden am Grunde bewimpert oder mit Papillen.
   3. Blätter bis 2 mm breit (getrocknet); Kelchblätter mit kurzer Spitze; Staubfäden am Grunde zerstreut bewimpert.
      4. Blätter an der Spitze der sterilen Triebe keinen auffallenden Schopf bildend, oberseits deutlich gewölbt. Selten . . . . *S. rupestre*
      4*. Blätter an der Spitze der sterilen Triebe einen dichten Schopf bildend, auf der Oberseite ziemlich flach. Französischer Jura, Vogesen . . . . *S. forsterianum*
   3*. Blätter bis 6 mm breit (getrocknet); Kelchblätter mit bikonvexer, stumpfer Spitze; Staubfäden am Grunde dicht mit Papillen besetzt. Dép. Ain, Savoyen, Rhonetal . . . . *S. sediforme*

Familie der Saxifragaceae (*inkl. Grossulariaceae, Parnassiaceae und Philadelphaceae*)

1. Ausdauernde oder 1jährige Kräuter.
   2. Kronblätter vorhanden.

3. Blätter überall mit eingesenkten Drüsen (10fache Vergrößerung!), groß, 10–20 cm lang, rundlich bis oval, in den Stiel verschmälert, ausgerandet oder herzförmig, Rand gezähnt, bewimpert oder glatt; Blüten weiß oder rot; Rhizom oberirdisch, fleischig, bis 3 cm dick; Gartenpflanze, gelegentlich verwildert . . . . *Bergenia crassifolia*

3*. Blätter stets viel kleiner als bei *Bergenia*.

4. Staubblätter 10, selten 8, keine Staminodien . . . . *Saxifraga* S. 235

4*. Staubblätter 5, zudem 5 Staminodien, die am Rande gestielte Drüsen tragen . . *Parnassia palustris* **85**

2*. Keine Kronblätter vorhanden . . . . *Chrysosplenium* S. 241

1*. Sträucher.

5. Blätter wechselständig; Kronblätter meist kürzer als die Kelchblätter . . . . *Ribes* S. 242

5*. Blätter gegenständig; Kronblätter deutlich länger als die Kelchblätter.

6. Kronblätter 4, 12–18 mm lang; Staubblätter ca. 25; Griffel 4 . . . . *Philadelphus coronarius*

6*. Kronblätter 5, 6–10 mm lang; Staubblätter 10; Griffel 3 . . . . *Deutzia scabra*

Gattung Saxifraga

1. Stengel mit gegenständigen Blättern; Blätter am Rande überall oder wenigstens in der untern Blatthälfte bewimpert.

2. Blütenstand stets 1blütig . . . . *Artengruppe der S. oppositifolia* S. 241

2*. Blütenstand 2–9blütig, nur ausnahmsweise 1blütig.

3. Blattrand nur in der untern Hälfte des Blattes bewimpert, Blätter mit je 3–5 gelegentlich kalkausscheidenden Gruben.

4. Stengel und Kelch kahl. Alpen; Südliche Ketten . . . . *S. retusa*

4*. Stengel und Kelch dicht und drüsig behaart. Savoyen, Aostatal . . . . *S. purpurea*

3*. Blattrand überall abstehend bewimpert, Blätter mit nur je 1, nie kalkausscheidender Grube.

5. Kronblätter 3nervig. Selten . . . . *S. biflora* **86**

5*. Kronblätter 5nervig. Selten . . . . *S. macropetala*

1*. Blätter am Stengel wechselständig.

85

86

6. Blätter auf der Oberseite nahe dem Rande oder wenigstens unterhalb der Spitze mit wenigen bis sehr zahlreichen, kalkausscheidenden Gruben (10fache Vergrößerung!), Blattrand daher meist mit weißen Kalkflecken oder mit Kalkkrusten überzogen.

7. Grundblätter in ± flach ausgebreiteten Rosetten, flach (im Querschnitt nicht 3eckig), bandförmig und gegen die Spitze hin verbreitert oder fast parallelrandig, stumpf oder mit kleiner Spitze, am Rande fein gezähnt.

8. Blüten weiß.

9. Stengel in der obern Hälfte rispig verzweigt.

10. Rispenäste mit 1–3 Blüten; Blätter gegen die Spitze hin allmählich verbreitert, 0,5–5 cm lang, 2–5mal so lang wie breit, an der Spitze nicht abwärts gebogen.

11. Blätter regelmäßig und fein gezähnt . . . . *S. paniculata* **87**

11*. Blätter nicht oder nur undeutlich gezähnt. Bergamasker Alpen . . . . . *S. crustata*

10*. Rispenäste meist mit mehr als 3 Blüten; Blätter bandartig, 0,5–1 cm breit, nach der Spitze hin wenig verbreitert, 5–10mal so lang wie breit, an der Spitze abwärts gebogen. Bormio, Veltlin, Bergamasker Alpen . . . . *S. hostii*

9*. Stengel vom Grunde an oder wenig darüber rispig verzweigt . . . . *S. cotyledon*

8*. Blüten gelb . . . . *S. mutata*

7*. Keine flach ausgebreiteten Blattrosetten vorhanden, Blätter stengelständig oder dicht dachziegelartig übereinander; Blätter nur gegen die Basis hin fein und abstehend bewimpert, sonst kahl.

12. Grundfarbe der Kronblätter zitronengelb bis orange; Blätter an den Trieben locker stehend, fleischig, im Querschnitt halbkreisförmig, 1–2,5 cm lang; Pflanze Rasen bildend . . . . *S. aizoides* **88**

12*. Grundfarbe der Kronblätter weiß; Blätter die Triebe dicht dachziegelartig überdeckend (mit Ausnahme der blütentragenden Stengel), im Querschnitt 3eckig unterseits mit stumpfem Kiel), klein, 0,3–1 cm lang; Pflanze feste und dichte Polster bildend.

13. Blätter allmählich in die harte, stechende Spitze verschmälert.

14. Blütenstand mehrblütig. Bergamasker Alpen . . . . *S. vandellii* **89**

14*. Stengel 1blütig. Val Camonica . . . . *S. burseriana*

13*. Blätter mit stumpfer Spitze.

90

91

15. Blätter nicht zurückgebogen; am Stengel stets zahlreiche Drüsenhaare vorhanden, die länger sind als der Durchmesser des Stengels. Savoyen, Wallis, Aostatal . . . . *S. diapensioides*

15*. Blätter zurückgebogen; längste Drüsenhaare kürzer als der Durchmesser des Stengels.

16. Stengel kahl oder mit wenigen, etwa 0,1 mm langen Drüsenhaaren; Blütenstand 2–6blütig.

17. Blätter vom Grunde an nach außen und zurück gebogen . . . . *S. caesia* **90**

17*. Blätter nur an der Spitze etwas nach außen gebogen; Dolomiten . . . *S. squarrosa*

16*. Stengel dicht mit senkrecht abstehenden, 0,2–0,5 mm langen Drüsenhaaren; Blütenstand 5–10blütig. Savoyen . . . . *S. valdensis*

6*. Blätter nie mit kalkausscheidenden Gruben.

18. Krone auffallend zygomorph: 2 Kronblätter 3–4mal so lang wie die übrigen 3 Kronblätter; Pflanze lange, fadenförmige, oberirdische Ausläufer treibend. Gelegentlich verwilderte Gartenpflanze . . . . *S. stolonifera*

18*. Krone nicht zygomorph (bei *S. stellaris* an seitenständigen Blüten gelegentlich deutlich zygomorph); Pflanze ohne lange, fadenförmige, oberirdische Ausläufer.

19. Fruchtknoten oberständig; Kelchblätter nach Beginn der Blüte zurückgebogen, bei *S. rotundifolia* senkrecht abstehend, bei *S. aspera* und *S. bryoides* den Kronblättern anliegend.

20. Grundständige Blätter im Umriß rundlich, nierenförmig oder breit oval, stets gezähnt.

21. Grundständige Blätter im Umriß rundlich bis nierenförmig, am Grunde herzförmig, gestielt.

22. Untere Stengelblätter von gleicher Form wie die grundständigen, gestielt; Blattrand grün . . . . *S. rotundifolia* **91**

22*. Stengel ohne Blätter oder nur mit lanzettlichen, schuppenförmigen Blättern; Blattrand gelblich, knorpelig. Vogesen, gelegentlich verwildert . . . . *S. hirsuta*

21*. Grundständige Blätter oval bis rundlich, in den Stiel verschmälert (bei *S. stellaris* oft kein deutlicher Blattstiel vorhanden).

23. Grundständige Blätter allmählich in den Stiel verschmälert; Blattstiele kahl oder am Rande zerstreut bewimpert.

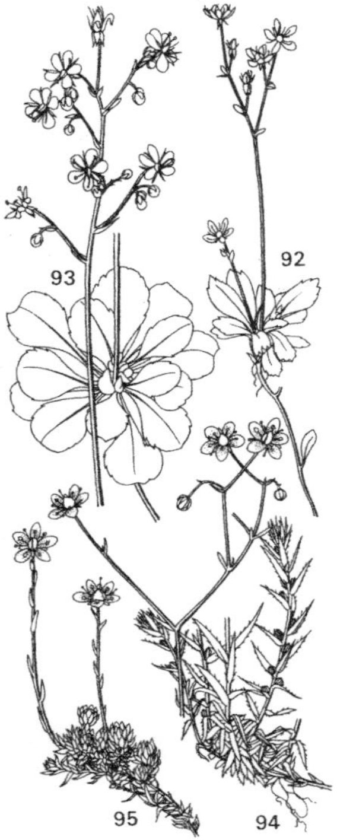

24. Blätter mit grünem Rand; Zähne meist spitz; Blattstiel nicht vorhanden oder höchstens $^1/_2$ so lang wie die Spreite . . . . *S. stellaris* **92**

24*. Blätter mit gelblichem, knorpeligem Rand; Zähne stumpf; Blattstiel 1–2mal so lang wie die Spreite. Besonders Zentral- und Südalpen . . . . *S. cuneifolia* **93**

23*. Grundständige Blätter plötzlich in den Stiel verschmälert, mit gelblichem, knorpeligem Rand; Blattstiele am Rande mit langen, krausen Haaren. Gelegentlich verwilderte Gartenpflanze . . . . *S. umbrosa*

20*. Grundständige Blätter schmal oval bis schmal lanzettlich oder fast parallelrandig, ganzrandig oder am Rande bewimpert oder gefranst, nie gezähnt.

25. Kelchblätter nach Beginn der Blüte zurückgebogen; Blätter schmal oval, beiderseits flach, ganzrandig; Blattstiel und Stengel (besonders im obern Teil) dicht mit bis 2 mm langen, braunen Haaren besetzt. Sehr seltene Moorpflanze *S. hirculus*

25*. Kelchblätter den Kronblättern anliegend, nicht zurückgebogen; Blätter schmal lanzettlich oder fast parallelrandig, am Rande meist gefranst oder bewimpert; Pflanze ohne braune Haare.

26. Blattrosetten in den Blattachseln an den sterilen Trieben kaum $^1/_2$ so lang wie das sie tragende Blatt; Blütenstand 1–10blütig; Pflanze lockere Rasen bildend, 5–25 cm hoch . . . . *S. aspera* **94**

26*. Blattrosetten in den Blattachseln an den sterilen Trieben so lang wie das sie tragende Blatt; Blütenstand meist 1blütig; Pflanze dichte Polster bildend, 2–5 cm hoch . . . . *S. bryoides* **95**

19*. Fruchtknoten nicht oberständig, wenigstens teilweise in den Kelchbecher eingesenkt und mit diesem verwachsen; Kelchblätter den Kronblättern anliegend, nie zurückgebogen (bei *S. sedoides* abstehend).

27. Kronblätter nach dem Grunde verschmälert.

28. Wenigstens die grundständigen Blätter, oft auch die Stengelblätter in den Blattachseln Brutzwiebeln tragend; grundständige Blätter nierenförmig oder herzförmig, mit wenigen, großen, breiten, stumpfen oder bespitzten Zähnen oder bis auf $^2/_3$ 3-, 5- oder 7teilig.

29. Blütenstand mehrblütig.

92 93 94 95

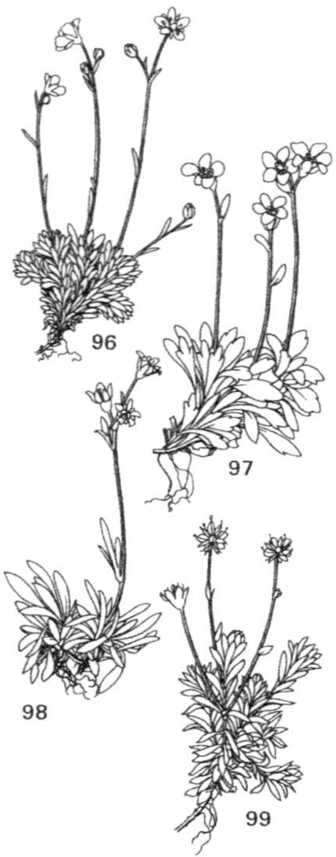

96 97 98 99

30. Brutzwiebeln nur in den Achseln der untersten, grundständigen Rosettenblätter; Stengel oft schon vom Grunde an verzweigt; Blütenstand eine unregelmäßige, lockere Rispe; Kronblätter auffallend groß, ca. 1,5 cm lang . *S. granulata*

30*. Auch die Stengelblätter Brutzwiebeln tragend; Stengel erst an der Spitze verzweigt; Blütenstand doldenartig, eng zusammengezogen; Kronblätter weniger als 1 cm lang. Flaumeichenwälder . . . . *S. bulbifera*

29*. Nur 1 Blüte an der Spitze des Stengels; grundständige Blätter und Stengelblätter Brutknospen tragend; grundständige Blätter bis auf etwa $^2/_3$ 3-, 5- oder 7teilig. Sehr selten . . . . *S. cernua*

28*. Blätter nie mit Brutzwiebeln in den Blattachseln; Blätter in den Stiel verschmälert, nie nierenförmig oder herzförmig.

31. Sterile Triebe vorhanden.

32. Pflanze ohne spinngewebeartige Behaarung.

33. Blätter ganzrandig, bei *S. androsacea* ausnahmsweise einzelne Blätter mit 1–3 kleinen Zähnen.

34. Blätter schmal oval (größte Breite in der Mitte) bis fast parallelrandig, mit breit abgerundeter Spitze; abgestorbene und ausgetrocknete Grundblätter gegen die Spitze hin silbergrau (feuchtes Material ist braun).

35. Kronblätter breit bis rundlich. Alpin; Feinschutt; selten . . . . *S. muscoides* **96**

35.* Kronblätter schmal keilförmig, an der Spitze mit 2 Zipfeln und dazwischen mit kleinem, spitzem Zahn. Bergamasker Alpen . . . *S. presolanensis*

34*. Grundständige Blätter schmal oval oder schmal lanzettlich, größte Breite über der Mitte; abgestorbene Blätter nie silbergrau.

36. Grundständige Blätter stumpf oder spitz, nie mit stachliger Spitze; Kronblätter nie spitz.

37. Kronblätter weiß, 2–3mal so lang wie die Kelchblätter . . . . *S. androsacea* **97**

37*. Kronblätter gelb, 0,8–1,2mal so lang wie die Kelchblätter . . *S. seguieri* **98**

36*. Blätter und Kelchblätter mit heller, stachliger Spitze; Kronblätter mit feiner, oft roter Spitze. Kalkalpen östlich des Comersees . . *S. sedoides* **99**

33*. Blätter radiär 2–7teilig oder mit großen Zähnen, nach dem Grunde allmählich oder plötzlich verschmälert, nicht gestielt oder Stiel breit geflügelt (bei S. *moschata* ungeteilte und geteilte Blätter vermischt).

38. Kronblätter sehr schmal lanzettlich, mit feiner Spitze, 1–1,3mal so lang wie die Kelchblätter, meist weniger als $^1/_2$ so breit wie die Kelchblätter . . . . S. *aphylla* **1**

38*. Kronblätter etwa so breit oder breiter als die Kelchblätter, an der Spitze breit abgerundet.

39. Blüten auffallend groß; Kronblätter 1–1,5 cm lang. Aostatal (Cogne) S. *pedemontana*

39*. Blüten kleiner; Kronblätter nicht über 1 cm lang.

40. Pflanze (wenigstens die Blattränder gegen die Blattbasis hin und der Stengel) vereinzelt bis dicht mit langen, mehrzelligen, weißen Haaren besetzt; Drüsenhaare keine oder vereinzelt.

41. Blattabschnitte nie mit grannenartiger Spitze; in den Blattachseln an den nicht blühenden Trieben keine Rosetten und neuen Triebe. Vogesen, Schwarzwald, gelegentlich verwildert . . S. *rosacea*

41*. Alle Blattabschnitte mit grannenartiger Spitze; in den Blattachseln an den nicht blühenden Trieben Rosetten und neue Triebe vorhanden. Vogesen, gelegentlich verwildert . . . . . S. *hypnoides*

40*. Pflanze ohne lange, mehrzellige Haare, locker bis sehr dicht mit etwa 0,1 mm langen Drüsenhaaren besetzt; Blattabschnitte stumpf.

42. Neben ganzrandigen Grundblättern auch solche mit 1–2 seitlichen, zungenförmigen, stumpfen Abschnitten; alle Blätter zerstreut mit Drüsen besetzt; Kronblätter wenig schmäler bis wenig breiter als die Kelchblätter . . . . S. *moschata* **2**

42*. Alle Grundblätter vorn mit 3–7 bandförmigen, stumpfen Abschnitten; dicht mit Drüsen besetzt; Kronblätter 2mal so breit wie die Kelchblätter . . . . S. *exarata* **3**

32*. Pflanze mit spinngewebeartiger Behaarung. Bergamasker Alpen . . . S. *arachnoidea*

31*. Pflanze ohne sterile Triebe; 1jährig oder 2jährig.

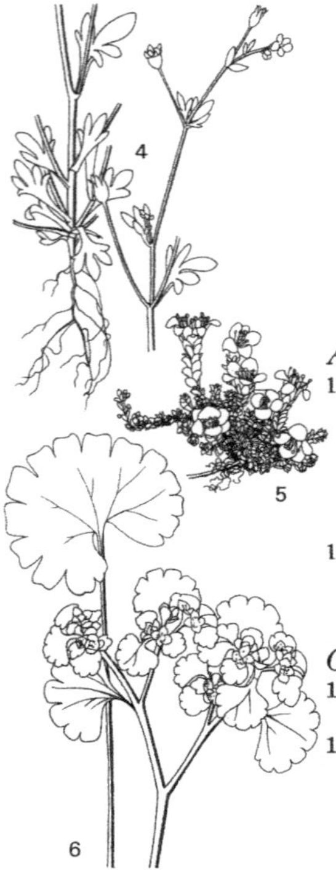

43. Kronblätter 2–3mal so lang wie die Kelchblätter; Blätter im Umriß nie nierenförmig oder halbkreisförmig.
44. Stielförmiger Teil der grundständigen Blätter meist $^1/_2$–$^3/_4$ der Blattlänge einnehmend; Blüten etwa 4 mm lang . . . . *S. tridactylites* **4**
44*. Grundständige Blätter nach dem Grunde keilförmig verschmälert, ohne stielförmigen Teil; Blüten etwa 7 mm lang. Alpen; selten . . . . *S. adscendens*
43*. Kronblätter 4mal so lang wie die Kelchblätter (ca. 10 mm lang); Blätter im Umriß nierenförmig oder halbkreisförmig. Corni di Canzo, Bergamasker Alpen . . . . *S. petraea*
27*. Kronblätter nach dem Grunde nicht verschmälert. Bergamasker Alpen (?) . . *S. paradoxa*

Artengruppe der Saxifraga oppositifolia

1. Pflanze meist locker über den Boden ausgebreitet; Blätter über 2 mm lang, Spitze nicht rückwärts gebogen; Kelch bewimpert, jedoch meist ohne Drüsen.
2. Je Blatt nur 1 gelegentlich kalkausscheidende Grube; Blätter am Rande jederseits mit 8–13 Wimperhaaren . . . . *S. oppositifolia* **5**
2*. Bei wenigstens 70% der Blätter 2–3 gelegentlich kalkausscheidende Gruben; Blätter am Rande jederseits mit 5–6 Wimperhaaren. Nur Bodenseegebiet . . . . *S. amphibia*
1*. Pflanze feste Polster bildend; Blätter nicht über 2 mm lang, mit auffallend nach rückwärts gebogener Spitze; Wimperhaare am Kelch mit Drüsen. Tirol, Dolomiten . . . . *S. rudolphiana*

Gattung Chrysosplenium

1. Stengelblätter wechselständig oder nur 1 Stengelblatt vorhanden; grundständige Blätter an der Basis tief herzförmig; Stengel 3kantig . . . . *Ch. alternifolium* **6**
1*. Stengelblätter gegenständig; nie bloß 1 Stengelblatt vorhanden; grundständige Blätter an der Basis gestutzt und plötzlich in den Stiel verschmälert; Stengel 4kantig . . . . . *Ch. oppositifolium*

Gattung Ribes

1. Zweige mit Stacheln. Verwildert . . . . *R. uva-crispa*

1*. Zweige ohne Stacheln.

- 2. Blüten zwitterig; Blütenstand überhängend; Blattstiel wenig kürzer bis länger als die Blattspreite.
  - 3. Blätter unterseits mit regelmäßig verteilten, sitzenden, gelben Drüsen besetzt; Kelchblätter dicht behaart, mit Drüsen. Verwildert . . . . *R. nigrum*
  - 3*. Blätter ohne sitzende Drüsen; Kelchblätter kahl oder am Rande behaart.
    - 4. Kronblätter etwa $^1/_2$ so lang wie die Kelchblätter; Kelchblätter nur am Rande weiß behaart, sonst kahl. Subalpin . . . . *R. petraeum* 7
    - 4*. Kronblätter etwa $^1/_3$ so lang wie die Kelchblätter; Kelchblätter vollständig kahl . *R. rubrum*
- 2*. Pflanzen meist 1geschlechtig, aber Blüten scheinbar zwittrig; Blütenstand aufrecht; Blattstiel meist nur ½ so lang wie die Blattspreite . . . . *R. alpinum*

Familie der Rosaceae

1. Oberirdische Pflanzenteile krautig, nicht verholzt.
   - 2. Pflanzen ohne Stacheln.
     - 3. Pflanzen 1geschlechtig (das andere Geschlecht rudimentär in den Blüten vorhanden); Blüten klein, Durchmesser 2–4 mm, zu Tausenden in rispigen Blütenständen; Blätter 2–3fach gefiedert. Feuchte Laubmischwälder . . . . *Aruncus dioicus* 8
     - 3*. Pflanzen 2geschlechtig, Blüten meist zwitterig.
       - 4. Blüten ohne Kronblätter (bei *Alchemilla* mit innern und äußern Kelchblättern); Kelch 4zählig; Fruchtblätter 1 oder 2, Frucht 1samig, vom Kelchbecher ± umschlossen.
         - 5. Blätter 1fach gefiedert, mit Endteilblatt, Teilblätter spitz gezähnt; Blüten in dichten, kugeligen bis zylindrischen Blütenständen, alle zwitterig oder zwittrige und 1geschlechtige im selben Blütenstand; Kelch 1fach, Kelchblätter 4, Fruchtblätter 1 oder 2, Frucht 1samig, vom harten skulpturierten Kelchbecher umschlossen . . *Sanguisorba* S. 246

7

8

5*. Blätter radiär geteilt, nie gefiedert, wenigstens bis auf $^4/_5$ oft auch bis zum Grunde 3–11teilig, mit gezähnten Abschnitten; Blüten in lockeren bis dichten Knäueln, die einen rispigen Blütenstand bilden oder von Nebenblättern umschlossen, alle zwitterig; Kelch doppelt, mit je 4 Kelchblättern; Fruchtblatt 1, Frucht 1samig, vom weichen, glatten Kelchbecher umschlossen oder mit der Spitze herausragend *Alchemilla* s.l. S. 247

4*. Blüten mit Kronblättern; Kelch meist 5zählig.

6. Griffel abstehend behaart, nach der Blüte weiterwachsend, dann 0,5–3 cm lang; grundständige Blätter stets gefiedert mit Endteilblatt . . . . *Geum* S. 259

6*. Griffel nach der Blüte nicht weiter wachsend, meist kahl.

7. Frucht oder Früchtchen (1 oder 2) zur Reifezeit vom Kelchbecher eingeschlossen, Kelchblätter nach der Blüte aufgerichtet und zusammenneigend; Blätter stets gefiedert mit Endteilblatt.

8. Kelchbecher außerseits am obern Rand mit zahlreichen, an der Spitze hakenförmig umgebogenen, zur Blütezeit weichen, nach der Blüte starren, 1–4 mm langen Borsten, Kelchblätter 5; Blütenstand vielblütig, 10–40 cm lang, Blüten an der Hauptachse kurz gestielt (ährenähnliche Traube) . . . . . *Agrimonia* S. 260

8*. Kelchbecher ohne Borsten, 5 innere, zusammenneigende und 5 äußere, ± aufrechte Kelchblätter; Blütenstand 2–5blütig, etwa 1 cm lang, eine Traube bildend. Schwarzwald, Bergamasker Alpen . . . . *Aremonia agrimonoides*

7*. Früchtchen nicht vom Kelchbecher eingeschlossen.

9. Kelch 1fach, Kelchblätter 5 oder 6, ebenso viele Kronblätter; Blätter stets gefiedert, mit Endteilblatt . . . . *Filipendula* S. 260

9*. Kelch doppelt (Außenkelch und Innenkelch).

10. Blüten klein, Kronblätter etwa 2 mm lang, gelbgrün, innere Kelchblätter etwa 3 mm lang, Früchtchen meist 2–5 auf flachem Blütenboden; Blütenstände die 2–5 cm lang gestielten Blätter nicht überragend; Blätter mit 3 Teilblättern. Alpin; Schneetälchen . . . . *Sibbaldia procumbens* **9**

10*. Blüten größer; Früchtchen 10–50, auf hochgewölbtem Fruchtboden.

11. Früchtchen auf fleischigem, sich nach der Blüte stark vergrößerndem Fruchtboden (Erdbeeren); Blätter stets 3zählig . . . . *Fragaria* s.l. S. 260

9

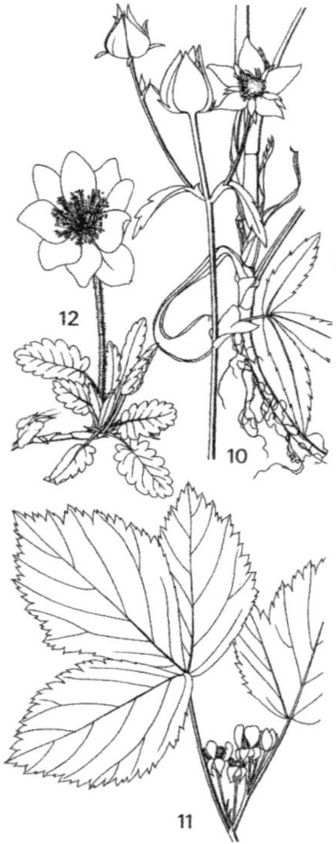

12

10

11

11*. Früchtchen auf schwammigem oder korkigem Fruchtboden (wie bei *Ranunculus*).

12. Kronblätter dunkelpurpurn, nach der Blüte nicht abfallend, häufig bis zur Fruchtreife bleibend. Hochmoore . . . . *Potentilla palustris* **10**

12*. Kronblätter nicht purpurn (weiß oder gelb, einzig bei *Potentilla nitida* aus den südlichen Kalkalpen hellrot bis rot), nach der Blüte abfallend *Potentilla* S. 261

2*. Pflanze mit zerstreuten Stacheln . . . . *Rubus saxatilis* **11**

1*. Oberirdische Pflanzenteile verholzt: Sträucher (auch niederliegende Spaliersträucher), Bäume.

13. Kelch doppelt (Innenkelch und Außenkelch), Blüten zitronengelb, Früchtchen dicht und lang behaart, mit grundständigem Griffel; Blätter gefiedert (7, 5 oder 3 Teilblätter). Häufige Gartenpflanze, im Elsaß verwildert . . . . *Potentilla fruticosa*

13*. Kelch 1fach; Griffel nie grundständig.

14. Niederliegender Spalierstrauch; Blätter immergrün, ungeteilt, gezähnt; Blüten groß (Durchmesser 2–4 cm), weiß; Früchtchen zahlreich auf gewölbtem Fruchtboden, dicht behaart; Griffel federig behaart, nach der Blüte weiter wachsend, zur Fruchtzeit 2–3 cm lang (wie bei *Geum*). Subalpin, alpin; Kalkschutt . . . . *Dryas octopetala* **12**

14*. Sträucher oder Bäume, nie niederliegend.

15. Frucht eine Scheinfrucht oder Steinfrucht mit mehligem oder saftigem Fruchtfleisch oder Früchtchen zu einer saftigen Sammelfrucht vereinigt.

16. Zweige mit Stacheln (nicht Dornen!).

17. Blüten in traubigen oder rispigen, meist vielblütigen, 10–40 cm langen Blütenständen; Früchtchen zahlreich (20–50, bei *R. caesius* weniger als 20), auf kegelförmigem Blütenboden, zu einer saftigen Sammelfrucht vereinigt; Blätter mit 3–5 radiär angeordneten Teilblättern, selten gefiedert und mit bis 7 Teilblättern *Rubus* S. 267

17*. Blütenstände 1–3-, selten bis 5blütig; Früchtchen zahlreich, auf einem kurzen Stiel oder sitzend, vom fleischigen Kelchbecher umschlossen, eine Scheinfrucht (Hagebutte) bildend; Blätter stets gefiedert . . . . *Rosa* S. 275

16*. Zweige ohne Stacheln, gelegentlich mit Dornen.

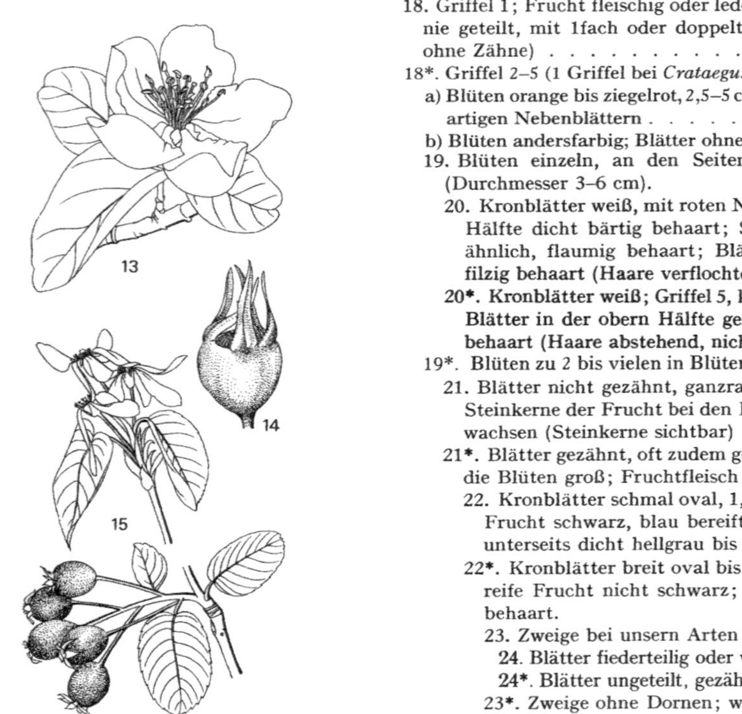

18. Griffel 1; Frucht fleischig oder lederig, mit einem 1samigen Steinkern; Blätter nie geteilt, mit 1fach oder doppelt gezähntem Rand (bei *P. laurocerasus* oft ohne Zähne) . . . . **Prunus** S. 278

18*. Griffel 2–5 (1 Griffel bei *Crataegus monogyna* mit fiederteiligen Blättern).

a) Blüten orange bis ziegelrot, 2,5–5 cm im Durchmesser; Blätter mit grossen, blattartigen Nebenblättern . . . . *Chaenomeles japonica*

b) Blüten andersfarbig; Blätter ohne oder mit kleinen Nebenblättern.

19. Blüten einzeln, an den Seitensprossen (Kurztrieben) endständig, groß (Durchmesser 3–6 cm).

20. Kronblätter weiß, mit roten Nerven oder blaßrosa; Griffel 5, in der untern Hälfte dicht bärtig behaart; Scheinfrucht einem Apfel oder einer Birne ähnlich, flaumig behaart; Blätter nicht gezähnt, unterseits grau, dicht filzig behaart (Haare verflochten). Kulturpflanze . . . . *Cydonia oblonga* **13**

20*. **Kronblätter weiß; Griffel 5, kahl oder fast kahl; Frucht kugelig, behaart; Blätter in der obern Hälfte gezähnt, unterseits graugrün, dicht und kurz behaart (Haare abstehend, nicht verflochten). Kulturpflanze** . . . . . . ***Mespilus germanica*** **14**

19*. Blüten zu 2 bis vielen in Blütenständen, nur ausnahmsweise einzeln.

21. Blätter nicht gezähnt, ganzrandig; Blüten klein (Durchmesser 3–5 mm), Steinkerne der Frucht bei den Kelchblättern vom Fruchtfleisch nicht überwachsen (Steinkerne sichtbar) . . . . *Cotoneaster* S. 527

21*. Blätter gezähnt, oft zudem geteilt oder gefiedert; wenn ganzrandig, dann die Blüten groß; Fruchtfleisch bei den Kelchblättern verwachsen.

22. Kronblätter schmal oval, 1,5–2 cm lang, 3–4mal so lang wie breit; reife Frucht schwarz, blau bereift; Blätter oval, fein gezähnt, junge Blätter unterseits dicht hellgrau bis braun behaart, ältere vollständig kahl . . *Amelanchier ovalis* **15**

22*. Kronblätter breit oval bis rundlich, höchstens 2mal so lang wie breit; reife Frucht nicht schwarz; Blätter unterseits kahl oder grau bis weiß behaart.

23. Zweige bei unsern Arten stets mit Dornen.

24. Blätter fiederteilig oder wenig tief geteilt, sommergrün . . . . . . *Crataegus* S. 280

24*. Blätter ungeteilt, gezähnt, wintergrün. Mediterraner Strauch . . *Pyracantha coccinea*

23*. Zweige ohne Dornen; wenn mit vereinzelten Dornen, dann Blätter nie geteilt oder gefiedert oder immergrün.

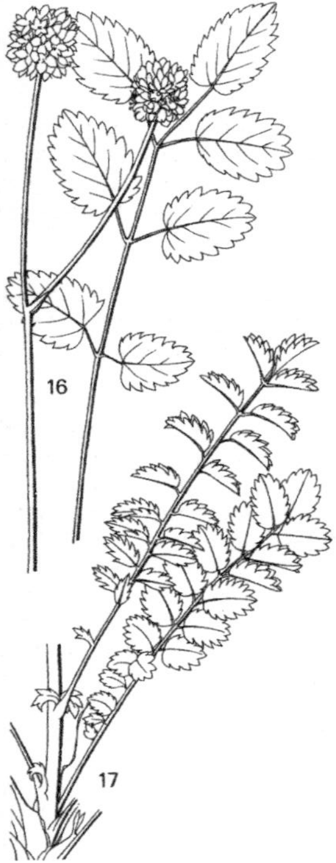

25. Blüten klein, Durchmesser nicht über 1,5 cm, in doldenartigen Rispen; Blätter gezähnt, geteilt oder gefiedert; Zweige nie mit Dornen . . ***Sorbus*** **S. 280**

25*. Blüten groß, Durchmesser 2–4 cm, in wenigblütigen Trauben; Blätter gezähnt oder ganzrandig; Zweige gelegentlich mit Dornen . *Pyrus* s.l. S. 281

15*. 3–8 freie, einzelne, mehrsamige oder 1samige Früchtchen mit harter Schale.

26. Blätter gelappt, mit 3 gezähnten Abschnitten . . . . *Physocarpus opulifolius*

26*. Blätter ungeteilt (nicht eingeschnitten), gezähnt.

27. Blüten in vielblütigen Blütenständen; Blüten bis 1 cm im Durchmesser, weiss bis rot . . . . *Spiraea* S. 281

27*. Blüten einzeln, 1,5–3 cm im Durchmesser, gelb . . . . *Kerria japonica*

16

17

Gattung Sanguisorba

1. Narbe auf dem Griffel ein warziges Köpfchen bildend; die meisten Blüten zwitterig.

2. Blüten dunkelrot; Staubblätter 4, etwa so lang wie die Kelchblätter; Kelchbecher zur Fruchtzeit 4kantig, mit glatten Flächen; Blütenstand kurz (1–3 cm lang) . . . . . . *S. officinalis* **16**

2*. Blüten gelbgrün; Staubblätter 6–15, 4–6mal so lang wie die Kelchblätter; Kelchbecher zur Fruchtzeit mit 4 geflügelten Kanten und locker behaarten Flächen; Blütenstand lang, zylindrisch (4–10 cm lang). Veltlin, Bergamasker Alpen . . . . *S. dodecandra*

1*. Narbe auf dem Griffel aus zahlreichen (über 30) 0,5–1 mm langen, fadenförmigen Gebilden zusammengesetzt, einen Pinsel oder eine Quaste bildend; Blüten grün; oft am Rande rotbraun; Staubblätter 10–30, 3–5mal so lang wie die Kelchblätter; Blütenstand kurz (0,7 bis 1,7 cm lang).

3. Kelchbecher zur Fruchtzeit 4kantig, mit netzig-grubigen Flächen . . . . *S. minor* **17**

3*. Kelchbecher zur Fruchtzeit mit 4 geflügelten, 0,5–1 mm hohen Kanten, die Seitenflächen tief zerfurcht, mit unregelmäßig hohen, zackigen Rippen. . . . . *S. muricata*

Gattung Alchemilla s.l.

Die 1jährigen *Alchemilla*-Arten werden heute als *Aphanes* abgetrennt.

1\. 1jährig; keine grundständigen Blätter; nur 1 Staubblatt, vor einem Kelchblatt des Innenkelchs stehend; Blüten in 10–20blütigen Knäueln, von Nebenblättern umschlossen, den Stengelblättern gegenüber . . . . . . *Aphanes*

2\. Kelchbecher und Kelchblätter (wenn Frucht reif) zusammen 2,3–2,7 mm lang, Kelchbecher mit 8 deutlich vorstehenden Nerven, am Grunde der Kelchblätter krugförmige Einschnürung; Früchte 1,5–1,8 mm lang, braun. Äcker, warme Gegenden . . . . . . *Aph. arvensis* **18**

2*. Kelchbecher und Kelchblätter (wenn Frucht reif) zusammen 1,4–1,6 mm lang, Kelchbecher ohne deutliche Nerven, am Grunde der Kelchblätter Einschnürung undeutlich; Früchte 0,9–1,1 mm lang, gelb. Alpensüdseite, Elsaß . . . . . . *Aph. australis*

1*. Ausdauernd; grundständige Blätter stets vorhanden; Staubblätter 4, zwischen den Kelchblättern des Innenkelchs stehend; Blütenstand eine Rispe, Blüten meist in dichten Knäueln . . . . . . *Alchemilla*

3\. Stengel niederliegend, an den Knoten Wurzeln treibend und neue Rosetten bildend; Blätter bis zum Grunde 3teilig; die seitlichen Abschnitte nochmals bis fast zum Grunde geteilt. Alpin, Schneetälchen . . . . . . ***A. pentaphyllea*** **19**

3*. Stengel aufrecht, bogig aufsteigend oder niederliegend, an den Knoten jedoch nie Wurzeln treibend; Blätter bis zum Grunde oder wenigstens bis auf $^4/_5$ 5–11teilig.

4\. Pflanze niederliegende, bis 10 cm lange, nicht wurzelnde Sprosse treibend, die mit einer Blattrosette endigen; grundständige Blätter 5–7teilig (nie 9teilig), die 2–3 mittleren Abschnitte meist bis zum Grunde frei, seltener bis 3 mm lang verwachsen; Fruchtstiele kürzer oder bis so lang wie die Kelchblätter (wenige länger). Subalpin und alpin; kalkfreie Böden . . . . . . ***Artengruppe der A. alpina*** S. 249

4*. Pflanze keine mit Blattrosetten endigende Sprosse treibend.

5\. Grundständige Blätter wenigstens bis auf $^1/_3$, oft bis zum Grunde 7–9teilig (nie bloß 5teilig), oberseits grün, unterseits dicht und anliegend behaart und mit auffallendem Silberglanz; Fruchtstiele 1–5mal so lang wie die Kelchbecher. Subalpin und alpin, selten montan; kalkhaltige Böden . . . . . . ***Artengruppe der A. conjuncta*** S. 250

18

19

5*. Grundständige Sommerblätter wenigstens bis auf $^4/_5$, selten tiefer als auf $^1/_2$ geteilt; wenn tiefer geteilt (bis auf $^1/_4$), dann Blattunterseite nie mit silbrig glänzender Behaarung.

6. Kelchbecher zur Fruchtzeit kürzer als die innern Kelchblätter (mehrere gut entwickelte Blüten mit nahezu reifen Früchten untersuchen), äußere Kelchblätter meist etwa so lang wie die innern, selten länger.

a. Pflanze 10–30 cm hoch; Blätter unter 10 cm im Durchmesser; Blütenstiele vollständig kahl. Subalpin und alpin . . . . *Artengruppe der A. fissa* S. 251

b. Pflanze 20–70 cm hoch; Blätter bis 20 cm im Durchmesser.

c. Blütenstiele kahl; Blätter höchstens bis auf ¾ eingeschnitten. Kollin und montan *A. mollis*

d. Blütenstiele dicht behaart; Blätter bis auf ¾ bis ½ eingeschnitten. Montan und subalpin . . . . *A. speciosa*

6*. Kelchbecher zur Fruchtzeit länger als die innern Kelchblätter oder gleich lang, äußere Kelchblätter meist deutlich kürzer als die innern.

7. Blütenstiele (nicht Stengel!) ± dicht und anliegend bis senkrecht abstehend behaart (gelegentlich einzelne Blütenstiele kahl).

8. Haare an Blattstielen, Stengeln und Blütenstielen anliegend oder schief abstehend. Subalpin, selten montan; kalkhaltige Böden . . . . *Artengruppe der A. splendens* S. 252

8*. Haare an Blattstielen, Stengeln und Blütenstielen zum großen Teil senkrecht abstehend. Kollin bis alpin . . . . *Artengruppe der A. hybrida* S. 253

7*. Blütenstiele stets kahl.

9. Grundständige Blätter bis auf $^2/_3$, oft bis auf $^1/_2$ (selten tiefer) 7–9teilig, Abschnitte gegen den Grund hin keilförmig verschmälert, Zähne 1–3 mm lang, 1–2mal so lang wie breit, nicht einwärts gebogen; Stengel niederliegend; Blütenstand die grundständigen Blätter nicht überragend. Subalpin . . . *Artengruppe der A. decumbens* S. 253

9*. Blätter höchstens bis auf $^2/_3$ 7–11teilig.

10. Stiele der Frühlings- und Sommerblätter kahl; Stengel kahl; Blüten kahl Subalpin, selten montan und alpin . . . . *Artengruppe der A. coriacea* S. 254

10*. Stiele der Sommerblätter behaart (die der Frühlingsblätter gelegentlich kahl); Stengel wenigstens am Grunde dicht bis zerstreut behaart (weiter oben oft kahl).

11. Haare an Blattstielen und Stengeln zum großen Teil senkrecht abstehend oder mit dem Stengel mindestens einen Winkel von 45° bildend (bei *A. connivens* (S. 258) Haare an den Stengeln senkrecht abstehend, an den Blattstielen anliegend bis senkrecht abstehend, Zähne sehr klein, nur 0,7 mm lang; unter 11*). Kollin bis alpin . . . . *Artengruppe der A. xanthochlora* S. 255

11*. Haare an Blattstielen und Stengeln anliegend oder schief abstehend; Blüten stets kahl. Kollin bis alpin . . . . *Artengruppe der A. glabra* S. 257

Artengruppe der Alchemilla alpina

1. Blattzähne 0,5–1 mm lang, etwa so lang wie breit (bei *A. opaca* Zähne oft bis 1,5 mm lang und 2mal so lang wie breit), meist zusammenneigend.
   2. Blattabschnitte meist etwa in der Mitte am breitesten, schmal oval, an der Spitze nie breit abgerundet; Stengel 1–2mal so hoch wie das Niveau der grundständigen Blätter *A. alpina* **20**
   2*. Blattabschnitte fast immer deutlich über der Mitte am breitesten, nach dem Grunde verschmälert, Spitze breit abgerundet.
      3. Zahl der Blattabschnitte variiert an jeder Pflanze zwischen 5 oder 7.
         4. Mittlere Blattabschnitte bis zum Grunde frei; nur Spitze der Zähne hakig einwärts gekrümmt; Stengel 1–2mal so hoch wie das Niveau der grundständigen Blätter . . *A. opaca*
         4*. Mittlere Blattabschnitte bis 3 mm lang verwachsen; Zähne in ihrer ganzen Länge einwärts gebogen; Stengel 2–3mal so hoch wie das Niveau der grundständigen Blätter. Wallis . . . . *A. saxetana*
      3*. Zahl der Blattabschnitte stets 5, Zähne des Blattrandes oft undeutlich sichtbar; Stengel 3–7mal so hoch wie das Niveau der grundständigen Blätter . . . . *A. saxatilis*

1*. Blattzähne 1,5–3 mm lang, 2–3mal so lang wie breit, meist gerade nach vorn gerichtet oder nur undeutlich zusammenneigend; Stengel 1–2mal so hoch wie das Niveau der grundständigen Blätter . . . . *A. subsericea*

20

Artengruppe der Alchemilla conjuncta

1. Zähne der grundständigen Blätter groß, 2–3 mm lang, 1–3mal so lang wie breit, nicht zusammenneigend.
   2. **Mittlere Abschnitte der grundständigen Blätter meist nicht bis zum Grunde frei, 2–4 mm lang verwachsen. Selten** . . . . . . *A. grossidens*
   2*. Mittlere Abschnitte (oft alle Abschnitte) bis zum Grunde frei . . . . . . *A. glacialis* **21**

1*. Zähne der grundständigen Blätter kleiner, meist 0,5–1 mm, selten über 1,5 mm lang.
   3. Mittlere Abschnitte der grundständigen Sommerblätter meist nicht bis zum Grunde frei, bis $^1/_3$ der Länge verwachsen.
      4. Pflanzen groß, 15–30 cm hoch; Durchmesser der grundständigen Sommerblätter über 4 cm, meist 5–8 cm.
         5. **Grundständige Sommerblätter bis auf etwa $^1/_3$ 7teilig (kaum je 8- oder 9teilig); an den meisten Blüten äußere Kelchblätter höchstens $^1/_4$ so lang wie die innern. Selten** *A. conjuncta* **22**
         5*. Mittlere Abschnitte der grundständigen Sommerblätter bis auf $^1/_4$ geteilt, oft bis fast zum Grunde geteilt; Abschnitte 7, seltener 8 oder 9; an den meisten Blüten äußere Kelchblätter $^1/_3$–$^1/_2$ so lang wie die innern.
            6. **Blätter oberseits dunkelgrün; Abschnitte nur im äußersten Drittel gezähnt. Selten** *A. leptoclados*
            6*. **Blätter oberseits gelbgrün; Abschnitte in der äußern Hälfte gezähnt** . . . . . *A. pallens*
      4*. Pflanzen klein, 5–10 cm hoch; Durchmesser der grundständigen Sommerblätter 1,5–3 cm . . . . . . *A. atrovirens*
   3*. Mittlere Abschnitte der grundständigen Sommerblätter bis zum Grunde frei oder nur wenig verwachsen.
      7. Blattabschnitte schmal, $3^1/_2$–5mal so lang wie breit.
         8. **Blätter oberseits dunkelgrün, mit kurzer, ± dichter Behaarung und (verglichen mit der Unterseite) undeutlichem Seidenglanz. Südlicher Jura** . . . . . . *A. amphisericea*
         8*. Blätter oberseits gelbgrün, kahl . . . . . . *A. angustifolia*
      7*. Blattabschnitte breiter, etwa 2–3mal so lang wie breit.
         9. **Mittlere Blattabschnitte am Grunde bis 2 mm lang stielförmig verschmälert (Merkmal an Herbarmaterial besonders gut sichtbar). Südjura** . . . . . . *A. petiolulans*
         9*. Mittlere Blattabschnitte am Grunde nicht stielförmig verschmälert.

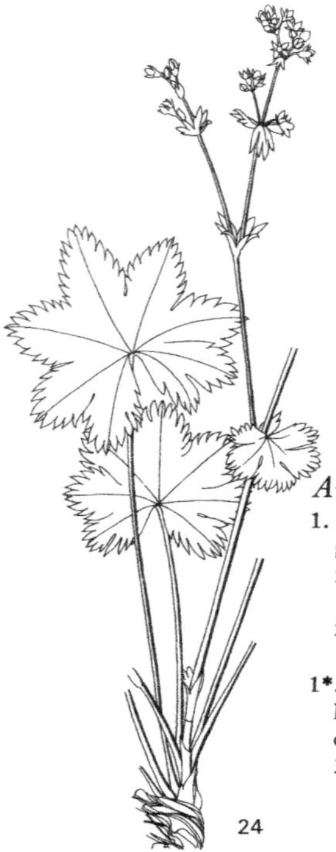

10. Blattzähne jederseits 2–4. Häufigste Art der Gruppe . . . . *A. nitida* S. 250 **23**
10*. Blattzähne jederseits 4–7.
11. Grundständige Blätter stets 7teilig; Stengel erst oberhalb des Niveaus der grundständigen Blätter verzweigt: Fruchtstände auffallend locker, aber Fruchtstiele nicht über 3 mm lang. Südjura . . . . *A. floribunda*
11*. Grundständige Blätter nicht konstant 7teilig (oft 9teilig); Fruchtstände nicht auffallend locker.
12. Grundständige Sommerblätter 7–9teilig.
13. Blätter oberseits dunkelgrün.
14. In jedem Knäuel einzelne Fruchtstiele besonders lang (4–6 mm); Blattzähne nicht zusammenneigend, deutlich sichtbar . . . . *A. chirophylla*
14*. Fruchtstiele nicht über 3 mm lang; Blattzähne zusammenneigend, oft im Haarsaum verdeckt . . . . *A. plicatula*
13*. Blätter oberseits gelbgrün . . . . *A. flavovirens*
12*. Grundständige Sommerblätter stets 9teilig, groß (Durchmesser 4–6 cm) . *A. scintillans*

24

Artengruppe der Alchemilla fissa

1. Blattflächen (ohne Rand), Blattstiele und Stengel kahl (Blattstiele von Sommerblättern gelegentlich mit einigen Haaren); Stengel bogig aufsteigend oder aufrecht.
2. Blätter meistens bis auf $^1/_2$ 7–9teilig; Abschnitte jederseits mit 4–7 großen Zähnen; Zähne 2–3 mm lang, meist 2mal so lang wie breit. Häufigste Art der Gruppe . . . . . *A. fissa* **24**
2*. Blätter höchstens bis auf $^2/_3$ 9–11 teilig; Abschnitte jederseits mit 7–10 kleineren Zähnen; Zähne meist 1,5 mm lang, so lang wie breit. Bergamasker Alpen . . . . *A. venosula*
1*. Stengel wenigstens am Grunde zerstreut bis dicht anliegend oder schief abstehend behaart (Ausnahme bei *A. vallesiaca*); Blattstiele der Sommerblätter ± dicht und anliegend oder schief abstehend behaart.
3. Auf der Blattunterseite nur die Hauptnerven und diese nur im äußersten Drittel behaart.
4. Abschnitte nach dem Grunde keilförmig verschmälert, im untersten Drittel ohne Zähne.

5. Stengel 4–6, niederliegend; Blütenstand die grundständigen Blätter nicht überragend; Blütenstand dicht. Wallis . . . . . . *A. vallesiaca*

5*. Stengel 1–3, aufrecht; Blütenstand doppelt so hoch wie das Niveau der grundständigen Blätter; Blütenstand locker . . . . . . *A. incisa*

4*. Abschnitte nach dem Grunde nicht keilförmig verschmälert, überall mit Zähnen oder in der Bucht nur 1 Zahn nicht vorhanden.

6. In der Bucht 1 Zahn nicht vorhanden; Durchmesser der grundständigen Sommerblätter 5–10 cm; Stengel aufrecht; Pflanze 30–40 cm hoch.

7. Blattzähne 1,5–2 mm lang, nicht länger als breit . . . . . . *A. pyrenaica*

7*. Blattzähne der Sommerblätter 1,5–3 mm lang und $1^1/_2$–2mal so lang wie breit . *A. cuspidens*

6*. Abschnitte bis in die Bucht gezähnt; Durchmesser der grundständigen Sommerblätter 2–5 cm; Stengel niederliegend; Pflanze nicht über 20 cm hoch . . . . . . *A. othmarii*

3*. Hauptnerven auf der Blattunterseite in der ganzen Länge dicht und anliegend behaart, die dem Blattstiel benachbarten Abschnitte unterseits ± dicht und anliegend behaart, Blätter sonst, mit Ausnahme des Randes, kahl.

8. Abschnitte der grundständigen Blätter parabolisch . . . . . . *A. fallax*

8*. Abschnitte der grundständigen Blätter trapezförmig . . . . . . *A. sericoneura*

Artengruppe der Alchemilla splendens

1. Abschnitte der grundständigen Sommerblätter vorn halbkreisförmig, gestutzt oder ausgerandet . . . . . . *A. splendens* **25**

1*. Abschnitte der grundständigen Sommerblätter parabolisch bis fast dreieckig.

2. Sommerblätter unterseits zwischen den Hauptnerven dicht bis zerstreut behaart; Blütenstiele, Kelchbecher und Kelchblätter zerstreut bis dicht behaart . . . . . . *A. schmidelyana*

2*. Sommerblätter unterseits zwischen den Hauptnerven kahl; in jedem Blütenknäuel nur einzelne Blütenstiele und Kelchbecher, die vereinzelte Haare tragen, die meisten ganz kahl; Kelchblätter ganz kahl oder mit einem einzigen Haar an der Spitze . . . . . . *A. jaquetiana*

25

27

26

Artengruppe der Alchemilla hybrida

1. Blattabschnitte halbkreisförmig bis parabolisch, vorn oft schmal gestutzt (Mittelzahn und die beiden benachbarten Seitenzähne gleich weit nach vorn ragend oder Mittelzahn etwas kürzer als diese Seitenzähne), nur die mittleren Zähne auf der kreisförmigen Peripherie des Blattrandes.
   2. Zähne 1–2 mm lang, so lang wie breit.
      3. Blattabschnitte jederseits mit 4–5 Zähnen; Blätter unterseits dicht seidig bis silberig glänzend behaart.
         4. Blütenstiele dicht wollig behaart, in jedem Blütenknäuel die meisten Blütenstiele 1–1,5 mm lang; Kelchblätter innerseits nach der Blüte gelb oder gelbgrün bleibend — *A. hybrida* **26**
         4*. Blütenstiele zerstreut behaart, einzelne kahl, die meisten in jedem Knäuel 1,5 bis 2 mm lang; Kelchblätter innerseits nach der Blüte dunkelrot . . . . *A. colorata*
      3*. Blattabschnitte jederseits mit 6–8 Zähnen; Blütenstiele locker behaart; Blätter unterseits locker bis zerstreut behaart . . . . *A. minor*
   2*. Größte Zähne an jedem Abschnitt 2–2,5 mm lang, 2mal so lang wie breit; Blätter meist bis auf $^1/_2$ 5–7teilig; Stengel niederliegend. Wallis, Aostatal . . . . *A. helvetica*

1*. Blattabschnitte breit gestutzt, alle Zähne des Blattes auf der kreisförmigen Peripherie des Blattrandes, mit Ausnahme des kürzeren Mittelzahns und der beiden äußersten Seitenzähne jedes Abschnittes, sowie der Zähne der Basalabschnitte.
   5. Blätter oberseits gleichmäßig und ziemlich dicht behaart . . . . *A. flabellata* **27**
   5*. Blätter oberseits kahl oder nur in den Falten zerstreut behaart. Grand Colombier . . *A. vetteri*

Artengruppe der Alchemilla decumbens

1. Grundständige Sommerblätter oberseits behaart.
   2. Grundständige Sommerblätter oberseits nur in den Falten und an den Zähnen behaart (bei *A. semisecta* gelegentlich oberseits überall zerstreut behaart), unterseits aber nur auf den Hauptnerven behaart.
      3. Blattstiele der Sommerblätter behaart.

4. Blattstiele der letzten Sommerblätter dicht und abstehend behaart (ein großer Teil der Haare senkrecht abstehend); Kelchblätter nach der Blüte zusammenneigend . *A. decumbens* **28**
4*. Blattstiele der letzten Sommerblätter locker und anliegend bis schief abstehend behaart; Kelchblätter nach der Blüte abstehend . . . . *A. frigens*
3*. Blattstiele aller Sommerblätter kahl; Kelchblätter nach der Blüte zusammenneigend *A. semisecta*
2*. Grundständige Sommerblätter beiderseits locker behaart; die meisten Blütenstiele in jedem Blütenknäuel bis $^1/_3$ so lang wie die Kelchbecher (bei allen andern Arten der Gruppe stets länger) . . . . *A. undulata*
1*. Grundständige Sommerblätter oberseits kahl.
5. Blattstiele der letzten grundständigen Sommerblätter locker und anliegend bis schief abstehend behaart; Sommerblätter flach . . . . *A. longana*
5*. Alle Blattstiele der grundständigen Blätter kahl; Sommerblätter gefaltet, nicht flach.
6. Grundständige Blätter bis höchstens auf $^1/_2$ 7–9teilig . . . . *A. demissa*
6*. Grundständige Blätter bis auf $^1/_4$ 7–9teilig. Großer St. Bernhard . . . . *A. fissimima*

Artengruppe der Alchemilla coriacea

1. Abschnitte der grundständigen Sommerblätter parabolisch, in der Bucht einen stumpfen bis rechten, nie spitzen Winkel bildend.
2. Blätter blaugrün, alle oberseits kahl, entlang den Haupt- und Seitennerven mit schmalen, hellen Streifen, unterseits Seitennerven deutlich vorstehend . . . . *A. coriacea* **29**
2*. Blätter oberseits dunkelgrün, ohne helle Streifen entlang den Haupt- und Seitennerven, unterseits Seitennerven nicht vorstehend.
3. Letzte Sommerblätter oberseits in den Falten behaart; Zähne etwa 1,5 mm lang, so lang wie breit. Selten . . . . *A. aggregata*
3*. Sommerblätter oberseits kahl; Zähne 2–3 mm lang, etwa $1^1/_2$, seltener 2mal so lang wie breit, stets spitz. Großer St. Bernhard; Aostatal . . . . *A. longiuscula*
1*. Abschnitte der grundständigen Sommerblätter nicht parabolisch (3eckig oder halbkreisförmig).

4. Abschnitte der grundständigen Blätter 3eckig, in der Bucht einen stumpfen bis rechten Winkel bildend; Zähne spitz, Seiten der Zähne meist gerade oder nur undeutlich konvex *A. straminea*

4*. Abschnitte der grundständigen Blätter vorn halbkreisförmig, nach der Bucht hin verschmälert, in der Bucht einen spitzen, höchstens rechten Winkel bildend. Selten . . . *A. trunciloba*

30

Artengruppe der Alchemilla xanthochlora

1. Grundständige Blätter oberseits kahl.
   2. Nebenblätter der grundständigen Blätter bis 7 cm lang. Sehr selten . . . . *A. curtiloba*
   2*. Nebenblätter der grundständigen Blätter nicht über 3 cm lang.
      3. Grundständige Blätter unterseits auch zwischen den Hauptnerven behaart (Merkmal gilt gelegentlich nicht für alle Blätter einer Pflanze).
         4. Die meisten Zähne an den grundständigen Blättern etwa $^1/_2$–1mal so lang wie breit; Seiten der Zähne konvex; Spitze der Zähne stumpf oder kurz. Häufigste Art . . . *A. xanthochlora* **30**
         4*. Zähne der grundständigen Blätter 1–2mal so lang wie breit, allmählich zugespitzt; Teile von Abschnitten gelegentlich doppelt gezähnt . . . . *A. flavicoma*
      3*. Grundständige Blätter unterseits zwischen den Hauptnerven kahl, gelegentlich auch die Hauptnerven kahl
         5. Stiele der grundständigen Frühlingsblätter kahl oder anliegend oder schief abstehend behaart, die der Sommerblätter ± dicht und senkrecht abstehend behaart. Savoyen. *A. multidens*
         5*. Stiele aller grundständigen Blätter locker behaart, die meisten Haare in einem Winkel von 45–90° abstehend . . . . *A. rhododendrophila*

31

1*. Blätter oberseits meist behaart (oft nur in den Falten behaart).
   6. Blätter oberseits dichter behaart als unterseits (unterseits oft nur auf den Hauptnerven behaart).
      7. Grundständige Blätter oberseits locker bis zerstreut behaart, am Grunde mit ± breitem Ausschnitt.
         8. Kelchbecher behaart oder kahl, Kelchblätter an der Spitze mit einigen Haaren . . *A. filicaulis* **31**
         8*. Blüten stets ganz kahl. Bormio, Veltlin . . . . *A. hirtipes*

32 1×

33 1×

7*. Grundständige Blätter oberseits dicht behaart, am Grunde ohne Ausschnitt (Basalabschnitte weit übereinander greifend); Kelchbecher stets kahl . . . . *A. gaillardiana*

6*. Blätter oberseits nicht dichter behaart als unterseits.

9. Haare an den Stielen der grundständigen Blätter und am Grunde der Stengel rückwärts gerichtet . . . . *A. strigosula* **32**

9*. Haare an Blattstielen und Stengeln nicht oder nur zu einem kleinen Teil rückwärts gerichtet.

10. Abschnitte der grundständigen Sommerblätter und oft auch der Frühlingsblätter trapezförmig (Seiten gerade und an der Spitze der Mittelzahn und 2 anliegende Seitenzähne gleich weit nach vorn ragend).

11. Stengel aufrecht; grundständige Blätter 9–11teilig, oberseits zerstreut behaart bis fast kahl; Haare an Blattstielen und Stengeln zum großen Teil senkrecht abstehend *A. acutiloba* **33**

11*. Stengel niederliegend oder bogig aufsteigend; grundständige Blätter 7–9teilig, oberseits dicht und anliegend behaart; Haare an Blattstielen und Stengeln zum großen Teil in einem Winkel von etwa 45° abstehend . . . . *A. gracilis*

10*. Abschnitte der grundständigen Blätter halbkreisförmig bis parabolisch oder an den Sommerblättern 3eckig.

12. Stiele der grundständigen Frühlings- und Sommerblätter abstehend behaart.

13. Pflanze klein, 3–10 cm hoch; Durchmesser der grundständigen Blätter 1–3 cm; Blattzähne 1-1,5 mm lang, 2mal so lang wie breit . . . . *A. exigua*

13*. Pflanze in allen Teilen größer, meist über 15 cm hoch. Blattzähne nie bis doppelt so lang wie breit.

14. Blätter beiderseits dicht behaart; Blattstiele und Stengel bis zu den Verzweigungen hinauf sehr dicht und senkrecht abstehend behaart . . . . *A. monticola*

14*. Blätter beiderseits locker bis zerstreut behaart.

15. Kelchbecher stets ± dicht und abstehend behaart; Blattzähne jederseits der Abschnitte 4–5, seltener 6. Savoyen, Wallis, Allgäu . . . . *A. plicata*

15*. Kelchbecher kahl, oder dann behaarte und kahle Kelchbecher an derselben Pflanze.

16. Abschnitte der grundständigen Blätter jederseits mit 7–9 Zähnen.

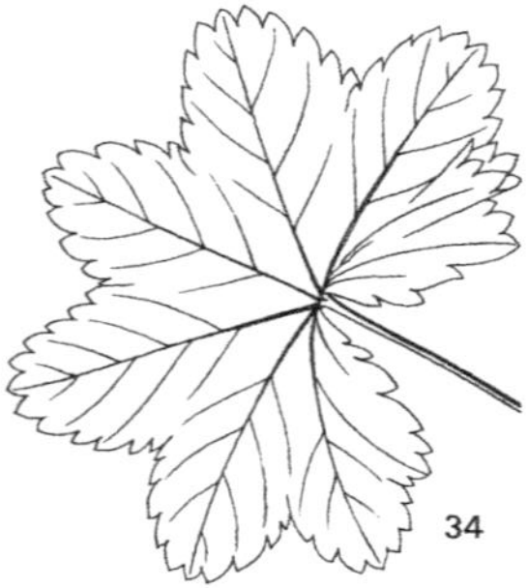

34

17. Blätter oberseits hellgrün bis gelbgrün; Kelchbecher stets kahl . *A. crinita*

17*. Blätter oberseits dunkelgrün . . . . *A. obscura*

16*. Abschnitte der grundständigen Blätter jederseits mit 5–7 breiten (etwa $^1/_2$ so langen wie breiten), stumpfen oder kurz zugespitzten Zähnen *A. subcrenata* **34**

12*. Stiele der ersten 1–3 grundständigen Frühlingsblätter kahl oder nur zerstreut behaart.

18. Abschnitte der grundständigen Sommerblätter 3eckig; Blütenstiele haarförmig (getrocknet etwa 0,1 mm dick); am Übergang vom Kelchbecher zu den Kelchblättern zur Fruchtzeit eine deutliche krugförmige Einschnürung . . . . . . *A. tenuis*

18*. Abschnitte an den grundständigen Sommerblättern halbkreisförmig bis parabolisch; Blütenstiele nicht haarförmig (getrocknet etwa 0,2 mm dick); am Übergang vom Kelchbecher zu den Kelchblättern zur Fruchtzeit keine krugförmige Einschnürung . . . . *A. heteropoda*

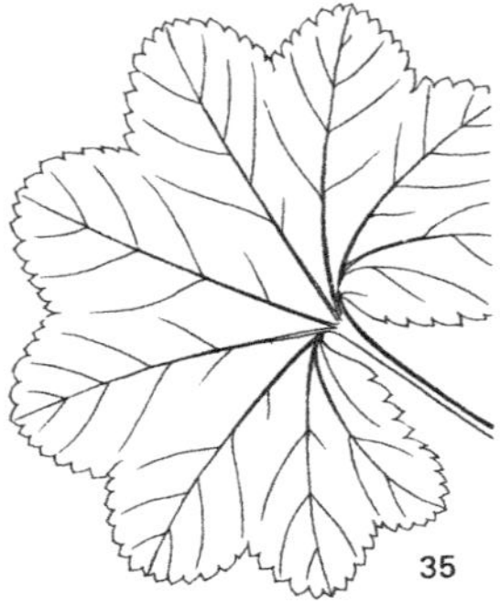

Artengruppe der Alchemilla glabra

35

1. Zähne an den grundständigen Sommerblättern 2–4mal so breit wie lang, breit abgerundet, mit feiner, aufgesetzter Spitze; Blätter oberseits blaugrün, kahl . . . . *A. obtusa* **35**

1*. Zähne höchstens 2mal so breit wie lang, meist so lang wie breit, mit deutlicher Spitze.

2. Zähne 2mal so breit wie lang, mit deutlicher Spitze, Blätter oberseits kahl.

3. Abschnitte der grundständigen Blätter halbkreisförmig bis breit parabolisch; Blätter oberseits gelbgrün; alle Kelchblätter nach der Blüte senkrecht abstehend . . . . . *A. reniformis*

3*. Abschnitte der grundständigen Blätter parabolisch; Kelchblätter nach der Blüte nach vorn gebogen.

4. Blattstiele der Frühlingsblätter locker, die der Sommerblätter dichter behaart; Blätter oberseits blaugrün; Ausschnitt am Grunde eng . . . . *A. effusa*

4*. Nur die Blattstiele der letzten Sommerblätter behaart . . . . *A. inconcinna*

2*. Zähne an den grundständigen Blättern etwa so lang wie breit oder länger als breit.

5. Abschnitte an den grundständigen Sommerblättern trapezförmig.

6. Grundständige Sommerblätter beiderseits ± dicht und anliegend behaart . . . . *A. glomerulans*

36

37

6*. Grundständige Sommerblätter oberseits kahl, unterseits nur auf den Hauptnerven und den dem Stiel benachbarten Abschnitten behaart . . . . *A. impexa*

5*. Abschnitte an den grundständigen Sommerblättern parabolisch oder 3eckig.

7. Alle grundständigen Blätter oberseits kahl.

8. Grundständige Frühlingsblätter nierenförmig, fast 2mal so breit wie lang, am Grunde mit weitem Ausschnitt . . . . *A. sinuata*

8*. Grundständige Frühlingsblätter rundlich, ohne weiten Ausschnitt am Grunde.

9. Grundständige Blätter oberseits entlang den Haupt- und Seitennerven mit schmalen, hellen Streifen, unterseits Seitennerven deutlich vorstehend; Stengel bogig aufsteigend, meist nicht höher als die grundständigen Blätter; äußere Kelchblätter nach der Blüte abstehend, innere aufgerichtet . . . . *A. lineata*

9*. Grundständige Blätter oberseits ohne helle Streifen.

10. Grundständige Sommerblätter unterseits zwischen den Nerven kahl.

11. Blütenknäuel (an mehr als 15 cm hohen Pflanzen) locker, da Blütenstiele zur Fruchtzeit zum großen Teil so lang oder länger als die Kelchbecher . . *A. glabra* **36**

11*. Blütenknäuel dicht, da Blütenstiele zur Fruchtzeit zum großen Teil etwa $^1/_2$ so lang wie die Kelchbecher . . . . *A. acuminatidens*

10*. Grundständige Sommerblätter unterseits zwischen den Nerven zerstreut und lang behaart, Seitennerven unterseits deutlich vorstehend . . . . . . *A. flexicaulis*

7*. Grundständige Sommerblätter oberseits in den Falten behaart, oder auf der ganzen Fläche behaart.

12. Grundständige Sommerblätter oberseits nur in den Falten behaart; Stengel niederliegend.

13. Zähne sehr klein, 0,5–0,7 mm, seltener bis 1 mm lang, einwärts gebogen; jederseits der Abschnitte 6–11 Zähne . . . . *A. connivens* **37**

13*. Zähne groß, 1,5–2 mm lang, fein zugespitzt; jederseits der Abschnitte 7 bis 9 Zähne.

14. Sommerblätter unterseits an den dem Stiel benachbarten Abschnitten behaart, Zähne dieser Blätter nicht einwärts gebogen . . . . *A. acutidens*

14*. Sommerblätter unterseits an den dem Stiel benachbarten Abschnitten kahl, Zähne dieser Blätter an der Spitze hakig einwärts gebogen . . . . *A. racemulosa*

12*. Grundständige Sommerblätter oberseits gleichmäßig behaart; Stengel aufrecht.

15. Grundständige Sommerblätter unterseits kahl oder nur im äußersten Viertel der Hauptnerven locker behaart . . . . *A. versipila*

15*. Grundständige Sommerblätter unterseits behaart oder wenigstens auf den Hauptnerven silberig glänzend behaart . . . . *A. controversa*

Gattung Geum

1. Stengel mehrblütig; Griffel nach der Blüte bei etwa $^2/_3$ oder bei etwa $^4/_5$ der Länge mit einer hakenförmigen Gliederung, oberer Griffelteil vor der Fruchtreife abfallend; Pflanze zur Blütezeit meist über 30 cm hoch.

2. Blüten nickend, zur Fruchtzeit jedoch aufrecht; Kelchblätter nach der Blüte aufgerichtet; Kronblätter 0,8–1,5 cm lang, herzförmig, nach dem Grunde plötzlich verschmälert, gelb, gegen den Rand hin rotbraun; Fruchtträger über dem Kelch zur Fruchtzeit 0,5–1 cm lang gestielt; Griffel bei etwa $^2/_3$ (bei unreifen $^1/_3$) der Länge hakig gegliedert . *G. rivale* **38**

2*. Blüten aufrecht; Kelchblätter nach der Blüte zurückgebogen; Kronblätter 0,3–0,7 cm lang, rundlich bis oval (größte Breite über der Mitte), goldgelb; Fruchtträger nicht gestielt; Griffel bei etwa $^4/_5$ der Länge hakig gegliedert . . . . *G. urbanum* **39**

1*. Stengel 1blütig; Griffel nicht gegliedert und der ganze Griffel bis zur Reife des Früchtchens am Früchtchen bleibend; Pflanze zur Blütezeit meist nicht über 10 cm hoch. Alpen.

3. Pflanze mit oberirdischen, bis 1 m langen, locker beblätterten Ausläufern; seitliche Teilblätter und Endteilblatt an den Rosettenblättern wenigstens bis auf $^2/_3$, oft auf weniger als $^1/_2$ geteilt (meist 3–5teilig), Abschnitte mit großen und oft spitzen Zähnen, Endteilblatt seitlich nicht weiter abstehend als das nachfolgende Fiederpaar. Ruhschutt . . . . *G. reptans*

3*. Pflanze ohne Ausläufer; seitliche Teilblätter nicht geteilt, nur mit wenigen großen und stumpfen Zähnen, Endteilblatt seitlich etwa doppelt so breit abstehend wie das nachfolgende Fiederpaar, meist nicht bis auf $^2/_3$ geteilt (3–7teilig), mit breit abgerundeten Zähnen. Weiden . . . . *G. montanum* **40**

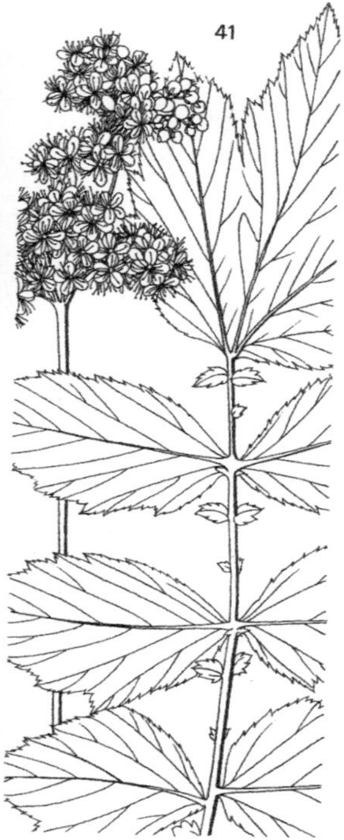

41

Gattung Agrimonia

1. Blätter unterseits dicht behaart, ohne Drüsen oder nur mit vereinzelten Drüsen; äußerste Hakenborsten am Kelch senkrecht abstehend; Kelchbecher zur Fruchtreife 1–1,2mal so hoch wie der größte Durchmesser . . . . *A. eupatoria*

1*. Blätter unterseits locker behaart, mit zahlreichen gelblichen, glasartig glänzenden, sitzenden Drüsen; äußerste Hakenborsten am Kelch teilweise rückwärts gerichtet; Kelchbecher zur Fruchtreife 0,5–0,7mal so hoch wie der größte Durchmesser. Selten . . . . *A. procera*

Gattung Filipendula

1. Blätter mit 2–5 Paaren von großen Teilblättern, Teilblätter oval bis rhombisch, 4–6 cm lang, etwa 2mal so lang wie breit, fein und doppelt gezähnt; Früchtchen kahl, schraubig gedreht *F. ulmaria* **41**

1*. Blätter mit 10–40 Paaren von großen Teilblättern, Teilblätter oval, 1,5–3 cm lang, $2^1/_2$ bis 3mal so lang wie breit, grob und doppelt gezähnt oder fiederteilig; Früchtchen behaart, gerade, aufrecht. Selten . . . . *F. vulgaris*

Gattung Fragaria s.l.

Fragaria indica wird heute zu *Duchesnea* gestellt.

1. Kronblätter weiß bis gelblich; Außenkelchblätter schmal lanzettlich; Stengel aufrecht.
   2. **Kelchblätter der «Beere» anliegend; Früchtchen in Gruben eingesenkt; Blütenstiele senkrecht abstehend behaart; Kronblätter gelblich. Warme Gegenden; selten** . . . . . *F. viridis*
   2*. Kelchblätter von der «Beere» senkrecht abstehend oder zurückgebogen; Früchtchen nicht in Gruben eingesenkt; Kronblätter rein weiß.
      3. Blütenstiele anliegend oder schief abstehend behaart; Blütenstand meist nicht über 5blütig; Blütendurchmesser 1–1,5 cm; Pflanze 5–15 cm hoch . . . . *F. vesca*
      3*. Blütenstiele senkrecht abstehend behaart, oft auch zahlreiche Haare rückwärts gerichtet; Blütenstand 8–15blütig; Blütendurchmesser 1,5–2,5 cm; Pflanze 20–40 cm hoch. Selten . . . . *F. moschata*

1*. Kronblätter gelb; Außenkelchblätter breit oval, jedes Außenkelchblatt an der Spitze mit 3–5 stumpfen oder zugespitzten Zähnen; Stengel niederliegend. . . . . *Duchesnea indica*

42

43

Gattung Potentilla

1. 0,2–1,5 m hoher, verholzter Strauch; Blüten gelb; Früchtchen dicht behaart mit grundständigem, nach oben deutlich verdicktem Griffel. Häufig als Zierstrauch kultiviert . . . . *P. fruticosa* **42**

1*. Pflanze nicht strauchförmig, aber ausdauernd (*P. supina* gelegentlich 1jährig); Blüten rot, weiß oder gelb.

2. Ganze Pflanze dicht und silberig behaart; Kronblätter rot oder hellrot, selten fast weiß; Staubfäden purpurrot. Südliche Kalkalpen . . . . *P. nitida*

2*. Nie die ganze Pflanze silberig glänzend behaart (bei einigen Arten Blattunterseite oder junge Blätter silberig glänzend oder weiß und matt); Blüten weiß bis goldgelb.

3. Junge Früchtchen an der Spitze, auf dem Rücken, an der Anwachsstelle oder überall behaart (Ausnahmen gelegentlich bei *P. grammopetala*), zur Reifezeit oft kahl werdend, Griffel fadenförmig; Blüten weiß oder gelblichweiß; grundständige Blätter stets mit radiär angeordneten Teilblättern, nie 1fach gefiedert.

4. Pflanzen ± dicht und schief abstehend behaart, zwischen den gewöhnlichen Haaren stets ± zahlreiche, gegliederte Drüsenhaare; junge Früchtchen auf dem Rücken und an der Spitze behaart (bei *P. grammopetala* oft kahl); Blütenstand die grundständigen Blätter weit überragend (Blütenstand 2–4mal so hoch wie das Niveau der grundständigen Blätter).

5. Grundständige Blätter 3zählig (selten einzelne 5zählig); Kronblätter gelblichweiß, schmal spatelförmig, meist kürzer als der Kelch; Stengel mit doldenähnlichem, vielblütigem Blütenstand. Aostatal, Piemont, südliches Tessin, Misox . . . . . *P. grammopetala* **43**

5*. Grundständige Blätter 5zählig (selten einzelne 3- oder 7zählig); Kronblätter weiß.

6. Staubfäden kahl; Griffel rot; Stengel mit 1–3 Blüten. Westlichste Fundstelle am Wormser Joch . . . . *P. clusiana*

6*. Staubfäden in der ganzen Länge oder wenigstens in der untern Hälfte behaart; Griffel gelb; Stengel mit doldenähnlichem, vielblütigem Blütenstand . . . . *P. caulescens*

4*. Pflanzen behaart, aber keine Drüsenhaare; Früchtchen an der Anwachsstelle stets behaart, sonst kahl; Blütenstand die grundständigen Blätter nicht überragend.

7. Grundständige Blätter 5zählig (selten 7zählig). Selten . . . . *P. alba*

7*. Grundständige Blätter 3zählig.

8. Staubfäden kahl, nach oben allmählich dünner werdend; Pflanze mit bis 30 cm langen, niederliegenden, an der Spitze Blattrosetten bildenden Sprossen; Blätter jederseits mit 4–6 (7) Zähnen; Mittelzahn kürzer als die seitlichen (Unterschied zu *Fragaria vesca*) . . . . *P. sterilis* **44**

8*. Staubfäden in der untern Hälfte flaumig behaart, bandförmig verbreitert; Pflanze ohne niederliegende Sprosse; Blätter jederseits mit 7–11 Zähnen . . . *P. micrantha*

3*. Früchtchen stets ganz kahl (Ausnahme: junge Früchtchen von *P. anserina* gelegentlich zerstreut behaart; bei dieser Art Blätter 1fach gefiedert).

9. Griffel am Grunde oder auf halber Höhe des Früchtchens; grundständige Blätter 1fach gefiedert.

10. Stengel aufrecht, 20–60 cm hoch; grundständige Blätter unterseits grün; Blüten weiß . . . . *P. rupestris*

10*. Stengel in der ganzen Länge (bis 1 m lang) niederliegend und an den Knoten wurzelnd; grundständige Blätter unterseits silberig glänzend; Blüten gelb . . . *P. anserina* **45**

9*. Griffel fast an der Spitze des Früchtchens, spindelförmig, zylindrisch oder am Grunde durch Papillen verdickt, kürzer oder etwa so lang wie das reife Früchtchen; grundständige Blätter radiär geteilt oder 1fach gefiedert; Blüten gelb.

11. Blätter unterseits weiß- oder graufilzig (krause Haare miteinander verflochten), selten Haarfilz so locker, daß Unterseits grün; (*P. alpicola* aus der Gruppe der *P. argentea*, mit unterseits grünen Blättern, hat einen am Grund verdickten Griffel als Unterschied zur Gruppe der *P. verna*).

46

47

12. Grundständige Blätter 1fach (scheinbar 2fach) gefiedert; Teilblätter bis fast auf den Mittelnerv fiederteilig, so daß bandförmige Abschnitte entstehen. Alpin; selten . . . . *P. multifida* **46**

12*. Grundständige Blätter mit radiär angeordneten Teilblättern, nicht gefiedert.

13. Grundständige Blätter 3zählig. Subalpin, alpin, selten . . . . *P. nivea*

13*. Grundständige Blätter 5–7zählig. Trockene, heisse Lagen . . . . *Artengruppe P. argentea* S. 266

11*. Blätter unterseits nie graufilzig, jedoch meist ± dicht mit geraden oder hin und her gebogenen Haaren besetzt, meist grün und oft seidig glänzend.

14. Zwischen den 1–3 mm langen, senkrecht abstehenden Haaren an Blatt- und besonders an Blütenstielen zahlreiche bis vereinzelte, kurze, etwa 0,1 mm lange, gerade Borstenhaare; Pflanze aufrecht, 30–70 cm hoch.

15. Grundständige Blätter mit 5–7 radiär angeordneten Teilblättern.

16. Teilblätter 3–7 cm lang, jederseits mit 7–20 Zähnen, wenigstens bis zum untersten Drittel gezähnt; Stengel 30–80 cm hoch. Kollin; selten . . . . . *P. recta* **47**

16*. Teilblätter meist weniger als 3 cm lang, jederseits nur mit 1–3 Zähnen und nur in der obern Hälfte oder im obersten Drittel gezähnt; Stengel 10 bis 30 cm hoch. Bergamo . . . . *P. hirta*

15*. Grundständige Blätter 1fach gefiedert. Aostatal, Valsesia . . . . *P. pennsylvanica*

14*. Pflanze ohne solche Borstenhaare.

17. Blätter 1fach gefiedert; Stengel niederliegend; Blütenstiele nach der Blüte abwärts gebogen. Lehmige oder schlammige Böden; selten . . . . *P. supina*

17*. Blätter mit radiär angeordneten Teilblättern.

18. Stengel aufrecht oder bogig aufsteigend, 15–80 cm hoch; Griffel am Grunde deutlich verdickt.

19. Kronblätter den Kelch nicht überragend; grundständige Blätter zur Blütezeit meist abgestorben.

20. Grundständige Blätter 3zählig; Kelchblätter zur Blütezeit 3–4 mm lang, nach der Blüte weiter wachsend und zur Fruchtzeit 8–12 mm lang. Adventiv; selten . . . . *P. norvegica*

20*. Grundständige Blätter 5–7zählig, Kelchblätter nach der Blüte nicht weiter wachsend. Adventiv; selten. . . . . *P. intermedia*

19*. Kronblätter den Kelch überragend, meist $1^1/_2$mal so lang wie der Kelch; grundständige Blätter zur Blütezeit nicht abgestorben.

21. Grundständige Blätter 3zählig; Staubbeutel nach außen gerichtet, sich nach außen (den Griffeln abgewendet) öffnend . . . . *P. grandiflora* **48**

21*. Grundständige Blätter 5–7zählig; Staubbeutel nach innen gerichtet.

22. Grundständige Blätter meist 5zählig; Blüten groß; Durchmesser 2,5–4 cm. Savoyen . . . . *P. delphinensis*

22*. Grundständige Blätter 7-, seltener 6zählig; Blüten kleiner, Durchmesser 1,5–2 cm. Selten . . . . *P. thuringiaca*

18*. Griffel am Grunde nicht verdickt, meist nach dem Grunde nagelförmig verschmälert oder unterhalb der Narbe überall gleich dick.

23. Grundständige Blätter 3teilig, zur Blütezeit nicht abgestorben.

24. Blätter oberseits mit wenigen Haaren oder kahl; zwischen den Haaren an Blattstielen, Stengeln und Blütenstielen keine Drüsen. Selten . *P. brauneana* 49

24*. Ganze Pflanze mit ± geraden Haaren besetzt und deshalb seidig glänzend, überall zwischen den Haaren 0,05–0,1 mm lange, kopfige, gelbliche Drüsen. Selten . . . . *P. frigida* **50**

23*. Grundständige Blätter 5–7–9zählig (an Kümmerformen gelegentlich einzelne Blätter 3zählig) oder, wenn 3zählig, dann zur Blütezeit diese Blätter meist abgestorben und die reich beblätterten Stengel mit 5zähligen Stengelblättern.

25. Grundständige Blätter zur Blütezeit noch nicht abgestorben; Stengel mit wenigen (2–5 Blättern), Stengelblätter meist kleiner und einfacher als die grundständigen Blätter; Kronblätter 5.

26. Stengel aufrecht, bogig aufsteigend oder niederliegend und an der Spitze aufsteigend, verzweigt, selten über 20 cm lang; mehr als 1 Blüte je Blattrosette.

27. Nicht verwachsener Teil der Nebenblätter der untersten grundständigen Blätter oval bis breit lanzettlich, 1–2mal so lang wie breit; keine oberirdischen Sprosse, die sich bewurzeln; nie mit Sternhaaren.

48

50 3×

49 3×

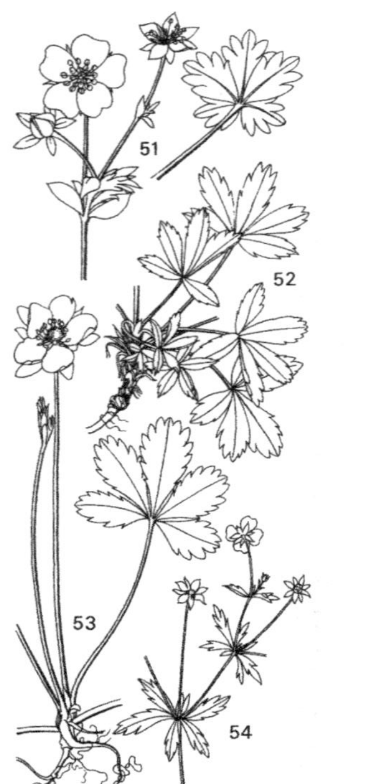

28. Blütenstiele nach der Blüte aufrecht; Pflanze nicht zottig behaart und grauschimmernd, stets ohne gegliederte Drüsenhaare; Stengel bogig aufsteigend oder aufrecht.

29. Pflanze senkrecht abstehend behaart; Teilblätter 1,2 bis 1,5mal so lang wie breit, jederseits mit 2–5 stumpfen, seitwärts abstehenden Zähnen, ohne silberig glänzenden Rand; mittlerer Endzahn etwa so gross wie die benachbarten Zähne . . . . *P. crantzii* **51**

29*. Pflanze anliegend behaart; Teilblätter 2–3mal so lang wie breit, jederseits mit 2–4 spitzen, nach vorn gerichteten Zähnen und silberig glänzendem Rand; mittlerer Endzahn viel kleiner als die benachbarten Zähne . . . . *P. aurea* **52**

28*. Blütenstiele nach der Blüte nickend; Pflanze abstehend und zottig behaart (Haare 2–3 mm lang), grauschimmernd, oft mit gegliederten Drüsenhaaren (besonders an Blütenstielen); Stengel niederliegend und an der Spitze bogig aufsteigend . . . . *P. heptaphylla*

27*. Nicht verwachsener Teil der Nebenblätter der untersten grundständigen Blätter schmal, allmählich verschmälert, 5–8mal so lang wie breit; mit oberirdischen Sprossen, die sich bewurzeln; Pflanze ohne oder mit Sternhaaren . . . . *Artengruppe der P. verna* S. 266

26*. Stengel in der ganzen Länge niederliegend, oft über 1 m lang, an den Knoten Wurzeln treibend und neue Blattrosetten bildend; je Blattrosette meist nur 1 Blüte auf langem, die Blätter meist überragendem Stiel . . . . *P. reptans* **53**

25*. Grundständige Blätter 3zählig, zur Blütezeit meist abgestorben; Stengel gabelig verzweigt, reich beblättert; Stengelblätter meist 5zählig und größer als die grundständigen Blätter; Kronblätter meist 4 . . . . *P. erecta* **54**

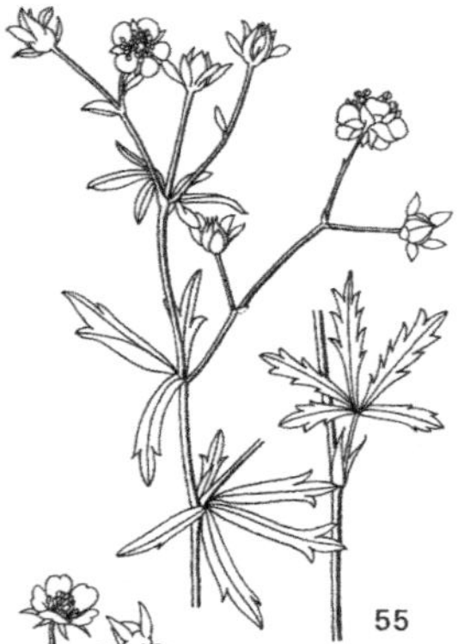

55

56

Artengruppe der Potentilla argentea

1. Pflanzen 15–40 cm hoch; Stengel aufrecht (am Grunde oft gebogen), zur Blütezeit im Frühjahr nur in der obern Hälfte verzweigt (im Sommer entstehen oft tiefer liegende Seitentriebe); Blütenstiele zur Fruchtzeit aufrecht, starr.
   2. Alle Blätter mit deutlich nach unten umgebogenem Rand, unterseits weißfilzig; Teilblätter in der obern Hälfte jederseits mit 2–5 stumpfen, zahnähnlichen Abschnitten, in der untern Hälfte keilförmig verschmälert . . . *P. argentea* **55**
   2*. Alle Blätter mit flachem, nicht nach unten umgebogenem Rand, unterseits graugrün (locker filzig behaart); alle Teilblätter meist bis gegen den Grund hin fiederteilig, jederseits mit 5–9 zahnähnlichen Abschnitten . . . *P. inclinata*

1*. Pflanzen kaum über 10 cm hoch; Stengel niederliegend, an der Spitze bogig aufsteigend, meist schon zur Blütezeit im Frühjahr vom Grund an verzweigt; Blütenstiele zur Fruchtzeit nickend.
   3. Blätter unterseits grau filzig, gerade Haare nur auf den Blattnerven. Selten . . . *P. leucopolitana*
   3*. Blätter unterseits grünlich (filzige Behaarung sehr locker), gerade Haare über die ganze Blattunterseite verteilt. Selten . . . *P. alpicola*

Artengruppe der Potentilla verna

1. Pflanze ohne Sternhaare; Blätter beiderseits grün . . . *P. verna* 56

1*. Pflanze mit Sternhaaren, Blätter oft ± graugrün.
   2. Büschelhaare nie so dicht, daß Blattepidermis nicht sichtbar. Trockene Böden; selten . *P. pusilla*
   2*. Büschelhaare wenigstens auf der Blattunterseite so dicht, daß Epidermis nicht sichtbar.
      3. Zwischen den Büschelhaaren 0,5–1 mm lange, anliegende oder wenig abstehende, ± gerade Haare. Steppenböden; selten (nicht im Wallis) . . . *P. incana*
      3*. Zwischen den Büschelhaaren 2–2,5 mm lange, schief bis senkrecht abstehende, ± gerade Haare. Sandige, trockene Böden; Savoyen, Wallis, Aostatal . . . *P. cinerea*

Gattung Rubus

1. Oberirdische Pflanzenteile 1 Sommer dauernd, dann absterbend, nicht verholzt (krautige Pflanzen); reife Frucht leuchtend rot, aus wenigen, kaum zusammenhängenden Früchtchen bestehend . . . . *R. saxatilis* S. 244 **11**

1*. Oberirdische Pflanzenteile 2–3 Jahre dauernd (strauchige Pflanzen); Schößlinge erst im zweiten Sommer mit blühenden Zweigen.

2. Reife Früchte rot, sich vom kegelförmigen Fruchtträger lösend, daher hohl; Blätter gefiedert, mit endständigem Teilblatt, 7- oder 5zählig, selten nur 3zählig . . . . *R. idaeus*

2*. Reife Früchte schwarz (bei einigen Arten blau bereift), mit dem vom übrigen Blütenboden gelösten Fruchtträger abfallend, nicht hohl.

3. Seitliche Teilblätter der Schößlingsblätter nicht gestielt, Blätter stets 3zählig; Nebenblätter schmal lanzettlich, 4–8mal so lang wie breit; normal entwickelte Früchte aus 5–20 großen Früchtchen bestehend, blau bereift . . . . *R. caesius* **57**

3*. Seitliche Teilblätter der Schößlingsblätter (mit Ausnahme der beiden untersten) meist mehr als 0,5 cm lang gestielt, Blätter 5- oder 3zählig, selten 4- oder 7zählig (Artengruppe des *R. suberectus*); Nebenblätter fadenförmig, 10–20mal so lang wie breit; normal entwickelte Früchte aus 20–30, selten bis 50 kleinen Früchtchen bestehend.

4. Stacheln des Schößlings alle ungefähr gleich lang; Schößling zwischen den Stacheln überall glatt, nicht durch kurze und feine Stacheln und Borsten rauh.

5. Staubblätter nach der Blüte abfallend; Kelchblätter außen grün, stets locker behaart, mit weißem, filzig behaartem Rand; Blätter beiderseits grün (bei *R. affinis* unterseits oft graugrün), im Herbst abfallend; Schößling nicht behaart . . . *Artengruppe des R. suberectus* S. 269

5*. Staubblätter bis zur Fruchtreife bleibend, der reifen Frucht meist anliegend; Kelchblätter außen graugrün bis grau, stets dicht und filzig behaart, oft auch mit schmalem, weißem, filzig behaartem Rand; Blätter beiderseits grün oder unterseits graugrün bis weißlich, erst Januar bis April abfallend.

6. Schößling und Blütenstand ohne 0,2–0,5 mm lang gestielte Drüsen (Stieldrüsen), oft aber mit bis 0,1 mm lang gestielten Drüsen (Sitzdrüsen).

57

58

7. Kronblätter gelblich; Blätter des Schößlings oder wenigstens die Blätter der Blütenzweige oberseits mit Sternhaaren; Blattstiel oberseits rinnig . . . . *R. canescens* **58**

7*. Kronblätter weiß bis purpurrot, nie gelblich; Blätter oberseits stets ohne Sternhaare; Blattstiel oberseits flach.

8. Blätter des Schößlings grob und doppelt gezähnt, Zähne meist länger als 1,5 mm, Blätter unterseits grau bis grün; Blütenstand mit wenigen, sichelförmigen Stacheln . . . . *Artengruppe des R. montanus* S. 270

8*. Blätter des Schößlings fein gezähnt, Zähne etwa 1 mm lang, Blätter unterseits grau bis weißlich, nie grün; Blütenstand mit zahlreichen, sichelförmigen Stacheln . . . . *Artengruppe des* ***R. ulmifolius*** **S. 270**

6*. Blütenstand und oft auch Schößling zerstreut bis dicht mit 0,2–0,5 mm lang gestielten Drüsen besetzt; Blätter des Schößlings unterseits stets grün . . . . *Artengruppe des R. sylvaticus* S. 271

4*. Stacheln des Schößlings ungleich; entweder 2 Gruppen von Stacheln: zwischen den 0,3–1 cm langen Stacheln kleine Stacheln von höchstens 1,5 mm Länge (Nadelstacheln, Stachelborsten und Drüsenborsten) und Schößling zwischen den großen Stacheln deshalb rauh, oder alle Übergänge zwischen den größten und kleinsten Stacheln am gleichen Schößling; Blütenstand und Schößling mit Stieldrüsen und oft auch mit Drüsenborsten.

9. Am Schößling 2 Gruppen von Stacheln: 0,3–1 cm lange, bei derselben Art immer ungefähr gleich lange, kräftige, nicht biegsame, gebogene oder gerade, am Grunde verbreiterte und flache Stacheln; zwischen diesen Stacheln Nadelstacheln, Stachelborsten und Drüsenborsten vorhanden, die 0,2–1,5 mm lang sind, Schößling zwischen den großen Stacheln deshalb rauh (immer ein deutlicher Längenunterschied zwischen der Gruppe der langen Stacheln und der Gruppe der kleinen Stacheln), Übergangsstacheln (s. 9*) selten und nur sehr vereinzelt vorhanden.

10. Stieldrüsen des Blütenstandes (wenigstens die länger gestielten) die abstehenden Haare überragend; Schößling meist nicht behaart, selten zerstreut behaart *Artengruppe des* ***R. rudis*** **S. 271**

10*. Die meisten Stieldrüsen des Blütenstandes von den Spitzen der abstehenden Haare überragt oder auf demselben Niveau; Schößling stets ± dicht behaart (Ausnahme: *R. foliosus*) . . . . *Artengruppe des* ***R. radula*** S. 272

9*. Alle Übergänge zwischen den längsten und kürzesten Stacheln am gleichen Schößling vorhanden; Blütenstand mit zahlreichen, 3–5 mm langen Nadelstacheln **und Drüsenborsten (nur kürzere oder keine Nadelstacheln, bei** *R. bellardii*, **S. 275,** ***R. leptadenes*, S. 275, *R. serpens*, S. 275).**

11. Die über 2 mm langen Stacheln des Schößlings von der Spitze an nach dem Grunde verbreitert, starr (nicht biegsam), kräftig, flach, gerade oder gebogen; Blätter 5- oder 3zählig . . . . ***Artengruppe des R. koehleri*** S. 273

11*. Die längsten Stacheln des Schößlings nadelförmig, oder erst am Grunde verbreitert und flach, oft mit haarförmiger biegsamer Spitze, gerade oder wenig gebogen; Blätter meist 3-, seltener 5zählig . . . . ***Artengruppe des R. glandulosus*** S. 274

Artengruppe des Rubus suberectus

1. Schößling rund oder stumpfkantig; Stacheln schwach, 3–5 mm lang, kegelförmig oder nadelförmig, am Grunde plötzlich verbreitert, 1–3 mm breit, gerade, meist etwas schief abstehend . . . . ***R. suberectus* 59**

1*. Schößling kantig, mit flachen Seiten oder gefurcht; alle Stacheln kräftig, am Grunde stark verbreitert, 6–8 mm breit, $1–1^1/_2$mal so lang wie breit.

2. Kelchblätter tief konkav (bootförmig), nach der Blüte ausgebreitet oder zurückgebogen; Staubblätter beim Aufblühen kaum so hoch wie die Griffel . . . . *R. plicatus*

2*. Kelchblätter wenig konkav, an den Früchten zurückgebogen; Staubblätter beim Aufblühen die Griffel überragend.

3. Blüten meist auffallend groß (Durchmesser 3–4 cm); Blätter 1fach gezähnt . . . . *R. sulcatus*

3*. Blütendurchmesser weniger als 2,5 cm; Blätter doppelt gezähnt.

59

4. Blätter unterseits blaßgrün bis graugrün; flaumig und weich behaart; Blütenstand mit wenigen, kräftigen Stacheln. Tessin, Schwarzwald . . . . *R. affinis*

4*. Blätter unterseits grün, mit geraden, abstehenden Haaren, deshalb auffallend rauh; Blütenstand mit vielen, kräftigen Stacheln. Selten . . . . *R. nitidus*

Artengruppe des Rubus montanus

1. Blätter des Schößlings unterseits graugrün bis grau, über die ganze Fläche gleichmäßig dicht und kurz behaart.

2. Schößling kahl oder zerstreut behaart.

3. Endteilblatt der Schößlingsblätter 1,7–2mal so lang wie breit, allmählich zugespitzt *R. montanus* 60

3*. Endteilblatt der Schößlingsblätter rundlich bis oval, 1–1,3mal so lang wie breit, kurz zugespitzt oder mit aufgesetzter Spitze . . . . *R. thyrsanthus*

2*. Schößling abstehend oder anliegend und meist flaumig behaart.

4. Endteilblatt der Schößlingsblätter rhombisch, rundlich oder oval, 1–1,2mal so lang wie breit, mit aufgesetzter Spitze, am Grunde wenig ausgerandet, unterseits graugrün *R. phyllostachys*

4*. Endteilblatt der Schößlingsblätter oval, 1,5–1,8mal so lang wie breit, allmählich zugespitzt, am Grunde nicht ausgerandet, unterseits grau . . . . *R. pubescens*

1*. Blätter des Schößlings unterseits grün, meist nur auf den Nerven behaart, nicht regelmäßig über die ganze Fläche behaart.

5. Schößling nicht behaart; Endteilblatt der Schößlingsblätter nicht über 9 cm lang . . . *R. constrictus*

5*. Schößling locker behaart; Endteilblatt der Schößlingsblätter über 12 cm lang . . . . *R. macrophyllus*

60

Artengruppe des Rubus ulmifolius

1. Blütenstand filzig kurzhaarig, die längsten, an der Hauptachse senkrecht abstehenden Haare 0,5 mm lang (diese Haare nicht zahlreich); Schößling bläulich bereift (zum mindesten an der Basis).

61

2. Schößling kantig und gefurcht; Blätter unterseits mit anliegendem Haarfilz; Kronblätter rundlich; Staubblätter etwa so hoch wie die Griffel. Warme Gegenden . . . . *R. ulmifolius* **61**
   2*. Schößling stumpfkantig bis fast rund, nicht gefurcht; Blätter unterseits zwischen dem Haarfilz mit zahlreichen langen, abstehenden Haaren; Kronblätter oval; Staubblätter die Griffel weit überragend . . . . *R. godronii*

1*. Blütenstand filzig kurzhaarig, die längsten, an der Hauptachse senkrecht oder schief abstehenden Haare 0,5–1,5 mm lang (diese Haare zahlreich); Schößling nicht bereift, kahl oder behaart . . . . *R. bifrons*

Artengruppe des Rubus sylvaticus

1. Kelchblätter nach der Blüte zurückgebogen.
   2. Schößling stumpfkantig, mit konvexen Seiten oder rundlich, ohne 0,2–0,5 mm lang gestielte Drüsen.
      3. Stacheln nach dem Grunde allmählich und stark verbreitert, flach, gebogen bis sichelförmig gekrümmt, selten ± gerade . . . . *R. sylvaticus* **62**
      3*. Stacheln kegelförmig oder nadelförmig, gerade, rückwärts gerichtet . . . . *R. helveticus*
   2*. Schößling kantig, mit wenigen, 0,2–0,5 mm lang gestielten Drüsen . . . . *R. silesiacus*

1*. Kelchblätter nach der Blüte aufgerichtet . . . . *R. myricae*

Artengruppe des Rubus rudis

1. Schößling kantig, Stacheln gebogen; Fruchtknoten kahl oder zerstreut behaart; Blätter 3- und 5zählig.
   2. Blütenstand ohne Drüsenborsten . . . . *R. rudis* S. 272 **63**
   2*. Blütenstand mit Drüsenborsten . . . . *R. thyrsiflorus*

1*. Schößling stumpfkantig bis rund.
   3. Stacheln gerade; Fruchtknoten zottig behaart; Blätter meist 3zählig, unterseits grün . *R. glaucellus*
   3*. Stacheln wenig gebogen; Fruchtknoten locker behaart bis kahl; Blätter meist 5zählig, unterseits graugrün . . . . *R. apiculatus*

62

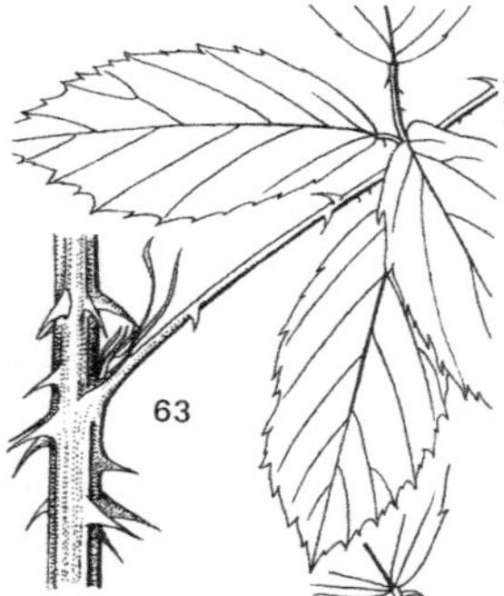

63

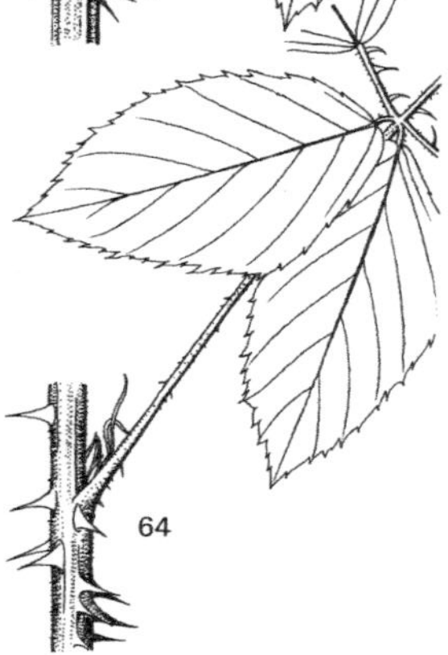

64

Artengruppe des Rubus radula

1. Schößlingsblätter unterseits grau bis weißlich, mit Sternhaaren und einfachen Haaren, Epidermis nicht sichtbar.
   2. Schößling dicht mit Stieldrüsen und feinen, kurzen Stacheln; Blütenstand mit vielen, fast senkrecht abstehenden, etwa 1 cm langen Stacheln . . . . *R. radula* **64**
   2*. Schößling mit vereinzelten feinen, kurzen Stacheln und oft ohne Stieldrüsen; Stacheln im Blütenstand bis 5 mm lang.
      3. Schößling kantig und gefurcht; einfache Haare auf der Blattunterseite selten über 0,5 mm lang, zerstreut stehend.
         4. Schößling locker, kurz und anliegend behaart; Endteilblatt der Schößlingsblätter rhombisch bis oval, 1,7–2mal so lang wie breit; Blüten weiß . . . . *R. genevieri*
         4*. Schößling dicht mit Sternhaaren und Büschelhaaren besetzt; Endteilblatt der Schößlingsblätter rundlich, mit aufgesetzter Spitze, Schößlingsblätter stets doppelt gezähnt; Blüten rot . . . . *R. conspicuus*
      3*. Schößling mit flachen Seiten, meist stumpfkantig; einfache Haare auf der Blattunterseite meist über 1 mm lang, dicht stehend . . . . *R. vestitus*

1*. Schößlingsblätter beiderseits grün.
   5. Kelchblätter nach der Blüte zurückgebogen.
      6. Blütenstand mit etwa 1 cm langen, dicht stehenden Stacheln . . . . *R. fuscus*
      6*. Blütenstand mit meist wenigen, 0,3–0,5 cm langen, schwachen Stacheln.
         7. Schößling kantig und gefurcht; Schößlingsblätter 1fach und grob gezähnt.
            8. Schößling locker behaart; Blüten weiß . . . . *R. foliosus*
            8*. Schößling dicht behaart; Blüten purpurrot . . . . *R. insericatus*
         7*. Schößling stumpfkantig, meist mit konvexen Seiten; Endteilblatt der Schößlingsblätter rundlich, mit aufgesetzter Spitze, Schößlingsblätter grob und doppelt gezähnt *R. adscitus*
   5*. Kelchblätter nach der Blüte abstehend oder aufrecht.
      9. Blätter des Schößlings 5zählig; Blütenstand mit wenigen, bis 0,5 cm langen Stacheln; Blüten rot . . . . *R. obscurus*
      9*. Blätter des Schößlings meist 3zählig; Blütenstand mit zahlreichen, etwa 0,5 cm langen Stacheln; Blüten weiß . . . . *R. menkei*

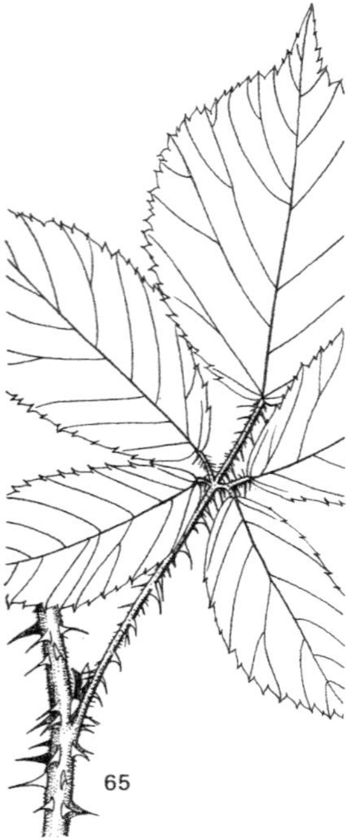

Artengruppe des Rubus koehleri

1. Drüsen im Blütenstand nur etwa 0,2 mm lang gestielt, kürzer als die abstehenden Haare . . . *R. granulatus*
1*. Drüsen länger gestielt.
 2. Kronblätter weiß; Blätter des Schößlings beiderseits grün, grob und meist doppelt gezähnt.
  3. Stacheln rot; Kelchblätter mit 1–2 mm langer, fadenförmiger Spitze; Blätter meist 5zählig . . . *R. koehleri* **65**
  3*. Stacheln gelb; Kelchblätter an der Spitze mit bis 1 cm langer, lanzettlicher Verlängerung; Blätter meist 3zählig . . . *R. schleicheri*
 2*. Kronblätter rosa bis purpurrot.
  4. Schößling dicht behaart.
   5. Blätter des Schößlings beiderseits grün, ohne Sternhaare.
    6. Fruchtknoten dicht behaart . . . *R. fusco-ater*
    6*. Fruchtknoten kahl . . . *R. adornatus*
   5*. Blätter des Schößlings unterseits grau bis graugrün; mit Sternhaaren (Epidermis, wenigstens bei den jüngeren Blättern, nicht sichtbar); Fruchtknoten dicht behaart, Früchtchen oft bei der Reife noch mit einem Haarschopf . . . *R. pilocarpus*
  4*. Schößling nicht behaart oder zerstreut behaart.
   7. Blätter des Schößlings beiderseits grün.
    8. Stacheln und Stieldrüsen dunkelrot . . . *R. rosaceus*
    8*. Stacheln und Stieldrüsen gelb . . . *R. furvus*
   7*. Blätter des Schößlings unterseits graugrün bis grau, Schößling kantig; Fruchtknoten kahl . . . *R. homalus*

65

66

Artengruppe des Rubus glandulosus

1. An der ganzen Pflanze Stieldrüsen und oft auch die Stacheln dunkelrot bis hellrot.
2. Im Blütenstand zahlreiche über 1 mm lang gestielte (meist 1,5–2 mm, seltener bis 3 mm lang gestielte) Drüsen, dazwischen zahlreiche 0,3–1 mm lang gestielte Drüsen.
3. Kronblätter, Staubblätter und Griffel purpurrot; Schößling nicht behaart . . . . . *R. purpuratus*
3*. Kronblätter weiß, selten blaßrosa; Schößling nicht behaart bis dicht behaart.
4. Die meisten Endteilblätter der Schößlingsblätter am Grunde ausgerandet.
5. Staubblätter die Griffel weit überragend.
6. Blütenstand dicht behaart (Epidermis nicht sichtbar), Schößling dicht behaart *R. hirtus* **66**
6*. Blütenstand locker bis zerstreut behaart; Schößling nicht behaart . . . . . *R. kaltenbachii*
5*. Griffel die Staubblätter weit überragend oder Griffel und Staubblätter ungefähr gleich hoch.
7. Blätter des Schößlings doppelt gezähnt; Griffel die Staubblätter weit überragend . . . . *R. guentheri*
7*. Blätter des Schößlings scharf, regelmäßig und meist 1fach gezähnt; Griffel und Staubblätter oft ungefähr gleich hoch.
8. Blütenstand mit auffallend langen (ca. 3 mm langen), blaßroten Stieldrüsen, locker und abstehend behaart . . . . *R. rubiginosus*
8*. Die längeren Stieldrüsen des Blütenstandes 1–1,5 mm lang, Blütenstand dicht und anliegend behaart . . . . *R. interruptus*
4*. Die meisten Endteilblätter der Schößlingsblätter am Grunde abgerundet, oval bis rundlich, mit aufgesetzter Spitze . . . . *R. hercynicus*
2*. Im Blütenstand keine oder wenige über 1 mm lang gestielte Drüsen, die zahlreichen roten Drüsen meist etwa 0,5 mm lang gestielt.
9. Schößling nicht behaart oder zerstreut behaart.
10. Staubblätter die Griffel meist überragend; Durchmesser des Schößlings etwa 2 mm *R. argutipilus*
10*. Griffel die Staubblätter weit überragend; Durchmesser des Schößlings über 5 mm *R. finitimus*
9*. Schößling meist dicht behaart.
11. Schößlingsblätter grob und doppelt gezähnt; Fruchtknoten behaart . . . . . . *R. tereticaulis*

11*. Schößlingsblätter fein und 1fach gezähnt; Fruchtknoten kahl . . . . *R. miostylus*

1*. An der ganzen Pflanze Stieldrüsen und Stacheln gelb bis gelbbraun (bei Bastarden gelbe und rote vermischt), Köpfe der Stieldrüsen jedoch rot.

12. Blütenstand dicht mit 3–5 mm langen, gelben, schwachen Nadelstacheln besetzt . . . *R. rivularis*

12*. Blütenstand ohne Stacheln oder Stacheln weniger als 3 mm lang und nur zerstreut.

13. Endteilblatt der Schößlingsblätter groß, über 10 cm lang, etwa $1^1/_2$mal so lang wie breit, fein und 1fach gezähnt, Zähne meist weniger als 1 mm lang . . . . *R. bellardii*

13*. Endteilblatt der Schößlingsblätter weniger als 10 cm lang, Zähne größer, meist über 1 mm lang.

14. Schößling nicht behaart, kantig, gefurcht; Blütenstand dicht und anliegend behaart (Epidermis nicht sichtbar) . . . . *R. leptadenes*

14*. Schößling behaart, rund bis stumpfkantig. . . . . *R. serpens*

Gattung Rosa

a) Blüten 1,5–2 cm im Durchmesser, zu 8–30 in Büscheln. Verwildert . . . . *R. multiflora*

b) Blüten 3–10 cm im Durchmesser, zu 1–10.

c) Blüten 6–10 cm im Durchmesser; Teilblätter 2–5 cm lang, runzelig . . . . *R. rugosa*

d) Blüten 3–7 cm im Durchmesser; Teilblätter nicht runzelig.

1. Kelchblätter ganzrandig (bei *R. arvensis*, *R. rubrifolia* und *R. montana* die beiden äußern Kelchblätter gelegentlich mit 1–2 Paaren fadenförmiger Abschnitte); Blätter oberseits stets ganz kahl.

2. Kelchblätter nach der Blüte zurückgebogen, vor der Fruchtreife abfallend, breit lanzettlich ($1^1/_2$–3mal so lang wie breit), etwa $^1/_2$ so lang wie die Kronblätter; Kronblätter weiß; Griffel zu einer Säule vereinigt . . . . *R. arvensis* **67**

2*. Kelchblätter nach der Blüte aufrecht, nur bei *R. rubrifolia* vor der Fruchtreife abfallend.

3. Kelchblätter kürzer als die Kronblätter, Kronblätter meist weiß, reife Frucht schwarz, kahl; Pflanze mit verschiedenartigen Stacheln: 3–10 mm lange, feste, gerade Nadelstacheln und kürzere, weichere Stachelborsten (keine geborgenen Stacheln) Kalkböden. *R. spinosissima*

3*. Kelchblätter so lang oder länger als die Kronblätter, Kronblätter rosa bis purpurrot, reife Frucht nicht schwarz (orange bis rotbraun).

4. Pflanze mit gleichartigen, aber verschieden langen Nadelstacheln, an den Blütenzweigen Stacheln weniger dicht oder oft nicht vorhanden; Blätter meist doppelt ge-

67

zähnt, an den Zähnen mit Stieldrüsen; Blattunterseite nicht behaart, auf dem Mittelnerv oft mit Stieldrüsen; reife Frucht mit Stieldrüsen und Stachelborsten. Gebirge. *R. pendulina* **68**

4*. Blütenzweige mit gleichartigen, geraden, gebogenen bis sichelförmig gekrümmten, am Grunde schmalen bis breiten, meist paarweise angeordneten Stacheln, reife Frucht kahl.

5. Blattunterseite flaumig behaart, jedoch ohne Drüsen; Blätter fast immer 1fach gezähnt, ohne Stieldrüsen an den Zähnen; Außenseite der Kelchblätter oft flaumig behaart, meist mit in der Behaarung verborgenen Drüsen . . . . *R. majalis* 69

5*. Blattunterseite kahl oder nur auf dem Mittelnerv behaart.

6. Blattstiele, Blütenstiele und Früchte kahl, Blattunterseite ohne Drüsen; Blätter fast immer 1fach gezähnt, ohne Stieldrüsen an den Zähnen . . . . *R. glauca*

6*. Blattstiele, Blütenstiele und Früchte mit Stieldrüsen, Blattunterseite auf Mittelnerv und Seitennerven mit Stieldrüsen; Blätter doppelt gezähnt, mit Stieldrüsen an den Zähnen . . . . *R. montana*

1*. Kelchblätter fiederteilig, gelegentlich einzelne ganzrandig.

7. Griffel von einem kegelförmig erhöhten Diskus umgeben, zu einer Säule vereinigt, die etwa $^1/_2$ so lang ist wie die Staubfäden; Stacheln gleichartig, sichelförmig gebogen, am Grunde verbreitet. Selten . . . . *R. stylosa*

7*. Diskus nicht kegelförmig; die Griffel frei oder nur beim Austritt aus der Frucht vereinigt.

8. Pflanze mit verschiedenartigen Stacheln: Sichelförmig gebogene, am Grunde verbreiterte Stacheln, Nadelstacheln und Stachelborsten vorhanden; Blütendurchmesser groß (5–7 cm); Blätter an den Blütenzweigen häufig 5zählig. Flaumeichenwälder . . *R. gallica*

8*. Pflanze mit gleichartigen Stacheln.

9. Stacheln gerade oder wenig gebogen, nie sichelförmig gekrümmt, bis 1 cm lang, schmal, im Querschnitt rundlich, erst am Grunde verbreitert (bis 1 cm breit); Blattstiele flaumig behaart; oft mit Drüsen über die ganze Blattunterseite.

10. Blätter oberseits stets kahl; unterseits mit auffallend vorstehendem Nervennetz *R. jundzillii*

10*. Blätter stets beiderseits flaumig behaart . . . . **Artengruppe der** *R. tomentosa* 277

68

69

9*. Stacheln zum größten Teil sichelförmig gekrümmt, bis 1 cm lang, flach, von unterhalb der Spitze bis zum Grunde allmählich verbreitert (bis 1 cm breit); Blätter behaart oder kahl.

11. Blätter unterseits mit auffallenden, zahlreichen, über die ganze Fläche (nicht nur auf Haupt- und Seitennerven) verteilten Stieldrüsen . . . . ***Artengruppe der*** *R. rubiginosa* S. 277

11*. Blätter unterseits ohne Drüsen oder nur auf dem Mittelnerv mit einigen, meist sitzenden Drüsen . . . . ***Artengruppe der R. canina*** S. 278

70

71

Artengruppe der Rosa tomentosa

1. Stacheln stets gerade; Kelchblätter länger als die Kronblätter, nach der Blüte zurückgebogen, nicht vor der Fruchtreife abfallend; Blätter meist auf der ganzen Unterseite mit Stieldrüsen. Wallis, Grajische Alpen . . . . *R. villosa* 70

1*. Stacheln wenig gebogen (nie sichelförmig gekrümmt), gelegentlich einzelne Stacheln gerade; Kelchblätter kürzer als die Kronblätter.

2. Fruchtstiel wenigstens so lang, meist 2–3mal so lang wie die Frucht; Kelchblätter nach der Blüte zurückgebogen bis senkrecht abstehend, vor der Fruchtreife abfallend; Blätter auf der Unterseite meist ohne Stieldrüsen . . . . ***R. tomentosa***

2*. Fruchtstiel höchstens so lang wie die Frucht; Kelchblätter nach der Blüte aufrecht, bis zur Fruchtreife bleibend; Blätter meist auf der ganzen Unterseite mit Stieldrüsen . . *R. sherardii*

Artengruppe der Rosa rubiginosa

1. Die meisten Teilblätter am Grunde abgerundet; Blütenstiele stets mit zahlreichen Stieldrüsen, oft auch mit Drüsenborsten und Stachelborsten besetzt.

2. Kelchblätter nach der Blüte aufgerichtet, bis zur Fruchtreife bleibend. Selten . . . . *R. rubiginosa* 71

2*. Kelchblätter nach der Blüte zurückgebogen, vor der Fruchtreife abfallend. Selten . . ***R. micrantha***

1*. Die meisten Teilblätter nach dem Grunde keilförmig verschmälert; Blütenstiele stets kahl (ohne Drüsen).
   3. Kelchblätter nach der Blüte aufgerichtet, bis zur Fruchtreife bleibend. Selten . . . . . *R. elliptica*
   3*. Kelchblätter nach der Blüte zurückgebogen, vor der Fruchtreife abfallend. Selten *R. agrestis*

Artengruppe der Rosa canina

1. Kelchblätter nach der Blüte zurückgebogen, vor der Fruchtreife abfallend.
   2. Blätter kahl.
      3. Blütenstiele ohne Drüsen . . . . **R. canina 72**
      3*. Blütenstiele mit Stieldrüsen und oft auch mit Drüsenborsten . . . . *R. chavinii*
   2*. Blätter beiderseits behaart oder nur unterseits behaart, wenigstens aber auf den Nerven der Blattunterseite behaart.
      4. Blütenstiele kahl . . . . *R. tomentella*
      4*. Blütenstiele mit Stieldrüsen . . . . ***R. abietina***
1*. Kelchblätter nach der Blüte abstehend oder aufgerichtet, bis zur Fruchtreife bleibend; Blätter 1fach oder doppelt gezähnt.
   5. Blätter kahl . . . . *R. dumalis*
   5*. Blätter überall oder wenigstens auf den Nerven der Blattunterseite flaumig behaart . *R. caesia* **73**

72

73
2×

Gattung Prunus

1. Blüten in mehr als 4blütigen (bis etwa 20blütigen) Trauben (Trauben lang oder doldenartig).
   2. Blüten in 10–15 cm langen, aufrechten, abstehenden oder hängenden Trauben.
      3. Pflanze immergrün; Blattrand nach unten umgebogen, ohne Zähne oder entfernt gezähnt *P. laurocerasus*
      3*. Pflanze sommergrün; Blattrand nicht nach unten umgebogen, regelmäßig und fein gezähnt.
         4. Blätter nicht lederig und auf der Oberseite nicht lackartig glänzend; Blütenstiele 10–15 mm lang; Kelchzipfel vor der Fruchtreife abfallend.

5. Blätter unterseits ohne auffallend vorstehende Seitennerven, mit ± gleichmäßig zugespitzten, weniger als 0,5 mm hohen Zähnen; Blütenstand gegen das Ende der Blütezeit hängend; Fruchtstand hängend . . . . *P. padus* **74**

5*. Blätter unterseits mit auffallend vorstehenden Seitennerven und mit zahlreichen Zähnen, die 0,5–1 mm hoch sind; Blüten- und Fruchtstände stets aufgerichtet oder abstehend. Trockentäler der Alpen . . . . *P. petraea*

4*. Blätter lederig, auf der Oberseite lackartig glänzend; Blütenstiele 3–6 mm lang; Kelch mit spitzen Zipfeln, die an reifer Frucht noch vorhanden sind. Selten . . . *P. serotina*

2*. Blüten in kurzen, doldigen, abstehenden, 4–10blütigen Trauben . . . . *P. mahaleb* **75**

1*. Blüten einzeln oder zu 2–3.

6. Fruchtknoten und Frucht weich behaart. Kulturpflanzen.

7. Blätter rundlich bis herzförmig, 5–10 cm lang, 1–1½mal so lang wie breit, spitz, am Grunde wenig ausgerandet und in den Stiel verschmälert, oft doppelt gezähnt, in der Knospenlage eingerollt . . . . *P. armeniaca*

7*. Blätter lanzettlich, 3–4mal so lang wie breit, in der Knospenlage gefaltet.

8. Blätter stumpf gezähnt, Blattstiel wenig kürzer als die größte Breite der Blattspreite; Frucht nicht saftig, mit ledrigem, zähem Fruchtfleisch. Selten verwildert . *P. dulcis*

8*. Blätter spitz und meist doppelt gezähnt; Blattstiel $^1/_6$–$^1/_{10}$ so lang wie die größte Breite der Blattspreite; Frucht saftig . . . . *P. persica*

6* Fruchtknoten und Frucht kahl.

9. Blätter in der Knospenlage eingerollt; Blütenstiele bis 20 mm lang.

10. Blütenstiele kahl, Blüten meist einzeln, oft einander genähert.

11. Junge Triebe oft weich behaart, Zweige meist mit Dornen; Blüten und Früchte auf starr abstehenden Stielen, reife Früchte blau bereift . . . . *P. spinosa* **76**

11*. Junge Triebe kahl, Zweige meist ohne Dornen; Blüten und Früchte hängend, reife Früchte rot, braunrot oder gelb. Selten verwildert . . . . *P. cerasifera*

10*. Blüten- und Fruchtstiele behaart, Blüten oft gepaart.

12. Junge Triebe weich behaart; Kronblätter weiß. Kulturpflanze . . . . *P. insititia*

12*. Junge Triebe kahl; Kronblätter hellgrün. Kulturpflanze . . . . *P. domestica*

9*. Blätter in der Knospenlage gefaltet; Blütenstiele 20–50 mm lang (bei *P. fruticosa* 15–30 mm lang).

74

76

75

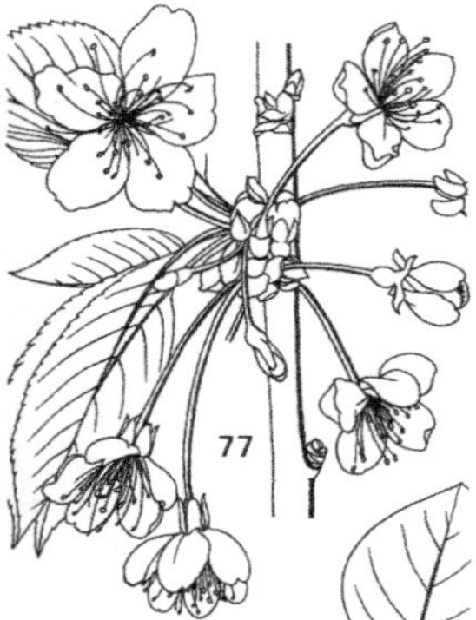

77

78

79

13. Innerhalb der Knospenschuppen keine kleinen Bläter vorhanden . . . . *P. avium* **77**

13*. Innerhalb der Knospenschuppen neben den Blütenstielen wenige, kleine Blätter, die aus derselben Knospe hervorbrechen wie die Blüten.

14. Blätter 6–12 cm lang; Blattstiel gegen die Spreite hin mit Drüsen; Kronblätter fast rund. Kulturpflanze . . . . *P. cerasus*

14*. Blätter 2–4 cm lang; Blattstiel ohne Drüsen; Kronblätter meist deutlich ausgerandet. Schwarzwald (Kleinkembs) . . . . *P. fruticosa*

Gattung Cotoneaster

Abb. 78 (*C. integerrimus*). Schlüssel siehe S. 527

Gattung Crataegus

1. Blütenstiele kahl; Griffel 2–3; Frucht mit 2–3 Kernen; Blätter mit schmalen Einschnitten, Abschnitte breit abgerundet, mit bespitzten, wenig einwärts gebogenen Zähnen . . . . . *C. laevigata* 79

1*. Blütenstiele und Fruchtstiele behaart; Griffel meist 1; Frucht meist mit 1 Kern; Blätter mit breit offenen Einschnitten, Abschnitte parallelrandig oder nach außen verschmälert, mit spitzen, feinen bis groben, abstehenden Zähnen . . . . *C. monogyna*

Gattung Sorbus

1. Blätter gefiedert, mit Endteilblatt.

2. Rand der Teilblätter beiderseits bis fast zum Grunde scharf gezähnt (höchstens $^{1}/_{5}$ der Länge ohne Zähne); Griffel 2–4 . . . . *S. aucuparia*

2*. Rand der Teilblätter wenigstens auf der einen Seite nur in der obern Hälfte oder in den obern $^{2}/_{3}$ mit Zähnen; Griffel 5. In warmen Gegenden verwildert . . . . *S. domestica*

1*. Blätter nicht gefiedert.

3. Blätter unterseits mit 3–5 auffallend hervortretenden Seitennerven, jederseits mit 3–4 allmählich zugespitzten Abschnitten, unterstes Abschnittpaar am größten, ungefähr senkrecht zum Blattmittelnerv abstehend, obere Abschnitte vorwärts gerichtet . . . . *S. torminalis* **80**
3*. Blätter unterseits mit 6–14 auffallend hervortretenden Seitennerven.
4. Alle Blätter stets beiderseits grün, Rand 1fach gezähnt (einzelne Blätter doppelt gezähnt), Zähne etwa 1 mm lang, spitz. Subalpin . . . . *S. chamaemespilus*
4*. Alle Blätter unterseits grau bis weiß, dicht filzig behaart, meist doppelt gezähnt.
5. Zähne 1. Ordnung in der Mitte des Randes nicht über 3 mm lang, mit deutlicher Spitze *S. aria* **81**
5*. Zähne 1. Ordnung in der Mitte des Randes 4–6 mm lang, im Umriß breit abgerundet *S. mougeotii*

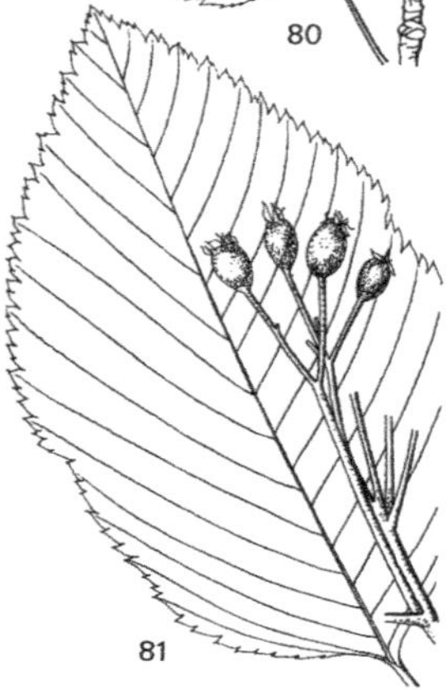

80

81

Gattung Pyrus s.l.

Die Gattung *Pyrus* wird heute aufgeteilt.

1. Blätter ganzrandig oder fein gezähnt (Zähne an ausgewachsenen Blättern 0,2–0,5 mm lang); Kurztriebe meist mit Dornen; Kronblätter beiderseits weiß; Staubbeutel dunkelrot, Griffel frei; Frucht eine Birne . . . . *Pyrus pyraster*
1*. Blätter gröber gezähnt, nie ganzrandig, die meisten Zähne über 0,5 mm lang, Kurztriebe ohne Dornen; Kronblätter oberseits weiß, unterseits rot überlaufen; Staubbeutel gelb, Griffel bis zur Mitte verwachsen; Frucht ein Apfel . . . . *Malus sylvestris*

Gattung Spiraea

1. Blüten in büscheligen, doldenartigen Trauben auf kurzen Seitentrieben längs der Zweige . *S. chamaedrifolia*
1*. Blüten in rispigen oder aus zahlreichen doldenartigen Trauben zusammengesetzten Blütenständen am Ende der Zweige.
2. Der zusammengesetzte Blütenstand doldenartig, flach . . . . *S. japonica*
2*. Der zusammengesetzte Blütenstand zylindrisch . . . . *S. salicifolia*

82

83

Familie der Fabaceae (entspricht Leguminosae, Hülsenfrüchtler)

1. Staubfäden frei.
   2. Blüten aktinomorph, sehr klein, in dichten Blütenständen; Staubblätter zahlreich . . . . *Mimosoideae* S. 134
   2*. Blüten zygomorph; das oberste Kronblatt von den beiden seitlichen eingefasst; Staubblätter 10 *Caesalpinioideae* S. 282

1*. Alle 10 Staubfäden ± hoch hinauf röhrenförmig miteinander verwachsen oder nur 9 verwachsen und der oberste Staubfaden frei; das oberste Kronblatt in der Knospe die beiden seitlichen umfassend . . . . *Faboideae* S. 282

Unterfamilie der Caesalpinioideae

1. Bäume, mit oft verzweigten Dornen; Blätter 1–2fach gefiedert; Blüten unscheinbar, mit grünlicher Krone. Parkbaum . . . . *Gleditsia triacanthos* **82**

1*. Sträucher und Bäume, ohne Dornen; Blätter, ungeteilt, ganzrandig, im Umriß rundlich, am Grunde herzförmig; Blüten mit rosafarbener Krone. Südlich der Alpen verwildert . . . . *Cercis siliquastrum* **83**

Unterfamilie der Faboideae (entspricht Papilionaceae, Schmetterlingsblütler)

(siehe Kommentar in der Einleitung, S. LIX)

1. Blätter ungeteilt oder mit 3 oder 5 Teilblättern oder mit mehreren radiär angeordneten Teilblättern; das endständige Teilblatt höchstens $1^1/_2$mal so lang wie die seitlichen; Teilblätter am Grunde nie mit nebenblattähnlichen Zipfeln; Blatt nie mit endständiger Ranke oder grannenartiger Spitze.
   2. Teilblätter 5–17, radiär angeordnet; Blüten in endständigen, aufrechten Trauben . . . *Lupinus* S. 288
   2*. Blatt ungeteilt oder mit 3 Teilblättern, oder wenn mit 5 Teilblättern, dann Blüten in kopfartigen Dolden, die in den Achseln von Blättern stehen.
      3. Blätter ungeteilt oder mit 3 Teilblättern; Nebenblätter (sofern vorhanden) anders geformt als die Teilblätter; Blüten in (oft kopfartigen) Trauben, selten einzeln in den Achseln von Blättern.

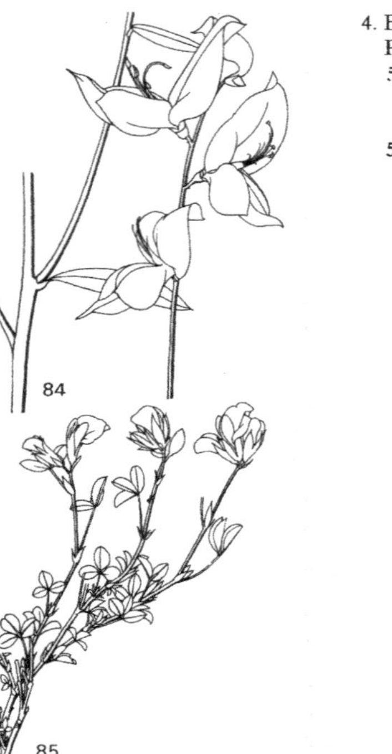

4. Blätter oder Teilblätter ganzrandig; meist alle 10 Staubfäden zu einer Röhre verwachsen; Pflanze zumindest im untern Teil holzig.

5. Kelch kurz 5zähnig, bei jungen Blütenknospen oben eng zusammengeschlossen, später fast auf der ganzen Länge aufreißend, etwa $^1/_4$ so lang wie die Krone; Strauch mit aufrechten, langen, rutenförmigen Zweigen und ungeteilten Blättern — ***Spartium junceum* 84**

5*. Kelch 2lippig, mit 2teiliger Oberlippe und 3teiliger Unterlippe, nach dem Aufblühen nicht aufreißend.

6. Frucht und meist auch Kelch ohne Drüsenhaare.

7. Einschnitte zwischen den beiden Kelchlippen nicht tiefer als $^2/_3$ der Länge; Pflanze ohne Dornen, oder wenn mit Dornen, dann die Blätter ungeteilt . .

8. Einschnitte zwischen den beiden Kelchlippen so tief oder weniger tief als der Einschnitt der Oberlippe; Blütenstiele sehr kurz, 0,5–4 mm lang, meist kürzer als der Kelch.

9. Blätter ungeteilt (nur bei *G. radiata* mit 3 sehr schmal bandförmigen, spitzen Teilblättern) . . . . *Genista* S. 288

9*. Blätter mit 3 ovalen bis lanzettlichen Teilblättern. Südjura, Aostatal, Bergamasker Alpen . . . . *Argyrolobium zanonii* **85**

8*. Einschnitte zwischen den beiden Kelchlippen bedeutend tiefer als der Einschnitt der Oberlippe; Blütenstiele 1–20 mm lang, oft länger als der Kelch.

10. Kelch $^1/_4$–$^1/_3$ so lang wie die Krone, glockenförmig; Blütenstiele 4–20 mm lang, 1–6mal so lang wie der Kelch.

11. Blüten in aufrechten Trauben oder zu 1–4 in den Achseln von Blättern; einfache Blätter oder Teilblätter kaum über 2,5 cm lang . . . *Cytisus* s.l. S. 289

11*. Blüten in hängenden Trauben; die größeren Teilblätter 4–10 cm lang *Laburnum* S. 289

10*. Kelch $^2/_5$–$^2/_3$ so lang wie die Krone, röhrenförmig; Blütenstiele 1–6 mm lang, kürzer als der Kelch . . . . *Chamaecytisus* S. 289

7*. Einschnitte zwischen den beiden Kelchlippen bis fast zum Grund; Pflanze mit vielen verzweigten Dornen; untere Blätter mit 3 Teilblättern, obere nicht geteilt . . . . *Ulex* S. 290

86

6*. Frucht und Kelch mit Drüsenhaaren. Dép. Jura . . . . *Adenocarpus complicatus* **86**

4*. Teilblätter fein gezähnt, wenn ganzrandig, die Pflanze dann aber nicht holzig; das oberste Staubblatt frei (verwachsen bei *Ononis*).

12. Schiffchen an der Spitze deutlich schnabelförmig verschmälert; meist alle Staubfäden verwachsen; Pflanze meist drüsig behaart; Blüten einzeln oder in 2–3blütigen Trauben . . . . *Ononis* S. 290

12*. Schiffchen nicht schnabelförmig verschmälert; oberster Staubfaden frei.

13. Kronblätter meist unter sich und mit den Staubfäden etwas verwachsen, nach dem Verblühen nicht abfallend und die Frucht umhüllend; Frucht gerade, meist kürzer als der Kelch, ohne hervortretende Nerven; Blüten nie blau . . . . . . *Trifolium* S. 291

13*. Kronblätter nicht mit den Staubfäden verwachsen, nach dem Verblühen meist abfallend; Frucht länger als der Kelch, mit hervortretenden Nerven; Blüten nie rot.

14. Frucht gerade oder etwas gebogen, eiförmig bis zylindrisch; Pflanze mit süßlichem oder stark aromatischem Geruch.

15. Blüten in reichblütigen, zur Fruchtzeit verlängerten Trauben, hängend; Früchte 2–5 mm lang . . . . *Melilotus* S. 296

15*. Blüten in Köpfen oder kurzen, kopfartigen Trauben oder zu 1–2 in den Achseln von Stengelblättern; Früchte 5–140 mm lang . . . . *Trigonella* S. 297

14*. Frucht nierenförmig, sichelförmig oder schraubenförmig gewunden; Pflanze ohne auffälligen Geruch; Blüten in kopfartigen Trauben . . . . *Medicago* S. 297

3*. Blätter meist mit 5 fast gleichen Teilblättern, davon die untersten 2 oft wie Nebenblätter gestellt und von den andern oft etwas entfernt stehend; Blüten in kopfartigen Dolden, selten einzeln und dann lang gestielt.

16. Blütendolden von keinem Blatt umgeben; Krone weiß bis hellrosa mit dunkelpurpurner Schiffchenspitze; Schiffchen stumpf . . . . *Dorycnium* S. 298

16*. Blütendolden oder einzelne lang gestielte Blüten von einem 3teiligen Blatt umgeben; Krone gelb oder rot; Schiffchen geschnäbelt.

17. Frucht im Querschnitt rund; Blüten meist in mehrblütigen Dolden; Krone 0,8–2 cm lang . . . . *Lotus* S. 299

17*. Frucht 4flügelig oder 4kantig; Blüten lang gestielt, einzeln; Krone 2,5–3 cm lang. Wechselfeuchte Böden . . . . *Lotus maritimus* S. 285 **87**

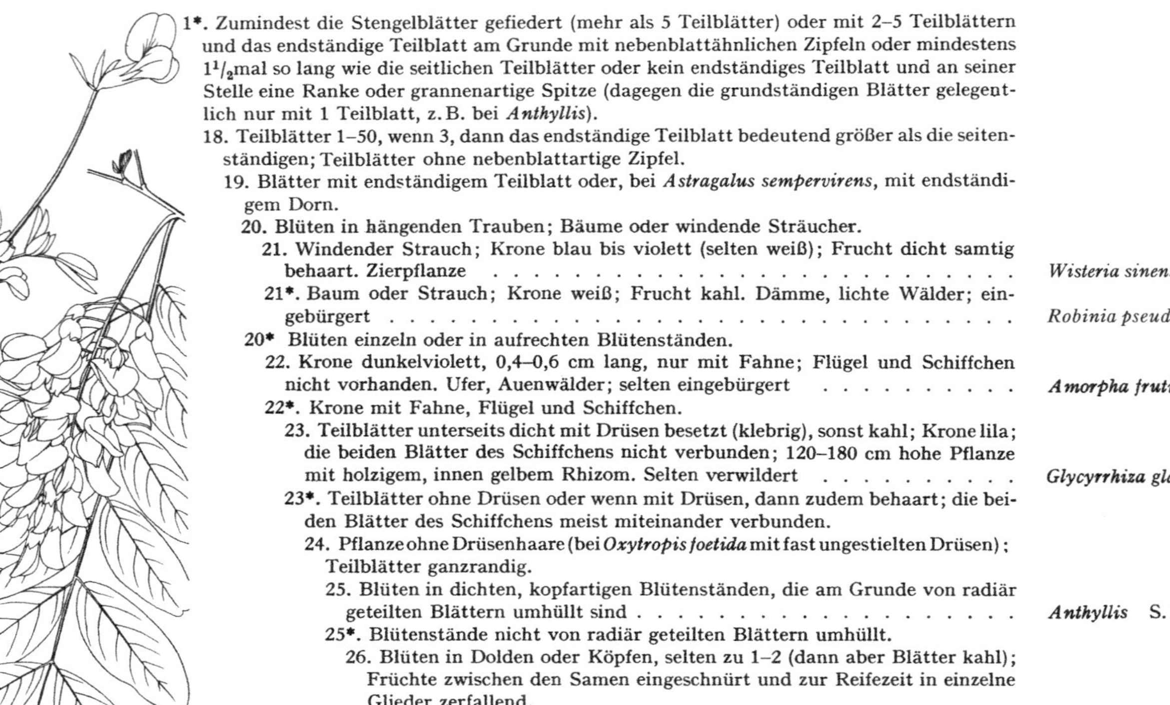

1*. Zumindest die Stengelblätter gefiedert (mehr als 5 Teilblätter) oder mit 2–5 Teilblättern und das endständige Teilblatt am Grunde mit nebenblattähnlichen Zipfeln oder mindestens $1^1/_2$mal so lang wie die seitlichen Teilblätter oder kein endständiges Teilblatt und an seiner Stelle eine Ranke oder grannenartige Spitze (dagegen die grundständigen Blätter gelegentlich nur mit 1 Teilblatt, z. B. bei *Anthyllis*).

18. Teilblätter 1–50, wenn 3, dann das endständige Teilblatt bedeutend größer als die seitenständigen; Teilblätter ohne nebenblattartige Zipfel.

19. Blätter mit endständigem Teilblatt oder, bei *Astragalus sempervirens*, mit endständigem Dorn.

20. Blüten in hängenden Trauben; Bäume oder windende Sträucher.

21. Windender Strauch; Krone blau bis violett (selten weiß); Frucht dicht samtig behaart. Zierpflanze . . . . *Wisteria sinensis*

21*. Baum oder Strauch; Krone weiß; Frucht kahl. Dämme, lichte Wälder; eingebürgert . . . . *Robinia pseudoacacia* **88**

20* Blüten einzeln oder in aufrechten Blütenständen.

22. Krone dunkelviolett, 0,4–0,6 cm lang, nur mit Fahne; Flügel und Schiffchen nicht vorhanden. Ufer, Auenwälder; selten eingebürgert . . . . ***Amorpha fruticosa***

22*. Krone mit Fahne, Flügel und Schiffchen.

23. Teilblätter unterseits dicht mit Drüsen besetzt (klebrig), sonst kahl; Krone lila; die beiden Blätter des Schiffchens nicht verbunden; 120–180 cm hohe Pflanze mit holzigem, innen gelbem Rhizom. Selten verwildert . . . . ***Glycyrrhiza glabra***

23*. Teilblätter ohne Drüsen oder wenn mit Drüsen, dann zudem behaart; die beiden Blätter des Schiffchens meist miteinander verbunden.

24. Pflanze ohne Drüsenhaare (bei *Oxytropis foetida* mit fast ungestielten Drüsen); Teilblätter ganzrandig.

25. Blüten in dichten, kopfartigen Blütenständen, die am Grunde von radiär geteilten Blättern umhüllt sind . . . . ***Anthyllis*** S. 299

25*. Blütenstände nicht von radiär geteilten Blättern umhüllt.

26. Blüten in Dolden oder Köpfen, selten zu 1–2 (dann aber Blätter kahl); Früchte zwischen den Samen eingeschnürt und zur Reifezeit in einzelne Glieder zerfallend.

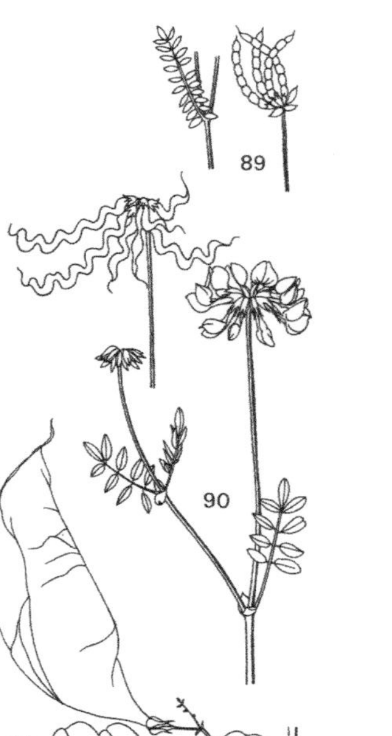

27. Schiffchen gerade, vorn abgerundet; Blütenstiele bedeutend kürzer als der Kelch. Saure Böden, im Westen . . . . *Ornithopus perpusillus* **89**

27*. Schiffchen gebogen, in einen kurzen Schnabel ausgezogen; Blütenstiele wenig kürzer bis wenig länger als der Kelch.

28. Frucht gerade oder etwas gebogen, im Querschnitt kreisförmig oder 4eckig; Stiele der untern Blätter meist kürzer als das unterste Teilblatt *Coronilla* s.l. S. 300

28*. Frucht flach, mit hufeisenförmigen Gliedern; Stiele der untern Blätter bedeutend länger als das unterste Teilblatt . . . . *Hippocrepis comosa* **90**

26*. Blüten in oft kopfähnlichen Trauben oder Ähren, selten zu 1–2 (dann aber Blattunterseite behaart); Früchte (Ausnahme bei *Hedysarum* [mit purpurner Krone]) zwischen den Samen nicht eingeschnürt und nicht in Glieder zerfallend.

29. Bis 4 m hoher Strauch; Frucht bauchig aufgeblasen, 6–8 cm lang und etwa 3 cm dick; Blüten gelb. Kalkhaltige Böden in warmen Lagen . . *Colutea arborescens* **91**

29*. Höchstens im untersten Teil holzige Pflanzen; Frucht höchstens 4 cm lang und 1,2 cm dick.

30. Alle Staubfäden wenigstens im unteren Teil verwachsen; Fahne, Flügel und Schiffchen fast gleich lang. Auenwälder, Ufer; verwildert . . . *Galega officinalis*

30*. Oberster Staubfaden frei; Fahne oder Schiffchen meist länger als die Flügel.

31. Schiffchen so lang oder kürzer als die Flügel (bei *Astragalus alpinus* Schiffchen länger als die Flügel, weiß mit violetter Spitze); Früchte mehrsamig; zwischen den Samen nicht eingeschnürt und nie in einzelne Glieder zerfallend, oft blasig erweitert.

32. Schiffchen vorn stumpf oder etwas spitz, aber nicht mit deutlicher, aufgesetzter Spitze . . . . *Astragalus* S. 301

32*. Schiffchen vorn mit einer deutlichen, aufgesetzten Spitze . *Oxytropis* S. 303

31*. Schiffchen länger als die Flügel; Früchte mehrsamig und zwischen den Samen eingeschnürt und zur Fruchtzeit in einzelne, scheibenartige Glieder zerfallend oder Früchte einsamig und auf der Oberfläche mit netzartig hervortretenden Leisten und oft mit Zähnen.

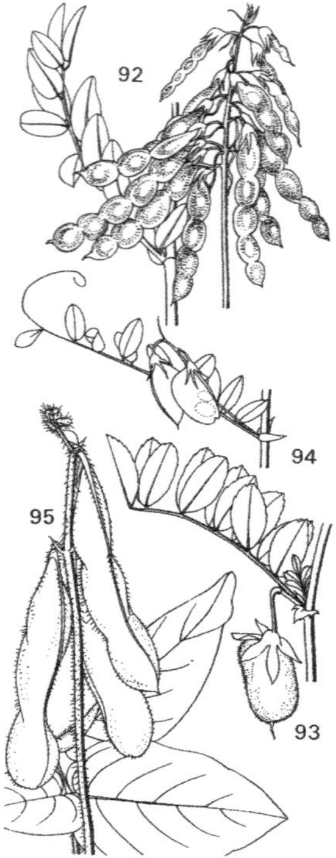

92 94 95 93

33. Früchte mehrsamig, zwischen den Samen eingeschnürt; Kelchzähne schmal 3eckig. Subalpin und alpin; Alpen . . . *Hedysarum hedysaroides* 92

33*. Früchte 1samig; Kelchzähne in eine lange Spitze ausgezogen *Onobrychis* S. 304

24*. Pflanze abstehend und drüsig behaart; Teilblätter gezähnt; Blüten einzeln. Kulturpflanze . . . . *Cicer arietinum* **93**

19*. Blätter anstelle des Endteilblattes mit endständiger, oft verzweigter Ranke oder kurzer, grannenartiger Spitze.

34. Die untern Staubfäden länger verwachsen als die obern; Griffel fadenförmig, vorn etwas verdickt; Stengel kantig.

35. Kelchzähne $^1/_5$–2mal so lang wie die Kelchröhre; Schiffchen aufwärts gebogen, stumpf . . . . *Vicia* S. 305

35*. Kelchzähne mehr als 2mal so lang wie die Kelchröhre; Schiffchen gerade, spitz, oft etwas geschnäbelt. Kulturpflanze . . . . *Lens culinaris* **94**

34*. Staubfäden alle ± gleich lang verwachsen; Griffel abgeflacht und vorn etwas verbreitert; Stengel oft geflügelt.

36. Nebenblätter kleiner als die untern Teilblätter; Griffel auf der untern Seite ohne Rinne . . . . *Lathyrus* S. 308

36*. Nebenblätter größer als die untern Teilblätter; Griffel auf der untern Seite mit einer Rinne . . . . *Pisum* S. 312

18*. Teilblätter meist 3, 4–15 cm lang, oval bis rhombisch, zugespitzt, ± gleich groß; Teilblätter am Grunde mit 2 kleinen, nebenblattähnlichen Zipfeln; Frucht 4–20 cm lang.

37. Schiffchen, Staubblätter und Griffel gerade oder etwas aufwärts gebogen; Frucht dicht, lang und braun behaart.

38. Blütenstand 5–8blütig; 0,6–0,8 cm lang. Kulturpflanze . . . . *Glycine max* **95**

38*. Blütenstand 20–50blütig; Krone 1,5–2 cm lang. Alpensüdseite; verwildert . . . *Pueraria lobata*

37*. Schiffchen, Staubblätter und Griffel spiralig eingerollt; Frucht sehr kurz behaart bis fast kahl. Gemüse- und Zierpflanzen . . . . *Phaseolus* S. 312

Gattung Lupinus

1. Pflanze ausdauernd; Teilblätter 9–17 . . . . *L. polyphyllus*

1*. Pflanze 1jährig; Teilblätter 5–9.

2. Teilblätter 0,8–1,8 cm breit; Krone 1,5–2 cm lang, weiß (selten hellblau) . . . . *L. albus*

2*. Teilblätter 0,2–0,5 cm breit; Krone 1–1,3 cm lang, hellblau (selten weiß, purpurn oder mehrfarbig) . . . . *L. angustifolius*

Gattung Genista

1. Blätter gegenständig, aus 3 sehr schmal lanzettlichen, 1–2 cm langen und kaum 0,1 cm breiten, abfallenden Teilblättern; Zweige gegen- oder quirlständig. Zentral- und Südalpen, selten . . . . *G. radiata* **96**

1*. Blätter wechselständig, ungeteilt, lanzettlich oval; Zweige wechselständig.

2. Stengel und Zweige breit geflügelt. Trockene, kalkarme Böden . . . . *G. sagittalis* **97**

2*. Stengel und Zweige kantig oder gerillt, nicht geflügelt.

3. Pflanzen ohne Dornen; Fahne etwa so lang wie das Schiffchen.

4. Blätter 0,4–1,2 cm lang, ohne Nebenblätter; Schiffchen, Frucht und oft auch die Fahne behaart.

5. Pflanze 10–40 cm hoch, mit niederliegenden bis aufsteigenden ältern Zweigen *G. pilosa* **98**

5*. Pflanze 40–90 cm hoch, mit aufrechten, rutenförmigen älteren Zweigen. Valsesia *G. cinerea*

4*. Blätter lanzettlich, 0,5–4,5 cm lang, mit 2 kleinen, häutigen, schmal lanzettlichen Nebenblättern; Fahne kahl. Kalkarme Böden. Lichte Wälder, Heiden . . . . . . *G. tinctoria* **99**

3*. Pflanze mindestens im untern Teil mit Dornen (selten bei *G. germanica* ± dornenlos, dann aber Fahne deutlich kürzer als das Schiffchen).

6. Blätter ohne Nebenblätter; Frucht 0,7–1,8 cm lang, Fahne und Flügel deutlich kürzer als das Schiffchen.

7. Zweige, Blätter, Kelch, Schiffchen und Frucht behaart. Lichte Wälder, Heiden . *G. germanica* **1**

7*. Zweige, Blätter, Kelch, Schiffchen und Frucht kahl. Dép. Ain, Schwarzwald . . *G. anglica*

6*. Blätter am Grunde mit 2 zu Dornen umgeformten Nebenblättern; Frucht 2–4 cm lang; Fahne und Flügel etwa so lang wie das Schiffchen. Savoyen . . . . *G. scorpius*

96

98 2×

1 2×

97

99 2×

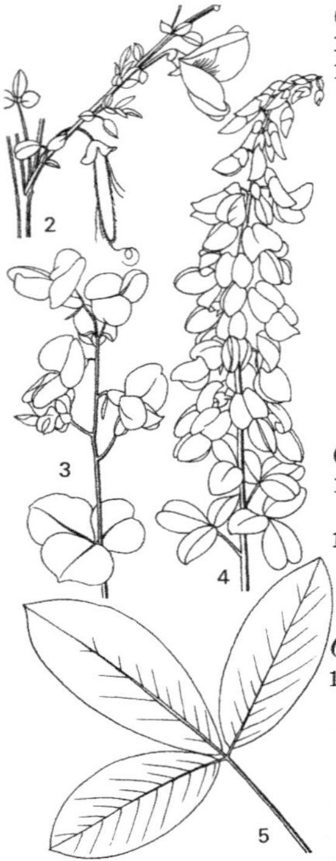

Gattung Cytisus s.l.

1. Alle Blätter sehr kurz gestielt (Stiel der untern Blätter etwa 1 mm lang) und ungeteilt. Jura — *C. decumbens*
1*. Mindestens die untern Blätter sehr deutlich gestielt (bedeutend länger als 1 mm) und aus 3 Teilblättern bestehend.
   2. Obere Blätter ungeteilt; Griffel sehr lang, spiralförmig eingerollt; Krone 2–2,5 cm lang — *C. scoparius* **2**
   2*. Alle Blätter aus 3 Teilblättern bestehend; Griffel höchstens aufwärtsgebogen, aber nicht eingerollt; Krone 1–1,7 cm lang.
      3. Obere Blätter meist sitzend; Zweige, Blätter, Kelch und Frucht kahl. Südalpen . . . *Cytisophyllum sessilifolium* **3**
      3*. Alle Blätter deutlich gestielt; mindestens der Kelch und die Blattunterseite behaart.
         4. Blüten in ziemlich langen, 15–80blütigen, unbeblätterten Trauben am Ende der jungen Zweige; Blütenstiele 1–2mal so lang wie der Kelch; Frucht dicht und anliegend behaart. Hochrheingebiet, Aostatal, Alpensüdseite . . . . *C. nigricans* **4**
         4*. Blüten zu 1–4 in den Achseln von Blättern; Blütenstiele 2–6mal so lang wie der Kelch; Frucht kahl. Südalpen, von Lugano ostwärts . . . . *C. emeriflorus*

Gattung Laburnum

1. Frucht kahl; junge Zweige und Blätter kahl oder mit einzelnen abstehenden, 0,5–1 mm langen Haaren (besonders am Blattrand und unterseits auf den Nerven). Südjura, Alpen . *L. alpinum*
1*. Frucht, junge Zweige und Blattunterseiten ziemlich dicht mit anliegenden, 0,1–0,4 mm langen Haaren bedeckt. Südjura, Alpen; auch häufige Gartenpflanze . . . . *L. anagyroides* **5**

Gattung Chamaecytisus

1. Krone hellgelb, die Fahne oft mit rötlichbraunem Fleck oder ganz rot; Frucht mindestens am Rande behaart.
   2. Frucht auch auf den Seitenflächen dicht behaart; Sommerblüten in kurzen, kopfartigen Trauben am Ende der Zweige; Frühlingsblüten zu 1–4 in den Achseln von Blättern; verholzte vorjährige Stengel behaart. Südjura, Aostatal, Alpensüdseite. . . . . *Ch. supinus*

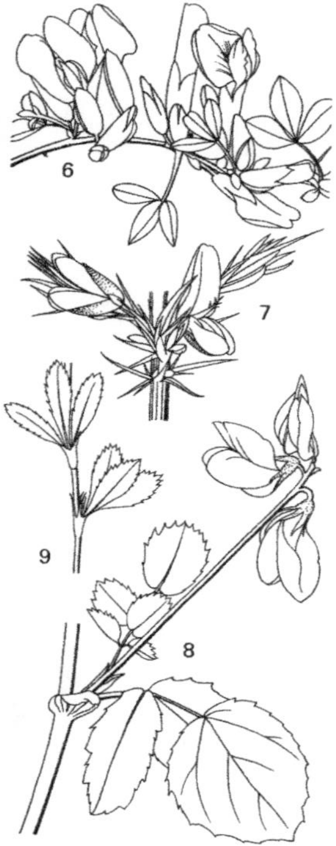

2*. Frucht meist nur am Rande behaart (auf den Seitenflächen kahl oder mit ganz wenigen Haaren); Blüten zu 1–4 in den Achseln von Blättern; verholzte vorjährige Stengel kahl *Ch. hirsutus* **6**

1*. Krone hellpurpurn bis rosa (selten weiß); Frucht kahl. Südalpen, Vintschgau . . . . . *Ch. purpureus*

Gattung Ulex

1. 0,6–2 m hoch, mit aufrechten oder aufsteigenden Zweigen; Krone 1,5–2 cm lang, bedeutend länger als der Kelch; Frucht 1,5–2 cm lang. Westlicher Jura, Alpensüdseite; auch verwildert *U. europaeus* **7**

1*. 0,2–0,7 m hoch, mit niederliegenden oder aufsteigenden Zweigen; Krone 0,6–0,9 cm lang, etwa so lang wie der Kelch; Frucht 0,8–1 cm lang. Dép. Ain . . . . *U. minor*

Gattung Ononis

1. Blüten in lang gestielten 1–3blütigen Trauben (Stiel des Blütenstandes + Blütenstiel bedeutend länger als der Kelch); Früchte hängend, mindestens 2mal so lang wie der Kelch.

2. Krone gelb; Frucht 0,3–0,4 cm breit. Trockene, lockere Böden in warmen Lagen . . . *O. natrix*

2*. Krone rosa (selten weiß); Frucht 0,5–1 cm breit.

3. Mittleres Teilblatt lang gestielt, $^3/_4$–$1^1/_2$ mal so lang wie breit; Nebenblätter kürzer als der Blattstiel; Kelchzipfel 2–3mal so lang wie die Kelchröhre. Südjura, Alpen . . . . *O. rotundifolia* **8**

3*. Mittleres Teilblatt fast ungestielt, $1^1/_2$–5mal so lang wie breit; Nebenblätter länger als der Blattstiel; Kelchzipfel 1–$1^1/_2$mal so lang wie die Kelchröhre.

4. Strauch, 25–100 cm hoch; Kelch $^1/_4$–$^1/_3$ so lang wie die Krone; Frucht 4–6mal so lang wie der Kelch. Savoyen . . . . *O. fruticosa* **9**

4*. Pflanze nur am Grunde holzig, 5–15 cm hoch; Kelch etwa $^1/_2$ so lang wie die Krone; Frucht 2–3mal so lang wie der Kelch. Maurienne, Aostatal(?). . . . . *O. cristata*

6 7 9 8

1*. Blüten ungestielt oder kurz gestielt (Stiel kürzer als der Kelch), meist einzeln in den Achseln der obern Stengelblätter.

5. Krone rosa bis violettrot (selten weiß); Kelch etwa $^2/_3$ so lang wie die Krone . . . . . . *Artengruppe der O. spinosa* S. 291

5*. Krone gelb; Kelch so lang oder etwas länger als die Krone. Südjura, West- und Südalpen *O. pusilla*

Artengruppe der Ononis spinosa

1. Stengel in den Blattachseln der Äste mit Dornen (meist paarweise), im untern Teil nicht unterirdisch kriechend; mittleres Teilblatt 2–6mal so lang wie breit.

2. Pflanze meist verzweigt; mit stechenden Dornen; Blüten 5–15 mm lang . . . . *O. spinosa* **10**

2*. Pflanze meist unverzweigt, mit wenigen oder weichen Dornen; Blüten 10–30 mm lang . . *O. foetens*

1*. Stengel ohne paarweise Dornen (höchstens einzelne Dornen), im untern Teil unterirdisch kriechend; mittleres Teilblatt 1–2mal so lang wie breit . . . . *O. repens*

Gattung Trifolium

1. Krone gelb oder braun, 2,5–9 mm lang.

2. Stengel meist unverzweigt; die obersten Stengelblätter fast gegenständig; Krone nach dem Verblühen dunkelbraun bis fast schwarz.

3. Blütenstände kugelig bis eiförmig; Krone 6–9 mm lang, nach dem Verblühen dunkelbraun; Pflanze ausdauernd. Alpen, Jura . . . . *T. badium* **11**

3*. Blütenstände eiförmig bis zylindrisch; Krone 5–6 mm lang, nach dem Verblühen dunkelbraun bis schwarz; Pflanze 1–2jährig. Nasse Böden, montan und subalpin . . *T. spadiceum*

2*. Stengel meist verzweigt; die obersten Stengelblätter nie gegenständig; Krone nach dem Verblühen weiß bis hellbraun . . . . *Artengruppe des T. aureum* S. 295

1*. Krone rot, weiß oder gelblich.

4. Blätter grundständig; Blüten gestielt; Krone fleischrot bis purpurn, 16–24 mm lang, Alpen *T. alpinum* **12**

4*. Blätter nicht alle grundständig (Ausnahme: *T. Thalii*, S. 293, dort aber Krone weiß und nur 8–12 mm lang).

5. Kelchröhre auf der obern Seite behaart, auf der untern kahl; nach der Blüte besonders auf der obern Seite blasenförmig erweitert.

6. Blütenstände von einem 2–5 mm langen, verwachsenen, tief geteilten Hochblattkranz umhüllt; Blüten in normaler Stellung; Stengel an den Knoten wurzelnd . . *T. fragiferum* **13**

6*. Blütenstände von einem kaum 1 mm langen, verwachsenen, gezähnten Hochblattkranz umhüllt; Blüten 180° um ihre Längsachse gedreht, so daß die Fahne nach unten zu liegen kommt; Stengel nicht wurzelnd. Futterpflanzen . . . . *Artengruppe des T. resupinatum* S. 295

5*. Ganze Kelchröhre kahl oder gleichmäßig behaart, nach der Blüte nicht blasenförmig erweitert (nur selten wenig vergrößert).

7. Blüten deutlich gestielt, nach der Blüte nach unten gebogen; Kelchröhre innen ohne Haarring.

8. Blütenstände 2–7blütig (in der Mitte des Blütenstandes 8–10 Kelche von sterilen Blüten), zur Fruchtzeit in die Erde hineingetrieben. Dép. Ain; Alpensüdfuß . . *T. subterraneum*

8*. Blütenstände vielblütig, ohne sterile Blüten, zur Fruchtzeit über den Boden ragend.

9. Stengel, Teilblätter (nur unterseits), Nebenblätter und Kelch behaart . . . . *T. montanum* **14**

9*. Stengel, Teilblätter, Nebenblätter und Kelch meist ganz kahl.

10. Niederliegender (oft kriechender), aufsteigender oder aufrechter Stengel mit Blättern vorhanden; Blütenstiele (besonders die obern) meist länger als die Kelchröhre.

11. Stengel aufrecht, aufsteigend oder niederliegend, aber nicht wurzelnd; freier Teil der Nebenblätter 2–8mal so lang wie breit.

12. Kelchröhre 5nervig; die kleineren Kelchzipfel so lang oder länger als die Kelchröhre.

13. Krone 7–12 mm lang, 6–7mal so lang wie die Kelchröhre; Stengel aufsteigend oder aufrecht. Futterpflanze . . . . *T. hybridum* **15**

13*. Krone 5–7 mm lang, 4–5 mal so lang wie die Kelchröhre; Stengel niederliegend. Selten angepflanzt . . . . *T. elegans*

12*. Kelchröhre 10nervig; die kleineren Kelchzipfel kürzer als die Kelchröhre.

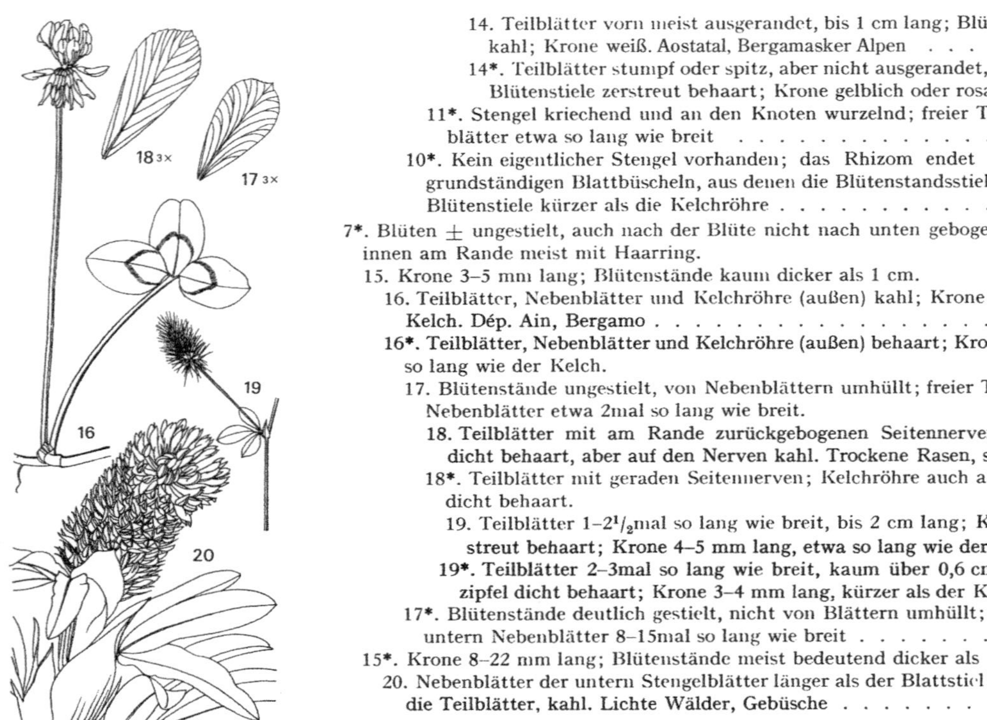

14. Teilblätter vorn meist ausgerandet, bis 1 cm lang; Blütenstiele völlig kahl; Krone weiß. Aostatal, Bergamasker Alpen . . . . *T. nigrescens*

14*. Teilblätter stumpf oder spitz, aber nicht ausgerandet, bis 2 cm lang; Blütenstiele zerstreut behaart; Krone gelblich oder rosa . . . . . . *T. pallescens*

11*. Stengel kriechend und an den Knoten wurzelnd; freier Teil der Nebenblätter etwa so lang wie breit . . . . *T. repens* **16**

10*. Kein eigentlicher Stengel vorhanden; das Rhizom endet oberirdisch in grundständigen Blattbüscheln, aus denen die Blütenstandsstiele entspringen; Blütenstiele kürzer als die Kelchröhre . . . . *T. thalii*

7*. Blüten ± ungestielt, auch nach der Blüte nicht nach unten gebogen; Kelchröhre innen am Rande meist mit Haarring.

15. Krone 3–5 mm lang; Blütenstände kaum dicker als 1 cm.

16. Teilblätter, Nebenblätter und Kelchröhre (außen) kahl; Krone länger als der Kelch. Dép. Ain, Bergamo . . . . *T. glomeratum*

16*. Teilblätter, Nebenblätter und Kelchröhre (außen) behaart; Krone kürzer oder so lang wie der Kelch.

17. Blütenstände ungestielt, von Nebenblättern umhüllt; freier Teil der untern Nebenblätter etwa 2mal so lang wie breit.

18. Teilblätter mit am Rande zurückgebogenen Seitennerven; Kelchröhre dicht behaart, aber auf den Nerven kahl. Trockene Rasen, selten . . . . *T. scabrum* **17**

18*. Teilblätter mit geraden Seitennerven; Kelchröhre auch auf den Nerven dicht behaart.

19. Teilblätter 1–$2^1/_2$mal so lang wie breit, bis 2 cm lang; Kelchzipfel zer**streut behaart; Krone 4–5 mm lang, etwa so lang wie der Kelch. Selten** *T. striatum* **18**

19*. Teilblätter 2–3mal so lang wie breit, kaum über 0,6 cm lang; Kelchzipfel dicht behaart; Krone 3–4 mm lang, kürzer als der Kelch. Alpen . *T. saxatile*

17*. Blütenstände deutlich gestielt, nicht von Blättern umhüllt; freier Teil der untern Nebenblätter 8–15mal so lang wie breit . . . . *T. arvense* **19**

15*. Krone 8–22 mm lang; Blütenstände meist bedeutend dicker als 1 cm.

20. Nebenblätter der untern Stengelblätter länger als der Blattstiel und länger als **die Teilblätter, kahl. Lichte Wälder, Gebüsche** . . . . *T. rubens* **20**

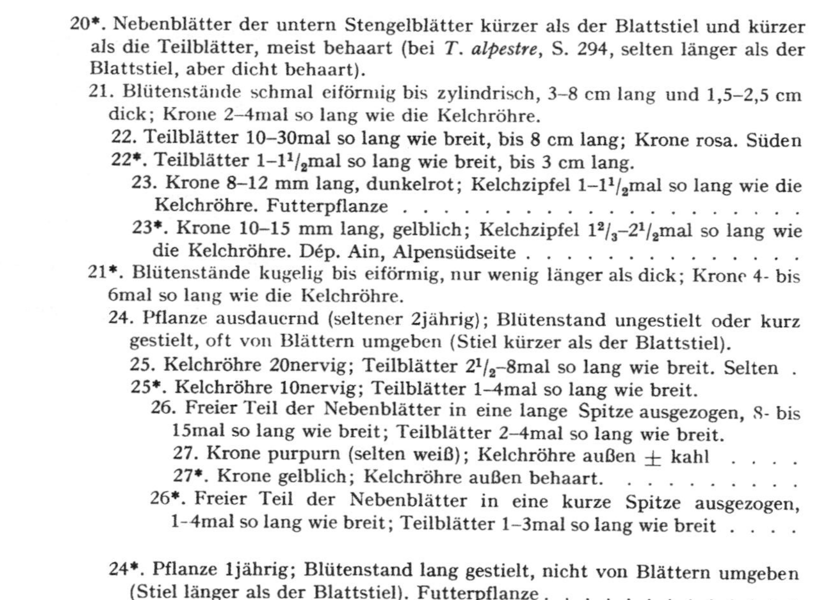

20*. Nebenblätter der untern Stengelblätter kürzer als der Blattstiel und kürzer als die Teilblätter, meist behaart (bei *T. alpestre*, S. 294, selten länger als der Blattstiel, aber dicht behaart).

21. Blütenstände schmal eiförmig bis zylindrisch, 3–8 cm lang und 1,5–2,5 cm dick; Krone 2–4mal so lang wie die Kelchröhre.

22. Teilblätter 10–30mal so lang wie breit, bis 8 cm lang; Krone rosa. Süden — *T. angustifolium*

22*. Teilblätter $1–1^1/_2$mal so lang wie breit, bis 3 cm lang.

23. Krone 8–12 mm lang, dunkelrot; Kelchzipfel $1–1^1/_2$mal so lang wie die Kelchröhre. Futterpflanze . . . . *T. incarnatum* **21**

23*. Krone 10–15 mm lang, gelblich; Kelchzipfel $1^2/_3–2^1/_2$mal so lang wie die Kelchröhre. Dép. Ain, Alpensüdseite . . . . *T. molinerii*

21*. Blütenstände kugelig bis eiförmig, nur wenig länger als dick; Krone 4- bis 6mal so lang wie die Kelchröhre.

24. Pflanze ausdauernd (seltener 2jährig); Blütenstand ungestielt oder kurz gestielt, oft von Blättern umgeben (Stiel kürzer als der Blattstiel).

25. Kelchröhre 20nervig; Teilblätter $2^1/_2$–8mal so lang wie breit. Selten . *T. alpestre* **22**

25*. Kelchröhre 10nervig; Teilblätter 1–4mal so lang wie breit.

26. Freier Teil der Nebenblätter in eine lange Spitze ausgezogen, 8- bis 15mal so lang wie breit; Teilblätter 2–4mal so lang wie breit.

27. Krone purpurn (selten weiß); Kelchröhre außen ± kahl . . . . *T. medium* **23**

27*. Krone gelblich; Kelchröhre außen behaart. . . . . *T. ochroleucum*

26*. Freier Teil der Nebenblätter in eine kurze Spitze ausgezogen, 1-4mal so lang wie breit; Teilblätter 1–3mal so lang wie breit . . . . *Artengruppe des T. pratense* S. 295

24*. Pflanze 1jährig; Blütenstand lang gestielt, nicht von Blättern umgeben (Stiel länger als der Blattstiel). Futterpflanze . . . . *T. alexandrinum* **24**

Artengruppe des Trifolium aureum

1. Blütenstand 12–40blütig, 0,7–1,4 cm im Durchmesser; Stengel aufrecht oder aufsteigend (*T. campestre* S. 295 auch niederliegend); Krone 4–7 mm lang, 6–8mal so lang wie die Kelchröhre.
   2. Teilblätter fast ungestielt oder Stiel des mittleren Teilblattes nicht länger als $^1/_4$ des Teilblattes; Krone 5–7 mm lang; Griffel fast so lang oder länger als die Frucht.
      3. Nebenblätter am Grunde verschmälert oder abgerundet; Fahne vorn ausgerandet . *T. aureum*
      3*. Nebenblätter am Grunde mit 2 halbkreisförmigen Zipfeln den Stengel umfassend; Fahne fast ganzrandig . . . . *T. patens*
   2*. Mittleres Teilblatt deutlich gestielt (Stiel etwa $^1/_3$ so lang wie das Teilblatt); Krone 4–5 mm lang; Griffel höchstens $^1/_3$ so lang wie die Frucht . . . . . . *T. campestre* **25**
1*. Blütenstand 2–15blütig, 0,6–0,8 cm im Durchmesser; Stengel niederliegend; Krone 2,5 bis 4 mm lang, 4–5mal so lang wie die Kelchröhre.
   4. Blütenstiele kürzer als die Kelchröhre; Krone 3,5–4 mm lang; Fahne fast ganzrandig . . *T. dubium*
   4*. Blütenstiele so lang oder länger als die Kelchröhre; Krone 2,5–3,5 mm lang; Fahne vorn ausgerandet. Dép. Jura, Val d'Ossola . . . . *T. micranthum*

Artengruppe des Trifolium resupinatum

1. Stengel niederliegend oder aufsteigend, bis 3 mm dick; Krone 4–6 mm lang . . . . *T. resupinatum*
1*. Stengel aufrecht, auffällig dick und hohl (unten dicker als 4 mm); Krone 6–8 mm lang . . *T. suaveolens* **26**

Artengruppe des Trifolium pratense

1. Obere Nebenblätter kahl oder nur auf den Nerven behaart; Krone meist rosa bis purpurn.
   2. Stengel oft unverzweigt, dünn, wenig hohl; Krone 10–16 mm lang . . . . *T. pratense* **27**
   2*. Stengel verzweigt, dick, hohl; Krone 14–18 mm lang.

28

29 3×

30 3×

32 3×

31 3×

3. Stengel wenig und anliegend behaart; Kelchröhre außen oft fast kahl. Futterpflanze . *T. sativum*
3*. Stengel und Kelchröhre dicht abstehend behaart. Futterpflanze . . . . *T. expansum*
1*. Obere Nebenblätter auf der ganzen Außenfläche behaart; Krone gelblichweiß bis hellrosa.
4. Kronen 15–20 mm lang; Stengel und Blattstiele ± anliegend behaart. Alpen . . . . *T. nivale*
4*. Kronen 10–16 mm lang; Stengel und Blattstiele dicht abstehend behaart. Futterpflanze *T. borderi*

Gattung *Melilotus*

1. Krone weiß; Fahne länger als die Flügel und das fast gleich lange Schiffchen . . . . . . *M. albus* **28**
1*. Krone gelb (beim Verblühen oft weiß werdend).
2. Krone 5–8 mm lang; Blütenstand 25–70blütig, 2–10 cm lang (ohne Stiel).
3. Frucht kahl; Fahne und die fast gleich langen Flügel länger als das Schiffchen . . . *M. officinalis* **29**
3*. Frucht zerstreut und kurz anliegend behaart; Fahne, Flügel und Schiffchen etwa gleich lang . . . . *M. altissimus* **30**
2*. Krone 2–5 mm lang; Blütenstand 5–50blütig, 1–3 cm lang (ohne Stiel).
4. Frucht mit netzartigen Rippen; Fahne und Schiffchen etwa gleich lang, Flügel etwas kürzer.
5. Krone 4–5 mm lang; Frucht 3–5 mm lang, aufrecht abstehend. Maurienne, Iseosee. *M. neapolitanus*
5*. Krone 2–3,5 mm lang; Frucht 2–3 mm lang, hängend. Eingeschleppt . . . . . *M. indicus* **31**
4*. Frucht jederseits mit etwa 10 um die Fruchtbasis konzentrisch gebogenen Rippen; Fahne und die fast gleich langen Flügel kürzer als das Schiffchen. Adventiv . . . . *M. sulcatus* **32**

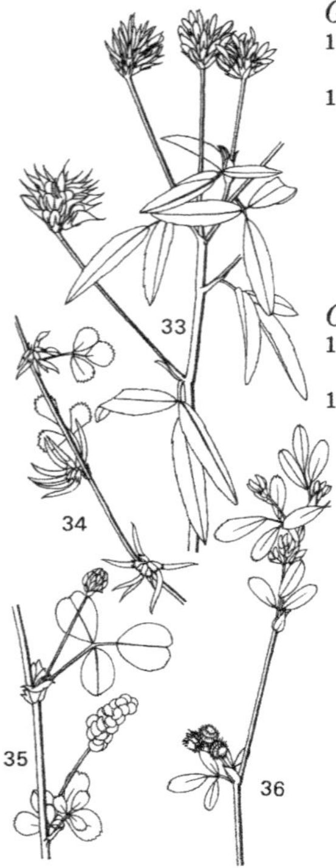

33

34

35

36

Gattung Trigonella

1. Blüten zu 1–2 in den Achseln von Blättern, fast ungestielt; Krone 13–18 mm lang; Frucht mit dem Schnabel zusammen 80–140 mm lang. Kulturpflanze . . . . *T. foenum-graecum*

1*. Blüten in Köpfen oder kurzen kopfartigen Trauben; Krone 3–7 mm lang; Frucht höchstens 15 mm lang.

  2. Krone hellblau; Blüten zahlreich, in lang gestielten, kurzen, kopfartigen Trauben; Frucht eiförmig, geschnäbelt, mit dem Schnabel zusammen 5–7 mm lang. Kulturpflanze . . . *T. caerulea* 33

  2*. Krone hellgelb; Blüten zu 4–14 in fast ungestielten Köpfen; Frucht fast zylindrisch, ohne Schnabel, 8–15 mm lang. Zentral- und Südalpine Täler, selten . . . . ***T. monspeliaca* 34**

Gattung Medicago

1. Frucht nieren- oder sichelförmig, 1,5–3 mm lang; Blüten in 10–50blütigem Blütenstand, Krone 2–3,5 mm lang . . . . ***M. lupulina* 35**

1*. Frucht meist mit schraubenartigen Windungen, größer als 3 mm.

  2. Frucht 10–18 mm im Durchmesser, mit 3–7 schraubenartigen Windungen, ohne Stacheln ***M. orbicularis***

  2*. Frucht mit schraubenartigen Windungen, aber weniger als 10 mm im Durchmesser, oder Frucht sichelförmig bis hufeisenförmig.

    3. Pflanzen 1–2jährig, ohne Ausläufer; Blütenstand 1–8blütig; Krone 2,5–7 mm lang.

      4. Teilblätter mit ovalem, braunem Fleck in der Mitte, oberseits kahl, unterseits zerstreut und anliegend behaart; Frucht kahl. Südwestrand des Jura . . . . . . ***M. arabica***

      4*. Teilblätter ohne braunen Fleck, beidseits behaart oder kahl; Frucht behaart.

        5. Nebenblätter ganzrandig oder mit kurzen Zähnen; Frucht 2–4 mm im Durchmesser (ohne Stacheln). Warme, alpine Täler . . . . ***M. minima* 36**

        5*. Nebenblätter (mindestens am Grunde) bis über die Mitte gegen den Mittelnerv hin in schmale Zipfel geteilt; Frucht 3,5–10 mm im Durchmesser.

          6. Frucht mit $1^1/_2$–4 schraubenartigen Windungen. Südjura, Alpensüdseite . . . *M. polymorpha*

          6*. Frucht mit 4–7 schraubenartigen Windungen. Maurienne, Bergamasker Alpen ***M. rigidula***

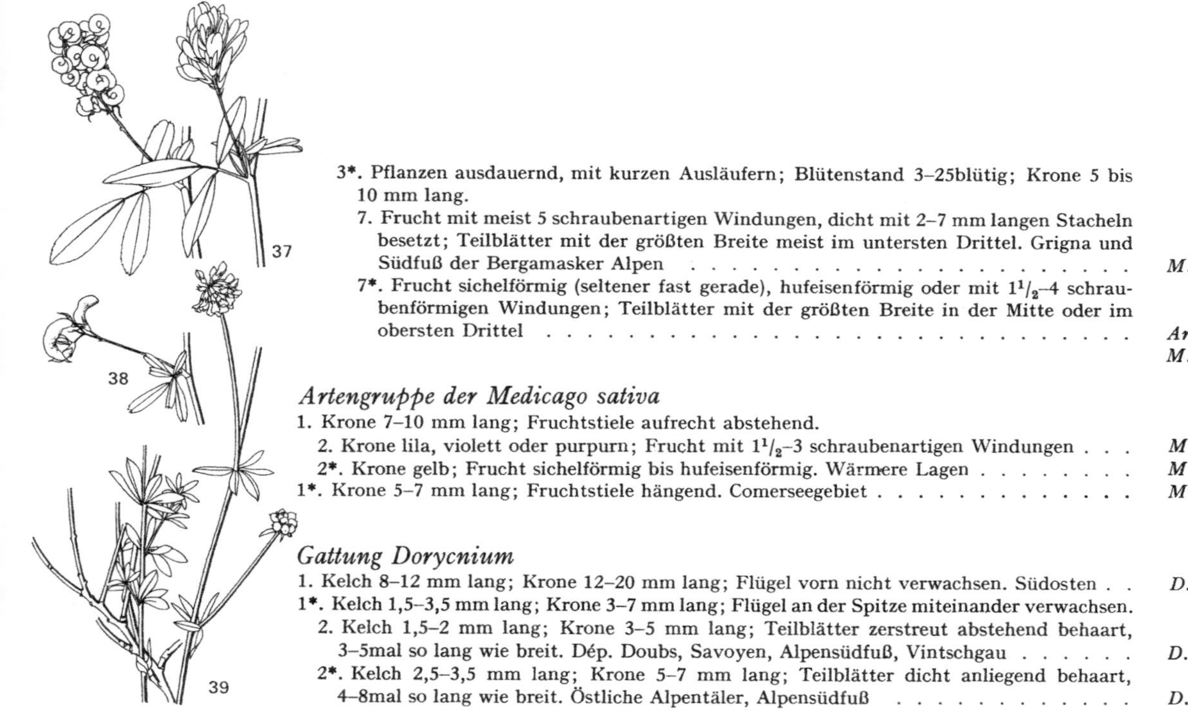

3*. Pflanzen ausdauernd, mit kurzen Ausläufern; Blütenstand 3–25blütig; Krone 5 bis 10 mm lang.

7. Frucht mit meist 5 schraubenartigen Windungen, dicht mit 2–7 mm langen Stacheln besetzt; Teilblätter mit der größten Breite meist im untersten Drittel. Grigna und Südfuß der Bergamasker Alpen . . . . *M. carstiensis*

7*. Frucht sichelförmig (seltener fast gerade), hufeisenförmig oder mit $1^1/_2$–4 schraubenförmigen Windungen; Teilblätter mit der größten Breite in der Mitte oder im obersten Drittel . . . . *Artengruppe der M. sativa* S. 298

Artengruppe der Medicago sativa

1. Krone 7–10 mm lang; Fruchtstiele aufrecht abstehend.

2. Krone lila, violett oder purpurn; Frucht mit $1^1/_2$–3 schraubenartigen Windungen . . . *M. sativa* **37**

2*. Krone gelb; Frucht sichelförmig bis hufeisenförmig. Wärmere Lagen . . . . *M. falcata* **38**

1*. Krone 5–7 mm lang; Fruchtstiele hängend. Comerseegebiet . . . . *M. prostrata*

Gattung Dorycnium

1. Kelch 8–12 mm lang; Krone 12–20 mm lang; Flügel vorn nicht verwachsen. Südosten . . *D. hirsutum*

1*. Kelch 1,5–3,5 mm lang; Krone 3–7 mm lang; Flügel an der Spitze miteinander verwachsen.

2. Kelch 1,5–2 mm lang; Krone 3–5 mm lang; Teilblätter zerstreut abstehend behaart, 3–5mal so lang wie breit. Dép. Doubs, Savoyen, Alpensüdfuß, Vintschgau . . . . . . *D. herbaceum* **39**

2*. Kelch 2,5–3,5 mm lang; Krone 5–7 mm lang; Teilblätter dicht anliegend behaart, 4–8mal so lang wie breit. Östliche Alpentäler, Alpensüdfuß . . . . *D. germanicum*

40

41

42

Gattung Lotus

Artengruppe des Lotus corniculatus

1. Blütenstände 8–14blütig; Kelchzipfel vor dem Aufblühen bogenförmig abstehend . . . . *L. pedunculatus*
1*. Blütenstände 1–8blütig; Kelchzipfel vor dem Aufblühen zusammenneigend.
  2. Teilblätter 1–3mal so lang wie breit; Kelch 5–7 mm lang.
    3. Schiffchenspitze meist hell gefärbt; Teilblätter bis 2 cm; Blütenstände 2–8blütig.
      4. Blätter und Stengel fast kahl . . . . *L. corniculatus* **40**
      4*. Blätter (beiderseits) und Stengel behaart. Warme Lagen . . . . *L. valdepilosus*
    3*. Schiffchenspitze purpurn; Teilblätter bis 0,8 cm lang; Blütenstände 1–3blütig. Alpin *L. alpinus*
  2*. Teilblätter 3–10mal so lang wie breit; Kelch 4–5 mm lang. Wechselfeuchte Rasen . . *L. tenuis* **41**

Gattung Anthyllis

1. Stengel am Grunde nicht holzig; unterste Blätter mit großem Endteilblatt und ohne oder mit je 1–6 kleineren seitlichen Teilblättern; Teilblätter bis 8 cm lang . . . . *Artengruppe der A. vulneraria* S. 299

1*. Stengel am Grunde holzig; unterste Blätter mit Endteilblatt und je 8–20 gleich großen seitlichen Teilblättern; Teilblätter bis 1 cm lang . . . . *Artengruppe der* ***A. montana*** S. 300

Artengruppe der Anthyllis vulneraria

1. Unterer Teil des Stengels und Unterseite der stengelständigen Blätter dicht abstehend behaart. Savoyen, Wallis, Aostatal, Valsesia, Unterengadin(?) . . . . *A. polyphylla*
1*. Unterer Teil des Stengels und Unterseite der stengelständigen Blätter anliegend behaart.
  2. Krone hellgelb, rosa oder purpurn, seltener goldgelb, mit purpurner Schiffchenspitze; Kelch oft mit roten Zipfeln.
    3. Stengelblätter 3–5, ziemlich gleichmäßig auf den Stengel verteilt; Flügel 11–14 mm lang. Warme Lagen . . . . *A. vulneraria*
    3*. Stengelblätter 2–3, meist im unteren Teil des Stengels; Flügel 13–18 mm lang. Alpen *A. valesiaca*
  2*. Krone goldgelb, mit gleichfarbener Schiffchenspitze; Kelch bleich.
    4. Endteilblatt der obern Stengelblätter $1^1/_4$–$1^1/_2$mal so lang wie die seitlichen und $1^1/_2$–$1^2/_3$mal so breit, spitz; Kelch 9–13 mm lang . . . . ***A. vulgaris*** **42**

43

45

44

4*. Endteilblatt der obern Stengelblätter $1^1/_2$–2mal so lang wie die seitlichen und $1^2/_3$-bis 3mal so breit, oft stumpf; Kelch 12–15 mm lang. Kalkhaltige Böden; Alpen, Jura . . *A. alpestris*

Artengruppe der Anthyllis montana

1. Blütenköpfe 2,5–3 cm im Durchmesser; Krone 1,4–1,6 cm lang; Blätter beidseits zerstreut bis dicht behaart. Jura, Savoyen . . . . *A.* ***montana*** **43**

1*. Blütenköpfe 2–2,5 cm im Durchmesser; Krone 1–1,4 cm lang; Blätter oberseits fast kahl. Comerseegebiet, Veltlin . . . . *A. jacquinii*

Gattung Coronilla s.l.

Die Gattung *Coronilla* wird heute aufgeteilt.

1. Stiel (Nagel) der Kronblätter 2–3mal so lang wie der Kelch; Krone 1,6–2,2 cm lang; Stengel holzig (Strauch). Warme, halbschattige Lagen . . . . *Hippocrepis emerus* **44**

1*. Stiel (Nagel) der Kronblätter 1–2mal so lang wie der Kelch; Krone 0,5–1,5 cm lang; Stengel höchstens im untersten Teil holzig.

2. Krone gelb; Teilblätter wenigstens unterseits blaugrün.

3. Endständiges Teilblatt 1–4 cm lang, viel größer als die seitlichen Teilblätter; Pflanze 1jährig. Eingeschleppt, selten . . . . *C. scorpioides*

3*. Teilblätter 0,5–2,5 cm lang, alle ± gleich groß; Pflanze ausdauernd.

4. Stengel am Grunde holzig, bogig aufsteigend, 10–30 cm hoch; Teilblätter 0,5–1,2 cm lang; Blütenstiele 1–$1^1/_2$mal so lang wie der Kelch.

5. Blätter kurz gestielt; Nebenblätter $^1/_2$ bis fast so lang wie die untersten Teilblätter; Krone 0,7–1 cm lang. Kalkhaltige Böden; Jura, Alpen . . . . *C. vaginalis*

5*. Blätter ungestielt; Nebenblätter $^1/_3$–$^1/_2$ so lang wie die untersten Teilblätter; Krone 0,5–0,8 cm lang. Lichte Föhrenwälder, Felsen; Südwesten . . . . *C.* ***minima*** **45**

4*. Stengel kaum holzig, meist aufrecht, 30–50 cm hoch; Teilblätter 1,5–2,5 cm lang; Blütenstiele 2–3mal so lang wie der Kelch. Warme halbschattige Lagen, selten . . *C. coronata*

2*. Krone mit rosaroter bis lilafarbener Fahne, weißen Flügeln, weißem Schiffchen und dunkelpurpurner Schiffchenspitze; Teilblätter grün . . . . *Securigera varia* S. 301 **46**

46

47

48

Gattung Astragalus

1. Blätter mit einem endständigen Dorn. Warme Lagen; Südjura, Alpen (vom Tessin westwärts) — *A. sempervirens* **47**

1*. Blätter immer mit Endblatt, ohne Dornen.

2. Blätter mit 39–61 Teilblättern; Blüten in 30–80blütigen, kurz gestielten (meist unter 1 cm lang gestielten) Blütenständen; Pflanze 40–150 cm hoch. Aostatal . . . . *A. alopecurus*

2*. Blätter mit 7–41 Teilblättern in wenigblütigen oder langgestielten Blütenständen; Pflanze nur selten höher als 40 cm.

3. Kelch ± kahl; Teilblätter meist 2–5 cm lang; Frucht ähnlich wie eine Bohnenfrucht, etwas aufwärts gebogen, 3–4 cm lang und etwa 0,5 cm dick; Krone gelbgrün . . . . *A. glycyphyllos*

3*. Kelch behaart; Teilblätter 0,4–5 cm lang; Frucht eiförmig oder blasig erweitert, oder wenn wie eine Bohnenfrucht, dann Teilblätter höchstens 1,2 cm lang.

4. Stiel des Blütenstandes höchstens $^{1}/_{3}$ so lang wie das nächststehende Blatt; Stengel nur wenige Zentimeter lang und die Blätter und Blütenstände ± grundständig.

5. Blätter mit 25–41 Teilblättern, beiderseits dicht und lang abstehend behaart; Krone 2–2,6 cm lang, gelb. Wallis, Aostatal, Vintschgau . . . . *A. exscapus*

5*. Blätter mit 17–25 Teilblättern, oberseits kahl, unterseits anliegend behaart; Krone 0,9–1,2 cm lang, gelblich. Warme Lagen; Alpen, selten . . . . *A. depressus*

4*. Stiel des Blütenstandes $^{1}/_{2}$ so lang bis bedeutend länger als das nächststehende Blatt.

6. Blüten aufrecht oder aufrecht abstehend; Frucht im Kelch kaum gestielt, eiförmig oder wie eine Bohnenfrucht, aber kaum blasig erweitert.

7. Stengel sehr kurz, so daß alle Blätter ± grundständig sind; Blätter mit 25–41 Teilblättern; Frucht wie eine Bohnenfrucht, 2,5–3,5 cm lang. Warme Alpentäler — *A. monspessulanus* **48**

7*. Stengel deutlich ausgebildet, mit Stengelblättern; Blätter mit 7–25 Teilblättern; Frucht kugelig bis schmal eiförmig, 0,7–1,8 cm lang.

8. Pflanze 5–20 cm hoch; Stiel des Blütenstandes länger als das nächststehende Stengelblatt; Krone violett bis purpurn, wenn hellgelb, dann länger als 1,8 cm.

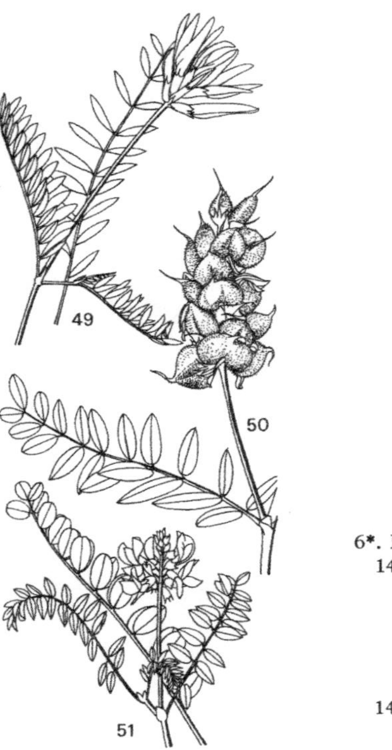

9. Kelch nach der Blüte blasenförmig erweitert; Nebenblätter frei; Krone violett, mit weißlichen Flügeln oder hellgelb.

10. Krone violett mit weißlichen Flügeln; Kelchzähne $^1/_4$–$^1/_3$ so lang wie die Kelchröhre. Savoyen . . . . *A. vesicarius*

10*. Krone hellgelb; Kelchzähne $^1/_3$–$^1/_2$ so lang wie die Kelchröhre. Vintschgau, Aostatal . . . . *A. pastellianus*

9*. Kelch nach der Blüte kaum erweitert; Nebenblätter wenigstens am Grunde verwachsen; Krone blau, lila, violett oder purpurn; Flügel höchstens am Grunde gelblich.

11. Krone blau, lila oder violett; Tragblätter höchstens $^2/_3$ so lang wie die Kelchröhre.

12. Fahne $1^1/_2$mal so lang wie die Flügel; Krone 1,8–2,4 cm lang. Z. Alpen *A. onobrychis* **49**

12*. Fahne höchstens $1^1/_4$mal so lang wie die Flügel: Krone 1,2–1,8 cm lang

13. Haare 2teilig, kompaßnadelartig; Krone 1,2–1,5 cm lang. Z. Alpen *A. leontinus*

13*. Haare einfach; Krone 1,4–1,8 cm lang. Elsaß, Maurienne *A. danicus*

11*. Krone purpurn; Tragblätter fast so lang wie die Kelchröhre. S. Alpen . . . *A. gremlii*

8*. Pflanze 20–80 cm lang, niederliegend oder über andere Pflanzen kletternd; Stiel des Blütenstandes $^1/_2$ bis fast so lang wie das nächststehende Stengelblatt Krone hellgelb, 1,2–1,6 cm lang. Warme Lagen . . . . *A. cicer* **50**

6*. Blüten nickend; Früchte im Kelch deutlich gestielt, blasig erweitert, nickend.

14. Schiffchenspitze violett, der übrige Teil der Krone weiß, gelblich oder bläulich; Kelchzähne $^1/_3$ bis fast so lang wie die Kelchröhre.

15. Blätter mit 9–15 meist spitzen Teilblättern; Flügel vorn ausgerandet, länger als das Schiffchen; Frucht kahl. Alpen . . . . *A. australis*

15*. **Blätter mit 15–23** meist **stumpfen Teilblättern; Flügel ganzrandig, kürzer als das Schiffchen; Frucht kurz, dunkel und anliegend behaart. Alpen** *A. alpinus* **51**

14*. Schiffchenspitze wie der übrige Teil der Krone gelb oder gelblichweiß; Kelchzähne $^1/_5$–$^1/_3$ so lang wie die Kelchröhre.

16. Blätter mit meist deutlich mehr als 15 Teilblättern; Krone 0,9–1,3 cm lang, gelb; Nebenblätter 1–3 mm breit. Kalkarme Böden. Alpen . . . . *A. penduliflorus*

16*. Blätter mit 7–15 Teilblättern; Krone 1,4–1,7 cm lang, gelblich; Nebenblätter 4–10 mm breit. Kalkhaltige Böden. Alpen . . . . *A. frigidus* **52**

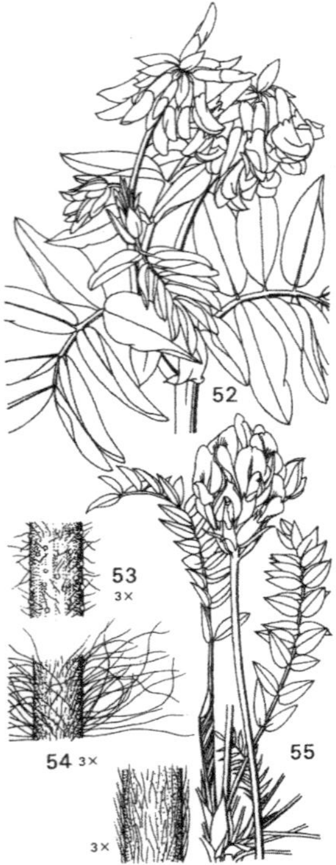

52

53 3×

54 3×

55

3×

Gattung Oxytropis

1. Pflanze klebrig, mit fast ungestielten, nur mit Lupe (10fache Vergrößerung!) sichtbaren, harzig duftenden Drüsen; Krone 1,8–2,4 cm lang, gelblich, gelegentlich etwas violett überlaufen. Kalkreiche Schuttböden; Savoyen, Wallis, Aostatal, Unterengadin . . . . *O. fetida* **53**

1*. Pflanze nicht klebrig, meist nur am Grunde der Teilblätter mit wenigen Drüsen; Krone 0,8–2 cm lang.

2. Frucht blasenartig erweitert; Krone 1,5–2 cm lang; Stengel reduziert, so daß die Blätter eine grundständige Rosette bilden; Nebenblätter 2–3mal so lang wie die untern Teilblätter.

3. Stiel des Blütenstandes neben kurzen auch 1,5–3 mm lange Haare aufweisend; Teilblätter beiderseits dicht, anliegend und seidig behaart; Krone violett bis lila.

a) Haare am Stengel 1,5–2 mm lang, meist anliegend; Blätter mit 8–11 Fiederpaaren. Subalpin–alpin, Nordaplen und Graubünden . . . . *O. halleri* **54**

b) Haare am Stengel 2–3 mm lang, abstehend; Blätter mit 10–16 Fiederpaaren. Kollin-subalpin, südliche Täler (z.B. Wallis, Münstertal). . . . . *O. velutina*

3*. Stiel des Blütenstandes nur mit 0,5–1,5 mm langen Haaren; Teilblätter meist beiderseits zerstreut behaart bis fast kahl; Krone gelblich oder weiß, selten bläulich bis violett überlaufen. Kalkhaltige Böden; Alpen . . . . *O. campestris* **55**

2*. Frucht kurz zylindrisch; Krone 0,8–1,3 cm lang; Stengel kurz, doch meist deutlich ausgebildet; Nebenblätter kürzer oder wenig länger als die untern Teilblätter.

4. Frucht im Kelch deutlich gestielt; Krone blau- bis rotviolett.

5. Nebenblätter meist bis über die Mitte miteinander (aber nicht mit dem Blattstiel) verwachsen; Tragblätter bis über die Mitte der Kelchröhre reichend; Kelchzähne $^{2}/_{3}$–$^{4}/_{5}$ so lang wie die Kelchröhre. Steinige Böden; Alpen, selten . . . . *O. lapponica*

5*. Nebenblätter frei oder im untern Teil mit dem Blattstiel verwachsen; Tragblätter kaum bis zur Mitte der Kelchröhre hinaufreichend; Kelchzähne $^{1}/_{4}$–$^{2}/_{3}$ so lang wie die Kelchröhre . . . . *Artengruppe der O. jacquinii* S. 304

4*. Frucht im Kelch ungestielt; Krone hellgelb. Zentralalpen, Bergamasker Alpen, Hegau *O. pilosa*

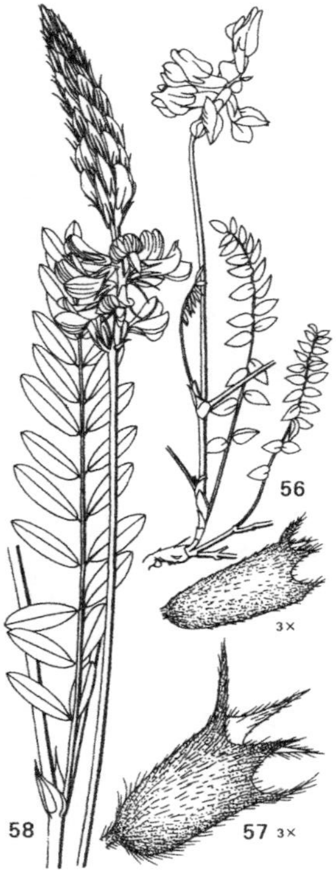

58 57 3× 56 3×

Artengruppe der Oxytropis jacquinii

1. Kelchzähne $^1/_4$–$^1/_3$ so lang wie die Kelchröhre; Fruchtstiel im Kelch so lang oder wenig länger als die Kelchröhre. Kalkreiche Böden; Alpen . . . . . *O. jacquinii* **56**
1*. Kelchzähne $^1/_2$–$^2/_3$ so lang wie die Kelchröhre; Fruchtstiel im Kelch $^1/_3$–$^2/_3$ so lang wie die Kelchröhre.
   2. Blattstiel meist rot überlaufen; Teilblätter dicht und anliegend behaart. Südwestalpen. *O. helvetica* 57
   2* Blattstiel meist grün; Teilblätter zerstreut und anliegend behaart. Südostalpen . . . . *O. neglecta*

Gattung Onobrychis

1. Krone gelblich, rötlich gestreift; alle Blätter in grundständiger Rosette; Frucht ohne deutliche Zähne. Aostatal . . . . . *O. saxatilis*
1*. Krone rötlich, dunkler gestreift; Stengel beblättert; Frucht mit Zähnen . . . . . *Artengruppe der O. viciifolia*

Artengruppe der Onobrychis viciifolia

1. Stiel des obersten Blütenstandes 2–3mal so lang wie das Stengelblatt; Krone 0,8–1,1 cm lang, hellrosa; Frucht 4–6 mm lang. Warme Lagen . . . . . *O. arenaria*
1*. Stiel des obersten Blütenstandes 1–2mal so lang wie das Stengelblatt; Krone 1–1,4 cm lang, purpurrot oder rosa; Frucht 6–8 mm lang.
   2. Stengel meist aufrecht, 30–60 cm hoch; Flügel bedeutend kürzer als der Kelch . . . . *O. viciifolia* **58**
   2*. Stengel niederliegend bis bogig aufsteigend, 10–25 cm hoch; Flügel so lang oder fast so lang wie der Kelch. Kalkhaltige Böden; Alpen, Jura, Hegau . . . . . *O. montana*

60

59

61

Gattung Vicia

1. Stiel des Blütenstandes (Traube) oder der einzelstehenden Blüte länger als eine Blüte, meist bedeutend länger als 1/4 des nächststehenden Blattes.
  2. Krone 0,3–0,9 cm lang, weiß oder bläulichweiß (bei *V. ervilia* mit violett gestreifter Fahne); Blütenstand 1–8blütig.
    3. **Blätter mit kurzer, endständiger, grannenartiger Spitze; Stiel des Blütenstandes 1/6 bis 1/3 so lang wie das nächststehende Blatt. Futterpflanze** . . . . *V. ervilia*
    3*. Blätter mit einfacher oder verzweigter Ranke; Stiel des Blütenstandes 1/3–1 1/3 so lang wie das nächststehende Blatt . . . . *Artengruppe der V.* ***hirsuta*** S. 307
  2*. Krone 0,8–3 cm lang; Blütenstand 5–40blütig.
    4. Blätter mit unverzweigten oder verzweigten Ranken.
      5. Teilblätter mit wenigen, dem Rande fast parallel gehenden Seitennerven, 2–20mal so lang wie breit; Krone blau oder violett (selten purpurn oder weiß).
        6. **Nebenblätter gegen den Grund mit Zähnen; Krone 1,8–2,5 cm lang. Zentralalpen** ***V. onobrychioides*** **59**
        6*. **Nebenblätter am Grunde meist mit abstehendem Zipfel, sonst ganzrandig; Krone 0,8–2 cm lang** . . . . *Artengruppe der V. cracca* S. 307
      5*. Teilblätter mit zahlreichen, schräg abstehenden Seitennerven, 1–4mal so lang wie breit.
        7. Teilblätter 12–28 je Blatt, 0,6–2,5 cm lang, 2–4mal so lang wie breit.
          8. **Fahne weiß, blau bis violett geadert. Wälder, Gebüsche** . . . . *V. sylvatica* 60
          8*. **Fahne rotviolett, dunkler geadert. Meran** . . . . *V. cassubica*
        7*. Teilblätter 6–10 je Blatt, 1,5–6 cm lang, 1 1/4–2 1/2mal so lang wie breit.
          9. Blüten in 4–12blütigen Trauben; Krone purpurn, später gelblich . . . . . . *V. dumetorum*
          9*. **Blüten in 10–30blütigen Trauben; Krone hellgelb. Warme Lagen; selten** . . *V. pisiformis*
    4*. **Blätter mit kurzer, endständiger, grannenartiger Spitze (keine Ranke), Jura, selten** . *V. orobus* **61**

1*. Stiel des Blütenstandes oder der einzelstehenden Blüte kürzer als eine Blüte, höchstens 1/4 so lang wie das nächststehende Blatt.

62

63

10. Teilblätter 0,5–3 cm lang, nicht fleischig; Frucht 0,3–1,2 cm breit.
  11. Blüten in 2–6blütigen Trauben (Stiel des Blütenstandes vorhanden, kürzer als $^1/_6$ des nächststehenden Blattes); Krone 1,2–1,5 cm lang, braunviolett bis rosa . . . . . . *V. sepium* **62**
  11*. Blüten zu 1–4 in Blattachseln (kein gemeinsamer Blütenstandsstiel).
    12. Blätter mit 8–16 Teilblättern; Krone 1–3 cm lang; Frucht 0,4–1,2 cm breit.
      13. Teilblätter 2–5mal so lang wie breit; Nebenblätter auf der Außenfläche mit Nektardrüse; Krone 1,3–3 cm lang.
        14. Fahne außen behaart. Eingeschleppt oder adventiv . . . . *Artengruppe der V. hybrida* S. 308
        14*. Fahne kahl.
          15. Kelchzähne sehr ungleich, die obern etwa halb so lang wie die untern; Frucht 0,7–1,2 cm breit, mit 0,8–1,5 mm langen Haaren, die oft auf Knötchen stehen. Zentral- und Südalpen, Savoyen, Dép. Ain . . . . *V. lutea*
          15*. Kelchzähne fast gleich lang; Frucht 0,4–0,8 cm breit, mit 0,1–0,5 mm langen Haaren, selten kahl . . . . *Artengruppe der V. sativa* S. 308
      13*. Teilblätter 5–15mal so lang wie breit; Nebenblätter ohne Nektardrüse; Krone 1–1,5 cm lang. Dép. Ain . . . . *V. peregrina*
    12*. Blätter mit 4–6 Teilblättern; Krone 0,6–0,7 cm lang; Frucht 0,3–0,4 cm breit, selten *V. lathyroides* **63**
10*. Teilblätter 3–6 cm lang, oft fleischig; Frucht 0,8–2 cm breit (oder dick); 2-6 Teilblätter je Blatt.
  16. Frucht ± flach, 2,5–6 cm lang; obere Blätter mit Ranken.
    17. Teilblätter 2–4mal so lang wie breit.
      18. Alle Teilblätter ganzrandig. Futterpflanze, selten verwildert . . . . *V. narbonensis*
      18*. Teilblätter der obern Blätter scharf gezähnt. Eingeschleppt, selten. . . . . . *V. serratifolia*
    17*. Teilblätter der obern Blätter 4–20mal so lang wie breit. Bergamasker Alpen . . *V. bithynica*
  16*. Frucht im Querschnitt fast kreisförmig, 8–12 cm lang; alle Blätter mit endständiger, grannenartiger Spitze (ohne Ranke). Kulturpflanze . . . . *V. faba*

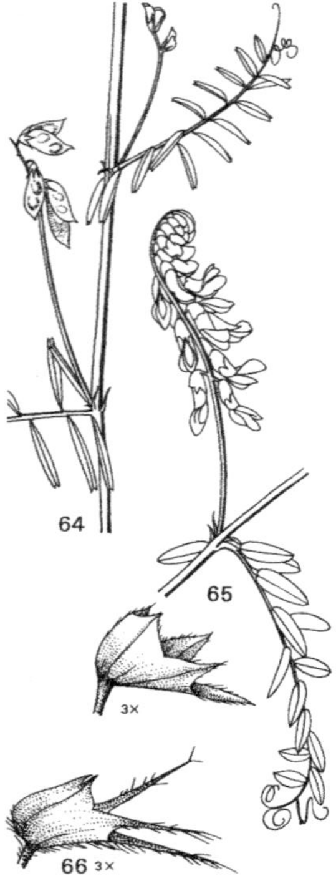

Artengruppe der Vicia hirsuta

1. Blätter mit 12–20 Teilblättern; Teilblätter vorn gestutzt und 3zähnig; Kelchzähne etwa doppelt so lang wie die Kelchröhre; Frucht dicht und kurz behaart, meist 2samig . . . . *V. hirsuta* **64**

1*. Blätter mit 4–12 Teilblättern; Teilblätter vorn spitz oder gerundet und mit kurzer, aufgesetzter Spitze; Kelchzähne kürzer als die Kelchröhre; Frucht kahl, meist 4–5samig.

2. Blätter mit 6–12 Teilblättern; Teilblätter vorn gerundet, mit kurzer, aufgesetzter Spitze; Stiel des Blütenstandes fast ohne Fortsatz (± direkt in den Blütenstiel der obersten Blüte übergehend), $^1/_3$–$^3/_4$ so lang wie das nächststehende Blatt . . . . *V. tetrasperma*

2*. Blätter mit 4–8 Teilblättern; Teilblätter spitz; Stiel des Blütenstandes mit 0,8–2 mm langem Fortsatz, $^2/_3$–$1^1/_3$ so lang wie das nächststehende Blatt. Warme Lagen; selten . . *V. parviflora*

Artengruppe der Vicia cracca

1. Kelch am Grunde nur wenig ausgebuchtet; Stiel (Nagel) der Fahne $^1/_2$–$1^1/_4$ so lang wie der obere Teil (Platte); Frucht 0,4–0,7 cm breit.

2. Krone 0,8–1,2 cm lang; Stiel des Blütenstandes $^1/_2$ bis fast so lang wie das nächststehende Blatt; Stiel (Nagel) der Fahne $^3/_4$–$1^1/_4$ so lang wie der meist schmälere obere Teil (Platte).

3. Blätter oberseits zerstreut und abstehend behaart bis kahl; Fruchtstiel (im Kelch) so lang oder kürzer als die Kelchröhre . . . . *V. cracca* **65**

3*. Blätter oberseits dicht und abstehend behaart; Fruchtstiel (im Kelch) etwas länger als die Kelchröhre. Warme Lagen . . . . *V. incana*

2*. Krone 1,1–1,6 cm lang; Stiel des Blütenstandes fast so lang oder länger als das nächststehende Blatt; Stiel (Nagel) der Fahne $^1/_2$–$^2/_3$ so lang wie der breitere, obere Teil (Platte) *V. tenuifolia*

1*. Kelch am Grunde auf der obern Seite deutlich sackartig ausgebuchtet; Stiel (Nagel) der Fahne $1^1/_2$–$2^1/_2$mal so lang wie der obere Teil (Platte); Frucht 0,7–1,2 cm breit.

4. Haare an Stengel, Blättern und Kelch 0,2–0,5 mm lang; längste Kelchzähne 1,5–2,5 mm lang. Savoyen, Elsaß, Schaffhauser Becken. . . . . *V. varia*

4*. Haare an Stengel, Blättern und Kelch 0,8–2 mm lang; längste Kelchzähne 3–4 mm lang *V. villosa* **66**

64

65

3×

66 3×

Artengruppe der Vicia hybrida

1. Blüten einzeln in den Blattachseln; Nebenblätter $^1/_4$–$^1/_2$ so lang wie die untern Teilblätter, nur mit kleiner Nektardrüse (kaum $^1/_6$ der Nebenblattfläche bedeckend) . . . . *V. hybrida* **67**

1*. Blüten zu 2–4 in den Blattachseln; Nebenblätter $^1/_{10}$–$^1/_4$ so lang wie die untern Teilblätter, in der Mitte mit Nektardrüse, die mindestens $^1/_4$ der Nebenblattfläche bedeckt.

  2. Krone gelb, mit braun gestreifter Fahne; Kelch 1–1,2 cm lang; einzelne Haare auf den Blättern bis 2 mm lang . . . . *V. pannonica*

  2*. Krone rotviolett; Kelch 0,8–1 cm lang; Haare auf den Blättern kaum über 1 mm lang *V. striata*

Artengruppe der Vicia sativa

1. Krone 1,8–3 cm lang, verschiedenfarbig (Flügel dunkler als die Fahne).

  2. Kelchzähne so lang bis länger als die Kelchröhre; Teilblätter der obern Blätter meist 1–3mal so lang wie breit.

    3. Kelch $^1/_2$–$^3/_4$ so lang wie die Fahne; Frucht 0,65–0,95 cm breit. Futterpflanze. . . . *V. sativa* **68**

    3*. Kelch etwa $^4/_5$ so lang wie die Fahne; Frucht 0,5–0,55 cm breit. Adventiv. . . . . *V. cordata*

  2*. Kelchzähne kürzer als die Kelchröhre; Teilblätter der obern Blätter 3–5mal so lang wie breit. Vintschgau, Bergamasker Alpen . . . . *V. grandiflora*

1*. Krone 1,3–1,7 cm lang, fast einfarbig (Flügel fast gleichfarbig wie die Fahne); Teilblätter der obern Blätter 3–12mal so lang wie breit; Kelchzähne kürzer als die Kelchröhre.

  4. Kelch 10–12 mm lang, etwa $^3/_4$ so lang wie die Fahne. Getreidefelder . . . . *V. segetalis*

  4*. Kelch 7–10 mm lang, etwa $^1/_2$-$^2/_3$ so lang wie die Fahne. Warme Lagen . . . . *V. angustifolia*

Gattung Lathyrus

1. Obere Blätter auf die Nebenblätter und einen blattartig verbreiterten Blattstiel oder eine Ranke beschränkt; Blütenstand 1–2blütig; Pflanze 1jährig.

  2. Blätter auf die kleinen (oft nicht vorhandenen) Nebenblätter und einen blattartig verbreiterten, kurz grannenartig zugespitzten Blattstiel beschränkt; Krone purpurn mit dunkler geaderter Fahne. Warme Lagen; selten . . . . *L. nissolia* **69**

67

68

69

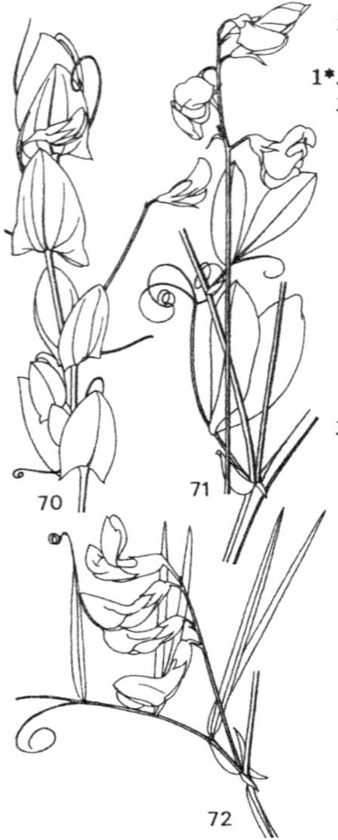

2*. Blätter auf die beiden 1–4 cm langen Nebenblätter und eine Ranke beschränkt; Krone gelb. Warme Lagen; selten . . . . . *L. aphaca* **70**

1*. Obere Blätter neben den Nebenblättern mit mindestens 2 Teilblättern.

3. Blütenstand 1–3blütig; Pflanze 1–2jährig; Blätter mit meist 2 Teilblättern.

4. Kelchzähne $1^1/_2$–3mal so lang wie die Kelchröhre; Samen 5–10 mm lang, kantig.

5. Frucht 0,7–1 cm breit, ungeflügelt; Krone 0,8–1,4 cm lang, rötlich; Flügel am Stengel schmäler als 0,5 mm. Futterpflanze . . . . . *L. cicera*

5*. Frucht 1–1,8 cm breit, auf der obern Naht mit 2 Flügeln; Krone 1,2–2,2 cm lang, weiß, selten rosa oder hellblau; Flügel am Stengel 0,5–1,5 mm breit. Futterpflanze *L. sativus*

4*. Kelchzähne 1–$1^1/_2$mal so lang wie die Kelchröhre; Samen 2–6 mm lang, gerundet.

6. Frucht kahl oder an den Nähten behaart; Blattstiel nicht oder kaum geflügelt; Teilblätter parallelnervig. Trockene Böden in warmen Lagen . . . . . *Artengruppe des L. setifolius* S. 311

6*. Frucht rauhhaarig (Haare auf Knötchen); Blattstiel schmal geflügelt; Teilblätter netznervig. Warme Lagen; selten . . . . . *L. hirsutus*

3*. Blütenstand 3–30blütig; Pflanze ausdauernd.

7. Obere Blätter mit Ranken.

8. Krone gelb . . . . . *Artengruppe des L. pratensis* S. 311

8*. Krone rosa, purpurn oder blauviolett.

9. Pflanze mit knollig verdickten Wurzeln; Stengel nicht geflügelt; Blätter mit 2 1,5–4 cm langen Teilblättern. Warme Lagen, selten . . . . . *L. tuberosus* **71**

9*. Pflanze mit unterirdischen Ausläufern, ohne Knollen; Stengel mit 2 0,5–6 mm breiten Flügeln.

10. Frucht 2,5–5 cm lang; Blattstiel kaum geflügelt, 0,5–1 mm breit; Teilblätter 3–6 cm lang. Sumpfpflanze; selten . . . . . *L. palustris* **72**

10*. Frucht 5–11 cm lang; Blattstiel geflügelt, 2–12 mm breit; Teilblätter 4–14 cm lang. Pflanze trockener Standorte . . . . . *Artengruppe des L. sylvestris* S. 311

70

71

72

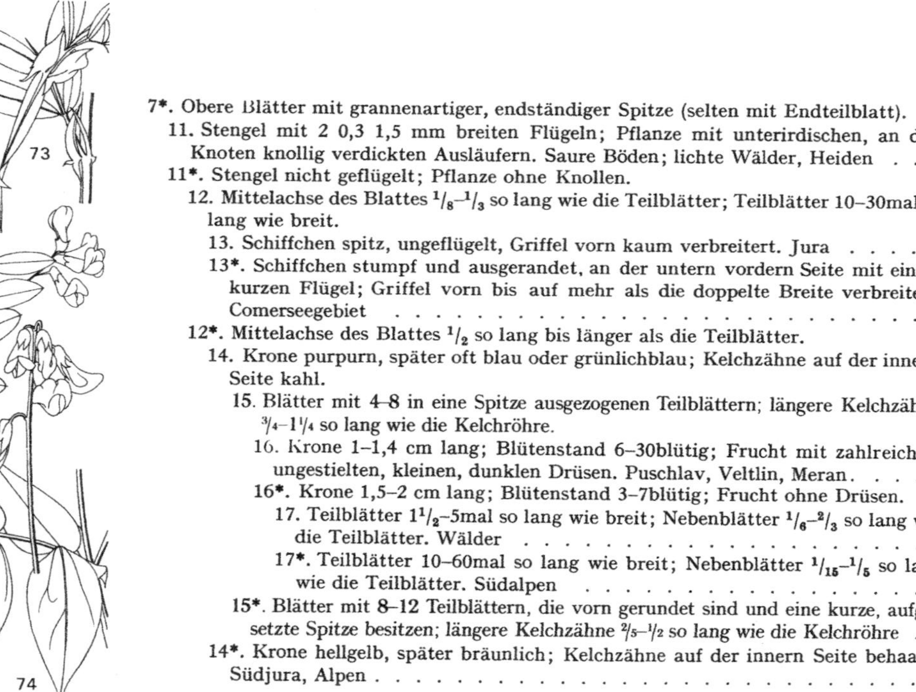

7*. Obere Blätter mit grannenartiger, endständiger Spitze (selten mit Endteilblatt).

11. Stengel mit 2 0,3 1,5 mm breiten Flügeln; Pflanze mit unterirdischen, an den Knoten knollig verdickten Ausläufern. Saure Böden; lichte Wälder, Heiden . . . *L. linifolius* **73**

11*. Stengel nicht geflügelt; Pflanze ohne Knollen.

12. Mittelachse des Blattes $^1/_8$–$^1/_3$ so lang wie die Teilblätter; Teilblätter 10–30mal so lang wie breit.

13. Schiffchen spitz, ungeflügelt, Griffel vorn kaum verbreitert. Jura . . . . . *L. bauhinii*

13*. Schiffchen stumpf und ausgerandet, an der untern vordern Seite mit einem kurzen Flügel; Griffel vorn bis auf mehr als die doppelte Breite verbreitert. Comerseegebiet . . . . *L. filiformis*

12*. Mittelachse des Blattes $^1/_2$ so lang bis länger als die Teilblätter.

14. Krone purpurn, später oft blau oder grünlichblau; Kelchzähne auf der innern Seite kahl.

15. Blätter mit 4–8 in eine Spitze ausgezogenen Teilblättern; längere Kelchzähne $^3/_4$–$1^1/_4$ so lang wie die Kelchröhre.

16. Krone 1–1,4 cm lang; Blütenstand 6–30blütig; Frucht mit zahlreichen, ungestielten, kleinen, dunklen Drüsen. Puschlav, Veltlin, Meran. . . . . *L. venetus*

16*. Krone 1,5–2 cm lang; Blütenstand 3–7blütig; Frucht ohne Drüsen.

17. Teilblätter $1^1/_2$–5mal so lang wie breit; Nebenblätter $^1/_6$–$^2/_3$ so lang wie die Teilblätter. Wälder . . . . *L. vernus* **74**

17*. Teilblätter 10–60mal so lang wie breit; Nebenblätter $^1/_{15}$–$^1/_5$ so lang wie die Teilblätter. Südalpen . . . . *L. gracilis*

15*. Blätter mit 8–12 Teilblättern, die vorn gerundet sind und eine kurze, aufgesetzte Spitze besitzen; längere Kelchzähne $^2/_5$–$^1/_2$ so lang wie die Kelchröhre . . *L. niger* **75**

14*. Krone hellgelb, später bräunlich; Kelchzähne auf der innern Seite behaart. Südjura, Alpen . . . . *L. occidentalis*

76

77

78

Artengruppe des Lathyrus setifolius

1. Tragblatt sehr klein oder nicht vorhanden; Frucht 1,5–3 cm lang und 0,7–1,1 cm breit . . *L. setifolius*
1*. Tragblatt 1–8mal so lang wie der Blütenstiel; Frucht 2,5–6 cm lang und 0,3–0,5 cm breit.
   2. Stiel des Blütenstandes so lang oder kürzer als der nächststehende Blattstiel; Tragblatt 1–3mal so lang wie der Blütenstiel; Krone ziegelrot . . . . *L. sphaericus* **76**
   2*. Stiel des Blütenstandes 2–5mal so lang wie der nächststehende Blattstiel; Tragblatt 3–8mal so lang wie der Blütenstiel; Krone blauviolett . . . . *L. angulatus*

Artengruppe des Lathyrus pratensis

1. Pflanze (auch Kelch und Frucht) dicht behaart; Kelch etwa 4 mm lang; längere Kelchzähne $^1/_2$–$^2/_3$ so lang wie die Kelchröhre. Savoyen, Rhonetal, Zentralalpen . . . . *L. velutinus*
1*. Pflanze kahl oder zerstreut behaart; Kelch 5–9 mm lang; längere Kelchzähne $^2/_3$–$1^1/_3$ so lang wie die Kelchröhre.
   2. Kelch 5–5,5 mm lang; längere Kelchzähne $^2/_3$–$^4/_5$ so lang wie die Kelchröhre; Krone 1–1,4 cm lang . . . . *L. pratensis* **77**
   2*. Kelch 6–10 mm lang; längere Kelchzähne 1–$1^1/_3$ so lang wie die Kelchröhre; Krone 1,3 bis 1,8 cm lang. Montan und subalpin . . . . *L. lusseri*

Artengruppe des Lathyrus sylvestris

1. Blattstiel 2–4 mm breit; Nebenblätter $^1/_{10}$–$^1/_6$ so lang wie die Teilblätter, $^1/_4$ so breit wie der Stengel; Teilblätter 6–20mal so lang wie breit. Steinige Böden . . . . *L. sylvestris* **78**
1*. Blattstiel 8–12 mm breit; Nebenblätter $^1/_3$–$^2/_3$ so lang wie die Teilblätter, $^2/_3$–$1^1/_2$mal so breit wie der Stengel; Teilblätter $1^1/_2$–8mal so lang wie breit.
   2. Blätter meist nur mit 2 Teilblättern; Krone 1,8–3 cm lang, rosa. Warme Lagen . . . . *L. latifolius*
   2*. Blätter (wenigstens die obern) mit 4–8 Teilblättern; Krone 1,4–2 cm lang, purpurrot . *L. heterophyllus*

79

80

Gattung Pisum

Artengruppe des Pisum sativum

1. Frucht 1,4–2,5 cm breit; Krone meist einfarbig weiß oder rötlich. Kulturpflanze . . . . *P. sativum* **79**
1*. Frucht 0,8–1,2 cm breit; Krone mit lilafarbener Fahne, dunkelpurpurnen Flügeln und rosafarbenem oder grünlichem Schiffchen.
  2. Krone 1,5–2 cm lang; Stiel des Blütenstandes wenig kürzer bis $1^1/_2$mal so lang wie die nächststehenden Nebenblätter; Nebenblätter am Grunde meist mit violettem Fleck . . *P. arvense*
  2*. Krone 2–3 cm lang; Stiel des Blütenstandes $1^1/_2$–$2^1/_2$mal so lang wie die nächststehenden Nebenblätter; Nebenblätter ohne Fleck. Wallis, eingebürgert . . . . *P. biflorum*

Gattung Phaseolus

1. Blütenstand kürzer als die Stengelblätter; Krone weiß, hellgelb, lila oder violett, 1–1,5 cm lang *Ph. vulgaris*
1*. Blütenstand so lang oder länger als die Stengelblätter; Krone rot oder weiß, 1,5–3 cm lang *Ph. coccineus*

Familie der Geraniaceae

1. Alle 10 Staubblätter fruchtbar (Ausnahme: *G. pusillum* S. 313); Blätter radiär (handförmig) geteilt . . . . *Geranium* S. 312
1*. Die 5 äußern Staubblätter unfruchtbar (ohne Staubbeutel); Blätter fiederförmig geteilt . *Erodium* S. 316

Gattung Geranium

1. Blätter bis zum Grunde geteilt, mit gestielten, bis nahe an den Mittelnerv fiederteiligen Abschnitten.
  2. Kronblätter 9–12 mm lang, etwa $1^1/_2$mal so lang wie die Kelchblätter, rosa . . . . . *G. robertianum* **80**
  2*. Kronblätter 5–9 mm lang, 1–$1^1/_4$mal so lang wie die Kelchblätter, purpurrot. Süden . *G. purpureum*
1*. Abschnitte der 3–9teiligen Blätter nie gestielt und nicht fiederteilig.

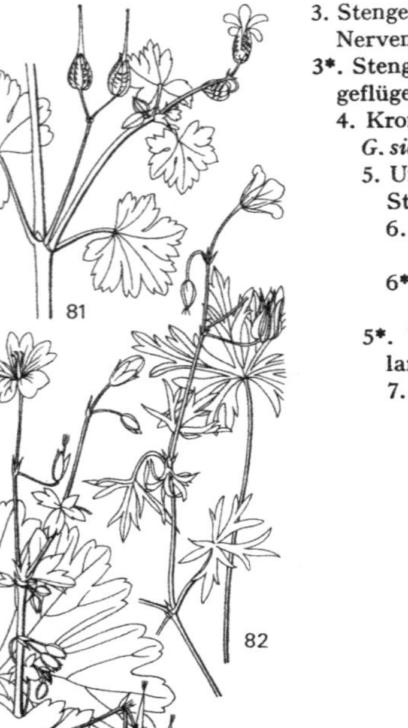

3. Stengel, Blätter, Blütenstiele und Kelch fast kahl; Kelchblätter mit 3 etwas geflügelten Nerven und 2 Reihen kleiner Schuppen oder Leisten. Wälder, Hecken; Westen und Süden — *G. lucidum* **81**

3*. Stengel, Blätter, Blütenstiele und Kelch zerstreut bis dicht behaart; Kelchblätter ohne geflügelte Nerven und ohne Schuppen oder Leisten.

4. Kronblätter 3–10 mm lang; Pflanze meist 1jährig, mit Pfahlwurzel (*G. pyrenaicum* und *G. sibiricum* meist ausdauernd und mit ganz kurzem Rhizom oberhalb der Pfahlwurzel)

5. Untere Blätter bis fast zum Grunde 5–7teilig; Blattzipfel 3–8mal so lang wie breit; Stengel rückwärts anliegend oder abstehend behaart.

6. Blüten die nächststehenden Blätter weit überragend (mindestens um die Blattlänge); Kronblätter 8–10 mm lang; Blütenstiel und Kelch ohne Drüsenhaare . . — *G. columbinum* **82**

6*. Blüten die nächststehenden Blätter nicht überragend; Kronblätter 4–6 mm lang; Blütenstiel und Kelch mit 0,2–0,8 mm langen Drüsenhaaren . . . . — *G. dissectum*

5*. Untere Blätter bis auf $^1/_2$–$^1/_{10}$ 5–9teilig; Blattzipfel oder Blattzähne $^2/_3$–3mal so lang wie breit; Stengel abstehend (nicht rückwärts gerichtet) behaart.

7. Untere Blätter im Umriß rundlich; Kelchblätter mit weniger als 0,5 mm langer, aufgesetzter Spitze.

8. Blüten die nächststehenden Blätter nicht oder nur wenig überragend; Kronblätter 2,5–6,5 mm lang; Pflanze 1–2jährig, 10–30 cm hoch.

9. Frucht im untern, verdickten Teil glatt, behaart; Blütenstiele und Kelch mit höchstens 1 mm langen Haaren; untere Blätter am Stengel gegenständig.

10. Blattzipfel und Blattzähne $1^1/_2$–3mal so lang wie breit; Kronblätter 2,5 bis 4 mm lang, lila, vorn ausgerandet; Frucht 0,8–1,2 cm lang . . . . . . — *G. pusillum*

10*. Blattzipfel und Blattzähne 1–$1^1/_2$mal so lang wie breit; Kronblätter 5–6,5 mm lang, rosa, vorn ganzrandig; Frucht 1,6–1,8 cm lang. Warme Lagen — *G. rotundifolium*

9*. Frucht im untern, verdickten Teil mit zahlreichen Querfalten, kahl; Blütenstiele und Kelch mit 1–2 mm langen, sehr dünnen Haaren; Blätter am Stengel meist wechselständig . . . . — *G. molle*

8*. Blüten die nächststehenden Blätter weit überragend; Kronblätter 6–10 mm lang; Pflanze ausdauernd, 25–60 cm hoch . . . . — *G. pyrenaicum* **83**

7*. Untere Blätter im Umriß unregelmäßig 5eckig; Kelchblätter mit 0,5–3 mm langer, aufgesetzter Spitze.

11. Blütenstand 2blütig; Blütenstiele und Kelch mit 1–3 mm langen, dünnen, abstehenden, drüsenlosen Haaren und kurzen Drüsenhaaren.

12. Kelchblätter mit 2–3 mm langer, aufgesetzter Spitze; Kronblätter blauviolett; Frucht 2,5–3 cm lang. Waldschläge, Brandstellen; Alpen . . . . . *G. bohemicum*

12*. Kelchblätter mit 0,5–1 mm langer, aufgesetzter Spitze; Kronblätter rosa; Frucht 0,8–1 cm lang. Zentralalpen . . . . *G. divaricatum* **84**

11*. Blütenstand meist 1blütig; Blütenstiele und Kelch mit 1–2 mm langen, dicken weißen Haaren, ohne Drüsenhaare. Warme Lagen, selten eingebürgert . . . . *G. sibiricum*

4*. Kronblätter 10–25 mm lang; Pflanze ausdauernd, mit dickem, von Schuppen umhülltem Rhizom.

13. Pflanze 20–80 cm hoch; Blätter, Blütenstiele und Kelch nicht silbrig behaart (oft über 1 mm lange Haare oder Drüsenhaare vorhanden); Blätter 3–20 cm breit.

14. Wenigstens die obern Blätter am Stengel gegenständig; Kelchblätter mit 1–4 mm langer, aufgesetzter Spitze; Kronblätter meist etwas nach vorn gerichtet, die Krone deshalb trichter- oder schüsselförmig.

15. Untere Blätter fast bis zum Grunde 7teilig; Abschnitte mit 2–4 ganzrandigen Zipfeln; Zipfel $2^1/_2$–4mal so lang wie breit; Blütenstand meist 1blütig . . . . *G. sanguineum* **85**

15*. Abschnitte der untern Blätter unregelmäßig geteilt und gezähnt; Blütenstand 2- bis mehrblütig.

16. Kronblätter vorn ausgerandet; Endzahn der Blattabschnitte etwas konkav und scharf zugespitzt. Laubwälder, Gebüsche; selten . . . . *G. nodosum* **86**

16*. Kronblätter vorn ganzrandig, gerundet; Endzahn der Blattabschnitte etwas konvex zugespitzt.

17. Frucht im untern (verdickten) Teil glatt, behaart; meist auch einzelne Blätter unterhalb des Blütenstandes am Stengel vorhanden.

18. Drüsenlose Haare des Stengels rückwärts anliegend, 0,2–0,4 mm lang (daneben oft 0,2–0,8 mm lange, abstehende Drüsenhaare); Blüten zu einem straußförmigen Gesamtblütenstand angeordnet; Blattzähne 1–5mal so lang wie breit, oft etwas nach auswärts gekrümmt . . . . *Artengruppe des G. sylvaticum* S. 315

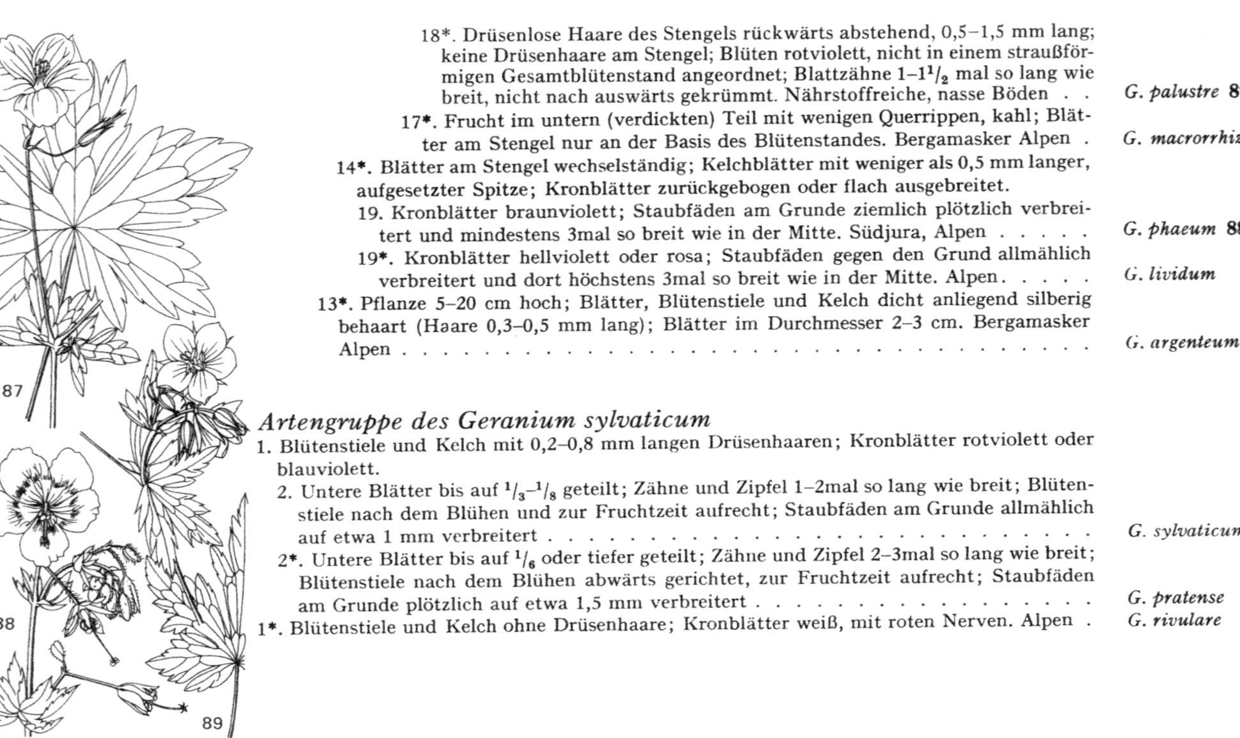

18*. Drüsenlose Haare des Stengels rückwärts abstehend, 0,5–1,5 mm lang; keine Drüsenhaare am Stengel; Blüten rotviolett, nicht in einem straußförmigen Gesamtblütenstand angeordnet; Blattzähne 1–$1^1/_2$ mal so lang wie breit, nicht nach auswärts gekrümmt. Nährstoffreiche, nasse Böden . . . *G. palustre* **87**

17*. Frucht im untern (verdickten) Teil mit wenigen Querrippen, kahl; Blätter am Stengel nur an der Basis des Blütenstandes. Bergamasker Alpen . *G. macrorrhizum*

14*. Blätter am Stengel wechselständig; Kelchblätter mit weniger als 0,5 mm langer, aufgesetzter Spitze; Kronblätter zurückgebogen oder flach ausgebreitet.

19. Kronblätter braunviolett; Staubfäden am Grunde ziemlich plötzlich verbreitert und mindestens 3mal so breit wie in der Mitte. Südjura, Alpen . . . . . *G. phaeum* **88**

19*. Kronblätter hellviolett oder rosa; Staubfäden gegen den Grund allmählich verbreitert und dort höchstens 3mal so breit wie in der Mitte. Alpen . . . . . *G. lividum*

13*. Pflanze 5–20 cm hoch; Blätter, Blütenstiele und Kelch dicht anliegend silberig behaart (Haare 0,3–0,5 mm lang); Blätter im Durchmesser 2–3 cm. Bergamasker Alpen . . . . *G. argenteum*

Artengruppe des Geranium sylvaticum

1. Blütenstiele und Kelch mit 0,2–0,8 mm langen Drüsenhaaren; Kronblätter rotviolett oder blauviolett.

2. Untere Blätter bis auf $^1/_3$–$^1/_8$ geteilt; Zähne und Zipfel 1–2mal so lang wie breit; Blütenstiele nach dem Blühen und zur Fruchtzeit aufrecht; Staubfäden am Grunde allmählich auf etwa 1 mm verbreitert . . . . *G. sylvaticum* 89

2*. Untere Blätter bis auf $^1/_6$ oder tiefer geteilt; Zähne und Zipfel 2–3mal so lang wie breit; Blütenstiele nach dem Blühen abwärts gerichtet, zur Fruchtzeit aufrecht; Staubfäden am Grunde plötzlich auf etwa 1,5 mm verbreitert . . . . *G. pratense*

1*. Blütenstiele und Kelch ohne Drüsenhaare; Kronblätter weiß, mit roten Nerven. Alpen . *G. rivulare*

90

91

92

Gattung Erodium

1. Kelchblätter 4–8 mm lang, mit kurzer, bis 1 mm langer, aufgesetzter Spitze; Frucht (mit Schnabel) 2–4,5 cm lang.
   2. Abschnitte der Blätter nochmals fast bis zum Mittelnerv geteilt; Blütenstände von einer nicht über die Mitte geteilten, weißhäutigen Blatthülle umgeben.
      3. Frucht (mit Schnabel) 3–4 cm lang; Teilfrüchte im obern Teil mit einer ringförmigen Einschnürung . . . . . . *E. cicutarium* **90**
      3*. Frucht (mit Schnabel) 2–3 cm lang, ohne Einschnürung. Aostatal, Wallis . . . . . *E. pilosum*
   2*. Abschnitte der Blätter gezähnt oder wenig tief geteilt (kaum je mehr als auf $^1/_2$ gegen den Mittelnerv hin); Blütenstände von fast bis zum Grunde getrennten, weißhäutigen Blättern umgeben. Selten eingeschleppt . . . . . *E. moschatum*

1*. Kelchblätter 10–15 mm lang, mit 2–4 mm langer, aufgesetzter Spitze; Frucht (mit Schnabel) 6–10 cm lang. Savoyen, Aostatal, Veltlin(?) . . . . . *E. ciconium*

Gattung Oxalis (Familie der Oxalidaceae)

1. Kronblätter 10–16 mm lang, weiß, seltener rosa oder bläulich, meist mit rötlichen Nerven; Stengel kaum ausgebildet, Blätter deshalb grundständig. Schattige Lagen . . . . . *O. acetosella* **91**

1*. Kronblätter 6–13 mm lang, hellgelb; Stengel deutlich ausgebildet, mit Blättern.
   2. Pflanze mit niederliegendem oder aufsteigendem Stengel; Haare nicht gegliedert; Frucht 12–25 mm lang.
      3. Stengel an den Knoten wurzelnd; Blätter wechselständig. Warme Lagen . . . . . *O. corniculata*
      3*. Stengel nicht wurzelnd; Blätter oft ± gegenständig oder in Büscheln. Norden . . *O. dillenii*
   2*. Pflanze meist mit aufrechtem Stengel; Haare am Stengel und Blattstielgrund gegliedert; Frucht 8–15 mm lang. Häufig . . . . . *O. stricta* 92

93

94

95

4×

96

4×

Familie der Linaceae

1\. Kelchblätter 4, an der Spitze 2–3zähnig; Frucht 4fächerig. Kollin; Westen und Süden . . *Radiola linoides*
1*. Kelchblätter 5, ganzrandig; Frucht 5fächerig . . . . *Linum* S. 317

Gattung Linum

1\. Blätter gegenständig (selten die obersten wechselständig), 1–6mal so lang wie breit, bis 1 cm lang . . . . *L. catharticum* **93**
1*. Blätter wechselständig, 5–30mal so lang wie breit.
2\. Kronblätter hellgelb, 5–6 mm lang; Frucht 2–3 mm lang. Dép. Ain, Dép. Jura, Alpensüdfuß *L. trigynum*
2*. Kronblätter blau, lila, rosa oder weiß, 9–35 mm lang; Frucht 3–8 mm lang.
3\. Stengel zuunterst sehr kurz behaart; Kelchblätter am Rande mit Drüsenhaaren; Kronblätter hellrosa bis lila. Warme Lagen . . . . *L. tenuifolium* **94**
3*. Stengel kahl; Kelchblätter auch am Rande kahl; Kronblätter blau (oft sehr hell)
4\. Narbe eiförmig (bedeutend kürzer als 0,8 mm); Frucht oft etwas nach unten gebogen.
5\. Frucht 6–8 mm lang; Kronblätter hellblau; Blütenstiele vor der Blüte nach unten gebogen (Knospen hängend); Pflanze 10–30 cm hoch. Südjura, Alpen . . . . . *L. alpinum* **95**
5*. Frucht 4–6 mm lang; Kronblätter leuchtend blau; Blütenstiele aufrecht (auch vor der Blüte); Pflanze 25–70 cm hoch. Unterengadin, Wallis . . . . *L. austriacum*
4*. Narbe schmal keulenförmig bis fadenförmig (länger als 0,8 mm); Frucht aufrecht.
6\. Kronblätter 9–15 mm lang; Kelchblätter 5–7 mm lang; Blütenstiele meist bedeutend länger als die nächststehenden Blätter.
7\. Pflanze 1jährig, ohne nichtblühende Sprosse; Kronblätter 12–15 mm lang . . *L. usitatissimum* **96**
7*. Pflanze 2jährig oder ausdauernd, mit nichtblühenden Sprossen; Kronblätter 9–13 mm lang. Comerseegebiet, Valle San Martino . . . . *L. bienne*
6*. Kronblätter 25–35 mm lang; Kelchblätter 8–12 mm lang; Blütenstiele etwa so lang oder wenig länger als das nächststehende Blatt. Wallis . . . . *L. narbonense*

Familie der Rutaceae

1. Blätter bis auf den Mittelnerv 2–3fach fiederteilig; Kronblätter 7–10 mm lang, löffelartig, grünlichgelb. Alpensüdfuß . . . . . *Ruta graveolens* **97**

1*. Blätter gefiedert, mit 7–11 lanzettlichen Teilblättern; Kronblätter 20–30 mm lang, rosa, mit dunkleren Adern. Norden, zentral- und südalpine Täler . . . . . *Dictamnus albus* **98**

Gattung Polygala (Familie der Polygalaceae)

1. Stengel im untern Teil holzig; Blätter immergrün, lederartig; Fruchtstiele aufrecht; Flügel 10–15 mm lang. Besonders Alpen und Jura . . . . . *P. chamaebuxus* **99**

1*. 1jährige oder ausdauernde Kräuter (Stengel nicht holzig); Blätter krautig; Fruchtstiele nach unten gebogen; Flügel 2,5–9 mm lang.

2. Pflanze ausdauernd; Flügel 2,5–9 mm lang und 1,5–6 mm breit; Frucht 3–6,5 mm lang . . . . . *Artengruppe der P. vulgaris* S. 318

2*. Pflanze 1jährig; Flügel 2,5–3,2 mm lang und 1–1,4 mm breit, weiß mit grünem Mittelstreifen; Frucht 2,2–3 mm lang. Dép. Ain . . . . . *P. exilis*

Artengruppe der Polygala vulgaris

1. Untere Blätter gegenständig. Moore, feuchte, saure Weiden . . . . . *P. serpyllifolia*

1*. Untere Blätter wechselständig, oft rosettenartig angeordnet.

2. Blätter am Grunde (am Anfang des aufsteigenden Zweiges) rosettenartig angeordnet; untere Blätter meist länger als die obern.

3. Tragblätter 0,7–1 mm lang; obere Blätter 0,4–1 cm lang; Mitteltrieb der Rosette ohne Blüten; Pflanze 2–6 cm hoch. Zentral- und Südalpen, westliche Nordalpen . . . . . *P. alpina*

3*. Tragblätter 1–2 mm lang; obere Blätter 0,8–2,5 cm lang; Mitteltrieb der Rosette mit Blüten; Pflanze 5–20 cm hoch.

97 98 99

4. Flügel 4,5–7,8 mm lang und 2,5–4,5 mm breit; Frucht 3,5–5,5 mm lang; Fransen der untern Kronzipfel 10–30.

5. Obere Blätter 0,8–1,5 cm lang; Stengel am Grunde meist mehrere Zentimeter lang (von der Wurzel bis zur Blattrosette) niederliegend. Nur im westlichen Teil des Gebiets *P. calcarea*

5*. Obere Blätter 1–2,5 cm lang; Stengel am Grunde nur kurz niederliegend (meist weniger als 3 cm). Nur im nordöstlichen Teil des Gebiets . . . . *P. amara*

4*. Flügel 2,5–4,5 mm lang und 1,2–2,5 mm breit; Frucht 3–4 mm lang; Fransen der untern Kronzipfel 8–14. Magere Rasen, Flachmoore . . . . *P. amarella* **1**

2*. Blätter am Grunde oft genähert, aber keine Rosette bildend; untere Blätter kürzer als die obern.

6. Flügel 4–6 mm lang; seitliche Nerven der Flügel nur undeutlich sichtbar und wenig verzweigt, nur 0–4 geschlossene Netzmaschen bildend; Frucht 3,2–4,2 mm lang; Pflanze 5–15 cm hoch. Alpen, Alpenvorland, Jura . . . . *P. alpestris* **2**

6*. Flügel 4,5–8,5 mm lang; seitliche Nerven der Flügel verzweigt, 1–14 geschlossene Netzmaschen bildend; Frucht 4–6,5 mm lang; Pflanze 10–40 cm hoch.

7. Tragblätter 1–2,4 mm lang; Blütenstand nicht schopfig; Blüten meist blau bis violett, seltener rötlich oder weiß.

8. Frucht 4,5–5,5 mm lang, $^4/_5$–$1^1/_{10}$mal so breit und $^3/_5$–$^4/_5$ so lang wie die Flügel; Fransen der untern Kronzipfel 14–21 . . . . *P. vulgaris* **3**

8*. Frucht 4–5 mm lang, $1^1/_5$–$1^1/_2$mal so breit und $^4/_5$–1mal so lang wie die Flügel; Fransen der untern Kronzipfel 10–13. Saure Böden . . . . *P. oxyptera*

7*. Tragblätter 2,2–4 mm lang (Blütenstand im Knospenstadium deshalb schopfig); Blüten rosa bis violett.

9. Flügel 4,5–7 mm lang und 2,5–4 mm breit; Frucht 4,5–5,5 mm lang. Selten . . *P. comosa*

9*. Flügel 7–9 mm lang und 5–6 mm breit; Frucht 5,5–6,5 mm lang. Südliche Alpen *P. pedemontana*

1

2 3×

3 3×

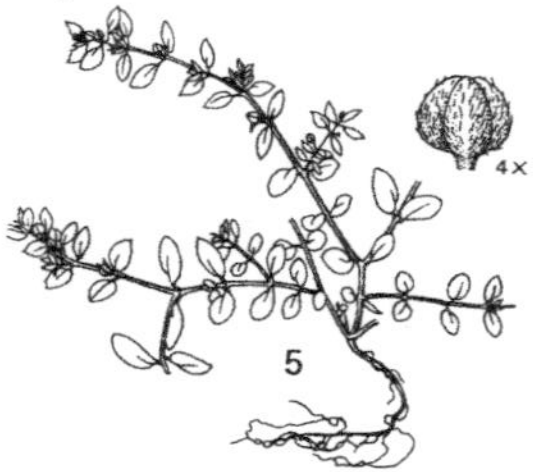

Familie der Euphorbiaceae

1. ♂ und ♀ Blüten getrennt, mit Perigon, ohne Hülle von Hochblättern und ohne auffallende Drüsen; ♂ Blüten in ährenartigen Blütenständen; Pflanze ohne Milchsaft.
   2. Blätter gegenständig; Pflanzen kahl oder mit geraden Haaren, 2häusig; ♀ Blüten nicht von einem Hochblatt umhüllt; Perigon der ♂ Blüten 3teilig . . . . . *Mercurialis* S. 320
   2*. Blätter wechselständig; Pflanzen mit krummen Haaren, 1häusig, ♀ Blüten am Grunde der ährenartigen ♂ Blütenstände, von einem gezähnten Hochblatt umhüllt; Perigon der ♂ Blüten 4teilig. Alpensüdfuß . . . . . *Acalypha virginica*

1*. Zahlreiche ♂ Blüten (aus nur 1 Staubblatt bestehend!) und 1 zentrale ♀ Blüte von weit hinauf verwachsenen Hochblättern (Hüllbecher) umgeben, die einer Blütenhülle ähnlich sind und dadurch eine Zwitterblüte vortäuschen; außen am Hüllbecher auffallend große, ovale oder sichelförmige, gelbe oder rote Drüsen vorhanden; Pflanze mit Milchsaft . . . *Euphorbia* S. 320

Gattung Mercurialis

1. Stengel in der ganzen Länge beblättert, meist mit zahlreichen Seitenästen . . . . . *M. annua* **4**

1*. Stengel nur in der obern Hälfte beblättert, weiter unten nur Blattscheiden vorhanden; keine Seitenäste.
   2. Blätter gestielt, Stiel an ausgewachsenen Pflanzen meist über 5 mm lang; die meisten Blätter $2^1/_2$–$3^1/_2$mal so lang wie breit . . . . . *M. perennis*
   2*. Blätter sitzend oder Stiel bis 2 mm lang; die meisten Blätter weniger als 2mal so lang wie breit. Bergamasker Alpen, Unterengadin, Elsaß . . . . . *M. ovata*

Gattung Euphorbia

1. Stengelblätter gegenständig, jedoch nie kreuzweise gegenständig, am Grunde auffallend asymmetrisch; Nebenblätter stets vorhanden, vom Grunde an verschmälert, klein (10fache Vergrößerung).
   2. Stengel 10–40 cm hoch, meist vom Grunde an verzweigt; Blätter 1,5–3 cm lang . . . *E. nutans*
   2*. Stengel niederliegend, verzweigt; Blätter weniger als 1 cm lang. Warme Lagen . . . *Artengruppe der E. chamaesyce* S. 323 **5**

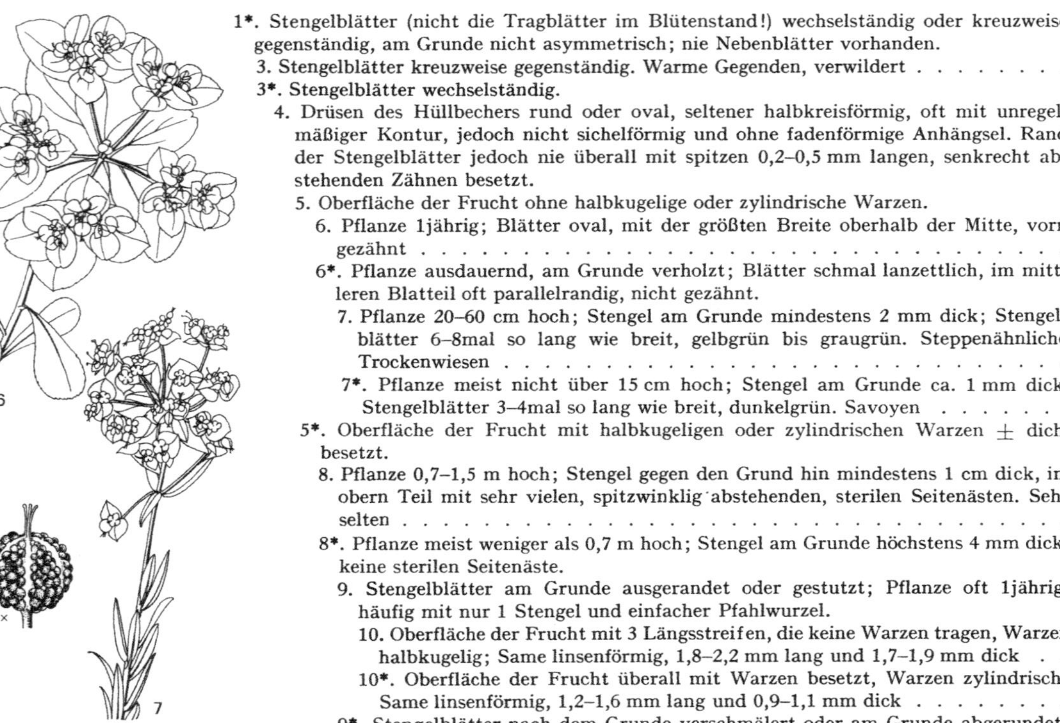

1*. Stengelblätter (nicht die Tragblätter im Blütenstand!) wechselständig oder kreuzweise gegenständig, am Grunde nicht asymmetrisch; nie Nebenblätter vorhanden.

3. Stengelblätter kreuzweise gegenständig. Warme Gegenden, verwildert . . . . *E. lathyris*

3*. Stengelblätter wechselständig.

4. Drüsen des Hüllbechers rund oder oval, seltener halbkreisförmig, oft mit unregelmäßiger Kontur, jedoch nicht sichelförmig und ohne fadenförmige Anhängsel. Rand der Stengelblätter jedoch nie überall mit spitzen 0,2–0,5 mm langen, senkrecht abstehenden Zähnen besetzt.

5. Oberfläche der Frucht ohne halbkugelige oder zylindrische Warzen.

6. Pflanze 1jährig; Blätter oval, mit der größten Breite oberhalb der Mitte, vorn gezähnt . . . . *E. helioscopia* **6**

6*. Pflanze ausdauernd, am Grunde verholzt; Blätter schmal lanzettlich, im mittleren Blatteil oft parallelrandig, nicht gezähnt.

7. Pflanze 20–60 cm hoch; Stengel am Grunde mindestens 2 mm dick; Stengelblätter 6–8mal so lang wie breit, gelbgrün bis graugrün. Steppenähnliche Trockenwiesen . . . . *E. seguieriana* **7**

7*. Pflanze meist nicht über 15 cm hoch; Stengel am Grunde ca. 1 mm dick; Stengelblätter 3–4mal so lang wie breit, dunkelgrün. Savoyen . . . . *E. loiseleurii*

5*. Oberfläche der Frucht mit halbkugeligen oder zylindrischen Warzen ± dicht besetzt.

8. Pflanze 0,7–1,5 m hoch; Stengel gegen den Grund hin mindestens 1 cm dick, im obern Teil mit sehr vielen, spitzwinklig abstehenden, sterilen Seitenästen. Sehr selten . . . . *E. palustris*

8*. Pflanze meist weniger als 0,7 m hoch; Stengel am Grunde höchstens 4 mm dick; keine sterilen Seitenäste.

9. Stengelblätter am Grunde ausgerandet oder gestutzt; Pflanze oft 1jährig, häufig mit nur 1 Stengel und einfacher Pfahlwurzel.

10. Oberfläche der Frucht mit 3 Längsstreifen, die keine Warzen tragen, Warzen halbkugelig; Same linsenförmig, 1,8–2,2 mm lang und 1,7–1,9 mm dick . . *E. platyphyllos* **8**

10*. Oberfläche der Frucht überall mit Warzen besetzt, Warzen zylindrisch; Same linsenförmig, 1,2–1,6 mm lang und 0,9–1,1 mm dick . . . . *E. stricta*

9*. Stengelblätter nach dem Grunde verschmälert oder am Grunde abgerundet;

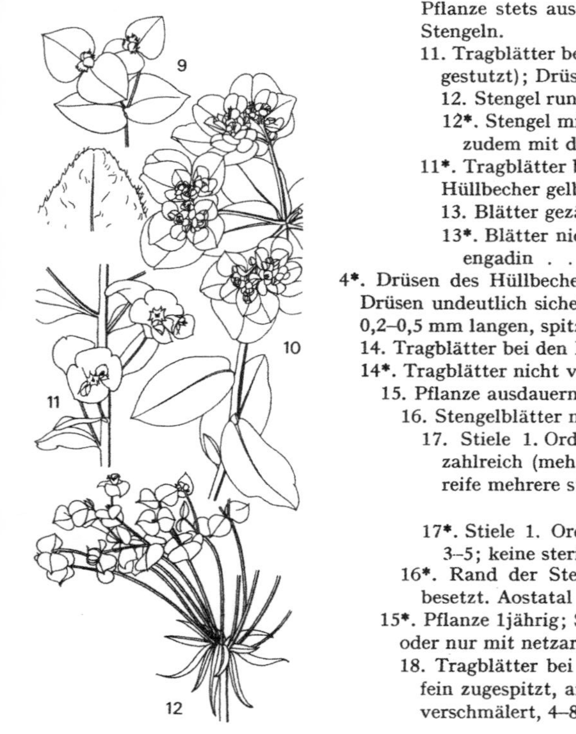

Pflanze stets ausdauernd, mit verzweigtem Wurzelstock und meist mehreren Stengeln.

11. Tragblätter bei den Einzelblütenständen im Umriß 3eckig (am Grunde breit gestutzt); Drüsen am Hüllbecher rot.

12. Stengel rund; Wurzelstock mit auffallend verdickten Gliedern . . . . *E. dulcis* **9**

12*. Stengel mit scharfen Kanten. Wurzelstock mit knolligen, kugeligen und zudem mit dünnen, ausläuferartigen Gliedern. Comersee . . . . *E. angulata*

11*. Tragblätter bei den Einzelblütenständen oval oder lanzettlich; Drüsen am Hüllbecher gelb.

13. Blätter gezähnt, Zähne ca. 0,1 mm lang . . . . *E. verrucosa* **10**

13*. Blätter nicht gezähnt. Piemont, Comersee, Bergamasker Alpen, Unterengadin . . . . *E. carniolica*

4*. Drüsen des Hüllbechers sichelförmig oder mit 2 fadenförmigen Fortsätzen; wenn Drüsen undeutlich sichelförmig oder oval, dann Rand der Stengelblätter überall mit 0,2–0,5 mm langen, spitzen Zähnen besetzt.

14. Tragblätter bei den Einzelblütenständen zu einem rundlichen Blatt verwachsen . *E. amygdaloides* **11**

14*. Tragblätter nicht verwachsen.

15. Pflanze ausdauernd; Samenoberfläche glatt (10fache Vergrößerung!).

16. Stengelblätter nicht gezähnt.

17. Stiele 1. Ordnung des endständigen doldenartigen Gesamtblütenstandes zahlreich (mehr als 5); unter dem Gesamtblütenstand zur Zeit der Fruchtreife mehrere sterile Seitenäste vorhanden . . . . *Artengruppe der E. cyparissias* S. 323 **12**

17*. Stiele 1. Ordnung des endständigen doldenartigen Gesamtblütenstandes 3–5; keine sterilen Seitenäste vorhanden. Comersee, Bergamasker Alpen . . *E. variabilis*

16*. Rand der Stengelblätter überall mit 0,2–0,5 mm langen, spitzen Zähnen besetzt. Aostatal . . . . *E. serrata*

15*. Pflanze 1jährig; Samenoberfläche nie glatt, mit Rippen, Höckern und Gruben, oder nur mit netzartig angeordneten ± tiefen Gruben (10fache Vergrößerung).

18. Tragblätter bei den Einzelblütenständen schmal lanzettlich, allmählich und fein zugespitzt, am Grunde ausgerandet oder abgerundet oder kurz keilförmig verschmälert, 4–8mal so lang wie breit . . . . *E. exigua*

18*. Tragblätter bei den Einzelblütenständen breit oval bis fast halbkreisförmig.
19. Stengelblätter oval, oft spatelförmig, an der Spitze breit abgerundet oder ausgerandet, 1–4mal so lang wie breit.
20. Stengelblätter meist deutlich gestielt (Stiel bis 1 cm lang); jede Teilfrucht auf dem Rücken mit 2 häutigen, ca. 0,2 mm hohen Flügeln, die ca. 0,2 mm voneinander entfernt in der Längsrichtung verlaufen . . . . *E. peplus* **13**
20*. Stengelblätter sitzend; Frucht ohne Flügel. Selten . . . . *E. falcata* **14**
19*. Stengelblätter schmal lanzettlich, 5–20mal so lang wie breit.
21. Oberfläche des Samens mit netzartig angeordneten, kleinen, wenig tiefen Vertiefungen (meist über 60 je Fruchthälfte). Selten . . . . *E. segetalis*
21*. Oberfläche des Samens mit größeren, tieferen Gruben (20–35 je Fruchthälfte). Savoyen . . . . *E. taurinensis*

13

Artengruppe der Euphorbia chamaesyce

1. Frucht nur auf den 3 Kanten behaart. Alpensüdfuß . . . . *E. prostrata*
1*. Frucht ± überall behaart oder kahl.
2. Blätter $2^1/_2$–3mal so lang wie breit; Samen mit 3–6 oft undeutlichen, stumpfen Querwülsten . . . . *E.* ***maculata*** S. 320 **5**
2*. Blätter höchstens 2mal so lang wie breit; Samen nicht mit Querwülsten.
3. Blätter rundlich; Samenoberfläche unregelmäßig grubig und wulstig (10fache Vergrößerung). Alpensüdfuß . . . . *E. chamaesyce*
3*. Blätter länger als breit; Samenoberfläche glatt (bei 25facher Vergrößerung fein und regelmäßig punktiert). Selten . . . . *E. humifusa*

Artengruppe der Euphorbia cyparissias

1. Stengelblätter 1,5–3 cm lang, 2–3 mm breit . . . . *E. cyparissias* S. 322
1*. Stengelblätter 4–12 cm lang, 4–10 mm breit. .

14

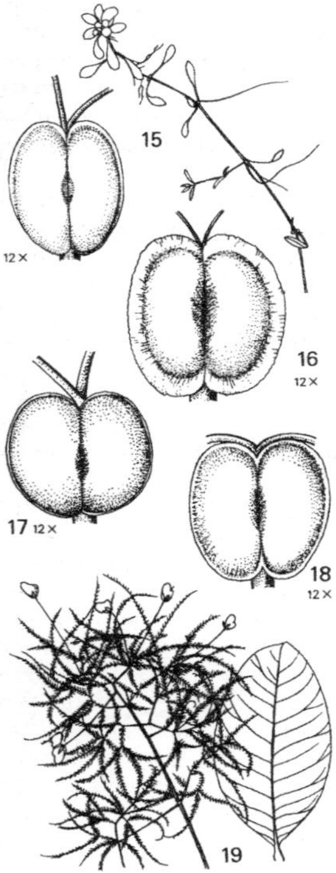

2. Blätter am Grunde breit aufsitzend, größte Breite meist nicht über der Mitte, Blattrand überall glatt, ohne Zähne (20fache Vergrößerung!); die beiden Spitzen der sichelförmigen Drüsen am Hüllbecher keulenartig verdickt . . . *E. virgata*

2*. Blätter nach dem Grunde verschmälert (Basis nur so breit wie der Mittelnerv), größte Breite meist über der Mitte, Blattrand mindestens an der Spitze fein und unregelmäßig gezähnt (20fache Vergrößerung!); die beiden Spitzen der sichelförmigen Drüsen nicht verdickt. Selten . . . *E. esula*

Gattung Callitriche (Familie der Callitrichaceae)

1. Frucht deutlich (abgeflachte Seiten!) länger als breit.
   2. Frucht 1 mm lang, mit flachen, gekielten, gegen die Narben hin schmal geflügelten Rändern. Gebirge . . . *C. palustris* **15**
   2*. Frucht 1,5–2 mm lang, mit gewölbten und abgerundeten Rändern (kein Kiel und keine Flügel). Oberrheinische Tiefebene, Genfersee, Wallis . . . *C. obtusangula*

1*. Frucht so lang wie breit (rund) oder breiter als lang.
   3. Flügel an der Frucht bis 0,1 mm breit . . . *C. stagnalis* **16**
   3*. Frucht ohne Flügel, jedoch mit scharfen Kanten.
      4. Mindestens der unterste Teil der Narben aufrecht . . . *C. cophocarpa* **17**
      4*. Narben überall der Frucht anliegend. Selten . . . *C. hamulata* **18**

15 12×

16 12×

17 12×

18 12×

19

Familie der Anacardiaceae

1. Blätter nicht geteilt, ganzrandig; Griffel an der Frucht seitenständig. Verwildert . . . *Cotinus coggygria* **19**

1*. Blätter 3teilig oder 1fach gefiedert; Griffel an der Frucht endständig.
   2. Blütenhülle aus 5 Kelchblättern und 5 Kronblättern. Verwildert . . . ***Rhus typhina***
   2*. Blütenhülle nicht aus Kelch und Krone bestehend, mit 1–5 Kelchblättern. Südjura, Alpensüdfuß . . . *Pistacia terebinthus*

20

21

22

Gattung Euonymus (Familie der Celastraceae)

1. Alle Zweige mit auffallenden schwarzen Korkwarzen dicht besetzt; Kronblätter mit roten Punkten; Samen schwarz, nur zur Hälfte vom roten Samenmantel umschlossen. Aostatal — *E. verrucosus*

1*. **Zweige ohne auffallende Warzen; Kronblätter ohne rote Punkte; Samen weiß, vom orangeroten Samenmantel umschlossen.**

2. Blätter an blühenden und fruchtenden Zweigen 3,5–6 cm lang, die meisten mit der größten Breite in der Mitte, nach dem Grunde und nach der Spitze verschmälert; Blütenstände 2–6blütig; Blüten fast immer 4zählig; Griffel ca. 2 mm lang; Fruchtstände abstehend; Früchte 4teilig, mit abgerundeten Fruchtblättern . . . . *E. europaeus* **20**

2.* **Blätter an blühenden und fruchtenden Zweigen 7–12 cm lang, die meisten mit der größten Breite über der Mitte oder in der Mitte ein kurzes Stück fast parallelrandig, am Grunde häufig abgerundet. Blütenstände 6–15blütig; Blüten meist 5zählig; Narben fast sitzend;** Fruchtstände hängend; Früchte meist 5teilig, mit geflügelten Fruchtblättern. Selten . *E. latifolius*

Gattung Acer (Familie der Aceraceae)

1. Blätter gefiedert, mit 3–7 Teilblättern; Blüten 1geschlechtig, ♂ und ♀ Blütenstände auf verschiedenen Pflanzen; keine Krone und kein Diskus vorhanden. Selten verwildert . . . . *A. negundo*

1*. Blätter radiär ± tief geteilt; Blüten ⚥, ♂ und ♀ (Pflanze meist monözisch); Kronblätter vorhanden.

2. **Blütenstand und Fruchtstand lang, rispenartig, hängend; Blätter groß (größter Durchmesser über 10 cm), ± tief 3- oder 5teilig, mit gezähnten Abschnitten, die Zähne jedoch nie lang und nie in eine feine Spitze ausgezogen; Fruchtschale auf der Innenseite behaart** *A. pseudoplatanus* **21**

2.* **Blütenstand und Fruchtstand doldenartig (Hauptachse verkürzt!), wenn Blattdurchmesser über 10 cm, dann Zähne in eine lange und feine Spitze ausgezogen; Fruchtschale auf der Innenseite kahl.**

3. **Größter Blattdurchmesser über 10 cm; Zähne in eine lange und feine Spitze ausgezogen** *A. platanoides* **22**

3.* **Größter Blattdurchmesser weniger als 10 cm, Blatt ± tief 3teilig, wenn 5teilig, die dem Stiel benachbarten Einschnitte wenig tief; nie fein zugespitzte Zähne vorhanden.**

4. Blätter bis auf etwa $^1/_2$ in 3 fast gleich große und stets ganzrandige Abschnitte geteilt; Flügel der beiden Teilfrüchte ± parallel verlaufend. Südjura, Savoyen . . . . . *A. monspessulanum*

4.* **Abschnitte der 3- oder 5teiligen Blätter nie ganzrandig; Flügel der beiden Teilfrüchte nicht parallel.**

5. **Flügel der beiden Teilfrüchte einen Winkel von ca. 180° bildend; Blätter meist wenigstens bis auf $^1/_2$ 3- oder 5teilig, zwischen den Abschnitten ein weiter Ausschnitt, die 3 großen Abschnitte jederseits meist mit nur 1welligem, großem, stumpfem Zahn** . . . . *A. campestre* **23**

5*. **Flügel der beiden Teilfrüchte einen spitzen Winkel bildend; Blätter meist höchstens bis auf $^2/_3$ 3teilig, zwischen den Abschnitten ein enger Ausschnitt, Abschnitte jederseits mit mehreren, kleinen, meist stumpfen Zähnen.** Jura (bis Basel), Savoyen, Wallis . . . . *A. opalus* **24**

Gattung Impatiens (Familie der Balsaminaceae)

1. Blüten gelb.
   2. Sporn hakig gebogen; gesporntes Kelchblatt 2,5–3 cm lang . . . . *I. noli-tangere* **25**
   2.* Sporn gerade; gesporntes Kelchblatt 0,8–1 cm lang . . . . *I. parviflora*

1.* Blüten rot oder rot und weiß.
   3. Blätter gegenständig, zuoberst quirlständig; Blüten weinrot . . . . *I. glandulifera*
   3*. Blätter wechselständig; oberer Blütenteil weiß, unterer Teil rosa. Südtessin . . . . . *I. balfourii*

Familie der Rhamnaceae

1. Frucht mit breitem, ringsum verlaufendem, senkrecht zur Griffelachse stehendem, ringförmigem Flügel; Blattstiel am Grunde jederseits mit 1 Dorn. Warme Gegenden, selten . *Paliurus spina-christi*

1.* Frucht eine Beere, ohne Flügel; wenn Dornen vorhanden, diese nicht am Grunde der Blattstiele.

2. Blüten stets 1geschlechtig (mit Rudimenten des andern Geschlechts), 4-, selten 5zählig; Griffel 2- oder 4teilig; Samen mit Furche; Blätter bei unsern Arten stets gezähnt . . . . *Rhamnus* S. 327
2.* Blüten stets ⚥ und 5zählig; Griffel nicht geteilt; Samen ohne Furchen; Blätter meist ganzrandig (bei *F. rupestris* gezähnt) . . . . *Frangula* S. 327

Gattung Rhamnus

1. Blätter sommergrün, unterseits weich behaart.
   2. Mittelnerv der Blätter jederseits mit 3 oder 4, selten 5 nach vorn gebogenen Seitennerven; Sträucher nicht kriechend, oft mit Dornen.
      3. Blätter im Umriß rundlich oder breit oval, weniger als 2mal so lang wie breit, bis 6 cm lang, oft mit aufgesetzter Spitze; Blattstiel 2–4mal so lang wie die Nebenblätter . . . . *Rh. cathartica* **26**
      3.* Blätter lanzettlich, meist etwa 2mal so lang wie breit, bis 3 cm lang; Blattstiel etwa so lang wie die Nebenblätter. Selten . . . . *Rh. saxatilis*
   2.* Mittelnerv der Blätter jederseits mit 4–20 ± geraden oder wenig nach vorn gebogenen Seitennerven; Sträucher kriechend oder aufrecht, nie mit Dornen.
      4. Aufrechter Strauch; Blätter jederseits mit 9–20 Seitennerven . . . . *Rh. alpina* **27**
      4.* Niederliegender, kriechender Spalierstrauch; Blätter jederseits mit 4–9 Seitennerven *Rh. pumila* **28**
1.* Blätter immergrün, beiderseits kahl. Savoyen . . . . *Rh. alaternus*

Gattung Frangula

1. Blätter meist ganzrandig, mit 7–12 auf der Unterseite vorstehenden Seitennerven . . . . . . *F. alnus* **29**
1.* Blätter meist ringsum oder mindestens über der Mitte gezähnt, mit 4–8 Seitennerven. Bergamasker Alpen . . . . *F. rupestris*

26 27 28 29

Familie der Vitaceae

1. Kronblätter an der Spitze verwachsen, gemeinsam als Haube abfallend; Blütenstand eine längliche, oft zusammengesetzte Rispe; Blätter nie bis zum Grunde radiär geteilt . . . . . . *Vitis vinifera*

1.* Kronblätter frei, ausgebreitet; Blütenstand doldenartig; Blätter bis zum Grunde radiär geteilt . . . . . . *Parthenocissus* S. 530

Gattung Tilia (Familie der Tiliaceae)

1. Blätter unterseits von Sternhaaren filzig . . . . . . *T. tomentosa*

1*. Blätter unterseits nicht filzig behaart.

2. Blätter auf der Unterseite in den Innenwinkeln der Blattnerven mit 1 Büschel rotbrauner Haare, (weiß, wenn Blätter weniger als 1 Monat alt), sonst kahl, steif, oberseits dunkelgrün, unterseits blaugrün, Verbindungsnerven zwischen den Seitennerven unterseits nicht auffallend vortretend; Blütenstand 5–10blütig; Frucht mit 2–3 undeutlichen Längsrippen . . . *T. cordata* **30**

2*. Blätter auf der Unterseite in den Innenwinkeln der Blattnerven mit 1 Büschel weißer Haare, zudem auf allen Nerven abstehend behaart, weich (nicht steif), beiderseits gleichfarbig oder unterseits heller grün; Verbindungsnerven zwischen den Seitennerven unterseits als weiße Linien deutlich sichtbar; Blütenstand 2–5blütig; Frucht mit 4–5 vortretenden Längsrippen . . *T. platyphyllos*

Familie der Malvaceae

1. Außenkelch vorhanden.

2. Außenkelchblätter 2–9; Frucht flach, scheibenförmig, rund, in radiär angeordnete, 1samige Teilfrüchte zerfallend.

3. Außenkelchblätter 3 oder 2, frei, am Grunde des Innenkelchs angewachsen . . . . . ***Malva*** **S. 329**

3.* Außenkelchblätter 6–9, gegen den Grund hin verwachsen. Verwildert, selten . . . ***Althaea*** s.l. **S. 329**

2.* Außenkelchblätter meist 12; Frucht eine 5fächerige, kugelige Kapsel, mit mehreren Samen in jedem Fach. In warmen Gegenden selten verwildert . . . . . . *Hibiscus trionum* **31**

1.* Kein Außenkelch vorhanden. Aostatal (verwildert) . . . . . . *Abutilon theophrastii*

32

33

34

Gattung Malva

1. Oberste Stengelblätter fast bis zum Grunde 3–7teilig.
   2. Teilfrüchte kahl oder auf dem Rücken zerstreut behaart, auf den Seitenflächen mit feinen, radiären Rippen, auf dem Rücken mit feiner Längsrippe; Blätter des Außenkelchs **breit lanzettlich, 2–3mal so lang wie breit. Selten verwildert** . . . . *M. alcea*
   2.* **Teilfrüchte auf dem Rücken dicht behaart, auf den Seitenflächen keine radiären Rippen; Blätter des Außenkelchs schmal lanzettlich, 3–5mal so lang wie breit. Verwildert** . ***M. moschata* 32**

1.* Oberste Stengelblätter höchstens bis auf $^1/_3$ 3–7teilig, oft nicht geteilt.
   3. Kronblätter 2–3,5 cm lang; Früchte auf schräg abstehenden Stielen; Teilfrüchte kahl oder auf dem Rücken zerstreut behaart, auf den Seitenflächen mit radiär angeordneten, undeutlichen, teilweise verzweigten Nerven, auf dem Rücken mit vieleckig berandeten Gruben.
      4. Blattstiel rundum behaart; Blattgrund grün; Blätter mit Sternhaaren; Kronblätter hellrot, bis 2,5 cm lang . . . . *M. sylvestris* 33
      4*. Blattstiel nur oder vorwiegend auf der Oberseite behaart; Blattgrund dunkelrot; Blätter fast ohne Sternhaare; Kronblätter dunkelrot, 2,5–3,5 cm lang . . . . *M. mauritiana*
   3*. Kronblätter weniger als 1,5 cm lang; Früchte auf senkrecht abstehenden oder zurückgebogenen Stielen; Teilfrüchte auf dem Rücken fein behaart bis kahl.
      5. Kronblätter etwa 2mal so lang wie die Kelchblätter; Teilfrüchte überall glatt . . . . . ***M. neglecta* 34**
      5*. Kronblätter nicht oder nur wenig länger als der Kelch; Teilfrüchte auf den Seitenflächen mit radiären Rippen, auf dem Rücken mit vieleckig berandeten Gruben. Selten . . . . *M. pusilla*

Gattung Althaea s.l.

Althaea rosea wird heute als *Alcea rosea* abgetrennt.

1. Pflanze sehr dicht und weich (samtig) behaart . . . . ***A. officinalis***

1.* Pflanze locker und borstig behaart.
   2. Oberste Stengelblätter nicht geteilt oder wenig tief geteilt; Teilfrüchte auf dem Rücken ± dicht behaart . . . . *Alcea rosea*
   2*. Oberste Stengelblätter bis nahe dem Grunde 3- oder 5teilig; Teilfrüchte kahl . . . . . ***A. hirsuta***

Gattung Hypericum (Familie der Hypericaceae)

1. Griffel 5; Blüten sehr groß (Kronblätter 3–4 cm lang). Gartenpflanze . . . . ***H. calycinum***

1*. Griffel 3, Blüten kleiner (Kronblätter bis 2 cm lang).

2. Staubblätter am Grunde in 5 Bündel verwachsen; Kelchblätter nach der Blüte stets abstehend bis rückwärts gerichtet, oft dem Blütenstiel anliegend; Kronblätter abfallend.

3. Kronblätter so lang oder wenig länger als der Kelch; Griffel kürzer als der Fruchtknoten, zurückgebogen. Selten verwildert . . . . *H. androsaemum*

3*. Kronblätter mehr als 2mal so lang wie der Kelch; Griffel mehrmals so lang wie der Fruchtknoten, aufrecht. Selten verwildert (Bergamo) . . . . *H. hircinum*

2*. Staubblätter am Grunde in 3 Bündel verwachsen; Kelchblätter nach der Blüte stets aufrecht, der Frucht anliegend; Kronblätter nicht abfallend.

4. Blätter nadelförmig (am Rande nach unten umgerollt), zu 3–5 quirlständig, Kalkfelsen *H. coris* **35**

4*. Blätter nicht nadelförmig, nur zu 2 gegenständig.

5. Pflanze behaart; Haare 0,2–0,6 mm lang . . . . *H. hirsutum* **36**

5*. Stengel und Blätter kahl (bei *H. montanum* S. 330 vor allem auf den Nerven der Blattunterseite bis 0,1 mm lange Haare vorhanden).

6. Stengel niederliegend, nur an der Spitze bogig aufsteigend, dünn, meist mit 2 schmal geflügelten Kanten; Pflanze 2jährig bis ausdauernd; Staubblätter 15–20 *H. humifusum* **37**

6*. Stengel aufrecht oder nur am Grunde gebogen und dann aufsteigend; Staubblätter mehr als 20.

7. Kelchblätter ganzrandig, nicht gefranst und ohne gestielte Drüsen am Rande *Artengruppe des H. perforatum* S. 331

7*. Kelchblätter am Rande gefranst und Fransen meist mit Drüsen oder am Rande nur $\pm$ lang gestielte (nicht sitzende!) Drüsen vorhanden.

8. Blätter rund oder oval, so lang wie breit, größte Breite unterhalb der Mitte. Savoyen (Jura, Alpen) . . . . *H. nummularium*

8*. Blätter stets länger als breit.

9. Kelchblätter am Rande mit Fransen, an der Spitze der Fransen meist eine schwarze Drüse. Jura, Savoyen, Südalpen . . . . *H. richeri*

9*. Kelchblätter ohne Fransen, nur mit $\pm$ lang gestielten Drüsen.

10. Blätter am Rande beiderseits mit sitzenden, schwarzen Drüsen; Kelchblätter 4–6mal so lang wie breit . . . . *H. montanum* S. 331 **38**

10*. Blätter am Rande ohne Drüsen; Kelchblätter 2–3mal so lang wie breit *H. pulchrum* S. 331 **39**

330

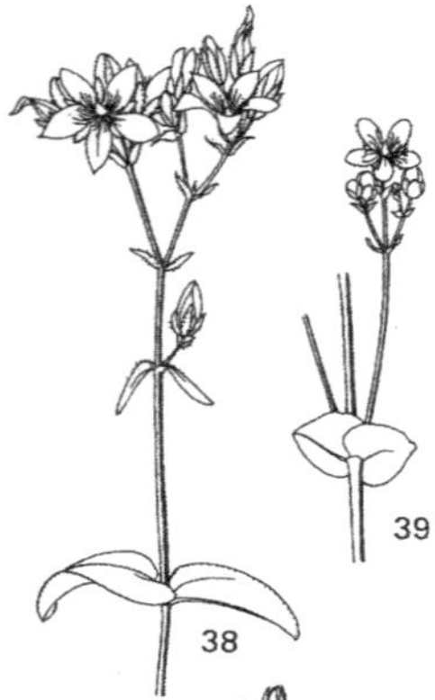

Artengruppe des Hypericum perforatum

1. Stengel mit 2 Kanten (diese im untern Teil des Stengels oft undeutlich, zuoberst bei den Verzweigungen Stengel oft rund).
  2. Blätter am Rande nicht nach unten eingerollt; höchstens umgebogen; Kronblätter 3–4mal so lang wie der Kelch . . . . *H. **perforatum*** **40**
  2*. Blätter am Rande nach unten eingerollt; Kronblätter 2–3mal so lang wie der Kelch . *H. veronense*

1*. Stengel mindestens stellenweise 4kantig oder mit 4 schmalen Flügeln.
  3. Kanten des Stengels nicht geflügelt; Kronblätter $2^1/_2$–3mal so lang wie der Kelch; Staubblätter 80–100.
    4. Kelchblätter oval oder mit stumpfer Spitze; Stengel überall 4kantig . . . . *H. **maculatum***
    4*. Kelchblätter spitz, gegen die Spitze hin meist fein gezähnt; Stengel oft nicht überall 4kantig, stellenweise nur 2kantig.
      5. Kelchblätter kurz zugespitzt . . . . *H. **dubium***
      5*. Kelchblätter in eine feine Spitze ausgezogen . . . . *H. desetangsii*
  3*. Kanten des Stengels geflügelt; Kronblätter etwa 2mal so lang wie der Kelch; Staubblätter 30–40 . . . . *H. tetrapterum*

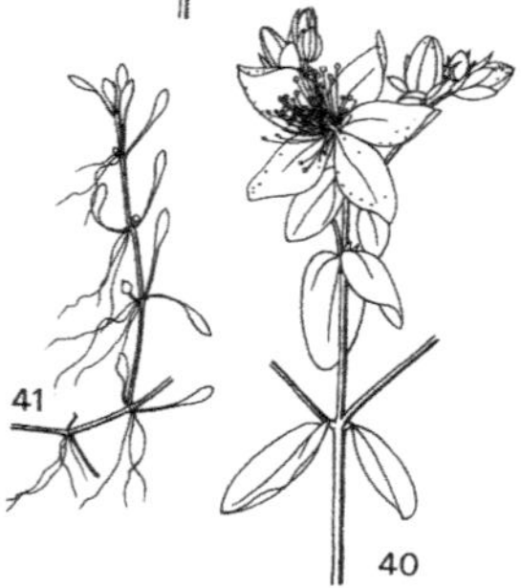

Gattung Elatine (Familie der Elatinaceae)

1. Blätter quirlständig; untergetauchte Blätter bis 16 je Quirl, sehr schmal und grasähnlich; Blätter über dem Wasser zu 3–5 je Quirl, oval oder lanzettlich; Blüten 4zählig. Selten . . *E. alsinastrum*

1*. Blätter zu 2 gegenständig.
  2. Staubblätter 3.
    3. Blüten sitzend. Französischer Jura, Oberrheinische Tiefebene . . . . *E. **triandra***
    3*. Blüten auf 1–2 mm langen Stielen. Elsaß, Belfort . . . . *E. **ambigua***
  2*. Staubblätter 6 oder 8.
    4. Blätter sitzend oder Stiel viel kürzer als die Spreite; Samen wenig gebogen; Staubblätter 6. Französischer Jura, Oberrheinische Tiefebene, Alpensüdfuß . . . . *E. **hexandra***
    4*. Blätter gestielt, Stiel 1–3mal so lang wie die Spreite; Samen hakenförmig gebogen; Staubblätter 8. Verbreitung wie *E. **hexandra*** . . . . *E. hydropiper* **41**

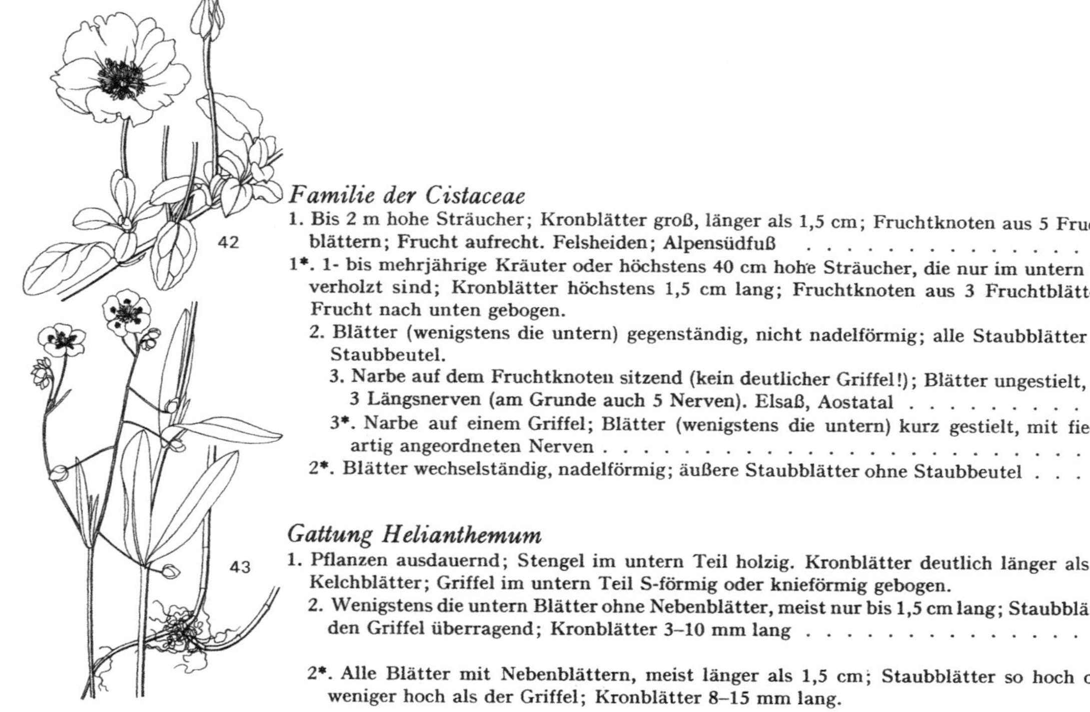

Familie der Cistaceae

1. Bis 2 m hohe Sträucher; Kronblätter groß, länger als 1,5 cm; Fruchtknoten aus 5 Fruchtblättern; Frucht aufrecht. Felsheiden; Alpensüdfuß . . . . *Cistus salviifolius* **42**

1*. 1- bis mehrjährige Kräuter oder höchstens 40 cm hohe Sträucher, die nur im untern Teil verholzt sind; Kronblätter höchstens 1,5 cm lang; Fruchtknoten aus 3 Fruchtblättern; Frucht nach unten gebogen.

2. Blätter (wenigstens die untern) gegenständig, nicht nadelförmig; alle Staubblätter mit Staubbeutel.

3. Narbe auf dem Fruchtknoten sitzend (kein deutlicher Griffel!); Blätter ungestielt, mit 3 Längsnerven (am Grunde auch 5 Nerven). Elsaß, Aostatal . . . . *Tuberaria guttata* **43**

3*. Narbe auf einem Griffel; Blätter (wenigstens die untern) kurz gestielt, mit fiederartig angeordneten Nerven . . . . *Helianthemum* S. 332

2*. Blätter wechselständig, nadelförmig; äußere Staubblätter ohne Staubbeutel . . . . . *Fumana* S. 334

Gattung Helianthemum

1. Pflanzen ausdauernd; Stengel im untern Teil holzig. Kronblätter deutlich länger als die Kelchblätter; Griffel im untern Teil S-förmig oder knieförmig gebogen.

2. Wenigstens die untern Blätter ohne Nebenblätter, meist nur bis 1,5 cm lang; Staubblätter den Griffel überragend; Kronblätter 3–10 mm lang . . . . *Artengruppe des H. canum* S. 333

2*. Alle Blätter mit Nebenblättern, meist länger als 1,5 cm; Staubblätter so hoch oder weniger hoch als der Griffel; Kronblätter 8–15 mm lang.

3. Kronblätter gelb; Nebenblätter schmal lanzettlich . . . . *Artengruppe des* ***H. nummularium*** S. 333

3*. Kronblätter weiß, am Grund mit gelbem Fleck; Nebenblätter nadelförmig. Süden ***H. apenninum***

1*. Pflanze 1jährig; Stengel nicht verholzt; Kronblätter wenig kürzer bis wenig länger als die Kelchblätter oder nicht vorhanden; Griffel gerade. Wallis . . . . ***H. salicifolium*** **44**

Artengruppe des Helianthemum canum

1. Blätter beiderseits oder nur unterseits von kleinen,krausen Sternhaaren grau. Kalk; Westen ***H. canum*** **45**

1*. Blätter ohne Sternhaare.

2. Kronblätter 3–6 mm lang; Blätter am Rande und auf Ober- und Unterseite mit zahlreichen Borstenhaaren. Savoyen, Aostatal; Alpensüdfuß . . . . ***H. italicum*** **46**

2*. Kronblätter 6–10 mm lang; Blätter am Rande und oft auf den Nerven behaart, zwischen den Nerven auf der Blattunterseite höchstens einzelne Haare. Kalkböden; Alpen . ***H. alpestre*** **47**

Artengruppe des Helianthemum nummularium

1. Blätter lederig, wenigstens die obern 3–7mal so lang wie breit.

2. Blattrand nach unten umgebogen; Blatt unterseits von Sternhaaren grau- bis weißfilzig. Warme Lagen im Tiefland . . . . *H. nummularium*

2*. Blattrand flach; Blatt unterseits lockerfilzig. Berggebiet . . . . *H. tomentosum*

1*. Blätter nicht lederig, $1^1/_2$–5mal so lang wie breit, 0,4–1,2 cm breit, am Rande flach, unterseits höchstens mit einzelnen Sternhaaren.

3. Blätter unterseits mit einzelnen Sternhaaren; Kelchblätter 5–8 mm lang, auf den Nerven mit 0,3–1 mm langen Borstenhaaren, zwischen den Nerven mit einzelnen kleinen Sternhaaren . . . . ***H. ovatum***

3*. Blätter unterseits ohne Sternhaare (aber mit nach vorn gerichteten Borstenhaaren), Kelchblätter 7–10 mm lang, auf den Nerven mit 1–2 mm langen Borstenhaaren, zwischen den mittleren Nerven kahl. Alpen, Jura, Vogesen . . . . ***H. grandiflorum*** S. 334 **48**

48

49

50

Gattung Fumana

1. Blütenstiele so lang oder kürzer als die nächststehenden Blätter; oberer Teil der Zweige, Blätter, Blütenstiele und Kelchblätter mit nach rückwärts gerichteten, weißen, 0,3–0,4 mm langen, mehrzelligen Haaren (10fache Vergrößerung!); Kelchblätter nur mit vereinzelten 0,4–0,8 mm langen Borstenhaaren. Kalkreiche Böden in warmen Lagen . . . . *F. procumbens* **49**

1*. Blütenstiele länger als die nächststehenden Blätter; ganze Pflanze ohne mehrzellige Haare; Kelchblätter auf den Nerven und am Rande mit zahlreichen 0,4–0,8 mm langen einzelligen Borstenhaaren. Dép. Ain, Savoyen, Wallis, Thunersee- und Urnerseegebiet, Alpensüdseite *F. ericoides* **50**

Gattung Viola (Familie der Violaceae)

1. Nebenblätter der obersten Stengelblätter meist bedeutend länger als der Blattstiel, geteilt oder von ähnlicher Form wie die Blätter; Spreite des untersten Kronblattes $^4/_5$–$1^1/_2$mal so breit wie lang; Blütenstiele 2–15mal so lang wie die nächststehenden Blattstiele.

2. Blätter jederseits mit 1–5 Zähnen oder ganzrandig; Nebenblätter geteilt und jederseits mit 2–5 schmalen Zipfeln und größerem Endabschnitt oder ungeteilt und am Grunde verschmälert; seitliche Kronblätter schräg aufwärts oder waagrecht gerichtet.

3. Blätter am Rande jederseits mit 1–5 Zähnen (bei *V. Kitaibeliana* S. 337 mit 3–6 mm langen Kelchblättern auch ganzrandig), die unteren rundlich oval, die oberen oval bis lanzettlich; Nebenblätter tief geteilt oder gezähnt (bei *V. calcarata* S. 335 auch ganzrandig).

4. Sporn höchstens $^1/_2$ so lang wie der Rest des Kronblattes, 1–2mal so lang wie die Kelchblattanhängsel; Pflanze 1- bis mehrjährig, ohne unterirdisch kriechende Stengel *Artengruppe der V. tricolor* S. 337

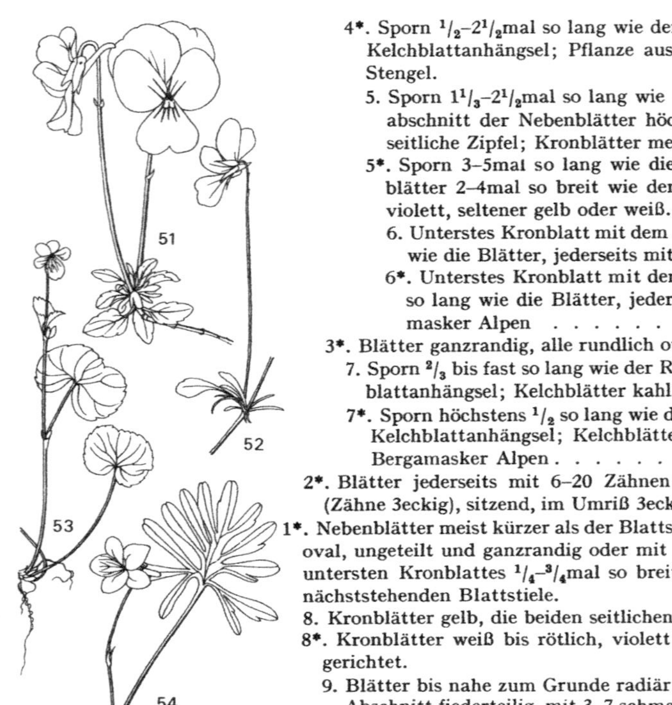

4*. Sporn $^1/_2$–$2^1/_2$mal so lang wie der Rest des Kronblattes, $1^1/_3$–5mal so lang wie die Kelchblattanhängsel; Pflanze ausdauernd, mit dünnem unterirdisch kriechendem Stengel.

5. Sporn $1^1/_3$–$2^1/_2$mal so lang wie die auffallend langen Kelchblattanhängsel; Endabschnitt der Nebenblätter höchstens 2mal so breit wie der zunächst stehende seitliche Zipfel; Kronblätter meist gelb. Vogesen, Nordwestalpen . . . . *V. lutea*

5*. Sporn 3–5mal so lang wie die Kelchblattanhängsel; Endabschnitt der Nebenblätter 2–4mal so breit wie der zunächst stehende seitliche Zipfel; Kronblätter violett, seltener gelb oder weiß.

6. Unterstes Kronblatt mit dem Sporn 25–35 mm lang; Nebenblätter $^1/_4$–$^1/_2$ so lang wie die Blätter, jederseits mit 0–2 Zipfeln; Stengel sehr kurz. Alpen, Südjura . *V. calcarata* **51**

6*. Unterstes Kronblatt mit dem Sporn 12–20 mm lang; Nebenblätter $^1/_2$ bis fast so lang wie die Blätter, jederseits mit 3–7 Zipfeln; Stengel verlängert. Bergamasker Alpen . . . . *V. dubyana* **52**

3*. Blätter ganzrandig, alle rundlich oval; Nebenblätter meist ganzrandig.

7. Sporn $^2/_3$ bis fast so lang wie der Rest des Kronblattes, 2–4mal so lang wie die Kelchblattanhängsel; Kelchblätter kahl. Kalkgeröll der Alpen; selten . . . . *V. cenisia*

7*. Sporn höchstens $^1/_2$ so lang wie der Rest des Kronblattes, $1^1/_2$–2mal so lang wie die Kelchblattanhängsel; Kelchblätter besonders am Rande der Anhängsel behaart. Bergamasker Alpen . . . . *V. comollia*

2*. Blätter jederseits mit 6–20 Zähnen; Nebenblätter grob und unregelmäßig gezähnt (Zähne 3eckig), sitzend, im Umriß 3eckig; seitliche Kronblätter schräg abwärts gerichtet *V. cornuta*

1*. Nebenblätter meist kürzer als der Blattstiel, schmal 3eckig, schmal lanzettlich oder schmal oval, ungeteilt und ganzrandig oder mit sehr schmalen Zähnen oder Fransen; Spreite des untersten Kronblattes $^1/_4$–$^3/_4$mal so breit wie lang; Blütenstiele $^1/_2$–5mal so lang wie die nächststehenden Blattstiele.

8. Kronblätter gelb, die beiden seitlichen schräg aufwärts gerichtet . . . . *V. biflora* **53**

8*. Kronblätter weiß bis rötlich, violett oder blau, die beiden seitlichen schräg abwärts gerichtet.

9. Blätter bis nahe zum Grunde radiär 3–5teilig (seitliche Abschnitte 2–3teilig, mittlerer Abschnitt fiederteilig, mit 3–7 schmal ovalen Zipfeln); Nebenblätter bis über die Mitte mit dem Blattstiel verwachsen. Kalkreicher Schutt der Alpen; selten . . . . *V. pinnata* **54**

9*. Blätter ungeteilt, gezähnt; Nebenblätter meist frei.

10. Stengel nicht ausgebildet; Kelchblätter ± stumpf.

11. Früchte an aufrechtem Stiel, spitz, kahl; Blätter kahl (höchstens am Blattstiel und auf den Nerven unterseits mit Haaren); Griffel an der Spitze scheibenförmig erweitert, mit nach unten gerichtetem Zahn.

12. Rhizom auffallend dick (Durchmesser größer als 5 mm); Pflanze 10–20 cm hoch; Nebenblätter 4–6mal so lang wie breit. Alpensüdfuß, verwildert . . . . . . *V. cucullata*

12*. Rhizom dünn (Durchmesser kleiner als 5 mm); Pflanze 4–10 cm hoch; Nebenblätter 2–3mal so lang wie breit, Moore, Erlenbrüche. . . . . *V. palustris* **55**

11*. Früchte dem Boden aufliegend, stumpf, behaart (bei *V. pyrenaica* S. 337 kahl); Blätter beiderseits oder nur oberseits behaart; Griffel an der Spitze kaum verdickt, mit nach unten gerichtetem Zahn . . . . *Artengruppe der V. hirta* S. 337

10*. Stengel vorhanden (oft nur 1–5 cm lang, bei *V. mirabilis* S. 336 erst zur Fruchtzeit ausgebildet); Kelchblätter ± spitz.

13. Blüten meist grundständig (kleistogame Blüten stengelständig), duftend; unterstes Kronblatt $1^1/_4$–$1^1/_2$mal so lang wie die Kelchblätter; Blütenstiele $^2/_3$–$1^1/_3$mal so lang wie die nächststehenden Blattstiele. Wärmere, halbschattige Lagen . . . *V. mirabilis* **56**

13*. Blüten stengelständig, ohne Duft; unterstes Kronblatt etwa 2mal so lang wie die Kelchblätter; Blütenstiele $1^1/_2$–5mal so lang wie die nächststehenden Blattstiele.

14. Blätter meist kürzer als 2 cm, 1–$1^1/_3$mal so lang wie breit; Blütenstiele auch im obern Teil mit kurzen, 0,1 mm langen Haaren; Frucht meist kurz behaart . . *V. rupestris* **57**

14*. Blätter meist länger als 2 cm; Blütenstiele im obern Teil kahl (nur bei *V. elatior* S. 339 mit 2–5mal so langen wie breiten Blättern, kurz behaart); Frucht kahl.

15. Blätter am Grunde herzförmig (der Ausschnitt bildet einen Winkel kleiner als 150°), $^3/_4$–2mal so lang wie breit; Sporn $^1/_3$–$^1/_2$ so lang wie der Rest des Kronblattes, 2–4mal so lang wie die Kelchblattanhängsel . . . . *Artengruppe der V. canina* S. 338

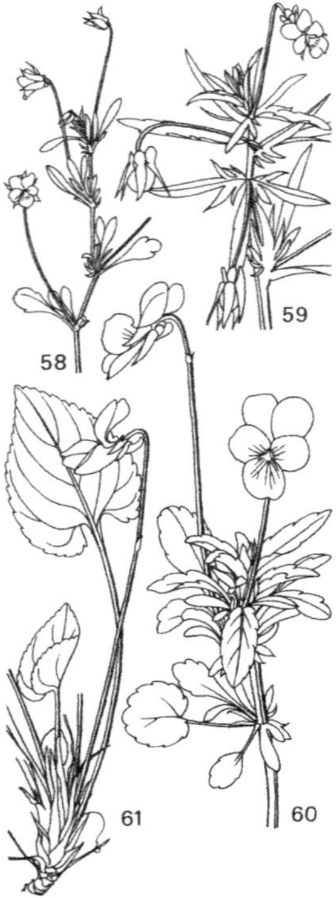

58 59 61 60

15*. Blätter am Grunde wenig ausgerandet, gestutzt oder in den Stiel verschmälert (der Ausschnitt bildet einen Winkel größer als 150°), 2–5mal so lang wie breit; Sporn $^1/_8$–$^1/_3$ so lang wie der Rest des Kronblattes, 1–2mal so lang wie die Kelchblattanhängsel . . . . *Artengruppe der V. persicifolia* S. 339

Artengruppe der Viola tricolor

1. Blattspreite der mittleren Stengelblätter meist bedeutend kürzer als 1 cm, stumpf; Kelchblätter mit dem Anhängsel 3–6 mm lang. Savoyen, Aostatal, Wallis, Veltlin, Puschlav. . *V. kitaibeliana* **58**

1*. Blattspreite der mittleren Stengelblätter meist länger als 1 cm, spitz; Kelchblätter mit dem Anhängsel 6–16 mm lang.

2. Unterstes Kronblatt $^3/_4$–$1^1/_4$mal so lang wie die Kelchblätter, mit dem Sporn 8–15 mm lang; seitliche Zipfel der Nebenblätter (an den mittleren Stengelblättern) 2–4mal so lang wie die Breite der ungeteilten Mitte. Äcker, Schuttplätze. . . . . *V. arvensis* **59**

2*. Unterstes Kronblatt $1^1/_4$–2mal so lang wie die Kelchblätter, mit dem Sporn 12–25 mm lang; seitliche Zipfel der Nebenblätter (an mittleren Stengelblättern) 1–2mal so lang wie die Breite der ungeteilten Mitte. Wiesen, Brachen . . . . *V. tricolor* **60**

Artengruppe der Viola hirta

1. Ohne Ausläufer (Rhizom aber gelegentlich verzweigt und mehrere Rosetten bildend); Sporn der Krone an der Spitze meist aufwärts gebogen.

2. Frucht und Kelchblätter kahl; Blätter meist $^4/_5$–$1^1/_5$mal so lang wie breit. Jura, Alpen. *V. pyrenaica*

2*. Frucht und Rand der Kelchblätter behaart; Blätter $1^1/_4$–$1^3/_4$mal so lang wie breit.

3. Blüten ohne Duft; Nebenblätter nur am Rande behaart; an den Fransen und auf dem Rückennerv kahl; Kelchblätter $1^1/_2$–2mal so lang wie breit, nur am Rande behaart . *V. hirta* **61**

3*. Blüten duftend; Nebenblätter auch an den Fransen und auf dem Rückennerv behaart; Kelchblätter 2–3mal so lang wie breit, am Rande und im untern Teil auch auf den Flächen zerstreut behaart.

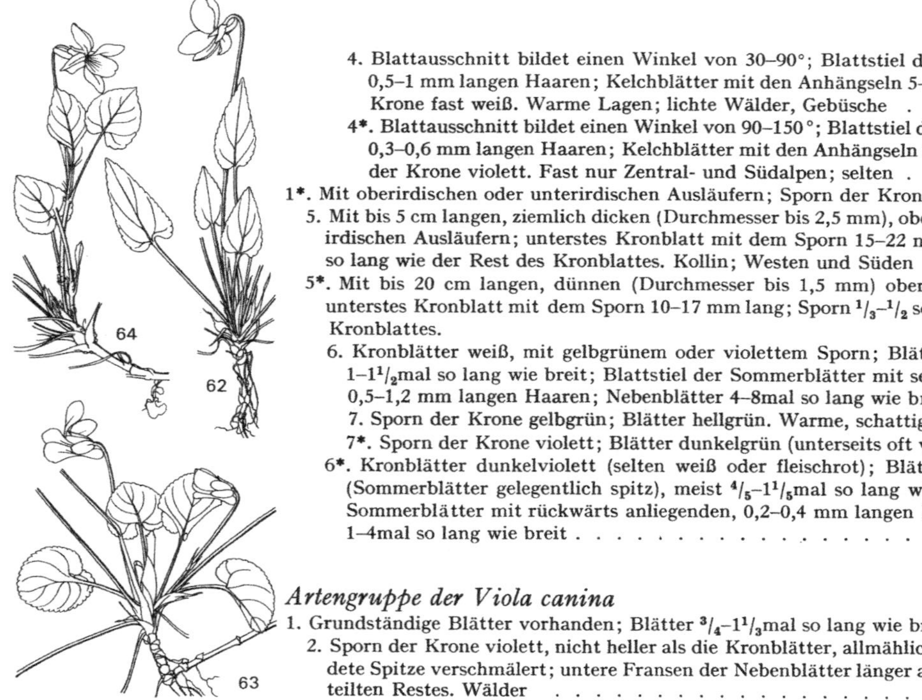

4. Blattausschnitt bildet einen Winkel von 30–90°; Blattstiel der Sommerblätter mit 0,5–1 mm langen Haaren; Kelchblätter mit den Anhängseln 5–7 mm lang; Sporn der Krone fast weiß. Warme Lagen; lichte Wälder, Gebüsche . . . . *V. collina*

4*. Blattausschnitt bildet einen Winkel von 90–150°; Blattstiel der Sommerblätter mit 0,3–0,6 mm langen Haaren; Kelchblätter mit den Anhängseln 3,5–5 mm lang; Sporn der Krone violett. Fast nur Zentral- und Südalpen; selten . . . . *V. thomasiana* **62**

1*. Mit oberirdischen oder unterirdischen Ausläufern; Sporn der Krone meist gerade.

5. Mit bis 5 cm langen, ziemlich dicken (Durchmesser bis 2,5 mm), oberirdischen oder unterirdischen Ausläufern; unterstes Kronblatt mit dem Sporn 15–22 mm lang; Sporn $^1/_5$–$^1/_3$ so lang wie der Rest des Kronblattes. Kollin; Westen und Süden . . . . *V. suavis*

5*. Mit bis 20 cm langen, dünnen (Durchmesser bis 1,5 mm) oberirdischen Ausläufern; unterstes Kronblatt mit dem Sporn 10–17 mm lang; Sporn $^1/_3$–$^1/_2$ so lang wie der Rest des Kronblattes.

6. Kronblätter weiß, mit gelbgrünem oder violettem Sporn; Blätter meist spitz, meist 1–$1^1/_2$mal so lang wie breit; Blattstiel der Sommerblätter mit senkrecht abstehenden, 0,5–1,2 mm langen Haaren; Nebenblätter 4–8mal so lang wie breit.

7. Sporn der Krone gelbgrün; Blätter hellgrün. Warme, schattige Lagen . . . . . . *V. alba*

7*. Sporn der Krone violett; Blätter dunkelgrün (unterseits oft violett schimmernd) . *V. scotophylla*

6*. Kronblätter dunkelviolett (selten weiß oder fleischrot); Blätter meist abgerundet (Sommerblätter gelegentlich spitz), meist $^4/_5$–$1^1/_5$mal so lang wie breit; Blattstiel der Sommerblätter mit rückwärts anliegenden, 0,2–0,4 mm langen Haaren; Nebenblätter 1–4mal so lang wie breit . . . . *V. odorata* **63**

Artengruppe der Viola canina

1. Grundständige Blätter vorhanden; Blätter $^3/_4$–$1^1/_3$mal so lang wie breit.

2. Sporn der Krone violett, nicht heller als die Kronblätter, allmählich in die dünne, gerundete Spitze verschmälert; untere Fransen der Nebenblätter länger als die Breite des ungeteilten Restes. Wälder . . . . *V. reichenbachiana* 64

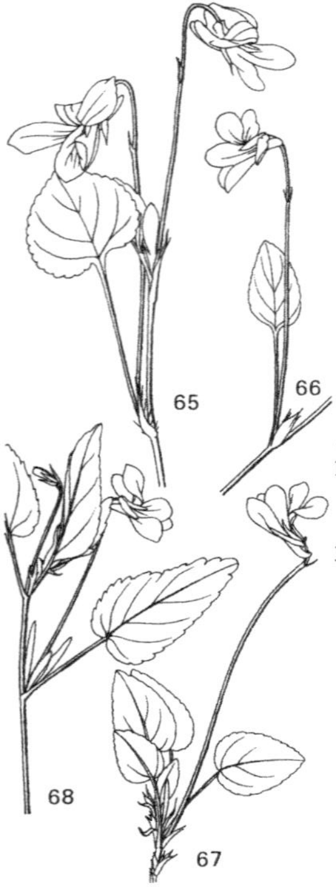

2*. Sporn der Krone hellblauviolett bis weiß, deutlich heller als die Kronblätter, bis zur sattelartig eingebuchteten Spitze nur wenig verengt; untere Fransen der Nebenblätter meist kürzer als die Breite des ungeteilten Restes. Warme, schattige Lagen . . . . . *V. riviniana* **65**

1*. Keine grundständigen Blätter vorhanden; Blätter $1^1/_3$–2mal so lang wie breit.

3. Krone von vorn gesehen kaum höher als breit, blauviolett; Nebenblätter der mittleren Stengelblätter $^1/_6$–$^1/_3$ so lang wie der Blattstiel. Magere Rasen, Heiden . . . . *V. canina* **66**

3*. Krone von vorn gesehen deutlich höher als breit, hellblau bis weiß; Nebenblätter der mittleren Stengelblätter $^1/_4$–$^2/_3$ so lang wie der Blattstiel.

4. Sporn an der Spitze fast rechtwinklig aufwärts gebogen, bis zur 2teiligen Spitze allmählich verengt; Kelchblätter mit Anhängsel 6–9 mm lang; Anhängsel 1–2 mm lang *V. schultzii* **67**

4*. Sporn gerade oder etwas sichelförmig aufwärts gebogen, bis zur meist gerundeten Spitze nur wenig verengt; Kelchblätter mit Anhängsel 9–14 mm lang; Anhängsel 2–4 mm lang. Saure feuchte Böden in halbschattigen Lagen . . . . *V. montana*

65 66 68 67

Artengruppe der Viola persicifolia

1. Stengel besonders auf einzelnen Linien kurz behaart; Blütenstiele kurz behaart; Kronblätter unten an den Rändern mit kurzen Haaren; obere Nebenblätter 1–2mal so lang wie der Blattstiel und $^1/_3$–$^2/_3$ so breit wie das Blatt. Kollin; Riedwiesen, Auengebüsch, sehr selten *V. elatior*

1*. Stengel, Blütenstiele und Kronblätter kahl; obere Nebenblätter $^1/_2$–$1^1/_3$mal so lang wie der Blattstiel und $^1/_6$–$^1/_2$ so breit wie das Blatt.

2. Blätter am Grunde gestutzt; obere Nebenblätter $^1/_2$–$^3/_4$ so lang wie der Blattstiel; Griffel an der Spitze mit einzelnen kurzen Haaren. Kollin, Moore, selten . . . . *V. persicifolia* 68

2*. Blätter am Grunde keilförmig verschmälert; obere Nebenblätter $^2/_3$–$1^1/_3$mal so lang wie der Blattstiel; Griffel an der Spitze kahl. Kollin; Flachmoore, Riedwiesen, sehr selten . *V. pumila*

Gattung Opuntia (Familie der Cactaceae)

1. Stengelglieder hellgrün; Stacheln oft nicht vorhanden oder einzeln (selten zu 2); Kronblätter 8–10. Kollin; zentral- und südalpine Täler, Savoyen . . . . . *O. compressa*

1*. Stengelglieder dunkelgrün; Stacheln meist vorhanden (wenigstens am Rande der Glieder), zu 1–4; Kronblätter 10–12. Wallis, Meran . . . . . *O. humifusa*

Familie der Thymelaeaceae

1. 5–120 cm hoher Strauch; Frucht fleischig, eine 1samige Steinfrucht . . . . . *Daphne* S. 340

1*. 10–40 cm hohe 1jährige Pflanze; Frucht trockenhäutig, eine 1samige Kapsel, vom Kelch umhüllt und deshalb scheinbar geschnäbelt. Kollin; Norden, Westen und Süden, selten. *Thymelaea passerina* **69**

Gattung Daphne

1. Blätter bis 14 cm lang; Blüten zu 1–7 in den Achseln bestehender oder vorjähriger (abgefallener) Blätter im obern Teil der Zweige.

   2. Blätter mehrjährig, lederig, kahl; Kelchzipfel gelbgrün. Wintermilde Lagen; Laubwälder *D. laureola*

   2*. Blätter 1jährig, weich, am Rande kurz behaart; Kelchzipfel rosa (selten weiß) . . . *D. mezereum* **70**

1*. Blätter bis 5 cm lang; Blüten zu 2–15 doldenartig am Ende der Zweige (bei *D. alpina* oft durch einen seitlichen Trieb übergipfelt).

   3. Kelchzipfel weiß; Blätter 1jährig, weich, beiderseits anliegend behaart. Jura, Alpen; selten *D. alpina* **71**

   3*. Kelchzipfel rosa; Blätter mehrjährig, lederig, kahl.

      4. Kelchröhre, Frucht und Zweige kahl, Kelchzipfel $^1/_4$–$^1/_2$ so lang wie die Kelchröhre . *D. striata* **72**

      4*. Kelchröhre, Frucht und Zweige anliegend behaart; Kelchzipfel $^1/_2$–$^3/_4$ so lang wie die Kelchröhre. Jura, Norden, Alpensüdseite; selten . . . . . *D. cneorum*

Familie der Lythraceae

1. Blätter lanzettlich; Achsenbecher trichterförmig oder zylindrisch, mindestens 3mal so lang wie dick; Kronblätter mehr als 3 mm lang, viel länger als die Kelchzähne . . . . . *Lythrum* S. 341

69 70 71 72 2×

1*. Blätter oval (größte Breite stets über der Mitte) oder spatelförmig; Achsenbecher hohl halbkugelig oder glockenförmig, höchstens bis 2mal so lang wie dick; Kronblätter klein, nicht länger als die Kelchzähne, oft nicht vorhanden . . . . *Peplis* S. 341

Gattung Lythrum

1. Blüten zu mehreren in den Blattachseln der oben kleiner werdenden Stengelblätter, auffallende endständige Blütenstände bildend; ausdauernd.
   2. Blätter am Grunde abgerundet oder ausgerandet; Pflanze kurz und abstehend behaart; Zwischenzähne 2–4mal so lang wie die Kelchzähne . . . . *L. salicaria* **73**
   2*. Blätter gegen den Grund hin allmählich verschmälert; Pflanze kahl; Zwischenzähne etwa so lang wie die Kelchzähne . . . . *L. virgatum*

1*. Blüten einzeln oder zu 2 in den Blattachseln der nach oben größer werdenden Stengelblätter, keine endständigen Blütenstände bildend; 1jährig . . . . *L. hyssopifolia*

Gattung Peplis

Die Gattung *Peplis* wird heute in die Gattung *Lythrum* gestellt.

1. Pflanze niederliegend, an den Knoten Wurzeln treibend, an der Spitze bogig aufsteigend; Blätter mit 1–3 mm langem Stiel; Achsenbecher hohl halbkugelig.
   2. Blätter gegenständig; $1^1/_2$–2mal so lang wie breit; Achsenbecher länger als die Kelchzähne; Staubblätter 6 . . . . *P. portula* **74**
   2*. Blätter wechselständig, 4–8mal so lang wie breit; Achsenbecher kürzer als die Kelchzähne; Staubblätter 2 . . . . *P. alternifolia*

1*. Pflanze aufrecht; Blätter sitzend, den Stengel oft teilweise umfassend; Achsenbecher glockenförmig, jedoch höchstens bis $1^1/_4$mal so lang wie dick . . . . *P. nummulariaefolia*

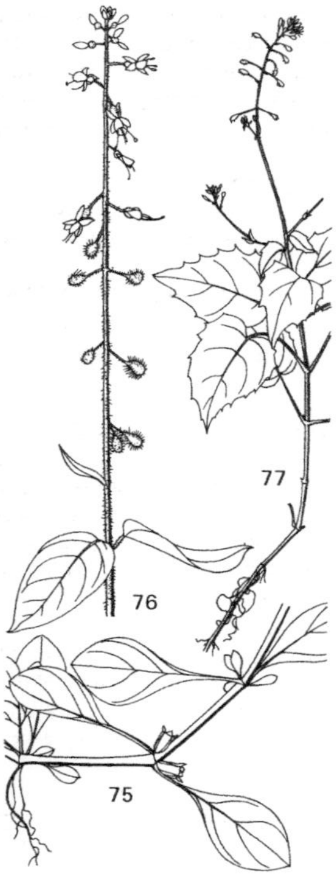

Familie der Onagraceae (= Oenotheraceae)

1. Blüten mit 2 Kelchblättern, 2 Kronblättern und 2 Staubblättern (2zählig); Frucht eine 1- oder 2samige Nuß, die auf der Oberfläche mit Hakenborsten besetzt ist . . . . *Circaea* S. 342

1*. Blüten mit 4 Kelchblättern, 4 oder 0 Kronblättern, Staubblätter 4 oder 8; Frucht eine vielsamige Kapsel.

2. Kronblätter 0; Staubblätter 4; Achsenbecher nicht über die Frucht hinaus verlängert *Ludwigia palustris* **75**

2*. Kronblätter vorhanden; Staubblätter 8; Achsenbecher über den Fruchtknoten hinaus verlängert.

3. Blüten gelb; Same ohne Haarschopf; Achsenbecher meist weit über den Fruchtknoten hinaus zylindrisch verlängert; Kelchblätter rückwärts gerichtet. Verwildert . . . . . *Oenothera* S. 343

3*. Blüten rot (selten weiß); Same mit Haarschopf; Achsenbecher bis 2 mm über den Fruchtknoten hinaus verlängert und dort wie am Grunde verwachsene Kelchblätter aussehend; Kelchblätter den Kronblättern anliegend . . . . *Epilobium* S. 343

Gattung Circaea

1. Am Grunde der Blütenstiele 0,2–0,5 mm lange, fadenförmige, gelbe bis rote Tragblätter vorhanden (zur Zeit der Fruchtreife oft abgefallen); Stengel im untern Teil vollständig kahl; Blätter mit kahlen Blattnerven, oder Haare nur vereinzelt (sonst Blattfläche und Rand oft zerstreut behaart); Blütenstiele kahl; Frucht ca. 2 mm lang . . . . *C. alpina* **77**

1*. Am Grunde der Blütenstiele nie Tragblätter vorhanden; Stengel überall ± dicht mit gebogenen Haaren besetzt; auf den Blattnerven ± dicht gebogene Haare vorhanden; Blütenstiele mit abstehenden Drüsenhaaren; Frucht 3–4 mm lang . . . . *C. lutetiana* **76**

78

79

Gattung Oenothera

1. Kronblätter 2–5 cm lang; Blütenstand aufrecht.
   2. Kronblätter 2–3 cm lang; Stengel und Früchte grün, ohne rote Flecken; Narben die Staubblätter nicht überragend . . . . . *Oe.* ***biennis* 78**
   2*. Kronblätter 3–5 cm lang; Stengel und Früchte mit roten Flecken; Narben die Staubblätter weit überragend . . . . . *Oe. glazioviana*

1*. Kronblätter weniger als 1,5 cm lang; Blütenstand oft nickend . . . . . *Oe. parviflora*

Gattung Epilobium

1. Stengelblätter wechselständig; Kronblätter nicht oder nur undeutlich ausgerandet; Griffel und Staubblätter gebogen.
   2. Stengelblätter 1–2 cm breit, Haupt- und Seitennerven deutlich sichtbar . . . . . *E.* ***angustifolium* 79**
   2*. Stengelblätter 0,1–0,3 cm breit, nur die Hauptnerven sichtbar.
      3. Stengel aufrecht; Blätter meist ganzrandig; Kronblätter rosa; Griffel im untersten Drittel behaart . . . . . *E. dodonaei*
      3*. Stengel niederliegend und an der Spitze aufsteigend; Blätter gezähnt; Kronblätter leuchtend rot; Griffel bis zur Mitte hinauf behaart. Alluvionen der Gebirgsbäche . . . *E. fleischeri*

1*. Stengelblätter (mindestens in der untern Hälfte) gegenständig oder quirlständig (*E. alpestre*); Kronblätter deutlich ausgerandet bis 2teilig; Griffel und Staubblätter gerade, aufrecht.
   4. Die 4 Narben nicht miteinander verwachsen, sternförmig abstehend; Stengel ohne behaarte Längsstreifen, rund oder kantig und die Kanten ohne Flügel.
      5. Stengel abstehend behaart.
         6. Kronblätter 3–6 mm lang; Kelchblätter 2–4 mm lang, mit stumpfer Spitze; Blätter am Rande mit zahnähnlichen Drüsen . . . . . *E. parviflorum*
         6*. Kronblätter 12–18 mm lang; Kelchblätter 8–10 mm lang, allmählich zugespitzt und mit aufgesetzter Spitze; Blätter mit 0,5–1 mm langen, hakig nach vorn gerichteten Zähnen . . . . . *E.* ***hirsutum***

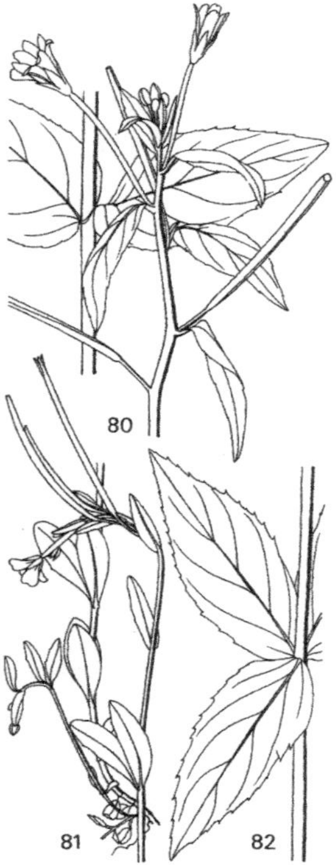

80 81 82

5*. Stengel anliegend behaart oder kahl (Lupe!).
- 7. Mittlere Stengelblätter unterhalb der Mitte am breitesten und am Grunde abgerundet oder herzförmig.
  - 8. Kronblätter 4–6 mm lang; Frucht ohne Drüsenhaare . . . . *E. collinum*
  - 8*. Kronblätter 6–15 mm lang; Frucht mit abstehenden Drüsenhaaren.
    - 9. Pflanze ohne Ausläufer; Kelchblätter 3,5–5 mm lang . . . . *E. montanum* **80**
    - 9*. Pflanze mit unterirdischen Ausläufern; Kelchblätter 5–6 mm lang. Sehr selten *E. duriaei*
- 7*. Blätter ungefähr in der Mitte am breitesten, nach dem Grunde keilförmig verschmälert, mit 4–10 mm langem Blattstiel. Sehr selten. . . . . *E. lanceolatum*

4*. Narben miteinander verwachsen; Stengel rund oder mit 2 behaarten Längsstreifen oder mit 2 oder 4 Kanten oder Flügeln.
- 10. Stengel rund; Blätter 3–6 cm lang, sehr schmal lanzettlich, 6–12mal so lang wie breit . . *E. palustre*
- 10*. Stengel mit 2 oder 4 Kanten oder Flügeln; Blätter 2–8mal so lang wie breit.
  - 11. Pflanze 0,05–0,3 m hoch; Blütenstand 1–6blütig.
    - 12. Pflanze mit unterirdischen Ausläufern; Kronblätter 8–12 mm lang. Quellen . . *E. alsinifolium*
    - 12*. Pflanze mit oberirdischen Ausläufern; Kronblätter 4–6 mm lang.
      - 13. Stengel mehrere (Wuchs rasenartig), kahl oder mit behaarten Kanten; reife Früchte meist vollständig kahl. Alpin; kalkfreier Schutt . . . . *E. anagallidifolium* **81**
      - 13*. Stengel einzeln (Wuchs nicht rasenartig), mindestens im obern Teil überall behaart; reife Früchte dicht mit anliegenden Haaren besetzt. Subalpin, alpin . *E. nutans*
  - 11*. Pflanze 0,3–1 m hoch; Blütenstand vielblütig (bei *E. alpestre* jedoch nur bis 10 Blüten).
    - 14. Blätter zu 3 oder 4 quirlständig Montan, subalpin; nasse Kalkböden . . . . . *E. alpestre* **82**
    - 14*. Blätter zu 2 gegenständig.
      - 15. Blätter mit 2–10 mm langem Stiel, Blattnerven vorstehend; Kronblätter zuerst fast weiß, später rosa . . . . *E. roseum*
      - 15*. Blätter sitzend oder höchstens 2 mm lang gestielt, Blattnerven undeutlich vorstehend; Kronblätter stets rot (bei dem aus Nordamerika stammenden *E. ciliatum* Blüten meist weiß und Stengel im obern Teil ziemlich dicht mit Drüsen besetzt). Kollin, montan; feuchte Böden; selten . . . . *Artengruppe des E. obscurum* S. 345

Artengruppe des Epilobium obscurum

1. Pflanze zur Blütezeit mit Ausläufern; verwachsener Teil des Kelchs (Verlängerung des Achsenbechers) mit vereinzelten abstehenden Drüsenhaaren zwischen den anliegenden gewöhnlichen Haaren . . . . *E. obscurum*

1*. Pflanze zur Blütezeit ohne Ausläufer; Kelch ohne Drüsenhaare.

 2. Stengel bis zum Grunde dicht behaart; die meisten Blätter nach dem Grunde verschmälert . . . . *E. lamyi*

 2*. Stengel bis hinauf zum Blütenstand kahl oder nur mit vereinzelten Haaren; Blätter am Grunde gestutzt . . . . *E. tetragonum*

Gattung Myriophyllum (Familie der Haloragaceae)

1. Untergetauchte Blattquirle mit meist 5 Blättern (vereinzelte mit 4 oder 6); alle Tragblätter fiederteilig, länger als die Blüten (oft mehrmals so lang wie die Blüten). Selten . . . . . *M. verticillatum* **83**

1*. Untergetauchte Blattquirle mit meist 4 Blättern (vereinzelte mit 3 oder 5); mindestens im obern Teil des Blütenstandes die Tragblätter nicht geteilt, ganzrandig, kürzer als die Blüten.

 2. Blätter mit 15–40 fadenförmigen Abschnitten; Blütenstand 5–20 cm lang, stets aufrecht; alle Blüten in Quirlen; Kronblätter rötlich . . . . *M. spicatum* **84**

 2*. Blätter mit 8–18 haarförmigen Abschnitten; Blütenstand 0,5–3 cm lang, zuerst überhängend; nicht alle Blüten in Quirlen (auch einzeln stehende Blüten vorhanden), Kronblätter gelb. Belfort, Vogesen, Schwarzwald, Südtessin . . . . *M. alterniflorum*

Familie der Apiaceae (= Umbelliferae)

1. Stengel niederliegend, kriechend, fadenartig, an den Knoten Wurzeln treibend; Blätter rund, mit einigen wenig tiefen Einschnitten und zentralem Stiel; Blüten fast sitzend, in kopfigem Blütenstand oder in Quirlen übereinander . . . . *Hydrocotyle vulgaris* **85**

1*. Stengel $\pm$ aufrecht, nie fadenartig; Blätter nie rund und nie mit zentralem Stiel.

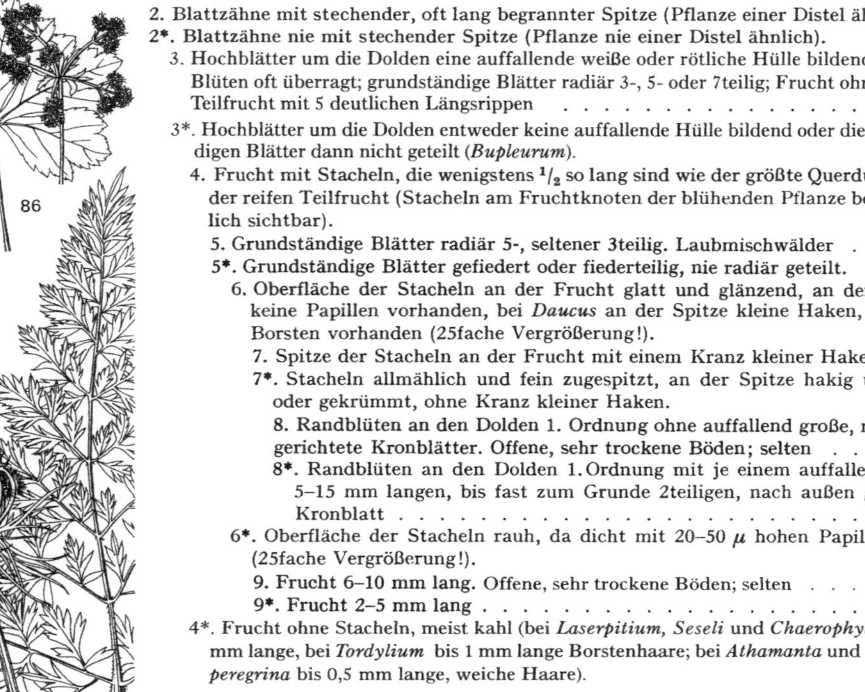

2. Blattzähne mit stechender, oft lang begrannter Spitze (Pflanze einer Distel ähnlich) . . *Eryngium* S. 354

2*. Blattzähne nie mit stechender Spitze (Pflanze nie einer Distel ähnlich).

3. Hochblätter um die Dolden eine auffallende weiße oder rötliche Hülle bildend, die die ♂ Blüten oft überragt; grundständige Blätter radiär 3-, 5- oder 7teilig; Frucht ohne Stacheln, Teilfrucht mit 5 deutlichen Längsrippen . . . . *Astrantia* S. 354

3*. Hochblätter um die Dolden entweder keine auffallende Hülle bildend oder die grundständigen Blätter dann nicht geteilt (*Bupleurum*).

4. Frucht mit Stacheln, die wenigstens $^1/_2$ so lang sind wie der größte Querdurchmesser der reifen Teilfrucht (Stacheln am Fruchtknoten der blühenden Pflanze bereits deutlich sichtbar).

5. Grundständige Blätter radiär 5-, seltener 3teilig. Laubmischwälder . . . . . . *Sanicula europaea* **86**

5*. Grundständige Blätter gefiedert oder fiederteilig, nie radiär geteilt.

6. Oberfläche der Stacheln an der Frucht glatt und glänzend, an den Stacheln keine Papillen vorhanden, bei *Daucus* an der Spitze kleine Haken, nie gerade Borsten vorhanden (25fache Vergrößerung!).

7. Spitze der Stacheln an der Frucht mit einem Kranz kleiner Haken . . . . *Daucus carota* **87**

7*. Stacheln allmählich und fein zugespitzt, an der Spitze hakig umgebogen oder gekrümmt, ohne Kranz kleiner Haken.

8. Randblüten an den Dolden 1. Ordnung ohne auffallend große, nach außen gerichtete Kronblätter. Offene, sehr trockene Böden; selten . . . . *Caucalis platycarpos* **88**

8*. Randblüten an den Dolden 1. Ordnung mit je einem auffallend großen, 5–15 mm langen, bis fast zum Grunde 2teiligen, nach außen gerichteten Kronblatt . . . . *Orlaya* S. 354

6*. Oberfläche der Stacheln rauh, da dicht mit 20–50 μ hohen Papillen besetzt (25fache Vergrößerung!).

9. Frucht 6–10 mm lang. Offene, sehr trockene Böden; selten . . . . *Turgenia latifolia*

9*. Frucht 2–5 mm lang . . . . *Torilis* S. 355

4*. Frucht ohne Stacheln, meist kahl (bei *Laserpitium, Seseli* und *Chaerophyllum* bis 0,3 mm lange, bei *Tordylium* bis 1 mm lange Borstenhaare; bei *Athamanta* und *Pimpinella peregrina* bis 0,5 mm lange, weiche Haare).

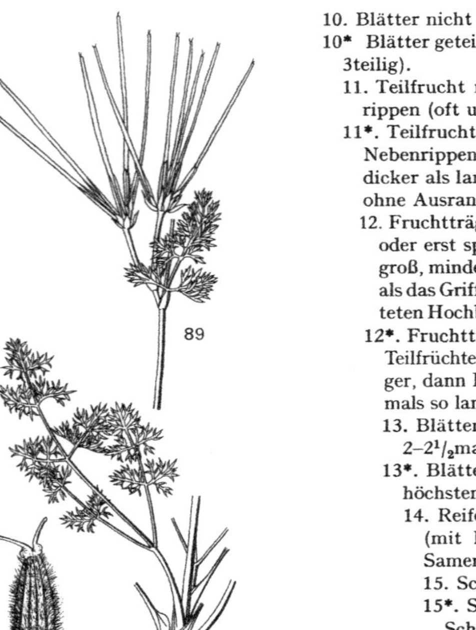

10. Blätter nicht geteilt, ganzrandig . . . . *Bupleurum* S. 355

10* Blätter geteilt oder zusammengesetzt (fiederteilig, gefiedert oder 1- bis mehrfach 3teilig).

11. Teilfrucht mit 4 auffallend hohen, häutigen Nebenrippen, die die 5 Hauptrippen (oft undeutlich oder nicht vorhanden) weit überragen . . . . *Laserpitium* S. 356

11*. Teilfrucht mit 5 (selten 3) Hauptrippen oder fast glatt, keine deutlichen Nebenrippen vorhanden oder wenn solche vorhanden, dann Frucht breiter oder dicker als lang, mit 0,3–0,5 mm langen Kelchzähnen (*Cicuta*) oder Kronblätter ohne Ausrandung (*Apium*).

12. Fruchtträger mit der nie kugeligen Frucht verwachsen, Frucht deshalb nicht oder erst spät in die beiden Teilfrüchte zerfallend; Kelchblätter auf der Frucht groß, mindestens 0,4 mm lang, nach vorn gerichtet oder abstehend; Griffel länger als das Griffelpolster, nach vorn gerichtet, spreizend; keine nur nach außen gerichteten Hochblätter 2. Ordnung (*Aethusa*). Schlammböden; selten . . . . *Oenanthe* S. 357

12*. Fruchtträger nicht mit der Frucht verwachsen, die Frucht in die beiden Teilfrüchte zerfallend; Kelchblätter auf der Frucht kürzer als 0,4 mm (wenn länger, dann Frucht kugelig); wenn Griffel nach vorn gerichtet, dann Frucht mehrmals so lang wie dick.

13. Blätter blaugrün; Zipfel der untersten Blätter nicht fadenförmig; Frucht 2–2$^{1}/_{2}$mal so lang wie dick oder breit . . . . *Seseli* S. 358

13*. Blätter grün, wenn blaugrün, dann Zipfel fadenförmig oder die Frucht höchstens 2mal so lang wie dick oder breit.

14. Reife Frucht mehrmals (mindestens 2mal) so lang wie dick oder breit (mit Rippen), oft mit auffallendem Schnabel (oberer Fruchtteil ohne Samen); wenn Blattabschnitte fadenförmig, dann diese länger als 1 cm.

15. Schnabel der Frucht 3–4mal so lang wie der übrige Teil der Frucht *Scandix pecten-veneris* **89**

15*. Schnabel der Frucht kürzer als der übrige Teil der Frucht oder kein Schnabel vorhanden.

16. Frucht dicht mit bis 0,5 mm langen Haaren besetzt. Kalkschutt *Athamanta cretensis* **90**

16*. Frucht kahl oder nur wenige, bis 0,3 mm lange, an der Spitze nicht hakig gebogene Borstenhaare vorhanden.

17. Frucht 2–2,5 cm lang, mit scharfkantigen, im Querschnitt

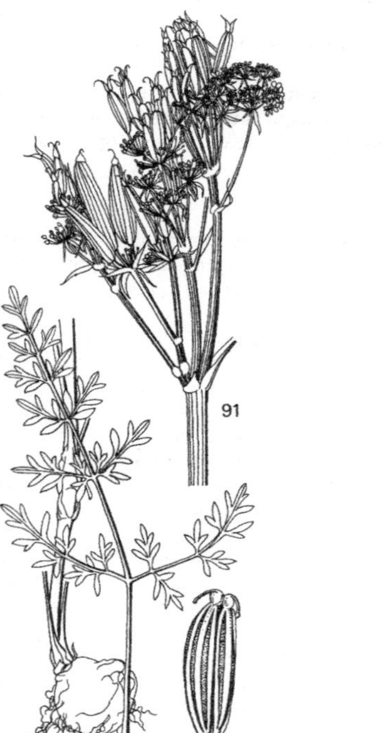

3eckigen Hauptrippen; Pflanze (Teile zerreiben!) nach Anis riechend. Von Westen bis Berner Oberland, Wallis, s. Kalkalpen . *Myrrhis odorata* **91**

17*. Frucht weniger als 1,5 cm lang; Pflanze nicht nach Anis riechend.

18. Grundständige Blätter 1- bis mehrfach gefiedert oder fiederteilig; Frucht mit scharfkantigen oder stumpfen, wulstigen Hauptrippen oder ohne deutliche Hauptrippen.

19. Zipfel der untersten Blätter nicht fadenförmig; zur Blütezeit Griffel vorhanden.

20. Grundständige Blätter 1fach gefiedert. Savoyen, franz. Jura . . . . *Ptychotis saxifraga*

20*. Grundständige Blätter mehrfach gefiedert.

21. Rhizom spindelförmig; Blattzipfel der untersten Blätter nicht schmal oval.

22. Frucht mit scharfkantigen, hohen Rippen; Kronblätter gelbgrün. Nasse Böden . . . . *Silaum silaus*

22*. Frucht mit stumpfen, wulstigen oder fadenförmigen Rippen oder ohne Rippen; Kronblätter weiß, hellrot oder hellgelb . . . . *Chaerophyllum* s.l. S. 359

21*. Rhizom eine kugelige Knolle von 1–3 cm Durchmesser; Blattzipfel der untersten Blätter schmaloval; Frucht mit stumpfen Rippen. Selten . . . . *Bunium bulbocastanum* **92**

19*. Blattzipfel fadenförmig; Pflanze in den obern Teilen blaugrün; keine Hochblätter 1. und 2. Ordnung; zur Blütezeit keine Griffel vorhanden (Narben sitzend). Selten verwildert . *Foeniculum vulgare*

18*. Die meisten Blätter 3zählig, mit langen, bandförmigen oder lanzettlichen, am Rande fein und regelmäßig gezähnten Zipfeln; Frucht mit wulstigen, stumpfen Rippen. Äcker; selten . . *Falcaria vulgaris*

14*. Frucht bis 2mal so lang wie breit (Rippen und Griffelpolster mitgemessen).

23. Hochblätter der Dolden 1. Ordnung geteilt (3teilig oder fiederteilig)

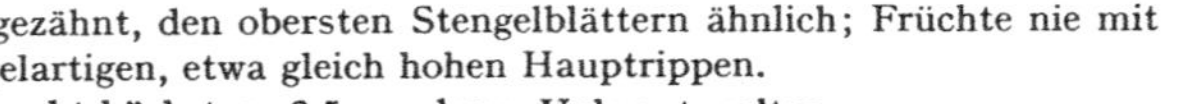

oder gezähnt, den obersten Stengelblättern ähnlich; Früchte nie mit 5 flügelartigen, etwa gleich hohen Hauptrippen.

24. Frucht höchstens 2,5 mm lang. Unkraut; selten . . . . *Ammi majus*

24*. Frucht 6–10 mm lang.

25. Teilblätter letzter Ordnung allmählich in eine feine Spitze ausgezogen, schmal; Dolden 1. Ordnung quirl- oder doldenartig angeordnet; **Teilfrucht meist nur mit 3 großen geflügelten, glatten Hauptrippen.** Heiden, Blockschutt; Südalpen. . . . . *Molopospermum peloponnesiacum*

25*. Teilblätter letzter Ordnung kurz zugespitzt, im Umriß breit lanzettlich; Dolden 1. Ordnung nicht doldenartig angeordnet; **Teilfrucht mit 5 gleich großen, warzig, punktierten, nicht geflügelten Hauptrippen.** Südalpen, Nordostalpen- und Vorland . . . . *Pleurospermum austriacum*

23*. Hochblätter der Dolden 1. Ordnung, wenn vorhanden, nicht den Stengelblättern ähnlich, wenn den Stengelblättern ähnlich, dann entweder die Blätter 1fach gefiedert mit breit lanzettlichen, gezähnten Teilblättern (*Sium*), oder die Blätter mehrfach gefiedert und die Zipfel nicht über 1 mm breit (*Ligusticum*).

26. Hochblätter 1. Ordnung 2–3mal so lang wie breit. Comersee . . . . . *Grafia golaka*

26*. Hochblätter 1. Ordnung mehr als 3mal so lang wie breit oder fehlend.

27. Randrippen (die der Fugenfläche benachbarten Hauptrippen) der Teilfrüchte mehrmals (mindestens 2mal) so breit wie die rükkenständigen Hauptrippen.

28. Keine Hochblätter 1. und 2. Ordnung vorhanden. Verwildert. *Anethum graveolens*

28*. Hochblätter 2. Ordnung stets vorhanden, oft auch Hochblätter 1. Ordnung (bei *Pastinaca* mit gelben Kronblättern oft keine Hochblätter).

29. Randrippen etwa 2mal so hoch wie die 3 rückenständigen Hauptrippen.

30. Blätter 2–3fach gefiedert, mit schmal lanzettlichen Zipfeln *Selinum carvifolia* **93**

30*. Teilblätter letzter Ordnung (an den untern Stengelblättern rhombisch) oberhalb der Mitte mit wenigen großen, nach vorn gerichteten Zähnen, unterhalb der Zähne nach dem Grunde keilförmig verschmälert und ganzrandig; Blüten gelb. Selten verwildert . . . . *Levisticum officinale* **94**

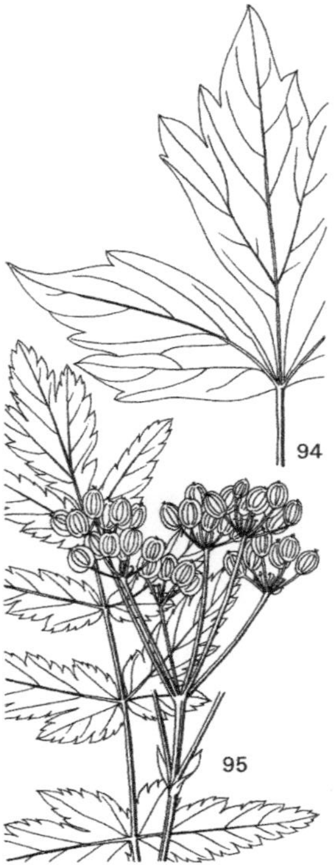

29*. Randrippen mehr als 2mal so hoch wie die rückenständigen Hauptrippen.

31. Die einander benachbarten, geflügelten Randrippen der beiden Teilfrüchte voneinander abstehend . . . . *Angelica* S. 360

31*. Die einander benachbarten Randrippen der beiden Teilfrüchte aneinanderliegend.

32. Blätter radiär geteilt, 1fach gefiedert oder fiederteilig, Teilblätter oder Abschnitte nie tief fiederteilig.

33. Früchte kahl und Randrippen ohne Höcker.

34. Blüten meist weiß, nie gelb; Blätter mit höchstens 3 Paaren von Teilblättern . . . . *Heracleum* S. 360

34*. Blüten leuchtend gelb; Blätter mit 3–7 Paaren von Teilblättern . . . . *Pastinaca* S. 527 **95**

33*. Früchte entweder dicht mit 0,2–1 mm langen, meist ± anliegenden Borstenhaaren besetzt oder kahl und Randrippen mit Buckeln. Äcker, heisse Lagen . . . *Tordylium maximum*

32*. Blätter mehrfach gefiedert, wenn nur 1fach gefiedert, dann die Teilblätter tief fiederteilig.

35. Kronblätter dunkelgelb; endständige Dolde 1. Ordnung mit ⚥ Blüten, seitenständige Dolden 1. Ordnung meist nur mit ♂ Blüten. Comersee . . . . . . *Ferulago campestris*

35*. Kronblätter nie dunkelgelb; die meisten Blüten ⚥ *Peucedanum* S. 361

27*. Randrippen der Teilfrüchte nicht breiter als die rückenständigen Rippen oder ohne Rippen.

36. Frucht zur Zeit der Reife mit undeutlichen Rippen oder ohne Rippen. Hochblätter 2. Ordnung stets vorhanden.

37. Frucht kugelig, Verlauf der Fugenfläche auf der Oberfläche der Frucht nicht sichtbar; Rippen undeutlich; Kelch bis 2 mm lang, gezähnt. Selten verwildert . . . . *Coriandrum sativum*

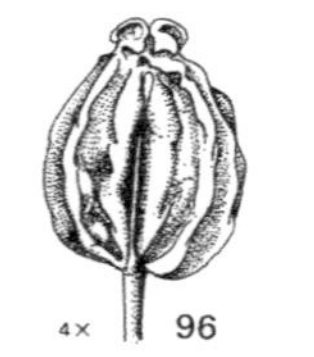

96

97

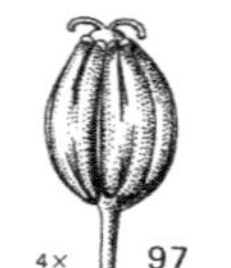

98

99

37*. Jede Teilfrucht kugelig, Teilfrüchte durch eine kleine Fugenfläche verbunden, Oberfläche ohne Rippen; Kelch undeutlich, nicht gezähnt . . . . *Bifora* S. 362

36*. Rippen der Frucht deutlich, wenn wenig vorstehend, dann auffallend anders gefärbt als die Umgebung, oder keine Hochblätter 1. und 2. Ordnung vorhanden.

38. Rippen wellig bis kraus (Merkmal an jungen Früchten besonders deutlich!). Warme Gegenden; selten . . . . ***Conium maculatum*** **96**

38*. Rippen nicht wellig.

39. Reife Frucht schwarz, glänzend; unterste Blätter 3zählig. Savoyen . . . . ***Smyrnium olusatrum***

39*. Reife Früchte nicht schwarz, oder wenn schwarz, dann **die untersten Blätter nicht 3zählig.**

40. Pflanzen 1geschlechtig. Steinige Kalkböden . . . . . ***Trinia glauca*** **97**

40*. Blüten ⚥ oder ♂ und ♀ Blüten auf derselben Pflanze.

41. Kelchzipfel an der Frucht auffallend groß, 0,3 bis 0,5 mm lang. Nasse Torfböden; selten . . . . . . ***Cicuta virosa*** **98**

41*. Kelchzipfel an der Frucht nicht auffallend groß.

42. Kronblätter flach ausgebreitet; Schlammböden; selten *Apium* S. 363

42*. Kronblätter einwärts gebogen.

43. Nur in der obern Hälfte der Frucht zwischen **den Hauptrippen Sekretgefäße als deutliche braune Schwielen sichtbar (reife Früchte!). Selten** ***Sison amomum***

43*. Entweder Sekretgefäße nicht als Schwielen vortretend oder diese dann in der ganzen Länge zwischen den Hauptrippen sichtbar.

44. Hochblätter 2. Ordnung in bezug auf die Dolde 1. Ordnung nach außen und abwärts gerichtet ***Aethusa*** **S. 531 99**

44*. **Nicht alle Hochblätter nach außen gerichtet oder Hochblätter fehlend.**

45. **Alle Blätter 1- bis mehrfach 3zählig oder**

1–2fach gefiedert, mit breit lanzettlichen, gezähnten Teilblättern (bei *Sium* die untergetauchten Blätter mit fein zerteilten Teilblättern).

46. Unterste Blätter 1- bis mehrfach 3zählig oder 2fach gefiedert.

47. Keine Hochblätter 1. und 2. Ordnung vorhanden . . . . *Aegopodium podagraria* **1**

47*. Hochblätter 2. Ordnung 3–5; Blütenstand rispenartig, aus sehr vielen Dolden **bestehend, oft über 0,5 m lang. Savoyen, Genfersee bis Martigny** . . . . *Trochiscanthes nodiflora*

46*. Unterste Blätter 1fach gefiedert.

48. Hochblätter 1. Ordnung stets vorhanden, gezähnt, geteilt oder lanzettlich und ganzrandig.

49. Hochblätter 1. Ordnung gezähnt oder geteilt, nur einzelne (besonders bei den obersten Dolden) ganzrandig und lanzettlich; Dolden 1. Ordnung teilweise seitenständig . . . . *Berula erecta* **2**

49*. Hochblätter 1. Ordnung lanzettlich, meist ganzrandig, selten gezähnt; Dolden 1. Ordnung endständig. **Selten** . *Sium latifolium*

48*. Keine Hochblätter 1. und 2. Ordnung vorhanden . . . . *Pimpinella* S. 363

45*. Teilblätter letzter Ordnung alle fiederteilig und Blätter meist mehrfach gefiedert.

50. Blattzipfel alle haarförmig, 2–6 mm lang, die Hauptachse des Blattes nicht quirlartig **umgebend. Saure Böden; selten** . . . . . *Meum athamanticum* **3**

50*. Blattzipfel stets breiter, wenn fadenförmig, dann die Hauptachse des Blattes quirlartig umgebend.

51. Hauptrippen an der Frucht wulstig oder stumpfkantig vorstehend.

52. Unterste Blätter meist mit auffallend nach unten abgerücktem Teilblattpaar 1. Ordnung, oder die fadenförmigen Blattzipfel umgeben die Hauptachse des Blattes quirlartig . . . . ***Carum*** S. 364

52*. Unterstes Teilblattpaar 1. Ordnung der untersten Blätter nicht nach unten abgerückt; Blattzipfel umgeben die Hauptachse des Blattes nie quirlartig; untere Blätter oft kraus (sie lassen sich nicht in einer Ebene ausbreiten) . . *Petroselinum crispum*

51*. Hauptrippen flügelartig und hoch.

53. Stengel mit 1–3 Dolden 1. Ordnung, wenn mit mehr als 3 Dolden, dann die obersten Dolden 1. Ordnung gegenständig oder quirlständig . . . . . ***Ligusticum*** S. 364

53*. Stengel an normal entwickelten Pflanzen verzweigt, mit mehr als 3 Dolden 1. Ordnung, Dolden jedoch nie gegenständig und keine Hochblätter 1. Ordnung vorhanden. Südliches Tessin, Bergamasker Alpen . . . . . . ***Cnidium silaifolium*** **4**

Gattung Eryngium

1. Grundständige Blätter ungeteilt, gezähnt; Blütenstand meist viel höher als dick, mit 1–2-fach fiederteiligen Hochblättern, deren Abschnitte lange, grannenartige Zähne besitzen . . *E. alpinum* **5**

1*. Grundständige Blätter an blühenden Pflanzen fiederteilig; Blütenstände meist kugelig, mit ungeteilten, vom Grunde an verschmälerten, meist am Rande wenige grannenartige Zähne tragenden Hochblättern.

2. Obere und mittlere Stengelblätter mit 2 auffallenden, stachelig gezähnten Blattzipfeln den Stengel umfassend. Alpensüdseite, sonst selten verwildert . . . . *E. campestre*

2*. Obere und mittlere Stengelblätter ohne den Stengel umfassende Blattzipfel, gegen den Grund hin ohne Zähne. Comersee, Meran . . . . *E. amethystinum*

Gattung Astrantia

1. Grundständige Blätter bis nahe dem Grunde 5–7teilig, Abschnitte nach dem Grunde keilförmig verschmälert; Hochblätter um die Dolden 1,5–2,5 cm lang; Kelchblätter vom Grunde an in eine feine Spitze verschmälert; Frucht (ohne Kelch) 5–7 mm lang . . . . *A. major* **6**

1*. Mindestens einzelne Abschnitte bis zum Grunde frei.

2. Grundständige Blätter bis zum Grunde 5–7teilig, Abschnitte im Umriß lanzettlich; Hochblätter um die Dolden weniger als 1 cm lang; Kelchblätter schmal oval; Frucht (ohne Kelch) 3–4 mm lang . . . . *A. minor*

2*. Nur der Mittelabschnitt bis zum Grunde frei; Hochblätter 1–1,5 cm lang. Vorarlberg . . . *A. bavarica*

Gattung Orlaya

1. Dolden 1. Ordnung mit 4–12 Dolden 2. Ordnung; Randblüten der Dolden 1. Ordnung mit 10–15 mm langem, nach außen gerichtetem Kronblatt. Äcker; heisse Lagen . . . . . . *O. grandiflora* **7**

1*. Dolden 1. Ordnung mit 2–3 Dolden 2. Ordnung; Randblüten der Dolden 1. Ordnung mit 5–7 mm langem, nach außen gerichtetem Kronblatt. Bergamo . . . . *O. platycarpos*

5

6

7

Gattung Torilis

1. Blütenstände knäuelig, den Stengelblättern gegenüber. Südliche Bergamasker Alpen . . *T. nodosa*
1*. Blütenstände deutlich aus Dolden 1. und 2. Ordnung bestehend. . . . .
2. Dolde 1. Ordnung mit 4–12 sehr schmalen, allmählich zugespitzten Hochblättern; Stacheln an der Frucht mit einfacher Spitze und zum großen Teil vorwärts gerichteten, borstigen Papillen . . . . *T. japonica* **8**
2*. Dolde 1. Ordnung mit 0 oder 1 Hochblatt.
3. Frucht an der Spitze in einen etwa 1 mm langen, geraden Schnabel verschmälert, der kahl ist (übrige Teile der Frucht mit hakigen Stacheln besetzt). Selten . . . . . . *T. anthriscus*
3*. Frucht ohne Schnabel, bis zum Griffelpolster mit Stacheln besetzt; Spitze der Stacheln mit einem Widerhaken und rückwärts gerichteten, borstigen Papillen. Selten . *T. arvensis*

Gattung Bupleurum

1. Mittlere und obere Blätter vom Stengel durchwachsen. Äcker; heisse Lagen; selten . . . *B. rotundifolium* **9**
1*. Blätter nicht vom Stengel durchwachsen.
2. Stengelblätter mit großen, breit abgerundeten Blattzipfeln den Stengel umfassend, im Umriß breit oval oder breit lanzettlich. Montan; kalkhaltige Böden; Laubwälder . . . *B. longifolium*
2*. Stengelblätter am Grunde ohne deutliche Zipfel, oval, spatelförmig, schmal lanzettlich oder grasblattartig.
3. Blätter mit einem auf der Unterseite besonders vortretenden Mittelnerv, sonst mit einem auffallenden Netz von Nerven (Unterseite untersuchen!) Urgestein; selten . . *B. stellatum* **10**
3*. Blätter in der Längsrichtung von mehreren deutlichen Nerven durchzogen (abgesehen von den Randnerven!).
4. Blätter oval oder spatelförmig oder lanzettlich, die grundständigen lang gestielt . . . *B. falcatum* **11**
4*. Blätter schmal lanzettlich oder grasblattartig, stets spitz.
5. Pflanze ausdauernd, zur Fruchtzeit noch grasartige, grundständige Blätter vorhanden; Hochblätter der Dolden 2. Ordnung oval oder lanzettlich, meist weniger als 3mal so lang wie breit, stumpf oder kurz zugespitzt.

6. Stengel mehrfach und ausladend verzweigt mit vielen seitenständigen Dolden 1. und 2. Ordnung. Aostatal, Wallis . . . . *B. cernuum*

6*. Stengel nicht oder wenig verzweigt (bis 5 wenig abstehende Dolden 1. Ordnung).

7. Rhizom von einem dicken Schopf abgestorbener Blattscheiden umgeben. Comersee . . . . *B. petraeum*

7*. Rhizom ohne oder mit nur wenigen abgestorbenen Blattscheiden.

8. Grundständige Blätter selten über 10 cm lang und wenigstens 0,5 cm breit, mit 5–20 Längsnerven (ohne Randnerven) in der obern Blatthälfte . . . . *B. ranunculoides* **12**

8*. Die meisten grundständigen Blätter bis 20 cm lang und nicht über 0,4 cm breit, mit 3–5 Längsnerven (ohne Randnerven!) in der obern Blatthälfte . . . . . *B. gramineum*

5*. Pflanze 1jährig, zur Fruchtzeit meist keine grundständigen Blätter mehr vorhanden; Hochblätter der Dolden 2. Ordnung schmal lanzettlich, mehr als 3mal so lang wie breit, stets allmählich in eine feine Spitze verschmälert.

9. Oberfläche der Frucht dicht mit Warzen besetzt. Dép. Ain; Alpensüdfuß. . . *B. tenuissimum*

9*. Frucht ohne Warzen an der Oberfläche.

10. Spitzen der Hochblätter der Dolden 2. Ordnung die Spitzen der Früchte nicht erreichend, weniger als 5 mm lang. Savoyen, Bergamasker Alpen *B. praealtum*

10*. Spitzen der Hochblätter der Dolden 2. Ordnung die Früchte weit überragend.

11. Hochblätter der Dolden 2. Ordnung etwa 3 mm breit, mit 3 oder 5 Längsnerven und auffallend vorstehenden Verbindungsnerven. Südalpen . . . *B. baldense* **13**

11*. Hochblätter der Dolden 2. Ordnung meist weniger als 1 mm breit mit 3 Längsnerven und ohne sichtbare Verbindungsnerven. Veltlin . . . . . *B. gerardii*

Gattung Laserpitium

1. Teilblätter letzter Ordnung ganzrandig, lanzettlich bis sehr schmal und fast parallelrandig

2. Teilblätter fiedernervig. Kalkreiche Böden; Warme Lagen . . . . *L. siler* **14**

2*. Teilblätter mit Seitennerven, die dem Rand fast parallel laufen. Comersee ostwärts. . *L. peucedanoides*

1*. Teilblätter oder Blattabschnitte letzter Ordnung gezähnt.

12

13

14

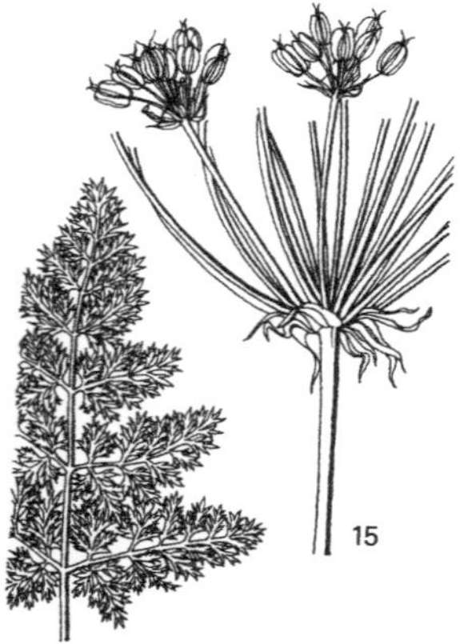

3. Hochblätter an den Dolden 1. und 2. Ordnung nicht vorhanden oder wenn vorhanden, dann stets kahl und meist fadenförmig; die gestielten Teilblätter letzter Ordnung stets gezähnt und entweder oval oder 3teilig.

4. Gestielte und sitzende, seitenständige Teilblätter letzter Ordnung oval; Dolde 1. Ordnung mit 20–40 Dolden 2. Ordnung . . . . *L. latifolium*

4*. Gestielte und sitzende Teilblätter letzter Ordnung tief 3teilig; Dolde 1. Ordnung mit meist weniger als 15 Dolden 2. Ordnung. Selten . . . . *L. gaudinii*

3*. Hochblätter an den Dolden 1. und 2. Ordnung vorhanden, mindestens gegen die Spitze hin am Rande bewimpert; keine gestielten ovalen Teilblätter vorhanden.

5. Grundachse ohne Faserschopf. Wechselfeuchte, kalkreiche Böden; sehr selten. . . . *L. prutenicum*

5*. Grundachse mit Faserschopf.

6. Blätter 3–5fach gefiedert; Blattstiel der Grundblätter wenige Zentimeter lang.

7. Blattzipfel 0,5–1 mm breit, mit kleinen Zwischenräumen . . . . *L. halleri* **15**

7*. Blattabschnitte oder Teilblätter letzter Ordnung breiter, nach dem Grunde keilförmig verschmälert, und dort meist noch über 1 mm breit, an der Spitze häufig 3zähnig, weit voneinander abgerückt. Savoyen, Aostatal, Bergamasker Alpen *L. gallicum*

6*. Blätter 2fach gefiedert; Teilblätter 2. Ordnung im Umriß oval, einander oft berührend, fiederteilig, mit gezähnten Abschnitten, Blattstiel der Grundblätter über 10 cm lang. Comersee, Bergamasker Alpen . . . . *L. nitidum*

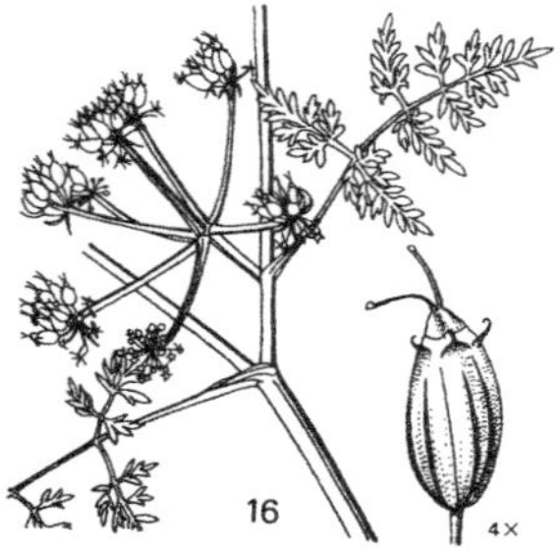

Gattung Oenanthe

1. End- und seitenständige Dolden 1. Ordnung auf meist weniger als 3 cm langen Stielen; Früchte auf 1–3 mm langen Stielen, keinen dichten, kugeligen Kopf bildend.

2. Frucht 3,5–4,5 mm lang; Zipfel der untergetauchten Blätter (meist nicht vorhanden) fadenförmig oder haarförmig . . . . *Oe. aquatica* **16**

2*. Frucht 5–6 mm lang. Teilblätter letzter Ordnung der flutenden Blätter (wohl immer vorhanden) schmal, nach dem Grunde allmählich keilförmig verschmälert, Zipfel nicht spreizend. Elsaß . . . . *Oe. fluviatilis*

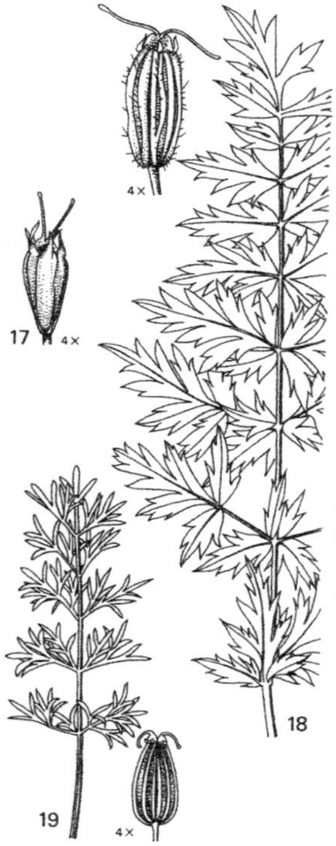

1*. End- und seitenständige Dolden 1. Ordnung zur Fruchtzeit auf langen, meist über 4 cm langen Stielen; Früchte sitzend oder undeutlich gestielt, die Dolden 2. Ordnung zur Fruchtzeit deshalb einen kugeligen Kopf bildend (oft ähnlich *Sparganium*).

3. Teilblätter letzter Ordnung im Umriß vorn breit und rund, mit wenigen stumpfen Zähnen und oft wenig tief 2–3teilig, nach dem Grunde steil und keilförmig verschmälert. Ivrea . *Oe. crocata*

3*. Teilblätter letzter Ordnung schmal oval, ganzrandig.

4. Blattstiele der obern Stengelblätter länger als die Spreite; Stengel und Stiele oft spindelförmig erweitert und leicht zusammendrückbar; untere Dolden 1. Ordnung mit 2–4 Dolden 2. Ordnung . . . . *Oe. fistulosa*

4*. Blattstiele überall kürzer als die Spreite; Stengel und Stiele nie spindelförmig erweitert und nicht zusammendrückbar; alle Dolden 1. Ordnung mit 6–15 Dolden 2. Ordnung.

5. Frucht im obersten Drittel am dicksten; die verdickten Wurzeln gegen die Ansatzstelle hin allmählich dünner werdend . . . . *Oe. lachenalii* **17**

5*. Frucht in der Mitte am dicksten, ellipsoidisch; die verdickten Wurzeln an der Ansatzstelle plötzlich verschmälert, zylindrisch . . . . *Oe. peucedanifolia*

17 4×

4×

18

19

4×

Gattung Seseli

1. Hochblätter 2. Ordnung zu einem Becher verwachsen, dessen bewimperte Zähne bis in den untern Teil der kurz gestielten Früchte reichen. Kaiserstuhl, Istein . . . . *S. hippomarathrum*

1*. Hochblätter 2. Ordnung frei oder nur am Grunde wenig verwachsen.

2. Reife Früchte zerstreut mit bis 0,2 mm langen, abstehenden, gelblichen Haaren besetzt; Kelchblätter bis 1 mm lang, am Rande bewimpert (an reifen Früchten oft abgefallen); Zipfel oder Zähne der Blätter mehr als 1 mm breit, vom Grunde an die in Spitze verschmälert oder lanzettlich, nie bandförmig. Selten . . . . *S. libanotis* **18**

2*. Reife Früchte kahl; Kelchblätter weniger als 0,3 mm lang; Zipfel der Blätter bandförmig und kurz zugespitzt, meist nicht über 1 mm breit.

3. Hochblätter 2. Ordnung so lang oder länger als die meisten Fruchtstiele.

4. Keine Hochblätter 1. Ordnung vorhanden. Selten . . . . *S. **annuum*** **19**

4*. Hochblätter 1. Ordnung 2–6. Savoyen, Aostatal . . . . *S. carvifolium*

3*. Hochblätter 2. Ordnung viel kürzer als die meisten Fruchtstiele.
5. Stiele der Dolden 2. Ordnung oberseits abstehend bewimpert; Frucht graugrün, mit Papillen (25fache Vergrößerung!), mit sich berührenden Hauptrippen. Jura . . . . *S. montanum*
5*. Stiele der Dolden 2. Ordnung vollständig kahl; Frucht vollständig kahl, mit gelblichen Hauptrippen, die durch schmale, braune Zwischenfelder getrennt sind. Comersee, Vintschgau *S. pallasii*

20
3×

Gattung Chaerophyllum s.l.

Die Gattung *Chaerophyllum* wird heute aufgeteilt.

1. Frucht unterhalb der Griffelpolster ohne eingeschrumpfte, aus feinen Längsfalten bestehende Zone (Schnabel). . . . . *Chaerophyllum*
2. Kronblätter am Rande bewimpert; Stengel unter den Blättern kaum verdickt . . . . ***Artengruppe des** Ch. hirsutum* S. 360
2*. Kronblätter kahl; Stengel unter den Blättern verdickt.
3. Griffel an den Früchten mindestens 2mal so lang wie das Griffelpolster . . . . . . ***Ch. aureum*** **20**
3*. Griffel an den Früchten etwa so lang wie das Griffelpolster.
4. Zipfel und Zähne der Blätter schmal und zugespitzt; Stiele der Dolden 2. Ordnung kahl *Ch. bulbosum*
4*. Zipfel und Zähne der Blätter breit abgerundet, mit feiner aufgesetzter Spitze; Stiele der Dolden 2. Ordnung mit vorwärts gerichteten Borstenhaaren . . . . . . *Ch. temulum*
1*. Frucht unterhalb der Griffelpolster mit einer 1–2 mm langen, geschrumpften, aus feinen Längsfalten bestehenden Zone (Schnabel); unterer Teil der Frucht lackartig glänzend, Schnabel matt. . . . . . *Anthriscus*
5. Pflanze 2jährig oder ausdauernd; Dolden 1. Ordnung mit 8–16 Dolden 2. Ordnung.
6. An den untersten Blättern jederseits das unterste Teilblatt 1. Ordnung viel kleiner als der nach oben anschließende Rest der Blattspreite; die meisten Früchte deutlich länger als der zugehörige Stiel . . . . . *A. sylvestris* **21**
6*. An den untersten Blättern jederseits das unterste Teilblatt 1. Ordnung etwa so groß wie der nach oben anschließende Rest der Blattspreite; Früchte kürzer bis so lang wie der zugehörige Stiel. Selten . . . . . *A. nitida*
5*. Pflanze 1jährig; Dolden 1. Ordnung mit 1–5 Dolden 2. Ordnung . . . . . *A. cerefolium*

3× 21

3× 22

Artengruppe des Chaerophyllum hirsutum

1. An den untersten Blättern jederseits das unterste Teilblatt 1. Ordnung viel kleiner als der Rest der nach vorn anschließenden Blattspreite.
   2. Stengel, Blattstiele und Blattnerven auf der Blattunterseite mit Borstenhaaren . . . . *Ch. villarsii* **22**
   2*. Blätter unterseits mit weicher und flaumiger Behaarung; auf den Hauptnerven 2 weiße Streifen mit flaumigen Haaren, zwischen denen auch Borstenhaare vorhanden sein können. Sehr selten . . . . *Ch. elegans*

1*. An den untersten Blättern jederseits das unterste Teilblatt 1. Ordnung fast so groß wie der Rest der nach vorn anschließenden Blattspreite . . . . *Ch. hirsutum*

Gattung Angelica

1. Pflanze oft bis 2 m hoch; Teilblätter letzter Ordnung groß, breit lanzettlich, bis 14 cm lang, 1,2–2,5mal so lang wie breit, gezähnt; Dolden 1. Ordnung mit 20–40 Dolden 2. Ordnung . *A. sylvestris*

1*. Pflanze meist weniger als 0,4 m hoch; die ganzen Blätter meist nicht über 10 cm lang, meist 2fach gefiedert, mit fiederteiligen Teilblättern letzter Ordnung und schmalen, selten über 1 mm breiten Zipfeln; Dolden 1. Ordnung mit 3–10 Dolden 2. Ordnung. Vogesen . . *A. pyrenaea*

Gattung Heracleum

1. Pflanze meist nicht über 0,5 m hoch; Stengel am Grunde meist nicht über 3 mm dick, kahl oder mit zerstreuten Haaren; grundständige Blätter 1fach gefiedert mit 1–3 Paaren gezähnter Teilblätter. Gipfel des Napf . . . . *H. austriacum*

1*. Pflanze meist höher als 0,5 m; Stengel am Grunde meist dicker als 5 mm.

2. Pflanze bis 1,5 m hoch; Stengel am Grund meist über 5 mm dick, aber kaum dicker als 2 cm, dicht und borstig behaart; grundständige Blätter im Umriß oft rundlich und radiär geteilt, wenn gefiedert, dann Teilblätter fiederteilig und grob und unregelmäßig gezähnt; Frucht bis 10 mm lang, kahl . . . . . *Artengruppe der H. sphondylium* S. 361

2*. Pflanze bis 3,5 m hoch; Stengel am Grunde bis 10 cm dick; Frucht 10–14 mm lang, mit borstig behaarten Randrippen. Oft verwildert . . . . . *H. mantegazzianum*

Artengruppe des Heracleum sphondylium

1. Grundständige Blätter 1fach gefiedert, mit 3 oder 5 meist gestielten, fiederteiligen Teilblättern . . . . . *H. sphondylium* **23**

1*. Grundständige Blätter nicht gefiedert, im Umriß rundlich, ± tief radiär geteilt.

2. Blattzipfel allmählich zugespitzt; Blattunterseite meist graugrün; Haupt- und Seitennerven der Blattunterseite dicht mit nach unten dicker werdenden, 0,3–1 mm langen Borstenhaaren besetzt.

3. Blattunterseite zwischen den Haupt- und Seitennerven ± kahl. Subalpin, alpin . . . *H. elegans*

3*. Blattunterseite zwischen den Haupt- und Seitennerven dicht mit gewöhnlichen, nach unten nicht verdickten, meist nicht über 0,5 mm langen, weichen Haaren besetzt. Engadin, Bergamasker Alpen . . . . . *H. pyrenaicum*

2*. Blattzipfel breit abgerundet; nur die Hauptnerven der Blattunterseite zerstreut behaart; Blattunterseite deshalb grün. Dép. Ain bis Basler- und Aargauer Jura . . . . *H. alpinum*

Gattung Peucedanum

1. Teilblätter letzter Ordnung der grundständigen Blätter oval oder rund, grob und oft unregelmäßig gezähnt, nicht geteilt oder dann 2–3teilig.

2. Teilblätter letzter Ordnung groß, 5–15 cm lang.

3. Unterste Blätter 2–3fach gefiedert. Kollin, montan; Aostatal, Ostalpen . . . . . . *P. verticillare*

3*. Unterste Blätter 3zählig, mit 3 gestielten, meist tief 3 teiligen Teilblättern . . . . *P. ostruthium* **24**

2*. Teilblätter letzter Ordnung in der Regel weniger als 3 cm lang.

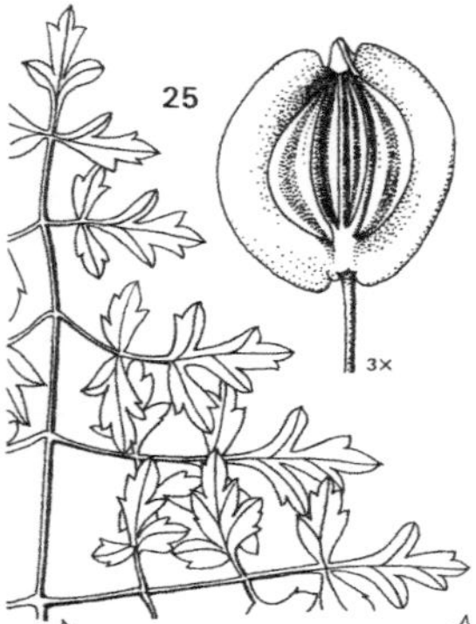

25

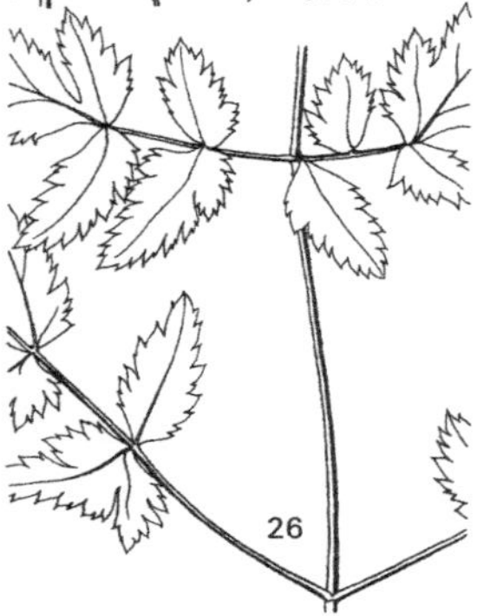

3×

26

4. Teilblätter rechtwinklig abstehend oder rückwärts gerichtet (Verzweigungen an den Blättern rechte bis stumpfe Winkel zwischen den verschiedenen Fiederachsen bildend) *P. oreoselinum* **25**

4*. Teilblätter spitzwinklig nach vorn gerichtet (Verzweigungen an den Blättern spitze Winkel zwischen den verschiedenen Fiederachsen bildend) . . . . *P. cervaria* **26**

1*. Teilblätter letzter Ordnung der grundständigen Blätter fiederteilig oder Blätter mehrfach 3zählig, mit schmal lanzettlichen oder bandförmigen, spitzen oder stumpfen Zipfeln.

5. Grundständige Blätter mehrfach (3–5fach) 3zählig, Teilblätter letzter Ordnung schmal lanzettlich oder bandförmig, 1–4 mm breit, 10–40mal so lang wie breit, ganzrandig. Selten.

a) Stiele der reifen Früchte länger als diese . . . . *P. officinale*

b) Stiele der reifen Früchte kürzer als diese . . . . *P. coriaceum*

5*. Teilblätter letzter Ordnung der grundständigen Blätter fiederteilig.

6. Grundständige Blätter 1fach gefiedert, Teilblätter sitzend, 1- oder 2fach fiederteilig; Hochblätter 1. Ordnung 0.

7. Griffel 2–3mal so lang wie das Griffelpolster. Comersee, Bergamasker Alpen . . . *P. schottii*

7*. Griffel etwa so lang wie das Griffelpolster. Westjura, Belfort . . . . *P. carvifolia*

6*. Grundständige Blätter mehrfach gefiedert; Hochblätter 1. Ordnung 4 oder mehr.

8. Stiele der Dolden 2. Ordnung zur Zeit der Fruchtreife weniger als 3 cm lang.

9. Griffel 2–3mal so lang wie das Griffelpolster. Kollin, Südalpen . . . . *P. venetum*

9*. Griffel ungefähr so lang wie das Griffelpolster. Oberrheinische Tiefebene . . . *P. alsaticum*

8*. Die meisten Stiele der Dolden 2. Ordnung zur Zeit der Fruchtreife über 3 cm lang.

10. Griffel bis 1 mm lang; Pflanze am Grunde ohne Faserschopf. Riedwiesen . . . *P. palustre*

10*. Griffel 1,5–3 mm lang; Pflanze am Grunde mit Faserschopf.

11. Die längsten Blattzipfel bis 5mal so lang wie breit. Nordalpen . . . . *P. austriacum*

11*. Die längsten Blattzipfel 10–20mal so lang wie breit. Aostatal, vom südlichen Tessin ostwärts . . . . *P. rablense*

Gattung Bifora

1. Dolden 1. Ordnung mit 4–7 Dolden 2. Ordnung; Oberfläche der Frucht fast glatt, mit undeutlich buckligen Erhebungen (10fache Vergrößerung!); Griffel 1,5–2 mm lang. Äcker . . . *B. radians*

1*. Dolden 1. Ordnung mit 2–3 Dolden 2. Ordnung; Oberfläche der Frucht mit deutlichen, oft scharfkantigen, unregelmäßigen und gebogenen, netzartigen Leisten (10fache Vergrößerung!); Griffel ca. 0,5 mm lang. Äcker, im Süden; selten . . . . *B. testiculata*

27

3×

28

3×

Gattung Apium

1\. Keine Hochblätter 1. und 2. Ordnung vorhanden (die geteilten Tragblätter der teilweise fast sitzenden Dolden 1. Ordnung nicht mit Hochblättern verwechseln!) . . . . *A. graveolens*

1*. Hochblätter 2. Ordnung stets vorhanden, oft auch Hochblätter 1. Ordnung vorhanden.

2\. Alle Blätter 1fach gefiedert.

3\. Dolden 1. Ordnung fast sitzend oder kürzer gestielt als die Dolden 2. Ordnung; Hochblätter 1. Ordnung 0–2; Stengel bogig aufsteigend, an den untersten Stengelknoten Wurzeln treibend . . . . *A. nodiflorum* **27**

3*. Stiele der Dolden 1. Ordnung stets länger (bis 3mal so lang) als die Stiele der Dolden 2. Ordnung; Hochblätter 1. Ordnung 3–6; Stengel kriechend und an den Knoten in der ganzen Länge Wurzeln treibend . . . . *A. repens*

2*. Die meisten Blätter 2fach gefiedert oder 1fach gefiedert und die Teilblätter fast bis zum Mittelnerv fiederteilig . . . . *A. inundatum*

Gattung Pimpinella

a) Frucht fein behaart; Pflanze 2jährig. Angesät und verwildert . . . . *P. peregrina*

b) Frucht kahl; Pflanze ausdauernd.

1\. Wenn die Kronblätter abfallen, sind die Griffel 1,5–2 mm lang und zu dieser Zeit viel länger als die Frucht und das Griffelpolster zusammen; meist mehrere Blätter, die den grundständigen ähnlich sind, über den Stengel verteilt; Stengel mit groben Rippen . . . . *P. major* **28**

1*. Wenn die Kronblätter abfallen, sind die Griffel bis 1 mm lang und zu dieser Zeit stets viel kürzer als die Frucht und das Griffelpolster zusammen, Stengelblätter meist mit schmalen oder fiederteiligen Teilblättern oder nur noch 1 unteres Stengelblatt den grundständigen ähnlich; Stengel mit feinen Rillen oder rund und glatt.

2\. Blätter kahl oder seltener und nur unterseits zerstreut mit ca. 0,1 mm langen Haaren; Stengel kahl oder nur am Grunde behaart; die größten Dolden 1. Ordnung an kräftigen Pflanzen mit 10–15 (häufig 14 oder 15) Dolden 2. Ordnung.

3\. Stengel rund, kahl oder unten locker behaart; Blätter unterseits locker behaart; Pflanze ohne Faserschopf; Kronblätter bewimpert . . . . *P. saxifraga*

3*. Stengel kantig; Pflanze vollständig kahl, am Grunde mit Faserschopf; Kronblätter kahl *P. alpina*

29 4× 3× 30 31

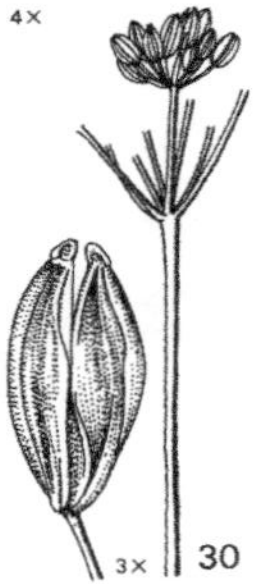

2*. Blätter beiderseits behaart (Haare 0,2–0,5 mm lang); Stengel bis über die Verzweigungen hinauf behaart; die größten Dolden 1. Ordnung an kräftig entwickelten Pflanzen mit 15 bis 20 (häufig 15–17) Dolden 2. Ordnung. Trockene Böden; Zentral- und Südalpentäler . . . *P. nigra*

Gattung Carum

1. Unterste Blätter mit auffallend nach unten abgerücktem unterstem Teilblattpaar 1. Ordnung; Blattzipfel nicht fadenförmig . . . *C. carvi* **29**

1*. Unterstes Teilblattpaar 1. Ordnung an den untersten Blättern nicht nach unten abgerückt; Blattzipfel fadenförmig ,die Hauptachse des Blattes quirlartig umgebend. Dép. Ain . . . *C. verticillatum*

Gattung Ligusticum

1. Hochblätter 1. Ordnung stets vorhanden (5–10), an der Spitze oft 3teilig oder fiederteilig.
   2. Rhizom an der Spitze mit braunen, häutigen Blattresten (kein Faserschopf!); Pflanze selten über 20 cm hoch. Alpin, selten subalpin . . . *L. mutellinoides*
   2*. Rhizom an der Spitze mit großem Faserschopf; Pflanze 0,6–1,2 m hoch. Südwestjura. *L. ferulaceum*

1*. Hochblätter 1. Ordnung 0–3, stets ungeteilt und ganzrandig.
   3. Pflanze bis 0,5 m hoch; Dolden 1. Ordnung 1–3, mit 7–12 Dolden 2. Ordnung . . . . *L. mutellina* **30**
   3*. Pflanze 0,6–1,3 m hoch; Stengel verzweigt, mit gegenständigen oder quirlständigen Dolden 1. Ordnung; Dolden 1. Ordnung mit 30–50 Dolden 2. Ordnung. Südtessin . . *L. lucidum*

Gattung Cornus (Familie der Cornaceae)

1. Blüten in kugeligen, einfachen Dolden, von 4 Hochblättern umgeben; Hochblätter etwa so lang wie die Blütenstiele; Blüten leuchtend gelb, vor den Blättern erscheinend; Frucht rot . . . . . *C. mas*

1*. Blütenstände ausgebreitet doldenartig, keine Hochblätter vorhanden; Blüten weiß, nach den Blättern erscheinend; Frucht dunkelblau oder weiß.
   2. Blätter oberseits dunkler grün als unterseits, mit 3 oder 4 (selten 5) Paaren von Seitennerven; Frucht dunkelblau . . . *C. sanguinea* **31**
   2*. Blätter unterseits graugrün, oberseits dunkelgrün, mit 5–7 Paaren von Seitennerven; Frucht weiß oder hellgrau. Gärten, gelegentlich verwildert . . . *C. sericea*

32

33

35

34

Familie der Pyrolaceae (inkl. Monotropaceae)

1. Blätter grün; Blüten weiß, rosa oder hellgrün; Kronblätter 5, am Grunde ohne Ausbuchtung.
  2. Blätter ganzrandig oder undeutlich gezähnt, rund, oval oder breit lanzettlich, 1–2mal so lang wie breit; Blüten einzeln und endständig oder in einer einseitswendigen oder allseitswendigen Traube . . . . . *Pyrola* s.l. S. 365
  2*. Blätter grob und regelmäßig gezähnt, oval oder lanzettlich, 2–4mal so lang wie breit; Blüten in endständiger Dolde, mit gelegentlich einer einzelnen seitenständigen Blüte . ***Chimaphila umbellata***

1*. Ganze Pflanze gelblich oder rötlich, keine grünen Blätter vorhanden; Kronblätter am Grunde mit einer Ausbuchtung; an der Endblüte 5, an den Seitenblüten 4 Kronblätter . ***Monotropa*** S. 366

Gattung Pyrola s.l.

Die Gattung *Pyrola* wird heute aufgeteilt.

1. Stengel mit nur einer einzigen endständigen Blüte; Kronblätter flach ausgebreitet, 8 bis 12 mm lang; Frucht aufwärts gerichtet . . . . . *Moneses uniflora* **32**

1*. Stengel mit einem mehrblütigen Blütenstand; Kronblätter zusammenneigend, 3–8 mm lang; Frucht seitwärts oder abwärts gerichtet.
  2. Blütenstand einseitswendig; Stengel beblättert . . . . . *Orthilia secunda* **33**
  2*. Blütenstand allseitswendig; alle Blätter grundständig. . . . . *Pyrola*
    3. Griffel kürzer oder höchstens so lang wie der Fruchtknoten, die kugelförmig zusammenneigenden, 3–5 mm langen Kronblätter nicht überragend, gerade, unterhalb der Narbe nicht verdickt . . . . . ***P. minor*** **34**
    3*. Griffel länger als der Fruchtknoten, die 6–8 mm langen Kronblätter überragend, gerade oder gebogen, unterhalb der Narbe verdickt.
      4. Griffel gerade . . . . . ***P. media***
      4*. Griffel über dem Fruchtknoten und meist auch unter der Narbe gebogen (S-förmig).
        5. Kelchblätter 2–3mal so lang wie breit; Kronblätter weiß oder rosa . . . . . ***P. rotundifolia*** **35**
        5*. Kelchblätter breiter als lang; Kronblätter hellgrün. Selten . . . . . ***P. chlorantha***

Gattung Monotropa

1. Innenseite der Kronblätter, Staubfäden und Griffel behaart (oft auch noch andere Blütenteile und der Stengel behaart); Frucht höher als dick. Selten . . . . *M. hypopitys* **36**

1*. Ganze Pflanze kahl; Frucht kugelig. Selten . . . . *M. hypophegea*

Gattung Empetrum (Familie der Empetraceae)

1. Die meisten Blüten ⚥ (um die bereits weit entwickelten Beeren sind meist noch Staubfäden sichtbar [Staubbeutel abgebrochen]; mehrere Blüten untersuchen!); Blätter oval (nie parallelrandig). Alpen, Hochjura, Vogesen . . . . *E. hermaphroditum* **37**

1*. Fast alle Blüten 1geschlechtig und Pflanze meist diözisch; die meisten Blätter im Mittelteil parallelrandig. Jura, Vogesen, Schwarzwald . . . . *E. nigrum*

Familie der Ericaceae

1. Blüten höchstens 8 mm lang.
   2. Blätter 4zeilig angeordnet, sich dachziegelartig überdeckend, am Grunde mit 2 spitzen Öhrchen, sitzend; Kelchblätter etwa 2mal so lang wie die Kronblätter; ca. 1,5 mm langer Außenkelch vorhanden. Saure, nährstoffarme Böden . . . . *Calluna vulgaris* **38**
   2*. Blätter nicht 4zeilig angeordnet, sich nie dachziegelartig überdeckend, nie mit Öhrchen, meist mit wenigstens 0,5 mm langem Stiel; Kelchblätter kürzer als die Kronblätter; kein Außenkelch.
      3. Blätter zu 3 oder 4 quirlständig, nadelförmig . . . . *Erica* S. 367
      3*. Blätter nicht quirlständig, nicht nadelförmig.
         4. Blätter zu 2 gegenständig, oval; niederliegender, teppichbildender Spalierstrauch . *Loiseleuria procumbens* **39**
         4*. Blätter wechselständig.

5. Zweige fadenförmig über Torfmoospolster kriechend; Krone bis fast zum Grunde geteilt und die freien Zipfel der Krone rückwärts gerichtet. Hochmoore . . . . *Oxycoccus* S. 368

5*. Zweige aufrecht oder bogig aufsteigend, wenn niederliegend, dann sparrig und holzig; Krone bis höchstens auf $^2/_3$ geteilt und die freien Zipfel der Krone nie rückwärts gerichtet (höchstens nach außen und oben umgebogen).

6. Zweige aufrecht oder bogig aufsteigend; Krone innerseits stets kahl (Lupe!).

7. Blätter oval, 1–3mal so lang wie breit . . . . *Vaccinium* S. 368

7*. Blätter sehr schmal lanzettlich, 5–15mal so lang wie breit, mit nach unten eingerolltem Rand (dieser nicht mitgemessen!). Hochmoore . . . . *Andromeda polifolia* **40**

6*. Zweige niederliegend, sparrig, holzig; teppichbildender Spalierstrauch; Krone innerseits stets behaart . . . . *Arctostaphylos* S. 369

1*. Blüten entweder mindestens 12 mm lang oder 18–30 mm im Durchmesser; Blätter nie nadelförmig, stets oval oder lanzettlich, entweder unterseits braun und mit kahlem Rand oder beiderseits grün und mit borstig behaartem Rand.

8. Verwachsener Teil der Kronblätter zylindrisch, Krone vorn trichterförmig . . . . . . *Rhododendron* S. 369

8*. Kronblätter nur am Grunde verwachsen, Krone flach ausgebreitet, Durchmesser 18 bis 30 mm. Bergamasker Alpen . . . . *Rhodothamnus chamaecistus*

Gattung Erica

1. Staubbeutel am Grunde angewachsen; Krone 1–2mal so lang wie die Kelchblätter . . . *E. carnea* **41**

1*. Staubbeutel auf dem Rücken angewachsen; Krone 3–4mal so lang wie die Kelchblätter.

2. Blätter am Rande mit 0,5–1 mm langen, abstehenden, weißen Haaren. Südschwarzwald, Entlebuch . . . . *E. tetralix*

2*. Blätter kahl.

3. Staubblätter weit aus der Kronröhre hervorragend, die beiden Staubbeutel vollständig getrennt, keine Anhängsel am Grunde der Staubbeutel; Blütenstiele 2–3mal so lang wie die Krone. Savoyen, Genf . . . . *E. vagans*

3*. Staubblätter in der Kronröhre eingeschlossen; Staubbeutel miteinander verwachsen, am Grunde mit kleinen Anhängseln; Blütenstiel kürzer bis wenig länger als die Krone. Comersee, Veltlin . . . . *E. arborea*

41

40

Gattung Oxycoccus

Die Gattung *Oxycoccus* wird heute in die Gattung *Vaccinium* gestellt.

1. Blätter oval oder lanzettlich, die größte Breite fast immer nahe dem Blattgrund (oft wird dies vorgetäuscht durch die vor allem gegen die Spitze hin nach unten umgerollten Blattränder); Vorblätter 1–2,5 mm lang, schuppenförmig und rot; Durchmesser der Frucht bis 0,8 cm.
   2. Blütenstiele flaumig behaart; Staubfäden am Ende der Blütezeit kürzer als die Staubbeutel mit den röhrenförmigen Fortsätzen . . . . . *O. quadripetalus* **42**
   2*. Blütenstiele kahl; Staubfäden am Ende der Blütezeit länger als die Staubbeutel mit den röhrenförmigen Fortsätzen . . . . . *O. microcarpus*

1*. Blätter oval, größte Breite in der Mitte, Rand verdickt und überall gleichmäßig und wenig nach unten umgebogen; Vorblätter 3–10 mm lang, blattartig, grün; Fruchtdurchmesser 1–2 cm . . . . . *O. macrocarpus*

Gattung Vaccinium

1. Blätter immergrün, derb, ganzrandig, Rand nach unten umgebogen; Staubbeutel ohne Anhängsel (nur die röhrenförmigen Fortsätze vorhanden); Frucht rot.
   2. Krone 5–7 mm lang; Griffel 6–10 mm lang; Frucht 5–8 mm im Durchmesser . . . . . *V. vitis-idaea* **43**
   2*. Krone 3–4 mm lang; Griffel 3–4 mm lang; Frucht 3–5 mm im Durchmesser . . . . . *V. minus*

1*. Blätter sommergrün, Rand gezähnt oder ganz, flach; jeder Staubbeutel mit Anhängsel (zudem die röhrenförmigen Fortsätze vorhanden); Frucht dunkelblau.
   3. Blätter fein gezähnt (Zähne 0,1–0,3 mm lang); junge Zweige grün, mit geflügelten Kanten *V. myrtillus* **44**
   3*. Blätter ganzrandig, junge Zweige grau oder braun, rundlich, nie mit geflügelten Kanten.
      4. Blüten fast immer einzeln, auf 1–3 mm langen Stielen; Blätter selten bis 1 cm breit; Strauch bis 15 cm hoch. Subalpin, alpin . . . . . *V. gaultherioides*
      4*. Blüten oft zu 2–3 beisammen, auf 3–10 mm langen Stielen; Blätter oft über 1 cm breit; Strauch meist 20–50 cm hoch. Kollin, montan . . . . . *V. uliginosum*

Gattung Arctostaphylos

1. Blätter immergrün, derb, ganzrandig (Rand flach!), ohne 0,5–1,5 mm lange Haare; Frucht rot . . . . *A. uva-ursi* **45**

1*. Blätter sommergrün, mit fein gezähntem Rand, gegen den Grund hin mit 0,5–1,5 mm langen, abstehenden, weißen Haaren; Frucht dunkelblau (fast schwarz) . . . . *A. alpina*

Gattung Rhododendron

1. Blätter oberseits dunkelgrün, ältere unterseits braun, Rand nach unten umgebogen, keine Haare vorhanden. Auf sauren Rohhumusauflagen . . . . *Rh. ferrugineum* **46**

1*. Blätter beiderseits grün, mit flachem Rand, am Blattrand und am Rande der Kelchblätter 1–2 mm lange, abstehende, borstige Haare vorhanden. Kalkreiche Böden . . . . *Rh. hirsutum*

Familie der Primulaceae

1. Ausdauernde Wasserpflanzen, mit im Wasser untergetauchten, kammartig bis fast auf den Mittelnerv fiederteiligen Blättern; Blattzipfel bis 5 cm lang und 1,5 mm breit, oft noch gegabelt; Blütenstand aus quirlartig übereinanderstehenden Teilblütenständen zusammengesetzt. Selten . . . . *Hottonia palustris* **47**

1*. Landpflanzen mit ungeteilten oder wenig tief radiär geteilten Blättern; Blüten nicht in quirlartig übereinanderstehenden Teilblütenständen.

2. Blätter lang gestielt (Stiel länger als die Spreite), kreisrund, nierenförmig, herzförmig oder 3- oder 5eckig; Blüten oft nickend.

3. Kronzipfel nach rückwärts gerichtet; Blüten einzeln, auf langem, unbeblättertem Stiel; Rhizom zu einer Knolle verdickt . . . . *Cyclamen* S. 371

3*. Kronzipfel nach vorn gerichtet; Blüten zu 1–10 auf einem unbeblätterten Blütenstandsstiel (Dolde); am Übergang vom Blütenstandsstiel zum Blütenstiel je 1 Tragblatt; Rhizom nicht knollig verdickt.

45

46

47

4. Blätter lederig, ± ganzrandig (selten wenig tief und stumpf gezähnt), höchstens 3 cm im Durchmesser; Blüten zu 1–3; Krone mit fransenartig zerschlitzten Zipfeln, blau bis violett . . . . *Soldanella* S. 371

4*. Blätter nicht lederig, wenig tief radiär geteilt oder spitz gezähnt, im Durchmesser bis 10 cm; Blüten in 5–10blütiger Dolde; Krone mit ganzrandigen Zipfeln, purpurrot *Cortusa matthioli* **48**

2*. Blätter nicht oder kurz gestielt (Stiel bedeutend kürzer als die Spreite), breit oval bis schmal lanzettlich, selten fast rund; Blüten meist aufrecht.

5. Blätter alle in grundständigen Rosetten oder dicht dachziegelartig an sehr kurzen Sprossen angeordnet; Krone mit deutlicher, kurzer oder langer Röhre; Staubfäden kürzer als die Staubbeutel.

6. Krone am Eingang zur Kronröhre ohne Schuppen; Blätter meist bedeutend breiter als 0,5 cm; Kronröhre mindestens 0,5 cm lang . . . . *Primula* S. 371

6*. Krone am Eingang zur Kronröhre mit 5 kurzen, gelben (beim Verblühen meist rötlichen) Schuppen; Blätter klein, meist schmäler als 0,5 cm (nur bei *A. maxima* und *A. septentrionalis* bis 1 cm breit); Kronröhre weniger als 0,5 cm lang (nur bei *A. Vitaliana* bis 1,5 cm lang) . . . . *Androsace* S. 374

5*. Blätter wenigstens teilweise wechselständig, gegenständig oder quirlständig an einem deutlichen Stengel; Krone fast bis zum Grunde geteilt; Staubfäden so lang oder länger als die Staubbeutel.

7. Krone gelb . . . . *Lysimachia* S. 376

7*. Krone weiß, rosa, rot oder blau.

8. Blätter am Ende des kurzen Stengels quirlartig angeordnet; Krone mit 7 (selten 5 oder 9) Zipfeln, weiß. Montan und subalpin; Birken-, Fichten- und Arvenwälder, sehr selten . . . . *Trientalis europaea* **49**

8*. Blätter am Stengel wechselständig oder gegenständig; Krone mit 5 oder 4 Zipfeln.

9. Blüten einzeln in den Achseln von Blättern; Fruchtknoten oberständig; Kapsel sich mit einem Deckel öffnend . . . . *Anagallis* S. 377

9*. Blüten in Trauben oder Rispen am Ende der Zweige; Fruchtknoten halbunterständig, Fruchtkapsel sich mit 5 Zähnen öffnend. Kollin; Ufer, nasse Weiden; selten . . . . *Samolus valerandi* **50**

Gattung Cyclamen

1. Blätter nieren- bis herzförmig, spitz oder abgerundet (die Zipfel an der Basis gerundet), undeutlich und stumpf gezähnt; Kronzipfel am Grunde ohne deutliche, seitliche öhrchenartige Ausweitungen. Warme Lagen; Laubwälder . . . . *C. purpurascens* **51**

1*. Blätter 3- oder 5eckig, am Grunde herzförmig, immer spitz (die Zipfel an der Basis spitz), unregelmäßig spitz gezähnt; Kronzipfel am Grunde jederseits mit einer deutlichen öhrchenartigen Ausweitung. Savoyen, Rhonetal; sehr selten . . . . *C. hederifolium* **52**

Gattung Soldanella

1. Stengel 2–3blütig (selten 1blütig); Krone trichterförmig, bis auf $^2/_3$–$^1/_3$ eingeschnitten; zwischen den Ansatzstellen der Staubblätter mit je 1 Schuppe; Kapsel 10zähnig; Blattspreite im Durchmesser meist größer als 1 cm. Alpin, südlicher Jura, Schwarzwald. . . . . . . *S. alpina* **53**

1*. Stengel 1blütig; Krone eng glockenförmig, bis auf $^3/_4$–$^2/_3$ eingeschnitten, zwischen den Ansatzstellen der Staubblätter keine Schuppen; Kapsel 5zähnig; Blattspreite im Durchmesser kleiner als 1 cm.

2. Blattstiele und Blütenstiele mit einzelnen ungestielten Drüsen; Blattspreite an der Basis nierenförmig eingebuchtet. Schneetälchen; Alpen . . . . *S. pusilla* **54**

2*. Blattstiele und Blütenstiele mit zahlreichen 0,1–0,2 mm langen, mehrzelligen Drüsenhaaren; Blattspreite an der Basis abgerundet. Südöstliche Alpen . . . . *S. minima*

Gattung Primula

1. Blätter in der Knospenlage gegen die Unterseite eingerollt, Blattnerven unterseits vorstehend; Kelch ± kantig (vorstehende Mittelnerven).

2. Blüten gelb (Gartenformen auch rot, lila, purpurn, violett, blau oder weiß); Blätter und Kelch ohne Mehlstaub.

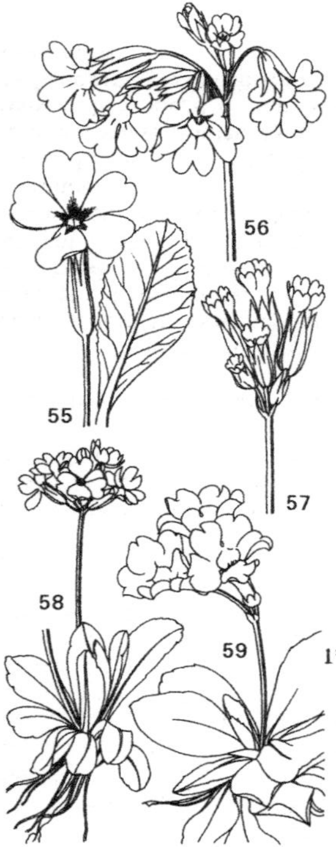

3. Stengel reduziert, so daß die Blüten scheinbar einzeln der Rosette entspringen; Blütenstiele 5–10 cm lang; Kelchzähne 6–9 mm lang, $2^{1}/_{2}$–$3^{1}/_{2}$mal so lang wie breit . *P. acaulis* 55

3*. Stengel 5–30 cm hoch, mit vielblütiger, einseitswendiger Dolde; Blütenstiele 0,2–4 cm lang; Kelchzähne 2–7 mm lang, $^{3}/_{4}$–$2^{1}/_{2}$mal so lang wie breit.

4. Krone hellgelb; Frucht $2^{1}/_{2}$–5mal so lang wie breit.

5. Kelchzähne 3–7 mm lang, 2–$2^{1}/_{2}$mal so lang wie breit; Blätter, Stengel, Blütenstiele und Kelch mit wenigen bis zahlreichen bis 0,7 mm langen Haaren; Frucht 10–15 mm lang, 3–5mal so lang wie dick, deutlich länger als der Kelch . . . . *P. elatior* **56**

5*. Kelchzähne 2–3 mm lang, 1–$1^{2}/_{3}$mal so lang wie breit; Blätter, Stengel, Blütenstiele und Kelch mit sehr zahlreichen bis 0,3 mm langen Haaren; Frucht 8–12 mm lang, $2^{1}/_{2}$–3mal so lang wie dick, kaum länger als der Kelch. Südöstliche Alpen *P. intricata*

4*. Krone dunkelgelb; Frucht $1^{1}/_{3}$–$1^{2}/_{3}$mal so lang wie breit.

6. Kelch 8–16 mm lang; Blätter unterseits hellgrün, mit zahlreichen bis 0,3 mm langen, vielzelligen, nicht verzweigten Haaren auf den Nerven, dazwischen ± kahl; Kelchzähne $1^{1}/_{3}$–$1^{2}/_{3}$mal so lang wie breit . . . . *P. veris* **57**

6*. Kelch 16–25 mm lang; Blätter unterseits grau bis weiß, mit sehr zahlreichen, bis 0,8 mm langen, vielzelligen, gelegentlich verzweigten Haaren auf den Nerven und der Blattfläche; Kelchzähne $^{3}/_{4}$–$1^{1}/_{3}$mal so lang wie breit. Warme, schattige Lagen. *P. columnae*

2*. Krone rotlila oder purpurn, selten weiß; Blätter unterseits und Kelch mit Mehlstaub.

7. Kelch 4–6 mm lang, so lang oder wenig kürzer als die Kronröhre; Kelchzähne ca. 2 mm lang; Frucht 5–9 mm lang. Feuchte, kalkhaltige Böden . . . . *P. farinosa* **58**

7*. Kelch 7–14 mm lang, $^{1}/_{3}$–$^{1}/_{2}$ so lang wie die Kronröhre; Kelchzähne 3–4 mm lang; Frucht 9–12 mm lang. Zentral- und Südalpen; selten . . . . *P. halleri*

1*. Blätter in der Knospenlage gegen die Oberseite eingerollt; Blattnerven unterseits nicht vorstehend; Kelch nicht kantig.

8. Krone leuchtend gelb; Blätter (besonders am Rande), Blütenstiele und Kelch mit wenig bis viel Mehlstaub. Kalkhaltige, felsige Böden, Alpen, Jura, Schwarzwald . . . . . . *P. auricula* **59**

8*. Krone rot, violett, purpurn, rosa, lila oder weiß; Blätter, Blütenstiele und Kelch ohne Mehlstaub.

9. Kelchzähne 4–8 mm lang, meist spitz; Blätter spitz, beiderseits graugrün und kahl, mit knorpeligem, kahlem Rand, ganzrandig. Kalkreiche Böden; Südalpen . . . . *P. glaucescens*

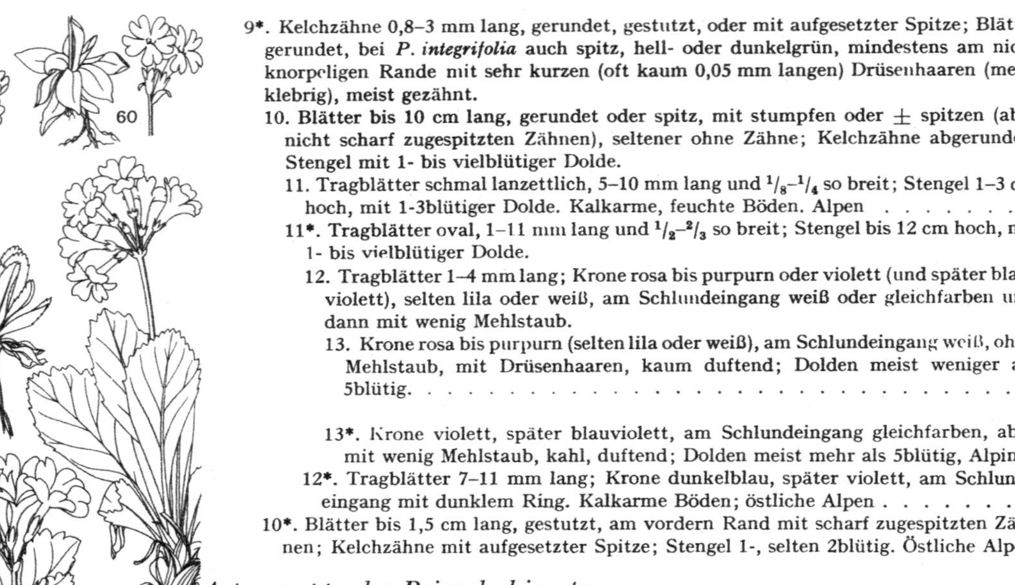

9*. Kelchzähne 0,8–3 mm lang, gerundet, gestutzt, oder mit aufgesetzter Spitze; Blätter gerundet, bei *P. integrifolia* auch spitz, hell- oder dunkelgrün, mindestens am nicht knorpeligen Rande mit sehr kurzen (oft kaum 0,05 mm langen) Drüsenhaaren (meist klebrig), meist gezähnt.

10. Blätter bis 10 cm lang, gerundet oder spitz, mit stumpfen oder ± spitzen (aber nicht scharf zugespitzten Zähnen), seltener ohne Zähne; Kelchzähne abgerundet; Stengel mit 1- bis vielblütiger Dolde.

11. Tragblätter schmal lanzettlich, 5–10 mm lang und $^1/_8$–$^1/_4$ so breit; Stengel 1–3 cm hoch, mit 1-3blütiger Dolde. Kalkarme, feuchte Böden. Alpen . . . . *P. integrifolia* **60**

11*. Tragblätter oval, 1–11 mm lang und $^1/_2$–$^2/_3$ so breit; Stengel bis 12 cm hoch, mit 1- bis vielblütiger Dolde.

12. Tragblätter 1–4 mm lang; Krone rosa bis purpurn oder violett (und später blauviolett), selten lila oder weiß, am Schlundeingang weiß oder gleichfarben und dann mit wenig Mehlstaub.

13. Krone rosa bis purpurn (selten lila oder weiß), am Schlundeingang weiß, ohne Mehlstaub, mit Drüsenhaaren, kaum duftend; Dolden meist weniger als 5blütig. . . . . *Artengruppe der P. hirsuta* S. 373

13*. Krone violett, später blauviolett, am Schlundeingang gleichfarben, aber mit wenig Mehlstaub, kahl, duftend; Dolden meist mehr als 5blütig, Alpin . *P. latifolia* **61**

12*. Tragblätter 7–11 mm lang; Krone dunkelblau, später violett, am Schlundeingang mit dunklem Ring. Kalkarme Böden; östliche Alpen . . . . *P. glutinosa* **62**

10*. Blätter bis 1,5 cm lang, gestutzt, am vordern Rand mit scharf zugespitzten Zähnen; Kelchzähne mit aufgesetzter Spitze; Stengel 1-, selten 2blütig. Östliche Alpen *P. minima*

Artengruppe der Primula hirsuta

1. Blätter auf den Flächen behaart, meist ziemlich rasch in den geflügelten Stiel verschmälert.

2. Kelchzähne 1,5–2,5 mm lang, 1–1½mal so lang wie breit, abstehend; Frucht ⅔–⅘ so lang wie der Kelch. Kalkarme Felsen und felsige Böden . . . . *P. hirsuta* **63**

2*. Kelchzähne 0,8–1,5 mm lang, ¾-1mal so lang wie breit, der Krone anliegend; Frucht so lang oder wenig länger als der Kelch.

3. Stengel zur Fruchtzeit länger als die Blätter; Blätter oval bis eiförmig, rasch in den Stiel verschmälert. Kalkarme Felsen und felsige Böden, südöstliche Alpen . . . . *P. daonensis*

3*. Stengel zur Fruchtzeit gleichlang oder kürzer als die Blätter; Blätter oval, mit wenig verschmälertem Grunde. Kalkfelsen, Grigna . . . . *P. grignensis*

1*. Blätter auf den Flächen ± kahl (nur am Rande behaart), meist allmählich in den geflügelten Stiel verschmälert. Savoyen, Aostatal . . . . *P. pedemontana*

65

64

66

67

Gattung Androsace

1. Krone weiß oder rot, mit 1–5 mm langen Zipfeln und kürzerer oder nur wenig längerer Kronröhre.

2. Pflanze 1jährig, mit einer einzigen grundständigen Rosette; Blätter im vordern Teil meist gezähnt, 1–6mal so lang wie breit.

3. Kelch 5–6 mm lang, zur Fruchtzeit 8–10 mm lang, mit 3–6 mm langen Zähnen; Stengel und Blütenstiele mit 0,1–0,2 mm langen, rotköpfigen Drüsenhaaren und bis 1 mm langen 1fachen, mehrzelligen Haaren. Elsaß, Maurienne, Wallis, Veltlin (?) . . . . . *A. maxima* **64**

3*. Kelch 2,5–3,5 mm lang, mit 0,6–1 mm langen Zähnen, zur Fruchtzeit nur wenig verlängert; Stengel und Blütenstiele mit 0,1 mm langen, verzweigten, 2–5strahligen Haaren. Maurienne, Aostatal, Wallis, Engadin . . . . *A. septentrionalis* **65**

2*. Pflanze ausdauernd, mit in Rasen oder Polstern angeordneten Rosetten oder dachziegelartig beblätterten Sprossen.

4. Blüten in deutlich gestielten, doldenartigen Blütenständen.

5. Stengel und Blütenstiele mit 0,5–2 mm langen, 1fachen, mehrzelligen, abstehenden Haaren und mit ca. 0,1 mm langen Drüsenhaaren.

6. Blätter fast nur am Rande mit bis 1 mm langen, mehrzelligen Haaren und 0,1 mm langen Drüsenhaaren, sonst ± kahl. Kalkreiche Böden; Alpen . . . . *A. chamaejasme* **66**

6*. Blätter am Rande und auf der Unterseite (besonders gegen die Spitze zu) mit sehr zahlreichen, 1–2 mm langen Haaren und 0,1 mm langen Drüsenhaaren; selten *A. villosa*

5*. Stengel und Blütenstiele mit 0,05–0,2 mm langen, meist verzweigten, 1–8strahligen Haaren oder kahl.

7. Kelch und Blütenstiele kahl; Blätter an der Spitze mit wenigen Haaren, Jura, Alpen *A. lactea* **67**

7*. Blütenstiele mit zahlreichen Haaren; Kelch mit einzelnen Haaren; Blätter mindestens am Rand mit Haaren. Meist kalkarme Böden . . . . *Artengruppe der A. puberula*

4*. Blüten einzeln in den obersten Blattachseln.

8. Pflanze mit Rosetten, die locker in kleinen Rasen oder flachen Polstern angeordnet sind; Stengel unterhalb der Rosette mit einzelnen bis zahlreichen, schlaffen, abgestorbenen Blättern . . . . *Artengruppe der* ***A. alpina*** S. 376

8*. Pflanze mit beblätterten Sprossen, die dicht in halbkugeligen Polstern angeordnet sind; Stengel unterhalb der endständigen, sternförmig ausgebreiteten Blätter mit zahlreichen dachziegelig übereinanderstehenden, steifen, abgestorbenen Blättern.

9. Blätter von zahlreichen 0,1–0,2 mm langen, verzweigten, vielstrahligen Haaren weißlich; Blütenstiele 2–6 mm lang. Kalkarme Felsen; Alpen . . . . *A. vandellii*

9*. Blätter mit 0,2–0,4 mm langen, 1fachen Haaren, graugrün; Blütenstiele 0,5 bis 1,5 mm lang. Kalkreiche Felsen; Alpen . . . . ***A. helvetica*** **68**

1*. Krone gelb (bei getrockneten Exemplaren oft grünlich oder bläulich), mit 4–9 mm langen Zipfeln und $1^1/_2$–2mal so langer Kronröhre. Westliche und südliche Alpen . . . . *A. vitaliana* **69**

Artengruppe der Androsace puberula

1. Blätter mit der größten Breite unterhalb der Mitte.

2. Blätter an der Spitze nach unten gebogen, oberseits glänzend; Kelch 4–5 mm lang, mit 2–2,5 mm langen Zähnen. Vogesen . . . . *A. halleri*

2*. Blätter gerade, beiderseits matt; Kelch 2,5–3,5 mm lang, mit 1–2 mm langen Zähnen.

3. Blätter ganzrandig, mit einzelnen bis vielen, mehrheitlich 3- und mehrstrahligen Haaren; Krone rosa (selten weiß). Westliche Alpen . . . . *A. puberula* **70**

3*. Blätter zum Teil mit kurzen Zähnen oder Verdickungen am Rand, mit einzelnen bis vielen, gegen die Blattspitze gekrümmten 1–2strahligen Haaren; Krone weiß oder rötlich. Haute-Maurienne . . . . *A. brigantiaca*

1*. Blätter mit der größten Breite in oder oberhalb der Mitte . . . . ***A. obtusifolia*** **71**

Artengruppe der Androsace alpina

1. Haare an den Blättern und am Blütenstiel 0,2–0,4 mm lang, 1–2strahlig. West- und Nordalpen . . . . *A. pubescens*

1*. Haare an den Blättern und am Blütenstiel 0,05–0,2 mm lang, 1–8strahlig.

2. Blätter beiderseits behaart, 5–10 mm lang. Auf Dolomit in den Bergamasker Alpen . . *A. hausmannii*

2*. Blätter oberseits nur an der Spitze behaart, 3–7 mm lang. Auf kalkarmem Gestein.

3. Haare an den Blättern 0,1–0,2 mm lang, 2–8strahlig; Kelch 2,5–3,5 mm lang ,Kronzipfel vorn meist gerundet. Alpen . . . . *A. alpina* **72**

3*. Haare an den Blättern 0,05–0,1 mm lang, 1–5strahlig; Kelch 3,5–4,5 mm lang; Kronzipfel vorn meist ausgerandet.

4. Blätter vorn gerundet (Abstand von der größten Breite zur Spitze kleiner als die größte Breite); Haare an den Blättern 2–3strahlig. Südalpen . . . . *A. brevis*

4*. Blätter vorn spitz (Abstand von der größten Breite zur Spitze größer als die größte Breite); Haare an den Blättern 3–5strahlig. Bormio (?) . . . . *A. wulfeniana*

Gattung Lysimachia

1. Blüten einzeln in der Achsel von Blättern; Blätter rund bis oval, bis 3 cm lang, 1–2mal so lang wie breit; Stengel aufsteigend oder niederliegend.

2. Kronblätter 5–8 mm lang; Kelchblätter 3,5–5 mm lang, schmal lanzettlich, nicht rot punktiert; Stengel aufsteigend. Feuchte Wälder. . . . . *L. nemorum* **73**

2*. Kronblätter 9–16 mm lang; Kelchblätter 7–10 mm lang, lanzettlich, am Grunde herzförmig, rot punktiert; Stengel niederliegend . . . . *L. nummularia* **74**

1*. Blüten in kurzen, gestielten Trauben oder Rispen oder zu 1–4 in den Achseln der obern Stengelblätter; Blätter schmal bis breit lanzettlich, bis 15 cm lang, 2–15mal so lang wie breit; Stengel aufrecht.

3. Kelchblätter 3–8 mm lang, mindestens am Grunde behaart; Kronblätter 7–15 mm lang.

4. Blüten zu 1–4 in den Achseln der obern Stengelblätter; Kelchblätter 5–8 mm lang, bis zur Spitze behaart, ohne roten Rand. Zierpflanze . . . . *L. punctata*

72

74

73

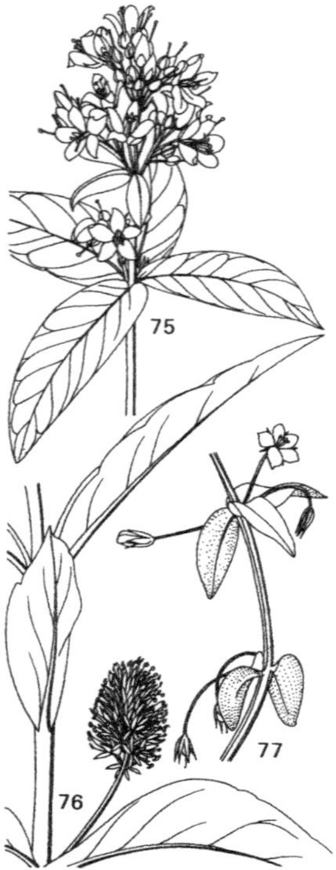

4*. Blüten in kurzen, gestielten Trauben oder Rispen; Kelchblätter 3–5 mm lang, am Grunde behaart, drüsig bewimpert, mit rotem Rand. Nasse Böden . . . . *L. vulgaris* **75**

3*. Kelchblätter 2–3 mm lang, kahl; Kronblätter 3–6 mm lang. Ufer, Gräben; selten . . *L. thyrsiflora* **76**

Gattung Anagallis

1. Blätter gegenständig; Blütenstiel $^{2}/_{3}$ bis 6mal so lang wie das nächststehende Blatt; Krone 5–9 mm lang, bis fast zum Grunde geteilt; Staubfäden mit mehrzelligen Haaren.

2. Blätter 0,5–2 cm lang, oval bis lanzettlich; Krone 4–7 mm lang, rosa, rot, purpurn oder blau; Blütenstiel $^{2}/_{3}$–2mal so lang wie das nächststehende Blatt.

3. Blütenstiel $1^{1}/_{4}$–2mal so lang wie das nächststehende Blatt; Krone mit 3,5–6 mm breiten, ± ganzrandigen Zipfeln. Äcker, Weinberge . . . . *A. arvensis* **77**

3*. Blütenstiel $^{2}/_{3}$–$1^{1}/_{4}$mal so lang wie das nächststehende Blatt; Krone mit 2–3,5 mm breiten, fein gezähnten Zipfeln. Warme Lagen . . . . *A. foemina*

2*. Blätter 0,2–0,6 cm lang, fast rund; Krone 7–9 mm lang, hellrosa, mit dunkleren Nerven; Blütenstiel 2–6mal so lang wie das nächststehende Blatt. Schwarzwald . . . . *A. tenella*

1*. Blätter wechselständig; Blütenstiel höchstens $^{1}/_{6}$ so lang wie das nächststehende Blatt; Krone 1–2 mm lang, bis etwa zur Mitte geteilt; Staubfäden kahl. Nasse Äcker, Sumpfwege *A. minima*

75

76

77

Familie der Plumbaginaceae

Gattung Armeria

1. Blätter 25–80mal so lang wie breit, 1–3nervig, meist schmäler als 3 mm; Hüllscheide 0,8 bis 2 cm lang.
   2. Blütenköpfe 2–3 cm im Durchmesser; Hüllscheide meist 0,8–1,3 cm lang. Alpen . . . *A. alpina* **78**
   2*. Blütenköpfe 1,5–2 cm im Durchmesser; Hüllscheide meist 1,2–2 cm lang. Bodenseegebiet . . . *A. purpurea*

1*. Blätter 6–25mal so lang wie breit, 3–7nervig, meist breiter als 3 mm; Hüllscheide 2,8–4 cm lang. Wallis, Aostatal, Varese, Valsesia . . . *A. arenaria*

Familie der Oleaceae

1. Krone 1–3 cm im Durchmesser, gelb oder weiß.
   2. Blätter aus 3 Teilblättern zusammengesetzt oder gefiedert (selten einzelne Blätter einfach); Krone mit langer, oben erweiterter Röhre und 4–6 kurzen, flach ausgebreiteten Zipfeln. Zierstrauch . . . *Jasminum* S. 379
   2*. Blätter ungeteilt (selten einzelne Blätter 3teilig oder aus 3 Teilblättern zusammengesetzt); Krone mit kurzer Röhre und 4 trichterförmig angeordneten, langen Zipfeln. Zierstrauch . . . *Forsythia suspensa*

1*. Krone nur selten mehr als 1 cm im Durchmesser, weiß, grünlichweiß, lila oder violett oder nicht vorhanden (*Fraxinus excelsior*).
   3. Blätter ungeteilt, zur Blütezeit vorhanden; Frucht eine Kapsel, Beere oder Steinfrucht.
      4. Blätter sommergrün (selten Blätter erst im Frühjahr abfallend); Frucht eine Kapsel oder Beere.
         5. Blätter oval bis herzförmig, lang gestielt (Stiel mindestens $^1/_4$ so lang wie die Spreite); Frucht eine spindelförmige Kapsel. Zierstrauch . . . *Syringa vulgaris*
         5*. Blätter lanzettlich oder oval, kurz gestielt (Stiel höchstens $^1/_6$ so lang wie die Spreite); Frucht eine kugelige bis eiförmige Beere . . . *Ligustrum vulgare* **79**
      4*. Blätter immergrün, lederig; Frucht eine kugelige bis eiförmige Steinfrucht.
         6. Blätter unterseits kahl (nur auf dem Mittelnerv am Grunde kurzhaarig), beiderseits grün; Frucht fast kugelig, 0,6–0,8 cm im Durchmesser. Dép. Ain . . . *Phillyrea latifolia* **80**

81

82

83

6*. Blätter unterseits von dichtstehenden, schuppenförmigen Haaren silbergrau; Frucht eiförmig, 1,5–3 cm lang. Kulturbaum in warmen Lagen . . . . *Olea europaea*

3*. Blätter gefiedert; Frucht eine geflügelte Nuß . . . . *Fraxinus* S. 379

Gattung Jasminum

1. Blätter gefiedert, mit 7–9 Teilblättern; Krone weiß . . . . *J. officinale*

1*. Blätter aus 3 Teilblättern zusammengesetzt (selten einfach); Krone gelb.

2. Blätter gegenständig; Blüten vor den Blättern erscheinend . . . . *J. nudiflorum*

2*. Blätter wechselständig; Blüten nach den Blättern erscheinend . . . . *J. fruticans*

Gattung Fraxinus

1. Blüten vor den Blättern erscheinend, ohne Krone und meist ohne Kelch; Blätter mit 9, 11 oder 13 meist ungestielten Teilblättern. Feucht- oder trockene Kalkböden . . . . *F. excelsior* **81**

1*. Blüten mit den Blättern erscheinend, mit 2 oder 4 7–15 mm langen, sehr schmal bandförmigen, weißen Kronblättern und tief 4teiligem Kelch; Blätter mit 5, 7 oder 9 gestielten Teilblättern. Alpensüdfuß, Vintschgau . . . . *F. ornus* **82**

Familie der Gentianaceae (inkl. Menyanthaceae)

1. Blätter wechselständig oder nur in der Blütenregion gegenständig, 3zählig oder ungeteilt und am Grunde tief herzförmig, mit langem, am Grunde scheidenartig verbreitertem Stiel, Stiel von der Spreite deutlich abgesetzt.

2. Blätter 3zählig, mit ungestielten, ovalen bis breit lanzettlichen Teilblättern. Naßböden *Menyanthes trifoliata* **83**

2*. Blätter ungeteilt, rund oder oval, am Grunde tief herzförmig, mit schmaler Bucht (wie kleine Seerosenblätter). Schwimmpflanze . . . . *Nymphoides peltata*

1*. Blätter gegenständig, oft in grundständiger Rosette, oval bis schmal lanzettlich, ganzrandig, ungestielt oder allmählich in den Stiel verschmälert.

3. Krone mit 4–5 (selten mehr) Zipfeln; Pflanze ohne bläuliche Bereifung; Blätter nicht verwachsen oder höchstens an der Scheide und dann die Kronen blau.

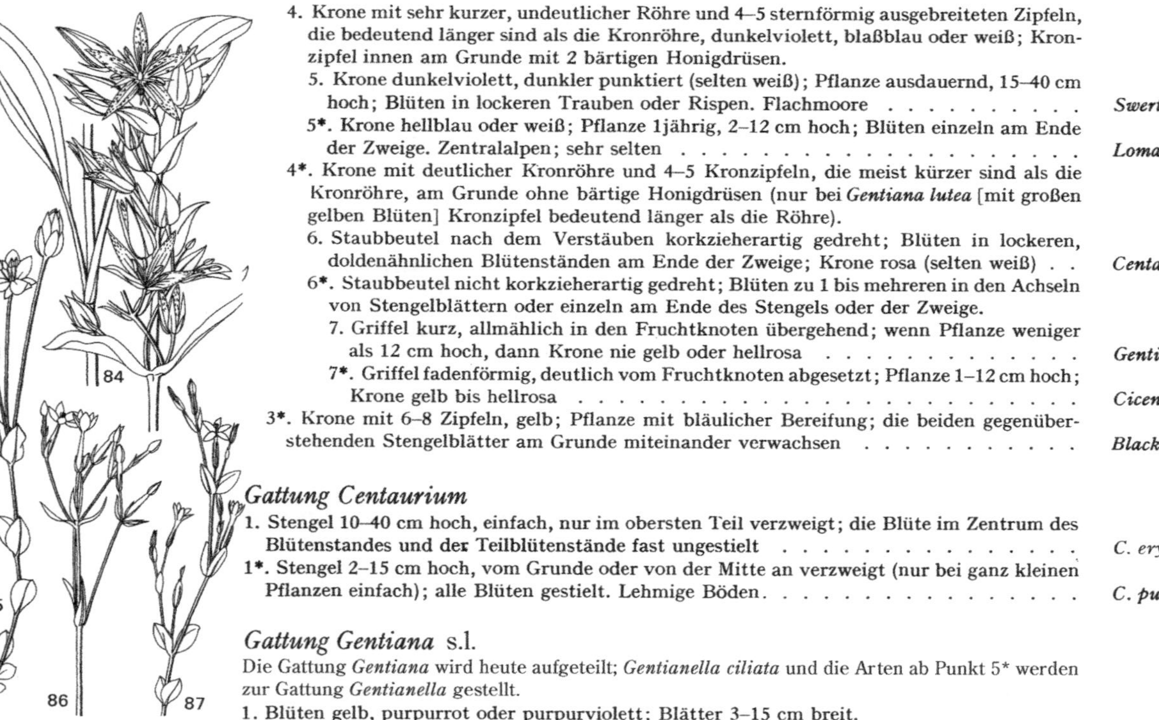

4. Krone mit sehr kurzer, undeutlicher Röhre und 4–5 sternförmig ausgebreiteten Zipfeln, die bedeutend länger sind als die Kronröhre, dunkelviolett, blaßblau oder weiß; Kronzipfel innen am Grunde mit 2 bärtigen Honigdrüsen.

5. Krone dunkelviolett, dunkler punktiert (selten weiß); Pflanze ausdauernd, 15–40 cm hoch; Blüten in lockeren Trauben oder Rispen. Flachmoore . . . . *Swertia perennis* **84**

5*. Krone hellblau oder weiß; Pflanze 1jährig, 2–12 cm hoch; Blüten einzeln am Ende der Zweige. Zentralalpen; sehr selten . . . . *Lomatogonium carinthiacum* **85**

4*. Krone mit deutlicher Kronröhre und 4–5 Kronzipfeln, die meist kürzer sind als die Kronröhre, am Grunde ohne bärtige Honigdrüsen (nur bei *Gentiana lutea* [mit großen gelben Blüten] Kronzipfel bedeutend länger als die Röhre).

6. Staubbeutel nach dem Verstäuben korkzieherartig gedreht; Blüten in lockeren, doldenähnlichen Blütenständen am Ende der Zweige; Krone rosa (selten weiß) . . *Centaurium* S. 380

6*. Staubbeutel nicht korkzieherartig gedreht; Blüten zu 1 bis mehreren in den Achseln von Stengelblättern oder einzeln am Ende des Stengels oder der Zweige.

7. Griffel kurz, allmählich in den Fruchtknoten übergehend; wenn Pflanze weniger als 12 cm hoch, dann Krone nie gelb oder hellrosa . . . . *Gentiana* s.l. S. 380

7*. Griffel fadenförmig, deutlich vom Fruchtknoten abgesetzt; Pflanze 1–12 cm hoch; Krone gelb bis hellrosa . . . . *Cicendia* S. 384

3*. Krone mit 6–8 Zipfeln, gelb; Pflanze mit bläulicher Bereifung; die beiden gegenüberstehenden Stengelblätter am Grunde miteinander verwachsen . . . . *Blackstonia* S. 384

Gattung *Centaurium*

1. Stengel 10–40 cm hoch, einfach, nur im obersten Teil verzweigt; die Blüte im Zentrum des Blütenstandes und der Teilblütenstände fast ungestielt . . . . *C. erythraea* **86**

1*. Stengel 2–15 cm hoch, vom Grunde oder von der Mitte an verzweigt (nur bei ganz kleinen Pflanzen einfach); alle Blüten gestielt. Lehmige Böden. . . . . *C. pulchellum* **87**

Gattung *Gentiana* s.l.

Die Gattung *Gentiana* wird heute aufgeteilt; *Gentianella ciliata* und die Arten ab Punkt 5* werden zur Gattung *Gentianella* gestellt.

1. Blüten gelb, purpurrot oder purpurviolett; Blätter 3–15 cm breit.

88

89

90

2. Blüten gestielt; Krone weit trichterförmig, bis fast zum Grunde 5–6teilig, goldgelb (nicht punktiert). Meist kalkhaltige Böden im Gebirge . . . . *G. lutea*

2*. Blüten ungestielt; Krone glockenförmig, höchstens bis auf $^1/_2$ der Länge 5–8teilig, hellgelb, purpurrot oder purpurviolett und meist dunkler punktiert.

3. Krone hellgelb. Kalkarme Böden; Alpen . . . . *G. punctata* **88**

3*. Krone purpurrot oder purpurviolett.

4. Kelch mit 5–8 nach außen gebogenen Zipfeln. Östliche Alpen . . . . *G. pannonica*

4*. Kelch auf einer Seite bis fast zum Grunde eingeschnitten, mit 2 Zipfeln. Alpen *G. purpurea*

1*. Blüten blau, violett, lila oder weinrot (selten weiß); Blätter selten über 3 cm breit und Blüten dann blau.

5. Krone im Schlunde kahl, blau (selten weiß); Kelch bis auf $^3/_4$–$^1/_2$ der Länge 4–5teilig.

6. Kronzipfel 4–5, ganzrandig.

7. Krone eng glockenförmig, bis auf $^4/_5$–$^3/_4$ der Länge 4- oder 5teilig, mit ausgebreiteten, 3eckigen Zipfeln.

8. Pflanze 15–90 cm hoch, mit zahlreichen Stengelblättern.

9. Kelch und Krone 5teilig; Krone 3–5 cm lang; Pflanze ohne sterile Blattrosetten.

10. Blätter meist 1nervig, schmal lanzettlich, auf halber Stengelhöhe 4–20mal so lang wie breit; Kelch bis auf etwa $^1/_2$ der Länge 5teilig. Riedwiesen . . . *G. pneumonanthe* **89**

10*. Blätter meist 5nervig, lanzettlich, lang zugespitzt, $2^1/_2$–4mal so lang wie breit; Kelch mit 5 sehr kurzen, aufgesetzten, sehr schmal lanzettlichen Zipfeln. Lehmige Böden . . . . *G. asclepiadea* **90**

9*. Kelch und Krone 4teilig; Krone 2–2,5 cm lang; Pflanze mit sterilen Blattrosetten. Trockene Böden . . . . *G. cruciata*

8*. Pflanze 4–10 cm hoch, mit 0–3 Stengelblattpaaren; Stengel immer 1blütig . . ***Artengruppe der*** ***G. alpina*** S. 382

7*. Krone röhrenförmig, mit 5 ausgebreiteten, lanzettlichen Zipfeln.

11. Kronzipfel $^1/_5$–$^1/_7$ so lang wie die Kronröhre; zwischen den Kronzipfeln je 1 ganzrandiger oder 2teiliger, ebenfalls ausgebreiteter Zahn, der fast so groß ist wie die Kronzipfel; Stengel niederliegend oder aufsteigend. Avers und Oberhalbstein. . *G. prostrata*

11*. Kronzipfel $^1/_3$–$^1/_2$ so lang wie die Kronröhre; zwischen den Kronzipfeln je 1 2teiliger, aufrechter, 1–4 mm langer Zahn; Stengel aufrecht.

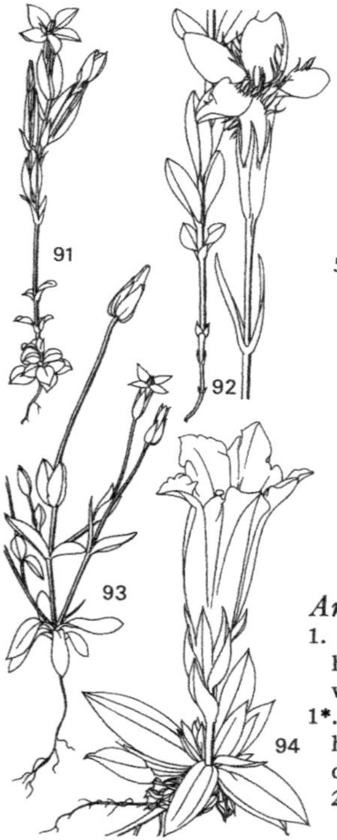

12. Pflanze ausdauernd, mit sterilen Blattrosetten oder Trieben; Stengel unverzweigt, mit 1 Blüte . . . . *Artengruppe der G. verna* S. 383

12*. Pflanze 1jährig, ohne sterile Triebe; Stengel verzweigt (selten an sehr kleinen Pflanzen einfach), mit mehreren Blüten.

13. Kelch auffallend erweitert, mit 2–3 mm breit geflügelten Kanten . . . . *G. utriculosa* **91**

13*. Kelch der Krone anliegend, mit nicht geflügelten Kanten. Alpen, Südjura *G. nivalis*

6*. Kronzipfel 4, gegen die Basis hin lang gefranst, vorn gezähnt. Kalkhaltige Böden *Gentianella ciliata* **92**

5*. Krone im Schlunde bärtig, rot- bis blauviolett, lila oder seltener weiß; Kelch bis auf $^1/_2$ oder bis fast auf den Grund 4–5teilig. *Gentianella*

14. Kelch bis fast zum Grunde 4–5teilig, mit etwas ungleichen, lanzettlichen, am Grunde sackförmig ausgebuchteten Zipfeln; Krone mit 0,3–1 cm langer Röhre.

15. Kelch- und Kronzipfel meist 4; Kronröhre 2–4mal so lang wie dick; Blätter 3–6mal so lang wie breit. Alpen . . . . *G. tenella* **93**

15*. Kelch- und Kronzipfel meist 5; Kronröhre 1–2mal so lang wie dick; Blätter $1^1/_2$ bis 3mal so lang wie breit. Alpin, Vintschgau . . . . *G. nana*

14*. Kelch bis auf $^1/_2$–$^1/_4$ der Länge 4–5teilig oder bis fast zum Grunde 4teilig und dann mit 2 breit lanzettlichen und 2 schmal lanzettlichen Zipfeln; Kelchzipfel am Grunde nicht sackförmig ausgebuchtet; Krone mit 1–3 cm langer Röhre . . . . *Artengruppe der G. campestris* S. 383

Artengruppe der Gentiana alpina

1. Krone innen ohne olivgrüne Längsstreifen; Kelchzipfel (oberhalb der weißen Verbindungshaut) $2^1/_2$–$3^1/_2$mal so lang wie breit; Verbindungshaut oft undeutlich, höchstens $^1/_6$ so lang wie die Kelchzipfel. Kalkreiche, steinige Böden im Gebirge . . . . *G. clusii* **94**

1*. Krone innen mit olivgrünen Längsstreifen; Kelchzipfel (oberhalb der weißen Verbindungshaut) 1–2mal so lang wie breit; Verbindungshaut deutlich sichtbar, $^1/_4$ bis fast so lang wie die Kelchzipfel.

2. Rosettenblätter 1–2,5 cm lang, $1^1/_2$–3mal so lang wie breit, getrocknet mit runzeliger Oberhaut. Kalkarme Böden; Alpen; selten . . . . *G. alpina*

91 92 93 94

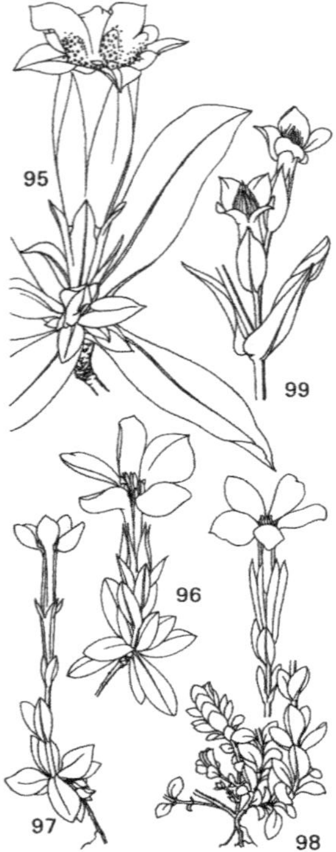

95 99 96 97 98

2*. Rosettenblätter bis 10 cm lang, einzelne fast immer über 2,5 cm lang, 3–6mal so lang wie breit oder selten nur bis 3mal so lang wie breit, aber dann getrocknet mit glatter Oberhaut.

3. Kelchzipfel fast so breit wie lang, mit feiner, 1–2 mm langer, aufgesetzter Spitze; Rosettenblätter 3–6mal so lang wie breit. Savoyen . . . . *G. angustifolia*

3*. Kelchzipfel $1^1/_2$–2mal so lang wie breit, kurz zugespitzt oder ± stumpf; Rosettenblätter $1^1/_2$–$3^1/_2$(selten bis 5)mal so lang wie breit. Kalkarme Böden im Gebirge . . . *G. acaulis* 95

Artengruppe der Gentiana verna

1. Untere Blätter meist größer als die obern, vorn spitz oder ± stumpf, aber nicht breit abgerundet.

2. Untere Blätter 2–4mal so lang wie breit, bis 3 cm lang, bedeutend größer als die obern.

3. Grundständige Blätter in einer Rosette; Kelch bis auf $^4/_5$–$^2/_3$ der Länge 5teilig, höchstens 2 mm über dem obersten Stengelblattpaar. Kalkhaltige Böden in den Bergen *G. verna* **96**

3*. Untere Blätter am Stengel oft gedrängt, aber nicht in einer Rosette; Kelch bis auf $^2/_3$–$^1/_2$ der Länge 5teilig; 1–15 mm über dem obersten Stengelblattpaar. Piemont . . *G. rostanii*

2*. Untere Blätter 1–2mal so lang wie breit, kaum 1 cm lang, nur wenig größer als die obern.

4. Kelch höchstens 2 mm über dem obersten Stengelblattpaar, an den Kanten schmal geflügelt, $^3/_5$–$^3/_4$ so lang wie die Kronröhre.

5. Grundständige Blätter in einer Rosette, meist ± stumpf, glänzend. Alpin . . . . *G. orbicularis*

5*. Untere Blätter am Stengel dicht gedrängt, aber nicht in einer Rosette, fein zugespitzt, matt. Südwestliche Alpen . . . . *G. schleicheri*

4*. Kelch 2–15 mm über dem obersten Stengelblattpaar, an den Kanten nicht geflügelt, $^2/_5$–$^3/_5$ so lang wie die Kronröhre. Alpin; kalkarme Schuttböden . . . . *G. brachyphylla* **97**

1*. Untere Blätter so groß oder kleiner als die obern, vorn breit abgerundet, 1–3mal so lang wie breit, oberhalb der Mitte am breitesten. Feuchte Böden; Alpen . . . . *G. bavarica* **98**

Artengruppe der Gentianella campestris

1. Kelch bis fast zum Grunde 4teilig, mit 2 breit lanzettlichen, zugespitzten äußern und 2 schmal lanzettlichen innern Zipfeln. Magere Weiden . . . . *G. campestris* **99**

1*. Kelch bis auf $^1/_2$–$^1/_4$ der Länge 5(selten 4)teilig; 1–3 Kelchzipfel oft bedeutend breiter als die andern.

2. Blüten groß; Kronzipfel 9–15 mm lang.

3. Einzelne Kelchzipfel meist länger als die Kronzipfel; Krone blauviolett, mit 5–10 mm breiten Kronzipfeln. Östliche Alpen . . . . *G. aspera*

3*. Kelchzipfel meist deutlich kürzer als die Kronzipfel; Krone rotviolett mit 3–5 mm breiten Kronzipfeln. Wechselfeuchte Böden. . . . . *G. germanica* **1**

2*. Blüten klein; Kronzipfel 5–10 mm lang.

4. Fruchtknoten und Frucht über dem Kelch deutlich gestielt (Stiel 2–4 mm lang).

5. Kelch bis auf etwa $^1/_2$–$^1/_3$ der Länge 5(selten 4)teilig; Kelchzipfel ungleich (1–3 Zipfel bedeutend breiter als die andern). Südalpen . . . . *G. insubrica*

5*. Kelch bis auf etwa $^1/_4$ der Länge 5(selten 4)teilig; Kelchzipfel bei den meisten Blüten ± gleich. Kalkarme Böden; Alpen . . . . *G. ramosa*

4*. Fruchtknoten und Frucht über dem Kelch kaum gestielt (Stiel höchstens 1 mm lang).

6. Kelch mit spitzen Buchten; Kelchzipfel ungleich (1–3 Zipfel bedeutend breiter als die andern); Krone rot bis rotviolett. Vom Oberengadin und Avers ostwärts . . . . *G. engadinensis*

6*. Kelch mit gerundeten Buchten; Zipfel ± gleich; Krone lila. Südöstliche Alpen *G. amarella*

Gattung Cicendia

1. Kelch bis auf etwa $^2/_3$ der Länge 4teilig, mit breit 3eckigen Zipfeln; Narbe kopfförmig, nur wenig ausgerandet. Baden (D), Dép. Ain und Dép. Jura . . . . *C. filiformis* **2**

1*. Kelch bis fast auf den Grund 4teilig, mit schmal lanzettlichen Zipfeln; Narbe deutlich 2teilig. Dép. Ain und Dép. Jura. *C. pusilla*

Gattung Blackstonia

1. Stengelblätter an der Basis kaum verschmälert; verwachsene Basis fast so lang wie die größte Breite des Blattes; die meisten Blütenstiele einer Pflanze kürzer als die größten Stengelblätter. Riedwiesen, Hänge . . . . *B. perfoliata* **3**

1

3

2

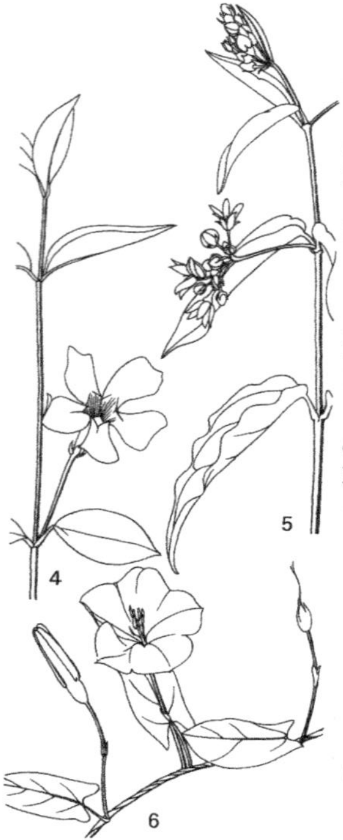

1*. Stengelblätter an der Basis deutlich verschmälert; verwachsene Basis kaum halb so lang wie die größte Breite des Blattes; die meisten Blütenstiele einer Pflanze länger als die größten Stengelblätter. Warme Lagen . . . . *B. acuminata*

Gattung Vinca (Familie der Apocynaceae)

1. Blätter überall kahl, lanzettlich, mit der größten Breite ungefähr in der Mitte, gegen die Spitze und gegen den Grund hin gleichmäßig verschmälert. Buchenwälder . . . . *V. minor* **4**

1*. Blätter am Rande behaart, lanzettlich, mit der größten Breite nahe dem Grunde, allmählich zugespitzt, am Grunde breit abgerundet oder gestutzt. Verwilderte Gartenpflanze *V. major*

Familie der Asclepiadaceae

1. Krone weiß bis gelbgrün, trichterförmig; Blätter unterseits nur auf den Nerven behaart . *Vincetoxicum hirundinaria* 5

1*. Krone dunkelrot, rückwärts gerichtet; Blätter unterseits überall dicht und flaumig behaart *Asclepias syriaca*

Gattung Convolvulus s.l. *(Familie der Convolvulaceae)*

Die Gattung *Convolvulus* wird heute aufgeteilt.

1. Die 2 Vorblätter schmal lanzettlich oder fadenförmig; Krone bis 2,5 cm lang; die 2 Narben fadenförmig; Pflanze niederliegend oder aufrecht, selten windend. . . . . *Convolvulus*

2. Vorblätter in der Mitte oder wenig über der Mitte des Blütenstiels angewachsen, fadenförmig, kürzer als die Kelchblätter; ganze Pflanze kurz und flaumig behaart oder kahl; Stengel meist über den Boden ausgebreitet, selten windend; Blätter pfeilförmig; Krone außerseits ohne behaarte Streifen . . . . *C. arvensis* **6**

2*. Vorblätter wenig unterhalb des Kelches angewachsen, schmal lanzettlich bis fadenförmig, länger als die Kelchblätter; ganze Pflanze ziemlich dicht, lang und braun behaart; Stengel meist aufrecht, nie windend; Blätter schmal oval oder schmal lanzettlich; Krone außerseits mit 5 behaarten Streifen. Dép. Ain, Bergamasker Alpen . . . . *C. cantabrica*

1*. Die 2 Vorblätter breit lanzettlich, den Kelch mindestens teilweise bedeckend; Krone 3,5 bis 7 cm lang; die 2 Narben oval; Pflanze meist windend, selten niederliegend. . . . . . . *Calystegia*

4 5 6

3. Vorblätter deutlich länger als breit, nicht oder nur wenig überlappend und den Kelch nicht umhüllend, jedoch den Kelch teilweise bedeckend . . . . *C. sepium* **7**

3*. Vorblätter am Grunde «aufgeblasen», ungefähr so lang wie breit, überlappend und den ganzen Kelch einhüllend. Warme Lagen, hohe Luftfeuchtigkeit . . . . *C. silvatica*

Gattung Cuscuta (Familie der Cuscutaceae)

1. Narben fadenförmig.
  2. Blüten meistens 4zählig, seltener 5– oder 3zählig; Kelchblätter breit abgerundet; Kronzipfel mit stumpfer Spitze . . . . *C. europaea* **8**
  2*. Blüten stets 5zählig; Kronblätter spitz.
    3. Fruchtkapsel kugelig; Kelchblätter meist 3eckig . . . . *C. epithymum*
    3*. Fruchtkapsel etwa $1^1/_2$mal so dick wie hoch (abgeflacht); Kelchblätter sehr breit und plötzlich in eine kleine Spitze verschmälert. Verschwunden . . . . *C. epilinum*

1*. Narben kopfig.
  4. Schuppen in der Kronröhre bis zu den Einschnitten der Kronzipfel reichend. Im Süden *C. cesatiana*
  4*. Schuppen in der Kronröhre die Spitzen der Kronzipfel erreichend. Westen und Süden *C. campestris*

Familie der Polemoniaceae

1. Blätter gefiedert, mit Endteilblatt, gestielt; Krone leuchtend blau, selten weiß . . . . . *Polemonium caeruleum*

1*. Blätter nicht geteilt, schmal lanzettlich, sitzend; Krone gelb bis rosa. Verwildert . . . . *Collomia grandiflora*

Familie der Boraginaceae

1. Stengel über den Boden ausgebreitet; Kelch flach (2klappig), mit großen unregelmäßigen Zähnen. Montan, subalpin; überdüngte Böden (Lägerstellen) . . . . *Asperugo procumbens* **9**

1*. Stengel (nicht mit kriechendem Rhizom verwechseln!) bogig aufsteigend oder aufrecht, nie niederliegend; Kelch glockenförmig oder zylindrisch (nie flach).
  2. An den Teilfrüchten 0,5–2 mm lange Stacheln vorhanden, die an der Spitze Widerhaken tragen.

7

8

9

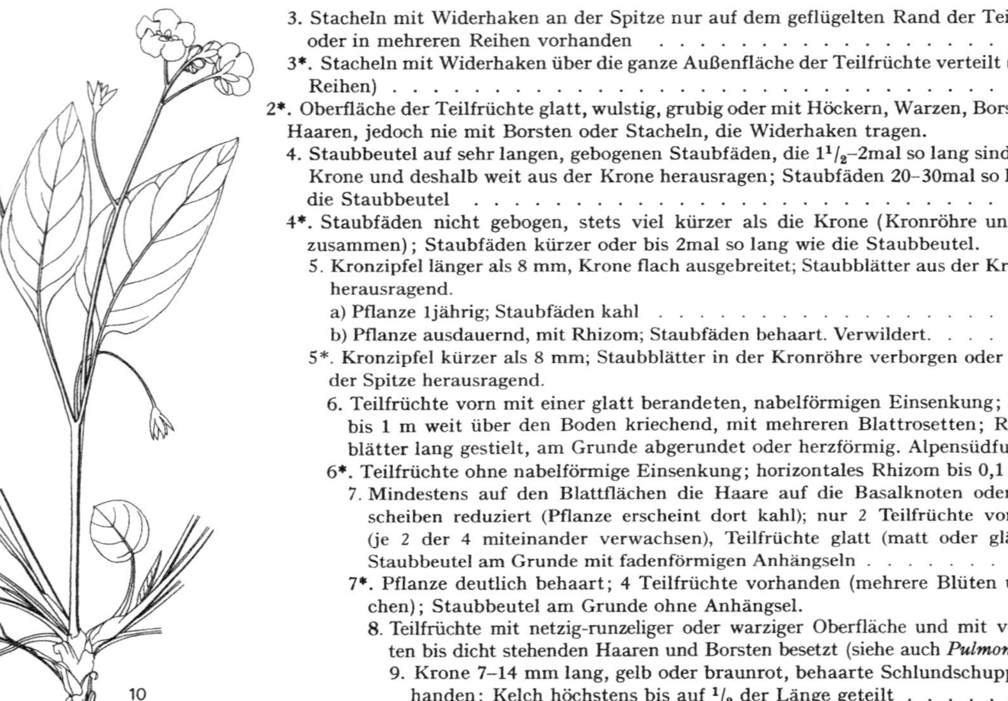

3. Stacheln mit Widerhaken an der Spitze nur auf dem geflügelten Rand der Teilfrüchte oder in mehreren Reihen vorhanden . . . . *Lappula* S. 389

3*. Stacheln mit Widerhaken über die ganze Außenfläche der Teilfrüchte verteilt (nicht in Reihen) . . . . *Cynoglossum* S. 389

2*. Oberfläche der Teilfrüchte glatt, wulstig, grubig oder mit Höckern, Warzen, Borsten und Haaren, jedoch nie mit Borsten oder Stacheln, die Widerhaken tragen.

4. Staubbeutel auf sehr langen, gebogenen Staubfäden, die $1^1/_2$–2mal so lang sind wie die Krone und deshalb weit aus der Krone herausragen; Staubfäden 20–30mal so lang wie die Staubbeutel . . . . *Echium* S. 389

4*. Staubfäden nicht gebogen, stets viel kürzer als die Krone (Kronröhre und Zipfel zusammen); Staubfäden kürzer oder bis 2mal so lang wie die Staubbeutel.

5. Kronzipfel länger als 8 mm, Krone flach ausgebreitet; Staubblätter aus der Kronröhre herausragend.

a) Pflanze 1jährig; Staubfäden kahl . . . . *Borago officinalis*

b) Pflanze ausdauernd, mit Rhizom; Staubfäden behaart. Verwildert. . . . . *Trachystemon orientale*

5*. Kronzipfel kürzer als 8 mm; Staubblätter in der Kronröhre verborgen oder nur mit der Spitze herausragend.

6. Teilfrüchte vorn mit einer glatt berandeten, nabelförmigen Einsenkung; Rhizom bis 1 m weit über den Boden kriechend, mit mehreren Blattrosetten; Rosettenblätter lang gestielt, am Grunde abgerundet oder herzförmig. Alpensüdfuß . . . *Omphalodes verna* **10**

6*. Teilfrüchte ohne nabelförmige Einsenkung; horizontales Rhizom bis 0,1 m lang.

7. Mindestens auf den Blattflächen die Haare auf die Basalknoten oder Basalscheiben reduziert (Pflanze erscheint dort kahl); nur 2 Teilfrüchte vorhanden (je 2 der 4 miteinander verwachsen), Teilfrüchte glatt (matt oder glänzend); Staubbeutel am Grunde mit fadenförmigen Anhängseln . . . . *Cerinthe* S. 389

7*. Pflanze deutlich behaart; 4 Teilfrüchte vorhanden (mehrere Blüten untersuchen); Staubbeutel am Grunde ohne Anhängsel.

8. Teilfrüchte mit netzig-runzeliger oder warziger Oberfläche und mit vereinzelten bis dicht stehenden Haaren und Borsten besetzt (siehe auch *Pulmonaria*).

9. Krone 7–14 mm lang, gelb oder braunrot, behaarte Schlundschuppen vorhanden; Kelch höchstens bis auf $^1/_2$ der Länge geteilt . . . . *Nonea* S. 390

9*. Krone ca. 4 mm lang; weiß oder gelblich, keine Schlundschuppen vorhanden; Kelch fast bis zum Grunde geteilt. Warme Gegenden . . . . *Heliotropium europaeum* **11**

8*. Oberfläche der Teilfrüchte nicht mit Borsten und Haaren besetzt (bei *Pulmonaria* auch behaarte Teilfrüchte, aber mit glatter Oberfläche).

10. In der Kronröhre keine Haare und Schlundschuppen vorhanden, Kronröhre 1,5–2,5 cm lang, zuoberst erweitert und wieder verengt, mit 3eckigen, kleinen, nach außen zurückgebogenen Zipfeln, gelb . . . . *Onosma* S. 390

10*. In der Kronröhre entweder Haare oder Schlundschuppen vorhanden, Kronröhre zylindrisch oder glockenförmig, Zipfel nicht rückwärts gerichtet.

11. Schlundschuppen zugespitzt, nicht behaart; Kronröhre 1–2 cm lang . *Symphytum* S. 390

11*. Schlundschuppen abgerundet oder behaart, oder nur Haare vorhanden.

12. Neben dem Stengel mit Blüten bilden sich nach Blühbeginn auf dem Rhizom sterile Blattrosetten; Kronröhre ca. 2 cm lang, hellrot, violett oder blau . . . . *Pulmonaria* S. 391

12*. Keine sterilen Blattrosetten vorhanden oder die Kronröhre weniger als 1 cm lang.

a) Grundblätter herzförmig; Teilfrüchte gerippt. Häufig angepflanzt und verwildert . . . . *Brunnera macrophylla*

b) Grundblätter nicht herzförmig.

13. Teilfrüchte flach, im Umriß breit lanzettlich oder oval, mit glatten und glänzenden Seitenflächen und glattem oder gezähntem Rand.

14. Teilfrüchte mit nicht gezähntem Rand; Blüten mit oder ohne Tragblatt . . . . *Myosotis* S. 391

14*. Teilfrüchte mit geflügeltem und gezähntem Rand; jede Blüte mit Tragblatt. Alpin. Felsspalten saurer Gesteine . . . . ***Eritrichium nanum* 12**

13*. Teilfrüchte nicht flach (tetraedrisch oder eiförmig) und mit Spitze.

15. Keine Schlundschuppen aus der Kronröhre herausragend (nur behaarte Falten oder Streifen vorhanden); Teilfrüchte mit weißer, glatter und glänzender oder gelbbrauner, wulstiger und höckeriger Oberfläche . . . . *Lithospermum* s.l. S. 393

15*. Schlundschuppen aus der Kronröhre herausragend; Teilfrüchte mit wulstigen und kantigen Rippen und dazwischen mit kleinen Warzen . . . . *Anchusa* S. 393

13

14

15

Gattung Lappula

1. Blütenstiele auch nach der Blüte (bis zur Fruchtreife) schief aufrecht; Teilfrüchte mit 3 bis 5 Reihen von Stacheln, die an der Spitze Widerhaken tragen . . . . *L. squarrosa* 13

1*. Blütenstiele nach der Blüte abwärts gebogen; Teilfrüchte nur am Rande mit einem Flügel, auf dem 0,5–2 mm lange, flache, an der Spitze mit Widerhaken versehene Stacheln stehen *L. deflexa*

Gattung Cynoglossum

1. Teilfrüchte mit Randwulst, auf dem die Stacheln (mit Widerhaken an der Spitze) viel dichter stehen als auf der Außenfläche; Blütenstiele nach der Blüte schief abstehend . . . . . . *C. officinale* **14**

1*. Teilfrüchte ohne Randwulst; Blütenstiele nach der Blüte nickend.

2. Krone zuerst violett, dann rotbraun; Blätter mit deutlichen Seitennerven. Jura. . . . *C. germanicum*

2*. Krone zuerst hellrosa, später rotviolett mit dunkleren Adern; Blätter ohne deutliche Seitennerven. Dép. Ain, Alpensüdseite . . . . *C. creticum*

Gattung Echium

1. Krone meist blau (selten weiß oder rötlich), 14–22 mm lang; am Kelch zwischen den zerstreut stehenden langen Borstenhaaren dicht stehende kurze Haare vorhanden . . . . . *E. vulgare* **15**

1*. Krone meist weiß bis rosa, 8–12 mm lang; am Kelch die langen Borstenhaare sehr dicht stehend und die kurzen Haare fast verdeckend. Veltlin, Bergamo . . . . *E. italicum*

Gattung Cerinthe

1. Ganze Pflanze kahl; Kronzipfel kürzer als der verwachsene Teil der Krone, stumpf und an der Spitze nach außen gebogen. Gebirgspflanze. Hochstaudenflur . . . . *C. glabra*

1*. Rand der Blätter und Kelchzipfel sowie die Blütenstiele mit Borstenhaaren; Kronzipfel etwa so lang wie der verwachsene Teil der Krone, allmählich zugespitzt, Spitze nach vorn gerichtet. Unkraut der kollinen Stufe. Alpensüdseite. . . . . *C. minor*

16 17 18

Gattung Nonea

1\. Krone gelb. Warme Gegenden; selten . . . . *N. lutea* **16**

1*. Krone rotbraun. Warme Gegenden; selten . . . . *N. erecta*

Gattung Onosma

1\. Auf den scheibenförmigen Höckern der 1–4 mm langen Borstenhaare allseitig abstehende, 0,1–0,3 mm lange Borstenhaare vorhanden (10fache Vergrößerung!) . . . . *O. pseudoarenaria* **17**

1*. Auf den scheibenförmigen Höckern der 1–4 mm langen Borstenhaare keine kurzen Borstenhaare vorhanden . . . . *O. helvetica*

Gattung Symphytum

1\. Schlundschuppen nach dem Platzen der Staubbeutel die Kronzipfel um 0,5–2 mm überragend. Alpensüdseite . . . . *S. bulbosum*

1*. Schlundschuppen nie aus der Krone herausragend.

2\. Obere Stengelblätter dem Stengel entlang herablaufend (dem Stengel entlang hinunter gegen das nächste Blatt hin 2 schmale Flügel bildend); Blüten gelb, seltener purpurn oder rotviolett; Borstenhaare am Stengel nach dem Grunde wenig verdickt (bis ca. 2mal so dick wie in der Mitte).

3\. Obere Stengelblätter selten tiefer als bis zur Mitte des Intervalls bis zum nächst untern Blatt herablaufend, mittlere Stengelblätter $1^1/_2$–$2^1/_2$mal so lang wie breit. Alpensüdseite *S. tuberosum*

3*. Obere Stengelblätter dem Stengel entlang bis zum nächst untern Blatt herablaufend (Flügel bis 4 mm breit), mittlere Stengelblätter 4–6mal so lang wie breit . . . . . . *S. officinale* **18**

2*. Auch oberste Stengelblätter nicht herablaufend; Blüten purpurn oder blauviolett, nie gelb; Borstenhaare am Stengel nach dem Grunde auffallend verdickt (Borstenhaar am Grunde 3–8mal so dick wie in der Mitte), Stengel deshalb sehr rauh. Verwildert; selten *S. asperum*

Gattung Pulmonaria

1. Rosettenblätter an der Basis stets plötzlich in den Stiel verschmälert (gestutzt oder herzförmig), mit einem Blattstiel, der wenig kürzer bis 2mal so lang ist wie die Blattspreite.
   2. Rosettenblätter an der Basis abgerundet oder gestutzt, oberseits mit locker stehenden, bis 3 mm langen und zahlreichen, 0,1–0,5 mm langen Borsten . . . . *P. helvetica*
   2*. Rosettenblätter an der Basis herzförmig, oberseits mit locker stehenden, bis 3 mm langen Borsten und dicht stehenden, 0,02–0,08 mm langen Stachelhöckern.
      3. Rosettenblätter oberseits mit hellen Flecken, Stiel meist kürzer bis so lang wie die Blattspreite . . . . *P. officinalis* 19
      3*. Rosettenblätter ohne Flecken, Stiel meist 1–2mal so lang wie die Blattspreite . . . . ***P. obscura*** **20**

1*. Rosettenblätter meist allmählich in den Stiel verschmälert.
   4. Am Stengel, an Blütenstielen und Kelchen zwischen den langen Borstenhaaren zahlreiche meist kürzere Drüsenhaare vorhanden; Blätter im mittleren Stengelteil meist 2–3mal so lang wie breit. Montan, subalpin . . . . ***P. mollis*** agg.
   4*. Am Stengel, an Blütenstielen und Kelchen zwischen den Borstenhaaren keine oder nur vereinzelte Drüsenhaare vorhanden; Blätter im mittleren Stengelteil meist 3–8mal so lang wie breit. Subalpin . . . . *P. angustifolia* agg.

Gattung Myosotis

1. Haare am Kelch anliegend oder Kelch kahl . . . . *Artengruppe der M. scorpioides* S. 392

1*. Kelch mindestens mit vereinzelten schief bis senkrecht abstehenden geraden oder an der Spitze hakig gebogenen Haaren.
   2. Durchmesser der Krone über 4 mm; ausdauernd . . . . *Artengruppe der M. sylvatica* S. 392

   2*. Durchmesser der Krone weniger als 3 mm; 1–2jährig.
      3. Kelchstiel zur Zeit der Fruchtreife viel kürzer bis so lang wie der Kelch.
         4. Auf der Blattunterseite Haare teilweise (besonders auf dem Mittelnerv) an der Spitze hakig umgebogen; Kronröhre die Spitzen der Kelchzähne nicht erreichend. Selten ***M. stricta*** **21**
         4*. Auf der Blattunterseite keine Haare mit hakig gebogener Spitze vorhanden (oft einzelne gebogene Haare vorhanden).

19

20

21 2×

3× 22 2×

23

25 3×

24 3×

26 3×

5. Kronröhre die Spitze der Kelchzähne überragend (beim Abblühen bis 2mal so lang wie der Kelch); reife Teilfrüchte dunkelbraun. Selten . . . . *M. discolor* S. 391 22

5*. Kronröhre die Spitzen der Kelchzähne nicht erreichend; reife Teilfrüchte hellbraun oder gelblich. Trockene Böden; selten . . . . *M. ramosissima*

3*. Kelchstiel zur Zeit der Fruchtreife 2–3mal so lang wie der Kelch . . . . *M. arvensis* **23**

Artengruppe der *Myosotis scorpioides*

1. Kelch bis auf $^2/_3$ der Länge geteilt; Blütenstand stets ohne Blätter; Pflanze mit Rhizom.

2. Stengel mit schief bis senkrecht abstehenden Haaren (Haare jedoch nie rückwärts gerichtet) . . . . *M. scorpioides* 24

2*. Stengel am Grunde kahl oder mit anliegenden bis schief abstehenden rückwärts gerichteten Haaren und Pflanze meist über 20 cm hoch, oder Stengel überall mit vorwärts gerichteten, anliegenden Haaren und Pflanze bis 10 cm hoch.

3. Stengel am Grunde kahl oder mit rückwärts gerichteten, anliegenden oder schief abstehenden Haaren; auf der Unterseite der untersten Stengelblätter die meisten Haare gegen den Blattgrund hin gerichtet; Durchmesser der Krone 4–6 mm; Pflanze meist über 20 cm hoch . . . . *M. nemorosa*

3*. Stengel überall mit vorwärts gerichteten, anliegenden Haaren; auf der Unterseite der untersten Stengelblätter die Haare gegen die Blattspitze gerichtet; Durchmesser der Krone 6–12 mm; Pflanze bis 10 cm hoch. Kiesige Ufer; Bodensee und Liechtenstein . . . . . . *M. rehsteineri*

1*. Kelch bis auf $^1/_2$ der Länge geteilt; Blütenstand im untersten Teil mit Blättern; Pflanze ohne Rhizom (Wurzeln büschelig) . . . . *M. cespitosa* **25**

Artengruppe der *Myosotis sylvatica*

1. Teilfrüchte spitz, mit ringsum deutlich abgesetztem Rand; Kelch zur Zeit der Fruchtreife oft vom Stiel abfallend, mit meist zahlreichen, senkrecht abstehenden oder rückwärts gerichteten Hakenhaaren. Fettwiesen, Hochstaudenfluren . . . .

2. Teilfrüchte bis 1,6 mm lang; Hakenhaare am Kelch meist weniger als 0,4 mm lang . . *M. sylvatica* 26

2*. Teilfrüchte 1,7–2 mm lang; Hakenhaare am Kelch meist mindestens 0,4 mm lang . . *M. decumbens*

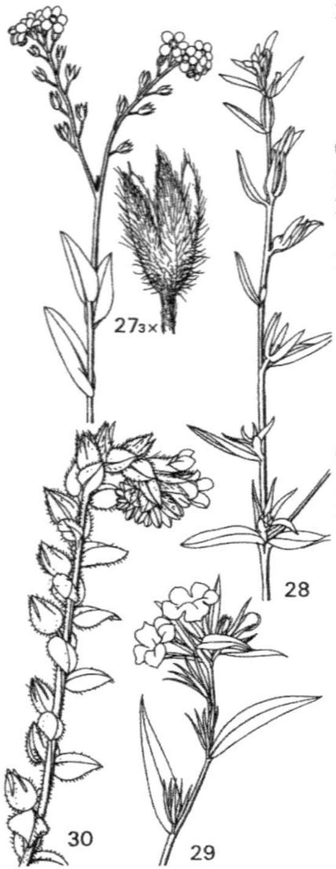

1*. Teilfrüchte stumpf, gegen die stumpfe Spitze hin mit deutlich verbreitertem, abgesetztem Rand; Kelch zur Zeit der Fruchtreife nicht abfallend, mit meist wenigen Hakenhaaren, aber zahlreichen gebogenen, allseitig abstehenden Haaren . . . . *M. alpestris* **27**

Gattung Lithospermum s.l.

Die Gattung *Lithospermum* wird heute aufgeteilt.

1. Krone weiß oder hellblau und Blätter unterseits nur mit Mittelnerv (nicht netznervig); **Teilfrüchte mit wulstiger und löcheriger, gelbbrauner Oberfläche; Pflanze 1jährig** . . . *Buglossoides arvensis* **28**

1*. Krone zuerst rotviolett, dann leuchtend blau und groß (14–20 mm lang), wenn weiß oder gelblich, dann Blätter unterseits stets deutlich netznervig; Teilfrüchte stets glatt und glänzend, weiß; Pflanze mehrjährig.

2. Krone zuerst rotviolett, dann leuchtend blau, 14–20 mm lang; Blätter unterseits nur mit Mittelnerv. Flaumeichenwälder . . . . *Buglossoides purpurocaerulea* 29

2*. Krone weiß oder gelblich, 4–5 mm lang; Blätter unterseits deutlich netznervig . . . *Lithospermum officinale*

Gattung Anchusa

1. Blüten auffallend groß (Durchmesser des Trichters ca. 15 mm) . . . . *A. italica*

1*. Blüten viel kleiner (Durchmesser des Trichters bis 10 mm).

2. Blüten nie gelb; Kelchzipfel nie mit einem häutigen Rand.

3. Kelch höchstens bis auf $^1/_3$ der Länge geteilt; Krone rot- bis blauviolett oder braunrot.

4. Blätter flach, am Rande nicht wellig kraus; alle Haare $\pm$ gleich lang, biegsam, am Grunde verdickt, abstehend. Täler der östlichen Zentralalpen . . . . *A. officinalis* **30**

4*. Blätter am Rande wellig kraus; zwischen den langen, biegsamen und am Grunde verdickten Haaren viele kurze, am Grunde nicht verdickte Haare vorhanden. Elsaß *A. hybrida*

3*. Kelch bis fast zum Grunde geteilt; Krone hellblau, Kronröhre mit doppelter Krümmung. Zerstreut, nicht häufig. . . . . *A. arvensis*

2*. Blüten gelb; Kelchzipfel mit häutigem Rand. Elsaß . . . . *A. ochroleuca*

27 3×

28

30

29

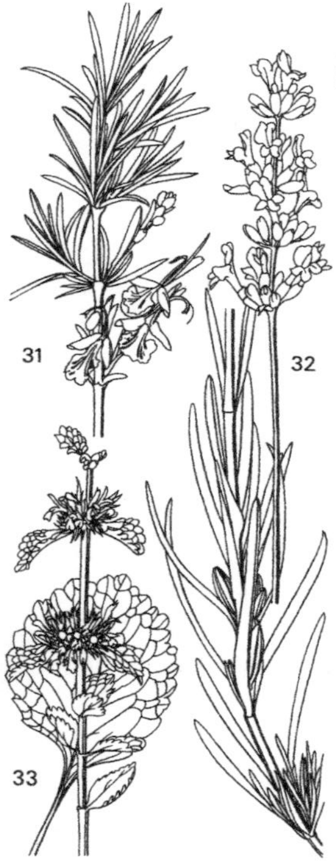

31 32 33

Familie der Lamiaceae (= Labiatae)

1\. Krone mit gut ausgebildeter Unterlippe, aber mit viel kleinerer oder scheinbar ohne Oberlippe.

2\. Krone nach dem Verwelken nicht abfallend, mit sehr kurzer, ± deutlich 2teiliger Oberlippe und 3teiliger Unterlippe; Kronröhre innen am Grunde mit Haarring . . . . . . *Ajuga* S. 397

2*. Krone nach dem Verwelken abfallend, scheinbar ohne Oberlippe, mit 5teiliger Unterlippe; Kronröhre innen ohne Haarring . . . . . . *Teucrium* S. 398

1*. Oberlippe der Krone halb so groß bis größer als die Unterlippe, oder die Krone fast regelmäßig 4zipflig.

3\. Krone 2lippig, mit 1–2teiliger Oberlippe und meist 3teiliger Unterlippe.

4\. Staubblätter 2, vorne 2teilig (2 weitere bedeutend kleiner und verkümmert oder nicht vorhanden).

5\. Blätter sehr schmal lanzettlich, ganzrandig, mit nach unten umgerolltem Rand, unterseits dicht mit kleinen, weißen Sternhaaren bedeckt. In warmen Lagen verwildert *Rosmarinus officinalis* **31**

5*. Blätter breit lanzettlich, oval, herzförmig oder pfeilförmig, gezähnt . . . . . . *Salvia* S. 398

4*. Staubblätter 4, 2 längere und 2 kürzere (bei *Sideritis* die längeren oft mit verkümmerten Staubbeuteln).

6\. Kelch auf der Oberseite mit einer rundlichen, konkaven Schuppe (Abb. 49 S. 399) . *Scutellaria* S. 399

6*. Kelch ohne Schuppe.

7\. Staubblätter und Griffel in der Kronröhre eingeschlossen, von außen nicht sichtbar.

8\. Blätter schmal lanzettlich, 6–15mal so lang wie breit; Kelch undeutlich 5zähnig; Krone violett. In warmen Lagen verwilderte Gartenpflanze . . . . *Lavandula angustifolia* 32

8*. Blätter höchstens 6mal so lang wie breit; Kelch deutlich 5- oder 10zähnig; Krone gelb oder weiß.

9\. Kelch 5zähnig; Krone gelb; Staubbeutel der längeren Staubblätter oft verkümmert. . . . . *Sideritis* S. 400

9*. Kelch 10zähnig; Krone weiß; alle Staubbeutel normal ausgebildet. Warme Lagen . . . . *Marrubium vulgare* **33**

7*. Staubbeutel oder Griffel aus der Kronröhre herausragend, oft von der Oberlippe verdeckt.

10. Oberlippe der Krone mit 4–5 stumpfen Zähnen; Staubbeutel auf die Unterlippe herabgebogen; Kelchoberlippe ungeteilt, mit an der Röhre flügelförmig herablaufenden Rändern. Gewürzpflanze . . . . *Ocimum basilicum* **34**

10*. Oberlippe der Krone ungeteilt oder 2teilig.

11. Staubblätter unter der Oberlippe aufsteigend und oft verdeckt (außer bei *Hyssopus* mit 0,8–1,2 cm langer Krone und einer Unterlippe, die bedeutend länger als die Oberlippe ist); Kelch 5–20 mm lang (bei ***Satureja hortensis*** und *S.* ***montana*** mit schmal lanzettlichen, 1–3 cm langen, ganzrandigen Blättern sowie bei ***Nepeta nuda*** mit gestielten untern Teilblütenständen Kelch kürzer).

12. Kelch deutlich 2lippig (3zähnige Oberlippe und 2zähnige Unterlippe); Kronoberlippe helmförmig gewölbt (an den Rändern nach unten gebogen) . . . *Prunella* S. 400

12*. Kelch mit 5 ± gleich geformten Zähnen oder die Kronoberlippe ± flach.

13. Untere Blätter oder (wenn das Blatt geteilt) Blattabschnitte 6–15mal so lang wie breit; Krone 2,5–4,5 cm lang, blau . . . . *Dracocephalum* S. 400

13*. Untere Blätter weniger als 6mal so lang wie breit, oder wenn mehr als 6mal so lang wie breit, dann die Krone nicht über 2,2 cm lang, nicht blau.

14. Unterlippe der Krone am Grunde mit 2 kleinen, hohlen, aufrechten Zähnen oder stumpfen Buckeln; Kelchzähne stachelig begrannt; Krone 1–3,5 cm lang *Galeopsis* S. 401

14*. Unterlippe der Krone am Grunde ohne hohle Zähne; wenn Kelchzähne stechend begrannt (*Leonurus*), dann Krone 0,5–1,1 cm lang.

15. Staubblätter unter der Oberlippe aufsteigend und oft verdeckt; wenn die Blätter schmal lanzettlich und ganzrandig, dann Kelch 10nervig.

16. Kelch höchstens 1,5 cm lang (bei *Lamium orvala* 1,5–2 cm lang, dort aber mit 5 ± gleichen Zähnen und mit helmförmiger Kronoberlippe).

17. Untere Stengelblätter meist gestielt oder nur wenig kleiner als die grundständigen.

18. Kelch trichterförmig, mit 10 als deutliche Rippen hervortretenden Nerven; Krone 10–14 mm lang, rosa oder weiß . . . *Ballota* S. 402 **35**

18*. Kelch röhren- bis glockenförmig; die 5–15 Nerven nicht als Rippen hervortretend.

19. Kelchzähne stechend begrannt; Blätter zuoberst im Blütenstand noch deutlich gestielt . . . . *Leonurus* S. 402

19*. Wenn Kelchzähne begrannt, dann nicht stechend; die obersten Blätter oft sitzend.

20. Oberlippe auffallend helmförmig; seitliche Abschnitte der Unterlippe ± spitz . . . . *Lamium* S. 402

20*. Oberlippe ± flach (bei einigen *Stachys*arten gewölbt, dort aber seitliche Abschnitte der Unterlippe gerundet).

21. Pflanze ± aufrecht oder niederliegend, aber ohne wurzelnden Stengel.

22. Kelch mit 5 ± gleich geformten Zähnen; Blätter gezähnt.

23. Teilblütenstände nicht gestielt.

24. Stiele der untern Blätter kaum länger als die Blattspreite; Staubbeutel mit deutlich spreizenden Hälften; keine sterilen Blattrosetten vorhanden . *Stachys* S. 403

24*. Stiele der untern Blätter bis 4mal so lang wie die Spreite; Staubbeutel mit fast parallelen Hälften; sterile Blattrosetten vorhanden . . . . . . *Betonica* S. 404

23*. Untere Teilblütenstände gestielt . . . . *Nepeta* S. 405

22*. Kelch deutlich 2lippig, mit 3zähniger Oberlippe und 2zähniger Unterlippe, oder die Blätter schmal lanzettlich und ganzrandig.

25. Krone blauviolett bis rosa, oder die Blätter ganzrandig . . . . *Satureja* s.l. S. 405

25*. Krone weiß, 0,8–1,2 cm lang; Blätter $1–1^1/_2$mal so lang wie breit, grob gezähnt; Pflanze mit süßlichem Zitronengeruch. Heilpflanze . . . . *Melissa officinalis* **36**

21*. Pflanze mit weit kriechendem, an den Knoten wurzelndem Stengel; Blätter nieren- bis herzförmig, kaum länger als breit. Häufig . . . . *Glechoma* S. 527 **37**

17*. Auch die untern Stengelblätter sitzend, höchstens $^1/_4$ so lang wie die gestielten, ovalen, stumpf gezahnten, kahlen grundständigen Blätter; Blüten einseitswendig. Südliche Alpen . . . . . . *Horminum pyrenaicum* **38**

16*. Kelch 1,5–2 cm lang, breit glockenförmig, 2lippig; Krone 3 bis 4,5 cm lang, mit ± flacher Oberlippe. Wärmere, halbschattige Lagen *Melittis melissophyllum* **39**

15*. Staubblätter frei aus der Kronröhre herausragend und spreizend; Blätter schmal lanzettlich, ganzrandig; Kelch mit 15 deutlich hervortretenden Nerven. Zentralalpine Täler, sonst verwildert . . . . . . *Hyssopus officinalis*

11*. Alle Staubblätter frei aus der Kronröhre herausragend und spreizend; Kelch 1–5 mm lang; Krone 0,3–0,7 cm lang.

26. Kelch mit 5 ± gleichen Zähnen oder ohne Unterlippe und mit 3zähniger oder fast ganzrandiger Oberlippe; Staubbeutel mit gespreizten Hälften.

27. Kelch mit 5 ± gleichen Zähnen. Verbreitet . . . . *Origanum vulgare* **40**

27*. Kelch nur mit einer kurz 3zähnigen oder fast ganzrandigen Oberlippe, ohne Unterlippe. Gewürzpflanze . . . . *Origanum majorana*

26*. Kelch deutlich 2lippig, mit 3zähniger Oberlippe und 2zähniger Unterlippe; Staubbeutel mit fast parallelen Hälften . . . . *Thymus* S. 407

3*. Krone ± regelmäßig 4zipflig; Kronzipfel fast gleich oder der oberste wenig breiter; Krone 0,3–0,6 cm lang.

28. Staubblätter 2 (die andern 2 verkümmert oder nicht vorhanden); Krone weiß mit roten Punkten auf den 3 untern Kronzipfeln . . . . *Lycopus* S. 408

28*. Staubblätter 4; Krone rot oder violett, nicht punktiert . . . . *Mentha* S. 408

Gattung Ajuga

1. Blüten blau (selten rosa oder weiß); Blätter oval, ungeteilt, oft stumpf gezähnt.

2. Blätter im obern Teil des Blütenstandes kürzer oder nur wenig länger als die Blüten.

3. Pflanze mit oberirdischen, beblätterten Ausläufern; Blätter im Blütenstand ganzrandig. Häufig . . . . *A. reptans* **41**

3*. Pflanze ohne Ausläufer; Blätter im Blütenstand deutlich gezähnt, oft wenig tief 3teilig. Wärmere Lagen . . . . *A. genevensis*

2*. Blätter im obern Teil des Blütenstandes meist mindestens doppelt so lang wie die Blüten *A. pyramidalis*

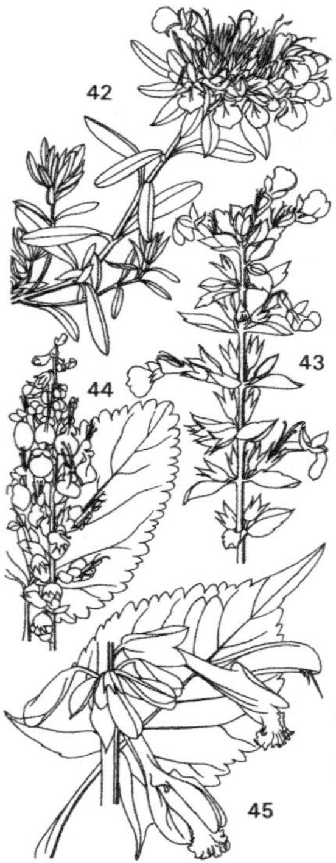

1*. Blüten gelb; Blätter sehr schmal lanzettlich oder geteilt und mit sehr schmalen Abschnitten (bis 2 mm breit). Unkraut in warmen Lagen . . . . *A. chamaepitys*

Gattung Teucrium

1. Blätter ganzrandig, ± lederig, immergrün, mit nach unten eingerolltem Rand und weißfilzig behaarter Unterseite.
  2. Blätter schmal lanzettlich; Blüten gelblich; Stengel nur im untern Teil holzig, niederliegend. Trockene Böden in wärmeren Lagen . . . . *T. montanum* **42**
  2*. Blätter oval bis lanzettlich; Blüten purpurn; Stengel in der ganzen Länge verholzt, mit aufrechten Zweigen. Heilpflanze . . . . *T. marum*

1*. Blätter gezähnt oder fiederteilig, sommergrün, unterseits behaart, aber nicht weißfilzig.
  3. Kelch ± gleichmäßig 5zähnig; Blätter im Blütenstand mindestens halb so lang wie die übrigen Stengelblätter.
    4. Blätter gezähnt, meist nicht drüsig; Kelch höchstens wenig bauchig erweitert, ohne Aussackung.
      5. Stengel unten verholzt; Blätter im Blütenstand so lang oder kürzer als die Blüten *T. chamaedrys* **43**
      5*. Stengel nicht verholzt; Blätter im Blütenstand bedeutend länger als die Blüten . *T. scordium*
    4*. Blätter bis fast auf den Mittelnerv 1–2fach fiederteilig, beiderseits drüsig behaart; Kelch unten mit großer, nach hinten gerichteter Aussackung. Trockene, warme Lagen *T. botrys*
  3*. Kelch 2lippig (Oberlippe aus 1 Zahn, Unterlippe aus 4 Zähnen); Blätter im Blütenstand mehrmals kleiner als die übrigen Stengelblätter; Blüten hell gelbgrün. Kalkarme Böden *T. scorodonia* **44**

Gattung Salvia

1. Blüten hellgelb; Pflanze im obern Teil drüsig-klebrig behaart, mit am Grunde pfeilförmigen, nicht runzeligen Blättern. Feuchte Böden in schattigen Lagen . . . . *S. glutinosa* **45**

1*. Blüten blau bis violett, rosa oder weiß; Pflanze entweder mit am Grunde herzförmigen, runzeligen Blättern oder dann im obern Teil nicht drüsig-klebrig.
  2. Blüten in 2–10blütigen, quirlähnlichen Teilblütenständen; Oberlippe der Krone gerade oder sichelförmig (vorn nach abwärts) gebogen, nicht stielartig verschmälert.

3. Untere Stengelteile verholzt; Kronoberlippe fast gerade; neben den 2 fertilen Staubblättern noch 2 verkümmerte Staubblätter als Staminodien vorhanden. Selten verwildert. *S. officinalis*

3*. Untere Stengelteile kaum verholzt; Kronoberlippe sichelförmig gebogen; nur die beiden fertilen Staubblätter vorhanden.

4. Kelchzähne borstig begrannt (Granne länger als 1 mm); Stengel dicht filzig oder kraus behaart; Pflanze 2jährig.

5. Kelch drüsig behaart; Krone 2–2,8 cm lang, hellblau bis rosa. Selten verwildert. *S. sclarea*

5*. Kelch weiß und kraus behaart; Krone 1,4–1,8 cm lang, weißlich. Savoyen, Aostatal *S. aethiopis*

4*. Kelchzähne spitz, nicht begrannt (Spitze höchstens 1 mm lang); Stengel behaart (aber nicht kraus oder filzig); Pflanze ausdauernd.

6. Grundständige Blätter zur Blütezeit vorhanden; Blätter grob und unregelmäßig 1–3fach gezähnt, die untern $1^1/_2$–3mal so lang wie breit.

7. Untere Tragblätter bis zu den Kelchspitzen reichend; zahlreiche Blätter nur 1fach gezähnt; Zähne meist stumpf. Trockene, magere Böden . . . . *S. **pratensis*** **46**

7*. Untere Tragblätter die Blüten überragend; Blätter sehr grob und doppelt gezähnt; Zähne spitz. Eingeschleppt . . . . *S. verbenaca*

6*. Grundständige Blätter zur Blütezeit verdorrt; Blätter fein, regelmäßig und stumpf gezähnt, die untern 3–4mal so lang wie breit. In warmen Lagen . . . . *S. sylvestris*

2*. Blüten in 16–24blütigen, quirlähnlichen Teilblütenständen; Oberlippe der Krone fast gerade und am Grunde stielartig verschmälert. In warmen Lagen eingebürgert . . . . *S. **verticillata*** **47**

Gattung Scutellaria

1. Blüten 2,5–3 cm lang, in einem ährenähnlichen, 4seitigen Blütenstand; Schuppe auf dem Kelch 2–5 mm lang. Südwestliche Alpen . . . . *S. **alpina*** **48**

1*. Blüten 0,5–2,2 cm lang, einseitswendig angeordnet.

2. Pflanze 10–60 cm hoch; Blätter im Blütenstand stengelblattähnlich, nach oben allmählich kleiner werdend; Schuppe auf dem Kelch etwa 1 mm lang.

3. Blüten 1–2,2 cm lang; Kelch 3–5 mm lang; Krone blau (selten weiß).

4. Blätter mit einzelnen, niedrigen, breiten Zähnen, am Grunde herzförmig oder gestutzt; Kelch meist ohne Drüsenhaare. Nasse Böden . . . . *S. **galericulata*** **49**

46 47 48 2× 49

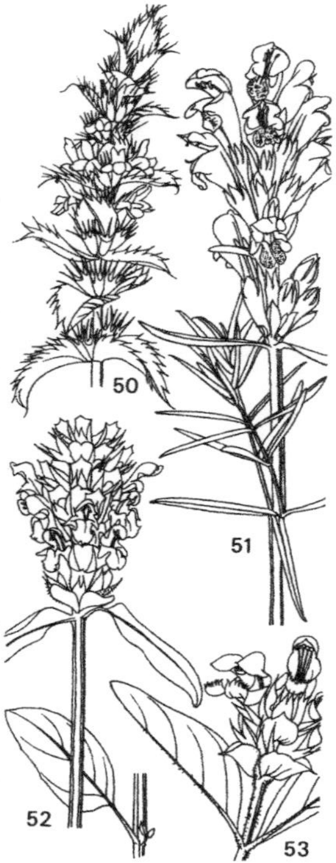

4*. Blätter ganzrandig, wenigstens die mittleren am Grunde pfeilförmig, mit 2 fast senkrecht abstehenden Zipfeln; Kelch drüsig behaart. Dép. Ain, Bergamo . . . . *S. hastifolia*

3*. Blüten 0,5–0,8 cm lang; Kelch 2–3 mm lang; Krone hellviolett. Westlicher Teil *S. minor*

2*. Pflanze 40–100 cm hoch; Blätter im Blütenstand bedeutend kleiner als die Stengelblätter; Schuppe auf dem Kelch 3–5 mm lang. Verwildert . . . . *S. altissima*

Gattung Sideritis

1. Pflanze 1jährig; quirlähnliche Teilblütenstände locker übereinanderstehend; Kelch 2lippig *S. montana*

1*. Pflanze mit holzigen, verzweigten, unterirdischen Stengeln; quirlähnliche Teilblütenstände in dichten, ährenähnlichen Blütenständen am Ende der Zweige; Kelch regelmäßig 5zähnig. Savoyen, Südjura, Bergamasker Alpen . . . . *S. hyssopifolia* **50**

Gattung Dracocephalum

1. Blätter ungeteilt, ganzrandig, schmal lanzettlich; Krone 2,5–3 cm lang. Alpen . . . . . *D. ruyschiana* **51**

1*. Blätter bis nahe an den Mittelnerv fiederteilig; Krone 3,5–4,5 cm lang. Zentralalpen; selten *D. austriacum*

Gattung Prunella

1. Blüten 0,8–1,8 cm lang; oberstes Stengelblattpaar den Gesamtblütenstand umgebend.

2. Krone gelblichweiß, Blätter $2^1/_2$–4mal so lang wie breit, die stengelständigen mit langen, schmalen Zähnen oder fiederteilig. Trockene, warme Lagen . . . . *P. laciniata*

2*. Krone blauviolett oder purpurviolett (selten weiß); Blätter $1^1/_2$–$2^1/_2$mal so lang wie breit, die stengelständigen wie die grundständigen ganzrandig oder mit breiten und kurzen Zähnen. Häufig . . . . *P. vulgaris* **52**

1*. Blüten 2–2,5 cm lang; oberstes Stengelblattpaar vom Gesamtblütenstand getrennt . . . *P. grandiflora* **53**

50 51 52 53

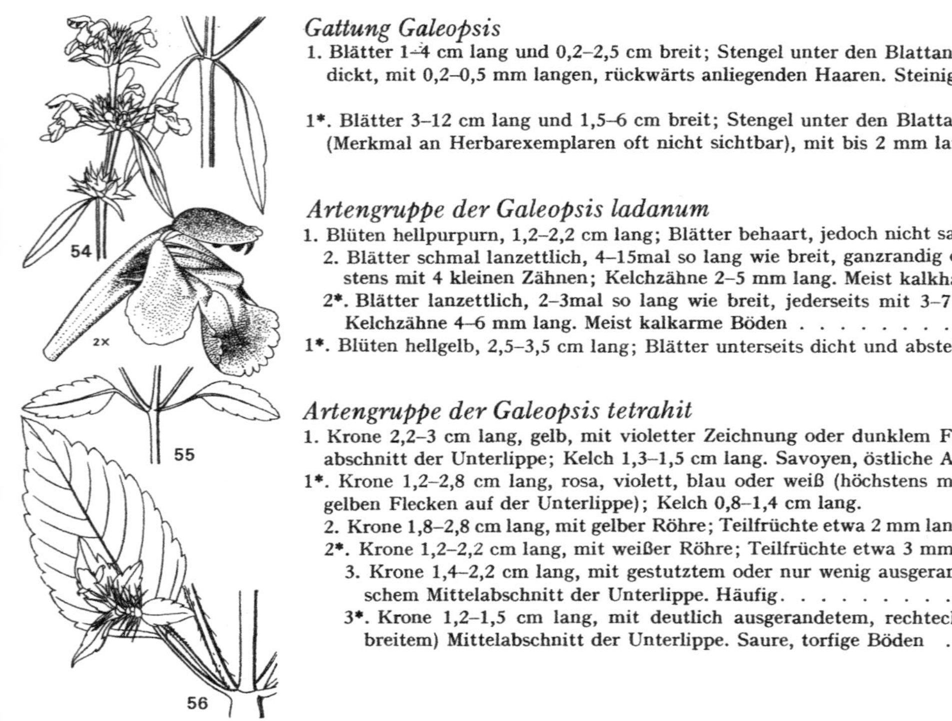

Gattung Galeopsis

1. Blätter 1–4 cm lang und 0,2–2,5 cm breit; Stengel unter den Blattansatzstellen nicht verdickt, mit 0,2–0,5 mm langen, rückwärts anliegenden Haaren. Steinige Böden . . . . . *Artengruppe der G. ladanum* S. 401

1*. Blätter 3–12 cm lang und 1,5–6 cm breit; Stengel unter den Blattansatzstellen verdickt (Merkmal an Herbarexemplaren oft nicht sichtbar), mit bis 2 mm langen, steifen Haaren *Artengruppe der G. tetrahit* S. 401

Artengruppe der Galeopsis ladanum

1. Blüten hellpurpurn, 1,2–2,2 cm lang; Blätter behaart, jedoch nicht samtig.
   2. Blätter schmal lanzettlich, 4–15mal so lang wie breit, ganzrandig oder jederseits höchstens mit 4 kleinen Zähnen; Kelchzähne 2–5 mm lang. Meist kalkhaltige Böden . . . . *G. angustifolia* **54**
   2*. Blätter lanzettlich, 2–3mal so lang wie breit, jederseits mit 3–7 deutlichen Zähnen; Kelchzähne 4–6 mm lang. Meist kalkarme Böden . . . . *G. ladanum* **55**

1*. Blüten hellgelb, 2,5–3,5 cm lang; Blätter unterseits dicht und abstehend samtig behaart *G. segetum*

Artengruppe der Galeopsis tetrahit

1. Krone 2,2–3 cm lang, gelb, mit violetter Zeichnung oder dunklem Fleck auf dem Mittelabschnitt der Unterlippe; Kelch 1,3–1,5 cm lang. Savoyen, östliche Alpen . . . . *G. speciosa*

1*. Krone 1,2–2,8 cm lang, rosa, violett, blau oder weiß (höchstens mit gelber Röhre und gelben Flecken auf der Unterlippe); Kelch 0,8–1,4 cm lang.
   2. Krone 1,8–2,8 cm lang, mit gelber Röhre; Teilfrüchte etwa 2 mm lang. Warme Alpentäler *G. pubescens*
   2*. Krone 1,2–2,2 cm lang, mit weißer Röhre; Teilfrüchte etwa 3 mm lang.
      3. Krone 1,4–2,2 cm lang, mit gestutztem oder nur wenig ausgerandetem, ± quadratischem Mittelabschnitt der Unterlippe. Häufig. . . . . *G. tetrahit* **56**
      3*. Krone 1,2–1,5 cm lang, mit deutlich ausgerandetem, rechteckigem (längerem als breitem) Mittelabschnitt der Unterlippe. Saure, torfige Böden . . . . *G. bifida*

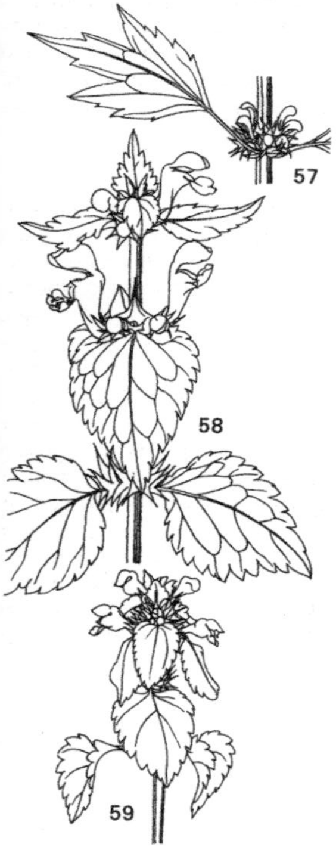

57

58

59

Artengruppe der Ballota nigra (Gattung Ballota)

1. Kelchzähne lanzettlich, 3–6 mm lang (mit der 1,5–3 mm langen Granne). Südalpen, Schaffh. — *B. nigra*
1*. Kelchzähne breit 3eckig, 2–2,5 mm lang (mit der 0,2–0,5 mm langen Stachelspitze) . . . — *B. alba* **35** S. 395

Gattung Leonurus

1. Alle Blätter oval bis lanzettlich, bis 5 cm lang, mit wenigen, groben, spitzen Zähnen; Krone 5–8 mm lang. Langensee, Elsaß, Dép. Jura, Dép. Ain . . . . — *L. marrubiastrum*
1*. Untere Blätter bis 12 cm lang, bis gegen die Mitte radiär in 3–7 grob und spitz gezähnte Abschnitte geteilt; Krone 8–11 mm lang. Stickstoffreiche Böden in warmen Lagen . . . — *L. cardiaca* **57**

Gattung Lamium

1. Blätter (wenigstens die mittleren und untern) groß, meist breiter als 5 cm; Krone 3–4 cm lang. Veltlin, Bergamasker Alpen . . . . — *L. orvala*
1*. Blätter höchstens 4 cm breit; Krone höchstens 3 cm lang.
  2. Blätter (wenigstens die obern) lang zugespitzt; Krone über 2 cm lang, wenn kürzer, dann gelb; Pflanze ausdauernd.
    3. Krone gelb; Staubbeutel ± gelb, kahl. Wälder . . . . — *Artengruppe des L. galeobdolon* S. 403
    3*. Krone weiß oder purpurn; Staubbeutel violettbraun bis schwarz, bärtig und weiß behaart.
      4. Krone weiß; obere Stengelblätter 2–4mal so lang wie breit; Kelch am Grunde meist mit violetten Flecken. Stickstoffreiche Böden in wärmeren Lagen . . . . — *L. album*
      4*. Krone purpurn (selten rosa oder weiß); obere Stengelblätter 1–2mal so lang wie breit; Kelch ohne Flecken. Nährstoffreiche Böden . . . . — *L. maculatum* **58**
  2*. Blätter stumpf oder sehr kurz zugespitzt; Krone 0,8–1,5 cm lang, rot; Pflanze 1–2jährig.
    5. Oberste Blätter gestielt, herzförmig oder fast 3eckig, länger als die Stengelinternodien.
      6. Blätter stumpf gezähnt (Zähne meist bedeutend breiter als lang). Ackerunkraut . . — *L. purpureum* **59**

6*. Blätter stumpf oder spitz gezähnt (Zähne meist länger als breit), auf $^2/_3$–$^3/_4$ radiär geteilt. Ackerunkraut . . . . *L. hybridum*

5*. Oberste Blätter sitzend, den Stengel umfassend, rundlich bis nierenförmig, kürzer als die Stengelinternodien. Ackerunkraut . . . . *L. amplexicaule* **60**

Artengruppe des Lamium galeobdolon

1. Blätter weiß gefleckt . . . . *L. argentatum*

1*. Blätter nicht weiß gefleckt.

2. Pflanze während oder kurz nach der Blütezeit Ausläufer treibend; Krone 1,7–2,5 cm lang.

3. Oberste Stengelblätter breit lanzettlich, 1–2$^1/_2$mal so lang wie breit, mit rundlichen Zähnen, die kaum entfernter stehen als bei den untern Blättern; Blütenzahl 1–3 (selten bis 5) je Halbquirl. Nicht einheimisch . . . . *L. galeobdolon*

3*. Oberste Stengelblätter lanzettlich, 2–3$^1/_2$mal so lang wie breit, mit scharf zugespitzten Zähnen, die entfernter stehen als an den untern Blättern; Blütenzahl 4–8 je Halbquirl *L. montanum* **61**

2*. Pflanze ohne Ausläufer; Krone 1,2–1,7 cm lang. Südalpen, warme Alpentäler . . . . . *L. flavidum* **62**

Gattung Stachys

1. Quirlartige Teilblütenstände aus 2–14 Blüten bestehend; Kelch 4–10 mm lang; Vorblätter der Blüten nicht vorhanden oder bedeutend kürzer als die halbe Kelchlänge; Kronoberlippe kurz behaart (nicht lang zottig behaart).

2. Blüten gelblich oder blaßrosa; Blätter meist klein (höchstens bis 5 cm lang); Pflanze ohne Ausläufer.

3. Blätter 1–3 cm lang, 1–1$^1/_2$mal so lang wie breit, am Grunde meist herzförmig; Krone blaßrosa. Ackerunkraut im westlichen Teil des Gebiets . . . . *S. arvensis*

3*. Blätter 3–5 cm lang, 1$^1/_2$–8mal so lang wie breit, in den Stiel verschmälert; Krone hellgelb oder gelblichweiß.

4. Stiel der untersten Blätter fast so lang wie die Spreite; Oberlippe zurückgebogen; Pflanze 1jährig. Ackerunkraut . . . . *S. annua* **63**

4*. Stiel der untersten Blätter höchstens ½ so lang wie die Spreite; Oberlippe in der Achse der Kronröhre; Pflanze ausdauernd . . . . *Artengruppe der S. recta* S. 404

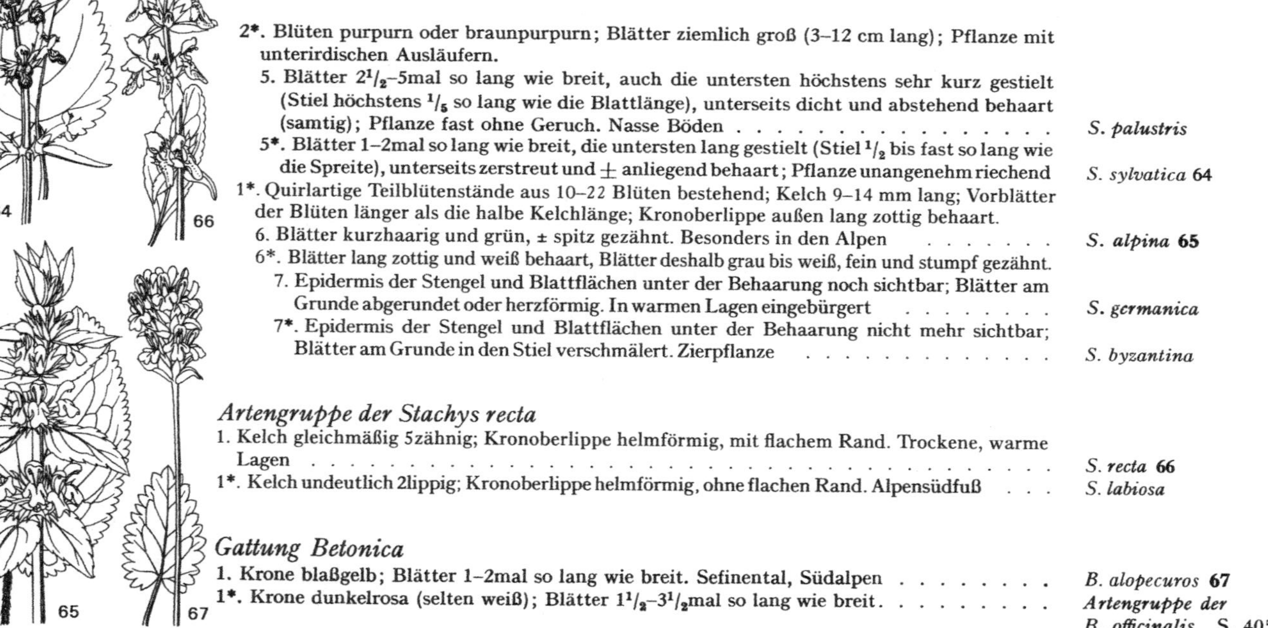

2*. Blüten purpurn oder braunpurpurn; Blätter ziemlich groß (3–12 cm lang); Pflanze mit unterirdischen Ausläufern.

5. Blätter $2^1/_2$–5mal so lang wie breit, auch die untersten höchstens sehr kurz gestielt (Stiel höchstens $^1/_5$ so lang wie die Blattlänge), unterseits dicht und abstehend behaart (samtig); Pflanze fast ohne Geruch. Nasse Böden . . . . *S. palustris*

5*. Blätter 1–2mal so lang wie breit, die untersten lang gestielt (Stiel $^1/_2$ bis fast so lang wie die Spreite), unterseits zerstreut und ± anliegend behaart; Pflanze unangenehm riechend *S. sylvatica* **64**

1*. Quirlartige Teilblütenstände aus 10–22 Blüten bestehend; Kelch 9–14 mm lang; Vorblätter der Blüten länger als die halbe Kelchlänge; Kronoberlippe außen lang zottig behaart.

6. Blätter kurzhaarig und grün, ± spitz gezähnt. Besonders in den Alpen . . . . *S. alpina* **65**

6*. Blätter lang zottig und weiß behaart, Blätter deshalb grau bis weiß, fein und stumpf gezähnt.

7. Epidermis der Stengel und Blattflächen unter der Behaarung noch sichtbar; Blätter am Grunde abgerundet oder herzförmig. In warmen Lagen eingebürgert . . . . *S. germanica*

7*. Epidermis der Stengel und Blattflächen unter der Behaarung nicht mehr sichtbar; Blätter am Grunde in den Stiel verschmälert. Zierpflanze . . . . *S. byzantina*

Artengruppe der Stachys recta

1. Kelch gleichmäßig 5zähnig; Kronoberlippe helmförmig, mit flachem Rand. Trockene, warme Lagen . . . . *S. recta* **66**

1*. Kelch undeutlich 2lippig; Kronoberlippe helmförmig, ohne flachen Rand. Alpensüdfuß . . . *S. labiosa*

Gattung Betonica

1. Krone blaßgelb; Blätter 1–2mal so lang wie breit. Sefinental, Südalpen . . . . *B. alopecuros* **67**

1*. Krone dunkelrosa (selten weiß); Blätter $1^1/_2$–$3^1/_2$mal so lang wie breit. . . . . *Artengruppe der B. officinalis* S. 405

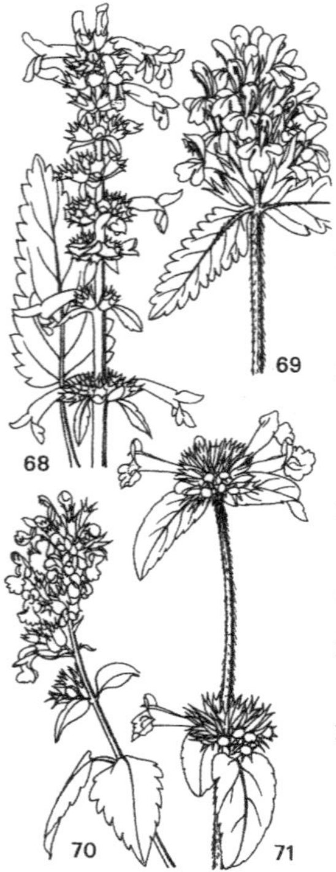

68 69 70 71

Artengruppe der Betonica officinalis

1. Krone 10–16 mm lang; Kelch 5–11 mm lang; Haare am obern Stengelteil 0,4–1,5 mm lang.
   2. Alle Teilblütenstände voneinander abgerückt. Südalpen . . . . *B. serotina*
   2*. Blütenstand meist kompakt (die 1–2 untersten Teilblütenstände oft abgesetzt)
      3. Kelch 5–7 mm lang, mit kurzen, 1,2–2,5 mm langen Zähnen (die mitgemessene, meist deutlich abgesetzte Granne ist 0,8–1,5 mm lang), auch im untern Teil behaart . . . *B. officinalis* **68**
      3*. Kelch 8–11 mm lang, mit 2,3–4,5 mm langen, allmählich in die Granne sich verschmälernden Zähnen, im untern Teil kahl. Vogesen, Alpen. . . . . *B. stricta*

1*. Krone 15–22 mm lang; Kelch 12–15 mm lang; Haare am obern Stengelteil 1,5–3 mm lang *B. hirsuta* **69**

Gattung Nepeta

1. Stengel und Blätter dicht (grau) behaart; Kelch 6–8 mm lang.
   2. Blätter im Umriß 3eckig, am Grunde herzförmig, 1,5–4 cm breit; Kelchzähne mindestens 4mal so lang wie breit. Trockene, steinige Böden in warmen Lagen . . . . *N. cataria* **70**
   2*. Blätter lanzettlich, am Grunde abgerundet, kaum herzförmig, 0,7–2 cm breit; Kelchzähne 2–3mal so lang wie breit. Savoyen, Aostatal . . . . *N. nepetella*

1*. Stengel und Blätter fast kahl; Kelch 3–4 mm lang. Rhonetal, Savoyen, Valle d'Ossola *N. nuda*

Gattung Satureja s.l.

Die Gattung *Satureja* wird heute aufgeteilt.

1. Griffeläste fast gleich lang; Kelch 10nervig; Blätter mindestens 5mal so lang wie breit. . . *Satureja*
   2. Pflanze 1jährig, nicht verholzt; Krone 0,4–0,6 cm lang. Gewürzpflanze. . . . . *S. hortensis*
   2*. Pflanze ausdauernd, im untern Teil verholzt; Krone 0,6–1 cm lang. Südalpen, Salève, Ain *S. montana*

1*. Oberer Griffelast viel kürzer als der untere; Kelch 11–13nervig; Blätter 1–3mal so lang wie breit.
   3. Teilblütenstände kurz gestielt (Stiel höchstens 0,5 cm lang), mit 10–20 Blüten, dicht quirl- oder kopfartig angeordnet; Pflanze fast geruchlos. Häufig. . . . . *Clinopodium vulgare* **71**

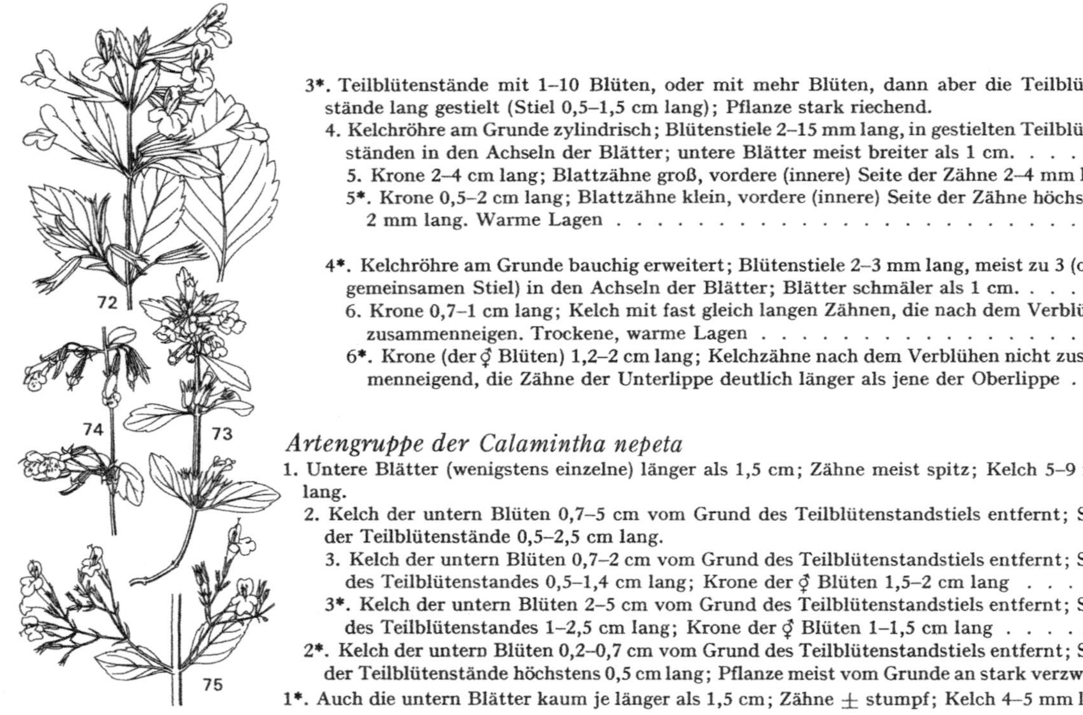

3*. Teilblütenstände mit 1–10 Blüten, oder mit mehr Blüten, dann aber die Teilblütenstände lang gestielt (Stiel 0,5–1,5 cm lang); Pflanze stark riechend.
4. Kelchröhre am Grunde zylindrisch; Blütenstiele 2–15 mm lang, in gestielten Teilblütenständen in den Achseln der Blätter; untere Blätter meist breiter als 1 cm. . . . . . *Calamintha*
5. Krone 2–4 cm lang; Blattzähne groß, vordere (innere) Seite der Zähne 2–4 mm lang *C. **grandiflora*** **72**
5*. Krone 0,5–2 cm lang; Blattzähne klein, vordere (innere) Seite der Zähne höchstens 2 mm lang. Warme Lagen . . . . *Artengruppe der C. nepeta* S. 406

4*. Kelchröhre am Grunde bauchig erweitert; Blütenstiele 2–3 mm lang, meist zu 3 (ohne gemeinsamen Stiel) in den Achseln der Blätter; Blätter schmäler als 1 cm. . . . . . *Acinos*
6. Krone 0,7–1 cm lang; Kelch mit fast gleich langen Zähnen, die nach dem Verblühen zusammenneigen. Trockene, warme Lagen . . . . *A. arvensis*
6*. Krone (der ⚥ Blüten) 1,2–2 cm lang; Kelchzähne nach dem Verblühen nicht zusammenneigend, die Zähne der Unterlippe deutlich länger als jene der Oberlippe . . . *A. alpinus* **73**

Artengruppe der Calamintha nepeta

1. Untere Blätter (wenigstens einzelne) länger als 1,5 cm; Zähne meist spitz; Kelch 5–9 mm lang.
2. Kelch der untern Blüten 0,7–5 cm vom Grund des Teilblütenstandstiels entfernt; Stiel der Teilblütenstände 0,5–2,5 cm lang.
3. Kelch der untern Blüten 0,7–2 cm vom Grund des Teilblütenstandstiels entfernt; Stiel des Teilblütenstandes 0,5–1,4 cm lang; Krone der ⚥ Blüten 1,5–2 cm lang . . . . . *C. menthifolia* **74**
3*. Kelch der untern Blüten 2–5 cm vom Grund des Teilblütenstandstiels entfernt; Stiel des Teilblütenstandes 1–2,5 cm lang; Krone der ⚥ Blüten 1–1,5 cm lang . . . . . . *C. **nepetoides*** **75**
2*. Kelch der untern Blüten 0,2–0,7 cm vom Grund des Teilblütenstandstiels entfernt; Stiel der Teilblütenstände höchstens 0,5 cm lang; Pflanze meist vom Grunde an stark verzweigt *C. **ascendens***
1*. Auch die untern Blätter kaum je länger als 1,5 cm; Zähne ± stumpf; Kelch 4–5 mm lang *C. nepeta*

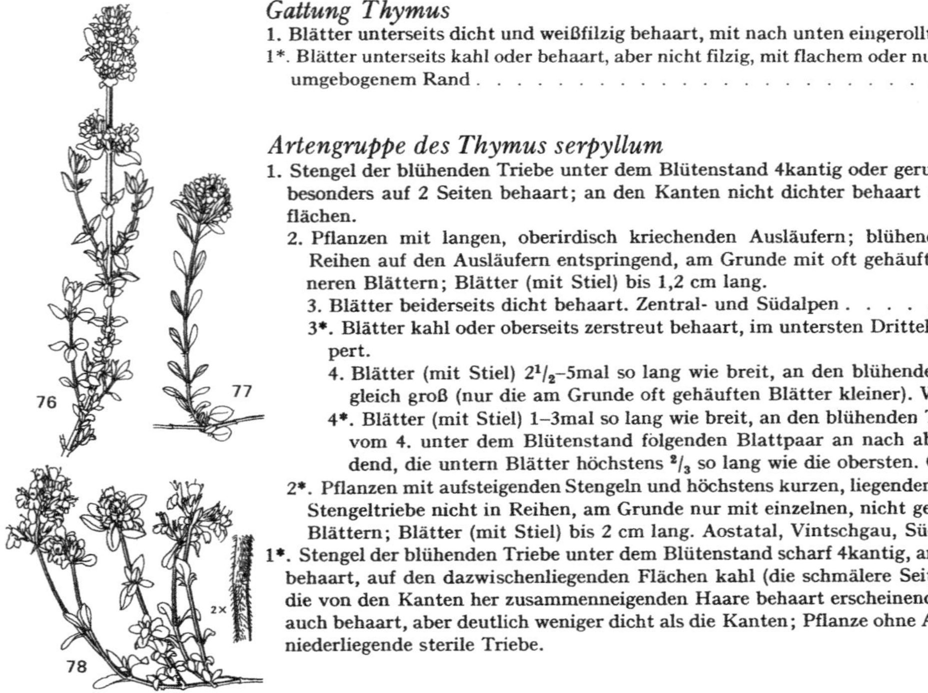

Gattung Thymus

1. Blätter unterseits dicht und weißfilzig behaart, mit nach unten eingerolltem Rand. Aostatal . . . *Th. vulgaris* **76**

1*. Blätter unterseits kahl oder behaart, aber nicht filzig, mit flachem oder nur wenig nach unten umgebogenem Rand . . . *Artengruppe des Th. serpyllum* S. 407

Artengruppe des Thymus serpyllum

1. Stengel der blühenden Triebe unter dem Blütenstand 4kantig oder gerundet, allseitig oder besonders auf 2 Seiten behaart; an den Kanten nicht dichter behaart als auf den Seitenflächen.

2. Pflanzen mit langen, oberirdisch kriechenden Ausläufern; blühende Stengeltriebe in Reihen auf den Ausläufern entspringend, am Grunde mit oft gehäuft auftretenden kleineren Blättern; Blätter (mit Stiel) bis 1,2 cm lang.

3. Blätter beiderseits dicht behaart. Zentral- und Südalpen . . . *Th. longicaulis*

3*. Blätter kahl oder oberseits zerstreut behaart, im untersten Drittel am Rande bewimpert.

4. Blätter (mit Stiel) $2^1/_2$–5mal so lang wie breit, an den blühenden Trieben alle fast gleich groß (nur die am Grunde oft gehäuften Blätter kleiner). Warme Lagen . . . *Th. praecox* **77**

4*. Blätter (mit Stiel) 1–3mal so lang wie breit, an den blühenden Trieben mindestens vom 4. unter dem Blütenstand folgenden Blattpaar an nach abwärts kleiner werdend, die untern Blätter höchstens $^2/_3$ so lang wie die obersten. Gebirge . . . *Th. polytrichus* **78**

2*. Pflanzen mit aufsteigenden Stengeln und höchstens kurzen, liegenden Trieben; blühende Stengeltriebe nicht in Reihen, am Grunde nur mit einzelnen, nicht gehäuft auftretenden Blättern; Blätter (mit Stiel) bis 2 cm lang. Aostatal, Vintschgau, Südalpen . . . *Th. oenipontanus*

1*. Stengel der blühenden Triebe unter dem Blütenstand scharf 4kantig, an den Kanten dicht behaart, auf den dazwischenliegenden Flächen kahl (die schmälere Seitenfläche oft durch die von den Kanten her zusammenneigenden Haare behaart erscheinend) oder die Flächen auch behaart, aber deutlich weniger dicht als die Kanten; Pflanze ohne Ausläufer und lange niederliegende sterile Triebe.

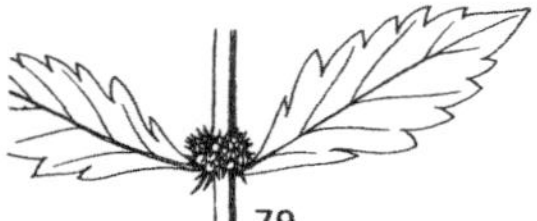

5. Blätter meist kahl, nur am Rande gelegentlich bewimpert; Haare der blühenden Stengeltriebe 0,1–0,4 mm lang, nach rückwärts gerichtet. Häufig . . . . *Th. pulegioides* **78a**

5*. Blätter beiderseits ziemlich dicht behaart; Haare der blühenden Stengeltriebe 0,5–2 mm lang, senkrecht abstehend. Warme Lagen . . . . *Th. froelichianus*

Gattung Lycopus

1. Blätter in der Blütenregion nur selten über 3 cm breit, jederseits höchstens bis zur Mitte der Blatthälfte geteilt, meist aber nur gezähnt; Kelchzähne etwa doppelt so lang wie die Kelchröhre.
   2. Blätter $2^1/_2$–5mal so lang wie breit, kahl oder zerstreut behaart. Nasse Böden . . . . *L. europaeus* **79**
   2*. Blätter 2–3mal so lang wie breit, beiderseits dicht und anliegend behaart. Selten . . . *L. mollis*

1*. Blätter in der Blütenregion 3–7 cm breit, bis nahe an den Mittelnerv fiederteilig; Kelchzähne etwa so lang wie die Kelchröhre. Alpensüdfuß . . . . *L. exaltatus*

Gattung Mentha

1. Kelchröhre innen dicht mit mehrzelligen Haaren besetzt; Kelch 2lippig; Blätter klein, bis 1 cm breit.
   a) Stengel kriechend und wurzelnd; Kelch etwa 1,5 mm lang; Blätter meist kürzer als 1 cm. . *M. requienii*
   b) Stengel aufsteigend bis aufrecht; Kelch etwa 3 mm lang; Blätter meist länger als 1 cm . . *M. pulegium*

1*. Kelchröhre innen kahl; Kelch mit 5 gleichartigen Zähnen; Blätter meist breiter als 1 cm.
   2. Blätter kurz gestielt; Blüten quirlartig in den Achseln der obern Blätter oder am Ende der Zweige kopfartig genähert.
      3. Blüten quirlartig in den Achseln der obersten 6–12 Blattpaare; Stengel aufsteigend oder niederliegend. Unkraut feuchter Böden . . . . *M. arvensis* **80**
      3*. Blüten am Ende der Zweige kopfartig genähert (oft auch noch quirlartig in den Achseln der obersten Blattpaare); Stengel aufrecht. Nasse Böden . . . . *M. aquatica* **81**
   2*. Blätter sitzend; Blüten am Ende der Zweige ährenartig angeordnet.
      4. Blätter $1–2^1/_2$mal so lang wie breit, behaart; Tragblätter lanzettlich; Pflanze mit unter- und oberirdischen Ausläufern. Wechselfeuchte Böden in warmen Lagen . . . *M. suaveolens*

79

80

78a 2×

81

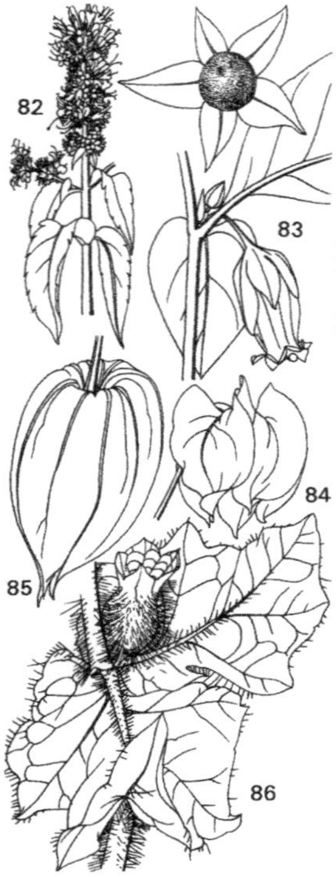

4*. Blätter 3–6mal so lang wie breit und behaart oder 2–4mal so lang wie breit, dann aber kahl; Tragblätter sehr schmal lanzettlich bis borstenförmig; Pflanze nur mit unterirdischen Ausläufern.

5. Blattunterseite dicht und weißfilzig behaart; Kelch dicht behaart. Wechselnasse Böden . . . . . *M. longifolia* **82**

5*. Blätter und Kelch ± kahl. Kulturpflanze . . . . . *M. spicata*

Familie der Solanaceae

1. 1–3 m hohe Sträucher, mit zurückgebogenen, meist dornigen Zweigen; Blätter klein, ungeteilt, ganzrandig. Ziersträucher . . . . . *Lycium* S. 410

1*. 1jährige oder ausdauernde Kräuter, wenn mit holzigem Stengel, dann ohne zurückgebogene, dornige Zweige.

2. Frucht eine Beere (oft vom stark vergrößerten Kelch eingeschlossen); Krone oft flach ausgebreitet bis weit glockenförmig.

3. Kelch zur Fruchtzeit wenig oder nicht vergrößert, die Beere nicht einschließend.

4. Staubbeutel zu einer Röhre verbunden; Krone flach ausgebreitet, mit tief 5teiligem Rand.

5. Blüten in rispenähnlichen, gestielten Blütenständen . . . . . *Solanum* S. 410

5*. Blüten einzeln oder zu mehreren in den Blattachseln, aber ohne gemeinsamen Blütenstandsstiel. Gewürz- und Gemüsepflanze . . . . . ***Capsicum annuum***

4*. Staubbeutel nicht miteinander verbunden; Krone eng glockenförmig, mit kurzem, 5teiligem, zurückgebogenem Rand. Waldschläge . . . . . *Atropa bella-donna* **83**

3*. Kelch zur Fruchtzeit stark vergrößert und aufgeblasen, die Beere einschließend.

6. Kelch am Grunde mit 5 rückwärts gerichteten Zipfeln; Fruchtknoten 4–5fächerig; Beere fast saftlos, braun. Zierpflanze . . . . . *Nicandra physalodes* **84**

6*. Kelch am Grunde ohne Zipfel, abgerundet; Fruchtknoten 2fächerig; Beere saftig, orangerot. Häufig kultiviert, verwildert . . . . . *Physalis alkekengi* **85**

2*. Frucht eine Kapsel; Krone trichterförmig bis zylindrisch.

7. Blüten einzeln in den Achseln der Blätter; Blätter buchtig gezähnt bis fiederteilig.

8. Krone 2–3 cm lang; Kapsel ohne Stacheln, mit einem Deckel aufspringend. Warme Lagen . . . . . *Hyoscyamus niger* **86**

8*. Krone 6–10 cm lang; Kapsel meist stachelig, mit 4 Klappen aufspringend . . . . *Datura stramonium*

82 83 84 85 86

7*. Blüten am Ende der Zweige in trauben- oder rispenähnlichen Blütenständen; Blätter ungeteilt, ganzrandig. Kultur- und Zierpflanzen . . . . *Nicotiana* S. 411

87

Gattung Lycium

1. Blätter graugrün, schmal lanzettlich, 3–7mal so lang wie breit; Kronzipfel $^2/_3$–$^3/_4$ so lang wie die Kronröhre . . . . *L. barbarum* **87**

1*. Blätter grün, breit lanzettlich bis oval, 2–4mal so lang wie breit; Kronzipfel so lang oder etwas länger als die Kronröhre . . . . *L. chinense*

88

Gattung Solanum

1. Blätter ungeteilt, höchstens am Grunde mit 1–2 buchtig abgetrennten, ovalen Abschnitten.
   2. Krone 0,6–1,2 cm im Durchmesser; Früchte etwa 1 cm lang; Pflanze ohne Sternhaare.
      3. Pflanze ausdauernd; Stengel 30–180 cm hoch, im untern Teil holzig, oft kletternd; Krone violett (selten weiß) . . . . *S. dulcamara* **88**
      3*. Pflanze 1jährig; Stengel nicht holzig; Krone weiß (selten lila). Äcker, Schuttplätze *Artengruppe des S. nigrum* S. 410
   2*. Krone 2–4 cm im Durchmesser; Früchte 10–30 cm lang; Stengel und Blätter mit Sternhaaren. Gemüsepflanze . . . . *S. melongena*

1*. Blätter unregelmäßig gefiedert.
   4. Pflanze mit zahlreichen unterirdischen Knollen; Krone weiß, violett oder rötlich; Frucht gelbgrün. Gemüsepflanze . . . . *S. tuberosum*
   4*. Pflanze ohne Knollen; Krone gelb; Frucht orange bis leuchtend rot. Gemüsepflanze *S. lycopersicum*

89

Artengruppe des Solanum nigrum

1. Blätter breit oval bis 3eckig, 1–1$^1/_2$mal so lang wie breit.
   2. Zweige und Blätter kahl bis zerstreut und anliegend behaart (Haare bis etwa 0,5 mm lang).
      3. Frucht schwarz, seltener gelbgrün, dicker als lang; Stengel glatt (ohne Höcker) . . . *S. nigrum* **89**
      3*. Frucht rot, länger als dick; Stengel auf den Kanten mit einzelnen Höckern . . . . *S. miniatum*

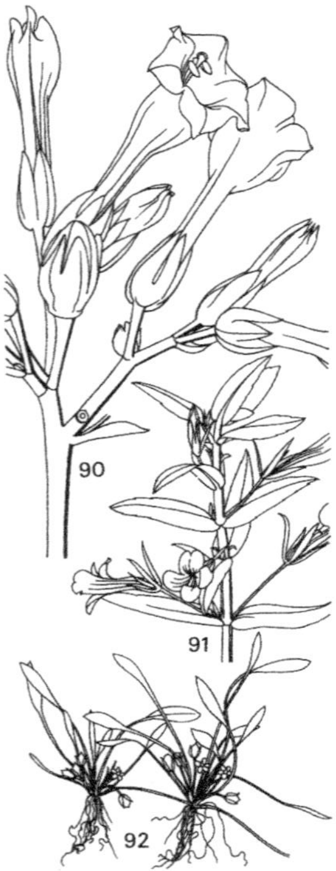

2*. Zweige und Blätter dicht abstehend und meist drüsig behaart (einzelne Haare bis 1 mm lang). Warme Lagen.

3. Blütenstandsstiel 0,5–1,6 cm lang; Früchte goldgelb bis rot, länger als dick . . . . . . *S. villosum*

3*. Blütenstandsstiel 1,5–2,5 cm lang; Früchte schwarz, dicker als lang . . . . *S. schultesii*

1*. Blätter lanzettlich, 2–3mal so lang wie breit. Warme Lagen . . . . *S. chenopodioides*

Gattung Nicotiana

1. Krone grünlichgelb, 1,5–2,2 cm lang, unten mit bauchiger, weiter oben mit zylindrischer Röhre; Blätter gestielt . . . . *N. rustica*

1*. Krone weiss oder rosarot, vorne trichterförmig, mit 3–8 cm langer Kronröhre; Blätter sitzend.

2. Pflanze 1–3 m hoch; Blütenstand rispenartig; Blätter breiter als 6 cm . . . . *N. tabacum* **90**

2*. Pflanze 0,2–0,8 m hoch; Blütenstand traubenartig; Blätter weniger als 6 cm breit . . . . *N. alata*

Familie der Scrophulariaceae

1. Pflanze mit grünen Blättern.

2. Staubblätter 5, wenigstens die 3 obern wollig behaart; Krone flach ausgebreitet bis weit trichterförmig . . . . *Verbascum* S. 413

2*. Staubblätter 2 oder 4.

3. Fertile Staubblätter 2, bei *Gratiola* noch 2–3 reduzierte (sterile) Staubblätter vorhanden.

4. Krone mit weiter, hellgelber, oben braunroter Röhre und 2lippigem, weißem oder rosafarbenem Rand; neben den 2 fertilen Staubblättern noch 2–3 sterile. Selten *Gratiola officinalis* **91**

4*. Krone mit meist sehr kurzer Röhre und 4teiligem, flachem oder trichterförmigem, oft fast radiärsymmetrischem Rand, bei unsern Arten nie gelb; nur 2 Staubblätter *Veronica* s.l. S. 415

3*. Fertile Staubblätter 4.

5. Alle Blätter und Blütenstiele grundständig; Blätter lang gestielt, schmal lanzettlich bis oval, ganzrandig. Flache Ufer . . . . *Limosella aquatica* **92**

5*. Entweder Blätter z. T. stengelständig oder wenn alle grundständig, dann fiederteilig.

6. Kelch mit 5 oder mehr Zähnen, 5teilig oder 2lippig.

7. Krone am Grunde gespornt oder sackartig erweitert.

90

91

92

8. Unterlippe am Grunde mit einer nach innen gerichteten, den Schlund oft verschließenden Wölbung (Gaumen); Stengelblätter ungeteilt (bei *L. cymbalaria* gelegentlich radiär 5–7teilig).

9. Krone am Grunde mit einem Sporn . . . . *Linaria* s.l. S. 421

9*. Krone am Grunde sackartig erweitert, ohne Sporn . . . . *Antirrhinum* S. 423

8*. Unterlippe am Grunde ohne nach innen gerichtete Wölbung, Schlund offen; Stengelblätter 3–5teilig. Dép. Ain, Savoyen, Südalpen . . . . *Anarrhinum bellidifolium* **93**

7*. Krone am Grunde ohne Sporn und ohne sackartige Erweiterung.

10. Oberlippe der Krone nicht helmförmig, ± flach oder die Ränder nach oben oder rückwärts gebogen.

11. Mindestens die untern Stengelblätter gegenständig.

12. Krone 2–10 mm lang.

13. Blätter ganzrandig; Krone 2–6 mm lang, blaßlila; bis 15 cm hohe Sumpfpflanze. Flache Ufer in warmen Lagen . . . . *Lindernia procumbens* **94**

13*. Blätter gezähnt oder fiederteilig; Krone 4–10 mm lang, rotbraun oder gelbgrün; Pflanze 20–125 cm hoch . . . . *Scrophularia* S. 423

12*. Krone 1,4–4 cm lang, gelb. Quellige Stellen, Ufer . . . . *Mimulus* S. 424

11*. Alle Stengelblätter wechselständig.

14. Krone 2–5 cm lang, mit bauchiger Röhre und kurzem, 2lippigem Rand *Digitalis* S. 424

14*. Krone mit kurzer, 0,5 cm langer Röhre und trichterförmig erweitertem oder flach ausgebreitetem, fast radiärsymmetrischem Rand. Kalkstein *Erinus alpinus* **95**

10*. Oberlippe der Krone helmförmig; Blätter im Umriß lanzettlich, 1- bis mehrfach fiederteilig (nur die untersten schuppenförmig und nicht geteilt) . *Pedicularis* S. 424

6*. Kelch 4zähnig oder 4teilig.

15. Krone mit ausgebreitetem, undeutlich 2lippigem Rand, gelb, mit purpurn punktierter Unterlippe; Blüten deutlich gestielt (Stiel oft länger als der Kelch) *Tozzia alpina* **96**

15*. Krone mit 2lippigem Rand; die Oberlippe helmförmig oder gewölbt; Blüten sitzend oder sehr kurz gestielt.

16. Kelch seitlich abgeflacht, bauchig, zur Fruchtzeit stark vergrößert; Frucht linsenförmig; Samen scheibenförmig, meist mit 1 mm breitem, flügelförmigem Rand . . . . *Rhinanthus* S. 426

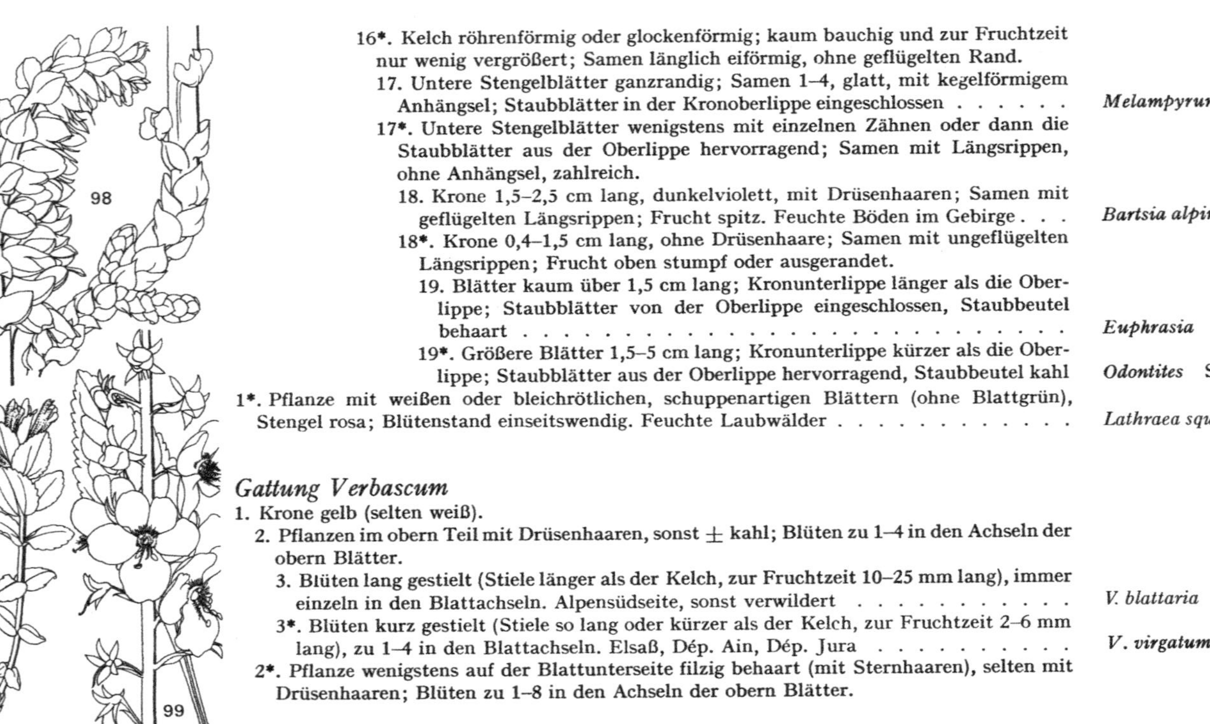

16*. Kelch röhrenförmig oder glockenförmig; kaum bauchig und zur Fruchtzeit nur wenig vergrößert; Samen länglich eiförmig, ohne geflügelten Rand.

17. Untere Stengelblätter ganzrandig; Samen 1–4, glatt, mit kegelförmigem Anhängsel; Staubblätter in der Kronoberlippe eingeschlossen . . . . . . *Melampyrum* S. 427

17*. Untere Stengelblätter wenigstens mit einzelnen Zähnen oder dann die Staubblätter aus der Oberlippe hervorragend; Samen mit Längsrippen, ohne Anhängsel, zahlreich.

18. Krone 1,5–2,5 cm lang, dunkelviolett, mit Drüsenhaaren; Samen mit geflügelten Längsrippen; Frucht spitz. Feuchte Böden im Gebirge . . . *Bartsia alpina* **97**

18*. Krone 0,4–1,5 cm lang, ohne Drüsenhaare; Samen mit ungeflügelten Längsrippen; Frucht oben stumpf oder ausgerandet.

19. Blätter kaum über 1,5 cm lang; Kronunterlippe länger als die Oberlippe; Staubblätter von der Oberlippe eingeschlossen, Staubbeutel behaart . . . . *Euphrasia* S. 428

19*. Größere Blätter 1,5–5 cm lang; Kronunterlippe kürzer als die Oberlippe; Staubblätter aus der Oberlippe hervorragend, Staubbeutel kahl *Odontites* S. 429

1*. Pflanze mit weißen oder bleichrötlichen, schuppenartigen Blättern (ohne Blattgrün), Stengel rosa; Blütenstand einseitswendig. Feuchte Laubwälder . . . . *Lathraea squamaria* **98**

Gattung Verbascum

1. Krone gelb (selten weiß).

2. Pflanzen im obern Teil mit Drüsenhaaren, sonst ± kahl; Blüten zu 1–4 in den Achseln der obern Blätter.

3. Blüten lang gestielt (Stiele länger als der Kelch, zur Fruchtzeit 10–25 mm lang), immer einzeln in den Blattachseln. Alpensüdseite, sonst verwildert . . . . *V. blattaria* **99**

3*. Blüten kurz gestielt (Stiele so lang oder kürzer als der Kelch, zur Fruchtzeit 2–6 mm lang), zu 1–4 in den Blattachseln. Elsaß, Dép. Ain, Dép. Jura . . . . *V. virgatum*

2*. Pflanze wenigstens auf der Blattunterseite filzig behaart (mit Sternhaaren), selten mit Drüsenhaaren; Blüten zu 1–8 in den Achseln der obern Blätter.

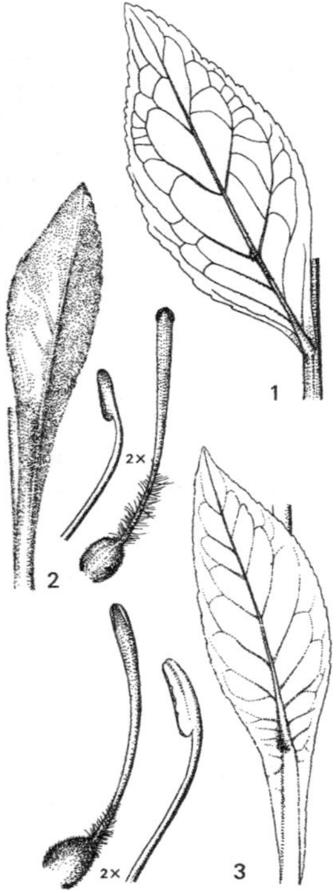

4. Staubblätter ungleich, die 2 untern länger, meist mit auf einer Seite an den Staubfäden herablaufenden Staubbeuteln; Kelch 6–12 mm lang, mit lanzettlichen Zipfeln . . . *Artengruppe des V. thapsus* S. 414

4*. Staubblätter ± gleich; mit nicht herablaufenden Staubbeuteln; Kelch 2–5 mm lang, mit schmal lanzettlichen Zipfeln.

5. Staubfäden wollig und weiß behaart; Blattunterseite mit dichtem, weißem Filz.

6. Blätter beiderseits weiß; Haarfilz abwischbar, flockig; Stengel rund. Warme Lagen *V. pulverulentum*

6*. Blätter nur unterseits weiß; Haarfilz nicht flockig; Stengel kantig . . . . . . *V. lychnitis* **1**

5*. Staubfäden wollig und purpurn (sehr selten weiß) behaart.

7. Blütenstiele so lang oder länger als der Kelch . . . . *Artengruppe des V. nigrum* S. 415

7*. Blütenstiele kürzer als der Kelch. Bergamasker Alpen . . . . *V. sinuatum*

1*. Krone dunkelviolett (am Grunde gelblich). Alpensüdfuß, sonst verwildert . . . . *V. phoeniceum*

Artengruppe des Verbascum thapsus

1. Die 2 längeren Staubblätter mit 1,5–2 mm langen Staubbeuteln; Narbe nierenförmig, nicht am Griffel herablaufend; Krone 1,2–3 cm im Durchmesser.

2. Grundständige Blätter sehr kurz und undeutlich gestielt; Stengelblätter sitzend und mit den Rändern am Stengel bis zum nächsten untern Blatt oder darüber hinaus herablaufend; die 2 längeren Staubblätter mit kahlen oder fast kahlen Staubfäden . . . . . . *V. thapsus* **2**

2*. Grundständige Blätter lang gestielt; obere Stengelblätter am Stengel nicht oder nur wenig (nicht bis zum nächsten Blatt) herablaufend; die 2 längeren Staubblätter mit nur im obern Teil kahlen Staubfäden.

3. Behaarung gelblich bis rostbraun; grundständige Blätter breit lanzettlich, 2–4mal so lang wie breit. Alpen, südlicher Jura. . . . . *V. crassifolium*

3*. Behaarung grau; grundständige Blätter breit oval, $1^1/_2$–2mal so lang wie breit . . . *V. pseudothapsiforme*

1*. Die 2 längeren Staubblätter mit 3–5,5 mm langen Staubbeuteln; Narbe keulenförmig, am Griffel herablaufend; Krone 3,5–5 cm im Durchmesser.

4. Grundständige Blätter sehr kurz und undeutlich gestielt; Stengelblätter sitzend und mit den Rändern am Stengel bis zum nächsten untern Blatt oder darüber hinaus herablaufend *V. densiflorum* 3

1 2× 2 2× 3

4*. Grundständige Blätter deutlich gestielt; obere Stengelblätter am Stengel nicht oder nur wenig (nicht bis zum nächsten Blatt) herablaufend. Warme Lagen . . . . *V. phlomoides*

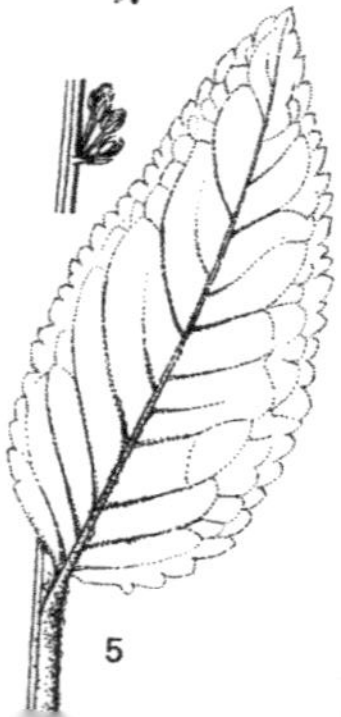

Artengruppe des Verbascum nigrum

1. Stengel meist einfach; längste Blütenstiele 5–12 mm lang, etwa 2mal so lang wie der Kelch.
   2. Stengel im untern Teil zerstreut behaart; Kelch und Krone außen mit Sternhaaren . . *V. nigrum* **4**
   2*. Stengel im untern Teil dicht und wollig behaart (Haare bis fast 1 cm lang); Kelch und Krone außen ohne Sternhaare, ± kahl. Bergamasker Alpen, Vintschgau *V. alpinum* **5**

1*. Stengel im obern Teil meist verzweigt; längste Blütenstiele 3–6 mm lang, etwa so lang wie der Kelch. Savoyen, Südalpen, Vintschgau . . . . *V. chaixii*

Gattung Veronica s.l.

Die Arten ab Punkt 10* werden heute abgetrennt.

1. Blüten in gestielten Blütenständen (Trauben) in den Achseln von Stengelblättern (bei *V. aphylla* in den Achseln des obersten Blattpaares der Blattrosette und deshalb scheinbar endständig).
   2. Frucht bei der Griffelansatzstelle kaum ausgerandet, kugelig bis eiförmig (nur wenig abgeflacht); Samen eiförmig; Stengel und Blätter kahl. Schlammböden . . . . *Artengruppe der V. beccabunga* S. 418

   2*. Frucht bei der Griffelansatzstelle deutlich ausgerandet (herzförmig und abgeflacht); Samen scheibenförmig; Stengel und Blätter meist behaart (kahl und Blätter sehr schmal lanzettlich bei *V. scutellata*).
      3. Kelch fast immer 5teilig (der oberste Zipfel klein); Frucht meist länger als breit; Blätter lanzettlich. Wärmere Lagen . . . . *Artengruppe der V. teucrium* S. 418

      3*. Kelch 4teilig; wenn die Frucht länger als breit, dann die Blätter klein und breit oval.
         4. Blütenstand meist nur 1 je Rosette, 2–4blütig, in den Achseln des obersten Blattpaares und deshalb scheinbar endständig. Kalkreiche Böden, Alpen, Südjura . . . . . . *V. aphylla* **6**
         4*. Meist mehr als 1 Blütenstand je Stengel; Blütenstand meist vielblütig.

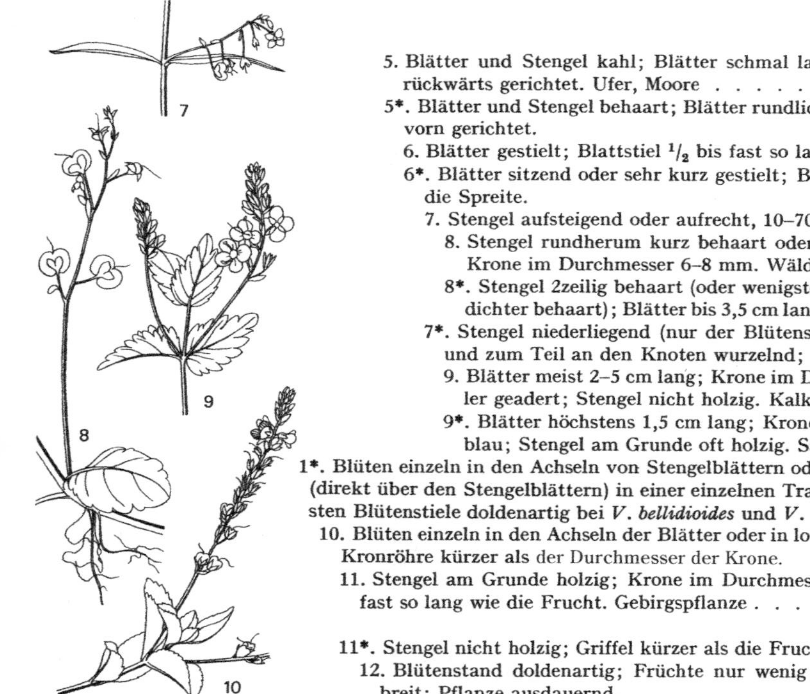

5. Blätter und Stengel kahl; Blätter schmal lanzettlich, Zähne (wenn vorhanden) rückwärts gerichtet. Ufer, Moore . . . . *V. scutellata* **7**

5*. Blätter und Stengel behaart; Blätter rundlich, oval oder lanzettlich, Zähne nach vorn gerichtet.

6. Blätter gestielt; Blattstiel $^1/_2$ bis fast so lang wie die Spreite. Feuchte Wälder *V. montana* **8**

6*. Blätter sitzend oder sehr kurz gestielt; Blattstiel höchstens halb so lang wie die Spreite.

7. Stengel aufsteigend oder aufrecht, 10–70 cm hoch; Blätter grob gezähnt.

8. Stengel rundherum kurz behaart oder fast kahl; Blätter bis 10 cm lang; Krone im Durchmesser 6–8 mm. Wälder in den Bergen . . . . *V. urticifolia*

8*. Stengel 2zeilig behaart (oder wenigstens auf 2 gegenüberliegenden Seiten dichter behaart); Blätter bis 3,5 cm lang; Krone im Durchmesser 10–14 mm *V. chamaedrys* **9**

7*. Stengel niederliegend (nur der Blütenstand aufrecht und bis 15 cm hoch) und zum Teil an den Knoten wurzelnd; Blätter fein gezähnt.

9. Blätter meist 2–5 cm lang; Krone im Durchmesser 6–7 mm, blaßlila, dunkler geadert; Stengel nicht holzig. Kalkarme, trockene Böden . . . . . . *V. officinalis* **10**

9*. Blätter höchstens 1,5 cm lang; Krone im Durchmesser 7–9 mm, himmelblau; Stengel am Grunde oft holzig. Savoyen, Aostatal . . . . *V. allionii*

1*. Blüten einzeln in den Achseln von Stengelblättern oder am Ende der Stengel und Zweige (direkt über den Stengelblättern) in einer einzelnen Traube (durch Verlängerung der untersten Blütenstiele doldenartig bei *V. bellidioides* und *V. alpina*

10. Blüten einzeln in den Achseln der Blätter oder in lockeren oder wenigblütigen Trauben; Kronröhre kürzer als der Durchmesser der Krone.

11. Stengel am Grunde holzig; Krone im Durchmesser 10–15 mm; Griffel so lang oder fast so lang wie die Frucht. Gebirgspflanze . . . . *Artengruppe der V. fruticulosa* S. 419

11*. Stengel nicht holzig; Griffel kürzer als die Frucht.

12. Blütenstand doldenartig; Früchte nur wenig ausgerandet, bedeutend länger als breit; Pflanze ausdauernd.

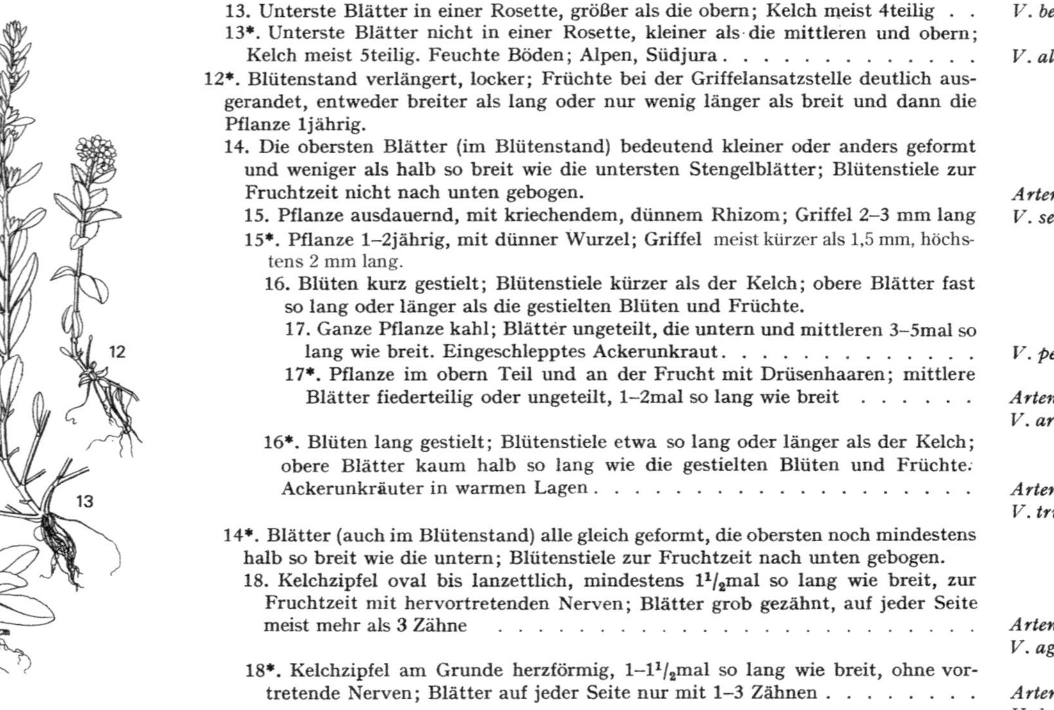

13. Unterste Blätter in einer Rosette, größer als die obern; Kelch meist 4teilig . . *V. bellidioides* **11**

13*. Unterste Blätter nicht in einer Rosette, kleiner als die mittleren und obern; Kelch meist 5teilig. Feuchte Böden; Alpen, Südjura . . . . *V. alpina* **12**

12*. Blütenstand verlängert, locker; Früchte bei der Griffelansatzstelle deutlich ausgerandet, entweder breiter als lang oder nur wenig länger als breit und dann die Pflanze 1jährig.

14. Die obersten Blätter (im Blütenstand) bedeutend kleiner oder anders geformt und weniger als halb so breit wie die untersten Stengelblätter; Blütenstiele zur Fruchtzeit nicht nach unten gebogen.

15. Pflanze ausdauernd, mit kriechendem, dünnem Rhizom; Griffel 2–3 mm lang *Artengruppe der V. serpyllifolia* S. 419

15*. Pflanze 1–2jährig, mit dünner Wurzel; Griffel meist kürzer als 1,5 mm, höchstens 2 mm lang.

16. Blüten kurz gestielt; Blütenstiele kürzer als der Kelch; obere Blätter fast so lang oder länger als die gestielten Blüten und Früchte.

17. Ganze Pflanze kahl; Blätter ungeteilt, die untern und mittleren 3–5mal so lang wie breit. Eingeschlepptes Ackerunkraut . . . . *V. peregrina* **13**

17*. Pflanze im obern Teil und an der Frucht mit Drüsenhaaren; mittlere Blätter fiederteilig oder ungeteilt, 1–2mal so lang wie breit . . . . . . *Artengruppe der V. arvensis* S. 419

16*. Blüten lang gestielt; Blütenstiele etwa so lang oder länger als der Kelch; obere Blätter kaum halb so lang wie die gestielten Blüten und Früchte. Ackerunkräuter in warmen Lagen . . . . *Artengruppe der V. triphyllos* S. 419

14*. Blätter (auch im Blütenstand) alle gleich geformt, die obersten noch mindestens halb so breit wie die untern; Blütenstiele zur Fruchtzeit nach unten gebogen.

18. Kelchzipfel oval bis lanzettlich, mindestens $1^1/_2$mal so lang wie breit, zur Fruchtzeit mit hervortretenden Nerven; Blätter grob gezähnt, auf jeder Seite meist mehr als 3 Zähne . . . . *Artengruppe der V. agrestis* S. 420

18*. Kelchzipfel am Grunde herzförmig, 1–$1^1/_2$mal so lang wie breit, ohne vortretende Nerven; Blätter auf jeder Seite nur mit 1–3 Zähnen . . . . *Artengruppe der V. hederifolia* S. 420

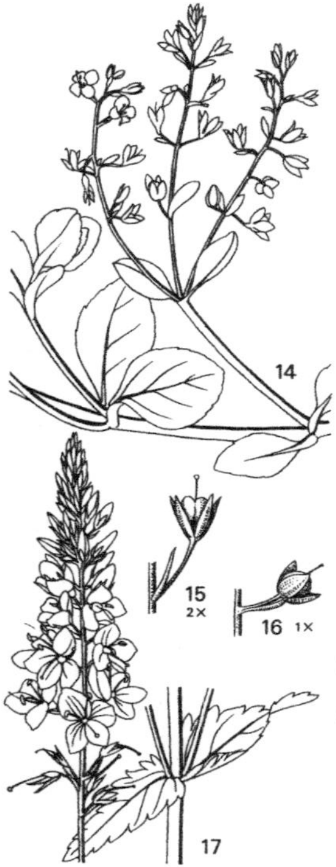

10*. Blüten in einer dichten, vielblütigen Traube am Ende des Stengels (seitliche Zweige selten!); Kronröhre länger als der Durchmesser der Krone.

19. Blätter 2–8mal so lang wie breit; Kelch 4teilig . . . . *Artengruppe der Pseudolysimachion spicatum* S. 421

19*. Blätter 1–2mal so lang wie breit; Kelch 5teilig. Bergamasker Alpen . . . . *Paederota bonarota*

Artengruppe der Veronica beccabunga

1. Blätter kurz gestielt, oval bis rundlich . . . . *V. beccabunga* **14**

1*. Blätter (mit Ausnahme der untersten) sitzend, lanzettlich.

2. Blütenstiele, Kelch und Frucht kahl (seltener mit Drüsenhaaren); Frucht 3–4 mm lang, fast kugelig; Krone 3,5–8 mm im Durchmesser.

3. Fruchtstiele schief aufwärts gerichtet; Kelchblätter länger als die Frucht; Krone blaßlila bis hellviolett, mit rotvioletten Adern . . . . *V. anagallis-aquatica* **15**

3*. Fruchtstiele fast senkrecht abstehend; Kelchblätter meist kürzer als die Frucht; Krone hellrosa bis weiß, mit rötlichen Adern . . . . *V. catenata* **16**

2*. Blütenstiele, Kelch und Frucht mit Drüsenhaaren; Frucht 2–3,5 mm lang, eiförmig; Krone 2–4 mm im Durchmesser . . . . *V. anagalloides*

Artengruppe der Veronica teucrium

1. Blätter $1^1/_2$–3(selten 4)mal so lang wie breit, am Rande flach, am Grunde abgerundet oder herzförmig . . . . *V. teucrium* **17**

1*. Blätter 3–10mal so lang wie breit, am Rande oft nach unten eingerollt, am Grunde verschmälert.

2. Krone im Durchmesser 8–18 mm; Blätter grob gezähnt, bis 7,5 cm lang. Kalkböden *V. austriaca*

2*. Krone im Durchmesser 4–14 mm; Blätter fein gezähnt oder ganzrandig, bis 3,5 cm lang

3. Blätter fein gezähnt, kurz und dicht behaart (auch unterseits); Krone im Durchmesser 4–11 mm, hellviolett. Zentral- und südalpine Täler . . . . *V. prostrata*

14

15 2×

16 1×

17

3*. Blätter ganzrandig oder nur mit wenigen Zähnen, zerstreut und kurz behaart (unterseits fast nur auf den Nerven); Krone im Durchmesser 7–14 mm, dunkelblau. Jura . . . . . . *V. scheereri*

Artengruppe der Veronica fruticulosa

1. Krone blaßrosa, mit dunkleren Adern; Kelch und Blütenstiele drüsig behaart. Kalkfelsen *V. fruticulosa*
1*. Krone blau; Kelch und Blütenstiele ohne Drüsen, aber behaart. Kalkarme Böden . . . *V. fruticans* **18**

Artengruppe der Veronica serpyllifolia

1. Kelch und Blütenstiele sehr kurz und drüsenlos behaart (Haare kürzer als der Durchmesser des Blütenstiels); Krone weiß, blau geadert, 5–6 mm im Durchmesser. Tiefland . . . . . *V. serpyllifolia* **19**
1*. Kelch und Blütenstiele mit mehrzelligen Drüsenhaaren (Haare etwa so lang wie der Durchmesser des Blütenstiels); Krone blau, dunkler geadert, 6–8 mm im Durchmesser. Gebirge *V. tenella*

Artengruppe der Veronica arvensis

1. Alle Blätter ungeteilt, gezähnt. Ziemlich häufig . . . . *V. arvensis*
1*. Mittlere Stengelblätter fiederteilig, mit 3–7 schmal lanzettlichen Abschnitten.
   2. Griffel 0,4–0,6 mm lang; Krone im Durchmesser 3–4 mm. Warme Lagen . . . . . . *V. verna* **20**
   2*. Griffel 1–2 mm lang; Krone im Durchmesser 4–7 mm. Zentralalpen, Baden, Vogesen *V. dillenii* **21**

Artengruppe der Veronica triphyllos

1. Frucht etwa so lang oder länger als breit, länger als 4 mm; Kelchzipfel zur Fruchtzeit 3–8 mm lang.
   2. Mittlere und obere Stengelblätter radiär 3–5teilig; Samen runzelig, 1–1,5 mm lang . . *V. triphyllos* **22**
   2*. Alle Blätter ungeteilt, grob gezähnt; Samen glatt, 0,7–1 mm lang . . . . *V. praecox*
1*. Frucht deutlich breiter als lang, 2–3 mm lang; Kelchzipfel zur Fruchtzeit 2–3 mm lang . *V. acinifolia* **23**

18 19 20 1× 21 1× 22 1× 23 1×

24 1×

25

26

Artengruppe der Veronica agrestis

1. Blüten im Durchmesser 3–8 mm; Griffel 0,5–1,2 mm lang.
   2. Frucht mit wenigen langen Drüsenhaaren und ± dicht mit kurzen, gewöhnlichen Haaren besetzt; Blätter meist mindestens so breit wie lang, dunkelgrün.
      3. Blätter oberseits meist glänzend; Kelchzipfel $1^1/_2$–2mal so lang wie breit, sich am Grunde überdeckend . . . . . *V. polita*
      3*. Blätter matt; Kelchzipfel mindestens 2mal so lang wie breit, sich nicht überdeckend *V. opaca*
   2*. Frucht nur mit wenigen Drüsenhaaren und ohne gewöhnliche Haare; Blätter meist deutlich länger als breit . . . . . *V. agrestis* **24**

1*. Blüten im Durchmesser 8–13 mm; Griffel 1,5–4 mm lang.
   4. Pflanze 1–2jährig; Fruchtstiele fast so lang bis 2mal so lang wie die Blätter; Blätter meist länger als breit. Häufig . . . . . *V. persica* **25**
   4*. Pflanze mehrjährig; Fruchtstiele $2^1/_2$–5mal so lang wie die Blätter; Blätter ebenso breit wie lang. Rasen, Weiden . . . . . *V. filiformis*

Artengruppe der Veronica hederifolia

1. Fruchtstiel 1–4mal so lang wie der Kelch, auf der obern Seite mit 1 Haarreihe, sonst ± kahl; Blätter jederseits mit 1–2 Zähnen, Endzahn meist breiter als lang; Griffel 0,7–1 mm lang.
   2. Mittlere und obere Blätter bis 1 cm breit und jederseits meist nur mit 1 Zahn; Fruchtstiel 1–$2^1/_2$mal so lang wie der Kelch; Haare am Rande der Kelchzipfel 0,5–0,9 mm lang; Staubbeutel 0,4–0,8 mm lang . . . . . *V. triloba*
   2*. Mittlere und obere Blätter bis 2,5 cm breit, jederseits mit 1–2 Zähnen; Fruchtstiel 2–4mal so lang wie der Kelch; Haare am Rand der Kelchzipfel 0,9–1,2 mm lang; Staubbeutel 0,7–1,2 mm lang . . . . . *V. hederifolia* **26**

1*. Fruchtstiel 3½–7mal so lang wie der Kelch, auf der obern Seite mit 1 Haarreihe, sonst abstehend behaart; Blätter jederseits mit 2–3 Zähnen, Endzahn meist schmäler als lang; Griffel 0,3–0,6 mm lang. Halbschattige Lagen . . . . . *V. sublobata*

Artengruppe der Pseudolysimachion spicatum

1. Blätter nie quirlständig, sehr kurz gestielt oder sitzend, stumpf gezähnt bis ganzrandig, 2–3mal so lang wie breit.
   2. **Stengel auf der ganzen Länge behaart; die 3 untern Kronzipfel schmal lanzettlich, höchstens einmal um ihre Längsachse gedreht. Trockene, warme Lagen** . . . . *P. spicatum* **27**
   2*. **Stengel unten kahl; die 3 untern Kronzipfel sehr schmal lanzettlich, bereits beim Aufblühen mehrmals um ihre Längsachse gedreht** . . . . *P. orchideum*

1*. **Blätter oft zu 3–4 quirlständig, deutlich gestielt, scharf und spitz gezähnt, 4–8mal so lang wie breit. Sumpfwiesen, Auenwälder; Vintschgau**, Bergell . . . . *P. maritimum*

Gattung Linaria s.l.

Die Gattung *Linaria* wird heute aufgeteilt.

1. Blätter rundlich und grob 5–7zähnig oder wenig tief radiär 5–7teilig, mit radiär angeordneten **Nerven. Feuchte Mauern** . . . . *Cymbalaria muralis* **28**

1*. **Blätter schmal lanzettlich oder oval, ganzrandig (höchstens am Grunde pfeilförmig), fiedernervig.**
   2. **Ganze Pflanze behaart (mehrzellige, weiße Haare oder Drüsenhaare); Blüten einzeln in den Blattachseln.**
      3. **Blätter größtenteils schmal lanzettlich; Stengel aufrecht; Kronschlund offen. Häufig** *Chaenorrhinum minus* **29**
      3*. **Blätter oval, oder lanzettlich und am Grunde pfeilförmig; Stengel fadenförmig, niederliegend; Kronschlund geschlossen.** . . . . *Kickxia*
         4. **Blätter spitz, am Grunde pfeilförmig (die untersten gelegentlich oval); Sporn gerade** *K. elatine* **30**
         4*. **Blätter stumpf (am Grunde abgerundet, nie pfeilförmig); Sporn gebogen. Äcker** *K. **spuria***
   2*. **Pflanze höchstens im Blütenstand drüsig oder drüsenlos behaart, sonst kahl; Blüten am Ende der Zweige in Trauben.** . . . . *Linaria*
      5. **Sporn höchstens $^1/_2$ so lang wie die übrige Krone; Samen eiförmig, 3kantig, auf den Flächen mit netzförmig vorspringenden Leisten; Krone bläulich oder gelblich, mit dunkelviolett gestreifter Oberlippe, 0,7–1 cm lang (ohne Sporn). Westen** . . . . . . *L. **repens***
      5*. **Sporn mindestens $^2/_3$ so lang wie die übrige Krone; Samen scheibenförmig, fast glatt oder auf den Flächen warzig.**

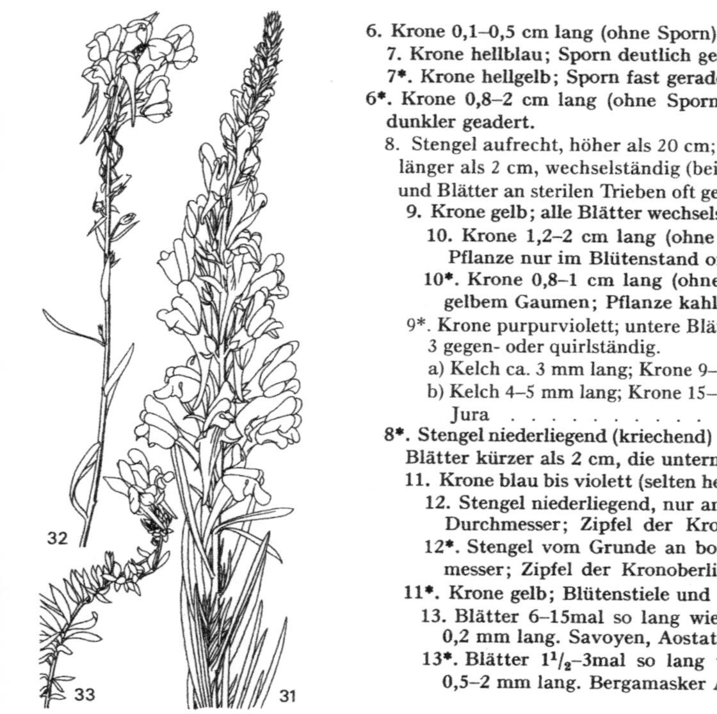

6. Krone 0,1–0,5 cm lang (ohne Sporn), hellgelb oder hellblau, dunkler geadert.
   7. Krone hellblau; Sporn deutlich gebogen; Samen etwa 1 mm im Durchmesser . . *L. arvensis*
   7*. Krone hellgelb; Sporn fast gerade; Samen etwa 2 mm im Durchmesser. Westen *L. simplex*

6*. Krone 0,8–2 cm lang (ohne Sporn), gelb, blau oder violett (selten weiß), nicht dunkler geadert.
   8. Stengel aufrecht, höher als 20 cm; Blätter an den fertilen (nicht sterilen!) Trieben länger als 2 cm, wechselständig (bei *L. pelisseriana* und *L. purpurea* untere Blätter und Blätter an sterilen Trieben oft gegen- oder quirlständig).
      9. Krone gelb; alle Blätter wechselständig, schmal lanzettlich.
         10. Krone 1,2–2 cm lang (ohne Sporn), hellgelb, mit orangegelbem Gaumen; Pflanze nur im Blütenstand oft mit Drüsenhaaren . . . . *L. vulgaris* **31**
         10*. Krone 0,8–1 cm lang (ohne Sporn), leuchtend zitronengelb, mit orangegelbem Gaumen; Pflanze kahl. Zentral- und südalpine Täler . . . . *L. angustissima* **32**
      9*. Krone purpurviolett; untere Blätter und Blätter an sterilen Trieben oft zu 2 oder 3 gegen- oder quirlständig.
         a) Kelch ca. 3 mm lang; Krone 9–12 mm lang; Sporn ca. 5 mm lang . . . . . . *L. purpurea*
         b) Kelch 4–5 mm lang; Krone 15–20 mm lang; Sporn 7–9 mm lang. Dép. Ain, Dép. Jura . . . . *L. pelisseriana*
   8*. Stengel niederliegend (kriechend) oder bogig aufsteigend, weniger als 20 cm hoch; Blätter kürzer als 2 cm, die untern zu 3–4 quirlständig.
      11. Krone blau bis violett (selten hellgelb oder weiß); Blütenstiele und Kelch kahl.
         12. Stengel niederliegend, nur an den Enden aufsteigend; Samen 1,2–2 mm im Durchmesser; Zipfel der Kronoberlippe 1–2mal so lang wie breit. Alpen *L. alpina* **33**
         12*. Stengel vom Grunde an bogig aufsteigend; Samen 2,5–3 mm im Durchmesser; Zipfel der Kronoberlippe 2–3mal so lang wie breit. Jura, Savoyen *L. petraea*
      11*. Krone gelb; Blütenstiele und Kelch zumindest mit einzelnen Haaren.
         13. Blätter 6–15mal so lang wie breit; Haare am Blütenstiel und Kelch ca. 0,2 mm lang. Savoyen, Aostatal . . . . *L. supina*
         13*. Blätter $1^1/_2$–3mal so lang wie breit; Haare am Blütenstiel und Kelch 0,5–2 mm lang. Bergamasker Alpen . . . . *L. tonzigii*

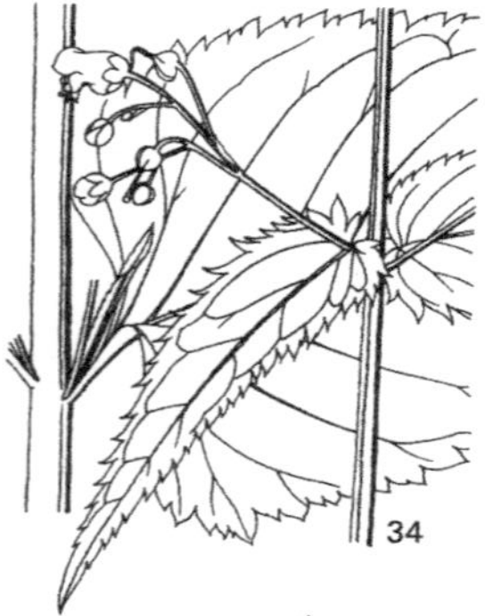

34

35 2×

36 2×

37

Gattung Antirrhinum s.l.

Die Gattung *Antirrhinum* wird heute aufgeteilt.

1. Blüten 3–4 cm lang. . . . . *Antirrhinum*
   2. Blätter 3–6mal so lang wie breit; Krone meist purpurn, auf dem Gaumen mit 2 gelben Flecken. Zierpflanze; verwildert. . . . . **A. majus**
   2*. Blätter 2–3mal so lang wie breit; Krone gelb mit roten Adern. Savoyen. . . . . . . **A. latifolium**

1*. Blüten 1–1,4 cm lang, Krone rosa. Ackerunkraut in wintermilden Lagen . . . . *Misopates orontium*

Gattung Scrophularia

1. Blätter ungeteilt, gezähnt.
   2. Stengel locker und wollig behaart; Blüten in lang gestielten, doldenähnlichen Teilblütenständen in den Achseln der Stengelblätter. Warme, schattige Lagen . . . . *S. vernalis*
   2*. Stengel kahl (nur im Blütenstand mit kurzen Drüsenhaaren); Blüten in verzweigten, am Ende des Stengels rispig angeordneten Teilblütenständen.
      3. Stengel nicht geflügelt; Kelchzipfel oval, nur sehr schmal häutig berandet . . . . . **S. nodosa 34**
      3*. Stengel deutlich geflügelt; Kelchzipfel fast rund, breit weißhäutig berandet.
         4. Honigschuppe rundlich, kaum breiter als lang, vorn nicht ausgerandet; Flügel der Stengelkanten höchstens $1/4$ so breit wie der übrige Stengel. Westen und Süden *S. auriculata* 35
         4*. Honigschuppe $1\,1/2$–3mal so breit wie lang, vorn ausgerandet; Flügel der Stengelkanten $1/3$–$1/2$ so breit wie der übrige Stengel. Bachufer, Gräben . . . . *S. umbrosa* 36

1*. Untere Blätter bis auf den Mittelnerv fiederteilig.
   5. Kronoberlippe bis auf etwa $2/3$ 2teilig, $1/3$ so lang wie der Rest der Krone; Abschnitte der obern Blätter gezähnt, selten jederseits bis über die Mitte der Abschnitthälfte fiederteilig; Stiele der Drüsenhaare kaum länger als das Drüsenköpfchen. Steinige Kalkböden . . . **S. canina 37**
   5*. Kronoberlippe bis auf $1/2$–$1/3$ 2teilig, $1/2$–$2/3$ so lang wie der Rest der Krone; Abschnitte der obern Stengelblätter nochmals bis fast zu ihrem Mittelnerv fiederteilig; Stiele der Drüsenhaare länger als das Drüsenköpfchen. Kalkgeröll; Jura, West- und Südalpen . . *S. juratensis*

38

41

39

40

Gattung Mimulus

1. Pflanze kahl oder mit einzelnen Drüsenhaaren; Blüten 3–4 cm lang; nach der Blüte mit bauchig erweitertem Kelch . . . . *M. guttatus* **38**

1*. Pflanze drüsig-klebrig behaart; Blüten 1,4–2 cm lang; Kelch nach der Blüte nicht bauchig erweitert . . . . *M. moschatus*

Gattung Digitalis

1. Krone gelb; Blätter und Stengel höchstens zerstreut behaart.
   2. Krone 2–2,5 cm lang, Durchmesser an der Mündung 5–8 mm; Stengel und Blätter kahl *D. lutea* **39**
   2*. Krone 3–4 cm lang, Durchmesser an der Mündung 1,5–2 cm; Stengel, Blattrand und Blattunterseite (auf den Nerven) behaart. Besonders in den Bergen . . . . *D. grandiflora* **40**

1*. Krone hellpurpurn; Unterseite der Blätter und Stengel graufilzig behaart. Norden . . . *D. purpurea*

Gattung Pedicularis

1. Blätter am Stengel zu 3–4 quirlständig; Kelch mit 5 ganzrandigen, kurzen Zähnen, 5–6 mm lang. Feuchte, kalkhaltige Böden; Alpen . . . . *P. verticillata* **41**

1*. Blätter am Stengel nicht quirlständig oder keine Stengel vorhanden; Kelch 6–20 mm lang.
   2. Blüten rot.
      3. Oberlippe der Krone spitz, gestutzt oder abgerundet, nicht in einen Schnabel verschmälert.
         4. Pflanze ohne Stengel; Blüten kurz gestielt, grundständig, Krone 30–40 mm lang. Bergamasker Alpen, Comerseegebiet . . . . *P. acaulis*
         4*. Pflanze mit deutlichem Stengel; Blüten in den Achseln von Stengelblättern, Krone 12–26 mm lang.
            5. Oberlippe am untern Rande jederseits mit einem 0,5–1 mm langen Zahn; Kelch mit gezähnten Zipfeln oder Abschnitten.

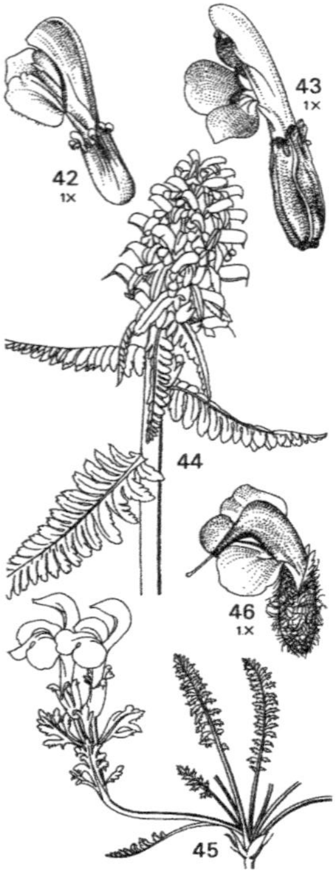

6\. Pflanze nur mit 1, meist verzweigten Stengel; Unterlippe der Krone am Rande sehr fein bewimpert, etwa so lang wie die Oberlippe. Moore . . . . *P. palustris* **42**

6*. Pflanze mit mehreren, unverzweigten Stengeln; Unterlippe der Krone am Rand kahl, deutlich kürzer als die Oberlippe. Saure Moore . . . . *P. sylvatica* 43

5*. Oberlippe ohne Zähne; Kelch mit ganzrandigen Abschnitten.

7\. Krone dunkelbraunrot; Kelch am Rande bewimpert, sonst kahl. Alpen . . . *P. recutita* **44**

7*. Krone rosa; Kelch außen dicht spinnwebig behaart. Südwest- und Südostalpen *P. rosea*

3*. Oberlippe der Krone in einen 2–5 mm langen Schnabel verschmälert.

8\. Krone 24–32 mm lang, Oberlippe in einen breiten, 2–3 mm langen Schnabel verschmälert; Kelchzipfel innen behaart. Südwestliche Alpen, Südalpen . . . . . . *P. gyroflexa*

8*. Krone 12–24 mm lang, Oberlippe in einen schmalen, 3,5–5 mm langen Schnabel verschmälert.

9\. Pflanze 3–20 cm hoch, mit einem dichten oder lockeren, kurzen Blütenstand, der zur Blütezeit kaum länger als dick ist; Kelch nie spinnwebig behaart.

10\. Unterlippe am Rande kurz bewimpert. Östliche Alpen . . . . *P. rostratocapitata*

10*. Unterlippe am Rande kahl.

11\. Kelch am Grunde abgerundet, mit zahlreichen 1–2 mm langen Haaren.

12\. Pflanze 8–20 cm hoch; Kelch auf $^2/_3$–$^1/_2$ 5teilig; Blattabschnitte nochmals bis fast auf den Mittelnerv fiederteilig. Südwestliche Alpen . . . . *P. cenisia*

12*. Pflanze 3–8 cm hoch; Kelch nur auf $^3/_4$ 5teilig; Blattabschnitte gezähnt *P. aspleniifolia*

11*. Kelch am Grunde allmählich verschmälert, mit kurzen Haaren (kürzer als 1 mm). Alpin; kalkarme Böden . . . . *P. kerneri* **45**

9*. Pflanze 15–40 cm hoch, mit einem ziemlich dichten, langen Blütenstand, der viel höher als dick ist; Kelch spinnwebig behaart. Alpin, kalkhaltige Böden . . . . *P. rostratospicata* **46**

2*. Blüten gelb.

13\. Krone 12–30 mm lang; Unterlippe an der Spitze gelb.

14\. Kronoberlippe vorn in einen 3,5–4,5 mm langen Schnabel verschmälert; Kelch bis fast auf $^1/_2$ 5teilig.

42 1×

43 1×

44

46 1×

45

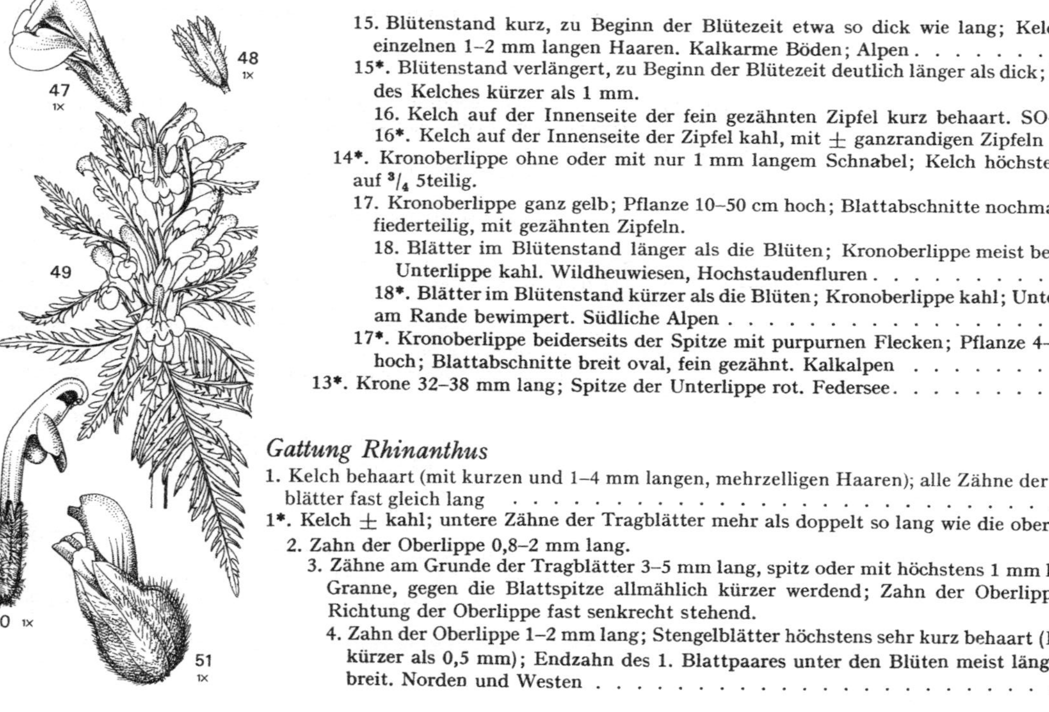

15. Blütenstand kurz, zu Beginn der Blütezeit etwa so dick wie lang; Kelch mit einzelnen 1–2 mm langen Haaren. Kalkarme Böden; Alpen . . . . *P. tuberosa* **47**

15*. Blütenstand verlängert, zu Beginn der Blütezeit deutlich länger als dick; Haare des Kelches kürzer als 1 mm.

16. Kelch auf der Innenseite der fein gezähnten Zipfel kurz behaart. SO-Alpen *P. elongata*

16*. Kelch auf der Innenseite der Zipfel kahl, mit ± ganzrandigen Zipfeln . . . *P. ascendens* **48**

14*. Kronoberlippe ohne oder mit nur 1 mm langem Schnabel; Kelch höchstens bis auf $^3/_4$ 5teilig.

17. Kronoberlippe ganz gelb; Pflanze 10–50 cm hoch; Blattabschnitte nochmals tief fiederteilig, mit gezähnten Zipfeln.

18. Blätter im Blütenstand länger als die Blüten; Kronoberlippe meist behaart, Unterlippe kahl. Wildheuwiesen, Hochstaudenfluren . . . . *P. foliosa* **49**

18*. Blätter im Blütenstand kürzer als die Blüten; Kronoberlippe kahl; Unterlippe am Rande bewimpert. Südliche Alpen . . . . *P. comosa*

17*. Kronoberlippe beiderseits der Spitze mit purpurnen Flecken; Pflanze 4–12 cm hoch; Blattabschnitte breit oval, fein gezähnt. Kalkalpen . . . . *P. oederi* **50**

13*. Krone 32–38 mm lang; Spitze der Unterlippe rot. Federsee. . . . . *P. sceptrum-carolinum*

Gattung Rhinanthus

1. Kelch behaart (mit kurzen und 1–4 mm langen, mehrzelligen Haaren); alle Zähne der Tragblätter fast gleich lang . . . . *Rh. alectorolophus* **51**

1*. Kelch ± kahl; untere Zähne der Tragblätter mehr als doppelt so lang wie die obern.

2. Zahn der Oberlippe 0,8–2 mm lang.

3. Zähne am Grunde der Tragblätter 3–5 mm lang, spitz oder mit höchstens 1 mm langer Granne, gegen die Blattspitze allmählich kürzer werdend; Zahn der Oberlippe zur Richtung der Oberlippe fast senkrecht stehend.

4. Zahn der Oberlippe 1–2 mm lang; Stengelblätter höchstens sehr kurz behaart (Haare kürzer als 0,5 mm); Endzahn des 1. Blattpaares unter den Blüten meist länger als breit. Norden und Westen . . . . *Rh. angustifolius*

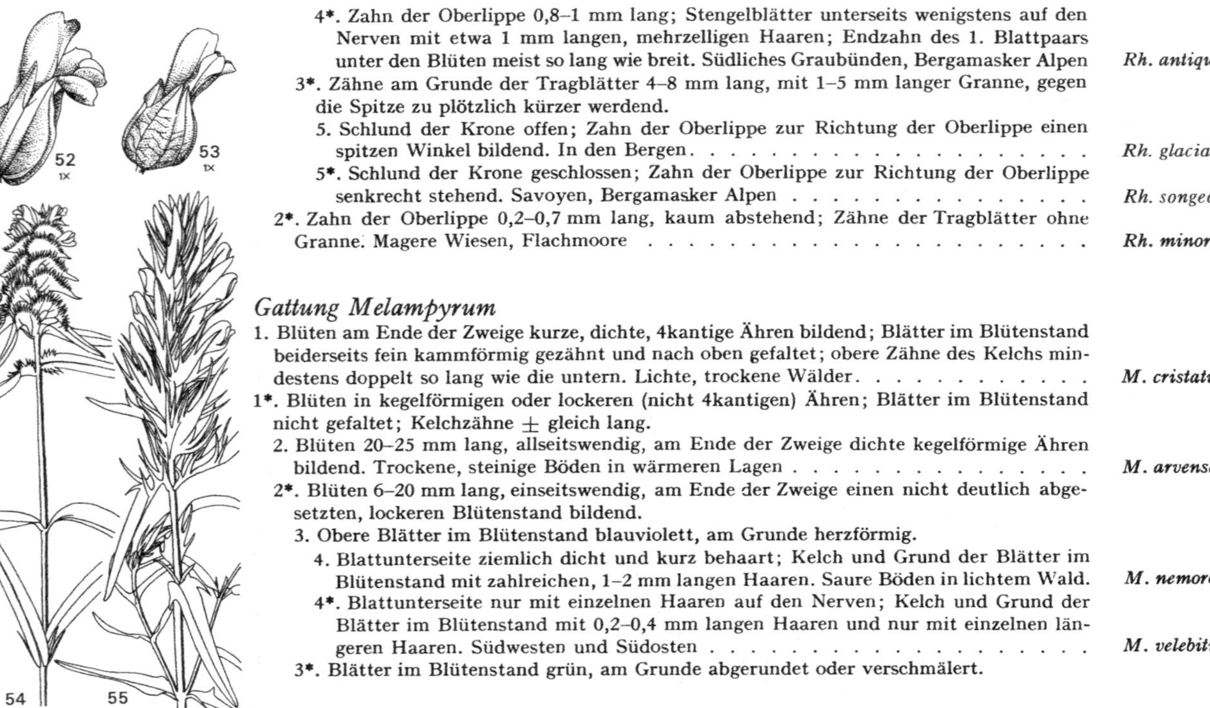

4*. Zahn der Oberlippe 0,8–1 mm lang; Stengelblätter unterseits wenigstens auf den Nerven mit etwa 1 mm langen, mehrzelligen Haaren; Endzahn des 1. Blattpaars unter den Blüten meist so lang wie breit. Südliches Graubünden, Bergamasker Alpen *Rh. antiquus*

3*. Zähne am Grunde der Tragblätter 4–8 mm lang, mit 1–5 mm langer Granne, gegen die Spitze zu plötzlich kürzer werdend.

5. Schlund der Krone offen; Zahn der Oberlippe zur Richtung der Oberlippe einen spitzen Winkel bildend. In den Bergen . . . . *Rh. glacialis* 52

5*. Schlund der Krone geschlossen; Zahn der Oberlippe zur Richtung der Oberlippe senkrecht stehend. Savoyen, Bergamasker Alpen . . . . *Rh. songeonii*

2*. Zahn der Oberlippe 0,2–0,7 mm lang, kaum abstehend; Zähne der Tragblätter ohne Granne. Magere Wiesen, Flachmoore . . . . *Rh. minor* **53**

Gattung Melampyrum

1. Blüten am Ende der Zweige kurze, dichte, 4kantige Ähren bildend; Blätter im Blütenstand beiderseits fein kammförmig gezähnt und nach oben gefaltet; obere Zähne des Kelchs mindestens doppelt so lang wie die untern. Lichte, trockene Wälder . . . . *M. cristatum* **54**

1*. Blüten in kegelförmigen oder lockeren (nicht 4kantigen) Ähren; Blätter im Blütenstand nicht gefaltet; Kelchzähne ± gleich lang.

2. Blüten 20–25 mm lang, allseitswendig, am Ende der Zweige dichte kegelförmige Ähren bildend. Trockene, steinige Böden in wärmeren Lagen . . . . *M. arvense* **55**

2*. Blüten 6–20 mm lang, einseitswendig, am Ende der Zweige einen nicht deutlich abgesetzten, lockeren Blütenstand bildend.

3. Obere Blätter im Blütenstand blauviolett, am Grunde herzförmig.

4. Blattunterseite ziemlich dicht und kurz behaart; Kelch und Grund der Blätter im Blütenstand mit zahlreichen, 1–2 mm langen Haaren. Saure Böden in lichtem Wald. *M. nemorosum*

4*. Blattunterseite nur mit einzelnen Haaren auf den Nerven; Kelch und Grund der Blätter im Blütenstand mit 0,2–0,4 mm langen Haaren und nur mit einzelnen längeren Haaren. Südwesten und Südosten . . . . *M. velebiticum*

3*. Blätter im Blütenstand grün, am Grunde abgerundet oder verschmälert.

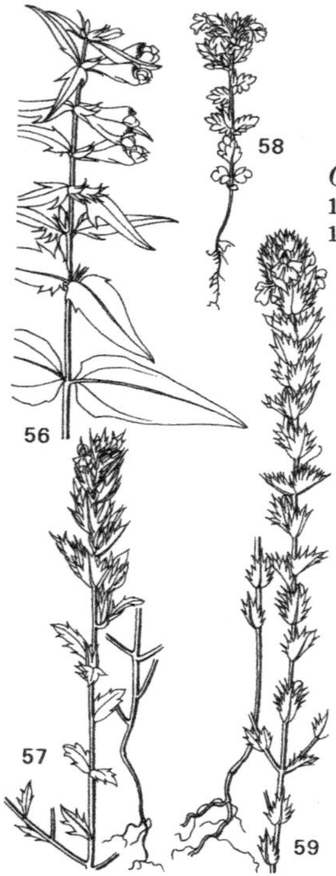

5. Krone 10–20 mm lang; Kronröhre gerade, innerseits gegen den Grund hin mit Haarring. Magere, saure Böden . . . . *M. pratense* **56**

5*. Krone 6–10 mm lang; Kronröhre gekrümmt; innerseits ohne Haarring . . . . . *M. sylvaticum*

Gattung Euphrasia

1. Blätter 6–15mal so lang wie breit, ganzrandig oder jederseits mit einem Zahn. Südosten *E. tricuspidata*

1*. Blätter kaum mehr als 4mal so lang wie breit, jederseits mit 1–6 Zähnen.

2. Pflanze kahl oder mit höchstens 0,5 mm langen, nicht bandförmigen Haaren.

3. Mittlere Blätter 2–4mal so lang wie breit; Frucht meist völlig kahl; Krone 5–7 mm lang *E. salisburgensis* **57**

3*. Mittlere Blätter 1–2mal so lang wie breit oder die Blüten länger als 7 mm; Frucht meist am Rande behaart.

4. Krone 4–7 mm lang; Zähne der mittleren Blätter nicht begrannt.

5. Unterste Blüten in den Achseln des 3. bis 8. Blattpaares; Endzahn der mittleren Blätter breiter als lang; Samen 1,5–2 mm lang. Subalpin und alpin . . . . *E. minima* **58**

5*. Unterste Blüten in den Achseln des 6. bis 15. Blattpaares (Blattansatzstellen zählen!); Endzahn der mittleren Blätter länger als breit; Samen 1,1–1,5 mm lang.

6. Stengel meist einfach, seltener im mittleren Teil mit einzelnen Zweigen, fadenförmig dünn. Vogesen, Dép. Doubs, Dép. Jura, Allgäu . . . . *E. micrantha*

6*. Stengel meist unten verzweigt, ziemlich dick . . . . *E. nemorosa*

4*. Krone entweder 7–15 mm lang oder 6–7 mm lang und dann die Zähne der mittleren Blätter begrannt.

7. Krone 6–11 mm lang, auch bei alten Blüten Röhre nur 4–7 mm lang.

8. Blätter und Kelch kahl oder mit einzelnen, kurzen Haaren oder mit ganz kurzen Drüsenhaaren; Frucht 2–3mal so lang wie breit. Alpen, Norden, Westen *E. stricta* **59**

8*. Kelch und meist auch die Blätter abstehend und kurz behaart; Frucht 3–4mal so lang wie breit. Trockenrasen, Föhrenwälder . . . . *E. pectinata*

7*. Krone 8–15 mm lang, bei älteren Blüten mit 6–10 mm langer Röhre.

9. Mittlere Blätter 2–4mal so lang wie breit, mit deutlich begrannten Zähnen *E. cisalpina*

9*. Mittlere Blätter 1–2½mal so lang wie breit, mit sehr kurz oder nicht begrannten Zähnen.

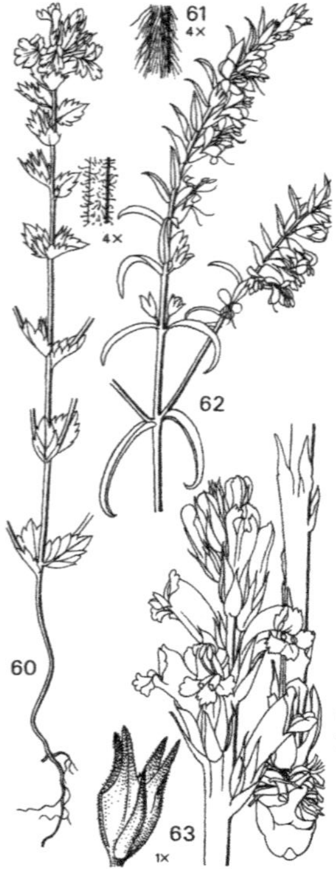

10. Kronunterlippe gelb, lila oder hellblau; obere Blätter meist mit kurz begrannten Zähnen.
   11. Blüten lila oder hellblau. Trockene, kalkarme Hänge; Alpen . . . . . . *E. alpina*
   11*. Blüten goldgelb. Westliche Zentralalpen; selten . . . . *E. christii*
10*. Kronunterlippe weiß; obere Blätter mit stumpfen oder spitzen, aber meist unbegrannten Zähnen.
   12. Endzahn der mittleren Blätter länger als breit; unterste Blüten in den Achseln des 8. bis 12. Blattpaares . . . . *E. rostkoviana* **60**
   12*. Endzahn der mittleren Blätter breiter als lang; unterste Blüten in den Achseln des 2. bis 6. Blattpaares . . . . *E. montana*
2*. Pflanze mit 0,5–1 mm langen, bandförmigen Haaren. Alpen . . . . *E. hirtella* **61**

Gattung Odontites

1. Blüten gelb.
   2. Blätter schmal lanzettlich, 6–25mal so lang wie breit; Krone 5–6 mm lang.
      3. Pflanze ohne Drüsenhaare; Krone besonders an den Rändern behaart. Warme Lagen *O. luteus* **62**
      3*. Pflanze mit Drüsenhaaren; Krone ± kahl. Westliche Zentralalpen . . . . *O. viscosus*
   2*. Blätter breit lanzettlich, 2–6mal so lang wie breit; Krone 7–9 mm lang. Savoyen, Aostatal *O. lanceolatus*
1*. Blüten rot.
   4. Stengel mit abstehenden Zweigen (Winkel zur Achse größer als 30°); Frucht 5–6 mm lang *O. vulgaris*
   4*. Zweige am Stengel nur wenig abstehend (Winkel zur Achse kleiner als 30°); Frucht 7–9 mm lang. Ackerunkraut . . . . *O. vernus*

Gattung Orobanche (Familie der Orobanchaceae)

1. Zwischen Kelch und Tragblatt 2 schmal lanzettliche Vorblätter vorhanden, die kürzer sind als der Kelch; Kelch 4–5teilig, verwachsen.
   2. Stengel meist verzweigt; Tragblatt am Grunde 1–2 mm breit; Krone 10–15 mm lang . . *O. ramosa*
   2*. Stengel einfach; Tragblatt am Grunde 3–6 mm breit; Krone 18–35 mm lang.
      3. Zipfel der Unterlippe breit oval, zugespitzt; Staubbeutel kahl oder mit wenigen Haaren *O. purpurea* **63**

60 61 4× 4× 62 63 1×

64 1×

65 1×

66 1×

67 1×

68 1×

3*. Zipfel der Unterlippe fast halbkreisförmig; Staubbeutel dicht behaart. Auf *Artemisia* — *O. arenaria*

1*. Vorblätter nicht vorhanden; Kelch aus 2 2teiligen (seltener ungeteilten) freien oder auf der untern Seite miteinander verwachsenen Hälften bestehend.

4. Krone oberhalb des Fruchtknotens verengt, fast kahl, weiß, gegen den Rand blauviolett; Narbe weiß. Auf *Artemisia* . . . . *O. cernua*

4*. Krone von Grund an allmählich erweitert, meist mit zahlreichen Drüsenhaaren; Narbe gelb, braun, rot oder violett.

5. Tragblatt am Grunde 2–3 mm breit; Krone über den Fruchtknoten deutlich gebogen (abgewinkelt), im vordern Teil fast gerade, weiß, mit violetten oder amethystblauen Adern — *O. amethystea*

5*. Tragblatt am Grunde 3–7 mm breit; Krone auf der ganzen Länge gebogen oder vor dem Rand deutlich gebogen (abgewinkelt).

6. Krone mit dunklen Drüsenhaaren; Staubfäden höchstens am Grunde mit drüsenlosen Haaren; Narbe braun bis purpurn oder rotviolett.

7. Mittlerer Zipfel der Unterlippe größer als die seitlichen; Staubfäden 1–2 mm über dem Grunde der Krone eingefügt. Besonders auf *Thymus* . . . . *O. alba* **64**

7*. Alle 3 Zipfel der Unterlippe fast gleich groß; Staubfäden 2–4 mm über dem Grunde der Krone eingefügt. Auf *Carduus*, *Cirsium*, *Dipsacaceae* . . . . *O. reticulata* **65**

6*. Krone mit hellen Drüsenhaaren.

8. Staubfäden 1–2 mm über dem Grunde der Krone eingefügt; Krone oberhalb des Fruchtknotens 6–9 mm im Durchmesser.

9. Narbe braun bis purpurn; auf *Galium* oder *Asperula* . . . . *O. caryophyllacea* 66

9*. Narbe gelb; auf *Fabaceae*.

10. Krone gelb, gegen den Rand purpurn überlaufen, innen glänzend rot; die 3 Zipfel der Unterlippe fast gleich groß . . . . *O. gracilis*

10*. Krone gelb bis rotbraun, innen ähnlich gefärbt wie außen; mittlerer Zipfel der Unterlippe etwa doppelt so groß wie die seitlichen . . . . *O. rapum-genistae* **67**

8*. Staubfäden 2–7 mm über dem Grunde der Krone eingefügt.

11. Staubfäden ohne oder nur unten mit vereinzelten drüsenlosen Haaren; Krone 10–20 mm lang, oberhalb des Fruchtknotens 3–5 mm im Durchmesser.

12. Narbe gelb; auf *Hedera helix* . . . . *O. hederae* **68**

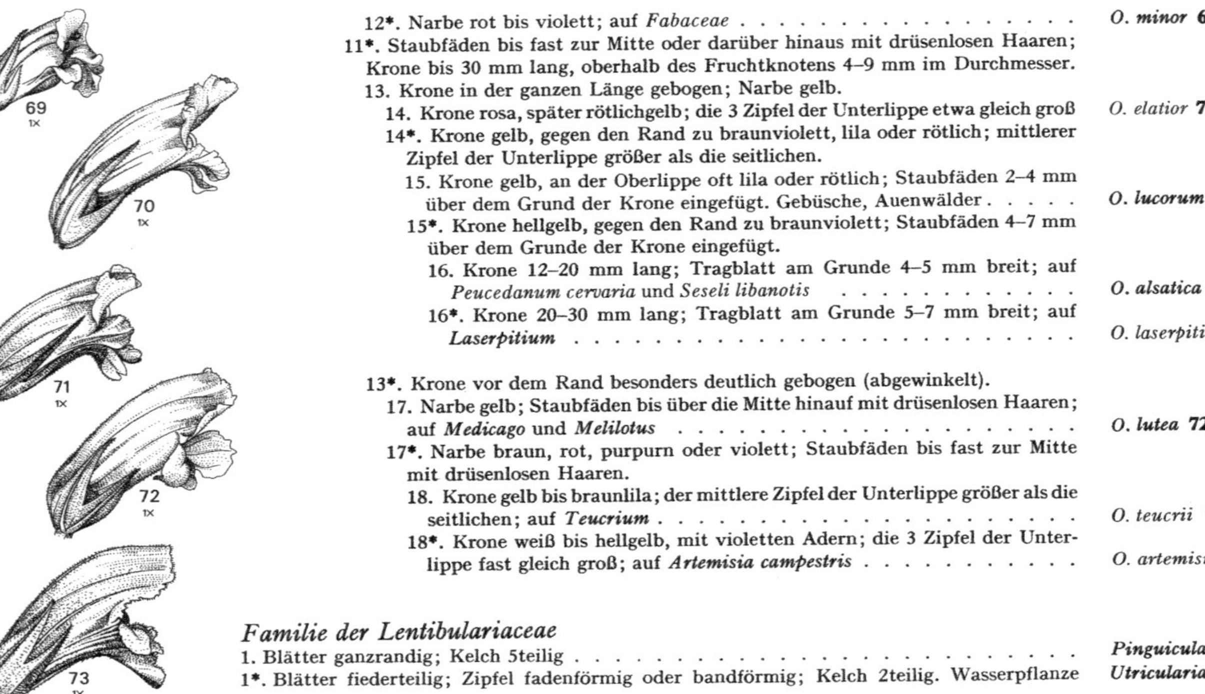

12*. Narbe rot bis violett; auf *Fabaceae* . . . . *O. minor* **69**

11*. Staubfäden bis fast zur Mitte oder darüber hinaus mit drüsenlosen Haaren; Krone bis 30 mm lang, oberhalb des Fruchtknotens 4–9 mm im Durchmesser.

13. Krone in der ganzen Länge gebogen; Narbe gelb.

14. Krone rosa, später rötlichgelb; die 3 Zipfel der Unterlippe etwa gleich groß *O. elatior* **70**

14*. Krone gelb, gegen den Rand zu braunviolett, lila oder rötlich; mittlerer Zipfel der Unterlippe größer als die seitlichen.

15. Krone gelb, an der Oberlippe oft lila oder rötlich; Staubfäden 2–4 mm über dem Grund der Krone eingefügt. Gebüsche, Auenwälder . . . . . *O. lucorum* **71**

15*. Krone hellgelb, gegen den Rand zu braunviolett; Staubfäden 4–7 mm über dem Grunde der Krone eingefügt.

16. Krone 12–20 mm lang; Tragblatt am Grunde 4–5 mm breit; auf *Peucedanum cervaria* und *Seseli libanotis* . . . . *O. alsatica*

16*. Krone 20–30 mm lang; Tragblatt am Grunde 5–7 mm breit; auf *Laserpitium* . . . . *O. laserpitii-sileris*

13*. Krone vor dem Rand besonders deutlich gebogen (abgewinkelt).

17. Narbe gelb; Staubfäden bis über die Mitte hinauf mit drüsenlosen Haaren; auf *Medicago* und *Melilotus* . . . . *O. lutea* **72**

17*. Narbe braun, rot, purpurn oder violett; Staubfäden bis fast zur Mitte mit drüsenlosen Haaren.

18. Krone gelb bis braunlila; der mittlere Zipfel der Unterlippe größer als die seitlichen; auf *Teucrium* . . . . *O. teucrii* **73**

18*. Krone weiß bis hellgelb, mit violetten Adern; die 3 Zipfel der Unterlippe fast gleich groß; auf *Artemisia campestris* . . . . *O. artemisiae-campestris*

Familie der Lentibulariaceae

1. Blätter ganzrandig; Kelch 5teilig . . . . *Pinguicula* S. 432

1*. Blätter fiederteilig; Zipfel fadenförmig oder bandförmig; Kelch 2teilig. Wasserpflanze *Utricularia* S. 432

75

74

76

77

Gattung Pinguicula

1. Sporn etwa $^1/_4$ so lang wie der Rest der Krone, etwa doppelt so lang wie der Durchmesser des Sporns am Grunde; Blüten weiß, mit 1–3 leuchtend gelben Flecken auf der Unterlippe; Kapsel ca. 3mal so lang wie dick; Blätter ohne kopfige Drüsen über dem Hauptnerv; Wurzeln gelbbraun, am Ende meist verzweigt. Subalpin, alpin, seltener montan . . . . *P. alpina* **74**

1*. Sporn $^1/_3$ bis so lang wie der Rest der Krone, mehrfach so lang wie der Durchmesser des Sporns am Grunde; Blüten violett, lila, hellrosa oder fast weiß, meist mit 1–3 weißen oder violetten Flecken auf der Unterlippe; Kapsel höchstens 2mal so lang wie dick; Blätter mit kopfigen Drüsen über dem Hauptnerv; Wurzeln weiß, nicht verzweigt.

2. Unterlippe des Kelches bis auf etwa $^1/_3$, oft bis zum Grunde 2teilig, mit spreizenden Abschnitten (Winkel etwa 90°); Abschnitte der Unterlippe der Krone rundlich, sich teilweise überdeckend; Kapsel höchstens 2mal so lang wie dick. Alpen . . . . *P. leptoceras* **75**

2*. Unterlippe des Kelches in der Regel höchstens bis zur Mitte geteilt (meist weniger tief geteilt), Abschnitte nicht spreizend.

3. Krone (mit dem Sporn) 1,5–2,5 cm lang; Sporn etwa $^1/_3$ so lang wie der übrige Teil der Krone; Oberlippe nur wenig nach oben gebogen; Abschnitte der Unterlippe der Krone oval (größte Breite über der Mitte), sich meist nicht überdeckend; Kapsel birnenförmig *P. vulgaris* **76**

3*. Krone (mit dem Sporn) 2,5–3,5 cm lang; Sporn $^1/_2$ so lang bis so lang wie der übrige Teil der Krone; Oberlippe stark nach oben gebogen; Abschnitte der Unterlippe der Krone gestutzt, sich seitlich teilweise überdeckend; Kapsel kegelförmig. Südwestjura *P. grandiflora*

Gattung Utricularia

1. Schläuche an den Blättern (10–200 Schläuche je Blatt).

2. Zipfel der Blätter am Rande mit feinen, stachelartigen Zähnen.

3. Blütenstiele 2–3mal so lang wie die Tragblätter; Krone leuchtend gelb; Unterlippe sattelförmig . . . . *U. vulgaris* **77**

3*. Blütenstiele 3–5mal so lang wie die Tragblätter; Krone hellgelb; Unterlippe flach . . *U. australis*

2*. Zipfel der Blätter am Rande ohne stachelartige Zähne.

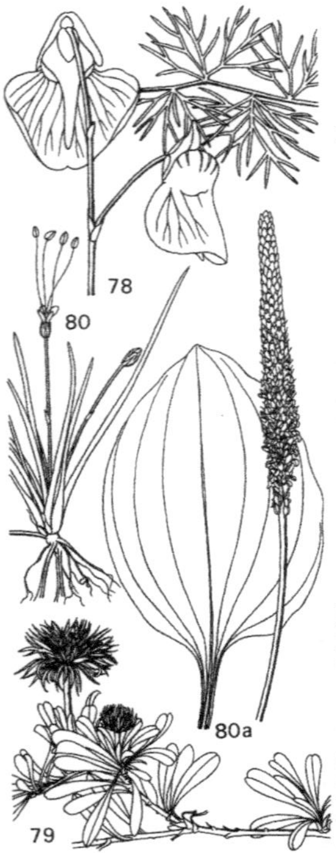

4. Unterlippe oval, seitliche Ränder abwärts gebogen; Oberlippe kürzer als der Gaumen der Unterlippe . . . . *U. minor*

4*. Unterlippe rundlich, flach; Oberlippe so lang oder länger als der Gaumen der Unterlippe. Elsaß, Zürich, Varese . . . . *U. bremii*

1*. Schläuche und Blätter an verschiedenen Sprossen.

5. Blattzipfel bandförmig, parallelrandig, stumpf oder kurz zugespitzt; stachelartige Zähne dem glatten Blattrand aufsitzend. Hochmoore; selten . . . . . . *U. intermedia* **78**

5*. Blattzipfel bandförmig, allmählich in die Spitze verschmälert, jederseits mit 2–3 zahnartigen Ausstülpungen, auf denen 1 bis mehrere stachelartige Zähne sitzen. Selten. . . *U. ochroleuca*

Gattung Globularia (Familie der Globulariaceae)

1. Blühender Stengel mit zahlreichen Blättern. Trockene, warme Lagen . . . . . . *G. bisnagarica*

1*. Blühender Stengel mit 0–3 kleinen Blättern.

2. Pflanze 3–10 cm hoch, mit langem, oberirdischem, holzigem, niederliegendem, verzweigtem, nichtblühendem Stengel (oft Spalierstrauch); Blätter (mit Stiel) kaum über 4 cm lang. Kalkschutt, Kalkfelsen . . . . *G. cordifolia* **79**

2*. Pflanze 10–25 cm hoch, mit kurzem, verzweigtem Rhizom, ohne oberirdische, niederliegende Stengel; Blätter (mit Stiel) bis 15 cm lang. Kalkreiche Böden; Alpen, Salève . . . . . . *G. nudicaulis*

Familie der Plantaginaceae

1. Blüten ⚥, in zylindrischen bis kugeligen Ähren . . . . *Plantago*

1*. Blüten 1geschlechtig, die ♂ einzeln, auf langen Stielen, die ♀ zu 2–3 am Grunde dieser Stiele, ungestielt. Flache Seeufer . . . . *Littorella uniflora* **80**

Gattung Plantago

1. Alle Blätter in grundständiger Rosette; Tragblätter stumpf oder zugespitzt, ohne Granne.

2. Blätter (ohne Stiel) 1–3mal so lang wie breit.

3. Blätter deutlich gestielt; Stiel der Blütenähre kürzer als die Blätter.

4. Stiel der Blütenähre zerstreut und anliegend behaart; Frucht 3,1–4,2 mm lang, 4–13(meist 8-)samig. Tretgesellschaften . . . . *P. major* **80** a

78

80

80a

79

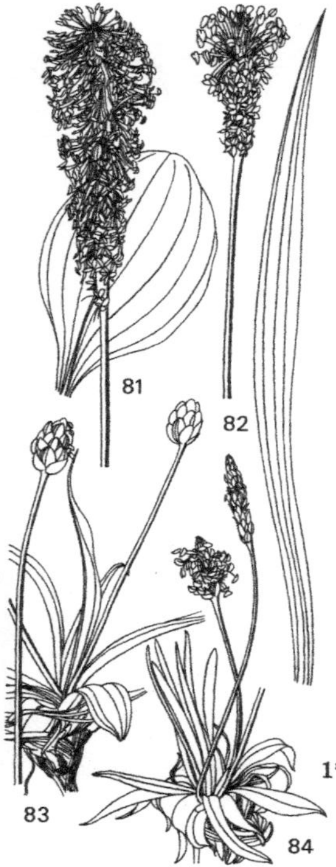

4*. Stiel der Blütenähre am Grunde abstehend behaart; Frucht 4–4,4 mm lang, 14–23(meist 18-)samig. Zeitweise überschwemmte offene Böden . . . . *P. intermedia*

3*. Blätter fast ungestielt; Stiel der Blütenähre mehrmals länger als die Blätter . . . . *P. media* **81**

2*. Blätter (ohne Stiel) 3–50mal so lang wie breit. Trockene Rasen und Weiden.

5. Krone überall kahl; Blätter 3–12mal so lang wie breit, ungeteilt; Ähre aufrecht, zur Fruchtzeit dicker als 0,5 cm.

6. Stiel der Blütenähre unter der Ähre deutlich gerillt; Samen 2–3 mm lang.

7. Stiel der Blütenähre unter der Ähre mit etwa 5 tiefen Rillen; Blätter beiderseits zerstreut behaart bis fast kahl. Wiesen, Wegränder . . . . *P. lanceolata* **82**

7*. Stiel der Blütenähre unter der Ähre mit zahlreichen, wenig tiefen Rillen; Blätter beiderseits dicht und anliegend behaart (frisch silberig glänzend). Südosten, Aostatal . . . . *P. argentea*

6*. Stiel der Blütenähre unter der Ähre nicht deutlich gerillt; Samen 3–5 mm lang.

8. Blätter und Stiel der Blütenähre unter der Ähre anliegend bis abstehend behaart (Haare 0,7–1,5 mm lang); Pflanze 10–40 cm hoch; Krone 3–5 mm lang. Savoyen *P. fuscescens*

8*. Blätter besonders gegen den Grund zu zerstreut behaart oder fast kahl; Stiel der Blütenähre unter der Ähre zerstreut bis dicht und abstehend behaart (Haare 1,5 bis 2 mm lang); Pflanze 5–15 cm hoch; Krone 2–3 mm lang. Alpen, Südjura *P. atrata* **83**

5*. Krone mit außen in der untern Hälfte behaarter Kronröhre; Blätter 6–45mal so lang wie breit oder fiederteilig; Ähre vor dem Aufblühen nickend, zur Fruchtzeit kaum 0,5 cm dick.

9. Blätter ungeteilt.

10. Blütenähren 1,5–3 cm lang (zur Fruchtzeit bis 5 cm lang); Blätter 6–20mal so lang wie breit, 3nervig, die 2 seitlichen Nerven näher beim Rand als beim Mittelnerv (Blattquerschnitt anschauen!). Alpen, Südjura, Vogesen . . . . *P. alpina* **84**

10*. Blütenähren 2–10 cm lang; Blätter 20–45mal so lang wie breit, 3nervig, die 2 seitlichen Nerven in der Mitte zwischen Rand und Mittelnerv oder näher beim Mittelnerv (Blattquerschnitt anschauen!). Westen, Zentral- und Südalpen . . . . *P. serpentina*

9*. Blätter zur Blütezeit bis über die Hälfte gegen den Mittelnerv fiederteilig. Dép. Ain *P. coronopus*

1*. Blätter nicht in grundständiger Rosette, sondern am Stengel gegenständig, meist büschelig gehäuft; Tragblätter im untern Teil des Blütenstandes mit einer kurzen Granne.

11. Pflanze ausdauernd; Stengel verzweigt, am Grunde niederliegend und verholzt . . . *P. sempervirens*

11*. Pflanze 1jährig; Stengel einfach oder verzweigt, aufrecht oder aufsteigend . . . . *P. arenaria*

81 82 83 84

85

86

87

Familie der Rubiaceae

1. Kelch aus 6 deutlich sichtbaren, meist etwa 0,5 mm langen, 3eckigen Zähnen bestehend; Blütenstand kopfartig, wenigblütig, von 8–10 am Grunde verwachsenen Hochblättern sternförmig umgeben. Getreidefelder, Rasen . . . . . *Sherardia arvensis* **85**

1*. Kelch zu einem undeutlichen Ring reduziert, ohne deutliche Zähne; Blütenstand von keinen oder von freien Hochblättern umgeben.

2. Blüten in 2- oder 4zeiligen, beblätterten Ähren; Kronzipfel an der Spitze einwärts gebogen. Aostatal . . . . . *Crucianella angustifolia* **86**

2*. Blüten nicht in 2- oder 4zeiligen Ähren; Kronzipfel gerade oder nach außen gebogen.

3. Kronröhre meist länger als die Kronzipfel; Blüten ungestielt, oder die Blütenstiele meist kürzer als die Fruchtknoten; Vorblätter und oft auch Tragblätter vorhanden . . . . *Asperula* S. 435

3*. Kronröhre kürzer als die Kronzipfel; Blüten gestielt (Blütenstiele meist länger als der Fruchtknoten); Vorblätter nie und oft auch Tragblätter nicht vorhanden.

4. Früchte trocken, lederig; Krone mit 4, seltener mit 3 Zipfeln.

5. Teilblütenstände kürzer als die Blätter, Früchte unter die 4zähligen Blattquirle zurückgebogen (von den Blättern verdeckt) . . . . . *Cruciata* S. 436

5*. Teilblütenstände länger als die Blätter (bei *G. tricornutum* und *G. verrucosum* mit 5–8 Blättern im Quirl kürzer als die Blätter); Früchte meist aufrecht, nicht von den Blattquirlen verdeckt . . . . . *Galium* S. 436

4*. Früchte fleischig; Krone meist mit 5 Zipfeln . . . . . *Rubia* S. 442

Gattung Asperula

1. Mittlere und obere Blätter 3–6 cm lang, 2–3mal so lang wie breit, mit 3 Längsnerven, in 4zähligen Quirlen. Dép. Ain, Aostatal, Alpensüdseite, Föhntäler . . . . . *A. taurina* **87**

1*. Mittlere und obere Blätter 0,7–6 cm lang, 6–50mal so lang wie breit, 1nervig.

2. Kronröhre 1,5–4 mm lang; Krone blau, weiß oder rötlich.

3. Krone blau; Blütenstände kopfartig, von zahlreichen Hüllblättern umgeben . . . . *A. arvensis*

3*. Krone weiß oder rötlich; Blütenstände rispenartig, ohne Hüllblätter.

4. Krone mit meist 4 Zipfeln, ± rosa bis lila, Früchte mit körniger Oberfläche.
5. Kronröhre 1,5–2,5 mm lang, 1–$1^1/_2$mal so lang wie die Kronzipfel. Trockene Böden — *A. cynanchica*
5*. Kronröhre 2,5–4 mm lang, $1^1/_2$–3mal so lang wie die Kronzipfel. Süden . . . . — *A. aristata* **88**
4*. Krone mit meist 3 Zipfeln, weiß; Früchte mit glatter oder ± runzeliger Oberfläche — *A. tinctoria*
2*. Kronröhre 1–1,5 mm lang; Krone purpurn; Blätter in 6–10zähligen Quirlen. Süden — *A. purpurea*

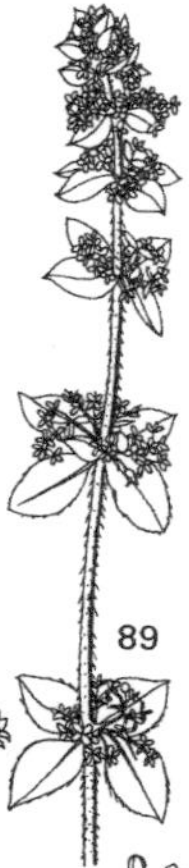

Gattung Cruciata

1. Pflanze ausdauernd; mittlere Blätter 0,8–2 cm lang, 3nervig; Stengel nicht rauh.
2. Teilblütenstände mit kleinen Tragblättern; Stengel mit zahlreichen abstehenden, 0,7–1,5 mm langen Haaren . . . . — *C. laevipes* **89**
2*. Teilblütenstände ohne Tragblätter; Stengel kahl oder mit 0,2–0,5 mm langen Haaren — *C. glabra*
1*. Pflanze 1jährig; mittlere Blätter 0,4–1 cm lang, 1nervig; Stengel rauh. Süden . . . . . — *C. pedemontana*

Gattung Galium

1. Mittlere Blätter 3nervig, zu 4 im Quirl.
2. Mittlere Blätter breit oval, $1^1/_3$–$2^1/_2$mal so lang wie breit; Blütenstand schirmförmig, wenigblütig; Früchte mit abstehenden, hakenförmigen Haaren (Widerhaken) . . . . . — *G. rotundifolium* **90**
2*. Mittlere Blätter lanzettlich, mehr als 3mal so lang wie breit; Blütenstand eiförmig oder pyramidenförmig, vielblütig; Früchte kahl oder mit anliegenden bis abstehenden, gekrümmten Haaren . . . . — *Artengruppe des G. boreale* S. 439

1*. Mittlere Blätter 1nervig, oft mehr als 4 im Quirl.
3. Pflanzen ausdauernd; Stengel oft glatt und ohne Haare; Kronen 1–6 mm im Durchmesser
4. Fruchtknoten und Früchte mit abstehenden, 0,5–1 mm langen, hakenförmigen Haaren (Widerhaken).
5. Krone weiß; Stengelknoten mit Haarkranz. Wälder . . . . — *G. odoratum* **91**
5*. Krone grünlich; Stengelknoten nie mit Haarkranz. Selten . . . . . . — *G. triflorum*
4*. Fruchtknoten und Früchte glatt, mit Papillen oder Haaren, die nicht hakenförmig sind; Stengelknoten nie mit Haarkranz.

88 89 90 91

92 4× 93 20×

6. Stengel mit kleinen, abwärts gerichteten, kegelförmigen Haaren, daher beim Aufwärtsstreifen ± rauh (seltener fast glatt, dann aber mit nur 4–6 Blättern im Quirl). Feuchte bis nasse Standorte.

7. Mittlere Blätter ohne hyaline Spitze, meist zu 4–6 im Quirl, getrocknet ± schwarz verfärbt. Moore, Sumpfwiesen, Ufer, Gräben . . . . *Artengruppe des G. palustre* S. 439

7*. Mittlere Blätter mit 0,2–0,3 mm langer, hyaliner Spitze, zu 6–8 im Quirl, getrocknet olivgrün. Moore, Riedwiesen . . . . *G. uliginosum* **92**

6*. Stengel glatt oder behaart, kaum durch abwärts gerichtete, kegelförmige Haare rauh.

8. Stengel mit fadenförmiger Basis und kaum mehr als 1 mm im Durchmesser, oft weniger als 20 cm hoch; Blätter flach oder am Rande ± eingerollt, am Rande oft mit abstehenden oder rückwärts gerichteten, kurzen kegelförmigen Haaren oder glatt.

9. Kronzipfel grannenartig zugespitzt; Krone purpurn, rötlich oder gelblich; Stengel meist abstehend behaart . . . . *Artengruppe des G. rubrum* S. 439

9*. Kronzipfel spitz (nicht grannenartig); Krone weiß oder gelblichweiß.

10. Blätter mit deutlicher 0,1–0,9 mm langer hyaliner Spitze, am Rande meist mit kurzen kegelförmigen Haaren.

11. Haare am Blattrand oft abstehend oder rückwärts gerichtet (selten völlig fehlend); Blätter getrocknet meist olivgrün verfärbt; Früchte glatt oder mit stumpfen Papillen . . . . *Artengruppe des G. pusillum* S. 440

11*. Haare am Blattrand nach vorn gerichtet; Blätter getrocknet ± schwarz verfärbt; Früchte dicht mit spitzen Papillen besetzt. Einsiedeln, Vogesen, Schwarzwald, Jura . . . . *G. saxatile* 93

10*. Blätter mit undeutlicher, bis 0,1 mm langer knorpeliger Spitze, auch am Rande kahl.

12. Früchte 1–2 mm hoch; Krone flach. Bergamasker Alpen . . . . . *G. baldense*

12*. Früchte 2,5–3,5 mm hoch; Krone an der Basis trichterförmig . . . *G. saxosum*

8*. Stengel mit dickerer Basis, mehr als 1 mm im Durchmesser, oft über 20 cm hoch; Blätter am Rande flach oder ± eingerollt und mit vorwärtsgerichteten, kurzen, kegelförmigen Haaren.

13. Krone gelb; Stengel (bis in den Blütenstand) und Blattunterseiten dicht kurzhaarig; Blätter nadelförmig, 10–15mal so lang wie breit . . . . . . ***Artengruppe des G. verum*** **S. 441** **94**

13*. Krone weiß bis hell gelbgrün; Stengel kahl oder nur im untern Teil behaart; Blätter kahl oder nur am Rande behaart.

14. Blütenstände schmal pyramidenförmig bis schmal eiförmig; Krone flach, mit grannenartig zugespitzten Zipfeln, 2–5 mm im Durchmesser; Blätter ober- und unterseits gleichfarbig; Stengel deutlich 4kantig.

15. Mittlere Blätter oval bis lanzettlich, die längsten höchstens 7mal so lang wie breit, 1,5–7 mm breit . . . . *Artengruppe des G. mollugo* S. 441

15*. Mittlere Blätter schmal lanzettlich, die längsten mehr als 7mal so lang wie breit, 0,5–2,1 mm breit . . . . ***Artengruppe des G. lucidum*** **S. 441** **95**

14*. Blütenstände breit pyramidenförmig bis schirmförmig; Krone trichter- bis becherförmig oder flach, oft nur zugespitzt, 1,5–2,5 mm im Durchmesser; Blätter unterseits oft heller als oberseits; Stengel im untern Teil oft rund.

16. Mittlere Blätter oval bis lanzettlich, 3–10 mm breit; Blütenstiele sehr dünn, fadenförmig; Krone becherförmig bis flach. Wälder . . . . . *Artengruppe des G. sylvaticum* S. 442

16*. Mittlere Blätter schmal lanzettlich, 0,5–2 mm breit; Blütenstiele nicht auffallend dünn; Krone trichterförmig. Westen und Norden . . ***G. glaucum*** **96**

3*. Pflanzen 1jährig; Stengel an den Kanten mit rückwärts gekrümmten, 0,05–0,3 mm langen Haaren, rauh oder haftend; Krone 0,5–2 mm im Durchmesser.

17. Krone 1–2 mm im Durchmesser, grünlichweiß bis weiß; Früchte 1,5–6 mm hoch.

18. Teilblütenstände länger als die Blätter, 1–7blütig, nach dem Blühen abstehend *Artengruppe des G. aparine* S. 442

18*. Teilblütenstände kürzer als die Blätter, 1–3blütig, zur Fruchtzeit abwärts gekrümmt.

19. Blätter am Rande mit rückwärts gekrümmten, kurzen, stachligen Haaren (rauh); Früchte mit kleinen, spitzen, braunen Papillen, 3–4 mm hoch . . . . . *G. tricornutum*

19*. Blätter am Rande mit vorwärts gekrümmten, kurzen, kegelförmigen Haaren (rauh); Früchte mit 0,7–1,4 mm hohen und stumpfen, ± weißen Höckern, 4–6 mm hoch. Bergamasker Alpen . . . . . *G. verrucosum*

17*. Krone ca. 0,5 mm im Durchmesser, innen grünlich, außen rötlich; Früchte ca. 1 mm hoch; Blätter am Rande mit nach vorn gerichteten, kurzen Haaren. Warme Lagen *G. parisiense* **97**

Artengruppe des Galium boreale

1. Die meisten Blätter 15–40 mm lang und 2–8 mm breit; 5–20mal so lang wie breit; Früchte mit ± anliegender Fruchtwand, oft mit gekrümmten, anliegenden bis abstehenden Haaren *G. boreale* **98**

1*. Die meisten Blätter 40–80 mm lang und 9–20 mm breit, 3–4½mal so lang wie breit; Früchte mit ± blasenförmig abgehobener Fruchtwand, fast immer kahl. Eingeschleppt *G. rubioides*

Artengruppe des Galium palustre

1. Teilblütenstände locker; Blütenstiele nach der Blüte auffällig spreizend; Blätter 4–12 (selten 2–5)mal so lang wie breit.

2. Mittlere Blätter 0,5–1,2 cm lang; Krone 2,5–3,5 mm im Durchmesser; Früchte 1,2–1,6 mm hoch; Pflanze 8–30 cm hoch . . . . . *G. palustre* **99**

2*. Mittlere Blätter 1,5–2 cm lang; Krone 4–4,5 mm im Durchmesser; Früchte 1,7–2,5 mm hoch; Pflanze 30–100 cm hoch . . . . . *G. elongatum*

1*. Teilblütenstände dicht; Blütenstiele nach der Blüte zusammenneigend; Blätter 10–20mal so lang wie breit . . . . . *G. debile*

Artengruppe des Galium rubrum

1. Krone meist weniger als 2 mm im Durchmesser und intensiv purpurn oder gelb; grannen-

artige Spitze des Kronblattzipfels $^1/_2$–$^2/_3$ so lang wie der Zipfel.

2. Seitenäste des schmal eiförmigen bis schmal zylindrischen Blütenstandes kurz; Blütenstiele 1,5–2,2 mm lang; Krone dunkel purpurrot. Alpensüdseite, Aostatal . . . . . . *G. rubrum* **1**

2*. Seitenäste des breit eiförmigen bis pyramidenförmigen Blütenstandes verlängert; Blütenstiele meist weniger als 1,5 mm lang; Kronen oft gelblich. Savoyen . . . . *G. obliquum*

1*. Krone 2–3 mm im Durchmesser, hellpurpurn, rosa oder weiß; grannenartige Spitze des Kronblattzipfels $^1/_{10}$–$^1/_2$ so lang wie der Zipfel.

3. Pflanzen 20–50 cm hoch; Blütenstände schmal eiförmig; Blätter schmal lanzettlich, 7–12mal so lang wie breit. Zentral- und südalpine Täler, Föhntäler . . . . *G. centroniae*

3*. Pflanzen 10–15 cm hoch; Blütenstände schirmförmig; Blätter lanzettlich, 6–8mal so lang wie breit. Zentral- und Südalpen . . . . *G. carmineum*

1 2 3 4×

Artengruppe des Galium pusillum

1. Fruchtstiele gerade; Früchte weniger als 2 mm hoch; Teilblütenstände aus den obern Blattquirlen weit herausragend.

2. Stengel sehr lockerrasig, meist 15–30 cm hoch; Blätter schmal lanzettlich; Blütenstände lang, mit kurzen Seitenästen, daher schmal eiförmig bis schmal pyramidenförmig . . . *G. pumilum* **2**

2*. Stengel kaum über 15 cm hoch, ± dichtrasig; Blütenstände kurz, mit langen Seitenästen (Teilblütenständen), daher breit pyramidenförmig oder schirmförmig.

3. Blätter sehr schmal lanzettlich bis nadelförmig, 10–15mal so lang wie breit, mit Mittelnerv, der $^1/_2$–$^1/_3$ so breit wie das Blatt ist, mit 0,5–0,9 mm langer, hyaliner Spitze, oft völlig kahl und glatt. Maurienne . . . . *G. pusillum*

3*. Blätter $2^1/_2$–8mal (selten bis 12mal) so lang wie breit, mit Mittelnerv, der weniger als $^1/_3$ so breit wie das Blatt ist und langer, hyaliner Spitze, zumindest am Blattrand meist mit kurzen Haaren.

4. Blätter am Rande mit einzelnen abstehenden, im untern Blatteil gewöhnlich zurückgebogenen, kurzen Haaren, oft mehr als $6^1/_2$mal so lang wie breit. Befestigte Standorte. Vogesen, Jura, Alpen . . . . *G. anisophyllon* **3**

4*. Blätter am Rande mit nach vorn gerichteten kurzen Haaren, $4^1/_2$–$6^1/_2$mal so lang wie breit. Schuttkriecher. Savoyen . . . . *G. pseudohelveticum*

1*. Fruchtstiele nach der Blüte abwärts gekrümmt; Früchte 2–2,5 mm hoch; Teilblütenstände aus den obern Blattquirlen wenig hervortretend; Blätter meist $2^1/_2$–5mal so lang wie breit *G. megalospermum* **4**

Artengruppe des Galium verum

1. Mindestens die längsten Teilblütenstände länger als die darüberliegenden Internodien; Blätter bis 1 mm breit, glänzend. Magere Wiesen, Föhrenwälder . . . . *G. verum*

1*. Auch die längsten Teilblütenstände meist kürzer als die darüberliegenden Internodien; Blätter bis 2 mm breit, ± matt. Warme Lagen . . . . *G. wirtgenii*

Artengruppe des Galium mollugo

1. Krone 2–3 mm im Durchmesser; längere Blütenstiele länger als der Kronendurchmesser (meist 3–4 mm lang), nach der Blüte ± sparrig abstehend; Blätter auffällig dünn, an der Spitze plötzlich verschmälert. Süden, Föhntäler. . . . . *G. mollugo* **5**

1*. Krone 3–4 mm im Durchmesser; längere Blütenstiele kürzer als der Kronendurchmesser (meist 1,2–3 mm lang), nach der Blüte kaum sparrig abstehend; Blätter nicht auffällig dünn, ± allmählich in die Spitze verschmälert. Häufig . . . . *G. album* **6**

Artengruppe des Galium lucidum

1. Pflanzen grün; Teilblütenstände pyramidenförmig (zugespitzt); Kronzipfel mit 0,3–0,6 mm langer, grannenartiger Spitze.

   2. Blattränder fast immer glatt (ohne Haare); Krone hell gelbgrün. Alpiner Kalkschutt der Bergamasker Alpen . . . . *G. montis-arerae*

   2*. Blattränder mit kurzen kegelförmigen Haaren (rauh); Krone weiß bis gelblich.

3. Blattnerv breiter als die halbe Blattbreite; mittlere Blätter 0,5–1 mm breit; Stengel an der Basis fast immer mit ca. 0,1 mm langen kegelförmigen Haaren. Dép. Ain — *G. corrudifolium*

3*. Blattnerv schmäler als die halbe Blattbreite; mittlere Blätter 1–2 mm breit; Stengel an der Basis kahl, seltener mit 0,2–0,5 mm langen Haaren. Warme, trockene Lagen — *G. lucidum*

1*. Pflanze ± bläulich bereift; Teilblütenstände ± schirmförmig; Kronzipfel mit nur 0,1 bis 0,2 mm langer, grannenartiger Spitze. Nicht einheimisch . . . . *G. cinereum*

Artengruppe des Galium sylvaticum

1. Pflanzen nirgends bläulich bereift; längste Blätter meist mehr als 8mal so lang wie breit; Krone mit grannenförmig zugespitzten Zipfeln.
   2. Keine Ausläufer; Stengel an der Basis nicht bewurzelt, deutlich 4kantig. Süden . . . . *G. aristatum*
   2*. Mit Ausläufern; Stengel an der Basis bewurzelt, ± abgerundet. Alpensüdseite . . . . ***G. laevigatum* 7**

1*. Junge Sprosse und Fruchtknoten bläulich bereift; längste Blätter meist weniger als 8mal so lang wie breit; Kronzipfel spitz (nicht grannenförmig zugespitzt) . . . . *G. sylvaticum* **8**

Artengruppe des Galium aparine

1. Krone ca. 2 mm im Durchmesser, weiß; Früchte 3–5 mm hoch. Stickstoffreiche Böden — *G. aparine* **9**

1*. Krone ca. 1 mm im Durchmesser, grünlichweiß; Früchte 1,5–3 mm hoch . . . . *G. spurium*

Gattung Rubia

1. Stengel sommergrün; Blätter kurz gestielt; Krone im Durchmesser 2–3 mm; Staubbeutel schmal eiförmig, 0,5–0,6 mm lang. Zentralalpen, Elsaß; eingebürgert . . . . *R. tinctoria*

1*. Stengel im untern Teil immergrün, ± verholzt; Blätter ungestielt; Krone im Durchmesser 3–6 mm; Staubbeutel ± kugelig, 0,2–0,3 mm lang. Savoyen . . . . *R. peregrina* **10**

Familie der Caprifoliaceae

1. Blätter gefiedert, mit Endteilblatt . . . . *Sambucus* S. 443
1*. Blätter ganzrandig, gezähnt oder radiär wenig tief 3teilig (ähnlich *Acer Opalus*), selten fiederteilig (Frühjahrsblätter von *Lonicera japonica*).
2. Krone der fertilen Blüten mit meist flach ausgebreiteten, breit abgerundeten Zipfeln, aktinomorph, Blüten in vielblütigen, doldenartigen Rispen; randständige Blüten in den Blütenständen bei *Viburnum Opulus* auffallend groß, steril und z. T. zygomorph . . . . *Viburnum* S. 443
2*. Krone glockenförmig oder trichterförmig, aktinomorph oder zygomorph und dann 2lippig, mit 4teiliger Oberlippe und ungeteilter Unterlippe.
3. Krone 2lippig oder Krone gelblich . . . . *Lonicera* S. 444
3*. Krone trichterförmig oder glockenförmig, weiß oder rosa überlaufen.
4. Stengel fadenförmig, auf Moospolstern kriechend, verholzt; Blüten meist zu 2 auf gemeinsamem, 5–15 cm hohem, gegabeltem Stiel, nickend; Krone 7–10 mm lang, trichterförmig. Subalpin, auf Moospolstern in Nadelwäldern . . . . *Linnaea borealis* **11**
4*. Strauch, bis 2 m hoch; Blüten in kurzen, wenigblütigen Ähren an der Spitze der Zweige und in den Achseln der obersten Blätter; Krone 5–8 mm lang, glockenförmig; Beeren weiß (auffallendes, schon im Sommer beobachtbares Merkmal!). Verwildert *Symphoricarpos albus*

Gattung Sambucus

1. Sträucher oder kleine Bäume; nebenblattartige Anhängsel nicht gefiedert oder nicht vorhanden; Blätter meist aus 5 Teilblättern, die 2–3mal so lang wie breit sind; Staubblätter gelb.
2. Blüten in flachen oder wenig gewölbten, doldenartigen Rispen; Krone mit ausgebreiteten Zipfeln; reifer Fruchtstand überhängend; reife Früchte schwarz . . . . *S. nigra* **12**
2*. Blüten in kegelförmigen Rispen; Krone mit bald nach Blühbeginn rückwärts gerichteten Zipfeln; Fruchtstand aufrecht oder abstehend; reife Früchte rot . . . . *S. racemosa*
1*. Kraut (jedoch bis 2 m hoch), mit Rhizom; nebenblattartige Anhängsel gefiedert; Blätter meist aus 7 oder 9 Teilblättern, die 4–5mal so lang wie breit sind; Staubblätter rot . . . *S. ebulus*

Gattung Viburnum

[illegible] Verwildert . . . *V. rhythidophyllum*

1*. Blätter sommergrün.

2. Blätter oval oder lanzettlich, regelmäßig und fein gezähnt, unterseits dicht mit Sternhaaren besetzt und grau, oberseits dunkelgrün; in den Blütenständen keine großen Randblüten vorhanden; Früchte zuerst grün, dann rot, zur Reifezeit schwarz . . . . *V. lantana* **13**

2*. Die meisten Blätter bis auf ca. $^2/_3$ der Länge 3teilig, mit nach vorn gerichteten, grob und unregelmäßig gezähnten Abschnitten (ähnlich wie bei *Acer opalus*), beiderseits ohne Sternhaare; in den Blütenständen auffallend große, sterile Randblüten (Durchmesser 1,5–2,5 cm) vorhanden; Früchte zur Reifezeit rot . . . . *V. opulus* **14**

Gattung Lonicera

1. Nur 1 Blütenpaar auf gemeinsamem Stiel je Blattachsel; Blätter am Grunde nie miteinander verwachsen; Pflanze nur bei *L. henryi* und *L. japonica* kletternd.

a) Blätter schmäler als 1,2 cm, immergrün, lederig; Strauch meist nicht über 30 cm hoch. Verwildert . . . . *L. pileata*

b) Blätter meist breiter als 1,5 cm, sommergrün oder wintergrün, nicht lederig; Strauch über 50 cm hoch oder Pflanze kletternd.

2. Krone meist weniger als 2 cm lang; Sträucher, nie kletternd, sommergrün.

3. **Die meisten Blätter am Grunde gestutzt oder wenig tief herzförmig. Angepflanzt und am Alpensüdfuß gelegentlich verwildert.** . . . . *L. tatarica*

3*. **Blätter am Grunde abgerundet oder in den Stiel verschmälert, wenn einzelne Blätter am Grunde gestutzt, dann der gemeinsame Blütenstiel 3–4mal so lang wie die Kronen (*L. nigra* S. 445)**

4. Blätter groß, zur Blütezeit die größten Blätter über 6 cm lang, die meisten an der Spitze plötzlich verschmälert und in eine Spitze ausgezogen, unterseits glänzend; Krone am Grunde gelb, weiter oben rotbraun . . . . *L. alpigena* **15**

4*. Blätter zur Blütezeit weniger als 6 cm lang, nicht in eine Spitze ausgezogen, unterseits nicht glänzend; Krone gelblich bis weiß, nie rotbraun.

5. Gemeinsamer Blütenstiel weniger als $^1/_2$ so lang wie die Kronen; Blüten nickend *L. caerulea* 16

5*. Gemeinsamer Blütenstiel 1–4mal so lang wie die Kronen; Blüten aufrecht oder abstehend.

6. Gemeinsamer Blütenstiel 1–2mal so lang wie die Kronen; Krone 1–1,5 cm lang; Blätter beiderseits weich behaart . . . . *L. xylosteum* **17**

6*. Gemeinsamer Blütenstiel 3–4mal so lang wie die Kronen; Krone 0,7–1 cm lang; ältere Blätter oft kahl oder nur auf den Nerven behaart . . . . *L. nigra* **18**

2*. Pflanze kletternd oder windend, wintergrün. Verwildert.

a) Blüten 15–25 mm lang; Blätter 3–4mal so lang wie breit . . . . *L. henryi*

b) Blüten 30–40 mm lang; Blätter 2–3mal so lang wie breit . . . . *L. japonica*

1*. Blüten in kopf- oder doldenartigen, gestielten oder sitzenden Blütenständen an der Spitze der Triebe oder in Blattachseln zu 3 oder mehrfachen von 3 beisammen; Krone mindestens 3 cm lang; oberste Blätter unterhalb der Blütenstände frei oder verwachsen; Pflanze stets kletternd (Lianen).

7. Oberstes Blattpaar unter dem Blütenstand sitzend, aber nicht verwachsen. Eichenwälder *L. periclymenum*

7*. Oberste Blattpaare unter dem Blütenstand verwachsen (vom Stengel durchwachsen).

8. Blütenstand auf dem obersten Blattpaar sitzend. Eichenwälder . . . . *L. caprifolium* **19**

8*. Blütenstand oder Teilblütenstände auf dem obersten Blattpaar und in den Blattachseln auf 1–4 cm langen Stielen. Verwildert . . . . *L. etrusca*

Familie der Valerianaceae

1. Krone mit 7–9 mm langer Röhre, am Grunde mit einem 4–8 mm langen, dünnen Sporn; Staubblatt 1. Auf Kalkgestein in warmen Lagen . . . . *Centranthus* S. 446

1*. Krone höchstens 6 mm lang, am Grunde ohne Sporn (bei *Valeriana* oft sackartig ausgebuchtet); Staubblätter 3, selten 4.

2. Pflanzen ausdauernd, oft mit Ausläufern und meist mit charakteristisch riechendem Rhizom; Stengel erst im Blütenstand verzweigt, dort mit 2 seitlichen Zweigen und einer zentralen Fortsetzung; Kelch zur Fruchtzeit aus 10–25 langen, federig behaarten Borsten bestehend (zur Blütezeit Kelch eingerollt und einen wulstigen Rand bildend) . . . . . *Valeriana* S. 446

2*. Pflanzen 1jährig; Stengel meist bereits unterhalb des Blütenstandes verzweigt (gegabelt), ohne zentrale Fortsetzung (nur die beiden spreizenden Seitenäste entwickeln sich); Kelch zur Fruchtzeit aus 1–6 aufrechten oder ausgebreiteten Zähnen bestehend (zur Blütezeit Zähne oft undeutlich), keine langen, federig behaarten Borsten vorhanden *Valerianella* S. 448

18

19

20

Gattung Centranthus

1. Blätter sehr schmal lanzettlich, 10–50mal so lang wie breit; Früchte 4,5–5,5 mm lang . . *C. angustifolius* **20**

1*. Blätter lanzettlich, 1–8mal so lang wie breit; Früchte 3,5–4,5 mm lang . . . . *C. ruber*

Gattung Valeriana

1. Grundständige Blätter ungeteilt, ganzrandig oder gezähnt; Pflanzen 10–50 cm hoch.

  2. Stengelständige Blätter ungeteilt oder 3-(selten 5-)teilig.

    3. Grundständige Blätter oder Blätter der sterilen Triebe $1^1/_2$–6mal so lang wie breit (ohne Stiel), allmählich in den Stiel verschmälert, bis 1,5 cm breit; Stengel kahl.

      4. Blütenstand aus 2–6 übereinanderliegenden, quirlartigen Teilblütenständen zusammengesetzt; Rhizom dicht von hellen Blattscheidenresten umhüllt. Südwestl. Alpen *V. celtica*

      4*. Blütenstand kurz kegelförmig bis schirmförmig oder kopfartig; Rhizom von Fasern oder einzelnen schwarzen Resten umhüllt.

        5. Rhizom von Fasern vorjähriger Blätter umgeben; Blütenstand kurz kegelförmig bis schirmförmig; Früchte 3–3,5 mm lang; Krone weiß. Östliche Kalkalpen. . . *V. saxatilis* **21**

        5*. Rhizom höchstens von einzelnen schwarzen Blattresten umhüllt; Blütenstand kopfartig; Früchte 5–6 mm lang; Krone rosa. Felsschutt; West- und Südalpen *V. saliunca*

    3*. Grundständige Blätter oder Blätter der sterilen Triebe 1–$1^1/_2$mal so lang wie breit oder $1^1/_2$–3mal so lang wie breit, dann aber breiter als 1,5 cm, am Grunde herzförmig, gestutzt oder plötzlich in den Stiel verschmälert; Stengel oft behaart.

    a) Pflanze 70–110 cm hoch; grundständige Blätter rundlich bis herzförmig, bis 20 cm lang und fast so breit . . . . *V. pyrenaica*

    b) Pflanze in allen Teilen deutlich kleiner.

      6. Stengel mit 1–2 Blattpaaren bis zum Blütenstand, 5–15 cm hoch; Blütenstand kopfartig. Kalkschutt der östlichen Alpen . . . . *V. supina* 22

      6*. Stengel mit 2–8 Blattpaaren bis zum Blütenstand; 10–60 cm hoch; Blütenstand schirmförmig. Steinige Böden im Gebirge . . . . *Artengruppe der V. montana* S. 447

  2*. Mittlere und obere stengelständige Blätter fiederteilig, jederseits mit 2–4 schmal ovalen Seitenabschnitten und einem deutlich größeren Endabschnitt.

    7. Rhizom nicht knollig verdickt; Grundständige Blätter 1–$1^1/_2$mal so lang wie breit (ohne Stiel); Krone der ♂ Blüten ca. 3 mm lang; Krone der ♀ Blüten ca. 1 mm lang; Früchte 2,5–3,5 mm lang, kahl. Moore, Nasswiesen . . . . *V. dioica* 23

7*. Rhizom knollig verdickt; grundständige Blätter $1^1/_2$–4mal so lang wie breit (ohne Stiel); Krone der meist ⚥ Blüten 5–8 mm lang; Früchte 4–5 mm lang, mit behaarten Längsstreifen. Savoyen, Aostatal . . . . *V. tuberosa*

1*. Grundständige und stengelständige Blätter gefiedert mit Endteilblatt und jederseits 3–13 seitlichen Teilblättern; Pflanzen 30–150 cm hoch . . . . *Artengruppe der V. officinalis* S. 447

Artengruppe der Valeriana montana

1. Blätter der sterilen Triebe am Grunde plötzlich in den Blattstiel verschmälert oder gestutzt, ganzrandig oder mit undeutlichen Zähnen (Zähne kaum länger als 1 mm); stengelständige Blätter ungeteilt . . . . *V. montana* **24**

1*. Blätter der sterilen Triebe am Grunde herzförmig, mit deutlichen Zähnen (Zähne gegen die Blattbasis zu bedeutend länger als 1 mm); stengelständige Blätter meist bis zum Grunde 3teilig (selten 5teilig oder ungeteilt) . . . . *V. tripteris* **25**

Artengruppe der Valeriana officinalis

1. Pflanze ohne Ausläufer oder nur mit unterirdischen Ausläufern (selten bei *V. versifolia* auch mit oberirdischen Ausläufern); Endteilblatt der mittleren Stengelblätter so breit oder schmäler als die seitlichen Teilblätter (bei *V. versifolia* meist wenig breiter, dort aber Teilblätter ganzrandig oder mit wenigen Zähnen); seitliche Teilblätter 3–10mal so lang wie breit, gezähnt oder ganzrandig.

2. Seitliche Teilblätter deutlich gezähnt (Zähne länger als breit); Stengel mit 6–13 Blattpaaren bis zum Blütenstand, kahl . . . . *V. officinalis* **26**

2*. Seitliche Teilblätter ganzrandig oder oberhalb der Mitte mit wenigen Zähnen; Stengel mit 4–7 Blattpaaren bis zum Blütenstand, kahl oder abstehend behaart.

3. Stengel kahl; mittlere Stengelblätter unterseits kahl oder mit 0,2–0,5 mm langen, ± anliegenden Haaren. Norden und Osten . . . . *V. pratensis*

3*. Stengel unten abstehend behaart (Haare 0,5–1 mm lang); mittlere Stengelblätter unterseits mit 0,5–1 mm langen, abstehenden Haaren.

29 4×

4×

28

27

4. Mittlere Stengelblätter jederseits mit 7–13 (meist 8–10) Teilblättern; Endteilblatt so breit oder schmäler als die seitlichen Teilblätter. Jura, Oberrhein. Tiefebene *V. wallrothii*

4*. Mittlere Stengelblätter jederseits mit 5–8 Teilblättern; Endteilblatt meist wenig breiter als die seitlichen Teilblätter. Alpen . . . . *V. versifolia*

1*. Pflanze mit ober- und unterirdischen Ausläufern; Endteilblatt der mittleren Stengelblätter deutlich breiter als die seitlichen Teilblätter; seitliche Teilblätter deutlich gezähnt.

5. Stengel im untern Teil meist abstehend behaart (Haare 0,3–0,8 mm lang); mittlere Stengelblätter jederseits mit 2–8 (meist 4–6) Teilblättern, unterseits mit zahlreichen 0,5–1 mm langen, abstehenden Haaren. Ufer, Sümpfe . . . . *V. repens* 27

5*. Stengel kahl; mittlere Stengelblätter jederseits mit 2–4 Teilblättern, unterseits kahl oder besonders auf den Nerven mit vereinzelten, 0,3–0,8 mm langen, ± anliegenden Haaren. Vintschgau . . . . *V. sambucifolia*

Gattung Valerianella

1. Kelch auf der Frucht höchstens 1 mm lang; obere Stengelblätter ganzrandig oder am Grunde mit einzelnen Zähnen (Zähne höchstens 2mal so lang wie die Blattbreite).

2. Kelch auf der Frucht undeutlich oder aus einem höchstens 0,7 mm langen Zahn über dem fertilen Fach und 3–5 höchstens ca. 0,5 mm langen verwachsenen Zähnen über den sterilen Fächern bestehend und dann der Durchmesser am Grunde des Kelches nur etwa $^1/_2$ der Fruchtdicke.

3. Kelch auf der Frucht undeutlich oder aus einem höchstens 0,3 mm langen Zahn über dem fertilen Fach und je einem ca. 0,1 mm langen Zahn über den sterilen Fächern bestehend; grundständige Blätter oval, 2–5mal so lang wie breit; Teilfruchtstände kugelig.

4. Äußere Fruchtwand des fertilen Faches nicht verdickt; zwischen den sterilen Fächern eine tiefe und breite Furche. Ackerunkraut . . . . *V. carinata* **28**

4*. Äußere Fruchtwand des fertilen Faches stark verdickt (die Frucht deshalb seitlich abgeflacht); zwischen den sterilen Fächern eine wenig tiefe und schmale Furche . . *V. locusta* **29**

3*. Kelch auf der Frucht aus einem 0,4–0,7 mm langen Zahn über dem fertilen Fach bestehend, Zähne über den sterilen Fächern bis 0,5 mm lang; grundständige Blätter oft lanzettlich, 4–8mal so lang wie breit; Teilfruchtstände schirmförmig.

5. Die beiden sterilen Fruchtfächer so groß wie das fertile Fach, zwischen den sterilen Fächern eine schmale Furche; Kelch auf der Frucht fast nur über dem fertilen Fach entwickelt, aus einem 0,4–0,5 mm langen Zahn bestehend (am Grunde des Zahnes gelegentlich noch jederseits mit 1–2, bis 0,1 mm langen Zähnen) . . . . *V. rimosa* **30**

5*. Die beiden sterilen Fruchtfächer rückgebildet, nur als Wülste sichtbar, zwischen den Wülsten ein flaches, von einem Längsnerv geteiltes Mittelfeld; Kelch auf der Frucht ungleich hoch angewachsen (Frucht ist über dem fertilen Fach ca. 0,4 mm länger), aus einem ca. 0,7 mm langen Zahn über dem fertilen Fach und aus 3–5, ca. 0,5 mm langen verwachsenen Zähnen über den sterilen Fächern bestehend . . . . *V. dentata* **31**

2*. Kelch auf der Frucht 1 mm lang (über dem fertilen Fach gemessen), aus 6 aufrechten, am Grunde verwachsenen, ungleichen Zähnen bestehend (Zahn über dem fertilen Fach bedeutend größer), der Durchmesser am Grunde des Kelches gleich der Fruchtdicke . . *V. eriocarpa*

1*. Kelch auf der Frucht 1,5–2 mm lang, aus 6 ausgebreiteten, am Grunde verwachsenen, begrannten Zähnen bestehend (Granne hakig gebogen); obere Stengelblätter mit einem 8–20mal so langen wie breiten Mittelabschnitt und jederseits mit 1–3 sehr schmalen Zipfeln, von denen die untersten mindestens 4mal so lang sind wie die Breite des Mittelabschnittes *V. coronata*

Familie der Dipsacaceae

1. Krone 4zipflig; Außenkelch bedeutend weniger hoch als 1 mm oder aus 4–8 Zähnen bestehend; Fruchtboden mit oder ohne Spreublätter.

2. Stengel und oft auch der Mittelnerv der Blattunterseite mit Stacheln; Spreublätter stechend *Dipsacus* S. 450

2*. Pflanze ohne Stacheln; Spreublätter nicht stechend oder nicht vorhanden.

3. Blütenboden mit Spreublättern; Blütenstand fast kugelig, mit kaum vergrößerten Randblüten.

4. Krone gelblichweiß; Stengel kantig; stengelständige Blätter bis fast zum Mittelnerv fiederteilig. Südjura. Alpen . . . . *Cephalaria alpina* **32**

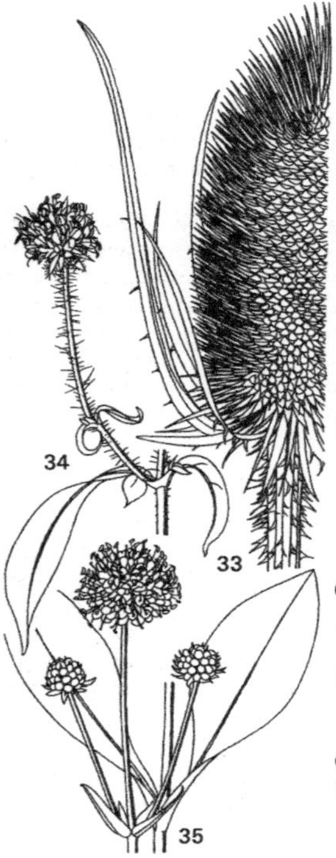

4*. Krone blauviolett oder lila; Stengel nicht kantig; stengelständige Blätter ungeteilt, meist ganzrandig . . . . *Succisa* s.l. S. 450

3*. Blütenboden ohne Spreublätter (aber behaart); Blütenstand flach, meist mit vergrößerten Randblüten . . . . *Knautia* S. 450

1*. Krone meist 5zipflig; Außenkelch 1–3,5 mm hoch, häutig, undeutlich gezähnt; Spreublätter vorhanden . . . . ***Scabiosa*** **s.l. S. 451**

Gattung Dipsacus

1. Blütenköpfe eiförmig bis zylindrisch, 3–8 cm lang, aufrecht; stengelständige Blätter je 2 an der Basis tütenförmig miteinander verwachsen.

2. Stengelblätter gezähnt oder ganzrandig, kahl; Hüllblätter bogig aufsteigend, die längeren meist länger als der Blütenkopf . . . . *D. fullonum* 33

2*. Stengelblätter unregelmäßig fiederteilig, am Rande borstig bewimpert; Hüllblätter abstehend, die längeren kürzer als der Blütenkopf. Warme Lagen . . . . *D. laciniatus*

1*. Blütenköpfe kugelig, 2–2,5 cm im Durchmesser, vor dem Aufblühen nickend; stengelständige Blätter an der Basis kaum verwachsen.

3. Blütenköpfe 1,5–2 cm im Durchmesser; Spreublätter 10–12 mm lang . . . . *D. pilosus* 34

3*. Blütenköpfe 2,5–4 cm im Durchmesser; Spreublätter 15–20 mm lang . . . . *D. strigosus*

Gattung Succisa s.l.

1. Außenkelch mit 4 deutlichen, 0,5–1 mm langen, 3eckigen Zähnen; Kelch mit 4–5 schwarzen, etwa 1 mm langen Borsten; Rhizom kurz («abgebissen»). Wechselfeuchte Böden . . . . *Succisa pratensis* **35**

1*. Außenkelch mit 4 undeutlichen, stumpfen Abschnitten; Kelch kaum sichtbar, klein, ohne Borsten; Rhizom kriechend. Dép. Ain und Comerseegebiet . . . . *Succisella inflexa*

Gattung Knautia

1. Stengel im untern Teil mit 0,4–3,5 mm langen Haaren; Blätter ± behaart.

2. Blätter stets ungeteilt; äußere Hüllblätter $^4/_5$–$1^1/_2$mal so lang wie die Blüten, $3^1/_2$–$4^1/_2$mal so lang wie breit.

34

33

35

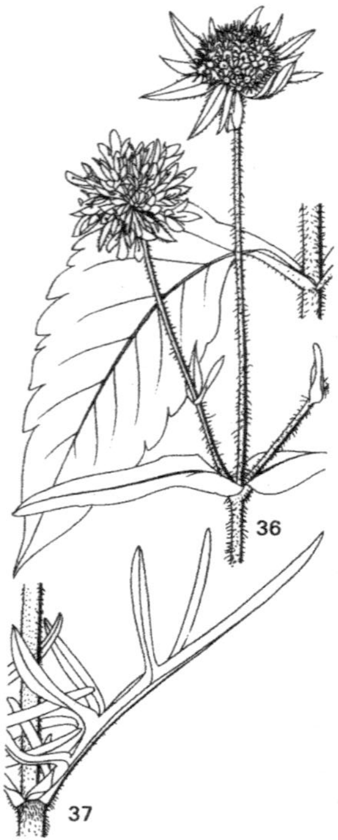

3. Rhizom monopodial: endet mit einer endständigen, jedes Jahr weiter wachsenden Blattrosette, der blühende Stengel entsteht seitenständig in den Achseln vorjähriger Blätter; Haare am untern Stengel 0,4–1,5 mm lang. Südalpen . . . . *K. drymeia*

3*. Rhizom sympodial: Endknospen der Triebe entwickeln sich direkt zu blühenden Stengeln (diese deshalb endständig), seltener zu sterilen Blattrosetten; Haare am untern Stengel 2–3,5 mm lang. Halbschattige Lagen . . . . *K. dipsacifolia* 36

2*. Blätter zumindest bei einem Teil der Individuen einer Population fiederteilig; äußere Hüllblätter 1/2 bis fast so lang wie die Blüten, meist 2–3mal so lang wie breit.

4. Krone blau- bis rotviolett; Früchte 4,5–5,5 mm lang, mit 1–1,5 mm langen Haaren . . *K. arvensis* **37**

4*. Krone hellpurpurn; Früchte 3,5–4,5 mm lang, mit 0,5–1 mm langen Haaren.

5. Mittlere Stengelblätter jederseits mit 4–8 seitlichen Abschnitten; Endabschnitt meist weniger als 2mal so breit wie die seitlichen Abschnitte. Südjura, westl. Zentralalpen *K. purpurea*

5*. Mittlere Stengelblätter ungeteilt oder jederseits mit 1–5 seitlichen Abschnitten; Endabschnitt meist mindestens 2mal so breit wie die seitlichen Abschnitte.

6. Blätter oberseits zerstreut und ± anliegend, unterseits dicht behaart; Haare 0,8–1,5 mm lang. Alpensüdseite . . . . *K. transalpina*

6*. Blätter ober- und unterseits sehr dicht und abstehend behaart (weißlich und samtig); Haare 0,4–0,8 mm lang. Östliche Südalpen . . . . *K. velutina*

1*. Stengel im untern Teil kahl, selten mit kurzen, krausen, 0,1–0,3 mm langen Haaren; Blätter kahl, ungeteilt.

7. Kelchborsten 2–3 mm lang; Blütenköpfe 3,5–6 cm im Durchmesser; Blätter ± ganzrandig. Zentral- und Südalpen; selten . . . . *K. longifolia*

7*. Kelchborsten 1,5–2 mm lang; Blütenköpfe 2,5–3,5 cm im Durchmesser; Blätter oft etwas gezähnt. Vogesen, Jura . . . . *K. godetii*

36

37

Gattung *Scabiosa* s.l.

Scabiosa graminifolia wird heute abgetrennt als *Lomelosia graminifolia.*

1. Alle Blätter grasartig, 25–100mal so lang wie breit, ganzrandig; häutiger Außenkelch 2–3,5 mm hoch. Savoyen, Südalpen . . . . *Lomelosia graminifolia*

1*. Blätter 2–15mal so lang wie breit, zumindest die stengelständigen gezähnt oder meist fiederteilig; häutiger Außenkelch 1–2 mm hoch.

2. Grundständige Blätter und unterstes Stengelblattpaar ungeteilt und ganzrandig, völlig kahl oder nur am Rande des Blattstiels behaart . . . . *Artengruppe der S. canescens* S. 452

2*. Grundständige Blätter und unterstes Stengelblattpaar fiederteilig oder ungeteilt und gezähnt, am Rande und auf den Nerven behaart, sonst kahl oder behaart . . . . . . *Artengruppe der S. columbaria* S. 452

Artengruppe der Scabiosa canescens

1. Kelchborsten 5–8 mm lang, 6–7mal so lang wie der Außenkelch; Hüllblätter so lang oder länger als die äußeren Blüten. Bergamasker Alpen . . . . *S. vestina*

1*. Kelchborsten 1–3 mm lang, 2–2½mal so lang wie der Außenkelch; Hüllblätter ⅓–½ so lang wie die äußeren Blüten. Dép. Ain, Oberrheinische Tiefebene, Hegau . . . . *S. canescens*

Artengruppe der Scabiosa columbaria

1. Blüten hellgelb. Südalpen, Hochrheingebiet (eingebürgert) . . . . *S. ochroleuca*

1*. Blüten rosa, lila, purpurn oder violett.

2. Kelchborsten 1–3 mm lang (selten nicht vorhanden), hell- bis dunkelbraun; mittlere Stengelblätter 2–3fach fiederteilig, mit 0,5–1,8 mm breiten Zipfeln. Warme Lagen . . . *S. triandra* **38**

2*. Kelchborsten 3–8 mm lang, dunkelbraun bis schwarz; mittlere Stengelblätter 1–2fach fiederteilig, mit 0,7–8 mm breiten seitlichen Zipfeln.

3. Kelchborsten 3–5 mm lang; Stengel meist mehrmals verzweigt; Blütenkopfstiele meist bedeutend kürzer als der Rest des Stengels.

4. Grundständige Blätter am Rand und auf den Nerven behaart, sonst kahl oder zerstreut behaart; Endzipfel der mittleren Stengelblätter meist höchstens 1½mal so breit wie die seitlichen. Magere Wiesen, lichte Föhrenwälder . . . . *S. columbaria* **39**

4*. Grundständige Blätter überall dicht und samtig behaart; Endzipfel der mittleren Stengelblätter meist mindestens 2mal so breit wie die seitlichen. Alpensüdseite *S. portae*

3*. Kelchborsten 4–8 mm lang; Stengel unverzweigt, selten mit wenigen seitlichen Verzweigungen; Blütenkopfstiele meist deutlich länger als der Rest des Stengels.

5. Grundständige Blätter beiderseits behaart.
 6. Endzipfel der mittleren Stengelblätter höchstens $1^1/_2$mal so breit wie die seitlichen; untere Stengelblätter (selten das unterste Stengelblattpaar ungeteilt) 1–2fach fiederteilig, mit 0,7–2 mm breiten Zipfeln. Maurienne, Aostatal . . . . *S. vestita*
 6*. Endzipfel der mittleren Stengelblätter meist mindestens 2mal so breit wie die seitlichen; untere 2–3 Stengelblattpaare meist ungeteilt oder nur im untern Teil fiederteilig. Bergamasker Alpen . . . . *S. velenovskyana*
5*. Grundständige Blätter und unterstes Stengelblattpaar nur am Rande und auf den Nerven behaart, sonst kahl. Alpen, Jura, Vogesen . . . . *S. lucida* **40**

Familie der Cucurbitaceae

1. Pflanzen ausdauernd, mit rübenartig verdickter Wurzel; Frucht meist 6samig, 6–8 mm im Durchmesser; ♀ Blüten in doldenähnlichen Blütenständen in den Blattachseln . . . . . *Bryonia* S. 453
1*. Pflanzen 1jährig, ohne rübenförmig verdickte Wurzel; Frucht meist vielsamig, dicker oder länger als 4 cm; ♀ Blüten einzeln in den Blattachseln.
 2. Frucht von steifen Borsten stachelig, 4–5 cm lang und 3–4 cm dick; ♂ Blüten in Trauben oder Rispen in den Blattachseln. Zierpflanze . . . . *Echinocystis lobata*
 2*. Frucht kahl oder rauhhaarig, aber nicht stachelig, meist bedeutend länger oder dicker als 5 cm; ♂ Blüten gestielt, zu 1–6 in den Blattachseln.
  3. Stengel mit 1fachen Ranken; Kronen fast flach ausgebreitet; die 3 Staubblätter mit freien Staubfäden und freien Staubbeuteln . . . . *Cucumis* S. 454
  3*. Stengel mit fiederartig verzweigten, 3–7teiligen Ranken; Kronen glockenförmig; die 3 Staubblätter mit freien Staubfäden und zu einer zentralen Säule verwachsenen Staubbeuteln . . . . *Cucurbita* S. 454

Gattung Bryonia

1. Pflanzen 2häusig; Kelchzähne etwa $^1/_2$ so lang wie die Krone; Narben kurz behaart; reife Früchte rot. Hecken, Waldränder . . . . *B. dioica* 41
1*. Pflanzen 1häusig; Kelchzähne etwa so lang wie die Krone; Narben kahl; reife Früchte schwarz *B. alba*

42

43

Gattung Cucumis

1. Früchte zylindrisch bis schmal eiförmig, oft gekrümmt, undeutlich 3–6kantig; Kelchzipfel so lang oder länger als die becherförmige Kronröhre. Gemüsepflanze (Gurke) . . . . . . *C. sativus*

1*. Früchte kugelig bis eiförmig, ohne Kanten, aber mit Rillen; Kelchzipfel kürzer als die Kelchröhre. Obstpflanze (Melonen) . . . . *C. melo*

Gattung Cucurbita

1. Ausgewachsene Blätter deutlich (oft bis fast zum Grunde) radiär 5teilig (Abschnitte spitz, Buchten spitzwinklig); Blütenstiele 5kantig; Kelchröhre der ♂ Blüten unter den Zipfeln nicht weiter als in der Mitte. Gemüse- und Zierpflanze (Zucchetti) . . . . *C. pepo*

1*. Ausgewachsene Blätter nicht oder nur wenig tief geteilt (dann Abschnitte meist gerundet und Buchten stumpfwinklig); Blütenstiele rund; Kelchröhre der ♂ Blüten von unten bis unter die Zipfel allmählich weiter werdend. Gemüse- und Futterpflanze (Kürbis) . . . . . *C. maxima*

Familie der Campanulaceae

1. Krone röhrenförmig oder am Grunde erweitert, mit band- oder fadenförmigen, vor dem Aufblühen miteinander verwachsenen, später bis fast zum Grunde freien, bei *Physoplexis* auch an der Spitze verwachsen bleibenden (dazwischen freien!) Zipfeln; Blüten nicht oder nur bis 5 mm lang gestielt, Blütenstände kopf- oder ährenartig.

2. Staubbeutel unten miteinander verwachsen; Narben 2, keulenförmig vereinigt; Frucht oben aufklappend. Kalkfreie, trockene Böden . . . . *Jasione* S. 455 **42**

2*. Staubbeutel frei; Narben 2 oder 3, spreizend, fadenförmig; Kapsel sich mit Löchern öffnend.

3. Blüten 3–5 mm lang gestielt; Krone 1.5–3 cm lang, am Grunde erweitert (krugförmig), am Grunde und an der Spitze immer verwachsend bleibend. Südalpen . . . . *Physoplexis comosa* 43

3*. Blüten ungestielt; Krone 1–1,5 cm lang, röhrenförmig, nach dem Aufblühen an der Spitze und am Grunde, später nur noch am Grunde miteinander verwachsen . . . . *Phyteuma* S. 455

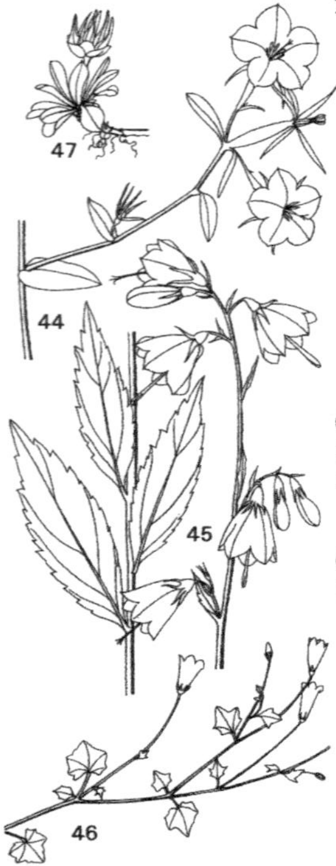

47 44 45 46

1*. Krone glocken- oder trichterförmig oder ausgebreitet (radförmig) mit breiten Zipfeln.
4. Krone ausgebreitet; Fruchtknoten und Frucht ellipsoidisch, Frucht mindestens 5mal so lang wie dick. Getreidefelder . . . . *Legousia* S. 458 **44**
4*. Krone glocken- oder trichterförmig; Fruchtknoten und Frucht umgekehrt kegelförmig, höchstens 3mal so lang wie dick.
5. Staubfäden am Grunde deutlich verbreitert; Frucht sich seitlich mit 3 Löchern öffnend.
6. Griffel am Grunde von einem becherförmigen Drüsenring umgeben, zur Blütezeit etwa doppelt so lang wie die Krone. Nur im südlichen Tessin, in den Bergamasker Alpen und in Savoyen . . . . *Adenophora liliifolia* **45**
6*. Griffel am Grunde ohne Drüsenring, nur wenig länger oder kürzer als die Krone . . *Campanula* S. 458
5*. Staubfäden am Grunde kaum verbreitert; Frucht oben mit Klappen sich öffnend; Pflanze zart, mit niederliegenden, fadenförmigen Stengeln und höchstens 1 cm langen Blüten. Nur im Schwarzwald . . . . *Wahlenbergia hederacea* **46**

Gattung Jasione

1. Pflanze ohne Ausläufer und ohne sterile Blattrosetten; Blätter am Rande wellig . . . . *J. montana* **42** S. 454
1*. Pflanze mit Ausläufern und sterilen Blattrosetten, Blätter am Rande nicht wellig. Norden *J. laevis*

Gattung Phyteuma

1. Blüten in einem kugeligen Kopf, Wurzeln nicht rübenförmig verdickt; Narben meist 3 (bei *Ph. Charmelii* S. 457 mit rundlich herzförmigen Blättern, nur 2 Narben).
2. Alle Blätter grasartig, in der Mitte oder im obersten Drittel am breitesten . . . . . . *Artengruppe des Ph. hemisphaericum* S. 456
2*. Grundständige Blätter lanzettlich, rundlich, oval oder herzförmig, nicht grasartig.
3. Grundständige Blätter schmal oval (größte Breite im obersten Drittel), allmählich gegen den Grund verschmälert; Blattstiel höchstens 0,5 cm lang; Pflanze bis 5 cm hoch *Ph. globulariifolium* **47**
3*. Grundständige Blätter rundlich, oval oder lanzettlich (größte Breite im untersten Drittel), am Grunde herzförmig, abgerundet oder in den Stiel verschmälert, mit mehrere

Zentimeter langem Blattstiel; Pflanze meist über 10 cm hoch . . . . *Artengruppe des Ph. orbiculare* S. 456

1*. Blüten in einer eiförmigen oder zylindrischen Ähre, wenn in einem kugeligen Kopf *Ph. Michelii* S. 457), dann Narben 2; Wurzeln rübenförmig verdickt.

4. Krone blau, vor dem Aufblühen gerade; grundständige Blätter spitz, am Grunde herzförmig, abgerundet oder allmählich verschmälert, meist mehr als 3mal so lang wie breit . . . . . *Artengruppe des Ph. betonicifolium* S. 457

4*. Kronenspitze vor dem Aufblühen gegen die Ährenspitze gekrümmt; grundständige Blätter herzförmig, 1–3mal so lang wie breit . . . . *Artengruppe des Ph. spicatum* S. 457

Artengruppe des Phyteuma hemisphaericum

1. Hüllblätter 2–4mal so lang wie breit, meist ganzrandig, selten am Grunde mit wenigen stumpfen Zähnen; Blätter meist ganzrandig; Kelchzipfel kahl oder am Rande behaart; Haare 0,4–0,8 mm lang. Alpen . . . . *Ph. hemisphaericum* **48**

1*. Hüllblätter mehr als 4mal so lang wie breit, in der Form wie die obern Stengelblätter, mit einzelnen spitzen Zähnen; Kelchzipfel kurz behaart; Haare 0,1 mm lang.

2. Hüllblätter aus 3–6 mm breitem Grunde in eine Spitze auslaufend, 4–7mal so lang wie breit. Penninische Alpen . . . . *Ph. humile* **49**

2*. Hüllblätter aus meist weniger als 2 mm breitem Grunde allmählich in die Spitze auslaufend, 10–20mal so lang wie breit. Südöstliche Alpen . . . . *Ph. hedraianthifolium* **50**

Artengruppe des Phyteuma orbiculare

1. Äußere Hüllblätter mit breitem abgerundetem Grunde, in eine Spitze verlängert, meist nicht länger als der Blütenkopf; mittlere Stengelblätter meist sitzend, seltener kurz gestielt.

2. Hüllblätter 2–4mal so lang wie breit, am Grunde ganzrandig oder mit kleinen Zähnen . *Ph. orbiculare* **51**

2*. Hüllblätter 1–1$^1/_2$mal so lang wie breit, am Grunde mit großen, spitzen Zähnen . . . *Ph. sieberi*

1*. Äußere Hüllblätter schmal lanzettlich, am Grunde nur wenig verbreitert, meist bedeutend länger als der Blütenkopf; mittlere Stengelblätter deutlich gestielt.

52 53 54

3. Grundständige Blätter rundlich, am Grunde herzförmig, seltener oval; Narben 2; Kronröhre vor dem Aufblühen gegen die Kopfmitte gekrümmt; Kelchzipfel am Rande zerstreut behaart. Aostatal . . . . *Ph. charmelii*

3*. Grundständige Blätter schmal oval bis lanzettlich, mit herzförmiger, abgerundeter oder in den Stiel verschmälerter Basis; Narben 3; Kronröhre vor dem Aufblühen fast gerade; Kelchzipfel kahl. Zentral- und Südalpen . . . . *Ph. scheuchzeri* **52**

Artengruppe des Phyteuma betonicifolium

1. Grundständige Blätter am Grunde herzförmig oder abgerundet, gestielt; Narben 3, selten nur 2 *Ph. betonicifolium* **53**

1*. Grundständige Blätter nach unten allmählich verschmälert, gestielt oder ungestielt; Narben 2.

2. Hüllblätter und Kelchzipfel am Grunde mit bewimpertem Rand; Ähre kurz eiförmig bis kugelig. Südliches Savoyen . . . . *Ph. michelii*

2*. Hüllblätter und Kelchzipfel am Rande nicht bewimpert; Ähre lang zylindrisch. Süden *Ph. scorzonerifolium*

Artengruppe des Phyteuma spicatum

1. Blüten weiß bis gelblich, mit grünlicher Spitze, selten bläulich. Wälder, Fettwiesen . . . *Ph. spicatum* **54**

1*. Blüten dunkelviolett.

2. Grundständige Blätter so lang oder wenig länger als breit, grob und doppelt gezähnt; mittlere Stengelblätter an der Basis herzförmig oder abgerundet. Alpen . . . . *Ph. ovatum*

2*. Grundständige Blätter $1^2/_3$–3mal so lang wie breit, nur wenig tief und einfach gezähnt; mittlere und obere Stengelblätter an der Basis in den Stiel verschmälert. Norden . . . *Ph. nigrum*

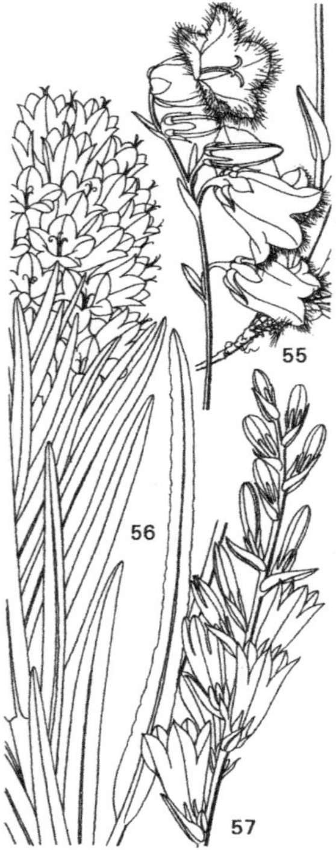

55

56

57

Gattung Legousia

1. Kelchzipfel so lang oder wenig kürzer als der Fruchtknoten und so lang oder nur wenig länger als die Krone . . . . *L. speculum-veneris* **44**
S. 455

1*. Kelchzipfel höchstens halb so lang wie der Fruchtknoten, länger als die Krone . . . . . *L. hybrida*

Gattung Campanula

1. Buchten zwischen den Kelchzipfeln mit 1 gegen den Kelchgrund gerichteten, schmal ovalen bis herzförmigen Anhängsel.
   2. Narben 5, selten 4 oder 3; Krone 4–5 cm lang; Pflanze vielblütig. Südwesten . . . . . *C. medium*
   2*. Narben 3; Krone bis 4 cm lang.
      3. Krone 3–4 cm lang; Pflanze meist 1blütig, 5–12 cm hoch. Savoyen, Aostatal . . . . *C. alpestris*
      3*. Krone 1,5–3 cm lang; Pflanze mehrblütig, höher als 10 cm.
         4. Kronzipfel innen bärtig behaart; Blüten in 2–12blütiger, einseitswendiger Traube *C. barbata* **55**
         4*. Kronzipfel innen kahl; Blüten in vielblütiger allseitswendiger Rispe. Alpensüdfuß *C. sibirica*

1*. Buchten zwischen den Kelchzipfeln ohne Anhängsel.
   5. Blüten ungestielt, zu Ähren, Knäueln oder Büscheln vereinigt; Blätter ganzrandig oder wenig tief und stumpf gezähnt, behaart.
      6. Krone gelblich; Blüten in einer dichten Ähre. Alpen, Südjura . . . . *C. thyrsoides* **56**
      6*. Krone blauviolett (selten weiß); Blüten in einer unterbrochenen Ähre oder in einem Kopf.
         7. Blüten in einer verlängerten, unterbrochenen Ähre; untere Blätter kaum gestielt, am Rande wellig. Zentral- und Südalpen . . . . *C. spicata* **57**
         7*. Blüten in end- und seitenständigen Köpfen und Büscheln; untere Blätter deutlich gestielt, nicht gewellt.
            8. Pflanze stechend steifhaarig; untere Blätter allmählich in den geflügelten Stiel verschmälert, mit der größten Breite in der Mitte; Griffel länger als die Krone . *C. cervicaria*

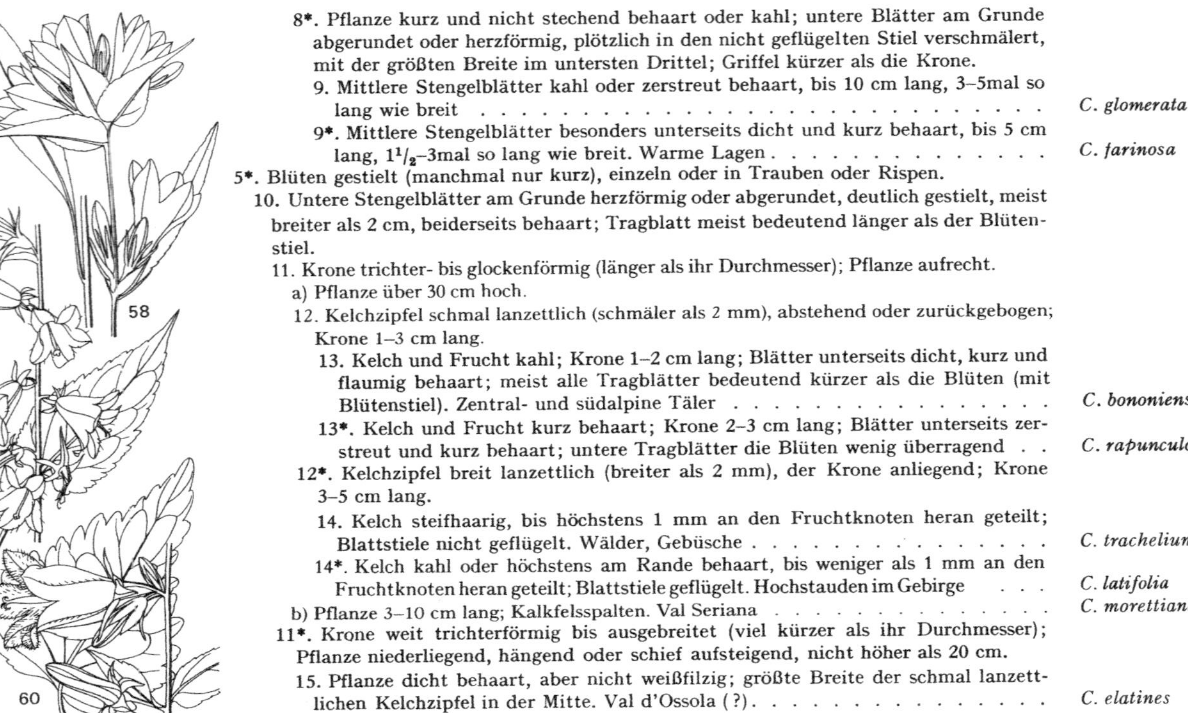

8*. Pflanze kurz und nicht stechend behaart oder kahl; untere Blätter am Grunde abgerundet oder herzförmig, plötzlich in den nicht geflügelten Stiel verschmälert, mit der größten Breite im untersten Drittel; Griffel kürzer als die Krone.

9. Mittlere Stengelblätter kahl oder zerstreut behaart, bis 10 cm lang, 3–5mal so lang wie breit . . . . *C. glomerata* **58**

9*. Mittlere Stengelblätter besonders unterseits dicht und kurz behaart, bis 5 cm lang, $1^1/_2$–3mal so lang wie breit. Warme Lagen . . . . *C. farinosa*

5*. Blüten gestielt (manchmal nur kurz), einzeln oder in Trauben oder Rispen.

10. Untere Stengelblätter am Grunde herzförmig oder abgerundet, deutlich gestielt, meist breiter als 2 cm, beiderseits behaart; Tragblatt meist bedeutend länger als der Blütenstiel.

11. Krone trichter- bis glockenförmig (länger als ihr Durchmesser); Pflanze aufrecht.

a) Pflanze über 30 cm hoch.

12. Kelchzipfel schmal lanzettlich (schmäler als 2 mm), abstehend oder zurückgebogen; Krone 1–3 cm lang.

13. Kelch und Frucht kahl; Krone 1–2 cm lang; Blätter unterseits dicht, kurz und flaumig behaart; meist alle Tragblätter bedeutend kürzer als die Blüten (mit Blütenstiel). Zentral- und südalpine Täler . . . . *C. bononiensis*

13*. Kelch und Frucht kurz behaart; Krone 2–3 cm lang; Blätter unterseits zerstreut und kurz behaart; untere Tragblätter die Blüten wenig überragend . . *C. rapunculoides* **59**

12*. Kelchzipfel breit lanzettlich (breiter als 2 mm), der Krone anliegend; Krone 3–5 cm lang.

14. Kelch steifhaarig, bis höchstens 1 mm an den Fruchtknoten heran geteilt; Blattstiele nicht geflügelt. Wälder, Gebüsche . . . . *C. trachelium* **60**

14*. Kelch kahl oder höchstens am Rande behaart, bis weniger als 1 mm an den Fruchtknoten heran geteilt; Blattstiele geflügelt. Hochstauden im Gebirge . . . *C. latifolia*

b) Pflanze 3–10 cm lang; Kalkfelsspalten. Val Seriana . . . . *C. morettiana*

11*. Krone weit trichterförmig bis ausgebreitet (viel kürzer als ihr Durchmesser); Pflanze niederliegend, hängend oder schief aufsteigend, nicht höher als 20 cm.

15. Pflanze dicht behaart, aber nicht weißfilzig; größte Breite der schmal lanzettlichen Kelchzipfel in der Mitte. Val d'Ossola (?) . . . . *C. elatines*

15*. Pflanze dicht und weißfilzig behaart; größte Breite der schmal lanzettlichen Kelchzipfel am Grunde. Bergamasker Alpen . . . . *C. elatinoides*

10*. Untere Stengelblätter am Grunde meist allmählich verschmälert, ungestielt oder höchstens ganz kurz gestielt, schmaler als 2 cm; Tragblatt oder die obersten Stengelblätter bedeutend kürzer als der Blütenstiel (nur bei *C. cenisia* und *C. raineri* mit endständigen Blüten die obersten länger als der Blütenstiel).

16. Griffel viel länger als die Narben, meist behaart; wenn Krondurchmesser größer als 2,5 cm, dann Pflanze höchstens 40 cm hoch.

17. Kelchzipfel mindestens 4mal so lang wie breit; Tragblatt oder oberstes Blatt unter der Blüte kürzer als der Blütenstiel.

18. Frucht sich nahe dem Grunde mit 3 Löchern öffnend, nickend; grundständige Blätter zur Blütezeit oft nicht mehr vorhanden, gestielt, breit oval bis rundlich nieren- oder herzförmig.

19. Kronzipfel am Grunde verschmälert und die Buchten dazwischen ausgerundet. Wallis, Aostatal, Nordtessin . . . . *C. excisa* **61**

19*. Kronzipfel am Grunde nicht verschmälert, Buchten spitz.

20. Stengelblätter schmal oval bis schmal lanzettlich, 3–40mal so lang wie breit, ganzrandig oder undeutlich gezähnt; die obern oft schmäler.

21. Grundständige Blätter in den Stiel verschmälert; Stengel unten dicht, oben entfernt beblättert; Stengelblätter kürzer als 2 cm; Rhizom kriechend . . . . *Artengruppe der C. cespitosa* S. 461

21*. Grundständige Blätter am Grunde herzförmig; Stengel ± gleichmäßig beblättert; Stengelblätter meist länger als 2 cm; Rhizom nicht kriechend *Artengruppe der C. rotundifolia* S. 461

20*. Alle Stengelblätter oval bis breit lanzettlich, 2–3mal so lang wie breit, grob und spitz gezähnt. Fettwiesen; westliche Alpen, Jura . . . . *C. rhomboidalis* **62**

18*. Frucht nahe der Spitze sich mit 3 Löchern öffnend, aufrecht; grundständige Blätter zur Blütezeit vorhanden, kaum gestielt, schmal oval bis lanzettlich.

22. Frucht kahl; Kelchzipfel am Grunde 1–3 mm breit.

61

62

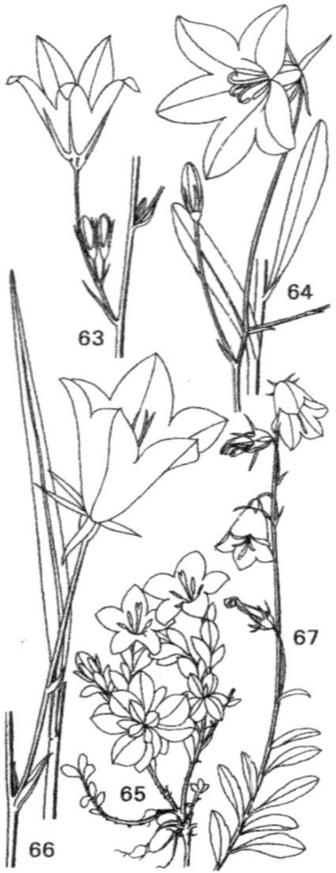

23. Blüten in einer schlanken Traube oder Rispe; Wurzel verdickt . . . . . *C. rapunculus* **63**
23*. Blüten in einer breiten, lockeren Rispe; Wurzel dünn
24. Kelchzipfel am Grunde höchstens mit 1–2 ganz kurzen Zähnen . . . *C. patula* **64**
24*. Kelchzipfel am Grunde mit 1–3 mindestens 0,5 mm langen Zähnen *C. costae*
22*. Frucht borstig behaart; Kelchzipfel am Grunde über 3 mm breit. Val d'Ossola und Comerseegebiet . . . . *C. ramosissima*
17*. Kelchzipfel etwa 3mal so lang wie breit, sehr kurz behaart; oberstes Blatt unter der Blüte länger als der Blütenstiel; Pflanze bis 10 cm hoch.
25. Krone 3–4 cm im Durchmesser, bis auf etwa $^2/_3$ geteilt; alle Blätter kurz gestielt und deutlich und stumpf gezähnt. Comerseegebiet, Bergamasker Alpen . . . *C. raineri*
25*. Krone 1–2 cm im Durchmesser, bis zur Hälfte geteilt; Blätter nur undeutlich gestielt, ganzrandig. Alpin; kalkreicher Schiefer . . . . *C. cenisia* **65**
16*. Griffel kahl, etwa so lang oder kürzer als die Narben; Pflanze 50–100 cm hoch; Kronendurchmesser 3–4 cm. Wärmere, halbschattige Lagen . . . . *C. persicifolia* **66**

Artengruppe der Campanula cespitosa

1. Stengel am Grunde mit etwa 0,2 mm langen Haaren (10fache Vergrößerung!); Blattstiel der grundständigen Blätter kürzer als die Spreite; untere Stengelblätter schmal lanzettlich (8–20mal so lang wie breit), stets ungestielt. Bergamasker Alpen . . . . *C. cespitosa*
1*. Stengel am Grunde mit etwa 0,8 mm langen Haaren; Blattstiel der grundständigen Blätter länger als die Spreite; untere Stengelblätter lanzettlich, 3–10mal so lang wie breit, meist gestielt. Meist kalkhaltiger Felsschutt und Felsen . . . . *C. cochleariifolia* **67**

Artengruppe der Campanula rotundifolia

1. Kelchzipfel fast so lang oder länger als die Krone, abstehend oder nach rückwärts gerichtet; auch die untersten Stengelblätter kaum breiter als 2 mm. Bergamasker Alpen . . . . . *C. carnica*
1*. Kelchzipfel kaum länger als die halbe Krone, nur ausnahmsweise zurückgebogen; unterste Stengelblätter meist nur bei *C. bertolae* (S. 462) schmäler als 2 mm.
2. Blütenknospen aufrecht; Krone 1–2 cm lang; Stengel meist vielblütig.

63 64 65 66 67

3. Stengel am Grunde sehr kurz behaart (Haare etwa 0,2 mm lang; 10fache Vergrößerung!), die übrige Pflanze kahl; untere Stengelblätter meist breiter als 2 mm, 8–20mal so lang wie breit . *C.* ***rotundifolia*** **68**

3*. Stengel am Grunde meist kahl oder die ganze Pflanze behaart; untere Stengelblätter kaum breiter als 2 mm, 20–40mal so lang wie breit. Südalpen . . . . *C. bertolae*

2*. Blütenknospen nickend; Krone 1,5–2,5 cm lang; Stengel 1- bis wenigblütig. Gebirge *C. scheuchzeri* **69**

Familie der Asteraceae (= Compositae)

1. Innere Blüten eines Kopfes röhrenförmig (bei Gartenformen gelegentlich zungenförmig), die Randblüten oft zungenförmig; Pflanze nur selten mit Milchsaft (z. B. *Carlina*), dagegen oft mit Ölbehältern und oft aromatisch riechend. (*Tubuliflorae*)

2. Boden des Blütenkopfes meist mit sehr schmal lanzettlichen bis borstenförmigen, weißen, glänzenden Spreublättern, die mind. 8 mal so lang wie breit sind; alle Blüten röhrenförmig, selten gelb; Pflanze oft stechend. [entspricht Punkt 1 S. 462] . . . . *Unterfamilie der Carduoideae* S. 462

2*. Boden des Blütenkopfes ohne oder mit breiteren Spreublättern; randständige Blüten oft zungenförmig; Pflanze nicht stechend. [entspricht Punkt 1* S. 465] . . . . *Unterfamilie der Asteroideae* S. 462

1*. Alle Blüten zungenförmig; Pflanze mit Milchsaft, ohne Ölbehälter und kaum aromatisch riechend. (*Luguliflorae*) . . . . *Unterfamilie der Cichorioideae* S. 507

Unterfamilie der Carduoideae und Asteroideae (=Tubuliflorae)

1. Boden des Blütenkopfes meist mit sehr schmal lanzettlichen bis borstenförmigen, weißen, glänzenden Spreublättern, die mind. 8mal so lang wie breit sind, oder mit zahlreichen Borsten besetzt; alle Blüten röhrenförmig, selten gelb (bei *Centaurea* Randblüten meist viel größer, mit meist unregelmäßigen Zipfeln, stets steril); Hüllblätter (der mehrblütigen Köpfe) dachziegelartig angeordnet, trockenhäutig oder mit häutigen oder stacheligen Anhängseln (bei 1blütigen Köpfen [*Echinops*] Blüten von 1 Reihe borstenförmig zerschlitzter äußerer und kleineren dachziegelartig angeordneten inneren Hüllblättern umgeben); Pflanze oft distelartig oder mit Stacheln besetzt. (*Carduoideae*)

2. Köpfe 1blütig, am Grunde von 1 Reihe borstenförmig zerschlitzter äußerer Hüllblätter und kleineren, dachziegelartig angeordneten innern Hüllblättern umgeben, zu vielen in kugeligen Gesamtblütenständen von 3–6 cm Durchmesser angeordnet; Blätter unterseits weißfilzig behaart, fiederteilig. Zentral- und südalpine Täler . . . . *Echinops sphaerocephalus* **70**

2*. Köpfe mehrblütig, ohne borstenförmig zerschlitzte Hüllblätter.

71 72

3. Innerste Hüllblätter meist mehr als 2mal so lang wie die nächst äußern, auf der Innenseite weiß, gelb oder rosa gefärbt, oft strahlenartig ausgebreitet; Früchte behaart.
4. Pflanze ohne Stacheln; Pappus aus trockenhäutigen Schuppen bestehend, innerste Hüllblätter auf der Innenseite rosa, lila oder purpurn . . . . *Xeranthemum* S. 471 **71**
4*. Pflanze stachelig; Pappus aus federig behaarten Borsten bestehend; innerste Hüllblätter auf der Innenseite weiß oder gelblich, selten rosa . . . . *Carlina* S. 471
3*. Innerste Hüllblätter kleiner oder nur wenig größer als die nächst äußern, auf der Innenseite ohne auffällige Färbung; Früchte meist kahl, seltener behaart (*Crupina*, *Centaurea*).
5. Hüllblätter in einen kurzen, hakig gekrümmten Stachel auslaufend (innerste Hüllblätter oft mit geradem Stachel!); Blätter groß, ungeteilt, breit oval bis herzförmig, nicht stachelig . . . . *Arctium* S. 473
5*. Hüllblätter ohne Stachel oder alle mit geradem, gelegentlich abstehendem Stachel; Blätter geteilt oder ungeteilt und dann breit bis schmal lanzettlich, oft stachelig.
6. Die einzelnen Blütenköpfe nicht von Stengelblättern eingehüllt (nur bei einigen *Cirsium*arten mehrere Köpfe zusammen von Stengelblättern eingehüllt).
7. Blätter stachelig (mindestens am Rande fein stachelig); äußere Hüllblätter in einen unverzweigten (oft kurzen und oft nicht stechenden) Stachel auslaufend; Pappus weiß, mindestens doppelt so lang wie die Frucht.
8. Pappusborsten federig behaart.
9. Blütenboden nicht fleischig; Früchte gegen den Pappus zu mit kragenförmigem Ring . . . . *Cirsium* S. 473
9*. Blütenboden fleischig, eßbar; Früchte ohne kragenförmigen Ring. Selten verwildernde Gemüsepflanze . . . . *Cynara cardunculus* **72**
8*. Pappusborsten rauh, nicht federig behaart.
10. Boden des Blütenkopfes mit in zahlreiche Borsten aufgeteilten Spreublättern besetzt, die länger als die Früchte sind; Früchte gegen den Pappus zu mit kragenförmigem Ring.
11. Staubfäden frei; Hüllblätter höchstens mit kleinen Hüllblattanhängseln . . . . *Carduus* S. 475

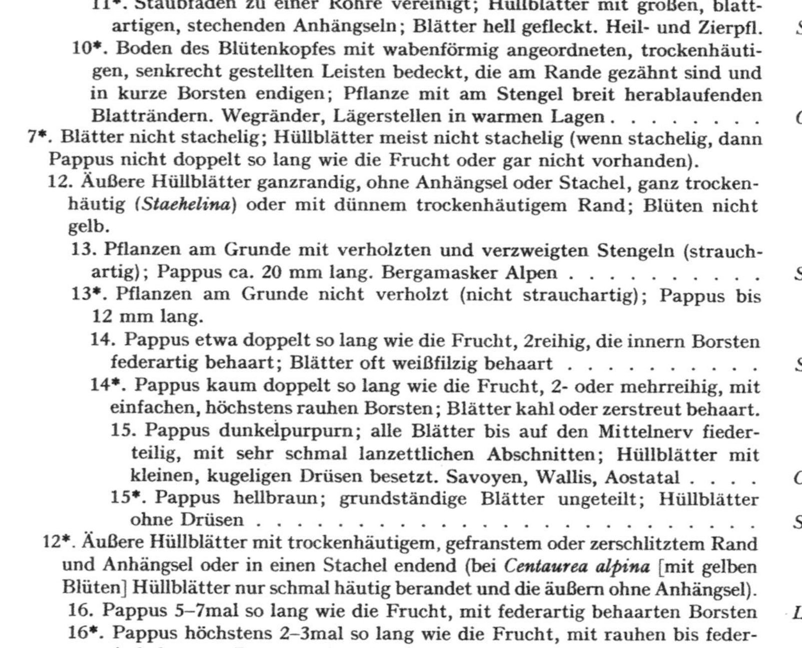

11*. Staubfäden zu einer Röhre vereinigt; Hüllblätter mit großen, blattartigen, stechenden Anhängseln; Blätter hell gefleckt. Heil- und Zierpfl. *Silybum marianum*

10*. Boden des Blütenkopfes mit wabenförmig angeordneten, trockenhäutigen, senkrecht gestellten Leisten bedeckt, die am Rande gezähnt sind und in kurze Borsten endigen; Pflanze mit am Stengel breit herablaufenden Blatträndern. Wegränder, Lägerstellen in warmen Lagen . . . . *Onopordum acanthium* **73**

7*. Blätter nicht stachelig; Hüllblätter meist nicht stachelig (wenn stachelig, dann Pappus nicht doppelt so lang wie die Frucht oder gar nicht vorhanden).

12. Äußere Hüllblätter ganzrandig, ohne Anhängsel oder Stachel, ganz trockenhäutig (*Staehelina*) oder mit dünnem trockenhäutigem Rand; Blüten nicht gelb.

13. Pflanzen am Grunde mit verholzten und verzweigten Stengeln (strauchartig); Pappus ca. 20 mm lang. Bergamasker Alpen . . . . *Staehelina dubia*

13*. Pflanzen am Grunde nicht verholzt (nicht strauchartig); Pappus bis 12 mm lang.

14. Pappus etwa doppelt so lang wie die Frucht, 2reihig, die innern Borsten federartig behaart; Blätter oft weißfilzig behaart . . . . *Saussurea* S. 476

14*. Pappus kaum doppelt so lang wie die Frucht, 2- oder mehrreihig, mit einfachen, höchstens rauhen Borsten; Blätter kahl oder zerstreut behaart.

15. Pappus dunkelpurpurn; alle Blätter bis auf den Mittelnerv fiederteilig, mit sehr schmal lanzettlichen Abschnitten; Hüllblätter mit kleinen, kugeligen Drüsen besetzt. Savoyen, Wallis, Aostatal . . . . *Crupina vulgaris* **74**

15*. Pappus hellbraun; grundständige Blätter ungeteilt; Hüllblätter ohne Drüsen . . . . *Serratula* S. 477

12*. Äußere Hüllblätter mit trockenhäutigem, gefranstem oder zerschlitztem Rand und Anhängsel oder in einen Stachel endend (bei *Centaurea alpina* [mit gelben Blüten] Hüllblätter nur schmal häutig berandet und die äußern ohne Anhängsel).

16. Pappus 5–7mal so lang wie die Frucht, mit federartig behaarten Borsten *Leuzea conifera* **75**

16*. Pappus höchstens 2–3mal so lang wie die Frucht, mit rauhen bis federartig behaarten Borsten oder nicht vorhanden.

17. Innere Pappusborsten länger als die Frucht; Hülle im Durchmesser 4–10 cm. Alpen . . . . *Stemmacantha rhapontica* **76**

17*. Pappusborsten meist bedeutend kürzer bis wenig länger als die Frucht oder nicht vorhanden; Hülle im Durchmesser nicht über 3 cm . . . . *Centaurea* S. 477

6*. Die einzelnen Blütenköpfe von stachelig gezähnten Stengelblättern eingehüllt; Blüten gelb oder orangerot. Arzneipflanzen, die selten verwildern.

18. Pappus aus kurzen Schuppen bestehend oder nicht vorhanden . . . . . . *Carthamus* S. 481

18*. Pappus aus 10 äußern, etwa 1 cm langen und 10 innern Borsten bestehend *Cnicus benedictus*

1 *. Boden des Blütenkopfes ohne Spreublätter oder mit lanzettlichen, 1–6mal so langen wie breiten höchstens an der Spitze borstenförmigen Spreublättern, kahl oder behaart; randständige Blüten oft zungenförmig; Hüllblätter nie borstenförmig, entweder dachziegelartig oder in 1 oder 2 Reihen angeordnet, meist ohne Anhängsel und nur selten ganz trockenhäutig (*Helichrysum*, *Gnaphalium*); Pflanzen ohne Stacheln (nur bei *Xanthium* tragen die verwachsenen Hüllblätter Stacheln). (*Asteroideae*)

19. Durchmesser der Hülle 4–7 cm; Köpfe einzeln, sitzend oder kurz gestielt, ohne zungenförmige Blüten. Val d'Ossola (?) . . . . *Berardia subacaulis*

19*. Durchmesser der Hülle weniger als 4 cm oder mit Zungenblüten.

20. Köpfe 1geschlechtig, ♀und ♂ Köpfe deutlich verschieden, aber beide auf derselben Pflanze (Pflanzen 1häusig); ♀ Köpfe aus 1 oder 2 kronenlosen Blüten bestehend, die ♂ mehrblütig (Röhrenblüten); Hüllblätter der ♀ Köpfe verwachsen, oft stachelig, die Frucht einschließend.

21. Köpfe aufrecht; Hüllblätter der ♂ Köpfe frei; Früchte (mit der Hülle) 8–30 mm lang . . . . *Xanthium* S. 482

21*. Köpfe nickend; Hüllblätter der ♂ und ♀ Köpfe verwachsen; Früchte (mit der Hülle) 4–5 mm lang . . . . *Ambrosia* S. 482 **77**

20*. Alle Köpfe ± gleich aussehend; Köpfe im Innern meist mit ⚥ Blüten oder mit mehr als nur 2 ♀ Blüten; Hüllblätter nicht verwachsen.

22. Blätter gegenständig, meist radiär 3–5teilig; Blüten hellrot oder rosa (selten weiß) *Eupatorium cannabinum* **78**

22*. Blätter meist wechselständig, wenn gegenständig, dann innere Blüten gelb.

23. Köpfe mit nur röhrenförmigen, lila bis rosafarbigen Blüten; untere Stengelblätter 3eckig bis nierenförmig . . . . *Adenostyles* S. 482

23*. Köpfe mit gelben innern Blüten oder mit anders geformten (nicht 3eckigen bis nierenförmigen) Stengelblättern.

24. Stengelblätter schuppenförmig (selten mit einem blattartigen Anhängsel); grundständige Blätter 3eckig, rundlich, herz- oder nierenförmig.

25. Blüten gelblichweiß, rötlich oder lila, meist alle röhrenförmig.

26. Köpfe einzeln, am Ende des Stengels. Gebirge . . . . *Homogyne alpina* **79**

26*. Köpfe am Ende des Stengels in kurzen, dichten Trauben, seltener Rispen *Petasites* S. 483

25*. Blüten gelb, die äußern zungenförmig. Lehmige, offene Böden . . . . . *Tussilago farfara* **80**

24*. Stengelblätter blattartig, grün oder grundständige Blätter nicht 3eckig, nicht rundlich, herz- oder nierenförmig, oder keine Stengelblätter vorhanden.

27. Blätter ungeteilt, ganzrandig, mindestens auf der Unterseite filzig behaart, kaum breiter als 1 cm (selten bei *Gnaphalium norvegicum* bis 2 cm breit); Köpfe klein (im Durchmesser höchstens 0,5 cm), ohne zungenförmige Blüten.

28. Alle Früchte von einem dicht filzig behaarten Hüllblatt umschlossen und mit diesem abfallend, fast kugelig, ohne Pappus. Trockene, warme Lagen *Micropus erectus* **81**

28*. Zumindest die innern Früchte nicht von einem Hüllblatt umgeben, zylindrisch bis eiförmig, mit borstenförmigem Pappus.

29. Pflanze nicht verholzt; die äußern Blüten der Köpfe ♀, oder alle Blüten im Kopf ⚥; zumindest die äußern Hüllblätter nur am Rande trockenhäutig und glänzend (fast vollständig trockenhäutig beim 1jährigen *Gnaphalium luteo-album*).

30. Pappus bei allen Blüten gleich, aus feinen, rauhen, an der Spitze nicht verbreiterten Borsten bestehend, oder Borsten bei den äußern Blüten nicht vorhanden, äußere Blüten ♀, innere ⚥; Köpfe 2–7 mm lang, in Ähren, Trauben oder Knäueln.

31. Hülle des Blütenkopfes 5kantig, prismatisch; innere Hüllblätter je eine randständige Blüte (oder Frucht) einhüllend; Köpfe knäuelig angeordnet; Pflanzen 1jährig . . . . *Filago* S. 483

31*. Hülle des Blütenkopfes halbkugelig oder zylindrisch; randständige Blüten nicht eingehüllt . . . . *Gnaphalium* S. 484

30*. Pappusborsten bei ♂ (⚥, aber ♀ unfruchtbaren) Blüten an der Spitze keulenförmig verdickt, oder nur ♀ Blüten in einem Kopf; Köpfe 5–9 mm lang, doldenartig angeordnet.

32. Blütenköpfe nicht von sternförmig ausgebreiteten, filzigen Blättern umgeben; Hüllblätter weiß bis rot.

a) Pflanze 5–25 cm hoch, mit grundständiger Blattrosette; Stengelblätter meist weniger als 5 cm lang . . . . *Antennaria* S. 485

b) Pflanze 30–100 cm hoch, nur mit 7–12 cm langen Stengelblättern. Verwildert. . . . . *Anaphalis margaritacea*

32*. Blütenköpfe alle miteinander von 5–15 sternförmig ausgebreiteten, weißfilzigen Blättern umgeben; Hüllblätter braun berandet; Pflanzen 1häusig. Alpen, Südjura . . . . *Leontopodium alpinum* **82**

29*. Pflanze im untern Teil verholzt; meist alle Blüten ⚥; Hüllblätter fast vollständig trockenhäutig, gelb glänzend . . . . *Helichrysum* S. 485 **83**

27*. Blätter geteilt oder gezähnt, wenn ganzrandig, dann auf der Unterseite nicht filzig behaart oder breiter als 1 cm.

33. Hüllblätter schmal lanzettlich, spitz, alle ± gleich lang, in 1–2 Reihen angeordnet zahlreich, seltener außen am Grunde der Hülle einzelne kleinere, schmal lanzettliche Blätter; Boden des Blütenkopfes ohne Spreublätter (aber manchmal behaart); zungenförmige Blüten gelb bis orangerot (nur bei *Senecio vulgaris* und *S. cacaliaster* keine zungenförmigen Blüten vorhanden).

34. Früchte verschiedenartig: die äußeren sichelförmig, auf dem Rücken mit zahlreichen Haken, die innern, wenn vollständig reif, eingerollt, mit Höckern; Pappus nicht vorhanden . . . . *Calendula* S. 485

34*. Früchte alle gleich, mit borstenförmigem Pappus.

35. Untere Stengelblätter gegenständig, die grundständigen in einer Rosette; Durchmesser der Köpfe 5–8 cm (mit den Zungenblüten!). . *Arnica montana* **84**

35*. Stengelblätter wechselständig.

36. Hülle halbkugelig; Boden des Blütenkopfes meist kurz behaart . *Doronicum* S. 485

36*. Hülle zylindrisch bis glockenförmig; Boden des Blütenkopfes kahl *Senecio* s.l. S. 486

33*. Hüllblätter entweder in mehr als zwei Reihen und dachziegelartig angeordnet, oder die äußeren Hüllblätter länger als die inneren, oder alle Hüllblätter stumpf,

oder der Blütenboden mit Spreublättern, oder Zungenblüten weiß.

37. Untere Blätter gegenständig oder, wenn wechselständig, die Röhrenblüten braun bis fast schwarz und die Blütenköpfe größer als 6 cm im Durchmesser (*Rudbeckia*).

38. Blätter ungeteilt; Köpfe bis 5 mm im Durchmesser; Frucht 1–1,5 mm lang; Pappus aus kleinen, häutigen, gefransten Schuppen bestehend (Früchte der zungenförmigen Blüten oft ohne Pappus . . . . *Galinsoga* S. 491

38*. Köpfe mehr als 8 mm im Durchmesser, wenn kleiner, dann Blätter geteilt; Frucht länger als 3 mm; Pappus aus wenigen Borsten bestehend oder nicht vorhanden.

39. Pappusborsten 2–4, mit nach rückwärts gerichteten, kurzen, rauhen Haaren besetzt; Köpfe ohne oder mit roten bis weißen oder gelben (aber dann nicht über 1,5 cm langen) Zungenblüten.

40. Zungenförmige Blüten gelb oder weiß, nicht über 1,5 cm lang oder nicht vorhanden; Frucht ohne Schnabel . . . . *Bidens* S. 491

40*. Zungenförmige Blüten rot, rosa oder weiß, 2–3 cm lang; Frucht mit dünnem Schnabel. Zierpflanze . . . . *Cosmos bipinnatus* **85**

39*. Pappusborsten nicht vorhanden oder ± glatt (ohne rückwärts gerichtete Haare, 10fache Vergrößerung!); Köpfe mit vielen meist gelben, 2–10 cm langen zungenförmigen Blüten und oft braunen bis fast schwarzen Röhrenblüten.

41. Boden des Blütenkopfes hoch gewölbt; zur Fruchtzeit meist kolbenförmig verlängert; Frucht ohne Pappus oder Pappus in der Form eines gezähnten Ringes. Verwildernde Zierpflanzen . . . . *Rudbeckia* S. 492 **86**

41*. Boden des Blütenkopfes flach bis wenig gewölbt; Frucht mit 2–4 leicht abfallenden Pappusborsten . . . . *Helianthus* S. 492

37*. Alle Blätter wechselständig oder keine Stengelblätter; Röhrenblüten gelb, weiß oder rötlich.

42. Blätter ungeteilt, aber oft gezähnt; innere Hüllblätter spitz oder, wenn stumpf, an der Spitze nicht trockenhäutig.

43. Früchte mit kurzem Schnabel; Köpfe von mehreren, ungleich großen Stengelblättern umhüllt, ohne Zungenblüten. Warme Lagen . . . *Carpesium cernuum* **87**

43*. Früchte ohne Schnabel; Köpfe nicht von Stengelblättern umhüllt, meist mit Zungenblüten.

44. Zungenförmige Blüten gelb oder rötlich (bei *Solidago* und ***Inula*** oft nicht länger als die röhrenförmigen); Staubbeutelhälften unten spitz (nur bei *Solidago* abgerundet).

45. Durchmesser der Hülle der blühenden Köpfe mehr als 5 mm; Staubbeutelhälften unten spitz; Pflanze mit 1 oder wenigen Blütenköpfen.

46. Boden des Blütenkopfes mit Spreublättern; Früchte mit einem kurzen, häutigen, gezähnten Ring als Pappus.

47. Hüllblätter deutlich kürzer als die randständigen, zungenförmigen Blüten, nicht sternförmig ausgebreitet; Pflanzen ausdauernd . . . . ***Buphthalmum*** s.l. S. 493

47*. Äußere Hüllblätter deutlich länger als die randständigen, zungenförmigen Blüten, sternförmig ausgebreitet; Pflanzen 1–2jährig. Bergamasker Alpen . . . . *Pallenis spinosa* **88**

46*. Boden des Blütenkopfes ohne Spreublätter; Pappus borstenförmig.

48. Pappus 1reihig, aus einfachen, rauhen Borsten bestehend ***Inula*** S. 493

48*. Pappus 2reihig, die äußere Reihe einen gezähnten, kleinen Ring bildend, die innere Reihe aus 5–20 rauhen Borsten bestehend . . . . ***Pulicaria*** S. 494 **89**

45*. Durchmesser der Hülle der blühenden Köpfe weniger als 5 mm; Staubbeutelhälften unten abgerundet; Pflanze mit zahlreichen Blütenköpfen . . . . *Solidago* S. 495

44*. Zungenförmige Blüten weiß, rosa, lila, violett oder blau (bei ***Aster Linosyris*** mit sehr schmal lanzettlichen Blättern nicht vorhanden); Staubbeutelhälften unten abgerundet.

49. Stengel beblättert.

50. Pappus aus 1–3 Reihen rauher, ± gleich langer Borsten bestehend; Hülle bis 1,5 cm lang, äußere Hüllblätter nicht wie kleine Stengelblätter.

51. Zungenförmige Blüten 2- oder mehrreihig, meist schmäler als 1 mm . . . . *Erigeron* s.l. S. 495

51*. Zungenförmige Blüten 1reihig, an frischem Material breiter als 1 mm . . . . *Aster* S. 497

50*. Pappus aus 1 Reihe rauher Borsten und 1 Reihe kürzerer, äußerer, verwachsener Borsten bestehend; Hülle 1,5–3 cm lang; äußere Hüllblätter wie kleine Stengelblätter. Zierpflanze *Callistephus chinensis*

49*. Stengel ohne Blätter, mit 1 Blütenkopf.

52. Früchte mit Pappus; Boden des Blütenkopfes wenig gewölbt, nicht hohl . . . . *Aster bellidiastrum* **90**

52*. Früchte ohne Pappus; Boden des Blütenkopfes kegelförmig, hohl . . . . *Bellis perennis* **91**

42*. Blätter geteilt, nur bei wenigen Arten ungeteilt, dort aber die innern Hüllblätter stumpf und mit breitem, trockenhäutigem Rand.

53. Boden des Blütenkopfes mit Spreublättern (bei *Anthemis Cotula* Spreublätter nur auf dem innersten [obersten] Teil des kegelförmigen Bodens).

54. Köpfe einzeln am Ende des Stengels oder der Zweige; Früchte 3–5kantig oder vielrippig, selten ohne Rippen oder diese nur undeutlich.

55. Köpfe mit zungenförmigen Blüten.

56. Spreublätter mit einer stachligen Spitze; innere Kronen am Grunde oft verdickt, ohne Sporn . . . . *Anthemis* S. 498

56*. Spreublätter ± stumpf, gefranst; innere Kronen am Grunde mit spornartigem Fortsatz auf der Innenseite. Selten *Ormenis nobilis* **92**

55*. Köpfe ohne zungenförmige Blüten. Zierpflanze . . . . . . *Santolina chamaecyparissus* **93**

54*. Köpfe in doldenartigen Trauben oder Rispen (nur bei *A. oxyloba* meist einzeln am Ende des Stengels) . . . . *Achillea* S. 499

53*. Boden des Blütenkopfes ohne Spreublätter.

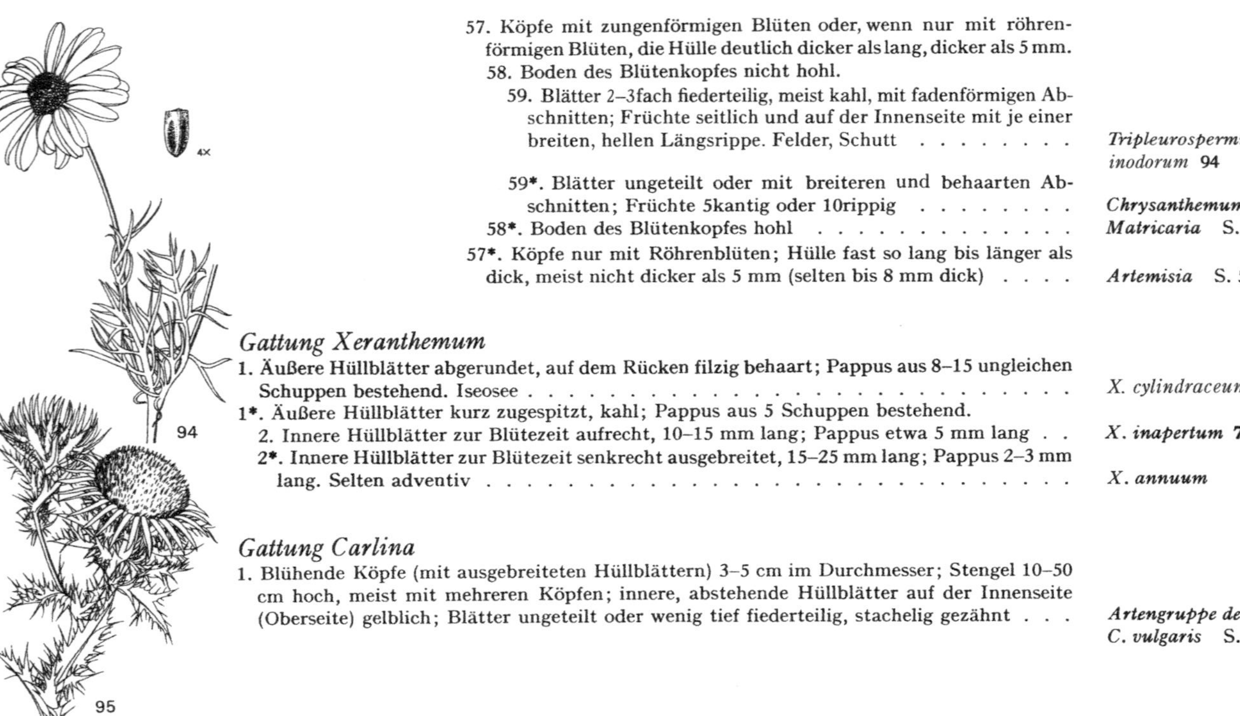

57. Köpfe mit zungenförmigen Blüten oder, wenn nur mit röhrenförmigen Blüten, die Hülle deutlich dicker als lang, dicker als 5 mm.
58. Boden des Blütenkopfes nicht hohl.
59. Blätter 2–3fach fiederteilig, meist kahl, mit fadenförmigen Abschnitten; Früchte seitlich und auf der Innenseite mit je einer breiten, hellen Längsrippe. Felder, Schutt . . . . *Tripleurospermum inodorum* **94**

59*. Blätter ungeteilt oder mit breiteren und behaarten Abschnitten; Früchte 5kantig oder 10rippig . . . . ***Chrysanthemum*** s.l. S. 501

58*. Boden des Blütenkopfes hohl . . . . ***Matricaria*** S. 504

57*. Köpfe nur mit Röhrenblüten; Hülle fast so lang bis länger als dick, meist nicht dicker als 5 mm (selten bis 8 mm dick) . . . . ***Artemisia*** S. 504

Gattung Xeranthemum

1. Äußere Hüllblätter abgerundet, auf dem Rücken filzig behaart; Pappus aus 8–15 ungleichen Schuppen bestehend. Iseosee . . . . *X. cylindraceum*

1*. Äußere Hüllblätter kurz zugespitzt, kahl; Pappus aus 5 Schuppen bestehend.

2. Innere Hüllblätter zur Blütezeit aufrecht, 10–15 mm lang; Pappus etwa 5 mm lang . . *X. **inapertum*** **71** S. 463

2*. Innere Hüllblätter zur Blütezeit senkrecht ausgebreitet, 15–25 mm lang; Pappus 2–3 mm lang. Selten adventiv . . . . *X. **annuum***

Gattung Carlina

1. Blühende Köpfe (mit ausgebreiteten Hüllblättern) 3–5 cm im Durchmesser; Stengel 10–50 cm hoch, meist mit mehreren Köpfen; innere, abstehende Hüllblätter auf der Innenseite (Oberseite) gelblich; Blätter ungeteilt oder wenig tief fiederteilig, stachelig gezähnt . . . ***Artengruppe der*** *C. vulgaris* S. 472 **95**

96

1*. Blühende Köpfe (mit ausgebreiteten Hüllblättern) 5–15 cm im Durchmesser; Stengel meist sehr kurz und nur mit 1 Kopf (selten bis 40 cm hoch); innere, abstehende Hüllblätter auf der Innenseite (Oberseite) gelblich, weiß oder rosa; Blätter bis über die Mitte gegen den Mittelnerv fiederteilig.

2. Innere, abstehende Hüllblätter auf der Innenseite (Oberseite) gelblich; Blätter nur bis wenig über die Mitte fiederteilig; Pappus 20–25 mm lang. Dép. Ain, Savoyen, Aostatal — *C. acanthifolia*

2*. Innere, abstehende Hüllblätter auf der Innenseite (Oberseite) weiß oder rosa; Blätter bis ganz oder nahe an den Mittelnerv fiederteilig; Pappus 10–15 mm lang . . . . . . *Artengruppe der C. acaulis* S. 472

Artengruppe der Carlina vulgaris

1. Obere Stengelblätter flach, weichstachelig gezähnt, 4–8mal so lang wie breit, mit Nerven, die dem Blattrand parallel verlaufen; Blätter unter dem Blütenkopf meist 2–3,5 cm lang, die innern Hüllblätter überragend. Trockene, grasige Hänge . . . . *C. biebersteinii*

1*. Obere Stengelblätter mit teilweise (von der Blattfläche) abstehenden, mindestens im untern Blatteil stechenden Stacheln, 2–4mal so lang wie breit, mit Nerven, die wenigstens im untern Teil in die Blattzähne verlaufen; Blätter unter dem Blütenkopf meist 1–2 cm lang, die innern Hüllblätter nicht überragend.

2. Obere Stengelblätter unterseits dicht filzig behaart (weiß), nur im untern Blatteil mit abstehenden, stechenden Stacheln; Pflanze 30–70 cm hoch . . . . *C. intermedia*

2*. Obere Stengelblätter unterseits zerstreut filzig behaart (graugrün), auch gegen die Blattspitze zu mit stechenden, abstehenden Stacheln; Pflanze 10–30 cm hoch . . . . *C. vulgaris* **95** S. 471

Artengruppe der Carlina acaulis

1. Blätter wellig (nicht in einer Ebene), bis auf den Mittelnerv geteilt, mit nochmals bis weit über die Mitte der Hälfte geteilten Abschnitten; Endzipfel der mittleren Abschnitte 1. Ordnung in eine lange stachelige Spitze auslaufend, am Grunde 2–6 mm breit. Weiden . . . *C. simplex* **96**

1*. Blätter ± flach, nicht bis auf den Mittelnerv geteilt, mit kaum bis über die Mitte der Hälfte geteilten Abschnitten; Endzipfel der mittleren Abschnitte 1. Ordnung plötzlich in die wenig stachlige kurze Spitze verschmälert, am Grunde 6–15 mm breit. Allgäu . . . . *C. acaulis*

Gattung Arctium

1. Hülle dicht spinnwebig behaart; innerste Hüllblätter am Ende plötzlich in einen geraden Stachel verschmälert; Köpfe in einer doldenartigen Rispe, 1,5–3 cm dick. Schuttplätze . . . *A. tomentosum* **97**

1*. Hülle zerstreut oder kaum spinnwebig behaart, innerste Hüllblätter allmählich in einen geraden oder gekrümmten Stachel verschmälert; Köpfe in einer gewöhnlichen Traube oder Rispe oder, wenn doldenartig angeordnet, dicker als 3 cm.

2. Blühende Köpfe meist in einer nicht doldenartigen Traube oder Rispe; Blattstiel rinnig und hohl.

3. Blühende Köpfe 1,5–2,5 cm dick; Früchte 5–6 mm lang; Hüllblätter an der Basis des zurückgebogenen Teiles höchstens 0,5 mm breit. Schuttplätze . . . . *A. minus* **98**

3*. Blühende Köpfe 3–4,5 cm dick; Früchte 7–11 mm lang; Hüllblätter an der Basis des zurückgebogenen Teiles 0,5–1 mm breit. Feuchte Wälder . . . . *A. nemorosum*

2*. Blühende Köpfe in einer meist doldenartigen Rispe; Blattstiel rinnig, mit Mark ausgefüllt (nicht hohl). Schuttplätze . . . . *A. lappa*

Gattung Cirsium

1. Blätter auf der Oberseite fein stachelig behaart und deshalb rauh; Hülle der blühenden Köpfe 3–7 cm lang; Hüllblätter mit abstehendem, kräftigem, stechendem Stachel.

2. Stengelblätter am Stengel nicht herablaufend.

a) Hülle dicht und weiss spinnwebig behaart . . . . *C. eriophorum*

b) Hülle kahl oder kaum spinnwebig behaart . . . . *C. spathulatum*

2*. Stengelblätter am Stengel herablaufend; Hülle nur zerstreut spinnwebig behaart . . *C. vulgare* **99**

1*. Blätter auf der Oberseite mit mehrzelligen Haaren oder kahl, kaum rauh; Hülle der blühenden Köpfe höchstens 3 cm lang; Hüllblätter mit meist nur wenig stechenden, anliegenden oder wenig abstehenden Stacheln.

3. Kronen lila; Pappus der reifen Früchte 2–3 cm lang; trichterförmiger oberer Teil der Krone bis fast zum Grunde gleichmäßig geteilt. Äcker, Schuttplätze . . . . *C. arvense* **1**

3*. Kronen purpurn oder hellgelb (selten hellrosa); Pappus der reifen Frühte 0,7–2 cm lang (bei *C. acaule* 2–3 cm lang); trichterförmiger oberer Teil der Krone höchstens bis zur Hälfte und ungleich geteilt.

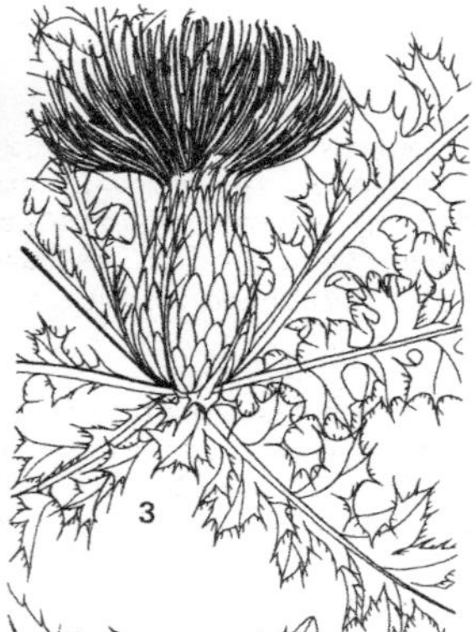

3

4

4. Stengel fast in der ganzen Länge mit herablaufenden, stachligen Blatträndern; Köpfe doldenartig angeordnet; Kronen 1–1,5 cm lang. Sümpfe . . . . *C. palustre* S. 473 **2**

4*. Stengel ohne oder nur teilweise mit herablaufenden Blatträndern und dann die Köpfe einzeln; Kronen meist länger als 1,5 cm.

5. Kronen purpurn (selten weiß).

6. Blätter auf der Unterseite dicht und weißfilzig behaart. Alpen . . . . *C. helenioides*

6*. Blätter auf der Unterseite zerstreut behaart oder zerstreut graufilzig.

7. Blätter ungeteilt bis fiederteilig, fein stachelig gezähnt, mindestens die untern teilweise am Stengel herablaufend.

a) Blätter ungeteilt bis fiederteilig, grob gezähnt, mit 1–5 mm langen Stacheln . . . *C. canum*

b) Blätter immer ungeteilt, ganzrandig oder fein gezähnt, kaum stachlig.

8. Blätter fein stachelig bewimpert (Wimpern kürzer als 2 mm). Südostalpen *C. pannonicum*

8*. Blätter lang borstig bewimpert (Wimpern bis 1 cm lang). Savoyen . . . . *C. monspessulanum*

7*. Blätter fiederteilig, nicht herablaufend.

9. Stengel sehr kurz; Blütenkopf meist in der grundständigen Blattrosette fast sitzend (selten der beblätterte Stengel bis 30 cm hoch). Magere Weiden *C. acaule* **3**

9*. Stengel über 30 cm hoch.

10. Stengel in der obern Hälfte nur mit kleinen Blättern (Stengel zwischen 2 Blättern mindestens 4mal so lang wie das entsprechende Blatt).

11. Wurzeln spindelförmig verdickt; Blattabschnitte meist 2- bis mehrteilig oder grob gezähnt; Köpfe einzeln. Wechselfeuchte Böden . . . . . . *C. tuberosum*

11*. Wurzeln dünn; Blattabschnitte meist ungeteilt; Köpfe zu 2–4 . . . *C. rivulare*

10*. Stengel in der obern Hälfte mit ziemlich großen Blättern (Stengel zwischen 2 Blättern kürzer oder nur wenig länger als das Blatt. Südliche Alpen *C. montanum*

5*. Kronen hellgelb (selten rötlich überlaufen).

12. Köpfe nicht von Blättern umgeben, nickend; Hüllblätter klebrig . . . . . . *C. erisithales*

12*. Köpfe von Blättern umgeben, aufrecht; Hüllblätter nicht klebrig.

13. Blätter weich, kaum stechend; Köpfe in breit ovale, ungeteilte Blätter gehüllt *C. oleraceum* **4**

13*. Blätter steif, stechend; Köpfe in stechende, im Umriß lanzettliche, fiederteilige Blätter gehüllt. Alpen . . . . *C. spinosissimum*

5

6

7

Gattung Carduus

1. Blütenköpfe doppelt so lang wie dick, zur Fruchtzeit als Ganzes abfallend; oberer Teil der Krone regelmäßig 5teilig.
  2. Köpfe zu 1–4 am Ende der Zweige; Früchte 4–6 mm lang; Kronen 1,5–2 cm lang. Süden — *C. pycnocephalus*
  2*. Köpfe zu 3–8 am Ende der Zweige; Früchte 3–4 mm lang; Kronen 0,9–1,3 cm lang . . — *C. tenuiflorus* **5**

1*. Blütenköpfe ungefähr so lang wie dick (selten wenig länger oder wenig kürzer), nicht abfallend; oberer Teil der Krone unregelmäßig 5teilig (2lippig).
  3. Blühende Köpfe 3–8 cm dick, äußere Hüllblätter breiter als 2 mm . . . . — *Artengruppe des C. nutans* S. 475
  3*. Blühende Köpfe bis 3 cm dick; äußere Hüllblätter 1–2 mm breit.
    4. Oberer Teil des Stengels ohne Stacheln (stachelloser Teil 2–20mal so lang wie der Blütenkopf); Pflanze ausdauernd, mit Rhizom; Blütenköpfe einzeln . . . . — *Artengruppe des C. defloratus* S. 476
    4*. Stengel bis fast unter den Blütenkopf mit Stacheln; Pflanze 2jährig, mit Pfahlwurzel, wenn ausdauernd und mit Rhizom, dann die Blütenköpfe knäuelig gehäuft.
      5. Äußere Hüllblätter etwa halb so lang wie die innersten; Stengelblätter meist bis über die Mitte der Blatthälfte fiederteilig; Pflanze 2jährig.
        6. Blühende Köpfe einzeln, 2,5–3 cm dick; Früchte 4–5 mm lang. Aostatal (?) — *C. nigrescens*
        6*. Blühende Köpfe einzeln oder zu 2–5 am Ende der Zweige gehäuft, weniger als 2,5 cm dick; Früchte 2,5–4 mm lang.
          7. Längste Stacheln über 5 mm lang, stechend; Blätter höchstens mit vereinzelten mehrzelligen Haaren. Eingeschleppt . . . . — *C. acanthoides*
          7*. Stacheln kürzer als 4 mm, kaum stechend; Blätter unterseits meist filzig behaart. Nährstoffreiche Böden . . . . — *C. crispus* **6**
      5*. Äußere Hüllblätter mindestens 2/3 so lang wie die innersten; obere Stengelblätter ungeteilt; Pflanze ausdauernd, mit dickem Rhizom. Nährstoffreiche Böden . . . — *C. personata* **7**

Artengruppe des Carduus nutans

1. Köpfe 5–8 cm dick; äußere Hüllblätter mit 3–5 mm breitem Grund und abgesetztem, 5–8 mm breitem Endteil. Adventiv . . . . — *C. macrolepis*

1*. Köpfe 3–5 cm dick; äußere Hüllblätter am Grunde 2–4 mm breit, mit 2–3 mm breitem Endteil oder allmählich verschmälert.

2. Äußere Hüllblätter mit durch eine Verschmälerung abgesetztem 2–3 mm breitem Endteil; längere Stacheln der Blätter 4–6 mm lang. Warme Lagen . . . . *C. nutans* **8**

2*. Äußere Hüllblätter allmählich in den kaum abgesetzten Endteil verschmälert; Stacheln der Blätter kaum über 3 mm lang. Zentral- und Südalpen . . . . *C. platylepis*

Artengruppe des Carduus defloratus

1. Blätter ± flach, ungeteilt oder bis höchstens zur Mitte gegen den Mittelnerv fiederteilig, mit 1–3 mm langen, wenig stechenden Stacheln; stachelloser oberer Stengelteil meist mehr als 5mal so lang wie der Blütenkopf.

2. Stengel in der Mitte 4–8 mm dick; Blätter beiderseits auffällig blaugrün, fleischig, ungeteilt, die mittleren 3–5mal so lang wie breit, mit mindestens 5 mm breitem Rand am Stengel herablaufend. Südalpen . . . . *C. crassifolius*

2*. Stengel in der Mitte 2–4 mm dick; Blätter grün oder oberseits blaugrün, dünn und biegsam, ungeteilt oder wenig tief fiederteilig, die mittleren 4–8mal so lang wie breit, mit meist nur 2–5 mm breitem Rand am Stengel herablaufend. Kalkhaltige Böden . . . . *C. defloratus* **9**

1*. Blätter nicht flach (wellig, mit allseitig gerichteten Stacheln), bis über die Mitte gegen den Mittelnerv fiederteilig, mit bis 5 mm langen, stechenden Stacheln; stachelloser oberer Stengelteil nur 2–5mal so lang wie der Blütenkopf. Südliche Alpen . . . . *C. carlinaefolius*

Gattung Saussurea

1. Untere Blätter am Grunde herzförmig (selten gestutzt), unregelmäßig gezähnt, unterseits dicht weißfilzig. Kalkreiche Böden in den Alpen . . . . *S. discolor* **10**

1*. Untere Blätter am Grunde abgerundet oder in den Stiel verschmälert, ganzrandig oder mit wenigen kleinen Zähnen, unterseits graufilzig.

2. Spreite der untern Blätter 2–3mal so lang wie breit; Stengel 2–10 cm hoch; dick (3–5 mm im Durchmesser). Westliche Alpen . . . . *S. depressa*

2*. Spreite der untern Blätter 3–6mal so lang wie breit; Stengel bis 40 cm hoch, dünn (nur bei kräftigen Pflanzen über 3 mm im Durchmesser). Alpen . . . . *S. alpina* **11**

Gattung Serratula

1. Stengel 1köpfig, nur in der untern Hälfte beblättert; innere Hüllblätter mit trockenhäutigem, lanzettlichem Anhängsel. Savoyen . . . . *S. nudicaulis*

1*. Stengel mehrköpfig, bis unter die Köpfe beblättert; alle Hüllblätter ohne Anhängsel.

2. Köpfe zahlreich, in einer doldenartigen Rispe; äußere Hüllblätter 1,5–1,8 mm breit . . *S. tinctoria* **12**

2*. Köpfe meist nicht über 5 je Stengel, kopfig genähert; äußere Hüllblätter 2–2,5 mm breit *S. macrocephala*

Gattung Centaurea

1. Äußere Hüllblätter stumpf, schmal häutig berandet, ohne deutliches Anhängsel; Kronen hellgelb. Domodossola (?) . . . . *C. alpina*

1*. Äußere Hüllblätter mit deutlichem trockenhäutigem Anhängsel oder in einen radiär geteilten Stachel endend.

2. Hüllblätter mit trockenhäutigem, ungeteiltem oder gefranstem Anhängsel, das bisweilen in eine kurze, einfache, stachlige Spitze endet.

3. Äußere Kronen der Köpfe blau oder blauviolett (sehr selten purpurn oder weiß); Früchte an der Anwachsungsstelle mit einem Haarbüschel; Borsten der Spreublätter mit verzweigter Spitze (12fache Vergrößerung).

4. Stengel 1–3köpfig; obere Stengelblätter am Stengel meist herablaufend; Hülle der blühenden Köpfe 1,5–2,5 cm lang; Früchte 4,5–5,5 mm lang; Pflanze ausdauernd . . . *Artengruppe der C. montana* S. 479

4*. Stengel meist mehrfach verzweigt; Blätter nicht am Stengel herablaufend; Hülle der blühenden Köpfe 1–1,5 cm lang; Früchte ca. 3,5 mm lang; Pflanze 1–2jährig . *C. cyanus* **13**

3*. Alle Kronen rotviolett, rosa, weiß oder gelb; Früchte zerstreut behaart, aber ohne Haarbüschel an der Anwachsungsstelle (Ausnahme *C. collina* mit gelben Kronen); Borsten der Spreublätter mit einfacher Spitze.

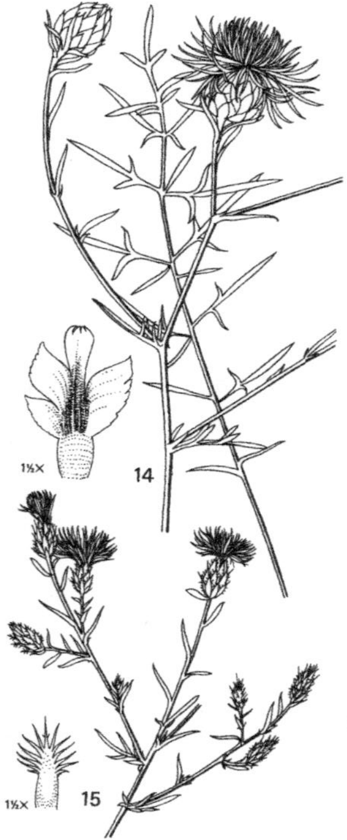

5. Hüllblätter 3–7 mm breit; Anhängsel der äußern Hüllblätter bis über die Mitte am Hüllblattrand herablaufend; Pappus 2–7 mm lang.

6. Kronen gelb; Pappus an reifen Früchten rot, bis 7 mm lang. Zierpflanze . . . *C. collina*

6*. Kronen purpurn, selten rosa oder weiß; Pappus graubraun, 2–5 mm lang . . *Artengruppe der C. scabiosa* S. 479

5*. Hüllblätter 1–3 mm breit; Anhängsel an den Rändern der äußern Hüllblätter nicht oder nur ganz wenig herablaufend; Pappus 0–3 mm lang.

7. Untere Blätter ungeteilt oder einfach fiederteilig, aber nicht bis zum Mittelnerv geteilt; Hülle der Köpfe zusammen mit den Anhängseln 1,2–2,5 cm lang.

8. Anhängsel der Hüllblätter federförmig, 0,5–2 cm lang, zurückgebogen . . . *Artengruppe der C. nervosa* S. 480

8*. Anhängsel der äußern Hüllblätter im Umriß rundlich oder 3eckig, ganzrandig, eingerissen oder gefranst, bis 0,7 cm lang, anliegend oder abstehend, aber nicht zurückgebogen . . . . *Artengruppe der C. jacea* S. 480

7*. Untere Blätter bis zum Mittelnerv 1–2fach fiederteilig; Hülle der Köpfe (mit den Anhängseln) 0,8–1,5 cm lang.

9. Anhängsel ganzrandig oder eingerissen, glänzend, weiß, mit gelblichem bis braunem Mittelstück, die grünen Teile der innern Hüllblätter völlig deckend *C. splendens* **14**

9*. Anhängsel jederseits mit 2–10 Fransen, die grünen Teile der innern Hüllblätter nicht völlig deckend.

10. Kronen lila bis blaßrosa; Anhängsel mit höchstens 2 mm langer, stachliger Spitze oder Anhängsel nicht stachelig . . . . *Artengruppe der C. paniculata* S. 481

10*. Kronen hellgelb, selten rosa; Anhängsel mit 2–4 mm langer stachliger Spitze. Eingeschleppt . . . . *C. diffusa* **15**

2*. Äußere Hüllblätter in einen radiär geteilten Stachel endigend.

11. Mittlerer Stachel der äußern Hüllblätter kaum länger als die seitlichen, etwa 2 mm lang. Dép. Ain . . . . *C. aspera*

11*. Mittlerer Stachel der äußern Hüllblätter bedeutend länger als die seitlichen, bis 2 cm lang.

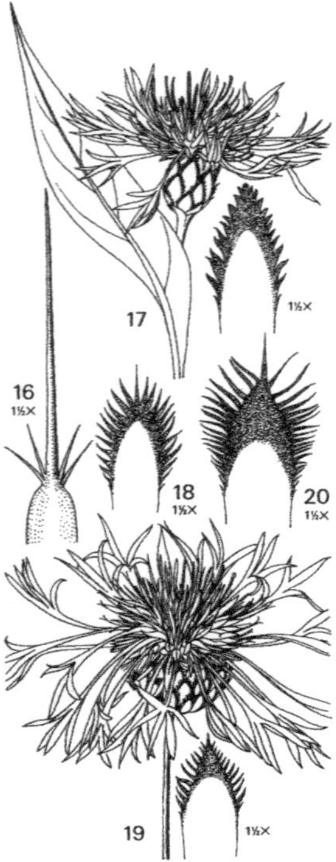

12. Kronen gelb, nicht drüsig punktiert; obere Blätter am Stengel herablaufend . . . *C. solstitialis* **16**
12*. Kronen hellpurpurn, drüsig punktiert; Blätter am Stengel nicht herablaufend . . *C. calcitrapa*

Artengruppe der Centaurea montana

1. Fransen der mittleren Hüllblätter unregelmäßig, jederseits 5–9, schwarz, kaum so lang wie die Breite des schwarzen ungeteilten Hüllblattrandes; Blätter und Stengel mit weißfilziger Behaarung und mit mehrzelligen Haaren. Lichte Wälder, Bergfettmatten . . . . *C. montana* **17**
1*. Fransen der mittleren Hüllblätter regelmäßig, jederseits 9–15, dunkelbraun oder bleich, länger als die Breite des ungeteilten Hüllblattrandes; Blätter und Stengel nur mit weißfilziger Behaarung (ohne mehrzellige Haare).
2. Blätter am Stengel deutlich herablaufend; Fransen der mittleren Hüllblätter kaum länger als 2 mm. Zentral- und Südalpen . . . . *C. triumfettii* **18**
2*. Blätter am Stengel kaum herablaufend; Fransen der mittleren Hüllblätter 2–4 mm lang *C. seusana*

Artengruppe der Centaurea scabiosa

1. Anhängsel der Hüllblätter 1–5 mm lang, jederseits mit 5–15 Fransen, die grünen Hüllblätter nicht verdeckend (der Kopf deshalb grün und schwarz gescheckt).
2. Ungeteiltes Mittelstück des Hüllblattanhängsels (von der Spitze des grünen Teiles bis zur Basis der Endfranse) 1–2$^{1}/_{2}$mal so lang wie breit; Blattabschnitte schmal lanzettlich, mit verdickten Rändern. Warme Lagen . . . . *C. grinensis*
2*. Ungeteiltes Mittelstück des Hüllblattanhängsels $^{2}/_{3}$–1mal so lang wie breit; Blattabschnitte oval bis schmal lanzettlich, mit flachen Rändern . . . . *C. scabiosa* **19**
1*. Anhängsel der Hüllblätter 5–7 mm lang, jederseits mit 15–25 Fransen, den grünen Teil der Hüllblätter völlig verdeckend (der Kopf deshalb schwarz). Vorwiegend subalpin. . . . . *C. alpestris* **20**

16 1½×
17 1½×
18 1½×
20 1½×
19 1½×

21

1½×

22

23 1½×

Artengruppe der Centaurea nervosa

1. Pflanze mit mehrzelligen Haaren (diese gelegentlich verdeckt durch die weißfilzige Behaarung); Blätter und Stengel rauh; Blütenkopfhülle etwa so lang wie dick; die grünen Hüllblätter von den Anhängseln meist verdeckt.
   2. Stengel meist mit mehreren Blütenköpfen; Blätter oval, die mittleren und oberen 2–4mal so lang wie breit; Spitze der Anhängsel dunkelbraun oder schwarz. Subalpin; Osten . . *C. pseudophrygia*
   2*. Stengel mit 1 Blütenkopf; Blätter lanzettlich, die obern 4–8mal so lang wie breit; Spitze der Anhängsel meist hellbraun.
      3. Pflanze dicht weißfilzig behaart; Blätter meist schmäler als 1 cm, ganzrandig oder entfernt und fein gezähnt; Pappusborsten 0,5–1 mm lang. Savoyen, Aostatal, Valsesia *C. uniflora*
      3*. Pflanze ohne weißfilzige Behaarung, aber mit mehrzelligen Haaren(deshalb bisweilen grau); Blätter bis 2,5 cm breit, entfernt fein bis buchtig gezähnt; Pappusborsten 1,5 bis 3 mm lang. Alpen . . . . *C. nervosa* **21**

1*. Pflanze ohne mehrzellige Haare, zerstreut weißfilzig behaart oder fast kahl; Blätter und Stengel kaum rauh; Blütenkopfhülle länger als dick, die grünen Hüllblätter von den Anhängseln nicht völlig verdeckt. Südöstliche Alpen . . . . *C. rhaetica*

Artengruppe der Centaurea jacea

1. Früchte mit dunklen, ca. 0,5 mm langen Pappusborsten; Blütenköpfe meist ohne vergrößerte Randblüten; Anhängsel der mittleren Hüllblätter schwarz, kammförmig gefranst; Fransen mindestens doppelt so lang wie die Basis des schmal 3eckigen Mittelstückes . . *C. nemoralis* **22**

1*. Früchte ohne Pappus; Blütenköpfe meist mit vergrößerten Randblüten; Anhängsel der mittleren Hüllblätter ungeteilt, eingerissen oder gefranst; Fransen kürzer oder nur wenig länger als die Basis des breit 3eckigen Mittelstückes.
   2. Anhängsel der mittleren Hüllblätter schwarz, regelmäßig gefranst, 1–3 mm lang und die innern grünen Hüllblätter nicht verdeckend. Südalpen, selten Zentralalpen . . . . . . *C. nigrescens* 23
   2*. Anhängsel der mittleren Hüllblätter ungeteilt oder unregelmäßig eingerissen, weiß bis dunkelbraun, mehr als 2 mm lang und die innern grünen Hüllblätter verdeckend.

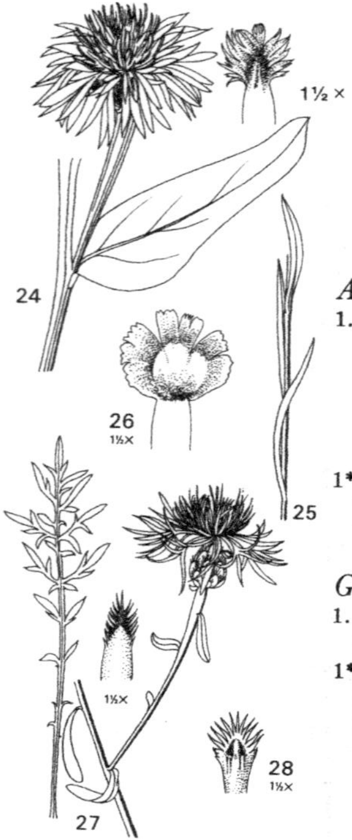

3. Anhängsel der mittleren Hüllblätter hell- bis dunkelbraun, weniger als 5 mm lang, meist mehrfach und unregelmäßig eingerissen.
   4. Obere Stengelblätter lanzettlich, höchstens 7mal so lang wie breit; Hülle etwa so lang wie dick. Wiesen, Schuttplätze . . . . . *C. jacea* **24**
   4*. Obere Stengelblätter schmal lanzettlich, mindestens 8mal so lang wie breit; Hülle länger als dick. Magere Wiesen . . . . . *C. angustifolia* **25**

3*. Anhängsel der mittleren Hüllblätter hellbraun bis weiß, meist über 5 mm lang, ganzrandig oder wenige Male eingerissen. Alpensüdseite . . . . . *C. bracteata* **26**

Artengruppe der Centaurea paniculata

1. Spitze des Anhängsels nicht stachelig, etwa so breit wie die seitlichen Fransen; Hülle der blühenden Köpfe 1–1,5 cm lang und 0,7–1,2 cm dick.
   2. Anhängsel (wenigstens das Mittelstück) dunkelbraun oder schwarz, jederseits mit 6–10 freien Fransen, die untersten Fransen höchstens bis zu $^1/_3$ miteinander verwachsen . . *C. stoebe* **27**
   2*. Anhängsel weißlich bis hellbraun, jederseits mit 2–6 freien Fransen, zuunterst mit wenigen, bis über die Mitte miteinander verwachsenen Fransen. Warme Täler der SW-Alpen *C. valesiaca* **28**

1*. Spitze des Anhängsels stachelig, doppelt so breit wie die seitlichen Fransen; Hülle der blühenden Köpfe 0,8–1 cm lang und 0,5–0,7 cm dick. Savoyen . . . . . *C. paniculata*

Gattung Carthamus

1. Stengel kahl; Blätter ungeteilt, fein stachelig gezähnt oder fast ganzrandig; Früchte meist ohne Pappus. Kulturpflanze . . . . . *C. tinctorius*

1*. Stengel behaart (mit mehrzelligen drüsenlosen Haaren und Drüsenhaaren, anfänglich auch spinnwebig behaart); Blätter buchtig und stachelig gezähnt oder bis über die Hälfte fiederteilig; Pappus aus mehreren Reihen von Schuppen bestehend. Südwesten . . . . . *C. lanatus*

24 1½ × 25 26 1½× 27 1½× 28 1½×

29

30

Gattung Xanthium

1. Stengel unter jedem Blattstiel mit 15–25 mm langem, 3teiligem, gelbem Stachel; Blätter oberseits grün, unterseits weiß. Schuttplätze . . . . *X. spinosum*

1*. Stengel ohne Stacheln; Blätter unterseits blaßgrün.

2. Fruchtköpfe (Früchte mit Hülle) 12–18 mm lang, mit 2–3 mm langen Stacheln besetzt *X. strumarium*

2*. Fruchtköpfe 17–30 mm lang, mit 3–6 mm langen Stacheln besetzt.

3. Stengel mit kleinen, braunen Flecken; Stacheln der Fruchtköpfe mit mehr drüsenlosen als drüsigen Haaren. Alpensüdfuß . . . . *X. italicum* **29**

3*. Stengel ohne Flecken, Stacheln der Fruchtköpfe mit mehr drüsigen als drüsenlosen Haaren. Elsaß . . . . *X. orientale*

Gattung Ambrosia

1. 1jährig, mit Pfahlwurzel; Blattabschnitte der größern Blätter nochmals fiederteilig oder gezähnt; Hülle der ♂ Köpfe zerstreut behaart bis fast kahl. Äcker, Schuttplätze . . . . *A. artemisiifolia* **77** S. 465

1*. Ausdauernd, mit kriechenden Wurzeln, die Sprosse bilden; Blattabschnitte der Blätter ganzrandig oder nur mit einzelnen Zähnen; Hülle der ♂ Köpfe dicht behaart. Schuttplätze *A. psilostachya*

Gattung Adenostyles

1. Blütenköpfe 12–24blütig; Hüllblätter filzig behaart. Zentral- und Südalpen . . . . . . *A. leucophylla*

1*. Blütenköpfe 3–6blütig; Hüllblätter nur an der Spitze bewimpert, sonst kahl.

2. Stengelblätter alle gestielt, am Grunde weder verbreitert noch mit Zipfeln den Stengel umfassend; Blätter ziemlich regelmäßig gezähnt (Zähne meist breiter als lang). Steinige, kalkreiche Böden . . . . *A. alpina* **30**

2*. Oberste Stengelblätter mit verbreitertem Grunde sitzend oder, wenn gestielt, am Grunde mit 2 breiten Zipfeln den Stengel umfassend; Blätter unregelmäßig gezähnt (Zähne länger als breit). Hochstaudenfluren . . . . *A. alliariae*

Gattung Petasites

1. Die untern der schuppenförmigen Stengelblätter mit blattartigem Anhängsel; Randblüten kurz zungenförmig; höchstens 10 Köpfe je Stengel. Zierpflanze, selten verwildert . . . . *P. pyrenaicus*

1*. Schuppenförmige Stengelblätter ohne Anhängsel; Köpfe ohne zungenförmige Randblüten, meist mehr als 10 je Stengel.

2. Ausgewachsene, grundständige Blätter unterseits nur auf den Nerven filzig behaart; Rhizom knollig verdickt; Hüllblätter ohne Drüsenhaare; Stengelblätter lanzettlich (größte Breite am Grunde). Ufer . . . . *P. hybridus* **31**

2*. Ausgewachsene, grundständige Blätter unterseits dicht grau- oder weißfilzig; Rhizom nicht knollig verdickt; Hüllblätter drüsig behaart; Stengelblätter oval bis lanzettlich (größte Breite oberhalb der Anwachsungsstelle).

3. Ausgewachsene, grundständige Blätter rundlich bis nierenförmig, unterseits graufilzig, mit fast kahlen Nerven; Stengel- und Hüllblätter bleichgrün; Krone gelblichweiß . . *P. albus* **32**

3*. Ausgewachsene, grundständige Blätter 3eckig bis oval, so lang oder länger als breit; unterseits weißfilzig, mit weißfilzigen Nerven; Stengelblätter rotbraun bis violett, Hüllblätter rosa überlaufen; Krone rötlich. Kalkreiche Schuttböden . . . . *P. paradoxus*

Gattung Filago

1. Knäuel der Blütenköpfe von den nächst unter ihnen stehenden Stengelblättern weit (um mindestens die doppelte Länge der Knäuel) überragt; auch die größten Blätter kaum länger als 2 cm und kaum breiter als 0,1 cm, 12–20mal so lang wie breit. Brachen, selten. . . . *F. gallica*

1*. Knäuel der Blütenköpfe von den nächst unter ihnen stehenden Stengelblättern nicht oder nur wenig überragt; größte Blätter meist breiter als 0,1 cm und oft länger als 2 cm, höchstens 12mal so lang wie breit.

2. Hüllblätter meist 15–20, stumpf oder kurz zugespitzt, zur Fruchtzeit sternförmig ausgebreitet; Köpfe zu 3–7 in Knäueln.

3. Blätter meist 0,5–1 cm lang und 0,08 –0,2 cm breit; innere Hüllblätter kahl, gelblich *F. minima* **33**

3*. Blätter meist 1–2 cm lang und 0,2–0,3 cm breit; innere Hüllblätter filzig behaart, mit trockenhäutigem, weißem oder bräunlichem Rand. Felder, Trockenrasen . . . . *F. arvensis*

31

32

33

34 35 36 37

2*. Hüllblätter meist 20–25, grannenartig zugespitzt, zur Fruchtzeit aufrecht; Köpfe zu 8–40 in Knäueln . . . . *Artengruppe der F. vulgaris* S. 484

Artengruppe der Filago vulgaris

1\. Blätter am Rande oft wellig, die größeren kaum über 0,3 cm breit; Blütenköpfe zu 20–40, von den nächst unter ihnen stehenden Stengelblättern kaum überragt. Felder, Plätze *F. vulgaris* **34**

1*. Blätter kaum wellig, die größeren 0,2–0,6 cm breit; Blütenköpfe zu 8–25, von den nächst unter ihnen stehenden Stengelblättern wenig überragt.

- 2\. Behaarung weiß; Hüllblattspitzen gelblich. Westen und Süden . . . . *F. pyramidata*
- 2*. Behaarung gelblich; Hüllblattspitzen purpurn. Westen und Süden . . . . *F. lutescens*

Gattung Gnaphalium

1\. Köpfe am Ende der Zweige knäuelig gehäuft; Pflanze 1jährig; Früchte mit kurzen, kegelförmigen Haaren oder kahl.

- 2\. Knäuel der Blütenköpfe von den darunter liegenden Stengelblättern umgeben; diese länger als der Durchmesser des Knäuels; Hüllblätter hellbraun; Blätter mit verschmälertem Grunde sitzend. Feuchte Äcker, Wege, Schlammufer . . . . *G. uliginosum* **35**
- 2*. Knäuel der Blütenköpfe höchstens von 1–2 kurzen Blättern umgeben; Hüllblätter gelblich; Blätter mit breitem Grunde den Stengel teilweise umfassend. Westen, Süden *G. luteoalbum* **36**

1*. Köpfe in einer Ähre oder Traube; Pflanze ausdauernd; Früchte kurz und anliegend behaart.

- 3\. Blätter beiderseits dicht filzig behaart; Blütenköpfe zu 2–6 in einer kurzen Ähre; nur die untersten Blätter in den Ähren sichtbar; Pflanze 2–12 cm hoch.
  - 4\. Äußere Hüllblätter $^3/_5$–$^3/_4$ so lang wie der Kopf. Schneetälchen . . . . *G. supinum* **37**
  - 4*. Äußere Hüllblätter etwa $^1/_2$ so lang wie der Kopf. Kalkreiche Böden . . . . *G. hoppeanum*
- 3*. Blätter nur unterseits dicht filzig behaart, oberseits locker filzig behaart oder kahl; Blütenköpfe zahlreich, in einer langen, ährenartigen Traube, fast auf der ganzen Länge mit zahlreichen, deutlich sichtbaren Blättern durchsetzt; Pflanze 10–50 cm hoch.

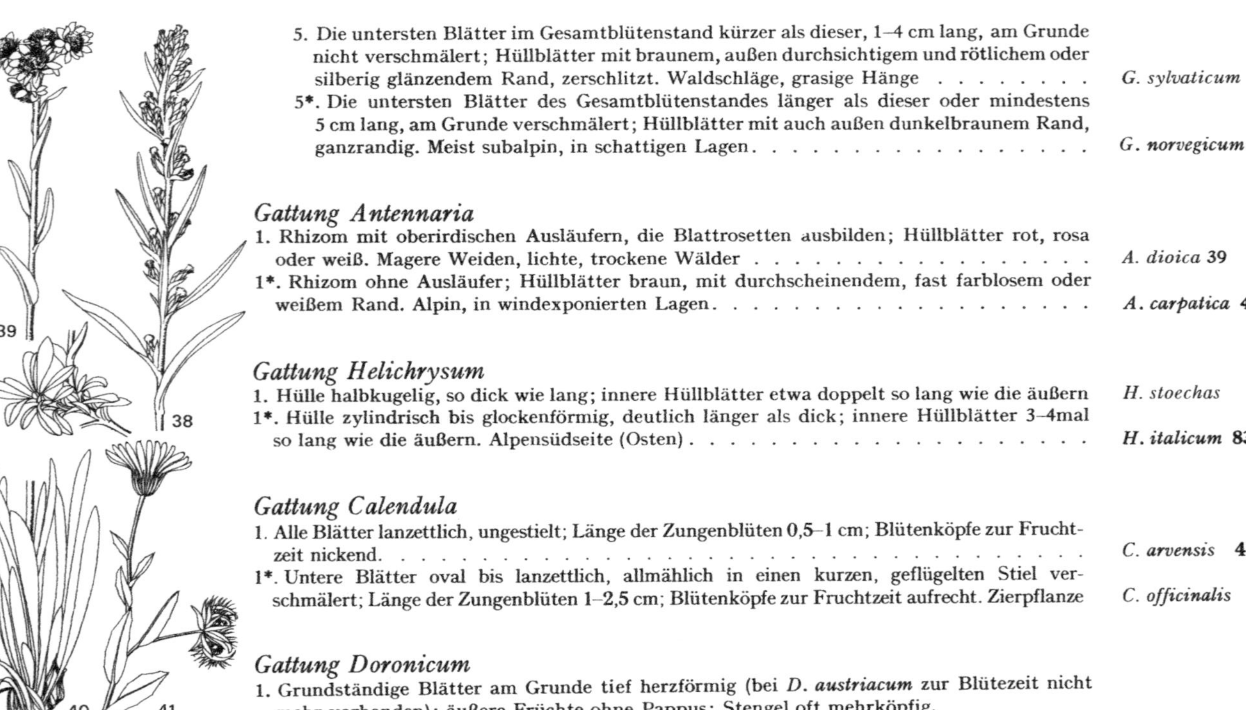

5. Die untersten Blätter im Gesamtblütenstand kürzer als dieser, 1–4 cm lang, am Grunde nicht verschmälert; Hüllblätter mit braunem, außen durchsichtigem und rötlichem oder silberig glänzendem Rand, zerschlitzt. Waldschläge, grasige Hänge . . . . *G. sylvaticum* 38
5*. Die untersten Blätter des Gesamtblütenstandes länger als dieser oder mindestens 5 cm lang, am Grunde verschmälert; Hüllblätter mit auch außen dunkelbraunem Rand, ganzrandig. Meist subalpin, in schattigen Lagen . . . . *G. **norvegicum***

Gattung Antennaria

1. Rhizom mit oberirdischen Ausläufern, die Blattrosetten ausbilden; Hüllblätter rot, rosa oder weiß. Magere Weiden, lichte, trockene Wälder . . . . *A. dioica* 39
1*. Rhizom ohne Ausläufer; Hüllblätter braun, mit durchscheinendem, fast farblosem oder weißem Rand. Alpin, in windexponierten Lagen . . . . ***A. carpatica* 40**

Gattung Helichrysum

1. Hülle halbkugelig, so dick wie lang; innere Hüllblätter etwa doppelt so lang wie die äußern *H. stoechas*
1*. Hülle zylindrisch bis glockenförmig, deutlich länger als dick; innere Hüllblätter 3–4mal so lang wie die äußern. Alpensüdseite (Osten) . . . . ***H. italicum* 83** S. 467

Gattung Calendula

1. Alle Blätter lanzettlich, ungestielt; Länge der Zungenblüten 0,5–1 cm; Blütenköpfe zur Fruchtzeit nickend. . . . . *C. **arvensis*** **41**
1*. Untere Blätter oval bis lanzettlich, allmählich in einen kurzen, geflügelten Stiel verschmälert; Länge der Zungenblüten 1–2,5 cm; Blütenköpfe zur Fruchtzeit aufrecht. Zierpflanze *C. officinalis*

Gattung Doronicum

1. Grundständige Blätter am Grunde tief herzförmig (bei *D. **austriacum*** zur Blütezeit nicht mehr vorhanden); äußere Früchte ohne Pappus; Stengel oft mehrköpfig.

42

43

44

2. Grundständige Blätter zur Blütezeit vorhanden; Stengelteile zwischen den Blättern in der Stengelmitte länger als die Blätter.
   3. Pflanze mit am Ende knollig verdickten Ausläufern; Blätter meist länger als 5 cm, wie der Stengel behaart. Lichte Wälder im Norden, Westen und Süden . . . . . . *D. pardalianches* **42**
   3*. Pflanze ohne Ausläufer; Blätter meist weniger als 5 cm lang, fast kahl (wie der untere Stengel). Östliche Südalpen . . . . . . *D. columnae*
2*. Grundständige Blätter zur Blütezeit nicht mehr vorhanden; Stengelteile zwischen den Blättern kürzer als die Blätter. Aostatal, Valsesia, Bergamasker Alpen . . . . . . *D.* ***austriacum***

1*. Grundständige Blätter in den Stiel verschmälert, gestutzt oder nur wenig tief herzförmig, alle Früchte mit Pappus; Stengel meist 1köpfig.
4. Grundständige Blätter an der Basis gestutzt oder wenig tief herzförmig, $1-1\frac{1}{2}$mal so lang wie breit; Blätter drüsig behaart, Rhizom süßlich schmeckend. Schuttböden; Alpen *D.* ***grandiflorum*** **43**
4*. Grundständige Blätter in den Stiel verschmälert oder wenig gestutzt, $1\frac{1}{2}$–4mal so lang wie breit; Blätter ohne Drüsenhaare (bei *D. glaciale* auch mit wenigen Drüsenhaaren); Rhizom geschmacklos.
   5. Blatt (besonders am Kand) neben den gewöhnlichen, ziemlich dicken drüsenlosen Haaren noch mit sehr dünnen, krausen Haaren; Stengel im untern Teil hohl. Alpen *D. clusii* **44**
   5*. Blatt ohne sehr dünne, krause Haare, aber oft mit Drüsenhaaren; Stengel nicht hohl. Bergamasker Alpen . . . . . . *D.* ***glaciale***

Gattung Senecio s.l.

Die Arten unter Punkt 1. werden heute als *Tephroseris* abgetrennt.

1. Hülle außen am Grunde ohne schuppenförmige, schmal lanzettliche Blätter; Blätter ungeteilt. . . . . . . *Tephroseris*
   2. Stengel bis 2 cm dick, klebrig; obere Stengelblätter herzförmig den Stengel teilweise umfassend. Elsaß . . . . . . *T. palustris*
   2*. Stengel dünner, nicht klebrig; obere Stengelblätter mit verschmälertem oder abgerundetem Grunde sitzend . . . . . . ***Artengruppe des*** *Tephroseris integrifolia* S. 488

45 46 47

1*. Hülle außen am Grunde von einzelnen, schuppenförmigen, schmal lanzettlichen Blättern umgeben; Blätter geteilt oder ungeteilt . . . . *Senecio*

3. Blätter ungeteilt, oval bis lanzettlich, am Grunde verschmälert, meist bedeutend länger als 6 cm, den Stengel nicht mit 2 spitzen Zipfeln umfassend.

4. Blätter nach oben schmäler werdend, in der obern Stengelhälfte kaum $^1/_3$ so breit wie die grundständigen.

5. Blätter unterseits meist locker filzig behaart; obere Blätter am filzig behaarten Stengel nicht herablaufend; Blütenköpfe 1–5 (selten bis 10), im Durchmesser 3,5 bis 6 cm, Alpen, Südjura . . . . *S. doronicum* **45**

5*. Blätter kahl; obere Blätter am kahlen Stengel wenig herablaufend; Blütenköpfe zahlreich, im Durchmesser 1,5–2,5 cm. Dép. Ain, Savoyen . . . . . . *S. doria*

4*. Blätter in der obern Hälfte nicht wesentlich schmäler als die grundständigen.

6. Blätter 1–4 mm breit. Sich ausbreitend . . . . *S. inaequidens*

6*. Blätter meist mehr als 5 mm breit.

7. Stengel und Blätter kahl oder mit einzelnen kurzen, mehrzelligen Haaren (Blätter am Rande bewimpert); Blätter 3–10mal so lang wie breit . . . . . . *Artengruppe des S. hercynicus* S. 488

7*. Stengel und Blattunterseite graufilzig behaart; Blätter 8–15mal so lang wie breit *S. paludosus* **46**

3*. Blätter 1–2fach fiederteilig oder ungeteilt und gezähnt bis fast ganzrandig, dann aber höchstens 6 cm lang oder am Grunde gestutzt oder herzförmig, oft auch gestielt und den Stengel mit 2 spitzen Zipfeln umfassend.

8. Pflanze 5–15 cm hoch; Stengel und Blätter grau- bis weißfilzig behaart, die Blätter teilweise verkahlend. Alpenpflanze . . . . *Artengruppe des S. incanus* S. 489

8*. Pflanze meist höher als 15 cm; Stengel und Blätter höchstens drüsig oder zerstreut spinnwebig behaart.

9. Blätter 1–2fach fiederteilig, mit 1–2 mm breiten, spitzen Abschnitten.

10. Zungenblüten 10–15, gelborange bis organgerot; Hüllblätter zur Fruchtzeit flach; Pappus 6–8 mm lang. Steinige Böden; meist subalpin, Alpen . . . . . . *S. abrotanifolius* **47**

10*. Zungenblüten etwa 5; gelb; Hüllblätter zur Fruchtzeit gewölbt und je eine Frucht umschließend; Pappus etwa 3 mm lang. Dép. Jura, Aostatal (?) . . . . . . *S. adonidifolius*

9*. Blätter ungeteilt oder fiederteilig, aber mit meist über 2 mm breiten Abschnitten.

11. Stengelblätter buchtig gezähnt bis tief fiederteilig, im Umriß oval bis lanzettlich.

12. Hüllblätter nach dem Abfallen der Früchte zurückgebogen, ohne Harzdrüsen, 5–10mal so lang wie breit; ohne oder nur mit kleinen Zungenblüten . . . . . . *Artengruppe des S. vulgaris* S. **489**

12*. Hüllblätter nach dem Abfallen der Früchte nicht zurückgebogen, auf dem Rücken mit 1–3 strichförmigen Harzdrüsen, 2–4mal so lang wie breit . . . . . *Artengruppe des S. jacobaea* S. 490

11*. Stengelblätter ungeteilt, grob gezähnt, herzförmig, die obern oval, höchstens entlang des Blattstiels noch einzelne schmal lanzettliche Zipfel.

13. Stiel der obern Blätter meist nur am Grunde mit 2 kleinen Zipfeln den Stengel umfassend; Blatt (ohne Stiel) etwa 1½mal so lang wie breit. Lägerstellen; Alpen *S. alpinus* **48**

13*. Stiel der obern Blätter mit einzelnen, fiederartig angeordneten, schmal lanzettlichen Zipfeln; Blätter (ohne Stiel) etwa so lang wie breit. Verwildert *S. subalpinus*

Artengruppe des Tephroseris integrifolia

1. Blüten orangerot (selten gelb); Hüllblätter ganz oder in der obern Hälfte rotbraun. Alpen *T. capitata* **49**

1*. Blüten gelb; Hüllblätter grün, oder nur an der Spitze purpurn.

2. Blätter beiderseits filzig behaart (unterseits kaum dichter als oberseits) bis kahl, meist allmählich in den Stiel verschmälert.

3. Blattstiele meist kürzer als die Spreite; die meisten der grundständigen Blätter (mit Stiel) 2–3mal so lang wie breit. Jura. . . . . *T. integrifolia*

3*. Blattstiele länger als die Spreite; die meisten der grundständigen Blätter (mit Stiel) 4–6mal so lang wie breit. Zentral- und Südalpen . . . . *T. tenuifolia*

2*. Blätter unterseits deutlich dichter filzig behaart als oberseits, am Grunde gestutzt und plötzlich in den Stiel verschmälert. Norden und Westen . . . . *T. helenitis*

Artengruppe des Senecio hercynicus

1. Blütenköpfe ohne zungenförmige Blüten (selten 1–2 vorhanden). Bergamasker Alpen *S. cacaliaster*

1*. Blütenköpfe mit 4–8 zungenförmigen Blüten.

49

48

50

2. Blätter im obersten Stengeldrittel 3–5mal so lang wie breit, mit verschmälertem Grunde meist sitzend und oft teilweise den Stengel umfassend; Zähne der untern Blätter 2–4 mm lang; Hülle in der Mitte 3–4 mm dick, äußere Hüllblätter am Grunde mit kurzen, mehrzelligen Haaren. Hochstaudenfluren; meist subalpin . . . . *S. hercynicus*

2*. Blätter im obersten Stengeldrittel 5–10mal so lang wie breit, deutlich gestielt; Zähne der untern Blätter kürzer als 2 mm; Hülle 2–3 mm dick, äußere Hüllblätter am Grunde kahl. Wälder, Gebüsche; meist montan . . . . *S. ovatus* **51**

Artengruppe des Senecio incanus

1. Stengel mit 3–15 Blütenköpfen; Blütenkopf im Durchmesser 1–2 cm, mit 6–10 innern Hüllblättern und 3–6 Zungenblüten.

2. Grundständige Blätter jederseits bis weit über die Mitte der Blatthälfte fiederteilig, dicht weißfilzig behaart. Kalkarme Böden; alpin; westliche Alpen . . . . *S. incanus* **52**

2*. Grundständige Blätter fast ganzrandig oder gezähnt, nur selten jederseits bis wenig über die Mitte der Blatthälfte fiederteilig, graufilzig behaart, im Alter oft verkahlend . . *S. carniolicus* **53**

1*. Stengel nur mit 1 Blütenkopf; Blütenkopf im Durchmesser 2–3 cm, mit etwa 20 innern Hüllblättern und 7–20 Zungenblüten. Südliches Wallis, Savoyen, Aostatal, Valsesia . . . *S. halleri*

Artengruppe des Senecio vulgaris

1. Pflanze dicht mit drüsigen Haaren bedeckt (klebrig); Früchte 3–4 mm lang, meist kahl . . *S. viscosus*

1*. Pflanze ohne Drüsenhaare (nicht klebrig); Früchte 2–3 mm lang, behaart.

2. Blütenköpfe ohne oder nur mit kleinen, zurückgerollten Zungenblüten, im Durchmesser höchstens 1 cm; Hülle zylindrisch, 3–4 mm dick.

3. Blütenköpfe sehr selten mit Zungenblüten; innere Hüllblätter ca. 20; obere Stengelblätter am Grunde mit breiten, gezähnten Zipfeln. Häufiges Ackerunkraut . . . . . *S. vulgaris* **54**

3*. Blütenköpfe mit kurzen, zurückgerollten Zungenblüten; innere Hüllblätter ca. 15; obere Stengelblätter am Grunde mit spitzen, schmalen Zipfeln. Waldschläge . . . . *S. sylvaticus*

2*. Blütenköpfe mit abstehenden Zungenblüten, im Durchmesser 1,5–3 cm; Hülle zylindrisch bis glockenförmig, im Durchmesser 5–10 mm.

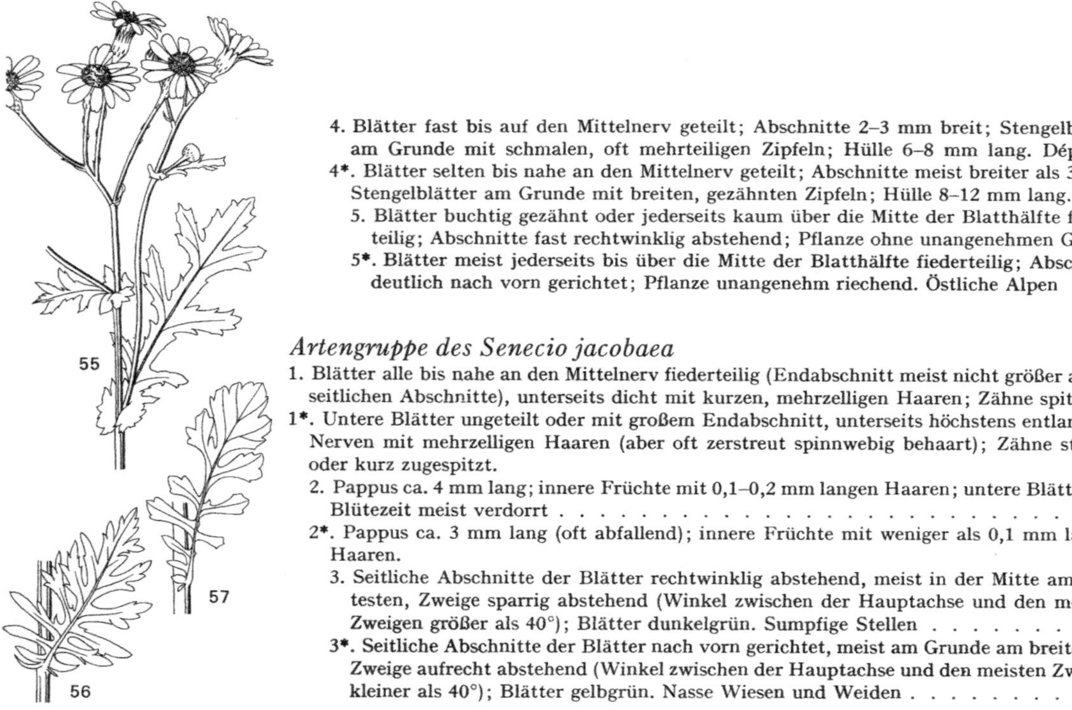

4. Blätter fast bis auf den Mittelnerv geteilt; Abschnitte 2–3 mm breit; Stengelblätter am Grunde mit schmalen, oft mehrteiligen Zipfeln; Hülle 6–8 mm lang. Dép. Ain — *S. gallicus*

4*. Blätter selten bis nahe an den Mittelnerv geteilt; Abschnitte meist breiter als 3 mm; Stengelblätter am Grunde mit breiten, gezähnten Zipfeln; Hülle 8–12 mm lang.

5. Blätter buchtig gezähnt oder jederseits kaum über die Mitte der Blatthälfte fiederteilig; Abschnitte fast rechtwinklig abstehend; Pflanze ohne unangenehmen Geruch — *S. vernalis*

5*. Blätter meist jederseits bis über die Mitte der Blatthälfte fiederteilig; Abschnitte deutlich nach vorn gerichtet; Pflanze unangenehm riechend. Östliche Alpen . . . *S. rupestris* **55**

Artengruppe des Senecio jacobaea

1. Blätter alle bis nahe an den Mittelnerv fiederteilig (Endabschnitt meist nicht größer als die seitlichen Abschnitte), unterseits dicht mit kurzen, mehrzelligen Haaren; Zähne spitz . . *S. erucifolius* **56**

1*. Untere Blätter ungeteilt oder mit großem Endabschnitt, unterseits höchstens entlang der Nerven mit mehrzelligen Haaren (aber oft zerstreut spinnwebig behaart); Zähne stumpf oder kurz zugespitzt.

2. Pappus ca. 4 mm lang; innere Früchte mit 0,1–0,2 mm langen Haaren; untere Blätter zur Blütezeit meist verdorrt . . . . *S. jacobaea* **57**

2*. Pappus ca. 3 mm lang (oft abfallend); innere Früchte mit weniger als 0,1 mm langen Haaren.

3. Seitliche Abschnitte der Blätter rechtwinklig abstehend, meist in der Mitte am breitesten, Zweige sparrig abstehend (Winkel zwischen der Hauptachse und den meisten Zweigen größer als 40°); Blätter dunkelgrün. Sumpfige Stellen . . . . *S. erraticus*

3*. Seitliche Abschnitte der Blätter nach vorn gerichtet, meist am Grunde am breitesten; Zweige aufrecht abstehend (Winkel zwischen der Hauptachse und den meisten Zweigen kleiner als 40°); Blätter gelbgrün. Nasse Wiesen und Weiden . . . . *S. aquaticus*

58 59 2× 60

Gattung Galinsoga

1. Stengel abstehend (teilweise auch drüsig) behaart; die längsten Haare 1–1,5 mm lang; die größten Blattzähne länger als 2 mm. Ackerunkraut . . . . *G. ciliata* **58**

1*. Stengel nur unter den Köpfen anliegend oder vorwärts abstehend behaart; Haare etwa 0,5 mm lang, nicht drüsig; die größten Blattzähne kürzer als 2 mm. Kalkarme Böden *G. parviflora*

Gattung Bidens

1. Früchte 10–18 mm lang und etwa 1 mm dick, fast zylindrisch, mit Längsrippen; äußere Hüllblätter 3–5 mm lang, kürzer als die innern. Alpensüdseite . . . . *B. bipinnata*

1*. Früchte 3–12 mm lang und 1,5–4 mm breit, 4kantig, ohne Längsrippen, oft abgeflacht; äußere Hüllblätter 5–60 mm lang, meist länger als die innern.

2. Blatt mit nicht geflügeltem Stiel, gefiedert, Teilblätter (auch die seitlichen) gestielt . . *B. frondosa*

2*. Blatt nicht gestielt oder mit geflügeltem Stiel, nicht geteilt oder, wenn geteilt, die seitlichen Abschnitte nicht gestielt.

3. Früchte nicht abgeflacht, höckerig, auf den Höckern mit einzelnen vorwärts gerichteten Haaren (daneben auch rückwärts gerichtete Haare); äußere Hüllblätter 20–60 mm lang. Flußufer, Auenwälder . . . . *B. connata*

3*. Früchte abgeflacht (auch flach 4kantig), meist glatt, auf den Kanten mit rückwärts gerichteten Haaren; äußere Hüllblätter 7–35 mm lang.

4. Köpfe zur Fruchtzeit nickend, meist mit 10–15 mm langen, gelben, zungenförmigen Randblüten; Blätter mit verschmälertem Grunde sitzend. Auenwälder, Ufer . . . *B. cernua* **59**

4*. Köpfe zur Fruchtzeit aufrecht, meist ohne zungenförmige Randblüten; Blätter meist in einen kurzen geflügelten Stiel verschmälert.

5. Blätter meist bis zum Mittelnerv 3–5teilig; mittlerer Blattabschnitt (oder ungeteiltes Blatt) schmal oval bis lanzettlich, 2–4mal so lang wie breit (mit Stiel).

6. Äußere Hüllblätter 4–8; Blätter dunkelgrün mit gerade nach vorn gerichteten Zähnen. Auenwälder, Ufer, nasse Äcker . . . . *B. tripartita* **60**

6*. Äußere Hüllblätter 9–12; Blätter hellgrün, mit nach vorn gekrümmten Zähnen *B. radiata*

5*. Blätter meist ungeteilt; Blatt breit oval, höchstens 2mal so lang wie breit (mit Stiel). Aostatal, Alpensüdfuß, Dép. Ain . . . . *B. bullata*

Gattung Rudbeckia

1. Stengelblätter 1–2fach fiederteilig; Spreublätter stumpf; Pappus kurz 4zähnig . . . . . *R. laciniata*

1*. Stengelblätter ungeteilt; Spreublätter spitz; Pappus nicht vorhanden . . . . *R. hirta* **86** S. 468

Gattung Helianthus

1. Pflanze 1jährig, mit Pfahlwurzel; Scheiben mit den Röhrenblüten im Durchmesser 5–30 cm; Boden des Blütenkopfes flach. Kulturpflanze . . . . *H. annuus*

1*. Pflanze ausdauernd, mit Rhizom; Scheiben mit den Röhrenblüten im Durchmesser 1–2,5 cm; Boden des Blütenkopfes wenig gewölbt. Ufer, Auenwälder, Kiesgruben; verwildert *Artengruppe des H. tuberosus* S. 492

Artengruppe des Helianthus tuberosus

1. Zungenblüten 2–4 cm lang; Röhrenblüten kahl; Blatt unterseits meist deutlich 3nervig (die andern Nerven zurücktretend).

  2. Rhizom am untern Ende mit rübenförmigen bis fast kugeligen Knollen; Stengel auch im untern Teil rauhhaarig; Hüllblätter ± anliegend. Gemüsepflanze . . . . *H. tuberosus*

  2*. Rhizom meist ohne Knollen; Stengel im untern Teil fast kahl, nicht rauh; Hüllblätter abstehend oder zurückgebogen.

    3. Größte Blätter 5–8 cm breit; Hüllblätter 2–4 mm breit; Zungenblüten 20–40 ,2,5–4 cm lang; Scheibe mit den Röhrenblüten im Durchmesser 2–2,5 cm . . . . *H. multiflorus* **61**

    3*. Größte Blätter kaum 5 cm breit; Hüllblätter schmäler als 2 mm; Zungenblüten 8–15, 2–2,5 cm lang; Scheibe mit den Röhrenblüten im Durchmesser 1–1,5 cm . . . . . . *H. decapetalus* **62**

1*. Zungenblüten 1,5–2 cm lang; Röhrenblüten behaart; Blatt unterseits deutlich fiedernervig (die untersten Seitennerven kaum mehr als die andern hervortretend) . . . . *H. giganteus* **63**

64

65

66

Gattung Buphthalmum s.l.

Buphthalmum speciosissimum wird heute als *Telekia* abgetrennt.

1. Blätter steif, lederig, breit oval, die obern den Stengel mit breit herzförmigem Grunde umfassend; randständige Früchte ± 3kantig, ungeflügelt. Bergamasker Alpen . . . . . *Telekia speciosissima* **64**

1*. Blätter nicht lederig, oval bis lanzettlich, am Stengel mit verschmälertem oder schmal herzförmigem Grunde sitzend und kaum umfassend; randständige Früchte mit 3 geflügelten Kanten.

2. Stengelblätter stumpf oder spitz, aber nicht in eine lange Spitze auslaufend; zahlreiche Haare (besonders am Stengel) über 1 mm lang. Trockene Wiesen, lichte Wälder. . . . *B. salicifolium* **65**

2*. Stengelblätter in eine lange Spitze ausgezogen, dünn; Haare (auch am Stengel) kurz, meist bedeutend kürzer als 1 mm. Südwesten und Süden. . . . . *B. grandiflorum*

Gattung Inula

1. Zungenförmige Blüten kaum länger als die röhrenförmigen, nicht abstehend; Durchmesser der Köpfe deshalb nicht größer als 1,5 cm; Hüllblätter lanzettlich, aufrecht anliegend, kaum breiter als 1 mm.

2. Pflanze 1jährig, ohne sterile Blattrosetten, drüsig-klebrig; Früchte nicht gerippt, unter der Pappusansatzstelle eingeschnürt. Elsaß . . . . *I. graveolens*

2*. Pflanze 2jährig oder ausdauernd, mit sterilen Blattrosetten, nicht klebrig; Früchte gerippt, nicht eingeschnürt.

3. Blätter beiderseits zerstreut und anliegend behaart oder kahl; die obern mit herzförmig umfassenden und am Stengel herablaufendem Grunde. Comerseegebiet. . . . . . . *I. bifrons*

3*. Blätter unterseits dicht kurzhaarig (wollig); die obern mit abgerundetem Grunde sitzend *I. conyza* **66**

1*. Zungenförmige Blüten bedeutend länger als die röhrenförmigen, abstehend; Köpfe im Durchmesser 2,5–7 cm; Hüllblätter 1–5 mm breit (bei *I. helenium* im oberen Teil bis auf 10 mm verbreitert), oft mit zurückgebogener Spitze.

4. Köpfe im Durchmesser 6–7 cm; Blätter groß, bis 80 cm lang und 20 cm breit, unregelmäßig gezähnt, am Stengel oft herablaufend. Zier- und Heilpflanze . . . . *I. helenium*

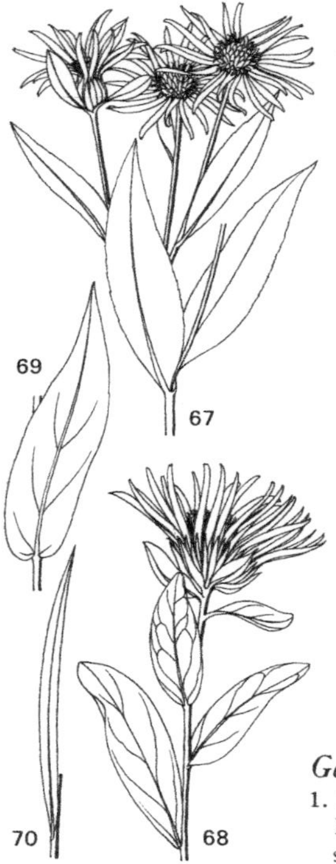

4*. Köpfe im Durchmesser 2,5–5 cm; Blätter höchstens 10 cm lang und 3 cm breit, ganzrandig oder nur mit ganz feinen Zähnen, nie am Stengel herablaufend.

5. Hüllblätter alle gleich lang, schmal lanzettlich, kaum breiter als 1 mm; Früchte behaart *I. britannica*

5*. Äußere Hüllblätter kürzer als die innern und meist breiter als 1 mm (bei *I. hirta* etwa so lang wie die innern, aber 2–3 mm breit); Früchte kahl oder behaart.

6. Stengel (wie auch die Blätter) dicht seidig behaart (Haare 1,5–3 mm lang), meist mit nur 1 Blütenkopf; Früchte zerstreut behaart. Felsensteppen; Südosten, Südwesten *I. montana*

6*. Stengel (wie auch die Blätter) kahl, abstehend oder sehr kurz und anliegend behaart (Haare bis 1,5 mm lang); Früchte meist kahl (bei *I. ensifolia* oft im obern Teil zerstreut behaart).

7. Blatt unterseits dicht kurzhaarig (wollig), ohne hervortretende Nerven; äußere Hüllblätter außen wollig behaart. Nasse Böden; selten . . . . *I. helvetica* **67**

7*. Blatt unterseits kahl oder zerstreut behaart (rauh), mit hervortretenden Nerven; äußere Hüllblätter außen kahl, höchstens am Rande und auf den Nerven behaart.

8. Blätter oval bis lanzettlich, kaum mehr als 5mal so lang wie breit (ohne Stiel).

9. Äußere Hüllblätter aufrecht und anliegend, so lang wie die innern, außen auf den Nerven und am Rande mit langen Haaren; Blätter auch oberseits anliegend behaart (rauh). Trockene, kalkreiche Böden; Norden, Süden . . . . . *I. hirta* **68**

9*. Äußere Hüllblätter meist mit zurückgebogenem Endteil, kürzer als die innern, höchstens am Rande kurz bewimpert; Blätter oberseits kahl.

10. Stengelblätter kaum umfassend; alle Hüllblätter auf der Außenfläche kahl *I. spiraeifolia*

10*. Mittlere und obere Stengelblätter mit herzförmigem Grunde den Stengel umfassend; innerste Hüllblätter behaart. Wechselnasse Böden . . . . *I. salicina* **69**

8*. Blätter schmal lanzettlich, 8–15mal so lang wie breit. Comerseegebiet (?) . . *I. ensifolia* **70**

69 67

70 68

Gattung Pulicaria

1. Pflanze 1jährig; obere Stengelblätter mit abgerundetem Grund sitzend; Blütenköpfe im Durchmesser ca. 1 cm, mit aufrechten, ca. 0,5 mm breiten Zungenblüten, die wenig länger sind als die Hülle. Ufer, Gräben im Westen und Süden . . . . *P. vulgaris*

1*. Pflanze ausdauernd, mit Ausläufern; obere Stengelblätter den Stengel mit breit herzförmigem Grunde umfassend; Blütenköpfe im Durchmesser 1,5–3 cm, mit ca. 1 mm breiten, ausgebreiteten Zungenblüten. Sumpfige Stellen . . . . *P. dysenterica* **89** S. 469

Gattung Solidago

1. Blätter schmal lanzettlich, 10–15mal so lang wie breit; Blütenköpfe zu 2–5 kopfartig gehäuft und in einer doldenartigen Rispe angeordnet. Ufergebüsche, Schuttplätze . . . . . *S. graminifolia*

1*. Blätter lanzettlich bis oval, 3–10mal so lang wie breit; Blütenköpfe in einer verlängerten, oft einseitswendigen Rispe.

2. Blütenköpfe im Durchmesser 3–8 mm, Hülle 2–4 mm lang; Blätter 5–10mal so lang wie breit; Früchte 0,5–1 mm lang.

3. Stengel (wenigstens in der obern Hälfte) behaart, grün; Blätter unterseits dicht behaart; Hülle 2–3 mm lang. Ufergebüsche, Lichtungen, Schuttplätze . . . . *S. canadensis* **71**

3*. Stengel kahl (nur die Kopfstiele behaart), weiß bereift; Blätter nur am Rande und selten unterseits auf den Nerven behaart; Hülle 3–4 mm lang. Feuchte Stellen . . . *S. gigantea*

2*. Blütenköpfe im Durchmesser 10–20 mm, Hülle 5–10 mm lang; Blätter (mit Stiel) 3–6mal so lang wie breit; Früchte 3–6 mm lang.

4. Blätter (mit Stiel) 3–4mal so lang wie breit; Blütenköpfe im Durchmesser 10–15 mm; Hülle 5–7 mm lang. Wälder, Gebüsche . . . . *S. virgaurea*

4*. Blätter (mit Stiel) 4–6mal so lang wie breit; Blütenköpfe im Durchmesser 15–20 mm; Hülle 7–10 mm lang. Subalpin und alpin . . . . *S. alpestris* **72**

Gattung Erigeron s.l.

Die Arten unter Punkt 2* werden als *Conyza* abgetrennt.

1. Hülle 2–5 mm lang (aber Hüllblätter z. T. bis 7 mm lang!); Früchte etwa 1 mm lang; Pappus fehlend oder bis 4 mm lang; untere Blätter meist mit groben Zähnen.

2. Köpfe (bei ausgebreiteten Zungenblüten) im Durchmesser 1,2–2 cm; Zungenblüten 3–8 mm länger als die Hülle.

3. Untere Blätter ganzrandig oder mit 2 groben, spitzen Zähnen, kürzer als 3 cm; Pflanze 10–25 cm hoch. Mauern, Felsen in milden Lagen . . . . *E. karvinskianus* **73**

71

73

72

74

75

76

3*. Untere Blätter grob gezähnt, länger als 3 cm (mit Stiel); Pflanze 30–150 cm hoch. Ufer, Böschungen, Schuttplätze . . . . . *E. annuus* **74**

2*. Köpfe im Durchmesser 3–5 mm; zungenförmige Blüten fehlend oder kaum länger als die Hülle und die röhrenförmigen innern Blüten. Äcker, Schuttstellen. . . . . *Conyza*

4. Zungenblüten vorhanden; Blätter und Hülle meist kahl oder nur am Rande behaart . . *C. canadensis* **75**

4*. Keine Zungenblüten vorhanden; Blätter und Hülle ziemlich dicht behaart.

a) Blütenkopfstand pyramidenartig; Pflanze 50–200 cm hoch . . . . . *C. sumatrensis*

b) Blütenkopfstand mit langen seitlichen, das Stengelende oft überragenden Ästen; Pflanze 20–60 cm hoch . . . . . *C. bonariensis*

1*. Hülle 5–10 mm lang; Früchte 2–3 mm lang; Pappus 3–7 mm lang; untere Blätter ganzrandig oder mit sehr feinen Zähnen.

5. Zungenförmige Blüten aufrecht, so lang oder nur wenig länger als die röhrenförmigen innern Blüten.

6. Blätter und Hüllblätter deutlich behaart; Rhizom meist nur mit 1 aufrechten, meist grünen Stengel. Trockene Rasen, Kiesgruben . . . . . *E. acer* **76**

6*. Blätter kahl, höchstens am Rande bewimpert; Hüllblätter fast kahl, nur mit kurzen Drüsenhaaren besetzt; Rhizom mehrköpfig, mit mehreren bogig aufsteigenden, dunkelbraunen Stengeln. Bachgeröll, Moränen . . . . . *E. angulosus*

5*. Zungenförmige Blüten ausgebreitet (nur vor der Blüte aufrecht), bedeutend länger als die röhrenförmigen innern Blüten.

7. Stengel und Blätter mit Drüsenhaaren besetzt (klebrig); Pappus 5–6 mm lang.

8. Köpfe im Durchmesser 2–3,5 cm; zungenförmige Blüten 5–8 mm länger als die Hülle, **purpurrot; Pflanze 20–60 cm hoch. Alpen** . . . . . *E. atticus*

8*. Köpfe im Durchmesser 1,5–2 cm; zungenförmige Blüten 3–5 mm länger als die Hülle, weiß oder lila; Pflanze 5–25 cm hoch. Alpen, Schwarzwald . . . . . *E. gaudinii*

7*. Stengel und Blätter ohne Drüsenhaare, nicht klebrig; Pappus 3–5 mm lang . . . . ***Artengruppe des E. alpinus*** S. 496

Artengruppe des Erigeron alpinus

1. **Hüllblätter meist im untern Drittel am breitesten und allmählich zugespitzt, behaart** (aber nicht dicht weißwollig), **grün oder rot überlaufen; Stengel 1–5-, selten bis 10köpfig; grund**ständige Blätter lanzettlich (an beiden Enden allmählich verschmälert).

78 77 79 80

2. Blätter beiderseits behaart; Blütenköpfe zwischen Röhren- und Zungenblüten mit zungenlosen, ♀ Fadenblüten (mit verkümmerter, fadenförmiger Krone). Alpen, Jura — *E. alpinus*
2*. Blätter nur am Rande behaart; Blütenköpfe ohne Fadenblüten. Alpen, Südjura . . . — *E. glabratus*
1*. Hüllblätter meist in der Mitte am breitesten und erst im obersten Drittel zugespitzt, dicht behaart (weißwollig), meist purpurrot überlaufen; Stengel stets 1köpfig; grundständige Blätter oval bis zungenförmig (gegen den Stiel allmählich verschmälert, gegen die Spitze plötzlich abgerundet).
3. Blütenköpfe mit ♀ Fadenblüten (verkümmerte, fadenförmige Krone) zwischen Zungen- und Röhrenblüten. Alpen . . . . — ***E. neglectus***
3*. Blütenköpfe ohne Fadenblüten. Alpen . . . . — ***E. uniflorus* 77**

Gattung Aster

1. Blütenköpfe ohne Zungenblüten, gelb; Blätter sehr schmal lanzettlich (höchstens 2 mm breit). Westen, Norden, warme Alpentäler . . . . — *A. linosyris* **78**
1*. Zungenblüten vorhanden, weiß, rosa, lila, violett oder blau; Blätter breiter als 3 mm.
2. Stengel 1köpfig (selten mehrere Köpfe); grundständige Blätter zur Blütezeit noch vorhanden, ganzrandig und stumpf. Alpen, Südjura . . . . — ***A. alpinus* 79**
2*. Stengel mehrköpfig; grundständige Blätter zur Blütezeit verdorrt oder (wenn vorhanden) grob gezähnt oder spitz.
3. Äußere Hüllblätter etwa 3mal so lang wie breit, meist stumpf; grundständige Blätter zur Blütezeit oft noch vorhanden, grob gezähnt. Trockene Rasen, lichte Wälder — *A. amellus* **80**
3*. Äußere Hüllblätter 4–8mal so lang wie breit, spitz; grundständige Blätter zur Blütezeit verdorrt. Eingeschleppte, nordamerikanische Pflanzen.
4. Oberer Stengel und Hülle drüsig behaart; Blätter dicht behaart, den Stengel mit 2 breiten Zipfeln umfassend (Zipfel breiter als der Durchmesser des Stengels) . . . — ***A. novae-angliae***
4*. Pflanze ohne Drüsenhaare; Blätter kahl oder zerstreut behaart, den Stengel nicht oder nur wenig umfassend (Zipfel schmäler als der Durchmesser des Stengels) . . — ***Artengruppe der A. novi-belgii*** S. 498

81 2×

82 2×

83 2×

84

Artengruppe der Aster novi-belgii

1. Blütenköpfe im Durchmesser 1–1,5 cm; Hüllblätter am Grunde nicht lederig; Zungenblüten weiß; Pappus 2,5–4 mm lang . . . . . *A. tradescantii*

1*. Blütenköpfe im Durchmesser 2–4 cm; Hüllblätter am Grunde bis auf den Mittelnerv weiß und lederig; Zungenblüten weiß, lila oder violett; Pappus ca. 5 mm lang.

2. Die äußern Hüllblätter $^1/_3$–$^1/_2$ so lang wie die innern; Hülle 4–7 mm lang.

3. Zungenblüten weiß bis lila . . . . . *A. lanceolatus*

3*. Zungenblüten blau bis violett . . . . . *A. versicolor* **81**

2*. Die äußern Hüllblätter mindestens $^1/_2$–$^2/_3$ so lang wie die innern; Hülle 6–9 mm lang.

4. Obere Blätter mit abgerundetem oder verschmälertem Grunde sitzend; Zungenblüten zuerst weiß, dann blau bis violett . . . . . *A. salignus* **82**

4*. Obere Blätter den Stengel mit 2 kurzen Zipfeln wenig umfassend; Zungenblüten violett (selten rosa oder weiß) . . . . . *A. novi-belgii* **83**

Gattung Anthemis

1. Früchte meist mit zahlreichen Warzen, oben ohne gezähnten Rand; Spreublätter nur auf dem obern (innern) Teil des kegelförmigen Bodens des Blütenkopfs vorhanden, schmal lanzettlich, fast borstenförmig, allmählich in die Spitze auslaufend. Schuttplätze . . . . *A. cotula* **84**

1*. Früchte gerippt oder glatt, oben mit oft undeutlichem, gezähntem Rand; Spreublätter auf dem ganzen Boden des Blütenkopfs vorhanden, lanzettlich, plötzlich in die Spitze auslaufend.

2. Boden des Blütenkopfes kegelförmig; Früchte nicht abgeflacht. Ackerunkraut . . . . *A. arvensis*

2*. Boden des Blütenkopfes halbkugelig; Früchte wenig abgeflacht . . . . . *Artengruppe der A. tinctoria* S. 499

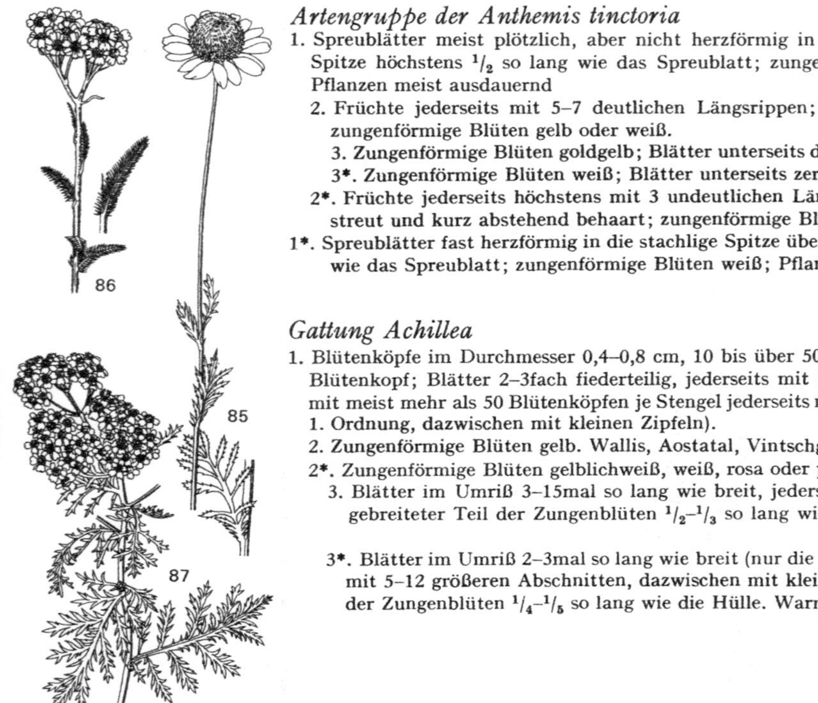

Artengruppe der Anthemis tinctoria

1. Spreublätter meist plötzlich, aber nicht herzförmig in die stachlige Spitze übergehend, Spitze höchstens $^{1}/_{2}$ so lang wie das Spreublatt; zungenförmige Blüten weiß oder gelb; Pflanzen meist ausdauernd
   2. Früchte jederseits mit 5–7 deutlichen Längsrippen; Stengel zerstreut filzig behaart; zungenförmige Blüten gelb oder weiß.
      3. Zungenförmige Blüten goldgelb; Blätter unterseits dicht filzig behaart. Norden, Süden — *A. tinctoria* **85**
      3*. Zungenförmige Blüten weiß; Blätter unterseits zerstreut filzig behaart. Alpensüdfuß — *A. triumfettii*
   2*. Früchte jederseits höchstens mit 3 undeutlichen Längsrippen oder glatt; Stengel zerstreut und kurz abstehend behaart; zungenförmige Blüten weiß. Adventiv . . . . . . *A. austriaca*

1*. Spreublätter fast herzförmig in die stachlige Spitze übergehend, Spitze $^{1}/_{2}$ bis ebenso lang wie das Spreublatt; zungenförmige Blüten weiß; Pflanze 1jährig. Alpensüdfuß . . . . *A. altissima*

Gattung Achillea

1. Blütenköpfe im Durchmesser 0,4–0,8 cm, 10 bis über 50 je Stengel; Zungenblüten 4–6 je Blütenkopf; Blätter 2–3fach fiederteilig, jederseits mit 12–50 Abschnitten (bei *A. nobilis* mit meist mehr als 50 Blütenköpfen je Stengel jederseits nur mir 5–12 größeren Abschnitten 1. Ordnung, dazwischen mit kleinen Zipfeln).
   2. Zungenförmige Blüten gelb. Wallis, Aostatal, Vintschgau . . . . *A. tomentosa* **86**
   2*. Zungenförmige Blüten gelblichweiß, weiß, rosa oder purpurn.
      3. Blätter im Umriß 3–15mal so lang wie breit, jederseits mit 12–50 Abschnitten; ausgebreiteter Teil der Zungenblüten $^{1}/_{2}$–$^{1}/_{3}$ so lang wie die Hülle . . . . *Artengruppe der A. millefolium* S. 501
      3*. Blätter im Umriß 2–3mal so lang wie breit (nur die untersten oft schmäler), jederseits mit 5–12 größeren Abschnitten, dazwischen mit kleineren Zipfeln; ausgebreiteter Teil der Zungenblüten $^{1}/_{4}$–$^{1}/_{5}$ so lang wie die Hülle. Warme Lagen . . . . *A. nobilis* **87**

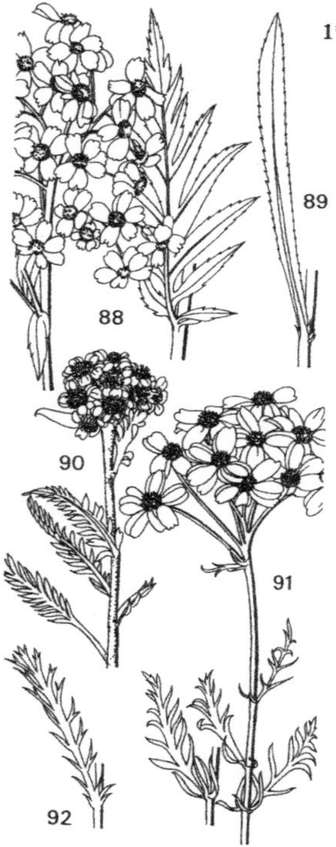

1*. Blütenköpfe im Durchmesser 0,9–2,8 cm (bei der 5–15 cm hohen *A. nana* nur 0,6–1 cm), 1–50 je Stengel; Zungenblüten 5–18 je Blütenkopf; Blätter ungeteilt oder 1–2fach fiederteilig und jederseits mit 2–12 Abschnitten.

4. Blätter im Umriß 1–2$^1/_2$mal so lang wie breit, im untern Teil bis zum Mittelnerv fiederteilig (vorn weniger tief geteilt), mit 3–20 mm breiten, unregelmäßig und grob gezähnten Abschnitten. Hochstaudenfluren; Alpen . . . . *A. macrophylla* **88**

4*. Blätter im Umriß 3–20mal so lang wie breit, ungeteilt oder fiederteilig und mit 0,2–5 mm breiten Abschnitten oder Zipfeln.

5. Blätter ungeteilt, fein gezähnt, 6–20mal so lang wie breit; Pflanze 30–80 cm hoch . . *A. ptarmica* **89**

5*. Blätter fiederteilig (bei *A. erba-rotta* ungeteilt und gezähnt), 2–8mal so lang wie breit; Pflanze 5–25 cm hoch. Gebirgsarten.

6. Blätter beiderseits anliegend und seidig behaart (Haare ca. 0,5 mm lang), mit 1,5–5 mm breiten, ganzrandigen oder 2–5zipfligen Abschnitten und 2–5 mm breitem, geflügeltem Mittelnerv. Südöstliche Alpen . . . . *A. clavenae*

6*. Blätter kahl oder behaart (Haare sehr kurz, 0,1–0,3 mm lang oder fein wollig und 0,6–2 mm lang), mit 0,5–1,5 mm breiten Zipfeln (geflügelter Mittelnerv meist schmäler als 2 mm) oder ungeteilt und gezähnt.

7. Köpfe im Durchmesser 0,6–1,8 cm, 3–25 je Stengel.

8. Blätter dicht und fein wollig behaart; Köpfe im Durchmesser 0,6–1 cm; ausgebreiteter Teil der Zungenblüten etwa $^1/_2$ so lang wie die Hülle. Alpin. . . . . *A. nana* **90**

8*. Blätter kahl oder zerstreut behaart (nicht wollig); Köpfe im Durchmesser 0,9 bis 1,8 cm; ausgebreiteter Teil der Zungenblüten meist länger als die Hülle.

9. Blätter ungeteilt und gezähnt oder fiederteilig, mit meist ganzrandigen, seltener 2–3zähnigen Zipfeln; Haare am Stengel 0,1–0,3 mm lang; Hülle 4–5 mm lang.

10. Blätter ungeteilt und (oft nur vorn) gezähnt oder wenig tief fiederteilig (geflügelter Mittelnerv so breit oder breiter als die Länge der Zipfel). SW *A. erba-rotta*

10*. Blätter bis nahe an den Mittelnerv fiederteilig (geflügelter Mittelnerv höchstens $^1/_2$ so breit wie die Länge der Zipfel). Alpin; kalkarme Böden *A. moschata* **91**

9*. Blätter fiederteilig, mit meist 2–5zähnigen Zipfeln; Haare am Stengel 0,6 bis 2 mm lang; Hülle 6–8 mm lang. Alpin; kalkreiche Schutthalden . . . . *A. atrata* **92**

7*. Köpfe im Durchmesser 2–2,8 cm, einzeln (sehr selten zu 2) am Stengel. Ortler *A. oxyloba*

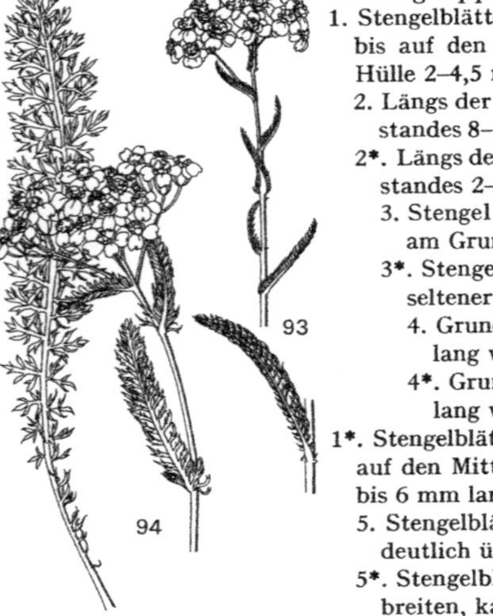

Artengruppe der A. millefolium

1. Stengelblätter mit kaum geflügelter, nicht gezähnter 0,6–1,2 mm breiter Mittelrippe, mit bis auf den Mittelnerv geteilten Abschnitten; grundständige Blätter 0,3–3,5 cm breit; Hülle 2–4,5 mm lang.
   2. Längs der obersten 12 cm des Stengels unterhalb der untersten Verzweigung des Blütenstandes 8–12 Stengelblätter; Blattzipfel an der Basis 0,1–0,3 mm breit. Warme Alpentäler . . . *A. setacea* **93**
   2*. Längs der obersten 12 cm des Stengels unterhalb der untersten Verzweigung des Blütenstandes 2–8 Stengelblätter; Blattzipfel an der Basis 0,2–0,7 mm breit.
      3. Stengel schlank, auch bei großen Pflanzen kaum mehr als 2 mm im Durchmesser, am Grunde bogig aufsteigend; zungenförmige Blüten hellrosa, selten weiß. Süden . . *A. roseoalba*
      3*. Stengel über 2 mm im Durchmesser, steif aufrecht; zungenförmige Blüten weiß, seltener rosa.
         4. Grundständige Blätter 0,5–1,5 cm breit; Endzipfel der mittleren Blätter 1–2mal so lang wie breit. Zentral- und Südalpen, Elsaß . . . . *A. collina*
         4*. Grundständige Blätter 1,5–3,5 cm breit; Endzipfel der mittleren Blätter 2–3mal so lang wie breit . . . . *A. millefolium* **94**

1*. Stengelblätter mit geflügelter, oft gezähnter, 1,2–4 mm breiter Mittelrippe, mit nicht bis auf den Mittelnerv geteilten Abschnitten; grundständige Blätter 3–8 cm breit; Hülle 4,5 bis 6 mm lang.
   5. Stengelblätter mit 1,2–2 mm breiter Mittelrippe und mit an der Basis 1–3 mm breiten, deutlich über die Hälfte gegen den Mittelnerv zu geteilten Abschnitten. Alpen . . . . *A. stricta* **95**
   5*. Stengelblätter mit 2–4 mm breiter Mittelrippe und mit an der Basis mehr als 3 mm breiten, kaum über die Mitte gegen den Mittelnerv zu geteilten Abschnitten. Süden . . *A. distans*

Gattung Chrysanthemum s.l.

Die Gattung *Chrysanthemum* wird heute aufgeteilt.

1. Pflanze dünnfilzig behaart; Blätter 2–3fach fiederteilig, mit schmal lanzettlichen Abschnitten. Selten verwildert . . . . *Tanacetum cinerariifolium*

96

97

98

1*. Pflanze nicht filzig behaart; Blätter ungeteilt oder mit lanzettlichen Abschnitten.

2. Köpfe in doldenartigen Trauben oder Rispen; Köpfe im Durchmesser 0,6–3 cm; Blätter 1–2fach fiederteilig (nur bei *T. balsamita* meist ungeteilt, dort Durchmesser der Blütenköpfe 0,6–0,8 cm). . . . . *Tanacetum*

3. Blätter 1–2fach fiederteilig oder gefiedert.

4. Köpfe am Rande mit weißen, zungenförmigen Blüten.

5. Köpfe klein, im Durchmesser 0,6–0,8 cm; alle Hüllblätter fast gleich lang . . . . *T. macrophyllum*

5*. Köpfe im Durchmesser 1,5–3 cm; äußere Hüllblätter kürzer als die innern.

6. Blätter jederseits mit 7–15 Abschnitten; Frucht 2,5–3 mm lang, meist 5kantig *T. corymbosum* **96**

6*. Blätter jederseits mit 3–6 Abschnitten; Frucht ca. 1,5 mm lang, mit 5–10 hellen Rippen. Heilpflanze, selten verwildert . . . . *T. parthenium* **97**

4*. Köpfe ohne zungenförmige Blüten. Warme Lagen . . . . *T. vulgare* **98**

3*. Untere Blätter ungeteilt, die obern gegen den Grund zu oft noch mit 2 lanzettlichen Zipfeln; Köpfe meist ohne zungenförmige Blüten oder zungenförmige Blüten weiß . . *T. balsamita*

2*. Köpfe einzeln am Ende des Stengels oder einzelner, weniger Zweige; Blätter ungeteilt oder höchstens 1fach fiederteilig.

7. Zungenförmige Blüten weiß bis rosa (selten nicht vorhanden); Hüllblätter oft dunkel berandet.

8. Stengelblätter nur wenige, meist ganzrandig, schmal lanzettlich; Pflanze 5–15 cm hoch . . . . ***Artengruppe des*** *Leucanthemopsis alpina* S. 503

8*. Stengelblätter bis über die Mitte fiederteilig oder gezähnt.

9. Stengel dicht beblättert; Blätter auch oberhalb der Stengelmitte 2–3mal so lang wie das zwischen 2 Blättern liegende Stengelstück; Früchte ohne dunkle Harzdrüsen; Köpfe oft nickend. Zierpflanze, selten verwildert . . . . *Leucanthemella serotina*

9*. Stengel wenigstens im obern Teil nur entfernt beblättert; Blätter in der obern Stengelhälfte kaum wesentlich länger als das zwischen 2 Blättern liegende Stengelstück; Früchte mit dunklen Harzdrüsen . . . . *Artengruppe des Leucanthemum vulgare* S. 503

7*. Zungenförmige Blüten goldgelb.

10. Blätter gezähnt (Zähne nicht länger als 3 mm); Früchte oben mit 0,5–2 mm langem, einseitig verlängertem, gezähntem Rand. Adventiv . . . . *Coleostephus myconis*

10*. Blätter kaum bis auf die Hälfte der Blattbreite fiederteilig oder grob gezähnt; Früchte oben ohne gezähnten Rand. In warmen Lagen eingeschleppt . . . . . . *Glebionis segetum*

Artengruppe des Leucanthemopsis alpina

1. Blätter fiederteilig, mit Zipfeln, die 4–8mal so lang wie breit sind, und mit ungeteiltem Mittelteil, der meist 1–2 mm breit ist. Alpin; kalkarme Böden . . . . *L. alpina* **99**

1*. Blätter fast radiär geteilt, mit Zipfeln oder Zähnen, die meist nur 1–4mal so lang wie breit sind, und mit ungeteiltem Mittelteil, der an der Basis des Blattes 2–5 mm breit ist . . . *L. minima*

Artengruppe des Leucanthemum vulgare

1. Innere Früchte oben ohne gezähnten Rand; Blätter fein bis grob gezähnt oder unregelmäßig fiederteilig; die obersten oft ganzrandig; Hüllblätter hell bis dunkelbraun berandet.

2. Stengelblätter kurz vor dem Grunde meist wenig verbreitert und den Stengel mit schmal lanzettlichen, deutlich längeren als breiten Zipfeln umfassend; alle Früchte fast immer ohne gezähnten Rand.

3. Blätter gezähnt; Zähne in der obern Hälfte der untern Stengelblätter kürzer als $^{1}/_{3}$ der Blattbreite.

4. Pflanze 10–40 cm hoch, mit kleinen Blättern (mit Stiel kaum über 3 cm lang), mit meist 1köpfigen Stengeln; Köpfe im Durchmesser 3–3,5 cm. Alpen, Jura . . . . . *L. gaudinii*

4*. Pflanze 30–70 cm hoch, mit einzelnen über 3 cm langen Blättern und mit meist verzweigten, mehrköpfigen Stengeln; Köpfe im Durchmesser 3,5–5,5 cm . . . . . *L. vulgare* **1**

3*. Blätter fiederteilig, Zähne und Abschnitte mindestens $^{1}/_{3}$ so lang wie die Blattbreite *L. praecox* **2**

2*. Stengelblätter am Grunde verschmälert oder abgerundet, oft gezähnt, aber die Zähne breiter als lang und den Stengel nicht umfassend; äußere Früchte meist (oft nur auf der innern Seite) oben mit gezähntem Rand.

5. Hüllblätter mit weißem, durchscheinendem Rand. Kaum im Gebiet . . . . *L. pallens*

5*. Hüllblätter mit (oft sehr schmalem) bräunlichem oder schwarzbraunem Rand.

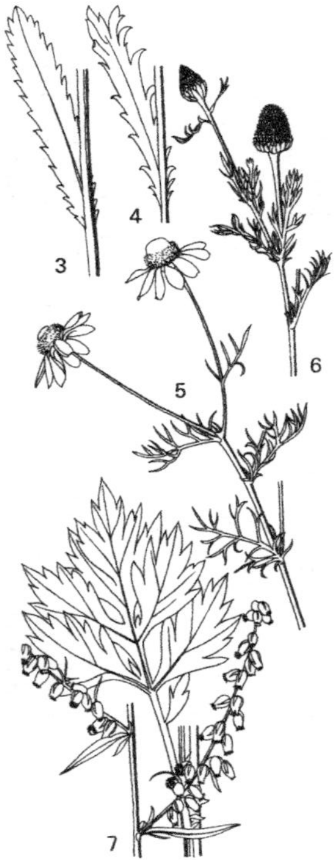

6. Blattzähne nach vorn gerichtet, konvex zugespitzt; die untern Blätter spitz. Nur in den südlichen Kalkalpen . . . . *L. heterophyllum*

6*. Blattzähne nach vorn gerichtet, an der Spitze oft nach außen gebogen, gerade oder konvex zugespitzt, die untern Blätter meist stumpf. Feuchte, kalkreiche Böden *L. adustum* **3**

1*. Alle Früchte oben mit gezähntem Rand; Blätter (auch die obersten) mit je 3–7 schmal lanzettlichen, groben Zähnen oder jederseits bis über die Mitte der Blatthälfte regelmäßig fiederteilig; Hüllblätter schwarz berandet.

7. Pflanze 10–30 cm hoch; Blätter oberhalb der Stengelmitte vorhanden; Zähne und Zipfel kaum länger als die ungeteilte Blattmitte. Alpen . . . . *L. halleri* **4**

7*. Pflanze 20–40 cm hoch; oberhalb der Stengelmitte meist keine Blätter mehr; Zipfel $1^1/_2$–3mal so lang wie die ungeteilte Blattmitte. Savoyen . . . . *L. coronopifolium*

Gattung Matricaria

1. Köpfe im Durchmesser 1,5–2,5 cm, mit zungenförmigen, weißen Randblüten. Ackerunkraut *M. chamomilla* 5

1*. Köpfe im Durchmesser 0,5–1 cm, ohne zungenförmige Blüten. Wege, Schuttplätze . . . *M. discoidea* 6

Gattung Artemisia

1. Blätter deutlich 2farbig, oberseits grün, unterseits weiß bis grau, fiederteilig, die untern Blätter 4–12 cm lang, mit 3–12 mm breiten Abschnitten; Köpfe bedeutend länger als dick.

2. Pflanze ohne Ausläufer; Blätter unterhalb der untersten Blütenköpfe 1–2fach fiederteilig, mit gezähnten Abschnitten; Mittelabschnitt oberhalb der letzten Zähne 2–5mal so lang wie breit. Schuttplätze, Gebüsche, Ufer . . . . *A. vulgaris* **7**

2*. Pflanze mit langen Ausläufern; Blätter oberhalb der Stengelmitte stets 1fach fiederteilig mit ganzrandigen Abschnitten; Mittelabschnitt 6–12mal so lang wie breit . . . . *A. verlotiorum*

1*. Blätter auf beiden Seiten fast gleichfarben, grün, grau oder weiß, ungeteilt oder fiederteilig, mit kaum über 3 mm breiten Abschnitten; Köpfe etwa so lang wie dick (nur bei *A. vallesiaca* mit kaum über 3 cm langen, weißen Blättern, die Köpfe deutlich länger als dick).

3. Alle Blätter ungeteilt, schmal lanzettlich, kahl. Gewürzpflanze . . . . *A. dracunculus* **8**

3*. Untere Blätter immer geteilt, mit schmal lanzettlichen Abschnitten.

4. Pflanze 1–2jährig, mit dünner Pfahlwurzel. Adventiv.

a. Blütenköpfe nickend, 1,5–2 mm breit, auf verzweigten, gestielten Seitenästen . . . . *A. annua*

b. Blütenköpfe aufrecht, 2,5–3 mm breit; in endständiger Ähre und in kurzen, dichten, ungestielten, seitenständigen Ähren . . . . *A. biennis*

4*. Pflanze ausdauernd, mit Rhizom.

5. Rhizom kriechend, kaum verholzt; untere Blätter beiderseits graufilzig behaart, regelmäßig kammförmig 2–3fach fiederteilig. Heilpflanze, selten verwildert . . . . *A. pontica*

5*. Rhizom mehrköpfig, nicht kriechend, aber meist verholzt; untere Blätter radiär geteilt oder unregelmäßig fiederteilig.

6. Grundständige Blätter mehrfach unregelmäßig fiederteilig; Zipfel oft mit kurzer aufgesetzter Spitze.

7. Rand der Hüllblätter dunkelbraun; Krone an der Spitze kurz behaart. M. Cenis *A. atrata*

7*. Rand der Hüllblätter weiß bis hellbraun und durchscheinend; Krone kahl.

8. Köpfe bedeutend länger als dick; Stengel und Blätter kurz weißfilzig behaart; Blattzipfel etwa 0,5 mm breit. Savoyen, Aostatal, Wallis. . . . . *A. vallesiaca* **9**

8*. Köpfe etwa so lang wie dick; Stengel und Blätter kahl oder locker und graufilzig behaart (bei *A. absinthium* dicht filzig behaart).

9. Pflanze kahl oder sehr zerstreut behaart; Blattzipfel kaum breiter als 1 mm; Boden des Blütenkopfes kahl oder sehr kurz behaart.

10. Kopfstiele und meist auch die Hüllblätter kurz graufilzig behaart.

11. Boden des Blütenkopfes kahl.

12. Untere Blätter 2fach fiederteilig; Pflanze mit dicht und auffällig beblätterter Rispe, nach Zitronen riechend. Kulturpflanze . . . . *A. abrotanum* **10**

12*. Untere Blätter 2–3fach fiederteilig; Pflanze mit unauffällig beblätterter Rispe, mild aromatisch (nicht nach Zitronen) riechend . *A. chamaemelifolia*

11*. Boden des Blütenkopfes kurz graufilzig behaart; Pflanze nach Kampfer riechend. Elsaß, Süden . . . . *A. alba* **11**

10*. Kopfstiele kahl oder gelblich bis rostbraun behaart.

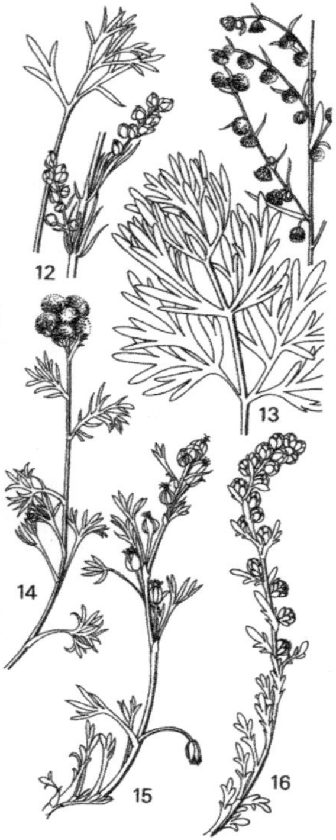

13. Pflanze 20–60 cm hoch; Köpfe im Durchmesser 2–3,5 mm, mit kahlem Stiel. Warme Lagen . . . . *A. campestris* **12**

13*. Pflanze 10–20 cm hoch; Köpfe im Durchmesser 3,5–6 mm, mit gelblich bis rostbraun behaartem Stiel. Zentrale Alpen, selten . . . . . *A. borealis*

9*. Pflanze dicht grau- bis weißfilzig behaart; Blattzipfel 1–3 mm breit; Boden des Blütenkopfes behaart (Haare etwa 1 mm lang) . . . . *A. absinthium* **13**

6*. Grundständige Blätter radiär 3–7teilig, selten 1fach fiederteilig; Zipfel stumpf oder spitz, nie mit aufgesetzter Spitze. Hochgebirgspflanzen . . . . *Artengruppe der A. glacialis* S. 506

Artengruppe der Artemisia glacialis

1. Boden des Blütenkopfes behaart; untere Stengelblätter meist radiär 3–5teilig; ungeteiltes Mittelstück des Stengelblattes schmäler als 1 mm.

2. Köpfe am Ende des Stengels zu 3–10 kopfartig gehäuft, je 30–40blütig; Krone kahl . . *A. glacialis* **14**

2*. Köpfe entlang des Stengels angeordnet, oft an der Spitze gehäuft, meist je mit deutlich weniger als 30 Blüten; Krone meist behaart.

3. Krone oben zerstreut behaart; innere Hüllblätter mit braunem Rand; Boden des Blütenkopfes kurz behaart (Haare etwa 1 mm lang oder kürzer).

4. Köpfe im Durchmesser 3–5 mm, aufrecht, meist allseitswendig . . . . *A. umbelliformis* 15

4*. Köpfe im Durchmesser 6–8 mm, nickend, einseitswendig. Südöstliche Alpen . . . *A. nitida*

3*. Kronen oben dicht behaart; Hüllblätter mit hellem Rand; Boden des Blütenkopfes dicht und lang behaart (Haare 1,5–2,5 mm lang). Aostatal (?) . . . . *A. pedemontana*

1*. Boden des Blütenkopfes kahl; untere Stengelblätter 1fach fiederteilig, 3teilig oder ungeteilt und ganzrandig; ungeteiltes Mittelstück des Stengelblattes meist breiter als 1 mm.

5. Köpfe im Durchmesser 4–7 mm, nickend, einseitswendig, 20–35blütig; innere Hüllblätter mit hellem Rand; Pflanze 10–30 cm hoch. Savoyen . . . . *A. eriantha*

5*. Köpfe im Durchmesser 2–4 mm, aufrecht (aber oft in nickender Ähre), allseitswendig, 8–20blütig; innere Hüllblätter mit braunem Rand; Pflanze 5–15 cm hoch.

6. Pflanze graufilzig behaart . . . . *A. genipi* **16**

6*. Pflanze kahl. Südliche Walliser Alpen . . . . *A. nivalis*

Unterfamilie der Cichorioideae (= Liguliflorae)

1\. Pflanze distelartig, mit steifen Stacheln; äußere Früchte von Spreublättern umhüllt, die einen flügelförmigen Rand bilden, ohne oder nur mit 2–4 Pappusborsten. Adventiv . . . *Scolymus hispanicus*

1*. Pflanze nicht distelartig (höchstens mit kurzen Stacheln bei *Sonchus*, dann aber Pappus mit vielen Borsten); Frucht nicht von einem Spreublatt umhüllt (ausg. *Hypochaeris*).

2\. Pappus aus Schuppen bestehend; Blüten blau; Köpfe im Durchmesser 3–6 cm.

3\. Pappus aus lanzettlichen, häutigen, in eine lange Borste auslaufenden Schuppen bestehend; Hüllblätter zahlreich, dachziegelartig übereinander, breithäutig berandet; Köpfe lang gestielt. Dép. Ain . . . . *Catananche caerulea* **17**

3*. Pappus aus kurzen Schuppen bestehend (z. T. nur mit 10facher Vergrößerung sichtbar); Hüllblätter in 2 Reihen angeordnet, krautig; Köpfe kurz gestielt oder sitzend . . *Cichorium* S. 509

2*. Pappus nicht vorhanden oder aus Borsten bestehend; Blüten gelb, orange, rot oder violett, selten blau, dann die Köpfe im Durchmesser weniger als 3 cm.

4\. Pappus nicht vorhanden oder höchstens aus 3–5 langen Borsten bestehend, zwischen denen kleine Borsten vorhanden sein können; Blüten gelb (bei *Tolpis* die innern auch braun oder rot).

5\. Hüllblätter fadenförmig; innere Früchte mit 1–5 ca. 3 mm langen Pappusborsten *Tolpis barbata*

5*. Äußere Hüllblätter schmal lanzettlich; Früchte ohne Pappusborsten.

6\. Stengel beblättert, vielköpfig.

7\. Früchte und Hüllblätter zur Fruchtzeit sternförmig ausgebreitet, zuletzt fast 20 mm lang. Südöstliche Bergamasker Alpen, sonst adventiv . . . . ***Rhagadiolus stellatus***

7*. Früchte in der zylindrischen Hülle bleibend, 3–4 mm lang . . . . ***Lapsana communis* 18**

6*. Stengel unbeblättert, 1- bis wenigköpfig.

8\. Stengel unter dem Kopf keulig verdickt; Blätter buchtig gezähnt; Pflanze 1jährig ***Arnoseris minima* 19**

8*. Stengel unter dem Kopf nicht verdickt; Blätter bis nahe an den Mittelnerv fiederteilig; Pflanze ausdauernd. Kalkhaltige Böden; Alpen . . . . *Aposeris foetida* **20**

4*. Pappus aus zahlreichen feinen, langen Borsten bestehend.

9\. Pappusborsten federig behaart, oft ineinander verflochten.

10\. Haare benachbarter Pappusborsten ineinander verflochten; Hüllblätter länger als 1,5 cm, meist kahl; Blätter ganzrandig oder bis zum Mittelnerv fiederteilig (Abschnitte sehr schmal lanzettlich oder schmal oval).

21

22

11. Früchte lang geschnäbelt; Hüllblätter 1–2reihig, gleich lang . . . . *Tragopogon* S. 509

11*. Früchte nicht geschnäbelt; Hüllblätter mehrreihig, dachziegelartig übereinander.

12. Blätter ganzrandig, selten entfernt gezähnt; Früchte ohne Stiel am Grunde *Scorzonera* S. 510

12*. Blätter bis auf den Mittelnerv fiederteilig; Früchte am Grunde mit einem heller gefärbten, hohlen Stiel, der dicker ist als die Frucht (die eigentliche Frucht deshalb wie ein Fruchtschnabel aussehend) . . . . *Podospermum* S. 511 **21**

10*. Haare benachbarter Pappusborsten nicht ineinander verflochten; Hüllblätter meist kürzer als 1,5 cm, oft rauhhaarig; Blätter meist gezähnt oder fiederteilig (aber nicht bis zum Mittelnerv), mit 3eckigen Abschnitten.

13. Boden des Blütenkopfes mit zur Fruchtzeit abfallenden, die reifen Früchte überragenden und diese oft einhüllenden Spreublättern besetzt . . . . *Hypochaeris* S. 511

13*. Boden des Blütenkopfes ohne Spreublätter.

14. Stengel blattlos oder mit kleinen schuppenförmigen Blättern, 1–5köpfig . *Leontodon* S. 512

14*. Stengel beblättert, vielköpfig . . . . *Picris* S. 513

9*. Pappusborsten einfach, rauh (nicht federig behaart).

15. Stengel 1köpfig, ohne Blätter und Schuppen; Hülle kahl oder weißflockig behaart; reife Früchte in einen dünnen Schnabel verschmälert; am Übergang zum Schnabel mit kleinen Schuppen (nur bei *T. pacheri* ohne Schuppen) . . . . *Taraxacum* S. 513

15*. Stengel mehrköpfig, wenn 1köpfig, dann Hülle deutlich behaart (nicht weißflockig, außer bei *Hieracium staticifolium* S. 519).

16. Reife Früchte am Übergang zum Schnabel mit Schuppen oder Wülsten; Hülle aus 1 Reihe äußerer kleinerer und 1–2 Reihen innerer, größerer Hüllblätter bestehend.

17. Hülle kahl oder weißflockig behaart; Köpfe 7–15blütig . . . . *Chondrilla* S. 514

17*. Hülle dicht, abstehend und schwarz behaart; Köpfe vielblütig. Nasse Böden *Willemetia stipitata* 22

16*. Reife Früchte ohne Schuppen oder Wülste, höchstens mit Höckern, Stacheln oder kurzen Haaren besetzt.

18. Blühende Köpfe nickend; Krone violett bis purpurrot. Wälder. . . . . . *Prenanthes purpurea* **23** S. 509

18*. Blühende Köpfe aufrecht.

19. Früchte abgeflacht.

20. Früchte deutlich geschnäbelt.
21. Früchte (mit Schnabel) 5–15 mm lang; Pappusborsten alle gleich lang (Ausnahme: *L. tenerrima*) . . . . *Lactuca* S. 515
21*. Früchte (mit Schnabel) 3–4 mm lang; Pappusborsten am Grunde von einem Kranz kurzer, nur mit 10facher Vergrößerung sichtbarer Haare umgeben; Köpfe meist nur 5blütig. Wälder, Gebüsche . . . . *Mycelis muralis* **24**
20*. Früchte ohne Schnabel.
22. Blüten blau bis lila; Pappusborsten am Grunde von einem Kranz kurzer Haare umgeben . . . . *Cicerbita* S. 515
22*. Blüten gelb; Pappusborsten am Grunde ohne Haare . . . . *Sonchus* S. 516
19*. Früchte nicht abgeflacht (ellipsoidisch bis zylindrisch).
23. Früchte nach oben zu verschmälert, mit oder ohne Schnabel; Pappus mehrreihig, biegsam (zerbrechlich bei *Crepis paludosa* S. 518), meist weiß . . . . *Crepis* S. 516
23*. Früchte oben gestutzt, fast nicht verschmälert, ohne Schnabel; Pappus 1reihig, zerbrechlich, gelblich bis crèmefarbig (biegsam und weiß bei *Hieracium staticifolium* S. 519).
24. Boden des Blütenkopfes dicht mit 2 mm langen Haaren bedeckt; Pflanzen dicht mit gelblichen Sternhaaren bedeckt. Dép. Ain . . . . *Andryala integrifolia* **25**
24*. Boden des Blütenkopfes oft kahl; Pflanze meist ohne Sternhaare, wenn vorhanden, dann diese weiß . . . . *Hieracium* S. 519

Gattung Cichorium

1. Grundständige Blätter unterseits besonders auf den Nerven zerstreut rauhhaarig; Hüllblätter teilweise mit Drüsenhaaren; Pappus etwa $^1/_{10}$ so lang wie die Frucht . . . . *C. intybus*
1*. Grundständige Blätter kahl; Hüllblätter kahl oder (besonders die äußern) nur mit drüsenlosen Haaren; Pappus etwa $^1/_4$ so lang wie die Frucht. Salatpflanze . . . . *C. endivia*

Gattung Tragopogon

1. Alle Blüten gelb.
2. Stiel der Köpfe zur Blütezeit kaum verdickt, unter dem Kopf höchstens $1^1/_2$mal so dick

23

24

25

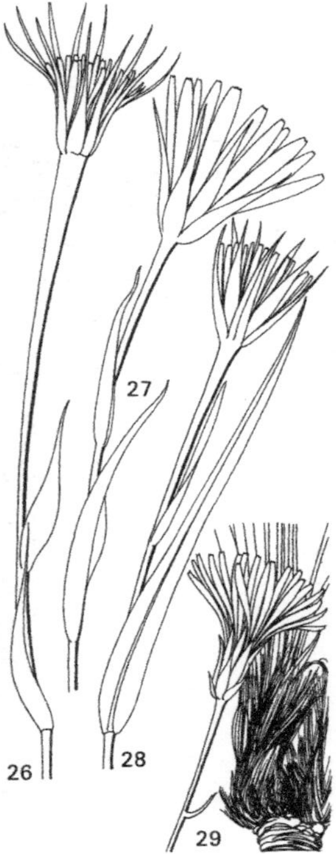

wie 3 cm weiter unten; Hüllblätter 8 (selten mehr, dann aber kürzer als die Blüten) . . *Artengruppe des T. pratensis* S. 510

2*. Stiel der Köpfe zur Blütezeit gegen den Kopf zu allmählich, aber deutlich verdickt, unter dem Kopf mindestens $1^1/_2$mal so dick wie 3 cm weiter unten; Hüllblätter 10–12 (selten 8–10), länger als die Blüten. Warme Lagen . . . . *T. dubius* **26**

1*. Blüten (wenigstens die äußern) purpurrot oder violett.

3. Alle Blüten purpurrot; Stiel der Köpfe zur Blütezeit keulenförmig verdickt, unter dem Kopf mindestens $1^1/_2$mal so dick wie 3 cm weiter unten. Gemüsepflanze; selten verwildert *T. porrifolius*

3*. Äußere Blüten violett, innere gelb; Stiel der Köpfe kaum verdickt, unter dem Kopf höchstens $1^1/_2$mal so dick wie 3 cm weiter unten. Savoyen, Aostatal . . . . *T. crocifolius*

Artengruppe des Tragopogon pratensis

1. Blüten deutlich länger als die Hülle, goldgelb; Staubbeutel gelb, mit 5–8 braunen Längsstreifen. Fettwiesen . . . . *T. orientalis* **27**

1*. Blüten so lang oder kürzer als die Hülle, hellgelb; Staubbeutel ohne Längsstreifen.

2. Blüten so lang oder wenig kürzer als die Hülle; Staubbeutel gelb, im obern Teil meist dunkelbraun. Warme Lagen . . . . *T. pratensis* **28**

2*. Blüten etwa $^1/_3$–$^2/_3$ so lang wie die Hülle; Staubbeutel braun. Warme Lagen . . . . . *T. minor*

Gattung Scorzonera

1. Früchte dicht und braun behaart; Pappus rötlichbraun; Pflanze am Grunde braun behaart (Haare bis 10 mm lang). Dép. Ain . . . . *S. hirsuta*

1*. Früchte kahl; Pappus weiß oder gelblichweiß; Pflanze kahl, selten weißflockig behaart.

2. Kronen hellgelb; Hülle zur Blütezeit 1,5–2,5 cm lang.

3. Pflanze am Grunde von zahlreichen braunen Fasern vorjähriger Blätter eingehüllt; Pappus weiß. Trockenwiesen, Föhrenwälder in warmen Lagen . . . . *S. austriaca* **29**

3*. Pflanze am Grunde ohne Fasern vorjähriger Blätter; Pappus gelblichweiß.

4. Stengelblätter zahlreich, den Stengel teilweise umfassend, die untern fast so lang wie die Grundblätter; Früchte 10–20 mm lang. Wurzelgemüse, gelegentlich verwildert. *S. hispanica*

26 27 28 29

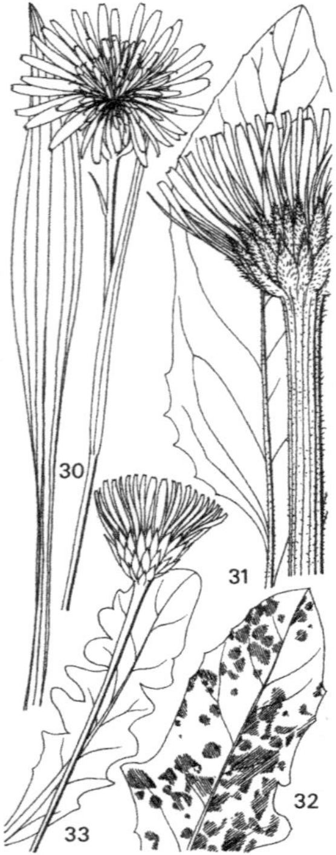

30 31 32 33

4*. Stengelblätter 0–5, schuppenförmig; Früchte 6–9 mm lang.

5. Äußere Hüllblätter höchstens halb so lang wie die innern; Früchte gerippt, auf den Rippen glatt; Stengelblätter 0–5. Riedwiesen, Föhrenwälder . . . . *S. humilis* **30**

5*. Äußere Hüllblätter mindestens halb so lang wie die innern; Früchte gerippt, auf den Rippen höckerig; Stengel ohne Blätter. Südöstliche Alpen . . . . . . *S. aristata*

2*. Kronen rosa; Hülle zur Blütezeit 2,5–3 cm lang. Valle di Scalve . . . . *S. rosea*

Gattung *Podospermum*

Die Gattung *Podospermum* wird heute zu *Scorzonera* gestellt.

1. Abschnitte der Blätter sehr schmal lanzettlich, mehr als 10mal so lang wie breit. Südwesten *P. laciniatum* **21** S. 508

1*. Abschnitte der Blätter lanzettlich bis oval, 2–8mal so lang wie breit. Aostatal, Elsaß *P. calcitrapifolium*

Gattung *Hypochaeris*

1. Stengel steif behaart, mit mindestens 1 gut ausgebildetem Blatt; Rhizom lang und dick; Früchte undeutlich gerippt, fein querrunzelig.

2. Stengel 1köpfig, unter dem Kopf meist mehr als 0,5 cm dick; Blätter nicht dem Boden anliegend, nie gefleckt.

3. Blätter ungestielt; äußere Hüllblätter am Rande gefranst (eingerissen). Alpen . . . *H. uniflora* **31**

3*. Blätter mit kurzem, geflügeltem Stiel; äußere Hüllblätter am Rande kurz bewimpert, nicht gefranst. Bergamasker Alpen, Oberinntal . . . . *H. facchiniana*

2*. Stengel meist verzweigt und 2–3köpfig (selten 1köpfig), unter dem Kopf dünner als 0,5 cm; Blätter dem Boden anliegend und oft braun gefleckt. Magerweiden, Föhrenwälder *H. maculata* **32**

1*. Stengel in der obern Hälfte kahl, nur mit wenigen kleinen, schuppenförmigen Blättern; ohne oder nur mit kurzem Rhizom; Früchte deutlich gerippt, auf den Rippen kurz und stachelig behaart.

4. Pflanze ausdauernd, mit kurzem Rhizom und verdickten Seitenwurzeln; alle Früchte geschnäbelt, 13–16 mm lang (die randständigen oft nur 6 mm lang). Weiden, Gebüsche *H. radicata* **33**

4*. Pflanze 1jährig, mit dünner Pfahlwurzel; nur die innern Früchte geschnäbelt, 6–8 mm lang, die äußern ohne Schnabel, 3–4 mm lang. Westen und Süden . . . . *H. glabra*

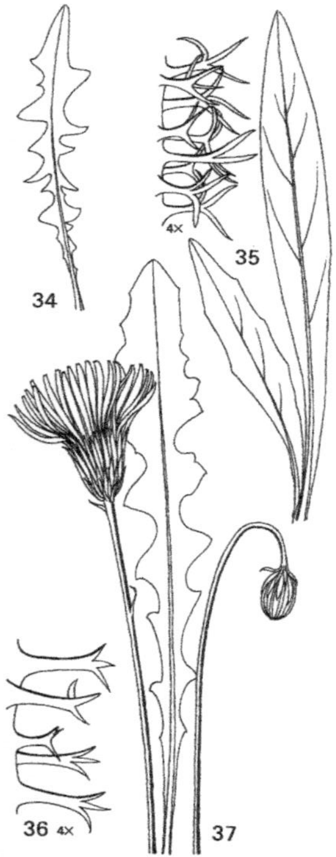

Gattung Leontodon

1. Köpfe vor dem Aufblühen nickend; Pflanze meist mit an der Spitze 2–6teiligen Haaren (Gabelhaare, Sternhaare), wenn kahl, dann 1köpfig und mit 0–3 schuppenförmigen Stengelblättern.
  2. Randständige Früchte an der Spitze nur mit kurzem, gezähntem oder zerschlitztem Rand; Hülle 0,7–1 cm lang.
    3. Wurzeln nicht keulenförmig verdickt; Früchte 3–4 mm lang; Schnabel der innern Früchte etwa $^1/_4$ so lang wie der Rest der Frucht. Felder, Ufer; Westen und Süden — *L. saxatilis*
    3*. Wurzeln keulenförmig verdickt; Früchte 6–7 mm lang; Schnabel der innern Früchte $^1/_2$–$^2/_3$ so lang wie der Rest der Frucht. Bergamasker Alpen . . . . *L. tuberosus*
  2*. Alle Früchte mit federig behaarten Pappusborsten; Hülle 1–1,8 cm lang.
    4. Rhizom senkrecht, lang, pfahlwurzelartig, im obern Teil nur mit wenigen Seitenwurzeln; Früchte gegen die Spitze hin kurz und stachelig behaart, 5–15 mm lang.
      5. Grundständige Blätter grob und buchtig gezähnt bis fiederteilig, am Rande oft wellig; Früchte 8–15 mm lang. Trockene Hänge; Westen und Süden . . . . *L. crispus* **34**
      5*. Grundständige Blätter ganzrandig oder entfernt und fein gezähnt; Früchte 5–8 mm lang.
        6. Grundständige Blätter dicht behaart (10–20 Haare je mm² Blattoberfläche an ausgewachsenen Blättern); Haare an der Spitze meist 4teilig, 0,1–0,3 mm lang; unverzweigter Teil des Haares etwa so lang wie die Haaräste; innere Hüllblätter mit kurzen sternförmigen und einfachen Haaren. Norden und Osten . . . . . . *L. incanus* **35**
        6*. Grundständige Blätter weniger dicht behaart (5–10 Haare je mm² Blattoberfläche an ausgewachsenen Blättern); Haare an der Spitze meist 3teilig, 0,3–0,6 mm lang; unverzweigter Teil des Haares deutlich länger als die Haaräste; innere Hüllblätter kahl oder mit einfachen Haaren (selten mit einzelnen an der Spitze 2–3-teiligen Haaren). Oberwallis, Alpensüdseite . . . . *L. tenuiflorus* **36**
    4*. Rhizom meist horizontal oder schief, unregelmäßig knotig, auch im obern Teil mit zahlreichen Seitenwurzeln; Früchte nicht behaart, 4–8 mm lang. . . . . *L. hispidus* s.l. **37** S. 531

34

35

4x

36 4x

37

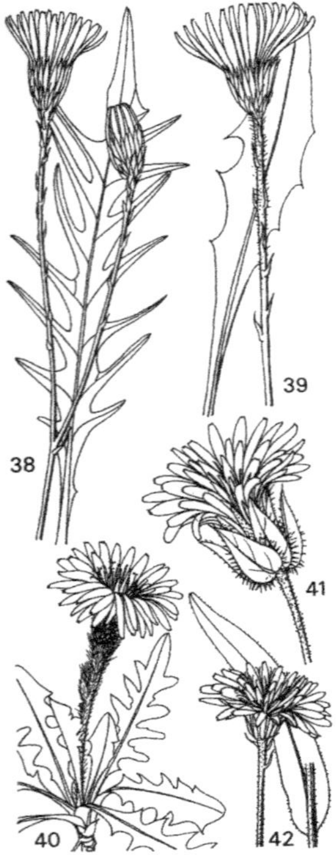

38 39 40 41 42

1*. Köpfe vor dem Aufblühen aufrecht; Pflanze nur mit einfachen Haaren, wenn kahl, dann mit mehr als 3 schuppenförmigen Stengelblättern.

7. Stengel mehrköpfig (selten an Kümmerformen 1köpfig); Früchte deutlich querrunzelig, 3–6 mm lang; Blätter meist bis gegen den Mittelnerv fiederteilig, mit schmal lanzettlichen Abschnitten. Kurze Rasen, Kiesgruben . . . . *L. autumnalis* **38**

7*. Stengel 1köpfig (selten 2–3köpfig); Früchte nur undeutlich querrunzelig, 5–8 mm lang; Blätter ganzrandig bis buchtig gezähnt oder, wenn bis gegen den Mittelnerv fiederteilig, dann die Abschnitte breit 3eckig.

8. Hülle mit weißen und schwarzen, weniger als 1 mm langen Haaren bedeckt; Pappus gelblichweiß; Stengel bedeutend länger als die grundständigen Blätter. Kalkarme Böd. *L. helveticus* **39**

8*. Hülle dicht mit abstehenden schwarzen, ca. 2 mm langen Haaren bedeckt; Pappus weiß; Stengel so lang oder wenig länger als die grundständigen Blätter. Alpin; Schutt *L. montanus* **40**

Gattung Picris

1. Äußere Hüllblätter 3–5, groß, 4–7 mm breit, fast so lang wie die innern, aufrecht; Früchte mit langem Schnabel. Äcker, Schuttplätze . . . . *P. echioides* **41**

1*. Äußere Hüllblätter zahlreich, klein, ca. 1 mm breit, viel kürzer als die innern, dachziegelartig angeordnet, abstehend; Früchte nicht oder nur undeutlich geschnäbelt

2. Blätter beiderseits zerstreut rauhaarig; Stengel behaart; Früchte 2,5–4 mm lang; Hülle grün *P. hieracioides* **42**

2*. Blätter auf den Flächen kahl, oft ganzrandig; Stengel nur unten behaart; Früchte 3,5–5 mm lang; Hülle schwärzlich . . . . *P. sonchoides*

Gattung Taraxacum

1. Früchte ohne oder mit undeutlichen Schuppen; Schnabel der Frucht $^1/_2$–1mal so lang wie die Frucht; Blätter klein, regelmäßig und grob gezähnt, mit breit 3eckigen, ± stumpfen, ganzrandigen, etwa so langen wie breiten Zähnen . . . . *T. pacheri*

1*. Früchte im obern Teil mit deutlichen Schuppen; Schnabel der Frucht meist länger als die Frucht; Blätter meist anders geformt.

2. Blattrosetten meist einzeln.

3. Innere Hüllblätter an der Spitze ohne deutliche Höcker; Früchte meist hellbraun (bei *T. schroeterianum* rotbraun).
4. Blätter ganzrandig oder wenig tief gezähnt, 10–20mal so lang wie breit; äußere Hüllblätter oval, 2,5–5 mm breit, mit 0,3–0,8 mm breitem, häutigem, hellem Rand — *T. palustre* **43**
4*. Blätter 2–8mal so lang wie breit, oft tief geteilt; äußere Hüllblätter meist lanzettlich, 1,5–4 mm breit, ohne hellen Rand.
5. Hülle zur Blütezeit 1,4–2 cm lang; äußere Hüllblätter $^2/_3$–$^3/_4$ so lang wie die innern; Schnabel 2–4mal so lang wie die Frucht. Sehr häufig . . . . *T. officinale* **44**
5*. Hülle zur Blütezeit höchstens 1,5 cm lang; äußere Hüllblätter $^1/_3$–$^2/_3$ so lang wie die innern; Schnabel $^3/_4$–$2^1/_2$mal so lang wie die Frucht.
6. Zungenblüten flach.
7. Äußere Hüllblätter 1–$1^1/_3$mal so breit wie die innern; Schnabel $^3/_4$–$1^1/_2$mal so lang wie die Frucht. Meist alpin . . . . *T. alpinum*
7*. Äußere Hüllblätter $^2/_3$–1mal so breit wie die innern; Schnabel $1^1/_3$–$1^2/_3$mal so lang wie die Frucht. Sumpfige Stellen; Alpen . . . . *T. schroeterianum*

6*. Zungenblüten an der Spitze kapuzenförmig eingerollt. Schneetälchen, Läger. *T. cucullatum*
3*. Innere Hüllblätter an der Spitze mit 1–2 Höckern; Früchte hellbraun oder rot.
8. Blätter fast ganzrandig, bis wenig tief geteilt; Abschnitte etwa so lang wie breit; äußere Hüllblätter ohne hellen Rand; Früchte hellbraun. Alpin; selten. . . . . . *T. ceratophorum*
8*. Blätter meist bis fast zum Mittelnerv geteilt, mit schmalen, $1^1/_2$–3mal so langen wie breiten, oft gezähnten Abschnitten; äußere Hüllblätter mit deutlichem, 0,2 bis 0,4 mm breitem, häutigem, hellem Rand; Früchte meist dunkelrot. Trockene Böden *T. laevigatum* **45**
2*. Blattrosetten zu mehreren, so daß die Pflanze kleine Polster bildet; am Grunde der Blattrosetten mit zahlreichen schwarzen, alten Blattresten. M. Cenis, Aostatal, Wallis *T. dissectum*

Gattung Chondrilla

1. Grundständige Blätter zur Blütezeit verdorrt; Köpfe zu 2–3 in Achseln von Blättern oder endständig. Sandige Böden in warmen Lagen . . . . *Ch. juncea* **46**
1*. Grundständige Blätter zur Blütezeit noch grün; Köpfe in einer doldenähnlichen Rispe . . *Ch. chondrilloides*

Gattung Lactuca

1. Blüten blau bis lila; Früchte beiderseits mit je 1 Rippe; Pflanze ausdauernd.
   2. Früchte (mit Schnabel) 10–15 mm lang, dünner (flacher) als 1 mm; Hülle zur Zeit der reifen Früchte 14–25 mm lang. Trockene, steinige Böden in wärmeren Lagen . . . . *L. perennis* **47**
   2*. Früchte (mit Schnabel) 6–8 mm lang, dicker als 1 mm; Hülle zur Zeit der reifen Früchte 10–15 mm lang. Aostatal . . . . *L. tenerrima*

1*. Blüten gelb (in Herbarexemplaren oft auch schmutzigblau); Früchte beiderseits mit je 4–9 Rippen; Pflanze 1- oder 2jährig.
   3. Köpfe 5blütig; Stengelblätter mit 2 Zipfeln 1–3,5 cm lang am Stengel herablaufend (Zipfel mit dem Stengel verwachsen). Savoyen, Dép. Ain, Wallis, Aostatal . . . . . . *L. viminea* **48**
   3*. Köpfe mehr als 5blütig; Stengelblätter am Stengel nicht berablaufend.
      4. Mittlere und obere Stengelblätter schmal lanzettlich, ganzrandig; Köpfe in einer schmalen Rispe. Wärmere, trockene Lagen . . . . *L. saligna*
      4*. Stengelblätter nicht schmal lanzettlich, meist gezähnt; Köpfe in einer breiten, oft doldenartigen Rispe.
         5. Blätter weich, kahl. Salatpflanze . . . . *L. sativa*
         5*. Blätter steif, unterseits auf den Nerven mit borstenförmigen Haaren.
            6. Frucht graubraun, höckerig, am Übergang zum Schnabel mit kurzen Haaren; Spreite der Stengelblätter meist in eine senkrechte Ebene gedreht. Wärmere Lagen *L. serriola*
            6*. Frucht schwarz, höckerig, meist ohne Haare; Stengelblätter mit horizontaler Spreite. Westen, zentral- und südalpine Täler. . . . . *L. virosa*

Gattung Cicerbita

1. Rhizom nicht kriechend; untere Blätter mit mehreren Seitenabschnitten.
   2. Pflanze kahl; Früchte breit berandet. Westliche Alpen, Vogesen . . . . *C. plumieri*
   2*. Pflanze im obern Teil drüsig behaart; Früchte unberandet. Hochstaudenfluren . . . *C. alpina* **49**

1*. Rhizom weit kriechend; untere Blätter jederseits höchstens mit 1 Seitenabschnitt . . . *C. macrophylla*

Gattung Sonchus

1. Blätter bis auf den Mittelnerv 1–2fach fiederteilig, die untern und mittleren Stengelblätter gestielt. Kaum einheimisch . . . . *S. tenerrimus*

1*. Blätter ungeteilt oder bis nahe an den Mittelnerv fiederteilig; Stengelblätter sitzend.

2. Pflanze 1–2jährig; Griffel und Narbe braun.

3. Stengelblätter den Stengel mit breiten, zugespitzten Zipfeln umfassend; Früchte fein höckerig. Häufiges Unkraut . . . . *S. oleraceus* **50**

3*. Stengelblätter den Stengel mit breiten, im Umriß abgerundeten Zipfeln umfassend; Früchte nebst den Rippen glatt. Häufiges Unkraut . . . . *S. asper* **51**

2*. Pflanze ausdauernd; Griffel und Narbe gelb.

4. Stengelblätter den Stengel mit spitzen Zipfeln umfassend; Rhizom nicht kriechend; Früchte gelbbraun. Aostatal, Val d'Ossola, unterhalb Lecco . . . . *S. palustris*

4*. Stengelblätter den Stengel mit abgerundeten Zipfeln umfassend; Rhizom kriechend; Früchte dunkelbraun.

5. Kopfstiele und Hülle mit gelblichen Drüsenhaaren. Äcker, Schuttplätze . . . . . *S. arvensis* **52**

5*. Kopfstiele und Hülle ohne Drüsenhaare (selten mit einzelnen Haaren) . . . . . *S. uliginosus*

Gattung Crepis

1. Stengel 1–3köpfig oder bis 9köpfig, dann aber die äußern Kronen länger als 17 mm; Hülle dicht behaart; Pflanze ausdauernd, mit Rhizom oder dunkler Pfahlwurzel; (vgl. *C. conyzifolia, C. pyrenaica*).

2. Blätter lang gestielt, oval, am Grunde gestutzt oder herzförmig, mit geflügeltem Blattstiel; Hülle weiß filzig behaart. Kalkreicher Schutt; Alpen; selten . . . . *C. pygmaea*

2*. Blätter oval oder lanzettlich, in den geflügelten Stiel allmählich verschmälert.

3. Pflanze mit Rhizom; 2–10 cm hoch (*C. kerneri* und *C. aurea* bis 30 cm hoch, äußere Kronen aber höchstens 16 mm lang und Stengel mit höchstens 1 cm langen oder fiederteiligen Blättern); 1-, selten mehrköpfig; Früchte meist kürzer als 6 mm.

4. Blüten rot, orange oder orangegelb; Stengel blattlos oder höchstens mit 1–2 kleinen, nicht über 1 cm langen, schmal lanzettlichen Blättern. Bergwiesen und -weiden . . *C. aurea* **53**

4*. Blüten gelb, Stengel mit über 1 cm langen Blättern.

5. Stengelblätter fiederteilig, mit schmal lanzettlichen Abschnitten; Kronröhre kahl *C. kerneri* 54

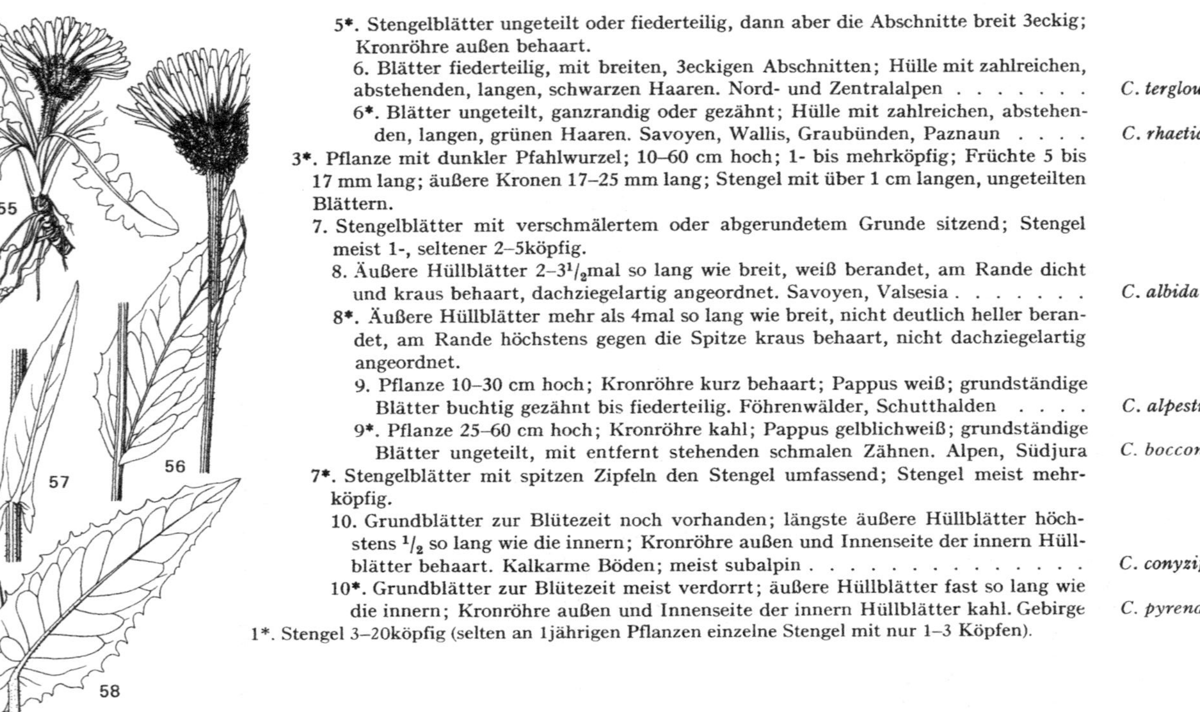

5*. Stengelblätter ungeteilt oder fiederteilig, dann aber die Abschnitte breit 3eckig; Kronröhre außen behaart.

6. Blätter fiederteilig, mit breiten, 3eckigen Abschnitten; Hülle mit zahlreichen, abstehenden, langen, schwarzen Haaren. Nord- und Zentralalpen . . . . *C. terglouensis* **55**

6*. Blätter ungeteilt, ganzrandig oder gezähnt; Hülle mit zahlreichen, abstehenden, langen, grünen Haaren. Savoyen, Wallis, Graubünden, Paznaun . . . . *C. rhaetica*

3*. Pflanze mit dunkler Pfahlwurzel; 10–60 cm hoch; 1- bis mehrköpfig; Früchte 5 bis 17 mm lang; äußere Kronen 17–25 mm lang; Stengel mit über 1 cm langen, ungeteilten Blättern.

7. Stengelblätter mit verschmälertem oder abgerundetem Grunde sitzend; Stengel meist 1-, seltener 2–5köpfig.

8. Äußere Hüllblätter 2–$3^1/_2$mal so lang wie breit, weiß berandet, am Rande dicht und kraus behaart, dachziegelartig angeordnet. Savoyen, Valsesia . . . . *C. albida*

8*. Äußere Hüllblätter mehr als 4mal so lang wie breit, nicht deutlich heller berandet, am Rande höchstens gegen die Spitze kraus behaart, nicht dachziegelartig angeordnet.

9. Pflanze 10–30 cm hoch; Kronröhre kurz behaart; Pappus weiß; grundständige Blätter buchtig gezähnt bis fiederteilig. Föhrenwälder, Schutthalden . . . . *C. alpestris*

9*. Pflanze 25–60 cm hoch; Kronröhre kahl; Pappus gelblichweiß; grundständige Blätter ungeteilt, mit entfernt stehenden schmalen Zähnen. Alpen, Südjura *C. bocconei* 56

7*. Stengelblätter mit spitzen Zipfeln den Stengel umfassend; Stengel meist mehrköpfig.

10. Grundblätter zur Blütezeit noch vorhanden; längste äußere Hüllblätter höchstens $^1/_2$ so lang wie die innern; Kronröhre außen und Innenseite der innern Hüllblätter behaart. Kalkarme Böden; meist subalpin . . . . *C. conyzifolia* **57**

10*. Grundblätter zur Blütezeit meist verdorrt; äußere Hüllblätter fast so lang wie die innern; Kronröhre außen und Innenseite der innern Hüllblätter kahl. Gebirge *C. pyrenaica* 58

1*. Stengel 3–20köpfig (selten an 1jährigen Pflanzen einzelne Stengel mit nur 1–3 Köpfen).

11. Stengel blattlos; Pflanze ausdauernd, mit Rhizom; Hülle nie zurückgebogen.
12. Blütenköpfe in einer Traube oder Rispe. Nur nördlich der Alpen . . . . *C. praemorsa* **59**
12*. Blütenköpfe meist in einer doldenartigen Traube oder Rispe. Nur südlich der Alpen *C. froelichiana*
11*. Stengel beblättert (bei *C. nemausensis* meist ohne Blätter, Pflanze aber 1jährig und zur Fruchtzeit mit zurückgebogener Hülle).
13. Pflanzen ausdauernd, mit Rhizom; Hülle mit langen, abstehenden, dunkeln (fast schwarzen) Haaren; Innenseite der innern Hüllblätter kahl.
14. Stengelblätter mit abgerundetem Grund sitzend; Pappus weiß, biegsam . . . . . *C. mollis* **60**
14*. Stengelblätter mit 2 spitzen Zipfeln den Stengel pfeilförmig umfassend; Pappus gelblichweiß, brüchig. Nasse, nährstoffreiche Böden . . . . *C. paludosa* **61**
13*. Pflanzen 1- oder 2jährig, mit Pfahlwurzel; Hülle kahl oder mit hellen bis dunklen Haaren; Innenseite der innern Hüllblätter kahl oder behaart.
15. Hüllblätter ganz kahl; die äußern etwa $^1/_5$ so lang wie die innern. Warme Lagen . . . . *C. pulchra*
15*. Hüllblätter meist behaart; die äußern $^1/_4$ bis fast so lang wie die innern.
16. Boden des Blütenkopfes kahl oder behaart (Haare nicht länger als 2 mm); Früchte nicht geflügelt; Stengel beblättert.
17. Alle Früchte ungeschnäbelt (gegen die Spitze verschmälert) und die äußern Blütenkronen außerseits nicht rötlich (nur bei *C. neglecta* die innern Früchte gelegentlich mit kurzem Schnabel und bei *C. capillaris* und bei *C. neglecta* die Blütenkronen außerseits rötlich, dort aber Früchte 1,5–2,5 mm und Hülle 4–7 mm lang).
18. Früchte 1,5–2,5 mm lang; Hülle 4–7 mm lang; Hüllblätter zur Fruchtzeit zurückgebogen.
19. Köpfe vor dem Aufblühen nickend; Kronen 5–8 mm lang. Alpensüdfuß *C. neglecta*
19*. Köpfe vor dem Aufblühen aufrecht; Kronen 8–12 mm lang. Häufig *C. capillaris* **62**
18*. Früchte 2,5–7,5 mm lang; Hülle mehr als 7 mm lang; Hüllblätter zur Fruchtzeit nicht zurückgebogen.
20. Stengelblätter flach, buchtig gezähnt bis fiederteilig.

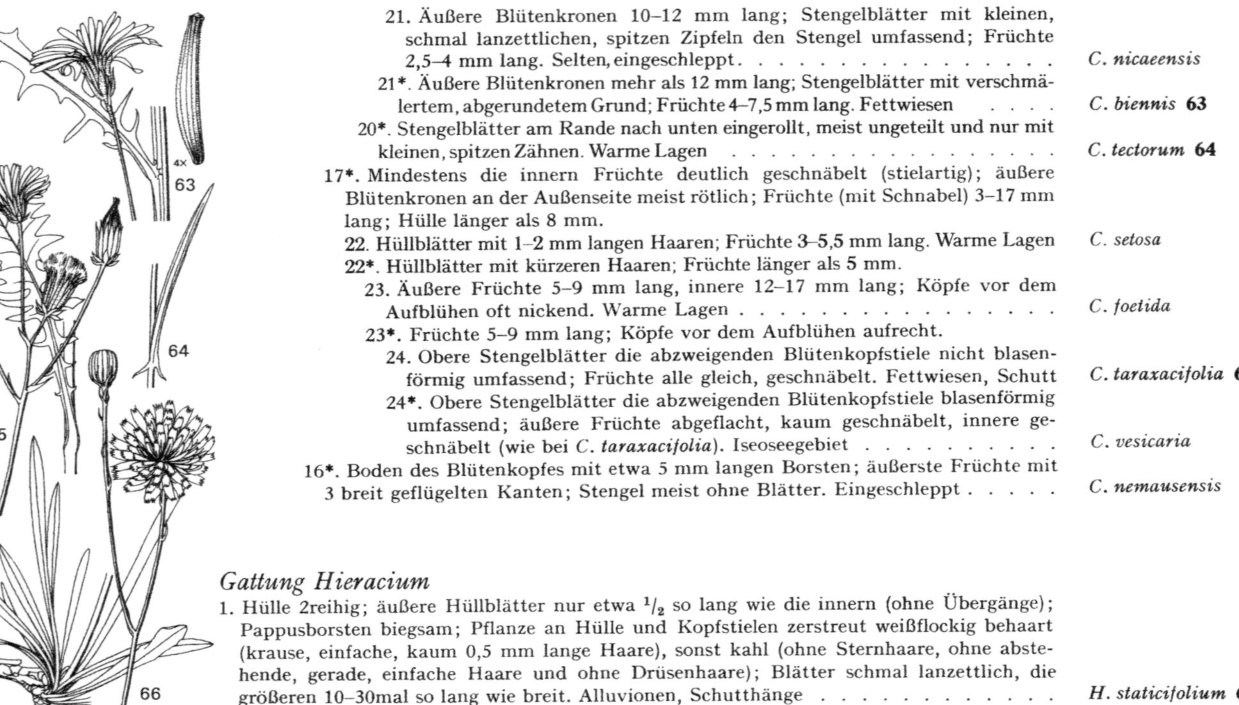

21. Äußere Blütenkronen 10–12 mm lang; Stengelblätter mit kleinen, schmal lanzettlichen, spitzen Zipfeln den Stengel umfassend; Früchte 2,5–4 mm lang. Selten, eingeschleppt . . . . *C. nicaeensis*

21*. Äußere Blütenkronen mehr als 12 mm lang; Stengelblätter mit verschmälertem, abgerundetem Grund; Früchte 4–7,5 mm lang. Fettwiesen . . . . *C. biennis* **63**

20*. Stengelblätter am Rande nach unten eingerollt, meist ungeteilt und nur mit kleinen, spitzen Zähnen. Warme Lagen . . . . *C. tectorum* **64**

17*. Mindestens die innern Früchte deutlich geschnäbelt (stielartig); äußere Blütenkronen an der Außenseite meist rötlich; Früchte (mit Schnabel) 3–17 mm lang; Hülle länger als 8 mm.

22. Hüllblätter mit 1–2 mm langen Haaren; Früchte 3–5,5 mm lang. Warme Lagen *C. setosa*

22*. Hüllblätter mit kürzeren Haaren; Früchte länger als 5 mm.

23. Äußere Früchte 5–9 mm lang, innere 12–17 mm lang; Köpfe vor dem Aufblühen oft nickend. Warme Lagen . . . . *C. foetida*

23*. Früchte 5–9 mm lang; Köpfe vor dem Aufblühen aufrecht.

24. Obere Stengelblätter die abzweigenden Blütenkopfstiele nicht blasenförmig umfassend; Früchte alle gleich, geschnäbelt. Fettwiesen, Schutt *C. taraxacifolia* **65**

24*. Obere Stengelblätter die abzweigenden Blütenkopfstiele blasenförmig umfassend; äußere Früchte abgeflacht, kaum geschnäbelt, innere geschnäbelt (wie bei *C. taraxacifolia*). Iseoseegebiet . . . . *C. vesicaria*

16*. Boden des Blütenkopfes mit etwa 5 mm langen Borsten; äußerste Früchte mit 3 breit geflügelten Kanten; Stengel meist ohne Blätter. Eingeschleppt . . . . . *C. nemausensis*

Gattung Hieracium

1. Hülle 2reihig; äußere Hüllblätter nur etwa $^1/_2$ so lang wie die innern (ohne Übergänge); Pappusborsten biegsam; Pflanze an Hülle und Kopfstielen zerstreut weißflockig behaart (krause, einfache, kaum 0,5 mm lange Haare), sonst kahl (ohne Sternhaare, ohne abstehende, gerade, einfache Haare und ohne Drüsenhaare); Blätter schmal lanzettlich, die größeren 10–30mal so lang wie breit. Alluvionen, Schutthänge . . . . *H. staticifolium* **66**

1*. Hülle meist mehrreihig; Pappusborsten brüchig; Pflanze mit Sternhaaren, mit geraden oder gebogenen, 0,4–12 mm langen, einfachen Haaren oder mit Drüsenhaaren.

2. Früchte 1,5–2,5 mm lang, schwarz; Pflanze oft mit Ausläufern; Blätter ganzrandig oder mit wenigen, entfernt stehenden, feinen Zähnen, am Grunde allmählich verschmälert.

3. Hüllblätter mit kleinen, wenigen oder zahlreichen, höchstens 4 mm langen, einfachen Haaren, die das Hüllblatt nie verdecken.

4. Pflanze 20–80 cm hoch; Stengel mit 1–20 Stengelblättern, 10–50köpfig (2–12köpfig nur bei *H. aurantiacum* mit gelborangen bis braunroten Blüten) . . . . *Artengruppe des H. cymosum* S. 522

4*. Pflanze 5–30 cm hoch; Stengel ohne Stengelblätter oder mit 1 oft sehr kleinen Stengelblatt, 1–7köpfig; Blüten gelb oder hellgelb.

5. Stengel meist mit 1 Stengelblatt in der untern Stengelhälfte, 2–7köpfig (nur bei Kümmerexemplaren 1köpfig); Hülle 6–8 mm lang; Hüllblätter ohne oder nur mit wenigen Sternhaaren; Blüten außerseits ohne rote Streifen . . . . *Artengruppe des H. lactucella* S. 523

5*. Stengel blattlos oder höchstens mit 1 kleinen, schuppenförmigen Blatt, 1köpfig (sehr selten 2köpfig); Hülle 7–15 mm lang; Hüllblätter mindestens in der Mitte mit zahlreichen Sternhaaren; Blüten außerseits meist rot gestreift . . . . . . *Artengruppe des H. pilosella* S. 523

3*. Hüllblätter mit sehr zahlreichen, das Hüllblatt verdeckenden, seidenartigen, 4–8 mm langen, einfachen Haaren; Stengel mit 2–3 Stengelblättern, 2–5köpfig. Savoyen, Wallis *H. alpicola* **67**

2*. Früchte 2,5–5 mm lang, hellbraun bis schwarz; Pflanze nie mit Ausläufern; Blätter ganzrandig, gezähnt oder geteilt, am Grunde allmählich verschmälert, abgerundet, gestutzt oder herzförmig.

6. Hüllblätter und Stengel unter den Blütenköpfen von sehr zahlreichen, 1–8 mm langen, einfachen Haaren verdeckt; Blätter meist mit zahlreichen, 1–10 mm langen, einfachen Haaren, in einen meist undeutlichen Stiel verschmälert.

7. Stengel und Blätter nicht dicht weißwollig; Zähne der einfachen Haare $^1/_2$–$1^1/_2$mal so lang wie der Haardurchmesser; die größeren Blätter $3^1/_2$–10mal so lang wie breit *Artengruppe des H. villosum* S. 523

67

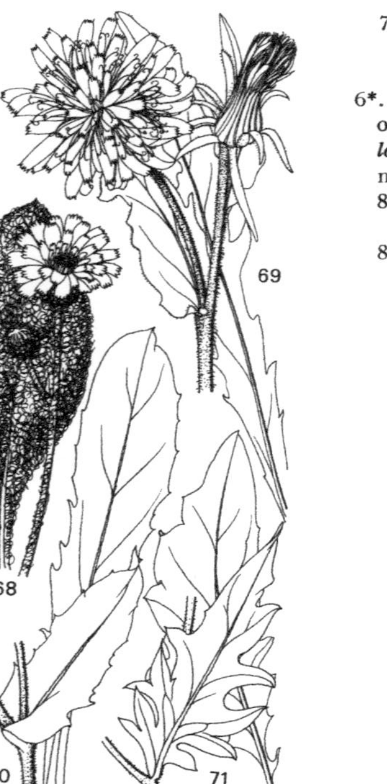

7*. Stengel und Blätter von zahlreichen, 1–4 mm langen Haaren dicht weißwollig; **Zähne der einfachen Haare 3–5mal so lang wie der Haardurchmesser; die größeren Blätter 2–3mal so lang wie breit.** Westliche Alpen, Südjura . . . . *H. tomentosum* **68**

6*. Hüllblätter und Stengel unter den Blütenköpfen (nebst Drüsen- und Sternhaaren) **ohne oder nur mit einzelnen mehr als 1 mm langen, einfachen Haaren (nur bei *H. longifolium* S. 525 mit zahlreichen 2–4 mm langen Haaren an der Hülle, dort aber Blätter** mit deutlichem Stiel und oberseits meist kahl).

8. **Blüten gelblichweiß;** ganze Pflanze von Drüsenhaaren klebrig; ohne einfache Haare; **Blätter ohne Stiel, die größern 6–10mal so lang wie breit.** Vogesen, Alpen . . . . *H. intybaceum* **69**

8*. Blüten hell- bis dunkelgelb; Blätter meist ohne Drüsenhaare oder wenn mit Drüsenhaaren, dann am Rande und am Stiel auch noch zahlreiche 0,5–4 mm lange einfache Haare.

9. Stengel bis zur untersten Abzweigung höchstens mit 6 Stengelblättern; Pflanze 5–60 cm hoch; Blätter am Grunde in einer Rosette.

10. **Blätter beiderseits von Drüsenhaaren klebrig, die stengelständigen mit herzförmigem Grund den Stengel umfassend.** Felsen, steinige Hänge . . . . . . *H. amplexicaule* **70**

10*. Blätter nicht klebrig (nur bei *H. humile* mit Drüsenhaaren, dort aber die Stengelblätter mit verschmälertem oder gerundetem Grund sitzend und den Stengel nicht umfassend).

11. Größere Blätter $1^1/_2$–6mal so lang wie breit, am Grunde oft plötzlich in den Stiel verschmälert, gerundet oder herzförmig.

12. Blätter besonders am Rande mit 0,1–0,5 mm langen Drüsenhaaren, gegen den Stiel mit einzelnen, oft isoliert stehenden, bis über 10 mm langen Zähnen; Pflanze 5–20 cm hoch; Stengel hin- und hergebogen. Felsen . . *H. humile* **71**

12*. Blätter ohne Drüsenhaare, mit 1,5–10 mm langen Zähnen oder ganzrandig; Pflanze 10–60 cm hoch; Stengel gerade.

13. Wabenartige Leisten auf dem Boden des Blütenkopfes kahl; Kronzähne oft kahl; Blätter besonders im untern Teil mit 1,5–10 mm langen Zähnen, die größeren Blätter (ohne Stiel) $1^1/_2$–3mal so lang wie breit . . . . . . *Artengruppe des H. murorum* S. 524

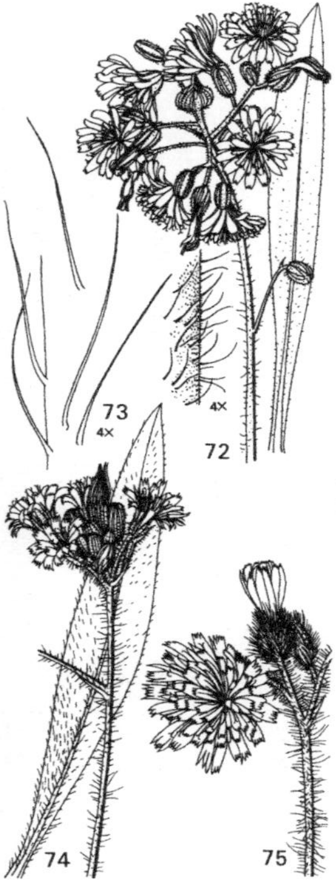

13*. Wabenartige Leisten auf dem Boden des Blütenkopfes bewimpert; Kronzähne bewimpert; Blätter ganzrandig oder mit einzelnen, kaum über 2 mm langen Zähnen, die größeren Blätter (ohne Stiel) $2^1/_2$–5mal so lang wie breit . . . . *Artengruppe des H. cerinthoides* S. 524

11*. Größere Blätter lanzettlich bis grasartig, 5–50mal so lang wie breit, am Grunde allmählich verschmälert . . . . *Artengruppe des H. porrifolium* S. 525

9*. Stengel mit zahlreichen (vom Grund bis zur untersten Abzweigung mindestens 10) Stengelblättern; Pflanze 20–120 cm hoch; Blätter zur Blütezeit alle stengelständig, aber bisweilen die untersten rosettenartig gehäuft . . . . *Artengruppe des H. umbellatum* S. 525

73 4×
72 4×
74
75

Artengruppe des Hieracium cymosum

1. Stengel mit 4–20 Stengelblättern; grundständige Blätter zur Blütezeit meist nicht mehr vorhanden; Pflanze ohne Ausläufer und ohne Drüsenhaare. Oberrheinische Tiefebene *H. echioides*

1*. Stengel mit 1–5 Stengelblättern; Blätter am Grunde in einer Rosette; Pflanze oft mit Ausläufern und meist am obern Stengel mit Drüsenhaaren.

2. Stengel mit 1–3 mm langen, einfachen, hellen, selten dunklen Haaren.

3. Blätter beiderseits mit zahlreichen, 0,5–1 mm langen, einfachen Haaren und mit Sternhaaren, gelbgrün. Wärmere Lagen . . . . *H. cymosum* **72**

3*. Blätter nur mit wenigen, 3–7 mm langen, einfachen, hellen Haaren am Rande (und oft auch oberseits), meist ohne Sternhaare.

4. Pflanze ohne Ausläufer. Trockene Rasen, Kiesgruben . . . . *H. piloselloides* **73**

4*. Pflanze mit langen (selten kurzen) oberirdischen Ausläufern. Norden . . . . . . *H. bauhinii*

2*. Stengel mit 2–7 mm langen, einfachen, dunklen Haaren.

5. Blüten dunkelgelb; Hülle 5–8 mm lang. Westen, Norden, Nordosten . . . . *H. caespitosum* **74**

5*. Blüten gelborange bis braunrot (getrocknet oft purpurn); Hülle 7–10 mm lang. Gebirge *H. aurantiacum* **75**

Artengruppe des Hieracium lactucella

1. Ausläufer vorhanden; Stengel ohne einfache Haare; Blätter blaugrün, meist stumpf, ohne Sternhaare . . . . *H. lactucella* **76**

1*. Ausläufer nicht vorhanden oder (seltener) sehr kurz; Stengel neben Stern- und Drüsenhaaren auch mit 1,5–4 mm langen, einfachen Haaren; Blätter grün, meist spitz, stets mit Sternhaaren (oft nur am Rand und auf dem Mittelnerv der Blattoberseite). Alpen . . . . *H. angustifolium*

Artengruppe des Hieracium pilosella

1. Hüllblätter 0,7–2 mm breit; Ausläufer dünn, oft lang, mit ± entfernt stehenden, gegen die Spitze des Ausläufers kleiner werdenden Blättern.
   2. Hüllblätter mit Drüsenhaaren; Hülle 8–12 mm lang.
      3. Blätter oberseits ohne Sternhaare (höchstens einfache Haare) . . . . *H. pilosella* **77**
      3*. Blätter oberseits dicht mit Sternhaaren bedeckt. Zentral- und Südalpen . . . . . *H. velutinum*
   2*. Hüllblätter ohne Drüsenhaare; Hülle 7–10 mm lang. Südjura, Südwestalpen . . . . *H. saussuroides*

1*. Hüllblätter 2–4 mm breit; Ausläufer kurz und dick, mit ± dicht stehenden, fast gleich großen Blättern.
   4. Hüllblätter etwa in der Mitte am breitesten, kurz und stumpf zugespitzt, dunkel, mit hellen Rändern. Östliche Alpen . . . . *H. hoppeanum* **78**
   4*. Hüllblätter im untersten Drittel am breitesten, allmählich und fein zugespitzt, hellgrün, oft mit rötlicher Spitze. Westliche Alpen, Vogesen, Schwarzwald . . . . *H. peletierianum* **79**

Artengruppe des Hieracium villosum

1. Stengel ohne Drüsenhaare, mit 3–8 Stengelblättern; Stengelblätter im untersten Drittel am breitesten, mit abgerundetem Grunde sitzend oder den Stengel teilweise umfassend . . *H. villosum* **80**

1*. Stengel mit Drüsenhaaren, mit 0–3 Stengelblättern; Stengelblätter etwa in der Mitte am breitesten, mit verschmälertem Grunde sitzend.

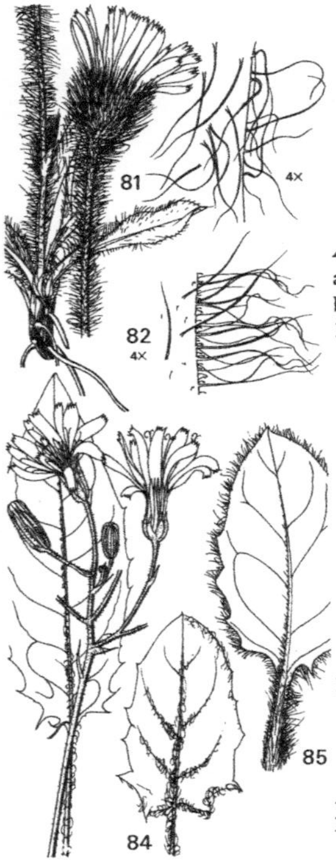

81 4× 82 4× 84 85

2. Blätter ohne Drüsenhaare; Krone kahl.

3. Blätter oberseits und an den Rändern und oft auch unterseits mit zahlreichen, einfachen Haaren, grün. Saure Böden; meist alpin . . . . *H. glanduliferum* **81**

3*. Blätter auf der Oberseite gegen die Basis zu mit zahlreichen, 6–10 mm langen, einfachen Haaren, sonst kahl, blaugrün. Savoyen . . . . *H. subnivale*

2*. Blätter besonders am Rande mit zahlreichen Drüsenhaaren; Krone außen und an den Zähnen mit einzelnen kurzen, einfachen Haaren. Vogesen, Alpen . . . . *H. alpinum* **82**

Artengruppe des Hieracium murorum

a) Stengel 3- bis mehrblättrig; Blätter mit verschmälertem Grund . . . . *H. lachenalii*

b) Stengel mit 0–1 (selten 2) Blättern.

1. Blätter am Rande und am Stiel höchstens mit 0,5–5 mm langen, einfachen Haaren; Kronzähne meist kahl.

2. Zähne der Haare $^{1}/_{2}$–1mal so lang wie der Haardurchmesser; Blätter grün, nur gelegentlich braun gefleckt, am Grunde herzförmig, gestutzt oder abgerundet.

3. Hülle 8–14 mm lang; Früchte 3–3,5 mm lang.

4. Hüllblätter meist ohne Drüsenhaare, aber mit zahlreichen Sternhaaren. Gebirge *H. bifidum*

4*. Hüllblätter mit Drüsenhaaren.

5. Stengel meist nur mit Sternhaaren und Drüsenhaaren; Blätter grün . . . . . *H. murorum* **83**

5*. Stengel im untern Teil mit 1–5 mm langen, einfachen Haaren; Blätter grün bis blaugrün. Warme Lagen . . . . *H. glaucinum* **84**

3*. Hülle 6–9 mm lang; Früchte 2,5–3 mm lang . . . . *H. tenuiflorum*

2*. Zähne der Haare 1–2mal so lang wie der Haardurchmesser; Blätter blaugrün, meist braun und oft auch hell gefleckt, ziemlich plötzlich oder allmählich in den Stiel verschmälert . *H. pictum*

1*. Blätter am Rande und am Stiel mit 2–10 mm langen, einfachen Haaren, blaugrün, ohne Flecken; Kronzähne bewimpert. Felsen, steinige Hänge im Gebirge . . . . *H. schmidtii* **85**

Artengruppe des Hieracium cerinthoides

1. Rhizom am obern Ende mit einem Schopf von 6–10 mm langen, einfachen Haaren; Stengel 10–25 cm hoch, mit 0–2 Stengelblättern; Blätter ohne deutlichen Stiel. Savoyen . . . . *H. lawsonii*

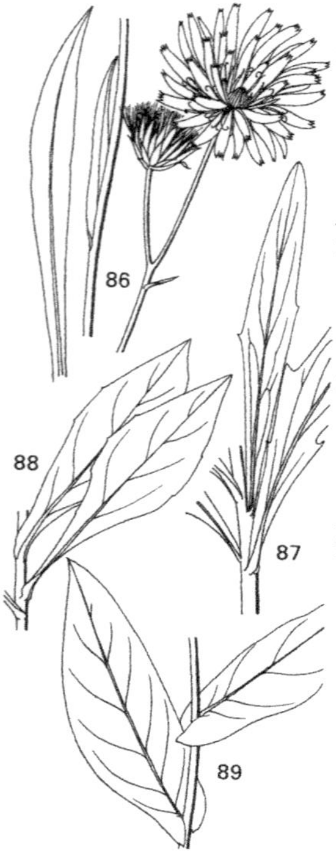

1*. Rhizom ohne Haarschopf (aber Blattgrund behaart!); Stengel 20–60 cm hoch, mit 2–5 Stengelblättern; Blätter meist mit deutlichem Stiel.

2. Hülle 11–14 mm lang, mit einzelnen, 0,5–1,5 mm langen, einfachen Haaren. Subalpin *H. vogesiacum*

2*. Hülle 12–16 mm lang, mit zahlreichen, 2–4 mm langen, einfachen Haaren. Westl. Alpen *H. longifolium*

Artengruppe des Hieracium porrifolium

1. Stengel meist 4–20köpfig; Hülle 9–11 mm lang; Hüllblätter 0,8–1,8 mm breit.

2. Blätter grasartig, meist ganzrandig, 20–50mal so lang wie breit, kurz gestielt. Südalpen, Vintschgau . . . . . *H. porrifolium*

2*. Blätter lanzettlich, oft mit einzelnen Zähnen, die größeren 5–25mal so lang wie breit, ungestielt, gegen den Grund etwas verschmälert; Alpen . . . . . *H. glaucum*

1*. Stengel meist 2–5köpfig; Hülle 11–15 mm lang; Hüllblätter 1,5–2,5 mm breit; Blätter lanzettlich, meist ganzrandig, die größeren 5–25mal so lang wie breit, ungestielt, gegen den Grund etwas verschmälert. Felsen, steinige Hänge . . . . . *H. bupleuroides* **86**

Artengruppe des Hieracium umbellatum

1. Stengel ohne Drüsenhaare (oder nur mit einzelnen Drüsenhaaren unter den Blütenköpfen); Stengelblätter mit verschmälertem, abgerundetem oder undeutlich herzförmigem Grund, den Stengel nicht oder nur wenig umfassend; Zähne der Krone kahl.

2. Mittlere Blätter 5–12mal so lang wie breit; äußere Hüllblätter teilweise zurückgebogen *H. umbellatum* **87**

2*. Mittlere Blätter 2–5mal so lang wie breit; äußere Hüllblätter nicht oder nur wenig abstehend.

3. Innere Hüllblätter spitz; mittlere Stengelblätter mit verschmälertem Grunde sitzend oder sehr kurz gestielt, obere sitzend . . . . . *H. laevigatum*

3*. Alle Hüllblätter stumpf; mittlere und obere Blätter den Stengel herzförmig umfassend oder mit breitem Grunde sitzend.

4. Blätter selten rosettenartig gehäuft; wabenartige Leisten auf dem Boden des Blütenkopfes mit einzelnen Haaren; Früchte dunkelbraun bis schwarz, 2,5–3 mm lang *H. sabaudum*

86

88

87

89

4*. Blätter in der untern Stengelhälfte meist rosettenartig gehäuft; Blütenboden kahl; Früchte hell- bis dunkelbraun, 4–4,5 mm lang. Lichte Wälder, Gebüsche . . . . . . *H. racemosum* **88**

1*. Stengel im obern Teil mit zahlreichen 0,2–0,7 mm langen Drüsenhaaren; Stengelblätter mit breit herzförmigem Grund den Stengel umfassend; Zähne der Krone bewimpert . . . *H. prenanthoides* **89**

Gattung Stipa

a) Granne der Deckspelze überall behaart (Abb. **88** S. 42).

1. Rand der Deckspelze bis zur Basis der Granne behaart.

2. Mittlere Haarreihe auf dem Rücken der Deckspelze so lang oder länger als die beiden seitlichen Haarreihen (seitliche Haarreihen nicht mit dem behaarten Rand verwechseln!); Deckspelze 21–24 mm lang. Kaiserstuhl . . . . . . *S. pulcherrima*

2*. Mittlere Haarreihe auf dem Rücken der Deckspelze nicht vorhanden oder kürzer als die beiden seitlichen Haarreihen; Deckspelze 14–21 mm lang.

3. Unterster, gedrehter Grannenteil kahl . . . . . . *S. eriocaulis*

3*. Unterster, gedrehter Grannenteil dicht mit bis 6 mm langen, schief abstehenden Haaren besetzt. Comersee (Tremezzo) . . . . . . *S. paradoxa*

1*. Rand der Deckspelze nicht bis zur Basis der Granne behaart.

4. Blattspreite kurz zugespitzt, nicht in eine haarförmige Spitze ausgezogen; Blatthäutchen 1–7 mm lang; Stengel unterhalb der Knoten kahl . . . . . . *S. pennata*

4*. Blattspreite in eine haarförmige Spitze ausgezogen; Blatthäutchen bis 0,5 mm lang; Stengel unterhalb der Knoten fein behaart. San Salvatore (?) . . . . . . *S. tirsa*

b) Granne der Deckspelze feiner Borsten wegen rauh, nicht behaart . . . . . . *S. capillata*

Gattung Corynephorus

1. Ausdauernd; Haare am Grunde der Deckspelze ca. $^1/_4$ so lang wie diese . . . . . . *C. canescens* Abb. **76** S. 36

1*. 1jährig; Haare am Grunde der Deckspelze $^1/_2$–$^3/_4$ so lang wie diese . . . . . . *C. divaricatus*

Gattung Cotoneaster

1. Kronblätter aufrecht oder gewölbt, rosa oder rötlich; Blätter sommergrün.
   2. Zumindest einzelne Blätter über 2,5 cm lang.
      3. Blätter 4–7 cm lang, in eine Spitze ausgezogen, mit eingesenkten Nerven; bis 4 m hoch. Verwildert . . . . . *C. bullatus*
      3*. Blätter 2–5 cm lang, oval, spitz, Nerven nicht eingesenkt; bis 1,5 m hoch.
         4. Kelchbecher und Kelchblätter ausserseits dicht filzig behaart; Blüten meist zu 3–12 . *C. tomentosus*
         4*. Kelchbecher und Kelchblätter kahl bis zerstreut behaart; Blüten meist zu 1–3 . . . *C. integerrimus* Abb. 78 S. 280
   2*. Blätter kürzer als 2,5 cm. Verwildert.
      5. Blätter 1–2,5 cm lang; Frucht 7–12 mm lang, länglich; Blüten zu 2–4. . . . . *C. divaricatus*
      5*. Blätter 0,6–1,2 cm lang; Frucht 4–6 mm lang, kugelig; Blüten zu 1–2 . . . . . *C. horizontalis*
1*. Kronblätter ausgebreitet, weiss; Blätter wintergrün. Verwildert . . . . . *C. salicifolius*

Gattung Pastinaca

1. Pflanze kahl bis zerstreut behaart . . . . . *P. sativa* Abb. **95** S. 350
1*. Pflanze mehr oder weniger grauhaarig.
   2. Stengel kantig; Dolden 1. Ordnung mit 9–20 Dolden 2. Ordnung . . . . . *P. sylvestris*
   2*. Stengel rund; Dolden 1. Ordnung mit 5–7 Dolden 2. Ordnung . . . . . *P. urens*

Gattung Glechoma

1. Pflanze behaart bis kahl; Blütenstiele ca. 1 mm lang; Kelch 5–6,5 mm lang; Krone 15–22 mm lang. Sehr häufig und weit verbreitet . . . . . *G. hederacea* Abb. **37** S. 396
1*. Pflanze dicht behaart; Blütenstiele 2–4 mm lang; Kelch 7–11 mm lang; Krone 20–30 mm lang. In warmen Gebieten (v.a. VS, TI) . . . . . *G. hirsuta*

Gattung Berberis

1. Blätter sommergrün, weich.
  2. Blätter fein gezähnt, 2–7 cm lang, oberseits dunkelgrün, unterseits heller; Dornen meist 3teilig — *B. vulgaris* Abb. **32** S. 196
  2*. Blätter ganzrandig, 1–3 cm lang, oberseits hellgrün, unterseits bläulich; Dornen einfach . — *B. thunbergii*
1*. Blätter wintergrün, lederig, steif, stachlig.
  3. Blätter 1,5–3 cm lang, unterseits bläulich weiss; Blüten zu 1–2 . . . . — *B. verruculosa*
  3*. Blätter 6–8 cm lang, unterseits hellgrün; Blüten zu 8–15 in kurzen, doldigen Trauben . . — *B. julianae*

Gattung Scilla

1. Blüten im Frühjahr mit oder kurz vor den Blättern erscheinend.
  2. Perigonblätter weiss bis hellblau, mit dunklerem Mittelstreifen . . . . — *S. mischtschenkoana*
  2*. Blüten blau
    3. Perigonblätter am Grunde verwachsen.
      4. Perigonblätter hell violettblau, am Grunde innen weiss, freier Teil 12–20 mm lang und 3–8 mm breit . . . . — *S. luciliae*
      4*. Perigonblätter intensivblau, am Grunde gleichfarben, freier Teil 8–12 mm lang und 2–4 mm breit . . . . — *S. sardensis*
    3*. Perigonblätter ganz frei.
      5. Perigonblätter 6–12 mm lang; Blütenstiele aufrecht, jene der unteren Blüten länger als die Blüten . . . . — *S. bifolia* Abb. **55** S. 96
      5*. Perigonblätter 12–15 mm lang; Blütenstiele nach unten gebogen, so lang oder kürzer als die Blüten . . . . — *S. siberica*
1*. Pflanze im Herbst blühend, zur Blütezeit keine Blätter vorhanden. Elsass, Norditalien . . . — *S. autumnalis*

Gattung Eragrostis

Bestimmungsschlüssel aus Jürg Röthlisberger, Bauhinia 19: 15–28 (2005), leicht verändert

1 Pflanze mit Drüsen an den Blatträndern, Ährchen breitlanzettlich bis oval.
  2 Ährchen 2-4 mm breit; Blattscheiden unterhalb der Mündung kahl .... *E. cilianensis* Abb. **24** S. 52
  2* Ährchen 1,5-2 mm breit; Blattscheiden behaart .... *E. minor*
1* Pflanze ohne Drüsen am Blattrand.
  3 Blattscheiden unterhalb der Mündung ganz kahl, mindestens bei kräftigeren Pflanzen einzelne Ährchen oder Teilrispen im unteren Teil des Stengels .... *E. barrelieri*
  3* Pflanze nur mit endständiger Rispe.
    4 Frucht auf der dorsalen Seite deutlich konkav; aufrechte meist grössere Pflanzen, deren unterste Rispenäste fast immer einzeln stehen.
      5 Stengel derb, oft über 1,5 mm Durchmesser; Ährchen oval bis länglich; oft an sonnigen Standorten .... *E. mexicana*
      5* Stengel zart, meist unter 1 mm Durchmesser; Ährchen lanzettlich; oft an schattigen Standorten .... *E. virescens*
    4* Frucht auf der dorsalen Seite konvex oder höchstens schwach konkav; meist kleinere, oft niederliegende Pflanzen mit dünnen seitlichen Rispenästen und spitzen Ährchen.
      6 Ährchen bis 1,8 mm breit; untere Hüllspelze ca. zwei Drittel so lang wie die obere, Deckspelzen stets vor den Vorspelzen abfallend .... *E. pectinacea*
      6* Ährchen unter 1,5 mm breit; untere Hüllspelze viel kürzer als die obere, Deckspelzen oft mit den Vorspelzen abfallend.
        7 Oberste Blattscheiden-Mündung und unterste quirlförmige Verzweigungen des Blütenstandes mit einigen langen Haaren; untere Hüllspelze meist deutlich weniger als halb so lang wie die obere .... *E. pilosa*
        7* Oberste Blattscheiden-Mündung in der Regel ohne lange Haare; untere Hüllspelze meist mehr als halb so lang wie die obere .... *E. multicaulis*

Gattung Parthenocissus

1. Blätter bis zum Grunde radiär geteilt, mit meist 5 Teilblättern; Beeren schwarz, kaum bereift. Kultiviert und verwildert.
   2. Ranken mit 2–5 Verzweigungen, ohne Haftscheiben; Blätter unterseits grün, glänzend ... *P. inserta*
   2*. Ranken mit 5–12 Verzweigungen, mit Haftscheiben; Blätter unterseits weisslichgrün, matt .... *P. quinquefolia*

1*. Blätter radiär bis etwa zur Mitte 3teilig; Beeren schwarz, blau bereift; Ranken mit Haftscheiben. Kultiviert. .... *P. tricuspidata*

Gattung Galanthus

1. Innere Perigonblätter mit 1 grünen Fleck an der Spitze........ *G. nivalis* **66** S. 102

1*. Innere Perigonblätter mit 2 grünen Flecken, je einer an der Basis und an der Spitze. .... *G. elwesii*

Gattung Hyacinthoides

1. Blütenstand allseitswendig, aufrecht; Blüten ohne Geruch, mit 1–2 cm langen Stielen; Staubbeutel blau .... *H. hispanica*

1*. Blütenstand einseitswendig, an der Spitze nickend; Blüten wohlriechend, Stiel kaum länger als 1 cm; Staubbeutel crèmefarbig .... *H. non-scripta*

Gattung Aethusa

1. Pflanze bis 1 m hoch, sparrig verzweigt, Abzweigungen mit stumpfen Winkeln; Blattzipfel länglich bis eiförmig, stumpf oder kurz zugespitzt; Früchte 3,5–4,5 mm lang. Äcker, Gärten, Schuttplätze . . . . . . *A. cynapium* Abb. **99** S. 351
1*. Pflanze bis 2,5 m hoch, schlank, Abzweigungen mit spitzen Winkeln; Blattzipfel lineal bis länglich, spitz; Früchte 2,5–4 mm lang. Feuchte Wälder, Auenwälder . . . . . . *A. cynapioides*

Leontodon hispidus s.l.

(sehr variabel, die hier unterschiedenen Arten sind durch Übergänge verbunden)

1. Pflanze behaart, Haare mit 2–4 Strahlen.
   2. Pflanze 15–60 cm hoch; Haare mit 2–4 Strahlen; Blätter ±flach. Wiesen, Weiden, Schutt. . . . . . *L. hispidus* Abb. 37 S. 512
   2*. Pflanze 10–20 cm hoch; Haare gegabelt (mit 2 Strahlen); Blätter meist wellig-kraus. Kalkschutt . . . . . . *L. pseudocrispus*
1*. Pflanze kahl oder mit einzelnen, meist einfachen Haaren.
   3. Pflanze 10–20 cm hoch, kahl; Blätter fiederteilig, mit schmalen Abschnitten; Stengel unter dem Kopf verdickt. Schutthänge. . . . . . *L. hyoseroides*
   3*. Pflanze 15–50 cm hoch, kahl oder mit einfachen Haaren; Blätter grob gezähnt bis fiederteilig.
      4. Stengel schlank, unter dem Kopf kaum verdickt, 2–4mal so lang wie die Blätter; Moore, Nasswiesen . . . . . . *L. danubialis*
      4*. Stengel robust, unter dem Kopf verdickt, 1–2mal so lang wie die Blätter; Wiesen . . . *L. opimus*

Erklärung von Fachausdrücken

Achsenbecher: becherförmig ausgehöhlte Blütenachse, in der der Fruchtknoten liegt und auf deren Rand die Blütenhüllen angewachsen sind.
Ährchen: Aus Ährchen setzt sich der Blütenstand der *Gramineae* zusammen.
Ähre: Blütenstand mit längs einer Achse angeordneten ungestielten (sitzenden) Blüten.
aktinomorph: s. radiär symmetrisch.
allseitswendig: nach allen Seiten gerichtet (rund um die Achse).
annuell: 1jährig (von der Keimung bis zur Blüte); gelegentlich werden Pflanzen, die den ganzen Lebenszyklus im Sommer abschließen als sommerannuell, solche, die im Herbst keimen und im folgenden Sommer blühen, als winterannuell bezeichnet.
Antheren: oberer, meist erweiterter Teil des Staubblattes, in dem der Pollen gebildet wird; auch als Staubbeutel bezeichnet.
Antheridium: ♂ Sexualorgan bei den *Archegoniatae.*
Archegonium: ♀ Sexualorgan bei den *Archegoniatae.*
aufsteigend: am Grunde einen Bogen bildend und dann ± aufrecht stehend.
Ausläufer: niederliegende oder aufsteigende Seitentriebe, die an einem unterirdischen Sproßteil oder am Grunde des oberirdischen Stengels entspringen.
Außenkelch: Kelchblattartige Bildungen außerhalb des Kelches, die eine kelchartige Hülle bilden (z. B. bei vielen Gattungen der *Rosaceae*, bei *Malvaceae* und *Dipsacaceae*).

Bastard: durch Kreuzung aus 2 verschiedenen Sippen (Eltern haben stark differenzierte Genome wie Gattungen, Arten oder niedrigere systematische Einheiten) entstandene Pflanzen oder Abkömmlinge solcher Pflanzen.
Bauch: Seite eines Organs, die der Achse, an der das Organ entspringt, zugewendet ist.
Beere: mehrsamige, fleischige Frucht, bei der die Samen im Fruchtfleisch liegen.
bewimpert: am Rande mit abstehenden Haaren.
Blasenhaare: gestielte oder sitzende, weiße, blasenförmige Haare.
Blattachsel: befindet sich oberseits zwischen Stengel und Blattstiel oder Blattgrund; dort ist oft eine Knospe vorhanden.
Blatthäutchen: häutiges Gebilde, das sich am Blattgrund, auf der Oberseite zwischen Blattspreite und Blattscheide befindet und meist dem Stengel anliegt (z. B.: *Gramineae, Cyperaceae, Selaginella, Isoëtes*).
Blattscheide: s. Scheide.
Blütenbecher: s. Achsenbecher.
Blütenboden: Fläche, auf der die Blüten (z.B. *Dipsacaceae, Compositae*) oder die Blütenorgane angewachsen sind (z. B. *Ranunculus, Fragaria*).
Blütenhülle: Gesamtheit der die ♂ und (oder) ♀ Blütenorgane umgebenden Teile einer Blüte: Kelch und Krone oder Perigon.
Blütenstand: Gesamtheit der Blüten eines Stengels, sofern die Blüten nicht einzeln in den Achseln von gewöhnlichen Laubblättern stehen.
Borstenhaare: steife, meist abstehende Haare.
Brutknospen: s. Bulbillen.
Bulbillen(Brutzwiebeln): Knospen, die in Blattachseln oder im Blütenstand (anstelle von Blüten) gebildet werden, abfallen und sich bewurzeln und so der vegetativen Vermehrung dienen, s. auch Viviparie.
Büschelhaare: Haare, die strahlenartig auf einer halbkugeligen Ausstülpung der Epidermis stehen.

Cupula s. Fruchtbecher.
Cyathium: Einzelblütenstand in der Gattung *Euphorbia*, der einer ⚥ Blüte ähnlich sieht.

Deckblatt s. Tragblatt.
Deckspelze: häutiges oder derbes Gebilde, das dem Tragblatt entspricht (Begriff nur in der Familie der *Gramineae* verwendet); s. Spelze.
diözisch: ♂ und ♀ Blüten vorhanden, die auf *verschiedenen* Pflanzen angeordnet sind.
Dolde: Blütenstand, dessen Blütenstiele am gleichen Punkt einer Achse entspringen.
doldenartig: alle Blüten in einer ebenen oder krummen Fläche (meist Kugelabschnitt), so daß der Eindruck einer Dolde entsteht; die Blütenstiele verzweigen sich jedoch nicht an einem Punkt (Dolde), sondern entsprechen meist Trauben oder Rispen.
Dorn: harter, holziger, spitziger Fortsatz, der anstelle von Kurztrieben, Blättern oder Nebenblättern entstanden ist.
Drüsenborsten: nadelförmige, weiche Stacheln, mit kugeligen Drüsen an der Spitze (*Rosa* und *Rubus*).
Drüsenhaare: Haare, die bestimmte Stoffe (Sekrete) ausscheiden; sie sind am Ende meist kugelig verdickt.
durchwachsenes Blatt: Blatt, dessen Blattgrund um den Stengel herum greift und dort überall mit diesem verwachsen ist.

eiförmig: von der Form eines Eies (Begriff nur dreidimensional verwendet), s. dagegen oval.
eingeschlechtig: Blüten (oder auch Pflanzen) entweder nur mit ♂ oder nur mit ♀ funktionsfähigen Organen.
einhäusig: ♂ und ♀ Blüten vorhanden, die auf der *gleichen* Pflanze vorkommen.
einseitswendig: nach einer Seite hin gewendet (z.B. Blütenstände, Fruchtstände).
ellipsoidisch: von der Form einer um die Längsachse rotierenden Ellipse (Ellipsoid).
Epidermis (Oberhaut): Meist einschichtige Haut, die die Pflanzenorgane nach außen abschließt.
extravaginal: Sprosse durchbrechen die grundständigen Blattscheiden (z.B. *Gramineae*, *Cyperaceae*).

fächerig: Entweder nur aus einem Fach (1fächerig) oder aus mehreren Fächern bestehend (mehrfächerig) (Fruchtknoten, Staubbeutel usw.).
Fadenblüte: Blüten mit fadenförmiger, verkümmerter Krone (*Compositae*).
Fahne: oberstes, freistehendes Kronblatt der *Papilionaceae* (s. auch Flügel, Schiffchen).
Faserschopf: Büschel von faserigen Resten verwitterter Blattscheiden oder Blätter am Grunde des Stengels (häufig z.B. bei *Gramineae*, *Cyperaceae*).
federig behaart: wie bei einer Feder angeordnete seitliche Haare.
fertil: fruchtbar; funktionsfähige Fortpflanzungsorgane tragend.
Fieder: Teil eines gefiederten Blattes.
fiedernervig: die Seitennerven zweigen unter bestimmtem Winkel längs des Hauptnervs ab.
fiederteilig (fiederförmig geteilt): die Einschnitte liegen $\pm$ parallel und in einem bestimmten Winkel zur Mittelachse des Blattes.
Filament s. Staubfaden.
filzig behaart: mit dicht ineinander verflochtenen welligen Haaren.
flaumig behaart: mit weichen, kurzen, dicht stehenden Haaren.
flockig behaart: mit leicht abwischbaren, flockenähnlich verteilten Haarresten.
Flügel: seitliche Kronblätter der *Papilionaceae*; seitliche Kelchblätter der *Polygalaceae.*
Fruchtbecher (Cupula): holziges Gebilde, das bei den *Fagaceae* die Frucht oder einen Fruchtstand umschließt.
Fruchtblatt (Karpell): Organ, das die Samenanlagen trägt. Bei den Angiospermen sind die Fruchtblätter stets geschlossen und einzeln (apokarp) oder zu mehreren zum Fruchtknoten verwachsen (synkarp); bei den Gymnospermen sind die Fruchtblätter bei der Mikropyle (s. dort) offen.
Fruchtboden: Fläche, auf der die Früchte (z.B. *Dipsacaceae*; *Compositae*), die Früchtchen (z.B.

Ranunculus) oder die Teilfrüchte angewachsen sind.

Früchtchen: in Blüten mit mehreren, nicht verwachsenen Fruchtblättern (Fruchtknoten) entstehen statt einer Gesamtfrucht mehrere Früchtchen (z.B. *Ranunculaceae*, mehrere Gattungen der *Rosaceae*).

Fruchtkelch: Kelch zur Zeit der Fruchtreife.

Fruchtschale: äußerer Teil der Frucht, der die Samen umschließt.

Fruchtschlauch (Utriculus): schlauchförmiges, verwachsenes, den Fruchtknoten einschließendes Vorblatt (nur in der Gattung *Carex*).

Fruchtschuppe: Fruchtblatt bei Gymnospermen.

Fruchtstiel: Stiel, der die Frucht trägt; aus dem Blütenstiel entstanden.

Fruchtträger: Gebilde innerhalb der Blüte, auf dem die Fruchtblätter angewachsen sind (z.B. *Umbelliferae*).

Gaumen: vorgewölbter Teil auf der Unterlippe vor dem Eingang zur Kronröhre (bei 2lippiger Krone).

gefiedert: Blatt mit Teilblättern, die längs Achsen angeordnet sind. Am häufigsten ist 1fach gefiedert (Teilblätter längs einer Hauptachse), mehrfach gefiedert (Teilblätter längs Haupt- und Seitenachsen).

geflügelt: mit einem bandförmigen, oft zu einem Blatt gehörenden Streifen (z.B. Blattstiel, Stengel, Kelch, Frucht, Samen).

gegenständig: längs einer Achse immer zu zweit und gegenüber auf gleicher Höhe stehend.

geteilt: mit Einschnitten versehen. Dazu machen wir z.B. folgende Angabe: «bis auf $^2/_3$ geteilt»; dies bedeutet, daß $^1/_3$ des Blattes vom Blattrand her bis gegen die Blattmitte eingeschnitten ist, $^2/_3$ bleiben also ungeteilt. Doppelt geteilt: die einzelnen Abschnitte (1. Ordnung) nochmals geteilt (in Abschnitte 2. Ordnung).

gezähnt: am Rande mit feinen oder groben, spitzen oder stumpfen, senkrecht abstehenden oder nach vorn gerichteten zahnartigen Fortsätzen.

Gliederhaare: aus einer Zellreihe bestehende Haare (die einzelnen Zellen sind meist mit einer 10fach vergrößernden Lupe sichtbar).

Granne: steifer, borstenförmiger Fortsatz (häufig an den Deckspelzen der *Gramineae*).

Griffel: Verbindungsstück zwischen Fruchtknoten und Narbe.

Griffelpolster: verdickte Basis der Griffel (*Saxifragaceae, Umbelliferae*).

grundständig: am Grunde eines Organs angewachsen; z.B. bei Blättern: Blätter am Grunde des Stengels angewachsen (auf der Bodenoberfläche).

gynodiözisch: Es sind Pflanzen mit ♀ und Pflanzen mit ⚥ Blüten vorhanden.

Halbparasit: Pflanzen, die anorganische Nährstoffe und Wasser aus anderen Pflanzen (Wirtspflanzen) beziehen, aber selbst grüne Blätter besitzen und assimilieren (z.B. *Viscum, Euphrasia, Rhinanthus, Pedicularis*).

Halbquirl: Häfte eines quirlähnlichen Teilblütenstandes, die in der Achsel eines Blattes steht (z.B. *Labiatae, Scrophulariaceae*).

Halbstrauch: am Grunde verholztes, mehrjähriges Kraut.

Halm: Stengel bei *Monocotyledones* (z.B. *Gramineae, Cyperaceae, Juncaceae*).

herablaufend: Blätter, die sich unterhalb des Blattstielgrundes am Stengel hinab in schmalen Streifen fortsetzen (s. geflügelt).

herzförmig: am Grunde mit einem tiefen, ± spitzen Einschnitt und zwei seitlichen abgerundeten Zipfeln.

Hochblätter: Blätter, die im Blütenstand stehen.

Honigblatt: meist reduzierte, oft kronblattähnliche Blütenblätter mit Honigdrüsen (Nektardrüsen) am Grunde (z.B. *Ranunculaceae*).

Honigschuppe: Honig (Nektar) ausscheidende, schuppenartige Drüse bei *Scrophularia*, an der Oberlippe angewachsen, aus einem Staubblatt entstanden.

Horst: Pflanze mit dicht nebeneinander und ± senkrecht stehenden Trieben.

Hüllbecher: becherförmige, kelchartige Hülle aus verwachsenen Hochblättern bestehend, die mehrere Blüten umschließt (*Euphorbia*).

Hüllblatt: Hochblatt, das Blütenstände oder einzelne Blüten umgibt (anliegend oder umschließend); mehrere Hüllblätter zusammen bilden die Hülle (z.B. *Dispsacaceae*, *Compositae*).

Hüllscheide: scheidenartige häutige Hülle, die den oberen Stengel von *Armeria* umgibt und aus den verwachsenen, nach unten gerichteten Fortsätzen der Hüllblätter entstanden ist.

Hüllspelze: kleines, meist häutiges Gebilde, das am Grunde des Ährchens bei den *Gramineae* steht (meist zu 2) (s. Spelze, Ährchen).

hyalin: durchsichtig.

Hybride: s. Bastard.

hybridogen: durch Bastardierung (Kreuzung) entstanden.

Indusium s. Schleier.

Integumente: Meist 2 übereinanderliegende (oder nur eine einfache) Gewebehüllen, vom Grund der Samenanlage ausgehend und über der Samenanlage eine Öffnung, die Mikropyle (s. dort), bildend.

Internodium: Stengelstück zwischen 2 Blattansatzstellen, besonders auffallend, wenn die Blätter gegen- oder quirlständig sind oder die Ansatzstellen knotig verdickt sind.

intravaginal: Sprosse durchbrechen die grundständigen Blattscheiden nicht (z.B. *Gramineae*, *Cyperaceae*).

Kapsel: trockenhäutige, mehrsamige, durch Einrisse oder Löcher sich öffnende Frucht.

Karpell: s. Fruchtblatt.

Kätzchen: dichter, kurzer, ährenartiger oft hängender, 1geschlechtiger Blütenstand (z.B. *Salicaceae*, *Fagaceae*, *Betulaceae*, *Juglandaceae*).

Kelch: äußerer Teil einer aus 2 oder mehreren verschiedenartigen Kreisen bestehenden Blütenhülle, meist von grüner, nicht auffallender Farbe.

Kelchbecher: s. Achsenbecher.

Kelchschuppen: schuppenförmige Hochblätter, die den Kelch umgeben (z.B. *Dianthus*).

Kiel: Entpricht dem Querschnitt eines Bootes (z.B Blätter, Spelzen bei *Gramineae*).

kleistogam: Blüten, die sich zur Zeit der Bestäubung nicht öffnen und deshalb selbstbestäubend sind.

Knollen: Verdickungen an unterirdischen Pflanzenteilen (Wurzeln, Stengel).

Knoten: Verdickungen am Stengel (Blattansatzstellen).

Kolben: Blütenstand mit längs einer verdickten, fleischigen Achse angeordneten ungestielten Blüten; also eine Ähre mit dicker Achse.

Konnektiv: Verbindungsteil zwischen den beiden Staubbeutelhälften.

Kopf: Blütenstand, bei dem die ungestielten Blüten auf einer kugeligen, keulenförmigen oder scheibenförmigen Achse angewachsen sind.

kopfig: Blütenstand einem Kopf ähnlich (von uns für verschiedene eng und dicht zusammengezogene Blütenstände verwendet).

Kotyledonen: Keimblätter.

Krone: innerer Teil einer aus 2 oder mehreren verschiedenartigen Kreisen bestehenden Blütenhülle, meist auffällig gefärbt.

Kurztrieb: Zweig mit beschränktem Längenwachstum.

Langtrieb: Zweig, der unbeschränkt in die Länge wächst.

lanzettlich: an beiden Enden verschmälert und ± spitz (bei Blättern geht das eine Ende in den Blattstiel über).

Leitbündel: durch Wurzeln, Sprosse und Blätter ziehende Stränge, die der Leitung des Wassers und der Nährstoffe und Assimilate dienen.

Liane: Kletternde, verholzte Pflanze (z.B. *Clematis Vitalba*, *Hedera Helix*).

Ligula: s. Blatthäutchen.

linsenförmig: Form einer bikonvexen Linse (im Querschnitt lanzettlich).

Lippe: auffälliger, meist verlängerter Teil der Krone, des Kelches oder des Perigons. Bei den Orchideen bildet das untere, innere Perigonblatt die Lippe. Bei Blüten, die aus Kelch und Krone bestehen, wird der obere verlängerte Teil von Kelch und Krone als Oberlippe, der untere als Unterlippe bezeichnet (z.B. *Labiatae, Scrophulariaceae*).

Mark: zentrales, meist weiches Gewebe des Stengels oder eines Stiels (von den Leitbündeln umschlossen).

Merkmal: morphologische oder physiologische Eigenschaft, die durch die Tätigkeit eines oder mehrerer Gene, verbunden mit den Einflüssen der Umwelt (Standort), entsteht.

Mikropyle: Öffnung der Integumente, die die Samenanlage umgeben.

monözisch: ♂ und ♀ Blüten vorhanden, die auf der *gleichen* Pflanze vorkommen.

Nadelpolster: Ansatzstellen am Zweig, auf denen die Nadeln sitzen (*Coniferae*).

Nadelstacheln: nadelförmige, starre, feste, im Querschnitt runde Stacheln, die erst ganz am Grunde plötzlich verbreitert sind (*Rosa, Rubus*).

Narbe: Teil des ♀ Blütenorgans, in das die Pollenschläuche eindringen.

Nebenblatt: blattartiges Gebilde, das seitlich am Grunde eines Blattes oder Blattstieles steht.

Nebenkrone: kronähnliches Gebilde; auf der Innenseite (Oberseite) der Kronblätter (oder Perigonblätter).

Nektardrüse: zuckerhaltigen Saft ausscheidende Drüse, von uns meist als Honigdrüse bezeichnet.

Nerven: auf der Außenseite sichtbare Leitbündel (besonders an Blättern).

netznervig: zwischen den Hauptnerven sind netzartig angeordnete Nerven vorhanden.

Niederblätter: meist schuppenförmig, nicht grün gefärbte Blätter am Grunde des oberirdischen Stengels oder an unterirdischen Trieben.

nierenförmig: am Grunde mit einem weiten, meist gerundeten Einschnitt, vorn breit abgerundet, meist deutlich breiter als lang.

Nuß: hartschalige, meist einsamige Frucht, die sich nicht öffnet (Schließfrucht).

Oberlippe: oberer freier Teil eines 2teiligen, verwachsenen Kelches oder einer 2teiligen verwachsenen Krone (z.B. *Labiatae, Scrophulariaceae*).

oberständig: die Blütenhülle (Kelch und Krone oder Perigon) ist unterhalb des Fruchtknotens angewachsen (Fruchtknoten oberständig).

Öhrchen: kurze Zipfel am Grunde von Blättern, die den Stengel teilweise oder ganz umfassen, aber nicht mit ihm verwachsen sind.

oval: an beiden Enden abgerundet, größte Breite meist nicht in der Mitte.

paarig gefiedert: nur seitliche Teilblätter, jedoch kein Endteilblatt vorhanden.

Papille: kleine warzenartige Erhöhung.

Pappus: an der *Compositae*-Blüte ein Organ, das dem Kelch entspricht und aus Borsten oder Schuppen besteht.

parallelnervig: die Nerven verlaufen vom Blattgrunde nebeneinander gegen die Spitze; sie sind nur bei langen, bandförmigen Blättern (z.B. *Gramineae, Cyperaceae*) im Sinne des Wortes parallel.

Paraphysen: mehrzellige, fadenartige, zum Teil verzweigte Gebilde (*Polypodium*).

Parasit: Pflanze, die sich vollständig aus organischer Substanz lebender Pflanzen, sogenannter Wirtspflanzen, ernährt; die Parasiten besitzen keine grünen Blätter, assimilieren nicht.

Perianth: Blütenhülle oder Gesamtheit der die ♂ und ♀ Blütenorgane einhüllenden Blütenblätter (Kelch und Krone oder Perigon).

Perigon: Blütenhülle, nur aus gleichartigen Blättern (nicht Kelch und Krone!).

Perigonborsten: Das Perigon (s. dort) besteht nur aus wenigen bis zahlreichen, oft fein gezähnten Borsten (nur *Cyperaceae*).

Pfahlwurzel: Hauptwurzel, die senkrecht in die Erde dringt (besonders bei 1- und 2jährigen Dikotyledonen) und von der seitliche Wurzeln entspringen.

pfeilförmig: vorn ± spitz und am Grunde mit 2 nach rückwärts gerichteten spitzen Zipfeln (z.B. Blatt von *Sagittaria sagittifolia*, S. 27).

Phyllokladien: blattähnliche Sprosse (z.B. *Ruscus*, S. 92).

Polsterpflanze: halbkugelige oder flach gewölbte, dicht buschig verzweigte und dicht beblätterte kleine Pflanze.

quirlständig: 3 oder mehrere Organe auf der gleichen Höhe des Triebes angewachsen.

radförmig: mit kurzer Röhre und flach ausgebreitetem Rand.

radiär geteilt: Einschnitte gegen einen Punkt hin gerichtet. Über unsere Angaben, die die Tiefe der Teilung betreffen, s. unter «geteilt».

radiärsymmetrisch: mehrere Symmetrieebenen (= aktinomorph) vorhanden.

Ranke: oberirdische, fadenförmige Organe oder Teile von Organen, mit deren Hilfe die Pflanze sich festhalten kann.

razemöse Blütenstände: die Endblüte wird nicht durch Blüten der Seitenachsen überragt.

Reif: abwischbare bläuliche Wachsschicht.

Rhizom: unterirdisches Stengelorgan (Grundachse).

Rispe: Blütenstand, bei dem die gestielten Blüten längs einer Hauptachse angeordnet sind und mindestens die unteren Seitenachsen verzweigt sind. Blüten der Seitenachsen erreichen die Höhe der Endblüte der Hauptachse nicht.

Röhrenblüten: Blüten der *Compositae* mit röhrenförmiger Krone.

Rosette: quirlartig angeordnete Blätter, meist grundständig (auf dem Boden).

Rücken: Seite eines Organs, die der Achse, an der das Organ angewachsen ist, abgewendet ist.

ruderal: auf Schuttstellen wachsend, die durch den Menschen geschaffen wurden.

Sammelfrucht: eine aus Früchtchen oder Teilfrüchten zusammengesetzte Frucht (z.B. *Rubus*).

Saprophyt: Pflanze, die ihre Nährstoffe vollständig oder teilweise aus toter organischer Substanz bezieht; wie diese Aufnahme unter Mitwirkung von Wurzelpilzen geschieht, ist noch nicht vollständig geklärt (z.B. *Neottia Nidus-avis*).

Scheide: der den Stengel umfassende untere Teil eines Blattes.

Scheinähre: wie eine Ähre, aber einzelne Blüten (bzw. Teilblütenstände) kurz gestielt (von uns als ährenartig bezeichnet).

Scheinfrucht: wie eine Frucht aussehend, aber auch Organe außerhalb des Fruchtknotens sind am Aufbau beteiligt; z.B. *Fragaria* (Erdbeere), *Rosa* (Hagebutte), *Pirus* (Apfel, Birne).

Schiffchen: untere 2, meist miteinander verbundene Kronblätter der *Papilionaceae*; s. auch unter Fahne und Flügel.

schildförmig: Blattstiel in der Mitte der Blattspreite entspringend.

Schleier: hautartige, die Sporangien vieler Farne bedeckende Blattbildungen (Indusium).

Schließfrucht: Frucht, bei der sich die Fruchtwand zur Reifezeit nicht öffnet und die Samen deshalb eingeschlossen bleiben.

Schlund: oberster innerer Teil der Kronröhre.

Schlundschuppen: im inneren, verwachsenen Teil der Krone angewachsene Schuppen (*Boraginaceae*).

Schnabel: schmaler Fortsatz an der Spitze eines Organs (oft an Früchten).

Schößling: junger, aus dem Boden kommender Trieb, der nur Blätter trägt, erst im 2. Jahr blüht und mehrere Meter lang sein kann (*Rubus*).

Schote: kapselartige, sich meist mit 2 Klappen öffnende Frucht der *Cruciferae*.

Sekret: Ausscheidung.

Sitzdrüsen: kugelige, sitzende oder keulenförmige Drüsen, mit weniger als 0,1 mm langem Stiel (z.B. *Rubus*).

sitzend: ungestielt.

Sorus (Mehrzahl Sori): Sporangienhäufchen meist auf der Unterseite der Blätter (*Filicinae*).

Spalierstrauch: dem Boden, Felsen oder Steinen anliegender, verzweigter, holziger Strauch (z.B. *Salix*-Arten, *Dryas octopetala, Rhamnus pumila, Loiseleuria procumbens*).

Spaltöffnungen: Öffnungen in der Epidermis (Oberhaut) der grünen Pflanzenteile, die dem Gasaustausch dienen. Sie sind meist mit ca. 50facher Vergrößerung sichtbar.

spatelförmig: Form eines Spatels (vorne breit und abgerundet, dann plötzlich stark verschmälert; gelegentlich Blattform).

Spatha: Hochblatt am Grunde eines Blütenstandes, das diesen meist teilweise umgibt (*Araceae*).

Spelze: kleine, meist schuppenartige, 2zeilig angeordnete Gebilde im Blütenstand der *Gramineae*. Das Ährchen wird unten von (meist 2) Hüllspelzen (Hochblätter) abgeschlossen, jede Blüte trägt am Grunde eine Deckspelze (Tragblatt) und besitzt eine Vorspelze (zum äußern Perigonkreis gehörig).

Spindel: Achse des gefiederten Blattes oder der Ähre.

spindelförmig: an beiden Enden zugespitzt, im Querschnitt kreisförmig.

Spirre: Blütenstand mit verkürzter Hauptachse, die von den Seitenachsen überragt wird (z.B. *Cyperaceae, Juncaceae*).

Sporangium: Sporenbehälter (*Archegoniatae*).

Sporn: kegelförmiger zylindrischer oder keulenförmiger hohler Fortsatz; meist an Blütenhüllblättern (z.B. *Delphinium, Aquilegia, Viola, Linaria, Utricularia, Kentranthus*).

Sporokarpien: fruchtähnliche, meist dickwandige, geschlossene Gebilde, die Sporangien enthalten (z.B. *Marsiliaceae, Salviniaceae*).

Sporophyll: sporangientragendes Blatt.

Spreublätter: schuppenförmige Blätter am Grunde der Blüten in kopfförmigen Blütenständen; sie entsprechen Tragblättern (z.B. *Compositae, Dipsacaceae*).

Spreuschuppen: häutige, kleine Schuppen am Stiel, an der Spindel und auf der Unterseite der Farnblätter.

Stachel: harter, stechender Fortsatz, der aus den obersten Zellschichten eines Organs (Epidermis) entsteht.

Stachelborsten: nadelförmige, weiche, biegsame Stacheln, die am Grunde nur wenig verbreitert sind (*Rosa, Rubus*).

Stachelspitze: borstenförmige Verlängerung der Spitze.

Staminodium: umgewandeltes, unfruchtbares Staubblatt.

Staubbeutel: s. Antheren.

Staubblatt: besteht aus dem sterilen Staubfaden und dem fertilen Staubbeutel, in dem der Pollen gebildet wird, und stellt den ♂ Teil der Blüte dar.

Staubfaden: unterer, stielartiger Träger der Staubbeutel (Antheren).

Steinfrucht: fleischige Frucht mit einem meist 1samigen, harten Kern (z.B. *Prunus*).

steril: unfruchtbar (keine funktionsfähigen Geschlechtsorgane oder Sporangien tragend).

Sternhaare: geteiltes Haar, dessen Äste sich von einem Punkt aus nach allen Seiten ausbreiten.

Stieldrüsen: kugelige Drüsen auf meist über 0,5 mm langen, auf der ganzen Länge gleich dicken Stielen (*Rosa, Rubus*).

Teilblatt: Meist sehr kurz gestielter Abschnitt eines bis zur Mitte oder bis zum Mittelnerv geteilten Blattes.

Teilblütenstand: Teil eines zusammengesetzten (Gesamt-)Blütenstandes.

Teilfrucht: Zerfällt bei der Reife eine Frucht in mehrere Teile, so bezeichnet man diese Teile als Teilfrüchte.

Tragblatt (Deckblatt): Blatt, in dessen Achsel ein Blütenstiel oder eine Blüte vorhanden ist.

Traube: Blütenstand mit längs einer Achse angeordneten, gestielten Blüten (Stiele nicht verzweigt).

Turion: Winterknospe; besondere Knospen, mit denen Wasserpflanzen überwintern.

Unterlippe: unterer freier Teil eines 2teiligen verwachsenen Kelches oder einer 2teiligen verwachsenen Krone (z.B. *Labiatae, Scrophulariaceae*).

unterständig: Blütenhülle (Kelch und Krone oder Perigon) und Staubblätter oberhalb oder am obern Rand des Fruchtknotens angewachsen.

Utriculus: s. Fruchtschlauch.

Viviparie (vivipar, lebendgebärend): anstelle von Früchten entwickeln sich Knospen (s. Bulbillen).

Vorblatt: am Blütenstiel stehendes Blatt (zwischen Tragblatt und Blüte).

Vorspelze: s. Spelze.

wechselständig: längs einer Achse alternierend angeordnet.

x: Zeichen für einen binär benannten Bastard oder für eine Kreuzung.

zählig: z.B. 4zählig: aus 4 Organteilen zusammengesetzt.

Zapfen: Fruchtstand, der aus verholzten Schuppen besteht, die längs einer verholzten Achse angeordnet sind (*Coniferae, Alnus*).

zeilig: in Reihen angeordnet; z.B. 3zeilig: längs einer Achse in 3 Reihen angeordnet.

zottig behaart: mit langen, weichen Haaren.

Zungenblüten: Blüten bei *Compositae* mit zungenförmiger Krone.

zusammengesetztes Blatt: aus mehreren Teilblättern bestehend.

zweihäusig: ♂ und ♀ Blüten vorhanden, die auf *verschiedenen* Pflanzen vorkommen.

Zwiebel: unterirdischer Sproß, von verdickten, fleischigen Niederblättern umgeben.

Zwiebelknolle: unterirdische, von fleischigen Niederblättern umgebene Knolle (z.B. *Colchicum autumnale*).

zwitterig (⚥): in der gleichen Blüte ♂ und ♀ Organe vorhanden.

zygomorph: nur eine (meist senkrechte) Symmetrieebene vorhanden (monosymmetrisch); bisweilen sind auch asymmetrische Blüten als zygomorph bezeichnet.

zymöse Blütenstände: die Endblüte der Hauptachse wird von Blüten der Seitenachsen überragt.

Wissenschaftliche Namen

Um einen Quervergleich zwischen dem *Bestimmungsschlüssel zur Flora der Schweiz* und anderen wichtigen Werken (*Flora der Schweiz*, *Flora Helvetica*, *Flora Alpina*) zu ermöglichen, wurden die Namen dieser Werke im Register aufgenommen. Die im hier vorliegenden Bestimmungsbuch verwendeten Namen sind normal, die Synonyme (alte, oft gebrauchte oder in anderen Werken verwendete Namen) sind kursiv gedruckt.

B

D

E

F

I

J

K

M

N

T

W

Deutsche Namen

Im deutschen Register sind die in diesem Buch vorkommenden Namen der Gattungen, Familien und hierarchisch höheren Stufen aufgenommen. Auf Artniveau sind nur Trivialnamen aufgeführt, nicht aber die auf der Basis der Gattungen zusammengesetzten Namen. Beispiel: Aufgenommen sind Krappgewächse (*Rubiaceae*) als Familienname und Labkraut (*Galium*) als Gattungsname, hingegen keine Arten wie Weisses Labkraut (*Galium album*), Kletten-Labkraut (*Galium aparine*) oder Wohlriechendes Labkraut (*Galium odoratum*). Waldmeister als Trivialname von *Galium odoratum* ist aber im Register eingefügt.

B

D

E

I

J

K

L

M

N

T

U

V

W

GPSR Compliance

The European Union's (EU) General Product Safety Regulation (GPSR) is a set of rules that requires consumer products to be safe and our obligations to ensure this.

If you have any concerns about our products, you can contact us on ProductSafety@springernature.com

In case Publisher is established outside the EU, the EU authorized representative is:

Springer Nature Customer Service Center GmbH
Europaplatz 3
69115 Heidelberg, Germany

Batch number: 10010145

Printed by Printforce, the Netherlands